普通高等学校理工科物理学类规划教材

U1004074

大学物理（四）

（第二版）

主　编　詹卫伸
副主编　崔　博　姜　丰　刘立钊
王　硕　王小风

大连理工大学出版社

图书在版编目(CIP)数据

大学物理. 四 / 詹卫伸主编. -- 2 版. -- 大连 : 大连理工大学出版社，2024. 9. -- ISBN 978-7-5685-5157-1

Ⅰ. O4

中国国家版本馆 CIP 数据核字第 2024XK3917 号

大连理工大学出版社出版

地址:大连市软件园路 80 号　邮政编码:116023

发行:0411-84708842　邮购:0411-84708943　传真:0411-84701466

E-mail:dutp@dutp.cn　URL:https://www.dutp.cn

辽宁新华印务有限公司印刷　　大连理工大学出版社发行

幅面尺寸:185mm×260mm　印张:22.25　字数:568 千字

2019 年 9 月第 1 版　　2024 年 9 月第 2 版

2024 年 9 月第 1 次印刷

责任编辑:王晓历　　责任校对:齐　欣

封面设计:张　莹

ISBN 978-7-5685-5157-1　　定　价:61.80 元

本书如有印装质量问题，请与我社发行部联系更换。

前　言

大学物理系列教材的适用对象为全国理工类大学生，目的是培养学生的自学能力，该系列教材内容翔实，分析透彻，可读性强。刚从高中跨入大学的新生，并不完全具备学习的主动性，也未适应大学的学习生活，还不具备自己查找资料的能力。大学物理作为基础课，应该为学生提供丰富的学习资料，培养学生自主学习和思考问题的能力。因此，编者对物理学基本原理进行全方位的讨论和剖析，开阔学生的视野；对例题进行充分的分析，启发学生的思路；同时，例题后面的"点评"非常详尽，内容丰富，旨在培养学生全面分析问题的能力。

使用本系列教材时应注意：为了使学生能够学在平时，应加强平时学习过程的考核。每周至少组织一次学生例题和作业题的小组讨论。本系列教材内容分为四个部分，大体学时相近，各部分可单独作为考试内容，每学期学习两部分并分两次考查。平时给学生合理"增负"，减轻期末压力，有利于良好学风的形成，也能够促使学生养成平时学习的良好习惯，为后续课程的学习打好基础。

本系列教材将大学物理分为四篇：粒子、波动、电磁场和量子力学，共十六章。粒子和波动的内容相对简单一些，一般安排在第二学期，学完高等数学一之后；电磁场和量子力学的内容相对难一些，一般安排在第三学期，学完高等数学二之后。

粒子篇从粒子性观点研究物体运动，共五章，包括质点机械运动的描述、质点、质点系、机械振动、相对论基础。其中，把"机械振动"作为质点机械运动的一种特殊形式。之所以将质点与质点系分开，是因为系统不同，研究方法也不同。将"热学"纳入"牛顿力学"体系，由于热力学系统内质点数非常大，所观测到的现象是微观粒子运动的宏观体现，研究方法也从牛顿力学方法过渡到统计平均方法，充分体现了由量变到质变的辩证关系原理。将热力学与气体分子动理论融为一体，体现了理论联系实际的原则，物理学理论是以实验为基础的理论。相对论部分作为质点运动的修正，表明物理学是发展的，是有活力的。波动篇共五章，包括理想气体系统、机械波与电磁波、光波的干涉、光波的衍射、光的偏振，充分展示了物理学观点之一：能量的传播。电磁场篇共三章，包括静电场、稳恒磁场、电磁场。以电场和磁场为例，阐述物理学的一大观点——物质以场的形式存在。量子力学篇共三章，包括量子力学基础、量子力学基本原理、定态薛定谔方程的基本应用。量子力学基础部分从实验出发，逐渐建立"量子"概念："光波"能量量子化→实物粒子能量量子化→实物粒子波动性。量子力学基本原理部分建立量子力学基本体系，适用于束缚态粒子运动的理论。量子力学应用部分：氢原子量子力学处理，确立量子力学的正确性；谐振子量子力学处理，量子力学成功地应用于束缚态系统；势垒穿透，量子力学成功地应用于非束缚态系统；原子组态，量子力学成功地应用于物质结构研究。

本系列教材理论体系清晰，以物理学的观点重新组织理论结构，充分体现物理学与数学不同，也与实验不同。物理学理论是从实践中抽象出来的理论，是物理学家和全人类集体智慧的结晶。

本系列教材合理地将"质点"与"质点系"分开，使得理论更清晰。将"热力学"与"分子运动学"有机结合在一起，并将之纳入"大质点系"，这是一种大胆的尝试，实践效果很好。传统的大学物理将"磁场能量"放在"电磁感应"之后，由自感电动势推出磁场能量。本系列教材将"磁场能量"提前至"恒定磁场"之后。由自感线圈的"贮能"推导出"磁场能量"，并绕开了"电磁感应"，而且与"电场能量"相呼应（电场能量由电容器贮能推导而来），实现了"电"和"磁"的完美对应。将“电磁感应”“位移电流”放在一起讲，充分展示“电”“磁”这一对矛盾统一体。变化的磁场产生电场，变化的电场产生磁场，完美地展示了麦克斯韦的电磁场理论。“场”以电磁场理论的建立过程为主线，从四大方程提出，到最后修正完毕，建立起麦克斯韦方程组和电磁场理论。根据教育部“物理学与天文学教学指导委员会”的要求，本系列教材扩充了有关量子物理的内容，比较完整地讲述了量子力学基本原理和基本应用。

本系列教材体现了物理学家的创造性思维。如“场”具有势，可以用标量空间点函数描述场；“位移电流”的假设及变化的磁场产生电场和变化电场产生磁场；爱因斯坦由相对论动能公式，提出静止能量的概念；波尔由氢原子光谱的里德堡公式，提出原子能级和跃迁的概念。

本系列教材充分展现辩证唯物主义世界观。质点→质点系→理想气体系统，质点数目逐渐增加到“理想气体系统”，不但描述方法更新，而且研究和处理方法也随之改变。这就是“由量变到质变的飞跃”这一普遍原理的具体表现。物理学本来就是从哲学中分离出来的，是定量化的哲学，必须遵守哲学的普遍原理。

本教材编写团队深入推进党的二十大精神融入教材，充分认识党的二十大报告提出的“实施科教兴国战略，强化现代人才建设支撑”精神，落实“加强教材建设和管理”新要求，在教材中加入思政元素，紧扣二十大精神，围绕专业育人目标，结合课程特点，注重知识传授、能力培养与价值塑造的统一。

本教材立足于适应新时代和双一流建设对培养人才的要求。本次修订，除对第一版中错误进行更正外，编者根据开辟“量子技术”未来新技术赛道的要求和教育部高等学校大学物理课程教学指导委员会 2023 年版“理工科类大学物理课程教学基本要求”，在《大学物理(一)》(第二版)第三章中增加一节“刚体的定轴转动”；在《大学物理(二)》(第二版)第六章中增加一节“热力学第二定律”；在《大学物理(三)》(第二版)第十二章中增加一节“磁矢势”，第十三章增加三节“电磁场的能量和动量”“晶体光学的电磁理论基础”“电磁场的相对性和统一性”；在《大学物理(四)》(第二版)第十六章中增加一节“微扰理论”。

本系列教材是主编几十年教学经验的积累，部分内容来自主编读书时的笔记，全书由詹卫伸总执笔。主编阅读了大量的物理学教材和专著，如程守洙的《普通物理学》、吴百诗的《大学物理》、张三慧的《大学物理学》、陆果的《基础物理学》、漆安慎的《力学》、梁灿彬的《电磁学》、姚启钧的《光学教程》、李椿的《热学》、褚圣麟的《原子物理学》、周世勋的《量子力学》，以及《中国大百科全书(物理卷)》和《大学物理》杂志。本系列教材吸收了老前辈们的教学心得，对于引用的段落、文字尽可能一一列出，编者借此向老前辈们表示感谢。

《大学物理(四)》(第二版)是大学物理系列教材的第四册，即“量子力学”。本教材由大连理工大学詹卫伸任主编，大连理工大学崔博、姜丰、刘立钊、王硕、王小风任副主编。全书由詹卫伸统稿并定稿。崔博、姜丰、刘立钊、王硕、王小风负责书中文字部分的核对和素材整理。

在编写本教材的过程中，编者参考、引用和改编了国内外出版物中的相关资料及网络资源，在此表示深深的谢意！相关著作权人看到本教材后，请与出版社联系，出版社将按照相关法律的规定处理。

由于编者水平有限，疏漏之处在所难免，真诚希望阅读此书的老师和同学们多提宝贵意见。

编　者

2024 年 9 月

所有意见和建议请发往：dutpbk@163.com
欢迎访问高教数字化服务平台：https://www.dutp.cn/hep/
联系电话：0411-84708445　84708462

目　录

第十四章 量子力学基础

量子力学是关于微观粒子的物理学理论，量子力学的创立标志着人类对物质运动的认识从宏观物质世界深入到了微观物质世界。量子力学是研究原子、分子和凝聚态物质、原子核和基本粒子的结构和性质的理论基础，在化学、生物学、信息学、激光技术、新能源和新材料等方面的科学研究和新技术开发中，发挥着越来越重要的作用。

在量子力学创立以前的近 30 年时间内提出的量子化概念称为旧量子论，主要包括普朗克的能量量子化假说、爱因斯坦的光量子假说和玻尔的原子结构理论。

自然科学理论包括物理学都是以生产实践（实验）为基础的，是实践（实验）的需要，是实践（实验）要求对自然现象给出理论解释、创立理论并进一步指导实践（实验）。量子力学也一样，由于生产和实践（实验）的发展，一些新的自然现象无法由旧的物理学理论解释，旧的物理学理论不能进一步指导生产和实践（实验）。所谓的旧量子论就是在为了解释新的实验现象的过程中逐步提出的，在旧量子论的基础上创立了量子力学。

一般来说，1900 年以前的物理学称为经典物理学，以后的发展称为近代物理学。一般来说，经典物理学研究的是宏观物体的低速运动。近代物理学中研究高速运动粒子的理论是相对论，而研究微观粒子运动的理论是量子论。

随着生产和实践（实验）的发展，19 世纪末，一些物理实验事实无法用经典物理学加以解释。为了从理论上解释这些实验现象，旧量子理论被建立。旧量子论突破了经典物理学中的“能量连续性原理”，提出了“量子”的概念。这些实验现象主要有“黑体辐射”、“光电效应”、“固体比热”、“原子稳定性”以及“原子光谱”等。

1900 年，基于维恩以及瑞利和金斯等物理学家运用经典物理学理论推导出的“黑体辐射”公式与实验不符的事实，普朗克提出了“能量量子化（能量子）”的概念，得到了与实验惊人相符的黑体辐射公式。能量量子化的概念，对经典物理学理论是一个极大的冲击，因为能量的连续性在经典物理学中是“天经地义”的事情。尽管许多物理学家由于受到经典物理学的深刻影响，当时对普朗克“能量量子化”的概念抱着严谨的怀疑态度，使得“量子化”概念并没有在当时得到普遍认可；但也有一些物理学家（物理学工作者）深信，普朗克能量量子化的概念与黑体辐射实验惊人的相符，不仅仅说明了能量量子化概念的正确性，同时可能还隐含着更为深刻的物理意义。爱因斯坦就是深信能量量子化的年轻物理学工作者之一。在物理学中，能量子概念的提出具有划时代的意义，它标志了量子力学的诞生。普朗克也因此在 1918 年荣获诺贝尔物理学奖。

1905 年，为解释光电效应，爱因斯坦进一步发展了普朗克能量子的概念，提出光量子（光子）的概念，成功地解释了光电效应。爱因斯坦将光波的能量量子化，并指出光具有波粒二象性。后来，密立根和康普顿分别用不同的实验证实了爱因斯坦光量子假说的正确性，使光量子假说正式成为光量子理论。爱因斯坦获得 1921 年诺贝尔物理学奖，密立根获得 1923 年诺贝尔物理学奖，康普顿获得 1927 年诺贝尔物理学奖。

1913年,玻尔在卢瑟福"原子核式结构"的基础上,为了解决核式结构模型在原子稳定性方面的困难,提出了"原子能量量子化"和"电子圆周运动轨道量子化"假说,并提出了量子跃迁概念,从而说明了原子的稳定性,并圆满地解释了氢原子线状光谱的规律。玻尔将实物粒子(原子)的能量量子化。索末菲进一步将玻尔的原子结构理论推广到椭圆轨道,成功地解释了氢原子光谱的精细结构。卢瑟福获得1908年诺贝尔化学奖,玻尔获得1922年诺贝尔物理学奖。

1923年到1924年间,德布罗意综合普朗克、爱因斯坦和玻尔等人的理论,提出实物粒子(如电子)也具有波动性的假设,认为实物粒子与光子一样也具有波动性,这就是后来的"物质波"假说。1927年,戴维森和革末通过镍单晶体表面对电子束的散射,观测到与X光衍射类似的电子衍射现象;同年,G. P. 汤姆孙用电子束通过多晶薄膜,证实了电子的波动性。波粒二象性的假设为物质世界建立了一个统一的模型。物质具有波粒二象性是建立量子力学的一个基本出发点。尽管对"物质波"概念的认识还存在着分歧,但德布罗意获得1929年诺贝尔物理学奖,戴维森和汤姆孙分享了1937年诺贝尔物理学奖。

值得注意的是,旧量子论依然没有彻底摆脱经典物理学的束缚,这些假设和概念依然存在经典物理学的影子和痕迹,依然从经典物理学方面去理解这些概念,只是在经典物理学的基础上强行附加了一些假设。不过,这也为概念上全新的量子力学的创立奠定了基础。

第一节　黑体辐射与普朗克能量子概念

经过科学家们几百年的努力,到19世纪末叶,物理学家们感到物理学理论已经趋于完善。但就在经典物理理论取得伟大成就的同时,物理学家们也发现了一些物理现象的理论研究结果与实验事实不符,黑体辐射就是其中之一。正是对黑体辐射的理论研究,才促使德国物理学家普朗克提出"量子"这一概念,以解决物理学理论与黑体辐射实验严重不符的经典物理学灾难性问题。

黑体辐射实验是理想的热辐射实验,而热辐射来自生产实践。19世纪,冶金工业高温测量技术以及天文学新发现促进了对热辐射的实验和理论研究,特别是对黑体这一理想化模型的热辐射进行了较为深入的实验和理论上的研究。

一、热辐射的基本概念

1. 热辐射

我们对自然界的物体的反射光和吸收(包括折射)光是司空见惯的,但物体还能辐射光就不易观察到了。加热铁块到高温时铁块呈现颜色,白炽灯的钨丝发出的光,都是物体辐射光的实例。实际上,并不是只有高温物体才辐射光,低温物体也辐射光。比如,人体本身就辐射"光",只是辐射的是红外线(频率比可见光低),而且强度较弱,人眼不能察觉。

实际上,任何温度高于绝对零度的物体都在向外辐射"光",也就是都在辐射电磁波。只是在不同的温度下辐射的电磁波的中心频率(中心波长)不同,中心频率(中心波长)自远红外区连续延伸到紫外区(连续谱),给我们以不同的颜色感觉。低温时,辐射的是红外线,只有温度达到某一定值时,才辐射可见光。例如:加热铁块,温度上升,铁块颜色由"看不到发光"到"暗红",再到"橙色",再到"黄白色",再到"蓝白色";其他物体加热时发的光的颜色也有类似的随温度而改变的现象。物体在不同的温度下所辐射出的电磁波的中心频率(中心波长)有所不同,因此,这种与温度有关的电磁辐射称为热辐射。

并不是所有发光现象都是热辐射,例如:激光、日光灯等的发光就不是热辐射。

物体由大量原子组成,热运动引起原子碰撞使原子激发而辐射电磁波。原子的动能越大,通过碰撞引起原子激发的能量就越高,从而辐射电磁波的波长就越短。热运动是混乱的,原子的动能与温度有关,因而辐射电磁波的能量也与温度有关。

物体如果只是向外辐射能量(光)而不吸收能量,则辐射难以持续进行下去。所以,物体除了具有辐射电磁波(能量)的本领外,还具有吸收能量的本领。如果物体在同一时间内吸收的能量等于辐射电磁波的能量,则物体的温度保持恒定,物体的辐射达到热平衡状态。这种辐射物体的温度保持不变的热辐射称为平衡热辐射。

2. 光谱辐出度(单色辐出度)

实验表明,物体在平衡热辐射时,并不是只辐射一种颜色(频率、波长)的电磁波,而是辐射几乎所有频率(波长)的电磁波;只是在不同温度下的平衡热辐射物体辐射的最强电磁波的频率(波长)有所不同;平衡热辐射下,物体辐射的最强电磁波的频率(波长)是物体温度的函数。在某一特定温度下,物体热辐射的不同频率(波长)电磁波的强度不同;物体热辐射的能量不仅仅与物体的温度有关,还是辐射电磁波的频率(波长)的函数;在某一特定温度下,物体热辐射的电磁波的强度按频率(波长)分布,形成特定温度下的辐射光谱。为了定量地研究物体的平衡热辐射,我们引入光谱辐出度(单色辐出度)的概念。

在一定温度 T 下,单位时间内从物体单位表面积辐射出的波长在 λ 附近($\lambda \to \lambda + d\lambda$)单位波长间隔内的电磁波的能量,定义为单色辐出度,或光谱辐出度

$$M(\lambda, T) = \frac{dE(\lambda, T)}{d\lambda} \tag{14-1-1}$$

也可以定义为:单位时间内从物体单位表面积辐射出的频率在 ν 附近($\nu \to \nu + d\nu$)单位频率间隔内的电磁波的能量

$$M(\nu, T) = \frac{dE(\nu, T)}{d\nu} \tag{14-1-2}$$

对于给定的辐射物体,单色辐出度 $M(\lambda, T)$ 或 $M(\nu, T)$ 是辐射物体热力学温度(绝对温度)和辐射波长 λ 或频率 ν 的函数;此外,还与材料种类以及辐射物体的表面情况有关。单色辐出度 $M(\lambda, T)$ 或 $M(\nu, T)$ 是可以通过实验测量的物理量。

单色辐出度也称为能量密度,是单位波长(频率)的辐射能量;是在一定温度 T 下,单位时间内从物体单位表面积辐射出的能量与波长(频率)范围的比值。

3. 辐出度

在一定温度 T 下,单位时间内从物体单位表面积辐射出的电磁波的能量,称为辐出度。由于在一定温度 T 下,辐射物体可以辐射几乎全部波长(频率)的电磁波,所以辐出度为

$$M(T) = \int_0^\infty M(\lambda, T) d\lambda, M(T) = \int_0^\infty M(\nu, T) d\nu \tag{14-1-3}$$

辐出度指的是物体辐射全部波长(频率)的电磁波的能量总和。

4. 基尔霍夫定律

对于不透明(不透射电磁波)的物体,不仅可以吸收入射到物体上的电磁波,一般来说还可以反射电磁波。物体对电磁波的反射,使得物体吸收电磁波能量的本领降低。物体在温度 T 时,吸收波长在 λ 到 $\lambda + d\lambda$ 范围内的电磁波能量与相应波长范围的入射电磁波能量之比,称为

该物体的单色吸收比，用 $\alpha(\lambda,T)$ 表示。单色吸收比 $\alpha(\lambda,T)$ 表示了物体吸收电磁波的本领。显然，物体吸收本领越强，则该物体反射电磁波的能力越弱。

对于不同的物体，单色辐出度 $M(\lambda,T)$ 和吸收比 $\alpha(\lambda,T)$ 都是不同的。基尔霍夫应用热力学理论得到：对每一个物体来说，单色辐出度与吸收比的比值是一个与物体性质无关而只与温度和辐射波长有关的普适函数

$$\frac{M_1(\lambda,T)}{\alpha_1(\lambda,T)}=\frac{M_2(\lambda,T)}{\alpha_2(\lambda,T)}=\cdots=I(\lambda,T) \tag{14-1-4}$$

这就是基尔霍夫辐射定律。如果一个物体是良好的吸收体，即吸收比 $\alpha(\lambda,T)$ 较大，则该物体必定也是一个良好的辐射体。

5. 黑体

如果一个物体在任何温度下，对于任何波长的入射辐射能的吸收比都等于 1，则称该物体为绝对黑体，简称黑体。显然，黑体既是最好的吸收体，又是最好的辐射体。

黑体能够全部吸收入射到其表面的电磁波而不反射电磁波，但黑体能够辐射电磁波。显然，黑体是一种理想化的模型，是为了研究物体辐射电磁波的规律而从实际物体中抽象出来的模型。黑体辐射近似于实际物体的热辐射。确定黑体的单色辐出度 $M_0(\lambda,T)$ 是研究热辐射的一个中心问题。

自然界中的物体都不是绝对黑体，黑体只是一个理想化的模型。重要的是黑体只吸收不反射电磁波。白色表面吸收电磁波的能力小，在同温度下它辐射的电磁波的强度也小；表面越黑，吸收电磁波的能力就越大，在同温度下它辐射的电磁波的强度也越大。

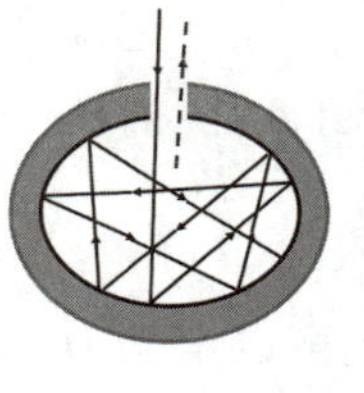
图 14-1　黑体模型

为了研究黑体辐射，维恩设计了黑体模型，如图 14-1 所示。用不透明材料制成一个带有很小的孔的空腔，小孔即可当作黑体模型。当电磁波从小孔射入空腔后，经过空腔内壁多次反射，每反射一次空腔内壁将吸收一部分能量。因为小孔的面积远远小于容器内表面的面积，电磁波在空腔内反射次数就会很大，这意味着射入小孔的电磁波能量几乎全部被空腔吸收，吸收比近似为 1。入射小孔的电磁波几乎全部被吸收，小孔不反射电磁波；当然，空腔吸收的能量也会以电磁波的形式从小孔辐射出来(图中虚线)。因此，不透明空腔上的小孔可以看作是绝对黑体的模型，而空腔中的电磁辐射常称为黑体辐射。

二、黑体辐射实验

黑体辐射实验研究主要是测量在某一温度下黑体辐射的各种波长(频率)电磁波的单色辐出度 $M_0(\lambda,T)$ 或 $M_0(\nu,T)$，也就是测量不同温度下黑体辐射光谱。

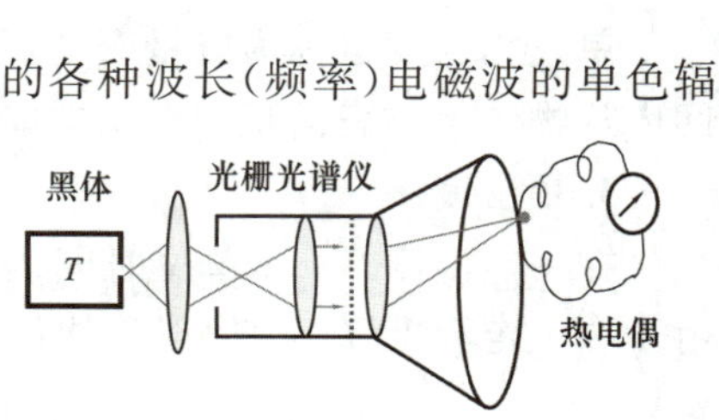

图 14-2　黑体辐射光谱实验装置

黑体辐射实验的实验装置如图 14-2 所示。在某一温度 T 下的黑体辐射各种波长 λ(频率 ν)的电磁波，由透镜汇聚并出射平行光(电磁波)，平行光垂直入射到光栅光谱仪的衍射光栅上，经光栅分光(不同波长的光由衍射光栅出射的方向不同)，由热电偶测量出射光的强度。沿圆面移动热电偶，测得不同波长 λ(频率 ν)的光强，从而测得在某一温度 T 下的黑体平衡热辐射光谱 $M_0(\lambda,T)$ 或 $M_0(\nu,T)$。

图 14-3 给出了几种温度下黑体平衡热辐射光谱 $M_0(\lambda,T)$ 曲线的示意图。在任何温度下，黑体几乎辐射所有波长 λ(频率 ν)的电磁波；黑体单色辐出度 $M_0(\lambda,T)$ 的峰值波长只与黑

体的温度有关，温度不同，黑体单色辐出度的峰值波长不同；温度越高，单色辐出度 $M_0(\lambda, T)$ 的最大值越向短波（高频）方向移动；黑体单色辐出度 $M_0(\lambda, T)$ 曲线下的面积就是黑体辐射的辐出度 $M_0(T)$，随着温度的升高，黑体辐射的辐出度在增大。图 14-4 给出了几种温度下黑体平衡热辐射光谱 $M_0(\nu, T)$ 曲线的示意图。

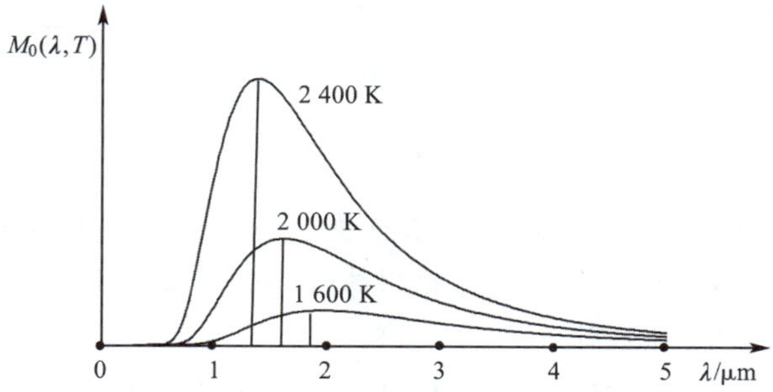

图 14-3　黑体辐射单色辐出度实验曲线（按波长展开）

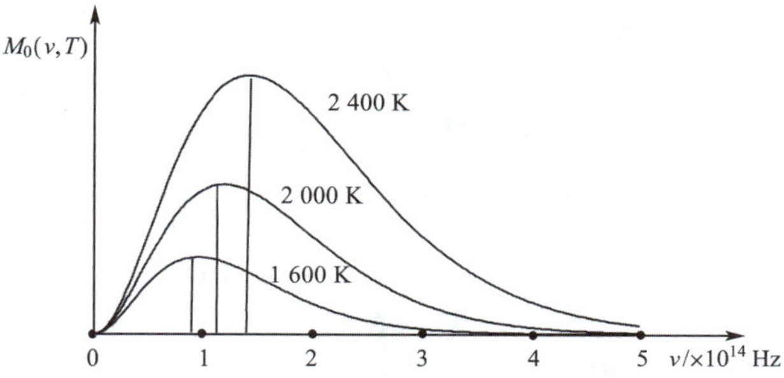

图 14-4　黑体辐射单色辐出度实验曲线（按频率展开）

三、黑体辐射的经典物理理论

在进行黑体辐射实验的同时，科学家们不仅对实验现象进行总结，而且在理论上也进行了全方位的探讨，期望将黑体辐射纳入经典物理学体系。

1. 斯特藩-玻尔兹曼定律

1879 年，斯特藩通过实验总结而得到，1884 年玻尔兹曼从理论上证明：黑体在单位时间内从单位表面积发出的各种频率的电磁波的总能量（辐出度）为

$$M(T)=\sigma T^4 \tag{14-1-5}$$

式中，$\sigma=5.670\ 51\times10^{-8}\ \mathrm{W\cdot m^{-2}\cdot K^{-4}}$，称为斯特藩常量。

2. 维恩位移定律

1893 年，维恩由理论推导而得到辐射最强的波长或频率的计算公式

$$\lambda_m=\frac{b}{T},\nu_m=C_\nu T \tag{14-1-6}$$

式中，$b=2.898\times10^{-3}\ \mathrm{m\cdot K}$，$C_\nu=5.880\times10^{10}\ \mathrm{Hz\cdot K^{-1}}$。要注意的是，维恩位移定律的两个表达式中的 λ_m 和 ν_m 不满足波长与频率之间的关系 $\lambda\nu=c$。实际上，可以由后面介绍的普朗克公式推导出 $\lambda_m\nu_m=1.701\times10^8\ \mathrm{m\cdot s^{-1}}\neq c$。

3. 维恩公式

1896 年，维恩从经典热力学和麦克斯韦分布出发，找到了一个关于黑体辐射的公式

$$M_0(\lambda,T)=\frac{c_1}{\lambda^5}\exp\left(-\frac{c_2}{\lambda T}\right),M_0(\nu,T)=\alpha\nu^3\exp\left(-\frac{\beta\nu}{T}\right) \tag{14-1-7}$$

其中,c_1 和 c_2 以及 α 和 β 是需要由实验来确定的参数。

4. 瑞利-金斯公式

1900 年,瑞利按经典的能量均分定理,把空腔中简谐振子平均能量取与温度成正比的连续值,得到一个黑体辐射公式;1905 年,金斯又加以修正,从而得到

$$M_0(\lambda,T)=\frac{2\pi ck}{\lambda^4}T,M_0(\nu,T)=\frac{2\pi k\nu^2}{c^2}T \tag{14-1-8}$$

式中,$k=1.380\ 658\times10^{-23}\ \mathrm{J\cdot K^{-1}}$,称为玻尔兹曼常量;$c$ 为真空中的光速。

斯特藩-玻尔兹曼定律和维恩位移定律是黑体辐射的基本定律,是测量高温以及遥感和红外追踪等现代科学技术的物理基础。

由维恩公式绘出的黑体辐射单色辐出度 $M_0(\lambda,T)$ 随辐射波长变化的曲线如图 14-5 中的"维恩线"所示。由图可见,这一理论在短波(高频)范围内与实验符合得很好,但在长波(低频)范围内与实验结果有明显的偏差。

由瑞利-金斯公式绘出的黑体辐射单色辐出度 $M_0(\lambda,T)$ 随辐射波长变化的曲线如图 14-5 中的"瑞利-金斯线"所示。由图可见,这一理论只适用于长波(低频)波段;而在紫外区与实验曲线明显不符,特别是短波极限 $\lambda\to0$(高频极限 $\nu\to\infty$),$M_0(\lambda,T)\to\infty$。

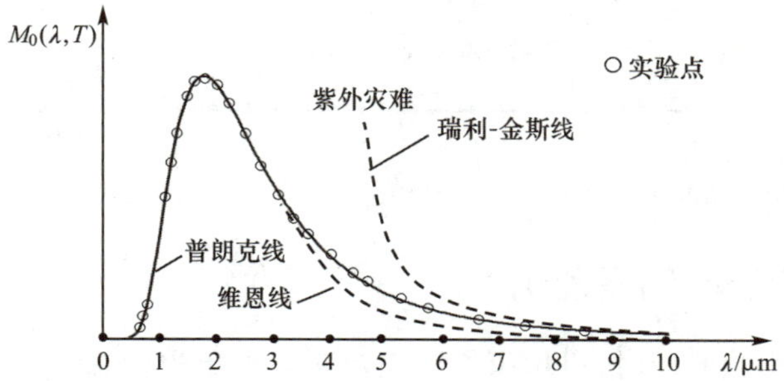

图 14-5　黑体辐射单色辐出度理论曲线

由此可见,用当时已被认为"完善"的经典电磁理论和热力学理论得出的有关黑体辐射单色辐出度的结果与实验结果不符,特别是在高频范围内差别更明显。在高频范围内黑体辐射出的电磁波强度随频率的二次方不断增大,以致可趋于无限大;这一经典理论与实验结果的巨大差别被当时的科学家称为"紫外灾难"。黑体辐射实验是当时物理学晴朗天空中的一朵乌云,暴露了经典物理学肯定存在某些缺陷。

四、普朗克公式

1900 年 10 月,普朗克利用数学上的内插法,把适用于高频的维恩公式和适用于低频的瑞利-金斯公式衔接起来,得到一个有关黑体辐射单色辐出度的半经验公式,即普朗克黑体辐射公式,简称普朗克公式。普朗克公式的现代形式为

$$M_0(\lambda,T)=\frac{2\pi hc^2}{\lambda^5}\frac{1}{\exp\left(\frac{hc}{\lambda kT}\right)-1},M_0(\nu,T)=\frac{2\pi h}{c^2}\frac{\nu^3}{\exp\left(\frac{h\nu}{kT}\right)-1} \tag{14-1-9}$$

式中,h 称为普朗克常量,现代最优值为

$$h=6.626\ 068\ 76(52)\times10^{-34}\ \mathrm{J\cdot s}$$

由普朗克公式绘出的黑体辐射单色辐出度 $M_0(\lambda, T)$ 随辐射波长变化的曲线如图 14-5 中的"普朗克线"所示。"普朗克线"在全波段与实验曲线惊人地符合！普朗克公式的背后一定还蕴藏着经典物理学所没有揭示出来的深刻的科学原理。

由普朗克公式对全波段积分，就可以得到斯特藩-玻尔兹曼定律

$$M(T)=\int_0^{\infty} M_0(\lambda, T)\mathrm{d}\lambda, M(T)=\int_0^{\infty} M_0(\nu, T)\mathrm{d}\nu$$

由普朗克公式对波长 λ（或频率 ν）求一阶导数，并令一阶导数为零

$$\frac{\mathrm{d}M_0(\lambda, T)}{\mathrm{d}\lambda}=0, \frac{\mathrm{d}M_0(\nu, T)}{\mathrm{d}\nu}=0$$

就可以得到维恩位移定律。在短波（高频）范围内，$hc \gg \lambda kT$（$h\nu \gg kT$），则

$$\exp\left(\frac{hc}{\lambda kT}\right)-1 \approx \exp\left(\frac{hc}{\lambda kT}\right), \exp\left(\frac{h\nu}{kT}\right)-1 \approx \exp\left(\frac{h\nu}{kT}\right)$$

从而得到维恩公式。在长波（低频）范围内，$hc \ll \lambda kT$（$h\nu \ll kT$），则

$$\exp\left(\frac{hc}{\lambda kT}\right)-1 \approx \frac{hc}{\lambda kT}, \exp\left(\frac{h\nu}{kT}\right)-1 \approx \frac{h\nu}{kT}$$

从而得到瑞利-金斯公式。可见，普朗克公式是黑体辐射的基本公式。

五、普朗克量子化假说

普朗克不满足于他自己"猜到"的有关黑体辐射单色辐出度的半经验公式，他要去揭示这一公式真正的物理意义。1900 年 12 月 14 日，普朗克发表了他的"能量量子化"假说。由这一假说出发，利用统计物理学就可以推导出与黑体辐射单色辐出度的半经验公式（普朗克公式）完全一致的黑体辐射单色辐出度公式。

普朗克认为：黑体模型中，空腔内壁的分子、原子的振动可以看成是许多带电的简谐振子；简谐振子都在做简谐振动，因此这些简谐振子可以辐射和吸收能量，并与黑体空腔内的热辐射达到平衡。从小孔（黑体）辐射出的电磁波，就是由空腔内壁的简谐振子辐射出的。

为了从理论上得到他自己"猜到"的有关黑体辐射单色辐出度半经验公式，普朗克不得不做出一个经典物理学所不允许的假设：谐振子可能具有的能量是不连续的，而只能取一些离散的值。如果黑体辐射电磁波的频率为ν，则黑体的空腔内壁上的原子或分子只能以 $h\nu$ 为单位发射或吸收能量，其中 h 是一个普适常量（普朗克常量）。或者说，黑体的空腔内壁上的原子或分子发射或吸收的能量为

$$E=nh\nu \quad n=0,1,2,\cdots \tag{14-1-10}$$

其中，黑体的空腔内壁上的原子或分子发射或吸收能量的最小单元为

$$\varepsilon=h\nu \tag{14-1-11}$$

而 ε 就称为"能量子"。一个频率为 ν 的谐振子，在发射或吸收能量（与周围环境交换能量）时，只能整个地辐射或吸收一个个能量子。这一能量离散的概念，或者说，能量不连续的概念，称为能量量子化。

由能量量子化概念和经典统计物理学，普朗克可以很自然地推导出黑体辐射单色辐出度普朗克公式。从而为黑体辐射寻找到了一种物理理论；不过，代价就是放弃经典物理学中能量连续的概念，代之以能量量子化的概念。

普朗克的假说提出了一个与经典物理学完全不相容的"量子化"概念（经典物理学认为能量是连续的），突破了经典物理学的观念，打开了人类认识微观物质世界的大门，为量子力学的

创立迈出了第一步,在物理学史上具有划时代的伟大意义。

必须指出,普朗克的能量量子化概念还不是彻底的量子化概念,他只是假设谐振子在发射或吸收能量时是量子化的;在用谐振子能量量子化概念推导普朗克公式的过程中,使用了经典统计物理学理论,因此,普朗克的能量量子化概念依然存在经典物理学的痕迹。普朗克本人还长期尝试用经典物理理论来解释量子概念的由来,但都失败了。直到 1911 年,普朗克才真正认识到量子化的全新的、基础性的意义,量子概念是根本不能由经典物理理论导出的。真正读懂并加以发展量子概念的是爱因斯坦。

第二节　光电效应与爱因斯坦光子理论

1887 年,赫兹在用实验证实麦克斯韦电磁理论时偶然发现,当用紫外线照射金属锌时会从金属锌表面逸出电荷。1896 年,J. J. 汤姆孙发现了电子之后,勒纳德证明赫兹实验中所发出的带电粒子是电子。赫兹发现的效应就定名为光电效应(实际上现在应该称为外光电效应),从而开始了对光电效应的实验和理论的全面而深入的研究。

大量的实验研究发现,经典物理学理论对光电效应的根本性问题无法做出解释,经典物理学理论与光电效应实验严重不符。爱因斯坦提出光量子概念,圆满地解释了光电效应实验事实。密立根用实验事实确定了爱因斯坦理论的正确性。康普顿效应不仅展示实验结果与爱因斯坦光量子理论完全相符,而且证实了微观粒子也遵守能量守恒和动量守恒定律。

爱因斯坦的光子理论使得人们对微观粒子有了新的颠覆经典物理学的认识,在建立量子力学的道路上迈出了最为坚实的一步。

当今,对光电效应的认识不仅仅停留在电子逸出金属(以及金属氧化物、半导体等)表面的现象,对电子受到光子作用而没有逸出金属表面的内光电效应也进行了全面而深入的研究。利用光电效应(内、外)研制出的各种光电器件在科学研究、生产实践乃至人类生活等各个方面的应用越来越广泛,已经形成了规模巨大的光电子产业。

紫外线光电子谱(UPS)和 X 射线光电子谱等光电子谱技术,就是分析由光电效应产生的光电子的能量分布谱,从而获得被检测物质的表面结构等信息,已经成为强有力的表面分析手段。

一、光电效应(外)实验装置

光电效应(外)实验装置简图如图 14-6 所示。光电效应(外)实验装置主要由光电管、加有多种滤光片的光源、供电电源、双刀双掷开关、电流表、电压表、可变电阻等组成。光电管被抽成真空;在光电管内的阳极(A)与阴极(K)之间没有导通,但只要有电子由阴极到达阳极就算导通,就会形成电流。加有多种滤光片的光源提供入射光电管阴极上的各种单色光。供电电源是给光电管两极提供电势差(电压)的,双刀双掷开关是用来改变光电管两极之间的电压极性的,可变电阻是用来改变加在光电管两极的电压大小的。加在光电管两极的电压由电压表测量,回路中的电流(光电流)由电流表测量。

单色光(频率 ν 一定)由光电管的玻璃窗入射到光电管的阴极上,如果入射光的频率达到某一定值,就会由阴极逸出电子(注意,频率达不到某一定值,不会有电子从阴极逸出)。由阴极逸出的电子称为光电子(实际上与普通的电子没有什么区别,只是由入射的光从金属表面击

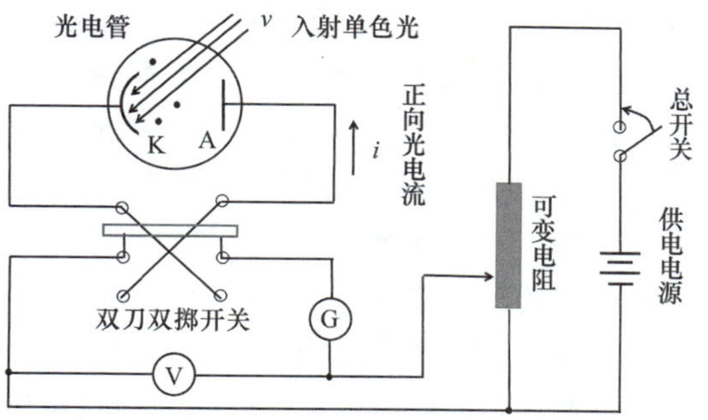

图 14-6 光电效应(外)实验装置

落下来才称为光电子),可以由各个方向飞离金属表面(甚至可以有各种初动能)。一些光电子可以由光电管阴极 K 到达光电管阳极 A,从而在回路中形成电流,这一电流是由于光电子的定向移动产生的,所以称为光电流。如果光电管两极加正向电压(图中双刀双掷开关推向上方),在光电管内建立的电场将加速光电子向光电管阳极的定向移动,甚至会使一些侧向飞离光电管阴极的光电子做类似于抛体运动的向光电管阳极的运动;所加的正向电压越大,单位时间内从阴极到达阳极的光电子数越多,光电流越大。如果光电管两极加反向电压(图中双刀双掷开关推向下方),在光电管内建立的电场将阻止光电子向光电管阳极的定向移动,甚至会使一些光电子不能到达光电管阳极;所加的反向电压越大,单位时间内从阴极到达阳极的光电子数越少,光电流越小。因此,不能以回路中光电流的大小和是否有光电流来断定是否发生了光电效应,而应该以是否有光电子从光电管的阴极逸出为标准来判断是否发生了光电效应。

二、光电效应的实验规律

对大量的光电效应实验,可以总结出若干光电效应的实验规律。

1. 红限频率的存在

实验发现,只有当入射光的频率大于某一定值 ν_0 时,才能从金属表面释放电子。当入射光的频率 $\nu<\nu_0$ 时,无论光强多强、照射时间多长、加的正向电压多大,都不会有光电流产生,不能发生光电效应;而 $\nu>\nu_0$ 的光都能产生光电效应。这一频率 ν_0 称为红限频率,相应的光波长 $\lambda_0=c/\nu_0$ 称为红限波长。实验表明,不同金属的红限频率(红限波长)不同。

2. 光电流与正向电压的关系

实验表明,当用大于红限频率的某固定频率的光照射某金属时(即在发生光电效应的前提下),光强一定时,光电流随正向电压的增加而增加;当正向电压增加到一定值时,光电流不再增加,而是达到一饱和值 i_m,称为饱和(光)电流。如图 14-7 所示。

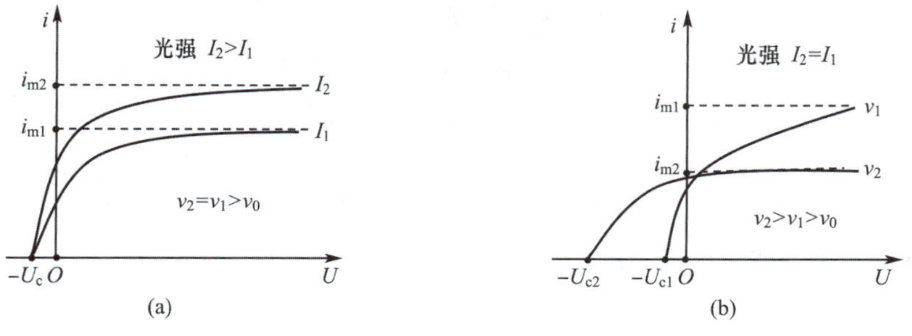

图 14-7 光电管电压与光电流的关系

饱和现象说明,此时,单位时间内从阴极 K 逸出的光电子已经全部被阳极 A 接收。

发生光电效应时,由金属阴极表面逸出的光电子的动能最大,这就是光电子的最大初动能。由金属阴极内部逸出的光电子的初动能比从金属阴极表面逸出的光电子的动能小,这是由于电子由金属内部逸出时不但要克服金属表面势垒的束缚,还要克服金属内部原子核的束缚。逸出的光电子可以沿各个方向运动,有些光电子直接打到了光电管的侧壁上,对光电流没有贡献;有些光电子能够自己到达光电管阳极,从而形成光电流,所以不加正向电压也能形成光电流。如果对光电管加正向电压,确实能够对光电子起到加速向阳极运动的作用,但这对光电流的增强没有什么作用,因为光电流的强弱由单位时间内到达阳极的光电子数决定,而不是由光电子的运动速度决定。正向电压的作用是使初始时刻偏离由阴极直接向阳极方向运动的光电子的运动轨迹纠正为类似于抛体运动的抛物线形,使得原本打到光电管侧壁上的光电子也能到达阳极,使得到达阳极的光电子数增多,光电流增强。正向电压越高,光电子运动轨迹被纠正得越直,会有更多的光电子能够到达阳极,光电流越强。但正向电压增大到一定程度,连最偏离阴极一阳极直线运动的光电子都被纠正为能够到达阳极,再增大正向电压到达阳极的光电子数也不会增多,单位时间内产生的光电子全部到达阳极,光电流达到了最大值,这个光电流最大值就是饱和光电流。饱和光电流是存在的。实验也表明,饱和光电流值与正向电压的数值无关,这也反过来说明光电子运动速度对光电流没有什么影响,因为正向电压越高,光电子的运动速度越大。

3. 饱和电流与入射光光强的关系

实验表明,当用大于红限频率的某固定频率的光照射某金属时,饱和电流 i_m 与光强 I 成正比,如图 14-7(a)所示。这说明,在入射光频率固定的条件下,单位时间内阴极 K 逸出的光电子数与入射光强成正比。

4. 饱和电流与入射光频率的关系

实验表明,如果在保持入射光光强不变的情况下,改变入射光的频率(保持能够发生光电效应的前提下),如图 14-7(b)所示,饱和电流与入射光频率成反比。这说明,在保持入射光光强不变的情况下,单位时间内阴极 K 逸出的光电子数与入射光频率成反比。

5. 截止电压的存在

实验表明,用大于红限频率的某固定频率的光照射某金属时,如果在光电管两极加一反向电压,对于那些直接飞向光电管阳极的光电子(各种速度都有可能)起到减速的作用,有些较低速的光电子在没有到达阳极前就已经损耗掉了全部的初动能,最终没有到达阳极,对光电流的形成没有贡献。光电管加反向电压会减弱光电流,而且反向电压数值越大,光电流越弱。当反向电压的数值大到一定程度,连直接飞向阳极且具有最大初动能的光电子(由金属阴极表面逸出的)刚好到达阳极就在反向电压建立的电场的作用下返回阴极(实际上相当于没有到达阳极,对光电流没有贡献)。再增大反向电压数值,电流一直为零。这一电压值 U_c 称为截止电压。如图 14-7 所示,反向截止电压的大小 U_c 与入射光光强无关,而与入射光频率有关。入射光频率越高,反向截止电压的数值越大。不过,反向截止电压还与阴极的金属材料有关。

截止电压的存在说明,此时从阴极 K 逸出的具有最大初动能的光电子,由于受到外加电场的阻碍,也不能到达阳极 A 了。根据能量分析,得到光电子从阴极 K 逸出时的最大初动能与截止电压的关系为

$$\frac{1}{2}mV_m^2=eU_c \tag{14-2-1}$$

光电管加反向电压，所以截止电压是截止光电流的，不是截止光电效应发生的。电场力对具有最大初动能的光电子所做的功刚好消耗掉了光电子的最大初动能（$e|U_c|=E_k$）。

6. 截止电压与入射光频率的关系

实验表明，用频率大于红限频率的光照射某金属时，截止电压与入射光频率呈线性关系。对于不同的金属材料，截止电压与入射光频率都呈线性关系，而且直线平行。如图 14-8 所示。即

$$U_c=k\nu-U_0 \tag{14-2-2}$$

式中，k 是普适常数（直线斜率），与材料无关，但不同材料制成的阴极 U_0 值不同。

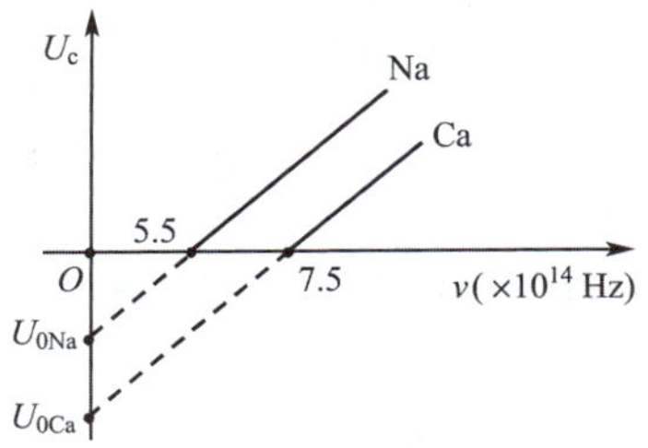

图 14-8 截止电压与光频率的关系

再由(14-2-1)，得到

$$\frac{1}{2}mV_m^2=ek\nu-eU_0 \tag{14-2-3}$$

可见，入射光的频率必须大于某一值，才能使$\frac{1}{2}mV_m^2\geqslant0$，电子才能逸出金属表面成为光电子，电子才能成为真正的自由电子，才能发生光电效应。这一极限值就是红限频率，因此

$$ek\nu_0-eU_0=0,\nu_0=\frac{U_0}{k},\lambda_0=\frac{c}{\nu_0}=\frac{ck}{U_0} \tag{14-2-4}$$

对于不同的金属材料，截止电压 U_c 与入射光频率 ν 都呈线性关系，ν-U_c 直线平行。直线的斜率就是一个物理学常数，由此可以确定普朗克常数 h。表明入射光频率不同，截止电压不同，从而入射光频率不同，光电子最大初动能不同。ν-U_c 直线与 ν 轴交点处的 ν 值就是红限频率。由 ν-U_c 直线与 U_c 轴交点处的 U_c 值可以确定金属的逸出功。

7. 光电效应与光照时间的关系

实验表明，在可以发生光电效应的前提下，光电子的逸出几乎是在光照射到金属表面的那一刻发生的，其延时在 10^{-9} s 以下。即使使用极弱的光入射金属表面，只要光频率大于红限频率，光电效应的发生几乎与光照时间无关。

三、经典物理学理论解释光电效应的困难

经典物理学理论认为：光是一种电磁波。因此，无论强光还是弱光，总是可以提供足够的能量给金属中的自由电子，使其从金属表面逸出来，无非是时间长短不同而已。强光照射时，能量积累时间短；弱光照射时，能量积累时间长。因此，按经典物理学理论，光电子发射的条件不应由入射光的频率决定，而应取决于入射光光强。但光电效应的实验事实是：光电子能否逸出，只取决于金属材料和入射光频率，而与入射光光强度无关。因此，经典物理学理论无法解释光电子能否逸出的问题，即无法解释“红限”问题。

另外，根据光的经典波动理论，在光的照射下，金属中的自由电子受到入射光的电振动的作用而做受迫振动，从而使金属表面的电子在接收能量多时，可以克服金属的束缚并具有初动能而逸出金属表面。因此，经典物理学理论认为，光电子的初动能应决定于光振动的振幅或光强。而光电效应实验告诉我们，光电子的初动能与入射光的频率呈线性关系，而与入射光光强无关。

还有，经典物理学理论认为，金属中的自由电子从入射光波中吸收能量时，能量必须积累到一定的量值，才能逸出金属表面。但光电效应实验表明，光电子的逸出几乎与光照时间无关。

经典物理学理论唯一能解释的是:饱和电流强度与入射光光强成正比。但又不能解释在光强一样的情况下,饱和电流与入射光的频率成反比的实验事实。

可见,经典物理学理论不能对“光电效应能否发生取决于入射光的频率”和“光电子的初动能与入射光频率呈线性关系而与光强无关”等这样一些光电效应的本质问题给出解释。

光的波动理论(经典物理学理论)在光电效应的实验结果上也遇上了“灾难”。

四、爱因斯坦的光子理论与光的波粒二象性

普朗克在解决有关热辐射的问题时,只假定了辐射电磁波的带电谐振子的能量是量子化的,而电磁辐射本身,即分布于空间的电磁波的能量还被认为是连续分布的。

爱因斯坦发展了关于能量量子化的概念。爱因斯坦于 1905 年假定:“从一个点光源发出的光线的能量并不是连续地分布在逐渐扩大的空间范围内的,而是由有限个数的能量子组成的。这些能量子个个都只占据空间的一些点,运动时不分裂,只能以完整的单元产生或被吸收。”①爱因斯坦认为,光量子(1926 年,刘易斯称其为光子)具有“整体性”:光的发射、传播、吸收都是量子化的。一束光波就是以速率 c 运动的一束光子流。不同颜色(频率)的光,其光子的能量不同。频率为 ν 的光的一个光子的能量为

$$\varepsilon=h\nu \tag{14-2-5}$$

其中,h 就是普朗克常量。根据光强的定义:单位时间内通过单位横截面积的光的能量,爱因斯坦重新给出了光强的计算公式

$$I=N\varepsilon=Nh\nu \tag{14-2-6}$$

其中,N 为光子数通量,即单位时间内通过单位横截面积的光子数。

由于按相对论,粒子质量和运动速度的关系为

$$m=\frac{m_0}{\sqrt{1-V^2/c^2}}$$

对于光子,$V=c$,而 m 是有限的,所以只能是 $m_0=0$,即光子是静止质量为零的一种粒子。不过,由于光速不变,光子对于任何参考系都不会静止,所以在任何参考系中光子的质量实际上都不会是零。一个光子的能量为 $\varepsilon=h\nu$,再根据相对论的质能关系 $E=mc^2$,可以给出一个光子的相对论质量

$$m=\frac{h\nu}{c^2}=\frac{h}{c\lambda} \tag{14-2-7}$$

再根据相对论动量定义,光子的动量大小为

$$p=mc=\frac{h}{\lambda}=\frac{h\nu}{c} \tag{14-2-8}$$

这就是描述光的性质的基本关系式。

在 19 世纪,通过光的干涉、衍射等实验,人们已认识到光是一种波动——电磁波,并建立了光的电磁理论——麦克斯韦理论。进入 20 世纪,从爱因斯坦起,人们又认识到光是粒子流——光子流。综合起来,关于光的本性的全面认识就是:光既具有波动性,又具有粒子性,相

①关于光的产生与转化的一个试探性观点.爱因斯坦.1905.

辅相成。在有些情况下，光突出地显示出其波动性，而在另一些情况下，则突出地显示出其粒子性。光的这种本性被称为光的波粒二象性。光既不是经典物理学意义上的“单纯的”波，也不是经典物理学意义上的“单纯的”粒子。光的波动性用光波的波长 λ 和频率 ν 描述，光的粒子性用光子的质量 m、能量 ε 和动量 p 描述。

光的波粒二象性的概念，依然没有彻底摆脱经典物理学的束缚，依然在使用经典物理学中“粒子性”和“波动性”的概念去建立“光”的量子概念。应该以全新的视角去理解量子的概念。“光”是物质，为了精确地描述光，需要质量(m)、能量(ε)、动量(p)、频率(ν)、波长(λ)等基本物理量(当然还有其他物理量，诸如自旋等)，这些描述光子的基本物理量之间满足一定的关系。这就是目前我们对光的基本认识。要特别注意的是，描述光的基本物理量在数量上是通过普朗克常量联系在一起的。

五、光子理论对光电效应的解释

为了解释光电效应，爱因斯坦在 1905 年上述那篇文章中写道：“最简单的方法是设想一个光子将它的全部能量给予一个电子。”电子获得此能量后动能就增加了，从而有可能逸出金属表面。以 A 表示电子从金属表面逸出时克服金属内正电荷的吸引力需要做的功(这功称为逸出功)，则由能量守恒可以得到一个电子逸出金属表面后的最大初动能应为

$$\frac{1}{2}mV_{\mathrm{m}}^{2}=h\nu-A \tag{14-2-9}$$

此式称为光电效应方程。光电效应方程实质上是能量守恒定律在光电效应中的具体形式，光电效应方程清晰地表示了最大初动能的物理意义。光电子的最大初动能等于入射光子的能量与金属表面逸出功之差，电子吸收一个光子、克服金属表面束缚剩余的能量作为光电子的初动能，所以最大初动能是由金属表面逸出的光电子的初动能。由金属内部逸出的光电子的初动能要比最大初动能小，因为金属内部的光电子到达金属表面还要克服金属内部其他阻力做功，从而会损失一部分吸收的入射光子的能量。

如果 $h\nu>A$，电子一次从光子处获得能量，克服金属的逸出功，从金属表面逸出，发生光电效应；如果 $h\nu<A$，则电子一次从光子处获得能量不足以克服金属的逸出功，电子通过热运动很快释放吸收的能量，不能从金属表面逸出，不能发生光电效应。因此，存在一个发生光电效应的红限频率(红限波长)

$$\nu_0=\frac{A}{h},\lambda_0=\frac{c}{\nu_0}=\frac{ch}{A} \tag{14-2-10}$$

如果光强一定，单位时间内到达阴极 K 的光子数(称为光子数通量)一定，单位时间内从阴极 K 上打落的光电子数(称为光电子数通量)一定；光电子数通量应该与光子数通量成正比，单位时间内从阴极逸出的光电子数与单位时间内到达阴极的光子数成正比。

由于从光电管阴极逸出的光电子的初始运动方向各异(由此而打到光电管侧壁上)，并不是全部光电子都能到达阳极从而对光电流有贡献。如果给光电管加上一个正向电压(正如力学中的抛体运动)，光电子将趋于向阳极方向运动，单位时间内到达阳极的光电子数增多，光电流将随之增大。当正向电压较小时，能够到达阳极的光电子数少，光电流依然较弱。随着正向电压逐渐增加，能够到达阳极 A 的光电子数随之增加，因此，光电流随正向电压的增加而增

加。当单位时间内从阴极 K 上打落的光电子全部被正向电压运送到阳极 A 时，再增大正向电压，能够到达阳极 A 的光电子数就不会增加了，因此，存在饱和电流 i_m。

由爱因斯坦光子理论给出的光强公式 $I=N\varepsilon=Nh\nu$ 可见，在入射光频率固定的条件下，如果入射光强增大，单位时间内到达阴极 K 的光子数(光子数通量 N)随之成正比增加，单位时间内从阴极 K 上打落的光电子数随之成正比增加，因此，饱和电流 i_m 与光强 I 成正比；在光强不变的情况下，增大入射光的频率，则意味着入射光的光子数通量 N 成比例地减少，单位时间内由金属表面逸出的光电子数成比例地减少，因此，在入射光光强保持不变的条件下，光电流与入射光的频率成反比。

用大于红限频率的某固定频率的光照射某金属时，从阴极 K 上打落的光电子还具有一定的初动能。尽管光电子的运动方向各异，但总还是有一部分光电子在没有正向电压时，也会到达阳极 A，从而形成光电流。如果加一个反向减速电压，阻止光电子向阳极 A 运动，则光电流就会减小。当反向减速电压达到某一数值 U_c 时，连具有最大初动能(准确地说是：沿电场方向的最大初动量)的光电子都不能到达阳极 A 时，光电流才为零。这就说明反向截止电压是存在的。由光电效应方程和截止电压的定义，可以得到

$$U_c=\frac{h}{e}\nu-\frac{A}{e} \tag{14-2-11}$$

由于 h 和 e 都是与金属材料无关的常数，A 是与金属材料有关的常数，因此，截止电压与入射光频率呈线性关系。而且，直线的斜率 $k=h/e$ 与金属材料无关，对于所有金属材料，直线是平行的。但由于金属的逸出功 A 与金属材料有关，不同的金属材料，直线的截距不同。

因为一个电子一次吸收一个具有足够能量的光子而逸出金属表面是不需要多长时间的，因此光电效应的延迟时间极短。

就这样，爱因斯坦的“光子”假说，完全解释了光电效应。到 1916 年，密立根对电子电荷量进行了 11 年的测量，确定光子概念是正确的，并求出

$$h=6.56\times10^{-34}\ \mathrm{J\cdot s}$$

这与当时用其他方法测得的值符合得很好。

六、康普顿散射

1922—1923 年，康普顿研究了 X 射线被较轻物质(石墨、石蜡等)向各个方向散射后光的成分，发现散射谱线中除了有波长与原波长相同的成分外，还有波长较长的成分。而且随散射角的增大，波长较长的散射 X 射线的波长偏离入射 X 射线的波长越大。这种散射现象称为康普顿散射或康普顿效应。中国物理学家吴有训也曾对康普顿散射实验做出了杰出的贡献。用经典电磁理论来解释康普顿效应时遇到了困难。康普顿借助于爱因斯坦的光子理论，从光子与电子碰撞的角度对此实验现象进行了圆满的解释。

康普顿散射实验装置，如图 14-9 所示。康普顿将 $\lambda_0=0.070\ 9$ nm 的 X 射线经过光阑准直后投射到散射体石墨上，被石墨散射的 X 射线再经过晶体衍射，然后在不同的角度测量被石墨分子散射的 X 光强度。

如图 14-10 所示散射曲线的特点：除原波长 $\lambda_0=0.070\ 9$ nm 外，出现了移向长波方向的新的散射波长 λ。只是在散射角 $\varphi=0°$ 的方向只有入射 X 射线波长成分 λ_0，其他散射方向均

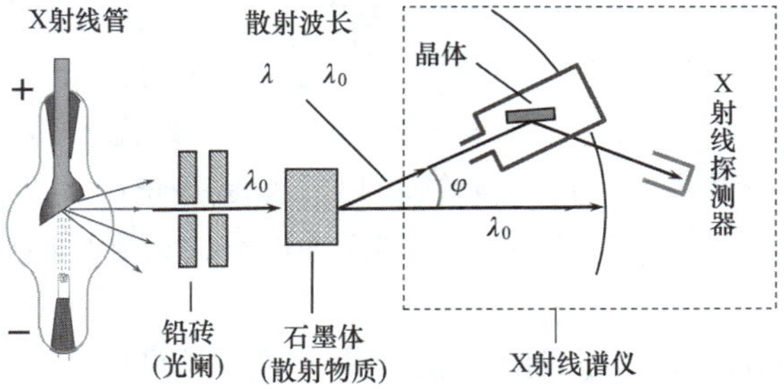

图 14-9 康普顿散射实验装置

是既有入射 X 射线波长成分 λ_0，又有新波长成分 λ。散射光波长的变化 $\Delta\lambda=\lambda-\lambda_0$ 与入射光的波长无关。新波长 λ 随散射角 φ 的增大而增大。当散射角增大时，原波长的谱线强度降低，而新波长的谱线强度升高。

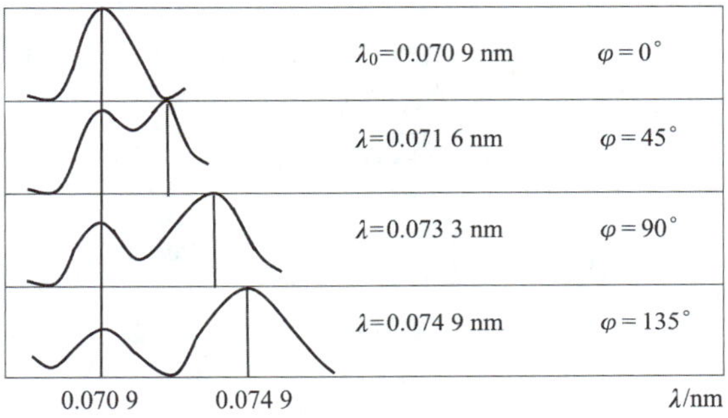

图 14-10 康普顿散射波长分布

通过对实验数据的分析，康普顿得出：散射 X 射线的波长偏移量为

$$\Delta\lambda=\lambda-\lambda_0=\lambda_c(1-\cos\varphi)=2\lambda_c\sin^2(\varphi/2) \tag{14-2-12}$$

式中，λ_c 称为电子的康普顿波长，实验值为 $\lambda_c=2.43\times10^{-3}$ nm。

吴有训测试了多种元素(轻原子)对 X 射线的散射曲线，结果都满足康普顿的量子散射公式，证实了康普顿效应的普遍性，$\Delta\lambda=\lambda-\lambda_0$ 只与散射角 φ 有关，与散射物质无关，不同散射物质在同一散射角方向散射光波长的改变量相同。

进一步的实验还表明，对于不同的散射物质，尽管在同一散射角方向散射光的波长(峰值位置)相同(波长变化相等)，但散射光的光强不同(相对于入射光光强峰值大小不同)。而且随着散射物质原子序数的增加(特别是重原子)，散射光相对光强减弱。

在康普顿散射中，散射光波长相对于入射光波长的变化在 10^{-3} nm 量级，与 X 射线波长相当。最大的变化发生在 $\varphi=\pi$ 的方向(背散射)，$\Delta\lambda_{max}=2\lambda_c=4.86\times10^{-3}$ nm。如果用可见光入射，如波长为 $\lambda=500$ nm 的绿光入射，散射光波长的变化不足 0～0.01%。实验上无法观察到如此小的相对变化。因此，可见光入射无法观察到康普顿效应。只有当入射光波长 λ_0 与 λ_c 可比拟时，康普顿效应才显著，因此要用 X 射线入射才能观察到康普顿效应。

根据经典电磁理论，当电磁波通过物质时，物质中带电粒子将做受迫振动，振动的频率等于入射光频率，所以带电粒子所发射的电磁波(散射光)的频率应等于入射光频率。经典电磁理论不能解释在康普顿散射中为什么有 $\lambda\neq\lambda_0$ 的散射光的问题。

康普顿用光子理论对康普顿效应做了成功的解释。按照光子理论，频率为 ν_0 的入射 X 射线可以看作是光子能量为 $\varepsilon_0=h\nu_0$ 的一束光子流。入射光子与散射物质中的电子发生弹性碰撞,光子将部分能量传递给电子,光子的能量有损失,因此光子频率降低,波长变长。

在固体如各种金属中,有许多与原子核联系较弱的电子可以看作自由电子。由于这些电子的热运动平均动能(约百分之几电子伏特)与入射的 X 射线光子的能量(10^{-4}～10^{-3} eV)比起来,可以略去不计,因而这些电子在碰撞前,可以看作是静止的。X 射线的散射是单个光子与单个电子发生弹性碰撞的结果。另外,考虑到反冲电子的速度可能很大,对反冲电子需要考虑相对论效应。

如图 14-11 所示,频率为 ν_0 的入射光光子与一个静止的自由电子碰撞。碰撞后,散射光的频率为 ν,散射角为 φ;电子的反冲速度为 $\mathbf{V}$,反冲角为 θ。按照能量守恒定律和动量守恒定律,应该有

$$\text{能量守恒:} h\nu_0+m_0c^2=h\nu+mc^2, \text{动量守恒:} \frac{h\nu_0}{c}\boldsymbol{e}_0=\frac{h\nu}{c}\boldsymbol{e}+m\mathbf{V}$$

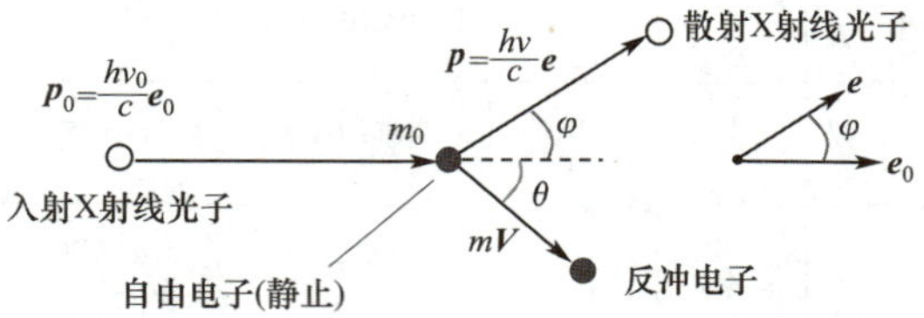

图 14-11　X 射线光子被静止的自由电子散射

$\boldsymbol{e}_0$ 和 $\boldsymbol{e}$ 分别为碰撞前和碰撞后光子运动方向上的单位矢量。这里,已经考虑到了相对论效应和光子理论。入射光子的能量为 $h\nu_0$,动量为$\frac{h\nu_0}{c}\boldsymbol{e}_0$;散射光子的能量为 $h\nu$,动量为$\frac{h\nu}{c}\boldsymbol{e}$。碰撞前电子的能量(静止能量)为 m_0c^2,动量为零;弹性碰撞后,电子的能量(总能量,包括静止能量和动能)变为 mc^2,动量变为 $m\mathbf{V}$。

由能量守恒式,得到

$$m^2c^4=h^2(\nu_0-\nu)^2+m_0^2c^4+2hm_0c^2(\nu_0-\nu)$$

由动量守恒式,得到

$$m^2\mathbf{V}^2=m\mathbf{V}\cdot m\mathbf{V}=\left(\frac{h\nu_0}{c}\boldsymbol{e}_0-\frac{h\nu}{c}\boldsymbol{e}\right)\cdot\left(\frac{h\nu_0}{c}\boldsymbol{e}_0-\frac{h\nu}{c}\boldsymbol{e}\right)$$

$$m^2\mathbf{V}^2c^2=h^2\nu_0^2+h^2\nu^2-2h^2\nu_0\nu\cos\varphi$$

由上述两个结果相减并注意到电子的运动质量为 $m=\dfrac{m_0}{\sqrt{1-V^2/c^2}}$,得到

$$m^2c^4(1-V^2/c^2)=m_0^2c^4+2hm_0c^2(\nu_0-\nu)-2h^2\nu_0\nu+2h^2\nu_0\nu\cos\varphi$$

$$m_0c^2(\nu_0-\nu)=h\nu_0\nu-h\nu_0\nu\cos\varphi, \frac{1}{\nu}-\frac{1}{\nu_0}=\frac{h}{m_0c^2}-\frac{h}{m_0c^2}\cos\varphi$$

$$\frac{c}{\nu}-\frac{c}{\nu_0}=\frac{h}{m_0c}(1-\cos\varphi)=\frac{2h}{m_0c}\sin^2\frac{\varphi}{2}, \Delta\lambda=\lambda-\lambda_0=\frac{2h}{m_0c}\sin^2\frac{\varphi}{2}$$

式中 λ 和 λ_0 分别表示散射光和入射光的波长。这就是康普顿散射公式。其中,物理学常量

$$\lambda_c=\frac{h}{m_0c}=\frac{6.626\times10^{-34}}{9.1\times10^{-31}\times3\times10^8}\ \text{m}=2.43\times10^{-3}\ \text{nm}$$

它与短波 X 射线的波长相当。这一康普顿波长计算值与实验测定值相等。

从上述分析可知，入射光子与电子碰撞时，把一部分能量传给了电子。因而光子能量减少，频率降低，波长变长。波长偏移 $\Delta\lambda$ 与散射角 φ 的关系式也与实验结果定量地符合。波长的偏移 $\Delta\lambda$ 与散射物质以及入射 X 射线的波长 λ_0 无关，而只与散射角 φ 有关。

实际上，康普顿散射中，散射光波长的增大是由于入射光子与原子外层电子相碰撞的结果。外层电子受原子核的束缚较弱，电子的动能与入射光子的能量相当，碰撞过程中光子损失一部分能量，光子频率降低，波长变长。由于光子与外层自由电子的碰撞是非对心碰撞，自由电子可以沿所有方向散射光子，而且光子损失的能量随散射角的增大而增加，所以散射光波长随散射角的增大而变长。另外，康普顿散射效应是光子与物质的“自由电子”之间的相互作用，与具体的物质无关，所以散射光波长与散射物质无关。

在康普顿散射中的散射光中还有原波长 λ_0 的成分，这是光子与石墨中被原子核束缚得很紧的电子发生碰撞的结果。内层电子被原子核束缚得非常紧，束缚能为 $10^3 \sim 10^4$ eV，内层电子不能视为自由电子，而应视为与原子核是一个整体，所以这相当于光子与整个原子核碰撞。由于原子核的质量远远大于光子的质量，在弹性碰撞中，入射光子几乎不损失能量，即散射光子波长不变，即散射线中还有与原波长相同的射线。由于光子与内层电子的碰撞(相当于与整个原子核碰撞)是非对心碰撞，电子可以沿所有方向散射光子，所以沿各个散射方向都有与入射光子波长(频率)相同的散射光子，在各个散射角方向均有入射光原波长 λ_0 的成分。

如果散射物质由轻原子组成，即散射物质的原子核外电子数较少，被原子核束缚较紧的内层电子数相对较少，外层“自由电子”数相对较多，入射光子有较多的机会与外层“自由电子”碰撞被散射，入射光子有相对“较少”的机会与内层电子碰撞被散射。因此，散射光中波长变化的散射光子比原入射波长光子的数目相对“较多”，散射光中波长变化的散射光光强相对“较强”。如果散射物质由重原子组成，即散射物质的原子核外电子数较多，被原子核束缚较紧的内层电子数相对较多，外层“自由电子”数相对较少，入射光子有相对“较多”的机会与内层电子碰撞被散射，入射光子有较少的机会与外层“自由电子”碰撞被散射。因此，散射光中波长变化的散射光子比原入射波长光子的数目相对“较少”，散射光中波长变化的散射光光强相对“较弱”。原子序数大的物质，康普顿散射较弱。原子序数越大，内层电子越多，对光子能量损失的贡献也就越小，散射谱线中 λ_0 成分就越强。

康普顿效应中的电子不能像光电效应那样吸收光子(光子消失)，而是散射光子。假设“静止”的自由电子能吸收光子(光子消失)，则由能量守恒和动量守恒，有

$$h\nu_0 + m_0c^2 = mc^2 = \frac{m_0c^2}{\sqrt{1-V^2/c^2}}, \quad \frac{h\nu_0}{c}\boldsymbol{e}_0 = mV\boldsymbol{e} = \frac{m_0}{\sqrt{1-V^2/c^2}}V\boldsymbol{e}$$

很容易得到 $V=c$，电子碰撞后的速度等于光速，这违反相对论！在光电效应中不考虑动量守恒。在光电效应中，入射的是可见光和紫外线，光子能量低，电子与整个原子的联系不能忽略，原子也要参与动量交换，光子—电子系统动量不守恒。但原子质量较大，能量交换可忽略，所以光子—电子系统仍可认为能量是守恒的。

康普顿散射实验的意义在于，支持了“光量子”概念。首次实验证实了“光量子具有动量”的假设。证实了在微观领域的单个碰撞事件中，动量和能量守恒定律仍然是成立的。此外，康普顿效应还间接地证明了爱因斯坦相对论的正确性。

七、光电效应的应用(阅读)

由于光电效应中的饱和光电流与入射光光强成正比，我们可以利用它来实现光信号与电

信号之间的相互转换,应用于电影、电视及其他现代通信技术。光电效应的瞬时性,在自动控制和自动计数等方面也有极为广泛的用途。

除了外光电效应外,还有内光电效应。所谓的内光电效应,就是在入射光的照射下物质没有电子逸出,但会引发物质电化学性质变化。内光电效应又可分为光电导效应和光生伏特效应以及光子牵引效应等。特别是半导体的内光电效应有很重要的应用。光电导效应:当入射光子入射到半导体表面时,半导体吸收入射光子产生电子空穴对,使其自生电导增大,基于这种效应的光电器件有光敏电阻等。光生伏特效应:当一定波长的光照射非均匀半导体(如 PN 结)时,在自建电场的作用下,半导体内部产生光电压,基于该效应的器件有光电池和光敏二极管、三极管等。光子牵引效应:当光子与半导体中的自由载流子作用时,光子把动量传递给自由载流子,自由载流子将顺着光的传播方向做相对于晶格的运动,在开路的情况下,半导体样品将产生电场,它阻止载流子的运动。

光电管和固态光电探测器。在光电管两极之间接一电池组,当光照射到阴极上时,电路中就有光电流通过,饱和电流与照射光的功率之间有严格的线性关系,这就可以把光强的变化无畸变地转化成电流的变化,实现了光信号与电信号之间的转换。例如,可以把电影胶片上的音迹转换成声频信号,在无线电传真中把稿件和图片等转换成电信号以便传送,等等。然而,由于光电管的灵敏度不够高,体积较大且容易破碎,因此正逐步为固态光电探测器,例如光电二极管所代替。

光电倍增管。光电倍增管中的阴极在光的照射下发射出光电子,电子光学系统使光电子在电场的作用下按预定轨道运动,在电子倍增系统(由 10~15 个倍增阴极组成)上激发出更多的次级电子,最后被阳极收集形成阳极电流。光电倍增管可使光电阴极发出的光电子数增加 $10^4 \sim 10^8$ 倍,在探测弱光等方面获得了广泛的应用。

光电成像器件。光电导摄像管等光电成像器件,可以将辐射图像转换或增强为可观察、记录、传输、存储和进行处理的图像,广泛地应用于天文学、空间科学、X 射线放射学、高速摄影、电视和夜视等领域。

光敏电阻。光敏电阻是利用光的照射会显著改变半导体的导电性能这个性质制成的。在可见光区,主要使用硫化锌、硫化镉和硒化镉等制成的光敏电阻;在近红外区,主要使用硅、锗、硫化铅和锑化铟等制成的光敏电阻。

太阳能电池。PN 结光伏效应的一个重要的应用,是利用光照射时,PN 结产生的光生电压制造把太阳光能转化成电能的器件——太阳能电池。制造太阳能电池的材料主要有硅(Si)、硫化镉(CdS)和砷化镓(GaAs)等。现在仍有很多新型高效材料正在研究实验中。目前,太阳能电池的应用已十分广泛,已成为宇宙飞船、人造卫星、空间站的重要长期电源,在其他方面的应用也十分普遍。

还有衍生光电效应,如俄歇效应(1925 年法国人俄歇发现):用高能光子或电子从原子内层打出电子,同时产生确定能量的电子(俄歇电子),使原子、分子成为高阶离子的现象称为俄歇效应。俄歇电子能谱仪用于表面分析,可辨别不同分子的“指纹”。

值得一提的是在农业病虫害防治方面的应用。农业虫害的治理需要依据为害昆虫的特性提出与环境适宜、生态兼容的技术体系和关键技术。为害昆虫表现出对敏感光源具有个体差异性和群体一贯性的趋光性行为特征,并通过视觉神经信号响应和生理光子能量需求的方式呈现出生物光电效应的作用本质。利用昆虫的这种特性,一些光电诱导杀虫灯技术以及害虫诱导捕集技术广泛地应用于农业虫害的防治,具有良好的应用前景。

实际上，爱因斯坦论证的光电效应是物质中的电子一次只能吸收一个入射光子的能量。由于激光的应用，强光光学研究的发展，现在可以研究双光子吸收，甚至多光子吸收的问题，这是目前非线性光学研究的热点之一。

利用内外光电效应开发研制的光电器件正在源源不断地涌现出来，光电子已经形成了巨大的产业，必将为人类美好生活的实现提供优良的技术支持。

第三节　原子光谱和原子结构与玻尔理论

普朗克和爱因斯坦等将光(波)的能量量子化。玻尔对氢原子光谱实验规律和卢瑟福原子核式结构的深入研究，将原子(实物粒子)的能量量子化，为研究微观粒子的物理理论(量子力学)的创立奠定了坚实的基础。

一、原子的核式结构

1895 年 11 月 8 日，伦琴发现了 X 射线，1901 年被授予首次诺贝尔物理学奖。X 射线具有很强的穿透性，为开创医疗影像技术铺平了道路，这一发现不仅对医学诊断有重大影响，还直接影响了 20 世纪许多重大科学发现。1896 年，贝克勒尔从铀盐中发现了天然放射性，后来发现它是由 α、β 和 γ 三种射线组成的；1898 年，居里夫妇发现了放射性元素钋与镭；贝克勒尔和居里夫妇共同分享了 1903 年的诺贝尔物理学奖。1897 年，J. J. 汤姆孙对气体导电的理论和实验研究最重要的结果是发现了电子，这是继 X 射线和放射性之后又一重大的发现，汤姆孙获得 1906 年的诺贝尔物理学奖。汤姆孙在测定电子的荷质比后，又分别测定了电子的电荷和质量。1910 年，密立根用油滴实验精确地测定了电子的电荷量。

电子和放射性的发现揭示出，原子不再是物质组成的永恒不变的最小单位，它们具有复杂的结构并可以互相转化。原子既然能够放出带负电荷的 β 粒子(电子)，而原子又是中性的，那么，原子内一定还存在正电荷，自然要提出原子中正负电荷在原子中怎样分布的问题。J. J. 汤姆孙认为，原子中的正电荷均匀分布在整个原子球体内，而电子则镶嵌在其中。

1909 到 1910 年，卢瑟福的助手盖革和学生马斯顿进行了一系列的 α 粒子(带有正电荷的氦原子核，质量远比电子的质量大)束被薄金箔散射的实验。如图 14-12 所示，他们发现，从一个钋源发射出来的一束经过准直的 α 粒子，当它们射到厚度约为 400 nm 的金箔上时，虽然观测到大部分 α 粒子穿过金箔后只偏转很小的角度，但竟然发现也有少数 α 粒子的偏转角度大于 90°，甚至有向 180°方向散射的 α 粒子，仔细测量约有总数的八千分之一被向后散射了。这与汤姆孙认为的原子是一个含有正负电荷分布的实心球体的模型明显不符。在汤姆孙的原子模型中，使质量比电子质量大得多的 α 粒子偏转 1°都几乎是不可能的。在做了大量的实验和理论计算以及深思熟虑后，1911 年，卢瑟福尊重实验事实，大胆地提出了有核原子模型，推翻了他的老师汤姆孙的实心带电球原子模型。原子中正电荷部分集中在很小的区域($<10^{-14}$ m)中，原子质量主要集中在正电荷部分，形成原子核，而电子则围绕着它运动。卢瑟福推想，α 粒子不可能是被质量远比它小的电子所散射，α 粒子向后散射，只有假定 α 粒子非常接近一个比它的质量大得多的核心，才能予以解释。卢瑟福指出，α 粒子是被质量很大的带正电荷的原子核所散射，其轨道是双曲线，并导出了卢瑟福散射公式。1913 年，盖革和马斯顿在卢瑟福的指导下做了进一步的实验，证明了卢瑟福原子模型的正确性。

实际上,电子要使 α 粒子的运动方向发生很小的变化都很困难,更不用说使 α 粒子向后散射了。考虑到绝大部分 α 粒子没有被散射,可见原子内部绝大部分都是空的,只有很小很小的一个质量可以与 α 粒子相抗衡而且是与 α 粒子带有同号正电荷的坚硬核,才能解释 α 粒子散射实验结果。既然原子内有一个集中了原子绝大部分质量的带有正电荷的核(称为原子核),那么原子内的带负电荷的电子只能在原子核外。这样,由于电子与原子核之间存在着库仑相互作用,电子只有围绕着原子核运动。由于库仑力是有心力,电子只能围绕原子核做圆周运动或椭圆轨道运动才不至于落入原子核内,也不至于飞出原子外。由 α 粒子散射实验,我们推测出了原子的核式结构模型,如图 14-13 所示。可见,原子内部几乎是空的,原子的大小近似于原子中电子的运动范围。我们在宏观世界中看到的各种实体物质,实际上都是原子、分子之间相互作用的结果。

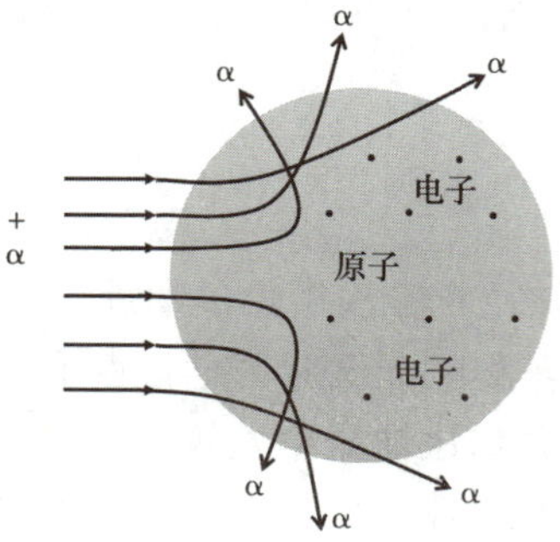

图 14-12　带正电粒子被原子散射

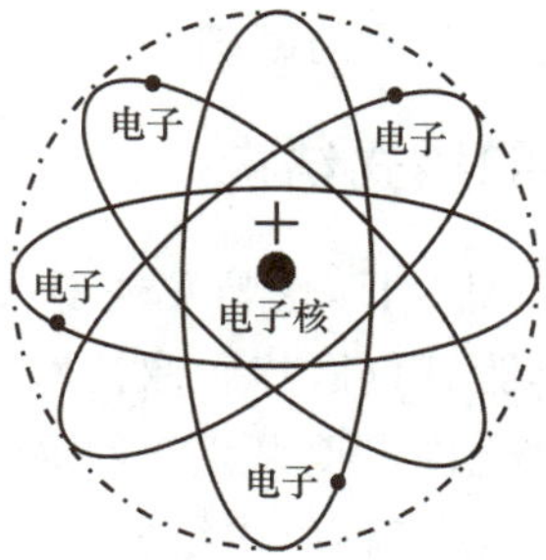

图 14-13　原子核式结构模型

经典电磁理论指出,周期运动的电子产生周期变化的电场和磁场,电子将不断地辐射能量而减速,其运动轨道的半径会不断缩小,最终落入原子核中,原子"坍塌",这与原子是稳定的的实验事实不符。经典物理学无法解释卢瑟福原子核式结构模型下原子的稳定性问题。因此,原子核式结构模型只是肯定了原子核的存在,还不知道原子核外电子的情况。

二、氢原子光谱实验规律

由于原子体积太小,我们无法直接观测原子结构。19 世纪 80 年代,光谱学的发展使人们认识到,光谱规律实质上显示了原子内在的机理。光谱是物质电磁辐射的波长(或频率)成分和强度的记录,有时只是波长(或频率)成分的记录。一般来说,光谱可以分为线状光谱、带状光谱和连续光谱。连续光谱是固体加热时发出的电磁波,带状光谱是分子所发出的电磁波,线状光谱是原子所发出的电磁波。每一种元素的原子辐射的电磁波都具有由一定的频率成分构成的特征光谱,这种光谱只决定于原子自身,而与温度和压力等外界条件无关,且不同的原子辐射不同的光谱,因此通常称为原子光谱。原子光谱"携带"着大量有关原子内部结构特征的"信息"。通过研究原子光谱,一般来说就可以研究原子内部的结构,并通过原子光谱的实验数据来检验有关原子理论的正确性。原子的光谱是原子的指纹,可以用来探测很少量、很遥远的物质成分。原子光谱的频率无论何时何地都是不变的,是非常好的时间标准,可以用来做目前最精密的计时设备(原子钟)。光谱是用光谱仪测量的,利用光谱仪的分光元件(如牛顿使用的棱镜,或光栅等)将光源所发出的复色光按波长(频率)分开不同的方向,不同的方向对应相应的波长(频率),测量并记录不同方向出射光的光强,由此测得光源所发出的各色光的光强随波长(频率)变化的曲线,这就是光源光谱。不同光源所发出的光的波长(频率)成分不同,光谱不同。如果用氢灯作为光源，那么所发出的光就是氢光，在光谱仪的观察屏（记录仪）上就形成氢原子光谱。如图 14-14 所示为光栅光谱仪的分光原理，复色光（可能含有不同的波长）平行入射光栅，在光谱仪的记录仪处形成光栅光谱，各单色光各自形成一套含若干级的光栅光谱。对于 0 级光谱，各色光的衍射方向没有分开，不能分光；对于同一级光栅光谱，各色光的衍射方向就分开了；一般取第 1 级光谱作为分光测量光谱，因为 0 级不能分光而高级次光光强又太弱。

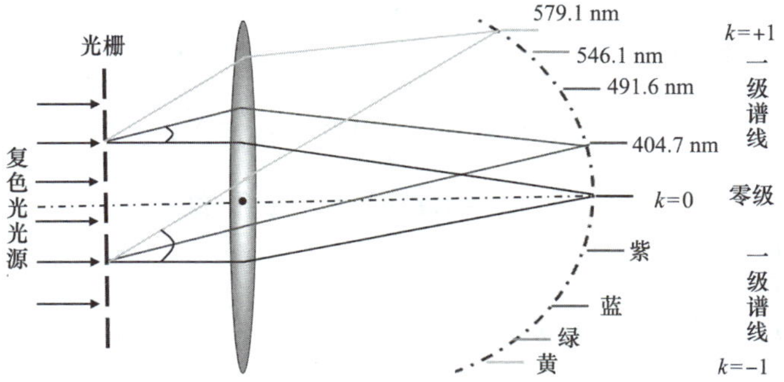

图 14-14　光栅衍射分光原理

氢原子光谱（发射光谱）是最简单的原子光谱。1853 年，埃斯特朗首先从氢放电管中获得了氢原子光谱中可见光的红色谱线，哈根斯和沃格耳等在拍摄恒星光谱中也发现了氢原子光谱线。到 1885 年已在可见光和近紫外光谱区发现了氢原子光谱的 14 条谱线，谱线强度和间隔都沿着短波方向递减。

如图 14-15(a)所示，氢原子光谱在可见光区共有 4 条，分别用 H_α、H_β、H_γ、H_δ 表示，各个谱线波长的粗略值分别为 656.28 nm（红色）、486.13 nm（蓝色）、434.05 nm（紫色）、410.17 nm（紫色）等。此外，氢原子所发出的光光强很弱、波长为 397.12 nm（紫色，用 H_ε 表示）的谱线也可以算作氢原子可见光光谱。氢原子可见光光谱的集合，一般称为巴尔末系。如图 14-15(b)所示，1908 年，帕邢发现了位于红外区的一个氢原子光谱集合（称为帕邢系）；1914 年，莱曼发现了位于紫外区的一个氢原子光谱集合（称为莱曼系）。此外，1922 年发现了布喇开系（红外区），1924 年发现了普芳德系（红外区），等等。

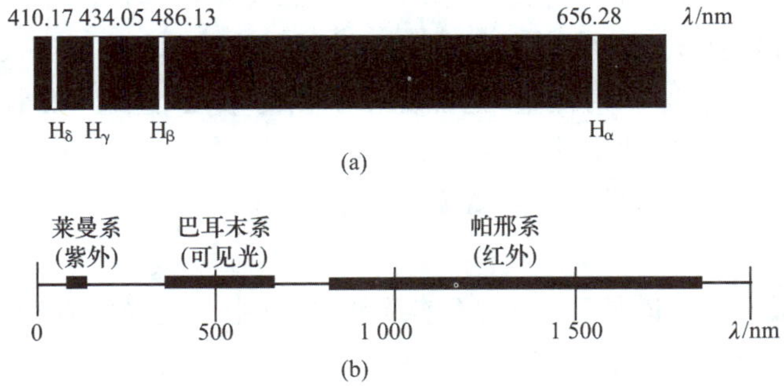

图 14-15　氢原子光谱

1885 年，巴耳末发现，对于已经发现的氢原子光谱 4 条可见光光谱线的波长可归纳成一个简单的经验公式，即所谓的巴耳末公式（用波数表示）

$$\tilde{\nu}=\frac{1}{\lambda}=\frac{1}{B}\left(\frac{1}{2^2}-\frac{1}{n^2}\right),\ n=3,4,5,\cdots \tag{14-3-1}$$

式中，经验常数 $B=364.56$ nm，这就是氢原子巴尔末系的全体集合。

1889 年，里德堡提出了一个有关氢原子光谱的普遍方程

$$\tilde{\nu}=\frac{1}{\lambda}=R_{\mathrm{H}}\left(\frac{1}{n_1^2}-\frac{1}{n_2^2}\right),n_1=1,2,3,\cdots,n_2=n_1+1,n_1+2,n_1+3,\cdots \qquad (14\text{-}3\text{-}2)$$

式中,经验常数 R_{H} 称为里德堡常量,现代值为 $R_{\mathrm{H}}=1.097\ 373\ 156\ 854\ 9\times10^7\ \mathrm{m}^{-1}$。

在里德堡方程中,取 $n_1=2$,就是巴耳末系。取 $n_1=1$,就是位于紫外区的莱曼系

$$\tilde{\nu}=\frac{1}{\lambda}=R_{\mathrm{H}}\left(\frac{1}{1^2}-\frac{1}{n_2^2}\right),n_2=2,3,4,\cdots$$

取 $n_1=3$,就是位于红外区帕邢系

$$\tilde{\nu}=\frac{1}{\lambda}=R_{\mathrm{H}}\left(\frac{1}{3^2}-\frac{1}{n_2^2}\right),n_2=4,5,6,\cdots$$

取 $n_1=4$,就是布喇开系(红外区);取 $n_1=5$,就是普芳德系(红外区)。

将里德堡方程改写为

$$\tilde{\nu}=T(n_1)-T(n_2),T(n)=\frac{R_{\mathrm{H}}}{n^2},n_1=1,2,3,\cdots,n_2=n_1+1,n_1+2,\cdots \qquad (14\text{-}3\text{-}3)$$

这就是里德堡-里兹并合原则。其中,$T(n)$ 称为氢原子的光谱项。

总结氢原子光谱的规律为:光谱是线状的,谱线有一定的位置。这就是说,谱线有确定的波长(频率)值,而且是彼此分立的、不连续的。任意一条谱线的波数可以表示为两个光谱项之差。谱线之间有一定的关系,谱线构成若干个谱线系;同一谱线系的第一光谱项相同,第二光谱项不同构成不同的谱线系。

氢原子所发射的光的任一谱线都可以表示为两个光谱项之差,氢原子光谱是光谱项差的集合。虽然里德堡公式是由实验数据凭经验凑出来的,但表面上看来如此复杂的氢原子光谱线竟然能够用如此简单的公式表示出来,在里德堡公式问世几十年内都是一个谜。由于对原子结构的认识相当肤浅,在相当长的时间内对氢原子光谱规律未能从理论上给出解释。直到1911年卢瑟福建立原子有核模型后,才试图用原子结构去解释氢原子光谱规律。但遗憾的是,按照经典物理学,核外电子受到原子核的库仑引力的作用,不可能静止,必定以一定的速度绕核转动。电子在原子内的曲线运动,必定使得原子向外辐射电磁波。而电磁波是携带能量的,随着原子辐射电磁波,电子损失能量,电子绕原子核运动的速度减小,电子绕原子核运动的轨道半径逐渐减小,最终电子会落入原子核。即使我们不考虑电子会落入原子核,由经典物理学理论可知,原子也会“连续”辐射能量,电子绕原子核的半径“连续”减小,电子运动速度也会“连续”减小,原子辐射的电磁波的波长(频率)也会“连续”变化,氢原子光谱是“连续谱”。这与实验测定的氢原子光谱是线状谱的实验事实相矛盾,卢瑟福原子有核模型不能解释氢原子光谱实验规律。

实验测定的氢原子的光谱是分立的、不连续的,这其中一定隐藏着经典物理学没有或者说根本就不能展示出来的微观粒子的深层次的秘密。分立、不连续,难道是量子?

三、玻尔的量子论

卢瑟福原子核式结构模型中的原子不稳定性问题和氢原子光谱的线状结构问题,展示了原子中电子的行为与经典物理学中的宏观物体的运动行为可能会有根本性的不同。宏观物体到微观粒子的“量”的变化,必然会引起“质”的变化。实践呼唤着不同于经典物理学的新的有关原子结构的理论,对原子的稳定性和原子光谱的线状结构给出合理的解释。

玻尔于1912年来到卢瑟福的实验室,深深地为原子结构及其稳定性问题所吸引。他深刻

地认识到，在原子世界里必须背离经典电动力学，必须采用新的观念。玻尔深信，作用量子(普朗克常量)h 是解决原子结构问题的关键。玻尔将卢瑟福关于原子的有核模型理论、普朗克量子假设和里德堡-里兹并合原则等结合起来，于 1913 年建立了氢原子结构的半经典量子理论，使得人们对微观粒子的认识向前迈进了一大步，初步揭开了微观粒子的神秘面纱，为适用于微观粒子的量子力学的创立打开了大门。

如果将里德堡普遍方程的两端同乘 hc，得到

$$\frac{hc}{\lambda}=hcR_{\mathrm{H}}\left(\frac{1}{n_1^2}-\frac{1}{n_2^2}\right),h\nu=\frac{hcR_{\mathrm{H}}}{n_1^2}-\frac{hcR_{\mathrm{H}}}{n_2^2}\quad n_1=1,2,3,\cdots,n_2=n_1+1,n_1+2,\cdots \tag{14-3-4}$$

方程的左边实际上就是氢原子辐射电磁波光子的能量，注意是能量，量纲是能量。那么，方程右边也一定是能量。而方程右边是一个"减"号，这预示着方程的右边是两个能量之差。再按能量守恒定律，方程左边是原子释放一个光子的能量，那么，右边肯定是原子释放一个光子时原子能量之差。因此，方程右边的两项代表了原子释放一个光子前后的能量。由氢原子光谱的分立性(不连续性)可知，原子能量的差值是不能连续取值的，再加上 n_1 和 n_2 是整数的要求，可以推论出原子的能量是不连续的、原子的能量是分立的，这就是原子能量量子化的概念。原子光谱的分立性表明，原子释放的光子的能量值不是连续可取的，只能取某些固定的值，这说明原子的能量只能取某些固定的值，这就是原子能级的概念。原子释放一个光子时，按能量守恒，原子就从高能量状态变到低能量状态。当然，如果入射光子的能量刚好是原子某两个能级之差，原子就能够吸收这个光子，从低能量状态过渡到高能量状态。原子释放或吸收一个光子的能量必须是原子某两个能量状态的能量差，这就是量子跃迁的概念。

玻尔在 1913 年 2 月以前，一直没有注意到巴耳末公式。因为当时大多数物理学家认为，原子光谱太复杂，不会是基础物理学的一部分。但是，当 2 月中，玻尔从好友处得知氢原子光谱这一经验表达式时，正如他在后来经常说的那样："我一看到巴耳末公式，整个问题对我来说就全都清楚了。"同年，玻尔以"原子和分子的结构"为题，接连发表了三篇划时代的论文，在卢瑟福原子有核模型的基础上，以实验事实为基础，以高度的创造性和敏锐的批判精神，把量子概念首先应用于氢原子系统，提出了三个基本假设，对氢原子光谱的规律性，做出了圆满的解释。玻尔提出了他的量子论，从而开创了旧量子论时代。

1. 定态假设

原子系统中，原子只能处于一些不连续的稳定状态，原子核外的电子只能在一定的、不连续的(分立的)轨道上绕原子核做圆周运动，但不辐射能量(电磁波)。

原子系统处于一定的稳定状态，称为定态。原子的一个稳定状态，对应于一定的原子能量 E_i，这些能量值之间是不连续的(量子化的)

$$E_1,E_2,\cdots,E_n,\cdots \tag{14-3-5}$$

这就是原子能量量子化概念。对于确定的原子，这些能量值是固定的，称为能级。这些能量值是原子可能的能量，原子的能量只能取这些值。当然，不同元素的原子的能级结构可能是不同的。原子处于 $n=1$ 的能级时的定态称为基态，原子处于 $n=2,3,\cdots$的能级时的定态分别称为第一激发态，第二激发态，等等。至于"电子只能在一定的、不连续的(分立的)轨道上绕原子核做圆周运动，但不辐射能量(电磁波)"看起来是一个"硬性规定"，但这是一个合理的规定，只有这样规定才符合实验事实，才能够避免由实验事实推测出的原子核式结构模型中原子"坍塌"的问题。物理学要实事求是，物理学家要尊重实验事实；实践是物理学理论的基础，也是物理

学理论修正和不断完善的基础;物理学不是僵死的理论,要在实践中不断向前发展。“定态假设”充分展示了物理学家的创新精神和创造性思维方式。

2. 量子跃迁假设

原子能量的任何变化,包括发射或吸收电磁辐射,都只能在两个定态之间以跃迁方式进行。原子系统中在某一轨道上运动的电子,由于某种原因从一个轨道跃迁到另一个轨道上时,原子就从一个稳定状态跃迁到另一个稳定状态;同时,原子吸收或辐射一个能量为 $h\nu$ 的光子。原子在两个定态(分别属于能级 E_{n_2} 和 E_{n_1})之间跃迁时,发射或吸收的电磁辐射的频率 $h\nu_{n_2n_1}$ 是有条件的,频率条件为

$$h\nu_{n_2n_1}=|E_{n_2}-E_{n_1}|,\nu_{n_2n_1}=\frac{|E_{n_2}-E_{n_1}|}{h} \tag{14-3-6}$$

这称为辐射频率公式。玻尔将普朗克常量引入到了原子(实物粒子)这一微观粒子领域。

按定态假设,原子中的电子在某一确定的轨道上(原子的某一定态)绕原子核运动时原子不辐射电磁波(能量),只有在原子从一个定态向另一个定态跃迁时才辐射(吸收)电磁波(能量)。可见,原子处于定态时,原子中的电子没有实质性的“运动”;电子的实质性运动只发生在原子的定态之间。至于原子从一个定态到另一个定态是如何“跃迁”的,现在还没有一个完整清晰的物理图象,我们只能称其为“量子跃迁”。

取无限远处(实际上就是电子脱离原子核的“束缚”,原子被电离)为势能的零点,则由里德堡公式和玻尔的辐射频率(条件)公式,可以得到原子能级的表达式 $E_n=-R_Hhc/n^2$。这样,里德堡公式代表了原子从定态 n_2(能量为 E_{n_2})跃迁到定态 n_1(能量为 E_{n_1})的过程中原子以电磁波(光子)的形式所释放的能量。

由于量子跃迁是原子从一个能量状态跃迁到另一个能量状态,或者说是从一个能级跃迁到另一个能级,所以量子跃迁也称为能级跃迁。

由于认为原子核近似静止而动能为零,在非相对论下,原子的能量就是电子的动能与原子核与电子相互作用的势能之和。在不引起误会的情况下,我们可以把原子中电子的能量(电子的动能与势能之和)看作是整个原子的能量。甚至在有些情况下,除了考虑原子核与核外电子的库仑作用势能外,可忽略原子核的存在,把核外电子的行为当作整个原子的行为。

3. 轨道量子化假设

原子系统中的电子以速度 V、在半径为 r 的圆周上绕原子核运动时,电子的角动量 L 必须是 $h/2\pi$ 的整数倍,只有这样的电子运动轨道才是稳定的运动轨道

$$L_n=m_eVr=\frac{nh}{2\pi}=n\hbar,n=1,2,3,\cdots \tag{14-3-7}$$

这就是角动量量子化条件。其中,$\hbar=h/2\pi$ 称为约化普朗克常量。

由角动量量子化条件,可以推得原子核外电子圆周运动的轨道(轨道半径)是量子化的,核外电子只能在一些确定的轨道上运动,电子绕原子核做圆周运动的轨道半径只能取一些特定的值。核外电子在这些特定轨道上运动时,原子不辐射电磁波(能量),原子是稳定的。可见,核外电子的特定轨道与原子的定态对应,一个轨道对应一个原子的定态。原子从一个定态跃迁到另一个定态时,核外电子就从一个轨道跃迁到另一个轨道。

实际上,角动量量子化条件是玻尔根据他提出的对应原理推导出来的。玻尔对应原理的基本思想是:在原子(微观粒子)范畴内的物理现象与宏观范围内的物理现象可以各自遵守各自范围内的物理规律;但如果把微观范围内的规律延伸到经典范围(宏观范围)时,所得到的数

值结果与经典(宏观)规律所得到的结果应该一致。这就明白无误地启示我们,微观粒子的物理理论的宏观极限必须是宏观物体所遵守的物理规律;也就是说,适用于微观粒子的量子力学的宏观极限应该回归到经典物理学,除非经典物理学有错误的地方。实际上,爱因斯坦的相对论就与此有类似的地方。爱因斯坦的相对论是高速运动物体的物理理论,但在取低速极限时,自动回归到经典物理学中的牛顿力学。我们可以预言,相对论和量子论是近代物理学的两大基础:一个是微观粒子的物理理论,一个是高速运动物体的物理理论。

实际上,玻尔的轨道量子化假说是不成立的。在量子力学中,已经放弃了电子有确切运动轨道的概念,而是用“波函数”和“电子云”来描述原子核外的电子。但是,玻尔的“轨道量子化假设”毕竟在实物粒子(原子)的量子化过程中起到过积极的作用。

尽管玻尔的量子理论还有很多不完善的地方,还需要进一步的修正,但玻尔的量子理论在解释氢原子的行为方面取得了前所未有的巨大成功。玻尔的量子理论有力地支持了卢瑟福原子有核模型,只是修正了卢瑟福的核外电子的行为,赋予核外电子全新的不同于经典物理学的内涵。尽管在量子力学中放弃了电子运动轨道的概念,但依然保留了电子角动量量子化的概念,只是赋予角动量新的物理思想。特别是,玻尔建立的实物粒子能量量子化的概念和量子跃迁的概念,至今依然是量子力学(量子物理)的核心概念。

四、玻尔氢原子量子化理论

由玻尔的量子论可以推导出当时氢原子光谱的一切规律。

1. 氢原子核外电子的轨道半径

核外电子绕核做圆周运动时的向心力是由电子与原子核之间的库仑力提供的,所以

$$m_e\frac{V^2}{r}=\frac{e^2}{4\pi\varepsilon_0 r^2}$$

再按玻尔轨道量子化:$L_n=m_eVr=n\hbar$,得到氢原子核外电子的轨道半径

$$r_n=n^2\frac{\varepsilon_0 h^2}{\pi m_e e^2}=n^2\frac{4\pi\varepsilon_0\hbar^2}{m_e e^2}=n^2 r_1,r_n=n^2 r_1,n=1,2,3,\cdots \tag{14-3-8}$$

可见,氢原子中电子的轨道半径是量子化的。其中

$$r_1=\frac{\varepsilon_0 h^2}{\pi m_e e^2}=\frac{4\pi\varepsilon_0\hbar^2}{m_e e^2}=0.529\times10^{-10}\ \text{m}\approx0.53\times10^{-10}\ \text{m}=0.053\ \text{nm}$$

称为第一玻尔轨道半径,也称为玻尔半径。第一玻尔轨道半径($r_1=0.053$ nm)是电子绕原子核运动最小的轨道半径,在该轨道上运动的核外电子离原子核最近。氢原子核外电子绕氢原子核做圆周运动可能的轨道半径为 $r_1,4r_1,9r_1,16r_1,\cdots,n^2r_1,\cdots$

当原子处于基态($n=1$)时,由第一玻尔轨道半径可见,氢原子的大小在 0.1 nm 的数量级。即使原子处于高激发态,氢原子的线径也不过是纳米量级。原子已经是微观粒子了,物体大小的变化(量变)已经引起物体行为性质的变化(质变),不要再指望适用于宏观物体的经典物理学理论还能够完全适用于微观粒子,必须建立微观粒子行为的新理论。但在建立新的微观粒子理论时,要合理“扬弃”,不要完全否定经典物理学,经典物理学中合理的部分要保留,新理论的宏观极限应该回归经典物理学。

图 14-16 所示为玻尔理论给出的氢原子核外电子绕原子核运动的轨道半径。电子圆周运动的轨道(轨道半径)是量子化的;电子从一个轨道跃迁到另一个轨道(可以称为“轨道跃迁”),原子就从相应的定态跃迁到另一个相应的定态;当电子“轨道跃迁”时,原子释放(或吸收)能

量;氢原子以电磁波(光子)的形式释放的能量,形成了氢原子的光谱系。

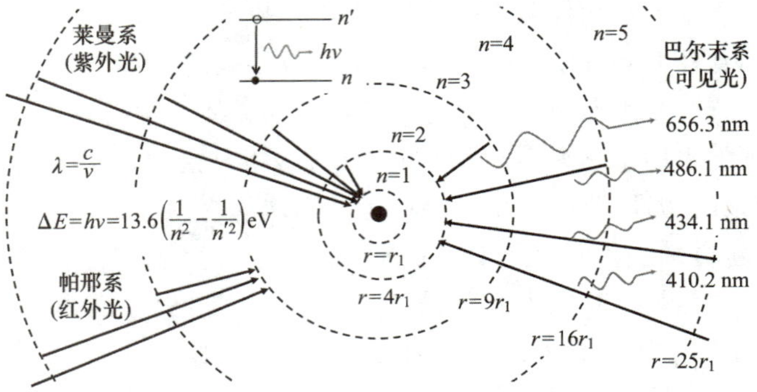

图 14-16　氢原子核外电子轨道与“轨道跃迁”(非实际比例)

2. 氢原子能量量子化

氢原子系统的总能量是带正电荷的原子核与带负电荷的轨道电子组成的系统的静电势能与电子运动的动能的代数和。以无限远为电子的静电势能的零点,静电势能和电子的动能为

$$E_p=-\frac{e^2}{4\pi\varepsilon_0 r_n},E_k=\frac{1}{2}m_e V_n^2=\frac{e^2}{8\pi\varepsilon_0 r_n}$$

则氢原子系统的总能量为

$$E_n=E_p+E_k=-\frac{e^2}{8\pi\varepsilon_0 r_n}=-\frac{1}{n^2}\left(\frac{m_e e^4}{32\pi^2\varepsilon_0^2\hbar^2}\right)=\frac{1}{n^2}E_1,n=1,2,3,\cdots \tag{14-3-9}$$

式中,$E_1=-\frac{m_e e^4}{8\varepsilon_0^2 h^2}=-\frac{m_e e^4}{32\pi^2\varepsilon_0^2\hbar^2}=-13.6\ \text{eV}$,称为氢原子基态能量。这表明,氢原子系统的能量是不连续的,称为能量量子化。这种与轨道对应的能量值,称为能级。氢原子的能级还可以表示为

$$E_n=\frac{1}{n^2}E_1=-\frac{13.6}{n^2}\ \text{eV},n=1,2,3,\cdots \tag{14-3-10}$$

氢原子能级的能量值只是整数 n 的函数,所以称 n 为能量量子数,或主量子数。尽管在量子力学中原子(包括氢原子)能级的能量值不仅仅由 n 决定,但依然习惯上将 n 称为能量量子数(主量子数),这是因为 n 决定了原子能级能量值的绝大部分。

图 14-17 所示为玻尔理论给出的氢原子能级示意图。氢原子的能量是量子化的;氢原子从一个能级跃迁到另一个能级(可以称为“能级跃迁”),原子就从相应的定态跃迁到另一个相应的定态;当原子“能级跃迁”时,原子释放(或吸收)能量;氢原子以电磁波(光子)的形式释放的能量,形成了氢原子的光谱系。

氢原子能级的能量值依次为 $E_1,\frac{E_1}{4},\frac{E_1}{9},\frac{E_1}{16},\cdots,\frac{E_1}{n^2},\cdots$。氢原子只能取这些能量值中的一个值,随着能量量子数 n 的增大,氢原子的能级能量值增高。而能量量子数 n 同时也决定了氢原子核外电子的轨道半径,能量量子数 n 越大,电子轨道半径越大,电子越远离原子核。氢原子中核外电子圆周运动的轨道与原子的能级是一一对应的。

基态($n=1$)原子能级能量最低,同时核外电子轨道半径越小,原子最稳定(能量最低);随着能量量子数 n 的增大(习惯上称为高能级),氢原子的能级能量值 E_n 也随之增大,核外电子轨道半径值 r_n 也随之增大,核外电子越远离原子核,原子能级间隔减小,核外电子轨道间隔越

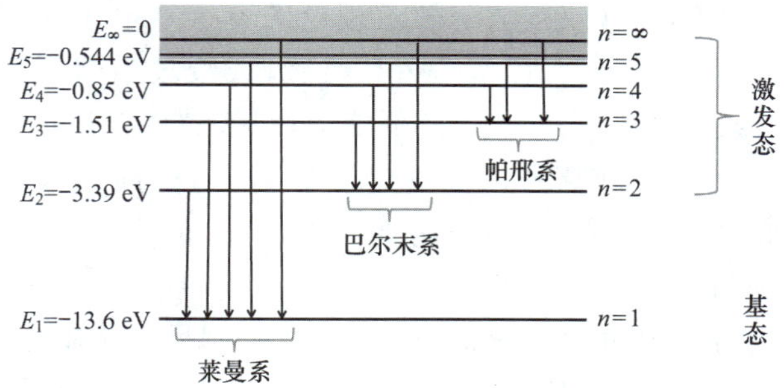

图 14-17　氢原子能级与“能级跃迁”(非实际比例)

小(轨道越密)；当 $n\to\infty$ 时，$r_n\to\infty$，$E_n\to 0$，实际上电子已经趋于摆脱了原子核的束缚而趋于离开了原子，原子趋于电离状态，原子的能量趋于零，原子的能量趋于连续。玻尔氢原子理论只能解决到氢原子能量 $E_n\to 0$ 的程度。实际上，原子的能量指的是核外电子的能量，可以推论，如果电子的能量 $E>0$，电子已经完全摆脱了原子核的束缚，离开了原子，原子已经被电离，电子的能量可以连续变化，能量量子化和轨道量子化概念失效，电子的行为回归于经典物理学理论的控制范围，电子成了自由电子，原子也就成了离子。这是“量变”到“质变”的具体展示。

把电子从基态拉到无限远(实际上就是使电子脱离原子)，或者说要使基态电子完全摆脱原子核的束缚而成为自由电子，或者说使处于基态的原子电离(丢失一个基态电子)，外界需要提供给原子(电子)的能量称为原子基态电离能。对于氢原子，就是使处于基态(能量为 E_1)的原子的能量增加到 $E_\infty=0$，所以氢原子的基态电离能为 $\Delta E=13.6$ eV。

原子被电离所释放的电子不再受到原子核的约束成了自由电子，处于自由状态的电子的能量可以连续取值而能量量子化概念失效，电子的运动回归经典物理学理论。电子被原子核约束住的状态，称为电子处于束缚态。原子的基态和各个激发态，核外电子都处于束缚态，只有原子被电离时释放出的电子处于自由状态。处于自由状态的电子的能量可以不是量子化的，只有处于束缚态的电子的能量必须是量子化的。处于自由状态的电子可以使用经典物理学理论处理电子的运动，处于束缚态的电子的行为必须用量子力学处理。实际上，量子力学最初就是为处于束缚态(原子内)的电子建立的物理理论。

3. 氢原子光谱的玻尔理论

玻尔假设，当氢原子从较高能级 E_{n_2} 状态跃迁到某一低能级 E_{n_1} 状态时，发射一个能量为 $h\nu_{n_2n_1}$ 的光子。由能量守恒，发射光子的频率为

$$\nu_{n_2n_1}=\frac{1}{h}(E_{n_2}-E_{n_1}),\tilde{\nu}_{n_2n_1}=\frac{\nu_{n_2n_1}}{c}=\frac{me^4/hc}{8\varepsilon_0^2h^2}\left(\frac{1}{n_1^2}-\frac{1}{n_2^2}\right)\tag{14-3-11}$$

由此，可以确定里德堡常数的理论值

$$R=\frac{me^4/hc}{8\varepsilon_0^2h^2}=1.097\ 33\times10^7\ \mathrm{m^{-1}}$$

这与由光谱分析给出的里德堡常数相当符合，说明了玻尔理论的正确性。

计算出氢原子光谱，如图 14-17 所示，或如玻尔轨道量子化的图 14-16 所示，这与实验结果完全一致。这是玻尔量子论的一大成功，解决了近 30 年之久的“巴耳末公式之谜”。

量子数 $n_1=1,2,3$，分别对应氢原子光谱的莱曼系、巴尔末系、帕邢系。莱曼系是氢原子(或核外电子)由 $n_2=2,3,4,\cdots$ 高能级(或按玻尔轨道理论的 $n_2=2,3,4,\cdots$ 电子轨道)向氢原

子(或核外电子)$n_1=1$ 的低能级(或按玻尔轨道理论的 $n_1=1$ 电子轨道)跃迁的结果。巴尔末系是氢原子(或核外电子)由 $n_2=3,4,5,\cdots$ 高能级(或按玻尔轨道理论的 $n_2=3,4,5,\cdots$ 外电子轨道)向氢原子(或核外电子)$n_1=2$ 的低能级(或按玻尔轨道理论的 $n_1=2$ 电子轨道)跃迁的结果。帕邢系是氢原子(或核外电子)由 $n_2=4,5,6,\cdots$ 高能级(或按玻尔轨道理论的 $n_2=4,5,6,\cdots$ 外电子轨道)向氢原子(或核外电子)$n_1=3$ 的低能级(或按玻尔轨道理论的 $n_1=3$ 电子轨道)跃迁的结果。

应该注意:一个氢原子在瞬间只能从某一激发态跃迁到另一低能态,并辐射某特定频率的光子。但大量的氢原子则可能各自处于不同的激发态,跃迁到另一个低能态,并分别辐射不同频率(波长)的光子。所以,在氢原子光谱中,能够同时观察到不同波长的谱线。

玻尔理论成功地解释了氢原子光谱的实验规律,正确地指出了原子能级的存在(原子能量量子化),正确地指出了定态、量子跃迁和角动量量子化的概念,为人类认识微观物质世界打开了大门。然而,玻尔的量子论所存在的问题和局限性,也逐渐被人们所认识。玻尔理论无法解释比氢原子更复杂的原子的实验规律,如氦原子光谱;玻尔的量子论不能提供处理光谱线相对强度的系统方法;玻尔理论不能处理非束缚态问题,例如散射问题等。从理论体系上来看,玻尔提出的与经典力学不相容的概念,例如原子能量不连续概念和角动量量子化条件等,多少带有人为的性质,并未从根本上揭示出不连续性的本质。量子力学揭示出,玻尔把微观粒子的运动依然视为具有确定的轨道是不正确的。玻尔理论是半经典版的量子理论,存在逻辑上的缺点,既把微观粒子看成是遵守经典力学的质点,同时又赋予微观粒子量子化的特征。玻尔理论仍未能脱离经典物理理论的束缚,玻尔理论还不是微观粒子的普适理论。尽管如此,玻尔的处于束缚态的微观粒子(实物粒子,如原子等)能量量子化的概念,是有关微观粒子运动行为的开创性的发现,实物粒子能量量子化、定态假设、量子跃迁、角动量量子化以及对应原理等为建立近代量子理论打下了坚实的基础,对量子物理的发展具有深远的影响。玻尔的量子论首次打开了人们认识原子结构的大门,量子力学就是在克服玻尔理论的困难和局限性的过程中发展起来的。

五、弗兰克-赫兹实验

玻尔理论的核心问题是“定态假设”,或者说是“原子能量量子化假设”。这一假设是由氢原子光谱的实验事实推测出来的。要想使玻尔理论具有普遍性,还得接受实践的检验。为了使玻尔理论更加令人信服,一般不能再用原子光谱实验。1914 年,弗兰克和赫兹在电子与汞原子碰撞的实验中,利用电子与汞原子之间的非弹性碰撞,使汞原子从低能级激发到高能级,从而在实验上直接证实了原子具有离散能级的概念。这就是原子物理学史上著名的“弗兰克-赫兹”实验,弗兰克和赫兹获得了 1925 年的诺贝尔物理学奖。

如图 14-18 所示为弗兰克-赫兹实验(改进型)原理图。在充满汞蒸汽的弗兰克-赫兹管中,当灯丝加热时,慢电子由阴极 K 发出。第一栅极 G1 与阴极 K 之间加约 2 V 的电压 V_{G1K},其作用是消除空间电荷对阴极散射电子的影响,提高阴极的发射效率。阴极 K 与第二栅极 G2 之间加有加速电压 V_{G2K}(可调节);由阴极 K 发出的电子在加速电场的作用下被加速而获得能量,并通过管内的汞蒸汽向第二栅极 G2 运动;在电子由阴极 K 向第二栅极 G2 加速运动的过程中,电子与汞原子可能会发生多次碰撞。在极板 A 与第二栅极 G2 之间加有反向拒斥电压 V_{G2A},到达第二栅极 G2 附近动能小于 eV_{G2A} 的电子无法到达极板 A 而折返回到第二栅极 G2;如果到达第二栅极 G2 附近的电子有较大的能量($\geqslant eV_{G2A}$),就能冲过反向拒斥电场而到达极板 A 形成极板电流 I_A,并为微电流计 μA 表检出,由电流 I_A 可以得知单位时间内到达极板 A 的电子数目。实验时,

使 V_{G2K} 电压逐渐增加并仔细观察电流计的电流指示，得到 I_A-V_{G2K} 曲线。

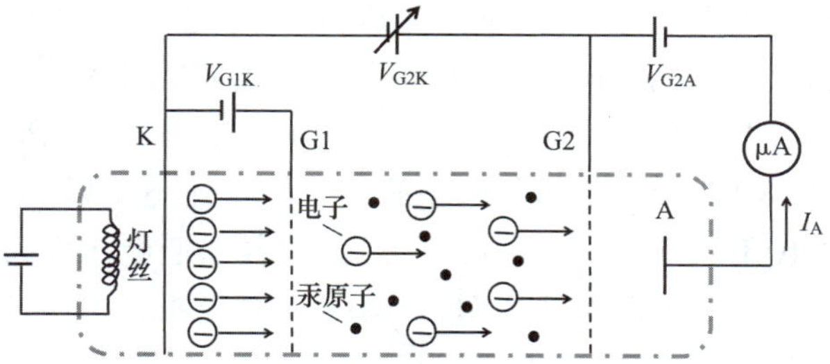

图 14-18 弗兰克-赫兹实验的原理图

值得注意的是，由阴极 K 发出的电子的运动速度（动能）不尽相同，在同样的加速电压作用下到达第二栅极 G2 附近的电子的运动速度（动能）不尽相同，但服从一定的统计分布规律。此外，由于电子的质量比汞原子的质量小很多，电子与汞原子一般发生完全弹性碰撞，电子不损失能量；但如果电子的能量达到一定的高度，电子与汞原子也可以发生非弹性碰撞，电子损失部分能量甚至全部能量（动能）。

如图 14-19 是慢电子与汞蒸汽原子碰撞的实验结果（最初的实验结果）。随着 K-G2 间电压 V_{G2K} 的逐渐增加，A 极电流 I_A“周期性”变化，变化的“周期”近似为 $V_0=4.9$ V。而且，随着加速电压 V_{G2K} 的增加，A 极电流 I_A 的“极大值”和“极小值”也逐渐增大。

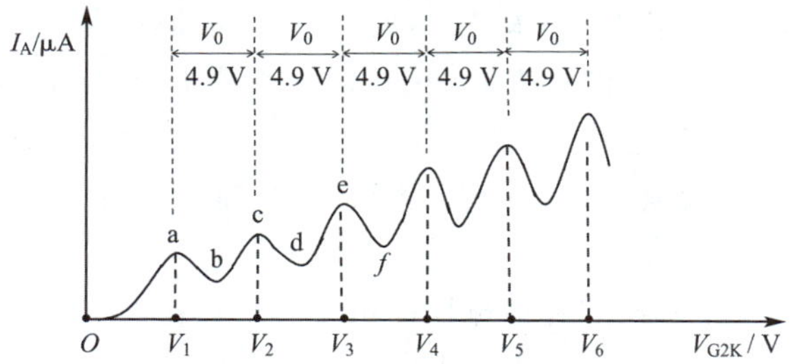

图 14-19 弗兰克-赫兹实验结果（汞）

当 K-G2 间的电压 V_{G2K} 小于 $V_0=4.9$ V 时，电子在 K-G2 间加速而获得的能量不足 4.9 eV，电子与汞原子发生完全弹性碰撞，由于电子的质量远小于汞原子的质量，电子的能量几乎不损失，电子顺利到达第二栅极 G2。当加速电压 V_{G2K} 很小时，顺利到达第二栅极 G2 的电子的动能小于穿过第二栅极 G2 到达阳极 A 的最小能量 eV_{G2A}，电子不能到达极板 A，A 极电流 I_A 为零。当加速电压 V_{G2K} 增大时，由于从阴极 K 发出的电子速度（动能）的统计分布，有部分电子被加速电压 V_{G2K} 加速，到达栅极 G2 时有了大于或等于 eV_{G2A} 的动能，这部分电子能够到达阳极 A 而开始形成电流 I_A。随着加速电压 V_{G2K} 的增大，越来越多的电子的动能大于等于 eV_{G2A}，极板 A 上的电流 I_A 越来越大。当加速电压 V_{G2K} 增大到 $V_1=V_0=4.9$ V 时（电子的动能达到 4.9 eV），极板 A 上的电流 I_A 突然开始减小（图中 a 点），这说明电子与汞原子发生了非弹性碰撞，电子将动能全部传递给了汞原子使汞原子激发，损失能量（动能）的电子到达第二栅极 G2 时已经没有能力穿过拒斥电压的阻碍而到达阳极 A，极板 A 上的电流 I_A 突然开始减小。但在这一加速电压 V_{G2K} 下，极板 A 上的电流 I_A 并没有急剧地减小到零（最低），而是随加速电压 V_{G2K} 的增加逐渐减小到最低（ab 段）；这是由于从阴极 K 发出的电子的初速度（动能）有一个统计分布，在 a 点（ab 段）一部分电子的动能依然小于 4.9 eV，电子与汞原子没有能量交换，到达栅极 G2 的这部分电子依然有能力穿过拒斥电压的阻碍而到达阳极 A 形

成电流 I_A;随着加速电压 V_{G2K} 的进一步加大(ab 段),越来越多的电子的动能达到 4.9 eV 而与汞原子发生非弹性碰撞损失能量,从而不能到达阳极 A,电流 I_A 逐渐减小;一直到 b 点,全部电子的动能达到或超过 4.9 eV,电子与汞原子非弹性碰撞的概率达到最大,电流 I_A 减小到最小。当然,在 ab 段也有电子被加速电压 V_{G2K} 加速到动能超过 4.9 eV,与汞原子非弹性碰撞后还剩余部分动能;加速电压小时,这部分电子的剩余能量还不足以克服拒斥电场阻碍,不能到达阳极,对极板 A 的电流 I_A 没有贡献;也有可能,随着加速电压 V_{G2K} 的增大,这部分电子的剩余能量能够克服拒斥电场阻碍而到达阳极 A,从而对极板 A 的电流 I_A 有贡献。由于并不是全部被加速动能超过 4.9 eV 的电子都能够与汞原子非弹性碰撞(有一定的概率),在任何 $V>4.9$ V 的加速电压下,总会有电子穿过第二栅极 G2 到达阳极 A,因此,极板 A 的电流 I_A 的最小值不会为零;这就是 b 点的电流 I_A 不为零的主要原因。

加速电压 V_{G2K} 增大到使阳极 A 的电流 I_A 达到极小值的 b 点后,再增大加速电压 V_{G2K},将会有更多的电子第一次与汞原子非弹性碰撞损失能量 4.9 eV 后,再次加速而到达第二栅极 G2 附近时的动能大于 eV_{G2A},从而顺利穿过第二栅极 G2 到达阳极 A 而对阳极电流 I_A 有贡献。而且随着加速电压 V_{G2K} 的进一步增大,越来越多的电子能够顺利到达阳极 A;这样,阳极 A 的电流 I_A 随加速电压 V_{G2K} 的增大而增大,直到 c 点。曲线 c 点的加速电压 V_{G2K} 为 $V_2=2V_1$,阳极 A 的电流 I_A 再一次达到极大值,这是电子第二次与汞原子非弹性碰撞的结果;电子加速到动能为 4.9 eV 时,第一次与汞原子非弹性碰撞损失掉全部动能 4.9 eV,再一次加速到动能为 4.9 eV,再与汞原子非弹性碰撞,再一次损失掉全部动能 4.9 eV。同样的理由,过 c 点后继续增大加速电压 V_{G2K},阳极电流 I_A 又开始逐渐减小,直到 d 点。继续增大加速电压 V_{G2K},电子可能与汞原子发生第三次、第四次……非弹性碰撞;因此,随着加速电压 V_{G2K} 的增大,阳极 A 的电流 I_A 在“极大值”与“极小值”之间变化;而且电流 I_A 的“极大值”依次出现在 V_1、$V_2=2V_1$、$V_3=3V_1$、$V_4=4V_1$……

注意:电子与汞原子发生两次非弹性碰撞的机会(概率)比发生一次非弹性碰撞的机会(概率)小;并不是电子的动能越大,就越对阳极电流 I_A 贡献大,而是只有电子能够闯过拒斥电场的阻碍到达阳极 A 才能对阳极电流 I_A 有贡献。如果加速电压为 $V_2<V_{G2K}<V_3$,电子在从阴极 K 向第二栅极 G2 运动的过程中,可以有两次与汞原子非弹性碰撞的机会。第一次非弹性碰撞,电子将获得的全部动能 4.9 eV 传递给汞原子(使汞原子激发),然后电子再加速,在到达第二栅极前如果动能增大到 4.9 eV 以上,仍有机会再一次与汞原子发生非弹性碰撞而损失掉能量(动能)。可见,在电子有两次机会与汞原子非弹性碰撞的条件下,电子第一次与汞原子的非弹性碰撞对阳极电流 I_A 没有影响(如果没有第二次非弹性碰撞,这个电子完全可以顺利到达阳极 A),只有第二次的电子与汞原子的非弹性碰撞才对阳极电流 I_A 有影响,这第二次非弹性碰撞完全决定了阳极电流 I_A。而电子与汞原子发生两次非弹性碰撞的机会(概率)比发生一次非弹性碰撞的机会(概率)小,在电子有两次机会与汞原子非弹性碰撞的情况($V_2<V_{G2K}<V_3$)下在第二栅极附近电子动能小于 eV_{G2A} 的电子数比只有一次机会与汞原子非弹性碰撞的情况($V_1<V_{G2K}<V_2$)下在第二栅极附近电子动能小于 eV_{G2A} 的电子数少,单位时间能够穿过第二栅极 G2 到达阳极 A 的电子数多。因此,电子第二次与汞原子非弹性碰撞附近的阳极电流 I_A 的“极大值”和“极小值”,比第一次电子与汞原子非弹性碰撞附近的阳极电流 I_A 的“极大值”和“极小值”高。

这样,我们就圆满地解释了弗兰克-赫兹实验规律。注意到,汞原子只吸收 4.9 eV 的能量,这说明汞原子有一个−4.9 eV 的能级,原子的能量是不连续的。赫兹在 1924 年的更精细的实验表明，汞原子还存在－8.7 eV 和－9.9 eV 等能级。弗兰克和赫兹等人还研究了慢电子与氦、氖、氩、氢和氧等蒸汽原子的相互作用(目的是测量这些原子的电离电势)，得到类似的实验结果。

弗兰克-赫兹实验直接证明了汞原子具有玻尔所设想的那种“完全确定的、互相分立的能量状态”，是对玻尔的原子量子化模型的第一个决定性的证据，为原子能级的存在提供了直接的证据，对玻尔的原子理论是一个有力的支持。

弗兰克-赫兹实验至今仍是探索原子结构的重要手段之一，实验中用“拒斥电压”筛去小能量电子的方法，已成为广泛应用的实验技术。通过弗兰克-赫兹实验，可以了解在气体放电现象中低能电子与原子相互作用的思想方法，了解碰撞的微观过程与宏观表现之间的关系，可以测量原子的第一激发电位和电离电位。另外，弗兰克-赫兹实验表明，原子状态的改变不仅仅靠原子吸收或辐射电磁波(光子)，当原子与其他粒子发生碰撞而交换能量时，原子的状态也能发生变化。如在氦氖气体激光器中，就是利用加速的电子与氦原子碰撞使氦原子激发到高能级，实现量子数反转的(氦原子还要与氖原子交换能量)。

玻尔理论来自氢原子光谱实验和 α 粒子散射实验，是从实践中抽象出来的理论。理论来自实践，还要回到实践中去加以检验并完善。玻尔理论就是如此，弗兰克-赫兹实验就是确定玻尔理论正确性的实验。

六、索末菲理论简介(阅读)

实际上，用比较精密的摄谱仪可以观测到氢原子等原子光谱的每一条光谱线包含有一组非常靠近的细谱线，称为原子光谱的精细结构。例如，氢原子的 H_α 谱线就是双线。后来，在高分辨率的光谱仪下观察到氢原子光谱 H_α 谱线实际上是三条线。对此，玻尔理论无法解释。实践呼唤着新的原子理论。为了解释原子光谱的精细结构，1916 年，索末菲在玻尔圆形轨道的基础上，提出核外电子绕原子核做椭圆轨道运动的理论。

索末菲认为，电子在原子核库仑力场中由于受到有心力(平方反比)的作用，轨道一般应为椭圆(正如地球绕太阳运动一样)，原子核则位于这个椭圆轨道的一个焦点上。为此，电子的运动需要两个量子数来描述，不能像玻尔理论那样只用一个量子数 n 就能描述清楚电子的运动。据此，索末菲给出了两个量子化条件：原子的能量 E 是量子数 n 的函数和核外电子椭圆运动轨道角动量 L 必须等于约化普朗克常量 $\hbar$ 的整数倍

$$E=E(n),n=1,2,3,\cdots;L=n_\varphi\hbar,n_\varphi=1,2,3,\cdots,n \qquad (14\text{-}3\text{-}12)$$

其中，n 称为主量子数，n_φ 称为角量子数。一个主量子数 n 就有 n 个角量子数 n_φ；或者说，一个由主量子数 n 决定的原子的能量 $E(n)$下就有 n 个由角量子数决定的电子轨道运动角动量，即 n 个电子运动的椭圆轨道。

如果不考虑相对论效应，由索末菲理论得出的主量子数 n 对应的氢原子能量与玻尔理论得出的氢原子能量是一样的；氢原子的能量只由主量子数 n 决定，与角量子数 n_φ 无关。这就是说，尽管索末菲理论给出了在一个主量子数 n 下有 n 个电子轨道，而且各个轨道运动的电子的角动量不同，但原子的能量相同(量子力学中称为能量简并)。这样，原子的能级并没有因为电子存在不同的轨道运动而分裂，依然无法解释氢原子光谱的精细结构。

如果考虑相对论效应，索末菲证明，原子系统的能量不仅与主量子数 n 有关，而且与角量子数 n_φ 有关。这样，由主量子数 n 决定的原子系统能级将细分为 n 个靠得很近的能级。例如氢原子光谱的 H_α 谱线(氢原子由 $n=3$ 的能级向 $n=2$ 的能级跃迁所发射的电磁波)，由于 n

=3,能级分裂为三个靠得很近的能级,氢原子光谱的 H_α 谱线由三条谱线组成。而且索末菲理论计算的三条谱线与实验很好地符合,这似乎说明了索末菲理论的正确性。

实际上,索末菲的理论是错误的,“索末菲理论计算的三条谱线与实验很好地符合”只是一个巧合。在更高分辨率的光谱仪下观察到的氢原子光谱 H_α 谱线实际上是七条线。在量子力学中,这七条精细结构光谱线是由于原子中电子的自旋与轨道相互作用以及角动量量子化使原子光谱线分裂而形成的多重结构。只有放弃玻尔-索末菲的经典的电子轨道概念的量子力学,才能够彻底解释清楚原子的精细结构。尽管如此,索末菲理论在量子力学的创立过程中还是起到了积极作用的。索末菲理论不仅仅是对玻尔理论的发展,索末菲所提出的角动量量子化理论,进一步将角动量量子化。一个主量子数 n 对应 n 个角动量,而不是像玻尔理论那样一个主量子数 n 对应一个由 n 决定的角动量,只是在量子力学中对角量子数 n_φ 的取值范围有所修正而已(依然是 n 个)。特别是,原子系统的能量不再像玻尔理论那样只由主量子数 n 决定,而是主要由主量子数 n 决定,角量子数 n_φ 对原子系统的能量也有影响。在量子力学中,原子系统的能量还与更多的量子数有关。

第四节　实物粒子的波粒二象性与不确定关系

普朗克首先提出了量子化(不连续)的概念。爱因斯坦将光(电磁波)的能量量子化,光在辐射、传播、吸收等过程中能量是量子化的,或者说光本身就是一个个能量集团(光子)。爱因斯坦提出了光的波粒二象性的概念,建立了完整的光子理论,并且与相对论完全相容。玻尔将实物粒子(原子)的能量量子化了,并提出了量子跃迁的概念。

1924 年,法国青年物理学家德布罗意综合总结有关量子化的概念和理论,在爱因斯坦光的波粒二象性的启发下,考虑到自然界在许多方面都是明显地对称的,提出实物粒子(如电子)也具有波动性的概念,为量子力学的创立吹响了冲锋的号角。

一、德布罗意波

德布罗意认为,19 世纪在对光的研究上,只重视了光的波动性而忽视了光的粒子性;而在对实物粒子的研究上,则又过分重视了微粒性而忽略了波动性。既然爱因斯坦认为光波也具有微粒性,那么德布罗意认为实物粒子也具有波动性就是很自然的事情。由此,德布罗意提出了微观粒子也具有波动性的假说。德布罗意认为一个微观粒子的能量 E 和动量 p 与频率 ν 和波长 λ 的定量关系应该与爱因斯坦光子理论的光子的能量—频率之间的定量关系和动量—波长的定量关系是相同的

$$E=h\nu=\hbar\omega \tag{14-4-1}$$

$$p=\frac{h}{\lambda}=\hbar k,\ \boldsymbol{p}=\frac{h}{\lambda}\boldsymbol{n}=\hbar\boldsymbol{k} \tag{14-4-2}$$

这就是德布罗意公式,或称为德布罗意关系。其中,$\boldsymbol{n}$ 为单位矢量,$\boldsymbol{k}$ 为波矢量。与微观粒子的波动性相联系的波,称为德布罗意波。德布罗意认为这一关系不仅仅对于静止质量为零的微观粒子(光子)成立,而且对任何静止质量不为零的微观粒子(如电子、原子、分子等)都成立;或者说,不仅仅光子具有波动性,电子、原子、分子等微观粒子也具有波动性。所有微观粒子都具有波粒二象性。

对德布罗意波的理解和解释一直存在歧义，由经典物理学也很难想象出德布罗意波的物理图象。我们认为，应该放弃微观粒子的“微粒性”和“波动性”概念。为了描述微观粒子的行为，需要使用“质量 m”、“动量 $\boldsymbol{p}$”、“能量 E”、“波长 λ”、“频率 ν”等物理量。

由于自由粒子不受任何约束和外来作用，能量和动量都是守恒量，再由德布罗意关系可见，自由粒子的频率和波长(波矢量)也都是不变量。这样，自由粒子的德布罗意波就如同“机械波”中的平面波。对于频率为 ν、波长为 λ、波矢量为 $\boldsymbol{k}=\dfrac{2\pi}{\lambda}\boldsymbol{n}$，沿 $\boldsymbol{n}$ 方向传播的平面波可以表示为

$$\psi=A\cos\left[2\pi\left(\frac{\boldsymbol{r}\cdot\boldsymbol{n}}{\lambda}-\nu t\right)\right]=A\cos(\boldsymbol{k}\cdot\boldsymbol{r}-\omega t)$$

表示成复数形式为

$$\psi=A\exp[\mathrm{i}(\boldsymbol{k}\cdot\boldsymbol{r}-\omega t)]=A\exp[-\mathrm{i}(\omega t-\boldsymbol{k}\cdot\boldsymbol{r})]$$

由此，能量为 E、动量为 $\boldsymbol{p}$ 的自由粒子的德布罗意波表示为

$$\psi=A\exp\left[\frac{\mathrm{i}}{\hbar}(\boldsymbol{p}\cdot\boldsymbol{r}-Et)\right]=A\exp\left[-\frac{\mathrm{i}}{\hbar}(Et-\boldsymbol{p}\cdot\boldsymbol{r})\right] \tag{14-4-3}$$

如果自由粒子的动量 $\boldsymbol{p}$ 沿 x 轴方向，则自由粒子的德布罗意波表示为

$$\psi=A\exp\left[\frac{\mathrm{i}}{\hbar}(px-Et)\right]=A\exp\left[-\frac{\mathrm{i}}{\hbar}(Et-px)\right] \tag{14-4-4}$$

二、德布罗意波的实验验证

德布罗意关于微观粒子具有波动性的假设从经典物理学的角度来看是很难理解的，因此究竟这一假设是否具有实际意义，只能靠实验检验。德布罗意指出，用电子在晶体上的衍射实验可以验证这一假设。1927 年，戴维森和革末所做的电子衍射实验证实了德布罗意假说的正确性。

设自由粒子的动能为 E，在非相对论下(微观粒子的运动速度远小于光速)，自由粒子的动量与动能的关系为 $p^2=2mE$，则自由粒子德布罗意波波长为

$$\lambda=\frac{h}{p}=\frac{h}{\sqrt{2mE}} \tag{14-4-5}$$

在加速电压 U 产生的电场作用下，电子的动能为 $E=eU$，自由电子的德布罗意波波长为

$$\lambda=\frac{h}{p}=\frac{h}{\sqrt{2mE}}=\frac{h}{\sqrt{2meU}}\approx\frac{1.226}{\sqrt{U}}\ \mathrm{nm} \tag{14-4-6}$$

如果加速电压为 $U=100$ V，则 $\lambda=0.122\ 6$ nm；如果加速电压为 $U=10\ 000$ V，则 $\lambda=0.012\ 26$ nm。可见，自由电子的德布罗意波波长在数量级上相当于 X 射线。所以，测量自由电子的德布罗意波波长可以利用类似于 X 射线晶体衍射的电子晶体衍射。

如图 14-20(a)所示，戴维森和革末把电子束垂直入射到镍单晶表面，观察散射电子束的强度。电子束由电子枪发出经加速电压 U 加速和狭缝准直后入射晶体表面而被散射；被散射的电子束由法拉第圆筒收集，散射电子束形成的电流由电流计 G 测量；法拉第圆筒可以转动以调节散射角 θ。根据检测到的电流强度，可以判断出散射角 θ 方向被镍单晶表面散射的初始电子的数量，借以判断散射角 θ 方向散射强度。戴维森和革末发现，散射电子束的强度随散射角 θ 而变化，而且当散射角 θ 取某些确定值时，散射强度有极大值。如加速电压为 $U=54$ V 时，散射电子束强度极大值出现在 $\theta_{\max}=50°$ 方向，这与 X 射线晶体衍射极为相似。戴维森和革末所得到的电子散射图景是非常复杂的。

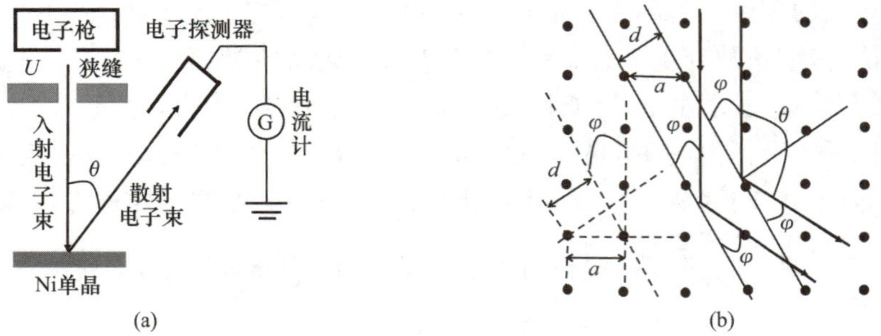

图 14-20　戴维森-革末电子散射实验

如图 14-20(b)所示,设晶体的晶格常数为 a,按布拉格公式,X 射线以掠射角 φ 垂直入射晶体表面(散射角为 $\theta=\pi-2\varphi$),散射极强的条件为

$$n\lambda=2d\sin\varphi=2a\cos\varphi\sin\varphi=a\sin 2\varphi=a\sin\theta$$

对于被加速电压 $U=54$ V 加速的入射电子,按德布罗意假设,电子的德布罗意波波长为

$$\lambda=\frac{h}{\sqrt{2meU}}\approx\frac{1.226}{\sqrt{U}}\ \text{nm}\approx 0.167\ \text{nm}$$

电子束散射极强的散射角为(镍单晶的晶格常数为 $a=0.215$ nm)

$$0.215\sin\theta=0.167n,\ \sin\theta=0.776\,7n$$

只能是 $n=1$,所以 $\theta_{max}=51°$。如果考虑到对实验的修正将得到 $\theta_{max}=50°$,这与实验结果完全相符。这不仅有力地证明了电子的波动性,而且证明了德布罗意关系的正确性。

实际上,由散射极强条件 $n\lambda=a\sin\theta$ 可见,在固定散射角 θ 不变的条件下,连续改变(波长变短)入射电子束电子德布罗意波波长,则会周期性地(对应 $n=1,2,3,\cdots$)出现散射极强;而按德布罗意关系,电子德布罗意波波长与加速电压的关系为 $\lambda=h/\sqrt{2meU}\propto 1/\sqrt{U}$,随着加速电压的增大(电子德布罗意波波长变短),散射极强将随 $\sqrt{U}=nC$ 周期性地出现。戴维逊完成的这类实验结果与德布罗意的理论结果完全吻合。

1927 年,G. P. 汤姆逊等人做了电子束穿过多晶薄膜的衍射实验,如图 14-21 所示,得到了与 X 射线通过多晶薄膜后产生的衍射图样极为相似的衍射图样,直接证实了电子的波动性。1961 年,约恩逊做了电子的单缝、双缝、三缝等衍射实验,得出的明暗条纹如图 14-22 所示,更加直接地说明了电子具有波动性。

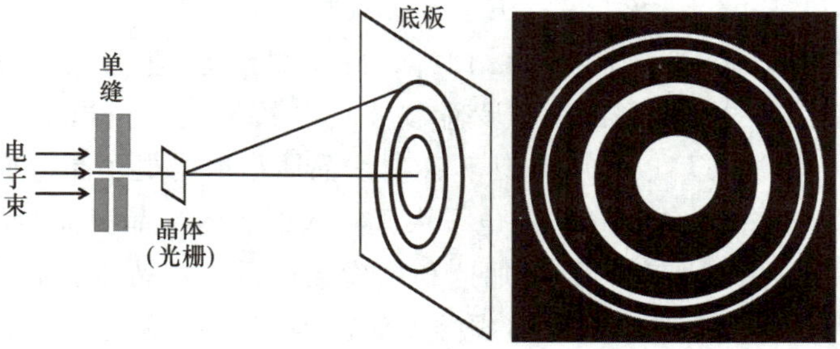

图 14-21　电子衍射实验

图 14-22　电子束多缝衍射实验条纹

关于德布罗意公式对于比电子更复杂的微观粒子、原子和分子等是否适用的问题，是一个原则性的问题。如果能够把德布罗意的概念和公式应用到比电子更复杂的系统上去，就等于说波动性普遍存在于质量不为零的微观粒子系统而不需考虑微观粒子具体的结构(当然，不同微观粒子的德布罗意公式可以有所区别)。或者说，这一问题关系到波粒二象性是否具有普遍意义的问题，关系到波粒二象性是否表达了微观粒子普遍规律的问题。

为了证明德布罗意公式具有普遍意义，史登和伊斯脱曼研究了 He 和 H_2 在 LiF 晶体上的反射。他们用“炉子”作为窄的原子(或分子)射线源，利用炉子的温度的改变来改变所要研究的粒子的能量，从而也可能改变德布罗意波波长。图 14-23 给出了当温度为 $T=295$℃时 He 原子在 LiF 晶体上反射的强度分布的实验结果。0°方向相对于 He 原子束从 LiF 晶体上正常反射的情况，在这个角度下的反射有一个尖锐的极大值；如果考虑到 He 原子的线度与 LiF 晶体点阵离子之间的距离同数量级，则这一尖锐的反射峰已经不能用经典微粒力学的观点来解释了，只能用波动力学的观点才能解释。在 0°方向的主极大外还分布有两个对称的衍射极大(一级光谱)；这两个一级极大值的位置与由德布罗意公式计算出的结果吻合得很好。对于 H_2 分子也得到了类似的实验结果。史登和伊斯脱曼的实验结果完全证实了德布罗意波的概念和德布罗意公式对静止质量不为零的原子和分子等微观粒子的适用性。

对于中子和 π 介子等微观粒子的实验结果表明，中子和 π 介子也有衍射现象。中子的静止质量为 $m_0=1.66\times10^{-24}$ kg，对于“热”中子(能量为百分之几电子伏特)，按德布罗意公式计算出的“热”中子波长与晶体的晶格常数差不多。这样的中子与 X 射线相似，可以产生晶体的体积衍射。如图 14-24 给出了“热”中子在氯化钠晶体中的体积衍射实验结果，中子的晶体体积衍射明显形成了劳爱斑，这与 X 射线晶体衍射十分相似。对 π 介子在质子上的实验表明了 π 介子也具有波动性。能量为 7×10^9 eV 的 π 介子在质子上的衍射相当于波长为 10^{-7} nm 的波在半径约 10^{-6} nm、具有强吸收能力的小球上的衍射。

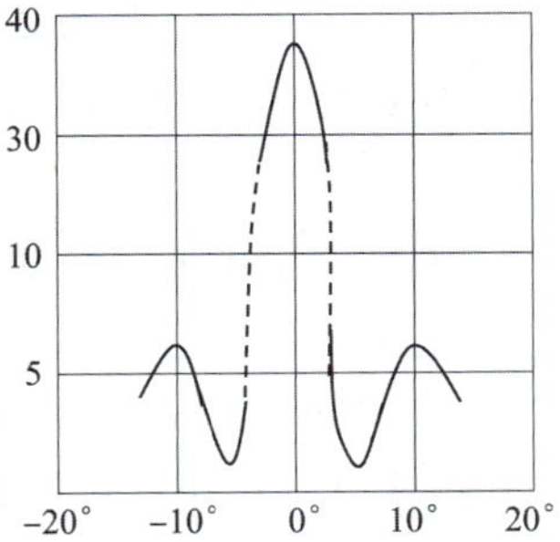

图 14-23　He 原子的 LiF 晶体衍射

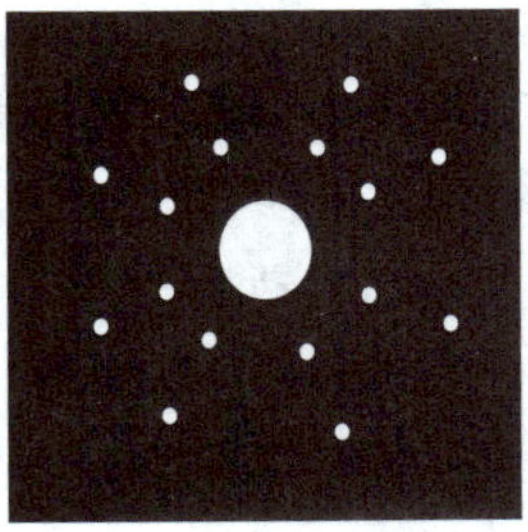

图 14-24　中子的晶体衍射劳爱斑

实验明确地告诉我们，一切粒子都具有波动性，波粒二象性是普遍存在的；把粒子的动量与波长以及能量与频率联系起来的德布罗意公式是具有普遍意义的，德布罗意公式是描述微观粒子波粒二象性的基本公式。

微观粒子的“波动性”在现代科学技术中有着广泛的应用，电子显微镜就是根据电子的“德布罗意波”性质结合光学仪器的基本原理发明的。光学仪器的分辨率(不是光学仪器的放大倍数)与所用(入射)的射线的波长成反比。运动的电子的波长(德布罗意波)远比光波(特别是可见光)短，所以电子显微镜的分辨率比光学显微镜的分辨率高得多，电子显微镜的分辨能力可以达到 0.1 nm。由于低能电子波穿透深度较 X 光小，所以低能电子衍射被广泛地用于固体表面性质的研究。此外，电子和中子的波动性还被广泛用于研究固体和液体内的原子结构，由于中子易被氢原子散射，所以中子衍射就被用来研究含氢的晶体，等等。

德布罗意公式把微观粒子的“粒子性”和“波动性”通过“普朗克常量 h(一个很小的量)”联系起来了。普朗克在引入普朗克常量 h 时，赋予 h 量子化量度的意义，h 是不连续(分立的)长度的量度单位。经过爱因斯坦和德布罗意等人的努力，建立起了微观粒子“波粒二象性”的概念，而在微观粒子“波动性”与“粒子性”之间架起桥梁的正是这个普朗克常量 h。量子化和波粒二象性是量子力学最基本的概念，而普朗克常量 h 在这两个概念中起着关键的作用，这也说明量子化和波粒二象性两个重要概念之间有着深刻的内在联系。在任何物理学表达式中，只要有普朗克常量 h 出现，就一定意味着这一表达式是代表量子力学的某些特征的，而宏观现象是不需要普朗克常量 h 的存在的。

尽管对德布罗意波的物理图象和物理意义还存在理解上的分歧，但德布罗意公式对微观粒子是普遍适用的。德布罗意的“波粒二象性”概念和“德布罗意公式”对量子力学的创立起到了关键的、具体的指导作用，直接导致了量子力学的创立。

三、不确定关系

在经典力学中，宏观物体(质点)在任何时刻都有确定的位置、动量、角动量、能量等。因此，任何一个物体都有一个确定的运动轨道。由此，我们可以谈论物体在轨道上的任何一点的动量、角动量、能量等物理量。或者说，在任意时刻都可以同时测定物体的位置、动量、角动量和能量等。

由于微观粒子的波粒二象性，微观粒子的行为有可能与宏观物体的行为有所不同。例如，在德布罗意公式 $p=h/\lambda$ 中，德布罗意波波长 λ 不是微观粒子空间坐标(x,y,z)的函数。那么微观粒子的动量 p 也就不是空间坐标(x,y,z)的函数；在空间点(x,y,z)，微观粒子的动量 p 可以取各种可能的值，$p(x,y,z)$是没有意义的。这样，在空间点(x,y,z)，动量 p 是不确定的。或者说，微观粒子的动量不是由粒子的运动轨道决定的。这与经典物理学中，宏观物体具有确定的运动轨道、轨道上的任何一点(空间确定的位置)具有确定的动量相矛盾。

1. 空间坐标与动量之间的不确定关系

1927 年，海森堡分析了一些理想实验并考虑到德布罗意关系，得到不确定关系：粒子在同一方向上的空间位置坐标和动量不能同时确定。

如果一个粒子的空间位置坐标具有一个不确定量 Δx(或 Δy，或 Δz)，则同一时刻粒子的动量也有一个不确定量 Δp_x(或 Δp_y，或 Δp_z)，Δx(或 Δy，或 Δz)与 Δp_x(或 Δp_y 或 Δp_z)的乘积总是大于一定的数值

$$\Delta x\Delta p_x\geqslant\frac{\hbar}{2},\Delta y\Delta p_y\geqslant\frac{\hbar}{2},\Delta z\Delta p_z\geqslant\frac{\hbar}{2} \tag{14-4-7}$$

这就是海森堡坐标与动量的不确定关系(也曾经称为测不准关系)。

尽管在量子力学下可以证明海森堡坐标与动量的不确定关系，但海森堡不确定关系原则上是一个假说，因为量子力学本身也是一套理论。它的正确性只能靠实践检验，电子单缝衍射就是一个确定海森堡坐标与动量的不确定关系正确性的实例。

如图 14-25 所示，一束动量为 p 的电子束垂直入射缝宽为 Δx 的单缝，在单缝后放置照相底片用以记录电子落在底片上的位置。由于电子具有波动性，电子流通过单缝后将在照相底片上形成单缝衍射条纹。我们来考察电子束中一个电子通过单缝时(或者说在单缝处)的位置和动量。对于电子束中某一个电子来说，我们不能确定它是从单缝中哪一点通过单缝的，只能

确定它是从宽为 Δx 的单缝中通过的，或者说电子可以从单缝的所有地方（x 方向）通过单缝，也就是说电子在通过单缝时可以处于单缝的任何位置，因此电子通过单缝时（或者说在单缝处）在 x 方向上的位置不确定量就是单缝宽度 Δx。再来考察电子通过单缝时（或者说在单缝处）沿 x 方向的动量 p_x。电子流是垂直入射单缝的，可以确定电子在通过单缝前沿 x 方向的动量 p_x 等于零。由于衍射效应，电子通过单缝后要偏离原来的前进方向，电子在底片上的落点沿 x 方向展开，这说明电子在通过单缝时（或者说在单缝处）已有了不为零的沿 x 方向的动量 p_x。先忽略单缝衍射的次级极大，只计及单缝衍射的中央亮条纹，认为电子都落在中央亮纹内。设单缝衍射第一级极小的角位置为 θ_1，也就是说电子通过单缝后最大偏离入射方向的角度为 θ_1。由此可知，电子在通过单缝时（或者说在单缝处）沿 x 方向的动量最大值为 $p_{x\max1}=p\sin\theta_1$。考虑到电子可以落在中央亮条纹内的任何地方，则电子在通过单缝时（或者说在单缝处）沿 x 方向的动量 p_x 的取值范围为

$$0\leqslant p_x\leqslant p_{x\max1}=p\sin\theta_1$$

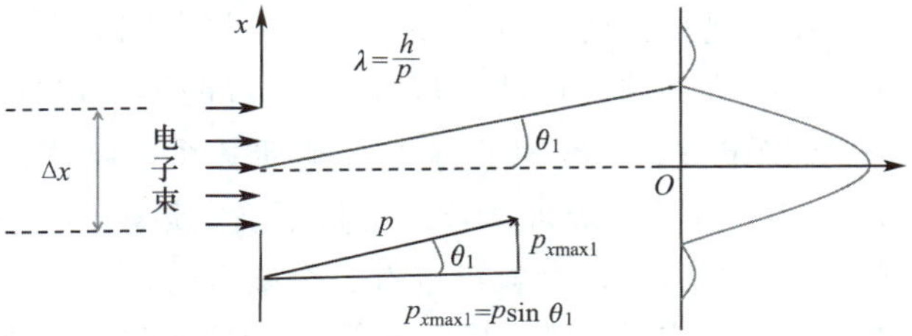

图 14-25　电子单缝衍射

这表明，一个电子通过单缝时（或者说在单缝处）在 x 方向上的动量不确定量为

$$\Delta p_x=p_{x\max1}-0=p_{x\max1}=p\sin\theta_1,\Delta p_x=p\sin\theta_1$$

如果再考虑到衍射条纹的次级极大，可得电子通过单缝时（或者说在单缝处）在 x 方向上的动量不确定量

$$\Delta p_x\geqslant p\sin\theta_1$$

由单缝衍射第一级暗纹中心的角位置 $\Delta x\sin\theta_1=\lambda$ 以及德布罗意公式 $\lambda=h/p$，得到

$$\Delta x\sin\theta_1=\frac{h}{p},p\sin\theta_1=\frac{h}{\Delta x}$$

由此得到

$$\Delta p_x\geqslant p\sin\theta_1=\frac{h}{\Delta x},\Delta x\Delta p_x\geqslant h$$

虽然这只是一个粗略的估计（与量子力学给出的数值有一定的差别），但足以说明海森堡坐标与动量的不确定关系是存在的。

海森堡坐标与动量的不确定关系表明，当微观粒子被局限在 x 方向的一个有限范围 Δx 内时，粒子的动量分量 p_x 必然有一个不确定的数值范围 Δp_x。由于 $\Delta x\Delta p_x\geqslant\hbar/2$，粒子的位置确定得越精确，则粒子的动量就确定得越不精确；粒子的动量确定得越精确，则粒子的位置就确定得越不精确。如果 x 的位置完全确定（$\Delta x\to 0$），那么粒子可以具有的动量 p_x 的数值就完全不确定（$\Delta p_x\to\infty$）；当粒子处于一个 p_x 数值完全确定的状态时（$\Delta p_x\to 0$），粒子在 x 方向的位置是完全不确定的（$\Delta x\to\infty$）。微观粒子的行为与经典物理学中的宏观微粒（质点）的行为完全不同。不确定关系来源于微观粒子的波粒二象性，不可能同时用某一时刻的位置和动量来描述微观粒子的运动状态。对于微观粒子，运动“轨道”的概念已经失效，经典力学规律

也不再适用。

原子的线度约为 10^{-10} m=0.1 nm,因此原子中的电子位置不确定量为 $\Delta x\approx 0.1$ nm,由不确定关系可以确定原子中的电子的速度不确定量为

$$\Delta v_x=\frac{\Delta p_x}{m_e}\geqslant\frac{\hbar}{2m_e\Delta x}\approx 5.8\times 10^5\ \text{m}\cdot\text{s}^{-1},\Delta v_x\geqslant 5.8\times 10^5\ \text{m}\cdot\text{s}^{-1}$$

而由玻尔氢原子理论,氢原子中的电子绕原子核做匀速圆周运动,$\frac{m_e v^2}{r}=\frac{e^2}{4\pi\varepsilon_0 r^2}$,可以估算出氢原子中电子的运动速度 $v\approx 10^6\ \text{m}\cdot\text{s}^{-1}$。氢原子中电子的“运动速度”与电子“运动速度的不确定量”基本上处于相同的数量级,氢原子中电子的“运动速度”概念已经失去意义。原子中的电子没有完全确定的位置和速度(动量),电子也就没有完全确定的“运动轨道”,这是微观粒子具有波粒二象性的必然结果。因此,玻尔理论中“原子中的电子绕原子核在一定轨道上运动”的图象不是对原子中的电子运动情况的正确描述。

再来看宏观微粒的运动情况。如质量为 10 g 的质点(这对于微观粒子来说已经可以看作是无限大质量了)以 $0.1\ \text{m}\cdot\text{s}^{-1}$ 的速度运动,假定微粒位置的不确定量为 1 μm(这在宏观物质世界已经可以说微粒位置确定得非常准确了)。由不确定关系可以计算出微粒的动量不确定量与动量的比值,$\Delta p/p\approx 6.6\times 10^{-25}$。宏观微粒的动量不确定量远远小于微粒动量,宏观微粒的动量不确定量几乎可以完全忽略,宏观微粒可以有完全确定的动量值。宏观微粒(物体)可以同时精确地确定位置和动量,可以完全忽略不确定关系,可以完全忽略波粒二象性(波动性)。

不确定关系是微观粒子(微观客体)具有波粒二象性的反映,是物理学中一条重要的规律,是微观粒子普遍遵守的基本规律。不确定关系揭示出,微观粒子在客观上不能同时具有确定的坐标位置及相应的动量。如果想要把微观粒子的位置测得更准,微观粒子的动量就不会有确定的值;如果想要把微观粒子的动量测得更准,微观粒子就不会有确定的位置。海森堡因为不确定关系的发现和对量子力学创立的重大贡献而获得 1932 年的诺贝尔物理学奖。

2 时间与能量之间的不确定关系

不确定关系的另一个重要表述形式是时间与能量之间的不确定关系

$$\Delta E\Delta t\geqslant\frac{\hbar}{2} \tag{14-4-8}$$

如果一个微观粒子在能量状态 E 只能停留 Δt 时间,则在这段时间内微观粒子的能量状态并非完全确定,微观粒子的能量有一个弥散范围 $\Delta E\geqslant\hbar/2\Delta t$,这相当于微观粒子的能量状态形成一个“能带”。只有当微观粒子的停留时间为无限长时(稳态),它的能量状态才是完全确定的($\Delta E=0$)。

考虑一个微观粒子在一段时间 Δt 内的动量为 p(沿 x 方向),而能量为 E。根据相对论中粒子动量与能量的关系,$p^2c^2=E^2-m_0^2c^4$,得到微观粒子动量和能量的不确定量之间的关系

$$\Delta p=\frac{E}{pc^2}\Delta E$$

在 Δt 时间内,微观粒子可能发生的位移为 $\Delta x=v\Delta t=\frac{p\Delta t}{m}$,这段位移也就是在这段时间内微观粒子的空间位置坐标不确定量。将以上两式相乘,并考虑相对论质能关系,$E=mc^2$,得

$$\Delta x\Delta p=\frac{p\Delta t}{m}\frac{E}{pc^2}\Delta E=\frac{E}{mc^2}\Delta E\Delta t=\Delta E\Delta t,\Delta E\Delta t=\Delta x\Delta p\geqslant\frac{\hbar}{2},\Delta E\Delta t\geqslant\frac{\hbar}{2}$$

这就是时间与能量的不确定关系。

时间与能量的不确定关系可以用来讨论原子各个能级的宽度(ΔE)与该能级平均寿命($\Delta t=\tau$)之间的关系。一般来说,原子通常处于能量最低的状态(基态),只有在受到激发时才会跃迁到激发态。原子在激发态可以停留一段时间(尽管停留的时间可能会很短),大量的同类原子在同一激发态停留的时间可能不同,但在同一激发态平均停留时间是一个相对固定的值,这一平均停留时间就称为原子该能级的平均寿命(τ)。既然原子能级有一个平均寿命(原子能量保持的时间范围),那么根据时间与能量的不确定关系,原子的能量就会有一个不确定的范围,这就是原子能级的宽度。根据时间与能量的不确定关系,原子能级的平均寿命 τ 越长(原子能级越稳定),原子能级宽度 ΔE 越小,原子能量 E 越具有确定值。原子基态最稳定(平均寿命最长),基态能级宽度最小,基态能级能量最确定;原子激发态的平均寿命一般很短,激发态的能级具有一定的宽度(尽管这一能级宽度可能很小)。一般来说,原子激发态的能级平均寿命 $\tau=10^{-9}\sim10^{-7}$ s,能级宽度 $\Delta E=10^{-8}\sim10^{-6}$ eV 数量级;有些原子可能还存在一些特殊的激发态,能级平均寿命可达 10^{-3} s 甚至更长,此类激发态称为亚稳态。原子的激发态能级有一定的宽度(很小),实际上形成了很窄的“能带”。原子处于激发态时,能量也是不能完全确定的。从这个意义上来说,玻尔的“能级”概念也应该进行修正,原子的“能级”是有一定宽度的。

如果一个微观粒子状态的寿命有限,那么它的能量就不可能有一个确定的值。微观粒子的基态一般是非常稳定的(基态状态的寿命很长),基态能级能量几乎有确定的值。原子的激发态是不稳定的,当原子由高能级向低能级跃迁时将辐射光子。如果跃迁的两个“能级”具有完全确定的能量值,则辐射的光子的能量是确定的,形成的光谱线原则上就是一条几何线。但由于原子能级都有一定的寿命,按照不确定关系,这个能级必定存在相应的宽度 ΔE,因此,实际的原子光谱“线”不可能是几何上的线,而是有个宽度 ΔE,如图 14-26 所示,这称为谱线的自然宽度。例如,假定原子中某激发态的寿命为 $\Delta t=10^{-8}$ s,则

$$\Delta E\geqslant\frac{\hbar}{2\Delta t}=\frac{\hbar c}{2\Delta tc}=\frac{197\times10^{-15}\times10^{6}}{2\times10^{-8}\times3\times10^{8}}=3.3\times10^{-8}\ \text{eV}$$

这就是与该激发态相对应的谱线的自然宽度,它是由能级的固有寿命决定的。实验完全证明了谱线自然宽度的存在,从而说明了不确定关系的正确性。

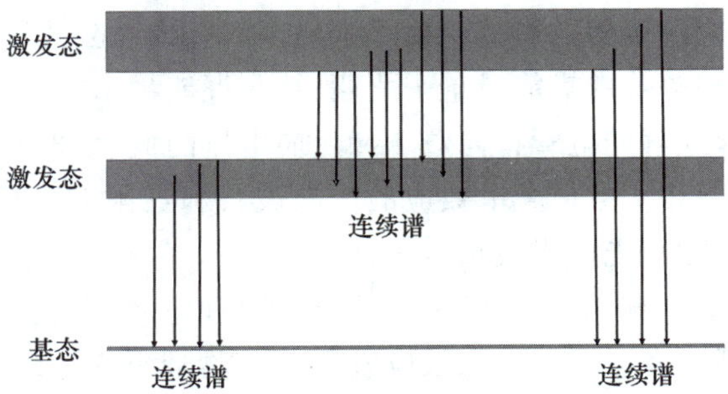

图 14-26　谱线的自然展宽

应该指出,在不确定关系中,一个关键的量又是普朗克常量 h。由于普朗克常量是一个非常小的物理量,因而,不确定关系在宏观物质世界并不能得到直接的体现。但普朗克常量不等于零,从而使得不确定关系在微观物质世界成为一个重要的规律。还要注意,对于宏观物质世界,普朗克常量 $h\to0$,不确定关系解除。宏观微粒(质点)可以同时具有确定的空间位置和确

定的动量,宏观微粒(质点)可以具有确定的“运动轨道”。这是玻尔“对应原理”的又一次具体体现,当 $h\to 0$ 时,量子物理→经典物理。

至此,经典物理学大厦已经岌岌可危,微观粒子的行为与经典物理学所研究的宏观物体的运动行为可能完全不同,微观粒子的运动规律可能完全不同于宏观物体的运动规律。甚至普朗克、爱因斯坦、玻尔以及德布罗意等人所建立的量子理论(俗称“旧量子论”)也已经不能完全准确地描述微观粒子的行为,玻尔的“轨道”概念甚至“能级”概念都需要做进一步的修正。建立起微观粒子运动规律的理论是时代的呼唤,量子力学(有关微观粒子运动的理论)的建立迫在眉睫。

解题指导 >>>

本章主要内容是能量量子化概念的建立,逐渐放弃经典物理学理论。量子力学的建立是以实验(实践)为基础的,是实验的理论抽象,是全人类智慧的结晶。对黑体辐射的实验和理论研究建立起了能量子的概念,解决了黑体辐射实验与经典物理学理论不相容的问题;对光电效应等的实验和理论研究建立起了光量子(光子)的概念和光子理论,从而将电磁波(光波)的能量量子化,光波也是一束光子流,彻底解决了光电效应实验以及固体比热实验与经典物理学理论不相容的问题,建立起了光的波粒二象性理论;对原子结构和氢原子光谱的实验和理论研究,建立起了实物粒子(如氢原子)能量量子化的概念,几乎彻底地放弃了经典物理学理论,解决了原子稳定性的问题和原子线状光谱等经典物理学理论重大疑难问题,建立了原子能级和量子跃迁等近代(现代)物理概念;实物粒子波粒二象性概念的建立(后经实验证实),确立了实物粒子(如电子)也具有波动性的理论。尽管取得了这些成就,但依然没有摆脱经典物理学理论的束缚,还在用经典物理学的概念和理论去理解和解释量子概念,从而引来了很大的争议和矛盾,因此称为“旧量子论”。这些争议和矛盾促使物理学家去探索“量子”概念背后蕴藏着的超越经典物理学概念和理论的物理意义。“旧量子论”为量子力学的建立打下了坚实的基础。

要求:了解热辐射概念以及描述热辐射的“单色辐出度(光谱辐出度、辐射能量密度)”和“辐出度(光谱总辐出度)”两个物理量。理解“黑体(绝对黑体)”模型。了解黑体辐射实验的基本规律。掌握“斯特藩-玻尔兹曼定律”和“维恩位移定律”等与实验相符并且与普朗克量子化理论相容而且具有现代应用价值的黑体辐射理论。了解普朗克公式以及普朗克公式与经典物理学理论的不相容性。理解普朗克能量量子化假说,掌握能量子概念。了解光电效应实验,了解光电子和光电流概念,理解光电管正向电压和反向电压的概念,理解光电效应饱和电流的概念。掌握光电效应实验规律。掌握光电效应的红限波长和红限频率概念,掌握金属逸出功概念,掌握光电子最大初动能和光电流截止电压概念。了解经典物理学理论在解释光电效应实验规律方面遇到的困难。理解爱因斯坦光量子(光子)理论,掌握光子的能量、动量、质量、波长、频率之间的关系。理解爱因斯坦光电效应方程及其物理意义。理解光子理论对光电效应实验规律的解释。掌握截止电压与光电子最大初动能的关系,掌握红限波长和红限频率与金属逸出功的关系。了解康普顿散射的物理机制。了解康普顿散射的实验规律。掌握康普顿散射公式。了解卢瑟福原子核式结构模型。掌握氢原子光谱规律。掌握玻尔定态假设、原子能量量子化(能级)、量子跃迁、频率条件等量子化概念。了解玻尔角动量量子化概念。了解玻尔氢原子核外电子轨道量子化概念。掌握氢原子能级概念。掌握氢原子吸收和辐射能量的规律。了解弗兰克-赫兹实验。理解德布罗意波概念,掌握德布罗意关系。理解海森堡不确定关系，掌握位置坐标与动量的不确定关系和时间与能量的不确定关系。

1. 黑体辐射

围绕能量量子化(能量子，量子)概念的建立，深刻理解热辐射、光谱辐出度、辐出度等物理量的意义。

在任何温度下，黑体几乎辐射所有波长 λ(频率 ν)的电磁波；黑体单色辐出度 $M_0(\lambda, T)$的峰值波长只与黑体的温度有关，温度不同，黑体单色辐出度的峰值波长不同；温度越高，单色辐出度 $M_0(\lambda, T)$的峰值越向短波(高频)方向移动；黑体单色辐出度 $M_0(\lambda, T)$曲线下的面积就是黑体辐射的辐出度 $M_0(T)$，随着温度的升高，黑体辐射的辐出度在增大。也可以用 $M_0(\nu, T)$表示黑体光谱辐出度，由于 $\lambda\nu=c$，用 $M_0(\nu, T)$表示黑体光谱辐出度的实验结果与用 $M_0(\lambda, T)$表示黑体光谱辐出度的实验结果实质上是一致的。

由维恩位移定律，$\lambda_m=\dfrac{b}{T}$，可以从实验上测得的黑体辐射峰值波长 λ_m 推算高温物体的温度 T。维恩位移定律的另一表述形式，$\nu_m=C_\nu T$，表示了光谱辐出度最大时的光的频率 ν_m 与黑体温度 T 之间的关系。要特别注意，$\lambda_m\nu_m=1.701\times10^8\ \text{m}\cdot\text{s}^{-1}\neq c$。

如果已知黑体的温度 T，可以由斯特藩-玻尔兹曼定律($M(T)=\sigma T^4$)得到黑体的辐出度(总的光谱辐出度)。也就是在温度 T 下，黑体单位时间内单位表面积辐射的电磁波的能量。如果再已知黑体的表面积，甚至可以求得黑体辐射电磁波的总能量，即黑体单位时间内辐射电磁波的总能量。

由普朗克能量子假说，$\varepsilon=h\nu$，可以计算频率为 ν 的电磁波的能量子的能量 ε。

2. 光电效应

光电效应研究的中心思想是建立“光子(光量子)”概念。

光电效应的发生存在红限波长或者说红限频率，入射光的波长大于红限波长(入射光频率低于红限频率)，光电效应不可能发生。不能以是否有光电流来判断是否发生了光电效应，而要以是否有电子从光电管阴极逸出为标准来判断是否发生了光电效应。

发生光电效应时，由金属阴极表面逸出的光电子的动能最大，这就是光电子的最大初动能。由金属阴极内部逸出的光电子的初动能比从金属阴极表面逸出的光电子的初动能小，这是由于电子由金属内部逸出时不但要克服金属表面势垒的束缚，还要克服金属内部原子核的束缚。逸出的光电子可以沿各个方向运动，有些光电子直接打到了光电管的侧壁上，对光电流没有贡献；有些光电子能够自己到达光电管阳极，从而形成光电流，所以不加正向电压也能形成光电流。光电管加反向电压，对于那些直接飞向光电管阳极的光电子(各种速度都有可能)起到减速的作用，有些较低速的光电子在没有到达阳极前就已经损耗掉了全部的初动能最终没有到达阳极，对光电流的形成没有贡献；所以光电管加反向电压会减弱光电流，而且反向电压数值越大，光电流越弱；当反向电压的数值大到一定程度，连直接飞向阳极且具有最大初动能的光电子(由金属阴极表面逸出的)刚好到达阳极就在反向电压建立的电场的作用下返回阴极(实际上相当于没有到达阳极，对光电流没有贡献)；光电流刚好为零时的反向电压值就是截止电压；截止电压是截止光电流的反向电压，不是截止光电效应发生的；电场力对具有最大初动能的光电子所做的功刚好消耗掉了光电子的最大初动能($e|U_c|=E_k$)。如果对光电管加正向电压，确实能够对光电子起到加速向阳极运动的作用，但这对光电流的增强没有什么作用，因为光电流的强弱由单位时间内到达阳极的光电子数决定，而不是由光电子的运动速度决定；正向电压的作用是使初始时刻偏离

由阴极直接向阳极方向运动的光电子的运动轨迹纠正为类似于抛体运动的抛物线形,使得原本打到光电管侧壁上的光电子也能到达阳极,使得到达阳极的光电子数增多,光电流增强;正向电压越高,光电子运动轨迹被纠正得越直,会有更多的光电子能够到达阳极,光电流越强;但正向电压增大到一定程度,连最偏离阴极一阳极直线运动的光电子都被纠正为能够到达阳极,再增大正向电压到达阳极的光电子数也不会增多,单位时间内产生的光电子全部到达阳极,光电流达到了最大值,这个光电流最大值就是饱和光电流;饱和光电流是存在的;实验也表明,饱和光电流值与正向电压的数值无关,这也反过来说明光电子运动速度对光电流没有什么影响,因为正向电压越高,光电子的运动速度越大。

饱和光电流与入射光光强成正比,这是有条件的,条件是入射光频率固定不变;饱和光电流与光电子数通量 n 成正比,而光电子数通量又与入射光光子数通量 N 成正比,所以饱和光电流与入射光光子数通量 N 成正比;由爱因斯坦光强公式 $I=Nh\nu$ 可见,光强不仅仅与入射光光子数通量 N 成正比,还与入射光频率 ν 成正比;所以,饱和光电流与入射光光强成正比的前提是入射光频率固定不变。饱和光电流与入射光频率成反比也是有条件的,条件是入射光光强固定不变;由爱因斯坦光强公式 $I=Nh\nu$ 可见,只有在入射光光强固定不变的条件下,入射光光子数通量才与入射光频率成反比,光电子数通量和饱和光电流才与入射光频率成反比。

由爱因斯坦光电效应方程 $E_k=mV_m^2/2=h\nu-A$ 和截止电压的定义 $e|U_c|=E_k$ 可见,截止电压不仅仅与入射光频率ν 有关,还与光电管阴极金属材料有关,即与光电管阴极金属材料的表面逸出功 A 有关。

截止电压 U_c 与入射光频率 ν 呈线性关系,对于不同的金属材料,ν-U_c 直线平行。直线的斜率就是一个物理学常数,由此可以确定普朗克常数 h,表明入射光频率不同,截止电压不同,从而得到光电子最大初动能不同。ν-U_c 直线与ν 轴交点处的ν 值就是红限频率。由ν-U_c 直线与 U_c 轴交点处的 U_c 值可以确定金属的逸出功。

爱因斯坦光电效应方程 $E_k=h\nu$-A 是解决有关光电效应实验的核心公式,配以截止电压的定义 $e|U_c|=E_k$ 和金属逸出功与红限频率的关系 $h\nu_0=A$(或红限波长 $A=hc/\lambda_0$)以及光子波长与频率的关系$\nu\lambda=c$ 和光强公式 $I=Nh\nu$,就能解决光电效应中有关光电子最大初动能、光电流截止电压、光电管阴极金属逸出功、红限频率、红限波长等问题。

爱因斯坦光子理论公式:$E=h\nu=hc/\lambda$,$p=h/\lambda=h\nu/c$,$m=h/\lambda c=h\nu/c^2$,给出了光子的波长、频率、能量、动量、质量之间的关系。

3. 康普顿效应

康普顿效应(康普顿散射)证实了爱因斯坦光子理论的正确性,同时阐明了在微观物质世界能量守恒定律和动量守恒定律依然成立。

康普顿散射的规律:除原波长 $\lambda_0=0.070\ 9$ nm 外,出现了移向长波方向的新的散射波长 λ;只是在散射角 $\varphi=0$ 的方向只有入射 X 射线波长成分 λ_0,其他散射方向均是既有入射 X 射线波长成分 λ_0,又有新波长成分 λ。散射光波长的变化 $\Delta\lambda=\lambda-\lambda_0$ 与入射光的波长无关,只与散角 φ 有关。当散射角增大时,原波长的谱线强度降低,而新波长的谱线强度升高。

康普顿效应的普遍性:$\Delta\lambda=\lambda-\lambda_0$ 只与散射角 φ 有关,与散射物质无关,不同散射物质在同一散射角方向散射光波长的改变量相同。对于不同的散射物质,尽管在同一散射角方向散射光的波长(峰值位置)相同(波长变化相等),但散射光的光强不同(相对于入射光光强峰值大小不同);而且随着散射物质原子序数的增加(特别是重原子),散射光相对光强减弱。

在康普顿散射中,散射光波长相对于入射光波长的变化在 10^{-3} nm 量级,与 X 射线波长相当;最大的变化发生在 $\varphi=\pi$ 的方向(背散射),$\Delta\lambda_{max}=2\lambda_c=4.86\times10^{-3}$ nm。只有当入射光波长 λ_0 与 λ_c 可比拟时,康普顿效应才显著,因此,要用X射线入射才能观察到康普顿效应。可见光入射无法观察到康普顿效应。

康普顿公式 $\Delta\lambda=\lambda-\lambda_0=\lambda_c(1-\cos\varphi)=2\lambda_c\sin^2(\varphi/2)$ 给出了康普顿散射光子波长的变化量。这个公式可以由康普顿散射过程中光子—电子系统能量守恒和动量守恒推导出来。要特别注意,光子与电子(自由电子)碰撞前,电子是静止的这一条件;反冲电子的能量(动能)是光子损失的能量(能量守恒),$E_k=E_0-E$;反冲电子的动量等于光子动量的变化(动量守恒),$\boldsymbol{p}_e=\boldsymbol{p}_{oin}-\boldsymbol{p}_o$;对于光子,碰撞前后光子的能量可以表示为 $E_0=h\nu_0=hc/\lambda_0$ 和 $E=h\nu=hc/\lambda$,碰撞前后光子的动量可以表示为 $p_{oin}=h/\lambda_0=h\nu_0/c$ 和 $p_o=h/\lambda=h\nu/c$;对于光子可以使用关系 $\lambda_0\nu_0=c=\lambda\nu$,对于反冲电子不能使用这一关系;反冲电子的质量、能量和动量要考虑相对论效应,反冲电子的动能还可以表示为 $E_k=mc^2-m_ec^2$。

4. 氢原子光谱

氢原子光谱(辐射光谱)是线状谱,用波数表示的氢原子光谱公式为

$$\tilde{\nu}=\frac{1}{\lambda}=R_H\left(\frac{1}{n_1^2}-\frac{1}{n_2^2}\right),n_1=1,2,3,\cdots,n_2=n_1+1,n_1+2,n_1+3,\cdots$$

其中,$n_1=1$,就是位于紫外区的莱曼系;$n_1=2$,就是4条谱线位于可见光区的巴耳末系;$n_1=3$,就是位于红外区帕邢系。

5. 玻尔理论

玻尔理论的核心是"定态假设"。原子的能量是量子化的,原子的每一个能量值可以形象地称为能级,每个能级就对应一个原子的稳定状态(定态),原子的定态用主量子数 n 表示,原子只能处于这些定态中的一个;其中,$n=1$ 的定态称为基态,$n\geqslant2$ 的定态称为激发态。对于氢原子,定态能级的能量为 $E_n=E_1/n^2$,其中 $E_1=-13.6$ eV,由此可以得到氢原子各个定态的能量;但要注意,这是以无限远处为静电势能零点而得出的氢原子能量。

"量子跃迁"也是玻尔理论的重要组成部分,原子可以从一个定态"跃迁"到另一个定态,只有这时原子的能量才发生变化。原子能量发生的变化只能是原子两个定态能量之差。对于氢原子,吸收或辐射的能量只能是 $\Delta E=-13.6(1/n_1^2-1/n_2^2)$eV。应该注意的是,原子吸收或辐射光子的能量与光子频率和波长的关系 $\Delta E=h\nu=hc/\lambda$。

原子吸收能量可以有各种形式,其中主要的是吸收光子和通过非弹性碰撞,原子吸收能量后将跃迁到高能级上去。原子吸收光子时一般只能吸收能量刚好等于原子某两个能级能量差的光子,同时光子消失;但原子吸收电子等能量时可以不必全部吸收而只吸收一部分,同时电子等不消失,只是能量有所损失,电子损失的能量刚好用来激发原子。

处于高能态的原子是不稳定的,需要释放能量回到低能态,直至基态。原子释放能量的途径也有多种形式,主要的是辐射光子和与其他粒子碰撞。原子辐射光子而释放能量时,所释放的能量(光子的能量)一定等于原子两个能级(发生量子跃迁的两个能级)能量之差。原子也可以通过碰撞使原子的能量得到释放,如氦氖激光器中氦原子与氖原子之间的碰撞,氦原子将能量传递给氖原子。

原子从高能态向低能态跃迁时,最普遍的释放能量的方式是辐射一个光子,光子的能量是量子跃迁的高能态(能级)能量与低能态(能级)能量之差。原子可以由高能态向基态跃迁,也可以向其他低能态的激发态跃迁;原子向低能态跃迁辐射的光子组成了原子光谱。对于氢原子,由高能态($n>1$)向基态($n=1$)跃迁,辐射的光子组成氢原子光谱的莱曼系;莱曼系最大频

率 ν_{max1}(最短波长 λ_{min1})的光子是由自由电子态($n=\infty$)能态向基态($n=1$)跃迁时辐射的,最大频率和最小波长为

$$\nu_{max1}=\frac{E_{\infty}-E_1}{h}=\frac{13.6\ \text{eV}}{h},\lambda_{min1}=\frac{c}{\nu_{max1}}=\frac{hc}{13.6\ \text{eV}}$$

莱曼系最小频率 ν_{min1}(最长波长 λ_{max1})的光子是由第一激发态($n=2$)向基态($n=1$)跃迁时辐射的,最低频率和最长波长为

$$\nu_{min1}=\frac{E_2-E_1}{h}=\frac{10.2\ \text{eV}}{h},\lambda_{max1}=\frac{c}{\nu_{min1}}=\frac{hc}{10.2\ \text{eV}}$$

由高能态($n>2$)向第一激发态($n=2$)跃迁,辐射的光子组成氢原子光谱的巴尔末系;巴尔末系最大频率 ν_{max2}(最短波长 λ_{min2})的光子是由自由电子态($n=\infty$)能态向第一激发态($n=2$)跃迁时辐射的,最大频率和最小波长为

$$\nu_{max2}=\frac{E_{\infty}-E_2}{h}=\frac{3.4\ \text{eV}}{h},\lambda_{min2}=\frac{c}{\nu_{max2}}=\frac{hc}{3.4\ \text{eV}}$$

巴尔末系最小频率 ν_{min2}(最长波长 λ_{max2})的光子是由第二激发态($n=3$)向第一激发态($n=2$)跃迁时辐射的,最小频率和最长波长为

$$\nu_{min2}=\frac{E_3-E_2}{h}=\frac{1.89\ \text{eV}}{h},\lambda_{max2}=\frac{c}{\nu_{min2}}=\frac{hc}{1.89\ \text{eV}}$$

由高能态($n>3$)向第二激发态($n=3$)跃迁,辐射的光子组成氢原子光谱的帕邢系;帕邢系最大频率 ν_{max3}(最短波长 λ_{min3})的光子是由自由电子态($n=\infty$)能态向第二激发态($n=3$)跃迁时辐射的,最大频率和最小波长为

$$\nu_{max3}=\frac{E_{\infty}-E_3}{h}=\frac{1.51\ \text{eV}}{h},\lambda_{min3}=\frac{c}{\nu_{max3}}=\frac{hc}{1.51\ \text{eV}}$$

帕邢系最小频率 ν_{min3}(最长波长 λ_{max3})的光子是由第三激发态($n=4$)向第二激发态($n=3$)跃迁时辐射的,最小频率和最长波长为

$$\nu_{min3}=\frac{E_4-E_3}{h}=\frac{0.66\ \text{eV}}{h},\lambda_{max3}=\frac{c}{\nu_{min3}}=\frac{hc}{0.66\ \text{eV}}$$

"轨道量子化"也是玻尔原子理论的组成部分,原子中的核外电子绕原子核做匀速圆周运动,运动轨道(轨道半径)是量子化的。电子的一个轨道就对应相应的一个原子能态(能级)。对于氢原子,电子匀速圆周运动轨道半径为 $r_n=n^2r_1=0.053n^2$ nm。尽管量子力学认为玻尔的"轨道"概念是错误的,但由轨道量子化可以得到"角动量量子化"的重要概念,电子的一个轨道对应一个相应的角动量。尽管量子力学对玻尔的角动量数值有不同的看法,但角动量量子化的概念依然有效。对于氢原子,玻尔给出的电子角动量为 $L_n=n\hbar$。

6. 德布罗意波

德布罗意理论的核心问题是实物粒子(静止质量不为零)也具有波动性,表现为波粒二象性。一般来说,微观粒子在与其他粒子碰撞的过程中主要展示"粒子性"的一面,在传播过程中主要展示"波动性"的一面。德布罗意波并不具有经典物理学所描述的物理意义;德布罗意波的波长 λ 也不再表示一个完整波的空间长度,而仅仅反映微观粒子所具有的动量的大小,$p=h/\lambda$;德布罗意波的频率也不再表示单位时间内传递的完整波的数目(或单位时间内波源的振动次数),而仅仅反映微观粒子所具有的能量大小,$E=h\nu$。德布罗意波的"波动性"根本不是指某个实际物理量(可以测量的物理量)在空间中的传播,德布罗意波的"粒子性"既不是指"粒子"要遵守牛顿定律,也不是指"粒子"具有确定的轨道。

德布罗意波的波长与频率的乘积 $\lambda\nu$ 不代表经典波动的波速(物理量的空间传播速度),实际上,$\lambda\nu>c$。一般说来,处理波粒二象性(德布罗意波)的问题需要考虑相对论效应。特别是有关粒子的能量与频率的德布罗意关系中的能量必须是相对论下的能量,$E=E_0+E_k=m_0c^2+E_k$,不是粒子的"动能";即使在"动能"很低的情况下($E_k\ll m_0c^2=E_0$)也要考虑粒子的"静止能量"的存在,$E\approx E_0=m_0c^2$。有关粒子的动量与波长的德布罗意关系中的动量必须是相对论下的动量

$$p^2c^2=E^2-m_0^2c^4=E^2-E_0^2=E_k^2+2m_0c^2E_k=E_k^2+2E_0E_k$$

只有在"动能"很低的情况下($E_k\ll m_0c^2=E_0$)才有

$$p^2c^2=E_k^2+2E_0E_k\approx 2E_0E_k=2m_0c^2E_k,\ p\approx\sqrt{2m_0E_k}$$

才可以使用经典物理学中的动量与动能的关系,$p=\sqrt{2m_0E_k}$。

7. 不确定关系

不确定关系($\Delta x\Delta p_x\geqslant\hbar/2$,$\Delta E\Delta t\geqslant\hbar/2$)是微观粒子的基本规律,来源于微观粒子的波粒二象性。无论是静止质量为零的粒子(如光子)还是静止质量不为零的粒子(实物粒子)都要遵守这一规律,但一般是用来做数量级估计的。对于实物粒子,时间能量不确定关系 $\Delta E\Delta t\geqslant\hbar/2$ 还有更实际的应用:ΔE 可以理解为实物粒子的能级能量宽度,Δt 可以理解为实物粒子能级的平均寿命。

配合德布罗意公式(对于光子是爱因斯坦公式)$E=h\nu$ 和 $p=h/\lambda$ 等,可以计算微观粒子(光子、实物粒子等)的频率(光波、德布罗意波)的不确定量 $\Delta\nu$ 和波长(光波、德布罗意波)的不确定量 $\Delta\lambda$。但要注意,只有对静止质量为零的光子(光波)才可以使用关系 $\lambda\nu=c$,实物粒子(静止质量不为零,德布罗意波)$\lambda\nu>c$。对于实物粒子,频率的不确定量 $\Delta\nu$ 和波长的不确定量 $\Delta\lambda$ 可以理解为粒子能级跃迁辐射光子的谱线自然展宽。

【例 14-1】 在加热黑体过程中,如果最大单色辐出度的波长由 800 nm 变到 400 nm,则黑体辐出度增加几倍?

分析 随着温度的升高,黑体辐射峰值波长(最大单色辐出度的波长)λ_m 将会变短,黑体辐出度(总辐射本领)增大。由维恩位移定律 $\lambda_mT=b$,可以得到两个黑体辐射峰值波长时黑体的温度 T_1 和 T_2;再由斯特藩-玻尔兹曼定律 $M_0(T)=\sigma T^4$,得到两个温度下的黑体辐出度;相比即可得到黑体辐出度增大的倍数。由于需要计算的是两种温度下的比值,没有必要知道两个定律中的比例常量,也没有必要计算具体的温度和黑体辐出度。

解 由维恩位移定律 $\lambda_mT=b$,得到黑体辐射峰值波长的温度(热力学温度)之比

$$\frac{T_2}{T_1}=\frac{\lambda_{m1}}{\lambda_{m2}}=\frac{800}{400}=2$$

根据斯特藩-玻尔兹曼定律 $M_0(T)=\sigma T^4$,得到黑体辐出度之比

$$\frac{M_0(T_2)}{M_0(T_1)}=\left(\frac{T_2}{T_1}\right)^4=2^4=16$$

即黑体辐出度(总辐射本领)增大为原来的 16 倍。

点评 (1)由 $b=2.898\times10^{-3}\ \text{m}\cdot\text{K}$,得到辐射峰值波长对应的黑体温度

$$T_1=\frac{b}{\lambda_{m1}}=\frac{2.898\times10^{-3}}{800\times10^{-9}}=3\ 622.5\ \text{K},\ T_2=\frac{b}{\lambda_{m2}}=\frac{2.898\times10^{-3}}{400\times10^{-9}}=7\ 245\ \text{K}$$

可见,温度在 3 622.5 K 时,黑体辐射红外线最强;温度达到 7 245 K 时,黑体呈紫色。

(2)黑体呈现绿色($\lambda_{m3}=500$ nm)时,黑体的温度为

$$T_3=\frac{b}{\lambda_{m3}}=\frac{2.898\times10^{-3}}{500\times10^{-9}}=5\ 796\ \text{K}$$

黑体呈现红色($\lambda_{m4}=750$ nm)时,黑体的温度为

$$T_4=\frac{b}{\lambda_{m4}}=\frac{2.898\times10^{-3}}{750\times10^{-9}}=3\ 864\ \text{K}$$

而如果黑体辐射紫外线最强($\lambda_{m5}=350$ nm)时,黑体的温度要达到

$$T_5=\frac{b}{\lambda_{m5}}=\frac{2.898\times10^{-3}}{350\times10^{-9}}=8\ 280\ \text{K}$$

(3)两个温度下,黑体辐射峰值波长(最大单色辐出度的波长)时,黑体辐出度为

$$M_0(T_1)=\sigma T_1^4=5.670\ 51\times10^{-8}\times3\ 622.5^4=9.764\ 6\times10^6\ \text{W}\cdot\text{m}^{-2}$$

$$M_0(T_2)=\sigma T_2^4=5.670\ 51\times10^{-8}\times7\ 245^4=1.562\ 3\times10^8\ \text{W}\cdot\text{m}^{-2}$$

(4)两个温度下,黑体辐射能量最大处的频率分别为

$$\nu_{m1}=C_\nu T_1=5.880\times10^{10}\times3\ 622.5=2.13\times10^{14}\ \text{Hz}$$

$$\nu_{m2}=C_\nu T_2=5.880\times10^{10}\times7\ 245=4.26\times10^{14}\ \text{Hz}$$

【例 14-2】 已知太阳半径 $r_1=0.696\times10^9$ m,太阳到地球表面距离为 $r_2=150\times10^9$ m。太阳辐射到地球大气层外表面单位面积的辐射通量(称为太阳常量)$I_0=1.35\ \text{kW}\cdot\text{m}^{-2}$。试把太阳近似当作黑体,由太阳常量估计太阳表面的温度。

分析 如图 14-27 所示,太阳辐射的能量并没有全部到达地球表面(大气层外表面)。如果把太阳看作点光源,辐射的总能量固定,则随着观测点到太阳中心距离的增大,单位面积的辐射通量逐渐变小。但穿过以 r_2(太阳中心到地球大气层外表面的距离)为半径的球面的总辐射通量应该等于穿过以 r_1(太阳中心到太阳表面的距离)为半径的球面的总辐射通量,由此可以由太阳辐射到地球大气层外表面单位面积的辐射通量 I_0 求得太阳表面辐射出射度(太阳表面单位面积辐射通量)$M_0(T)$。再由斯特藩-玻尔兹曼定律,可得太阳表面的温度。

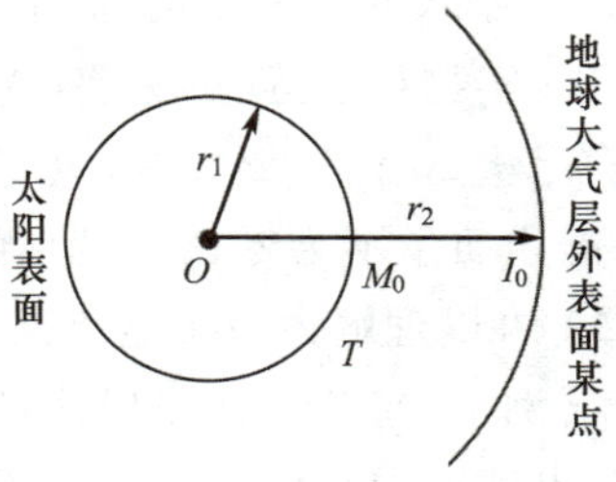

图 14-27 例 14-2 解析

解 由于太阳辐射总能量守恒,穿过以 r_2(太阳中心到地球大气层外表面的距离)为半径的球面的总辐射通量应该等于穿过以 r_1(太阳中心到太阳表面的距离)为半径的球面的总辐射通量,$4\pi r_1^2 M_0(T)=4\pi r_2^2 I_0$,由此得到太阳表面辐射出射度 $M_0(T)$

$$M_0(T)=\frac{r_2^2 I_0}{r_1^2}=\frac{(150\times10^9)^2}{(0.696\times10^9)^2}\times1.35\times10^3=0.627\times10^8\ \text{W}\cdot\text{m}^{-2}$$

再由斯特藩-玻尔兹曼定律,得到太阳表面的温度

$$T^4=\frac{M_0(T)}{\sigma}=\frac{0.627\times10^8}{5.670\ 51\times10^{-8}}=0.110\ 58\times10^{16}\ \text{K}^4,T=5\ 767\ \text{K}$$

点评 (1)这是测量恒星表面温度的近似方法,近似程度非常高。这也就是我们通常说太阳表面的温度约为 $T=5\ 800$ K 的原因。

(2)由维恩位移定律,可以求得太阳黑体辐射光谱中辐射最强的波长

$$\lambda_m=\frac{b}{T}=\frac{2.898\times10^{-3}}{5\ 767}=0.502\ 5\times10^{-6}\ \text{m}=502.5\ \text{nm}$$

(3)由维恩位移定律,可以得到辐射能量最大处的频率为

$$\nu_m = C_\nu T = 5.880\times10^{10}\times5\,767 = 3.39\times10^{14}\ \text{Hz}$$

(4)太阳电磁辐射的总功率为

$$W = 4\pi r_1^2 M_0(T) = 4\pi\times(0.696\times10^9)^2\times0.627\times10^8 = 3.8\times10^{26}\ \text{W}$$

按相对论,太阳每秒由于电磁辐射而损失的质量为

$$\Delta m = \frac{3.8\times10^{26}}{(3\times10^8)^2} = 4.2\times10^9\ \text{kg}\cdot\text{s}^{-1} = 4.2\times10^6\ \text{t}\cdot\text{s}^{-1}$$

【例 14-3】 从金属钾中脱出一个电子至少需要 2.25 eV 的能量。如果用波长为 430 nm 的光投射到钾的表面上,试求:(1)出射光电子的最大初动能 E_{kmax};(2)截止电压 U_0。

分析 一般来说,光电效应指的是外光电效应,电子吸收光子的能量并从金属表面脱落下来(内光电效应,电子不能从金属表面脱落);普通光电效应是单光子吸收,电子一次只能吸收一个光子;光子消失,电子全部吸收光子的能量。从金属钾中脱出一个电子至少需要 2.25 eV 的能量,实际上这就是金属钾的逸出功,也就是使金属表面电子脱落下来所必需传给电子的最低能量;实际上,电子能够从金属表面脱落下来所需要的能量比逸出功可能还要多,因为电子可能不是从金属表面脱落下来的。由入射光的波长可以求出入射光子的能量。入射光子的能量与电子能够从金属表面脱落所必需的能量之差,可以作为从金属表面脱落的电子的初始动能;这样,入射光子的能量与金属逸出功之差就是从金属表面脱落的电子的最大初始动能。发生光电效应后,从金属表面脱落下来的电子(称为光电子)以各种速度(大小和方向,速度大小最小为零,速度大小最大由最大初动能决定)在加速电压(正向电压)的作用下,向阳极运动形成正向电流(光电流);如果加反向电压,将阻止光电子向阳极运动,但毕竟光电子可能还有初动能,这些光电子将反抗反向电压(电场)的作用继续向阳极运动,不过光电流降低而已;如果反向电压足够高(反向电场足够强),连具有最大初动能的光电子也不能到达阳极而返回阴极(发生光电效应的金属),其他光电子更不能到达阳极,光电流将为零(实际上光电效应已经发生,只是没有光电流);能够使具有最大初动能的光电子刚好到达阳极就在反向电压(电场)的作用下返回阴极的反向电压(也就是光电流刚好为零的反向电压),就是反向截止电压;实际上,反向截止电压对光电子所做的功刚好消耗了光电子的初动能(最大初动能),由此可以求得反向截止电压。当然,这只是理想状况,实际的光电管反向截止电压时电流为零,这不是光电流;正向电流也不完全是光电流,还有部分暗电流的存在。

解 显然,钾的逸出功为 $\Phi=2.25$ eV。

(1)用波长为 430 nm 的光投射到钾的表面上,出射光电子的最大动能

$$E_{\text{kmax}} = \frac{hc}{\lambda} - \Phi = \frac{6.626\times10^{-34}\times3.0\times10^8}{430\times10^{-9}\times1.6\times10^{-19}} - 2.25 = 0.64\ \text{eV}$$

(2)用波长为 430 nm 的光投射到钾的表面上,截止电压为

$$E_{\text{kmax}} = eU_0,\ U_0 = \frac{E_{\text{kmax}}}{e} = \frac{0.64\times1.6\times10^{-19}}{1.60\times10^{-19}} = 0.64\ \text{V}$$

点评 (1)由钾的逸出功,可以求得金属钾可以发生外光电效应的红限频率和红限波长

$$\nu_0 = \frac{\Phi}{h} = \frac{2.25\times1.6\times10^{-19}}{6.626\times10^{-34}} = 0.543\times10^{15}\ \text{Hz}$$

$$\lambda_0 = \frac{c}{\nu_0} = \frac{3.0\times10^8}{0.543\times10^{15}} = 5.525\times10^{-7}\ \text{m} = 552.5\ \text{nm}$$

因此,用波长为$\lambda=430$ nm的光投射到钾的表面上,是可以发生外光电效应的。

(2)光电子的初动能。由于电子可能从金属不同部位脱落下来,需要提供给电子的能量不同,因此光电子的初动能可能不同。大量的光子入射金属,各种初动能的光电子都有可能存在;光电子的最小初动能为零($E_{\mathrm{kmin}}=0$,刚好能够脱离金属表面的束缚),因此光电子的初动能的范围为$0\sim E_{\mathrm{kmax}}$。

(3)入射光子的能量。由爱因斯坦光子理论,入射光子的能量为

$$\varepsilon=h\nu=\frac{hc}{\lambda}=\frac{6.626\times10^{-34}\times3\times10^{8}}{430\times10^{-9}}=4.623\times10^{-19}\ \mathrm{J}=2.89\ \mathrm{eV}$$

这与金属的逸出功相当(略大);如果入射光子的能量特别大,如X射线入射金属,可能还会有其他物理效应发生。

(4)入射光子的动量

$$p=\frac{h}{\lambda}=\frac{6.626\times10^{-34}}{430\times10^{-9}}=1.54\times10^{-27}\ \mathrm{N\cdot s}$$

(5)入射光子的质量

$$m=\frac{h}{\lambda c}=\frac{6.626\times10^{-34}}{430\times10^{-9}\times3\times10^{8}}=5.1\times10^{-36}\ \mathrm{kg}$$

这与电子的静止质量相比

$$\frac{m_{\mathrm{e}}}{m}=\frac{9.1\times10^{-31}}{5.1\times10^{-36}}=1.784\times10^{5}$$

【例14-4】 用光强为$I=2.0\times10^{-10}\ \mathrm{W\cdot m^{-2}}$、真空中波长为$\lambda=5.0\times10^{-7}$ m的绿光照射红限频率(极限频率)为$\nu_0=4.62\times10^{14}$ Hz的光电管阴极金属表面。求:

(1)入射绿光光子的能量;(2)入射绿光的光子数通量;(3)光电管阴极金属的逸出功;

(4)光电效应产生的光电子的最大初动能;(5)光电效应光电流的截止电压。

分析 由真空中的波长,可以算得入射绿光的频率ν,可以判断绿光入射能否发生光电效应;根据爱因斯坦光子理论,由入射绿光的频率可以算得入射绿光光子的能量$E=h\nu$。根据爱因斯坦光强公式$I=Nh\nu$,由入射光光强I和单个光子的能量$h\nu$,可以算得入射绿光的光子数通量N,即单位时间入射单位阴极表面积上的光子数。由红限频率(极限频率)ν_0,根据$A=h\nu_0$,可以求得光电管阴极金属的逸出功A。根据光电效应方程$E_{\mathrm{k}}=mv^2/2=h\nu-A$,由入射光频率$\nu$和逸出功$A$,可以求得光电子的最大初动能$E_{\mathrm{k}}$。根据截止电压的定义$e|U_{\mathrm{c}}|=E_{\mathrm{k}}$,由$E_{\mathrm{k}}$可以求得光电效应光电流截止电压的数值$|U_{\mathrm{c}}|$。

解 入射绿光的频率为

$$\nu=\frac{c}{\lambda}=\frac{3\times10^{8}}{5.0\times10^{-7}}=6.0\times10^{14}\ \mathrm{Hz}$$

入射绿光的频率高于光电管阴极金属的红限频率,可以发生光电效应。

(1)入射绿光光子的能量为

$$E=h\nu=6.626\times10^{-34}\times6.0\times10^{14}=3.98\times10^{-19}\ \mathrm{J}=2.487\ \mathrm{eV}$$

(2)入射绿光的光子数通量为

$$N=\frac{I}{h\nu}=\frac{2.0\times10^{-10}}{6.626\times10^{-34}\times6.0\times10^{14}}=5.03\times10^{8}\ \mathrm{m^{-2}\cdot s^{-1}}$$

(3)光电管阴极金属的逸出功为

$$A=h\nu_0=6.626\times10^{-34}\times4.62\times10^{14}=3.06\times10^{-19}\ \text{J}=1.912\ \text{eV}$$

(4)光电效应产生的光电子的最大初动能为

$$E_k=\frac{1}{2}mV_m^2=h\nu-A=(3.98-3.06)\times10^{-19}=0.92\times10^{-19}\ \text{J}=0.575\ \text{eV}$$

(5)光电效应光电流的截止电压为

$$|U_c|=\frac{E_k}{e}=\frac{0.92\times10^{-19}}{1.6\times10^{-19}}=0.575\ \text{V}$$

点评 (1)入射光子的能量与金属逸出功之差,实际上就是光电子的最大初动能

$$E_k=E-A=(3.98-3.06)\times10^{-19}=0.92\times10^{-19}\ \text{J}=0.575\ \text{eV}>0,E_k>0$$

因此,可以发生光电效应。

(2)按相对论动能计算光电子的运动速度为

$$E_k=mc^2-m_ec^2=\frac{m_ec^2}{\sqrt{1-\frac{v^2}{c^2}}}-m_ec^2$$

$$\sqrt{1-\frac{v^2}{c^2}}=\frac{m_ec^2}{E_k+m_ec^2}=\frac{9.1\times10^{-31}\times9\times10^{16}}{0.92\times10^{-19}+9.1\times10^{-31}\times9\times10^{16}}=0.999\ 999$$

得到光电子的运动速度为 $v=0.001c$,可以不考虑相对论效应。

(3)按非相对论计算,光电子的运动速率为

$$V_e=\sqrt{\frac{2E_k}{m_e}}=\sqrt{\frac{2\times0.92\times10^{-19}}{9.1\times10^{-31}}}=0.45\times10^6\ \text{m}\cdot\text{s}^{-1}$$

远小于真空中的光速。

(4)光电子的动量

$$p_e=m_eV_e=9.1\times10^{-31}\times0.45\times10^6=4.1\times10^{-25}\ \text{N}\cdot\text{s}$$

(5)如果把光电子看作德布罗意波,则光电子的频率和波长分别为

$$\nu_e=\frac{E_k}{h}=\frac{0.92\times10^{-19}}{6.626\times10^{-34}}=1.39\times10^{14}\ \text{Hz}$$

$$\lambda_e=\frac{h}{p_e}=\frac{6.626\times10^{-34}}{4.1\times10^{-25}}=1.6\times10^{-9}\ \text{m}=1.6\ \text{nm}$$

【例 14-5】 已知钙(Ca)和钾(K)的逸出功分别为 $A_{Ca}=3.20$ eV 和 $A_K=2.25$ eV。分别用波长为 $\lambda_1=200$ nm 和 $\lambda_2=300$ nm 的紫外线照射钙和钾进行光电效应实验,分别求光电子的最大初动能和光电流截止电压。

分析 由入射的紫外线的波长可以求得紫外线的频率。再根据爱因斯坦光电效应方程,由入射光的频率和金属的逸出功可以求得光电子的最大初动能。根据截止电压的定义,由光电子的最大初动能可以求得光电流截止电压。

解 由紫外线的波长可以求得紫外线的频率

$$\nu_1=\frac{c}{\lambda_1}=\frac{3\times10^8}{200\times10^{-9}}=1.5\times10^{15}\ \text{Hz},\nu_2=\frac{c}{\lambda_2}=\frac{3\times10^8}{300\times10^{-9}}=1.0\times10^{15}\ \text{Hz}$$

(1)光电子的最大初动能

$$E_{kCa1}=h\nu_1-A_{Ca}=6.626\times10^{-34}\times1.5\times10^{15}-3.20\times1.6\times10^{-19}=4.819\times10^{-19}\ \text{J}$$

$$E_{kCa2}=h\nu_2-A_{Ca}=6.626\times10^{-34}\times1.0\times10^{15}-3.20\times1.6\times10^{-19}=1.506\times10^{-19}\ \text{J}$$

$$E_{kK1}=h\nu_1-A_K=6.626\times10^{-34}\times1.5\times10^{15}-2.25\times1.6\times10^{-19}=6.339\times10^{-19}\ \text{J}$$

$$E_{kK2}=h\nu_2-A_K=6.626\times10^{-34}\times1.0\times10^{15}-2.25\times1.6\times10^{-19}=3.026\times10^{-19}\ \text{J}$$

(2)光电流截止电压

$$|U_{cCa1}|=\frac{E_{kCa1}}{e}=\frac{4.819\times10^{-19}}{1.6\times10^{-19}}=3.0\ \text{V},|U_{cCa2}|=\frac{E_{kCa2}}{e}=\frac{1.506\times10^{-19}}{1.6\times10^{-19}}=0.94\ \text{V}$$

$$|U_{cK1}|=\frac{E_{kK1}}{e}=\frac{6.339\times10^{-19}}{1.6\times10^{-19}}=3.96\ \text{V},|U_{cK2}|=\frac{E_{kK2}}{e}=\frac{3.026\times10^{-19}}{1.6\times10^{-19}}=1.89\ \text{V}$$

点评 (1)钙(Ca)和钾(K)的红限频率和红限波长分别为

$$\nu_{0Ca}=\frac{A_{Ca}}{h}=\frac{3.20\times1.6\times10^{-19}}{6.626\times10^{-34}}=7.73\times10^{14}\ \text{Hz},\lambda_{0Ca}=\frac{c}{\nu_{0Ca}}=388\ \text{nm}$$

$$\nu_{0K}=\frac{A_K}{h}=\frac{2.25\times1.6\times10^{-19}}{6.626\times10^{-34}}=5.43\times10^{14}\ \text{Hz},\lambda_{0K}=\frac{c}{\nu_{0K}}=552\ \text{nm}$$

两种紫外线的频率均高于钙(Ca)和钾(K)的红限频率,两种紫外线的波长均小于钙(Ca)和钾(K)的红限波长,能够发生光电效应。

(2)光电子的最大初动能与入射光频率和光电管阴极金属材料都有关。对于同一种金属材料,入射光频率越高(波长越小),光电子的最大初动能越大;对于同一种入射光频率(波长),金属材料的逸出功越大,光电子的最大初动能越小。

(3)光电流截止电压不仅仅与入射光频率(波长)有关,还与光电管阴极金属材料有关。对于同一种金属材料,入射光频率越高(波长越小),光电流截止电压越大;对于同一种入射光频率(波长),金属材料的逸出功越大,光电流截止电压越小。

【例 14-6】 求 $\lambda_1=700$ nm 的红光、$\lambda_2=0.071$ nm 的 X 射线、$\lambda_3=0.001\ 24$ nm 的 γ 射线光子的频率、能量、动量和质量。

分析 由光子的频率与波长的关系 $\lambda\nu=c$,可以求得光子的频率。由光子的能量与波长(频率)的关系 $\varepsilon=h\nu=hc/\lambda$,可以求得光子的能量。光子的动量与能量之间不满足经典物理学的能量动量关系;由光子的动量与波长(频率)的量子关系 $p=h/\lambda=h\nu/c$,可以求得光子的动量。光子的静止质量为零,光子的质量是运动质量;由光子的质量与波长(频率)的量子关系 $m=h\nu/c^2=h/\lambda c$,可以求得光子的质量。

解 (1)对于 $\lambda_1=700$ nm 的光子(红光),计算得到

$$\nu_1=\frac{c}{\lambda_1}=\frac{3\times10^8}{700\times10^{-9}}=4.286\times10^{14}\ \text{Hz}$$

$$\varepsilon_1=h\nu_1=\frac{hc}{\lambda_1}=\frac{6.626\times10^{-34}\times3\times10^8}{700\times10^{-9}\times1.6\times10^{-19}}=1.78\ \text{eV}=2.848\times10^{-19}\ \text{J}$$

$$p_1=\frac{h}{\lambda_1}=\frac{6.626\times10^{-34}}{700\times10^{-9}}=9.47\times10^{-28}\ \text{kg}\cdot\text{m}\cdot\text{s}^{-1}$$

$$m_1=\frac{h}{c\lambda_1}=\frac{6.626\times10^{-34}}{3\times10^8\times700\times10^{-9}}=3.16\times10^{-36}\ \text{kg}$$

(2)对于 $\lambda_2=0.071$ nm 的光子(X 射线),计算得到

$$\nu_2=\frac{c}{\lambda_2}=4.225\times10^{18}\ \text{Hz},\varepsilon_2=h\nu_2=\frac{hc}{\lambda_2}=2.78\times10^{-15}\ \text{J}=1.75\times10^4\ \text{eV}$$

$$p_2=\frac{h}{\lambda_2}=9.33\times10^{-24}\ \text{kg}\cdot\text{m}\cdot\text{s}^{-1},m_2=\frac{h}{c\lambda_2}=3.11\times10^{-32}\ \text{kg}$$

(3)对于 $\lambda_3=0.001\ 24$ nm 的光子(γ 射线),计算得到

$$\nu_3=\frac{c}{\lambda_3}=2.419\times10^{20}\ \text{Hz},\varepsilon_3=h\nu_3=\frac{hc}{\lambda_3}=1.60\times10^{-13}\ \text{J}=1.00\times10^{6}\ \text{eV}$$

$$p_3=\frac{h}{\lambda_3}=5.34\times10^{-22}\ \text{kg}\cdot\text{m}\cdot\text{s}^{-1},m_3=\frac{h}{c\lambda_3}=1.78\times10^{-30}\ \text{kg}$$

点评 (1)随着光子波长的减小,光子的能量、动量、质量都增大。X 射线光子的能量比红光(可见光)光子的能量高 4 个数量级;γ 射线光子的能量比 X 射线光子的能量高两个数量级。X 射线光子的动量比红光(可见光)光子的动量高 4 个数量级;γ 射线光子的动量比 X 射线光子的动量高两个数量级。X 射线光子的质量比红光(可见光)光子的质量高 4 个数量级;γ 射线光子的质量比 X 射线光子的质量高两个数量级。

(2)尽管光子的静止质量为零,但光子满足相对论质能关系 $\varepsilon=mc^2$:

$$m_1c^2=3.16\times10^{-36}\times9\times10^{16}=2.844\times10^{-19}\ \text{J}=1.78\ \text{eV}=\varepsilon_1$$

$$m_2c^2=3.11\times10^{-32}\times9\times10^{16}=2.799\times10^{-15}\ \text{J}=1.75\times10^{4}\ \text{eV}=\varepsilon_2$$

$$m_3c^2=1.78\times10^{-30}\times9\times10^{16}=1.60\times10^{-13}\ \text{J}=1.0\times10^{6}\ \text{eV}=\varepsilon_3$$

这是由于 $\varepsilon=h\nu=\frac{hc}{\lambda}=\frac{h}{\lambda c}c^2=mc^2$。

(3)尽管光子的静止质量为零,但光子满足相对论质量动量关系 $p=mc$:

$$m_1c=3.16\times10^{-36}\times3\times10^{8}=9.48\times10^{-28}\ \text{kg}\cdot\text{m}\cdot\text{s}^{-1}=p_1$$

$$m_2c=3.11\times10^{-32}\times3\times10^{8}=9.33\times10^{-24}\ \text{kg}\cdot\text{m}\cdot\text{s}^{-1}=p_2$$

$$m_3c=1.78\times10^{-30}\times3\times10^{8}=5.34\times10^{-22}\ \text{kg}\cdot\text{m}\cdot\text{s}^{-1}=p_3$$

这是由于 $p=\frac{h}{\lambda}=\frac{h}{\lambda c}c=mc$。

【例 14-7】 波长 $\lambda_0=0.070\ 8$ nm 的 X 射线在石蜡上发生康普顿散射,试求:

(1)在 π/2 方向上所散射的 X 射线的波长以及反冲电子所获得的能量;

(2)与在 π/2 方向上所散射的 X 射线对应的反冲电子的动量大小和方向。

分析 在康普顿散射效应中,由于参与碰撞的光子和电子数目很多,沿各个方向都可以散射光子,当然不同方向上散射的结果不同。在康普顿散射中,电子只是吸收光子少部分能量,被散射出去的光子依然是 X 射线;只不过由于光子损失了部分能量,频率减小、波长增大。由康普顿散射公式可以计算出各个方向散射光子的波长以及频率;按爱因斯坦光子能量公式就可以计算该方向散射光子的能量损失;由能量守恒定律,可以得到该方向散射对应的反冲电子所获得的能量。由入射光子波长(频率)以及方向和散射光子波长(频率)以及方向可以计算出散射光子的动量变化(大小和方向),再由动量守恒定律就可以得到与该方向上所散射的 X 射线对应的反冲电子的动量(大小和方向)。

解 (1)在 $\varphi=\pi/2$ 方向上观察和测量,由康普顿效应,散射的 X 射线波长为

$$\lambda=\Delta\lambda+\lambda_0=2\lambda_c\sin^2\frac{\varphi}{2}+\lambda_0=2\times0.002\ 43\times\sin^2\frac{\pi}{4}+0.070\ 8=0.073\ 2\ \text{nm}$$

由能量守恒,光子能量的损失就是电子获得的能量

$$\begin{aligned}\Delta E&=h\nu_0-h\nu=\frac{hc}{\lambda_0}-\frac{hc}{\lambda}\\&=6.626\times10^{-34}\times3\times10^{8}\times\left(\frac{1}{0.070\ 8\times10^{-9}}-\frac{1}{0.073\ 2\times10^{-9}}\right)\end{aligned}$$

$$=9.20\times10^{-17}\ \text{J}=575\ \text{eV}$$

(2)如图 14-28 所示，建立直角坐标系

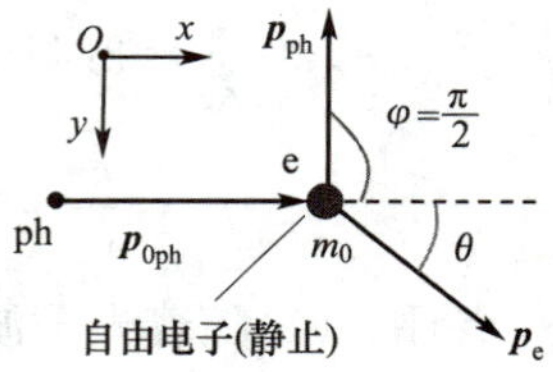

图 14-28　例 14-7 解析

在 $\varphi=\pi/2$ 方向上观察和测量，入射和散射光子(ph)的动量分别为

$$\boldsymbol{p}_{0\text{ph}}=\frac{h}{\lambda_0}\boldsymbol{i},\boldsymbol{p}_{\text{ph}}=-\frac{h}{\lambda}\boldsymbol{j}$$

设与在 $\pi/2$ 方向上所散射的 X 射线对应的反冲电子(e)的动量为 $\boldsymbol{p}_e$，由动量守恒定律得到

$$\boldsymbol{p}_e+\boldsymbol{p}_{\text{ph}}=\boldsymbol{p}_{0\text{ph}},\boldsymbol{p}_e-\frac{h}{\lambda}\boldsymbol{j}=\frac{h}{\lambda_0}\boldsymbol{i},\boldsymbol{p}_e=\frac{h}{\lambda_0}\boldsymbol{i}+\frac{h}{\lambda}\boldsymbol{j}$$

由此得到与在 $\varphi=\pi/2$ 方向散射光子对应的反冲电子的动量大小和方向(反冲角)

$$p_e=\sqrt{\left(\frac{h}{\lambda_0}\right)^2+\left(\frac{h}{\lambda}\right)^2}=1.30\times10^{-23}\ \text{kg}\cdot\text{m}\cdot\text{s}^{-1}$$

$$\tan\theta=\frac{h/\lambda}{h/\lambda_0}=\frac{\lambda_0}{\lambda}=\frac{0.070\ 8}{0.073\ 2}=0.967\ 2,\theta=44.045°=44°2'41''$$

点评　(1)入射光子频率、能量、动量

$$\nu_0=\frac{c}{\lambda_0}=\frac{3\times10^8}{0.070\ 8\times10^{-9}}=4.237\times10^{18}\ \text{Hz}$$

$$E_0=h\nu_0=6.626\times10^{-34}\times4.237\times10^{18}=2.8\times10^{-15}\ \text{J}=1.75\times10^4\ \text{eV}$$

$$p_0=\frac{h}{\lambda_0}=\frac{6.626\times10^{-34}}{0.070\ 8\times10^{-9}}=9.36\times10^{-24}\ \text{kg}\cdot\text{m}\cdot\text{s}^{-1}$$

(2)在 $\varphi=\pi/2$ 方向散射光子的频率、能量、动量

$$\nu=\frac{c}{\lambda}=\frac{3\times10^8}{0.073\ 2\times10^{-9}}=4.10\times10^{18}\ \text{Hz}$$

$$E=h\nu=6.626\times10^{-34}\times4.10\times10^{18}=2.7\times10^{-15}\ \text{J}=16\ 875\ \text{eV}$$

$$p=\frac{h}{\lambda}=\frac{6.626\times10^{-34}}{0.073\ 2\times10^{-9}}=9.05\times10^{-24}\ \text{kg}\cdot\text{m}\cdot\text{s}^{-1}$$

(3)反冲电子所获得的能量实际上变成了电子的动能。由狭义相对论动能公式，得到反冲电子的质量(与在 $\varphi=\pi/2$ 方向散射光子对应的反冲电子)

$$E_k=mc^2-m_0c^2$$

$$m=m_0+\frac{E_k}{c^2}=9.11\times10^{-31}+\frac{9.20\times10^{-17}}{(3\times10^8)^2}=9.12\times10^{-31}\ \text{kg}$$

再由狭义相对论质量公式，得到反冲电子的运动速度

$$m=\frac{m_0}{\sqrt{1-v^2/c^2}}$$

$$\frac{v^2}{c^2}=1-\frac{m_0^2}{m^2}=1-\frac{(9.11\times10^{-31})^2}{(9.12\times10^{-31})^2}=0.002\ 2,\frac{v}{c}=0.046\ 9$$

$$v=0.046\ 9c=0.046\ 9\times3\times10^8=0.14\times10^8\ \text{m}\cdot\text{s}^{-1}$$

由此得到反冲电子的动量

$$p_e=mv=9.12\times10^{-31}\times0.14\times10^8=1.28\times10^{-23}\ \mathrm{kg\cdot m\cdot s^{-1}}$$

由相对论计算得到的反冲电子的动量与由动量守恒定律计算的反冲电子的动量完全一致(计算过程中有近似影响了计算精度)。

尽管反冲电子的质量与其静止质量相比增加不大,但反冲电子的运动速度可以达到光速的 4.7%。因此,在康普顿散射中应该考虑相对论效应。

(4)在 $\varphi=\pi/4$ 方向散射

如图 14-29 所示,由康普顿效应,散射的 X 射线波长为

$$\lambda=\Delta\lambda+\lambda_0=2\lambda_c\sin^2\frac{\varphi}{2}+\lambda_0$$

$$=2\times0.002\ 43\times\sin^2\frac{\pi}{8}+0.070\ 8=0.071\ 5\ \mathrm{nm}$$

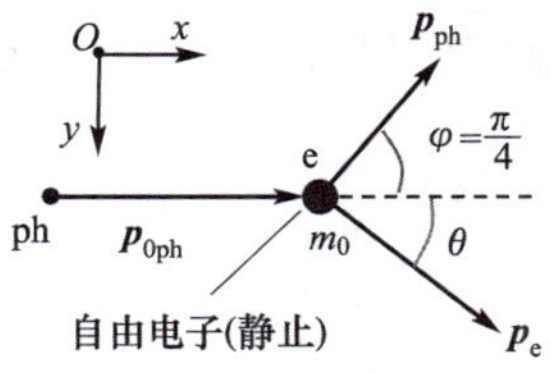

图 14-29 例 14-7 点评(1)

由能量守恒,光子能量的损失就是电子获得的能量

$$\Delta E=h\nu_0-h\nu=\frac{hc}{\lambda_0}-\frac{hc}{\lambda}$$

$$=6.626\times10^{-34}\times3\times10^8\times\left(\frac{1}{0.070\ 8\times10^{-9}}-\frac{1}{0.071\ 5\times10^{-9}}\right)$$

$$=2.75\times10^{-17}\ \mathrm{J}=172\ \mathrm{eV}$$

在 $\varphi=\pi/4$ 方向上观察和测量,入射和散射光子的动量分别为

$$\boldsymbol{p}_{0ph}=\frac{h}{\lambda_0}\boldsymbol{i},\ \boldsymbol{p}_{ph}=p_{ph}\boldsymbol{i}\cos\frac{\pi}{4}-p_{ph}\boldsymbol{j}\sin\frac{\pi}{4}=\frac{\sqrt{2}h}{2\lambda}\boldsymbol{i}-\frac{\sqrt{2}h}{2\lambda}\boldsymbol{j}$$

由动量守恒定律得到

$$\boldsymbol{p}_e+\boldsymbol{p}_{ph}=\boldsymbol{p}_{0ph},\ \boldsymbol{p}_e+\frac{\sqrt{2}h}{2\lambda}\boldsymbol{i}-\frac{\sqrt{2}h}{2\lambda}\boldsymbol{j}=\frac{h}{\lambda_0}\boldsymbol{i},\ \boldsymbol{p}_e=\frac{h}{\lambda_0}\boldsymbol{i}-\frac{\sqrt{2}h}{2\lambda}\boldsymbol{i}+\frac{\sqrt{2}h}{2\lambda}\boldsymbol{j}$$

由此得到与在 $\varphi=\pi/4$ 方向散射光子对应的反冲电子的动量大小和方向(反冲角)

$$p_e=\sqrt{\left(\frac{h}{\lambda_0}-\frac{\sqrt{2}h}{2\lambda}\right)^2+\left(\frac{\sqrt{2}h}{2\lambda}\right)^2}=0.71\times10^{-23}\ \mathrm{kg\cdot m\cdot s^{-1}}$$

$$\tan\theta=\frac{\frac{\sqrt{2}h}{2\lambda}}{\frac{h}{\lambda_0}-\frac{\sqrt{2}h}{2\lambda}}=\frac{\frac{\sqrt{2}}{2\lambda}}{\frac{1}{\lambda_0}-\frac{\sqrt{2}}{2\lambda}}=2.334\ 2,\theta=66.809^\circ=66^\circ48'33''$$

(5)在 $\varphi=3\pi/4$ 方向散射

如图 14-30 所示,由康普顿效应,散射的 X 射线波长为

$$\lambda=\Delta\lambda+\lambda_0=2\lambda_c\sin^2\frac{\varphi}{2}+\lambda_0$$

$$=2\times0.002\ 43\times\sin^2\frac{3\pi}{8}+0.070\ 8=0.074\ 9\ \mathrm{nm}$$

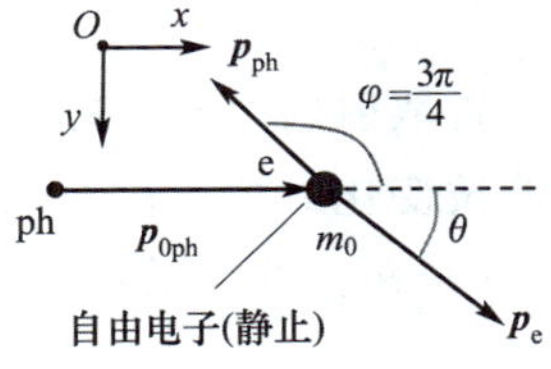

图 14-30 例 14-7 点评(2)

由能量守恒,光子能量的损失就是电子获得的能量

$$\Delta E=h\nu_0-h\nu=\frac{hc}{\lambda_0}-\frac{hc}{\lambda}$$

$$=6.626\times10^{-34}\times3\times10^{8}\times\left(\frac{1}{0.0708\times10^{-9}}-\frac{1}{0.0749\times10^{-9}}\right)=15.37\times10^{-17}\ \text{J}=960\ \text{eV}$$

在 $\varphi=3\pi/4$ 方向上观察和测量，入射和散射光子的动量分别为

$$\boldsymbol{p}_{0\text{ph}}=\frac{h}{\lambda_0}\boldsymbol{i},\boldsymbol{p}_{\text{ph}}=-p_{\text{ph}}\boldsymbol{i}\cos\frac{\pi}{4}-p_{\text{ph}}\boldsymbol{j}\sin\frac{\pi}{4}=-\frac{\sqrt{2}h}{2\lambda}\boldsymbol{i}-\frac{\sqrt{2}h}{2\lambda}\boldsymbol{j}$$

由动量守恒定律得到

$$\boldsymbol{p}_{\text{e}}+\boldsymbol{p}_{\text{ph}}=\boldsymbol{p}_{0\text{ph}},\boldsymbol{p}_{\text{e}}-\frac{\sqrt{2}h}{2\lambda}\boldsymbol{i}-\frac{\sqrt{2}h}{2\lambda}\boldsymbol{j}=\frac{h}{\lambda_0}\boldsymbol{i},\boldsymbol{p}_{\text{e}}=\frac{h}{\lambda_0}\boldsymbol{i}+\frac{\sqrt{2}h}{2\lambda}\boldsymbol{i}+\frac{\sqrt{2}h}{2\lambda}\boldsymbol{j}$$

由此得到与在 $\varphi=3\pi/4$ 方向散射光子对应的反冲电子的动量大小和方向(反冲角)

$$p_{\text{e}}=\sqrt{\left(\frac{h}{\lambda_0}+\frac{\sqrt{2}h}{2\lambda}\right)^2+\left(\frac{\sqrt{2}h}{2\lambda}\right)^2}=1.68\times10^{-23}\ \text{kg}\cdot\text{m}\cdot\text{s}^{-1}$$

$$\tan\theta=\frac{\dfrac{\sqrt{2}h}{2\lambda}}{\dfrac{h}{\lambda_0}+\dfrac{\sqrt{2}h}{2\lambda}}=\frac{\dfrac{\sqrt{2}}{2\lambda}}{\dfrac{1}{\lambda_0}+\dfrac{\sqrt{2}}{2\lambda}}=0.4006,\theta=21.831^\circ=21^\circ49'52''$$

(6)在 $\varphi=\pi$ 方向散射(背散射)

如图 14-31 所示，由康普顿效应，散射的 X 射线波长为

$$\lambda=\Delta\lambda+\lambda_0=2\lambda_{\text{c}}\sin^2\frac{\varphi}{2}+\lambda_0$$

$$=2\times0.00243\times\sin^2\frac{\pi}{2}+0.0708=0.0757\ \text{nm}$$

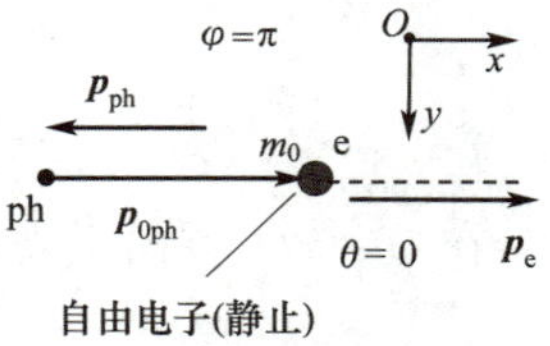

图 14-31　例 14-7 点评(3)

由能量守恒，光子能量的损失就是电子获得的能量

$$\Delta E=h\nu_0-h\nu=\frac{hc}{\lambda_0}-\frac{hc}{\lambda}=6.626\times10^{-34}\times3\times10^{8}\times\left(\frac{1}{0.0708\times10^{-9}}-\frac{1}{0.0757\times10^{-9}}\right)$$

$$=18.17\times10^{-17}\ \text{J}=1\,136\ \text{eV}$$

在 $\varphi=\pi$ 方向上观察和测量，入射和散射光子的动量分别为

$$\boldsymbol{p}_{0\text{ph}}=\frac{h}{\lambda_0}\boldsymbol{i},\boldsymbol{p}_{\text{ph}}=-p_{\text{ph}}\boldsymbol{i}=-\frac{h}{\lambda}\boldsymbol{i}$$

由动量守恒定律得到

$$\boldsymbol{p}_{\text{e}}+\boldsymbol{p}_{\text{ph}}=\boldsymbol{p}_{0\text{ph}},\boldsymbol{p}_{\text{e}}-\frac{h}{\lambda}\boldsymbol{i}=\frac{h}{\lambda_0}\boldsymbol{i},\boldsymbol{p}_{\text{e}}=\frac{h}{\lambda_0}\boldsymbol{i}+\frac{h}{\lambda}\boldsymbol{i}$$

由此得到与在 $\varphi=\pi$ 方向散射光子对应的反冲电子的动量大小和方向(反冲角)

$$p_{\text{e}}=\frac{h}{\lambda_0}+\frac{h}{\lambda}=1.81\times10^{-23}\ \text{kg}\cdot\text{m}\cdot\text{s}^{-1},\tan\theta=0,\theta=0$$

背散射($\varphi=\pi$)，光子能量损失最多，反冲电子获得的能量最多，反冲电子的动量最大，光子波长变化最大。因此，背散射容易观测。

(7)在康普顿散射中，光子能量的损失(也就是电子获得的能量)表示为

$$\Delta E=h\nu_0-h\nu=\frac{hc}{\lambda_0}-\frac{hc}{\lambda}=\frac{hc(\lambda-\lambda_0)}{\lambda_0\lambda}=\frac{hc\Delta\lambda}{\lambda_0\lambda}=\frac{hc\Delta\lambda}{\lambda_0(\lambda_0+\Delta\lambda)}$$

可见，尽管散射光光子的波长变化与入射光光子的波长无关，但散射光光子的能量变化(能量损失)却与入射光光子的波长有关。由于光子的能量与光子的频率呈线性(正比)关系，所以，

散射光光子频率的变化与入射光光子的波长(频率)有关;或者说,散射光频率的变化与入射光的频率有关。具体的关系可由康普顿散射公式推得。

【例 14-8】 氢原子光谱的巴尔末线系中,有一光谱线的波长为 $\lambda=434\ \text{nm}$,试求:

(1)与这一谱线相应的光子能量为多少电子伏特?

(2)该谱线是氢原子由能级 E_L 跃迁到能级 E_K 产生的,L 和 K 各为多少?

(3)大量氢原子从 $n=5$ 能级向下能级跃迁,最多可以发射几个线系,共几条谱线?

(4)从 $n=5$ 能级跃迁,波长最短的谱线的波长、频率、光子能量和动量为多少?

(5)将氢原子由基态电离至少需要多少能量?

(6)将氢原子由基态激发到第三激发态需要多少能量?

分析 氢原子光谱的巴尔末线系是可见光,是由高能级向第一激发态(E_2)的跃迁。

大量氢原子从 $n=5$ 能级(第四激发态)向下能级跃迁,除基态外,也可以跃迁到第一、二、三激发态;第三激发态又可以向基态、第一、二激发态跃迁;第二激发态又可以向基态、第一激发态跃迁;第一激发态又可以向基态跃迁。

由高能态向基态跃迁,组成莱曼线系;由高能态向第一激发态跃迁,组成巴尔末线系;由高能态向第二激发态跃迁,组成帕邢线系;由高能态向第三激发态跃迁,组成布喇开线系。

最短波长的光,光子的能量最大,即从最高能态向最低能态跃迁所辐射的光子。计算出两个能态的能量差即为辐射光子的能量,由此可以计算出辐射光子的频率和波长,进一步可以计算出辐射光子的动量。

原子最高能态的能量与基态的能量之差就是原子的电离能,就是将最低能态原子中的一个电子(束缚电子)变为自由电子所需要的最少能量。

原子中的电子从基态跃迁到其他定态(激发态)所需要的能量称为激发能,相应的激发态能量与基态能量之差就是将电子由基态激发到该定态所需要的能量。

解 (1)光子能量

$$\varepsilon=h\nu=\frac{hc}{\lambda}=\frac{6.626\times10^{-34}\times3\times10^{8}}{434\times10^{-9}}=4.58\times10^{-19}\ \text{J}=2.86\ \text{eV}$$

(2)由于此谱线是巴尔末线系,所以 $K=2$

$$E_2=\frac{E_1}{2^2}=\frac{-13.6\ \text{eV}}{4}=-3.4\ \text{eV}$$

$$E_L=h\nu+E_2=2.86-3.4=-0.54\ \text{eV}$$

$$E_L=-0.54\ \text{eV}=\frac{E_1}{L^2}=\frac{-13.6\ \text{eV}}{L^2},L=\sqrt{\frac{E_1}{E_L}}=\sqrt{\frac{-13.6}{-0.54}}=5$$

(3)从 $n=5$ 能级向下能级跃迁,最多可以发射 4 个线系,共有 10 条谱线,如图 14-32 所示。

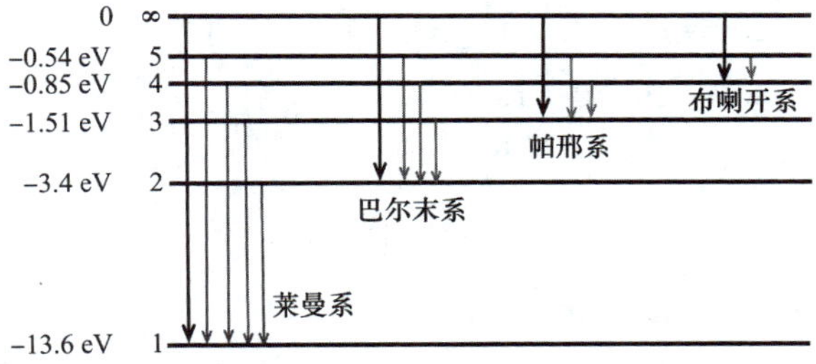

图 14-32 例 14-8 解析

(4)波长最短(频率最高)的是莱曼系中由 $n=5$ 向 $n=1$ 跃迁的谱线。该谱线光子能量为

$$\Delta E=E_5-E_1=(-0.54)-(-13.6)=13.06\ \text{eV}$$

该谱线光子的频率为

$$\nu=\frac{\Delta E}{h}=\frac{13.06\times1.6\times10^{-19}}{6.626\times10^{-34}}=3.153\,6\times10^{15}\ \text{Hz}$$

该谱线光子的波长为

$$\lambda=\frac{c}{\nu}=\frac{3\times10^{8}}{3.153\,6\times10^{15}}=0.951\,3\times10^{-7}\ \text{m}=95.13\ \text{nm}$$

该谱线光子的动量为

$$p=\frac{h}{\lambda}=\frac{6.626\times10^{-34}}{0.951\,3\times10^{-7}}=6.965\,2\times10^{-27}\ \text{kg}\cdot\text{m}\cdot\text{s}^{-1}$$

(5)将氢原子由基态电离至少需要的能量为

$$\Delta E=E_\infty-E_1=0-(-13.6)=13.60\ \text{eV}$$

(6)将氢原子由基态激发到第三激发态需要的能量为

$$\Delta E=E_4-E_1=(-0.85)-(-13.6)=12.75\ \text{eV}$$

点评 (1)波长为 $\lambda=434$ nm 的光子的频率和动量分别为

$$\nu=\frac{c}{\lambda}=\frac{3\times10^{8}}{434\times10^{-9}}=6.9\times10^{14}\ \text{Hz}$$

$$p=\frac{h}{\lambda}=\frac{6.626\times10^{-34}}{434\times10^{-9}}=1.526\,7\times10^{-27}\ \text{kg}\cdot\text{m}\cdot\text{s}^{-1}$$

(2)由氢原子光谱的巴耳末公式求 L。

$$\tilde{\nu}=\frac{1}{\lambda}=R_\infty\left(\frac{1}{2^2}-\frac{1}{L^2}\right),R_\infty=1.097\,373\,153\,4\times10^{7}\ \text{m}^{-1}$$

$$\frac{1}{434\times10^{-9}}=1.1\times10^{7}\times\left(\frac{1}{4}-\frac{1}{L^2}\right),L=5$$

(3)将氢原子由基态激发到第一激发态的激发能为

$$\Delta E=E_2-E_1=(-3.4)-(-13.6)=10.20\ \text{eV}$$

将氢原子由基态激发到第二激发态的激发能为

$$\Delta E=E_3-E_1=(-1.51)-(-13.6)=12.09\ \text{eV}$$

(4)氢原子光谱的莱曼系是原子从高能态向基态($n=1$)跃迁时辐射光子而形成的。莱曼系谱线波数和辐射光子的能量统一表示为

$$\tilde{\nu}=\frac{1}{\lambda}=R_\infty\left(\frac{1}{1^2}-\frac{1}{n^2}\right)=R_\infty\left(1-\frac{1}{n^2}\right),\Delta E=E_n-E_1=E_n+13.60\ \text{eV}$$

由第一激发态($n=2$)向基态($n=1$)跃迁辐射的光子(莱曼系波长最长的谱线)

$$\Delta E=E_2-E_1=-3.4+13.60=10.20\ \text{eV}$$

$$\nu=\frac{\Delta E}{h}=\frac{10.20\times1.6\times10^{-19}}{6.626\times10^{-34}}=2.463\,0\times10^{15}\ \text{Hz}$$

$$\lambda=\frac{c}{\nu}=\frac{3\times10^{8}}{2.463\,0\times10^{15}}=1.218\,0\times10^{-7}\ \text{m}=121.8\ \text{nm}$$

$$p=\frac{h}{\lambda}=\frac{6.626\times10^{-34}}{1.218\,0\times10^{-7}}=5.440\,1\times10^{-27}\ \text{kg}\cdot\text{m}\cdot\text{s}^{-1}$$

由第二激发态($n=3$)向基态($n=1$)跃迁辐射的光子

$$\Delta E=E_3-E_1=-1.51+13.60=12.09\ \text{eV}$$

$$\nu=\frac{\Delta E}{h}=\frac{12.09\times1.6\times10^{-19}}{6.626\times10^{-34}}=2.919\ 4\times10^{15}\ \text{Hz}$$

$$\lambda=\frac{c}{\nu}=\frac{3\times10^{8}}{2.919\ 4\times10^{15}}=1.027\ 6\times10^{-7}\ \text{m}=102.76\ \text{nm}$$

$$p=\frac{h}{\lambda}=\frac{6.626\times10^{-34}}{1.027\ 6\times10^{-7}}=6.448\ 0\times10^{-27}\ \text{kg}\cdot\text{m}\cdot\text{s}^{-1}$$

由第三激发态($n=4$)向基态($n=1$)跃迁辐射的光子

$$\Delta E=E_4-E_1=-0.85+13.60=12.75\ \text{eV}$$

$$\nu=\frac{\Delta E}{h}=\frac{12.75\times1.6\times10^{-19}}{6.626\times10^{-34}}=3.078\ 8\times10^{15}\ \text{Hz}$$

$$\lambda=\frac{c}{\nu}=\frac{3\times10^{8}}{3.078\ 8\times10^{15}}=0.974\ 4\times10^{-7}\ \text{m}=97.44\ \text{nm}$$

$$p=\frac{h}{\lambda}=\frac{6.626\times10^{-34}}{0.974\ 4\times10^{-7}}=6.800\ 1\times10^{-27}\ \text{kg}\cdot\text{m}\cdot\text{s}^{-1}$$

由第四激发态($n=5$)向基态($n=1$)跃迁辐射的光子

$$\Delta E=E_5-E_1=-0.54+13.60=13.06\ \text{eV}$$

$$\nu=\frac{\Delta E}{h}=\frac{13.06\times1.6\times10^{-19}}{6.626\times10^{-34}}=3.1536\times10^{15}\ \text{Hz}$$

$$\lambda=\frac{c}{\nu}=\frac{3\times10^{8}}{3.153\ 6\times10^{15}}=0.951\ 3\times10^{-7}\ \text{m}=95.13\ \text{nm}$$

$$p=\frac{h}{\lambda}=\frac{6.626\times10^{-34}}{0.951\ 3\times10^{-7}}=6.965\ 2\times10^{-27}\ \text{kg}\cdot\text{m}\cdot\text{s}^{-1}$$

由自由电子态($n=\infty$)向基态($n=1$)跃迁辐射的光子(莱曼系最短波长)

$$\Delta E=E_\infty-E_1=0+13.60=13.60\ \text{eV}$$

$$\nu=\frac{\Delta E}{h}=\frac{13.60\times1.6\times10^{-19}}{6.626\times10^{-34}}=3.284\ 0\times10^{15}\ \text{Hz}$$

$$\lambda=\frac{c}{\nu}=\frac{3\times10^{8}}{3.284\ 0\times10^{15}}=0.913\ 5\times10^{-7}\ \text{m}=91.35\ \text{nm}$$

$$p=\frac{h}{\lambda}=\frac{6.626\times10^{-34}}{0.913\ 5\times10^{-7}}=7.253\ 4\times10^{-27}\ \text{kg}\cdot\text{m}\cdot\text{s}^{-1}$$

(5)氢原子光谱的巴尔末系是原子从高能态向第一激发态($n=2$)跃迁时辐射光子而形成的。巴尔末系谱线波数和辐射光子的能量统一表示为

$$\tilde{\nu}=\frac{1}{\lambda}=R_\infty\left(\frac{1}{2^2}-\frac{1}{n^2}\right)=R_\infty\left(\frac{1}{4}-\frac{1}{n^2}\right),\Delta E=E_n-E_2=E_n+3.40\ \text{eV}$$

由第二激发态($n=3$)向第一激发态($n=2$)跃迁辐射的光子(巴尔末系波长最长的谱线)

$$\Delta E=E_3-E_2=-1.51+3.40=1.89\ \text{eV}$$

$$\nu=\frac{\Delta E}{h}=\frac{1.89\times1.6\times10^{-19}}{6.626\times10^{-34}}=0.456\ 4\times10^{15}\ \text{Hz}$$

$$\lambda=\frac{c}{\nu}=\frac{3\times10^{8}}{0.456\ 4\times10^{15}}=6.573\ 2\times10^{-7}\ \text{m}=657.32\ \text{nm}$$

$$p=\frac{h}{\lambda}=\frac{6.626\times10^{-34}}{6.573\ 2\times10^{-7}}=1.008\ 0\times10^{-27}\ \text{kg}\cdot\text{m}\cdot\text{s}^{-1}$$

由第三激发态($n=4$)向第一激发态($n=2$)跃迁辐射的光子

$$\Delta E=E_4-E_2=-0.85+3.40=2.55\ \text{eV}$$

$$\nu=\frac{\Delta E}{h}=\frac{2.55\times1.6\times10^{-19}}{6.626\times10^{-34}}=0.615\ 8\times10^{15}\ \text{Hz}$$

$$\lambda=\frac{c}{\nu}=\frac{3\times10^8}{0.615\ 8\times10^{15}}=4.871\ 7\times10^{-7}\ \text{m}=487.17\ \text{nm}$$

$$p=\frac{h}{\lambda}=\frac{6.626\times10^{-34}}{4.871\ 7\times10^{-7}}=1.360\ 1\times10^{-27}\ \text{kg}\cdot\text{m}\cdot\text{s}^{-1}$$

由第四激发态($n=5$)向第一激发态($n=2$)跃迁辐射的光子

$$\Delta E=E_5-E_2=-0.54+3.40=2.86\ \text{eV}$$

$$\nu=\frac{\Delta E}{h}=\frac{2.86\times1.6\times10^{-19}}{6.626\times10^{-34}}=0.690\ 6\times10^{15}\ \text{Hz}$$

$$\lambda=\frac{c}{\nu}=\frac{3\times10^8}{0.690\ 6\times10^{15}}=4.344\ 0\times10^{-7}\ \text{m}=434.40\ \text{nm}$$

$$p=\frac{h}{\lambda}=\frac{6.626\times10^{-34}}{4.344\ 0\times10^{-7}}=1.525\ 3\times10^{-27}\ \text{kg}\cdot\text{m}\cdot\text{s}^{-1}$$

由自由电子态($n=\infty$)向第一激发态($n=2$)跃迁辐射的光子(巴尔末系最短波长)

$$\Delta E=E_\infty-E_2=0+3.40=3.40\ \text{eV}$$

$$\nu=\frac{\Delta E}{h}=\frac{3.40\times1.6\times10^{-19}}{6.626\times10^{-34}}=0.821\ 0\times10^{15}\ \text{Hz}$$

$$\lambda=\frac{c}{\nu}=\frac{3\times10^8}{0.821\ 0\times10^{15}}=3.654\ 1\times10^{-7}\ \text{m}=365.41\ \text{nm}$$

$$p=\frac{h}{\lambda}=\frac{6.626\times10^{-34}}{3.654\ 1\times10^{-7}}=1.813\ 3\times10^{-27}\ \text{kg}\cdot\text{m}\cdot\text{s}^{-1}$$

(6)氢原子光谱的帕邢系是原子从高能态向第二激发态($n=3$)跃迁时辐射光子而形成的。帕邢系谱线波数和辐射光子的能量统一表示为

$$\tilde{\nu}=\frac{1}{\lambda}=R_\infty\left(\frac{1}{3^2}-\frac{1}{n^2}\right)=R_\infty\left(\frac{1}{9}-\frac{1}{n^2}\right),\Delta E=E_n-E_3=E_n+1.51\ \text{eV}$$

由第三激发态($n=4$)向第二激发态($n=3$)跃迁辐射的光子(帕邢系波长最长的谱线)

$$\Delta E=E_4-E_3=-0.85+1.51=0.66\ \text{eV}$$

$$\nu=\frac{\Delta E}{h}=\frac{0.66\times1.6\times10^{-19}}{6.626\times10^{-34}}=0.159\ 4\times10^{15}\ \text{Hz}$$

$$\lambda=\frac{c}{\nu}=\frac{3\times10^8}{0.159\ 4\times10^{15}}=18.820\ 6\times10^{-7}\ \text{m}=1\ 882.06\ \text{nm}$$

$$p=\frac{h}{\lambda}=\frac{6.626\times10^{-34}}{18.820\ 6\times10^{-7}}=0.352\ 1\times10^{-27}\ \text{kg}\cdot\text{m}\cdot\text{s}^{-1}$$

由第四激发态($n=5$)向第二激发态($n=3$)跃迁辐射的光子

$$\Delta E=E_5-E_3=-0.54+1.51=0.97\ \text{eV}$$

$$\nu=\frac{\Delta E}{h}=\frac{0.97\times1.6\times10^{-19}}{6.626\times10^{-34}}=0.234\ 2\times10^{15}\ \text{Hz}$$

$$\lambda=\frac{c}{\nu}=\frac{3\times 10^{8}}{0.2342\times 10^{15}}=12.8096\times 10^{-7}\ \mathrm{m}=1280.96\ \mathrm{nm}$$

$$p=\frac{h}{\lambda}=\frac{6.626\times 10^{-34}}{12.8096\times 10^{-7}}=0.5173\times 10^{-27}\ \mathrm{kg\cdot m\cdot s^{-1}}$$

由自由电子态($n=\infty$)向第二激发态($n=3$)跃迁辐射的光子(帕邢系最短波长)

$$\Delta E=E_{\infty}-E_{3}=0+1.51=1.51\ \mathrm{eV}$$

$$\nu=\frac{\Delta E}{h}=\frac{1.51\times 1.6\times 10^{-19}}{6.626\times 10^{-34}}=0.3646\times 10^{15}\ \mathrm{Hz}$$

$$\lambda=\frac{c}{\nu}=\frac{3\times 10^{8}}{0.3646\times 10^{15}}=8.2282\times 10^{-7}\ \mathrm{m}=822.82\ \mathrm{nm}$$

$$p=\frac{h}{\lambda}=\frac{6.626\times 10^{-34}}{8.2282\times 10^{-7}}=0.8053\times 10^{-27}\ \mathrm{kg\cdot m\cdot s^{-1}}$$

(7)氢原子光谱的布喇开系是原子从高能态向第三激发态($n=4$)跃迁时辐射光子而形成的。布喇开系谱线波数和辐射光子的能量统一表示为

$$\tilde{\nu}=\frac{1}{\lambda}=R_{\infty}\left(\frac{1}{4^{2}}-\frac{1}{n^{2}}\right)=R_{\infty}\left(\frac{1}{16}-\frac{1}{n^{2}}\right),\Delta E=E_{n}-E_{4}=E_{n}+0.85\ \mathrm{eV}$$

由第四激发态($n=5$)向第三激发态($n=4$)跃迁辐射的光子(布喇开系波长最长的谱线)

$$\Delta E=E_{5}-E_{4}=-0.54+0.85=0.31\ \mathrm{eV}$$

$$\nu=\frac{\Delta E}{h}=\frac{0.31\times 1.6\times 10^{-19}}{6.626\times 10^{-34}}=0.0749\times 10^{15}\ \mathrm{Hz}$$

$$\lambda=\frac{c}{\nu}=\frac{3\times 10^{8}}{0.0749\times 10^{15}}=40.0534\times 10^{-7}\ \mathrm{m}=4\,005.34\ \mathrm{nm}$$

$$p=\frac{h}{\lambda}=\frac{6.626\times 10^{-34}}{40.0534\times 10^{-7}}=0.1654\times 10^{-27}\ \mathrm{kg\cdot m\cdot s^{-1}}$$

由自由电子态($n=\infty$)向第三激发态($n=4$)跃迁辐射的光子(布喇开系最短波长)

$$\Delta E=E_{\infty}-E_{4}=0+0.85=0.85\ \mathrm{eV}$$

$$\nu=\frac{\Delta E}{h}=\frac{0.85\times 1.6\times 10^{-19}}{6.626\times 10^{-34}}=0.2053\times 10^{15}\ \mathrm{Hz}$$

$$\lambda=\frac{c}{\nu}=\frac{3\times 10^{8}}{0.2053\times 10^{15}}=14.6128\times 10^{-7}\ \mathrm{m}=1\,461.28\ \mathrm{nm}$$

$$p=\frac{h}{\lambda}=\frac{6.626\times 10^{-34}}{14.6128\times 10^{-7}}=0.4534\times 10^{-27}\ \mathrm{kg\cdot m\cdot s^{-1}}$$

【例 14-9】 按玻尔的氢原子理论,氢原子中的电子在 $n=1,2,3$ 的不同轨道上运动时,原子能量之比、电子轨道半径之比、电子运动角动量之比、电子轨道运动的速率之比、电子运动动量之比、电子运动周期之比、电子动能之比、电子与氢原子核之间的势能之比分别是多少?

分析 按玻尔氢原子理论,氢原子中的电子绕原子核做圆周运动,原子核不动。电子圆周运动的轨道(轨道半径)是量子化的,原子(电子)的能量是量子化的,电子圆周运动的角动量是量子化的。电子圆周运动的轨道半径、能量、角动量都由主量子数 n 决定,由此可以算出各个量子态下电子圆周运动的轨道半径、能量、角动量之比。由于核外电子在一定的圆周轨道上匀速运动,核外电子与原子核之间的库仑力充当了核外电子绕原子核运动的向心力,由此可以找到核外电子运动速率与轨道半径之间的关系;由于轨道半径是量子化的,核外电子运动速率也

是量子化的,电子圆周运动的速率也是由主量子数 n 决定的,由此可以算出各个量子态下电子圆周运动的速率之比。由于核外电子圆周运动的周期由电子的运动速率决定,可以找到电子圆周运动的周期与运动速率的关系;由于电子圆周运动的速率是量子化的,核外电子圆周运动的周期也是量子化的,电子圆周运动的周期也是由主量子数 n 决定的,由此可以算出各个量子态下电子圆周运动的周期之比。在非相对论下,核外电子的动能由电子的运动速率决定,由此可以找到电子运动动能与电子运动速率之间的关系;由于核外电子的运动速率是量子化的,核外电子的动能也是量子化的,核外电子的动能也是由主量子数 n 决定的,由此可以算出各个量子态下核外电子的动能之比。由于原子(电子)的能量是电子的势能(电子与原子核之间的势能)与电子圆周运动的动能之和,由此可以找到电子势能与电子能量和动能的关系;由于电子的能量和动能都是量子化的,而且是由主量子数 n 决定的,由此可以算出各个量子态下核外电子的势能之比。

当然,由上述各个物理量与主量子数 n 的关系,可以计算出电子(原子)处于定态(量子态)下各个物理量与主量子数 n 的关系,进一步讨论 $n\to\infty$时各个物理量的行为。

解 按玻尔氢原子理论,核外电子圆周运动的轨道(轨道半径)是量子化的,原子(电子)的能量是量子化的,电子圆周运动的角动量是量子化的。

(1)由氢原子能量量子化表达式

$$E_n=-\frac{1}{n^2}\left(\frac{m_e e^4}{32\pi^2\varepsilon_0^2\hbar^2}\right)=\frac{1}{n^2}E_1=-\frac{13.6}{n^2}\ \text{eV}$$

原子(核外电子)处于 $n=1,2,3$ 定态时,原子(核外电子)的能量分别为

$$E_1=\frac{1}{1^2}E_1=-13.6\ \text{eV};E_2=\frac{1}{2^2}E_1=-3.4\ \text{eV};E_3=\frac{1}{3^2}E_1=-1.51\ \text{eV}$$

原子(核外电子)处于 $n=1,2,3$ 定态时,原子(核外电子)的能量之比为

$$E_1:E_2:E_3=\frac{1}{1^2}E_1:\frac{1}{2^2}E_1:\frac{1}{3^2}E_1=\frac{1}{1}:\frac{1}{4}:\frac{1}{9}=36:9:4$$

(2)由氢原子核外电子轨道半径量子化表达式

$$r_n=n^2\ \frac{\varepsilon_0 h^2}{\pi m_e e^2}=n^2\ \frac{4\pi\varepsilon_0\hbar^2}{m_e e^2}=n^2 r_1=0.053n^2\ \text{nm}$$

原子(核外电子)处于 $n=1,2,3$ 定态时,氢原子核外电子轨道半径分别为

$$r_1=1^2r_1=0.053\ \text{nm};r_2=2^2r_1=0.212\ \text{nm};r_3=3^2r_1=0.477\ \text{nm}$$

原子(核外电子)处于 $n=1,2,3$ 定态时,氢原子核外电子轨道半径之比为

$$r_1:r_2:r_3=1^2r_1:2^2r_1:3^2r_1=1:4:9$$

(3)按玻尔氢原子核外电子轨道角动量量子化表达式 $L_n=nh/2\pi=n\hbar$,得到原子(核外电子)处于 $n=1,2,3$ 定态时,氢原子核外电子轨道角动量分别为

$$L_1=\hbar;L_2=2\hbar;L_3=3\hbar$$

原子(核外电子)处于 $n=1,2,3$ 定态时,氢原子核外电子轨道角动量之比为

$$L_1:L_2:L_3=\hbar:2\hbar:3\hbar=1:2:3$$

(4)由于玻尔假定核外电子在一定的圆周轨道上匀速运动,核外电子与原子核之间的库仑力充当了核外电子绕原子核运动的向心力,所以

$$\frac{m_e v_n^2}{r_n}=\frac{e^2}{4\pi\varepsilon_0 r_n^2},v_n=\sqrt{\frac{e^2}{4\pi\varepsilon_0 m_e r_n}}=\sqrt{\frac{e^2}{4\pi\varepsilon_0 m_e r_1 n^2}}=\frac{v_1}{n}$$

核外电子的运动速率也是量子化的。原子处于 $n=1,2,3$ 定态时，核外电子的运动速率分别为

$$v_1=\frac{v_1}{1};v_2=\frac{1}{2}v_1;v_3=\frac{1}{3}v_1$$

原子(核外电子)处于 $n=1,2,3$ 定态时，原子(核外电子)的运动速率之比为

$$v_1:v_2:v_3=\frac{1}{1}v_1:\frac{1}{2}v_1:\frac{1}{3}v_1=\frac{1}{1}:\frac{1}{2}:\frac{1}{3}=6:3:2$$

(5)在非相对论下，按动量定义，核外电子运动的动量为

$$p_n=m_e v_n=\frac{m_e v_1}{n}=\frac{p_1}{n}$$

核外电子的动量也是量子化的。原子处于 $n=1,2,3$ 定态时，核外电子的动量大小分别为

$$p_1=m_e v_1=\frac{m_e v_1}{1}=\frac{p_1}{1};p_2=m_e v_2=\frac{m_e v_1}{2}=\frac{p_1}{2};p_3=m_e v_3=\frac{m_e v_1}{3}=\frac{p_1}{3}$$

原子(核外电子)处于 $n=1,2,3$ 定态时，原子(核外电子)的动量大小之比为

$$p_1:p_2:p_3=\frac{1}{1}p_1:\frac{1}{2}p_1:\frac{1}{3}p_1=\frac{1}{1}:\frac{1}{2}:\frac{1}{3}=6:3:2$$

(6)核外电子绕原子核做圆周运动，运动周期为

$$T_n=\frac{2\pi r_n}{v_n}=\frac{2\pi r_1 n^2}{\frac{v_1}{n}}=\frac{2\pi r_1 n^3}{v_1}=T_1 n^3$$

核外电子的运动周期也是量子化的。原子处于 $n=1,2,3$ 定态时，核外电子的运动周期分别为

$$T_1=1^3\times T_1=T_1;T_2=2^3\times T_1=8T_1;T_3=3^3\times T_1=27T_1$$

原子(核外电子)处于 $n=1,2,3$ 定态时，原子(核外电子)的运动周期之比为

$$T_1:T_2:T_3=T_1:8T_1:27T_1=1:8:27$$

(7)在非相对论下，按动能定义，核外电子运动的动能为

$$E_{kn}=\frac{1}{2}m_e v_n^2=\frac{1}{2}m_e\frac{e^2}{4\pi\varepsilon_0 m_e r_n}=\frac{1}{2}m_e\frac{e^2 m_e e^2}{4\pi\varepsilon_0 m_e\cdot 4\pi\varepsilon_0\hbar^2 n^2}=-\frac{E_1}{n^2}=-E_n$$

核外电子的动能也是量子化的。原子处于 $n=1,2,3$ 定态时，核外电子的动能分别为

$$E_{k1}=-\frac{E_1}{1^2}=-E_1;E_{k2}=-\frac{E_1}{2^2}=-\frac{E_1}{4};E_{k3}=-\frac{E_1}{3^2}=-\frac{E_1}{9}$$

原子(核外电子)处于 $n=1,2,3$ 定态时，原子(核外电子)的动能之比为

$$E_{k1}:E_{k2}:E_{k3}=\left(-\frac{E_1}{1}\right):\left(-\frac{E_1}{4}\right):\left(-\frac{E_1}{9}\right)=\frac{1}{1}:\frac{1}{4}:\frac{1}{9}=36:9:4$$

(8)取无限远处为势能零点，则电子与原子核之间的库仑势能为

$$E_p=-\frac{e^2}{4\pi\varepsilon_0 r_n}=-\frac{e^2 m_e e^2}{4\pi\varepsilon_0\cdot 4\pi\varepsilon_0\hbar^2 n^2}=\frac{2E_1}{n^2}=2E_n$$

核外电子的势能也是量子化的。原子处于 $n=1,2,3$ 定态时，核外电子的势能分别为

$$E_{p1}=\frac{2E_1}{1^2}=2E_1;E_{p2}=\frac{2E_1}{2^2}=\frac{E_1}{2};E_{p3}=\frac{2E_1}{3^2}=\frac{2E_1}{9}$$

原子(核外电子)处于 $n=1,2,3$ 定态时，原子(核外电子)的势能之比为

$$E_{p1}:E_{p2}:E_{p3}=2E_1:\frac{E_1}{2}:\frac{2E_1}{9}=\frac{1}{1}:\frac{1}{4}:\frac{1}{9}=36:9:4$$

点评 (1)按玻尔氢原子理论,氢原子在某一定态(主量子数为 n),原子的能量、核外电子的动能和势能分别表示为

$$E_n=\frac{1}{n^2}E_1=-\frac{13.6}{n^2}\ \text{eV},E_{kn}=-E_n=-\frac{E_1}{n^2},E_{pn}=2E_n=\frac{2E_1}{n^2}$$

主量子数 n 越高,氢原子的能量越高;当 $n\to\infty$时,氢原子的能量、核外电子的动能和势能都将趋于零。

(2)氢原子处于定态 $n+1$ 与处于定态 n 时的能量之差(能级间隔)为

$$\Delta E=E_{n+1}-E_n=\frac{1}{(n+1)^2}E_1-\frac{1}{n^2}E_1=-\frac{2n+1}{n^2(n+1)^2}E_1$$

可见,能级间隔随主量子数 n 的增大而减小,高能态能级间隔变小。当 $n\to\infty$时,能级间隔 $\Delta E\to 0$,能量量子化趋于解除;实际上这时电子已经摆脱了原子核的束缚,成了自由电子;非束缚电子的能量是连续的,回到了经典物理学。

(3)氢原子处于定态 $n+1$ 与处于定态 n 时的角动量之差

$$\Delta L=L_{n+1}-L_n=(n+1)\hbar-n\hbar=\hbar$$

角动量间隔与主量子数无关;即使在高能态角动量依然是量子化的,这就与经典物理学不符。特别是,电子轨道间隔为

$$\Delta r=r_{n+1}-r_n=(n+1)^2r_1-n^2r_1=(2n+1)r_1$$

高能态的电子轨道分得越开,轨道量子化现象越明显,越偏离经典物理学。

这说明,玻尔的角动量量子化和轨道量子化是有问题的。

【例 14-10】 求氢原子光谱中莱曼系的最短波长 λ_{min1} 和最低频率 ν_{min1},巴尔末系的最长波长 λ_{max2} 和最高频率 ν_{max2}。

分析 如图 14-33 所示,氢原子光谱由若干光谱系组成。由全部 $n>1$ 的高能量子态向 $n=1$ 的低能量子态跃迁形成的谱线系称为莱曼系;由全部 $n>2$ 的高能量子态向 $n=2$ 的低能量子态跃迁形成的谱线系称为巴尔末系;由全部 $n>3$ 的高能量子态向 $n=3$ 的低能量子态跃迁形成的谱线系称为帕邢系;等等。

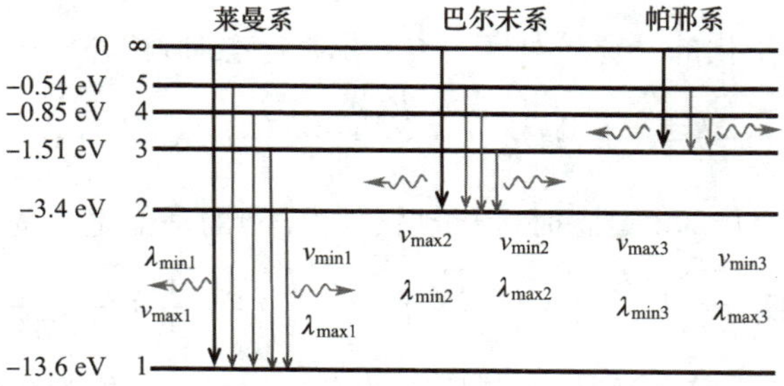

图 14-33 例 14-10 解析

由玻尔氢原子理论的量子跃迁(频率条件)可知,每个谱线系都有从最高能级($n=\infty$)向该谱线系最低能级(n_{min})跃迁时发出的本谱线系中能量最大的光子,该光子是该谱线系频率最高的谱线,即波长最小的谱线;每个谱线系都有从最低能级相邻的能级($n_{min}+1$)向该谱线系最低能级(n_{min})跃迁时发出的本谱线系中能量最小的光子,该光子是该谱线系频率最低的谱线,即波长最长的谱线。

解 如图 14-33 所示，氢原子光谱是氢原子由高能级向低能级跃迁辐射的结果。

(1)莱曼系是氢原子由 $n=2,3,4,\cdots,\infty$ 的能级(量子态)向 $n=1$ 的能级(量子态)量子跃迁的结果。其中，氢原子由 $n=\infty$ 的能级(量子态)向 $n=1$ 的能级(量子态)量子跃迁所辐射的光子的能量最大，频率最高，波长最短(在莱曼系中)

$$\nu_{\max 1}=\frac{E_\infty-E_1}{h}=\frac{0-(-13.6\times1.6\times10^{-19})}{6.626\times10^{-34}}=3.284\times10^{15}\ \text{Hz}$$

$$\lambda_{\min 1}=\frac{c}{\nu_{\max 1}}=\frac{3\times10^8}{3.284\times10^{15}}=0.913\ 5\times10^{-7}\ \text{m}=91.35\ \text{nm}$$

氢原子由 $n=2$ 的能级(量子态)向 $n=1$ 的能级(量子态)量子跃迁所辐射的光子的能量最小，频率最低，波长最长(在莱曼系中)

$$\nu_{\min 1}=\frac{E_2-E_1}{h}=\frac{(-3.4+13.6)\times1.6\times10^{-19}}{6.626\times10^{-34}}=2.463\times10^{15}\ \text{Hz}$$

$$\lambda_{\max 1}=\frac{c}{\nu_{\min 1}}=\frac{3\times10^8}{2.463\times10^{15}}=1.218\ 0\times10^{-7}\ \text{m}=121.80\ \text{nm}$$

可见，莱曼系的谱线波长为 91.35～121.8 nm，全部是紫外线。

(2)巴尔末系是氢原子由 $n=3,4,\cdots,\infty$ 的能级(量子态)向 $n=2$ 的能级(量子态)量子跃迁的结果。其中，氢原子由 $n=\infty$ 的能级(量子态)向 $n=2$ 的能级(量子态)量子跃迁所辐射的光子的能量最大，频率最高，波长最短(在巴尔末系中)

$$\nu_{\max 2}=\frac{E_\infty-E_2}{h}=\frac{0-(-3.4\times1.6\times10^{-19})}{6.626\times10^{-34}}=0.821\ 0\times10^{15}\ \text{Hz}$$

$$\lambda_{\min 2}=\frac{c}{\nu_{\max 2}}=\frac{3\times10^8}{0.821\ 0\times10^{15}}=3.654\ 1\times10^{-7}\ \text{m}=365.41\ \text{nm}$$

氢原子由 $n=3$ 的能级(量子态)向 $n=2$ 的能级(量子态)量子跃迁所辐射的光子的能量最小，频率最低，波长最长(在巴尔末系中)

$$\nu_{\min 2}=\frac{E_3-E_2}{h}=\frac{(-1.51+3.4)\times1.6\times10^{-19}}{6.626\times10^{-34}}=0.456\ 4\times10^{15}\ \text{Hz}$$

$$\lambda_{\max 2}=\frac{c}{\nu_{\min 2}}=\frac{3\times10^8}{0.456\ 4\times10^{15}}=6.573\ 2\times10^{-7}=657.32\ \text{nm}$$

可见，巴尔末系的谱线波长为 365.41～657.32 nm，是紫外线和可见光。

点评 (1)氢原子由 $n=4$ 的能级(量子态)向 $n=2$ 的能级(量子态)量子跃迁

$$\nu_{4\to2}=\frac{E_4-E_2}{h}=\frac{(-0.85+3.4)\times1.6\times10^{-19}}{6.626\times10^{-34}}=0.615\ 8\times10^{15}\ \text{Hz}$$

$$\lambda_{4\to2}=\frac{c}{\nu_{4\to2}}=\frac{3\times10^8}{0.615\ 8\times10^{15}}=4.871\ 7\times10^{-7}\ \text{m}=487.17\ \text{nm}$$

氢原子由 $n=5$ 的能级(量子态)向 $n=2$ 的能级(量子态)量子跃迁

$$\nu_{5\to2}=\frac{E_5-E_2}{h}=\frac{(-0.54+3.4)\times1.6\times10^{-19}}{6.626\times10^{-34}}=0.690\ 6\times10^{15}\ \text{Hz}$$

$$\lambda_{5\to2}=\frac{c}{\nu_{5\to2}}=\frac{3\times10^8}{0.690\ 6\times10^{15}}=4.344\ 0\times10^{-7}\ \text{m}=434.40\ \text{nm}$$

氢原子由 $n=6$ 的能级(量子态)向 $n=2$ 的能级(量子态)量子跃迁

$$\nu_{6\to 2}=\frac{E_6-E_2}{h}=\frac{(-0.377\,8+3.4)\times 1.6\times 10^{-19}}{6.626\times 10^{-34}}=0.729\,8\times 10^{15}\ \text{Hz}$$

$$\lambda_{6\to 2}=\frac{c}{\nu_{6\to 2}}=\frac{3\times 10^8}{0.729\,8\times 10^{15}}=4.110\,7\times 10^{-7}\ \text{m}=411.07\ \text{nm}$$

氢原子由 $n=7$ 的能级(量子态)向 $n=2$ 的能级(量子态)量子跃迁

$$\nu_{7\to 2}=\frac{E_7-E_2}{h}=\frac{(-0.277\,6+3.4)\times 1.6\times 10^{-19}}{6.626\times 10^{-34}}=0.754\,0\times 10^{15}\ \text{Hz}$$

$$\lambda_{7\to 2}=\frac{c}{\nu_{7\to 2}}=\frac{3\times 10^8}{0.754\,0\times 10^{15}}=3.978\,8\times 10^{-7}\ \text{m}=397.88\ \text{nm}$$

氢原子由 $n=8$ 的能级(量子态)向 $n=2$ 的能级(量子态)量子跃迁

$$\nu_{8\to 2}=\frac{E_8-E_2}{h}=\frac{(-0.212\,5+3.4)\times 1.6\times 10^{-19}}{6.626\times 10^{-34}}=0.769\,7\times 10^{15}\ \text{Hz}$$

$$\lambda_{8\to 2}=\frac{c}{\nu_{8\to 2}}=\frac{3\times 10^8}{0.769\,7\times 10^{15}}=3.897\,6\times 10^{-7}\ \text{m}=389.76\ \text{nm}$$

氢原子光谱中巴尔末系,谱线 $\lambda_{\max 2}=657.32$ nm(H_α,红色),谱线 $\lambda_{4\to 2}=487.17$ nm(H_β,蓝色),谱线 $\lambda_{5\to 2}=434.40$ nm(H_γ,紫色),谱线 $\lambda_{6\to 2}=411.07$ nm(H_δ,紫色),一般称为可见光。谱线 $\lambda_{7\to 2}=397.88$ nm(紫色,用 H_ε 表示),实际上已经是紫外线了。巴尔末系中由 $n\geqslant 8$ 能级向 $n=2$ 的能级(量子态)量子跃迁辐射紫外线。

(2)帕邢系是氢原子由 $n=4,5,\cdots,\infty$ 的能级(量子态)向 $n=3$ 的能级(量子态)量子跃迁的结果。其中,氢原子由 $n=\infty$ 的能级(量子态)向 $n=3$ 的能级(量子态)量子跃迁所辐射的光子的能量最大,频率最高,波长最短(在帕邢系中)

$$\nu_{\max 3}=\frac{E_\infty-E_3}{h}=\frac{0-(-1.51\times 1.6\times 10^{-19})}{6.626\times 10^{-34}}=0.364\,6\times 10^{15}\ \text{Hz}$$

$$\lambda_{\min 3}=\frac{c}{\nu_{\max 3}}=\frac{3\times 10^8}{0.364\,6\times 10^{15}}=8.228\,2\times 10^{-7}\ \text{m}=822.82\ \text{nm}$$

氢原子由 $n=4$ 的能级(量子态)向 $n=3$ 的能级(量子态)量子跃迁所辐射的光子的能量最小,频率最低,波长最长(在帕邢系中)

$$\nu_{\min 3}=\frac{E_4-E_3}{h}=\frac{(-0.85+1.51)\times 1.6\times 10^{-19}}{6.626\times 10^{-34}}=0.159\,4\times 10^{15}\ \text{Hz}$$

$$\lambda_{\max 3}=\frac{c}{\nu_{\min 3}}=\frac{3\times 10^8}{0.159\,4\times 10^{15}}=18.820\,6\times 10^{-7}\ \text{m}=1\,882.06\ \text{nm}$$

可见,帕邢系的谱线波长为 822.82～1 882.06 nm,全部是红外线。

氢原子光谱的其他线系都是红外线。氢原子可以辐射从紫外线到远红外线的谱线。

【例 14-11】 用一束电子的动能为 12.6 eV 的电子流轰击由处于基态的氢原子组成的气体系统,将可能产生哪些波长的谱线?

分析 原子不但能够吸收光子而被激发,也可以吸收其他粒子的能量(如弗兰克-赫兹实验中汞原子吸收电子的能量)而被激发。按玻尔理论,原子只能吸收某些固定值的能量,这些固定值只能是原子能级能量之差。一般来说,原子只能整体吸收光子(康普顿散射是电子吸收光子能量的一小部分),因此,如果光子要被原子吸收,光子的能量必须是原子某两个能级能量之差。原子与电子碰撞,原子可以不全部吸收电子的能量(动能),因为电子不能消失。但原子只能吸收电子能量的一部分(剩余的能量可以作为电子的动能),原子吸收的能量必须是原子某两个能级能量之差。原子吸收电子的部分能量后由基态激发到高能态；也有可能处于激发态的原子吸收电子部分能量被激发到更高的激发态，但这种吸收和激发的概率极小，以至于可以忽略。高能量的电子可以使原子激发到最可能高的激发态，原子被激发的最高能级取决于电子的能量(动能)；由原子激发态能级能量与基态能级能量之差，并与电子的能量(动能)比较，可以求得原子被激发的最高激发态。当然，原子也可以吸收较少的电子能量而被激发到较低的激发态。

高激发态的原子可以跃迁到基态或低能级的激发态，低能级激发态也可以向基态或更低能级的激发态跃迁，这些跃迁都可以辐射光子，从而形成光谱。

解 设氢原子与电子碰撞，可以使基态氢原子激发到量子数为 n 的激发态，则

$$\Delta E = E_n - E_1 = 13.6 - \frac{13.6}{n^2} < 12.6, n < 3.7$$

因此，动能为 12.6 eV 的电子最多能使基态($n=1$)氢原子激发到 $n=3$ 的激发态，当然也可以使基态氢原子激发到 $n=2$ 的激发态。

(1)激发到 $n=3$ 的激发态的氢原子向 $n=1$ 的低能级跃迁，辐射光子的频率和波长为

$$\nu_{3\to1} = \frac{E_3 - E_1}{h} = \frac{(13.6-1.51)\times1.6\times10^{-19}}{6.626\times10^{-34}} = 2.919\ 4\times10^{15}\ \text{Hz}$$

$$\lambda_{3\to1} = \frac{c}{\nu_{3\to1}} = \frac{3\times10^8}{2.919\ 4\times10^{15}} = 1.027\ 6\times10^{-7}\ \text{m} = 102.76\ \text{nm}$$

氢原子辐射紫外线，属于莱曼系。

(2)激发到 $n=3$ 的激发态的氢原子向 $n=2$ 的低能级跃迁，辐射光子的频率和波长为

$$\nu_{3\to2} = \frac{E_3 - E_2}{h} = \frac{(3.4-1.51)\times1.6\times10^{-19}}{6.626\times10^{-34}} = 0.456\ 4\times10^{15}\ \text{Hz}$$

$$\lambda_{3\to2} = \frac{c}{\nu_{3\to2}} = \frac{3\times10^8}{0.456\ 4\times10^{15}} = 6.573\ 2\times10^{-7}\ \text{m} = 657.32\ \text{nm}$$

氢原子辐射红光，属于巴尔末系。

(3)激发到 $n=2$ 的激发态的氢原子向 $n=1$ 的低能级跃迁，或跃迁到 $n=2$ 的激发态的氢原子再一次向 $n=1$ 的低能级跃迁，辐射光子的频率和波长为

$$\nu_{2\to1} = \frac{E_2 - E_1}{h} = \frac{(13.6-3.4)\times1.6\times10^{-19}}{6.626\times10^{-34}} = 2.463\ 0\times10^{15}\ \text{Hz}$$

$$\lambda_{2\to1} = \frac{c}{\nu_{2\to1}} = \frac{3\times10^8}{2.463\ 0\times10^{15}} = 1.218\ 0\times10^{-7}\ \text{m} = 121.80\ \text{nm}$$

氢原子辐射紫外线，属于莱曼系。

点评 (1)是否考虑相对论效应的问题。电子的静止能量为

$$E_0 = m_e c^2 = 9.1\times10^{-31}\times9\times10^{16} = 8.19\times10^{-14}\ \text{J} = 511\ 875\ \text{eV}$$

这个能量接近自由电子动能 12.6 eV 的 4 万倍，可以不用考虑相对论效应。

(2)入射自由电子的动量大小为

$$p_0 = \sqrt{2m_e E_{k0}} = \sqrt{2\times9.1\times10^{-31}\times12.6\times1.6\times10^{-19}} = 1.915\ 5\times10^{-24}\ \text{kg}\cdot\text{m}\cdot\text{s}^{-1}$$

电子的频率和波长分别为

$$\nu_0 = \frac{E_{k0}}{h} = \frac{12.6\times1.6\times10^{-19}}{6.626\times10^{-34}} = 3.042\ 6\times10^{15}\ \text{Hz}$$

$$\lambda_0=\frac{h}{p_0}=\frac{6.626\times10^{-34}}{1.9155\times10^{-24}}=3.46\times10^{-10}\ \text{m}=0.346\ \text{nm}$$

(3)将基态氢原子激发到 $n=3$ 的激发态,电子剩余动能为

$$E_{k1}=E_{k0}-\Delta E_1=12.6-12.09=0.51\ \text{eV}=0.816\times10^{-19}\ \text{J}$$

碰撞后电子的动量为

$$p_1=\sqrt{2m_eE_{k1}}=\sqrt{2\times9.1\times10^{-31}\times0.816\times10^{-19}}=3.8537\times10^{-25}\ \text{kg}\cdot\text{m}\cdot\text{s}^{-1}$$

电子的频率和波长分别为

$$\nu_1=\frac{E_{k1}}{h}=\frac{0.51\times1.6\times10^{-19}}{6.626\times10^{-34}}=0.1232\times10^{15}\ \text{Hz}$$

$$\lambda_1=\frac{h}{p_1}=\frac{6.626\times10^{-34}}{3.8537\times10^{-25}}=1.72\times10^{-9}\ \text{m}=1.72\ \text{nm}$$

(4)将基态氢原子激发到 $n=2$ 的激发态,电子剩余动能为

$$E_{k2}=E_{k0}-\Delta E_2=12.6-10.2=2.4\ \text{eV}=3.84\times10^{-19}\ \text{J}$$

碰撞后电子的动量为

$$p_2=\sqrt{2m_eE_{k2}}=\sqrt{2\times9.1\times10^{-31}\times3.84\times10^{-19}}=8.3599\times10^{-25}\ \text{kg}\cdot\text{m}\cdot\text{s}^{-1}$$

电子的频率和波长分别为

$$\nu_2=\frac{E_{k2}}{h}=\frac{3.84\times10^{-19}}{6.626\times10^{-34}}=0.58\times10^{15}\ \text{Hz}$$

$$\lambda_2=\frac{h}{p_2}=\frac{6.626\times10^{-34}}{8.3599\times10^{-25}}=0.79\times10^{-9}\ \text{m}=0.79\ \text{nm}$$

【例 14-12】 用光照的方法可以使原子电离。实验中测得能使氢原子电离的最长入射光波长为紫外光的 $\lambda_{max}=91.3$ nm。求:

(1)氢原子基态的能量值;

(2)用波长为 91.3 nm 的紫外光照射氢原子辐射的巴尔末系谱线的光子波长。

分析 原子被电离,就是原子中的电子摆脱原子核的束缚变成自由电子。使原子电离需要给原子提供一定的能量,提供的最小能量是电子自由态最低能量($E_\infty=0$)与原子基态能量 E_1 之差。这一能量之差就是入射光子的最低能量(对应入射光子最小频率 ν_{min} 或最长波长 λ_{max}),由此可以计算出原子的基态能级的能量。再由氢原子能级能量公式就可以进一步求得氢原子各个能级的能量值。氢原子由各个高激发态($n>2$)向第一激发态($n=2$)跃迁形成巴尔末系。根据跃迁的两个能级的能量差就可以计算出氢原子跃迁辐射的光子的能量,进一步计算出辐射光子的频率,从而得到辐射光子的波长。

解 (1)使氢原子电离的最长入射光波长为 $\lambda_{max}=91.3$ nm,则氢原子的基态能级能量为

$$h\nu_{min}=E_\infty-E_1=0-E_1=-E_1=\frac{hc}{\lambda_{max}}$$

$$E_1=-\frac{hc}{\lambda_{max}}=-\frac{6.626\times10^{-34}\times3\times10^8}{91.3\times10^{-9}}=-21.8\times10^{-19}\ \text{J}=-13.6\ \text{eV}$$

(2)处于主量子数为 n 的量子态的氢原子的能量表示为(以无限远处为势能零点)

$$E_n=\frac{1}{n^2}E_1=-\frac{hc}{n^2\lambda_{max}},n=1,2,3,\cdots;E_2=\frac{1}{2^2}E_1=-\frac{hc}{4\lambda_{max}}$$

由 $n>2$ 的激发态向第一激发态($n=2$)跃迁辐射的光子的能量、频率、波长分别表示为

$$\Delta E_{n\to 2}=E_n-E_2=-\frac{hc}{n^2\lambda_{\max}}+\frac{hc}{4\lambda_{\max}}=\frac{hc}{\lambda_{\max}}\left(\frac{1}{4}-\frac{1}{n^2}\right)=\frac{hc(n^2-4)}{4\lambda_{\max}n^2}$$

$$\nu_{n\to 2}=\frac{\Delta E_{n\to 2}}{h}=\frac{c(n^2-4)}{4\lambda_{\max}n^2},\lambda_{n\to 2}=\frac{c}{\nu_{n\to 2}}=\frac{4n^2}{n^2-4}\lambda_{\max}$$

由此,可以计算出氢原子光谱巴尔末系的各个谱线的波长

$$n=3:\lambda_{3\to 2}=\frac{4\times 3^2}{3^2-4}\times 91.3=657.36\text{ nm};\text{H}_\alpha\text{ 谱线}$$

$$n=4:\lambda_{4\to 2}=\frac{4\times 4^2}{4^2-4}\times 91.3=486.93\text{ nm};H_\beta\text{ 谱线}$$

$$n=5:\lambda_{5\to 2}=\frac{4\times 5^2}{5^2-4}\times 91.3=434.76\text{ nm};H_\gamma\text{ 谱线}$$

$$n=6:\lambda_{6\to 2}=\frac{4\times 6^2}{6^2-4}\times 91.3=410.85\text{ nm};H_\delta\text{ 谱线}$$

$$n=7:\lambda_{7\to 2}=\frac{4\times 7^2}{7^2-4}\times 91.3=397.66\text{ nm};H_\varepsilon\text{ 谱线}$$

$$n=\infty:\lambda_{\infty\to 2}=\frac{4}{1-4/\infty^2}\times 91.3=365.2\text{ nm。}$$

点评 (1)氢原子各个激发态能级的能量为

$$n=2:E_2=-\frac{6.626\times 10^{-34}\times 3\times 10^8}{2^2\times 91.3\times 10^{-9}}=-5.443\times 10^{-19}\text{ J}=-3.40\text{ eV}=\frac{1}{2^2}E_1$$

$$n=3:E_3=-\frac{6.626\times 10^{-34}\times 3\times 10^8}{3^2\times 91.3\times 10^{-9}}=-2.419\times 10^{-19}\text{ J}=-1.51\text{ eV}=\frac{1}{3^2}E_1$$

$$n=4:E_4=-\frac{6.626\times 10^{-34}\times 3\times 10^8}{4^2\times 91.3\times 10^{-9}}=-1.361\times 10^{-19}\text{ J}=-0.85\text{ eV}=\frac{1}{4^2}E_1$$

$$n=5:E_5=-\frac{6.626\times 10^{-34}\times 3\times 10^8}{5^2\times 91.3\times 10^{-9}}=-0.871\times 10^{-19}\text{ J}=-0.544\text{ eV}=\frac{1}{5^2}E_1$$

$$n=6:E_6=-\frac{6.626\times 10^{-34}\times 3\times 10^8}{6^2\times 91.3\times 10^{-9}}=-0.6048\times 10^{-19}\text{ J}=-0.378\text{ eV}=\frac{1}{6^2}E_1$$

$$n=7:E_7=-\frac{6.626\times 10^{-34}\times 3\times 10^8}{7^2\times 91.3\times 10^{-9}}=-0.444\times 10^{-19}\text{ J}=-0.278\text{ eV}=\frac{1}{7^2}E_1$$

(2)氢原子光谱莱曼系的各个谱线的波长为

$$\Delta E_{n\to 1}=E_n-E_1=-\frac{hc}{n^2\lambda_{\max}}+\frac{hc}{\lambda_{\max}}=\frac{hc(n^2-1)}{\lambda_{\max}n^2}$$

$$\nu_{n\to 1}=\frac{\Delta E_{n\to 1}}{h}=\frac{c(n^2-1)}{\lambda_{\max}n^2},\lambda_{n\to 1}=\frac{c}{\nu_{n\to 1}}=\frac{n^2}{n^2-1}\lambda_{\max}$$

$$n=2:\lambda_{2\to 1}=\frac{2^2}{2^2-1}\times 91.3=121.73\text{ nm}$$

$$n=3:\lambda_{3\to 1}=\frac{3^2}{3^2-1}\times 91.3=102.71\text{ nm}$$

$$n=4:\lambda_{4\to 1}=\frac{4^2}{4^2-1}\times 91.3=97.39\text{ nm}$$

$$n=5:\lambda_{5\to1}=\frac{5^2}{5^2-1}\times91.3=95.10\ \text{nm}$$

$$n=6:\lambda_{6\to1}=\frac{6^2}{6^2-1}\times91.3=93.91\ \text{nm}$$

$$n=7:\lambda_{7\to1}=\frac{7^2}{7^2-1}\times91.3=93.20\ \text{nm}$$

$$n=\infty:\lambda_{\infty\to1}=\frac{1}{1-1/\infty^2}\times91.3=91.3\ \text{nm}$$

(3)氢原子光谱帕邢系的各个谱线的波长为

$$\Delta E_{n\to3}=E_n-E_3=-\frac{hc}{n^2\lambda_{\max}}+\frac{hc}{9\lambda_{\max}}=\frac{hc(n^2-9)}{9\lambda_{\max}n^2}$$

$$\nu_{n\to3}=\frac{\Delta E_{n\to3}}{h}=\frac{c(n^2-9)}{9\lambda_{\max}n^2},\lambda_{n\to3}=\frac{c}{\nu_{n\to3}}=\frac{9n^2}{n^2-9}\lambda_{\max}$$

$$n=4:\lambda_{4\to3}=\frac{9\times4^2}{4^2-9}\times91.3=1\ 878.2\ \text{nm}$$

$$n=5:\lambda_{5\to3}=\frac{9\times5^2}{5^2-9}\times91.3=1\ 283.9\ \text{nm}$$

$$n=6:\lambda_{6\to3}=\frac{9\times6^2}{6^2-9}\times91.3=1\ 095.6\ \text{nm}$$

$$n=7:\lambda_{7\to3}=\frac{9\times7^2}{7^2-9}\times91.3=1\ 006.6\ \text{nm}$$

$$n=\infty:\lambda_{\infty\to3}=\frac{9}{1-9/\infty^2}\times91.3=821.7\ \text{nm}。$$

【例 14-13】 已知氢原子的电离能为 13.60 eV,有一个能量为 15.20 eV 的光子被氢原子中的基态电子所吸收而形成一光电子,试求该光电子远离氢原子核时的动能、动量、德布罗意波波长和频率。

分析 处于氢原子基态的电子完全吸收一个能量大于氢原子电离能的光子,氢原子被电离,氢原子中的电子挣脱氢原子核的束缚成为自由电子。入射光子的能量一部分用来使氢原子电离,剩余部分作为自由电子的初动能。由自由电子的动能可以求得自由电子的动量;由动量可以求得自由电子看作德布罗意波的波长和频率。要特别注意:自由电子不是光子,爱因斯坦的光子理论并不适用于电子,电子的波长与频率的乘积并不等于光速,$\lambda\nu\neq c$;要根据德布罗意物质波假说计算电子的波长和频率;其中的能量和动量原则上应该考虑相对论效应。

解 光电子具有的动能为

$$E_k=15.20-13.60=1.60\ \text{eV}$$

光电子动量为(不计相对论效应)

$$p_e=m_ev,E_k=\frac{1}{2}m_ev^2;v=\frac{p_e}{m_e},v^2=\frac{2E_k}{m_e};\frac{p_e}{m_e}=\sqrt{\frac{2E_k}{m_e}}$$

$$p_e=\sqrt{2m_eE_k}=\sqrt{2\times9.11\times10^{-31}\times1.60\times1.6\times10^{-19}}=6.829\ 58\times10^{-25}\ \text{kg}\cdot\text{m}\cdot\text{s}^{-1}$$

光电子的德布罗意波长为

$$\lambda=\frac{h}{p_e}=\frac{6.626\times10^{-34}}{6.829\ 58\times10^{-25}}=0.97\times10^{-9}\ \text{m}=0.97\ \text{nm}$$

电子的德布罗意波频率为(考虑到相对论能量,但不考虑动量的相对论修正)

$$\nu=\frac{E_k+m_ec^2}{h}\approx\frac{m_ec^2}{h}=\frac{9.11\times10^{-31}\times(3.0\times10^8)^2}{6.626\times10^{-34}}=1.237\ 4\times10^{20}\ \text{Hz}$$

自由电子的德布罗意波的波长与X射线大体相当。

点评 (1)按非相对论,自由电子的速度为

$$v=\sqrt{\frac{2E_k}{m_e}}=\sqrt{\frac{2\times1.60\times1.6\times10^{-19}}{9.11\times10^{-31}}}=0.75\times10^6\ \text{m}\cdot\text{s}^{-1}$$

$$\frac{v}{c}=\frac{0.75\times10^6}{3.0\times10^8}=0.25\times10^{-2}=0.25\%$$

所以,相对论效应可以忽略。

(2)考虑相对论效应

自由电子(光电子)的动能依然为

$$E_k=15.20-13.60=1.60\ \text{eV}$$

由相对论动能与动量关系公式,得到自由电子(光电子)的动量

$$E_k^2+2E_km_ec^2=p_e^2c^2,p_e=\sqrt{\frac{E_k^2}{c^2}+2E_km_e}=6.829\ 59\times10^{-25}\ \text{kg}\cdot\text{m}\cdot\text{s}^{-1}$$

考虑相对论效应所引起的电子动量的修正微乎其微,因此可以不考虑相对论效应。

(3)如果一个电子的动能等于它的静能,求该电子的动能、动量、德布罗意波的波的波长和频率。

由狭义相对论,电子的动能表示为 $E_k=mc^2-m_ec^2$,按题意 $E_k=m_ec^2$,所以有

$$mc^2=E_k+m_ec^2=2m_ec^2,m=2m_e$$

由狭义相对论的质量公式,得到

$$m=\frac{m_e}{\sqrt{1-v^2/c^2}}=2m_e,v=\frac{\sqrt{3}}{2}c=0.866c$$

这就必须得考虑相对论效应。

电子的运动质量为

$$m=\frac{m_e}{\sqrt{1-v^2/c^2}}=2m_e=2\times9.11\times10^{-31}=1.822\times10^{-30}\ \text{kg}$$

电子的动能为

$$E_k=m_ec^2=9.11\times10^{-31}\times(3.0\times10^8)^2=8.199\times10^{-14}\ \text{J}=5.124\ 4\times10^5\ \text{eV}$$

电子的动量为

$$p_e=mv=1.822\times10^{-30}\times0.866\times3.0\times10^8=4.733\ 56\times10^{-22}\ \text{kg}\cdot\text{m}\cdot\text{s}^{-1}$$

电子德布罗意波的波长为

$$\lambda=\frac{h}{p_e}=\frac{6.626\times10^{-34}}{4.733\ 56\times10^{-22}}=1.4\times10^{-12}\ \text{m}=1.4\ \text{pm}$$

电子德布罗意波的频率为

$$\nu=\frac{E}{h}=\frac{mc^2}{h}=\frac{2m_ec^2}{h}=\frac{2\times9.11\times10^{-31}\times(3.0\times10^8)^2}{6.626\times10^{-34}}=2.47\times10^{20}\ \text{Hz}$$

如果不考虑相对论效应,电子的动量为

$$p_{e0}=\sqrt{2m_eE_k}=\sqrt{2\times 9.11\times 10^{-31}\times 8.199\times 10^{-14}}=3.865\ 05\times 10^{-22}\ \text{kg}\cdot\text{m}\cdot\text{s}^{-1}$$

这与考虑相对论效应得到的电子的动量相比相差太大。这主要是因为电子的运动速度与光速可以比拟、电子的动能太大的缘故。高速运动必须考虑相对论效应。

【例 14-14】 求静止质量为 $m_0\neq 0$、动能为 E_k 的实物粒子的德布罗意波波长和频率。

分析 对于微观粒子,既要考虑波粒二象性又要考虑相对论效应。由相对论的动能表达式

$$E_k=E-m_0c^2=mc^2-m_0c^2=\frac{m_0c^2}{\sqrt{1-v^2/c^2}}-m_0c^2$$

可以求得粒子的运动速度。再由相对论动量定义,可以求得粒子的动量

$$p=mv=\frac{m_0v}{\sqrt{1-v^2/c^2}}$$

再由德布罗意关系,就可以求得粒子的德布罗意波波长 λ。由粒子的能量 E 以及德布罗意关系,可以求得粒子德布罗意波频率 ν。

解 (1)设粒子的运动速度为 v,则由粒子动量和德布罗意关系得到

$$p=mv=\frac{m_0v}{\sqrt{1-v^2/c^2}},p=\frac{h}{\lambda};\frac{h^2}{\lambda^2}=\frac{m_0^2v^2}{1-v^2/c^2};\lambda^2=\frac{h^2}{m_0^2c^2}\left(\frac{c^2}{v^2}-1\right)$$

再由粒子相对论动能表达式,得到

$$E_k=mc^2-m_0c^2=\frac{m_0c^2}{\sqrt{1-v^2/c^2}}-m_0c^2,E_k+m_0c^2=\frac{m_0c^2}{\sqrt{1-v^2/c^2}}$$

$$1-\frac{v^2}{c^2}=\frac{m_0^2c^4}{(E_k+m_0c^2)^2},\frac{v^2}{c^2}=1-\frac{m_0^2c^4}{(E_k+m_0c^2)^2}=\frac{E_k^2+2m_0c^2E_k}{(E_k+m_0c^2)^2}$$

$$\frac{c^2}{v^2}=\frac{(E_k+m_0c^2)^2}{E_k^2+2m_0c^2E_k},\frac{c^2}{v^2}-1=\frac{(E_k+m_0c^2)^2}{E_k^2+2m_0c^2E_k}-1=\frac{m_0^2c^4}{E_k^2+2m_0c^2E_k}$$

由此,可以得到

$$\lambda^2=\frac{h^2}{m_0^2c^2}\left(\frac{c^2}{v^2}-1\right)=\frac{h^2c^2}{E_k^2+2m_0c^2E_k},\lambda=\frac{hc}{\sqrt{E_k^2+2m_0c^2E_k}}$$

(2)粒子的能量 $E=E_k+m_0c^2$,则由德布罗意关系,粒子德布罗意波频率为

$$\nu=\frac{E}{h}=\frac{E_k+m_0c^2}{h}$$

点评 (1)粒子的动量和运动质量分别为

$$p=\frac{h}{\lambda}=\frac{h}{hc/\sqrt{E_k^2+2m_0c^2E_k}}=\frac{\sqrt{E_k^2+2m_0c^2E_k}}{c}$$

$$m=\frac{E}{c^2}=\frac{E_k+m_0c^2}{c^2}=m_0+\frac{E_k}{c^2}$$

(2)可以由相对论动量能量关系 $E^2=p^2c^2+m_0^2c^4$,直接得到动量的表达式

$$p=\frac{\sqrt{E^2-m_0^2c^4}}{c}=\frac{\sqrt{(E_k+m_0c^2)^2-m_0^2c^4}}{c}=\frac{\sqrt{E_k^2+2m_0c^2E_k}}{c}$$

(3)如果粒子的能量用 E 表示,粒子的静止能量用 $E_0=m_0c^2$ 表示,则

$$p=\frac{\sqrt{E_k^2+2m_0c^2E_k}}{c}=\frac{\sqrt{(E-E_0)^2+2E_0(E-E_0)}}{c}=\frac{\sqrt{E^2-E_0^2}}{c}$$

$$m=m_0+\frac{E_k}{c^2}=m_0+\frac{E-E_0}{c^2}=m_0+\frac{E-m_0c^2}{c^2}=\frac{E}{c^2}$$

$$\lambda=\frac{h}{p}=\frac{hc}{\sqrt{E^2-E_0^2}},\nu=\frac{E}{h}$$

(4)德布罗意波的波长与频率的乘积

$$\lambda\nu=\frac{hc}{\sqrt{E^2-E_0^2}}\frac{E}{h}=\frac{c}{\sqrt{1-E_0^2/E^2}}>c$$

由此可见,德布罗意波根本不是行波。

(5)对于光子,$E_0=m_0c^2=0,E=E_k$,则

$$p=\frac{E_k}{c},E_k=pc;\lambda=\frac{hc}{E_k},\nu=\frac{E_k}{h};\lambda\nu=\frac{c}{\sqrt{1-E_0^2/E^2}}=c$$

光子束是以光速 c 传播的行波。

(6)如果粒子的动能远小于粒子的静止能量,$E_k\ll m_0c^2=E_0$,则

$$p=\frac{\sqrt{E_k^2+2E_0E_k}}{c}=\frac{\sqrt{E_k(E_k+2E_0)}}{c}\approx\frac{\sqrt{2E_0E_k}}{c}=\sqrt{2m_0E_k}$$

$$m=\frac{E}{c^2}=\frac{E_k+E_0}{c^2}\approx\frac{E_0}{c^2}=\frac{m_0c^2}{c^2}=m_0$$

$$\lambda=\frac{hc}{\sqrt{E^2-E_0^2}}=\frac{hc}{\sqrt{E_k^2+2E_0E_k}}\approx\frac{hc}{\sqrt{2E_0E_k}}=\frac{h}{\sqrt{2m_0E_k}}=\frac{h}{p}$$

可见,如果粒子的动能远小于粒子的静止能量,可以不使用相对论,而直接使用经典物理的动量能量(动能)关系,德布罗意波波长也可以使用经典物理学的动量表示。

当粒子的动能远小于粒子的静止能量时

$$E=E_0+E_k\approx E_0=m_0c^2\neq E_k$$

粒子的能量不可以用经典物理学的动能表示。粒子的德布罗意波的频率

$$\nu=\frac{E}{h}=\frac{E_0+E_k}{h}\approx\frac{E_0}{h}=\frac{m_0c^2}{h}\neq\frac{E_k}{h}$$

即使在粒子的动能远小于粒子的静止能量时,也不能用经典物理学的能量(动能)去表示德布罗意波的频率;这是德布罗意波的频率与波长之间的差别。

只有光子(静止能量为零)的能量可以表示为 $E=E_k=h\nu$,但光子的动量、质量、波长又不能使用经典物理学的概念

$$p=\frac{E_k}{c},m=\frac{E_k}{c^2},\lambda=\frac{hc}{E_k},E_k=pc$$

【例 14-15】 氦氖激光器所发出的红光波长为 $\lambda=632.8$ nm,谱线宽度 $\Delta\lambda=10^{-9}$ nm,问:当这种光子沿 x 轴方向传播时,它的 x 坐标的不确定量有多大?

分析 这是静止质量为零的粒子(光子)。由光子动量与波长的关系以及波长的不确定量可以求得光子动量的不确定量;再由位置坐标与动量的不确定关系,就可以求得光子位置的不确定量。

解 由德布罗意公式 $p=h/\lambda$,微分得到 $\Delta p=h\Delta\lambda/\lambda^2$;再由不确定关系 $\Delta x\Delta p\geqslant\hbar/2$,得

到光子位置的不确定量

$$\Delta x \geqslant \frac{\hbar}{2\Delta p} = \frac{\lambda^2}{4\pi\Delta\lambda} = \frac{(632.8\times10^{-9})^2}{4\pi\times10^{-9}\times10^{-9}} = 3.2\times10^4\ \text{m}$$

点评 (1)氦氖激光器所发出的波长为 $\lambda=632.8$ nm 的光子的频率、能量、质量、动量

$$\nu = \frac{c}{\lambda} = \frac{3\times10^8}{632.8\times10^{-9}} = 4.74\times10^{14}\ \text{Hz}$$

$$E = h\nu = 6.626\times10^{-34}\times4.74\times10^{14} = 3.14\times10^{-19}\ \text{J} = 1.963\ \text{eV}$$

$$m = \frac{E}{c^2} = \frac{3.14\times10^{-19}}{9\times10^{16}} = 3.5\times10^{-36}\ \text{kg}$$

$$p = \frac{h}{\lambda} = \frac{6.626\times10^{-34}}{632.8\times10^{-9}} = 1.05\times10^{-27}\ \text{kg}\cdot\text{m}\cdot\text{s}^{-1}$$

(2)光子动量、频率、能量的不确定量

$$\Delta p = \frac{h\Delta\lambda}{\lambda^2} = \frac{6.626\times10^{-34}\times10^{-9}\times10^{-9}}{(632.8\times10^{-9})^2} = 1.65\times10^{-39}\ \text{kg}\cdot\text{m}\cdot\text{s}^{-1}$$

$$\Delta\nu = \frac{c\Delta\lambda}{\lambda^2} = \frac{3\times10^8\times10^{-9}\times10^{-9}}{(632.8\times10^{-9})^2} = 750\ \text{Hz}$$

$$\Delta E = h\Delta\nu = 6.626\times10^{-34}\times750 = 4.97\times10^{-31}\ \text{J} = 3.1\times10^{-12}\ \text{eV}$$

$$\frac{\Delta\nu}{\nu} = \frac{750}{4.74\times10^{14}} = 1.58\times10^{-12}$$

(3)氦氖激光器所发出的红光波长为 $\lambda=632.8$ nm,是氖原子由 5S 能级(能量 20.66 eV)向 3P 能级(能量 18.70 eV)跃迁所辐射的光子。如果将 5S 能级(亚稳态)近似看作是稳定态的能级,则谱线 $\lambda=632.8$ nm 的自然展宽就近似看作是 3P 能级(不稳态)增宽的结果;这样,由时间(能级寿命)与能量(能级宽度,光子的能量不确定量)的不确定关系,可以近似计算出 3P 能级的寿命

$$\Delta t \geqslant \frac{\hbar}{2\Delta E} = \frac{6.626\times10^{-34}}{4\pi\times4.97\times10^{-31}} = 1.06\times10^{-4}\ \text{s}$$

【例 14-16】 J/ψ 粒子和 ρ 介子的静止能量分别为 3 100 MeV 和 765 MeV,这两种微观粒子的寿命分别为 5.2×10^{-21} s 和 2.2×10^{-24} s。求这两种微观粒子的能量不确定量的百分比。

分析 这是静止质量不为零的实物粒子。由粒子的寿命可以直接求得能量的不确定量。

解 粒子能量不确定量 $\Delta E=\hbar/(2\Delta t)$,此处 Δt 即为粒子的寿命。

(1)对于 J/ψ 粒子

$$\Delta E = \frac{\hbar}{2\Delta t} = \frac{1.055\times10^{-34}}{2\times5.2\times10^{-21}} = 1.01\times10^{-14}\ \text{J} = 0.063\ \text{MeV}$$

$$\frac{\Delta E}{E} = \frac{0.063}{3\ 100} = 2.0\times10^{-5} = 0.002\%$$

(2)对于 ρ 介子

$$\Delta E = \frac{\hbar}{2\Delta t} = \frac{1.055\times10^{-34}}{2\times2.2\times10^{-24}} = 2.398\times10^{-11}\ \text{J} = 150\ \text{MeV}$$

$$\frac{\Delta E}{E} = \frac{150}{765} = 0.20 = 20\%$$

点评 (1)由爱因斯坦质能关系 $E=mc^2$,可以求得粒子的静止质量

$$\mathrm{J}/\psi\text{粒子}:m_0=\frac{E_0}{c^2}=\frac{3\,100\times10^6\times1.6\times10^{-19}}{9\times10^{16}}=5.5\times10^{-27}\ \mathrm{kg}$$

$$\rho\text{介子}:m_0=\frac{E_0}{c^2}=\frac{765\times10^6\times1.6\times10^{-19}}{9\times10^{16}}=1.36\times10^{-27}\ \mathrm{kg}$$

(2)由德布罗意关系 $E=h\nu$,可以求得粒子的德布罗意波频率

$$\mathrm{J}/\psi\text{粒子}:\nu_0=\frac{E_0}{h}=\frac{3\,100\times10^6\times1.6\times10^{-19}}{6.626\times10^{-34}}=7.5\times10^{23}\ \mathrm{Hz}$$

$$\rho\text{介子}:\nu_0=\frac{E_0}{h}=\frac{765\times10^6\times1.6\times10^{-19}}{6.626\times10^{-34}}=1.85\times10^{23}\ \mathrm{Hz}$$

【例 14-17】 试根据玻尔氢原子理论,求氢原子处于第二激发态时核外电子的动能与氢原子处于基态时核外电子的动能之比。

分析 在非相对论下和不考虑原子核运动的条件下,氢原子的能量 E_n 是核外电子的动能 E_{kn} 和原子核与核外电子静电势能 E_{pn} 之和,$E_n=E_{kn}+E_{pn}$。由于核外电子圆周运动的轨道是量子化的,轨道半径 r_n 是量子化的,所以势能 E_{pn} 是量子化的;而氢原子的能量 E_n 也是量子化的;所以,核外电子的动能 E_{kn} 也是量子化的。按玻尔氢原子理论,氢原子的能量 E_n、核外电子的势能 E_{pn} 和动能 E_{kn} 以及轨道半径 r_n 由主量子数 n 唯一确定。取无限远处为静电势能的零点,可以找到势能 E_{pn} 与轨道半径 r_n 之间的关系;由经典物理学的动能定义,可以找到核外电子的动能 E_{kn} 与电子轨道运动速度 v_n 之间的关系;由于玻尔认为氢原子中核外电子绕原子核做匀速圆周运动,核外电子与原子核之间的库仑力充当了核外电子圆周运动的向心力,可以找到电子轨道运动速度 v_n 与轨道半径 r_n 之间的关系;从而找到动能 E_{kn} 和原子核与核外电子静电势能 E_{pn} 之间的关系;再由氢原子的能量 $E_n=E_{kn}+E_{pn}$ 以及玻尔给出的氢原子定态能量公式 $E_n=E_1/n^2$,就可以确定势能 E_{pn} 和动能 E_{kn} 与氢原子的定态能量 E_n 以及主量子数 n 之间的关系。

解 设电子的质量(静止质量)为 m_e,氢原子处于定态 n 时的轨道半径为 r_n,轨道速度为 v_n,取无限远处为静电势能的零点,则氢原子处于定态时核外电子的动能 E_{kn} 和原子核与核外电子的静电势能 E_{pn} 分别表示为

$$E_{kn}=\frac{1}{2}m_e v_n^2,E_{pn}=-\frac{e^2}{4\pi\varepsilon_0 r_n}$$

由于玻尔认为氢原子中核外电子绕原子核做匀速圆周运动,核外电子与原子核之间的库仑力充当了核外电子圆周运动的向心力,所以有

$$\frac{m_e v_n^2}{r_n}=\frac{e^2}{4\pi\varepsilon_0 r_n^2},m_e v_n^2=\frac{e^2}{4\pi\varepsilon_0 r_n}$$

由此,氢原子处于定态时核外电子的动能 E_{kn} 可以表示为

$$E_{kn}=\frac{1}{2}m_e v_n^2,E_{kn}=\frac{1}{2}\frac{e^2}{4\pi\varepsilon_0 r_n}=-\frac{1}{2}E_{pn}$$

再由氢原子的能量 $E_n=E_{kn}+E_{pn}$ 以及氢原子定态能量公式 $E_n=E_1/n^2$,得到

$$E_n=E_{kn}+E_{pn}=E_{kn}-2E_{kn}=-E_{kn},E_{kn}=-E_n=-E_1/n^2=13.6/n^2\ \mathrm{eV}$$

氢原子处于第二激发态时核外电子的动能与氢原子处于基态时核外电子的动能之比为

$$\frac{E_{k3}}{E_{k1}}=\frac{-E_3}{-E_1}=\frac{-E_1/3^2}{-E_1/1^2}=\frac{1}{9}$$

点评 (1)氢原子核与核外电子的静电势能 E_{pn} 的量子化表达式为

$$E_{pn}=-2E_{kn}=2E_n=\frac{2E_1}{n^2}=-\frac{27.2}{n^2}\ \text{eV}$$

能级越高(原子的能量越高),势能越高。

(2)氢原子核外电子轨道量子化表达式

$$r_n=-\frac{e^2}{4\pi\varepsilon_0 E_{pn}}=-\frac{e^2}{8\pi\varepsilon_0 E_n}=-\frac{e^2}{8\pi\varepsilon_0 E_1}n^2=r_1 n^2,r_1=0.052\ 9\ \text{nm}$$

原子能量越高(高激发态),核外电子圆周运动轨道越向外。

(3)氢原子核外电子轨道运动速度的量子化表达式

$$v_n=\sqrt{\frac{2E_{kn}}{m_e}}=\sqrt{\frac{-2E_n}{m_e}}=\sqrt{\frac{-2E_1}{m_e n^2}}=\frac{v_1}{n},v_1=\sqrt{\frac{-2E_1}{m_e}}=2.18\times10^6\ \text{m}\cdot\text{s}^{-1}$$

原子能量越高(高激发态),核外电子圆周运动速度越小。

(4)氢原子核外电子轨道运动周期的量子化表达式

$$T_n=\frac{2\pi r_n}{v_n}=\frac{2\pi r_1 n^2}{v_1/n}=\frac{2\pi r_1}{v_1}n^3=T_1 n^3,T_1=\frac{2\pi r_1}{v_1}=1.524\times10^{-16}\ \text{s}$$

(5)氢原子核外电子轨道运动角动量的量子化表达式

$$L_n=m_e r_n v_n=m_e r_1 v_1 n=L_1 n=n\hbar,L_1=m_e r_1 v_1=1.05\times10^{-34}\ \text{J}\cdot\text{s}=\hbar$$

这就是玻尔轨道角动量量子化。

【例 14-18】 (阅读)普朗克公式有两种表示

$$M_0(\lambda,T)=\frac{2\pi hc^2}{\lambda^5}\frac{1}{\exp\left(\frac{hc}{\lambda kT}\right)-1},M_0(\nu,T)=\frac{2\pi h}{c^2}\frac{\nu^3}{\exp\left(\frac{h\nu}{kT}\right)-1}$$

试证明这两种表示是等价的。

分析 显然 $M_0(\nu,T)\neq M_0(\lambda,T)$,这是由于 $\mathrm{d}\nu\neq\mathrm{d}\lambda$ 造成的。考虑到在频率区间 $\nu\to\nu+\mathrm{d}\nu$ 和波长区间 $\lambda\to\lambda+\mathrm{d}\lambda$ 黑体辐射的能量相等,$\mathrm{d}E_0(\nu,T)=\mathrm{d}E_0(\lambda,T)$,再由单色辐出度的定义并利用光子波长与频率的关系 $\lambda\nu=c$,可以进行证明。

证明 由光子波长与频率的关系 $\lambda\nu=c$,得到

$$\nu\mathrm{d}\lambda+\lambda\mathrm{d}\nu=0,\mathrm{d}\nu=-\frac{\nu}{\lambda}\mathrm{d}\lambda=-\frac{c}{\lambda^2}\mathrm{d}\lambda,\mathrm{d}\lambda=-\frac{c}{\nu^2}\mathrm{d}\nu$$

由单色辐出度的定义以及光子波长与频率的关系 $\lambda\nu=c$,得到

$$\mathrm{d}E_0(\nu,T)=M_0(\nu,T)\mathrm{d}\nu=\frac{2\pi h}{c^2}\frac{\nu^3\mathrm{d}\nu}{\exp\left(\frac{h\nu}{kT}\right)-1}=-\frac{2\pi hc^2}{\lambda^5}\frac{\mathrm{d}\lambda}{\exp\left(\frac{hc}{\lambda kT}\right)-1}$$

由单色辐出度的定义 $\mathrm{d}E_0(\lambda,T)=M_0(\lambda,T)\mathrm{d}\lambda$ 以及 $\mathrm{d}E_0(\nu,T)=\mathrm{d}E_0(\lambda,T)$,得到

$$\mathrm{d}E_0(\lambda,T)=M_0(\lambda,T)\mathrm{d}\lambda=-\frac{2\pi hc^2}{\lambda^5}\frac{\mathrm{d}\lambda}{\exp\left(\frac{hc}{\lambda kT}\right)-1}$$

考虑到 $d\lambda$ 与 $d\nu$ 的符号相反，实际上应该有 $M_0(\nu,T)d\nu=-M_0(\lambda,T)d\lambda$，则得证

$$M_0(\lambda,T)=\frac{2\pi hc^2}{\lambda^5}\frac{1}{\exp\left(\frac{hc}{\lambda kT}\right)-1}$$

点评　(1)由普朗克公式推导斯特藩-玻尔兹曼定律

令 $x=\frac{h\nu}{kT}, y=\frac{hc}{\lambda kT}; \nu=\frac{kT}{h}x, \lambda=\frac{hc}{kTy}$。则 $d\nu=\frac{kT}{h}dx, d\lambda=-\frac{hc}{kTy^2}dy$。

分别带入普朗克公式，则单色辐出度分别表示为

$$M_{01}(x,T)=M_0(\nu,T)=\frac{2\pi h}{c^2}\frac{\nu^3}{\exp\left(\frac{h\nu}{kT}\right)-1}=\frac{2\pi k^3T^3}{h^2c^2}\frac{x^3}{\exp x-1}$$

$$M_{02}(y,T)=M_0(\lambda,T)=\frac{2\pi hc^2}{\lambda^5}\frac{1}{\exp\left(\frac{hc}{\lambda kT}\right)-1}=\frac{2\pi k^5T^5}{h^4c^3}\frac{y^5}{\exp y-1}$$

由两个普朗克公式，求得的辐出度分别为

$$M_{01}(T)=\int M_0(\nu,T)d\nu=\int M_{01}(x,T)\frac{kT}{h}dx=\frac{2\pi k^4T^4}{h^3c^2}\int_0^{\infty}\frac{x^3dx}{\exp x-1}$$

$$M_{02}(T)=\int M_0(\lambda,T)d\lambda=-\int M_{02}(y,T)\frac{hc}{kTy^2}dy=\frac{2\pi k^4T^4}{h^3c^2}\int_0^{\infty}\frac{y^3dy}{\exp y-1}$$

两个普朗克公式计算的辐射辐出度相同。积分 $\int_0^{\infty}\frac{x^3dx}{\exp x-1}=6.494$，则

$$M_0(T)=\frac{2\pi k^4T^4}{h^3c^2}\times 6.494, M_0(T)=\sigma T^4$$

$$\sigma=\frac{2\pi k^4}{h^3c^2}\times 6.494=5.67\times 10^{-8}\ \mathrm{W\cdot m^{-2}\cdot K^{-4}}$$

(2)由普朗克公式推导维恩位移定律

令 $x=\frac{h\nu}{kT}$，则

$$M_{01}(x,T)=M_0(\nu,T)=\frac{2\pi k^3T^3}{h^2c^2}\frac{x^3}{\exp x-1}=c_1\frac{x^3}{\exp x-1}$$

取 $\frac{dM_{01}(x,T)}{dx}=c_1\frac{d}{dx}\frac{x^3}{\exp x-1}=0$，则有

$$\frac{3x^2}{\exp x-1}-\frac{x^3\exp x}{(\exp x-1)^2}=0, 3x^2(\exp x-1)-x^3\exp x=0,$$

$$3x^2\exp x-3x^2-x^3\exp x=0, 3-3\exp(-x)-x=0, 3-x=3\exp(-x)$$

这是一个超越方程，可令

$$y_1=3\exp(-x), y_2=3-x$$

绘出两条曲线，曲线的交点横坐标 x_m 即为 ν_m 对应的 x。如图 14-34 所示。

$$x_m=2.823, \nu_m=\frac{kT}{h}x_m=\frac{kx_m}{h}T=C_\nu T, \nu_m=C_\nu T$$

$$C_\nu=\frac{kx_m}{h}=\frac{1.38\times 10^{-23}\times 2.823}{6.626\times 10^{-34}}=5.88\times 10^{10}\ \mathrm{Hz\cdot K^{-1}}$$

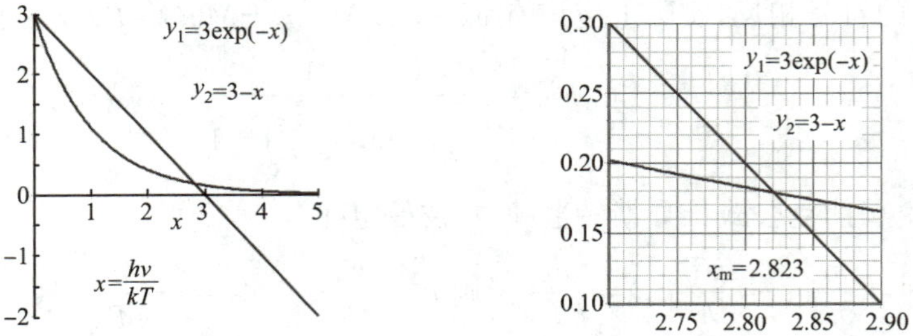

图 14-34　例 14-18 点评(1)

令 $x=\dfrac{hc}{\lambda kT}$,则

$$M_{02}(x,T)=M_0(\lambda,T)=\frac{2\pi k^5T^5}{h^4c^3}\frac{x^5}{\exp x-1}=c_2\frac{x^5}{\exp x-1}$$

取$\dfrac{\mathrm{d}M_{02}(x,T)}{\mathrm{d}x}=c_2\dfrac{\mathrm{d}}{\mathrm{d}x}\dfrac{x^5}{\exp x-1}=0$,则有

$$\frac{5x^4}{\exp x-1}-\frac{x^5\exp x}{(\exp x-1)^2}=0,5x^4(\exp x-1)-x^5\exp x=0,$$

$$5x^4\exp x-5x^4-x^5\exp x=0,5-5\exp(-x)-x=0,5-x=5\exp(-x)$$

这是一个超越方程,可令

$$y_1=5\exp(-x),y_2=5-x$$

绘出两条曲线,曲线的交点横坐标 x_m 即为 λ_m 对应的 x。如图 14-35 所示。

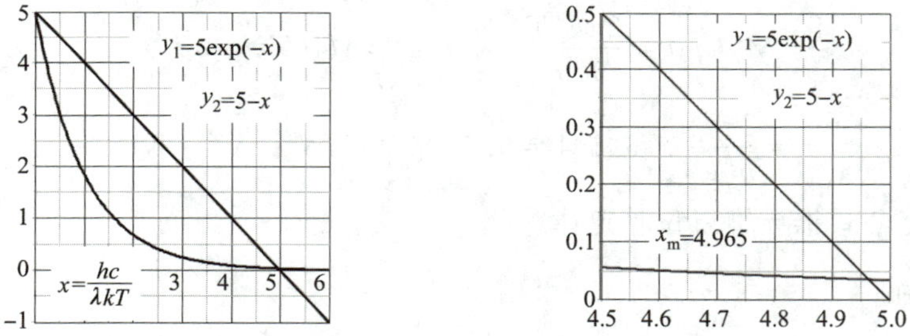

图 14-35　例 14-18 点评(2)

$$x_m=4.965,\lambda_m=\frac{hc}{x_mkT}=\frac{b}{T},\lambda_m=\frac{b}{T}$$

$$b=\frac{hc}{x_mk}=\frac{6.626\times10^{-34}\times3\times10^8}{4.965\times1.38\times10^{-23}}=2.898\times10^{-3}\ \mathrm{m\cdot K}$$

(3)证明维恩公式两种表述形式一致

由于 $\mathrm{d}E_0(\nu,T)=\mathrm{d}E_0(\lambda,T)$,以及 $\mathrm{d}\nu=-\dfrac{c}{\lambda^2}\mathrm{d}\lambda$ 和 $\mathrm{d}\lambda=-\dfrac{c}{\nu^2}\mathrm{d}\nu$,则有

$$\mathrm{d}E_0(\lambda,T)=M_0(\lambda,T)\mathrm{d}\lambda=\frac{c_1}{\lambda^5}\exp\left(-\frac{c_2}{\lambda T}\right)\mathrm{d}\lambda$$

$$=\frac{c_1}{(c/\nu)^5}\exp\left(-\frac{c_2\nu}{cT}\right)\left(-\frac{c}{\nu^2}\mathrm{d}\nu\right)=\alpha\nu^3\exp\left(-\beta\frac{\nu}{T}\right)\mathrm{d}\nu$$

$$M_0(\nu,T)\mathrm{d}\nu=\mathrm{d}E_0(\nu,T)=\mathrm{d}E_0(\lambda,T)=\alpha\nu^3\exp\left(-\beta\frac{\nu}{T}\right)\mathrm{d}\nu$$

$$M_0(\nu,T)=\alpha\nu^3\exp\left(-\beta\frac{\nu}{T}\right)$$

(4)证明瑞利-金斯公式两种表述形式一致

由于 $\mathrm{d}E_0(\nu,T)=\mathrm{d}E_0(\lambda,T)$，以及 $\mathrm{d}\nu=-\frac{c}{\lambda^2}\mathrm{d}\lambda$ 和 $\mathrm{d}\lambda=-\frac{c}{\nu^2}\mathrm{d}\nu$，则有

$$\mathrm{d}E_0(\nu,T)=M_0(\nu,T)\mathrm{d}\nu=\frac{2\pi k\nu^2}{c^2}T\mathrm{d}\nu=\frac{2\pi k(c/\lambda)^2}{c^2}T\left(-\frac{c}{\lambda^2}\right)\mathrm{d}\lambda=-\frac{2\pi ck}{\lambda^4}T\mathrm{d}\lambda$$

$$-M_0(\lambda,T)\mathrm{d}\lambda=\mathrm{d}E_0(\lambda,T)=\mathrm{d}E_0(\nu,T)=\frac{2\pi ck}{\lambda^4}T\mathrm{d}\lambda,M_0(\lambda,T)=\frac{2\pi ck}{\lambda^4}T$$

复习思考题

14-1 什么是热辐射？什么是平衡热辐射？

14-2 什么是辐射光谱？什么是单色辐出度？什么是辐出度？

14-3 什么是单色吸收比？如何理解基尔霍夫辐射定律？

14-4 如何理解黑体？如何理解维恩设计的黑体模型？

14-5 简述黑体辐射实验结果。

14-6 简述黑体辐射经典物理理论研究结果。

14-7 简述普朗克公式。

14-8 简述普朗克能量量子化概念。

14-9 什么是光电效应？

14-10 什么是光电子？什么是光电流？以什么为标准来判断光电效应是否发生？

14-11 简述光电效应实验规律。

14-12 经典物理理论在解释光电效应实验时遇到了哪些困难？

14-13 简述爱因斯坦的光子理论。

14-14 试用爱因斯坦的光子理论解释光电效应实验事实。

14-15 什么是康普顿散射？简述康普顿散射的实验结果。

14-16 如何解释康普顿效应？如何理解康普顿效应？

14-17 简述卢瑟福原子核式结构模型。如何评价卢瑟福的原子模型？

14-18 什么是光谱？什么是原子光谱？

14-19 简述氢原子光谱的主要特征。

14-20 为什么卢瑟福的原子有核模型不能解释氢原子光谱的规律？

14-21 玻尔是如何得到原子能量量子化、原子能级和量子跃迁的概念的？

14-22 简述玻尔的量子理论。

14-23 如何评价玻尔的量子理论？

14-24 简述玻尔氢原子量子化理论。

14-25 简述弗兰克-赫兹实验结果。弗兰克-赫兹实验的意义是什么？

14-26 简述索末菲理论及其意义。

14-27 简述德布罗意理论。什么是德布罗意波？

14-28 如何表示自由粒子的德布罗意波？

14-29 概述实验验证德布罗意假说。

14-30 简述海森堡空间坐标与动量之间的不确定关系。

14-31 简述时间与能量之间的不确定关系。

第十五章 量子力学基本原理

量子力学是有关分子、原子、原子核、基本粒子等微观粒子运动规律的理论，是在总结大量实验事实和旧量子论的基础上建立起来的物质世界的基本理论。量子力学是描述物质微观世界结构、运动和变化规律的物理科学。它是20世纪人类文明发展的一个重大飞跃，量子力学的建立引发了一系列划时代的科学发现和技术发明，对人类社会的进步做出了重要贡献。量子力学是现代物理学基础之一，在现代科学技术中的表面物理、半导体物理、凝聚态物理、粒子物理、低温超导物理、量子化学以及分子生物学等学科的发展中，都有重要的理论意义。量子力学的产生和发展标志着人类认识自然实现了从宏观世界向微观世界的重大飞跃。量子力学的建立是许多物理学家共同努力的结果，它标志着物理学研究工作第一次集体的胜利。量子力学可以算作是被验证的最严密的物理理论之一，“几乎”所有的实验数据均无法推翻量子力学。基于量子力学基本原理的量子通信，是指利用量子纠缠效应进行信息传递的一种新型的通信方式。

20世纪20年代初期，以普朗克、爱因斯坦、玻尔等为领导者所逐渐建立起来的旧量子论，虽尚未形成一个严密的理论体系，但不论是在基础理论还是在研究的思想方法方面，都已为量子力学的建立打下了相当坚实的基础。不过，旧量子论已经远远不能满足对微观粒子及其运动规律的描述的要求，特别是德布罗意关系（德布罗意波）和海森堡不确定关系的确立，使得我们逐渐认识到微观粒子的行为与经典物理学中的微粒（质点）的运动行为可能完全不同。迫切需要建立描述微观粒子运动状态和运动规律的理论。

1925年，由海森堡博士提出，主要由约尔丹、玻恩、泡利、玻尔发展，建立了矩阵力学，这是量子理论的第一个数学描述。1926年，薛定谔提出了非相对论粒子（能量远小于静能）的运动方程（薛定谔方程），由此方程出发的量子力学称为波动力学。矩阵力学和波动力学是等价的，是量子力学的两种不同描述方式，前者偏重于物质的粒子性，后者偏重于物质的波动性。1926年，狄拉克提出了电子的相对论性运动方程（狄拉克方程），把狭义相对论引入薛定谔方程，建立起了相对论量子力学。

当时年仅24岁的海森堡，以玻尔的“对应原理”为指导思想，以“可观察性原则”为方法论基础，建立了矩阵力学的初始形式。玻尔的“对应原理”要求对微观粒子建立的“新理论”在量子数极大时应该能够归于经典物理学理论，或者说经典物理学理论是“新理论”在大量子数下的极限。海森堡认为：电子在原子中的周期性运动轨道是观察不到的，可能根本就不存在，应该放弃电子的位置、轨道等不可实验测量的概念；直接观测到的，不过是分立的定态能量和谱线强度，也许还有相应的振幅与相位，但绝不是电子的轨道。海森堡以原子辐射出来的光的频率、强度等可观察量为基础，以比较简单的线性谐振子作为提出新理论的出发点，并考虑到周期性系统的傅立叶级数展开而赋予每一个可观测物理量一个矩阵，于1925年7月完成了被称为“从黑暗通向新物理学之光道路上的转折点”的著名论文《关于运动学和动力学关系的量子论解释》，初步建立了矩阵力学。玻恩等人在海森堡的基础上，把坐标和动量也用矩阵加以表示，从而完成了矩阵力学。矩阵力学最先解释了原子领域的一系列新问题，其中包括氢光谱的经验公式、光谱在电场磁场中的分裂，光的散射等，对 20 世纪物理学的迅速发展起到了巨大的推动作用。

波动力学是根据微观粒子的波动性建立起来的用波动方程描述微观粒子运动规律的理论。受到德布罗意波（物质波）的启发，薛定谔认识到“光”由牛顿的微粒说过渡到波动学说，原子等由粒子过渡到波动；光波需要用一个动力学方程（微分方程）来表示运动规律，德布罗意波（物质波）也应该有一个动力学方程来表示运动规律。薛定谔将物质波与光波类比，得到了德布罗意波所满足的动力学方程，也就是薛定谔方程，从而创立了波动力学这一描述微观粒子基本运动规律的量子理论。波动力学用了极少的假设就解决了各种理论问题，用于解决氢原子问题获得成功。后来用于其他问题，并发展了完善的近似计算方法。特别是，薛定谔用热力学、量子力学和化学理论来解释生命的本质，使许多青年物理学家开始注意生命科学中提出的问题，引导人们用物理学、化学方法去研究生命的本性，使薛定谔成了今天蓬勃发展的分子生物学的先驱。

矩阵力学和波动力学虽然在数学表述形式上完全不同，但 1926 年 3 月薛定谔和泡利各自成功地证明了两者在数学上的等价性。这样，矩阵力学和波动力学合二为一，形成了非相对论量子力学体系。事实上，量子力学有多种表述形式，量子理论还可以更为普遍地表述出来，这是狄拉克和约尔丹的工作。1948 年，费曼将力学中的最小作用原理运用到量子力学，创立了量子力学的路径积分形式。但由于薛定谔方程是微分方程，这种数学工具人们比较熟悉，大多数初学量子力学者都乐于接受波动力学。

自量子力学创立以来，一直有物理学家企图将量子力学表述成力学中的“牛顿定律”或电动力学中的“麦克斯韦方程组”等最简洁的几条“公设”的形式。此外，对量子力学的基本概念和基本原理还存在一些哲学上的分歧。量子力学依然处于发展阶段，新的原理随时可能提出，现在就来彻底地总结量子力学还为时尚早。将量子力学的彻底解释留给物理学家和哲学家，我们最关心的是量子力学的应用，也许在应用中还会发展量子力学。

第一节　波函数及其统计解释与态的叠加原理

爱因斯坦的光子理论圆满地解决了电磁波（光）的问题，光具有波和粒子双重性质；玻尔将原子等微观粒子的能量量子化，德布罗意提出了微观粒子具有波粒二象性的概念，海森堡提出了微观粒子的不确定关系，等等。这些理论彻底突破了经典物理学的概念，微观粒子的行为不同于经典物理学中的“微粒（质点）”。摆在我们面前的首要问题是如何描述微观粒子的运动状态，即在量子概念下如何描述微观粒子的状态，也就是要寻找描述微观粒子运动的物理量。这正如经典物理学用“位置”、速度”等物理量描述微粒（质点）的运动状态一样。

一、波函数

力学首先要解决的问题是如何描述粒子的运动状态，量子力学中微观粒子的运动状态与经典力学（牛顿力学、经典电动力学等）中粒子的运动状态完全不一样。既然德布罗意认为微观粒子具有波动性，则正如经典物理学中波（机械波、电磁波）可以用“波函数”来描述一样，微观粒子的运动状态就用“波函数”来描述。

1925年，薛定谔首先提出：用德布罗意波波函数描述微观粒子的运动状态，德布罗意波波函数是时间和空间坐标的函数，$\Psi(\boldsymbol{r},t)$。这是量子力学的基本原理之一。在量子力学中，微观粒子的运动状态称为量子态，量子态用波函数描述。

对于一个沿 x 轴方向运动的、不受任何外力场作用的自由粒子，由于能量 E 和动量 $\boldsymbol{p}$ 都是守恒量，由德布罗意关系，粒子德布罗意波的频率 ν 和波长 λ 也都不随时间变化，粒子德布罗意波波函数表示为（如同经典物理学中的平面波）

$$\Psi(x,t)=\Psi_0\exp\left[\mathrm{i}2\pi\left(\frac{x}{\lambda}-\nu t\right)\right]=\Psi_0\exp\left[\frac{\mathrm{i}}{\hbar}(px-Et)\right] \tag{15-1-1}$$

如果粒子在空间运动，则粒子德布罗意波波函数表示为

$$\Psi(\boldsymbol{r},t)=\Psi_0\exp\left[\frac{\mathrm{i}}{\hbar}(\boldsymbol{p}\cdot\boldsymbol{r}-Et)\right]=\Psi_0\exp\left(\frac{\mathrm{i}}{\hbar}\boldsymbol{p}\cdot\boldsymbol{r}\right)\exp\left(-\frac{\mathrm{i}}{\hbar}Et\right) \tag{15-1-2}$$

式中，Ψ_0 是一个待定常量；$\Psi_0\exp\left(\frac{\mathrm{i}}{\hbar}\boldsymbol{p}\cdot\boldsymbol{r}\right)$ 相当于德布罗意波的“复振幅”；而与时间相关的部分 $\exp\left(-\frac{\mathrm{i}}{\hbar}Et\right)$ 反映了波函数随时间的变化，相当于“相位”对波函数的影响。

如果粒子在随时间或空间位置变化的外力场中运动，粒子的能量 E 和动量 $\boldsymbol{p}$ 不再是守恒量，粒子的德布罗意波也就不能再用平面波波函数表示。在一般的情况下，我们用复函数 $\Psi=\Psi(x,y,z,t)=\Psi(\boldsymbol{r},t)$ 来描述粒子的德布罗意波。

在量子力学中，波函数 $\Psi(\boldsymbol{r},t)$ 是最重要的基本概念之一，它完全可以描述一个量子体系（微观粒子）的量子态，量子体系的全部信息都可以由波函数得到。但是，由于波函数 $\Psi(\boldsymbol{r},t)$ 是复数，在经典物理学中并没有与之对应的物理量。

实际上，在量子力学中，粒子德布罗意波波函数不仅仅用粒子的空间坐标值和时间坐标值表示，也可以用其他坐标值如动量坐标值和时间坐标值表示，$c(\boldsymbol{p},t)$；甚至在波函数中可以不出现具体的坐标值，而只用“态”来表示粒子（量子体系）德布罗意波波函数，如狄拉克符号；这涉及量子力学的表象理论。量子力学对粒子运动（包括运动规律）的描述与经典物理学截然不同，不能再用经典物理学的概念图象去理解微观粒子的行为。微观粒子的行为确实非常古怪，甚至已经超出了我们人类正常思维所触及的范围。一个光子一旦被捕获，立即就从人类所控制的范围消失；不过，我们现在已经能够捕获原子了（激光冷却原子定位，1997年诺贝尔物理学奖）。

二、概率波

尽管物理学家们已经接受了德布罗意关于实物粒子具有波动性的假设，但对于德布罗意波（也称为物质波）依然不能给出清晰的物理图象；如果德布罗意波也如同经典物理学中的波，那么德布罗意波又是什么物理量在空间的传播？归根结底，对德布罗意波的物理意义还是不很清楚。对于这个根本性的问题曾长期争论不休，即使现在也还有分歧。1926年，玻恩给出了一个相对来说比较普遍被接受的关于德布罗意波的实质问题的解释。

玻恩指出，德布罗意波（物质波）描述了粒子在各处被发现的概率，德布罗意波是概率波。t 时刻粒子在空间 $\boldsymbol{r}(x,y,z)$ 处的体积元 $\mathrm{d}V=\mathrm{d}x\mathrm{d}y\mathrm{d}z$ 内出现（发现）的概率与该处波函数的模平方成正比

$$\mathrm{d}W=|\Psi(\boldsymbol{r},t)|^2\mathrm{d}V=\Psi^*(\boldsymbol{r},t)\Psi(\boldsymbol{r},t)\mathrm{d}V=|\Psi(x,y,z,t)|^2\mathrm{d}x\mathrm{d}y\mathrm{d}z \tag{15-1-3}$$

式中，$\Psi^*(\boldsymbol{r},t)=\Psi^*(x,y,z,t)$ 是波函数 $\Psi(\boldsymbol{r},t)=\Psi(x,y,z,t)$ 的复共轭函数。可见，波函

数的模平方 $w=|\Psi(\boldsymbol{r},t)|^2=|\Psi(x,y,z,t)|^2$ 代表 t 时刻粒子在空间 $\boldsymbol{r}(x,y,z)$ 处出现的概率密度;或者说,t 时刻粒子在空间 $\boldsymbol{r}(x,y,z)$ 处德布罗意波的强度与在此处发现粒子的概率成正比。这就是德布罗意波波函数的物理意义,为此,德布罗意波(物质波)也称为概率波。这也可以看作是量子力学的一个基本原理。玻恩发展了爱因斯坦的思想,他保留了粒子的微粒性,认为物质波描述了粒子在各处被发现的概率。把德布罗意波解释成“概率波”,一般也表述为“波函数的统计解释”。玻恩因此获得 1954 年诺贝尔物理学奖。

既然德布罗意波波函数的模平方 $w=|\Psi(\boldsymbol{r},t)|^2=|\Psi(x,y,z,t)|^2$ 代表 t 时刻粒子在空间 $\boldsymbol{r}(x,y,z)$ 处的体积元 $\mathrm{d}V=\mathrm{d}x\mathrm{d}y\mathrm{d}z$ 内出现(发现)的概率密度,那么,在空间 Ω 内发现粒子的概率就可以表示为

$$W=\int_{\Omega} w\mathrm{d}V=\int_{\Omega}|\Psi|^2\mathrm{d}V=\int_{\Omega}\Psi^*\Psi\mathrm{d}V \tag{15-1-4}$$

对单个微观粒子体系,$|\Psi|^2=\Psi^*\Psi$ 给出 t 时刻微观粒子概率密度空间分布;对大量微观粒子组成的量子体系,$N|\Psi|^2=N\Psi^*\Psi$ 给出的是 t 时刻微观粒子数的空间分布。概率波的概念正确地把物质粒子的波动性和粒子性统一起来,已经为大量实验事实所证实。

玻恩的概率波概念可以用电子双缝实验结果来说明。如图 15-1 所示,给出了电子束双缝实验(类似于经典物理学光波杨氏双缝干涉实验)结果,其中的白点是电子到达观察屏(照相底片)引起的“曝光”。(a)表示电子束通过双缝后在观察屏(照相底片)上的结果,出现了类似于杨氏双缝干涉的实验结果(干涉条纹);表面看来,电子完全表现出经典物理学中的波动,显示不出电子的粒子性,更没有什么概率那样的不确定特征。但要注意,这是用大量的电子(电子束)做出的实验结果。如果我们控制入射双缝的电子数量,让电子一个一个地入射双缝,则会观察到非常不一样的实验结果。(b)给出的是 7 个电子通过双缝的实验结果,(c)给出的是 100 个电子通过双缝的实验结果。这几幅图像说明电子确实是粒子,因为图像是由点组成的。它们同时也说明,电子的去向是完全不确定的,一个电子到达观察屏上的何处完全是概率事件。(d)给出的是 3 000 个电子通过双缝的实验结果,(e)给出的是 20 000 个电子通过双缝的实验结果,(f)给出的是 70 000 个电子通过双缝的实验结果。随着入射电子总数的增多,电子的堆积情况逐渐显示出了条纹,最后就呈现明晰的“干涉”条纹。这些条纹与大量电子短时间内通过双缝后形成的条纹一样。这些条纹把单个电子的概率行为完全淹没了。

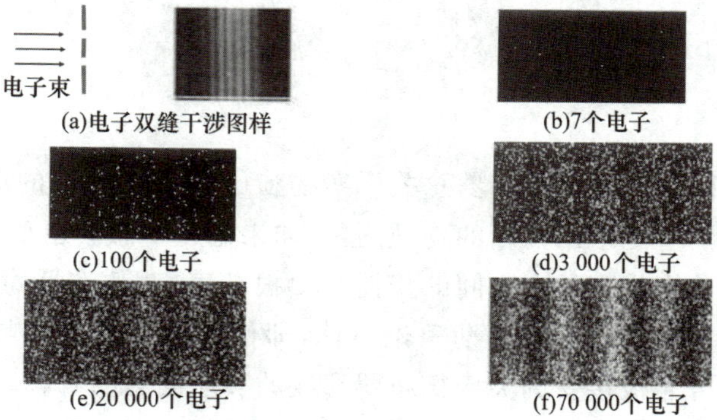

图 15-1 电子双缝实验

电子作为一列波,被两条窄缝分割成两列,互相干涉在观察屏上形成一组干涉条纹。然而,电子又是粒子(它被照相底片捕捉后形成的一个亮点)。为了理解电子通过双缝后在观察屏上形成的干涉现象,我们不得不承认:作为一个粒子,电子必须同时从两条缝中穿过。

底片上出现一个个的点子，说明电子具有粒子性；随着电子增多，逐渐形成干涉图样，这来源于“一个电子”所具有的波动性，而不是电子间相互作用的结果。这又说明，尽管单个电子的去向是概率性的，但其概率在一定条件下还是有确定的规律的。这些就是玻恩概率波概念的核心。德布罗意波并不像经典波那样代表实在物理量的波动，德布罗意波所提供的是微观粒子运动的统计描述，德布罗意波所确定的是微观粒子在一定时刻出现(或定位)在空间一定地方的概率(概率密度)，德布罗意波是描述粒子在空间的概率分布的“概率波”。

电子双缝实验结果还表明，干涉现象的形成是单个电子的行为，因为电子是“一个一个”地通过双缝的，不存在电子之间的干涉。也就是说，即使是单个电子也具有波动性。波动性是微观粒子所具有的固有属性。

德布罗意波波函数的模平方 $|\Psi(\boldsymbol{r},t)|^2$ 代表微观粒子出现的“概率(概率密度)”，这相当于经典物理学中“波的强度”。在经典物理学中，波的振幅的平方代表波的强度，因此，也把德布罗意波的波函数 $\Psi(\boldsymbol{r},t)=\Psi(x,y,z,t)$ 称为“概率幅”。但要注意，经典物理学中的波的振幅具有实际的物理意义(物理量振荡的最大值)；而德布罗意波的波函数是复数，德布罗意波的波函数本身并没有直接的物理意义，有直接物理意义的是德布罗意波的波函数的模平方，这个模平方给出了 t 时刻微观粒子在空间各处出现的概率(概率密度)。不过，德布罗意波波函数有可能包含德布罗意波的相位信息。

微观粒子既不是经典的粒子，也不是经典的波。微观粒子所呈现出来的粒子性，只是具有所谓“颗粒性”或“原子性”，即总是以具有一定的质量和电荷等属性的客体出现在实验中，具有集中的能量和动量；但并不与“粒子有确切的轨道”的概念有什么联系。而微观粒子呈现的波动性，也只不过是波动性中最本质的性质——波的叠加性，可以干涉、衍射、偏振，具有波长和波矢但并不一定与某种实在的物理量在空间的波动联系在一起。波粒二象性指的是，把微观粒子的“原子性”与波的“叠加性”统一起来。就是说，在量子概念下，电子既是粒子，也是波。普遍而言，量子粒子和量子波是统一的，粒子的量子化必定具有波动性，波的量子化必定具有粒子性，粒子是波的量子。在不同的实验条件下，客体可以呈现出不同的性质。在光的干涉和衍射实验中，主要呈现出波动性；而在康普顿散射实验中，主要呈现出粒子性。

玻恩对德布罗意波的统计解释使微观粒子的粒子性与波动性实现了在量子概念下的统一。量子物理的微观粒子的粒子性和波动性只是在某些方面与经典物理学的微粒和波动有联系，但量子物理的微观粒子的粒子性和波动性与经典物理学的微粒和波动有原则性的区别。经典物理学的微粒在任意时刻都有确定的位置和动量等，而量子物理的微观粒子只能由德布罗意波波函数给出 t 时刻粒子在空间某处出现的概率(或者是微观粒子动量的概率分布，或者是微观粒子能量的概率分布，等等)；经典物理学的波是某种物理量在空间的传播，而量子物理的德布罗意波不代表某种物理量在空间的传播。

波函数本身“测不到，看不见”，是一个很抽象的概念，但是它的模平方给我们展示了粒子在空间分布的图象，即粒子坐标的取值情况。当测量粒子的某一力学量的取值时，只要给定描述粒子状态的波函数，按照量子力学给出的一套方法就可以预言一次测量可能测到哪个值，以及测到这个值的概率是多少。尽管对玻恩的统计诠释是有争论的，但至今所有实验都证实统计诠释是正确的。

三、波函数的性质

德布罗意波波函数一般是复数，德布罗意波具有统计意义，德布罗意波波函数模平方代表概率;因此,必须对德布罗意波波函数 $\Psi(\boldsymbol{r},t)$ 加以限制。

因为粒子在空间各处出现的概率是连续变化的,并且在空间某处的概率值应该为一个确定值,所以波函数 $\Psi(\boldsymbol{r},t)$ 本身以及 $\Psi(\boldsymbol{r},t)$ 随空间坐标的变化都应该是空间坐标的连续函数。因为波函数模平方 $|\Psi(\boldsymbol{r},t)|^2=\Psi^*(\boldsymbol{r},t)\Psi(\boldsymbol{r},t)$ 表示概率密度,实物粒子在空间体积元 $\mathrm{d}V$ 内出现的概率是确定的,这就要求实物粒子德布罗意波的波函数 $\Psi(\boldsymbol{r},t)=\Psi(x,y,z,t)$ 应该是空间坐标的单值函数。因为 $|\Psi(\boldsymbol{r},t)|^2=\Psi^*(\boldsymbol{r},t)\Psi(\boldsymbol{r},t)$ 表示概率密度,不能无限大,因此德布罗意波的波函数 $\Psi(\boldsymbol{r},t)$ 必须是有限和模平方可积的。"单值、有限、连续"是德布罗意波的波函数 $\Psi(\boldsymbol{r},t)=\Psi(x,y,z,t)$ 必须满足的条件,称为波函数的自然条件。

因为实物粒子必定要在空间的某一点出现,因此任意时刻粒子在空间各点出现的概率总和应该等于1

$$\int_\Omega|\Psi(\boldsymbol{r},t)|^2\mathrm{d}V=\int_\Omega\Psi^*(\boldsymbol{r},t)\Psi(\boldsymbol{r},t)\mathrm{d}V=\int_\Omega|\Psi(x,y,z,t)|^2\mathrm{d}x\,\mathrm{d}y\,\mathrm{d}z=1 \tag{15-1-5}$$

这称为波函数的归一化条件,其中的积分区域遍及粒子可能达到的整个空间。

对于概率分布来说,有实际意义的是相对概率分布。这样,如果令 C 为常数(可以是复数),则 $C\Psi(\boldsymbol{r},t)$ 与 $\Psi(\boldsymbol{r},t)$ 描述的是德布罗意波同一个概率波(量子态)。这是因为在空间任意两个点 $\boldsymbol{r}_1$ 和 $\boldsymbol{r}_2$ 处,总有

$$\frac{|C\Psi(\boldsymbol{r}_1,t)|^2}{|C\Psi(\boldsymbol{r}_2,t)|^2}=\frac{|\Psi(\boldsymbol{r}_1,t)|^2}{|\Psi(\boldsymbol{r}_2,t)|^2}$$

也就是说,$C\Psi(\boldsymbol{r},t)$ 与 $\Psi(\boldsymbol{r},t)$ 的相对概率分布是一样的。由此可见,德布罗意波波函数可以有一个常数因子的不确定性;这与经典物理学的波有着本质的区别。

如果某波函数 $\Psi_\mathrm{a}(\boldsymbol{r},t)$ 尚未归一,即

$$\int_\Omega|\Psi_\mathrm{a}(\boldsymbol{r},t)|^2\mathrm{d}V=\int_\Omega\Psi_\mathrm{a}^*(\boldsymbol{r},t)\Psi_\mathrm{a}(\boldsymbol{r},t)\mathrm{d}V=A\neq1$$

这里,由于 $\Psi_\mathrm{a}^*(\boldsymbol{r},t)\Psi_\mathrm{a}(\boldsymbol{r},t)>0$,则 $A>0$;如果令 $\Psi(\boldsymbol{r},t)=\Psi_\mathrm{a}(\boldsymbol{r},t)/\sqrt{A}$,则

$$\int_\Omega|\Psi(\boldsymbol{r},t)|^2\mathrm{d}V=\int_\Omega\left|\frac{1}{\sqrt{A}}\Psi_\mathrm{a}(\boldsymbol{r},t)\right|^2\mathrm{d}V=1$$

则 $\Psi(\boldsymbol{r},t)$ 是归一化的;而且由于 $\Psi(\boldsymbol{r},t)$ 与 $\Psi_\mathrm{a}(\boldsymbol{r},t)$ 只相差一个常数因子,所以 $\Psi(\boldsymbol{r},t)$ 与 $\Psi_\mathrm{a}(\boldsymbol{r},t)$ 描述的是德布罗意波同一个概率波(量子态)。$\Psi(\boldsymbol{r},t)$ 就是归一化的波函数,常数因子 $1/\sqrt{A}$ 称为德布罗意波(概率波)波函数的归一化因子。只有归一化的波函数 $\Psi(\boldsymbol{r},t)$,波函数的模平方 $|\Psi(\boldsymbol{r},t)|^2$ 才真正代表粒子出现的概率,否则只能是相对概率。

如果波函数 $\Psi(\boldsymbol{r},t)$ 已经是归一化的了,则对于任意的实常数 δ,组合一个新的函数,$\Psi_\mathrm{b}(\boldsymbol{r},t)=\exp(\mathrm{i}\delta)\Psi(\boldsymbol{r},t)$,有

$$\int_\Omega|\Psi_\mathrm{b}(\boldsymbol{r},t)|^2\mathrm{d}V=\int_\Omega\exp(-\mathrm{i}\delta)\Psi^*(\boldsymbol{r},t)\exp(\mathrm{i}\delta)\Psi(\boldsymbol{r},t)\mathrm{d}V=\int_\Omega|\Psi(\boldsymbol{r},t)|^2\mathrm{d}V=1$$

可见,$\Psi_\mathrm{b}(\boldsymbol{r},t)=\exp(\mathrm{i}\delta)\Psi(\boldsymbol{r},t)$ 也是归一化的波函数,即 $\Psi_\mathrm{b}(\boldsymbol{r},t)=\exp(\mathrm{i}\delta)\Psi(\boldsymbol{r},t)$ 与波函数 $\Psi(\boldsymbol{r},t)$ 都是归一化波函数,它们描述德布罗意波同一个概率波(量子态)。因此,即使加上了归一化条件的限制,波函数仍然有一个模为1的因子 $\exp(\mathrm{i}\delta)$ 的不确定性;这实际上是说德布罗意波(概率波、量子态)归一化波函数仍然有"相位"的不确定性。

在量子力学中,为了处理问题的方便,有时也使用一些不能归一化的波函数来表示粒子的状态。例如,在散射理论中(实际上已经是非束缚态),入射粒子的德布罗意波的波函数可以用

平面波波函数表示，$\Psi(\boldsymbol{r},t)=\Psi_0\exp\left[\frac{\mathrm{i}}{\hbar}(\boldsymbol{p}\cdot\boldsymbol{r}-Et)\right]$；波函数的模平方为无限大，平面波的“归一化”就可以用 δ 函数的形式表示出来。

在量子力学中，德布罗意波的波函数还要受到势场性质和具体的边界条件的限制，这实际上是在物理上对波函数的限制。例如，对于连续型势场以及阶梯型势场，要求波函数 $\Psi(\boldsymbol{r})$ 及其一阶导数 $\Psi'(\boldsymbol{r})$ 是连续的函数。对于粒子处于束缚态（粒子被限制在一定的空间范围内），要求波函数 $\Psi(\boldsymbol{r})$ 在无限远处为零。后续我们会看到，这些对波函数的限制，才导致粒子的行为是量子化的；这也从一个侧面说明用波函数描述德布罗意波的正确性。

由量子力学的理论，原则上我们可以得到微观粒子的波函数，但无法预测一个微观粒子会在什么时候出现在哪个位置，只能告诉一个概率。我们生活的三维空间、四维时空都是连续的，所以一个微观粒子的状态，可以用函数 $\psi(x,y,z,t)$ 来表示。在每一个时空点上，这个函数的模的平方 $|\psi(x,y,z,t)|^2$ 就是微观粒子出现在这个时空点的概率密度。

四、量子态叠加原理

在经典物理学中，波通常满足线性叠加原理，即当几列波在空间某点相遇时，该点的振动将是各个波单独存在时在该点引起的振动的矢量和；波的叠加是振动状态的直接叠加而不是波强度的直接相加；这一原理直接导致了经典波的干涉和衍射现象的发生。在量子力学中也有类似的叠加原理，也能得到“类似”的结果。

如果量子体系具有一系列互异的可能状态 $\Psi_1(\boldsymbol{r},t),\Psi_2(\boldsymbol{r},t),\cdots,\Psi_n(\boldsymbol{r},t),\cdots$，则这些量子态的任意线性组合

$$\Psi(\boldsymbol{r},t)=c_1\Psi_1(\boldsymbol{r},t)+c_2\Psi_2(\boldsymbol{r},t)+\cdots+c_n\Psi_n(\boldsymbol{r},t)+\cdots=\sum_n c_n\Psi_n(\boldsymbol{r},t) \tag{15-1-6}$$

也是该量子体系的一个可能的状态，展开系数 c_n 为复常数；如果叠加中各状态间的差异无穷小，则应该用积分代替求和

$$\Psi=\int c_n\Psi_n\,\mathrm{d}n \tag{15-1-7}$$

这就是量子物理中的状态叠加原理，称为量子态叠加原理，是量子力学基本原理之一。

量子态叠加原理有多种含义。当量子体系处于 $\Psi=\sum\limits_n c_n\Psi_n$ 状态时，量子体系是既处于量子态 Ψ_1，又处于量子态 Ψ_2，等等；当量子体系处于 $\Psi=\sum\limits_n c_n\Psi_n$ 状态时，量子体系部分地处于 $\Psi_1,\Psi_2,\cdots,\Psi_n,\cdots$ 各个量子状态中；当量子体系处于 $\Psi=\sum\limits_n c_n\Psi_n$ 状态时，量子体系以各种确定的概率 $|c_1|^2,|c_2|^2,\cdots,|c_n|^2,\cdots$ 处于 $\Psi_1,\Psi_2,\cdots,\Psi_n,\cdots$ 各个量子状态中。量子态叠加原理要求微观粒子德布罗意波波函数（量子态）所满足的薛定谔方程必须是线性方程。

量子态叠加原理反映的是量子态（波函数）的线性叠加而不是概率（概率密度）的直接相加；量子体系处于组合状态 $\Psi=\sum\limits_n c_n\Psi_n$ 的概率密度分布表示为

$$w=|\Psi|^2=|c_1\Psi_1+\cdots+c_n\Psi_n+\cdots|^2=\sum_n|c_n\Psi_n|^2+\sum_{n\neq m}\sum_m c_m^*c_n\Psi_m^*\Psi_n \tag{15-1-8}$$

这与经典波“类似”。经典波的叠加是各个振动状态的直接叠加（不是波强度的直接相加），合振动的振幅平方代表波在空间某处的强度。由此，经典波的叠加可以出现干涉、衍射现象。德布罗意波的叠加是微观粒子各个量子态（对应的波函数）的直接叠加（不是概率或概率密度的

直接相加),组合状态的波函数的模平方代表微观粒子出现在空间某处的概率(概率密度)。由此,德布罗意波的叠加也可能出现干涉、衍射现象。例如,量子体系的可能归一化状态为 Ψ_1 和 Ψ_2,如果量子体系处于归一化状态 $\Psi=c_1\Psi_1+c_2\Psi_2$,则概率密度分布为

$$w=|\Psi|^2=|c_1\Psi_1+c_2\Psi_2|^2=|c_1\Psi_1|^2+|c_2\Psi_2|^2+c_1^*c_2\Psi_1^*\Psi_2+c_2^*c_1\Psi_2^*\Psi_1$$

出现了两个交叉项,交叉项就是"干涉项";干涉项的出现导致了概率密度分布不等于两个量子态 $\Psi_a=c_1\Psi_1$ 和 $\Psi_b=c_2\Psi_2$ 概率密度之和

$$w\neq w_a+w_b=|c_1\Psi_1|^2+|c_2\Psi_2|^2$$

电子单缝和双缝实验很好地诠释了量子态叠加原理。如图 15-2 所示的电子单缝实验和双缝实验。(a)所示为只开上缝 1,电子只能通过单缝 1 到达观察屏,在观察屏上形成类似于光波的单缝衍射条纹 1。(b)所示为只开下缝 2,电子只能通过单缝 2 到达观察屏,在观察屏上形成类似于光波的单缝衍射条纹 2。如果两缝同时打开,在观察屏上形成类似于光波双缝干涉的条纹,如(c)所示;干涉条纹的出现,说明电子在观察屏上的"概率"分布不是如(d)所示的电子分别通过两个单缝的"概率"分布的直接相加。

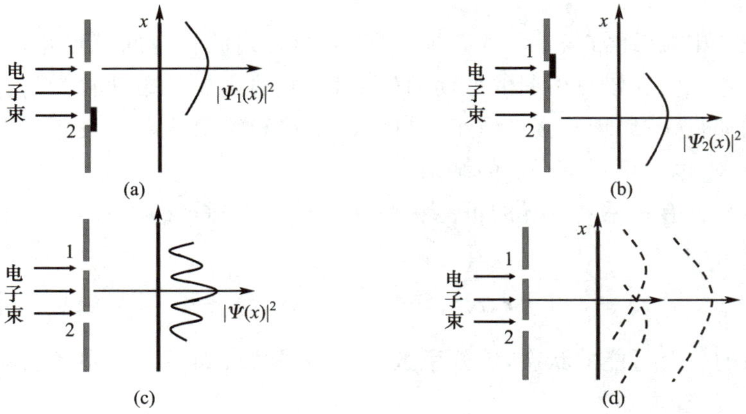

图 15-2　电子单缝实验和双缝实验

如果考虑到量子态叠加原理,就能圆满地解释电子双缝实验结果。只开上缝 1 时,电子有一定的概率通过上缝,电子通过单缝 1 时的量子状态用波函数 $\Psi_1(x)$来描述,电子的概率分布为 $W_1=|\Psi_1(x)|^2$;只开下缝 2 时,电子有一定的概率通过下缝,电子通过单缝 2 时的量子状态用波函数 $\Psi_2(x)$来描述,电子的概率分布为 $W_2=|\Psi_2(x)|^2$;当两个狭缝全打开时,电子既可以处于 Ψ_1 量子态又可以处于 Ψ_2 量子态,也即电子既可以从上缝 1 通过也可以从下缝 2 通过,按量子态叠加原理,电子通过双缝后的状态(波函数)表示为

$$\Psi(x)=\Psi_1(x)+\Psi_2(x)$$

由此,电子通过双缝后在观察屏上的概率分布表示为

$$W=|\Psi|^2=|\Psi_1|^2+|\Psi_2|^2+\Psi_1^*\Psi_2+\Psi_1\Psi_2^*\neq|\Psi_1|^2+|\Psi_2|^2=W_1+W_2$$

可见,干涉是概率波的干涉,是由于概率幅的线性叠加产生的。即使只有一个电子,当双缝齐开时,它的状态也要用 $\Psi(x)=\Psi_1(x)+\Psi_2(x)$来描述,两部分概率幅的叠加就会产生干涉。微观粒子的波动性,实质上就是概率幅的相干叠加性;衍射(干涉)图样是概率波的干涉结果。这个由德布罗意波的意义和量子态叠加原理得出的结论与实验完全相符,从而说明了德布罗意波和量子态叠加原理的正确性。

五、波函数的动量表述(阅读)

注意到自由粒子的德布罗意波波函数可以表示为

$$\Psi(\boldsymbol{r},t)=\Psi_0\exp\left[\frac{\mathrm{i}}{\hbar}(\boldsymbol{p}\cdot\boldsymbol{r}-Et)\right]$$

这表明,自由粒子的德布罗意波波函数也是粒子动量的函数。由傅立叶变换,得到

$$\Psi(\boldsymbol{r},t)=\iiint_{\Omega'}c(\boldsymbol{p},t)\Psi_p(\boldsymbol{r})\mathrm{d}p_x\mathrm{d}p_y\mathrm{d}p_z$$

式中,$\Psi_p(\boldsymbol{r})=\dfrac{1}{(2\pi\hbar)^{3/2}}\exp\left(\dfrac{\mathrm{i}}{\hbar}\boldsymbol{p}\cdot\boldsymbol{r}\right)$。由此可以得到

$$c(\boldsymbol{p},t)=\frac{1}{(2\pi\hbar)^{3/2}}\iiint_{\Omega}\Psi(\boldsymbol{r},t)\exp\left(-\frac{\mathrm{i}}{\hbar}\boldsymbol{p}\cdot\boldsymbol{r}\right)\mathrm{d}x\mathrm{d}y\mathrm{d}z \tag{15-1-9}$$

$$\Psi(\boldsymbol{r},t)=\frac{1}{(2\pi\hbar)^{3/2}}\iiint_{\Omega'}c(\boldsymbol{p},t)\exp\left(\frac{\mathrm{i}}{\hbar}\boldsymbol{p}\cdot\boldsymbol{r}\right)\mathrm{d}p_x\mathrm{d}p_y\mathrm{d}p_z \tag{15-1-10}$$

对于一维情况,可以写为

$$\Psi(x,t)=\frac{1}{(2\pi\hbar)^{1/2}}\int_{-\infty}^{+\infty}c(p,t)\exp\left(\frac{\mathrm{i}}{\hbar}px\right)\mathrm{d}p \tag{15-1-11}$$

$$c(p,t)=\frac{1}{(2\pi\hbar)^{1/2}}\int_{-\infty}^{+\infty}\Psi(x,t)\exp\left(-\frac{\mathrm{i}}{\hbar}px\right)\mathrm{d}x \tag{15-1-12}$$

可见,$c(\boldsymbol{p},t)$与$\Psi(\boldsymbol{r},t)$互为傅立叶变换。$\Psi(\boldsymbol{r},t)$给定后,$c(\boldsymbol{p},t)$就可以通过$\Psi(\boldsymbol{r},t)$的傅立叶变换完全确定;同样,$c(\boldsymbol{p},t)$给定后,$\Psi(\boldsymbol{r},t)$就可以通过$c(\boldsymbol{p},t)$的傅立叶变换完全确定。由此可见,$\Psi(\boldsymbol{r},t)$和$c(\boldsymbol{p},t)$是微观粒子同一个量子态的不同描述方式;$\Psi(\boldsymbol{r},t)$是以空间坐标为自变量的德布罗意波波函数,$c(\boldsymbol{p},t)$是以动量为自变量的德布罗意波波函数。

同样,$|c(\boldsymbol{p},t)|^2$正比于在量子态$c(\boldsymbol{p},t)$中发现一个动量为$\boldsymbol{p}$的微观粒子的概率(概率密度);对于一维情况就是$|c(p,t)|^2$正比于在量子态$(\boldsymbol{p},t)$中发现一个动量为p的电子的概率(概率密度)。注意到发现微观粒子动量处在的动量间隔$p_x\rightarrow p_x+\mathrm{d}p_x$,$p_y\rightarrow p_y+\mathrm{d}p_y$,$p_z\rightarrow p_z+\mathrm{d}p_z$中的概率应该与$\mathrm{d}p_x\mathrm{d}p_y\mathrm{d}p_z$成正比,便得到用微观粒子动量表示的概率表达式

$$\mathrm{d}W(p_x,p_y,p_z,t)=|c(p_x,p_y,p_z,t)|^2\mathrm{d}p_x\mathrm{d}p_y\mathrm{d}p_z \tag{15-1-13}$$

以及概率密度的表达式

$$w(p_x,p_y,p_z,t)=|c(p_x,p_y,p_z,t)|^2 \tag{15-1-14}$$

对于一维情况,概率和概率密度表达式分别为

$$\mathrm{d}W(p,t)=|c(p,t)|^2\mathrm{d}p,\ w(p,t)=|c(p,t)|^2 \tag{15-1-15}$$

由$c(p_x,p_y,p_z,t)$与$\Psi(x,y,z,t)$互为傅立叶展开,可以证明

$$\int_{\Omega'}|c(p_x,p_y,p_z,t)|^2\mathrm{d}p_x\mathrm{d}p_y\mathrm{d}p_z=\int_{\Omega}|\Psi(x,y,z,t)|^2\mathrm{d}x\mathrm{d}y\mathrm{d}z \tag{15-1-16}$$

可见,找到微观粒子具有任何动量值的概率与在空间的任何地点找到一个微观粒子的概率相等;也就是说,如果在空间任何处找到一个微观粒子的概率等于1,那么,找到任何动量的概率也等于1。

这里,我们展示了德布罗意波(概率波、量子态)的波函数在不同坐标(空间坐标、动量坐标)下的表示形式。实际上,德布罗意波(概率波、量子态)的波函数可以在多种坐标下表示出来,这称为量子力学的表象理论,实际上就是用不同的自变量(表象)表示德布罗意波(概率波、

量子态)的波函数。$\Psi(\boldsymbol{r},t)$,$c(\boldsymbol{p},t)$描述的是微观粒子同一量子态,$\Psi(\boldsymbol{r},t)$是微观粒子这个量子态在坐标表象中的波函数,$c(\boldsymbol{p},t)$是微观粒子该量子态在动量表象中的波函数。在量子力学中,可以用不同的表象表示波函数,例如能量坐标(能量表象)等,甚至可以不明确表明波函数的表象(自变量)而表示出德布罗意波(概率波、量子态)的波函数。

第二节　薛定谔方程

在经典物理学中,当质点在某一时刻的运动状态(位置、动量等)为已知时,由质点的运动方程(牛顿定律)就可以确定以后任一时刻质点的运动状态。在量子力学中,一个微观粒子体系的量子态用波函数 $\Psi(\boldsymbol{r},t)$来描述,当 $\Psi(\boldsymbol{r},t)$确定后,粒子的任何一个力学量的平均值以及概率分布都完全确定。量子力学要解决的核心问题是量子体系的量子态随时间的变化规律以及在各种情况下寻找描述量子体系的各种可能的波函数。既然选择了用波函数来描述微观粒子的运动状态(量子态),就应该建立起有关波函数所满足的运动方程。1926 年,薛定谔在德布罗意关于物质波的概念启发下,通过与光学(电磁波)的类比,建立了适用于低速运动情况的、描述微观粒子在外力场中运动的运动方程,称为薛定谔方程。

需要说明的是,在量子力学中,薛定谔方程的地位就如同牛顿定律在经典力学中的地位一样。牛顿定律并非从其他更基本的理论推导得来,提出它的依据首先是对大量实验现象的观察,其次才是建立在观测基础上的理性思考,因此是一条经验定律;使牛顿定律大获成功、最终被广为接受的原因仍然来自实验检验(例如对海王星轨道的精确预言与实验观测),以及在极为广大领域里广泛而成功的应用。同样,提出薛定谔方程也不是根据理论的推演,也不具有理论或逻辑上的必然性;然而与牛顿定律不同的是,薛定谔方程不是经验定律,在它提出的时候,仅仅是一个科学假设,并没有稳固的观测基础。事实上,薛定谔方程之所以成为一个成功的理论,靠的是由薛定谔方程得出的结果与实验非常吻合。薛定谔方程是量子力学的基本原理,不可能由更基本的假定推导出来,它的正确与否只能靠实践来检验。将薛定谔方程应用于分子、原子等微观粒子体系所得到的大量结果都与实验符合。但为了能够比较顺利地接受薛定谔方程,我们还是给出一个比较合理的“推导”过程。

一、含时薛定谔方程

首先考虑质量为 m、动量为 $\boldsymbol{p}=p_x\boldsymbol{i}+p_y\boldsymbol{j}+p_z\boldsymbol{k}$ 的自由微观粒子,不受任何力场的作用,$U(\boldsymbol{r},t)=0$,自由微观粒子的动量与能量的关系(非相对论)为

$$E=\frac{p^2}{2m}=\frac{1}{2m}(p_x^2+p_y^2+p_z^2)$$

自由微观粒子德布罗意波为“平面波”,波函数表示为

$$\Psi(\boldsymbol{r},t)=\Psi_0\exp\left[\frac{\mathrm{i}}{\hbar}(\boldsymbol{p}\cdot\boldsymbol{r}-Et)\right]=\Psi_0\exp\left[\frac{\mathrm{i}}{\hbar}(p_xx+p_yy+p_zz-Et)\right]$$

将 $\Psi(\boldsymbol{r},t)$分别对 t 求一阶导数,对 x,y,z 求二阶导数

$$\frac{\partial\Psi(\boldsymbol{r},t)}{\partial t}=-\frac{\mathrm{i}}{\hbar}E\Psi_0\exp\left[\frac{\mathrm{i}}{\hbar}(p_xx+p_yy+p_zz-Et)\right]=-\frac{\mathrm{i}}{\hbar}E\Psi(\boldsymbol{r},t)$$

$$\frac{\partial^2\Psi(\boldsymbol{r},t)}{\partial x^2}=-\frac{p_x^2}{\hbar^2}\Psi_0\exp\left[\frac{\mathrm{i}}{\hbar}(p_xx+p_yy+p_zz-Et)\right]=-\frac{p_x^2}{\hbar^2}\Psi(\boldsymbol{r},t)$$

$$\frac{\partial^2 \Psi(\boldsymbol{r},t)}{\partial y^2}=-\frac{p_y^2}{\hbar^2}\Psi_0\exp\left[\frac{\mathrm{i}}{\hbar}(p_x x+p_y y+p_z z-Et)\right]=-\frac{p_y^2}{\hbar^2}\Psi(\boldsymbol{r},t)$$

$$\frac{\partial^2 \Psi(\boldsymbol{r},t)}{\partial z^2}=-\frac{p_z^2}{\hbar^2}\Psi_0\exp\left[\frac{\mathrm{i}}{\hbar}(p_x x+p_y y+p_z z-Et)\right]=-\frac{p_z^2}{\hbar^2}\Psi(\boldsymbol{r},t)$$

将上述 4 式代入自由微观粒子的动量与能量的关系(非相对论)式,得到

$$\mathrm{i}\hbar\frac{\partial \Psi(\boldsymbol{r},t)}{\partial t}=-\frac{\hbar^2}{2m}\left(\frac{\partial^2 \Psi(\boldsymbol{r},t)}{\partial x^2}+\frac{\partial^2 \Psi(\boldsymbol{r},t)}{\partial y^2}+\frac{\partial^2 \Psi(\boldsymbol{r},t)}{\partial z^2}\right)$$

$$\mathrm{i}\hbar\frac{\partial}{\partial t}\Psi=-\frac{\hbar^2}{2m}\left(\frac{\partial^2}{\partial x^2}+\frac{\partial^2}{\partial y^2}+\frac{\partial^2}{\partial z^2}\right)\Psi,\mathrm{i}\hbar\frac{\partial}{\partial t}\Psi=-\frac{\hbar^2}{2m}\nabla^2\Psi \tag{15-2-1}$$

这就是自由微观粒子的薛定谔方程(非相对论)。式中

$$\nabla^2=\frac{\partial^2}{\partial x^2}+\frac{\partial^2}{\partial y^2}+\frac{\partial^2}{\partial z^2}$$

称为拉普拉斯算符。

考虑微观粒子在恒定势场中运动,$U(\boldsymbol{r},t)=U_0$,则对于下列方程

$$-\frac{\hbar^2}{2m}\nabla^2\Psi+U_0\Psi=\mathrm{i}\hbar\frac{\partial}{\partial t}\Psi$$

如果取微观粒子能量为

$$E=\frac{1}{2m}(p_x^2+p_y^2+p_z^2)+U_0=\frac{p^2}{2m}+U_0$$

很容易验证自由微观粒子德布罗意波的波函数为该方程的一个解。其中,微观粒子的能量(非相对论)为动能与势能之和。将此推广到任意势场 $U(\boldsymbol{r},t)$,并且认为微观粒子的能量(非相对论)为

$$E=\frac{1}{2m}(p_x^2+p_y^2+p_z^2)+U(\boldsymbol{r},t)=\frac{p^2}{2m}+U(\boldsymbol{r},t) \tag{15-2-2}$$

即微观粒子能量为动能与势能之和,则最终得到非相对论的薛定谔方程

$$-\frac{\hbar^2}{2m}\nabla^2\Psi+U(\boldsymbol{r},t)\Psi=\mathrm{i}\hbar\frac{\partial}{\partial t}\Psi,\mathrm{i}\hbar\frac{\partial}{\partial t}\Psi=\left[-\frac{\hbar^2}{2m}\nabla^2+U(\boldsymbol{r},t)\right]\Psi \tag{15-2-3}$$

这就是 1926 年薛定谔给出的微观粒子在势场 $U(\boldsymbol{r},t)$ 中时,微观粒子德布罗意波的波函数所满足的微分方程。由于微观粒子的能量没有考虑相对论效应,所以方程是非相对论薛定谔方程。

对于一维运动的微观粒子,$E=\frac{p^2}{2m}+U(x,t)$,薛定谔方程为

$$\mathrm{i}\hbar\frac{\partial}{\partial t}\Psi=\left[-\frac{\hbar^2}{2m}\frac{\partial^2}{\partial x^2}+U(x,t)\right]\Psi \tag{15-2-4}$$

如果引入哈密顿算符

$$\hat{H}=-\frac{\hbar^2}{2m}\nabla^2+U(\boldsymbol{r},t)=-\frac{\hbar^2}{2m}\left(\frac{\partial^2}{\partial x^2}+\frac{\partial^2}{\partial y^2}+\frac{\partial^2}{\partial z^2}\right)+U(\boldsymbol{r},t) \tag{15-2-5}$$

则薛定谔方程可以表示为

$$\mathrm{i}\hbar\frac{\partial}{\partial t}\Psi=\hat{H}\Psi \tag{15-2-6}$$

算符是量子力学中非常有效的表现形式。

一般来说,只要知道微观粒子的质量和它在势场中的势能函数的具体形式,就可以写出薛定谔方程的具体形式。再根据给定的初始条件和边界条件,就可以求解薛定谔方程,得到描述微观粒子运动状态的波函数,波函数的模平方就给出在不同时刻微观粒子的概率密度分布。

我们还可以注意到,薛定谔方程是线性偏微分方程。如果 Ψ_1 和 Ψ_2 是薛定谔方程的两个线性无关解,则它们的线性组合 $\Psi=c_1\Psi_1+c_2\Psi_2$ 也是该薛定谔方程的解,这正是德布罗意波波函数量子态叠加原理所要求的,薛定谔方程满足量子态叠加原理。

注意到薛定谔方程是有关时间 t 变量的一阶偏微分方程,这样,当量子体系在某一时刻 t_0 的状态 $\Psi(\boldsymbol{r},t_0)$ 为已知时,以后任何时刻的状态(波函数)就完全由薛定谔方程决定。

考察薛定谔方程可见,方程的解取决于势函数 $U(\boldsymbol{r},t)$,微观粒子在不同的势场中运动时的德布罗意波波函数是不同的,也正是量子体系的势函数不同才导致了五彩缤纷的物质世界。

对自由微观粒子的波函数求空间坐标的一阶偏导数

$$\frac{\partial}{\partial x}\Psi=\frac{\mathrm{i}}{\hbar}p_x\Psi,\frac{\partial}{\partial y}\Psi=\frac{\mathrm{i}}{\hbar}p_y\Psi,\frac{\partial}{\partial z}\Psi=\frac{\mathrm{i}}{\hbar}p_z\Psi$$

由此得到

$$\frac{\partial\Psi}{\partial x}\boldsymbol{i}+\frac{\partial\Psi}{\partial y}\boldsymbol{j}+\frac{\partial\Psi}{\partial z}\boldsymbol{k}=\frac{\mathrm{i}}{\hbar}p_x\Psi\boldsymbol{i}+\frac{\mathrm{i}}{\hbar}p_y\Psi\boldsymbol{j}+\frac{\mathrm{i}}{\hbar}p_z\Psi\boldsymbol{k}=\frac{\mathrm{i}}{\hbar}\boldsymbol{p}\Psi$$

这似乎预示着力学量动量 $\boldsymbol{p}$ 可以由某种数学运算即算符代替

$$\boldsymbol{p}\rightarrow-\mathrm{i}\hbar\left(\frac{\partial}{\partial x}\boldsymbol{i}+\frac{\partial}{\partial y}\boldsymbol{j}+\frac{\partial}{\partial z}\boldsymbol{k}\right)=-\mathrm{i}\hbar\nabla$$

而动量的平方可以替换为

$$p^2=\boldsymbol{p}\cdot\boldsymbol{p}\rightarrow(-\mathrm{i}\hbar\nabla)\cdot(-\mathrm{i}\hbar\nabla)=-\hbar^2\nabla^2$$

这样,我们可以得到微观粒子动能的替换

$$T=\frac{p^2}{2m}\rightarrow-\frac{\hbar^2}{2m}\nabla^2$$

在量子力学中,分别称

$$\hat{\boldsymbol{p}}=\frac{\hbar}{\mathrm{i}}\nabla=\frac{\hbar}{\mathrm{i}}\left(\frac{\partial}{\partial x}\boldsymbol{i}+\frac{\partial}{\partial y}\boldsymbol{j}+\frac{\partial}{\partial z}\boldsymbol{k}\right);\hat{p}_x=\frac{\hbar}{\mathrm{i}}\frac{\partial}{\partial x},\hat{p}_y=\frac{\hbar}{\mathrm{i}}\frac{\partial}{\partial y},\hat{p}_z=\frac{\hbar}{\mathrm{i}}\frac{\partial}{\partial z}\tag{15-2-7}$$

$$\hat{T}=-\frac{\hbar^2}{2m}\nabla^2=-\frac{\hbar^2}{2m}\left(\frac{\partial^2}{\partial x^2}+\frac{\partial^2}{\partial y^2}+\frac{\partial^2}{\partial z^2}\right)\tag{15-2-8}$$

为动量算符和动能算符,而且力学量动量和动能用动量算符和动能算符表示。再来考察哈密顿算符,如果将势函数也用算符表示,$\hat{U}=U(\boldsymbol{r},t)$,则哈密顿算符可以表示为

$$\hat{H}=-\frac{\hbar^2}{2m}\nabla^2+U(\boldsymbol{r},t)=\frac{\hat{p}^2}{2m}+U(\boldsymbol{r},t)=\hat{T}+\hat{U}\tag{15-2-9}$$

可见,哈密顿算符实际上是微观粒子在势场中运动时的能量算符(非相对论下)。

要特别注意的是,哈密顿算符 $\hat{H}$ 是能量算符的说法是指微观粒子在势场中运动,即微观粒子受到经典力学中保守力的作用,$U(\boldsymbol{r},t)$代表微观粒子的势能。如果微观粒子在非保守力的作用下运动,哈密顿算符依然可以写作

$$\hat{H}=-\frac{\hbar^2}{2m}\nabla^2+U=\hat{T}+\hat{U}$$

但这时 U 不再是体系的势能,$\hat{U}$ 也就不再是体系的势能算符,哈密顿算符 $\hat{H}$ 也就不再是体系

的能量算符。在量子力学中，一般处理的是微观粒子处于(保守力)势场中的情况，所以一般在不引起误会的情况下，可以认为哈密顿算符 $\hat{H}$ 是体系的能量算符。

二、定态薛定谔方程

在薛定谔方程中(微分方程)，波函数的通解决定于势函数 $U(\boldsymbol{r},t)$。一般来说，量子体系所处的力场是可以随时间变化的。这样，量子体系的波函数 $\Psi(\boldsymbol{r},t)$ 就是随时间变化的。由此，量子体系的力学量也就是随时间变化的。这是量子力学最一般的形式，可以用来处理量子跃迁等问题。量子力学还有一大功能就是处理势函数不随时间变化的情况(势函数时间恒定但可以空间上不均匀)。这种情况下，量子体系的波函数不随时间“演变”(波函数可以含有时间，但波函数的模平方不显含时间变量，波函数中的时间部分仅仅反映波函数的“相位”)，量子体系的力学量不随时间变化。这类似于经典力学中的“静力学”。

如果微观粒子在恒定的势场 $U(\boldsymbol{r},t)=U(\boldsymbol{r})$ 中运动，即量子体系的势函数与时间 t 无关，微观粒子的能量不随时间变化 $E=\dfrac{p^2}{2m}+U(\boldsymbol{r})$，量子体系的波函数不显含时间，则微观粒子概率密度的空间分布 $|\Psi(\boldsymbol{r},t)|^2=|\Psi(\boldsymbol{r})|^2$ 也是恒定的，这称为定态，波函数称为定态波函数。

对于定态，波函数 $\Psi(\boldsymbol{r},t)$ 可以分离变量，写为空间坐标函数 $\psi(\boldsymbol{r})=\psi(x,y,z)$ 与时间坐标函数 $T(t)$ 的乘积

$$\Psi(\boldsymbol{r},t)=\psi(\boldsymbol{r})T(t)=\psi(x,y,z)T(t)$$

将此代入一般薛定谔方程，得到

$$-\frac{\hbar^2 T(t)}{2m}\nabla^2\psi(\boldsymbol{r})+U(\boldsymbol{r})\psi(\boldsymbol{r})T(t)=\mathrm{i}\,\hbar\psi(\boldsymbol{r})\frac{\partial T(t)}{\partial t},\ T(t)\hat{H}\psi(\boldsymbol{r})=\mathrm{i}\,\hbar\psi(\boldsymbol{r})\frac{\mathrm{d}T(t)}{\mathrm{d}t}$$

两边同除 $\Psi(\boldsymbol{r},t)=\psi(\boldsymbol{r})T(t)=\psi(x,y,z)T(t)$，得到

$$-\frac{\hbar^2}{2m\psi(\boldsymbol{r})}\nabla^2\psi(\boldsymbol{r})+U(\boldsymbol{r})=\frac{\mathrm{i}\,\hbar}{T(t)}\frac{\partial T(t)}{\partial t},\ \frac{\hat{H}\psi(\boldsymbol{r})}{\psi(\boldsymbol{r})}=\frac{\mathrm{i}\,\hbar}{T(t)}\frac{\mathrm{d}T(t)}{\mathrm{d}t}$$

上式中，左端是空间坐标的函数，右端是时间坐标的函数。如果要上式成立，只有两端都是常数(而且相等)。令这一常数为 E，则得到两个方程

$$\frac{\mathrm{i}\,\hbar}{T(t)}\frac{\mathrm{d}T(t)}{\mathrm{d}t}=E;\ -\frac{\hbar^2}{2m\psi(\boldsymbol{r})}\nabla^2\psi(\boldsymbol{r})+U(\boldsymbol{r})=\frac{\hat{H}\psi(\boldsymbol{r})}{\psi(\boldsymbol{r})}=E$$

由第一个方程可以得到

$$\frac{\mathrm{d}T(t)}{\mathrm{d}t}=-\frac{\mathrm{i}}{\hbar}ET(t) \tag{15-2-10}$$

该微分方程的解为

$$T(t)=A_0\exp\left(-\frac{\mathrm{i}}{\hbar}Et\right) \tag{15-2-11}$$

式中 E 具有能量量纲，A_0 可以是复数，解 $T(t)$ 称为振动因子。由第二个方程得到

$$-\frac{\hbar^2}{2m}\nabla^2\psi(\boldsymbol{r})+U(\boldsymbol{r})\psi(\boldsymbol{r})=E\psi(\boldsymbol{r}),\ \hat{H}\psi(\boldsymbol{r})=E\psi(\boldsymbol{r}) \tag{15-2-12}$$

这就是定态薛定谔方程，是我们量子力学应用的理论基础。

定态薛定谔方程的解 $\psi(\boldsymbol{r})$ 也称为波函数，它是不含有时间的。如果将与时间有关的部分加上去，就得到量子体系处于定态下的波函数

$$\Psi(\boldsymbol{r},t)=\psi(\boldsymbol{r})T(t)=A_0\psi(x,y,z)\exp\left(-\frac{\mathrm{i}}{\hbar}Et\right) \tag{15-2-13}$$

其中常数 A_0 需要由归一化条件来确定。

由量子体系处于定态时的波函数,得到

$$|\Psi(\boldsymbol{r},t)|^2=|\psi(\boldsymbol{r})T(t)|^2=\left|\psi(\boldsymbol{r})A_0\exp\left(-\frac{\mathrm{i}}{\hbar}Et\right)\right|^2=|A_0|^2|\psi(\boldsymbol{r})|^2\propto|\psi(\boldsymbol{r})|^2$$

所以,定态波函数的模平方 $|\psi(\boldsymbol{r})|^2$ 也是与时间无关的,它代表了粒子处在定态状态 $\psi(\boldsymbol{r})$ 的概率。后续我们将会看到,在定态下,量子体系的力学量(动量、能量、角动量等)也都是与时间无关的;这也就是为何将这种情况称为"定态"的原因。

对于一维情况,定态薛定谔方程表示为

$$-\frac{\hbar^2}{2m}\frac{\mathrm{d}^2\psi(x)}{\mathrm{d}x^2}+U(x)\psi(x)=E\psi(x),\hat{H}\psi(x)=E\psi(x) \tag{15-2-14}$$

对于一维运动自由微观粒子,$U(\boldsymbol{r})=U(x)=0$,定态薛定谔方程及其解为

$$-\frac{\hbar^2}{2m}\frac{\mathrm{d}^2}{\mathrm{d}x^2}\psi(x)=E\psi(x);\psi(x)=B_0\exp\left(\frac{\mathrm{i}}{\hbar}x\sqrt{2mE}\right)$$

因此,得到一维运动自由微观粒子的波函数为

$$\Psi(x,t)=\psi(x)T(t)=A_0B_0\exp\left[\frac{\mathrm{i}}{\hbar}(x\sqrt{2mE}-Et)\right]=\Psi_0\exp\left[\frac{\mathrm{i}}{\hbar}(x\sqrt{2mE}-Et)\right]$$

如果令 $p=\sqrt{2mE}$,则一维运动自由微观粒子的波函数为

$$\Psi(x,t)=\Psi_0\exp\left[-\frac{\mathrm{i}}{\hbar}(Et-px)\right]$$

可见,常数 E 就是自由微观粒子的能量值。

定态薛定谔方程 $\hat{H}\psi(\boldsymbol{r})=E\psi(\boldsymbol{r})$ 实际上是 $\hat{H}$ 的本征方程。由于在保守力势场下,哈密顿算符 $\hat{H}$ 是能量算符,所以定态薛定谔方程是能量本征方程。解定态薛定谔方程,可以得到一系列的本征值 $\{E\}$,这些本征值就是能量本征值,实际上就是量子体系可能取的能量值;与能量本征值相对应的本征函数 $\{\psi(\boldsymbol{r})\}$ 就是量子体系可能的定态波函数。量子力学的一大类应用,就是求解给定量子体系(给定势函数即能量算符)的能量本征值和本征波函数,主要处理微观粒子处于"束缚态"的问题(量子体系能量量子化),也考虑处理微观粒子被势场"散射"的简单问题(量子体系能量连续)。考虑到本课程的性质,我们不处理有关"量子跃迁"等涉及"含时"的问题,只处理"定态"问题,这是量子力学最基本的应用。

实际上,定态薛定谔方程中的常数 E 就是粒子在势场 $U(\boldsymbol{r},t)=U(\boldsymbol{r})$ 中运动时所具有的能量值。从数学上来说,对于任何能量 E 的值,定态薛定谔方程都有解,但并非对所有 E 值的解都能满足物理上的要求。这些要求最一般的是,作为有物理意义的波函数,这些解必须是单值的、有限的和连续的,这些条件称为波函数的标准条件。我们将会看到,根据这些条件,由薛定谔方程"自然地"、"顺理成章地"就能得出微观粒子的重要特征——能量量子化。这些量子化的能量值,就是量子体系可能的能量值。特定的 E 值称为能量本征值,特定的 E 值所对应的方程称为能量本征方程,相应的波函数称为能量本征函数。这些量子化条件在普朗克和玻尔那里都是"强加"给微观系统的。

在方程式(15-2-10)的两端同乘 $\psi(\boldsymbol{r})$,得到

$$\psi(\boldsymbol{r})\frac{\mathrm{d}T(t)}{\mathrm{d}t}=-\frac{\mathrm{i}}{\hbar}E\psi(\boldsymbol{r})T(t),\mathrm{i}\hbar\frac{\partial}{\partial t}\Psi(x,t)=E\Psi(x,t)$$

这可以看作是体系能量的本征方程，由此可以得到能量算符

$$\hat{E}=\mathrm{i}\hbar\frac{\partial}{\partial t} \tag{15-2-15}$$

三、一维无限深势阱的量子力学处理

微观粒子(单一微观粒子组成的量子体系)在一维无限深势阱中的运动问题是量子力学可以处理的最简单问题。由定态薛定谔方程处理微观粒子在一维无限深势阱中的运动，可以充分展示微观粒子处于束缚态下量子力学处理的一般程式，充分展示粒子处于束缚态时量子体系“能量量子化”的概念如何由薛定谔方程自然得到。

“一维无限深势阱”这一理想化模型来自在金属内部运动的“自由电子”。在金属中的“自由电子”不会自发地逃出金属，它们在各晶格结点(正离子)形成的“周期场”中运动。由于力与势能的关系为 $F_x=-\dfrac{\partial U}{\partial x}$，电子受到的力与势能的“变化”成正比。在金属内部，电子的势能为常数，电子不受力，电子可以在金属内自由运动；在金属外，电子可以有很高的势能 U_0，也就是说在金属表面处势能“变化”很大，在金属表面处电子受到很大的指向金属内部的作用力，使得电子不能脱离金属(表面)。这就如同电子落入了如图 15-3(a)所示的有限深“势阱”中一样，除非有很大的外部作用力，否则电子不可能逃出“势阱”。由于“势阱”很深，进一步考虑成“无限深”，或者粗略地认为电子被“无限高”的势能壁束缚在金属之中，就是电子在无限深势阱中运动，金属中的“自由电子”无法到达“势阱”外，这就是“无限深势阱”模型，而且在阱内，势能为零，$U=0$，如图 15-3(b)所示。这一理想化模型不仅忽略了金属中电子之间的相互作用，还忽略了排列整齐的正离子晶格点阵激发的、具有空间周期性的电场对电子的作用，而且把金属表面外有限的势能当作无限大，并且把在三维空间的运动当作一维的运动，等等。尽管模型过于粗略和简单，但我们将会看到，通过求解定态薛定谔方程，还是能够得到一些经典物理学所不能给出的惊奇结果。

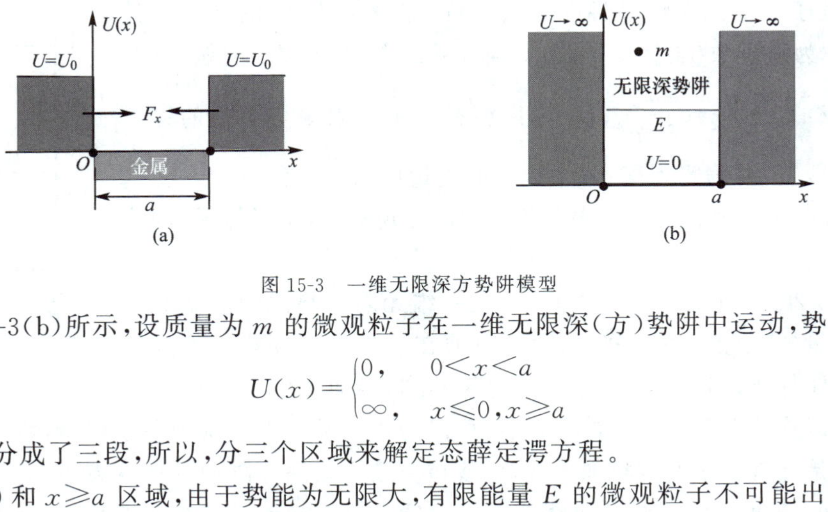

图 15-3　一维无限深方势阱模型

如图 15-3(b)所示，设质量为 m 的微观粒子在一维无限深(方)势阱中运动，势能函数为

$$U(x)=\begin{cases}0, & 0<x<a\\ \infty, & x\leqslant 0, x\geqslant a\end{cases} \tag{15-2-16}$$

由于势函数分成了三段，所以，分三个区域来解定态薛定谔方程。

在 $x\leqslant 0$ 和 $x\geqslant a$ 区域，由于势能为无限大，有限能量 E 的微观粒子不可能出现在这两个区域，微观粒子在这两个区域内出现的概率为零，因此，在这两个区域内微观粒子的定态波函数为零

$$\psi_1(x)=\psi_3(x)=0 \quad (x\leqslant 0 \text{ 和 } x\geqslant a) \tag{15-2-17}$$

在势阱内($0<x<a$)，势能(势函数)为零，定态薛定谔方程为

$$\frac{d^2\psi(x)}{dx^2}+\frac{2mE}{\hbar^2}\psi(x)=0;\frac{d^2\psi(x)}{dx^2}+k^2\psi(x)=0,k^2=\frac{2mE}{\hbar^2}>0 \tag{15-2-18}$$

这个方程的通解为

$$\psi_2(x)=A\sin kx+B\cos kx \tag{15-2-19}$$

其中,A 和 B 是待定常数,需要由波函数必须满足的单值、有限、连续和归一化条件确定。

显然,三个区域内的波函数式(15-2-17)和式(15-2-19)在各自区域内是单值、有限、连续的,分别满足波函数的标准(自然)条件。但整个波函数还要求在 $x=0$ 和 $x=a$ 处是连续的。对于 $x=0$ 处的波函数连续性要求,得到

$$\psi_1(0)=0=\psi_2(0)=A\sin 0+B\cos 0=B,B=0;\psi_2(x)=A\sin kx$$

对于 $x=a$ 处的波函数连续性要求,进一步得到

$$\psi_3(a)=0=\psi_2(a)=A\sin ka,A\sin ka=0$$

这里,$A\neq 0$;否则 $\psi_2(x)=0$,就在这个空间找不到微观粒子了,这不符合物理要求,因此

$$\sin ka=0,ka=n\pi;k=\frac{n\pi}{a},n=1,2,3,\cdots \tag{15-2-20}$$

这表明,由量子体系决定的常数 k 只能取由正整数 n 所规定的一系列不连续的值。要注意,这里 $n\neq 0$;否则,$k=0$,定态薛定谔方程退化为 $d^2\psi(x)/dx^2=0$,方程的通解 $\psi_2(x)=Cx+D$,再由 $x=0$ 和 $x=a$ 处波函数连续性要求(边界条件),可以得出 $C=D=0$,从而得出势阱中微观粒子的波函数为 $\psi_2(x)=0$,这显然又不符合物理上的要求。

微观粒子被限制在 $0<x<a$ 的范围内运动,称为微观粒子处于"束缚态"。由式(15-2-20)给出的不连续结果可以讨论处于束缚态的微观粒子的运动行为。

1. 能量

由式(15-2-18)和式(15-2-20)可以得到处于一维无限深势阱束缚态的微观粒子的能量

$$E=\frac{k^2\hbar^2}{2m};E_n=\frac{\hbar^2\pi^2}{2ma^2}n^2=\frac{h^2}{8ma^2}n^2,n=1,2,3,\cdots \tag{15-2-21}$$

由此可见,处于一维无限深势阱中的微观粒子(量子体系)的能量是量子化的,n 称为量子数(能量量子数)。当 $n=1$ 时,微观粒子的能量(非相对论)为 $E_1=\frac{\hbar^2\pi^2}{2ma^2}=\frac{h^2}{8ma^2}$;$E_1$ 为束缚在一维无限深势阱中的粒子具有的最小能量,称为零点能;各个能级的能量可以表示为 $E_n=n^2E_1$。如图 15-4 给出了束缚在一维无限深势阱中的微观粒子(量子体系)的能量分布。

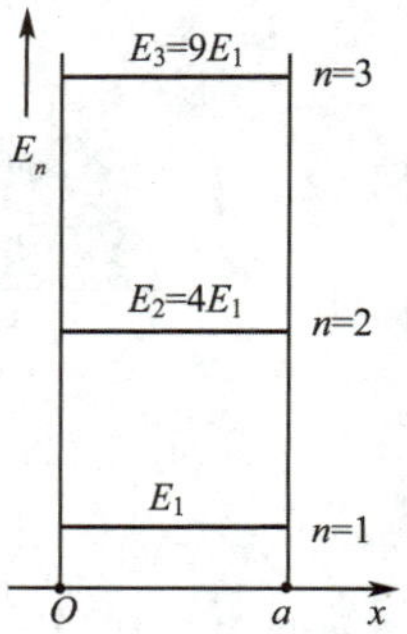

图 15-4 能级

由式(15-2-21)可见,$E_1\neq 0$,即束缚在一维无限深势阱中的微观粒子的最小能量(零点能)不为零,这表明束缚在一维无限深势阱中的微观粒子不可能静止。这一结论与经典力学不同,经典力学认为粒子的能量不但可以连续取值,而且粒子的能量可以为零。量子力学认为最小能量(零点能)不为零的物理机制是微观粒子的波粒二象性,束缚在一维无限深势阱中的微观粒子(处于束缚态)可以在势阱中的任何地方出现,因此微观粒子位置(空间坐标)的不确定范围 $\Delta x=a$ 是有限的,由不确定关系 $\Delta x\Delta p_x\geq\hbar/2$,可知微观粒子的动量不确定量不可能为零,因此微观粒子的能量(动能)不可能为零。量子力学给出微观粒子的最小动能 E_1,这完全是由于微观粒子处于束缚态(微观粒子被束缚在一维无限深势阱中)的结果。

能级间隔为

$$\Delta E_n = E_{n+1} - E_n = \frac{\pi^2 \hbar^2}{2ma^2}(2n+1) \propto \frac{1}{ma^2},\ n=1,2,3,\cdots$$

当微观粒子的质量很大或势阱的宽度很大时，能级间隔 $\Delta E_n \to 0$。可见，宏观情况下（质量很大），微观粒子的能量是连续的；势阱很宽，微观粒子可以在空间所有位置出现，微观粒子挣脱了束缚而变成了自由微观粒子，处于非束缚态的微观粒子的能量可以连续取值。另外，当量子数 n 很大时

$$\frac{\Delta E_n}{E_n} = \frac{2n+1}{n^2} \to \frac{2}{n} \propto \frac{1}{n},\ n=1,2,3,\cdots$$

可见，高能级是趋于连续的。

2. 波函数

处于 n 态（能量量子数为 n）的波函数表示为

$$\psi_n(x) = A\sin kx = A\sin\left(\frac{n\pi}{a}x\right)$$

振幅 A 的值，可以根据归一化条件，即粒子在空间各处的概率的总和应该等于 1 求得

$$1 = \int_{-\infty}^{+\infty} |\psi_n(x)|^2 \mathrm{d}x = \int_0^a \left| A\sin\left(\frac{n\pi}{a}x\right)\right|^2 \mathrm{d}x = \frac{a}{2}A^2, A = \sqrt{\frac{2}{a}}$$

由此得微观粒子在无限深方势阱中的归一化波函数

$$\psi_n(x) = \sqrt{\frac{2}{a}}\sin\left(\frac{n\pi}{a}x\right),\ n=1,2,3,\cdots \quad (0<x<a) \tag{15-2-22}$$

波函数 $\psi_n(x)$ 称为能量本征波函数。由每个本征波函数所描述的微观粒子的状态称为微观粒子的能量本征态，能量最低的态称为基态，其他态称为激发态。归一化常数与量子体系的本征态(n)无关。如图 15-5 给出了微观粒子处于几个低能态时的波函数与坐标的关系。

3. 概率密度

由归一化波函数可以得到微观粒子概率密度分布

$$|\psi_n(x)|^2 = \frac{2}{a}\sin^2\left(\frac{n\pi}{a}x\right),\ n=1,2,3,\cdots \quad (0<x<a) \tag{15-2-23}$$

如图 15-6 给出了量子体系处于几个低能态时的微观粒子概率密度分布。注意，这里由微观粒子的波动性给出的概率密度的周期性分布与经典粒子的完全不同。按经典物理学理论，粒子在阱内来来回回自由运动，在各处的概率密度应该是相等的，而且与粒子的能量无关。

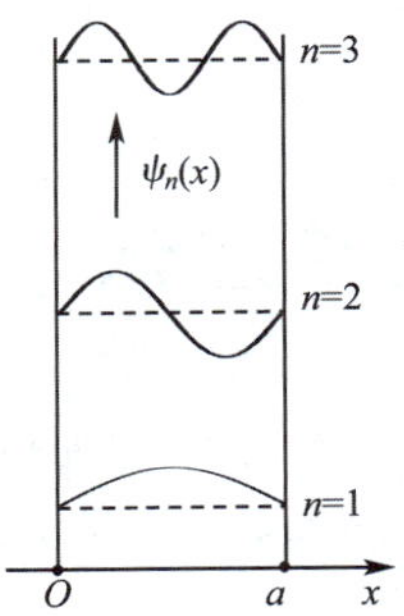

图 15-5 波函数

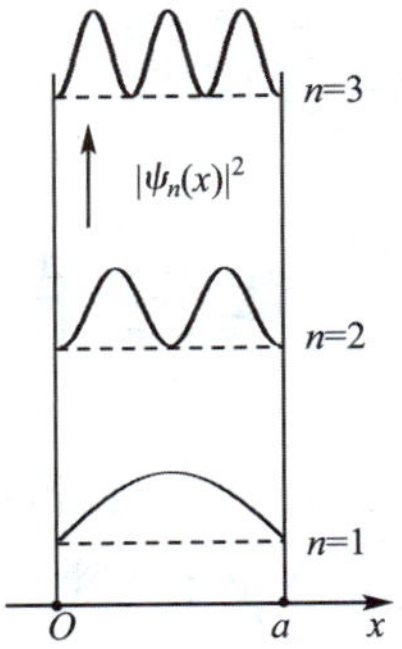

图 15-6 概率密度

当量子数 n 很大时，如图 15-7 所示，波函数趋于连续，势阱内微观粒子概率分布趋于均

匀。量子力学趋于经典力学。

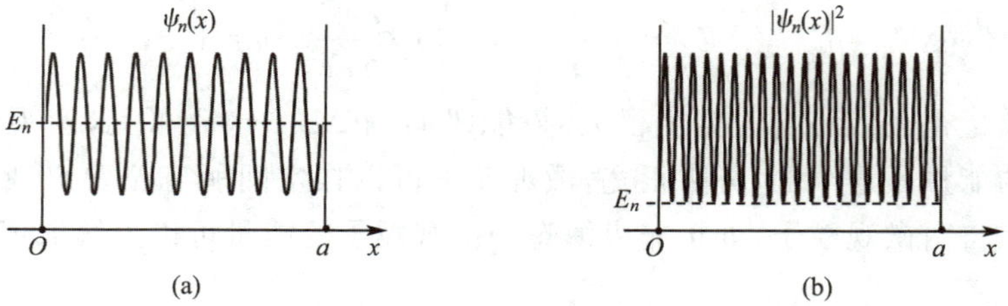

图 15-7 量子数很大时的波函数和概率密度分布

在量子力学下，处于束缚态的微观粒子的能量是量子化的，微观粒子的最小能量(零点能)不为零；微观粒子在势阱中位置是量子化的，有些位置微观粒子几乎是不能出现的。这就是量子力学给出的处于一维无限深势阱中的微观粒子的运动行为的结果，与经典力学的结果不同。这是处于束缚态的微观粒子具有波粒二象性的具体反映。

四、多粒子体系的薛定谔方程(阅读)

如果一个量子体系由多个微观粒子组成，则由于各个微观粒子的位置不同而必须用不同的空间坐标表示各个微观粒子的位置。各个微观粒子的动能不同，各个微观粒子受到的外势场不同，微观粒子之间还可能存在相互作用势能。在建立多粒子体系的薛定谔方程时，这些问题都要考虑到。

设量子体系由 N 个微观粒子组成，微观粒子的质量分别为 $m_i(i=1,2,3,\cdots,N)$，微观粒子的空间坐标分别为 $\boldsymbol{r}_1,\boldsymbol{r}_2,\boldsymbol{r}_3,\cdots,\boldsymbol{r}_N$。量子体系的波函数用 $\Psi(\boldsymbol{r}_1,\boldsymbol{r}_2,\boldsymbol{r}_3,\cdots,\boldsymbol{r}_N,t)$ 表示，第 i 个微观粒子受到的外势场作用的势能用 $U_i(\boldsymbol{r}_i,t)$ 表示，微观粒子之间相互作用的势能总和用 $U(\boldsymbol{r}_1,\boldsymbol{r}_2,\boldsymbol{r}_3,\cdots,\boldsymbol{r}_N,t)$ 表示。多粒子量子体系的薛定谔方程

$$\begin{aligned}&\mathrm{i}\hbar\frac{\partial}{\partial t}\Psi(\boldsymbol{r}_1,\boldsymbol{r}_2,\boldsymbol{r}_3,\cdots,\boldsymbol{r}_N,t)\\&=\left[\sum_{i=1}^{N}\left(-\frac{\hbar^2}{2m_i}\nabla_i^2+U_i(\boldsymbol{r}_i,t)\right)+U(\boldsymbol{r}_1,\boldsymbol{r}_2,\boldsymbol{r}_3,\cdots,\boldsymbol{r}_N,t)\right]\Psi(\boldsymbol{r}_1,\boldsymbol{r}_2,\boldsymbol{r}_3,\cdots,\boldsymbol{r}_N,t)\end{aligned}$$

其中，$\nabla_i^2=\dfrac{\partial^2}{\partial x_i^2}+\dfrac{\partial^2}{\partial y_i^2}+\dfrac{\partial^2}{\partial z_i^2}\quad(i=1,2,3,\cdots,N)$。

多粒子体系的定态薛定谔方程表示为

$$\left[\sum_{i=1}^{N}\left(-\frac{\hbar^2}{2m_i}\nabla_i^2+U_i(\boldsymbol{r}_i)\right)+U(\boldsymbol{r}_1,\boldsymbol{r}_2,\cdots,\boldsymbol{r}_N)\right]\psi(\boldsymbol{r}_1,\boldsymbol{r}_2,\cdots,\boldsymbol{r}_N)=E\psi(\boldsymbol{r}_1,\boldsymbol{r}_2,\cdots,\boldsymbol{r}_N)$$

其中，E 为多粒子体系的能量。

第三节 力学量的算符表示

在量子力学中，力学量用算符来表示，而且表示力学量的算符是线性厄米算符，这是量子力学基本原理之一。在量子力学中，诸如位置坐标 $\boldsymbol{r}$、动量 $\boldsymbol{p}$、角动量 $\boldsymbol{L}$、哈密顿量 H、动能 T、势能等力学量都用相应的算符 $\hat{\boldsymbol{r}},\hat{\boldsymbol{p}},\hat{\boldsymbol{L}},\hat{H},\hat{T},\hat{U}$ 等表示，这些算符都是线性厄米算符。例如，位置算符和动量算符分别为 $\hat{x}=x$ 和 $\hat{p}_x=-\mathrm{i}\hbar\dfrac{\partial}{\partial x}$。

在量子力学中，表示力学量的算符必须是线性厄米算符。“线性”是量子态叠加原理的要求；“厄米性”是力学量的测量值以及平均值必须是实数的要求。

在量子力学中，坐标(位置)算符 $\hat{\boldsymbol{r}}=\boldsymbol{r}(\hat{x}=x,\hat{y}=y,\hat{z}=z$，坐标值)和动量算符 $\hat{\boldsymbol{p}}=-\mathrm{i}\hbar\nabla$ ($\hat{p}_x=-\mathrm{i}\hbar\dfrac{\partial}{\partial x},\hat{p}_y=-\mathrm{i}\hbar\dfrac{\partial}{\partial y},\hat{p}_z=-\mathrm{i}\hbar\dfrac{\partial}{\partial z}$)是最基本的两个力学量算符；其他经典力学中存在的力学量都可以由这两个基本力学量算符导出。量子力学规定，经典力学中存在的力学量的算符可以由经典力学量之间的关系直接给出，如角动量在经典力学中 $\boldsymbol{L}=\boldsymbol{r}\times\boldsymbol{p}$，则力学量角动量算符表示为 $\hat{\boldsymbol{L}}=\hat{\boldsymbol{r}}\times\hat{\boldsymbol{p}}$，也就是可以由力学量算符 $\hat{\boldsymbol{r}}=\boldsymbol{r}$ 和 $\hat{\boldsymbol{p}}=-\mathrm{i}\hbar\nabla$ 求得角动量算符 $\hat{\boldsymbol{L}}$。经典力学中不存在的力学量的算符要由实验事实来规定，如自旋算符。

一、算符

算符，实际上就是一种运算，就是对某个函数的操作或者作用。例如，$\dfrac{\mathrm{d}}{\mathrm{d}x}\psi$ 中的 $\dfrac{\mathrm{d}}{\mathrm{d}x}$ 就是一种算符，表示对函数 ψ 进行求导的操作；$U(\boldsymbol{r})\psi$ 中的 $U(\boldsymbol{r})$ 是一种算符，表示对函数 ψ 进行乘上 $U(\boldsymbol{r})$ 的操作；ψ^* 中的 * 也是一种算符，表示对函数 ψ 进行复共轭的操作。设某一种运算把函数 u 变为函数 v，用符号表示为

$$\hat{A}u=v \tag{15-3-1}$$

则表示这种运算的符号 $\hat{A}$ 就称为算符。

1. 线性算符

如果算符 $\hat{A}$ 满足下列运算规则

$$\hat{A}(c_1u_1+c_2u_2+\cdots)=c_1\hat{A}u_1+c_2\hat{A}u_2+\cdots,\hat{A}\sum_i c_iu_i=\sum_i c_i\hat{A}u_i \tag{15-3-2}$$

其中，$u_1,u_2,\cdots$是任意函数，$c_1,c_2,\cdots$是任意常数(一般为复数)，则算符 $\hat{A}$ 称为线性算符。

例如，位置坐标算符和动量算符就是线性算符

$$\hat{x}(c_1u_1+c_2u_2+\cdots)=c_1xu_1+c_2xu_2+\cdots=c_1\hat{x}u_1+c_2\hat{x}u_2+\cdots$$

$$\hat{p}_x(c_1u_1+c_2u_2+\cdots)=c_1\left(-\mathrm{i}\hbar\frac{\partial}{\partial x}\right)u_1+c_2\left(-\mathrm{i}\hbar\frac{\partial}{\partial x}\right)u_2+\cdots=c_1\hat{p}_xu_1+c_2\hat{p}_xu_2+\cdots$$

量子力学中的力学量的算符之所以是线性算符，是量子态叠加原理的反映。设 φ_1 和 φ_2 描写的是某力学量的线性算符 $\hat{A}$ 的本征态(简并态)，它们同属于一个本征值 A'，则

$$\hat{A}(c_1\varphi_1+c_2\varphi_2)=c_1\hat{A}\varphi_1+c_2\hat{A}\varphi_2=c_1A'\varphi_1+c_2A'\varphi_2=A'(c_1\varphi_1+c_2\varphi_2)$$

可见，线性组合 $c_1\varphi_1+c_2\varphi_2$ 所描写的也必然是属于本征值 A' 的本征态，这符合量子态叠加原理的要求。如果算符 $\hat{A}$ 不是线性算符，就不会得到这一结果，将违反量子态叠加原理。因此，量子力学中的力学量算符必须是线性算符。

如果两个线性算符 $\hat{A}$ 和 $\hat{B}$ 分别作用于任一函数 u 所得出的两新函数相等，则线性算符 $\hat{A}$ 等于线性算符 $\hat{B}$

$$\hat{A}u=\hat{B}u=v,\hat{A}=\hat{B} \tag{15-3-3}$$

如果两线性算符 $\hat{A}$ 和 $\hat{B}$ 分别作用于任一函数 u，所得到的两个新函数 $\hat{A}u,\hat{B}u$ 之和等于另一算符 $\hat{C}$ 作用于 u 的结果，则算符 $\hat{C}$ 是线性算符 $\hat{A}$ 与线性算符 $\hat{B}$ 之和

$$\hat{A}u+\hat{B}u=\hat{C}u,\hat{C}=\hat{A}+\hat{B} \tag{15-3-4}$$

线性算符之和依然是线性算符。线性算符遵从加法分配律、交换律和结合律

$$(\hat{A}+\hat{B})u=\hat{A}u+\hat{B}u,\hat{A}+\hat{B}=\hat{B}+\hat{A},(\hat{A}+\hat{B})+\hat{C}=\hat{A}+(\hat{B}+\hat{C})$$

如果两个线性算符 $\hat{A}$ 和 $\hat{B}$ 先后作用于任一函数 u 所得到的结果与另一线性算符 $\hat{C}$ 作用于 u 的结果相等,则算符 $\hat{C}$ 等于线性算符 $\hat{B}$ 与线性算符 $\hat{A}$ 的乘积

$$\hat{B}(\hat{A}u)=\hat{C}u,\hat{C}=\hat{B}\hat{A} \tag{15-3-5}$$

线性算符之积遵从乘法分配律和结合律

$$\hat{C}(\hat{A}+\hat{B})=\hat{C}\hat{A}+\hat{C}\hat{B},(\hat{A}\hat{B})\hat{C}=\hat{A}(\hat{B}\hat{C}) \tag{15-3-6}$$

但一般来说,线性算符的乘积不遵守乘法的交换律

$$\hat{A}\hat{B}\neq\hat{B}\hat{A} \tag{15-3-7}$$

2. 算符的对易关系

由于算符的乘积一般不满足乘法交换律,所以定义泊松括号

$$[\hat{A},\hat{B}]=\hat{A}\hat{B}-\hat{B}\hat{A} \tag{15-3-8}$$

如果 $[\hat{A},\hat{B}]=0$,则称 $\hat{A}$ 与 $\hat{B}$ 互为对易;如果 $[\hat{A},\hat{B}]\neq0$,则称 $\hat{A}$ 与 $\hat{B}$ 互为不对易。

例如,位置坐标算符与动量算符就是不对易的

$$\hat{x}\hat{p}_xu=x\left(-\mathrm{i}\hbar\frac{\partial}{\partial x}\right)u=-\mathrm{i}\hbar x\frac{\partial u}{\partial x},\hat{p}_x\hat{x}u=\left(-\mathrm{i}\hbar\frac{\partial}{\partial x}\right)(xu)=-\mathrm{i}\hbar u-\mathrm{i}\hbar x\frac{\partial u}{\partial x}$$

$$[\hat{x},\hat{p}_x]u=\hat{x}\hat{p}_xu-\hat{p}_x\hat{x}u=\mathrm{i}\hbar u,\ [\hat{x},\hat{p}_x]=\hat{x}\hat{p}_x-\hat{p}_x\hat{x}=\mathrm{i}\hbar\neq0$$

算符之间的对易与否,在量子力学上反映算符所描述的力学量的不同性质。

由算符之间的对易关系定义,可以很容易地证明:

$$[\hat{A},\hat{B}\pm\hat{C}]=[\hat{A},\hat{B}]\pm[\hat{A},\hat{C}],[\hat{A}\pm\hat{B},\hat{C}]=[\hat{A},\hat{C}]\pm[\hat{B},\hat{C}] \tag{15-3-9}$$

$$[\hat{A},\hat{B}\hat{C}]=[\hat{A},\hat{B}]\hat{C}+\hat{B}[\hat{A},\hat{C}],[\hat{A}\hat{B},\hat{C}]=[\hat{A},\hat{C}]\hat{B}+\hat{A}[\hat{B},\hat{C}] \tag{15-3-10}$$

在关于力学量算符的对易式的计算中,经常要用到这些恒等式。

3. 算符的本征值和本征函数

如果一算符 $\hat{A}$ 作用于函数 u,所得结果等于一常数 λ 与 u 的乘积

$$\hat{A}u=\lambda u \tag{15-3-11}$$

则 λ 称为算符 $\hat{A}$ 的本征值,u 称为算符 $\hat{A}$ 的本征函数,方程称为算符 $\hat{A}$ 的本征值方程。

一般说来,对应于不同的本征值,算符有不同的本征函数;对于确定的本征值 λ 有确定的本征函数与之相对应,也称本征函数 u 是算符 $\hat{A}$ 属于本征值 λ 的本征函数。本征值 λ 可以是实数,也可以是复数。

本征值方程的解(本征值和本征函数)不但决定于算符 $\hat{A}$ 的性质,而且还决定于函数 u 所满足的边界条件。本征值的数目可能是有限的,也可能是无限的;在本征值有无限多的情况下,本征值的分布可能是分立的,也可能是连续的;这些都由算符的性质和本征函数应满足的边界条件决定。算符本征值的集合称为本征值谱。如果本征值是一些分立值,则称这些本征值组成分立谱;如果本征值是连续分布的,则称这些本征值组成连续谱。

对应于一个本征值,算符可能只有一个本征函数,但也可能有不止一个相互独立的本征函

数。如果有 f 个本征函数 $u_1,u_2,\cdots,u_f$ 属于同一个本征值 λ，而且不能找到不同时为零的 f 个常数 $c_1,c_2,\cdots,c_f$，使下面的等式成立

$$c_1u_1+c_2u_2+\cdots+c_fu_f=0$$

则我们称本征值 λ 是简并的，而且简并度是 f。

在量子力学中，本征值和本征函数是非常重要的概念，定态薛定谔方程就是哈密顿算符（非相对论能量算符）的本征值方程。本征值方程的本征值 E 就是量子体系能量（非相对论）的可能取值，与能量本征值对应的本征函数就是量子体系可能的波函数。

4. 算符的逆算符

定义单位算符 $\hat{I}$，$\hat{I}u=u$；如果算符 $\hat{A}$，$\hat{B}$ 满足

$$\hat{A}\hat{B}=\hat{B}\hat{A}=\hat{I} \tag{15-3-12}$$

则称算符 $\hat{A}$ 与算符 $\hat{B}$ 互为逆。算符 $\hat{A}$ 的逆算符也可以计作 $\hat{A}^{-1}$，所以

$$\hat{A}\hat{A}^{-1}=\hat{A}^{-1}\hat{A}=\hat{I} \tag{15-3-13}$$

如果算符 $\hat{A}$ 作用到函数 ψ 上等于函数 φ，$\hat{A}\psi=\varphi$，在逆算符 $\hat{A}^{-1}$ 存在的情况下，有

$$\hat{A}^{-1}\hat{A}\psi=\hat{A}^{-1}\varphi,\hat{I}\psi=\hat{A}^{-1}\varphi;\psi=\hat{A}^{-1}\varphi$$

可见，如果已知某算符 $\hat{A}$ 作用到波函数 ψ 上得到的函数 φ 的具体形式，就可以反过来由算符 $\hat{A}$ 的逆算符 $\hat{A}^{-1}$ 作用到函数 φ 上而得到波函数 ψ。

如果算符 $\hat{A}$ 和算符 $\hat{B}$ 均存在逆算符 $\hat{A}^{-1}$ 和 $\hat{B}^{-1}$，则

$$\hat{A}\hat{B}\hat{B}^{-1}\hat{A}^{-1}=\hat{A}\hat{A}^{-1}=\hat{I},(\hat{A}\hat{B})(\hat{B}^{-1}\hat{A}^{-1})=\hat{I}$$

由此得到一个有用的算符运算关系

$$(\hat{A}\hat{B})^{-1}=(\hat{B}^{-1}\hat{A}^{-1})=\hat{B}^{-1}\hat{A}^{-1},(\hat{A}\hat{B})^{-1}=\hat{B}^{-1}\hat{A}^{-1} \tag{15-3-14}$$

5. 算符的转置

波函数 ψ 与 φ 的标积定义为

$$(\psi,\varphi)=\int_\Omega \psi^*\varphi\,\mathrm{d}\tau \tag{15-3-15}$$

$\mathrm{d}\tau$ 为体积元，积分遍及波函数整个空间 Ω。在量子力学中，实际上把波函数看作是一个“矢量”；波函数的标积也称为波函数的内积。对于一维运动的微观粒子，有 $\int\mathrm{d}\tau=\int_{-\infty}^{+\infty}\mathrm{d}x$；对于三维运动的微观粒子，有 $\int\mathrm{d}\tau=\int_{-\infty}^{+\infty}\int_{-\infty}^{+\infty}\int_{-\infty}^{+\infty}\mathrm{d}x\,\mathrm{d}y\,\mathrm{d}z$。如果变量取离散值，则上述积分用求和代替。对于任意波函数 ψ 与 φ 以及任意复常数 c_1 和 c_2，有

$$(\psi,\psi)\geqslant 0;(\psi,\varphi)^*=\left(\int_\Omega\psi^*\varphi\,\mathrm{d}\tau\right)^*=\int_\Omega\psi\varphi^*\,\mathrm{d}\tau=(\varphi,\psi),(\psi,\varphi)^*=(\varphi,\psi)$$

$$(\psi,c_1\varphi_1+c_2\varphi_2)=c_1(\psi,\varphi_1)+c_2(\psi,\varphi_2),(c_1\psi_1+c_2\psi_2,\varphi)=c_1^*(\psi_1,\varphi)+c_2^*(\psi_2,\varphi)$$

一个算符 $\hat{A}$ 的转置算符 $\tilde{\hat{A}}$ 定义为（算符作用到函数上，结果依然是函数）

$$\int\psi^*\tilde{\hat{A}}\varphi\,\mathrm{d}\tau=\int\varphi\hat{A}\psi^*\,\mathrm{d}\tau,(\psi,\tilde{\hat{A}}\varphi)=(\varphi^*,\hat{A}\psi^*) \tag{15-3-16}$$

式中，ψ,φ 为任意两个波函数。

例如，对于位置算符 $\hat{x}=x$，有

$$\int \psi^* \hat{x} \varphi \mathrm{d}\tau = \int \psi^* x \varphi \mathrm{d}\tau = \int \varphi x \psi^* \mathrm{d}\tau = \int \varphi \hat{x} \psi^* \mathrm{d}\tau, \tilde{\hat{x}} = \hat{x}$$

对于动量算符$\hat{p}_x = -\mathrm{i}\hbar \dfrac{\partial}{\partial x}$,有

$$\int \psi^* \hat{p}_x \varphi \mathrm{d}\tau = \int_{-\infty}^{+\infty} \psi^* \left(-\mathrm{i}\hbar \frac{\mathrm{d}}{\mathrm{d}x}\varphi\right) \mathrm{d}x = -\mathrm{i}\hbar \int_{-\infty}^{+\infty} \psi^* \mathrm{d}\varphi = -\mathrm{i}\hbar \psi^* \varphi \Big|_{-\infty}^{+\infty} + \mathrm{i}\hbar \int_{-\infty}^{+\infty} \varphi \mathrm{d}\psi^*$$

$$= \mathrm{i}\hbar \int_{-\infty}^{+\infty} \varphi \mathrm{d}\psi^* = \mathrm{i}\hbar \int_{-\infty}^{+\infty} \varphi \frac{\mathrm{d}\psi^*}{\mathrm{d}x} \mathrm{d}x = \int_{-\infty}^{+\infty} \varphi \left(\mathrm{i}\hbar \frac{\mathrm{d}\psi^*}{\mathrm{d}x}\right) \mathrm{d}x = \int \varphi (-\hat{p}_x) \psi^* \mathrm{d}\tau$$

这里利用了当$x \to \pm\infty$时,波函数ψ和φ等于零的条件。由此得到

$$\tilde{\hat{p}}_x = -\hat{p}_x \tag{15-3-17}$$

按算符转置的定义,对于算符$\hat{A}$和算符$\hat{B}$,有(算符作用到函数上,结果依然是函数)

$$\int \psi^* \widetilde{\hat{A}\hat{B}} \varphi \mathrm{d}\tau = \int \varphi \hat{A}\hat{B} \psi^* \mathrm{d}\tau = \int \varphi \hat{A} (\hat{B}^* \psi)^* \mathrm{d}\tau = \int (\hat{B}^* \psi)^* \tilde{\hat{A}} \varphi \mathrm{d}\tau$$

$$= \int (\hat{B} \psi^*) (\tilde{\hat{A}} \varphi) \mathrm{d}\tau = \int (\tilde{\hat{A}} \varphi) \hat{B} \psi^* \mathrm{d}\tau = \int \psi^* \tilde{\hat{B}} (\tilde{\hat{A}} \varphi) \mathrm{d}\tau = \int \psi^* \tilde{\hat{B}} \tilde{\hat{A}} \varphi \mathrm{d}\tau$$

由于ψ和φ是任意函数,所以

$$\widetilde{\hat{A}\hat{B}} = \tilde{\hat{B}} \tilde{\hat{A}} \tag{15-3-18}$$

6. 算符的厄米共轭

一个算符$\hat{A}$的复共轭再转置,称为算符的厄米共轭,计为$\hat{A}^\dagger$

$$\hat{A}^\dagger = \widetilde{(\hat{A}^*)} = (\tilde{\hat{A}})^* = \tilde{\hat{A}}^* \tag{15-3-19}$$

由标积的定义和算符转置的定义,得到(注意:$\hat{A}^\dagger \varphi$也是一个函数)

$$(\psi, \hat{A}^\dagger \varphi) = \int \psi^* \hat{A}^\dagger \varphi \mathrm{d}\tau = \int \psi^* \tilde{\hat{A}}^* \varphi \mathrm{d}\tau = \int (\psi \tilde{\hat{A}} \varphi^*)^* \mathrm{d}\tau = \int (\varphi^* \hat{A} \psi)^* \mathrm{d}\tau$$

$$= \int \varphi \hat{A}^* \psi^* \mathrm{d}\tau = \int \varphi (\hat{A} \psi)^* \mathrm{d}\tau = \int (\hat{A} \psi)^* \varphi \mathrm{d}\tau = (\hat{A}\psi, \varphi)$$

$$(\psi, \hat{A}^\dagger \varphi) = (\hat{A}\psi, \varphi) \tag{15-3-20}$$

由于$(\hat{A}\hat{B})^\dagger = (\widetilde{\hat{A}\hat{B}})^* = (\tilde{\hat{B}} \tilde{\hat{A}})^* = \tilde{\hat{B}}^* \tilde{\hat{A}}^* = \hat{B}^\dagger \hat{A}^\dagger$,所以

$$(\hat{A}\hat{B})^\dagger = \hat{B}^\dagger \hat{A}^\dagger \tag{15-3-21}$$

7. 厄米算符

如果一个算符$\hat{A}$厄米共轭后的算符$\hat{A}^\dagger$等于算符$\hat{A}$本身

$$\hat{A}^\dagger = \hat{A} \tag{15-3-22}$$

则称算符$\hat{A}$为厄米算符。

对于厄米算符$\hat{A}$,由于$(\psi, \hat{A}^\dagger \varphi) = (\hat{A}\psi, \varphi)$和$\hat{A}^\dagger = \hat{A}$,则得到

$$(\psi, \hat{A}\varphi) = (\hat{A}\psi, \varphi), \int \psi^* \hat{A} \varphi \mathrm{d}\tau = \int \varphi \hat{A}^* \psi^* \mathrm{d}\tau \tag{15-3-23}$$

这也可以看作算符$\hat{A}$是厄米算符的定义。对于位置算符$\hat{x} = x$和动量算符$\hat{p}_x = -\mathrm{i}\hbar \dfrac{\partial}{\partial x}$,有

$$\hat{x}^\dagger = \tilde{\hat{x}}^* = \hat{x}^* = x = \hat{x}; \hat{x}^\dagger = \hat{x}$$

$$\hat{p}_x^\dagger=\tilde{\hat{p}}_x^*=-\hat{p}_x^*=-\left(-\mathrm{i}\hbar\frac{\partial}{\partial x}\right)^*=-\mathrm{i}\hbar\frac{\partial}{\partial x}=\hat{p}_x,\hat{p}_x^\dagger=\hat{p}_x$$

即位置算符 $\hat{x}=x$ 和动量算符 $\hat{p}_x=-\mathrm{i}\hbar\dfrac{\partial}{\partial x}$都是厄米算符。由厄米算符的积分定义

$$\int_{-\infty}^{\infty}\psi^*\hat{p}_x\varphi\mathrm{d}x=\int_{-\infty}^{\infty}\psi^*\frac{\hbar}{\mathrm{i}}\frac{\mathrm{d}}{\mathrm{d}x}\varphi\mathrm{d}x=\frac{\hbar}{\mathrm{i}}\psi^*\varphi\Big|_{-\infty}^{\infty}-\frac{\hbar}{\mathrm{i}}\int_{-\infty}^{\infty}\varphi\frac{\mathrm{d}\psi^*}{\mathrm{d}x}\mathrm{d}x=\int_{-\infty}^{\infty}(\hat{p}_x\psi)^*\varphi\mathrm{d}x$$

动量算符$\hat{p}_x=-\mathrm{i}\hbar\dfrac{\partial}{\partial x}=\dfrac{\hbar}{\mathrm{i}}\dfrac{\partial}{\partial x}$是厄米算符。但算符$\dfrac{\mathrm{d}}{\mathrm{d}x}$却不是厄米算符，因为

$$\int_{-\infty}^{\infty}\psi^*\frac{\mathrm{d}\varphi}{\mathrm{d}x}\mathrm{d}x=\psi^*\varphi\Big|_{-\infty}^{\infty}-\int_{-\infty}^{\infty}\frac{\mathrm{d}\psi^*}{\mathrm{d}x}\varphi\mathrm{d}x=-\int_{-\infty}^{\infty}\left(\frac{\mathrm{d}\psi}{\mathrm{d}x}\right)^*\varphi\mathrm{d}x=\int_{-\infty}^{\infty}\varphi\left(-\frac{\mathrm{d}\psi}{\mathrm{d}x}\right)^*\mathrm{d}x$$

由此可见，$\hat{p}_x$ 中虚数 i 对这个算符是厄米算符有着决定性的意义；这也就是在量子力学中波函数和力学量算符都可以是复数的原因之一，以保证力学量算符的厄米性。

如果算符 $\hat{A}$ 和算符 $\hat{B}$ 都是厄米算符，$\hat{A}^\dagger=\hat{A}$，$\hat{B}^\dagger=\hat{B}$，则有

$$\begin{aligned}\int\psi^*(\hat{A}+\hat{B})^\dagger\varphi\mathrm{d}\tau&=\int\psi^*\widetilde{(\hat{A}+\hat{B})}^*\varphi\mathrm{d}\tau=\int\varphi[(\hat{A}+\hat{B})^*\psi^*]\mathrm{d}\tau=\int\varphi[(\hat{A}+\hat{B})\psi]^*\mathrm{d}\tau\\&=\int\varphi(\hat{A}\psi+\hat{B}\psi)^*\mathrm{d}\tau=\int\varphi\hat{A}^*\psi^*\mathrm{d}\tau+\int\varphi\hat{B}^*\psi^*\mathrm{d}\tau\\&=\int\psi^*\tilde{\hat{A}}^*\varphi\mathrm{d}\tau+\int\psi^*\tilde{\hat{B}}^*\varphi\mathrm{d}\tau=\int\psi^*\hat{A}^\dagger\varphi\mathrm{d}\tau+\int\psi^*\hat{B}^\dagger\varphi\mathrm{d}\tau\\&=\int\psi^*\hat{A}\varphi\mathrm{d}\tau+\int\psi^*\hat{B}\varphi\mathrm{d}\tau=\int\psi^*(\hat{A}+\hat{B})\varphi\mathrm{d}\tau\end{aligned}$$

由于 ψ 和 φ 是任意函数，所以

$$(\hat{A}+\hat{B})^\dagger=\hat{A}+\hat{B} \tag{15-3-24}$$

即厄米算符之和依然是厄米算符。

设算符 $\hat{A}$ 和算符 $\hat{B}$ 都是厄米算符，$\hat{A}^\dagger=\hat{A}$，$\hat{B}^\dagger=\hat{B}$，则

$$(\hat{A}\hat{B})^\dagger=\hat{B}^\dagger\hat{A}^\dagger=\hat{B}\hat{A}$$

由于算符的乘积不满足交换律，即一般 $\hat{B}\hat{A}\neq\hat{A}\hat{B}$，故一般来说$(\hat{A}\hat{B})^\dagger\neq\hat{A}\hat{B}$，所以一般来说厄米算符的乘积可能不再是厄米算符；但如果算符 $\hat{A}$ 和算符 $\hat{B}$ 两个厄米算符对易

$$[\hat{A},\hat{B}]=\hat{A}\hat{B}-\hat{B}\hat{A}=0,\hat{A}\hat{B}=\hat{B}\hat{A};(\hat{A}\hat{B})^\dagger=\hat{A}\hat{B}$$

则算符 $\hat{A}$ 和算符 $\hat{B}$ 两个厄米算符的乘积依然是厄米算符。可见，互为对易的两个厄米算符的乘积依然是一个厄米算符。

在量子力学中，测量一个力学量的平均值定义为表示力学量算符作用到状态波函数的函数与状态波函数的内积。对于厄米算符 $\hat{A}$，平均值为

$$\begin{aligned}\overline{A}&=(\psi,\hat{A}\psi)=\int\psi^*\hat{A}\psi\mathrm{d}\tau=\int\psi^*\hat{A}^\dagger\psi\mathrm{d}\tau=\int\psi^*\tilde{\hat{A}}^*\psi\mathrm{d}\tau\\&=\int\psi\hat{A}^*\psi^*\mathrm{d}\tau=\left(\int\psi^*\hat{A}\psi\mathrm{d}\tau\right)^*=(\psi,\hat{A}\psi)^*=\overline{A}^*\end{aligned}$$

厄米算符的平均值等于它的复共轭，这表明厄米算符的平均值一定是实数。反过来可以证明，在任何状态下平均值均为实数的算符必为厄米算符。

假设厄米算符$\hat{A}$ 的本征值为 A_n，相应的本征函数为 ψ_n，即$\hat{A}\psi_n=A_n\psi_n$，对于已归一化的

本征函数 ψ_n,厄米算符$\hat{A}$ 的平均值为

$$\overline{A}=(\psi_n,\hat{A}\psi_n)=\int\psi_n^*\hat{A}\psi_n\mathrm{d}\tau=\int\psi_n^*A_n\psi_n\mathrm{d}\tau=A_n\int\psi_n^*\psi_n\mathrm{d}\tau=A_n\int|\psi_n|^2\mathrm{d}\tau=A_n$$

由于厄米算符 $\hat{A}$ 的平均值 $\overline{A}$ 为实数,则厄米算符 $\hat{A}$ 的本征值 A_n 必为实数。

在量子力学中,可观测量如微观粒子的坐标、动量、角动量、能量等的测量值必须是实数,各个力学量的平均值也必须是实数。因此,量子力学中表示力学量的算符都是厄米算符。再考虑到量子态叠加原理要求表示力学量的算符必须是线性的的要求,则量子力学中表示力学量的算符必须是线性厄米算符,这是量子力学的基本原理之一。

8. 幺正算符

如果一个算符 $\hat{A}$ 的厄米共轭(复共轭转置)算符 $\hat{A}^\dagger$等于算符 $\hat{A}$ 的逆算符 $\hat{A}^{-1}$

$$\hat{A}^\dagger=\hat{A}^{-1} \tag{15-3-25}$$

则称算符 $\hat{A}$ 为幺正算符。如果算符 $\hat{A}$ 是幺正算符,则

$$\hat{A}\hat{A}^\dagger=\hat{A}^\dagger\hat{A}=\hat{I} \tag{15-3-26}$$

在量子力学中,常见的各种变换,如傅立叶变换和量子态随时间的演化(变换)等,都是幺正变换,表示这些变换的算符都是幺正算符。

二、厄米算符本征函数的正交性和完备性

量子力学中,力学量都是用线性厄米算符来表示的,厄米算符的本征函数具有一些基本性质,这些性质在量子力学理论中占有着非常重要的地位。特别是,厄米算符本征函数的正交性和完备性使得我们可以将任意态的波函数按力学量算符本征函数展开。

1. 厄米算符本征函数的正交性

如果两个函数 ψ_1 和 ψ_2 的标积等于零

$$(\psi_1,\psi_2)=0,\int\psi_1^*\psi_2\mathrm{d}\tau=0 \tag{15-3-27}$$

则称 ψ_1 和 ψ_2 两个函数相互正交,式中积分是对函数的全部区域进行的。

设 $\lambda_1,\lambda_2,\cdots,\lambda_n,\cdots$是表示力学量厄米算符 $\hat{A}$ 的互不相等的本征值,这些本征值所属的本征函数分别为 $u_1,u_2,\cdots,u_n,\cdots$,即得厄米算符 $\hat{A}$ 的本征值方程

$$\hat{A}u_k=\lambda_k u_k,\hat{A}u_l=\lambda_l u_l;k\neq l,\lambda_k\neq\lambda_l \tag{15-3-28}$$

因为 $\hat{A}$ 是厄米算符,它的本征值都是实数,所以

$$\lambda_k=\lambda_k^*,\lambda_l=\lambda_l^*$$

由此,厄米算符 $\hat{A}$ 的本征值方程的共轭方程为

$$(\hat{A}u_k)^*=\lambda_k^*u_k^*=\lambda_k u_k^*,(\hat{A}u_l)^*=\lambda_l^*u_l^*=\lambda_l u_l^*$$

以 u_l 右乘共轭方程第一式两边,以 u_k^* 左乘本征方程第二式两边,并对整个区域积分,得

$$\int(\hat{A}u_k)^*u_l\mathrm{d}\tau=\int\lambda_k^*u_k^*u_l\mathrm{d}\tau=\int\lambda_k u_k^*u_l\mathrm{d}\tau=\lambda_k\int u_k^*u_l\mathrm{d}\tau$$

$$\int u_k^*(\hat{A}u_l)\mathrm{d}\tau=\int u_k^*(\lambda_l u_l)\mathrm{d}\tau=\lambda_l\int u_k^*u_l\mathrm{d}\tau$$

由于力学量算符$\hat{A}$ 是厄米算符,所以

$$\lambda_l\int u_k^* u_l \mathrm{d}\tau=\int u_k^*(\hat{A}u_l)\mathrm{d}\tau=\int(\hat{A}u_k)^* u_l \mathrm{d}\tau=\lambda_k\int u_k^* u_l \mathrm{d}\tau$$

由此得到

$$\lambda_k\int u_k^* u_l \mathrm{d}\tau=\lambda_l\int u_k^* u_l \mathrm{d}\tau,(\lambda_k-\lambda_l)\int u_k^* u_l \mathrm{d}\tau=0$$

因为 $k\neq l$ 时，$\lambda_k\neq\lambda_l$，即 $\lambda_k-\lambda_l$ 不为零，所以

$$\int u_k^* u_l \mathrm{d}\tau=0,(u_k,u_l)=0 \tag{15-3-29}$$

可见，厄米算符 $\hat{A}$ 属于不同本征值 λ_k 和 λ_l 的两个本征函数 u_k 和 u_l 是正交的。厄米算符属于不同本征值的两个本征函数相互正交，这是厄米算符的一个重要性质。

如果厄米算符 $\hat{A}$ 的一个本征值 λ_n 是简并的，属于它的本征函数不止一个，而是 f 个（f 度简并），$u_{n1},u_{n2},\cdots,u_{nf}$

$$\hat{A}u_{ni}=\lambda_n u_{ni},\quad(i=1,2,\cdots,f) \tag{15-3-30}$$

一般来说，这些函数并不相互正交。但我们总可以把这 f 个函数线性组合成 f 个新函数 v_{nj}

$$v_{nj}=\sum_{i=1}^{f}a_{ji}u_{ni},\quad(j=1,2,\cdots,f) \tag{15-3-31}$$

其中的 a_{ji} 是待定系数。由于力学量算符 $\hat{A}$ 是线性算符

$$\hat{A}v_{nj}=\hat{A}\sum a_{ji}u_{ni}=\sum a_{ji}\hat{A}u_{ni}=\sum a_{ji}\lambda_n u_{ni}=\lambda_n\sum a_{ji}u_{ni}=\lambda_n v_{nj}$$

这新组合成的 f 个函数 v_{nj} 显然仍是算符 $\hat{A}$ 属于本征值 λ_n 的本征函数。为了使这些新构造的函数 v_{nj} 是相互正交的，我们利用 v_{nj} 正交归一的条件

$$\int v_{nj}^* v_{nj'}\mathrm{d}x=\sum_{i=1}^{f}\sum_{i'=1}^{f}a_{ji}^* a_{j'i'}\int u_{ni}^* u_{ni'}\mathrm{d}x=\delta_{jj'},(j,j'=1,2,\cdots,f) \tag{15-3-32}$$

可以列出有关待定系数 a_{ji} 的 $f(f+1)/2$ 个方程（其中 $j=j'$ 的归一化条件有 f 个，$j\neq j'$ 的正交条件有 $f(f-1)/2$ 个），而待定系数 a_{ji} 有 f^2 个。当 $f>1$ 时，$f^2>f(f+1)/2$，即待定系数 a_{ji} 的数目大于 a_{ji} 所应满足的方程的数目，因此可以有许多种方法选择 a_{ji}，使函数 v_{nj} 满足正交归一化条件。

如果力学量算符是 $\hat{A}$ 的一个本征值 λ_n 是 f 度简并的，即一个本征值属于若干个本征函数，我们可以利用这 f 个本征函数线性组合而构造出 f 个属于力学量算符 $\hat{A}$ 的本征值 λ_n 的正交归一本征函数系。由已知波函数构造满足物理要求的波函数是量子力学的常用手段。

2. 厄米算符的完备性

在数学中已经证明，如果算符 $\hat{A}$ 是满足一定条件的厄米算符，算符 $\hat{A}$ 的本征函数构成一个本征函数系 $\{u_n(x)\}$，则任一函数 $u(x)$ 可以按 $\{u_n(x)\}$ 展开

$$u(x)=\sum_n c_n u_n(x) \tag{15-3-33}$$

即状态 $u(x)$ 表示为算符 $\hat{A}$ 的本征态 $\{u_n(x)\}$ 的叠加。如果算符 $\hat{A}$ 具有连续本征值谱，$u_\lambda(x)$ 是属于连续本征值 λ 的本征函数，则展开式中的求和应换为积分

$$u(x)=\int c_\lambda u_\lambda(x)\mathrm{d}\lambda \tag{15-3-34}$$

我们说，具有这种性质的本征函数系 $\{u_n(x)\}$ 或 $\{u_\lambda(x)\}$ 组成完备系（完全系）。本征函数系

构成完备系也是厄米算符的一个基本性质。

量子力学中表示力学量的算符都是线性厄米算符，它们的本征函数都组成完备系。在量子力学中，量子体系的任何一个状态 $\psi(\boldsymbol{r})=\psi(x,y,z)$ 都可以由某力学量算符的本征函数的线性组合而构成。力学量算符的本征函数也是量子体系可能的波函数(状态)，根据量子态叠加原理，力学量算符的本征函数的线性组合也是量子体系可能的量子态。

设 $\{\psi_n(x)\}=\psi_1(x),\psi_2(x),\cdots$ 为量子体系某力学量算符 $\hat{A}$ 的完备本征函数系，则量子体系的任何状态的波函数 $\psi(x)$ 都可以表示为

$$\psi(x)=\sum_n a_n\psi_n(x)=a_1\psi_1(x)+a_2\psi_2(x)+\cdots \tag{15-3-35}$$

其中的展开系数为

$$a_n=\int\psi_n^*(x)\psi(x)\mathrm{d}x, n=1,2,3,\cdots \tag{15-3-36}$$

即使 $\{\psi_n(x)\}=\psi_1(x),\psi_2(x),\cdots$ 是属于同一个本征值的线性无关的本征函数(简并)，我们也可以由 $\{\psi_n(x)\}=\psi_1(x),\psi_2(x),\cdots$ 构造一组完备正交的本征函数系 $\{u_n(x)\}$，量子体系的任何状态波函数 $\psi(x)$ 都可以在 $\{u_n(x)\}$ 上展开。

厄米算符的正交性和完备性如同数学上的坐标系。坐标系各个方向的单位矢量(基矢)之间是相互正交的；基矢是完备的，任何一个矢量可以分解为沿各个方向的矢量之和，或者说任何一个矢量都可以展开为基矢的线性组合，线性组合的系数就是沿该方向矢量分量的大小。在量子力学中，力学量算符的本征函数之间是正交的，量子体系的任何状态(波函数)都可以展开为本征函数的线性组合；本征函数"相当于"坐标系中的"基矢"，波函数"相当于"坐标系中的矢量。波函数按本征波函数系线性展开的系数"相当于"量子体系处于该本征波函数下的"大小"。如果按波函数的统计意义，展开系数就是量子体系处于该本征函数的状态时的"概率幅"，展开系数的模平方就是量子体系处于该本征函数的状态时的概率。在坐标系中，可以用矢量的各个分量大小组成的矩阵表示；同样，在量子力学中，由波函数按本征函数系展开的系数组成的矩阵表示波函数，这是矩阵力学的基础。

三、坐标和动量算符

量子力学中，用位置坐标算符 $\hat{\boldsymbol{r}}(\hat{x},\hat{y},\hat{z})$ 表示粒子的位置，用动量算符 $\hat{\boldsymbol{p}}(\hat{p}_x,\hat{p}_y,\hat{p}_z)$ 表示粒子的动量。坐标算符和动量算符是量子力学最基本的力学量算符。

在量子力学中，如果力学量 F 在经典力学中有相应的力学量，如角动量、动能、能量，则表示这个力学量 F 的算符 $\hat{F}$ 的经典力学表达式中 $F(\boldsymbol{r},\boldsymbol{p})$ 将动量 $\boldsymbol{p}$ 换为动量算符 $\hat{\boldsymbol{p}}$，而位置坐标 $\boldsymbol{r}$ 可以不用坐标算符 $\hat{\boldsymbol{r}}$ 替换

$$\hat{F}=\hat{F}(\hat{\boldsymbol{r}},\hat{\boldsymbol{p}})=\hat{F}(\boldsymbol{r},-\mathrm{i}\hbar\nabla) \tag{15-3-37}$$

在经典力学中没有相应的力学量的量子力学力学量，如自旋、宇称等需要另行寻找。

量子力学中算符的函数，可以由幂级数来定义

$$F(\hat{A})=\sum_{n=0}^{\infty}\frac{F^{(n)}(0)}{n!}\hat{A}^n, F^{(n)}(x)=\frac{\mathrm{d}^n}{\mathrm{d}x^n}F(x) \tag{15-3-38}$$

$$F(\hat{A},\hat{B})=\sum_{n,m=0}^{\infty}\frac{F^{(n,m)}(0,0)}{n!\ m!}\hat{A}^n\hat{B}^m, F^{(n,m)}(x,y)=\frac{\partial^n}{\partial x^n}\frac{\partial^m}{\partial y^m}F(x,y) \tag{15-3-39}$$

1. 坐标算符

位置坐标算符表示为

$$\hat{\boldsymbol{r}}=\hat{x}\boldsymbol{i}+\hat{y}\boldsymbol{j}+\hat{z}\boldsymbol{k};\hat{x}=x,\hat{y}=y,\hat{z}=z \tag{15-3-40}$$

实际上就是一般的矢量(或实数)$\boldsymbol{r}(x,y,z)$,$\hat{\boldsymbol{r}}\psi$ 就是 $\boldsymbol{r}$ 与 ψ 相乘($\hat{x}\psi$ 就是 x 与 ψ 相乘,$\hat{y}\psi$ 就是 y 与 ψ 相乘,$\hat{z}\psi$ 就是 z 与 ψ 相乘),可以不必使用算符来表示力学量位置。

对于任意波函数 $\psi_1,\psi_2,\cdots$和任意常数 $c_1,c_2,\cdots$,有

$$\hat{\boldsymbol{r}}(c_1\psi_1+c_2\psi_2+\cdots)=c_1\boldsymbol{r}\psi_1+c_2\boldsymbol{r}\psi_2+\cdots=c_1\hat{\boldsymbol{r}}\psi_1+c_2\hat{\boldsymbol{r}}\psi_2+\cdots$$

$$\hat{x}(c_1\psi_1+c_2\psi_2+\cdots)=c_1x\psi_1+c_2x\psi_2+\cdots=c_1\hat{x}\psi_1+c_2\hat{x}\psi_2+\cdots$$

$$\hat{y}(c_1\psi_1+c_2\psi_2+\cdots)=c_1y\psi_1+c_2y\psi_2+\cdots=c_1\hat{y}\psi_1+c_2\hat{y}\psi_2+\cdots$$

$$\hat{z}(c_1\psi_1+c_2\psi_2+\cdots)=c_1z\psi_1+c_2z\psi_2+\cdots=c_1\hat{z}\psi_1+c_2\hat{z}\psi_2+\cdots$$

可见,位置坐标算符 $\hat{\boldsymbol{r}}(\hat{x},\hat{y},\hat{z})$都是线性算符。

对于任意两个波函数 ψ 和 φ,有

$$\int\psi^*\hat{x}\varphi\,\mathrm{d}x=\int\psi^*x\varphi\,\mathrm{d}x=\int(x\psi)^*\varphi\,\mathrm{d}x=\int(\hat{x}\psi)^*\varphi\,\mathrm{d}x$$

$$\int\psi^*\hat{y}\varphi\,\mathrm{d}x=\int\psi^*y\varphi\,\mathrm{d}x=\int(y\psi)^*\varphi\,\mathrm{d}x=\int(\hat{y}\psi)^*\varphi\,\mathrm{d}x$$

$$\int\psi^*\hat{z}\varphi\,\mathrm{d}x=\int\psi^*z\varphi\,\mathrm{d}x=\int(z\psi)^*\varphi\,\mathrm{d}x=\int(\hat{z}\psi)^*\varphi\,\mathrm{d}x$$

$$\int\psi^*\hat{\boldsymbol{r}}\varphi\,\mathrm{d}x=\int\psi^*\boldsymbol{r}\varphi\,\mathrm{d}x=\int(\boldsymbol{r}\psi)^*\varphi\,\mathrm{d}x=\int(\hat{\boldsymbol{r}}\psi)^*\varphi\,\mathrm{d}x$$

可见,位置坐标算符 $\hat{\boldsymbol{r}}(\hat{x},\hat{y},\hat{z})$都是厄米算符。

由于位置坐标算符 $\hat{\boldsymbol{r}}(\hat{x},\hat{y},\hat{z})$显然满足下列关系

$$[\hat{x},\hat{x}]=0,[\hat{y},\hat{y}]=0,[\hat{z},\hat{z}]=0,$$

$$[\hat{x},\hat{y}]=[\hat{y},\hat{x}]=0,[\hat{x},\hat{z}]=[\hat{z},\hat{x}]=0,[\hat{y},\hat{z}]=[\hat{z},\hat{y}]=0,$$

$$[\hat{\boldsymbol{r}},\hat{x}]=[\hat{x},\hat{\boldsymbol{r}}]=0,[\hat{\boldsymbol{r}},\hat{y}]=[\hat{y},\hat{\boldsymbol{r}}]=0,[\hat{\boldsymbol{r}},\hat{z}]=[\hat{z},\hat{\boldsymbol{r}}]=0$$

所以,位置坐标算符 $\hat{x},\hat{y},\hat{z}$ 之间以及 $\hat{\boldsymbol{r}}$ 与 $\hat{x},\hat{y},\hat{z}$ 之间都是对易的

$$[\hat{r}_\alpha,\hat{r}_\beta]=0,[\hat{r}_\beta,\hat{r}_\alpha]=0,[\hat{\boldsymbol{r}},\hat{r}_\alpha]=0,[\hat{r}_\alpha,\hat{\boldsymbol{r}}]=0,r_\alpha,r_\beta=x,y,z \tag{15-3-41}$$

2. 动量算符

动量算符及其分量算符表示为

$$\hat{\boldsymbol{p}}=\hat{p}_x\boldsymbol{i}+\hat{p}_y\boldsymbol{j}+\hat{p}_z\boldsymbol{k}=-\mathrm{i}\hbar\nabla;\hat{p}_x=-\mathrm{i}\hbar\frac{\partial}{\partial x},\hat{p}_y=-\mathrm{i}\hbar\frac{\partial}{\partial y},\hat{p}_z=-\mathrm{i}\hbar\frac{\partial}{\partial z} \tag{15-3-42}$$

对于任意波函数 $\psi_1,\psi_2,\cdots$和任意常数 $c_1,c_2,\cdots$,有

$$\hat{p}_x(c_1\psi_1+c_2\psi_2+\cdots)=c_1\left(-\mathrm{i}\hbar\frac{\partial}{\partial x}\right)\psi_1+c_2\left(-\mathrm{i}\hbar\frac{\partial}{\partial x}\right)\psi_2+\cdots=c_1\hat{p}_x\psi_1+c_2\hat{p}_x\psi_2+\cdots$$

$$\hat{p}_y(c_1\psi_1+c_2\psi_2+\cdots)=c_1\left(-\mathrm{i}\hbar\frac{\partial}{\partial y}\right)\psi_1+c_2\left(-\mathrm{i}\hbar\frac{\partial}{\partial y}\right)\psi_2+\cdots=c_1\hat{p}_y\psi_1+c_2\hat{p}_y\psi_2+\cdots$$

$$\hat{p}_z(c_1\psi_1+c_2\psi_2+\cdots)=c_1\left(-\mathrm{i}\hbar\frac{\partial}{\partial z}\right)\psi_1+c_2\left(-\mathrm{i}\hbar\frac{\partial}{\partial z}\right)\psi_2+\cdots=c_1\hat{p}_z\psi_1+c_2\hat{p}_z\psi_2+\cdots$$

$$\hat{\boldsymbol{p}}(c_1\psi_1+c_2\psi_2+\cdots)=c_1(-\mathrm{i}\hbar\nabla)\psi_1+c_2(-\mathrm{i}\hbar\nabla)\psi_2+\cdots=c_1\hat{\boldsymbol{p}}\psi_1+c_2\hat{\boldsymbol{p}}\psi_2+\cdots$$

可见,动量 $\hat{\boldsymbol{p}}$ 及其分量算符($\hat{p}_x,\hat{p}_y,\hat{p}_z$)都是线性算符。

对于任意两个波函数 ψ 和 φ,有

$$\int \psi^* \hat{p}_x \varphi \mathrm{d}x = \int \psi^* \left(-\mathrm{i}\hbar \frac{\partial}{\partial x}\right) \varphi \mathrm{d}x = -\mathrm{i}\hbar \int \psi^* \mathrm{d}\varphi = -\mathrm{i}\hbar \varphi\psi^* \Big|_{-\infty}^{+\infty} + \mathrm{i}\hbar \int \varphi \mathrm{d}\psi^*$$

$$= \int \left(\mathrm{i}\hbar \frac{\partial}{\partial x}\psi^*\right) \varphi \mathrm{d}x = \int \left(-\mathrm{i}\hbar \frac{\partial}{\partial x}\psi\right)^* \varphi \mathrm{d}x = \int (\hat{p}_x \psi)^* \varphi \mathrm{d}x$$

$$\int \psi^* \hat{p}_y \varphi \mathrm{d}y = \int \psi^* \left(-\mathrm{i}\hbar \frac{\partial}{\partial y}\right) \varphi \mathrm{d}y = -\mathrm{i}\hbar \int \psi^* \mathrm{d}\varphi = -\mathrm{i}\hbar \varphi\psi^* \Big|_{-\infty}^{+\infty} + \mathrm{i}\hbar \int \varphi \mathrm{d}\psi^*$$

$$= \int \left(\mathrm{i}\hbar \frac{\partial}{\partial y}\psi^*\right) \varphi \mathrm{d}y = \int \left(-\mathrm{i}\hbar \frac{\partial}{\partial y}\psi\right)^* \varphi \mathrm{d}y = \int (\hat{p}_y \psi)^* \varphi \mathrm{d}y$$

$$\int \psi^* \hat{p}_z \varphi \mathrm{d}z = \int \psi^* \left(-\mathrm{i}\hbar \frac{\partial}{\partial z}\right) \varphi \mathrm{d}z = -\mathrm{i}\hbar \int \psi^* \mathrm{d}\varphi = -\mathrm{i}\hbar \varphi\psi^* \Big|_{-\infty}^{+\infty} + \mathrm{i}\hbar \int \varphi \mathrm{d}\psi^*$$

$$= \int \left(\mathrm{i}\hbar \frac{\partial}{\partial z}\psi^*\right) \varphi \mathrm{d}z = \int \left(-\mathrm{i}\hbar \frac{\partial}{\partial z}\psi\right)^* \varphi \mathrm{d}z = \int (\hat{p}_z \psi)^* \varphi \mathrm{d}z$$

$$\int \psi^* \hat{\boldsymbol{p}} \varphi \mathrm{d}\tau = \int \psi^* (\hat{p}_x \boldsymbol{i} + \hat{p}_y \boldsymbol{j} + \hat{p}_z \boldsymbol{k}) \varphi \mathrm{d}\tau = \boldsymbol{i} \int \psi^* \hat{p}_x \varphi \mathrm{d}x + \boldsymbol{j} \int \psi^* \hat{p}_y \varphi \mathrm{d}y + \boldsymbol{k} \int \psi^* \hat{p}_z \varphi \mathrm{d}z$$

$$= \boldsymbol{i} \int (\hat{p}_x \psi)^* \varphi \mathrm{d}x + \boldsymbol{j} \int (\hat{p}_y \psi)^* \varphi \mathrm{d}y + \boldsymbol{k} \int (\hat{p}_z \psi)^* \varphi \mathrm{d}z = \int (\hat{\boldsymbol{p}} \psi)^* \varphi \mathrm{d}\tau$$

可见,动量 $\hat{\boldsymbol{p}}$ 及其分量算符($\hat{p}_x, \hat{p}_y, \hat{p}_z$)都是厄米算符。

对于任意波函数 ψ,有

$$[\hat{p}_x, \hat{p}_x]\psi = \frac{\hbar}{\mathrm{i}}\frac{\partial}{\partial x}\frac{\hbar}{\mathrm{i}}\frac{\partial}{\partial x}\psi - \frac{\hbar}{\mathrm{i}}\frac{\partial}{\partial x}\frac{\hbar}{\mathrm{i}}\frac{\partial}{\partial x}\psi = 0, [\hat{p}_x, \hat{p}_x] = 0$$

$$[\hat{p}_y, \hat{p}_y]\psi = \frac{\hbar}{\mathrm{i}}\frac{\partial}{\partial y}\frac{\hbar}{\mathrm{i}}\frac{\partial}{\partial y}\psi - \frac{\hbar}{\mathrm{i}}\frac{\partial}{\partial y}\frac{\hbar}{\mathrm{i}}\frac{\partial}{\partial y}\psi = 0, [\hat{p}_y, \hat{p}_y] = 0$$

$$[\hat{p}_z, \hat{p}_z]\psi = \frac{\hbar}{\mathrm{i}}\frac{\partial}{\partial z}\frac{\hbar}{\mathrm{i}}\frac{\partial}{\partial z}\psi - \frac{\hbar}{\mathrm{i}}\frac{\partial}{\partial z}\frac{\hbar}{\mathrm{i}}\frac{\partial}{\partial z}\psi = 0, [\hat{p}_z, \hat{p}_z] = 0$$

$$[\hat{p}_x, \hat{p}_y]\psi = \frac{\hbar}{\mathrm{i}}\frac{\partial}{\partial x}\frac{\hbar}{\mathrm{i}}\frac{\partial}{\partial y}\psi - \frac{\hbar}{\mathrm{i}}\frac{\partial}{\partial y}\frac{\hbar}{\mathrm{i}}\frac{\partial}{\partial x}\psi = 0, [\hat{p}_x, \hat{p}_y] = [\hat{p}_y, \hat{p}_x] = 0$$

$$[\hat{p}_x, \hat{p}_z]\psi = \frac{\hbar}{\mathrm{i}}\frac{\partial}{\partial x}\frac{\hbar}{\mathrm{i}}\frac{\partial}{\partial z}\psi - \frac{\hbar}{\mathrm{i}}\frac{\partial}{\partial z}\frac{\hbar}{\mathrm{i}}\frac{\partial}{\partial x}\psi = 0, [\hat{p}_x, \hat{p}_z] = [\hat{p}_z, \hat{p}_x] = 0$$

$$[\hat{p}_y, \hat{p}_z]\psi = \frac{\hbar}{\mathrm{i}}\frac{\partial}{\partial y}\frac{\hbar}{\mathrm{i}}\frac{\partial}{\partial z}\psi - \frac{\hbar}{\mathrm{i}}\frac{\partial}{\partial z}\frac{\hbar}{\mathrm{i}}\frac{\partial}{\partial y}\psi = 0, [\hat{p}_y, \hat{p}_z] = [\hat{p}_z, \hat{p}_y] = 0$$

$$[\hat{\boldsymbol{p}}, \hat{p}_x] = \hat{p}_x \hat{p}_x \boldsymbol{i} + \hat{p}_y \hat{p}_x \boldsymbol{j} + \hat{p}_z \hat{p}_x \boldsymbol{k} - \hat{p}_x \hat{p}_x \boldsymbol{i} - \hat{p}_x \hat{p}_y \boldsymbol{j} - \hat{p}_x \hat{p}_z \boldsymbol{k}$$

$$= [\hat{p}_x, \hat{p}_x]\boldsymbol{i} + [\hat{p}_y, \hat{p}_x]\boldsymbol{j} + [\hat{p}_z, \hat{p}_x]\boldsymbol{k} = 0$$

$$[\hat{\boldsymbol{p}}, \hat{p}_y] = \hat{p}_x \hat{p}_y \boldsymbol{i} + \hat{p}_y \hat{p}_y \boldsymbol{j} + \hat{p}_z \hat{p}_y \boldsymbol{k} - \hat{p}_y \hat{p}_x \boldsymbol{i} - \hat{p}_y \hat{p}_y \boldsymbol{j} - \hat{p}_y \hat{p}_z \boldsymbol{k}$$

$$= [\hat{p}_x, \hat{p}_y]\boldsymbol{i} + [\hat{p}_y, \hat{p}_y]\boldsymbol{j} + [\hat{p}_z, \hat{p}_y]\boldsymbol{k} = 0$$

$$[\hat{\boldsymbol{p}}, \hat{p}_z] = \hat{p}_x \hat{p}_z \boldsymbol{i} + \hat{p}_y \hat{p}_z \boldsymbol{j} + \hat{p}_z \hat{p}_z \boldsymbol{k} - \hat{p}_z \hat{p}_x \boldsymbol{i} - \hat{p}_z \hat{p}_y \boldsymbol{j} - \hat{p}_z \hat{p}_z \boldsymbol{k}$$

$$= [\hat{p}_x, \hat{p}_z]\boldsymbol{i} + [\hat{p}_y, \hat{p}_z]\boldsymbol{j} + [\hat{p}_z, \hat{p}_z]\boldsymbol{k} = 0$$

可见,动量分量算符之间以及动量算符与各个分量算符之间都是对易的

$$[\hat{p}_\alpha, \hat{p}_\beta] = 0, [\hat{p}_\beta, \hat{p}_\alpha] = 0, [\hat{\boldsymbol{p}}, \hat{p}_\alpha] = 0, [\hat{p}_\alpha, \hat{\boldsymbol{p}}] = 0, \alpha, \beta = x, y, z \tag{15-3-43}$$

3. 量子力学基本对易关系

对于任意波函数 ψ,有

$$[x, \hat{p}_y]\psi = x \frac{\hbar}{\mathrm{i}}\frac{\partial}{\partial y}\psi - \frac{\hbar}{\mathrm{i}}\frac{\partial}{\partial y}(x\psi) = 0, [x, \hat{p}_y] = [\hat{p}_y, x] = 0$$

$$[x,\hat{p}_z]\psi=x\frac{\hbar}{\mathrm{i}}\frac{\partial}{\partial z}\psi-\frac{\hbar}{\mathrm{i}}\frac{\partial}{\partial z}(x\psi)=0,\ [x,\hat{p}_z]=[\hat{p}_z,x]=0$$

$$[y,\hat{p}_x]\psi=y\frac{\hbar}{\mathrm{i}}\frac{\partial}{\partial x}\psi-\frac{\hbar}{\mathrm{i}}\frac{\partial}{\partial x}(y\psi)=0,\ [y,\hat{p}_x]=[\hat{p}_x,y]=0$$

$$[y,\hat{p}_z]\psi=y\frac{\hbar}{\mathrm{i}}\frac{\partial}{\partial z}\psi-\frac{\hbar}{\mathrm{i}}\frac{\partial}{\partial z}(y\psi)=0,\ [y,\hat{p}_z]=[\hat{p}_z,y]=0$$

$$[z,\hat{p}_x]\psi=z\frac{\hbar}{\mathrm{i}}\frac{\partial}{\partial x}\psi-\frac{\hbar}{\mathrm{i}}\frac{\partial}{\partial x}(z\psi)=0,\ [z,\hat{p}_x]=[\hat{p}_x,z]=0$$

$$[z,\hat{p}_y]\psi=z\frac{\hbar}{\mathrm{i}}\frac{\partial}{\partial y}\psi-\frac{\hbar}{\mathrm{i}}\frac{\partial}{\partial y}(z\psi)=0,\ [z,\hat{p}_y]=[\hat{p}_y,z]=0$$

可见,位置坐标与动量不同分量算符之间是相互对易的。但

$$[x,\hat{p}_x]\psi=x\frac{\hbar}{\mathrm{i}}\frac{\partial}{\partial x}\psi-\frac{\hbar}{\mathrm{i}}\frac{\partial}{\partial x}(x\psi)=x\frac{\hbar}{\mathrm{i}}\frac{\partial}{\partial x}\psi-\frac{\hbar}{\mathrm{i}}x\frac{\partial}{\partial x}\psi-\frac{\hbar}{\mathrm{i}}\psi=\mathrm{i}\hbar\psi,\ [x,\hat{p}_x]=\mathrm{i}\hbar$$

$$[\hat{p}_x,x]\psi=\frac{\hbar}{\mathrm{i}}\frac{\partial}{\partial x}(x\psi)-x\frac{\hbar}{\mathrm{i}}\frac{\partial}{\partial x}\psi=-\mathrm{i}\hbar\psi,\ [\hat{p}_x,x]=-\mathrm{i}\hbar$$

$$[y,\hat{p}_y]\psi=y\frac{\hbar}{\mathrm{i}}\frac{\partial}{\partial y}\psi-\frac{\hbar}{\mathrm{i}}\frac{\partial}{\partial y}(y\psi)=y\frac{\hbar}{\mathrm{i}}\frac{\partial}{\partial y}\psi-\frac{\hbar}{\mathrm{i}}y\frac{\partial}{\partial y}\psi-\frac{\hbar}{\mathrm{i}}\psi=\mathrm{i}\hbar\psi,\ [y,\hat{p}_y]=\mathrm{i}\hbar$$

$$[\hat{p}_y,y]\psi=\frac{\hbar}{\mathrm{i}}\frac{\partial}{\partial y}(y\psi)-y\frac{\hbar}{\mathrm{i}}\frac{\partial}{\partial y}\psi=-\mathrm{i}\hbar\psi,\ [\hat{p}_y,y]=-\mathrm{i}\hbar$$

$$[z,\hat{p}_z]\psi=z\frac{\hbar}{\mathrm{i}}\frac{\partial}{\partial z}\psi-\frac{\hbar}{\mathrm{i}}\frac{\partial}{\partial z}(z\psi)=z\frac{\hbar}{\mathrm{i}}\frac{\partial}{\partial z}\psi-\frac{\hbar}{\mathrm{i}}z\frac{\partial}{\partial z}\psi-\frac{\hbar}{\mathrm{i}}\psi=\mathrm{i}\hbar\psi,\ [z,\hat{p}_z]=\mathrm{i}\hbar$$

$$[\hat{p}_z,z]\psi=\frac{\hbar}{\mathrm{i}}\frac{\partial}{\partial z}(z\psi)-z\frac{\hbar}{\mathrm{i}}\frac{\partial}{\partial z}\psi=-\mathrm{i}\hbar\psi,\ [\hat{p}_z,z]=-\mathrm{i}\hbar$$

$$[x,\hat{\boldsymbol{p}}]=[x,\hat{p}_x]\boldsymbol{i}+[x,\hat{p}_y]\boldsymbol{j}+[x,\hat{p}_z]\boldsymbol{k}=[x,\hat{p}_x]\boldsymbol{i}=\mathrm{i}\hbar\boldsymbol{i},\ [\hat{\boldsymbol{p}},x]=-\mathrm{i}\hbar\boldsymbol{i}$$

$$[y,\hat{\boldsymbol{p}}]=[y,\hat{p}_x]\boldsymbol{i}+[y,\hat{p}_y]\boldsymbol{j}+[y,\hat{p}_z]\boldsymbol{k}=[y,\hat{p}_y]\boldsymbol{j}=\mathrm{i}\hbar\boldsymbol{j},\ [\hat{\boldsymbol{p}},y]=-\mathrm{i}\hbar\boldsymbol{j}$$

$$[z,\hat{\boldsymbol{p}}]=[z,\hat{p}_x]\boldsymbol{i}+[z,\hat{p}_y]\boldsymbol{j}+[z,\hat{p}_z]\boldsymbol{k}=[z,\hat{p}_z]\boldsymbol{k}=\mathrm{i}\hbar\boldsymbol{k},\ [\hat{\boldsymbol{p}},z]=-\mathrm{i}\hbar\boldsymbol{k}$$

位置坐标与动量相同分量算符之间是不对易的,位置坐标与动量算符之间是不对易的。

概括起来,位置算符和动量算符各分量之间的对易关系可写为

$$[r_\alpha,\hat{p}_\beta]=\mathrm{i}\hbar\delta_{\alpha\beta},\ [\hat{p}_\alpha,r_\beta]=-\mathrm{i}\hbar\delta_{\alpha\beta} \tag{15-3-44}$$

其中 $\alpha,\beta=x,y,z,r_x=x,r_y=y,r_z=z$。这是量子力学的基本对易关系,凡与经典力学量相对应的力学量之间的对易关系,均可由此导出。位置算符与动量算符的对易关系为

$$[r_\alpha,\hat{\boldsymbol{p}}]=\mathrm{i}\hbar\boldsymbol{e}_\alpha,\ [\hat{\boldsymbol{p}},r_\alpha]=-\mathrm{i}\hbar\boldsymbol{e}_\alpha \tag{15-3-45}$$

其中 $\boldsymbol{e}_x=\boldsymbol{i},\boldsymbol{e}_y=\boldsymbol{j},\boldsymbol{e}_z=\boldsymbol{k},r_x=x,r_y=y,r_z=z$。

四、角动量算符

1. 角动量算符

角动量在经典力学中有相应的力学量。在经典力学中,角动量 $\boldsymbol{L}$ 定义为

$$\boldsymbol{L}=\boldsymbol{r}\times\boldsymbol{p}$$

式中,$\boldsymbol{r}$ 是粒子的位置矢量,$\boldsymbol{p}$ 是粒子的动量。因此,在量子力学中,角动量的算符为

$$\hat{\boldsymbol{L}}=\hat{\boldsymbol{r}}\times\hat{\boldsymbol{p}}=\hat{L}_x\boldsymbol{i}+\hat{L}_y\boldsymbol{j}+\hat{L}_z\boldsymbol{k}=\begin{vmatrix}\boldsymbol{i} & \boldsymbol{j} & \boldsymbol{k}\\ \hat{x} & \hat{y} & \hat{z}\\ \hat{p}_x & \hat{p}_y & \hat{p}_z\end{vmatrix}=\begin{vmatrix}\boldsymbol{i} & \boldsymbol{j} & \boldsymbol{k}\\ x & y & z\\ \frac{\hbar}{\mathrm{i}}\frac{\partial}{\partial x} & \frac{\hbar}{\mathrm{i}}\frac{\partial}{\partial y} & \frac{\hbar}{\mathrm{i}}\frac{\partial}{\partial z}\end{vmatrix} \tag{15-3-46}$$

角动量算符的分量形式为

$$\begin{cases}\hat{L}_x=y\hat{p}_z-z\hat{p}_y=\dfrac{\hbar}{\mathrm{i}}\left(y\dfrac{\partial}{\partial z}-z\dfrac{\partial}{\partial y}\right)\\ \hat{L}_y=z\hat{p}_x-x\hat{p}_z=\dfrac{\hbar}{\mathrm{i}}\left(z\dfrac{\partial}{\partial x}-x\dfrac{\partial}{\partial z}\right)\\ \hat{L}_z=x\hat{p}_y-y\hat{p}_x=\dfrac{\hbar}{\mathrm{i}}\left(x\dfrac{\partial}{\partial y}-y\dfrac{\partial}{\partial x}\right)\end{cases}\tag{15-3-47}$$

对于任意波函数 $\psi_1,\psi_2,\cdots$ 和任意常数 $c_1,c_2,\cdots$,有

$$\hat{L}_x(c_1\psi_1+c_2\psi_2+\cdots)=\frac{\hbar}{\mathrm{i}}\left(y\frac{\partial}{\partial z}-z\frac{\partial}{\partial y}\right)(c_1\psi_1+c_2\psi_2+\cdots)$$

$$=c_1\frac{\hbar}{\mathrm{i}}\left(y\frac{\partial}{\partial z}-z\frac{\partial}{\partial y}\right)\psi_1+c_2\frac{\hbar}{\mathrm{i}}\left(y\frac{\partial}{\partial z}-z\frac{\partial}{\partial y}\right)\psi_2+\cdots=c_1\hat{L}_x\psi_1+c_2\hat{L}_x\psi_2+\cdots$$

$$\hat{L}_y(c_1\psi_1+c_2\psi_2+\cdots)=\frac{\hbar}{\mathrm{i}}\left(z\frac{\partial}{\partial x}-x\frac{\partial}{\partial z}\right)(c_1\psi_1+c_2\psi_2+\cdots)$$

$$=c_1\frac{\hbar}{\mathrm{i}}\left(z\frac{\partial}{\partial x}-x\frac{\partial}{\partial z}\right)\psi_1+c_2\frac{\hbar}{\mathrm{i}}\left(z\frac{\partial}{\partial x}-x\frac{\partial}{\partial z}\right)\psi_2+\cdots=c_1\hat{L}_y\psi_1+c_2\hat{L}_y\psi_2+\cdots$$

$$\hat{L}_z(c_1\psi_1+c_2\psi_2+\cdots)=\frac{\hbar}{\mathrm{i}}\left(x\frac{\partial}{\partial y}-y\frac{\partial}{\partial x}\right)(c_1\psi_1+c_2\psi_2+\cdots)$$

$$=c_1\frac{\hbar}{\mathrm{i}}\left(x\frac{\partial}{\partial y}-y\frac{\partial}{\partial x}\right)\psi_1+c_2\frac{\hbar}{\mathrm{i}}\left(x\frac{\partial}{\partial y}-y\frac{\partial}{\partial x}\right)\psi_2+\cdots=c_1\hat{L}_z\psi_1+c_2\hat{L}_z\psi_2+\cdots$$

$$\begin{aligned}\hat{\boldsymbol{L}}(c_1\psi_1+c_2\psi_2+\cdots)&=(\hat{L}_x\boldsymbol{i}+\hat{L}_y\boldsymbol{j}+\hat{L}_z\boldsymbol{k})(c_1\psi_1+c_2\psi_2+\cdots)\\&=c_1\hat{L}_x\psi_1\boldsymbol{i}+c_1\hat{L}_y\psi_1\boldsymbol{j}+c_1\hat{L}_z\psi_1\boldsymbol{k}+c_2\hat{L}_x\psi_2\boldsymbol{i}+c_2\hat{L}_y\psi_2\boldsymbol{j}+c_2\hat{L}_z\psi_2\boldsymbol{k}+\cdots\\&=c_1(\hat{L}_x\boldsymbol{i}+\hat{L}_y\boldsymbol{j}+\hat{L}_z\boldsymbol{k})\psi_1+c_2(\hat{L}_x\boldsymbol{i}+\hat{L}_y\boldsymbol{j}+\hat{L}_z\boldsymbol{k})\psi_2+\cdots\\&=c_1\hat{\boldsymbol{L}}\psi_1+c_2\hat{\boldsymbol{L}}\psi_2+\cdots\end{aligned}$$

可见,角动量算符 $\hat{\boldsymbol{L}}$ 以及角动量分量算符 $\hat{L}_x,\hat{L}_y,\hat{L}_z$ 都是线性算符。

对于任意两个波函数 ψ 和 φ,有

$$\begin{aligned}\int\psi^*\hat{L}_x\varphi\mathrm{d}\tau&=\int\psi^*(y\hat{p}_z-z\hat{p}_y)\varphi\mathrm{d}\tau=\int\psi^*y\hat{p}_z\varphi\mathrm{d}\tau-\int\psi^*z\hat{p}_y\varphi\mathrm{d}\tau\\&=\int(y\psi)^*\hat{p}_z\varphi\mathrm{d}\tau-\int(z\psi)^*\hat{p}_y\varphi\mathrm{d}\tau=\int(\hat{p}_zy\psi)^*\varphi\mathrm{d}\tau-\int(\hat{p}_yz\psi)^*\varphi\mathrm{d}\tau\\&=\int(y\hat{p}_z\psi)^*\varphi\mathrm{d}\tau-\int(z\hat{p}_y\psi)^*\varphi\mathrm{d}\tau=\int[(y\hat{p}_z-z\hat{p}_y)\psi]^*\varphi\mathrm{d}\tau=\int(\hat{L}_x\psi)^*\varphi\mathrm{d}\tau\end{aligned}$$

$$\begin{aligned}\int\psi^*\hat{L}_y\varphi\mathrm{d}\tau&=\int\psi^*(z\hat{p}_x-x\hat{p}_z)\varphi\mathrm{d}\tau=\int\psi^*z\hat{p}_x\varphi\mathrm{d}\tau-\int\psi^*x\hat{p}_z\varphi\mathrm{d}\tau\\&=\int(z\psi)^*\hat{p}_x\varphi\mathrm{d}\tau-\int(x\psi)^*\hat{p}_z\varphi\mathrm{d}\tau=\int(\hat{p}_xz\psi)^*\varphi\mathrm{d}\tau-\int(\hat{p}_zx\psi)^*\varphi\mathrm{d}\tau\\&=\int(z\hat{p}_x\psi)^*\varphi\mathrm{d}\tau-\int(x\hat{p}_z\psi)^*\varphi\mathrm{d}\tau=\int[(z\hat{p}_x-x\hat{p}_z)\psi]^*\varphi\mathrm{d}\tau=\int(\hat{L}_y\psi)^*\varphi\mathrm{d}\tau\end{aligned}$$

$$\begin{aligned}\int\psi^*\hat{L}_z\varphi\mathrm{d}\tau&=\int\psi^*(x\hat{p}_y-y\hat{p}_x)\varphi\mathrm{d}\tau=\int\psi^*x\hat{p}_y\varphi\mathrm{d}\tau-\int\psi^*y\hat{p}_x\varphi\mathrm{d}\tau\\&=\int(x\psi)^*\hat{p}_y\varphi\mathrm{d}\tau-\int(y\psi)^*\hat{p}_x\varphi\mathrm{d}\tau=\int(\hat{p}_yx\psi)^*\varphi\mathrm{d}\tau-\int(\hat{p}_xy\psi)^*\varphi\mathrm{d}\tau\end{aligned}$$

$$=\int(x\hat{p}_y\psi)^*\varphi\mathrm{d}\tau-\int(y\hat{p}_x\psi)^*\varphi\mathrm{d}\tau=\int[(x\hat{p}_y-y\hat{p}_x)\psi]^*\varphi\mathrm{d}\tau=\int(\hat{L}_z\psi)^*\varphi\mathrm{d}\tau$$

$$\int\psi^*\hat{\boldsymbol{L}}\varphi\mathrm{d}\tau=\int\psi^*(\hat{L}_x\boldsymbol{i}+\hat{L}_y\boldsymbol{j}+\hat{L}_z\boldsymbol{k})\varphi\mathrm{d}\tau=\boldsymbol{i}\int\psi^*\hat{L}_x\varphi\mathrm{d}\tau+\boldsymbol{j}\int\psi^*\hat{L}_y\varphi\mathrm{d}\tau+\boldsymbol{k}\int\psi^*\hat{L}_z\varphi\mathrm{d}\tau$$

$$=\boldsymbol{i}\int(\hat{L}_x\psi)^*\varphi\mathrm{d}\tau+\boldsymbol{j}\int(\hat{L}_y\psi)^*\varphi\mathrm{d}\tau+\boldsymbol{k}\int(\hat{L}_z\psi)^*\varphi\mathrm{d}\tau$$

$$=\int[(\hat{L}_x\boldsymbol{i}+\hat{L}_y\boldsymbol{j}+\hat{L}_z\boldsymbol{k})\psi]^*\varphi\mathrm{d}\tau=\int(\hat{\boldsymbol{L}}\psi)^*\varphi\mathrm{d}\tau$$

可见，角动量算符 $\hat{\boldsymbol{L}}$ 以及角动量分量算符 $\hat{L}_x,\hat{L}_y,\hat{L}_z$ 都是厄米算符。

利用动量算符与坐标之间的对易关系可以求得角动量分量算符之间的对易关系

$$\begin{cases}[\hat{L}_x,\hat{L}_x]=0,\ [\hat{L}_y,\hat{L}_z]=\hat{L}_y\hat{L}_z-\hat{L}_z\hat{L}_y=\mathrm{i}\hbar\hat{L}_x,\ [\hat{L}_z,\hat{L}_y]=-\mathrm{i}\hbar\hat{L}_x\\ [\hat{L}_y,\hat{L}_y]=0,\ [\hat{L}_z,\hat{L}_x]=\hat{L}_z\hat{L}_x-\hat{L}_x\hat{L}_z=\mathrm{i}\hbar\hat{L}_y,\ [\hat{L}_x,\hat{L}_z]=-\mathrm{i}\hbar\hat{L}_y\\ [\hat{L}_z,\hat{L}_z]=0,\ [\hat{L}_x,\hat{L}_y]=\hat{L}_x\hat{L}_y-\hat{L}_y\hat{L}_x=\mathrm{i}\hbar\hat{L}_z,\ [\hat{L}_y,\hat{L}_x]=-\mathrm{i}\hbar\hat{L}_z\end{cases}\tag{15-3-48}$$

以及角动量算符与角动量各个分量算符之间的对易关系

$$[\hat{\boldsymbol{L}},\hat{L}_x]=\mathrm{i}\hbar(\hat{L}_y\boldsymbol{k}-\hat{L}_z\boldsymbol{j}),\ [\hat{\boldsymbol{L}},\hat{L}_y]=\mathrm{i}\hbar(\hat{L}_z\boldsymbol{i}-\hat{L}_x\boldsymbol{k}),\ [\hat{\boldsymbol{L}},\hat{L}_z]=\mathrm{i}\hbar(\hat{L}_x\boldsymbol{j}-\hat{L}_y\boldsymbol{i})\tag{15-3-49}$$

可见，各个角动量分量算符之间以及角动量算符与各个分量算符之间是不对易的。

如果定义升算符($\hat{L}_+$)和降算符($\hat{L}_-$)

$$\hat{L}_\pm=\hat{L}_x\pm\mathrm{i}\hat{L}_y;\hat{L}_+=\hat{L}_x+\mathrm{i}\hat{L}_y,\hat{L}_-=\hat{L}_x-\mathrm{i}\hat{L}_y\tag{15-3-50}$$

则有对易关系

$$[\hat{L}_z,\hat{L}_\pm]=\pm\hbar\hat{L}_\pm,\ [\hat{L}_z,\hat{L}_+]=+\hbar\hat{L}_+,\ [\hat{L}_z,\hat{L}_-]=-\hbar\hat{L}_-;\ [\hat{L}_+,\hat{L}_-]=2\hbar\hat{L}_z\tag{15-3-51}$$

角动量分量算符的对易关系，可以合成一个“矢量”公式

$$\hat{\boldsymbol{L}}\times\hat{\boldsymbol{L}}=\mathrm{i}\hbar\hat{\boldsymbol{L}}\tag{15-3-52}$$

这是经典物理学中根本不可能存在的关系式，角动量算符的矢量积不为零。在经典物理学中，所有物理量都是“对易”的，因此对于任何矢量 $\boldsymbol{A}$ 总有 $\boldsymbol{A}\times\boldsymbol{A}=0$；而在量子力学中，角动量算符的各个分量算符互不对易，从而有这样的结果；这决定了角动量异乎寻常的性质。

利用动量算符与坐标的对易关系可以求得角动量分量算符与坐标之间的对易关系

$$\begin{cases}[\hat{L}_x,x]=0,\ [\hat{L}_x,y]=\mathrm{i}\hbar z,\ [\hat{L}_x,z]=-\mathrm{i}\hbar y\\ [\hat{L}_y,x]=-\mathrm{i}\hbar z,\ [\hat{L}_y,y]=0,\ [\hat{L}_y,z]=\mathrm{i}\hbar x\\ [\hat{L}_z,x]=\mathrm{i}\hbar y,\ [\hat{L}_z,y]=-\mathrm{i}\hbar x,\ [\hat{L}_z,z]=0\end{cases}\tag{15-3-53}$$

以及角动量算符与坐标算符的对易关系

$$\begin{cases}[\hat{\boldsymbol{L}},x]=[\hat{L}_x\boldsymbol{i}+\hat{L}_y\boldsymbol{j}+\hat{L}_z\boldsymbol{k},x]=\mathrm{i}\hbar(y\boldsymbol{k}-z\boldsymbol{j})\\ [\hat{\boldsymbol{L}},y]=[\hat{L}_x\boldsymbol{i}+\hat{L}_y\boldsymbol{j}+\hat{L}_z\boldsymbol{k},y]=\mathrm{i}\hbar(z\boldsymbol{i}-x\boldsymbol{k})\\ [\hat{\boldsymbol{L}},z]=[\hat{L}_x\boldsymbol{i}+\hat{L}_y\boldsymbol{j}+\hat{L}_z\boldsymbol{k},z]=\mathrm{i}\hbar(x\boldsymbol{j}-y\boldsymbol{i})\end{cases}\tag{15-3-54}$$

和角动量分量算符与动量分量算符的对易关系

$$\begin{cases}[\hat{L}_x,\hat{p}_x]=0,\ [\hat{L}_x,\hat{p}_y]=\mathrm{i}\hbar\hat{p}_z,\ [\hat{L}_x,\hat{p}_z]=-\mathrm{i}\hbar\hat{p}_y\\ [\hat{L}_y,\hat{p}_x]=-\mathrm{i}\hbar\hat{p}_z,\ [\hat{L}_y,\hat{p}_y]=0,\ [\hat{L}_y,\hat{p}_z]=\mathrm{i}\hbar\hat{p}_x\\ [\hat{L}_z,\hat{p}_x]=\mathrm{i}\hbar\hat{p}_y,\ [\hat{L}_z,\hat{p}_y]=-\mathrm{i}\hbar\hat{p}_x,\ [\hat{L}_z,\hat{p}_z]=0\end{cases} \tag{15-3-55}$$

2. 角动量平方算符

在经典力学中，角动量平方定义为 $L^2=\boldsymbol{L}\cdot\boldsymbol{L}$，所以角动量平方算符为

$$\hat{L}^2=\hat{\boldsymbol{L}}\cdot\hat{\boldsymbol{L}}=(\hat{L}_x\boldsymbol{i}+\hat{L}_y\boldsymbol{j}+\hat{L}_z\boldsymbol{k})\cdot(\hat{L}_x\boldsymbol{i}+\hat{L}_y\boldsymbol{j}+\hat{L}_z\boldsymbol{k})=\hat{L}_x^2+\hat{L}_y^2+\hat{L}_z^2 \tag{15-3-56}$$

相应的角动量各个分量算符的平方为

$$\hat{L}_x^2=-\hbar^2\left(y\frac{\partial}{\partial z}-z\frac{\partial}{\partial y}\right)^2,\hat{L}_y^2=-\hbar^2\left(z\frac{\partial}{\partial x}-x\frac{\partial}{\partial z}\right)^2,\hat{L}_z^2=-\hbar^2\left(x\frac{\partial}{\partial y}-y\frac{\partial}{\partial x}\right)^2$$

对于任意波函数 $\psi_1,\psi_2,\cdots$ 和任意常数 $c_1,c_2,\cdots$，有

$$\hat{L}_x^2(c_1\psi_1+c_2\psi_2+\cdots)=\hat{L}_x(c_1\hat{L}_x\psi_1+c_2\hat{L}_x\psi_2+\cdots)=c_1\hat{L}_x^2\psi_1+c_2\hat{L}_x^2\psi_2+\cdots$$

$$\hat{L}_y^2(c_1\psi_1+c_2\psi_2+\cdots)=\hat{L}_y(c_1\hat{L}_y\psi_1+c_2\hat{L}_y\psi_2+\cdots)=c_1\hat{L}_y^2\psi_1+c_2\hat{L}_y^2\psi_2+\cdots$$

$$\hat{L}_z^2(c_1\psi_1+c_2\psi_2+\cdots)=\hat{L}_z(c_1\hat{L}_z\psi_1+c_2\hat{L}_z\psi_2+\cdots)=c_1\hat{L}_z^2\psi_1+c_2\hat{L}_z^2\psi_2+\cdots$$

$$\begin{aligned}\hat{L}^2(c_1\psi_1+c_2\psi_2+\cdots)&=(\hat{L}_x^2+\hat{L}_y^2+\hat{L}_z^2)(c_1\psi_1+c_2\psi_2+\cdots)\\&=\hat{L}_x^2(c_1\psi_1+c_2\psi_2+\cdots)+\hat{L}_y^2(c_1\psi_1+c_2\psi_2+\cdots)+\hat{L}_z^2(c_1\psi_1+c_2\psi_2+\cdots)\\&=c_1\hat{L}_x^2\psi_1+c_2\hat{L}_x^2\psi_2+\cdots+c_1\hat{L}_y^2\psi_1+c_2\hat{L}_y^2\psi_2+\cdots+c_1\hat{L}_z^2\psi_1+c_2\hat{L}_z^2\psi_2+\cdots\\&=c_1(\hat{L}_x^2+\hat{L}_y^2+\hat{L}_z^2)\psi_1+c_2(\hat{L}_x^2+\hat{L}_y^2+\hat{L}_z^2)\psi_2+\cdots=c_1\hat{L}^2\psi_1+c_2\hat{L}^2\psi_2+\cdots\end{aligned}$$

可见，角动量平方算符 $\hat{L}^2$ 以及各个分量平方算符 $\hat{L}_x^2,\hat{L}_y^2,\hat{L}_z^2$ 都是线性算符。

对于任意两个波函数 ψ 和 φ，有

$$\begin{aligned}\int\psi^*\hat{L}_x^2\varphi\,\mathrm{d}\tau&=\int\psi^*\hat{L}_x(\hat{L}_x\varphi)\mathrm{d}\tau=\int(\hat{L}_x\psi)^*(\hat{L}_x\varphi)\mathrm{d}\tau=\int(\hat{L}_x\psi)^*\hat{L}_x\varphi\,\mathrm{d}\tau\\&=\int[\hat{L}_x(\hat{L}_x\psi)]^*\varphi\,\mathrm{d}\tau=\int[\hat{L}_x\hat{L}_x\psi]^*\varphi\,\mathrm{d}\tau=\int(\hat{L}_x^2\psi)^*\varphi\,\mathrm{d}\tau\end{aligned}$$

$$\begin{aligned}\int\psi^*\hat{L}_y^2\varphi\,\mathrm{d}\tau&=\int\psi^*\hat{L}_y(\hat{L}_y\varphi)\mathrm{d}\tau=\int(\hat{L}_y\psi)^*(\hat{L}_y\varphi)\mathrm{d}\tau=\int(\hat{L}_y\psi)^*\hat{L}_y\varphi\,\mathrm{d}\tau\\&=\int[\hat{L}_y(\hat{L}_y\psi)]^*\varphi\,\mathrm{d}\tau=\int[\hat{L}_y\hat{L}_y\psi]^*\varphi\,\mathrm{d}\tau=\int(\hat{L}_y^2\psi)^*\varphi\,\mathrm{d}\tau\end{aligned}$$

$$\begin{aligned}\int\psi^*\hat{L}_z^2\varphi\,\mathrm{d}\tau&=\int\psi^*\hat{L}_z(\hat{L}_z\varphi)\mathrm{d}\tau=\int(\hat{L}_z\psi)^*(\hat{L}_z\varphi)\mathrm{d}\tau=\int(\hat{L}_z\psi)^*\hat{L}_z\varphi\,\mathrm{d}\tau\\&=\int[\hat{L}_z(\hat{L}_z\psi)]^*\varphi\,\mathrm{d}\tau=\int[\hat{L}_z\hat{L}_z\psi]^*\varphi\,\mathrm{d}\tau=\int(\hat{L}_z^2\psi)^*\varphi\,\mathrm{d}\tau\end{aligned}$$

$$\begin{aligned}\int\psi^*\hat{L}^2\varphi\,\mathrm{d}\tau&=\int\psi^*(\hat{L}_x^2+\hat{L}_y^2+\hat{L}_z^2)\varphi\,\mathrm{d}\tau=\int\psi^*\hat{L}_x^2\varphi\,\mathrm{d}\tau+\int\psi^*\hat{L}_y^2\varphi\,\mathrm{d}\tau+\int\psi^*\hat{L}_z^2\varphi\,\mathrm{d}\tau\\&=\int(\hat{L}_x^2\psi)^*\varphi\,\mathrm{d}\tau+\int(\hat{L}_y^2\psi)^*\varphi\,\mathrm{d}\tau+\int(\hat{L}_z^2\psi)^*\varphi\,\mathrm{d}\tau\\&=\int[(\hat{L}_x^2\psi)^*+(\hat{L}_y^2\psi)^*+(\hat{L}_z^2\psi)^*]\varphi\,\mathrm{d}\tau=\int[(\hat{L}_x^2+\hat{L}_y^2+\hat{L}_z^2)\psi]^*\varphi\,\mathrm{d}\tau\\&=\int(\hat{L}^2\psi)^*\varphi\,\mathrm{d}\tau\end{aligned}$$

可见，角动量平方算符 $\hat{L}^2$ 以及各个分量平方算符 $\hat{L}_x^2,\hat{L}_y^2,\hat{L}_z^2$ 都是厄米算符。

由角动量分量算符的对易关系，可以得到角动量平方算符与各个角动量分量算符之间的对易关系

$$[\hat{L}^2,\hat{L}_x]=0,\ [\hat{L}^2,\hat{L}_y]=0,\ [\hat{L}^2,\hat{L}_z]=0;\ [\hat{L}^2,\hat{L}_\alpha]=0, \alpha=x,y,z \tag{15-3-57}$$

这是一个非常重要的对易关系，角动量平方算符与各个角动量分量算符之间是对易的。

五、能量算符和哈密顿算符

1. 动能算符

经典力学中，质量为 m 的粒子的动能表示为动量的函数

$$T=\frac{p^2}{2m}=\frac{1}{2m}(p_x^2+p_y^2+p_z^2)$$

因而动能算符表示为

$$\hat{T}=\frac{\hat{p}^2}{2m}=\frac{\hat{p}_x^2+\hat{p}_y^2+\hat{p}_z^2}{2m}=-\frac{\hbar^2}{2m}\left(\frac{\partial^2}{\partial x^2}+\frac{\partial^2}{\partial y^2}+\frac{\partial^2}{\partial z^2}\right)=-\frac{\hbar^2}{2m}\nabla^2 \tag{15-3-58}$$

动能算符 $\hat{T}$ 仅是 $\hat{p}$ 的函数（不含坐标），因而 $\hat{T}$ 和 $\hat{p}$ 是对易的。

对于任意波函数 $\psi_1,\psi_2,\cdots$ 和任意常数 $c_1,c_2,\cdots$，由于动量算符是线性算符，所以有

$$\begin{aligned}
\hat{T}(c_1\psi_1+c_2\psi_2+\cdots)&=\frac{\hat{p}^2}{2m}(c_1\psi_1+c_2\psi_2+\cdots)=\frac{\hat{p}_x^2+\hat{p}_y^2+\hat{p}_z^2}{2m}(c_1\psi_1+c_2\psi_2+\cdots)\\
&=\frac{1}{2m}[c_1\hat{p}_x^2\psi_1+c_2\hat{p}_x^2\psi_2+\cdots+c_1\hat{p}_y^2\psi_1+c_2\hat{p}_y^2\psi_2+\cdots+c_1\hat{p}_z^2\psi_1+c_2\hat{p}_z^2\psi_2+\cdots]\\
&=\frac{1}{2m}[c_1(\hat{p}_x^2+\hat{p}_y^2+\hat{p}_z^2)\psi_1+c_2(\hat{p}_x^2+\hat{p}_y^2+\hat{p}_z^2)\psi_2+\cdots]\\
&=\frac{1}{2m}[c_1\hat{p}^2\psi_1+c_2\hat{p}^2\psi_2+\cdots]=c_1\hat{T}\psi_1+c_2\hat{T}\psi_2+\cdots
\end{aligned}$$

可见，动能算符 $\hat{T}$ 是线性算符。

对于任意两个波函数 ψ 和 φ，有

$$\begin{aligned}
2m\int\psi^*\hat{T}\varphi\,d\tau&=\int\psi^*\hat{p}^2\varphi\,d\tau=\int\psi^*(\hat{p}_x^2+\hat{p}_y^2+\hat{p}_z^2)\varphi\,d\tau\\
&=\int\psi^*\hat{p}_x(\hat{p}_x\varphi)d\tau+\int\psi^*\hat{p}_y(\hat{p}_y\varphi)d\tau+\int\psi^*\hat{p}_z(\hat{p}_z\varphi)d\tau\\
&=\int(\hat{p}_x\psi)^*(\hat{p}_x\varphi)d\tau+\int(\hat{p}_y\psi)^*(\hat{p}_y\varphi)d\tau+\int(\hat{p}_z\psi)^*(\hat{p}_z\varphi)d\tau\\
&=\int(\hat{p}_x\psi)^*\hat{p}_x\varphi\,d\tau+\int(\hat{p}_y\psi)^*\hat{p}_y\varphi\,d\tau+\int(\hat{p}_z\psi)^*\hat{p}_z\varphi\,d\tau\\
&=\int[\hat{p}_x(\hat{p}_x\psi)]^*\varphi\,d\tau+\int[\hat{p}_y(\hat{p}_y\psi)]^*\varphi\,d\tau+\int[\hat{p}_z(\hat{p}_z\psi)]^*\varphi\,d\tau\\
&=\int(\hat{p}_x^2\psi)^*\varphi\,d\tau+\int(\hat{p}_y^2\psi)^*\varphi\,d\tau+\int(\hat{p}_z^2\psi)^*\varphi\,d\tau\\
&=\int[(\hat{p}_x^2+\hat{p}_y^2+\hat{p}_z^2)\psi]^*\varphi\,d\tau=\int(\hat{p}^2\psi)^*\varphi\,d\tau
\end{aligned}$$

$$\int\psi^*\hat{T}\varphi\,d\tau=\int\left(\frac{\hat{p}^2}{2m}\psi\right)^*\varphi\,d\tau=\int(\hat{T}\psi)^*\varphi\,d\tau$$

可见，动能算符 $\hat{T}$ 是厄米算符。

2. 哈密顿算符

在经典物理学中,如果粒子在保守势场$U(x,y,z)$中运动,则粒子的哈密顿量H就是粒子的能量E,等于动能T与势能$U(x,y,z)$之和;因此,质量为m的微观粒子在保守势场中运动时的哈密顿算符(能量算符)可以表示为动能算符与势能算符之和

$$\hat{H}=\hat{E}=\hat{T}+\hat{U}(x,y,z)=\frac{\hat{p}^2}{2m}+\hat{U}(x,y,z)=-\frac{\hbar^2}{2m}\nabla^2+\hat{U}(x,y,z) \tag{15-3-59}$$

由于势能算符$\hat{U}(x,y,z)$作用在波函数上仅仅是一个相乘的作用,所以势能算符$\hat{U}(x,y,z)$是线性厄米算符,而动能算符$\hat{T}$也是线性厄米算符,因此粒子在保守势场中运动时的哈密顿算符$\hat{H}$(能量算符$\hat{E}$)是线性厄米算符。

如果粒子所处的力场(势场)是辏力场,也称为有心力场(如万有引力、库仑力等保守力场),则粒子的势能仅仅是粒子位置到力场中心距离r的函数$U(r)$,与方位无关;这种情况下,粒子的哈密顿算符$\hat{H}$(能量算符$\hat{E}$)可以表示为

$$\hat{H}=\hat{E}=\hat{T}+\hat{U}(x,y,z)=\frac{\hat{p}^2}{2m}+\hat{U}(r)=-\frac{\hbar^2}{2m}\nabla^2+U(r) \tag{15-3-60}$$

六、球坐标系下力学量的算符

在量子力学中,经常用到坐标、动量、角动量、动能、能量(哈密顿量)等力学量算符以及梯度算符∇和拉普拉斯算符∇^2等在球坐标系中的表示。

由于这些力学量算符在直角坐标系中都是线性厄米算符,力学量的性质不会因为数学上坐标系的选择而改变,所以这些力学量算符在球坐标系下依然是线性厄米算符。

球坐标系中拉普拉斯算符表示为

$$\begin{aligned}\nabla^2&=\frac{\partial^2}{\partial r^2}+\frac{2}{r}\frac{\partial}{\partial r}+\frac{1}{r^2}\frac{\partial^2}{\partial\theta^2}+\frac{1}{r^2}\frac{\cos\theta}{\sin\theta}\frac{\partial}{\partial\theta}+\frac{1}{r^2}\frac{1}{\sin^2\theta}\frac{\partial^2}{\partial\varphi^2}\\&=\frac{1}{r^2}\frac{\partial}{\partial r}\left(r^2\frac{\partial}{\partial r}\right)+\frac{1}{r^2\sin\theta}\frac{\partial}{\partial\theta}\left(\sin\theta\frac{\partial}{\partial\theta}\right)+\frac{1}{r^2\sin^2\theta}\frac{\partial^2}{\partial\varphi^2}\end{aligned} \tag{15-3-61}$$

球坐标系中角动量分量算符表示为

$$\begin{cases}\hat{L}_x=\mathrm{i}\hbar\left(\sin\varphi\dfrac{\partial}{\partial\theta}+\dfrac{\cos\theta\cos\varphi}{\sin\theta}\dfrac{\partial}{\partial\varphi}\right)\\\hat{L}_y=-\mathrm{i}\hbar\left(\cos\varphi\dfrac{\partial}{\partial\theta}-\dfrac{\cos\theta\sin\varphi}{\sin\theta}\dfrac{\partial}{\partial\varphi}\right)\\\hat{L}_z=-\mathrm{i}\hbar\dfrac{\partial}{\partial\varphi}\end{cases} \tag{15-3-62}$$

球坐标系中角动量平方算符表示为

$$\begin{aligned}\hat{L}^2&=-\hbar^2\left(\frac{\partial^2}{\partial\theta^2}+\frac{\cos\theta}{\sin\theta}\frac{\partial}{\partial\theta}+\frac{1}{\sin^2\theta}\frac{\partial^2}{\partial\varphi^2}\right)\\&=-\hbar^2\left[\frac{1}{\sin\theta}\frac{\partial}{\partial\theta}\left(\sin\theta\frac{\partial}{\partial\theta}\right)+\frac{1}{\sin^2\theta}\frac{\partial^2}{\partial\varphi^2}\right]\end{aligned} \tag{15-3-63}$$

球坐标系中动能算符表示为

$$\hat{T}=-\frac{\hbar^2}{2mr^2}\left[\frac{\partial}{\partial r}\left(r^2\frac{\partial}{\partial r}\right)+\frac{1}{\sin\theta}\frac{\partial}{\partial\theta}\left(\sin\theta\frac{\partial}{\partial\theta}\right)+\frac{1}{\sin^2\theta}\frac{\partial^2}{\partial\varphi^2}\right] \tag{15-3-64}$$

动能算符还可以表示为

$$\hat{T}=-\frac{\hbar^2}{2mr^2}\frac{\partial}{\partial r}\left(r^2\frac{\partial}{\partial r}\right)+\frac{\hat{L}^2}{2mr^2}=\frac{\hat{p}_r^2}{2m}+\frac{\hat{L}^2}{2mr^2} \tag{15-3-65}$$

其中，$\hat{p}_r$ 为动量的径向分量算符。第一项 $\frac{\hat{p}_r^2}{2m}$ 表示的是微观粒子径向运动的动能算符，第二项 $\frac{\hat{L}^2}{2mr^2}$ 表示的是微观粒子垂直于径向运动的动能算符。

如果微观粒子在辏力场中，微观粒子哈密顿算符的球坐标表示为

$$\hat{H}=-\frac{\hbar^2}{2mr^2}\left[\frac{\partial}{\partial r}\left(r^2\frac{\partial}{\partial r}\right)+\frac{1}{\sin\theta}\frac{\partial}{\partial\theta}\left(\sin\theta\frac{\partial}{\partial\theta}\right)+\frac{1}{\sin^2\theta}\frac{\partial^2}{\partial\varphi^2}\right]+U(r) \tag{15-3-66}$$

第四节　力学量的测量

量子力学归根结底是要经受实践的检验的，尽管量子体系的状态用波函数来描述，但波函数是不能测量的。在量子力学中可测量的力学量为位置坐标、动量、角动量、能量等力学量，这就要求对力学量的测量进行定义和规范。

一、力学量的测量平均值

由波函数的统计意义可知，如果设量子体系的归一化波函数为 $\Psi(x,y,z,t)$，在 t 时刻粒子出现在位置 (x,y,z) 附近一小区域 $\mathrm{d}\tau=\mathrm{d}x\mathrm{d}y\mathrm{d}z$ 内的概率是 $|\Psi(x,y,z,t)|^2\mathrm{d}\tau$，$x$ 坐标的数值在 x 到 $x+\mathrm{d}x$ 之间（全部的 y,z 值）的概率是 $\int_{-\infty}^{\infty}\mathrm{d}x\int_{-\infty}^{\infty}|\Psi(x,y,z,t)|^2\mathrm{d}y\mathrm{d}z$。按照统计规律中由概率求平均值的法则，可知微观粒子位置坐标 x 的平均值为

$$\overline{x}=\iiint|\Psi(x,y,z,t)|^2x\,\mathrm{d}\tau=\iiint\Psi^*(x,y,z,t)x\Psi(x,y,z,t)\mathrm{d}\tau \tag{15-4-1}$$

同理，微观粒子位置坐标 y 和 z 的平均值为

$$\overline{y}=\iiint|\Psi(x,y,z,t)|^2y\,\mathrm{d}\tau=\iiint\Psi^*(x,y,z,t)y\Psi(x,y,z,t)\mathrm{d}\tau \tag{15-4-2}$$

$$\overline{z}=\iiint|\Psi(x,y,z,t)|^2z\,\mathrm{d}\tau=\iiint\Psi^*(x,y,z,t)z\Psi(x,y,z,t)\mathrm{d}\tau \tag{15-4-3}$$

一般来说，如果力学量 A 是空间坐标的函数 $A(x,y,z)$，量子体系处于状态 $\Psi(x,y,z,t)$，则力学量 A 的测量平均值表示为

$$\overline{A(x,y,z)}=\iiint\Psi^*(x,y,z,t)\hat{A}(x,y,z)\Psi(x,y,z,t)\mathrm{d}\tau \tag{15-4-4}$$

由于海森堡不确定关系的存在，微观粒子的坐标和动量不能同时具有确定值，也就不能用确定的坐标值表示确定的动量。为了求量子体系确定状态下微观粒子动量的平均值，必须使用由动量表示的波函数 $c(\boldsymbol{p},t)$。

先处理一维运动情况，微观粒子的状态用波函数 $\Psi(x,t)$ 来描写，由傅立叶变换可以得到微观粒子一维运动的动量表示的波函数及其复共轭表达式

$$c(p_x,t)=\frac{1}{(2\pi\hbar)^{\frac{1}{2}}}\int_{-\infty}^{\infty}\Psi(x,t)\exp\left(-\frac{\mathrm{i}}{\hbar}p_xx\right)\mathrm{d}x \tag{15-4-5}$$

$$c^*(p_x,t)=\frac{1}{(2\pi\hbar)^{\frac{1}{2}}}\int_{-\infty}^{\infty}\Psi^*(x',t)\exp\left(\frac{\mathrm{i}}{\hbar}p_x x'\right)\mathrm{d}x' \tag{15-4-6}$$

由此,微观粒子的动量在 p_x 与 $p_x+\mathrm{d}p_x$ 之间的概率是 $|c(p_x,t)|^2\mathrm{d}p_x$,所以动量 p_x 的平均值为

$$\overline{p_x}=\int_{-\infty}^{\infty}|c(p_x,t)|^2 p_x\mathrm{d}p_x=\int_{-\infty}^{\infty}c^*(p_x,t)p_x c(p_x,t)\mathrm{d}p_x$$

$$=\frac{1}{2\pi\hbar}\int_{-\infty}^{\infty}\int_{-\infty}^{\infty}\int_{-\infty}^{\infty}\exp\left(\frac{\mathrm{i}}{\hbar}p_x x'\right)\Psi^*(x',t)p_x\exp\left(-\frac{\mathrm{i}}{\hbar}p_x x\right)\Psi(x,t)\mathrm{d}x\,\mathrm{d}p_x\,\mathrm{d}x'$$

利用恒等式

$$p_x\exp\left(-\frac{\mathrm{i}}{\hbar}p_x x\right)=-\frac{\hbar}{\mathrm{i}}\frac{\mathrm{d}}{\mathrm{d}x}\exp\left(-\frac{\mathrm{i}}{\hbar}p_x x\right)$$

可将动量平均值表达式改写为

$$\overline{p_x}=\frac{1}{2\pi\hbar}\int_{-\infty}^{\infty}\int_{-\infty}^{\infty}\exp\left(\frac{\mathrm{i}}{\hbar}p_x x'\right)\Psi^*(x',t)\left[\int_{-\infty}^{\infty}-\frac{\hbar}{\mathrm{i}}\frac{\mathrm{d}}{\mathrm{d}x}\exp\left(-\frac{\mathrm{i}}{\hbar}p_x x\right)\Psi(x,t)\mathrm{d}x\right]\mathrm{d}p_x\,\mathrm{d}x'$$

用分部积分法,可将上式方括号中的积分化为

$$\int_{-\infty}^{\infty}-\frac{\hbar}{\mathrm{i}}\frac{\mathrm{d}}{\mathrm{d}x}\exp\left(-\frac{\mathrm{i}}{\hbar}p_x x\right)\Psi(x,t)\mathrm{d}x$$

$$=-\frac{\hbar}{\mathrm{i}}\exp\left(-\frac{\mathrm{i}}{\hbar}p_x x\right)\Psi(x,t)\Big|_{-\infty}^{\infty}+\frac{\hbar}{\mathrm{i}}\int_{-\infty}^{\infty}\exp\left(-\frac{\mathrm{i}}{\hbar}p_x x\right)\frac{\mathrm{d}\Psi(x,t)}{\mathrm{d}x}\mathrm{d}x$$

当粒子局限在有限范围内时,在无穷远处找到粒子的概率为零,所以 $\Psi(x,t)\Big|_{-\infty}^{\infty}=0$,因此

$$\overline{p_x}=\frac{1}{2\pi\hbar}\int_{-\infty}^{\infty}\int_{-\infty}^{\infty}\int_{-\infty}^{\infty}\exp\left[\frac{\mathrm{i}}{\hbar}p_x(x'-x)\right]\Psi^*(x',t)\left[\frac{\hbar}{\mathrm{i}}\frac{\mathrm{d}\Psi(x,t)}{\mathrm{d}x}\right]\mathrm{d}p_x\,\mathrm{d}x'\,\mathrm{d}x$$

由动量表示的波函数傅立叶展开式可得

$$\frac{1}{2\pi\hbar}\int_{-\infty}^{\infty}\int_{-\infty}^{\infty}\Psi^*(x',t)\exp\left[\frac{\mathrm{i}}{\hbar}p_x(x'-x)\right]\mathrm{d}p_x\,\mathrm{d}x'$$

$$=\frac{1}{2\pi\hbar}\int_{-\infty}^{\infty}\left[\int_{-\infty}^{\infty}\Psi^*(x',t)\exp\left(\frac{\mathrm{i}}{\hbar}p_x x'\right)\mathrm{d}x'\right]\exp\left(-\frac{\mathrm{i}}{\hbar}p_x x\right)\mathrm{d}p_x$$

$$=\frac{1}{(2\pi\hbar)^{\frac{1}{2}}}\int_{-\infty}^{\infty}c^*(p_x,t)\exp\left(-\frac{\mathrm{i}}{\hbar}p_x x\right)\mathrm{d}p_x=\Psi^*(x,t)$$

由此得到动量平均值的表达式

$$\overline{p_x}=\int_{-\infty}^{\infty}\Psi^*(x,t)\frac{\hbar}{\mathrm{i}}\frac{\mathrm{d}}{\mathrm{d}x}\Psi(x,t)\mathrm{d}x=\int_{-\infty}^{\infty}\Psi^*(x,t)\hat{p}_x\Psi(x,t)\mathrm{d}x \tag{15-4-7}$$

推广到三维的情况中去,得到

$$\overline{p_x}=\iiint\Psi^*(x,y,z,t)\frac{\hbar}{\mathrm{i}}\frac{\partial}{\partial x}\Psi(x,y,z,t)\mathrm{d}\tau=\int_{-\infty}^{\infty}\Psi^*(\boldsymbol{r},t)\hat{p}_x\Psi(\boldsymbol{r},t)\mathrm{d}\tau \tag{15-4-8}$$

$$\overline{p_y}=\iiint\Psi^*(x,y,z,t)\frac{\hbar}{\mathrm{i}}\frac{\partial}{\partial y}\Psi(x,y,z,t)\mathrm{d}\tau=\int_{-\infty}^{\infty}\Psi^*(\boldsymbol{r},t)\hat{p}_y\Psi(\boldsymbol{r},t)\mathrm{d}\tau \tag{15-4-9}$$

$$\overline{p_z}=\iiint\Psi^*(x,y,z,t)\frac{\hbar}{\mathrm{i}}\frac{\partial}{\partial z}\Psi(x,y,z,t)\mathrm{d}\tau=\int_{-\infty}^{\infty}\Psi^*(\boldsymbol{r},t)\hat{p}_z\Psi(\boldsymbol{r},t)\mathrm{d}\tau \tag{15-4-10}$$

由此我们得出结论:当微观粒子处于状态 $\Psi(x,y,z,t)$时,欲求 p_x(或 p_y,p_z)在这状态下的平均值,只需将微分算符 $\hat{p}_x=\frac{\hbar}{\mathrm{i}}\frac{\partial}{\partial x}$(或 $\hat{p}_y=\frac{\hbar}{\mathrm{i}}\frac{\partial}{\partial y},\hat{p}_z=\frac{\hbar}{\mathrm{i}}\frac{\partial}{\partial z}$)作用于 $\Psi(x,y,z,t)$,与

$\Psi^*(x,y,z,t)$相乘，然后对整个空间积分即可。由动量分量的平均值公式可以合成动量测量的平均值表达式

$$\overline{\boldsymbol{p}}=\int_{-\infty}^{\infty}\Psi^*(x,y,z,t)\frac{\hbar}{\mathrm{i}}\nabla\Psi(x,y,z,t)\mathrm{d}\tau=\int_{-\infty}^{\infty}\Psi^*(\boldsymbol{r},t)\hat{\boldsymbol{p}}\Psi(\boldsymbol{r},t)\mathrm{d}\tau \tag{15-4-11}$$

利用上述求平均值的办法可以证明，动量分量平方的平均值表达式为

$$\overline{p_x^2}=\int_{-\infty}^{\infty}\Psi^*(x,y,z,t)\left(\frac{\hbar}{\mathrm{i}}\frac{\partial}{\partial x}\right)^2\Psi(x,y,z,t)\mathrm{d}\tau=\int_{-\infty}^{\infty}\Psi^*(\boldsymbol{r},t)\hat{p}_x^2\Psi(\boldsymbol{r},t)\mathrm{d}\tau \tag{15-4-12}$$

$$\overline{p_y^2}=\int_{-\infty}^{\infty}\Psi^*(x,y,z,t)\left(\frac{\hbar}{\mathrm{i}}\frac{\partial}{\partial y}\right)^2\Psi(x,y,z,t)\mathrm{d}\tau=\int_{-\infty}^{\infty}\Psi^*(\boldsymbol{r},t)\hat{p}_y^2\Psi(\boldsymbol{r},t)\mathrm{d}\tau \tag{15-4-13}$$

$$\overline{p_z^2}=\int_{-\infty}^{\infty}\Psi^*(x,y,z,t)\left(\frac{\hbar}{\mathrm{i}}\frac{\partial}{\partial z}\right)^2\Psi(x,y,z,t)\mathrm{d}\tau=\int_{-\infty}^{\infty}\Psi^*(\boldsymbol{r},t)\hat{p}_z^2\Psi(\boldsymbol{r},t)\mathrm{d}\tau \tag{15-4-14}$$

利用数学归纳法可以证明：对于正整数 n，有

$$\overline{p_x^n}=\int_{-\infty}^{\infty}\Psi^*(x,y,z,t)\hat{p}_x^n\Psi(x,y,z,t)\mathrm{d}\tau \tag{15-4-15}$$

$$\overline{p_y^n}=\int_{-\infty}^{\infty}\Psi^*(x,y,z,t)\hat{p}_y^n\Psi(x,y,z,t)\mathrm{d}\tau \tag{15-4-16}$$

$$\overline{p_z^n}=\int_{-\infty}^{\infty}\Psi^*(x,y,z,t)\hat{p}_z^n\Psi(x,y,z,t)\mathrm{d}\tau \tag{15-4-17}$$

如果力学量 $A(p_x)$ 是动量 p_x 的函数，并且可以展开成 p_x 的幂级数，$A(p_x)=\sum\limits_n c_n p_x^n$，则 $A(p_x)$ 在状态 $\Psi(x,y,z,t)$ 中的平均值为

$$\begin{aligned}\overline{A(p_x)}&=\overline{\sum_n c_n p_x^n}=\sum_n c_n\overline{p_x^n}=\sum_n c_n\iiint\Psi^*(x,y,z,t)\hat{p}_x^n\Psi(x,y,z,t)\mathrm{d}\tau\\&=\iiint\Psi^*(x,y,z,t)\sum_n c_n\hat{p}_x^n\Psi(x,y,z,t)\mathrm{d}\tau\\\overline{A(p_x)}&=\iiint\Psi^*(x,y,z,t)\hat{A}\left(\frac{\hbar}{\mathrm{i}}\frac{\partial}{\partial x}\right)\Psi(x,y,z,t)\mathrm{d}\tau\end{aligned} \tag{15-4-18}$$

推广到三维运动的情况，如果力学量 $A(p_x,p_y,p_z)$是动量 p_x,p_y,p_z 的函数，并且可以展开成 p_x,p_y 及 p_z 的幂级数，则在状态 $\Psi(x,y,z,t)$中的平均值为

$$\begin{aligned}\overline{A(p_x,p_y,p_z)}&=\iiint\Psi^*(x,y,z,t)\hat{A}\left(\frac{\hbar}{\mathrm{i}}\frac{\partial}{\partial x},\frac{\hbar}{\mathrm{i}}\frac{\partial}{\partial y},\frac{\hbar}{\mathrm{i}}\frac{\partial}{\partial z}\right)\Psi(x,y,z,t)\mathrm{d}\tau\\&=\iiint\Psi^*(x,y,z,t)\hat{A}(\hat{p}_x,\hat{p}_y,\hat{p}_z)\Psi(x,y,z,t)\mathrm{d}\tau\end{aligned} \tag{15-4-19}$$

一般来说，如果一个力学量 A 可以表示成坐标 $\boldsymbol{r}(x,y,z)$和动量 $\boldsymbol{p}(p_x,p_y,p_z)$的函数

$$A=A(\boldsymbol{r},\boldsymbol{p})=A(x,y,z;p_x,p_y,p_z)$$

则量子体系处于状态 $\Psi(\boldsymbol{r},t)=\Psi(x,y,z,t)$时，力学量 A 的测量平均值可以表示为

$$\begin{aligned}\overline{A}&=\iiint\Psi^*(x,y,z,t)\hat{A}(x,y,z;\hat{p}_x,\hat{p}_y,\hat{p}_z)\Psi(x,y,z,t)\mathrm{d}\tau\\&=\iiint\Psi^*(\boldsymbol{r},t)\hat{A}(\hat{\boldsymbol{r}},\hat{\boldsymbol{p}})\Psi(\boldsymbol{r},t)\mathrm{d}\tau\end{aligned} \tag{15-4-20}$$

如果波函数没有归一化，则力学量测量平均值表示为

$$\overline{A}=\frac{\int_{-\infty}^{\infty}\Psi^*(x,y,z,t)\hat{A}(x,y,z;\hat{p}_x,\hat{p}_y,\hat{p}_z)\Psi(x,y,z,t)\mathrm{d}\tau}{\int_{-\infty}^{\infty}\Psi(x,y,z,t)^*\Psi(x,y,z,t)\mathrm{d}\tau}=\frac{(\Psi,\hat{A}\Psi)}{(\Psi,\Psi)} \tag{15-4-21}$$

对于定态,量子体系的波函数不随时间变化,则力学量的平均值表示为

$$\overline{A}=\int_{-\infty}^{\infty}\Psi^{*}(x,y,z)\hat{A}(x,y,z;\hat{p}_{x},\hat{p}_{y},\hat{p}_{z})\Psi(x,y,z)\mathrm{d}\tau \tag{15-4-22}$$

这是量子力学基本原理之一。由此,在给定的量子体系状态 $\Psi(\boldsymbol{r},t)=\Psi(x,y,z,t)$ 下可以求任何可测量力学量的测量平均值。值得注意的是,力学量 A 的平均值 $\overline{A}$ 是量子体系处于波函数表示的状态 $\Psi(\boldsymbol{r},t)=\Psi(x,y,z,t)$ 时多次测量力学量 A 所得结果的平均值。

在量子力学中,求力学量平均值时就是将力学量相应的算符看作力学量一样参与运算而得到力学量的平均值。力学量的平均值是可测量量,必须为实数(量),力学量的平均值可以用力学量的算符来表示(参与运算而求得)。这就是为什么在量子力学中,可以用力学量的算符来代替相应的力学量本身参与运算,也就是力学量可以用相应的力学量算符来代替,或者说,力学量用相应的力学量算符来表示的原因或思想。

对于确定的量子体系状态 $\psi(x,y,z)$,角动量分量的平均值表示为

$$\begin{aligned}\overline{L_x}&=\int_{-\infty}^{\infty}\psi^{*}(\boldsymbol{r})\hat{L}_x\psi(\boldsymbol{r})\mathrm{d}\tau=\int_{-\infty}^{\infty}\psi^{*}(x,y,z)(y\hat{p}_z-z\hat{p}_y)\psi(x,y,z)\mathrm{d}\tau\\&=\int_{-\infty}^{\infty}\psi^{*}(x,y,z)\frac{\hbar}{\mathrm{i}}\left(y\frac{\partial}{\partial z}-z\frac{\partial}{\partial y}\right)\psi(x,y,z)\mathrm{d}\tau\end{aligned} \tag{15-4-23}$$

$$\begin{aligned}\overline{L_y}&=\int_{-\infty}^{\infty}\psi^{*}(\boldsymbol{r})\hat{L}_y\psi(\boldsymbol{r})\mathrm{d}\tau=\int_{-\infty}^{\infty}\psi^{*}(x,y,z)(z\hat{p}_x-x\hat{p}_z)\psi(x,y,z)\mathrm{d}\tau\\&=\int_{-\infty}^{\infty}\psi^{*}(x,y,z)\frac{\hbar}{\mathrm{i}}\left(z\frac{\partial}{\partial x}-x\frac{\partial}{\partial z}\right)\psi(x,y,z)\mathrm{d}\tau\end{aligned} \tag{15-4-24}$$

$$\begin{aligned}\overline{L_z}&=\int_{-\infty}^{\infty}\psi^{*}(\boldsymbol{r})\hat{L}_z\psi(\boldsymbol{r})\mathrm{d}\tau=\int_{-\infty}^{\infty}\psi^{*}(x,y,z)(x\hat{p}_y-y\hat{p}_x)\psi(x,y,z)\mathrm{d}\tau\\&=\int_{-\infty}^{\infty}\psi^{*}(x,y,z)\frac{\hbar}{\mathrm{i}}\left(x\frac{\partial}{\partial y}-y\frac{\partial}{\partial x}\right)\psi(x,y,z)\mathrm{d}\tau\end{aligned} \tag{15-4-25}$$

角动量平方的平均值在球坐标系下表示为

$$\begin{aligned}\overline{L^2}&=\int_{-\infty}^{\infty}\psi^{*}(\boldsymbol{r})\hat{L}^2\psi(\boldsymbol{r})\mathrm{d}\tau=\int_{-\infty}^{\infty}\psi^{*}(r,\theta,\varphi)\hat{L}^2\psi(r,\theta,\varphi)\mathrm{d}\tau\\&=-\hbar^2\int_{-\infty}^{\infty}\psi^{*}(r,\theta,\varphi)\left(\frac{\partial^2}{\partial\theta^2}+\frac{\cos\theta}{\sin\theta}\frac{\partial}{\partial\theta}+\frac{1}{\sin^2\theta}\frac{\partial^2}{\partial\varphi^2}\right)\psi(r,\theta,\varphi)\mathrm{d}\tau\end{aligned} \tag{15-4-26}$$

微观粒子动能平均值表示为

$$\overline{T}=\int_{-\infty}^{\infty}\psi^{*}(\boldsymbol{r})\hat{T}\psi(\boldsymbol{r})\mathrm{d}\tau=\int_{-\infty}^{\infty}\psi^{*}(x,y,z)\left(-\frac{\hbar^2}{2m}\nabla^2\right)\psi(x,y,z)\mathrm{d}\tau \tag{15-4-27}$$

在球坐标系下的动能平均值表达式为

$$\overline{T}=\int_{-\infty}^{\infty}\psi^{*}(r,\theta,\varphi)\hat{T}\psi(r,\theta,\varphi)\mathrm{d}\tau=\int_{-\infty}^{\infty}\psi^{*}(r,\theta,\varphi)\frac{\hat{p}^2}{2m}\psi(r,\theta,\varphi)\mathrm{d}\tau \tag{15-4-28}$$

$$\hat{T}=\frac{\hat{p}^2}{2m}=-\frac{\hbar^2}{2mr^2}\left[\frac{\partial}{\partial r}\left(r^2\frac{\partial}{\partial r}\right)+\frac{1}{\sin\theta}\left(\sin\theta\frac{\partial}{\partial\theta}\right)+\frac{1}{\sin^2\theta}\frac{\partial^2}{\partial\varphi^2}\right]$$

在辏力场中,微观粒子能量(哈密顿量)的平均值表达式为

$$\overline{E}=\int_{-\infty}^{\infty}\psi^{*}(\boldsymbol{r})\hat{H}\psi(\boldsymbol{r})\mathrm{d}\tau=\int_{-\infty}^{\infty}\psi^{*}(r,\theta,\varphi)\left[\hat{T}+U(r)\right]\psi(r,\theta,\varphi)\mathrm{d}\tau \tag{15-4-29}$$

二、力学量的测量值

对于一个确定的量子体系,我们关心波函数不是目的,我们的最终目的是力学量的测量

值。因为力学量的测量值才能与实验进行比较，才能检验量子力学理论的正确与否；测量值才具有实际应用的价值。由于波粒二象性以及波函数具有统计意义，量子体系的力学量也具有统计意义，力学量的测量值也只具有统计意义。量子体系力学量的测量值只能是统计平均值，是对量子体系力学量进行多次测量的平均值。理论计算的量子体系力学量的平均值要遵循量子力学的力学量平均值的计算办法。

1. 量子体系处于本征态时的力学量测量值

设对量子体系的力学量 A 多次测量所得结果是 $A_1, A_2, \cdots, A_n$，总的平均值是 $\overline{A}$，则第 i 次测量结果 A_i 与平均值 $\overline{A}$ 之间的偏差为

$$\Delta A_i = A_i - \overline{A},\quad (i=1,2,\cdots,n) \tag{15-4-30}$$

由于偏差 ΔA 的统计平均值为零，$\overline{\Delta A}=\overline{A_i-\overline{A}}=\overline{A}-\overline{A}=0$，不能反映测量的偏差，在实际工作中是没有用处的，我们转而求均方偏差 $\overline{(\Delta A)^2}$（偏差平方的平均值）。

在量子力学中，力学量 A 用相应的算符 $\hat{A}$ 表示。偏差 ΔA 是力学量，可用算符表示

$$\widehat{\Delta A}=\hat{A}-\overline{\hat{A}}=\hat{A}-\overline{A} \tag{15-4-31}$$

由于量子力学中力学量 A 的算符 $\hat{A}$ 是厄米算符，而平均值 $\overline{A}$ 又是实数（量），所以偏差算符 $\widehat{\Delta A}=\hat{A}-\overline{A}$ 也是一个厄米算符。设量子体系处于状态 ψ，由量子力学中求力学量平均值的规则，可以求得对量子体系力学量 A 进行多次测量的均方偏差

$$\begin{aligned}\overline{(\Delta A)^2}&=\int\psi^*(\widehat{\Delta A})^2\psi\,\mathrm{d}\tau=\int\psi^*(\hat{A}-\overline{A})^2\psi\,\mathrm{d}\tau\\&=\int\psi^*(\hat{A}-\overline{A})[(\hat{A}-\overline{A})\psi]\mathrm{d}\tau=\int[(\hat{A}-\overline{A})\psi][(\hat{A}-\overline{A})^*\psi^*]\mathrm{d}\tau\\&=\int[(\hat{A}-\overline{A})\psi]^*[(\hat{A}-\overline{A})\psi]\mathrm{d}\tau=\int|(\hat{A}-\overline{A})\psi|^2\mathrm{d}\tau\end{aligned}$$

由于 $|(\hat{A}-\overline{A})\psi|^2\geqslant 0$，如果要求 $\overline{(\Delta A)^2}=0$，则充要条件是 $(\hat{A}-\overline{A})\psi=0$。

对量子体系力学量 A 进行多次测量的均方偏差为零，$\overline{(\Delta A)^2}=0$，意味着对力学量 A 的每次测量结果相同；也就是量子体系力学量 A 有确定不变的量值。量子体系力学量 A 有确定不变的量值的充要条件是 $(\hat{A}-\overline{A})\psi=0$。

量子体系力学量 A 有确定不变的测量值的充要条件也可以表示为

$$\hat{A}\psi-\overline{A}\psi=0,\ \hat{A}\psi=\overline{A}\psi \tag{15-4-32}$$

这是量子体系力学量 A 的算符 $\hat{A}$ 的本征值方程，$\overline{A}$ 就是本征值，ψ 就是该本征值所属的本征函数。由此可见，量子体系力学量 A 有确定不变的量值的充要条件是量子体系处于力学量 A 的算符 $\hat{A}$ 的本征态。反过来说就是，如果量子体系处于力学量 A 的算符 $\hat{A}$ 的本征态，则量子体系力学量 A 有确定的值，这个力学量 A 的确定值就是该本征态所属的本征值。可见，当量子体系处于力学量算符的本征态时，测量该力学量的结果必定是该本征态所属的本征值。

2. 量子体系处于非本征态时的力学量测量值

如果量子体系处于由归一化波函数 $\psi(x)$ 表示的状态，则按照量子态叠加原理，量子体系的波函数可以展开为某力学量 A 的算符 $\hat{A}$ 的本征态 $\psi_1(x), \psi_2(x), \cdots$ 的线性组合

$$\psi(x)=\sum_n c_n\psi_n(x) \tag{15-4-33}$$

由此可以得到

$$\int \psi_n^*(x)\psi(x)\mathrm{d}x = \int \psi_n^*(x)\sum_m c_m\psi_m(x)\mathrm{d}x = \sum_m c_m \int \psi_n^*(x)\psi_m(x)\mathrm{d}x = \sum_m c_m\delta_{mn} = c_n$$

量子体系的波函数 $\psi(x)$ 按力学量 A 的算符 $\hat{A}$ 的本征态 $\psi_1(x)$,$\psi_2(x)$,…线性展开的系数为

$$c_n = \int \psi_n^*(x)\psi(x)\mathrm{d}x,\ n=1,2,3,\cdots \tag{15-4-34}$$

再由波函数 $\psi(x)$ 的归一化条件,可以得到

$$\begin{aligned} 1 &= \int \psi^*(x)\psi(x)\mathrm{d}x = \int \sum_m c_m^*\psi_m^*(x)\sum_n c_n\psi_n(x)\mathrm{d}x \\ &= \sum_{m,n} c_m^* c_n \int \psi_m^*(x)\psi_n(x)\mathrm{d}x = \sum_{m,n} c_m^* c_n \delta_{mn} = \sum_n c_n^* c_n = \sum_n |c_n|^2 \end{aligned}$$

可见,量子体系的波函数 $\psi(x)$ 按力学量 A 的算符 $\hat{A}$ 的归一化本征态 $\psi_1(x)$,$\psi_2(x)$,… 线性展开的系数的模平方之和为 1

$$\sum_n |c_n|^2 = 1 \tag{15-4-35}$$

设量子体系力学量 A 的算符 $\hat{A}$ 的本征函数为 $\psi_1(x)$,$\psi_2(x)$,…,相应的本征值分别为 A_1,A_2,…。如果量子体系处于由归一化波函数 $\psi(x)$ 表示的状态,则力学量 A 的平均值为

$$\begin{aligned} \overline{A} &= \int \psi^*(x)\hat{A}\psi(x)\mathrm{d}x = \int \sum_m c_m^*\psi_m^*(x)\hat{A}\sum_n c_n\psi_n(x)\mathrm{d}x \\ &= \sum_{m,n} c_m^* c_n \int \psi_m^*(x)\hat{A}\psi_n(x)\mathrm{d}x = \sum_{m,n} c_m^* c_n \int \psi_m^*(x)A_n\psi_n(x)\mathrm{d}x \\ &= \sum_{m,n} c_m^* c_n A_n \int \psi_m^*(x)\psi_n(x)\mathrm{d}x = \sum_{m,n} c_m^* c_n A_n \delta_{mn} = \sum_n |c_n|^2 A_n \end{aligned}$$

$$\overline{A} = \sum_n |c_n|^2 A_n \tag{15-4-36}$$

按概率求平均值的规则,可以看出量子体系处于由归一化波函数 $\psi(x)$ 表示的状态,测量力学量 A 得到的结果为 A_n 的概率为 $|c_n|^2$;而且 $\sum_n |c_n|^2 = 1$,说明总的概率等于 1。因为力学量平均值公式 $\overline{A} = \sum_n |c_n|^2 A_n$ 中除了 A_n 乘上它出现的概率 $|c_n|^2$ 外没有其他的项,所以,测量力学量 A 所得到的可能值必定是力学量算符 $\hat{A}$ 的本征值 A_1,A_2,… 中的一个。

量子体系处于非本征态 $\psi(x)$ 时,力学量 A 没有固定值,力学量测量值可以是力学量算符 $\hat{A}$ 的本征值 A_1,A_2,…中的任何一个;多次测量中,测得各个本征值的概率分布是固定的,概率分布取决于量子体系所处的状态 $\psi(x)$,即量子体系的波函数 $\psi(x)$ 按力学量 A 的算符 $\hat{A}$ 的本征态 $\psi_1(x)$,$\psi_2(x)$,…线性展开的系数的模平方 $|c_n|^2$;当然,某些本征值也有可能测量不到,这也取决于量子体系所处的状态 $\psi(x)$;对量子体系力学量 A 的测量,可以用力学量 A 的算符 $\hat{A}$ 的平均值来表示。这就是波函数统计诠释的最一般的数学表达。

量子体系处于非本征态 $\psi(x)$ 时,可以认为量子体系既处于本征态 ψ_1,又处于本征态 ψ_2,等等,或者说量子体系部分地处于本征态 ψ_1,部分地处于本征态 ψ_2,等等;概率分布取决于量子体系所处的状态 $\psi(x)$,量子体系处于各个本征态的概率分布是固定的,即量子体系的波函数 $\psi(x)$ 按力学量 A 的算符 $\hat{A}$ 的归一化本征态 $\psi_1(x)$,$\psi_2(x)$,…线性展开的系数的模平方 $|c_n|^2$。这就是量子体系中,粒子运动的物理图象。

三、力学量算符的共同本征函数系

当量子体系处于某一状态 ψ 时，量子体系的力学量 A 在这状态 ψ 中不一定具有确定值；而当量子体系处于力学量 A 的算符 $\hat{A}$ 的某本征态 ψ_n 时，力学量 A 可以有确定的测量值，这一确定的测量值就是本征态 ψ_n 所属的本征值 A_n。如果量子体系的另一个力学量 B 在量子体系处于 ψ_n 态也有确定的测量 B_n 值，即 ψ_n 是力学量算符 $\hat{A}$ 和 $\hat{B}$ 共同的本征函数

$$\hat{A}\psi_n = A_n\psi_n,\hat{B}\psi_n = B_n\psi_n \tag{15-4-37}$$

由此得到

$$\hat{A}\hat{B}\psi_n = \hat{A}B_n\psi_n = B_nA_n\psi_n,\hat{B}\hat{A}\psi_n = \hat{B}A_n\psi_n = A_nB_n\psi_n;(\hat{A}\hat{B} - \hat{B}\hat{A})\psi_n = 0$$

这还是不能说明 $\hat{A}$ 和 $\hat{B}$ 在任意态 ψ 同时有确定值的条件是力学量算符 $\hat{A}$ 和 $\hat{B}$ 可以相互对易（$\hat{A}\hat{B} - \hat{B}\hat{A} = 0$），因为 ψ_n 还只是一个特定的波函数，而不是任意的波函数。

实际上，设量子体系的力学量算符 $\hat{A}$ 的完备本征函数系为 $\{\psi_n, n=1,2,\cdots\}$，属于非简并本征值 A_n 的本征函数为 ψ_n，则本征方程为 $\hat{A}\psi_n = A_n\psi_n$。如果量子体系的另一力学量算符 $\hat{B}$ 与力学量算符 $\hat{A}$ 对易，$[\hat{A},\hat{B}]=0$，则

$$\hat{A}\hat{B} = \hat{B}\hat{A};\hat{A}(\hat{B}\psi_n) = \hat{A}\hat{B}\psi_n = \hat{B}\hat{A}\psi_n = \hat{B}(\hat{A}\psi_n) = \hat{B}A_n\psi_n = A_n(\hat{B}\psi_n)$$

可见，$\hat{B}\psi_n$ 也是力学量算符 $\hat{A}$ 的属于本征值 A_n 的本征函数。由于力学量算符 $\hat{A}$ 的本征值 A_n 非简并，所以属于力学量算符 $\hat{A}$ 的同一本征值 A_n 的本征函数 ψ_n 和 $\hat{B}\psi_n$ 表示同一个本征态，至多相差一个常量（数）因子；如果把这个常量（数）因子记为 B_n，则

$$\hat{B}\psi_n = B_n\psi_n \tag{15-4-38}$$

这说明 ψ_n 不仅是力学量算符 $\hat{A}$ 的本征值为 A_n 的本征函数，同时也是力学量算符 $\hat{B}$ 的本征值为 B_n 的本征函数。由于 ψ_n 是本征函数系 $\{\psi_n, n=1,2,\cdots\}$ 中任意一个本征函数，所以本征函数系 $\{\psi_n, n=1,2,\cdots\}$ 既是力学量算符 $\hat{A}$ 的本征函数系，又是力学量算符 $\hat{B}$ 的本征函数系，即力学量算符 $\hat{A}$ 与力学量算符 $\hat{B}$ 有共同的本征函数系 $\{\psi_n, n=1,2,\cdots\}$。如果力学量算符 $\hat{A}$ 与力学量算符 $\hat{B}$ 有共同的本征函数系 $\{\psi_n, n=1,2,\cdots\}$，则量子体系处于任何本征态 ψ_n 时，量子体系力学量 A 有确定的测量值 A_n，量子体系力学量 B 有确定的测量值 B_n。如果一个量子体系的两个力学量算符有共同的本征函数系，则这两个力学量可以同时具有确定的测量值。如果量子体系的两个力学量算符 $\hat{A}$ 和 $\hat{B}$ 是对易的，则这两个力学量算符一定具有共同的完备的本征函数系 $\{\psi_n, n=1,2,\cdots\}$。

反过来，如果量子体系的力学量算符 $\hat{A}$ 和 $\hat{B}$ 具有共同的本征函数系 $\{\psi_n, n=1,2,\cdots\}$，则对于任意一个本征态 ψ_n，一定有

$$\hat{A}\psi_n = A_n\psi_n,\hat{B}\psi_n = B_n\psi_n$$

$$(\hat{A}\hat{B} - \hat{B}\hat{A})\psi_n = \hat{A}\hat{B}\psi_n - \hat{B}\hat{A}\psi_n = B_n\hat{A}\psi_n - A_n\hat{B}\psi_n = B_nA_n\psi_n - A_nB_n\psi_n = 0$$

$$(\hat{A}\hat{B} - \hat{B}\hat{A})\psi_1 = 0,\ (\hat{A}\hat{B} - \hat{B}\hat{A})\psi_2 = 0,\cdots$$

对于任意一个波函数 ψ，可以按力学量算符 $\hat{A}$ 和 $\hat{B}$ 的共同本征函数系 $\{\psi_n, n=1,2,\cdots\}$ 展开

$$\psi = \sum_n c_n\psi_n = c_1\psi_1 + c_2\psi_2 + \cdots$$

由此得到

$$[\hat{A},\hat{B}]\psi = (\hat{A}\hat{B} - \hat{B}\hat{A})\psi = (\hat{A}\hat{B} - \hat{B}\hat{A})\sum_n c_n\psi_n = \sum_n c_n(\hat{A}\hat{B} - \hat{B}\hat{A})\psi_n$$

$$= c_1(\hat{A}\hat{B} - \hat{B}\hat{A})\psi_1 + c_2(\hat{A}\hat{B} - \hat{B}\hat{A})\psi_2 + \cdots = c_1 \cdot 0 + c_2 \cdot 0 + \cdots = 0$$

由于 ψ 是任意波函数,所以

$$[\hat{A},\hat{B}] = 0, \hat{A}\hat{B} - \hat{B}\hat{A} = 0, \hat{A}\hat{B} = \hat{B}\hat{A} \tag{15-4-39}$$

可见,如果力学量算符 $\hat{A}$ 和 $\hat{B}$ 具有共同本征函数系 $\{\psi_n, n=1,2,\cdots\}$,则 $\hat{A}$ 与 $\hat{B}$ 对易。

对于简并情况,同样可以证明互为对易的量子体系的两个力学量算符具有共同的本征函数系;如果量子体系的两个力学量算符具有共同的本征函数系,则量子体系的这两个力学量算符之间是对易的。

推广到更一般的情况。如果量子体系的一组彼此独立的力学量算符($\hat{A}_1,\hat{A}_2,\cdots$)具有完备的共同本征函数系 $\{\psi_n, n=1,2,\cdots\}$,则这组力学量算符($\hat{A}_1,\hat{A}_2,\cdots$)一定是相互对易的;如果量子体系的一组彼此独立的力学量算符($\hat{A}_1,\hat{A}_2,\cdots$)互为对易算符,则这组力学量算符一定具有完备的共同本征函数系 $\{\psi_n, n=1,2,\cdots\}$。量子体系的任何一个状态 ψ(波函数)均可以用这组完备的共同本征函数系 $\{\psi_n, n=1,2,\cdots\}$ 线性展开

$$\psi = \sum_n c_n\psi_n = c_1\psi_1 + c_2\psi_2 + \cdots \tag{15-4-40}$$

在量子力学中,这是非常重要的定理。在量子体系的一组力学量算符的共同本征函数系所描述的状态中,这些算符所表示的力学量同时具有确定值。所以,这个定理是求解一个量子体系一组力学量的本征值、确定值以及力学量平均值的理论基础。

动量分量算符 $\hat{p}_x,\hat{p}_y,\hat{p}_z$ 是相互对易的,所以它们具有共同的本征函数 ψ_p,并且 ψ_p 组成完备系;量子体系处于状态 ψ_p 时,这三个算符所表示的力学量具有确定值 p_x,p_y,p_z。氢原子中电子的哈密顿算符 $\hat{H}$、角动量平方算符 $\hat{L}^2$、角动量 z 分量算符 $\hat{L}_z$ 是相互对易的,它们具有共同的本征函数 $\psi_{n,l,m}$(氢原子的定态);在氢原子处于这些状态 $\psi_{n,l,m}$ 中时,力学量算符 $\hat{H},\hat{L}^2,\hat{L}_z$ 所代表的力学量具有确定值 $E_n, l(l+1)\hbar^2, m\hbar$。

当量子体系处于力学量 A 的算符 $\hat{A}$ 的本征态时,力学量 A 有确定的值,这一确定值就是该本征态对应(所属)的本征值。当两个力学量算符 $\hat{A}$ 和 $\hat{B}$ 对易时,它们有共同的完备本征函数系,但还不能确定力学量 A 和 B 就一定同时具有确定值(各自的本征值),因为可能还存在着简并。只有在不存在简并的条件下,如果两个力学量算符 $\hat{A}$ 和 $\hat{B}$ 对易,则力学量 A 和 B 可以同时具有确定值。一般来说,当两个力学量算符 $\hat{A}$ 和 $\hat{B}$ 不对易时,力学量 A 和 B 不能同时具有确定值。

由于简并的存在,量子体系某一确定量子数(某个本征值)可能对应若干个本征态,所以这一确定的量子数还不能完全确定量子体系的量子状态(波函数)。要完全确定量子体系所处的状态(波函数),需要一组相互对易的力学量算符;这一组能够完全确定量子体系状态的力学量(力学量算符),称为力学量的完全集合。例如,要完全确定氢原子中电子的状态,需要三个相互对易的力学量:哈密顿算符 $\hat{H}$、角动量平方算符 $\hat{L}^2$、角动量 z 分量算符 $\hat{L}_z$,或三个量子数:

n, l, m；当然，如果考虑到自旋，还要增加自旋量子数。

四、不确定关系(阅读)

如果两个力学量的算符是不对易的，则这两个力学量一般不能同时具有确定值。

设量子体系的两个不同力学量 A 和 B 的算符 $\hat{A}$ 和 $\hat{B}$ 的对易关系为

$$[\hat{A},\hat{B}]=\hat{A}\hat{B}-\hat{B}\hat{A}=\mathrm{i}\hat{C} \tag{15-4-41}$$

其中，$\hat{C}$ 是一个算符或普通的数(量)。设 $\overline{A}$，$\overline{B}$ 是力学量算符 $\hat{A}$，$\hat{B}$ 在量子态 ψ 中的平均值(期望值)，则力学量 A 和 B 测量的偏差算符表示为

$$\widehat{\Delta A}=\hat{A}-\overline{A},\ \widehat{\Delta B}=\hat{B}-\overline{B} \tag{15-4-42}$$

由于力学量算符 $\hat{A}$ 和 $\hat{B}$ 都是厄米算符，而力学量平均值 $\overline{A}$ 和 $\overline{B}$ 都是实数量，所以力学量测量偏差算符 $\widehat{\Delta A}$ 和 $\widehat{\Delta B}$ 都是厄米算符。考虑积分

$$I(\xi)=\int|(\xi\widehat{\Delta A}-\mathrm{i}\widehat{\Delta B})\psi|^2\mathrm{d}\tau\geqslant 0 \tag{15-4-43}$$

其中，ξ 是实数参数，积分区域是变量变化的整个空间。由复数模平方的定义，积分展开为

$$\begin{aligned}
I(\xi)&=\int|(\xi\widehat{\Delta A}-\mathrm{i}\widehat{\Delta B})\psi|^2\mathrm{d}\tau=\int[(\xi\widehat{\Delta A}-\mathrm{i}\widehat{\Delta B})\psi]^*(\xi\widehat{\Delta A}-\mathrm{i}\widehat{\Delta B})\psi\mathrm{d}\tau\\
&=\int[\xi(\widehat{\Delta A}\psi)^*+\mathrm{i}(\widehat{\Delta B}\psi)^*][\xi(\widehat{\Delta A}\psi)-\mathrm{i}(\widehat{\Delta B}\psi)]\mathrm{d}\tau\\
&=\xi^2\int(\widehat{\Delta A}\psi)^*(\widehat{\Delta A}\psi)\mathrm{d}\tau+\mathrm{i}\xi\int(\widehat{\Delta B}\psi)^*(\widehat{\Delta A}\psi)\mathrm{d}\tau-\\
&\quad\ \mathrm{i}\xi\int(\widehat{\Delta A}\psi)^*(\widehat{\Delta B}\psi)\mathrm{d}\tau+\int(\widehat{\Delta B}\psi)^*(\widehat{\Delta B}\psi)\mathrm{d}\tau\\
&=\xi^2\int\psi^*\widehat{\Delta A}(\widehat{\Delta A}\psi)\mathrm{d}\tau+\mathrm{i}\xi\int\psi^*\widehat{\Delta B}(\widehat{\Delta A}\psi)\mathrm{d}\tau-\\
&\quad\ \mathrm{i}\xi\int\psi^*\widehat{\Delta A}(\widehat{\Delta B}\psi)\mathrm{d}\tau+\int\psi^*\widehat{\Delta B}(\widehat{\Delta B}\psi)\mathrm{d}\tau\\
&=\xi^2\int\psi^*(\widehat{\Delta A})^2\psi\mathrm{d}\tau+\mathrm{i}\xi\int\psi^*(\widehat{\Delta B}\widehat{\Delta A})\psi\mathrm{d}\tau-\\
&\quad\ \mathrm{i}\xi\int\psi^*(\widehat{\Delta A}\widehat{\Delta B})\psi\mathrm{d}\tau+\int\psi^*(\widehat{\Delta B})^2\psi\mathrm{d}\tau\\
&=\xi^2\int\psi^*(\widehat{\Delta A})^2\psi\mathrm{d}\tau-\mathrm{i}\xi\int\psi^*(\widehat{\Delta A}\widehat{\Delta B}-\widehat{\Delta B}\widehat{\Delta A})\psi)\mathrm{d}\tau+\int\psi^*(\widehat{\Delta B})^2\psi\mathrm{d}\tau\\
&=\xi^2\overline{(\widehat{\Delta A})^2}-\mathrm{i}\xi(\widehat{\Delta A}\widehat{\Delta B}-\widehat{\Delta B}\widehat{\Delta A}++\overline{(\widehat{\Delta B})^2}
\end{aligned}$$

这里，利用了力学量 A 和 B 测量偏差算符 $\widehat{\Delta A}$ 和 $\widehat{\Delta B}$ 都是厄米算符的条件。因为

$$\begin{aligned}
\widehat{\Delta A}\ \widehat{\Delta B}-\widehat{\Delta B}\ \widehat{\Delta A}&=(\hat{A}-\overline{A})(\hat{B}-\overline{B})-(\hat{B}-\overline{B})(\hat{A}-\overline{A})\\
&=\hat{A}\hat{B}-\overline{A}\hat{B}-\overline{B}\hat{A}+\overline{AB}-\hat{B}\hat{A}+\overline{B}\hat{A}+\overline{A}\hat{B}-\overline{AB}\\
&=\hat{A}\hat{B}-\hat{B}\hat{A}=\mathrm{i}\hat{C}
\end{aligned}$$

由此得到

$$I(\xi)=\xi^2\overline{(\widehat{\Delta A})^2}+\xi\overline{\hat{C}}+\overline{(\widehat{\Delta B})^2}=a^2\xi^2+c\xi+b^2\geqslant 0 \tag{15-4-44}$$

其中，$a^2=\overline{(\widehat{\Delta A})^2}$，$b^2=\overline{(\widehat{\Delta B})^2}$，$c=\overline{\hat{C}}$，都是实数。为了使不等式成立，系数必须

$$a^2 \cdot b^2 \geqslant \frac{|c|^2}{4}, \overline{(\Delta\hat{A})^2} \cdot \overline{(\Delta\hat{B})^2} \geqslant \frac{|\overline{\hat{C}}|^2}{4} \tag{15-4-45}$$

这就是海森堡不确定关系的一般表达式。如果 $c=\overline{\hat{C}} \neq 0$，则力学量算符 $\hat{A}$ 和 $\hat{B}$ 的均方偏差不会同时为零，它们的乘积要大于一个正数。

因为 $[\hat{A},\hat{B}]=\hat{A}\hat{B}-\hat{B}\hat{A}=\mathrm{i}\hat{C}, \overline{\hat{C}}=\overline{[\hat{A},\hat{B}]}$，所以不确定关系还可以表示为

$$\overline{(\Delta\hat{A})^2} \cdot \overline{(\Delta\hat{B})^2} \geqslant \frac{1}{4}\left|\overline{[\hat{A},\hat{B}]}\right|^2 \tag{15-4-46}$$

如果定义力学量 A 和 B 的不确定量为 ΔA 和 ΔB，则不确定关系就可以表示为

$$\Delta A \cdot \Delta B \geqslant \frac{1}{2}\left|\overline{[\hat{A},\hat{B}]}\right|; \Delta A=\sqrt{\overline{(\Delta\hat{A})^2}}, \Delta B=\sqrt{\overline{(\Delta\hat{B})^2}} \tag{15-4-47}$$

可见，如果已知量子体系两个力学量算符 $\hat{A}$ 和 $\hat{B}$ 之间的对易关系，就可以写出这两个力学量 A 和 B 的不确定量 ΔA 和 ΔB 之间的关系。

例如，力学量坐标 x 和动量 p_x 的算符 $\hat{x}$ 和 $\hat{p}_x$ 之间的对易关系为

$$[\hat{x},\hat{p}_x]\psi=(\hat{x}\hat{p}_x-\hat{p}_x\hat{x})\psi=x\frac{\hbar}{\mathrm{i}}\frac{\partial\psi}{\partial x}-\frac{\hbar}{\mathrm{i}}\frac{\partial}{\partial x}(x\psi)=\mathrm{i}\hbar\psi, [\hat{x},\hat{p}_x]=\mathrm{i}\hbar$$

则坐标 x 与动量 p_x 的不确定关系为

$$\overline{(\Delta\hat{x})^2} \cdot \overline{(\Delta\hat{p}_x)^2} \geqslant \frac{1}{4}\left|\overline{[\hat{x},\hat{p}_x]}\right|^2=\frac{1}{4}|\overline{\mathrm{i}\hbar}|^2=\frac{\hbar^2}{4}, \Delta x\Delta p_x \geqslant \frac{\hbar}{2}$$

第五节　量子力学的矩阵形式

量子力学可以有多种表述形式，用矩阵的形式表示量子力学中的态(波函数)、力学量算符以及量子力学公式是量子力学的表述形式之一。

波函数 $\Psi(x,t)$ 用空间坐标来描述量子体系的状态，而 $c(p,t)$ 是用动量来描述量子体系的状态。表示力学量的算符可以用坐标来表示，如动量算符 $\boldsymbol{p}=-\mathrm{i}\hbar\nabla$ 就是用对坐标的微分的形式表示的。可以用不同的力学量来表示量子体系的态和力学量算符，如动量、角动量和能量等力学量；这如同一个矢量可以在不同的坐标系中表示一样。

在量子力学中，量子态和力学量算符的具体表述方式称为表象。实际上，表象就是用什么力学量(物理量)来表示量子体系的物理行为，如用坐标表示就是坐标表象、用动量表示就是动量表象、用角动量表示就是角动量表象、用能量表示就是能量表象。要注意的是，表象只是形式，表象不同只是形式不同，或者说只是数学表述形式不同，不影响物理实质。

一、态的表象和态的矩阵表示

设量子体系的任一力学量 Q 的算符 $\hat{Q}$ 具有分立的本征值 $Q_1, Q_2, \cdots$，对应的本征函数为 $u_1(x), u_2(x), \cdots$，而且组成完备本征函数系。将波函数 $\Psi(x,t)$ 按算符 $\hat{Q}$ 的本征函数展开

$$\Psi(x,t)=a_1(t)u_1(x)+a_2(t)u_2(x)+\cdots=\sum_n a_n(t)u_n(x) \tag{15-5-1}$$

由本征函数 $u_1(x),u_2(x),\cdots$ 的正交归一性，得到

$$\int\Psi(x,t)u_n^*(x)\mathrm{d}x=\int\sum_m a_m(t)u_m(x)u_n^*(x)\mathrm{d}x$$

$$=\sum_m a_m(t)\int u_m(x)u_n^*(x)\mathrm{d}x=\sum_m a_m(t)\delta_{mn}=a_n(t)$$

$$a_n(t)=\int\Psi(x,t)u_n^*(x)\mathrm{d}x \tag{15-5-2}$$

再由波函数 $\Psi(x,t)$ 的归一化条件和本征函数 $u_1(x),u_2(x),\cdots$ 的正交归一性，得到

$$1=\int|\Psi(x,t)|^2\mathrm{d}x=\int\Psi^*(x,t)\Psi(x,t)\mathrm{d}x=\int\sum_m a_m^*(t)u_m^*(x)\sum_n a_n(t)u_n(x)\mathrm{d}x$$

$$=\sum_{m,n}a_m^*(t)a_n(t)\int u_m^*(x)u_n(x)\mathrm{d}x=\sum_{m,n}a_m^*(t)a_n(t)\delta_{mn}=\sum_n a_n^*(t)a_n(t)=\sum_n|a_n(t)|^2$$

$$\sum_n|a_n(t)|^2=\sum_n a_n^*(t)a_n(t)=|a_1(t)|^2+|a_2(t)|^2+\cdots=1 \tag{15-5-3}$$

可见，展开系数 $a_n(t)$ 的模平方 $|a_n(t)|^2$ 表示量子体系处于状态 $u_n(x)$ 时测量力学量 Q 所得结果为力学量算符 $\hat{Q}$ 的本征值 Q_n 的概率。

我们把波函数 $\Psi(x,t)$ 在量子体系力学量 Q 的力学量算符 $\hat{Q}$ 的完备本征波函数系 $\{u_n(x)\}=u_1(x),u_2(x),\cdots$ 中的展开系数集

$$\{a_n(t)\}=a_1(t),a_2(t),\cdots \tag{15-5-4}$$

称为波函数 $\Psi(x,t)$ 所描述的量子体系的态在力学量 Q 表象中的表示。

我们之所以将展开系数集 $\{a_n(t)\}$ 称为态的表示，将此与矢量在直角坐标系中的表示做一个比较就可以理解。一个位置矢量（力学量）在直角坐标系中可以表示为

$$\boldsymbol{r}=x\boldsymbol{i}+y\boldsymbol{j}+z\boldsymbol{k}$$

其中的 $\{\boldsymbol{i},\boldsymbol{j},\boldsymbol{k}\}$ 为笛卡尔直角坐标系的基矢（单位方向矢量），而 x,y,z 是位置矢量 $\boldsymbol{r}$ 在三个基矢方向上的投影值，或者说 x,y,z 是位置矢量 $\boldsymbol{r}$ 在三个基矢方向上的分量值，或者说 x,y,z 是位置矢量 $\boldsymbol{r}$ 按三个基矢 $\{\boldsymbol{i},\boldsymbol{j},\boldsymbol{k}\}$ 方向上展开的系数；展开系数集 (x,y,z) 也可以用来表示位置矢量 $\boldsymbol{r}$，甚至可以称为位置矢量 $\boldsymbol{r}$ 在笛卡尔直角坐标系中的表示。量子体系力学量 Q 的力学量算符 $\hat{Q}$ 的完备本征波函数系 $\{u_n(x)\}=u_1(x),u_2(x),\cdots$ 可以看作 Q 表象的“基矢”，波函数 $\Psi(x,t)$ 看作一个“矢量（态矢量）”，波函数 $\Psi(x,t)$ 按量子体系力学量 Q 的算符 $\hat{Q}$ 的完备本征波函数系 $\{u_n(x)\}=u_1(x),u_2(x),\cdots$ 展开的展开系数集 $\{a_n(t)\}=a_1(t),a_2(t),\cdots$ 看作波函数 $\Psi(x,t)$（态矢量）在 Q 表象的“基矢” $\{u_n(x)\}$ 上的“分量”，“分量” $\{a_n(t)\}=a_1(t),a_2(t),\cdots$ 也可以表示量子体系的态（波函数 $\Psi(x,t)$，态矢量）；展开系数集 $\{a_n(t)\}$ 就是波函数 $\Psi(x,t)$ 所描述的量子体系的态在力学量 Q 表象中的表示。

正如一个矢量力学量 $\boldsymbol{A}$ 可以在不同的坐标系下分解，如笛卡尔直角坐标系 $(\boldsymbol{A}_x,\boldsymbol{A}_y,\boldsymbol{A}_z)$ 和球坐标系 $(\boldsymbol{A}_r,\boldsymbol{A}_\theta,\boldsymbol{A}_\varphi)$，量子力学中的态矢量 $\Psi(x,t)$ 也可以按不同的力学量算符的完备本征函数系展开，也就是量子体系的态可以用不同表象来表示；量子力学中，常用的表象除坐标表象外，还有动量表象和能量表象等。

在笛卡尔直角坐标系中，$\{\boldsymbol{i},\boldsymbol{j},\boldsymbol{k}\}$ 是三个相互独立的方向，表明矢量力学量 $\boldsymbol{A}$ 所在的空间是普通的三维空间。量子力学中，力学量算符 $\hat{Q}$ 的完备本征波函数 $u_1(x),u_2(x),\cdots$ 可以有无限个，所以态矢量所在的空间可以是无限维的函数空间，这种空间在数学上称为希尔伯特空间。经典牛顿力学的背景空间是欧几里得空间，量子力学的背景空间是希尔伯特空间。

如果量子体系处于$\Psi(x,t)$态,态矢量$\Psi(x,t)$按力学量Q的力学量算符$\hat{Q}$的完备本征波函数系$\{u_n(x)\}=u_1(x),u_2(x),\cdots$展开的系数集为$\{a_n(t)\}=a_1(t),a_2(t),\cdots$,则可以用系数集中的各个系数作为矩阵的元素来表示量子体系所处的态$\Psi(x,t)$

$$\Psi=\begin{pmatrix}a_1(t)\\a_2(t)\\\vdots\end{pmatrix},\Psi^{\dagger}=(a_1^*(t),a_2^*(t),\cdots) \tag{15-5-5}$$

这就是态的矩阵表示。显然,选取的力学量Q不同,力学量算符$\hat{Q}$的完备本征波函数系$\{u_n(x)\}$就不同,量子体系态矢量$\Psi(x,t)$的展开系数集$\{a_n(t)\}=a_1(t),a_2(t),\cdots$就不同,态的矩阵表示中的各个元素就不同,态的矩阵表示就不同。在不同的表象下,量子体系态的矩阵表示是不同的。但在不同表象下,依然有(归一化)

$$(a_1^*(t),a_2^*(t),\cdots)\begin{pmatrix}a_1(t)\\a_2(t)\\\vdots\end{pmatrix}=\sum_n|a_n(t)|^2=1,\Psi^{\dagger}\Psi=1 \tag{15-5-6}$$

二、力学量(算符)的矩阵表示

设量子体系力学量Q的力学量算符$\hat{Q}$的完备本征波函数系为$\{u_n(x)\}=u_1(x),u_2(x),\cdots$,对应的本征值为$Q_1,Q_2,\cdots$。某力学量算符$\hat{F}(x,\hat{p}_x)$作用于波函数$\Psi(x,t)$后得出另一函数$\Phi(x,t)$,在坐标表象中这一作用可以表示为

$$\Phi(x,t)=\hat{F}(x,\hat{p}_x)\Psi(x,t)=\hat{F}\left(x,\frac{\hbar}{\mathrm{i}}\frac{\partial}{\partial x}\right)\Psi(x,t) \tag{15-5-7}$$

将$\Psi(x,t)$和$\Phi(x,t)$按力学量算符$\hat{Q}$的完备本征波函数系$\{u_n(x)\}$展开

$$\Psi(x,t)=\sum_m a_m(t)u_m(x),\Phi(x,t)=\sum_m b_m(t)u_m(x) \tag{15-5-8}$$

由此得到

$$\sum_m b_m(t)u_m(x)=\hat{F}\left(x,\frac{\hbar}{\mathrm{i}}\frac{\partial}{\partial x}\right)\sum_m a_m(t)u_m(x)$$

两边左乘$u_n^*(x)$并对整个空间积分,得到

$$\int u_n^*(x)\sum_m b_m(t)u_m(x)\mathrm{d}x=\int u_n^*(x)\hat{F}\left(x,\frac{\hbar}{\mathrm{i}}\frac{\partial}{\partial x}\right)\sum_m a_m(t)u_m(x)\mathrm{d}x$$

$$\sum_m b_m(t)\int u_n^*(x)u_m(x)\mathrm{d}x=\sum_m a_m(t)\int u_n^*(x)\hat{F}\left(x,\frac{\hbar}{\mathrm{i}}\frac{\partial}{\partial x}\right)u_m(x)\mathrm{d}x$$

$$\sum_m b_m(t)\delta_{nm}=\sum_m a_m(t)\int u_n^*(x)\hat{F}\left(x,\frac{\hbar}{\mathrm{i}}\frac{\partial}{\partial x}\right)u_m(x)\mathrm{d}x$$

$$F_{nm}=\int u_n^*(x)\hat{F}\left(x,\frac{\hbar}{\mathrm{i}}\frac{\partial}{\partial x}\right)u_m(x)\mathrm{d}x,b_n(t)=\sum_m F_{nm}a_m(t) \tag{15-5-9}$$

这里利用了本征函数$u_n(x)$的正交归一性,$\int u_n^*(x)u_m(x)\mathrm{d}x=\delta_{nm}$。

由于$\{a_n(t)\}$和$\{b_n(t)\}$分别是$\Psi(x,t)$和$\Phi(x,t)$按算符$\hat{Q}$的完备本征函数系$\{u_n(x)\}$展开的展开系数,所以$\{a_n(t)\}$和$\{b_n(t)\}$分别是$\Psi(x,t)$和$\Phi(x,t)$在Q表象中的表示。这样,$\{F_{nm}\}$就是力学量算符$\hat{F}$在Q表象中的表示。如果已知算符$\hat{Q}$的完备本征函数系

$\{u_n(x)\}$，就可以求出力学量算符 $\hat{F}(x,\hat{p}_x)=\hat{F}\left(x,\frac{\hbar}{\mathrm{i}}\frac{\partial}{\partial x}\right)$ 在 Q 表象中的表示 $\{F_{nm}\}$；如果已知力学量算符 $\hat{F}(x,\hat{p}_x)=\hat{F}\left(x,\frac{\hbar}{\mathrm{i}}\frac{\partial}{\partial x}\right)$ 在 Q 表象中的表示 $\{F_{nm}\}$，就可以由波函数 $\Psi(x,t)$ 在 Q 表象中的表示 $\{a_n(t)\}$ 求得波函数 $\Psi(x,t)$ 经力学量算符 $\hat{F}(x,\hat{p}_x)=\hat{F}\left(x,\frac{\hbar}{\mathrm{i}}\frac{\partial}{\partial x}\right)$ 作用后的波函数 $\Phi(x,t)$ 在 Q 表象中的表示 $\{b_n(t)\}$。

应该注意到，如果算符 $\hat{Q}$ 的完备本征函数系 $\{u_n(x)\}=u_1(x),u_2(x),\cdots$ 共有 n（可以是无限大）个本征函数，则算符 $\hat{F}(x,\hat{p}_x)=\hat{F}\left(x,\frac{\hbar}{\mathrm{i}}\frac{\partial}{\partial x}\right)$ 在 Q 表象中的表示 $\{F_{nm}\}$ 将有 $N\times N=N^2$ 个数量元素。这样，我们可以将这 $N\times N$ 个数量元素 $\{F_{nm}\}$ 用一个方矩阵表示出来

$$\hat{F}=\{F_{nm}\}=\begin{pmatrix} F_{11} & F_{12} & \cdots & F_{1m} & \cdots \\ F_{21} & F_{22} & \cdots & F_{2m} & \cdots \\ \vdots & \vdots & & \vdots & \vdots \\ F_{n1} & F_{n2} & \cdots & F_{nm} & \cdots \\ \vdots & \vdots & & \vdots & \vdots \end{pmatrix} \tag{15-5-10}$$

这就是力学量算符 $\hat{F}$ 在 Q 表象中的矩阵表示，F_{nm} 是矩阵元。

如果将 $\Psi(x,t)$ 和 $\Phi(x,t)$ 在 Q 表象中的表示也用其矩阵 Ψ 和 Φ 表示，则态函数 $\Psi(x,t)$ 经力学量算符 $\hat{F}(x,\hat{p}_x)=\hat{F}\left(x,\frac{\hbar}{\mathrm{i}}\frac{\partial}{\partial x}\right)$ 作用后得到态函数 $\Phi(x,t)$ 的变换方程在 Q 表象中的矩阵表示为

$$\begin{pmatrix} b_1(t) \\ b_2(t) \\ \vdots \\ b_n(t) \\ \vdots \end{pmatrix}=\begin{pmatrix} F_{11} & F_{12} & \cdots & F_{1m} & \cdots \\ F_{21} & F_{22} & \cdots & F_{2m} & \cdots \\ \vdots & \vdots & & \vdots & \vdots \\ F_{n1} & F_{n2} & \cdots & F_{nm} & \cdots \\ \vdots & \vdots & & \vdots & \vdots \end{pmatrix}\begin{pmatrix} a_1(t) \\ a_2(t) \\ \vdots \\ a_m(t) \\ \vdots \end{pmatrix},\Phi=F\Psi \tag{15-5-11}$$

量子力学中，表示量子体系力学量的算符都是（线性）厄米算符。由厄米算符的定义和力学量算符 $\hat{F}$ 在 Q 表象中的矩阵表示的矩阵元的定义，可以得到

$$\begin{aligned} F_{nm}^* &= \left[\int u_n^*(x)\hat{F}u_m(x)\mathrm{d}x\right]^* = \int u_n(x)[\hat{F}u_m(x)]^*\mathrm{d}x \\ &= \int [\hat{F}u_m(x)]^* u_n(x)\mathrm{d}x = \int u_m^*(x)\hat{F}u_n(x)\mathrm{d}x = F_{mn} \end{aligned}$$

这说明，$\hat{F}$ 矩阵的第 m 列第 n 行的矩阵元等于它的第 n 列第 m 行的矩阵元的共轭复数，也就是 $\hat{F}$ 矩阵的转置共轭矩阵与 $\hat{F}$ 矩阵相等

$$F_{nm}^*=F_{mn};F_{mn}=F_{mn}^{\dagger};F=F^{\dagger} \tag{15-5-12}$$

$$\begin{pmatrix} F_{11} & F_{12} & \cdots & F_{1m} & \cdots \\ F_{21} & F_{22} & \cdots & F_{2m} & \cdots \\ \vdots & \vdots & & \vdots & \vdots \\ F_{n1} & F_{n2} & \cdots & F_{nm} & \cdots \\ \vdots & \vdots & & \vdots & \vdots \end{pmatrix}=\begin{pmatrix} F_{11}^* & F_{21}^* & \cdots & F_{m1}^* & \cdots \\ F_{12}^* & F_{22}^* & \cdots & F_{m2}^* & \cdots \\ \vdots & \vdots & & \vdots & \vdots \\ F_{1n}^* & F_{2n}^* & \cdots & F_{mn}^* & \cdots \\ \vdots & \vdots & & \vdots & \vdots \end{pmatrix}$$

如果力学量算符 $\hat{F}$ 就是算符 $\hat{Q}$,则力学量算符 $\hat{Q}$ 在自身表象中的矩阵元为

$$Q_{nm}=\int u_n^*(x)\hat{Q}\left(x,\frac{\hbar}{\mathrm{i}}\frac{\partial}{\partial x}\right)u_m(x)\mathrm{d}x=\int u_n^*(x)Q_m u_m(x)\mathrm{d}x=Q_m\delta_{nm} \tag{15-5-13}$$

可见,力学量算符在自身表象中是一个对角矩阵,而且矩阵的对角元素就是力学量算符的本征值。这是一个非常重要的结论。例如,在寻找量子体系的能量本征值(力学量)时,将哈密顿算符(确保是能量算符)表示为能量表象中的矩阵,再将能量表象中的哈密顿算符矩阵转化为对角矩阵,则对角矩阵的对角元素就是量子体系的能量本征值。

三、量子力学公式的矩阵表述

量子力学公式(方程)是由力学量算符和量子体系态函数(波函数)构成的,既然量子体系态函数和力学量算符都可以用力学量的表象矩阵表示,那么,量子力学公式(方程)自然就可以用力学量的表象矩阵表示。

设量子体系力学量 Q 的力学量算符 $\hat{Q}$ 的本征值为 $Q_1,Q_2,\cdots$,对应的完备本征波函数系表示为 $\{u_n(x)\}=u_1(x),u_2(x),\cdots$。则量子体系的态矢量(波函数)$\Psi(x,t)$ 和力学量算符 $\hat{F}\left(x,\frac{\hbar}{\mathrm{i}}\frac{\partial}{\partial x}\right)$ 在力学量 Q 表象中的矩阵为

$$\Psi(x,t)=\begin{pmatrix}a_1(t)\\a_2(t)\\\vdots\\a_n(t)\\\vdots\end{pmatrix},\hat{F}=\{F_{nm}\}=\begin{pmatrix}F_{11}&F_{12}&\cdots&F_{1m}&\cdots\\F_{21}&F_{22}&\cdots&F_{2m}&\cdots\\\vdots&\vdots&&\vdots&\vdots\\F_{n1}&F_{n2}&\cdots&F_{nm}&\cdots\\\vdots&\vdots&&\vdots&\vdots\end{pmatrix}$$

1. 波函数归一化条件的矩阵表述

将波函数 $\Psi(x,t)$ 及其复共轭式 $\Psi^*(x,t)$ 按 Q 表象中的基矢 $\{u_n(x)\}$ 展开

$$\Psi(x,t)=\sum_n a_n(t)u_n(x),\Psi^*(x,t)=\sum_m a_m^*(t)u_m^*(x) \tag{15-5-14}$$

代入 $\Psi(x,t)$ 的归一化条件,$\int\Psi^*(x,t)\Psi(x,t)\mathrm{d}x=1$,利用 $u_n(x)$ 的正交归一化条件,得到

$$\begin{aligned}1&=\int\Psi^*(x,t)\Psi(x,t)\mathrm{d}x=\int\sum_m a_m^*(t)u_m^*(x)\sum_n a_n(t)u_n(x)\mathrm{d}x\\&=\sum_{m,n}a_m^*(t)a_n(t)\int u_m^*(x)u_n(x)\mathrm{d}x=\sum_{m,n}a_m^*(t)a_n(t)\delta_{mn}=\sum_n a_n^*(t)a_n(t)\end{aligned}$$

$$\sum_n a_n^*(t)a_n(t)=1$$

写成矩阵形式为

$$\begin{pmatrix}a_1^*(t)&a_2^*(t)&\cdots&a_n^*(t)&\cdots\end{pmatrix}\begin{pmatrix}a_1(t)\\a_2(t)\\\vdots\\a_n(t)\\\vdots\end{pmatrix}=1,\Psi^\dagger\Psi=1 \tag{15-5-15}$$

2. 薛定谔方程的矩阵表述

由薛定谔方程

$$\mathrm{i}\hbar\frac{\partial}{\partial t}\Psi=\hat{H}\Psi,\mathrm{i}\hbar\frac{\partial}{\partial t}\Psi(x,t)=\hat{H}\left(x,\frac{\hbar}{\mathrm{i}}\frac{\partial}{\partial x}\right)\Psi(x,t)$$

并以 $u_m^*(x)$左乘等式的两边，再对 x 变化的整个空间积分，得到

$$\int u_m^*(x)\mathrm{i}\hbar\frac{\partial}{\partial t}\sum_n a_n(t)u_n(x)\mathrm{d}x=\int u_m^*(x)\hat{H}\sum_n a_n(t)u_n(x)\mathrm{d}x$$

$$\mathrm{i}\hbar\frac{\partial}{\partial t}\sum_n a_n(t)\int u_m^*(x)u_n(x)\mathrm{d}x=\sum_n a_n(t)\int u_m^*(x)\hat{H}u_n(x)\mathrm{d}x$$

$$\mathrm{i}\hbar\frac{\mathrm{d}}{\mathrm{d}t}\sum_n a_n(t)\delta_{mn}=\sum_n a_n(t)H_{mn},\mathrm{i}\hbar\frac{\mathrm{d}a_m(t)}{\mathrm{d}t}=\sum_n H_{mn}a_n(t),(m=1,2,\cdots)$$

式中 $H_{mn}=\int u_m^*(x)\hat{H}\left(x,\frac{\hbar}{\mathrm{i}}\frac{\partial}{\partial x}\right)u_n(x)\mathrm{d}x$，即哈密顿算符 $\hat{H}$ 在 Q 表象中的矩阵元。

写成矩阵的形式：

$$\mathrm{i}\hbar\frac{\mathrm{d}}{\mathrm{d}t}\begin{pmatrix}a_1(t)\\a_2(t)\\\vdots\\a_n(t)\\\vdots\end{pmatrix}=\begin{pmatrix}H_{11}&H_{12}&\cdots&H_{1n}&\cdots\\H_{21}&H_{22}&\cdots&H_{2n}&\cdots\\\vdots&\vdots&&\vdots&\vdots\\H_{n1}&H_{n2}&\cdots&H_{nn}&\cdots\\\vdots&\vdots&&\vdots&\vdots\end{pmatrix}\begin{pmatrix}a_1(t)\\a_2(t)\\\vdots\\a_n(t)\\\vdots\end{pmatrix},\mathrm{i}\hbar\frac{\mathrm{d}}{\mathrm{d}t}\Psi=H\Psi \tag{15-5-16}$$

这就是薛定谔方程的矩阵表述，式中 Ψ 和 H 都是矩阵。

如果我们选取的是能量表象，则 $u_m(x)$就是 $\hat{H}$ 的本征函数，对应的本征值为 E_m，则

$$H_{mn}=\int u_m^*(x)\hat{H}u_n(x)\mathrm{d}x=\int u_m^*(x)E_n u_n(x)\mathrm{d}x=E_n\delta_{mn}$$

哈密顿算符 $\hat{H}$ 在能量表象（即自身表象）中是一个对角矩阵，每一个对角元素就是各个能量的本征值。由此还可以得到

$$\mathrm{i}\hbar\frac{\mathrm{d}a_m(t)}{\mathrm{d}t}=\sum_n E_n\delta_{mn}a_n(t)=E_m a_m(t),(m=1,2,\cdots)$$

再积分，即得到能量表象中薛定谔方程的解

$$a_m(t)=a_m(0)\exp(-\mathrm{i}E_m t/\hbar)$$

可见，在能量表象中定态波函数的振幅随时间做简谐振荡。

3. 本征值方程的矩阵表述

力学量算符 $\hat{F}$ 的本征值方程为 $\hat{F}\Psi=\lambda\Psi$，此方程在 Q 表象中的矩阵表示式为

$$\begin{pmatrix}F_{11}&F_{12}&\cdots&F_{1n}&\cdots\\F_{21}&F_{22}&\cdots&F_{2n}&\cdots\\\vdots&\vdots&&\vdots&\vdots\\F_{n1}&F_{n2}&\cdots&F_{nn}&\cdots\\\vdots&\vdots&&\vdots&\vdots\end{pmatrix}\cdot\begin{pmatrix}a_1(t)\\a_2(t)\\\vdots\\a_n(t)\\\vdots\end{pmatrix}=\lambda\begin{pmatrix}a_1(t)\\a_2(t)\\\vdots\\a_n(t)\\\vdots\end{pmatrix}$$

$$\begin{pmatrix}F_{11}-\lambda&F_{12}&\cdots&F_{1n}&\cdots\\F_{21}&F_{22}-\lambda&\cdots&F_{2n}&\cdots\\\vdots&\vdots&&\vdots&\vdots\\F_{n1}&F_{n2}&\cdots&F_{nn}-\lambda&\cdots\\\vdots&\vdots&&\vdots&\vdots\end{pmatrix}\cdot\begin{pmatrix}a_1(t)\\a_2(t)\\\vdots\\a_n(t)\\\vdots\end{pmatrix}=0 \tag{15-5-17}$$

这个矩阵方程表示的是一个线性齐次代数方程组

$$\sum_n (F_{mn}-\lambda\delta_{mn})a_n(t)=0,(m=1,2,\cdots n,\cdots) \tag{15-5-18}$$

要使齐次方程有非零解的条件是系数行列式等于零,则得到久期方程

$$\begin{vmatrix} F_{11}-\lambda & F_{12} & \cdots & F_{1n} & \cdots \\ F_{21} & F_{22}-\lambda & \cdots & F_{2n} & \cdots \\ \vdots & \vdots & & \vdots & \vdots \\ F_{n1} & F_{n2} & \cdots & F_{nn}-\lambda & \cdots \\ \vdots & \vdots & & \vdots & \vdots \end{vmatrix}=0 \tag{15-5-19}$$

解这个方程可得到一组 λ 的值,$\lambda_1,\lambda_2,\cdots,\lambda_n,\cdots$,这就是力学量 F 的本征值。以求得的 λ_i 分别代入方程中就可以求得一组对应的本征矢:$\{a_{i1}(t),a_{i2}(t),\cdots,a_{in}(t),\cdots\}(i=1,2,\cdots)$(它们的本征值分别对应 λ_i,其中还包括一任意常数,可用本征矢归一化的条件来确定),这样我们可以把解微分方程求本征值问题变为求解久期方程的根的问题。

4. 平均值公式的矩阵表述

力学量算符 $\hat{F}$ 的平均值公式为 $\overline{F}=\int\Psi^*(x,t)\hat{F}\Psi(x,t)\mathrm{d}x$,由此得到

$$\begin{aligned}\overline{F}&=\int\sum_m a_m^*(t)u_m^*(x)\hat{F}\left(x,\frac{\hbar}{\mathrm{i}}\frac{\partial}{\partial x}\right)\sum_n a_n(t)u_n(x)\mathrm{d}x\\ &=\int\sum_{m,n}a_m^*(t)u_m^*(x)\hat{F}a_n(t)u_n(x)\mathrm{d}x=\sum_{m,n}a_m^*(t)a_n(t)\int u_m^*(x)\hat{F}u_n(x)\mathrm{d}x\\ &=\sum_{m,n}a_m^*(t)a_n(t)F_{mn}=\sum_{m,n}a_m^*(t)F_{mn}a_n(t)\end{aligned}$$

$$\overline{F}=\sum_{m,n}a_m^*(t)F_{mn}a_n(t) \tag{15-5-20}$$

式中,$F_{mn}=\int u_m^*(x)\hat{F}\left(x,\frac{\hbar}{\mathrm{i}}\frac{\partial}{\partial x}\right)u_n(x)\mathrm{d}x$,为算符 $\hat{F}$ 在 Q 表象中的矩阵元。按矩阵乘法规则,力学量平均值公式写成矩阵形式为

$$\overline{F}=(a_1^*(t)\quad a_2^*(t)\quad\cdots\quad a_n^*(t)\quad\cdots)\cdot\begin{pmatrix}F_{11} & F_{12} & \cdots & F_{1n} & \cdots\\ F_{21} & F_{22} & \cdots & F_{2n} & \cdots\\ \cdots & \cdots & \cdots & \cdots & \cdots\\ F_{n1} & F_{n2} & \cdots & F_{nn} & \cdots\\ \vdots & \vdots & & \vdots & \vdots\end{pmatrix}\cdot\begin{pmatrix}a_1(t)\\ a_2(t)\\ \vdots\\ a_n(t)\\ \vdots\end{pmatrix}$$

$$\overline{F}=\Psi^{\dagger}F\Psi \tag{15-5-21}$$

四、幺正变换(阅读)

在量子力学中,常常需要进行表象之间的变换,这涉及态矢量及力学量算符从一个表象的矩阵表示变换到另一个表象中去的变换。

设力学量算符 $\hat{A}$ 的正交归一完备本征函数系为 $\{\psi_n(x)\}=\psi_1(x),\psi_2(x),\cdots$,力学量算符 $\hat{B}$ 的正交归一完备本征函数系为 $\{\varphi_\alpha(x)\}=\varphi_1(x),\varphi_2(x),\cdots$。将力学量算符 $\hat{B}$ 的本征函数系 $\{\varphi_\alpha(x)\}$ 按力学量算符 $\hat{A}$ 的正交归一完备本征函数系 $\{\psi_n(x)\}$ 展开

$$\varphi_\beta(x)=\sum_n S_{n\beta}\psi_n(x),\varphi_\alpha^*(x)=\sum_m\psi_m^*(x)S_{m\alpha}^*,\alpha,\beta=1,2,\cdots \tag{15-5-22}$$

展开系数为

$$S_{n\beta}=\int\psi_n^*(x)\varphi_\beta(x)\mathrm{d}x,S_{m\alpha}^*=\int\psi_m(x)\varphi_\alpha^*(x)\mathrm{d}x,m,n=1,2,\cdots \tag{15-5-23}$$

用矩阵表示为

$$\begin{pmatrix}\varphi_1(x)\\ \varphi_2(x)\\ \vdots\\ \varphi_\beta(x)\\ \vdots\end{pmatrix}=\begin{pmatrix}S_{11} & S_{21} & \cdots & S_{n1} & \cdots\\ S_{12} & S_{22} & \cdots & S_{n2} & \cdots\\ \vdots & \vdots & & \vdots & \vdots\\ S_{1\beta} & S_{2\beta} & \cdots & S_{n\beta} & \cdots\\ \vdots & \vdots & & \vdots & \vdots\end{pmatrix}\cdot\begin{pmatrix}\psi_1(x)\\ \psi_2(x)\\ \vdots\\ \psi_n(x)\\ \vdots\end{pmatrix}$$

$$(\varphi_1^*(x)\quad \varphi_2^*(x)\quad \cdots\quad \varphi_\beta^*(x)\quad \cdots)$$

$$=(\psi_1^*(x)\quad \psi_2^*(x)\quad \cdots\quad \psi_n^*(x)\quad \cdots)\begin{pmatrix}S_{11}^* & S_{12}^* & \cdots & S_{1\beta}^* & \cdots\\ S_{21}^* & S_{22}^* & \cdots & S_{2\beta}^* & \cdots\\ \vdots & \vdots & & \vdots & \vdots\\ S_{n1}^* & S_{n2}^* & \cdots & S_{n\beta}^* & \cdots\\ \vdots & \vdots & & \vdots & \vdots\end{pmatrix}$$

简记为

$$\Phi=S\Psi,\Phi^\dagger=\Psi^\dagger S^* \tag{15-5-24}$$

矩阵 S 称为变换矩阵

$$S=\begin{pmatrix}S_{11} & S_{12} & \cdots & S_{1\beta} & \cdots\\ S_{21} & S_{22} & \cdots & S_{2\beta} & \cdots\\ \vdots & \vdots & & \vdots & \vdots\\ S_{n1} & S_{n2} & \cdots & S_{n\beta} & \cdots\\ \vdots & \vdots & & \vdots & \vdots\end{pmatrix} \tag{15-5-25}$$

通过变换矩阵 S 可以把 A 表象中的基矢$\{\psi_n(x)\}$变换为 B 表象中的基矢$\{\varphi_\alpha(x)\}$。

1. 变换矩阵是幺正矩阵

由于$\{\psi_n(x)\}$和$\{\varphi_\alpha(x)\}$都是正交归一本征函数系，所以

$$\begin{aligned}\delta_{\alpha\beta}&=\int\varphi_\alpha^*(x)\varphi_\beta(x)\mathrm{d}x=\int\sum_m\psi_m^*(x)S_{m\alpha}^*\sum_n S_{n\beta}\psi_n(x)\mathrm{d}x\\ &=\sum_{n,m}\int\psi_m^*(x)S_{m\alpha}^*\psi_n(x)S_{n\beta}\mathrm{d}x=\sum_{n,m}S_{m\alpha}^*S_{n\beta}\int\psi_m^*(x)\psi_n(x)\mathrm{d}x\\ &=\sum_{n,m}S_{m\alpha}^*S_{n\beta}\delta_{mn}=\sum_m S_{m\alpha}^*S_{m\beta}=\sum_m(S^\dagger)_{\alpha m}S_{m\beta}=(S^\dagger S)_{\alpha\beta}\end{aligned}$$

$$\delta_{\alpha\beta}=(S^\dagger S)_{\alpha\beta},S^\dagger S=I \tag{15-5-26}$$

式中，$S^\dagger$是矩阵的共轭矩阵(对矩阵转置后再对矩阵元素取复共轭)。将基矢 $\psi_m(x)$ 和 $\psi_m(x')$ 按 B 表象中的基矢$\{\varphi_\alpha(x)\}$ 展开

$$\psi_m(x)=\sum_\beta c_\beta\varphi_\beta(x),\psi_m(x')=\sum_\beta c_\beta\varphi_\beta(x')$$

由此得到

$$\begin{aligned}(SS^\dagger)_{mm}&=\sum_\alpha S_{n\alpha}(S^\dagger)_{\alpha m}=\sum_\alpha S_{n\alpha}S_{m\alpha}^*\\ &=\sum_\alpha\int\psi_n^*(x)\varphi_\alpha(x)\mathrm{d}x\int\sum_\beta c_\beta\varphi_\beta(x')\varphi_\alpha^*(x')\mathrm{d}x'\end{aligned}$$

$$=\sum_{\alpha}\int\psi_n^*(x)\varphi_\alpha(x)\mathrm{d}x\sum_{\beta}c_\beta\int\varphi_\beta(x')\varphi_\alpha^*(x')\mathrm{d}x'=\sum_{\alpha}\int\psi_n^*(x)\varphi_\alpha(x)\mathrm{d}x\sum_{\beta}c_\beta\delta_{\alpha\beta}$$

$$=\sum_{\alpha}\int\psi_n^*(x)c_\alpha\varphi_\alpha(x)\mathrm{d}x=\int\psi_n^*(x)\sum_{\alpha}c_\alpha\varphi_\alpha(x)\mathrm{d}x=\int\psi_n^*(x)\psi_m(x)\mathrm{d}x=\delta_{nm}$$

$$SS^\dagger=I \tag{15-5-27}$$

$$S^\dagger S=I=SS^\dagger,S^\dagger=S^{-1} \tag{15-5-28}$$

矩阵 S 的共轭矩阵 $S^\dagger$ 等于矩阵 S 的逆矩阵 S^{-1}，这样的矩阵 S 称为幺正矩阵。由幺正矩阵所表示的变换称为幺正变换；因此，从一个表象到另一个表象的变换是幺正变换，从一个表象到另一个表象的变换矩阵是幺正矩阵。

2. 力学量算符的表象变换

力学量算符 $\hat{F}$ 在 A 表象和 B 表象中的矩阵元分别为

$$F_{mn}=\int\psi_m^*(x)\hat{F}\psi_n(x)\mathrm{d}x,\ (m,n=1,2,\cdots) \tag{15-5-29}$$

$$F'_{\alpha\beta}=\int\varphi_\alpha^*(x)\hat{F}\varphi_\beta(x)\mathrm{d}x,\ (\alpha,\beta=1,2,\cdots) \tag{15-5-30}$$

由此得到在 A 表象和 B 表象中的矩阵元 $F'_{\alpha\beta}$ 和矩阵元 F_{mn} 之间的关系

$$F'_{\alpha\beta}=\int\sum_{m}\psi_m^*(x)S_{m\alpha}^*\hat{F}\sum_{n}S_{n\beta}\psi_n(x)\mathrm{d}x=\sum_{m,n}S_{m\alpha}^*S_{n\beta}\int\psi_m^*(x)\hat{F}\psi_n(x)\mathrm{d}x=\sum_{m,n}S_{m\alpha}^*S_{n\beta}F_{mn}$$

$$F'_{\alpha\beta}=\sum_{m,n}S_{m\alpha}^*S_{n\beta}F_{mn}=\sum_{m,n}S_{m\alpha}^*F_{mn}S_{n\beta}=\sum_{m,n}S_{\alpha m}^\dagger F_{mn}S_{n\beta},\ (\alpha,\beta=1,2,\cdots)$$

如果以 F' 表示力学量算符 $\hat{F}$ 在力学量 B 表象中的矩阵，F 表示力学量算符 $\hat{F}$ 在力学量 A 表象中的矩阵，再考虑到变换矩阵 S 是幺正矩阵，则

$$F'=S^\dagger FS=S^{-1}FS \tag{15-5-31}$$

这就是力学量算符 $\hat{F}$ 从 A 表象所表示的矩阵变换到 B 表象所表示的矩阵的变换公式。如果我们确定了 A 表象到 B 表象的基矢的变换矩阵 S，就可以完成力学量算符的表象变换。

3. 态矢量的表象变换

将态矢量 $u(x,t)$ 分别按力学量算符 $\hat{A}$ 和 $\hat{B}$ 的基矢 $\{\psi_n(x)\}$ 和 $\{\varphi_\alpha(x)\}$ 展开

$$u(x,t)=\sum_{n}a_n(t)\psi_n(x),u(x,t)=\sum_{\alpha}b_\alpha(t)\varphi_\alpha(x) \tag{15-5-32}$$

由此得到态矢量 $u(x,t)$ 在力学量 A 表象和力学量 B 表象中的表示

$$\{a_n(t)\}=a_1(t),a_2(t),\cdots,\{b_\alpha(t)\}=b_1(t),b_2(t),\cdots \tag{15-5-33}$$

用矩阵表示为

$$a=\begin{pmatrix}a_1(x)\\a_2(x)\\\vdots\\a_n(x)\\\vdots\end{pmatrix},\ b=\begin{pmatrix}b_1(x)\\b_2(x)\\\vdots\\b_\alpha(x)\\\vdots\end{pmatrix} \tag{15-5-34}$$

由此可以得到在力学量 A 表象和力学量 B 表象中的矩阵元之间的关系

$$b_\alpha(t)=\int\varphi_\alpha^*(x)u(x,t)\mathrm{d}x=\int\sum_{m}\psi_m^*(x)S_{m\alpha}^*u(x,t)\mathrm{d}x$$

$$=\sum_{m}S_{m\alpha}^*\int\psi_m^*(x)u(x,t)\mathrm{d}x=\sum_{m}S_{m\alpha}^*a_m(t)=\sum_{m}S_{\alpha m}^\dagger a_m(t)=(S^\dagger a)_\alpha=(S^{-1}a)_\alpha$$

$$b = S^{\dagger} a = S^{-1} a \tag{15-5-35}$$

这就是态矢量从 A 表象变换到 B 表象的表达式。

4. 幺正变换不改变力学量算符的本征值

设力学量算符 $\hat{F}$ 在力学量 A 表象中的本征方程为 $Fa=\lambda a$，λ 为本征值，a 为本征矢。将力学量算符 $\hat{F}$ 的矩阵 F 和本征态矢量矩阵 a 从力学量 A 表象变换到力学量 B 表象

$$F' = S^{-1}FS, b = S^{-1}a$$

其中，b 为本征态矢量矩阵 a 在 B 表象中的矩阵表示。由此得到

$$F'b = (S^{-1}FS)b = (S^{-1}FS)S^{-1}a = S^{-1}Fa = S^{-1}\lambda a = \lambda S^{-1}a = \lambda b \tag{15-5-36}$$

这样就得到由 A 表象变换到 B 表象后，本征方程由 $Fa=\lambda a$ 变换为 $F'b=\lambda b$。F' 的本征值仍为 λ，因此，幺正变换并不改变 F 的本征值。

由于幺正变换的这一性质，求算符本征值的问题归结为寻找一个幺正变换把 $\hat{F}$ 在某一表象中的矩阵表述对角化，即由原来的表象变换到 $\hat{F}$ 自身的表象。解定态薛定谔方程求定态能级的问题也就是把坐标表象中的哈密顿算符对角化，即由坐标 x 表象变换到能量表象，定态波函数就是能量表象中的基矢。

5. 幺正变换不改变力学量算符矩阵的迹

设经过幺正变换后，力学量算符矩阵 F 变为 F'，则

$$F' = S^{-1}FS$$

由此可以得出

$$\mathrm{Sp}(F') = \mathrm{Sp}(S^{-1}FS) = \mathrm{Sp}(SS^{-1}F) = \mathrm{Sp}(F) \tag{15-5-37}$$

第六节　狄拉克符号(阅读)

在经典力学中，一个矢量可以用不同坐标系下的分量表示，也可以不指定坐标系而表示矢量；尽管矢量在不同坐标系下的表示结果不同，但经典力学的规律与所选用的具体坐标系无关，坐标系仅仅是物理量(矢量等)和经典力学规律的定量表示的工具。在量子力学中，量子体系的状态(态矢量)和力学量(力学量算符)可以在不同的表象中表示出来；尽管态矢量和力学量算符在不同表象下的具体形式不同，但量子力学规律与表象的选取无关；在量子力学中，也可以不使用任何具体的表象来表示态矢量、力学量算符和量子力学规律，而采用一套符号来表示，这就是狄拉克符号。要注意的是，狄拉克符号并没有引入新的量子力学原理，一般认为狄拉克符号会使量子力学的运算简洁明了；不过，狄拉克符号的使用可以使量子体系的某些力学量(力学量算符)的物理意义更加清晰。

1. 量子体系状态的狄拉克符号表示

在狄拉克符号中，量子体系的状态用希尔伯特空间中的一个矢量$|\ \rangle$来表示，称为右矢。在右矢内标上某种记号，可以表示某个特殊的态，如$|\psi\rangle$代表波函数 ψ 所描述的态。对于本征态，常把本征值或相应的量子数标在右矢内，用以表示特定的本征值或特定量子数的本征态。例如，本征值为 λ 的本征态表示为$|\lambda\rangle$，坐标值为 x 的本征态表示为$|x\rangle$，动量为 p_x 的本征态表示为$|p_x\rangle$，能量本征值为 E_n 的本征态表示为$|E_n\rangle$；能量本征值为 E_n(能量量子数为 n)的本征态也可以表示为$|n\rangle$，角动量量子数为 l(角动量本征值为$\sqrt{l(l+1)}\,\hbar$)、磁量子数为 m(角

动量分量本征值为 $m\hbar$)的本征态表示为$|lm\rangle$,等等。

右矢的共轭矢量称为左矢

$$\langle\ | = (|\ \rangle)^{\dagger} \tag{15-6-1}$$

可见,右矢是左矢的共轭。实际上,右矢与左矢互为共轭

$$(|\ \rangle)^{\dagger} = \langle\ |,(\langle\ |)^{\dagger} = |\ \rangle \tag{15-6-2}$$

右矢与左矢的标积定义为波函数的标积

$$\langle\psi|\varphi\rangle = (\psi,\varphi) = \int\psi^{*}(x)\varphi(x)\mathrm{d}x = (\langle\psi|)\cdot(|\varphi\rangle) \tag{15-6-3}$$

可见,左矢$\langle\psi|$与右矢$|\varphi\rangle$的标积是$|\psi\rangle$和$|\varphi\rangle$的相应的分量的乘积之和。标积$\langle\psi|\varphi\rangle$是一个数(量),可以在运算过程中随意移动位置;而且标积的复共轭与厄米共轭相等

$$\langle\psi|\varphi\rangle^{*} = (\psi,\varphi)^{*} = (\varphi,\psi) = \langle\varphi|\psi\rangle = \langle\psi|\varphi\rangle^{\dagger}$$

右矢空间中任意态矢量$|\psi\rangle$可以表示成若干个右矢叠加,左矢空间中任意态矢量$\langle\psi|$可以表示成若干个左矢叠加

$$|\psi\rangle = c_1|\psi_1\rangle + c_2|\psi_2\rangle + \cdots,\langle\psi| = c_1'\langle\psi_1| + c_2'\langle\psi_2| + \cdots \tag{15-6-4}$$

但右矢与左矢不能叠加。这实际上是用狄拉克符号表示的量子态叠加原理。

如果$\langle\psi|\varphi\rangle=0$,则称态矢量$|\psi\rangle$与态矢量$|\varphi\rangle$正交;如果$\langle\psi|\psi\rangle=1$,则称态矢量$|\psi\rangle$为归一化矢量。这实际上是用狄拉克符号表示的波函数正交、归一化,$\int\psi^{*}(x)\varphi(x)\mathrm{d}x=0$,$\int\psi^{*}(x)\psi(x)\mathrm{d}x=1$。

2. 基矢与态矢量展开

设某力学量算符 $\hat{Q}$ 的本征值为$\{\lambda_k\}=\lambda_1,\lambda_2,\cdots$,对应的本征函数为$\{\psi_k\}=\psi_1,\psi_2,\cdots$;用狄拉克符号表示本征波函数$\{|\psi_k\rangle\}=|\psi_1\rangle,|\psi_2\rangle,\cdots$,甚至用$\{|k\rangle\}=|1\rangle,|2\rangle,\cdots$表示本征波函数(态矢量),则力学量算符 $\hat{Q}$ 的本征值方程表示为

$$\hat{Q}|\psi_k\rangle = \lambda_k|\psi_k\rangle,\hat{Q}|k\rangle = \lambda_k|k\rangle,k=1,2,\cdots \tag{15-6-5}$$

这样,由于本征波函数(本征态矢量)$|m\rangle$与$|k\rangle$的标积

$$\langle m|k\rangle = \langle\psi_m|\psi_k\rangle = \int\psi_m^{*}(x)\psi_k(x)\mathrm{d}x = \delta_{mk},m,k=1,2,\cdots \tag{15-6-6}$$

则$\{|\psi_k\rangle\}=|\psi_1\rangle,|\psi_2\rangle,\cdots(\{|k\rangle\}=|1\rangle,|2\rangle,\cdots)$构成正交归一本征函数系,因此,$\{|\psi_k\rangle\}(\{|k\rangle\})$构成 Q 表象的希尔伯特空间完备基矢。

任意态矢量$|\psi\rangle$都可以用完备基矢$(\{|\psi_k\rangle\})$在 Q 表象展开

$$|\psi\rangle = \sum_k a_k|\psi_k\rangle,|\psi\rangle = \sum_k a_k|k\rangle \tag{15-6-7}$$

$$\langle\psi_m|\psi\rangle = \langle\psi_m|\sum_k a_k|\psi_k\rangle = \sum_k a_k\langle\psi_m|\psi_k\rangle = \sum_k a_k\int\psi_m^{*}(x)\psi_k(x)\mathrm{d}x = \sum_k a_k\delta_{mk} = a_m$$

$$\langle m|\psi\rangle = \langle m|\sum_k a_k|k\rangle = \sum_k a_k\langle m|k\rangle = \sum_k a_k\int\psi_m^{*}(x)\psi_k(x)\mathrm{d}x = \sum_k a_k\delta_{mk} = a_m$$

$$a_m = \langle\psi_m|\psi\rangle,a_m = \langle m|\psi\rangle$$

可见,a_m 实际上是抽象的态矢量在基矢$\{|\psi_k\rangle\}(\{|k\rangle\})$上的投影,因此

$$\{a_k\} = \{\langle\psi_k|\psi\rangle\},\{a_k\} = \langle k|\psi\rangle,k=1,2,\cdots \tag{15-6-8}$$

称为态矢量$|\psi\rangle$在 Q 表象中的波函数。

在狄拉克符号中，一个微观粒子的量子态用抽象的态矢量 $|\psi\rangle$ 来表示，而且与表象无关。态矢量 $|\psi\rangle$ 在某表象基矢上的投影就是 $|\psi\rangle$ 在该表象中的波函数。

由态矢量在某表象基矢的投影，可以得到狄拉克符号的本征矢的一个重要性质。设某力学量算符 $\hat{Q}$ 的基矢为 $\{|\psi_k\rangle\}=|\psi_1\rangle,|\psi_2\rangle,\cdots(\{|k\rangle\}=|1\rangle,|2\rangle,\cdots)$，对于任意态矢 $|\psi\rangle$

$$|\psi\rangle=\sum_k a_k|\psi_k\rangle=\sum_k\langle\psi_k|\psi\rangle|\psi_k\rangle=\sum_k|\psi_k\rangle\langle\psi_k|\psi\rangle=\sum_k|\psi_k\rangle\langle\psi_k||\psi\rangle$$

$$|\psi\rangle=\sum_k a_k|k\rangle=\sum_k\langle k|\psi\rangle|k\rangle=\sum_k|k\rangle\langle k|\psi\rangle=\sum_k|k\rangle\langle k||\psi\rangle$$

由于 $|\psi\rangle$ 是任意的态矢量，求和与 $|\psi\rangle$ 无关，所以

$$\sum_k|\psi_k\rangle\langle\psi_k|=1,\sum_k|k\rangle\langle k|=1 \tag{15-6-9}$$

本征矢的这一特性称为本征矢 $\{|\psi_k\rangle\}=|\psi_1\rangle,|\psi_2\rangle,\cdots(\{|k\rangle\}=|1\rangle,|2\rangle,\cdots)$ 的封闭性。

引入由某表象本征态矢量 $|\psi_k\rangle(|k\rangle)$ 构成的算符

$$\hat{P}_k=|\psi_k\rangle\langle\psi_k|,\hat{P}_k=|k\rangle\langle k| \tag{15-6-10}$$

由算符 $\hat{P}_k$ 作用到任意态矢量 $|\psi\rangle$ 上，得到

$$\begin{aligned}\hat{P}_k|\psi\rangle&=|\psi_k\rangle\langle\psi_k|\psi\rangle=|\psi_k\rangle\langle\psi_k|\sum_m a_m|\psi_m\rangle\\&=\sum_m a_m|\psi_k\rangle\langle\psi_k|\psi_m\rangle=\sum_m a_m|\psi_k\rangle\delta_{km}=a_m|\psi_k\rangle\end{aligned}$$

$$\hat{P}_k|\psi\rangle=|k\rangle\langle k|\psi\rangle=|k\rangle\langle k|\sum_m a_m|m\rangle=\sum_m a_m|k\rangle\langle k|m\rangle=\sum_m a_m|k\rangle\delta_{km}=a_m|k\rangle$$

可见，算符 $\hat{P}_k$ 对任意态矢量 $|\psi\rangle$ 的运算，相当于把这个态矢量 $|\psi\rangle$ 投影到基矢 $\{|\psi_k\rangle\}(\{|k\rangle\})$ 上去，使它变成基矢方向上的分量，所以算符 $\hat{P}_k$ 称为投影算符。

3. 力学量算符的狄拉克符号表述

设力学量算符 $\hat{F}$ 作用到态矢量 $|A\rangle$ 上得到态矢量 $|B\rangle$

$$|B\rangle=\hat{F}|A\rangle \tag{15-6-11}$$

将态矢量 $|A\rangle$ 和 $|B\rangle$ 在力学量 Q 表象的基矢 $\{|\psi_k\rangle\}(\{|k\rangle\})$ 下展开

$$|A\rangle=\sum_m a_m|\psi_m\rangle,a_m=\langle\psi_m|A\rangle;|A\rangle=\sum_m a_m|m\rangle,a_m=\langle m|A\rangle \tag{15-6-12}$$

$$|B\rangle=\sum_k b_k|\psi_k\rangle,b_k=\langle\psi_k|B\rangle;|B\rangle=\sum_k b_k|k\rangle,b_k=\langle k|B\rangle \tag{15-6-13}$$

由此，将左本征矢 $\langle\psi_k|(\langle k|)$ 作用到态矢量 $|B\rangle$ 上，可以得到

$$\langle\psi_k|B\rangle=\langle\psi_k|\hat{F}|A\rangle=\langle\psi_k|\hat{F}\sum_m|\psi_m\rangle\langle\psi_m||A\rangle=\sum_m\langle\psi_k|\hat{F}|\psi_m\rangle\langle\psi_m|A\rangle$$

$$\langle k|B\rangle=\langle k|\hat{F}|A\rangle=\langle k|\hat{F}\sum_m|m\rangle\langle m||A\rangle=\sum_m\langle k|\hat{F}|m\rangle\langle m|A\rangle$$

$$b_k=\sum_m F_{km}a_m;F_{km}=\langle\psi_k|\hat{F}|\psi_m\rangle,F_{km}=\langle k|\hat{F}|m\rangle;m,k=1,2,\cdots \tag{15-6-14}$$

显然，$\{a_m\}$ 是态矢量 $|A\rangle$ 在 Q 表象中的表示，$\{b_k\}$ 是态矢量 $|B\rangle$ 在 Q 表象中的表示。而

$$F_{km}=\langle\psi_k|\hat{F}|\psi_m\rangle,F_{km}=\langle k|\hat{F}|m\rangle;m,k=1,2,\cdots$$

是力学量算符 $\hat{F}$ 在 Q 表象中表示的矩阵元，这就是力学量算符 $\hat{F}$ 的狄拉克符号表示。

特别地，力学量算符 $\hat{Q}$ 在自身表象中的矩阵元为

$$Q_{km}=\langle\psi_k|\hat{Q}|\psi_m\rangle=\langle\psi_k|\lambda_m|\psi_m\rangle=\lambda_m\langle\psi_k|\psi_m\rangle=\lambda_m\delta_{km}$$

$$Q_{km}=\langle k|\hat{Q}|m\rangle=\langle k|\lambda_m|m\rangle=\lambda_m\langle k|m\rangle=\lambda_m\delta_{km}$$

4. 薛定谔方程的狄拉克符号表示

在不指定任何表象的情况下,薛定谔方程表示为

$$\mathrm{i}\hbar\frac{\partial}{\partial t}|\psi\rangle=\hat{H}|\psi\rangle \tag{15-6-15}$$

在力学量 Q 表象下

$$\langle\psi_k|\mathrm{i}\hbar\frac{\partial}{\partial t}|\psi\rangle=\langle\psi_k|\hat{H}|\psi\rangle,\langle k|\mathrm{i}\hbar\frac{\partial}{\partial t}|\psi\rangle=\langle k|\hat{H}|\psi\rangle$$

$$\mathrm{i}\hbar\frac{\partial}{\partial t}\langle\psi_k|\psi\rangle=\sum_m|\psi_m\rangle\langle\psi_m|\langle\psi_k|\hat{H}|\psi\rangle=\sum_m\langle\psi_k|\hat{H}|\psi_m\rangle\langle\psi_m|\psi\rangle$$

$$\mathrm{i}\hbar\frac{\partial}{\partial t}\langle k|\psi\rangle=\sum_m|m\rangle\langle m|\langle k|\hat{H}|\psi\rangle=\sum_m\langle k|\hat{H}|m\rangle\langle m|\psi\rangle$$

因此,在力学量 Q 表象下,薛定谔方程的狄拉克符号表示为

$$\begin{cases}\mathrm{i}\hbar\dfrac{\partial}{\partial t}\langle\psi_k|\psi\rangle=\sum\limits_m\langle\psi_k|\hat{H}|\psi_m\rangle\langle\psi_m|\psi\rangle\\ \mathrm{i}\hbar\dfrac{\partial}{\partial t}\langle k|\psi\rangle=\sum\limits_m\langle k|\hat{H}|m\rangle\langle m|\psi\rangle\end{cases} \tag{15-6-16}$$

5. 定态薛定谔方程的狄拉克符号表示

在不指定任何表象的情况下,定态薛定谔方程表示为

$$\hat{H}|\psi\rangle=E|\psi\rangle \tag{15-6-17}$$

在力学量 Q 表象下

$$\langle\psi_k|\hat{H}|\psi\rangle=\langle\psi_k|E|\psi\rangle,\langle\psi_k|\hat{H}|\psi\rangle=E\langle\psi_k|\psi\rangle$$

$$\sum_m|\psi_m\rangle\langle\psi_m|\langle\psi_k|\hat{H}|\psi\rangle=E\langle\psi_k|\psi\rangle,\sum_m\langle\psi_k|\hat{H}|\psi_m\rangle\langle\psi_m|\psi\rangle=E\langle\psi_k|\psi\rangle$$

$$\langle k|\hat{H}|\psi\rangle=\langle k|E|\psi\rangle,\langle k|\hat{H}|\psi\rangle=E\langle k|\psi\rangle$$

$$\sum_m|m\rangle\langle m|\langle k|\hat{H}|\psi\rangle=E\langle k|\psi\rangle,\sum_m\langle k|\hat{H}|m\rangle\langle m|\psi\rangle=E\langle k|\psi\rangle$$

因此,在力学量 Q 表象下,定态薛定谔方程的狄拉克符号表示为

$$\begin{cases}\sum\limits_m\langle\psi_k|\hat{H}|\psi_m\rangle\langle\psi_m|\psi\rangle=E\langle\psi_k|\psi\rangle\\ \sum\limits_m\langle k|\hat{H}|m\rangle\langle m|\psi\rangle=E\langle k|\psi\rangle\end{cases} \tag{15-6-18}$$

6. 力学量本征值方程的狄拉克符号表示

在不指定任何表象的情况下,力学量算符 $\hat{F}$ 的本征值方程表示为

$$\hat{F}|\psi\rangle=\lambda|\psi\rangle \tag{15-6-19}$$

在力学量 Q 表象下

$$\langle\psi_k|\hat{F}|\psi\rangle=\langle\psi_k|\lambda|\psi\rangle,\langle\psi_k|\hat{F}|\psi\rangle=\lambda\langle\psi_k|\psi\rangle$$

$$\sum_m|\psi_m\rangle\langle\psi_m|\langle\psi_k|\hat{F}|\psi\rangle=\lambda\langle\psi_k|\psi\rangle,\sum_m\langle\psi_k|\hat{F}|\psi_m\rangle\langle\psi_m|\psi\rangle=\lambda\langle\psi_k|\psi\rangle$$

$$\langle k|\hat{F}|\psi\rangle=\langle k|\lambda|\psi\rangle,\langle k|\hat{F}|\psi\rangle=\lambda\langle k|\psi\rangle$$

$$\sum_m |m\rangle\langle m|\langle k|\hat{F}|\psi\rangle=\lambda\langle k|\psi\rangle,\ \sum_m\langle k|\hat{F}|m\rangle\langle m|\psi\rangle=\lambda\langle k|\psi\rangle$$

因此，在力学量 Q 表象下，力学量算符 $\hat{F}$ 的本征值方程的狄拉克符号表示为

$$\begin{cases}\sum\limits_m[\langle\psi_k|\hat{F}|\psi_m\rangle-\lambda\delta_{km}]\langle\psi_m|\psi\rangle=0\\ \sum\limits_m[\langle k|\hat{F}|m\rangle-\lambda\delta_{km}]\langle m|\psi\rangle=0\end{cases}\tag{15-6-20}$$

7. 力学量平均值公式的狄拉克符号表示

在不指定任何表象的情况下，力学量算符 $\hat{F}$ 的平均值表示为

$$\overline{F}=\langle\psi|\hat{F}|\psi\rangle\tag{15-6-21}$$

在力学量 Q 表象下

$$\overline{F}=\sum_m|\psi_m\rangle\langle\psi_m|\langle\psi|\hat{F}|\psi\rangle\sum_k|\psi_k\rangle\langle\psi_k|=\sum_{m,k}\langle\psi|\psi_m\rangle\langle\psi_m|\hat{F}|\psi_k\rangle\langle\psi_k|\psi\rangle$$

$$\overline{F}=\sum_m|m\rangle\langle m|\langle\psi|\hat{F}|\psi\rangle\sum_k|k\rangle\langle k|=\sum_{m,k}\langle\psi|m\rangle\langle m|\hat{F}|k\rangle\langle k|\psi\rangle$$

因此，在力学量 Q 表象下，力学量算符 $\hat{F}$ 的本征值方程的狄拉克符号表示为

$$\overline{F}=\sum_{m,k}\langle\psi|\psi_m\rangle\langle\psi_m|\hat{F}|\psi_k\rangle\langle\psi_k|\psi\rangle=\sum_{m,k}\langle\psi|m\rangle\langle m|\hat{F}|k\rangle\langle k|\psi\rangle\tag{15-6-22}$$

解题指导 >>>

本章主要内容是建立量子力学最基本的概念和原理。量子力学中，用波函数（复变函数）来描述微观粒子（量子体系）的运动状态；德布罗意波是概率波，波函数的统计解释。量子态叠加原理。波函数满足的微分方程（含时和定态薛定谔方程）。表示力学量的算符。力学量的测量。量子力学的矩阵形式和狄拉克符号形式。

要求：深刻理解"波函数"的概念，掌握波函数的自然条件和归一化条件。深刻理解波函数的统计意义。深刻理解量子态叠加原理。理解含时薛定谔方程。深刻理解定态薛定谔方程。了解"一维无限深势阱"模型，掌握"一维无限深势阱"定态薛定谔方程的解法，理解一维无限深势阱中的粒子（量子体系）的能量、波函数、概率密度分布（粒子在势阱中的位置）的量子化概念。理解算符概念，理解线性算符和厄米算符的定义，了解算符的逆算符、算符的转置和算符的厄米共轭等概念，理解算符的对易关系，深刻理解算符的本征值方程、本征值和本征函数。理解力学量算符（厄米算符）本征函数系的正交性和完备性。掌握位置坐标算符和动量算符的定义，理解位置坐标算符与动量算符之间的对易关系。了解在直角坐标系和球坐标系下，角动量平方算符、角动量分量算符、动能算符、哈密顿算符等线性厄米算符。深刻理解量子体系力学量的平均值。深刻理解量子体系处于本征态时力学量的测量值。深刻理解量子体系处于非本征态时力学量的测量值。理解两个（多个）力学量同时具有确定测量值的条件。理解量子态和力学量算符的矩阵表示，了解"波函数归一化条件"、"薛定谔方程"、"本征值方程"和"平均值公式"的矩阵表示。了解狄拉克符号。

1. 波函数

微观粒子是德布罗意波（物质波），不是经典物理学中的质点。因此，不能使用位移、速度、加速度等来描述微观粒子的运动状态，而是要用被称为波函数的一个量 $\Psi(\boldsymbol{r},t)$ 来描述微观

粒子的运动状态(量子态);波函数完全可以描述一个量子体系(微观粒子)的量子态,量子体系的全部信息都可以由波函数得到。波函数是时间和空间坐标的函数,$\Psi(\boldsymbol{r},t)$;波函数一般是复变函数,在经典物理学中没有与之对应的物理量。

为了满足物理上的要求(自然条件),波函数 $\Psi(\boldsymbol{r},t)$ 应该是空间坐标的单值、有限、连续函数,波函数模平方($|\Psi(\boldsymbol{r},t)|^2$)空间可积。

德布罗意波(物质波)描述了微观粒子在各处被发现的概率,德布罗意波是概率波。波函数的模平方 $w=|\Psi(\boldsymbol{r},t)|^2=|\Psi(x,y,z,t)|^2=\Psi^*(\boldsymbol{r},t)\Psi(\boldsymbol{r},t)=\Psi^*(x,y,z,t)\Psi(x,y,z,t)$ 代表 t 时刻微观粒子在空间 $\boldsymbol{r}(x,y,z)$ 处出现的概率密度;t 时刻微观粒子在空间 $\boldsymbol{r}(x,y,z)$ 处德布罗意波的强度与在此处发现微观粒子的概率成正比;对大量微观粒子组成的量子体系,$N|\Psi(\boldsymbol{r},t)|^2=N\Psi^*(\boldsymbol{r},t)\Psi(\boldsymbol{r},t)$ 给出的是 t 时刻微观粒子数的空间分布。

波函数的模平方表示的是粒子出现的相对概率(密度),因此,描述德布罗意波(概率波)同一个量子态的波函数可以有一个常数因子的不确定性。一般来说,如果想让波函数的模平方真正地表示概率(密度),首先要把波函数归一化。不过,即使加上了归一化条件的限制,波函数仍然有一个模为 1 的因子 $\exp(\mathrm{i}\delta)$ 的不确定性;这实际上是说德布罗意波(概率波)归一化波函数仍然有“相位”的不确定性。

在量子力学中,微观粒子德布罗意波波函数不仅仅用微观粒子的空间坐标值和时间坐标值表示,也可以用其他坐标值如动量坐标值和时间坐标值表示,$c(\boldsymbol{p},t)$;甚至在波函数中可以不出现具体的坐标值,而只用“态”来表示微观粒子(量子体系)德布罗意波波函数,如狄拉克符号。

如果空间坐标值和时间坐标值表示的波函数 $\Psi(\boldsymbol{r},t)$ 与动量坐标值和时间坐标值表示的波函数 $c(\boldsymbol{p},t)$ 代表同一个量子态(微观粒子同一运动状态的不同表示),则 $\Psi(\boldsymbol{r},t)$ 与 $c(\boldsymbol{p},t)$ 之间互为傅里叶变换。波函数 $c(\boldsymbol{p},t)$ 的模平方 $|c(\boldsymbol{p},t)|^2=c^*(\boldsymbol{p},t)c(\boldsymbol{p},t)$ 代表 t 时刻微观粒子动量出现在 $\boldsymbol{p}\rightarrow\boldsymbol{p}+\mathrm{d}\boldsymbol{p}$ 内的概率(相对)密度。

2. 量子态叠加原理

如果量子体系具有一系列互异的可能状态 $\Psi_1(\boldsymbol{r},t),\Psi_2(\boldsymbol{r},t),\cdots,\Psi_n(\boldsymbol{r},t),\cdots$,则这些量子态的任意线性组合 $\Psi(\boldsymbol{r},t)=\sum c_n\Psi_n(\boldsymbol{r},t)$ 也是该量子体系的可能的状态。

量子态叠加原理有多种含义。当量子体系处于 $\Psi(\boldsymbol{r},t)=\sum c_n\Psi_n(\boldsymbol{r},t)$ 状态时,量子体系是既处于量子态 Ψ_1、又处于量子态 Ψ_2、等等;量子体系部分地处于 $\Psi_1,\Psi_2,\cdots,\Psi_n,\cdots$ 各个量子状态中;量子体系以各种确定的概率 $|c_1|^2,|c_2|^2,\cdots,|c_n|^2,\cdots$ 处于 $\Psi_1,\Psi_2,\cdots,\Psi_n,\cdots$ 各个量子状态中。

量子态叠加原理反映的是量子态(波函数)的线性叠加而不是概率(概率密度)的直接相加;德布罗意波的叠加是微观粒子各个量子态(对应的波函数)的直接叠加(不是概率或概率密度的直接相加),组合状态的波函数的模平方代表微观粒子出现在空间某处的概率(概率密度);量子态叠加原理要求量子体系的波函数(量子态)所满足的薛定谔方程必须是线性方程。

实际上,如果 $\Psi_1,\Psi_2,\cdots,\Psi_n,\cdots$ 是微观粒子(量子体系)的本征态(归一化本征函数),则量子体系的波函数(运动状态、量子态)$\Psi(\boldsymbol{r},t)$ 是本征态 $\Psi_1,\Psi_2,\cdots,\Psi_n,\cdots$ 的线性组合。量子体系可以处于各个本征态 $\Psi_1,\Psi_2,\cdots,\Psi_n,\cdots$ 上;对于不同条件下的量子体系的波函数 $\Psi(\boldsymbol{r})$,量子体系处于各个本征态 $\Psi_1,\Psi_2,\cdots,\Psi_n,\cdots$ 上的概率(相对概率)分布不同。

如果波函数$\Psi(\boldsymbol{r},t)$是归一化的，则线性组合(展开)$\Psi(\boldsymbol{r})=\sum c_n\Psi_n(\boldsymbol{r})$中的系数$c_n$的模平方$|c_n|^2=c_n^* c_n$代表微观粒子(量子体系)处于本征态$\Psi_n$的概率。

3. 薛定谔方程

$$\mathrm{i}\hbar\frac{\partial}{\partial t}\Psi=\hat{H}\Psi,\hat{H}=-\frac{\hbar^2}{2m}\nabla^2+U(\boldsymbol{r},t)=-\frac{\hbar^2}{2m}\left(\frac{\partial^2}{\partial x^2}+\frac{\partial^2}{\partial y^2}+\frac{\partial^2}{\partial z^2}\right)+U(\boldsymbol{r},t)$$

微观粒子在势场$U(\boldsymbol{r},t)$中运动时，微观粒子德布罗意波的波函数$\Psi(\boldsymbol{r},t)$所满足的微分方程。

微观粒子在势场中运动，$U(\boldsymbol{r},t)$代表微观粒子的势能，则哈密顿算符$\hat{H}$是能量算符。

薛定谔方程是线性偏微分方程，薛定谔方程满足量子态叠加原理。

一般来说，只要知道微观粒子的质量和它在势场中的势能函数的具体形式，就可以写出薛定谔方程的具体形式。再根据给定的初始条件和边值条件，就可以求解薛定谔方程，得到描述微观粒子运动状态的波函数，波函数的模平方就给出微观粒子在不同时刻概率密度的空间分布。

薛定谔方程是有关时间t变量的一阶偏微分方程，这样，当量子体系在某一时刻t_0的状态$\Psi(\boldsymbol{r},t_0)$为已知时，以后任何时刻的状态(波函数)就完全由薛定谔方程决定。

4. 定态薛定谔方程

在不随时间变化的势场$U(\boldsymbol{r},t)=U(\boldsymbol{r})$中运动的微观粒子，量子体系的势能函数与时间$t$无关，微观粒子的能量不显含时间$E=p^2/2m+U(\boldsymbol{r})$，量子体系的波函数表示为

$$\Psi(\boldsymbol{r},t)=\psi(\boldsymbol{r})T(t)=A_0\psi(x,y,z)\exp(-\mathrm{i}Et/\hbar)$$

微观粒子概率密度的空间分布$|\Psi(\boldsymbol{r},t)|^2=|\Psi(\boldsymbol{r})|^2$也是时间恒定的，这称为定态。在定态下，量子体系的力学量(动量、能量、角动量等等)都是不显含时间的。

量子体系处于定态时的波函数$\psi(\boldsymbol{r})$满足的微分方程就是定态薛定谔方程

$$-\frac{\hbar^2}{2m}\nabla^2\psi(\boldsymbol{r})+U(\boldsymbol{r})\psi(\boldsymbol{r})=E\psi(\boldsymbol{r}),\hat{H}\psi(\boldsymbol{r})=E\psi(\boldsymbol{r})$$

对于一维情况，定态薛定谔方程表示为

$$\frac{\mathrm{d}^2\psi(x)}{\mathrm{d}x^2}+U(x)\psi(x)=E\psi(x),\hat{H}\psi(x)=E\psi(x)$$

定态薛定谔方程$\hat{H}\psi(\boldsymbol{r})=E\psi(\boldsymbol{r})$实际上是$\hat{H}$的本征值方程；由于在保守力势场下，哈密顿算符$\hat{H}$是能量算符，所以定态薛定谔方程是能量本征值方程。解定态薛定谔方程，可以得到一系列$\hat{H}$的本征值$\{E\}$，这些本征值就是能量本征值，实际上就是量子体系可能取的能量值；与能量本征值相对应的本征函数$\{\psi(r)\}$就是量子体系可能的定态波函数。

5. 一维无限深势阱中运动的微观粒子

“一维无限深势阱”这一理想化模型来自于在金属内部运动的“自由电子”。微观粒子被“无限高”的势能壁束缚在深势阱中运动，微观粒子无法到达“势阱”外(处于束缚态)。

解一维无限深势阱下的定态薛定谔方程，可以得到一维无限深势阱中的微观粒子(量子体系)的能量本征值和对应的本征波函数，它们是一维无限深势阱中的微观粒子(量子体系)可能的能量取值和可能的本征函数(量子态)。

处于一维无限深势阱中的微观粒子(量子体系)的能量是量子化的，E_n；波函数(定态)是量子化的，$\psi_n(x)$；概率密度分布(微观粒子在势阱中的位置)是量子化的，$|\psi_n(x)|^2$。

当微观粒子的质量很大或势阱的宽度很大时，能级间隔 $\Delta E_n \to 0$。宏观(质量很大)情况下，微观粒子的能量是连续的；势阱很宽，微观粒子可以在空间所有位置出现，微观粒子挣脱了束缚而变成了自由微观粒子，处于非束缚态的微观粒子的能量可以连续取值。高能级能量趋于连续。

6. 算符

在量子力学中，力学量用算符来表示，而且表示力学量的算符必须是线性厄米算符。量子态叠加原理要求表示力学量的算符必须是线性算符；力学量的平均值和测量值必须是实数，要求表示力学量的算符必须是厄米算符。注意：算符作用到函数上，结果依然是某一函数。

量子力学中表示力学量的算符都是线性厄米算符，他们的本征函数都组成完备系。在量子力学中，量子体系的任何一个状态 $\psi(\boldsymbol{r})=\psi(x,y,z)$ 都可以由某力学量算符的本征函数系的线性组合构成；力学量算符的本征函数也是量子体系可能的波函数(状态)，根据量子态叠加原理，力学量算符的本征函数的线性组合也是量子体系可能的量子态。

如果算符$\hat{A}$ 满足运算规则$\hat{A}\sum c_i u_i=\sum c_i\hat{A}u_i$，则算符$\hat{A}$ 称为线性算符；如果算符$\hat{A}$、$\hat{B}$ 满足$\hat{A}\hat{B}=\hat{B}\hat{A}=\hat{I}$，则称算符$\hat{A}$ 与算符$\hat{B}$ 互为逆；一个算符$\hat{A}$ 的转置算符$\tilde{\hat{A}}$ 定义为$\int\psi^*\tilde{\hat{A}}\varphi\,\mathrm{d}\tau=\int\varphi\hat{A}\psi^*\,\mathrm{d}\tau$；如果一个算符$\hat{A}$ 的厄米共轭后的算符$\hat{A}^\dagger$ 等于算符$\hat{A}$ 本身，$\hat{A}^\dagger=\hat{A}$，则称算符$\hat{A}$ 为厄米算符。

算符的乘积一般不满足乘法交换律，定义泊松括号：$[\hat{A},\hat{B}]=\hat{A}\hat{B}-\hat{B}\hat{A}$。如果$[\hat{A},\hat{B}]=0$，则称$\hat{A}$ 与$\hat{B}$ 互为对易；如果$[\hat{A},\hat{B}]\neq 0$，则称$\hat{A}$ 与$\hat{B}$ 互为不对易。

如果一算符$\hat{A}$ 作用于函数u，所得结果等于一常数λ 与u 的乘积：$\hat{A}u=\lambda u$，则λ 称为算符$\hat{A}$ 的本征值，u 称为算符$\hat{A}$ 的本征函数，方程称为算符$\hat{A}$ 的本征值方程。定态薛定谔方程就是哈密顿算符(非相对论能量算符)的本征值方程；本征值方程的本征值E 就是量子体系能量(非相对论)的可能取值；与能量本征值对应的本征函数就是量子体系可能的波函数。

厄米算符属于不同本征值的两个本征函数是正交的，$(\psi_1,\psi_2)=\int\psi_1^*\psi_2\,\mathrm{d}\tau=0$。如果厄米算符$\hat{A}$ 的一个本征值λ_n 是简并的，属于它的本征函数不止一个，而是f 个(f 度简并)，一般来说，这些函数并不相互正交；可以利用这f 个本征函数线性组合来构造出f 个属于力学量算符$\hat{A}$ 的本征值λ_n 的正交归一本征函数系。

如果算符$\hat{A}$ 是满足一定条件的厄米算符，算符$\hat{A}$ 的本征函数构成一个本征函数系$\{u_n(x)\}$，则任一函数$u(x)$ 可以按$\{u_n(x)\}$ 展开$u(x)=\sum c_n u_n(x)$。对于任意态$u(x)$，将其展开为这一组本征函数$\{u_n(x)\}$ 的线性组合(与矢量分解类似)，这一组本征函数$\{u_n(x)\}$(可以称为"基")足够了，所以，"基"$\{u_n(x)\}$ 是完备的。

量子力学中，用位置坐标算符$\hat{\boldsymbol{r}}=\hat{x}\boldsymbol{i}+\hat{y}\boldsymbol{j}+\hat{z}\boldsymbol{k}$($\hat{x}=x$)表示粒子的位置，用动量算符$\hat{\boldsymbol{p}}=\hat{p}_x\boldsymbol{i}+\hat{p}_y\boldsymbol{j}+\hat{p}_z\boldsymbol{k}=-\mathrm{i}\hbar\nabla$($\hat{p}_x=-\mathrm{i}\hbar\dfrac{\partial}{\partial x}$)表示粒子的动量。坐标算符和动量算符是量子力学最基本的力学量算符，他们都是线性厄米算符。位置算符和动量算符各分量之间的对易关系是量子力学的基本对易关系

$$[r_\alpha,\hat{p}_\beta]=\mathrm{i}\hbar\delta_{\alpha\beta},[\hat{p}_\alpha,r_\beta]=-\mathrm{i}\hbar\delta_{\alpha\beta},\alpha,\beta=x,y,z$$

在直角坐标系和球坐标系下，角动量平方算符、角动量分量算符、角动量算符、动能算符、哈密顿算符等都是线性厄米算符。

7. 力学量的测量

由于波粒二象性和不确定关系的限制，即使量子体系处于定态，其力学量（位置、动量、角动量、动能、能量等）的量值一般来说也是不能完全固定的；每次测量，只能测到力学量算符的本征值中的一个。不过，如果量子体系处于确定的状态 $\boldsymbol{\Psi}(\boldsymbol{r})=\Psi(x,y,z)$，则对力学量测量时，测得各个力学量本征值的概率是确定的。对量子体系的力学量进行多次测量，可以得到力学量测量的平均值。如果一个力学量 A 可以表示成坐标 $\boldsymbol{r}(x,y,z)$ 和动量 $\boldsymbol{p}(p_x,p_y,p_z)$ 的函数 $A=A(\boldsymbol{r},\boldsymbol{p})=A(x,y,z;p_x,p_y,p_z)$，则量子体系处于状态 $\Psi(\boldsymbol{r},t)=\Psi(x,y,z,t)$ 时，力学量 A 的测量平均值可以表示为

$$\begin{aligned}\overline{A}&=\int_{-\infty}^{\infty}\int_{-\infty}^{\infty}\int_{-\infty}^{\infty}\Psi^*(x,y,z,t)\hat{A}(x,y,z;\hat{p}_x,\hat{p}_y,\hat{p}_z)\Psi(x,y,z,t)\mathrm{d}\tau\\&=\int_{-\infty}^{\infty}\int_{-\infty}^{\infty}\int_{-\infty}^{\infty}\Psi^*(\boldsymbol{r},t)\hat{A}(\hat{\boldsymbol{r}},\hat{\boldsymbol{p}})\Psi(\boldsymbol{r},t)\mathrm{d}\tau\end{aligned}$$

量子力学中，用力学量相应的算符代替力学量一样参与运算而得到力学量的平均值。

如果量子体系处于力学量 A 算符 $\hat{A}$ 的本征态，则量子体系力学量 A 有确定的值，这个力学量 A 的确定值就是该本征态所属的本征值。可见，当量子体系处于力学量算符的本征态时，测量该力学量的结果必定是该本征态所属的本征值。量子体系处于力学量 A 算符 $\hat{A}$ 的本征态，量子体系力学量 A 有确定不变的量值。

如果量子体系处于非本征态 $\psi(x)$，力学量 A 没有固定值，力学量测量值可以是力学量算符 $\hat{A}$ 本征值 $A_1,A_2,\cdots$ 中的任何一个；多次测量的平均值为 $\overline{A}=\sum|c_n|^2A_n$。多次测量中，测得各个本征值的概率分布是固定的，概率分布取决于量子体系所处的状态 $\psi(x)$，即量子体系的波函数 $\psi(x)$ 按力学量 A 的算符 $\hat{A}$ 的本征态 $\psi_1(x),\psi_2(x),\cdots$ 线性展开的系数的模平方 $|c_n|^2$；当然，某些本征值也有可能测量不到，这也取决于量子体系所处的状态 $\psi(x)$；对量子体系力学量 A 的测量，可以用力学量 A 的算符 $\hat{A}$ 的平均值来表示。

量子体系处于非本征态 $\psi(x)$ 时，可以认为量子体系既处于本征态 ψ_1、又处于本征态 ψ_2、等等，或者说量子体系部分地处于本征态 ψ_1、部分地处于本征态 ψ_2、等等；概率分布取决于量子体系所处的状态 $\psi(x)$，量子体系处于各个本征态的概率分布是固定的，即量子体系的波函数 $\psi(x)$ 按力学量 A 的算符 $\hat{A}$ 的归一化本征态 $\psi_1(x),\psi_2(x),\cdots$ 线性展开的系数的模平方 $|c_n|^2$。

如果一个量子体系的两个力学量的算符有共同的本征函数系，则这两个力学量可以同时具有确定的测量值。如果量子体系的两个力学量算符 $\hat{A}$ 和 $\hat{B}$ 是对易的，则这两个力学量算符一定具有共同的完备的本征函数系 $\{\psi_n,n=1,2,\cdots\}$。

8. 量子力学的矩阵形式

设量子体系的任一力学量 Q 的算符 $\hat{Q}$ 具有分立的本征值 $Q_1,Q_2,\cdots$，对应的本征函数为 $u_1(x),u_2(x),\cdots$，而且组成完备本征函数系。将波函数按算符 $\hat{Q}$ 的本征函数系展开

$$\Psi(x,t)=a_1(t)u_1(x)+a_2(t)u_2(x)+\cdots=\sum a_n(t)u_n(x)$$

以展开系数作为元素列一 $1\times N$ 矩阵，就是量子体系所处的态 $\Psi(x,t)$ 的矩阵表示。

设量子体系力学量 Q 的力学量算符 $\hat{Q}$ 完备本征波函数系为 $\{u_n(x)\}=u_1(x),u_2(x),\cdots$，对应的本征值为 $Q_1,Q_2,\cdots$。对某力学量算符 $\hat{F}(x,\hat{p}_x)$ 可以计算得到

$$F_{nm}=\int u_n^*(x)\hat{F}\left(x,\frac{\hbar}{\mathrm{i}}\frac{\partial}{\partial x}\right)u_m(x)\mathrm{d}x$$

将这 $N\times N$ 个数量元素 $\{F_{nm}\}$ 用一个方矩阵 F 表示出来，就是力学量算符 $\hat{F}$ 在 Q 表象中的矩阵表示，F_{nm} 是矩阵元。

有了态和力学量算符的矩阵表示，我们就可以列出“波函数归一化条件”、“薛定谔方程”、“本征值方程”和“平均值公式”等的矩阵表示。

9. 狄拉克符号

狄拉克符号是希尔伯特空间中的一个矢量，右矢 $|\ \rangle$；其厄米共轭为左矢，$\langle\ |$。

$|\psi\rangle$ 代表波函数 ψ 所描述的态；本征值为 λ 的本征态可以表示为 $|\lambda\rangle$；能量本征值为 E_n（能量量子数为 n）的本征态可以表示为 $|n\rangle$。算符、波函数归一化条件、薛定谔方程、本征值方程和平均值公式等都可以用狄拉克符号表示。

【例 15-1】 设一维运动微观粒子的波函数为

$$\psi(x)=\begin{cases}Ax\exp(-ax) & (x\geqslant 0)\\ 0 & (x<0)\end{cases}$$

其中 a 为大于零的常数。试确定归一化波函数的 A 值。

分析 描述微观粒子运动的波函数可以有很多个，它们之间只相差一个常数因子。只有波函数的模平方在整个空间的积分或整个空间的求和等于 1 的波函数的模平方才能代表概率密度分布。由这一条件，我们可以求得波函数的归一化因子 A。

解 由归一化条件 $\int_{-\infty}^{+\infty}|\psi(x)|^2\mathrm{d}x=1$，得

$$\begin{aligned}1&=\int_{-\infty}^{\infty}|\psi(x)|^2\mathrm{d}x=\int_0^{+\infty}|Ax\exp(-ax)|^2\mathrm{d}x\\&=\int_0^{+\infty}|A|^2x^2\exp(-2ax)\mathrm{d}x=|A|^2\int_0^{+\infty}x^2\exp(-2ax)\mathrm{d}x\\&=-\frac{|A|^2}{8a^3}[4a^2x^2\exp(-2ax)+4ax\exp(-2ax)+2\exp(-2ax)]\Big|_0^{+\infty}=\frac{|A|^2}{4a^3}\end{aligned}$$

由此得到归一化常数以及归一化波函数

$$A=2a\sqrt{a},\psi(x)=\begin{cases}2a\sqrt{a}x\exp(-ax) & (x\geqslant 0)\\ 0 & (x<0)\end{cases}$$

点评 (1)由归一化波函数可以得到微观粒子概率密度分布

$$w(x)=|\psi(x)|^2=\left|2a\sqrt{a}x\exp(-ax)\right|^2=4a^3x^2\exp(-2ax),w(x)=4a^3x^2\exp(-2ax)$$

(2)概率密度最大的位置

$$\frac{\mathrm{d}w}{\mathrm{d}x}=\frac{\mathrm{d}}{\mathrm{d}x}[4a^3x^2\exp(-2ax)]=8a^3x\exp(-2ax)-8a^4x^2\exp(-2ax)=0$$

$$8a^3x-8a^4x^2=0;x=0,x=1/a$$

舍去 $x=0$；概率密度最大的位置为 $x_{\max}=1/a$。

(3)微观粒子位置坐标平均值

$$\overline{x}=\int_{-\infty}^{+\infty}\psi^*(x)x\psi(x)\mathrm{d}x=\int_0^{\infty}2a\sqrt{a}x\exp(-ax)x2a\sqrt{a}x\exp(-ax)\mathrm{d}x$$

$$=4a^3\int_0^{\infty} x^3\exp(-2ax)\mathrm{d}x=4a^3\ \frac{3}{8a^4}=\frac{3}{2a}$$

微观粒子位置微观的平均值不在概率密度最大处。

(4)微观粒子动量的平均值

$$\overline{p}=\int_{-\infty}^{+\infty}\psi^*(x)\hat{p}\psi(x)\mathrm{d}x=\int_0^{\infty}2a\sqrt{a}\,x\exp(-ax)\ \frac{\hbar}{\mathrm{i}}\frac{\mathrm{d}}{\mathrm{d}x}\left[2a\sqrt{a}\,x\exp(-ax)\right]\mathrm{d}x$$

$$=\frac{4a^3\hbar}{\mathrm{i}}\int_0^{\infty}x\exp(-2ax)\mathrm{d}x-\frac{4a^4\hbar}{\mathrm{i}}\int_0^{\infty}x^2\exp(-2ax)\mathrm{d}x=0$$

(5) 由傅立叶变换,得到动量概率幅和概率密度分布

$$c(p)=\frac{1}{(2\pi\hbar)^{\frac{1}{2}}}\int_{-\infty}^{+\infty}\psi(x)\exp\left(-\frac{\mathrm{i}}{\hbar}px\right)\mathrm{d}x=\frac{2a\sqrt{a}}{(2\pi\hbar)^{\frac{1}{2}}}\int_0^{\infty}x\exp\left[\left(-a-\frac{\mathrm{i}}{\hbar}p\right)x\right]\mathrm{d}x$$

$$=-\frac{a\sqrt{2a\hbar}}{(\pi)^{\frac{1}{2}}(a\hbar+\mathrm{i}p)}\int_0^{\infty}x\,\mathrm{d}\exp\left[\left(-a-\frac{\mathrm{i}}{\hbar}p\right)x\right]$$

$$=-\frac{a\sqrt{2a\hbar}}{(\pi)^{\frac{1}{2}}(a\hbar+\mathrm{i}p)}\left\{x\exp\left[\left(-a-\frac{\mathrm{i}}{\hbar}p\right)x\right]\Big|_0^{\infty}-\int_0^{\infty}\exp\left[\left(-a-\frac{\mathrm{i}}{\hbar}p\right)x\right]\mathrm{d}x\right\}$$

$$=\frac{a\sqrt{2a\hbar}}{(\pi)^{\frac{1}{2}}(a\hbar+\mathrm{i}p)}\int_0^{\infty}\exp\left[\left(-a-\frac{\mathrm{i}}{\hbar}p\right)x\right]\mathrm{d}x=\frac{a\hbar\sqrt{2a\hbar}}{(\pi)^{\frac{1}{2}}(a\hbar+\mathrm{i}p)^2}$$

$$w(p)=|c(p)|^2=c^*(p)c(p)=\frac{a\hbar\sqrt{2a\hbar}}{(\pi)^{\frac{1}{2}}(a\hbar-\mathrm{i}p)^2}\ \frac{a\hbar\sqrt{2a\hbar}}{(\pi)^{\frac{1}{2}}(a\hbar+\mathrm{i}p)^2}=\frac{2a^3\hbar^3}{\pi(a^2\hbar^2+p^2)^2}$$

由此得到微观粒子动量的最可几值

$$\frac{\mathrm{d}w(p)}{\mathrm{d}p}=\frac{\mathrm{d}\,|c(p)|^2}{\mathrm{d}p}=\frac{2a^3\hbar^3}{\pi}\cdot(-2)\cdot\frac{2p}{(a^2\hbar^2+p^2)^3}=0,p=0$$

微观粒子动量的平均值

$$\overline{p}=\int_{-\infty}^{+\infty}|c(p)|^2p\,\mathrm{d}p=\int_{-\infty}^{+\infty}\frac{a\hbar\sqrt{2a\hbar}}{(\pi)^{\frac{1}{2}}(a\hbar-\mathrm{i}p)^2}p\ \frac{a\hbar\sqrt{2a\hbar}}{(\pi)^{\frac{1}{2}}(a\hbar+\mathrm{i}p)^2}\mathrm{d}p=0$$

【例 15-2】 一维运动的微观粒子的波函数为

$$\psi(x)=\frac{1+\mathrm{i}x}{1+\mathrm{i}x^2}$$

求归一化波函数。

分析 描述微观粒子运动的波函数可以有很多个,它们之间只相差一个常数因子。也就是说,如果 $\psi(x)$是量子体系的波函数,则 $\varphi(x)=A\psi(x)$也是量子体系的波函数。但只有波函数的模平方在整个空间的积分或整个空间的取和等于 1 的波函数的模平方才能代表概率密度分布;其中的常数称为归一化常数。根据这样的理念,我们可以求出任何波函数 $\psi(x)$经归一化后 $\varphi(x)=A\psi(x)$的归一化常数 A。

解 设归一化波函数为

$$\varphi(x)=A\psi(x)=A\ \frac{1+\mathrm{i}x}{1+\mathrm{i}x^2}$$

由波函数的归一化条件,可以得到

$$\int_{-\infty}^{\infty}|\varphi(x)|^2\mathrm{d}x=\int_{-\infty}^{\infty}|A\psi(x)|^2\mathrm{d}x=|A|^2\int_{-\infty}^{\infty}|\psi(x)|^2\mathrm{d}x=1$$

$$|A|^2\int_{-\infty}^{\infty}\frac{1-\mathrm{i}x}{1-\mathrm{i}x^2}\frac{1+\mathrm{i}x}{1+\mathrm{i}x^2}\mathrm{d}x=1,2|A|^2\int_0^{\infty}\frac{1+x^2}{1+x^4}\mathrm{d}x=1,2|A|^2\frac{\sqrt{2}\pi}{2}=1,A=\sqrt{\frac{1}{\sqrt{2}\pi}}$$

因此,归一化波函数为

$$\varphi(x)=A\psi(x)=A\frac{1+\mathrm{i}x}{1+\mathrm{i}x^2}=\sqrt{\frac{1}{\sqrt{2}\pi}}\frac{1+\mathrm{i}x}{1+\mathrm{i}x^2}$$

点评 (1) 这里,用到了两个积分公式

$$\int\frac{\mathrm{d}x}{1+x^4}=\frac{\sqrt{2}}{8}\ln\left|\frac{x^2+\sqrt{2}x+1}{x^2-\sqrt{2}x+1}\right|+\frac{\sqrt{2}}{4}\tan^{-1}(\sqrt{2}x+1)+\frac{\sqrt{2}}{4}\tan^{-1}(\sqrt{2}x-1)$$

$$\int\frac{x^2\mathrm{d}x}{1+x^4}=\frac{\sqrt{2}}{8}\ln\left|\frac{x^2+\sqrt{2}x+1}{x^2-\sqrt{2}x+1}\right|+\frac{\sqrt{2}}{4}\tan^{-1}\left(\frac{x-1/x}{\sqrt{2}}\right)$$

(2)实际上,由$\sqrt{2}\pi|A|^2=1$得到的归一化常数为

$$A=\sqrt{\frac{1}{\sqrt{2}\pi}}\exp(\mathrm{i}\delta),\delta\text{ 为任意实数}$$

其中,δ 称为相位,$\exp(\mathrm{i}\delta)$是一个归一化过程中通常都会出现的因子。但这一因子的复共轭为 $\exp(-\mathrm{i}\delta)$,至少在定态下$|\exp(\mathrm{i}\delta)|^2=\exp(\mathrm{i}\delta)\exp(-\mathrm{i}\delta)=1$;因为在物理上,只有$|\varphi(x)|^2$才具有物理意义,因而表示相位的因子 $\exp(\mathrm{i}\delta)$至少在定态下是可以忽略的。

(3)概率密度分布

$$w(x)=|\varphi(x)|^2=\left|\sqrt{\frac{1}{\sqrt{2}\pi}}\frac{1+\mathrm{i}x}{1+\mathrm{i}x^2}\right|^2=\sqrt{\frac{1}{\sqrt{2}\pi}}\frac{1-\mathrm{i}x}{1-\mathrm{i}x^2}\sqrt{\frac{1}{\sqrt{2}\pi}}\frac{1+\mathrm{i}x}{1+\mathrm{i}x^2}=\frac{1}{\sqrt{2}\pi}\frac{1+x^2}{1+x^4}$$

(4)微观粒子的最可几位置(概率密度最大的位置)

$$\frac{\mathrm{d}w}{\mathrm{d}x}=\frac{\mathrm{d}}{\mathrm{d}x}\left(\frac{1}{\sqrt{2}\pi}\frac{1+x^2}{1+x^4}\right)=0,\frac{2x}{1+x^4}-\frac{4x^3(1+x^2)}{(1+x^4)^2}=0$$

$$x-2x^3-x^5=0;x=0,x=\pm\sqrt{\sqrt{2}-1}$$

考察概率密度的 2 次导数

$$\frac{\mathrm{d}^2w}{\mathrm{d}x^2}=\frac{2-12x^2-24x^4+20x^6+6x^8}{(1+x^4)^3}$$

当 $x=0$ 时,$\frac{\mathrm{d}^2w}{\mathrm{d}x^2}=2>0$;所以 $x=0$ 是概率密度极小的位置。当 $x=\pm\sqrt{\sqrt{2}-1}$时,$\frac{\mathrm{d}^2w}{\mathrm{d}x^2}<0$,所以概率密度极大的位置为 $x_{\max}=\pm\sqrt{\sqrt{2}-1}$。

(5)微观粒子位置的平均值

$$\overline{x}=\int_{-\infty}^{+\infty}\varphi^*(x)x\varphi(x)\mathrm{d}x=\int_{-\infty}^{+\infty}\sqrt{\frac{1}{\sqrt{2}\pi}}\frac{1-\mathrm{i}x}{1-\mathrm{i}x^2}x\sqrt{\frac{1}{\sqrt{2}\pi}}\frac{1+\mathrm{i}x}{1+\mathrm{i}x^2}\mathrm{d}x=\frac{1}{\sqrt{2}\pi}\int_{-\infty}^{+\infty}\frac{x+x^3}{1+x^4}\mathrm{d}x=0$$

这里,利用了被积函数是奇函数的性质。

(6) 微观粒子动量的平均值

$$\overline{p}=\int_{-\infty}^{+\infty}\varphi^*(x)\hat{p}\varphi(x)\mathrm{d}x=\int_{-\infty}^{+\infty}\sqrt{\frac{1}{\sqrt{2}\pi}}\frac{1-\mathrm{i}x}{1-\mathrm{i}x^2}\frac{\hbar}{\mathrm{i}}\frac{\mathrm{d}}{\mathrm{d}x}\sqrt{\frac{1}{\sqrt{2}\pi}}\frac{1+\mathrm{i}x}{1+\mathrm{i}x^2}\mathrm{d}x$$

$$=\frac{\hbar}{\mathrm{i}\sqrt{2}\pi}\int_{-\infty}^{+\infty}\frac{1-\mathrm{i}x}{1-\mathrm{i}x^2}\frac{\mathrm{d}}{\mathrm{d}x}\frac{1+\mathrm{i}x}{1+\mathrm{i}x^2}\mathrm{d}x=\frac{\hbar}{\mathrm{i}\sqrt{2}\pi}\int_{-\infty}^{+\infty}\frac{\mathrm{i}-2\mathrm{i}x+x-x^2-\mathrm{i}x^3}{(1+x^4)(1+\mathrm{i}x^2)}\mathrm{d}x$$

$$=\frac{\hbar}{\mathrm{i}\sqrt{2}\pi}\int_{-\infty}^{+\infty}\frac{x-2\mathrm{i}x-\mathrm{i}x^3}{(1+x^4)(1+\mathrm{i}x^2)}\mathrm{d}x+\frac{\hbar}{\mathrm{i}\sqrt{2}\pi}\int_{-\infty}^{+\infty}\frac{\mathrm{i}-x^2}{(1+x^4)(1+\mathrm{i}x^2)}\mathrm{d}x$$

$$=\frac{\hbar}{\mathrm{i}\sqrt{2}\pi}\int_{-\infty}^{+\infty}\frac{\mathrm{i}-x^2}{(1+x^4)(1+\mathrm{i}x^2)}\mathrm{d}x=\frac{\hbar}{\sqrt{2}\pi}\int_{-\infty}^{+\infty}\frac{1+\mathrm{i}x^2}{(1+x^4)(1+\mathrm{i}x^2)}\mathrm{d}x$$

$$=\frac{\hbar}{\sqrt{2}\pi}\int_{-\infty}^{+\infty}\frac{1}{1+x^4}\mathrm{d}x=\frac{\hbar}{\sqrt{2}\pi}\frac{\sqrt{2}\pi}{2}=\frac{\hbar}{2}$$

【例 15-3】 设 $\Psi_1(x,t)=af_1(x)\exp[\mathrm{i}(\alpha x-\omega t)]$和 $\Psi_2(x,t)=bf_2(x)\exp[\mathrm{i}(\beta x-\omega t)]$,分别表示微观粒子的两个可能状态,求当粒子处于叠加态 $\Psi(x,t)=\Psi_1(x,t)+\Psi_2(x,t)$时的概率密度分布表达式。其中,$a$,$b$ 为复常数,$f_1(x)$,$f_2(x)$为实函数,α,β,ω 为实常数。

分析 微观粒子做一维运动。根据量子态叠加原理,任何两个可能的状态的线性组合(叠加)仍然是量子体系的可能状态。但态叠加后的态函数(波函数)不一定是归一化的,首先要将叠加后的波函数归一化,然后取归一化后的波函数模平方,即可得到概率密度分布函数。

解 叠加后,微观粒子的状态波函数为

$$\Psi(x,t)=Caf_1(x)\exp[\mathrm{i}(\alpha x-\omega t)]+Cbf_2(x)\exp[\mathrm{i}(\beta x-\omega t)]$$

由波函数的归一化条件,得到

$$1=\int_{-\infty}^{+\infty}|\Psi(x,t)|^2\mathrm{d}x=\int_{-\infty}^{+\infty}|Caf_1(x)\exp[\mathrm{i}(\alpha x-\omega t)]+Cbf_2(x)\exp[\mathrm{i}(\beta x-\omega t)]|^2\mathrm{d}x$$

$$=\int_{-\infty}^{+\infty}\left\{\begin{array}{l}\{C^*a^*f_1(x)\exp[-\mathrm{i}(\alpha x-\omega t)]+C^*b^*f_2(x)\exp[-\mathrm{i}(\beta x-\omega t)]\}\\ \times\{Caf_1(x)\exp[\mathrm{i}(\alpha x-\omega t)]+Cbf_2(x)\exp[\mathrm{i}(\beta x-\omega t)]\}\end{array}\right\}\mathrm{d}x$$

$$=\int_{-\infty}^{+\infty}\left\{\begin{array}{l}|C|^2|a|^2f_1^2(x)+|C|^2a^*bf_1(x)f_2(x)\exp[-\mathrm{i}(\alpha-\beta)x]+\\ |C|^2|b|^2f_2^2(x)+|C|^2ab^*f_1(x)f_2(x)\exp[\mathrm{i}(\alpha-\beta)x]\end{array}\right\}\mathrm{d}x$$

$$=|C|^2|a|^2\int_{-\infty}^{+\infty}f_1^2(x)\mathrm{d}x+|C|^2a^*b\int_{-\infty}^{+\infty}f_1(x)f_2(x)\exp[-\mathrm{i}(\alpha-\beta)x]\mathrm{d}x+$$

$$|C|^2|b|^2\int_{-\infty}^{+\infty}f_2^2(x)\mathrm{d}x+|C|^2ab^*\int_{-\infty}^{+\infty}f_1(x)f_2(x)\exp[\mathrm{i}(\alpha-\beta)x]\mathrm{d}x$$

$$=B|C|^2$$

其中,实常数 $B=\dfrac{1}{|C|^2}$也可以看作是“归一化常数”,为

$$B=|a|^2\int_{-\infty}^{+\infty}f_1^2(x)\mathrm{d}x+a^*b\int_{-\infty}^{+\infty}f_1(x)f_2(x)\exp[-\mathrm{i}(\alpha-\beta)x]\mathrm{d}x+$$

$$|b|^2\int_{-\infty}^{+\infty}f_2^2(x)\mathrm{d}x+ab^*\int_{-\infty}^{+\infty}f_1(x)f_2(x)\exp[\mathrm{i}(\alpha-\beta)x]\mathrm{d}x$$

这样,概率密度分布可以表示为

$$w(x,t)=|\Psi(x,t)|^2=|C|^2|af_1(x)\exp[\mathrm{i}(\alpha x-\omega t)]+bf_2(x)\exp[\mathrm{i}(\beta x-\omega t)]|^2$$

$$=\frac{1}{B}|a|^2f_1^2(x)+\frac{1}{B}a^*bf_1(x)f_2(x)\exp[-\mathrm{i}(\alpha-\beta)x]+$$

$$\frac{1}{B}|b|^2f_2^2(x)+\frac{1}{B}ab^*f_1(x)f_2(x)\exp[\mathrm{i}(\alpha-\beta)x]$$

点评 (1)这里,常数 B 包含 4 个积分,有两个积分是实数;而第二个积分化为

$$a^*b\int_{-\infty}^{+\infty} f_1(x)f_2(x)\exp[-\mathrm{i}(\alpha-\beta)x]\mathrm{d}x=\left\{ab^*\int_{-\infty}^{+\infty} f_1(x)f_2(x)\exp[\mathrm{i}(\alpha-\beta)x]\mathrm{d}x\right\}^*$$

这实际上就是第四个积分的复共轭;这样,第二、四个积分之和实际上是两个互为复共轭的复数之和,其结果一定是实数;所以常数 B 一定是实数。

同样,在概率密度分布 $w(x,t)$中的 4 项之和中,第一、三项是实函数;而第二、四项互为复共轭函数,他们的和一定是实函数;因此,概率密度分布 $w(x,t)$是实函数。

(2)显然,$w(x,t)=|\Psi(x,t)|^2\neq|\Psi_1(x,t)|^2+|\Psi_2(x,t)|^2$。

$$|\Psi_1(x,t)|^2=|Caf_1(x)\exp[\mathrm{i}(\alpha x-\omega t)]|^2=\frac{1}{B}|a|^2f_1^2(x)$$

$$|\Psi_2(x,t)|^2=|Cbf_2(x)\exp[\mathrm{i}(\beta x-\omega t)]|^2=\frac{1}{B}|b|^2f_2^2(x)$$

虽然概率密度分布 $w(x,t)$中的第二、四项的和一定是实函数,但不一定为零。所以,概率密度分布不是两个波函数的模平方之和。概率密度分布不是两个概率密度分布的直接相加,而是两个态(波函数)的相加;概率密度分布是波函数先相加后的模平方,这就是量子态叠加原理的意义。

(3)概率密度最大的位置

$$\begin{aligned}\frac{\mathrm{d}w(x)}{\mathrm{d}x}=&\frac{2}{B}|a|^2f_1(x)\frac{\mathrm{d}f_1}{\mathrm{d}x}+\frac{1}{B}a^*b\frac{\mathrm{d}f_1}{\mathrm{d}x}f_2(x)\exp[-\mathrm{i}(\alpha-\beta)x]+\\&\frac{1}{B}a^*bf_1(x)\frac{\mathrm{d}f_2}{\mathrm{d}x}\exp[-\mathrm{i}(\alpha-\beta)x]-\frac{\mathrm{i}(\alpha-\beta)}{B}a^*bf_1(x)f_2(x)\exp[-\mathrm{i}(\alpha-\beta)x]+\\&\frac{2}{B}|b|^2f_2(x)\frac{\mathrm{d}f_2}{\mathrm{d}x}+\frac{1}{B}ab^*\frac{\mathrm{d}f_1}{\mathrm{d}x}f_2(x)\exp[\mathrm{i}(\alpha-\beta)x]+\\&\frac{1}{B}ab^*f_1(x)\frac{\mathrm{d}f_2}{\mathrm{d}x}\exp[\mathrm{i}(\alpha-\beta)x]+\frac{\mathrm{i}(\alpha-\beta)}{B}ab^*f_1(x)f_2(x)\exp[\mathrm{i}(\alpha-\beta)x]=0\end{aligned}$$

由此可以确定概率密度最大的位置 $x_{\max}$:

$$\begin{aligned}&2|a|^2f_1(x)\frac{\mathrm{d}f_1}{\mathrm{d}x}+2|b|^2f_2(x)\frac{\mathrm{d}f_2}{\mathrm{d}x}+\\&(a^*b+ab^*)\frac{\mathrm{d}f_1}{\mathrm{d}x}f_2(x)\cos[(\alpha-\beta)x]-\mathrm{i}(a^*b-ab^*)\frac{\mathrm{d}f_1}{\mathrm{d}x}f_2(x)\sin[(\alpha-\beta)x]+\\&(a^*b+ab^*)f_1(x)\frac{\mathrm{d}f_2}{\mathrm{d}x}\cos[(\alpha-\beta)x]-\mathrm{i}(a^*b-ab^*)f_1(x)\frac{\mathrm{d}f_2}{\mathrm{d}x}\sin[(\alpha-\beta)x]-\\&\mathrm{i}(a^*b-ab^*)(\alpha-\beta)f_1(x)f_2(x)\cos[(\alpha-\beta)x]-\\&(a^*b+ab^*)(\alpha-\beta)f_1(x)f_2(x)\sin[(\alpha-\beta)x]=0\end{aligned}$$

$$\begin{aligned}&|a|^2f_1(x)\frac{\mathrm{d}f_1}{\mathrm{d}x}+|b|^2f_2(x)\frac{\mathrm{d}f_2}{\mathrm{d}x}+\frac{\mathrm{d}}{\mathrm{d}x}\{f_1(x)f_2(x)\cos[(\alpha-\beta)x]\}(a^*b+ab^*)-\\&\mathrm{i}\frac{\mathrm{d}}{\mathrm{d}x}\{f_1(x)f_2(x)\sin[(\alpha-\beta)x]\}(a^*b-ab^*)=0\end{aligned}$$

(4)微观粒子的平均位置

$$\begin{aligned}\overline{x}&=\int_{-\infty}^{+\infty}\Psi^*(x,t)x\Psi(x,t)\mathrm{d}x\\&=\int_{-\infty}^{+\infty}\left\{\begin{matrix}\{C^*a^*f_1(x)\exp[-\mathrm{i}(\alpha x-\omega t)]+C^*b^*f_2(x)\exp[-\mathrm{i}(\beta x-\omega t)]\}\times\\x\{Caf_1(x)\exp[\mathrm{i}(\alpha x-\omega t)]+Cbf_2(x)\exp[\mathrm{i}(\beta x-\omega t)]\}\end{matrix}\right\}\mathrm{d}x\end{aligned}$$

$$=\int_{-\infty}^{+\infty}\begin{Bmatrix}|C|^2|a|^2xf_1^2(x)+|C|^2a^*bxf_1(x)f_2(x)\exp[-\mathrm{i}(\alpha-\beta)x]+\\|C|^2|b|^2xf_2^2(x)+|C|^2ab^*xf_1(x)f_2(x)\exp[\mathrm{i}(\alpha-\beta)x]\end{Bmatrix}\mathrm{d}x$$

$$=\frac{|a|^2}{B}\int_{-\infty}^{+\infty}xf_1^2(x)\mathrm{d}x+\frac{a^*b}{B}\int_{-\infty}^{+\infty}xf_1(x)f_2(x)\exp[-\mathrm{i}(\alpha-\beta)x]\mathrm{d}x+$$

$$\frac{|b|^2}{B}\int_{-\infty}^{+\infty}xf_2^2(x)\mathrm{d}x+\frac{ab^*}{B}\int_{-\infty}^{+\infty}xf_1(x)f_2(x)\exp[\mathrm{i}(\alpha-\beta)x]\mathrm{d}x$$

(5) 微观粒子的平均动量

$$\overline{p}=\int_{-\infty}^{+\infty}\Psi^*(x,t)\hat{p}\Psi(x,t)\mathrm{d}x=\int_{-\infty}^{+\infty}\Psi^*(x,t)\frac{\hbar}{\mathrm{i}}\frac{\mathrm{d}}{\mathrm{d}x}\Psi(x,t)\mathrm{d}x$$

$$=\frac{\hbar}{\mathrm{i}}\int_{-\infty}^{+\infty}\begin{Bmatrix}\{C^*a^*f_1(x)\exp[-\mathrm{i}(\alpha x-\omega t)]+C^*b^*f_2(x)\exp[-\mathrm{i}(\beta x-\omega t)]\}\times\\\frac{\mathrm{d}}{\mathrm{d}x}\{Caf_1(x)\exp[\mathrm{i}(\alpha x-\omega t)]+Cbf_2(x)\exp[\mathrm{i}(\beta x-\omega t)]\}\end{Bmatrix}\mathrm{d}x$$

$$=\frac{\hbar}{\mathrm{i}}\int_{-\infty}^{+\infty}\begin{Bmatrix}\{C^*a^*f_1(x)\exp[-\mathrm{i}(\alpha x-\omega t)]+C^*b^*f_2(x)\exp[-\mathrm{i}(\beta x-\omega t)]\}\\\times\begin{Bmatrix}Ca\left[\frac{\mathrm{d}f_1}{\mathrm{d}x}+\mathrm{i}\alpha f_1(x)\right]\exp[\mathrm{i}(\alpha x-\omega t)]\\+Cb\left[\frac{\mathrm{d}f_2}{\mathrm{d}x}+\mathrm{i}\beta f_2(x)\right]\exp[\mathrm{i}(\beta x-\omega t)]\end{Bmatrix}\end{Bmatrix}\mathrm{d}x$$

$$=\frac{\hbar}{\mathrm{i}}\frac{1}{B}\int_{-\infty}^{+\infty}\begin{Bmatrix}|a|^2f_1(x)\left[\frac{\mathrm{d}f_1}{\mathrm{d}x}+\mathrm{i}\alpha f_1(x)\right]+|b|^2f_2(x)\left[\frac{\mathrm{d}f_2}{\mathrm{d}x}+\mathrm{i}\beta f_2(x)\right]\\+a^*bf_1(x)\left[\frac{\mathrm{d}f_2}{\mathrm{d}x}+\mathrm{i}\beta f_2(x)\right]\exp[\mathrm{i}(\beta-\alpha)x]\\+ab^*f_2(x)\left[\frac{\mathrm{d}f_1}{\mathrm{d}x}+\mathrm{i}\alpha f_1(x)\right]\exp[\mathrm{i}(\alpha-\beta)x]\end{Bmatrix}\mathrm{d}x$$

【例 15-4】 如图 15-8 所示，质量为 m 的微观粒子在一维无限深势阱中运动，势能函数为

$$U(x)=\begin{cases}0, & |x|\leqslant\frac{a}{2}\\\infty, & |x|>\frac{a}{2}\end{cases}$$

求量子体系的能量本征值和本征波函数。

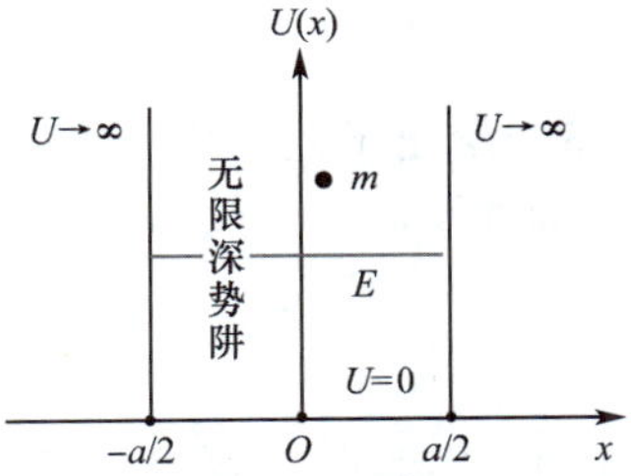

图 15-8　例 15-4

分析　根据势能函数的特点，可以将一维空间分成三个区域。对三个区域分别列出定态薛定谔方程，分别解方程，得到三个通解；再根据边界条件以及波函数的标准条件(单值、有限、连续)，确定通解中的待定常数；从而得到能量本征值和本征波函数。由于在势阱外，势能无限大，微观粒子不可能到达势阱外，可以直接确定势阱外的波函数，不必列方程。

解　由于在势阱外，势能无限大，微观粒子不可能到达势阱外($|x|>a/2$)，所以

$$\psi(x)=0,(x<-a/2,x>a/2)$$

在势阱内($|x|<a/2$)，$U(x)=0$，所以势阱内的定态薛定谔方程为

$$-\frac{\hbar^2}{2m}\frac{\mathrm{d}^2\psi}{\mathrm{d}x^2}=E\psi,\frac{\mathrm{d}^2\psi}{\mathrm{d}x^2}+\frac{2mE}{\hbar^2}\psi=0;\frac{\mathrm{d}^2\psi}{\mathrm{d}x^2}+\alpha^2\psi=0,\alpha=\sqrt{\frac{2mE}{\hbar^2}}$$

该定态薛定谔方程的通解为

$$\psi(x)=A\sin\alpha x+B\cos\alpha x,(-a/2\leqslant x\leqslant a/2)$$

显然,三个区域的波函数在各自区域内是单值、有限、连续的;还要在整个一维空间连续(边界条件)。根据波函数的连续性,在 $x=-a/2$ 和 $x=a/2$ 处,波函数为零,所以

$$\psi\left(-\frac{a}{2}\right)=A\sin\left(-\alpha\frac{a}{2}\right)+B\cos\left(-\alpha\frac{a}{2}\right)=0$$

$$\psi\left(\frac{a}{2}\right)=A\sin\left(\alpha\frac{a}{2}\right)+B\cos\left(\alpha\frac{a}{2}\right)=0$$

由此得到

$$A\sin\left(\alpha\frac{a}{2}\right)=0,B\cos\left(\alpha\frac{a}{2}\right)=0$$

待定常数 A 和 B 不可能同时为零;否则在整个一维空间 $\psi=0$,在整个一维空间不能找到微观粒子(微观粒子消失),这不符合物理实际。因此,得到两组解

$$A=0(B\neq0),\cos\left(\alpha\frac{a}{2}\right)=0;\alpha a=n\pi,n=1,3,5,\cdots$$

$$B=0(A\neq0),\sin\left(\alpha\frac{a}{2}\right)=0;\alpha a=n\pi,n=2,4,6,\cdots$$

这里,$n\neq0$;因为 $n=0$ 对应的是 ψ 的恒零解,不符合物理实际。n 等于负整数时 ψ 的解与 n 等于正整数时 ψ 的解线性相关(仅差一负号),不可取。

由此,我们得到

$$\alpha a=n\pi,n=1,2,3,\cdots;\alpha a=a\sqrt{\frac{2mE}{\hbar^2}}=n\pi$$

从而得到量子体系的能量本征值

$$E_n=\frac{\pi^2\hbar^2}{2ma^2}n^2=\frac{h^2}{8ma^2}n^2,n=1,2,3,\cdots$$

图 15-9 给出了几个低能级的位置。

对于 $n=1,3,5,\cdots,A=0,B\neq0$,波函数表示为

$$\psi_n(x)=B\cos\alpha x=B\cos\left(\frac{n\pi}{a}x\right),-\frac{a}{2}\leqslant x\leqslant\frac{a}{2}$$

对于 $n=2,4,6,\cdots,B=0,A\neq0$,波函数表示为

$$\psi_n(x)=A\sin\alpha x=A\sin\left(\frac{n\pi}{a}x\right),-\frac{a}{2}\leqslant x\leqslant\frac{a}{2}$$

可以合并为

$$\psi_n(x)=C\sin\left[\frac{n\pi}{a}\left(x+\frac{a}{2}\right)\right],-\frac{a}{2}\leqslant x\leqslant\frac{a}{2},n=1,2,3,\cdots$$

其中的 C 是归一化常数。这就是一维无限深势阱中量子体系的本征函数,只是还没有归一化;不过只与归一化本征函数相差一个常数因子。

点评 (1)本征函数的归一化

$$1=\int_{-\infty}^{+\infty}|\psi_n(x)|^2\mathrm{d}x=\int_{-\frac{a}{2}}^{+\frac{a}{2}}|C|^2\sin^2\left[\frac{n\pi}{a}\left(x+\frac{a}{2}\right)\right]\mathrm{d}x$$

$$=\frac{1}{2}|C|^2\int_{-\frac{a}{2}}^{+\frac{a}{2}}\left\{1-\cos\left[\frac{2n\pi}{a}\left(x+\frac{a}{2}\right)\right]\right\}\mathrm{d}x$$

$$=\frac{1}{2}|C|^2\int_{-\frac{a}{2}}^{+\frac{a}{2}}dx-\frac{1}{2}|C|^2\int_{-\frac{a}{2}}^{+\frac{a}{2}}\cos\left[\frac{2n\pi}{a}\left(x+\frac{a}{2}\right)\right]dx=\frac{a}{2}|C|^2$$

由此得到归一化常数

$$|C|^2=\frac{2}{a},C=\sqrt{\frac{2}{a}}$$

所以，属于能量本征值 E_n 的归一化本征函数为

$$\psi_n(x)=\sqrt{\frac{2}{a}}\sin\left[\frac{n\pi}{a}\left(x+\frac{a}{2}\right)\right],-\frac{a}{2}\leqslant x\leqslant\frac{a}{2},n=1,2,3,\cdots$$

图 15-10 给出几个低能级本征函数曲线。

(2)微观粒子概率密度分布

$$w(x)=|\psi_n(x)|^2=\frac{2}{a}\sin^2\left[\frac{n\pi}{a}\left(x+\frac{a}{2}\right)\right],-\frac{a}{2}\leqslant x\leqslant\frac{a}{2},n=1,2,3,\cdots$$

图 15-11 给出几个低能级本征态概率密度分布曲线。

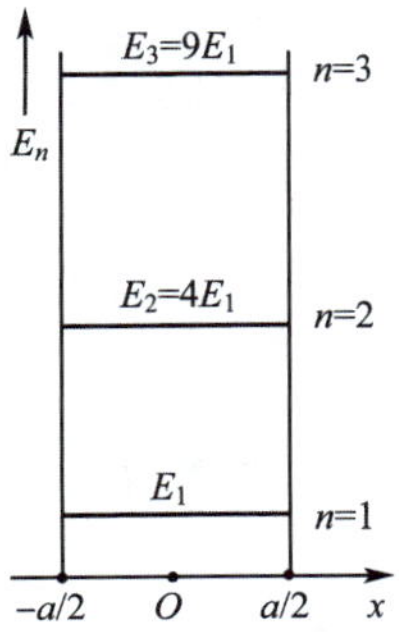

图 15-9　例 15-4 解析

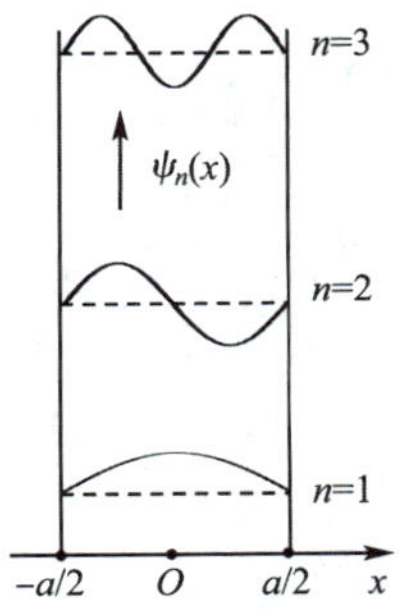

图 15-10　例 15-4 点评(1)

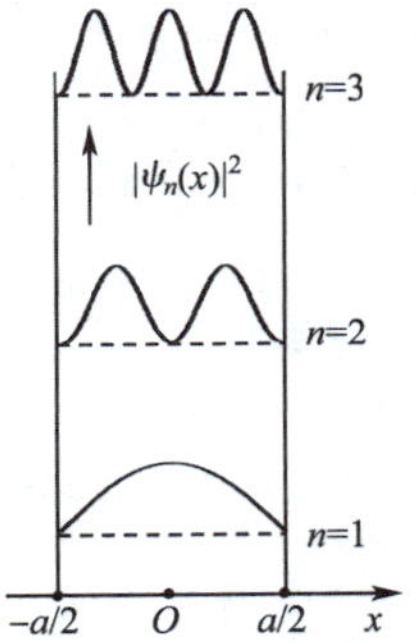

图 15-11　例 15-4 点评(2)

概率密度极大处的位置

$$\frac{dw}{dx}=\frac{d}{dx}\left\{\frac{2}{a}\sin^2\left[\frac{n\pi}{a}\left(x+\frac{a}{2}\right)\right]\right\}=\frac{2}{a}\frac{n\pi}{a}\sin\left[\frac{2n\pi}{a}\left(x+\frac{a}{2}\right)\right]=0$$

$$\frac{2n\pi}{a}\left(x+\frac{a}{2}\right)=m\pi,x=\frac{1}{2}\left(\frac{m}{n}-1\right)a$$

这里，m 可以取任意整数(和零)，但要确保 $-a/2\leqslant x\leqslant a/2$。

对于基态能级($n=1$)，概率密度的极值位置为

$x_1=\frac{1}{2}(m-1)a$，共有 $m=0,1,2$ 三个极值点：

$x_1=\pm\frac{a}{2}$ 为极小值位置；$x_1=0$ 为极大值位置。

对于第一激发态($n=2$)，概率密度的极值位置为

$x_2=\frac{1}{2}\left(\frac{m}{2}-1\right)a$，共有 $m=0,1,2,3,4$ 五个极值点：

$x_2=0,\pm\frac{a}{2}$ 为极小值位置；$x_2=\pm\frac{a}{4}$ 为极大值位置。

对于第二激发态($n=3$)，概率密度的极值位置为

$x_3=\frac{1}{2}\left(\frac{m}{3}-1\right)a$，共有 $m=0,1,2,3,4,5,6$ 七个极值点：

$x_3=\pm\frac{a}{2},\pm\frac{a}{6}$为极小值位置；$x_3=0,\pm\frac{a}{3}$为极大值位置。

(3)定态波函数

一维无限深势阱中微观粒子的定态波函数为

$$\Psi_n(x,t)=\psi_n(x)\exp\left(-\frac{\mathrm{i}}{\hbar}E_nt\right)=C\sin\left[\frac{n\pi}{a}\left(x+\frac{a}{2}\right)\right]\exp\left(-\frac{\mathrm{i}}{\hbar}E_nt\right)$$

利用欧拉公式，$2\mathrm{i}\sin\theta=\exp(\mathrm{i}\theta)-\exp(-\mathrm{i}\theta)$，定态波函数可以化为

$$\Psi_n(x,t)=C_1\exp\left\{\frac{\mathrm{i}}{\hbar}\left(\frac{n\pi\hbar}{a}\left(x+\frac{a}{2}\right)-E_nt\right)\right\}+C_2\exp\left\{-\frac{\mathrm{i}}{\hbar}\left(\frac{n\pi\hbar}{a}\left(x+\frac{a}{2}\right)+E_nt\right)\right\}$$

其中C_1和C_2是两个待定常数。由此可见，定态波函数是由两个沿相反方向传播的“平面波”叠加而成的“驻波”；这就是对德布罗意波的经典物理学解释。

(4)微观粒子位置坐标平均值

$$\begin{aligned}
\overline{x}&=\int_{-\infty}^{+\infty}\psi_n^*(x)x\psi_n(x)\mathrm{d}x=\int_{-\frac{a}{2}}^{+\frac{a}{2}}\frac{2}{a}x\sin^2\left[\frac{n\pi}{a}\left(x+\frac{a}{2}\right)\right]\mathrm{d}x\\
&=\frac{1}{a}\int_{-\frac{a}{2}}^{+\frac{a}{2}}x\left\{1-\cos\left[\frac{2n\pi}{a}\left(x+\frac{a}{2}\right)\right]\right\}\mathrm{d}x\\
&=\frac{1}{a}\int_{-\frac{a}{2}}^{+\frac{a}{2}}x\,\mathrm{d}x-\frac{1}{a}\int_{-\frac{a}{2}}^{+\frac{a}{2}}x\cos\left[\frac{2n\pi}{a}\left(x+\frac{a}{2}\right)\right]\mathrm{d}x\\
&=-\frac{1}{a}\int_{-\frac{a}{2}}^{+\frac{a}{2}}x\cos\left[\frac{2n\pi}{a}\left(x+\frac{a}{2}\right)\right]\mathrm{d}x=-\frac{1}{2n\pi}\int_{-\frac{a}{2}}^{+\frac{a}{2}}x\,\mathrm{d}\left\{\sin\left[\frac{2n\pi}{a}\left(x+\frac{a}{2}\right)\right]\right\}\\
&=-\frac{1}{2n\pi}x\sin\left[\frac{2n\pi}{a}\left(x+\frac{a}{2}\right)\right]\Big|_{-\frac{a}{2}}^{+\frac{a}{2}}+\frac{1}{2n\pi}\int_{-\frac{a}{2}}^{+\frac{a}{2}}\sin\left[\frac{2n\pi}{a}\left(x+\frac{a}{2}\right)\right]\mathrm{d}x\\
&=\frac{1}{2n\pi}\int_{-\frac{a}{2}}^{+\frac{a}{2}}\sin\left[\frac{2n\pi}{a}\left(x+\frac{a}{2}\right)\right]\mathrm{d}x=-\frac{a}{4n^2\pi^2}\cos\left[\frac{2n\pi}{a}\left(x+\frac{a}{2}\right)\right]\Big|_{-\frac{a}{2}}^{+\frac{a}{2}}=0
\end{aligned}$$

在任何本征态下，微观粒子的坐标平均值为$\overline{x}=0$。

(5)微观粒子动量平均值

$$\begin{aligned}
\overline{p}&=\int_{-\infty}^{+\infty}\psi_n^*(x)\hat{p}\psi_n(x)\mathrm{d}x=\frac{2}{a}\frac{\hbar}{\mathrm{i}}\int_{-\frac{a}{2}}^{+\frac{a}{2}}\sin\left[\frac{n\pi}{a}\left(x+\frac{a}{2}\right)\right]\frac{\mathrm{d}}{\mathrm{d}x}\sin\left[\frac{n\pi}{a}\left(x+\frac{a}{2}\right)\right]\mathrm{d}x\\
&=\frac{2}{a}\frac{\hbar}{\mathrm{i}}\frac{n\pi}{a}\int_{-\frac{a}{2}}^{+\frac{a}{2}}\sin\left[\frac{n\pi}{a}\left(x+\frac{a}{2}\right)\right]\cos\left[\frac{n\pi}{a}\left(x+\frac{a}{2}\right)\right]\mathrm{d}x\\
&=\frac{\hbar}{\mathrm{i}}\frac{n\pi}{a^2}\int_{-\frac{a}{2}}^{+\frac{a}{2}}\sin\left[\frac{2n\pi}{a}\left(x+\frac{a}{2}\right)\right]\mathrm{d}x=0
\end{aligned}$$

在任何本征态下，微观粒子的动量平均值为$\overline{p}=0$。

(6)能量平均值

定态本征波函数和能量算符分别为

$$\Psi_n(x,t)=\psi_n(x)\exp\left(-\frac{\mathrm{i}}{\hbar}E_nt\right)=\sqrt{\frac{2}{a}}\sin\left[\frac{n\pi}{a}\left(x+\frac{a}{2}\right)\right]\exp\left(-\frac{\mathrm{i}}{\hbar}E_nt\right),\hat{E}=\mathrm{i}\hbar\frac{\partial}{\partial t}$$

因此，处于定态时，量子体系的能量平均值为

$$\overline{E}=\int_{-\infty}^{+\infty}\Psi_n^*(x,t)\hat{E}\Psi_n(x,t)\mathrm{d}x=\int_{-\infty}^{+\infty}\psi_n^*(x)\exp\left(\frac{\mathrm{i}}{\hbar}E_nt\right)\mathrm{i}\hbar\frac{\partial}{\partial t}\psi_n(x)\exp\left(-\frac{\mathrm{i}}{\hbar}E_nt\right)\mathrm{d}x$$

$$=\int_{-\frac{a}{2}}^{+\frac{a}{2}}\frac{2}{a}\sin\left[\frac{n\pi}{a}\left(x+\frac{a}{2}\right)\right]\exp\left(\frac{\mathrm{i}}{\hbar}E_n t\right)\mathrm{i}\hbar\frac{\partial}{\partial t}\left\{\sin\left[\frac{n\pi}{a}\left(x+\frac{a}{2}\right)\right]\exp\left(-\frac{\mathrm{i}}{\hbar}E_n t\right)\right\}\mathrm{d}x$$

$$=\mathrm{i}\hbar\frac{2}{a}\left(-\frac{\mathrm{i}}{\hbar}E_n\right)\int_{-\frac{a}{2}}^{+\frac{a}{2}}\sin^2\left[\frac{n\pi}{a}\left(x+\frac{a}{2}\right)\right]\exp\left(\frac{\mathrm{i}}{\hbar}E_n t\right)\exp\left(-\frac{\mathrm{i}}{\hbar}E_n t\right)\mathrm{d}x$$

$$=\frac{2E_n}{a}\int_{-\frac{a}{2}}^{+\frac{a}{2}}\sin^2\left[\frac{n\pi}{a}\left(x+\frac{a}{2}\right)\right]\mathrm{d}x=E_n$$

可见，处于定态的量子体系的能量平均值就是该定态能量本征值。

(7)如图 15-12 所示的一维无限深势阱，势能函数表示为

$$U(x)=\begin{cases}0, & (b\leqslant x\leqslant a+b)\\ \infty, & (x<b,x>a+b)\end{cases}$$

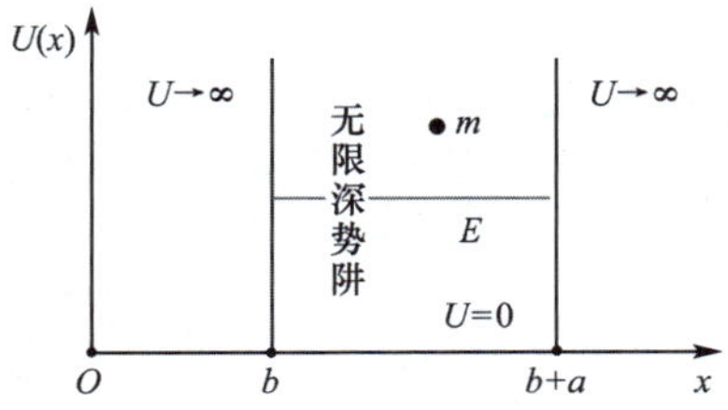

图 15-12 例 15-4 点评(3)

由于在势阱外，势能无限大，微观粒子不可能到达势阱外，所以

$$\psi(x)=0,(x<b,x>a+b)$$

在势阱内($b\leqslant x\leqslant a+b$)，$U(x)=0$，所以势阱内的定态薛定谔方程为

$$-\frac{\hbar^2}{2m}\frac{\mathrm{d}^2\psi}{\mathrm{d}x^2}=E\psi,\frac{\mathrm{d}^2\psi}{\mathrm{d}x^2}+\frac{2mE}{\hbar^2}\psi=0;\frac{\mathrm{d}^2\psi}{\mathrm{d}x^2}+\alpha^2\psi=0,\alpha=\sqrt{\frac{2mE}{\hbar^2}}$$

由于 $\sin\alpha(x-b)$ 和 $\cos\alpha(x-b)$ 都是该方程的特解而且是不相关的，所以可以设定该定态薛定谔方程的通解为

$$\psi(x)=A\sin\alpha(x-b)+B\cos\alpha(x-b),(b\leqslant x\leqslant a+b)$$

其中 A 和 B 是两个待定的常数。

显然，三个区域的波函数在各自区域内是单值、有限、连续的；还要在整个一维空间连续(边界条件)。根据波函数的连续性，在 $x=b$ 和 $x=b+a$ 处，波函数为零，所以

$$\psi(b)=A\sin 0+B\cos 0=B=0$$

$$\psi(b+a)=A\sin\alpha a+B\cos\alpha a=A\sin\alpha a=0$$

这里已经是 $B=0$，则 $A\neq 0$，否则没有物理意义。所以得到

$$\sin\alpha a=0,\alpha a=n\pi,n=1,2,3,\cdots;\alpha a=a\sqrt{2mE}/\hbar=n\pi$$

从而得到量子体系的能量本征值

$$E_n=\frac{\pi^2\hbar^2}{2ma^2}n^2=\frac{h^2}{8ma^2}n^2,n=1,2,3,\cdots$$

量子体系的本征函数表示为

$$\psi_n(x)=A\sin\alpha(x-b)=A\sin\left[\frac{n\pi}{a}(x-b)\right],b\leqslant x\leqslant a+b$$

由波函数的归一化条件，可以得到

$$1=\int_{-\infty}^{\infty}|\psi_n(x)|^2\mathrm{d}x=\int_b^{b+a}\left|A\sin\left[\frac{n\pi}{a}(x-b)\right]\right|^2\mathrm{d}x=\frac{a}{2}|A|^2,A=\sqrt{\frac{2}{a}}$$

所以，属于能量本征值 E_n 的归一化本征函数为

$$\psi_n(x)=\sqrt{\frac{2}{a}}\sin\left[\frac{n\pi}{a}(x-b)\right],b\leqslant x\leqslant a+b,n=1,2,3,\cdots$$

概率密度分布为

$$w(x)=|\psi_n(x)|^2=\frac{2}{a}\sin^2\left[\frac{n\pi}{a}(x-b)\right],,b\leqslant x\leqslant a+b,n=1,2,3,\cdots$$

如图 15-13 和图 15-14 给出了几个低能级的本征函数和概率密度分布曲线。

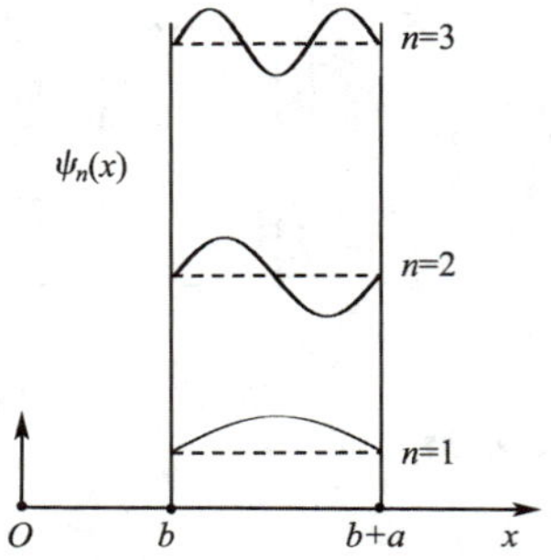

图 15-13　例 15-4 点评(4)

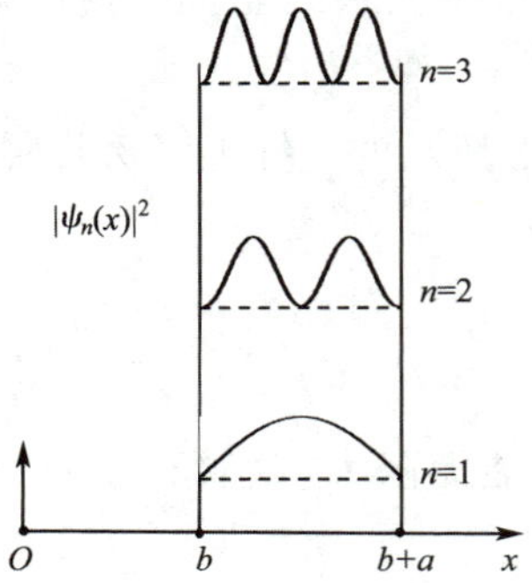

图 15-14　例 15-4 点评(5)

比较无限深势阱 1($0<x<a$)、无限深势阱 2($-a/2<x<a/2$)、无限深势阱 3($b<x<a+b$)的结果。量子体系的能量本征值(能级)与势阱位置的数学选取无关;无限深势阱 2 的本征函数和概率密度分布就是将深势阱 1 的本征函数和概率密度分布向 x 轴正方向平移$-a/2$;无限深势阱 3 的本征函数和概率密度分布就是将深势阱 1 的本征函数和概率密度分布向 x 轴正方向平移 b;在势阱中,本征函数和概率密度分布的物理空间位置是相同的。势阱的位置仅仅是数学上坐标原点选取的不同,影响本征函数和概率密度分布的数学表达,但不影响物理结果。

(8)二维矩形无限深势阱

设势能函数为

$$U(x,y)=\begin{cases}0, & (0\leqslant x\leqslant a,0\leqslant y\leqslant b)\\ \infty, & \text{其余区域}\end{cases}$$

在势阱外($x<0,x>a;y<0,y>b$)势能无限大,微观粒子不可能到达势阱外;微观粒子只能在势阱内运动。设微观粒子在势阱内运动时的体系波函数为 $\psi(x,y)$,则定态薛定谔方程为

$$-\frac{\hbar^2}{2m}\frac{\partial^2\psi(x,y)}{\partial x^2}-\frac{\hbar^2}{2m}\frac{\partial^2\psi(x,y)}{\partial y^2}=E\psi(x,y)$$

分离变量,$\psi(x,y)=X(x)Y(y)$,则得到

$$Y(y)\frac{\mathrm{d}^2X(x)}{\mathrm{d}x^2}+X(x)\frac{\mathrm{d}^2Y(y)}{\mathrm{d}y^2}+\frac{2mE}{\hbar^2}X(x)Y(y)=0$$

$$\frac{1}{X(x)}\frac{\mathrm{d}^2X(x)}{\mathrm{d}x^2}+\frac{1}{Y(y)}\frac{\mathrm{d}^2Y(y)}{\mathrm{d}y^2}=-\frac{2mE}{\hbar^2}$$

方程的右边是常量,只有左边的两项分别是常量,才有可能方程成立。令

$$\frac{1}{X(x)}\frac{\mathrm{d}^2X(x)}{\mathrm{d}x^2}=-\frac{2mE_x}{\hbar^2},\frac{1}{Y(y)}\frac{\mathrm{d}^2Y(y)}{\mathrm{d}y^2}=-\frac{2mE_y}{\hbar^2},E=E_x+E_y$$

由此得到两个方程

$$\frac{d^2X(x)}{dx^2}+\frac{2mE_x}{\hbar^2}X(x)=0,\frac{d^2Y(y)}{dy^2}+\frac{2mE_y}{\hbar^2}Y(y)=0$$

这两个方程的解分别为

$$X(x)=A\sin\left(\frac{n_x\pi}{a}x\right),E_x=\frac{\pi^2\hbar^2}{2ma^2}n_x^2,n_x=1,2,3\cdots$$

$$Y(y)=B\sin\left(\frac{n_y\pi}{b}y\right),E_y=\frac{\pi^2\hbar^2}{2mb^2}n_y^2,n_y=1,2,3\cdots$$

由此得到本征函数和能量本征值

$$\psi_{n_x,n_y}(x,y)=X(x)Y(y)=AB\sin\left(\frac{n_x\pi}{a}x\right)\sin\left(\frac{n_y\pi}{b}y\right)$$

$$E_{n_x,n_y}=E_x+E_y=\frac{\pi^2\hbar^2}{2ma^2}n_x^2+\frac{\pi^2\hbar^2}{2mb^2}n_y^2=\frac{\pi^2\hbar^2}{2m}\left(\frac{n_x^2}{a^2}+\frac{n_y^2}{b^2}\right)$$

$$n_x=1,2,3\cdots,n_y=1,2,3\cdots$$

其中，A 和 B(或 AB)是待定常数。

由波函数的归一化条件可以确定待定常数 AB

$$\int_{-\infty}^{+\infty}\int_{-\infty}^{+\infty}|\psi_{n_x,n_y}(x,y)|^2dxdy=\int_0^a\int_0^b(AB)^2\sin^2\left(\frac{n_x\pi}{a}x\right)\sin^2\left(\frac{n_y\pi}{b}y\right)dxdy=(AB)^2\frac{ab}{4}=1$$

归一化本征波函数为

$$\psi_{n_x,n_y}(x,y)=\frac{2}{\sqrt{ab}}\sin\left(\frac{n_x\pi}{a}x\right)\sin\left(\frac{n_y\pi}{b}y\right)$$

(9)三维矩形无限深势阱(势箱)

设势能函数为

$$U(x,y,z)=\begin{cases}0, & (0\leqslant x\leqslant a,0\leqslant y\leqslant b,0\leqslant z\leqslant c)\\ \infty, & \text{其余区域}\end{cases}$$

在势阱外($x<0,x>a,y<0,y>b,z<0,z>c$)势能无限大，微观粒子不可能到达势阱外；微观粒子只能在势阱内运动。设微观粒子在势阱内运动时的体系波函数为 $\psi(x,y,z)$，则定态薛定谔方程为

$$-\frac{\hbar^2}{2m}\frac{\partial^2\psi(x,y,z)}{\partial x^2}-\frac{\hbar^2}{2m}\frac{\partial^2\psi(x,y,z)}{\partial y^2}-\frac{\hbar^2}{2m}\frac{\partial^2\psi(x,y,z)}{\partial z^2}=E\psi(x,y,z)$$

分离变量，$\psi(x,y,z)=X(x)Y(y)Z(z)$，则得到

$$Y(y)Z(z)\frac{d^2X(x)}{dx^2}+X(x)Z(x)\frac{d^2Y(y)}{dy^2}+X(x)Y(y)\frac{d^2Z(z)}{dz^2}=-\frac{2mE}{\hbar^2}X(x)Y(y)Z(z)$$

$$\frac{1}{X(x)}\frac{d^2X(x)}{dx^2}+\frac{1}{Y(y)}\frac{d^2Y(y)}{dy^2}+\frac{1}{Z(z)}\frac{d^2Z(z)}{dz^2}=-\frac{2mE}{\hbar^2}$$

方程的右边是常量，只有左边的三项分别是常量，才有可能方程成立。令

$$\frac{1}{X(x)}\frac{d^2X(x)}{dx^2}=-\frac{2mE_x}{\hbar^2},\frac{1}{Y(y)}\frac{d^2Y(y)}{dy^2}=-\frac{2mE_y}{\hbar^2},\frac{1}{Z(z)}\frac{d^2Z(z)}{dz^2}=-\frac{2mE_z}{\hbar^2}$$

$$E=E_x+E_y+E_z$$

由此得到三个方程

$$\frac{d^2X(x)}{dx^2}=-\frac{2mE_x}{\hbar^2}X(x),\frac{d^2Y(y)}{dy^2}=-\frac{2mE_y}{\hbar^2}Y(y),\frac{d^2Z(z)}{dz^2}=-\frac{2mE_z}{\hbar^2}Z(z)$$

这三个方程的解分别为

$$X(x)=A\sin\left(\frac{n_x\pi}{a}x\right),E_x=\frac{\pi^2\hbar^2}{2ma^2}n_x^2,n_x=1,2,3\cdots$$

$$Y(y)=B\sin\left(\frac{n_y\pi}{b}y\right),E_y=\frac{\pi^2\hbar^2}{2mb^2}n_y^2,n_y=1,2,3\cdots$$

$$Z(z)=C\sin\left(\frac{n_z\pi}{c}z\right),E_z=\frac{\pi^2\hbar^2}{2mc^2}n_z^2,n_z=1,2,3\cdots$$

由此得到本征函数和能量本征值

$$\psi_{n_x,n_y,n_z}(x,y,z)=ABC\sin\left(\frac{n_x\pi}{a}x\right)\sin\left(\frac{n_y\pi}{b}y\right)\sin\left(\frac{n_z\pi}{c}z\right)$$

$$E_{n_x,n_y,n_z}=\frac{\pi^2\hbar^2}{2ma^2}n_x^2+\frac{\pi^2\hbar^2}{2mb^2}n_y^2+\frac{\pi^2\hbar^2}{2mc^2}n_z^2=\frac{\pi^2\hbar^2}{2m}\left(\frac{n_x^2}{a^2}+\frac{n_y^2}{b^2}+\frac{n_z^2}{c^2}\right)$$

$$n_x=1,2,3\cdots,n_y=1,2,3\cdots,n_z=1,2,3\cdots$$

其中,A,B,C(或 ABC)是待定常数。

由波函数的归一化条件可以确定待定常数 $ABC=D$

$$1=\iiint_{-\infty}^{+\infty}|\psi_{n_x,n_y,n_z}(x,y,z)|^2\mathrm{d}x\,\mathrm{d}y\,\mathrm{d}z$$

$$=\int_0^a\int_0^b\int_0^c(ABC)^2\sin^2\left(\frac{n_x\pi}{a}x\right)\sin^2\left(\frac{n_y\pi}{b}y\right)\sin^2\left(\frac{n_z\pi}{c}z\right)\mathrm{d}x\,\mathrm{d}y\,\mathrm{d}z=D^2\ \frac{abc}{8}$$

归一化本征函数为

$$\psi_{n_x,n_y,n_z}(x,y,z)=\frac{2\sqrt{2}}{\sqrt{abc}}\sin\left(\frac{n_x\pi}{a}x\right)\sin\left(\frac{n_y\pi}{b}y\right)\sin\left(\frac{n_z\pi}{b}z\right)$$

我们看到,微观粒子处于束缚态时,量子体系的能量是量子化的。

【例 15-5】 在一维空间中运动微观粒子的波函数为

$$\psi(x)=\frac{1}{(2\pi a^2)^{1/4}}\exp\left(-\frac{x^2}{4a^2}\right)$$

其中 a 为常数。求:

(1)微观粒子位置的概率密度分布;

(2)用微观粒子动量表示的波函数 $c(p)$;

(3)微观粒子动量的概率密度分布。

分析 如果波函数 $\psi(x)$是归一化波函数,则微观粒子位置的概率分布为 $w(x)=|\psi(x)|^2$;所以首先应该证明 $\psi(x)$是归一化波函数,如果 $\psi(x)$不是归一化波函数要化为归一化波函数;然后再求微观粒子位置的概率密度分布。由归一化波函数经傅立叶变换可以直接求得用微观粒子动量表示的波函数 $c(p)$。由于$|c(p)|^2\mathrm{d}p$ 表示微观粒子动量处于 $p\to p+\mathrm{d}p$ 内的概率,所以微观粒子动量的概率密度分布表示为 $w(p)=|c(p)|^2$。

解 微观粒子的坐标分布为$-\infty<x<+\infty$;粒子的动量分布为$-\infty<p<+\infty$。由于

$$\int_{-\infty}^{+\infty}|\psi(x)|^2\mathrm{d}x=\frac{1}{(2\pi a^2)^{1/2}}\int_{-\infty}^{+\infty}\exp\left(-\frac{2x^2}{4a^2}\right)\mathrm{d}x=\frac{1}{(2\pi a^2)^{1/2}}\sqrt{\frac{\pi}{1/(2a^2)}}=1$$

因此,波函数 $\psi(x)$ 是归一化波函数。这里,直接应用了积分公式

$$\int_{-\infty}^{+\infty}\exp(-\alpha x^2)\,dx=\sqrt{\frac{\pi}{\alpha}}$$

(1) 由归一化波函数 $\psi(x)$，直接求得微观粒子位置的概率密度分布

$$w(x)=|\psi(x)|^2=\left|\frac{1}{(2\pi a^2)^{1/4}}\exp\left(-\frac{x^2}{4a^2}\right)\right|^2=\frac{1}{(2\pi a^2)^{1/2}}\exp\left(-\frac{x^2}{2a^2}\right)$$

(2) 由归一化波函数 $\psi(x)$ 经傅立叶变换可以直接求得用微观粒子动量表示的波函数 $c(p)$

$$\begin{aligned}c(p)&=\frac{1}{\sqrt{2\pi\hbar}}\int_{-\infty}^{+\infty}\psi(x)\exp\left(-\frac{i}{\hbar}px\right)dx\\&=\frac{1}{\sqrt{2\pi\hbar}}\int_{-\infty}^{+\infty}\frac{1}{(2\pi a^2)^{1/4}}\exp\left(-\frac{x^2}{4a^2}\right)\exp\left(-\frac{i}{\hbar}px\right)dx\\&=\frac{1}{\sqrt{2\pi\hbar}}\frac{1}{(2\pi a^2)^{1/4}}\int_{-\infty}^{+\infty}\exp\left\{-\frac{1}{4a^2}\left(x+i\frac{2a^2}{\hbar}p\right)^2-\frac{a^2}{\hbar^2}p^2\right\}dx\\&=\frac{1}{\sqrt{2\pi\hbar}}\frac{1}{(2\pi a^2)^{1/4}}\exp\left(-\frac{a^2}{\hbar^2}p^2\right)\int_{-\infty}^{+\infty}\exp\left\{-\frac{1}{4a^2}\left(x+i\frac{2a^2}{\hbar}p\right)^2\right\}dx\\&=\frac{1}{\sqrt{2\pi\hbar}}\frac{1}{(2\pi a^2)^{1/4}}\exp\left(-\frac{a^2}{\hbar^2}p^2\right)\sqrt{\frac{\pi}{1/4a^2}}=\left(\frac{2}{\pi}\right)^{1/4}\sqrt{\frac{a}{\hbar}}\exp\left(-\frac{a^2}{\hbar^2}p^2\right)\end{aligned}$$

$$c(p)=\left(\frac{2}{\pi}\right)^{1/4}\sqrt{\frac{a}{\hbar}}\exp\left(-\frac{a^2}{\hbar^2}p^2\right)$$

(3) 微观粒子动量的概率密度分布

$$w(p)=|c(p)|^2=\left(\frac{2}{\pi}\right)^{1/2}\frac{a}{\hbar}\exp\left(-\frac{2a^2}{\hbar^2}p^2\right)$$

点评 (1) 用微观粒子动量表示的波函数 $c(p)$ 是归一化的

$$\int_{-\infty}^{+\infty}|c(p)|^2dp=\left(\frac{2}{\pi}\right)^{1/2}\frac{a}{\hbar}\int_{-\infty}^{+\infty}\exp\left(-\frac{2a^2}{\hbar^2}p^2\right)dp=\left(\frac{2}{\pi}\right)^{1/2}\frac{a}{\hbar}\sqrt{\frac{\pi}{2a^2/\hbar^2}}=1$$

(2) 微观粒子位置的概率密度最大的坐标(最可几位置坐标)

$$\frac{dw(x)}{dx}=\frac{d}{dx}\left\{\frac{1}{(2\pi a^2)^{1/2}}\exp\left(-\frac{x^2}{2a^2}\right)\right\}=-\frac{x}{a^2(2\pi a^2)^{1/2}}\exp\left(-\frac{x^2}{2a^2}\right)=0,\ x_{\max}=0$$

(3) 微观粒子动量的概率密度最大的动量(最可几动量)

$$\frac{dw(p)}{dp}=\frac{d}{dp}\left\{\left(\frac{2}{\pi}\right)^{1/2}\frac{a}{\hbar}\exp\left(-\frac{2a^2}{\hbar^2}p^2\right)\right\}=-\left(\frac{2}{\pi}\right)^{1/2}\frac{a}{\hbar}\frac{4a^2p}{\hbar^2}\exp\left(-\frac{2a^2}{\hbar^2}p^2\right)=0$$

$$p_{\max}=0$$

(4) 微观粒子位置坐标的平均值

$$\overline{x}=\int_{-\infty}^{+\infty}\psi^*(x)x\psi(x)dx=\frac{1}{(2\pi a^2)^{1/2}}\int_{-\infty}^{+\infty}x\exp\left(-\frac{x^2}{2a^2}\right)dx=0$$

(5) 微观粒子动量的平均值

$$\overline{p}=\int_{-\infty}^{+\infty}c^*(p)pc(p)dp=\left(\frac{2}{\pi}\right)^{1/2}\frac{a}{\hbar}\int_{-\infty}^{+\infty}p\exp\left(-\frac{2a^2}{\hbar^2}p^2\right)dp=0$$

(6) 由归一化波函数 $\psi(x)$ 求微观粒子动量的平均值

$$\overline{p}=\int_{-\infty}^{+\infty}\psi^*(x)\hat{p}\psi(x)dx=\int_{-\infty}^{+\infty}\psi^*(x)\frac{\hbar}{i}\frac{\partial}{\partial x}\psi(x)dx$$

$$=\frac{\hbar}{\mathrm{i}}\frac{1}{(2\pi a^2)^{1/2}}\int_{-\infty}^{+\infty}\exp\left(-\frac{x^2}{4a^2}\right)\frac{\partial}{\partial x}\exp\left(-\frac{x^2}{4a^2}\right)\mathrm{d}x$$

$$=-\frac{\hbar}{\mathrm{i}}\frac{1}{(2\pi a^2)^{1/2}}\cdot\frac{1}{2a^2}\int_{-\infty}^{+\infty}x\exp\left(-\frac{x^2}{2a^2}\right)\mathrm{d}x=0$$

(7) 不确定关系

微观粒子位置坐标平方的平均值

$$\overline{x^2}=\int_{-\infty}^{+\infty}\psi^*(x)x^2\psi(x)\mathrm{d}x=\frac{1}{(2\pi a^2)^{1/2}}\int_{-\infty}^{+\infty}x^2\exp\left(-\frac{x^2}{2a^2}\right)\mathrm{d}x$$

$$=\frac{1}{2(2\pi a^2)^{1/2}}\int_{-\infty}^{+\infty}x\exp\left(-\frac{x^2}{2a^2}\right)\mathrm{d}x^2=-\frac{2a^2}{2(2\pi a^2)^{1/2}}\int_{-\infty}^{+\infty}x\,\mathrm{d}\exp\left(-\frac{x^2}{2a^2}\right)$$

$$=-\frac{2a^2}{2(2\pi a^2)^{1/2}}x\exp\left(-\frac{x^2}{2a^2}\right)\Big|_{-\infty}^{+\infty}+\frac{2a^2}{2(2\pi a^2)^{1/2}}\int_{-\infty}^{+\infty}\exp\left(-\frac{x^2}{2a^2}\right)\mathrm{d}x$$

$$=\frac{a}{(2\pi)^{1/2}}\int_{-\infty}^{+\infty}\exp\left(-\frac{x^2}{2a^2}\right)\mathrm{d}x=\frac{a}{(2\pi)^{1/2}}\sqrt{\frac{\pi}{1/(2a^2)}}=a^2$$

微观粒子动量平方的平均值

$$\overline{p^2}=\int_{-\infty}^{+\infty}c^*(p)p^2c(p)\mathrm{d}p=\left(\frac{2}{\pi}\right)^{1/2}\frac{a}{\hbar}\int_{-\infty}^{+\infty}p^2\exp\left(-\frac{2a^2}{\hbar^2}p^2\right)\mathrm{d}p$$

$$=\left(\frac{2}{\pi}\right)^{1/2}\frac{a}{2\hbar}\int_{-\infty}^{+\infty}p\exp\left(-\frac{2a^2}{\hbar^2}p^2\right)\mathrm{d}p^2=-\left(\frac{2}{\pi}\right)^{1/2}\frac{\hbar}{4a}\int_{-\infty}^{+\infty}p\,\mathrm{d}\exp\left(-\frac{2a^2}{\hbar^2}p^2\right)$$

$$=-\left(\frac{2}{\pi}\right)^{1/2}\frac{\hbar}{4a}p\exp\left(-\frac{2a^2}{\hbar^2}p^2\right)\Big|_{-\infty}^{+\infty}+\left(\frac{2}{\pi}\right)^{1/2}\frac{\hbar}{4a}\int_{-\infty}^{+\infty}\exp\left(-\frac{2a^2}{\hbar^2}p^2\right)\mathrm{d}p$$

$$=\left(\frac{2}{\pi}\right)^{1/2}\frac{\hbar}{4a}\int_{-\infty}^{+\infty}\exp\left(-\frac{2a^2}{\hbar^2}p^2\right)\mathrm{d}p=\left(\frac{2}{\pi}\right)^{1/2}\frac{\hbar}{4a}\sqrt{\frac{\pi}{2a^2/\hbar^2}}=\frac{\hbar^2}{4a^2}$$

由此,得到微观粒子位置坐标的不确定量和动量的不确定量

$$\Delta x=\sqrt{\overline{x^2}-(\overline{x})^2}=\sqrt{a^2-0}=a,\Delta p=\sqrt{\overline{p^2}-(\overline{p})^2}=\sqrt{\frac{\hbar^2}{4a^2}-0}=\frac{\hbar}{2a}$$

因此,微观粒子坐标与动量的不确定关系为

$$\Delta x\cdot\Delta p=a\frac{\hbar}{2a}=\frac{\hbar}{2}$$

【例 15-6】 设质量为 m 的微观粒子被限制在$[0,a]$内的一维无限深势阱中,波函数为

$$\psi(x)=A\sin\left(\frac{\pi x}{a}\right)\cos^2\left(\frac{\pi x}{a}\right)$$

试求微观粒子能量的可能值及测得这些能量值的概率。

分析 在一维无限深势阱中,微观粒子的能量本征态及相应的能量本征值分别为

$$\psi_n(x)=\sqrt{\frac{2}{a}}\sin\left(\frac{n\pi x}{a}\right),E_n=\frac{\pi^2\hbar^2}{2ma^2}n^2,(0\leqslant x\leqslant a),(n=1,2,3,\cdots)$$

根据量子态叠加原理,量子体系的波函数实际上是由本征函数线性组合而成的。显然,利用三角函数的运算规则(或付里叶级数),可以将波函数 $\psi(x)$表示为本征函数 $\sin(n\pi x/a)$的线性组合。每一个整数 n 值,就代表了量子体系一个可能的状态,量子体系只能处于由给定波函数 $\psi(x)$所决定的 n 值的状态中;相应的 n 值所决定的能量本征值 E_n 就是量子体系的能量可能的取值(可能的测量值)。当然,如果需要求量子体系所处的各个状态和能量的概率,首

先需要对波函数 $\psi(x)$ 进行归一化处理。

解 将波函数 $\psi(x)$ 归一化

$$\begin{aligned}
\int_{-\infty}^{+\infty}|\psi(x)|^2\mathrm{d}x &= \int_0^a A^2\sin^2\left(\frac{\pi x}{a}\right)\cos^4\left(\frac{\pi x}{a}\right)\mathrm{d}x = A^2\int_0^a \sin^2\left(\frac{\pi x}{a}\right)\cos^4\left(\frac{\pi x}{a}\right)\mathrm{d}x\\
&= \frac{1}{4}A^2\int_0^a \sin^2\left(\frac{2\pi x}{a}\right)\cos^2\left(\frac{\pi x}{a}\right)\mathrm{d}x = \frac{1}{4}A^2\int_0^a\left[\sin\left(\frac{2\pi x}{a}\right)\cos\left(\frac{\pi x}{a}\right)\right]^2\mathrm{d}x\\
&= \frac{1}{16}A^2\int_0^a\left[\sin\left(\frac{3\pi x}{a}\right)+\sin\left(\frac{\pi x}{a}\right)\right]^2\mathrm{d}x\\
&= \frac{1}{16}A^2\int_0^a\left[\sin^2\left(\frac{3\pi x}{a}\right)+2\sin\left(\frac{3\pi x}{a}\right)\sin\left(\frac{\pi x}{a}\right)+\sin^2\left(\frac{\pi x}{a}\right)\right]\mathrm{d}x\\
&= \frac{1}{32}A^2\int_0^a\left[1-\cos\left(\frac{6\pi x}{a}\right)-2\cos\left(\frac{4\pi x}{a}\right)+2\cos\left(\frac{2\pi x}{a}\right)+1-\cos\left(\frac{2\pi x}{a}\right)\right]\mathrm{d}x\\
&= \frac{1}{32}A^2[a-0-0+0+a-0] = \frac{a}{16}A^2 = 1
\end{aligned}$$

$$A = \frac{4}{\sqrt{a}},\psi(x) = \frac{4}{\sqrt{a}}\sin\left(\frac{\pi x}{a}\right)\cos^2\left(\frac{\pi x}{a}\right)$$

由归一化波函数,可以得到

$$\begin{aligned}
\psi(x) &= \frac{4}{\sqrt{a}}\sin\left(\frac{\pi x}{a}\right)\cos^2\left(\frac{\pi x}{a}\right) = \frac{2}{\sqrt{a}}\sin\left(\frac{2\pi x}{a}\right)\cos\left(\frac{\pi x}{a}\right)\\
&= \frac{1}{\sqrt{a}}\left[\sin\left(\frac{3\pi x}{a}\right)+\sin\left(\frac{\pi x}{a}\right)\right] = \frac{1}{\sqrt{a}}\sin\left(\frac{\pi x}{a}\right)+\frac{1}{\sqrt{a}}\sin\left(\frac{3\pi x}{a}\right)\\
&= \frac{\sqrt{2}}{2}\sqrt{\frac{2}{a}}\sin\left(\frac{\pi x}{a}\right)+\frac{\sqrt{2}}{2}\sqrt{\frac{2}{a}}\sin\left(\frac{3\pi x}{a}\right) = \frac{\sqrt{2}}{2}\psi_1(x)+\frac{\sqrt{2}}{2}\psi_3(x)
\end{aligned}$$

量子体系的波函数由 $\psi_1(x)$ 和 $\psi_3(x)$ 线性叠加而成。可见,量子体系只能处于量子数为 $n=1$ 的基态 $\psi_1(x)$ 和量子数为 $n=3$ 的第二激发态。因此,量子体系的能量只能为

$$E_1 = \frac{\pi^2\hbar^2}{2ma^2},E_3 = \frac{9\pi^2\hbar^2}{2ma^2}$$

叠加系数的模平方就是概率,因此测得 E_1 和 E_3 的概率分别为

$$w_1(E_1) = \left(\frac{\sqrt{2}}{2}\right)^2 = \frac{1}{2},w_2(E_3) = \left(\frac{\sqrt{2}}{2}\right)^2 = \frac{1}{2}$$

点评 (1)量子体系的定态波函数 $\psi(x)$ 是本征态函数 $\psi_n(x)$ 的线性叠加

$$\psi(x) = \sum_n c_n\psi_n(x)$$

展开系数为

$$\begin{aligned}
c_n &= \int_0^a \psi_n^*(x)\psi(x)\mathrm{d}x = \frac{4\sqrt{2}}{a}\int_0^a \sin\left(\frac{n\pi x}{a}\right)\sin\left(\frac{\pi x}{a}\right)\cos^2\left(\frac{\pi x}{a}\right)\mathrm{d}x\\
&= \frac{2\sqrt{2}}{a}\int_0^a \sin\left(\frac{n\pi x}{a}\right)\sin\left(\frac{\pi x}{a}\right)\left[1+\cos\left(\frac{2\pi x}{a}\right)\right]\mathrm{d}x\\
&= \frac{2\sqrt{2}}{a}\int_0^a \sin\left(\frac{n\pi x}{a}\right)\sin\left(\frac{\pi x}{a}\right)\mathrm{d}x + \frac{2\sqrt{2}}{a}\int_0^a \sin\left(\frac{n\pi x}{a}\right)\sin\left(\frac{\pi x}{a}\right)\cos\left(\frac{2\pi x}{a}\right)\mathrm{d}x\\
&= \sqrt{2}\delta_{n,1}+\frac{\sqrt{2}}{a}\int_0^a \sin\left(\frac{n\pi x}{a}\right)\left[\sin\left(\frac{3\pi x}{a}\right)-\sin\left(\frac{\pi x}{a}\right)\right]\mathrm{d}x
\end{aligned}$$

$$=\sqrt{2}\delta_{n,1}+\frac{\sqrt{2}}{2}\delta_{n,3}-\frac{\sqrt{2}}{2}\delta_{n,1}=\frac{\sqrt{2}}{2}\delta_{n,1}+\frac{\sqrt{2}}{2}\delta_{n,3}$$

这就是说,除了 $c_1=c_3=\sqrt{2}/2$ 外,其他展开系数均为零。因此,能量的可能值和概率以及能量的平均值分别为

$$E_1=\frac{\pi^2\hbar^2}{2ma^2},\text{概率为}|c_1|^2=\frac{1}{2};E_3=\frac{9\pi^2\hbar^2}{2ma^2},\text{概率为}|c_3|^2=\frac{1}{2}$$

$$\overline{E}=|c_1|^2E_1+|c_3|^2E_3=\frac{1}{2}\frac{\pi^2\hbar^2}{2ma^2}+\frac{1}{2}\frac{9\pi^2\hbar^2}{2ma^2}=\frac{5\pi^2\hbar^2}{2ma^2}$$

(2)由力学量平均值公式,得到微观粒子位置坐标的平均值

$$\overline{x}=\int_{-\infty}^{+\infty}\psi^*(x)x\psi(x)\mathrm{d}x=\frac{1}{a}\int_0^a x\left[\sin\left(\frac{\pi x}{a}\right)+\sin\left(\frac{3\pi x}{a}\right)\right]^2\mathrm{d}x$$

$$=\frac{1}{2a}\int_0^a x\left[2+\cos\left(\frac{2\pi x}{a}\right)-2\cos\left(\frac{4\pi x}{a}\right)-\cos\left(\frac{6\pi x}{a}\right)\right]\mathrm{d}x$$

$$=\frac{1}{a}\int_0^a x\,\mathrm{d}x+\frac{1}{2a}\int_0^a x\cos\left(\frac{2\pi x}{a}\right)\mathrm{d}x-\frac{1}{a}\int_0^a x\cos\left(\frac{4\pi x}{a}\right)\mathrm{d}x-\frac{1}{2a}\int_0^a x\cos\left(\frac{6\pi x}{a}\right)\mathrm{d}x$$

$$=\frac{1}{a}\int_0^a x\,\mathrm{d}x-\frac{1}{4\pi}\int_0^a\sin\left(\frac{2\pi x}{a}\right)\mathrm{d}x+\frac{1}{4\pi}\int_0^a\sin\left(\frac{4\pi x}{a}\right)\mathrm{d}x+\frac{1}{12\pi}\int_0^a\sin\left(\frac{6\pi x}{a}\right)\mathrm{d}x$$

$$=\frac{1}{2}a-0+0+0=\frac{1}{2}a$$

(3) 由力学量平均值公式,得到微观粒子动量的平均值

$$\overline{p}=\int_{-\infty}^{+\infty}\psi^*(x)\hat{p}\psi(x)\mathrm{d}x=\int_0^a\psi^*(x)\frac{\hbar}{\mathrm{i}}\frac{\mathrm{d}}{\mathrm{d}x}\psi(x)\mathrm{d}x$$

$$=\frac{1}{a}\frac{\hbar}{\mathrm{i}}\int_0^a\left[\sin\left(\frac{\pi x}{a}\right)+\sin\left(\frac{3\pi x}{a}\right)\right]\frac{\mathrm{d}}{\mathrm{d}x}\left[\sin\left(\frac{\pi x}{a}\right)+\sin\left(\frac{3\pi x}{a}\right)\right]\mathrm{d}x$$

$$=\frac{1}{a}\frac{\hbar}{\mathrm{i}}\int_0^a\left[\sin\left(\frac{\pi x}{a}\right)+\sin\left(\frac{3\pi x}{a}\right)\right]\left[\frac{\pi}{a}\cos\left(\frac{\pi x}{a}\right)+\frac{3\pi}{a}\cos\left(\frac{3\pi x}{a}\right)\right]\mathrm{d}x$$

$$=\frac{1}{a}\frac{\hbar}{\mathrm{i}}\frac{\pi}{a}\int_0^a\left[-\frac{1}{2}\sin\left(\frac{2\pi x}{a}\right)+2\sin\left(\frac{4\pi x}{a}\right)+\frac{3}{2}\sin\left(\frac{6\pi x}{a}\right)\right]\mathrm{d}x$$

$$=\frac{\pi}{a^2}\frac{\hbar}{\mathrm{i}}\left[\frac{1}{2}\frac{a}{2\pi}\cos\left(\frac{2\pi x}{a}\right)\bigg|_0^a-\frac{a}{2\pi}\cos\left(\frac{4\pi x}{a}\right)\bigg|_0^a-\frac{a}{4\pi}\cos\left(\frac{6\pi x}{a}\right)\bigg|_0^a\right]=0$$

(4) 动量概率幅密度分布(用动量表示的波函数)

$$c(p)=\frac{1}{(2\pi\hbar)^{\frac{1}{2}}}\int_{-\infty}^{+\infty}\psi(x)\exp\left(-\frac{\mathrm{i}}{\hbar}px\right)\mathrm{d}x$$

$$=\frac{1}{(2\pi\hbar)^{\frac{1}{2}}}\int_0^a\left\{\frac{1}{\sqrt{a}}\sin\left(\frac{\pi x}{a}\right)+\frac{1}{\sqrt{a}}\sin\left(\frac{3\pi x}{a}\right)\right\}\exp\left(-\frac{\mathrm{i}}{\hbar}px\right)\mathrm{d}x$$

$$=\frac{1}{\sqrt{2\pi\hbar a}}\left[\int_0^a\sin\left(\frac{\pi x}{a}\right)\exp\left(-\frac{\mathrm{i}}{\hbar}px\right)\mathrm{d}x+\int_0^a\sin\left(\frac{3\pi x}{a}\right)\exp\left(-\frac{\mathrm{i}}{\hbar}px\right)\mathrm{d}x\right]$$

$$=\frac{1}{\sqrt{2\pi\hbar a}}\left\{\frac{\pi\hbar^2a}{\pi^2\hbar^2-a^2p^2}\left[\exp\left(-\frac{\mathrm{i}}{\hbar}ap\right)+1\right]+\frac{3\pi\hbar^2a}{9\pi^2\hbar^2-a^2p^2}\left[\exp\left(-\frac{\mathrm{i}}{\hbar}ap\right)+1\right]\right\}$$

【例 15-7】 试证明动量平方算符 $\hat{p}^2$、角动量平方算符 $\hat{L}^2$、角动量分量算符 $\hat{L}_z$ 是相互对易的。

分析 将动量平方算符 $\hat{p}^2$ 表示为分量算符 $\hat{p}^2=\hat{p}_x^2+\hat{p}_y^2+\hat{p}_z^2$，将角动量平方算符 $\hat{L}^2$ 表示为分量算符 $\hat{L}^2=\hat{L}_x^2+\hat{L}_y^2+\hat{L}_z^2$，利用动量分量算符之间、角动量分量算符之间、动量分量算符与角动量分量算符之间的对易关系以及算符的运算规则即可证明。

证明 由角动量分量算符与动量分量算符的对易关系以及算符的运算规则，可得

$$\begin{aligned}[\hat{L}_z,\hat{p}^2]&=[\hat{L}_z,\hat{p}_x^2+\hat{p}_y^2+\hat{p}_z^2]=[\hat{L}_z,\hat{p}_x^2]+[\hat{L}_z,\hat{p}_y^2]+[\hat{L}_z,\hat{p}_z^2]\\&=\hat{p}_x[\hat{L}_z,\hat{p}_x]+[\hat{L}_z,\hat{p}_x]\hat{p}_x+\hat{p}_y[\hat{L}_z,\hat{p}_y]+[\hat{L}_z,\hat{p}_y]\hat{p}_y+\hat{p}_z[\hat{L}_z,\hat{p}_z]+[\hat{L}_z,\hat{p}_z]\hat{p}_z\\&=\mathrm{i}\hbar\hat{p}_x\hat{p}_y+\mathrm{i}\hbar\hat{p}_y\hat{p}_x-\mathrm{i}\hbar\hat{p}_y\hat{p}_x-\mathrm{i}\hbar\hat{p}_x\hat{p}_y+0+0=0\end{aligned}$$

即$[\hat{L}_z,\hat{p}^2]=0$，角动量分量算符 $\hat{L}_z$ 与动量平方算符 $\hat{p}^2$ 之间是可对易的。

由角动量分量算符之间的对易关系以及算符的运算规则，可得

$$\begin{aligned}[\hat{L}_z,\hat{L}^2]&=[\hat{L}_z,\hat{L}_x^2+\hat{L}_y^2+\hat{L}_z^2]=[\hat{L}_z,\hat{L}_x^2]+[\hat{L}_z,\hat{L}_y^2]+[\hat{L}_z,\hat{L}_z^2]\\&=\hat{L}_x[\hat{L}_z,\hat{L}_x]+[\hat{L}_z,\hat{L}_x]\hat{L}_x+\hat{L}_y[\hat{L}_z,\hat{L}_y]+[\hat{L}_z,\hat{L}_y]\hat{L}_y+\hat{L}_z[\hat{L}_z,\hat{L}_z]+[\hat{L}_z,\hat{L}_z]\hat{L}_z\\&=\mathrm{i}\hbar\hat{L}_x\hat{L}_y+\mathrm{i}\hbar\hat{L}_y\hat{L}_x-\mathrm{i}\hbar\hat{L}_y\hat{L}_x-\mathrm{i}\hbar\hat{L}_x\hat{L}_y+0+0=0\end{aligned}$$

即$[\hat{L}_z,\hat{L}^2]=0$，角动量分量算符 $\hat{L}_z$ 与角量平方算符 $\hat{L}^2$ 之间是可对易的。

由动量分量算符与角动量分量算符的对易关系以及算符的运算规则，可得

$$\begin{aligned}[\hat{p}^2,\hat{L}^2]&=[\hat{p}_x^2+\hat{p}_y^2+\hat{p}_z^2,\hat{L}_x^2+\hat{L}_y^2+\hat{L}_z^2]\\&=[\hat{p}_x^2,\hat{L}_x^2]+[\hat{p}_x^2,\hat{L}_y^2]+[\hat{p}_x^2,\hat{L}_z^2]+[\hat{p}_y^2,\hat{L}_x^2]+[\hat{p}_y^2,\hat{L}_y^2]+\\&\quad[\hat{p}_y^2,\hat{L}_z^2]+[\hat{p}_z^2,\hat{L}_x^2]+[\hat{p}_z^2,\hat{L}_y^2]+[\hat{p}_z^2,\hat{L}_z^2]\\&=\hat{p}_x[\hat{p}_x,\hat{L}_x^2]+[\hat{p}_x,\hat{L}_x^2]\hat{p}_x+\hat{p}_x[\hat{p}_x,\hat{L}_y^2]+[\hat{p}_x,\hat{L}_y^2]\hat{p}_x+\hat{p}_x[\hat{p}_x,\hat{L}_z^2]+[\hat{p}_x,\hat{L}_z^2]\hat{p}_x+\\&\quad\hat{p}_y[\hat{p}_y,\hat{L}_x^2]+[\hat{p}_y,\hat{L}_x^2]\hat{p}_y+\hat{p}_y[\hat{p}_y,\hat{L}_y^2]+[\hat{p}_y,\hat{L}_y^2]\hat{p}_y+\hat{p}_y[\hat{p}_y,\hat{L}_z^2]+[\hat{p}_y,\hat{L}_z^2]\hat{p}_y+\\&\quad\hat{p}_z[\hat{p}_z,\hat{L}_x^2]+[\hat{p}_z,\hat{L}_x^2]\hat{p}_z+\hat{p}_z[\hat{p}_z,\hat{L}_y^2]+[\hat{p}_z,\hat{L}_y^2]\hat{p}_z+\hat{p}_z[\hat{p}_z,\hat{L}_z^2]+[\hat{p}_z,\hat{L}_z^2]\hat{p}_z\\&=\hat{p}_x\hat{L}_x[\hat{p}_x,\hat{L}_x]+\hat{p}_x[\hat{p}_x,\hat{L}_x]\hat{L}_x+\hat{L}_x[\hat{p}_x,\hat{L}_x]\hat{p}_x+[\hat{p}_x,\hat{L}_x]\hat{L}_x\hat{p}_x+\\&\quad\hat{p}_x\hat{L}_y[\hat{p}_x,\hat{L}_y]+\hat{p}_x[\hat{p}_x,\hat{L}_y]\hat{L}_y+\hat{L}_y[\hat{p}_x,\hat{L}_y]\hat{p}_x+[\hat{p}_x,\hat{L}_y]\hat{L}_y\hat{p}_x+\\&\quad\hat{p}_x\hat{L}_z[\hat{p}_x,\hat{L}_z]+\hat{p}_x[\hat{p}_x,\hat{L}_z]\hat{L}_z+\hat{L}_z[\hat{p}_x,\hat{L}_z]\hat{p}_x+[\hat{p}_x,\hat{L}_z]\hat{L}_z\hat{p}_x+\\&\quad\hat{p}_y\hat{L}_x[\hat{p}_y,\hat{L}_x]+\hat{p}_y[\hat{p}_y,\hat{L}_x]\hat{L}_x+\hat{L}_x[\hat{p}_y,\hat{L}_x]\hat{p}_y+[\hat{p}_y,\hat{L}_x]\hat{L}_x\hat{p}_y+\\&\quad\hat{p}_y\hat{L}_y[\hat{p}_y,\hat{L}_y]+\hat{p}_y[\hat{p}_y,\hat{L}_y]\hat{L}_y+\hat{L}_y[\hat{p}_y,\hat{L}_y]\hat{p}_y+[\hat{p}_y,\hat{L}_y]\hat{L}_y\hat{p}_y+\\&\quad\hat{p}_y\hat{L}_z[\hat{p}_y,\hat{L}_z]+\hat{p}_y[\hat{p}_y,\hat{L}_z]\hat{L}_z+\hat{L}_z[\hat{p}_y,\hat{L}_z]\hat{p}_y+[\hat{p}_y,\hat{L}_z]\hat{L}_z\hat{p}_y+\\&\quad\hat{p}_z\hat{L}_x[\hat{p}_z,\hat{L}_x]+\hat{p}_z[\hat{p}_z,\hat{L}_x]\hat{L}_x+\hat{L}_x[\hat{p}_z,\hat{L}_x]\hat{p}_z+[\hat{p}_z,\hat{L}_x]\hat{L}_x\hat{p}_z+\\&\quad\hat{p}_z\hat{L}_y[\hat{p}_z,\hat{L}_y]+\hat{p}_z[\hat{p}_z,\hat{L}_y]\hat{L}_y+\hat{L}_y[\hat{p}_z,\hat{L}_y]\hat{p}_z+[\hat{p}_z,\hat{L}_y]\hat{L}_y\hat{p}_z+\\&\quad\hat{p}_z\hat{L}_z[\hat{p}_z,\hat{L}_z]+\hat{p}_z[\hat{p}_z,\hat{L}_z]\hat{L}_z+\hat{L}_z[\hat{p}_z,\hat{L}_z]\hat{p}_z+[\hat{p}_z,\hat{L}_z]\hat{L}_z\hat{p}_z\\&=\mathrm{i}\hbar\hat{p}_x\hat{L}_y\hat{p}_z+\mathrm{i}\hbar\hat{p}_x\hat{p}_z\hat{L}_y+\mathrm{i}\hbar\hat{L}_y\hat{p}_z\hat{p}_x+\mathrm{i}\hbar\hat{p}_z\hat{L}_y\hat{p}_x-\mathrm{i}\hbar\hat{p}_x\hat{L}_z\hat{p}_y-\mathrm{i}\hbar\hat{p}_x\hat{p}_y\hat{L}_z-\\&\quad\mathrm{i}\hbar\hat{L}_z\hat{p}_y\hat{p}_x-\mathrm{i}\hbar\hat{p}_y\hat{L}_z\hat{p}_x-\mathrm{i}\hbar\hat{p}_y\hat{L}_x\hat{p}_z-\mathrm{i}\hbar\hat{p}_y\hat{p}_z\hat{L}_x-\mathrm{i}\hbar\hat{L}_x\hat{p}_z\hat{p}_y-\mathrm{i}\hbar\hat{p}_z\hat{L}_x\hat{p}_y+\\&\quad\mathrm{i}\hbar\hat{p}_y\hat{L}_z\hat{p}_x+\mathrm{i}\hbar\hat{p}_y\hat{p}_x\hat{L}_z+\mathrm{i}\hbar\hat{L}_z\hat{p}_x\hat{p}_y+\mathrm{i}\hbar\hat{p}_x\hat{L}_z\hat{p}_y+\mathrm{i}\hbar\hat{p}_z\hat{L}_x\hat{p}_y+\mathrm{i}\hbar\hat{p}_z\hat{p}_y\hat{L}_x+\\&\quad\mathrm{i}\hbar\hat{L}_x\hat{p}_y\hat{p}_z+\mathrm{i}\hbar\hat{p}_y\hat{L}_x\hat{p}_z-\mathrm{i}\hbar\hat{p}_z\hat{L}_y\hat{p}_x-\mathrm{i}\hbar\hat{p}_z\hat{p}_x\hat{L}_y-\mathrm{i}\hbar\hat{L}_y\hat{p}_x\hat{p}_z-\mathrm{i}\hbar\hat{p}_x\hat{L}_y\hat{p}_z\end{aligned}$$

$$=\mathrm{i}\hbar\hat{p}_x\hat{L}_y\hat{p}_z-\mathrm{i}\hbar\hat{p}_x\hat{L}_y\hat{p}_z+\mathrm{i}\hbar\hat{p}_x\hat{p}_z\hat{L}_y-\mathrm{i}\hbar\hat{p}_z\hat{p}_x\hat{L}_y+\mathrm{i}\hbar\hat{L}_y\hat{p}_z\hat{p}_x-\mathrm{i}\hbar\hat{L}_y\hat{p}_x\hat{p}_z+$$

$$\mathrm{i}\hbar\hat{p}_z\hat{L}_y\hat{p}_x-\mathrm{i}\hbar\hat{p}_z\hat{L}_y\hat{p}_x-\mathrm{i}\hbar\hat{p}_x\hat{L}_z\hat{p}_y+\mathrm{i}\hbar\hat{p}_x\hat{L}_z\hat{p}_y+\mathrm{i}\hbar\hat{p}_y\hat{p}_x\hat{L}_z-\mathrm{i}\hbar\hat{p}_x\hat{p}_y\hat{L}_z+$$

$$\mathrm{i}\hbar\hat{L}_z\hat{p}_x\hat{p}_y-\mathrm{i}\hbar\hat{L}_z\hat{p}_y\hat{p}_x-\mathrm{i}\hbar\hat{p}_y\hat{L}_z\hat{p}_x+\mathrm{i}\hbar\hat{p}_y\hat{L}_z\hat{p}_x-\mathrm{i}\hbar\hat{p}_y\hat{L}_x\hat{p}_z+\mathrm{i}\hbar\hat{p}_y\hat{L}_x\hat{p}_z+$$

$$\mathrm{i}\hbar\hat{p}_z\hat{p}_y\hat{L}_x-\mathrm{i}\hbar\hat{p}_y\hat{p}_z\hat{L}_x+\mathrm{i}\hbar\hat{L}_x\hat{p}_y\hat{p}_z-\mathrm{i}\hbar\hat{L}_x\hat{p}_z\hat{p}_y-\mathrm{i}\hbar\hat{p}_z\hat{L}_x\hat{p}_y+\mathrm{i}\hbar\hat{p}_z\hat{L}_x\hat{p}_y$$

$$=+\mathrm{i}\hbar\hat{p}_x\hat{p}_z\hat{L}_y-\mathrm{i}\hbar\hat{p}_z\hat{p}_x\hat{L}_y+\mathrm{i}\hbar\hat{L}_y\hat{p}_z\hat{p}_x-\mathrm{i}\hbar\hat{L}_y\hat{p}_x\hat{p}_z+\mathrm{i}\hbar\hat{p}_y\hat{p}_x\hat{L}_z-\mathrm{i}\hbar\hat{p}_x\hat{p}_y\hat{L}_z+$$

$$\mathrm{i}\hbar\hat{L}_z\hat{p}_x\hat{p}_y-\mathrm{i}\hbar\hat{L}_z\hat{p}_y\hat{p}_x+\mathrm{i}\hbar\hat{p}_z\hat{p}_y\hat{L}_x-\mathrm{i}\hbar\hat{p}_y\hat{p}_z\hat{L}_x+\mathrm{i}\hbar\hat{L}_x\hat{p}_y\hat{p}_z-\mathrm{i}\hbar\hat{L}_x\hat{p}_z\hat{p}_y$$

$$=\mathrm{i}\hbar[\hat{p}_x,\hat{p}_z]\hat{L}_y+\mathrm{i}\hbar\hat{L}_y[\hat{p}_z,\hat{p}_x]+\mathrm{i}\hbar[\hat{p}_y,\hat{p}_x]\hat{L}_z+$$

$$\mathrm{i}\hbar\hat{L}_z[\hat{p}_x,\hat{p}_y]+\mathrm{i}\hbar[\hat{p}_z,\hat{p}_y]\hat{L}_x+\mathrm{i}\hbar\hat{L}_x[\hat{p}_y\hat{p}_z]=0$$

即$[\hat{p}^2,\hat{L}^2]=0$，角动量平方算符 $\hat{L}^2$ 与动量平方算符 $\hat{p}^2$ 之间是可对易的。

点评 (1)动量平方算符 $\hat{p}^2$、角动量平方算符 $\hat{L}^2$、角动量分量算符 $\hat{L}_z$，相互之间都是可对易的，$\hat{p}^2$，$\hat{L}^2$，$\hat{L}_z$ 存在共同的本征函数系。

(2)实际上，动量平方算符 $\hat{p}^2$ 与动能算符 $\hat{T}=\dfrac{\hat{p}^2}{2m}$是一样的，仅仅相差一个比例因子。所以，动能算符 $\hat{T}=\dfrac{\hat{p}^2}{2m}$、角动量平方算符 $\hat{L}^2$、角动量分量算符 $\hat{L}_z$ 相互之间都是可对易的，$\hat{T}=\dfrac{\hat{p}^2}{2m}$，$\hat{L}^2$，$\hat{L}_z$ 存在共同的本征函数系。

(3)在辏力场中，哈密顿算符 $\hat{H}=\hat{T}+U(r)=\dfrac{\hat{p}^2}{2m}+U(r)$；哈密顿算符 $\hat{H}$(能量算符)与动能算符 $\hat{T}$(动量平方算符 $\hat{p}^2$)的线性、厄米性、可对易性完全相同；所以，在辏力场中，哈密顿算符 $\hat{H}$(能量算符)、角动量平方算符 $\hat{L}^2$、角动量分量算符 $\hat{L}_z$ 相互之间都是可对易的，$\hat{H}$，$\hat{L}^2$，$\hat{L}_z$ 存在共同的本征函数系。

事实上，在处理氢原子中的电子问题时，正是利用哈密顿算符 $\hat{H}$(能量算符)、角动量平方算符 $\hat{L}^2$、角动量分量算符 $\hat{L}_z$ 相互之间的可对易性，构造一组力学量完全集合。

【例 15-8】 由量子体系粒子的坐标算符 $\boldsymbol{r}=x\boldsymbol{i}+y\boldsymbol{j}+z\boldsymbol{k}$ 和动量算符 $\boldsymbol{p}=\hat{p}_x\boldsymbol{i}+\hat{p}_y\boldsymbol{j}+\hat{p}_z\boldsymbol{k}$ 的厄米性，证明角动量算符 $\hat{\boldsymbol{L}}=\boldsymbol{r}\times\hat{\boldsymbol{p}}$ 的厄米性。

分析 坐标分量算符 x,y,z 和动量分量算符 $\hat{p}_x,\hat{p}_y,\hat{p}_z$ 都是线性厄米算符，利用厄米算符的性质$(\hat{A}\hat{B})^\dagger=\hat{B}^\dagger\hat{A}^\dagger=\hat{B}\hat{A}$，以及坐标算符 x,y,z 与动量分量算符 $\hat{p}_x,\hat{p}_y,\hat{p}_z$ 之间的对易关系$[\alpha,\hat{p}_\beta]=\mathrm{i}\hbar\delta_{\alpha\beta}$，从而证明角动量分量算符 $\hat{L}_x,\hat{L}_y,\hat{L}_z$ 都是厄米算符。

证明 角动量是经典力学已经存在的力学量，所以角动量算符为

$$\hat{\boldsymbol{L}}=\boldsymbol{r}\times\hat{\boldsymbol{p}}=\hat{L}_x\boldsymbol{i}+\hat{L}_y\boldsymbol{j}+\hat{L}_z\boldsymbol{k}=(y\hat{p}_z-z\hat{p}_y)\boldsymbol{i}+(z\hat{p}_x-x\hat{p}_z)\boldsymbol{j}+(x\hat{p}_y-y\hat{p}_x)\boldsymbol{k}$$

由于 x,y,z 和 $\hat{p}_x,\hat{p}_y,\hat{p}_z$ 的厄米性以及坐标与互异动量分量算符的可对易性，有

$$\hat{L}_x^\dagger=(y\hat{p}_z-z\hat{p}_y)^\dagger=(y\hat{p}_z)^\dagger-(z\hat{p}_y)^\dagger=\hat{p}_z^\dagger y-\hat{p}_y^\dagger z=\hat{p}_zy-\hat{p}_yz=y\hat{p}_z-z\hat{p}_y=\hat{L}_x$$

$$\hat{L}_y^\dagger=(z\hat{p}_x-x\hat{p}_z)^\dagger=(z\hat{p}_x)^\dagger-(x\hat{p}_z)^\dagger=\hat{p}_x^\dagger z-\hat{p}_z^\dagger x=\hat{p}_xz-\hat{p}_zx=z\hat{p}_x-x\hat{p}_z=\hat{L}_y$$

$$\hat{L}_z^\dagger=(x\hat{p}_y-y\hat{p}_x)^\dagger=(x\hat{p}_y)^\dagger-(y\hat{p}_x)^\dagger=\hat{p}_y^\dagger x-\hat{p}_x^\dagger y=\hat{p}_yx-\hat{p}_xy=x\hat{p}_y-y\hat{p}_x=\hat{L}_z$$

这样，角动量分量算符 $\hat{L}_x,\hat{L}_y,\hat{L}_z$ 都是厄米算符。由此得到

$$\hat{\boldsymbol{L}}^\dagger=(\hat{L}_x\boldsymbol{i}+\hat{L}_y\boldsymbol{j}+\hat{L}_z\boldsymbol{k})^\dagger=\hat{L}_x^\dagger\boldsymbol{i}+\hat{L}_y^\dagger\boldsymbol{j}+\hat{L}_z^\dagger\boldsymbol{k}=\hat{L}_x\boldsymbol{i}+\hat{L}_y\boldsymbol{j}+\hat{L}_z\boldsymbol{k}=\hat{\boldsymbol{L}}$$

可见，角动量算符 $\hat{\boldsymbol{L}}=\boldsymbol{r}\times\hat{\boldsymbol{p}}$ 是厄米算符。

点评 (1)对于算符 $\hat{A}=\boldsymbol{r}\cdot\hat{\boldsymbol{p}}$，将坐标和动量分量算符带入，得到

$$\hat{A}=\boldsymbol{r}\cdot\hat{\boldsymbol{p}}=x\hat{p}_x+y\hat{p}_y+z\hat{p}_z$$

$$\begin{aligned}\hat{A}^\dagger&=(x\hat{p}_x+y\hat{p}_y+z\hat{p}_z)^\dagger=(x\hat{p}_x)^\dagger+(y\hat{p}_y)^\dagger+(z\hat{p}_z)^\dagger=\hat{p}_x^\dagger x+\hat{p}_y^\dagger y+\hat{p}_z^\dagger z\\&=\hat{p}_x x+\hat{p}_y y+\hat{p}_z z=x\hat{p}_x+y\hat{p}_y+z\hat{p}_z-3\mathrm{i}\hbar=\boldsymbol{r}\cdot\hat{\boldsymbol{p}}-3\mathrm{i}\hbar=\hat{A}-3\mathrm{i}\hbar\end{aligned}$$

可见，$\hat{A}=\boldsymbol{r}\cdot\hat{\boldsymbol{p}}$ 不是厄米算符。

定义算符，$\hat{B}=\hat{\boldsymbol{p}}\cdot\boldsymbol{r}=\hat{p}_x x+\hat{p}_y y+\hat{p}_z z$，则

$$\begin{aligned}\hat{B}^\dagger&=(\hat{p}_x x+\hat{p}_y y+\hat{p}_z z)^\dagger=(\hat{p}_x x)^\dagger+(\hat{p}_y y)^\dagger+(\hat{p}_z z)^\dagger=x\hat{p}_x^\dagger+y\hat{p}_y^\dagger+z\hat{p}_z^\dagger\\&=x\hat{p}_x+y\hat{p}_y+z\hat{p}_z=\hat{p}_x x+\hat{p}_y y+\hat{p}_z z+3\mathrm{i}\hbar=\hat{\boldsymbol{p}}\cdot\boldsymbol{r}+3\mathrm{i}\hbar=\hat{B}+3\mathrm{i}\hbar\end{aligned}$$

再定义算符，$\hat{a}=\frac{1}{2}(\boldsymbol{r}\cdot\hat{\boldsymbol{p}}+\hat{\boldsymbol{p}}\cdot\boldsymbol{r})=\frac{1}{2}(\hat{A}+\hat{B})$，则

$$\hat{a}^\dagger=\frac{1}{2}(\hat{A}^\dagger+\hat{B}^\dagger)=\frac{1}{2}\hat{A}^\dagger+\frac{1}{2}\hat{B}^\dagger=\frac{1}{2}(\hat{A}-3\mathrm{i}\hbar+\hat{B}+3\mathrm{i}\hbar)=\frac{1}{2}(\hat{A}+\hat{B})=\hat{a}$$

可见，构造的算符$\frac{1}{2}(\boldsymbol{r}\cdot\hat{\boldsymbol{p}}+\hat{\boldsymbol{p}}\cdot\boldsymbol{r})$是厄米算符。

由于算符 $\boldsymbol{r}\cdot\hat{\boldsymbol{p}}$ 和 $\hat{\boldsymbol{p}}\cdot\boldsymbol{r}$ 都不是厄米算符，所以算符 $\boldsymbol{r}\cdot\hat{\boldsymbol{p}}$ 和 $\hat{\boldsymbol{p}}\cdot\boldsymbol{r}$ 都不能代表量子力学中的力学量。但构造的算符$\frac{1}{2}(\boldsymbol{r}\cdot\hat{\boldsymbol{p}}+\hat{\boldsymbol{p}}\cdot\boldsymbol{r})$却是厄米算符，可以代表量子体系的某一力学量。在量子力学中，合理地构造符合物理要求的算符(表示力学量)是常用的有效手段。

(2)构造球坐标系下的径向动量算符($\boldsymbol{e}_r$ 为径向单位矢量算符)

$$\hat{p}_r=\frac{1}{2}\left(\frac{\boldsymbol{r}}{r}\cdot\hat{\boldsymbol{p}}+\hat{\boldsymbol{p}}\cdot\frac{\boldsymbol{r}}{r}\right)=\frac{1}{2}(\boldsymbol{e}_r\cdot\hat{\boldsymbol{p}}+\hat{\boldsymbol{p}}\cdot\boldsymbol{e}_r)$$

则由各个力学量的厄米性和对易关系，得到

$$\begin{aligned}\hat{p}_r^\dagger&=\left[\frac{1}{2}\left(\frac{\boldsymbol{r}}{r}\cdot\hat{\boldsymbol{p}}+\hat{\boldsymbol{p}}\cdot\frac{\boldsymbol{r}}{r}\right)\right]^\dagger=\left\{\frac{1}{2}\left[\left(\frac{x}{r}\hat{p}_x+\frac{y}{r}\hat{p}_y+\frac{z}{r}\hat{p}_z\right)+\left(\hat{p}_x\frac{x}{r}+\hat{p}_y\frac{y}{r}+\hat{p}_z\frac{z}{r}\right)\right]\right\}^\dagger\\&=\frac{1}{2}\left[\left(\frac{x}{r}\hat{p}_x+\frac{y}{r}\hat{p}_y+\frac{z}{r}\hat{p}_z\right)^\dagger+\left(\hat{p}_x\frac{x}{r}+\hat{p}_y\frac{y}{r}+\hat{p}_z\frac{z}{r}\right)^\dagger\right]\\&=\frac{1}{2}\left[\left(\frac{x}{r}\hat{p}_x\right)^\dagger+\left(\frac{y}{r}\hat{p}_y\right)^\dagger+\left(\frac{z}{r}\hat{p}_z\right)^\dagger+\left(\hat{p}_x\frac{x}{r}\right)^\dagger+\left(\hat{p}_y\frac{y}{r}\right)^\dagger+\left(\hat{p}_z\frac{z}{r}\right)^\dagger\right]\\&=\frac{1}{2}\left[\hat{p}_x^\dagger\left(\frac{x}{r}\right)^\dagger+\hat{p}_y^\dagger\left(\frac{y}{r}\right)^\dagger+\hat{p}_z^\dagger\left(\frac{z}{r}\right)^\dagger+\left(\frac{x}{r}\right)^\dagger\hat{p}_x^\dagger+\left(\frac{y}{r}\right)^\dagger\hat{p}_y^\dagger+\left(\frac{z}{r}\right)^\dagger\hat{p}_z^\dagger\right]\\&=\frac{1}{2}\left[\hat{p}_x\left(\frac{x}{r}\right)+\hat{p}_y\left(\frac{y}{r}\right)+\hat{p}_z\left(\frac{z}{r}\right)+\left(\frac{x}{r}\right)\hat{p}_x+\left(\frac{y}{r}\right)\hat{p}_y+\left(\frac{z}{r}\right)\hat{p}_z\right]\\&=\frac{1}{2}\left(\hat{\boldsymbol{p}}\cdot\frac{\boldsymbol{r}}{r}+\frac{\boldsymbol{r}}{r}\cdot\hat{\boldsymbol{p}}\right)=\frac{1}{2}\left(\frac{\boldsymbol{r}}{r}\cdot\hat{\boldsymbol{p}}+\hat{\boldsymbol{p}}\cdot\frac{\boldsymbol{r}}{r}\right)=\hat{p}_r\end{aligned}$$

可见，$\hat{p}_r^\dagger=\hat{p}_r$，径向动量算符 $\hat{p}_r$ 是厄米算符。

(3)径向动量算符 $\hat{p}_r$ 的具体形式

由 $r^2=x^2+y^2+z^2$,得到$\frac{\partial r}{\partial x}=\frac{x}{r}$,$\frac{\partial r}{\partial y}=\frac{y}{r}$,$\frac{\partial r}{\partial z}=\frac{z}{r}$。设 ψ 为任意函数,则

$$\frac{\partial\psi}{\partial x}=\frac{\partial r}{\partial x}\frac{\partial\psi}{\partial r}=\frac{x}{r}\frac{\partial\psi}{\partial r},\frac{\partial\psi}{\partial y}=\frac{\partial r}{\partial y}\frac{\partial\psi}{\partial r}=\frac{y}{r}\frac{\partial\psi}{\partial r},\frac{\partial\psi}{\partial z}=\frac{\partial r}{\partial z}\frac{\partial\psi}{\partial r}=\frac{z}{r}\frac{\partial\psi}{\partial r}$$

$$\begin{aligned}\left(\hat{p}_x\frac{x}{r}\right)\psi&=\hat{p}_x\left(\frac{x}{r}\psi\right)=\frac{\hbar}{\mathrm{i}}\frac{\partial}{\partial x}\left(\frac{x}{\sqrt{x^2+y^2+z^2}}\psi\right)\\&=\frac{\hbar}{\mathrm{i}}\frac{1}{\sqrt{x^2+y^2+z^2}}\psi-\frac{\hbar}{\mathrm{i}}\frac{x^2}{(x^2+y^2+z^2)^{3/2}}\psi+\frac{\hbar}{\mathrm{i}}\frac{x}{\sqrt{x^2+y^2+z^2}}\frac{\partial\psi}{\partial x}\\&=\frac{\hbar}{\mathrm{i}}\frac{1}{r}\psi-\frac{\hbar}{\mathrm{i}}\frac{x^2}{r^{3/2}}\psi+\frac{\hbar}{\mathrm{i}}\frac{x}{r}\frac{\partial\psi}{\partial x}=\frac{\hbar}{\mathrm{i}}\frac{1}{r}\psi-\frac{\hbar}{\mathrm{i}}\frac{x^2}{r^{3/2}}\psi+\frac{\hbar}{\mathrm{i}}\frac{x^2}{r^2}\frac{\partial\psi}{\partial r}\end{aligned}$$

由于 ψ 为任意函数,所以

$$\hat{p}_x\frac{x}{r}=\frac{\hbar}{\mathrm{i}}\frac{1}{r}-\frac{\hbar}{\mathrm{i}}\frac{x^2}{r^{3/2}}+\frac{\hbar}{\mathrm{i}}\frac{x^2}{r^2}\frac{\partial}{\partial r}$$

同理可得

$$\hat{p}_y\frac{y}{r}=\frac{\hbar}{\mathrm{i}}\frac{1}{r}-\frac{\hbar}{\mathrm{i}}\frac{y^2}{r^{3/2}}+\frac{\hbar}{\mathrm{i}}\frac{y^2}{r^2}\frac{\partial}{\partial r},\hat{p}_z\frac{z}{r}=\frac{\hbar}{\mathrm{i}}\frac{1}{r}-\frac{\hbar}{\mathrm{i}}\frac{z^2}{r^{3/2}}+\frac{\hbar}{\mathrm{i}}\frac{z^2}{r^2}\frac{\partial}{\partial r}$$

由此,可以得到

$$\begin{aligned}\hat{\boldsymbol{p}}\cdot\frac{\boldsymbol{r}}{r}&=\hat{p}_x\frac{x}{r}+\hat{p}_y\frac{y}{r}+\hat{p}_z\frac{z}{r}\\&=\frac{\hbar}{\mathrm{i}}\frac{1}{r}-\frac{\hbar}{\mathrm{i}}\frac{x^2}{r^{3/2}}+\frac{\hbar}{\mathrm{i}}\frac{x^2}{r^2}\frac{\partial}{\partial r}+\frac{\hbar}{\mathrm{i}}\frac{1}{r}-\frac{\hbar}{\mathrm{i}}\frac{y^2}{r^{3/2}}+\frac{\hbar}{\mathrm{i}}\frac{y^2}{r^2}\frac{\partial}{\partial r}+\frac{\hbar}{\mathrm{i}}\frac{1}{r}-\frac{\hbar}{\mathrm{i}}\frac{z^2}{r^{3/2}}+\frac{\hbar}{\mathrm{i}}\frac{z^2}{r^2}\frac{\partial}{\partial r}\\&=\frac{3\hbar}{\mathrm{i}}\frac{1}{r}-\frac{\hbar}{\mathrm{i}}\frac{x^2+y^2+z^2}{r^{3/2}}+\frac{\hbar}{\mathrm{i}}\frac{x^2+y^2+z^2}{r^2}\frac{\partial}{\partial r}=\frac{2\hbar}{\mathrm{i}}\frac{1}{r}+\frac{\hbar}{\mathrm{i}}\frac{\partial}{\partial r}\end{aligned}$$

另外,可以得到

$$\frac{\boldsymbol{r}}{r}\cdot\hat{\boldsymbol{p}}=\frac{x}{r}\hat{p}_x+\frac{y}{r}\hat{p}_y+\frac{z}{r}\hat{p}_z=\frac{\hbar}{\mathrm{i}}\frac{x}{r}\frac{\partial}{\partial x}+\frac{\hbar}{\mathrm{i}}\frac{y}{r}\frac{\partial}{\partial y}+\frac{\hbar}{\mathrm{i}}\frac{z}{r}\frac{\partial}{\partial z}$$

由此可以得到径向动量算符 $\hat{p}_r$ 的具体形式

$$\begin{aligned}\hat{p}_r&=\frac{1}{2}(\boldsymbol{e}_r\cdot\hat{\boldsymbol{p}}+\hat{\boldsymbol{p}}\cdot\boldsymbol{e}_r)=\frac{1}{2}\left(\frac{\boldsymbol{r}}{r}\cdot\hat{\boldsymbol{p}}+\hat{\boldsymbol{p}}\cdot\frac{\boldsymbol{r}}{r}\right)=\frac{1}{2}\left[\frac{2\hbar}{\mathrm{i}}\frac{1}{r}+\frac{\hbar}{\mathrm{i}}\frac{\partial}{\partial r}+\frac{\hbar}{\mathrm{i}}\frac{\partial}{\partial r}\right]\\&=\frac{\hbar}{\mathrm{i}}\frac{1}{r}+\frac{\hbar}{\mathrm{i}}\frac{\partial}{\partial r}=-\mathrm{i}\hbar\left(\frac{\partial}{\partial r}+\frac{1}{r}\right);\quad\hat{p}_r=-\mathrm{i}\hbar\left(\frac{\partial}{\partial r}+\frac{1}{r}\right)=\frac{\hbar}{\mathrm{i}}\left(\frac{\partial}{\partial r}+\frac{1}{r}\right)\end{aligned}$$

(4)径向坐标与径向动量的对易关系

设 ψ 为任意函数,则

$$\begin{aligned}[r,\hat{p}_r]\psi&=r\hat{p}_r\psi-\hat{p}_r r\psi=\frac{\hbar}{\mathrm{i}}r\left(\frac{\partial}{\partial r}+\frac{1}{r}\right)\psi-\frac{\hbar}{\mathrm{i}}\left(\frac{\partial}{\partial r}+\frac{1}{r}\right)r\psi\\&=\frac{\hbar}{\mathrm{i}}r\frac{\partial\psi}{\partial r}+\frac{\hbar}{\mathrm{i}}\psi-\frac{\hbar}{\mathrm{i}}\psi-\frac{\hbar}{\mathrm{i}}r\frac{\partial\psi}{\partial r}-\frac{\hbar}{\mathrm{i}}\psi=-\frac{\hbar}{\mathrm{i}}\psi=\mathrm{i}\hbar\psi\end{aligned}$$

$$[r,\hat{p}_r]=-\frac{\hbar}{\mathrm{i}}=\mathrm{i}\hbar$$

在球坐标系中的径向坐标与径向动量算符的对易关系与笛卡尔直角坐标系中坐标与动量分量算符之间的对易关系类似。

(5)径向动量平方算符

设 ψ 为任意函数,则

$$\hat{p}_r^2\psi=\hat{p}_r\hat{p}_r\psi=\hat{p}_r\frac{\hbar}{\mathrm{i}}\left(\frac{\partial}{\partial r}+\frac{1}{r}\right)\psi=-\hbar^2\left(\frac{\partial}{\partial r}+\frac{1}{r}\right)\left(\frac{\partial\psi}{\partial r}+\frac{\psi}{r}\right)$$

$$=-\hbar^2\left(\frac{\partial^2\psi}{\partial r^2}+\frac{1}{r}\frac{\partial\psi}{\partial r}-\frac{1}{r^2}\psi+\frac{1}{r}\frac{\partial\psi}{\partial r}+\frac{1}{r^2}\psi\right)=-\hbar^2\left(\frac{\partial^2}{\partial r^2}+\frac{2}{r}\frac{\partial}{\partial r}\right)\psi$$

$$\hat{p}_r^2=-\hbar^2\left(\frac{\partial^2}{\partial r^2}+\frac{2}{r}\frac{\partial}{\partial r}\right)=-\hbar^2\frac{1}{r^2}\frac{\partial}{\partial r}\left(r^2\frac{\partial}{\partial r}\right)$$

(6)动量平方算符

用角动量平方算符和径向动量平方算符表示动量平方算符。利用矢量运算公式

$$\boldsymbol{A}\cdot(\boldsymbol{B}\times\boldsymbol{C})=(\boldsymbol{A}\times\boldsymbol{B})\cdot\boldsymbol{C},(\boldsymbol{A}\times\boldsymbol{B})\times\boldsymbol{C}=(\boldsymbol{A}\cdot\boldsymbol{C})\boldsymbol{B}-\boldsymbol{A}(\boldsymbol{B}\cdot\boldsymbol{C})$$

以及角动量算符 $\hat{\boldsymbol{L}}=\boldsymbol{r}\times\hat{\boldsymbol{p}}$ 和动量算符 $\hat{\boldsymbol{p}}=-\mathrm{i}\hbar\nabla$,可以将角动量平方算符表示为

$$\hat{L}^2=\hat{\boldsymbol{L}}\cdot\hat{\boldsymbol{L}}=(\boldsymbol{r}\times\hat{\boldsymbol{p}})\cdot(\boldsymbol{r}\times\hat{\boldsymbol{p}})=-(\hat{\boldsymbol{p}}\times\boldsymbol{r})\cdot(\boldsymbol{r}\times\hat{\boldsymbol{p}})=-[(\hat{\boldsymbol{p}}\times\boldsymbol{r})\times\boldsymbol{r}]\cdot\hat{\boldsymbol{p}}$$

$$=-[(\hat{\boldsymbol{p}}\cdot\boldsymbol{r})\boldsymbol{r}-\hat{\boldsymbol{p}}(\boldsymbol{r}\cdot\boldsymbol{r})]\cdot\hat{\boldsymbol{p}}=(\hat{\boldsymbol{p}}r^2)\cdot\hat{\boldsymbol{p}}-(\hat{\boldsymbol{p}}\cdot\boldsymbol{r})(\boldsymbol{r}\cdot\hat{\boldsymbol{p}})$$

设 ψ 为任意函数,由于

$$(\hat{\boldsymbol{p}}r^2)\psi=\hat{\boldsymbol{p}}(r^2\psi)=-\mathrm{i}\hbar\nabla(r^2\psi)=-\mathrm{i}\hbar\nabla(r^2)\psi-\mathrm{i}\hbar r^2\nabla(\psi)=-\mathrm{i}\hbar\nabla(r^2)\psi+r^2\hat{\boldsymbol{p}}\psi$$

$$=-\mathrm{i}\hbar\left(\frac{\partial r^2}{\partial x}\boldsymbol{i}+\frac{\partial r^2}{\partial y}\boldsymbol{j}+\frac{\partial r^2}{\partial z}\boldsymbol{k}\right)\psi+r^2\hat{\boldsymbol{p}}\psi=-\mathrm{i}\hbar(2x\boldsymbol{i}+2y\boldsymbol{j}+2z\boldsymbol{k})\psi+r^2\hat{\boldsymbol{p}}\psi$$

$$=-2\mathrm{i}\hbar\boldsymbol{r}\psi+r^2\hat{\boldsymbol{p}}\psi=(r^2\hat{\boldsymbol{p}}-2\mathrm{i}\hbar\boldsymbol{r})\psi$$

由此得到

$$\hat{\boldsymbol{p}}r^2=r^2\hat{\boldsymbol{p}}-2\mathrm{i}\hbar\boldsymbol{r},(\hat{\boldsymbol{p}}r^2)\cdot\hat{\boldsymbol{p}}=(r^2\hat{\boldsymbol{p}}-2\mathrm{i}\hbar\boldsymbol{r})\cdot\hat{\boldsymbol{p}}=r^2\hat{p}^2-2\mathrm{i}\hbar(\boldsymbol{r}\cdot\hat{\boldsymbol{p}})$$

这里,$\boldsymbol{r}\cdot\hat{\boldsymbol{p}}=-\mathrm{i}\hbar\boldsymbol{r}\cdot\nabla=-\mathrm{i}\hbar r\dfrac{\partial}{\partial r}$;而由于

$$(\hat{\boldsymbol{p}}\cdot\boldsymbol{r})\psi=-\mathrm{i}\hbar\nabla\cdot(\boldsymbol{r}\psi)=-\mathrm{i}\hbar\left(\frac{\partial}{\partial x}\boldsymbol{i}+\frac{\partial}{\partial y}\boldsymbol{j}+\frac{\partial}{\partial z}\boldsymbol{k}\right)\cdot(x\psi\,\boldsymbol{i}+y\psi\boldsymbol{j}+z\psi\boldsymbol{k})$$

$$=-\mathrm{i}\hbar\left(\frac{\partial}{\partial x}(x\psi)+\frac{\partial}{\partial y}(y\psi)+\frac{\partial}{\partial z}(z\psi)\right)$$

$$=-\mathrm{i}\hbar\left(\psi+x\frac{\partial\psi}{\partial x}+\psi+y\frac{\partial\psi}{\partial y}+\psi+z\frac{\partial\psi}{\partial z}\right)$$

$$=-\mathrm{i}\hbar\left(3+x\frac{\partial}{\partial x}+y\frac{\partial}{\partial y}+z\frac{\partial}{\partial z}\right)\psi=-3\mathrm{i}\hbar\psi+\boldsymbol{r}\cdot\hat{\boldsymbol{p}}\psi$$

$$\hat{\boldsymbol{p}}\cdot\boldsymbol{r}=-3\mathrm{i}\hbar+\boldsymbol{r}\cdot\hat{\boldsymbol{p}}=-\mathrm{i}\hbar r\frac{\partial}{\partial r}-3\mathrm{i}\hbar$$

由此,得到角动量平方算符

$$\hat{L}^2=r^2\hat{p}^2-2\mathrm{i}\hbar\left(-\mathrm{i}\hbar r\frac{\partial}{\partial r}\right)-\left(-\mathrm{i}\hbar r\frac{\partial}{\partial r}-3\mathrm{i}\hbar\right)\left(-\mathrm{i}\hbar r\frac{\partial}{\partial r}\right)$$

$$=r^2\hat{p}^2-2\hbar^2r\frac{\partial}{\partial r}+\hbar^2r\frac{\partial}{\partial r}r\frac{\partial}{\partial r}+3\hbar^2r\frac{\partial}{\partial r}$$

$$=r^2\hat{p}^2+\hbar^2r\frac{\partial}{\partial r}r\frac{\partial}{\partial r}+\hbar^2r\frac{\partial}{\partial r}$$

最终,得到动量平方算符

$$\hat{p}^2=\frac{\hat{L}^2}{r^2}-\hbar^2\left(\frac{1}{r}\frac{\partial}{\partial r}r\frac{\partial}{\partial r}+\frac{1}{r}\frac{\partial}{\partial r}\right)=\frac{\hat{L}^2}{r^2}-\hbar^2\left(\frac{\partial^2}{\partial r^2}+\frac{2}{r}\frac{\partial}{\partial r}\right),\hat{p}^2=\frac{\hat{L}^2}{r^2}+\hat{p}_r^2$$

【例 15-9】 试证明在球坐标系下的动量平方算符 $\hat{p}^2$、角动量平方算符 $\hat{L}^2$、角动量分量算符 $\hat{L}_z$ 是相互对易的。

分析 设定球坐标系下的任意函数 $\psi(r,\theta,\varphi)$，采用球坐标系下的动量平方算符 $\hat{p}^2$、角动量平方算符 $\hat{L}^2$、角动量分量算符 $\hat{L}_z$。比较 $\hat{p}^2\hat{L}_z\psi(r,\theta,\varphi)$ 与 $\hat{L}_z\hat{p}^2\psi(r,\theta,\varphi)$ 是否相等；比较 $\hat{L}^2\hat{L}_z\psi(r,\theta,\varphi)$ 与 $\hat{L}_z\hat{L}^2\psi(r,\theta,\varphi)$ 是否相等；比较 $\hat{p}^2\hat{L}^2\psi(r,\theta,\varphi)$ 与 $\hat{L}^2\hat{p}^2\psi(r,\theta,\varphi)$ 是否相等。

证明 球坐标系下的角动量平方算符 $\hat{L}^2$、角动量分量算符 $\hat{L}_z$、动量平方算符 $\hat{p}^2$ 为

$$\hat{L}^2=-\hbar^2\left(\frac{\partial^2}{\partial\theta^2}+\frac{\cos\theta}{\sin\theta}\frac{\partial}{\partial\theta}+\frac{1}{\sin^2\theta}\frac{\partial^2}{\partial\varphi^2}\right),\hat{L}_z=-\mathrm{i}\hbar\frac{\partial}{\partial\varphi}$$

$$\hat{p}^2=-\frac{\hbar^2}{r^2}\left(r^2\frac{\partial^2}{\partial r^2}+2r\frac{\partial}{\partial r}+\frac{\partial^2}{\partial\theta^2}+\frac{\cos\theta}{\sin\theta}\frac{\partial}{\partial\theta}+\frac{1}{\sin^2\theta}\frac{\partial^2}{\partial\varphi^2}\right)$$

(1)设定球坐标系下的任意函数 $\psi(r,\theta,\varphi)$，则

$$\begin{aligned}\hat{L}^2\hat{L}_z\psi(r,\theta,\varphi)&=\mathrm{i}\hbar^3\left(\frac{\partial^2}{\partial\theta^2}+\frac{\cos\theta}{\sin\theta}\frac{\partial}{\partial\theta}+\frac{1}{\sin^2\theta}\frac{\partial^2}{\partial\varphi^2}\right)\frac{\partial}{\partial\varphi}\psi(r,\theta,\varphi)\\&=\mathrm{i}\hbar^3\left[\frac{\partial^2}{\partial\theta^2}\left(\frac{\partial\psi}{\partial\varphi}\right)+\frac{\cos\theta}{\sin\theta}\frac{\partial}{\partial\theta}\left(\frac{\partial\psi}{\partial\varphi}\right)+\frac{1}{\sin^2\theta}\frac{\partial^2}{\partial\varphi^2}\left(\frac{\partial\psi}{\partial\varphi}\right)\right]\\&=\mathrm{i}\hbar^3\left[\frac{\partial^3\psi}{\partial\theta^2\partial\varphi}+\frac{\cos\theta}{\sin\theta}\frac{\partial^2\psi}{\partial\theta\partial\varphi}+\frac{1}{\sin^2\theta}\frac{\partial^3\psi}{\partial\varphi^3}\right]\end{aligned}$$

$$\begin{aligned}\hat{L}_z\hat{L}^2\psi(r,\theta,\varphi)&=\mathrm{i}\hbar^3\frac{\partial}{\partial\varphi}\left(\frac{\partial^2}{\partial\theta^2}+\frac{\cos\theta}{\sin\theta}\frac{\partial}{\partial\theta}+\frac{1}{\sin^2\theta}\frac{\partial^2}{\partial\varphi^2}\right)\psi(r,\theta,\varphi)\\&=\mathrm{i}\hbar^3\frac{\partial}{\partial\varphi}\left(\frac{\partial^2\psi}{\partial\theta^2}+\frac{\cos\theta}{\sin\theta}\frac{\partial\psi}{\partial\theta}+\frac{1}{\sin^2\theta}\frac{\partial^2\psi}{\partial\varphi^2}\right)=\mathrm{i}\hbar^3\left(\frac{\partial}{\partial\varphi}\frac{\partial^2\psi}{\partial\theta^2}+\frac{\partial}{\partial\varphi}\frac{\cos\theta}{\sin\theta}\frac{\partial\psi}{\partial\theta}+\frac{\partial}{\partial\varphi}\frac{1}{\sin^2\theta}\frac{\partial^2\psi}{\partial\varphi^2}\right)\\&=\mathrm{i}\hbar^3\left(\frac{\partial^3\psi}{\partial\varphi\partial\theta^2}+\frac{\cos\theta}{\sin\theta}\frac{\partial^2\psi}{\partial\varphi\partial\theta}+\frac{1}{\sin^2\theta}\frac{\partial^3\psi}{\partial\varphi^3}\right)=\mathrm{i}\hbar^3\left(\frac{\partial^3\psi}{\partial\theta^2\partial\varphi}+\frac{\cos\theta}{\sin\theta}\frac{\partial^2\psi}{\partial\theta\partial\varphi}+\frac{1}{\sin^2\theta}\frac{\partial^3\psi}{\partial\varphi^3}\right)\end{aligned}$$

可见，$\hat{L}^2\hat{L}_z\psi(r,\theta,\varphi)=\hat{L}_z\hat{L}^2\psi(r,\theta,\varphi)$。由于 $\psi(r,\theta,\varphi)$ 为任意函数，所以

$$\hat{L}^2\hat{L}_z=\hat{L}_z\hat{L}^2,[\hat{L}^2,\hat{L}_z]=[\hat{L}_z,\hat{L}^2]=\hat{L}^2\hat{L}_z-\hat{L}_z\hat{L}^2=0$$

角动量平方算符 $\hat{L}^2$ 与角动量分量算符 $\hat{L}_z$ 是相互对易的。

(2)设定球坐标系下的任意函数 $\psi(r,\theta,\varphi)$，则

$$\begin{aligned}\hat{p}^2\hat{L}_z\psi(r,\theta,\varphi)&=\mathrm{i}\frac{\hbar^3}{r^2}\left(r^2\frac{\partial^2}{\partial r^2}+2r\frac{\partial}{\partial r}+\frac{\partial^2}{\partial\theta^2}+\frac{\cos\theta}{\sin\theta}\frac{\partial}{\partial\theta}+\frac{1}{\sin^2\theta}\frac{\partial^2}{\partial\varphi^2}\right)\frac{\partial}{\partial\varphi}\psi\\&=\mathrm{i}\frac{\hbar^3}{r^2}\left(r^2\frac{\partial^2}{\partial r^2}\frac{\partial\psi}{\partial\varphi}+2r\frac{\partial}{\partial r}\frac{\partial\psi}{\partial\varphi}+\frac{\partial^2}{\partial\theta^2}\frac{\partial\psi}{\partial\varphi}+\frac{\cos\theta}{\sin\theta}\frac{\partial}{\partial\theta}\frac{\partial\psi}{\partial\varphi}+\frac{1}{\sin^2\theta}\frac{\partial^2}{\partial\varphi^2}\frac{\partial\psi}{\partial\varphi}\right)\\&=\mathrm{i}\frac{\hbar^3}{r^2}\left(r^2\frac{\partial^3\psi}{\partial r^2\partial\varphi}+2r\frac{\partial^2\psi}{\partial r\partial\varphi}+\frac{\partial^3\psi}{\partial\theta^2\partial\varphi}+\frac{\cos\theta}{\sin\theta}\frac{\partial^2\psi}{\partial\theta\partial\varphi}+\frac{1}{\sin^2\theta}\frac{\partial^3\psi}{\partial\varphi^3}\right)\end{aligned}$$

$$\begin{aligned}\hat{L}_z\hat{p}^2\psi(r,\theta,\varphi)&=\mathrm{i}\frac{\hbar^3}{r^2}\frac{\partial}{\partial\varphi}\left(r^2\frac{\partial^2}{\partial r^2}+2r\frac{\partial}{\partial r}+\frac{\partial^2}{\partial\theta^2}+\frac{\cos\theta}{\sin\theta}\frac{\partial}{\partial\theta}+\frac{1}{\sin^2\theta}\frac{\partial^2}{\partial\varphi^2}\right)\psi\\&=\mathrm{i}\frac{\hbar^3}{r^2}\frac{\partial}{\partial\varphi}\left(r^2\frac{\partial^2\psi}{\partial r^2}+2r\frac{\partial\psi}{\partial r}+\frac{\partial^2\psi}{\partial\theta^2}+\frac{\cos\theta}{\sin\theta}\frac{\partial\psi}{\partial\theta}+\frac{1}{\sin^2\theta}\frac{\partial^2\psi}{\partial\varphi^2}\right)\end{aligned}$$

$$=\mathrm{i}\frac{\hbar^3}{r^2}\left(\frac{\partial}{\partial\varphi}r^2\frac{\partial^2\psi}{\partial r^2}+\frac{\partial}{\partial\varphi}2r\frac{\partial\psi}{\partial r}+\frac{\partial}{\partial\varphi}\frac{\partial^2\psi}{\partial\theta^2}+\frac{\partial}{\partial\varphi}\frac{\cos\theta}{\sin\theta}\frac{\partial\psi}{\partial\theta}+\frac{\partial}{\partial\varphi}\frac{1}{\sin^2\theta}\frac{\partial^2\psi}{\partial\varphi^2}\right)$$

$$=\mathrm{i}\frac{\hbar^3}{r^2}\left(r^2\frac{\partial^3\psi}{\partial r^2\partial\varphi}+2r\frac{\partial^2\psi}{\partial r\partial\varphi}+\frac{\partial^3\psi}{\partial\theta^2\partial\varphi}+\frac{\cos\theta}{\sin\theta}\frac{\partial^2\psi}{\partial\theta\partial\varphi}+\frac{1}{\sin^2\theta}\frac{\partial^3\psi}{\partial\varphi^3}\right)$$

可见，$\hat{p}^2\hat{L}_z\psi(r,\theta,\varphi)=\hat{L}_z\hat{p}^2\psi(r,\theta,\varphi)$。由于 $\psi(r,\theta,\varphi)$ 为任意函数，所以

$$\hat{p}^2\hat{L}_z=\hat{L}_z\hat{p}^2,[\hat{p}^2,\hat{L}_z]=[\hat{L}_z,\hat{p}^2]=\hat{p}^2\hat{L}_z-\hat{L}_z\hat{p}^2=0$$

角动量平方算符 $\hat{p}^2$ 与角动量分量算符 $\hat{L}_z$ 是相互对易的。

(3)注意到动量平方算符 $\hat{p}^2$ 分成只与 r 有关的部分和只与角度(θ,φ)有关的部分

$$\hat{p}^2=\hat{p}_r^2+\frac{1}{r^2}\hat{L}^2,\hat{p}_r^2=-\hbar^2\left(\frac{\partial^2}{\partial r^2}+\frac{2}{r}\frac{\partial}{\partial r}\right)$$

其中，$\hat{p}_r^2$ 称为径向动量平方算符。还应该注意到，$\hat{p}_r^2$ 只是对坐标 r 求导，与角度坐标值(θ,φ)无关；而角动量平方算符

$$\hat{L}^2=-\hbar^2\left(\frac{\partial^2}{\partial\theta^2}+\frac{\cos\theta}{\sin\theta}\frac{\partial}{\partial\theta}+\frac{1}{\sin^2\theta}\frac{\partial^2}{\partial\varphi^2}\right)$$

只是对角度坐标值(θ,φ)求导，与坐标 r 无关。由此，得到

$$\hat{p}_r^2\hat{L}^2\psi(r,\theta,\varphi)=\hbar^4\left(\frac{\partial^2}{\partial r^2}+\frac{2}{r}\frac{\partial}{\partial r}\right)\left(\frac{\partial^2}{\partial\theta^2}+\frac{\cos\theta}{\sin\theta}\frac{\partial}{\partial\theta}+\frac{1}{\sin^2\theta}\frac{\partial^2}{\partial\varphi^2}\right)\psi(r,\theta,\varphi)$$

$$=\hbar^4\left(\frac{\partial^2}{\partial\theta^2}+\frac{\cos\theta}{\sin\theta}\frac{\partial}{\partial\theta}+\frac{1}{\sin^2\theta}\frac{\partial^2}{\partial\varphi^2}\right)\left(\frac{\partial^2}{\partial r^2}+\frac{2}{r}\frac{\partial}{\partial r}\right)\psi(r,\theta,\varphi)=\hat{L}^2\hat{p}_r^2\psi(r,\theta,\varphi)$$

由于 $\psi(r,\theta,\varphi)$ 的任意性，径向动量平方算符 $\hat{p}_r^2$ 与角动量平方算符 $\hat{L}^2$ 对易

$$\hat{p}_r^2\hat{L}^2\psi(r,\theta,\varphi)=\hat{L}^2\hat{p}_r^2\psi(r,\theta,\varphi),\hat{p}_r^2\hat{L}^2=\hat{L}^2\hat{p}_r^2$$

还是注意到角动量平方算符 $\hat{L}^2$ 只是对角度坐标值(θ,φ)求导，与坐标 r 无关。得到

$$\left(\frac{1}{r^2}\hat{L}^2\right)\hat{L}^2\psi(r,\theta,\varphi)=\hbar^4\frac{1}{r^2}\left(\frac{\partial^2}{\partial\theta^2}+\frac{\cos\theta}{\sin\theta}\frac{\partial}{\partial\theta}+\frac{1}{\sin^2\theta}\frac{\partial^2}{\partial\varphi^2}\right)^2\psi(r,\theta,\varphi)$$

$$=\hbar^4\left(\frac{\partial^2}{\partial\theta^2}+\frac{\cos\theta}{\sin\theta}\frac{\partial}{\partial\theta}+\frac{1}{\sin^2\theta}\frac{\partial^2}{\partial\varphi^2}\right)^2\frac{1}{r^2}\psi(r,\theta,\varphi)=\hat{L}^2\left(\frac{1}{r^2}\hat{L}^2\right)\psi(r,\theta,\varphi)$$

也还是由于 $\psi(r,\theta,\varphi)$ 的任意性，算符 $\frac{\hat{L}^2}{r^2}$ 与角动量平方算符 $\hat{L}^2$ 对易

$$\left(\frac{1}{r^2}\hat{L}^2\right)\hat{L}^2\psi(r,\theta,\varphi)=\hat{L}^2\left(\frac{1}{r^2}\hat{L}^2\right)\psi(r,\theta,\varphi),\left(\frac{1}{r^2}\hat{L}^2\right)\hat{L}^2=\hat{L}^2\left(\frac{1}{r^2}\hat{L}^2\right)$$

由此，最终得到

$$\hat{p}^2\hat{L}^2=\left(\hat{p}_r^2+\frac{1}{r^2}\hat{L}^2\right)\hat{L}^2=\hat{p}_r^2\hat{L}^2+\left(\frac{1}{r^2}\hat{L}^2\right)\hat{L}^2$$

$$=\hat{L}^2\hat{p}_r^2+\hat{L}^2\left(\frac{1}{r^2}\hat{L}^2\right)=\hat{L}^2\left(\hat{p}_r^2+\frac{1}{r^2}\hat{L}^2\right)=\hat{L}^2\hat{p}^2$$

这样，$\hat{p}^2\hat{L}^2=\hat{L}^2\hat{p}^2$，角动量平方算符 $\hat{L}^2$ 与动量平方算符 $\hat{p}^2$ 相互对易。

点评 (1)球坐标系下的角动量平方算符 $\hat{L}^2$、角动量分量算符 $\hat{L}_z$、动量平方算符 $\hat{p}^2$ 相互对易，这三个力学量算符拥有共同的本征函数系。

这毫不奇怪，因为我们已经证明过在笛卡尔直角坐标系下角动量平方算符 $\hat{L}^2$、角动量分

量算符 $\hat{L}_z$、动量平方算符 $\hat{p}^2$ 相互对易。力学量算符之间的对易性是力学量本身所固有的性质,不会因为数学上的描述的变化而改变。

(2)对于球坐标系下角动量平方算符 $\hat{L}^2$、角动量分量算符 $\hat{L}_z$、动量平方算符 $\hat{p}^2$ 是线性厄米算符的证明非常麻烦。我们已经证明过在笛卡尔直角坐标系下角动量平方算符 $\hat{L}^2$、角动量分量算符 $\hat{L}_z$、动量平方算符 $\hat{p}^2$(动能算符 $\hat{T}=\hat{p}^2/2m$)是线性厄米算符。线性和厄米性是力学量算符本身固有的物理属性,不会因数学上的描述的不同而改变。在任何坐标系下,角动量平方算符 $\hat{L}^2$、角动量分量算符 $\hat{L}_z$、动量平方算符 $\hat{p}^2$ 都是线性厄米算符。

同样,在球坐标系下,辏力场中的哈密顿算符

$$\hat{H}=\hat{T}+U(r)=\frac{\hat{p}^2}{2m}+U(r)=\frac{1}{2m}\left(\hat{p}_r^2+\frac{1}{r^2}\hat{L}^2\right)+U(r)$$

也一定是线性厄米算符。而且,哈密顿算符 $\hat{H}$(能量算符)与角动量平方算符 $\hat{L}^2$ 和角动量分量算符 $\hat{L}_z$ 也一定是相互对易的,它们拥有共同的本征函数系。在处理氢原子等问题时,正是用这三个力学量算符构成"力学量完全集合",它们的共同本征函数系是完备的。

【例 15-10】 令 $\hat{L}_\pm=\hat{L}_x\pm i\hat{L}_y$,试证明:$[\hat{L}_z,\hat{L}_\pm]=\pm\hbar\hat{L}_\pm$,$\hat{L}_z\hat{L}_\pm=\hat{L}_\pm(\hat{L}_z\pm\hbar)$。

分析 算符 $\hat{L}_+$ 和 $\hat{L}_-$ 是由角动量分量算符(力学量算符)$\hat{L}_x$ 和 $\hat{L}_y$ 线性组合(构造)出来的算符。由角动量分量算符 $\hat{L}_z$ 与 $\hat{L}_x$ 和 $\hat{L}_y$ 的对易关系以及泊松括号的运算关系就可以求出角动量分量算符 $\hat{L}_z$ 与算符 $\hat{L}_+$ 和 $\hat{L}_-$ 的对易关系。

证明 利用角动量各分量之间的对易式,$[\hat{L}_z,\hat{L}_x]=i\hbar\hat{L}_y$,$[\hat{L}_z,\hat{L}_y]=-i\hbar\hat{L}_x$,可得

$$[\hat{L}_z,\hat{L}_+]=[\hat{L}_z,\hat{L}_x+i\hat{L}_y]=[\hat{L}_z,\hat{L}_x]+i[\hat{L}_z,\hat{L}_y]=i\hbar\hat{L}_y+i(-i\hbar\hat{L}_x)=\hbar\hat{L}_x+i\hbar\hat{L}_y=\hbar\hat{L}_+$$

$$[\hat{L}_z,\hat{L}_-]=[\hat{L}_z,\hat{L}_x-i\hat{L}_y]=[\hat{L}_z,\hat{L}_x]-i[\hat{L}_z,\hat{L}_y]=i\hbar\hat{L}_y-i(-i\hbar\hat{L}_x)=-\hbar\hat{L}_x+i\hbar\hat{L}_y=-\hbar\hat{L}_-$$

再由对易式,得到

$$[\hat{L}_z,\hat{L}_+]=\hat{L}_z\hat{L}_+-\hat{L}_+\hat{L}_z=\hbar\hat{L}_+,\ \hat{L}_z\hat{L}_+=\hbar\hat{L}_++\hat{L}_+\hat{L}_z,\ \hat{L}_z\hat{L}_+=\hat{L}_+(\hat{L}_z+\hbar)$$

$$[\hat{L}_z,\hat{L}_-]=\hat{L}_z\hat{L}_--\hat{L}_-\hat{L}_z=-\hbar\hat{L}_-,\ \hat{L}_z\hat{L}_-=-\hbar\hat{L}_-+\hat{L}_-\hat{L}_z=\hat{L}_-(\hat{L}_z-\hbar)$$

点评 (1)算符 $\hat{L}_+$ 和 $\hat{L}_-$ 与其他角动量分量算符之间的对易关系

$$[\hat{L}_x,\hat{L}_+]=[\hat{L}_x,\hat{L}_x+i\hat{L}_y]=[\hat{L}_x,\hat{L}_x]+i[\hat{L}_x,\hat{L}_y]=0+ii\hbar\hat{L}_z=-\hbar\hat{L}_z$$

$$[\hat{L}_x,\hat{L}_-]=[\hat{L}_x,\hat{L}_x-i\hat{L}_y]=[\hat{L}_x,\hat{L}_x]-i[\hat{L}_x,\hat{L}_y]=0-ii\hbar\hat{L}_z=\hbar\hat{L}_z$$

$$[\hat{L}_y,\hat{L}_+]=[\hat{L}_y,\hat{L}_x+i\hat{L}_y]=[\hat{L}_y,\hat{L}_x]+i[\hat{L}_y,\hat{L}_y]=-i\hbar\hat{L}_z+0=-i\hbar\hat{L}_z$$

$$[\hat{L}_y,\hat{L}_-]=[\hat{L}_y,\hat{L}_x-i\hat{L}_y]=[\hat{L}_y,\hat{L}_x]-i[\hat{L}_y,\hat{L}_y]=-i\hbar\hat{L}_z-0=-i\hbar\hat{L}_z$$

对易关系:$[\hat{L}_x,\hat{L}_\pm]=\mp\hbar\hat{L}_z$,$[\hat{L}_y,\hat{L}_\pm]=-i\hbar\hat{L}_z$,$[\hat{L}_z,\hat{L}_\pm]=\pm\hbar\hat{L}_\pm$。

(2)算符 $\hat{L}_+$ 和 $\hat{L}_-$ 与角动量分量平方算符之间的对易关系

$$\begin{aligned}[\hat{L}_x^2,\hat{L}_+]&=[\hat{L}_x^2,\hat{L}_x+i\hat{L}_y]=[\hat{L}_x^2,\hat{L}_x]+i[\hat{L}_x^2,\hat{L}_y]\\&=\hat{L}_x[\hat{L}_x,\hat{L}_x]+[\hat{L}_x,\hat{L}_x]\hat{L}_x+i\hat{L}_x[\hat{L}_x,\hat{L}_y]+i[\hat{L}_x,\hat{L}_y]\hat{L}_x\\&=0+0+i\hat{L}_x(i\hbar\hat{L}_z)+i(i\hbar\hat{L}_z)\hat{L}_x=-\hbar\hat{L}_x\hat{L}_z-\hbar\hat{L}_z\hat{L}_x\end{aligned}$$

$$[\hat{L}_y^2,\hat{L}_+]=[\hat{L}_y^2,\hat{L}_x+i\hat{L}_y]=[\hat{L}_y^2,\hat{L}_x]+i[\hat{L}_y^2,\hat{L}_y]$$

$$=\hat{L}_y[\hat{L}_y,\hat{L}_x]+[\hat{L}_y,\hat{L}_x]\hat{L}_y+i\hat{L}_y[\hat{L}_y,\hat{L}_y]+i[\hat{L}_y,\hat{L}_y]\hat{L}_y$$

$$=\hat{L}_y(-i\hbar\hat{L}_z)+(-i\hbar\hat{L}_z)\hat{L}_y+0+0=-i\hbar\hat{L}_y\hat{L}_z-i\hbar\hat{L}_z\hat{L}_y$$

$$[\hat{L}_z^2,\hat{L}_+]=[\hat{L}_z^2,\hat{L}_x+i\hat{L}_y]=[\hat{L}_z^2,\hat{L}_x]+i[\hat{L}_z^2,\hat{L}_y]$$

$$=\hat{L}_z[\hat{L}_z,\hat{L}_x]+[\hat{L}_z,\hat{L}_x]\hat{L}_z+i\hat{L}_z[\hat{L}_z,\hat{L}_y]+i[\hat{L}_z,\hat{L}_y]\hat{L}_z$$

$$=\hat{L}_z(i\hbar)\hat{L}_y+(i\hbar)\hat{L}_y\hat{L}_z+i\hat{L}_z(-i\hbar\hat{L}_x)+i(-i\hbar\hat{L}_x)\hat{L}_z$$

$$=i\hbar\hat{L}_z\hat{L}_y+i\hbar\hat{L}_y\hat{L}_z+\hbar\hat{L}_z\hat{L}_x+\hbar\hat{L}_x\hat{L}_z$$

$$[\hat{L}_x^2,\hat{L}_-]=[\hat{L}_x^2,\hat{L}_x-i\hat{L}_y]=[\hat{L}_x^2,\hat{L}_x]-i[\hat{L}_x^2,\hat{L}_y]$$

$$=\hat{L}_x[\hat{L}_x,\hat{L}_x]+[\hat{L}_x,\hat{L}_x]\hat{L}_x-i\hat{L}_x[\hat{L}_x,\hat{L}_y]-i[\hat{L}_x,\hat{L}_y]\hat{L}_x$$

$$=0+0-i\hat{L}_x(i\hbar\hat{L}_z)-i(i\hbar\hat{L}_z)\hat{L}_x=+\hbar\hat{L}_x\hat{L}_z+\hbar\hat{L}_z\hat{L}_x$$

$$[\hat{L}_y^2,\hat{L}_-]=[\hat{L}_y^2,\hat{L}_x-i\hat{L}_y]=[\hat{L}_y^2,\hat{L}_x]-i[\hat{L}_y^2,\hat{L}_y]$$

$$=\hat{L}_y[\hat{L}_y,\hat{L}_x]+[\hat{L}_y,\hat{L}_x]\hat{L}_y-i\hat{L}_y[\hat{L}_y,\hat{L}_y]-i[\hat{L}_y,\hat{L}_y]\hat{L}_y$$

$$=\hat{L}_y(-i\hbar\hat{L}_z)+(-i\hbar\hat{L}_z)\hat{L}_y+0+0=-i\hbar\hat{L}_y\hat{L}_z-i\hbar\hat{L}_z\hat{L}_y$$

$$[\hat{L}_z^2,\hat{L}_-]=[\hat{L}_z^2,\hat{L}_x-i\hat{L}_y]=[\hat{L}_z^2,\hat{L}_x]-i[\hat{L}_z^2,\hat{L}_y]$$

$$=\hat{L}_z[\hat{L}_z,\hat{L}_x]+[\hat{L}_z,\hat{L}_x]\hat{L}_z-i\hat{L}_z[\hat{L}_z,\hat{L}_y]-i[\hat{L}_z,\hat{L}_y]\hat{L}_z$$

$$=\hat{L}_z(i\hbar)\hat{L}_y+(i\hbar)\hat{L}_y\hat{L}_z-i\hat{L}_z(-i\hbar\hat{L}_x)-i(-i\hbar\hat{L}_x)\hat{L}_z$$

$$=i\hbar\hat{L}_z\hat{L}_y+i\hbar\hat{L}_y\hat{L}_z-\hbar\hat{L}_z\hat{L}_x-\hbar\hat{L}_x\hat{L}_z$$

可见，算符 $\hat{L}_+$ 和 $\hat{L}_-$ 与角动量分量平方算符 $\hat{L}_x^2,\hat{L}_y^2,\hat{L}_z^2$ 都不对易。

(3)算符 $\hat{L}_+$ 和 $\hat{L}_-$ 与角动量平方算符之间的对易关系

由算符 $\hat{L}_+$ 和 $\hat{L}_-$ 与角动量分量平方算符 $\hat{L}_x^2,\hat{L}_y^2,\hat{L}_z^2$ 之间的对易关系，得到

$$[\hat{L}^2,\hat{L}_+]=[\hat{L}_x^2+\hat{L}_y^2+\hat{L}_z^2,\hat{L}_+]=[\hat{L}_x^2,\hat{L}_+]+[\hat{L}_y^2,\hat{L}_+]+[\hat{L}_z^2,\hat{L}_+]$$

$$=-\hbar\hat{L}_x\hat{L}_z-\hbar\hat{L}_z\hat{L}_x-i\hbar\hat{L}_y\hat{L}_z-i\hbar\hat{L}_z\hat{L}_y+i\hbar\hat{L}_z\hat{L}_y+i\hbar\hat{L}_y\hat{L}_z+\hbar\hat{L}_z\hat{L}_x+\hbar\hat{L}_x\hat{L}_z=0$$

$$[\hat{L}^2,\hat{L}_-]=[\hat{L}_x^2+\hat{L}_y^2+\hat{L}_z^2,\hat{L}_-]=[\hat{L}_x^2,\hat{L}_-]+[\hat{L}_y^2,\hat{L}_-]+[\hat{L}_z^2,\hat{L}_-]$$

$$=\hbar\hat{L}_x\hat{L}_z+\hbar\hat{L}_z\hat{L}_x-i\hbar\hat{L}_y\hat{L}_z-i\hbar\hat{L}_z\hat{L}_y+i\hbar\hat{L}_z\hat{L}_y+i\hbar\hat{L}_y\hat{L}_z-\hbar\hat{L}_z\hat{L}_x-\hbar\hat{L}_x\hat{L}_z=0$$

或者，直接由角动量平方算符 $\hat{L}^2$ 与角动量分量算符 $\hat{L}_x,\hat{L}_y$ 之间的对易关系，得到

$$[\hat{L}^2,\hat{L}_+]=[\hat{L}^2,\hat{L}_x+i\hat{L}_y]=[\hat{L}^2,\hat{L}_x]+i[\hat{L}^2,\hat{L}_y]=0+0=0$$

$$[\hat{L}^2,\hat{L}_-]=[\hat{L}^2,\hat{L}_x-i\hat{L}_y]=[\hat{L}^2,\hat{L}_x]-i[\hat{L}^2,\hat{L}_y]=0-0=0$$

可见，算符 $\hat{L}_+$ 和 $\hat{L}_-$ 与角动量平方算符 $\hat{L}^2$ 之间都是对易的。

(4)算符 $\hat{L}_+$ 和 $\hat{L}_-$ 是线性算符

设 $c_1,c_2,\cdots$ 为任意常数，$u_1,u_2,\cdots$ 为任意函数，则

$$\hat{L}_+(c_1u_1+c_2u_2+\cdots)=(\hat{L}_x+i\hat{L}_y)(c_1u_1+c_2u_2+\cdots)$$

$$=\hat{L}_x(c_1u_1+c_2u_2+\cdots)+i\hat{L}_y(c_1u_1+c_2u_2+\cdots)$$

$$=c_1\hat{L}_xu_1+c_2\hat{L}_xu_2+\cdots+c_1i\hat{L}_yu_1+c_2i\hat{L}_yu_2+\cdots$$

$$=c_1\hat{L}_x u_1+c_1\mathrm{i}\hat{L}_y u_1+c_2\hat{L}_x u_2+c_2\mathrm{i}\hat{L}_y u_2+\cdots$$

$$=c_1(\hat{L}_x+\mathrm{i}\hat{L}_y)u_1+c_2(\hat{L}_x+\mathrm{i}\hat{L}_y)u_2+\cdots=c_1\hat{L}_+u_1+c_2\hat{L}_+u_2+\cdots$$

$$\hat{L}_-(c_1u_1+c_2u_2+\cdots)=(\hat{L}_x-\mathrm{i}\hat{L}_y)(c_1u_1+c_2u_2+\cdots)$$

$$=\hat{L}_x(c_1u_1+c_2u_2+\cdots)-\mathrm{i}\hat{L}_y(c_1u_1+c_2u_2+\cdots)$$

$$=c_1\hat{L}_x u_1+c_2\hat{L}_x u_2+\cdots-c_1\mathrm{i}\hat{L}_y u_1-c_2\mathrm{i}\hat{L}_y u_2-\cdots$$

$$=c_1\hat{L}_x u_1-c_1\mathrm{i}\hat{L}_y u_1+c_2\hat{L}_x u_2-c_2\mathrm{i}\hat{L}_y u_2+\cdots$$

$$=c_1(\hat{L}_x-\mathrm{i}\hat{L}_y)u_1+c_2(\hat{L}_x-\mathrm{i}\hat{L}_y)u_2+\cdots=c_1\hat{L}_-u_1+c_2\hat{L}_-u_2+\cdots$$

(5)算符 $\hat{L}_+$ 和 $\hat{L}_-$ 不是厄米算符

设 ψ 和 φ 是任意函数,由于力学量算符 $\hat{L}_x$ 和 $\hat{L}_y$ 都是厄米算符,则

$$\int\psi^*\hat{L}_+\varphi\,\mathrm{d}\tau=\int\psi^*(\hat{L}_x+\mathrm{i}\hat{L}_y)\varphi\,\mathrm{d}\tau$$

$$=\int\psi^*\hat{L}_x\varphi\,\mathrm{d}\tau+\mathrm{i}\int\psi^*\hat{L}_y\varphi\,\mathrm{d}\tau=\int(\hat{L}_x\psi)^*\varphi\,\mathrm{d}\tau+\mathrm{i}\int(\hat{L}_y\psi)^*\varphi\,\mathrm{d}\tau$$

$$=\int(\hat{L}_x\psi)^*\varphi\,\mathrm{d}\tau+\int(-\mathrm{i}\hat{L}_y\psi)^*\varphi\,\mathrm{d}\tau=\int(\hat{L}_x\psi-\mathrm{i}\hat{L}_y\psi)^*\varphi\,\mathrm{d}\tau$$

$$=\int[(\hat{L}_x-\mathrm{i}\hat{L}_y)\psi]^*\varphi\,\mathrm{d}\tau=\int[(\hat{L}_-\psi)^*]\varphi\,\mathrm{d}\tau\neq\int[(\hat{L}_+\psi)^*]\varphi\,\mathrm{d}\tau$$

$$\int\psi^*\hat{L}_-\varphi\,\mathrm{d}\tau=\int\psi^*(\hat{L}_x-\mathrm{i}\hat{L}_y)\varphi\,\mathrm{d}\tau$$

$$=\int\psi^*\hat{L}_x\varphi\,\mathrm{d}\tau-\mathrm{i}\int\psi^*\hat{L}_y\varphi\,\mathrm{d}\tau=\int(\hat{L}_x\psi)^*\varphi\,\mathrm{d}\tau-\mathrm{i}\int(\hat{L}_y\psi)^*\varphi\,\mathrm{d}\tau$$

$$=\int(\hat{L}_x\psi)^*\varphi\,\mathrm{d}\tau+\int(+\mathrm{i}\hat{L}_y\psi)^*\varphi\,\mathrm{d}\tau=\int(\hat{L}_x\psi+\mathrm{i}\hat{L}_y\psi)^*\varphi\,\mathrm{d}\tau$$

$$=\int[(\hat{L}_x+\mathrm{i}\hat{L}_y)\psi]^*\varphi\,\mathrm{d}\tau=\int[(\hat{L}_+\psi)^*]\varphi\,\mathrm{d}\tau\neq\int[(\hat{L}_-\psi)^*]\varphi\,\mathrm{d}\tau$$

因此,算符 $\hat{L}_+$ 和 $\hat{L}_-$ 不是厄米算符。算符 $\hat{L}_+$ 和 $\hat{L}_-$ 不能表示实际的物理量。

(6)算符 $\hat{L}_+$ 和 $\hat{L}_-$ 是构造出的力学量算符。在量子力学中经常需要根据已有的力学量算符构造符合实际的力学量算符。实际上,构造的算符 $\hat{L}_+$ 和 $\hat{L}_-$(非力学量算符)是角动量升算符和角动量降算符。

角动量平方算符 $\hat{L}^2$ 与角动量分量算符 $\hat{L}_z$ 之间是可对易的,$[\hat{L}^2,\hat{L}_z]=0$,算符 $\hat{L}^2$ 和算符 $\hat{L}_z$ 拥有共同的本征函数系;考虑到约化普朗克常数 $\hbar$ 具有角动量量纲,取力学量算符 $\hat{L}^2$ 和力学量算符 $\hat{L}_z$ 的本征值分别为 $l(l+1)\hbar^2$ 和 $m\hbar$。在下一章中我们可以看到,l 和 m 都是整数。其中,$l=0,1,2,\cdots,n-1$,称为轨道角动量量子数,代表粒子轨道角动量的可能取值;$m=0,\pm1,\pm2,\cdots,\pm l$,称为轨道磁量子数,代表粒子轨道角动量方向的可能取值。设角动量平方算符 $\hat{L}^2$ 与角动量分量算符 $\hat{L}_z$ 共同的本征函数为 $Y_{l,m}$(狄拉克符号表示为 $|lm\rangle$),即

$$\hat{L}^2Y_{l,m}=l(l+1)\hbar^2Y_{l,m},\hat{L}_zY_{l,m}=m\hbar Y_{l,m}$$

由算符 $\hat{L}_+$ 与角动量平方算符 $\hat{L}^2$ 和角动量分量算符 $\hat{L}_z$ 之间的对易关系，得到

$$\hat{L}^2\hat{L}_+Y_{l,m}=\hat{L}_+\hat{L}^2Y_{l,m}=\hat{L}_+l(l+1)\hbar^2Y_{l,m}=l(l+1)\hbar^2\hat{L}_+Y_{l,m}$$

可见，$\hat{L}_+Y_{l,m}$ 依然是角动量平方算符 $\hat{L}^2$（力学量）的本征函数，而且本征值没变化，依然为 $l(l+1)\hbar^2$。但对于角动量分量算符 $\hat{L}_z$ 有

$$\begin{aligned}\hat{L}_z\hat{L}_+Y_{l,m}&=(\hat{L}_+\hat{L}_z+\hbar\hat{L}_+)Y_{l,m}=\hat{L}_+\hat{L}_zY_{l,m}+\hbar\hat{L}_+Y_{l,m}\\&=\hat{L}_+m\hbar Y_{l,m}+\hbar\hat{L}_+Y_{l,m}=(m+1)\hbar\hat{L}_+Y_{l,m}\end{aligned}$$

$$\begin{aligned}\hat{L}_z\hat{L}_+^2Y_{l,m}&=\hat{L}_z\hat{L}_+\hat{L}_+Y_{l,m}=(\hat{L}_+\hat{L}_z+\hbar\hat{L}_+)\hat{L}_+Y_{l,m}=\hat{L}_+\hat{L}_z\hat{L}_+Y_{l,m}+\hbar\hat{L}_+\hat{L}_+Y_{l,m}\\&=\hat{L}_+(m+1)\hbar\hat{L}_+Y_{l,m}+\hbar\hat{L}_+^2Y_{l,m}=(m+2)\hbar\hat{L}_+^2Y_{l,m}\end{aligned}$$

可见，$\hat{L}_+Y_{l,m}$ 也是算符 $\hat{L}_z$ 的本征态，而且是算符 $\hat{L}_z$ 属于本征值 $(m+1)\hbar$ 的本征态，所以，$\hat{L}_+Y_{l,m}=Y_{l,m+1}$；$L_+^2Y_{l,m}$ 也是算符 $\hat{L}_z$ 的本征态，而且是算符 $\hat{L}_z$ 属于本征值 $(m+2)\hbar$ 的本征态，所以，$L_+^2\ Y_{l,m}=Y_{l,m+2}$。因此

$$\hat{L}_z\hat{L}_+Y_{l,m}=(m+1)\hbar\hat{L}_+Y_{l,m}=(m+1)\hbar Y_{l,m+1}=m_{+1}\hbar Y_{l,m+1}$$

$$\hat{L}_z\hat{L}_+^2Y_{l,m}=(m+2)\hbar\hat{L}_+^2Y_{l,m}=(m+2)\hbar Y_{l,m+2}=m_{+2}\hbar Y_{l,m+2}$$

函数 $\hat{L}_+Y_{l,m}$ 依然是角动量分量算符 $\hat{L}_z$（力学量）的本征函数，但本征值变为 $(m+1)\hbar$，对应的本征函数变为 $Y_{l,m+1}$；$\hat{L}_+^2Y_{l,m}$ 依然是角动量分量算符 $\hat{L}_z$（力学量）的本征函数，但本征值变为 $(m+2)\hbar$，对应的本征函数变为 $Y_{l,m+2}$；等等。$\hat{L}_+$ 的作用是使磁量子数 m 增加 1，相应的本征值增加 $\hbar$，本征态由 $Y_{l,m}$ 变化到 $Y_{l,m+1}$；$\hat{L}_+^2$ 的作用是使磁量子数 m 增加 2，相应的本征值增加 $2\hbar$，本征态由 $Y_{l,m}$ 变化到 $Y_{l,m+2}$；等等。$\hat{L}_+$ 称为轨道角动量升算符。

由算符 $\hat{L}_-$ 与角动量平方算符 $\hat{L}^2$ 和角动量分量算符 $\hat{L}_z$ 之间的对易关系，得到

$$\hat{L}^2\hat{L}_-Y_{l,m}=\hat{L}_-\hat{L}^2Y_{l,m}=\hat{L}_-l(l+1)\hbar^2Y_{l,m}=l(l+1)\hbar^2\hat{L}_-Y_{l,m}$$

可见，$\hat{L}_-Y_{l,m}$ 依然是角动量平方算符 $\hat{L}^2$（力学量）的本征函数，而且本征值没变化，依然为 $l(l+1)\hbar^2$。但对于角动量分量算符 $\hat{L}_z$ 有

$$\begin{aligned}\hat{L}_z\hat{L}_-Y_{l,m}&=(\hat{L}_-\hat{L}_z-\hbar\hat{L}_-)Y_{l,m}=\hat{L}_-\hat{L}_zY_{l,m}-\hbar\hat{L}_-Y_{l,m}\\&=\hat{L}_-m\hbar Y_{l,m}-\hbar\hat{L}_-Y_{l,m}=(m-1)\hbar\hat{L}_-Y_{l,m}\end{aligned}$$

$$\begin{aligned}\hat{L}_z\hat{L}_-^2Y_{l,m}&=\hat{L}_z\hat{L}_-\hat{L}_-Y_{l,m}=(\hat{L}_-\hat{L}_z-\hbar\hat{L}_-)\hat{L}_-Y_{l,m}=\hat{L}_-\hat{L}_z\hat{L}_-Y_{l,m}-\hbar\hat{L}_-\hat{L}_-Y_{l,m}\\&=\hat{L}_-(m-1)\hbar\hat{L}_-Y_{l,m}-\hbar\hat{L}_-^2Y_{l,m}=(m-2)\hbar\hat{L}_-^2Y_{l,m}\end{aligned}$$

可见，$\hat{L}_-Y_{l,m}$ 也是算符 $\hat{L}_z$ 的本征态，而且是算符 $\hat{L}_z$ 属于本征值 $(m-1)\hbar$ 的本征态，所以，$\hat{L}_-Y_{l,m}=Y_{l,m-1}$；$\hat{L}_-^2Y_{l,m}$ 也是算符 $\hat{L}_z$ 的本征态，而且是算符 $\hat{L}_z$ 属于本征值 $(m-2)\hbar$ 的本征态，所以，$\hat{L}_-^2Y_{l,m}=Y_{l,m-2}$。因此

$$\hat{L}_z\hat{L}_-Y_{l,m}=(m-1)\hbar\hat{L}_-Y_{l,m}=(m-1)\hbar Y_{l,m-1}=m_{-1}Y_{l,m-1}$$

$$\hat{L}_z\hat{L}_-^2Y_{l,m}=(m-2)\hbar\hat{L}_{+\,l,m}^2=(m-2)\hbar Y_{l,m-2}=m_{-2}\hbar Y_{l,m-2}$$

函数 $\hat{L}_-Y_{l,m}$ 依然是角动量分量算符 $\hat{L}_z$(力学量)的本征函数,但本征值变为$(m-1)\hbar$,对应的本征函数变为 $Y_{l,m-1}$;$\hat{L}_-^2Y_{l,m}$ 依然是角动量分量算符 $\hat{L}_z$(力学量)的本征函数,但本征值变为$(m-2)\hbar$,对应的本征函数变为 $Y_{l,m-2}$;等等。$\hat{L}_-$ 的作用是使磁量子数 m 减少 1,相应的本征值减少 $\hbar$,本征态由 $Y_{l,m}$ 变化到 $Y_{l,m-1}$;$\hat{L}_-^2$ 的作用是使磁量子数 m 减小 2,相应的本征值减少 $2\hbar$,本征态由 $Y_{l,m}$ 变化到 $Y_{l,m-2}$;等等。$\hat{L}_-$ 称为轨道角动量降算符。

【例 15-11】 如果线性算符 $\hat{F}$ 不是厄米算符,即 $\hat{F}\neq\hat{F}^\dagger$。试证明算符 $\hat{F}$ 可以分解为 $\hat{F}=\hat{A}+\mathrm{i}\hat{B}$,其中,$\hat{A}$ 和 $\hat{B}$ 均为线性厄米算符。

分析 只要能够证明线性算符 $\hat{F}$ 分解成的两个算符 $\hat{A}$ 和 $\hat{B}$ 是线性厄米算符即可得证。或者说,只要能够找到线性厄米算符 $\hat{A}$ 和 $\hat{B}$,使得 $\hat{F}=\hat{A}+\mathrm{i}\hat{B}$ 即可。

证明 取 $\hat{A}=\frac{1}{2}(\hat{F}+\hat{F}^\dagger)$、$\hat{B}=\frac{1}{2\mathrm{i}}(\hat{F}-\hat{F}^\dagger)$,可以得到

$$\hat{A}+\mathrm{i}\hat{B}=\frac{1}{2}(\hat{F}+\hat{F}^\dagger)+\frac{1}{2}(\hat{F}-\hat{F}^\dagger)=\hat{F}$$

可见,$\hat{A}+\mathrm{i}\hat{B}$ 是 $\hat{F}$ 的一种分解办法。只需证明 $\hat{A}$ 和 $\hat{B}$ 都是线性厄米算符。

设 $c_1,c_2,\cdots$为任意常数,$u_1,u_2,\cdots$为任意函数,因为算符 $\hat{F}$ 和 $\hat{F}^\dagger$都是线性算符,则

$$\begin{aligned}\hat{A}(c_1u_1+c_2u_2+\cdots)&=\frac{1}{2}(\hat{F}+\hat{F}^\dagger)(c_1u_1+c_2u_2+\cdots)\\&=\frac{1}{2}\hat{F}(c_1u_1+c_2u_2+\cdots)+\frac{1}{2}\hat{F}^\dagger(c_1u_1+c_2u_2+\cdots)\\&=c_1\,\frac{1}{2}\hat{F}u_1+c_2\,\frac{1}{2}\hat{F}u_2+\cdots+c_1\,\frac{1}{2}\hat{F}^\dagger u_1+c_2\,\frac{1}{2}\hat{F}^\dagger u_2+\cdots\\&=c_1\,\frac{1}{2}(\hat{F}+\hat{F}^\dagger)u_1+c_2\,\frac{1}{2}(\hat{F}+\hat{F}^\dagger)u_2+\cdots=c_1\hat{A}u_1+c_2\hat{A}u_2+\cdots\end{aligned}$$

$$\begin{aligned}\hat{B}(c_1u_1+c_2u_2+\cdots)&=\frac{1}{2\mathrm{i}}(\hat{F}-\hat{F}^\dagger)(c_1u_1+c_2u_2+\cdots)\\&=\frac{1}{2\mathrm{i}}\hat{F}(c_1u_1+c_2u_2+\cdots)-\frac{1}{2\mathrm{i}}\hat{F}^\dagger(c_1u_1+c_2u_2+\cdots)\\&=c_1\,\frac{1}{2\mathrm{i}}\hat{F}u_1+c_2\,\frac{1}{2\mathrm{i}}\hat{F}u_2+\cdots-c_1\,\frac{1}{2\mathrm{i}}\hat{F}^\dagger u_1-c_2\,\frac{1}{2\mathrm{i}}\hat{F}^\dagger u_2-\cdots\\&=c_1\,\frac{1}{2\mathrm{i}}(\hat{F}-\hat{F}^\dagger)u_1+c_2\,\frac{1}{2\mathrm{i}}(\hat{F}-\hat{F}^\dagger)u_2+\cdots=c_1\hat{B}u_1+c_2\hat{B}u_2+\cdots\end{aligned}$$

因此,$\hat{A}=\frac{1}{2}(\hat{F}+\hat{F}^\dagger)$和 $\hat{B}=\frac{1}{2\mathrm{i}}(\hat{F}-\hat{F}^\dagger)$都是线性算符。

设 ψ 和 φ 为任意函数,因为算符 $\hat{F}$ 和 $\hat{F}^\dagger$都是线性算符,则

$$\int\psi^*\hat{A}\varphi\,\mathrm{d}\tau=\int\psi^*\,\frac{1}{2}(\hat{F}+\hat{F}^\dagger)\varphi\,\mathrm{d}\tau=\frac{1}{2}\int\psi^*\hat{F}\varphi\,\mathrm{d}\tau+\frac{1}{2}\int\psi^*\hat{F}^\dagger\varphi\,\mathrm{d}\tau$$

$$=\frac{1}{2}\int\varphi\tilde{\hat{F}}\psi^*\mathrm{d}\tau+\frac{1}{2}\int\varphi\widetilde{\hat{F}^\dagger}\psi^*\mathrm{d}\tau=\frac{1}{2}\int\varphi(\widetilde{\hat{F}^*}\psi)^*\mathrm{d}\tau+\frac{1}{2}\int\varphi\hat{F}^*\psi^*\mathrm{d}\tau$$

$$=\frac{1}{2}\int\varphi(\hat{F}^\dagger\psi)^*\mathrm{d}\tau+\frac{1}{2}\int\varphi(\hat{F}\psi)^*\mathrm{d}\tau=\frac{1}{2}\int\varphi(\hat{F}^\dagger\psi+\hat{F}\psi)^*\mathrm{d}\tau$$

$$=\int\varphi\left[\left(\frac{\hat{F}^\dagger+\hat{F}}{2}\right)\psi\right]^*\mathrm{d}\tau=\int\varphi(\hat{A}\psi)^*\mathrm{d}\tau$$

$$\int\psi^*\hat{B}\varphi\mathrm{d}\tau=\int\psi^*\frac{1}{2\mathrm{i}}(\hat{F}-\hat{F}^\dagger)\varphi\mathrm{d}\tau=\frac{1}{2\mathrm{i}}\int\psi^*\hat{F}\varphi\mathrm{d}\tau-\frac{1}{2\mathrm{i}}\int\psi^*\hat{F}^\dagger\varphi\mathrm{d}\tau$$

$$=\frac{1}{2\mathrm{i}}\int\varphi\tilde{\hat{F}}\psi^*\mathrm{d}\tau-\frac{1}{2\mathrm{i}}\int\varphi\widetilde{\hat{F}^\dagger}\psi^*\mathrm{d}\tau=\frac{1}{2\mathrm{i}}\int\varphi(\widetilde{\hat{F}^*}\psi)^*\mathrm{d}\tau-\frac{1}{2\mathrm{i}}\int\varphi\hat{F}^*\psi^*\mathrm{d}\tau$$

$$=\frac{1}{2\mathrm{i}}\int\varphi(\hat{F}^\dagger\psi)^*\mathrm{d}\tau-\frac{1}{2\mathrm{i}}\int\varphi(\hat{F}\psi)^*\mathrm{d}\tau=\frac{1}{2\mathrm{i}}\int\varphi(\hat{F}^\dagger\psi-\hat{F}\psi)^*\mathrm{d}\tau$$

$$=\int\varphi\left[\left(\frac{\hat{F}^\dagger-\hat{F}}{-2\mathrm{i}}\right)\psi\right]^*\mathrm{d}\tau=\int\varphi\left[\left(\frac{\hat{F}-\hat{F}^\dagger}{2\mathrm{i}}\right)\psi\right]^*\mathrm{d}\tau=\int\varphi(\hat{B}\psi)^*\mathrm{d}\tau$$

因此，$\hat{A}=\frac{1}{2}(\hat{F}+\hat{F}^\dagger)$ 和 $\hat{B}=\frac{1}{2\mathrm{i}}(\hat{F}-\hat{F}^\dagger)$ 都是厄米算符。

点评 任何一个线性算符 $\hat{F}$ 都可以分解为两个线性厄米算符 $\hat{A}$ 和 $\hat{B}$，而且

$$\hat{F}=\hat{A}+\mathrm{i}\hat{B};\hat{A}=\frac{1}{2}(\hat{F}+\hat{F}^\dagger),\hat{B}=\frac{1}{2\mathrm{i}}(\hat{F}-\hat{F}^\dagger)$$

例如，角动量升算符 $\hat{L}_+$ 就是分解为角动量分量算符 $\hat{L}_x$ 和 $\hat{L}_y$，而且

$$\hat{L}_+=\hat{L}_x+\mathrm{i}\hat{L}_y;\hat{L}_x=\frac{1}{2}(\hat{L}_++\hat{L}_+^\dagger),\hat{L}_y=\frac{1}{2\mathrm{i}}(\hat{L}_+-\hat{L}_+^\dagger)$$

当然，这种分解不是唯一的。反过来，根据实际需要，任何两个力学量算符(线性厄米算符)都可以构造成一个线性算符(可以是非力学量算符，可能不是厄米算符)。

【例 15-12】 设 $f(\hat{x})$ 和 $g(\hat{p}_x)$ 分别是坐标算符 $\hat{x}$ 和动量算符 $\hat{p}_x$ 的多项式，求证

$$[f(\hat{x}),\hat{p}_x]=\mathrm{i}\hbar\frac{\partial f(\hat{x})}{\partial\hat{x}},[\hat{x},g(\hat{p}_x)]=\mathrm{i}\hbar\frac{\partial g(\hat{p}_x)}{\partial\hat{p}_x}$$

分析 因为 $f(\hat{x})$ 和 $g(\hat{p}_x)$ 分别是坐标算符 $\hat{x}$ 和动量算符 $\hat{p}_x$ 的多项式，因此

$$f(\hat{x})=\sum_n a_n\hat{x}^n,g(\hat{p}_x)=\sum_n b_n\hat{p}_x{}^n$$

注意到求导 $\frac{\partial f(\hat{x})}{\partial\hat{x}}$ 和 $\frac{\partial g(\hat{p}_x)}{\partial\hat{p}_x}$ 是对多项式 $f(\hat{x})=\sum\limits_n a_n\hat{x}^n$ 和 $g(\hat{p}_x)=\sum\limits_n b_n\hat{p}_x^n$ 的降阶，而根据坐标算符 $\hat{x}$ 和动量算符 $\hat{p}_x$ 的对易关系，$[\hat{x},\hat{p}_x]=\hat{x}\hat{p}_x-\hat{p}_x\hat{x}=\mathrm{i}\hbar$，$\hat{x}\hat{p}_x=\hat{p}_x\hat{x}+\mathrm{i}\hbar$，坐标算符 $\hat{x}$ 作用到算符函数 $f(\hat{x})$ 上、动量算符 $\hat{p}_x$ 作用到算符函数 $g(\hat{p}_x)$ 上，也是对算符的降阶。

证明 令 $f(\hat{x})$ 和 $g(\hat{p}_x)$ 的多项式表示为

$$f(\hat{x})=\sum_n a_n\hat{x}^n,g(\hat{p}_x)=\sum_n b_n\hat{p}_x{}^n$$

(1)利用量子力学基本对易关系$[\hat{x},\hat{p}_x]=\hat{x}\hat{p}_x-\hat{p}_x\hat{x}=\mathrm{i}\hbar$,得到

$$
\begin{aligned}
[\hat{x}^n,\hat{p}_x]&=\hat{x}^n\hat{p}_x-\hat{p}_x\hat{x}^n=\hat{x}^n\hat{p}_x-(\hat{x}\hat{p}_x-\mathrm{i}\hbar)\hat{x}^{n-1}=\hat{x}^n\hat{p}_x+\mathrm{i}\hbar\hat{x}^{n-1}-\hat{x}\hat{p}_x\hat{x}^{n-1}\\
&=\hat{x}^n\hat{p}_x+\mathrm{i}\hbar\hat{x}^{n-1}-\hat{x}(\hat{x}\hat{p}_x-\mathrm{i}\hbar)\hat{x}^{n-2}\\
&=\hat{x}^n\hat{p}_x+\mathrm{i}\hbar\hat{x}^{n-1}-\hat{x}\hat{x}\hat{p}_x\hat{x}^{n-2}+\hat{x}\mathrm{i}\hbar\hat{x}^{n-2}\\
&=\hat{x}^n\hat{p}_x+2\mathrm{i}\hbar\hat{x}^{n-1}-\hat{x}^2\hat{p}_x\hat{x}^{n-2}=\cdots=\hat{x}^n\hat{p}_x+n\mathrm{i}\hbar\hat{x}^{n-1}-\hat{x}^n\hat{p}_x\\
&=n\mathrm{i}\hbar\hat{x}^{n-1}=\mathrm{i}\hbar\frac{\partial\hat{x}^n}{\partial\hat{x}}
\end{aligned}
$$

因此,由$f(\hat{x})=\sum_n a_n\hat{x}^n$,得到

$$
\begin{aligned}
[f(\hat{x}),\hat{p}_x]&=\left[\sum_n a_n\hat{x}^n,\hat{p}_x\right]=\sum_n a_n\hat{x}^n\hat{p}_x-\hat{p}_x\sum_n a_n\hat{x}^n=\sum_n a_n(\hat{x}^n\hat{p}_x-\hat{p}_x\hat{x}^n)\\
&=\sum_n a_n(n\mathrm{i}\hbar\hat{x}^{n-1})=\mathrm{i}\hbar\sum_n a_n(n\hat{x}^{n-1})=\mathrm{i}\hbar\sum_n a_n\left(\frac{\partial\hat{x}^n}{\partial\hat{x}}\right)\\
&=\mathrm{i}\hbar\frac{\partial}{\partial\hat{x}}\sum_n a_n\hat{x}^n=\mathrm{i}\hbar\frac{\partial f}{\partial\hat{x}}
\end{aligned}
$$

(2)利用量子力学基本对易关系$[\hat{x},\hat{p}_x]=\hat{x}\hat{p}_x-\hat{p}_x\hat{x}=\mathrm{i}\hbar$,得到

$$
\begin{aligned}
[\hat{x},\hat{p}_x^n]&=\hat{x}\hat{p}_x^n-\hat{p}_x^n\hat{x}=\hat{x}\hat{p}_x^n-\hat{p}_x^{n-1}(\hat{x}\hat{p}_x-\mathrm{i}\hbar)=\hat{x}\hat{p}_x^n+\mathrm{i}\hbar\hat{p}_x^{n-1}-\hat{p}_x^{n-1}\hat{x}\hat{p}_x\\
&=\hat{x}\hat{p}_x^n+\mathrm{i}\hbar\hat{p}_x^{n-1}-\hat{p}_x^{n-2}(\hat{x}\hat{p}_x-\mathrm{i}\hbar)\hat{p}_x\\
&=\hat{x}\hat{p}_x^n+\mathrm{i}\hbar\hat{p}^{n-1}-\hat{p}_x^{n-2}\hat{x}\hat{p}_x\hat{p}_x+\hat{p}_x^{n-2}\mathrm{i}\hbar\hat{p}_x\\
&=\hat{x}\hat{p}_x^n+2\mathrm{i}\hbar\hat{p}_x^{n-1}-\hat{p}_x^{n-2}\hat{x}\hat{p}_x^2=\cdots=\hat{x}\hat{p}_x^n+n\mathrm{i}\hbar\hat{p}_x^{n-1}-\hat{x}\hat{p}_x^n\\
&=n\mathrm{i}\hbar\hat{p}_x^{n-1}=\mathrm{i}\hbar\frac{\partial\hat{p}_x^n}{\partial\hat{p}_x}
\end{aligned}
$$

因此,由$g(\hat{p}_x)=\sum_n b_n\hat{p}_x^n$,得到

$$
\begin{aligned}
[\hat{x},g(\hat{p}_x)]&=\left[\hat{x},\sum_n b_n\hat{p}_x^n\right]=\hat{x}\sum_n b_n\hat{p}_x^n-\sum_n b_n\hat{p}_x^n\hat{x}=\sum_n b_n(\hat{x}\hat{p}_x^n-\hat{p}_x^n\hat{x})\\
&=\sum_n b_n(n\mathrm{i}\hbar\hat{p}_x^{n-1})=\mathrm{i}\hbar\sum_n b_n(n\hat{p}_x^{n-1})=\mathrm{i}\hbar\sum_n b_n\left(\frac{\partial\hat{p}_x^n}{\partial\hat{p}_x}\right)\\
&=\mathrm{i}\hbar\frac{\partial}{\partial\hat{p}_x}\sum_n b_n\hat{p}_x^n=\mathrm{i}\hbar\frac{\partial g}{\partial\hat{p}_x}
\end{aligned}
$$

点评 (1)这里巧妙地运用了坐标算符$\hat{x}$和动量算符$\hat{p}_x$的对易关系,$[\hat{x},\hat{p}_x]=\hat{x}\hat{p}_x-\hat{p}_x\hat{x}=\mathrm{i}\hbar$,$\hat{x}\hat{p}_x=\hat{p}_x\hat{x}+\mathrm{i}\hbar$,这是量子力学的基本对易关系。只要经典力学中存在的力学量的算符,都可以表示成坐标算符$\hat{x}$和动量算符$\hat{p}_x$的函数,都可以根据坐标算符$\hat{x}$和动量算符$\hat{p}_x$的对易关系导出这些力学量算符的对易关系。

(2)多项式算符$f(\hat{x})$和$g(\hat{p}_x)$是线性算符

设$c_1,c_2,\cdots$为任意常数,$u_1,u_2,\cdots$为任意函数,因为算符$\hat{x}$和$\hat{p}_x$都是线性算符,则

$$
f(\hat{x})(c_1u_1+c_2u_2+\cdots)=\sum_n a_n\hat{x}^n(c_1u_1+c_2u_2+\cdots)
$$

$$=\sum_n (c_1 a_n \hat{x}^n u_1 + c_2 a_n \hat{x}^n u_2 + \cdots)$$
$$=\sum_n c_1 a_n \hat{x}^n u_1 + \sum_n c_2 a_n \hat{x}^n u_2 + \cdots$$
$$=c_1\left(\sum_n a_n \hat{x}^n\right)u_1 + c_2\left(\sum_n a_n \hat{x}^n\right)u_2 + \cdots$$
$$=c_1 f(\hat{x})u_1 + c_2 f(\hat{x})u_2 + \cdots$$

$$g(\hat{p}_x)(c_1u_1 + c_2u_2 + \cdots) = \sum_n b_n \hat{p}_x^n (c_1u_1 + c_2u_2 + \cdots)$$
$$=\sum_n (c_1 b_n \hat{p}_x^n u_1 + c_2 b_n \hat{p}_x^n u_2 + \cdots)$$
$$=\sum_n c_1 b_n \hat{p}_x^n u_1 + \sum_n c_2 b_n \hat{p}_x^n u_2 + \cdots$$
$$=c_1\left(\sum_n b_n \hat{p}_x^n\right)u_1 + c_2\left(\sum_n b_n \hat{p}_x^n\right)u_2 + \cdots$$
$$=c_1 g(\hat{p}_x)u_1 + c_2 g(\hat{p}_x)u_2 + \cdots$$

可见,多项式算符 $f(\hat{x})$和 $g(\hat{p}_x)$都是线性算符。

(3)多项式算符 $f(\hat{x})$和 $g(\hat{p}_x)$是厄米算符

设 ψ 和 φ 为任意函数,因为力学量算符 $\hat{x}$ 和 $\hat{p}_x$ 都是厄米算符,则

$$\int \psi^* f(\hat{x})\varphi \mathrm{d}\tau = \int \psi^* \sum_n a_n \hat{x}^n \varphi \mathrm{d}\tau = \sum_n a_n \int \psi^* \hat{x}^n \varphi \mathrm{d}\tau = \sum_n a_n \int \psi^* \hat{x}\hat{x}^{n-1} \varphi \mathrm{d}\tau$$
$$=\sum_n a_n \int (\hat{x}\psi)^* (\hat{x}^{n-1}\varphi)\mathrm{d}\tau$$
$$=\sum_n a_n \int (\hat{x}\psi)^* \hat{x}(\hat{x}^{n-2}\varphi)\mathrm{d}\tau = \sum_n a_n \int (\hat{x}\hat{x}\psi)^* (\hat{x}^{n-2}\varphi)\mathrm{d}\tau$$
$$=\sum_n a_n \int (\hat{x}^2\psi)^* (\hat{x}^{n-2}\varphi)\mathrm{d}\tau$$
$$=\cdots = \sum_n a_n \int [(\hat{x}^n\psi)^*]\varphi \mathrm{d}\tau = \int \left[\sum_n a_n (\hat{x}^n\psi)^*\right]\varphi \mathrm{d}\tau$$
$$=\int \left[\sum_n a_n \hat{x}^n \psi^*\right]\varphi \mathrm{d}\tau = \int [f(\hat{x})\psi]^* \varphi \mathrm{d}\tau$$

$$\int \psi^* g(\hat{p}_x)\varphi \mathrm{d}\tau = \int \psi^* \sum_n b_n \hat{p}_x^n \varphi \mathrm{d}\tau = \sum_n b_n \int \psi^* \hat{p}_x^n \varphi \mathrm{d}\tau = \sum_n b_n \int \psi^* \hat{p}_x(\hat{p}_x^{n-1}\varphi)\mathrm{d}\tau$$
$$=\sum_n b_n \int (\hat{p}_x\psi)^* (\hat{p}_x^{n-1}\varphi)\mathrm{d}\tau = \sum_n b_n \int (\hat{p}_x\psi)^* \hat{p}_x(\hat{p}_x^{n-2}\varphi)\mathrm{d}\tau$$
$$=\sum_n b_n \int (\hat{p}_x\hat{p}_x\psi)^* (\hat{p}_x^{n-2}\varphi)\mathrm{d}\tau = \sum_n b_n \int (\hat{p}_x^2\psi)^* (\hat{p}_x^{n-2}\varphi)\mathrm{d}\tau = \cdots$$
$$=\sum_n b_n \int [(\hat{p}_x^n\psi)^*]\varphi \mathrm{d}\tau = \int \left[\sum_n b_n (\hat{p}_x^n\psi)^*\right]\varphi \mathrm{d}\tau$$
$$=\int \left[\sum_n b_n \hat{p}_x^n \psi^*\right]\varphi \mathrm{d}\tau = \int [g(\hat{p}_x)\psi]^* \varphi \mathrm{d}\tau$$

可见,多项式算符 $f(\hat{x})$和 $g(\hat{p}_x)$都是厄米算符。

【例 15-13】 已知质量为 m 的微观粒子做一维运动,量子体系的归一化波函数为

$$\psi(x) = \sqrt{\frac{\alpha}{\sqrt{\pi}}}\exp\left(-\frac{1}{2}\alpha^2 x^2\right), \alpha = \sqrt{\frac{m\omega}{\hbar}}, \omega \text{ 为常数}$$

如果势能函数表示为$U(x)=\frac{1}{2}m\omega^2x^2$,求势能的平均值$\overline{U}$。

分析 将势能函数表示为势能算符,$\widehat{U(x)}=\frac{1}{2}m\omega^2\hat{x}^2$;已知量子体系状态函数(波函数),由力学量平均值的方法即可求得势能平均值。

解 由量子力学中力学量平均值公式,得到势能平均值

$$
\begin{aligned}
\overline{U}&=\int\psi^*(x)\ \widehat{U(x)}\ \psi(x)\mathrm{d}x\\
&=\int_{-\infty}^{+\infty}\sqrt{\frac{\alpha}{\sqrt{\pi}}}\exp\left(-\frac{1}{2}\alpha^2x^2\right)\frac{1}{2}m\omega^2x^2\sqrt{\frac{\alpha}{\sqrt{\pi}}}\exp\left(-\frac{1}{2}\alpha^2x^2\right)\mathrm{d}x\\
&=\frac{\alpha m\omega^2}{2\sqrt{\pi}}\int_{-\infty}^{+\infty}x^2\exp(-\alpha^2x^2)\,\mathrm{d}x=-\frac{\alpha m\omega^2}{4\alpha^2\sqrt{\pi}}\int_{-\infty}^{+\infty}x\,\mathrm{d}\exp(-\alpha^2x^2)\\
&=-\frac{\alpha m\omega^2}{4\alpha^2\sqrt{\pi}}x\exp(-\alpha^2x^2)\Big|_{-\infty}^{+\infty}+\frac{\alpha m\omega^2}{4\alpha^2\sqrt{\pi}}\int_{-\infty}^{+\infty}\exp(-\alpha^2x^2)\,\mathrm{d}x\\
&=\frac{\alpha m\omega^2}{4\alpha^2\sqrt{\pi}}\int_{-\infty}^{+\infty}\exp(-\alpha^2x^2)\,\mathrm{d}x=\frac{\alpha m\omega^2}{4\alpha^2\sqrt{\pi}}\sqrt{\frac{\pi}{\alpha^2}}=\frac{m\omega^2}{4\alpha^2}=\frac{m\omega^2}{4m\omega/\hbar}=\frac{1}{4}\hbar\omega
\end{aligned}
$$

点评 (1) 动能平均值

$$
\begin{aligned}
\overline{T}&=\frac{\overline{p_x^2}}{2m}=\int\psi^*(x)\ \frac{\hat{p}_x^2}{2m}\psi(x)\mathrm{d}x=-\frac{\hbar^2}{2m}\int\psi^*(x)\ \frac{\partial^2}{\partial x^2}\psi(x)\mathrm{d}x\\
&=-\frac{\hbar^2}{2m}\frac{\alpha}{\sqrt{\pi}}\int_{-\infty}^{+\infty}\exp\left(-\frac{1}{2}\alpha^2x^2\right)\frac{\partial^2}{\partial x^2}\exp\left(-\frac{1}{2}\alpha^2x^2\right)\mathrm{d}x\\
&=-\frac{\hbar^2}{2m}\frac{\alpha}{\sqrt{\pi}}\int_{-\infty}^{+\infty}\exp\left(-\frac{1}{2}\alpha^2x^2\right)(-\alpha^2+\alpha^4x^2)\exp\left(-\frac{1}{2}\alpha^2x^2\right)\mathrm{d}x\\
&=\frac{\hbar^2}{2m}\frac{\alpha^3}{\sqrt{\pi}}\int_{-\infty}^{+\infty}\exp(-\alpha^2x^2)\,\mathrm{d}x-\frac{\hbar^2}{2m}\frac{\alpha^5}{\sqrt{\pi}}\int_{-\infty}^{+\infty}x^2\exp(-\alpha^2x^2)\,\mathrm{d}x\\
&=\frac{\hbar^2}{2m}\frac{\alpha^3}{\sqrt{\pi}}\frac{\sqrt{\pi}}{\alpha}-\frac{\hbar^2}{2m}\frac{\alpha^5}{\sqrt{\pi}}\frac{\sqrt{\pi}}{2\alpha^3}=\frac{\hbar^2\alpha^2}{4m}=\frac{\hbar^2(m\omega/\hbar)}{4m}=\frac{1}{4}\hbar\omega
\end{aligned}
$$

(2)平均能量

$$\overline{E}=\overline{T}+\overline{U}=\frac{1}{4}\hbar\omega+\frac{1}{4}\hbar\omega=\frac{1}{2}\hbar\omega$$

实际上,这是一维线性谐振子问题。量子体系处于$\psi(x)=\sqrt{\frac{\alpha}{\sqrt{\pi}}}\exp\left(-\frac{1}{2}\alpha^2x^2\right)$的状态,正是一维线性谐振子的基态。基态能量(能级)为

$$E_0=\hbar\omega\left(n+\frac{1}{2}\right)\Big|_{n=0}=\frac{1}{2}\hbar\omega$$

可见,一维线性谐振子体系处于基态时,能量的平均值等于基态能量;一维线性谐振子体系处于基态时,能量具有确定的值(基态能量);一维线性谐振子体系处于本征态(基态)时,能量具有确定的值,这一能量确定值就是本征态(基态)能量,即能量本征态的本征值。

(3)由平均值公式求能量平均值

归一化的一维线性谐振子体系基态波函数为(含时)

$$\psi(x,t)=\sqrt{\frac{\alpha}{\sqrt{\pi}}}\exp\left(-\frac{1}{2}\alpha^2x^2\right)\exp\left(-\frac{\mathrm{i}}{\hbar}E_0t\right)=\sqrt{\frac{\alpha}{\sqrt{\pi}}}\exp\left(-\frac{1}{2}\alpha^2x^2-\frac{\mathrm{i}}{\hbar}E_0t\right)$$

由能量算符 $\hat{E}=\mathrm{i}\hbar\dfrac{\partial}{\partial t}$ 可以得到基态能量平均值

$$\overline{E}=\int\psi^*(x,t)\hat{E}\psi(x,t)\mathrm{d}x=\mathrm{i}\hbar\int\psi^*(x,t)\frac{\partial}{\partial t}\psi(x,t)\mathrm{d}x$$

$$=\mathrm{i}\hbar\frac{\alpha}{\sqrt{\pi}}\int_{-\infty}^{+\infty}\exp\left(-\frac{1}{2}\alpha^2x^2+\frac{\mathrm{i}}{\hbar}E_0t\right)\frac{\partial}{\partial t}\exp\left(-\frac{1}{2}\alpha^2x^2-\frac{\mathrm{i}}{\hbar}E_0t\right)\mathrm{d}x$$

$$=\mathrm{i}\hbar\frac{\alpha}{\sqrt{\pi}}\left(-\frac{\mathrm{i}}{\hbar}E_0\right)\int_{-\infty}^{+\infty}\exp(-\alpha^2x^2)\mathrm{d}x=\frac{\alpha}{\sqrt{\pi}}E_0\frac{\sqrt{\pi}}{\alpha}=E_0=\frac{1}{2}\hbar\omega$$

(4) 位置(坐标) 平均值

$$\overline{x}=\int\psi^*(x)x\psi(x)\mathrm{d}x=\frac{\alpha}{\sqrt{\pi}}\int_{-\infty}^{+\infty}\exp\left(-\frac{1}{2}\alpha^2x^2\right)x\exp\left(-\frac{1}{2}\alpha^2x^2\right)\mathrm{d}x$$

$$=\frac{\alpha}{\sqrt{\pi}}\int_{-\infty}^{+\infty}x\exp(-\alpha^2x^2)\mathrm{d}x=0$$

(5) 动量平均值

$$\overline{p_x}=\int\psi^*(x)\hat{p}_x\psi(x)\mathrm{d}x=\frac{\alpha}{\sqrt{\pi}}\int_{-\infty}^{+\infty}\exp\left(-\frac{1}{2}\alpha^2x^2\right)\frac{\hbar}{\mathrm{i}}\frac{\mathrm{d}}{\mathrm{d}x}\exp\left(-\frac{1}{2}\alpha^2x^2\right)\mathrm{d}x$$

$$=\frac{\hbar}{\mathrm{i}}\frac{\alpha}{\sqrt{\pi}}(-\alpha^2)\int_{-\infty}^{+\infty}x\exp(-\alpha^2x^2)\mathrm{d}x=0$$

(6) 一维线性谐振子体系动量表象的基态波函数

由坐标表象的基态波函数经过傅立叶变换得到动量表象的基态波函数

$$c(p_x,t)=\frac{1}{(2\pi\hbar)^{\frac{1}{2}}}\int_{-\infty}^{+\infty}\psi(x,t)\exp\left(-\frac{\mathrm{i}}{\hbar}p_xx\right)\mathrm{d}x$$

$$=\frac{1}{(2\pi\hbar)^{\frac{1}{2}}}\int_{-\infty}^{+\infty}\sqrt{\frac{\alpha}{\sqrt{\pi}}}\exp\left(-\frac{1}{2}\alpha^2x^2-\frac{\mathrm{i}}{\hbar}E_0t\right)\exp\left(-\frac{\mathrm{i}}{\hbar}p_xx\right)\mathrm{d}x$$

$$=\frac{1}{(2\pi\hbar)^{\frac{1}{2}}}\sqrt{\frac{\alpha}{\sqrt{\pi}}}\exp\left(-\frac{\mathrm{i}}{\hbar}E_0t\right)\int_{-\infty}^{+\infty}\exp\left(-\frac{1}{2}\alpha^2x^2-\frac{\mathrm{i}}{\hbar}p_xx\right)\mathrm{d}x$$

$$=\frac{1}{(2\pi\hbar)^{\frac{1}{2}}}\sqrt{\frac{\alpha}{\sqrt{\pi}}}\exp\left(-\frac{p_x^2}{2\alpha^2\hbar^2}\right)\exp\left(-\frac{\mathrm{i}}{\hbar}E_0t\right)\int_{-\infty}^{+\infty}\exp\left[-\frac{\alpha^2}{2}\left(x+\frac{\mathrm{i}p_x}{\hbar\alpha^2}\right)^2\right]\mathrm{d}x$$

$$=\frac{1}{(2\pi\hbar)^{\frac{1}{2}}}\sqrt{\frac{\alpha}{\sqrt{\pi}}}\exp\left(-\frac{p_x^2}{2\alpha^2\hbar^2}\right)\exp\left(-\frac{\mathrm{i}}{\hbar}E_0t\right)\frac{\sqrt{\pi}}{\alpha/\sqrt{2}}$$

$$c(p_x,t)=\sqrt{\frac{1}{\alpha\hbar\sqrt{\pi}}}\exp\left(-\frac{p_x^2}{2\alpha^2\hbar^2}\right)\exp\left(-\frac{\mathrm{i}}{\hbar}E_0t\right),c(p_x)=\sqrt{\frac{1}{\alpha\hbar\sqrt{\pi}}}\exp\left(-\frac{p_x^2}{2\alpha^2\hbar^2}\right)$$

(7) 由动量表象的基态波函数求动量平均值

$$\overline{p_x}=\int c^*(p_x,t)p_x c(p_x,t)\mathrm{d}p_x=\int|c(p_x,t)|^2 p_x\mathrm{d}p_x$$

$$=\frac{1}{\alpha\hbar\sqrt{\pi}}\int_{-\infty}^{+\infty}\left|\exp\left(-\frac{p_x^2}{2\alpha^2\hbar^2}\right)\exp\left(-\frac{\mathrm{i}}{\hbar}E_0 t\right)\right|^2 p_x\mathrm{d}p_x$$

$$=\frac{1}{\alpha\hbar\sqrt{\pi}}\int_{-\infty}^{+\infty}\exp\left(-\frac{p_x^2}{\alpha^2\hbar^2}\right)p_x\mathrm{d}p_x=0$$

(8) 由动量表象的基态波函数求动量平方平均值

$$\overline{p_x^2}=\int c^*(p_x,t)p_x^2 c(p_x,t)\mathrm{d}p_x=\int|c(p_x,t)|^2 p_x^2\mathrm{d}p_x$$

$$=\frac{1}{\alpha\hbar\sqrt{\pi}}\int_{-\infty}^{+\infty}\left|\exp\left(-\frac{p_x^2}{2\alpha^2\hbar^2}\right)\exp\left(-\frac{\mathrm{i}}{\hbar}E_0 t\right)\right|^2 p_x^2\mathrm{d}p_x$$

$$=\frac{1}{\alpha\hbar\sqrt{\pi}}\int_{-\infty}^{+\infty}\exp\left(-\frac{p_x^2}{\alpha^2\hbar^2}\right)p_x^2\mathrm{d}p_x=\frac{1}{\alpha\hbar\sqrt{\pi}}\frac{\sqrt{\pi}}{2/(\alpha\hbar)^3}=\frac{1}{2}(\alpha\hbar)^2=\frac{1}{2}m\hbar\omega$$

由此,得到平均动能,$\overline{T}=\overline{p_x^2}/2m=\hbar\omega/4$。

【例 15-14】 如果微观粒子在一维无限深势阱($0\sim a$)中运动,量子体系的波函数为

$$\psi(x)=\frac{\sqrt{3}}{2}\psi_1(x)+\frac{1}{2}\psi_2(x);\psi_1(x)=\sqrt{\frac{2}{a}}\sin\frac{\pi x}{a},\psi_2(x)=\sqrt{\frac{2}{a}}\sin\frac{2\pi x}{a}$$

即量子体系只能处于基态和第一激发态。求平均动能。

分析 在势阱内,势能为零,动能为微观粒子的全部能量。由量子体系的状态可以写出(含时)波函数,再由能量算符$\hat{E}=\mathrm{i}\hbar\frac{\partial}{\partial t}$,即可求得能量平均值。注意,不同本征态的本征能量值是不同的;量子体系处于 $n=1$ 与 $n=2$ 的叠加状态。

解 t 时刻波函数(量子体系的状态)表示为(含时)

$$\psi(x,t)=\frac{\sqrt{3}}{2}\psi_1(x,t)+\frac{1}{2}\psi_2(x,t)$$

$$=\sqrt{\frac{3}{2a}}\sin\left(\frac{\pi x}{a}\right)\exp\left(-\frac{\mathrm{i}}{\hbar}E_1 t\right)+\sqrt{\frac{1}{2a}}\sin\frac{2\pi x}{a}\exp\left(-\frac{\mathrm{i}}{\hbar}E_2 t\right)$$

量子体系处于 $n=1$ 与 $n=2$ 的叠加状态。

由能量算符$\hat{E}=\mathrm{i}\hbar\frac{\partial}{\partial t}$,得到能量平均值(无限深势阱中粒子的动能平均值)

$$\overline{E}=\int\psi^*(x,t)\hat{E}\psi(x,t)\mathrm{d}x$$

$$=\int\left(\frac{\sqrt{3}}{2}\psi_1(x,t)+\frac{1}{2}\psi_2(x,t)\right)^*\mathrm{i}\hbar\frac{\partial}{\partial t}\left(\frac{\sqrt{3}}{2}\psi_1(x,t)+\frac{1}{2}\psi_2(x,t)\right)\mathrm{d}x$$

$$=\int_0^a\left\{\begin{array}{l}\left[\sqrt{\frac{3}{2a}}\sin\left(\frac{\pi x}{a}\right)\exp\left(\frac{\mathrm{i}}{\hbar}E_1 t\right)+\sqrt{\frac{1}{2a}}\sin\left(\frac{2\pi x}{a}\right)\exp\left(\frac{\mathrm{i}}{\hbar}E_2 t\right)\right]\\ \mathrm{i}\hbar\frac{\partial}{\partial t}\left[\sqrt{\frac{3}{2a}}\sin\left(\frac{\pi x}{a}\right)\exp\left(-\frac{\mathrm{i}}{\hbar}E_1 t\right)+\sqrt{\frac{1}{2a}}\sin\left(\frac{2\pi x}{a}\right)\exp\left(-\frac{\mathrm{i}}{\hbar}E_2 t\right)\right]\end{array}\right\}\mathrm{d}x$$

$$=\int_0^a \left\{ \begin{array}{l} \left[\sqrt{\frac{3}{2a}}\sin\left(\frac{\pi x}{a}\right)\exp\left(\frac{\mathrm{i}}{\hbar}E_1 t\right)+\sqrt{\frac{1}{2a}}\sin\left(\frac{2\pi x}{a}\right)\exp\left(\frac{\mathrm{i}}{\hbar}E_2 t\right)\right] \\ \left[E_1\sqrt{\frac{3}{2a}}\sin\left(\frac{\pi x}{a}\right)\exp\left(-\frac{\mathrm{i}}{\hbar}E_1 t\right)+E_2\sqrt{\frac{1}{2a}}\sin\left(\frac{2\pi x}{a}\right)\exp\left(-\frac{\mathrm{i}}{\hbar}E_2 t\right)\right] \end{array} \right\}\mathrm{d}x$$

$$=\int_0^a \left\{ \begin{array}{l} \frac{3}{2a}E_1\sin^2\left(\frac{\pi x}{a}\right)+E_1\frac{\sqrt{3}}{2a}\sin\left(\frac{\pi x}{a}\right)\sin\left(\frac{2\pi x}{a}\right)\exp\left(\mathrm{i}\frac{E_2-E_1}{\hbar}t\right)+ \\ \frac{1}{2a}E_2\sin^2\left(\frac{2\pi x}{a}\right)+E_2\frac{\sqrt{3}}{2a}\sin\left(\frac{\pi x}{a}\right)\sin\left(\frac{2\pi x}{a}\right)\exp\left(\mathrm{i}\frac{E_1-E_2}{\hbar}t\right) \end{array} \right\}\mathrm{d}x$$

$$=\frac{3}{2a}E_1\int_0^a\sin^2\left(\frac{\pi x}{a}\right)\mathrm{d}x+\frac{1}{2a}E_2\int_0^a\sin^2\left(\frac{2\pi x}{a}\right)\mathrm{d}x+$$

$$(E_1+E_2)\frac{\sqrt{3}}{2a}\cos\left(\frac{E_1-E_2}{\hbar}t\right)\int_0^a\sin\left(\frac{\pi x}{a}\right)\sin\left(\frac{2\pi x}{a}\right)\mathrm{d}x-$$

$$\mathrm{i}(E_1-E_2)\frac{\sqrt{3}}{2a}\sin\left(\frac{E_1-E_2}{\hbar}t\right)\int_0^a\sin\left(\frac{\pi x}{a}\right)\sin\left(\frac{2\pi x}{a}\right)\mathrm{d}x$$

$$=\frac{3}{2a}E_1\ \frac{1}{2}a+\frac{1}{2a}E_2\ \frac{1}{2}a+0+0=\frac{3}{4}E_1+\frac{1}{4}E_2=\frac{3}{4}\ \frac{\pi^2\hbar^2}{2ma^2}+\frac{\pi^2\hbar^2}{2ma^2}=\frac{7\pi^2\hbar^2}{8ma^2}$$

点评　(1)实际上,可以由状态(波函数)直接求能量平均值。由状态波函数

$$\psi(x,t)=\frac{\sqrt{3}}{2}\psi_1(x,t)+\frac{1}{2}\psi_2(x,t)=c_1\psi_1(x,t)+c_2\psi_2(x,t)$$

可见,量子体系处于本征态 $\psi_1(x,t)$(基态)和本征态 $\psi_2(x,t)$(第一激发态)的概率为

$$W_1=|c_1|^2=\left|\frac{\sqrt{3}}{2}\right|^2=\frac{3}{4},W_2=|c_2|^2=\left|\frac{1}{2}\right|^2=\frac{1}{4}$$

因此,量子体系的平均能量,即无限深势阱中粒子的动能平均值为

$$\overline{E}=W_1E_1+W_2E_2=|c_1|^2E_1+|c_2|^2E_2=\frac{3}{4}E_1+\frac{1}{4}E_2=\frac{7\pi^2\hbar^2}{8ma^2}$$

(2)粒子平均位置(坐标平均值)

$$\overline{x}=\int\psi^*(x,t)x\psi(x,t)\mathrm{d}x$$

$$=\int\left[\frac{\sqrt{3}}{2}\psi_1(x,t)+\frac{1}{2}\psi_2(x,t)\right]^* x\left[\frac{\sqrt{3}}{2}\psi_1(x,t)+\frac{1}{2}\psi_2(x,t)\right]\mathrm{d}x$$

$$=\int_0^a \left\{ \begin{array}{l} \left[\sqrt{\frac{3}{2a}}\sin\left(\frac{\pi x}{a}\right)\exp\left(\frac{\mathrm{i}}{\hbar}E_1 t\right)+\sqrt{\frac{1}{2a}}\sin\left(\frac{2\pi x}{a}\right)\exp\left(\frac{\mathrm{i}}{\hbar}E_2 t\right)\right] \\ x\left[\sqrt{\frac{3}{2a}}\sin\left(\frac{\pi x}{a}\right)\exp\left(-\frac{\mathrm{i}}{\hbar}E_1 t\right)+\sqrt{\frac{1}{2a}}\sin\left(\frac{2\pi x}{a}\right)\exp\left(-\frac{\mathrm{i}}{\hbar}E_2 t\right)\right] \end{array} \right\}\mathrm{d}x$$

$$=\int_0^a \left\{ \begin{array}{l} \frac{3}{2a}x\sin^2\left(\frac{\pi x}{a}\right)+x\frac{\sqrt{3}}{2a}\sin\left(\frac{\pi x}{a}\right)\sin\left(\frac{2\pi x}{a}\right)\exp\left(\mathrm{i}\frac{E_2-E_1}{\hbar}t\right)+ \\ \frac{1}{2a}x\sin^2\left(\frac{2\pi x}{a}\right)+x\frac{\sqrt{3}}{2a}\sin\left(\frac{\pi x}{a}\right)\sin\left(\frac{2\pi x}{a}\right)\exp\left(\mathrm{i}\frac{E_1-E_2}{\hbar}t\right) \end{array} \right\}\mathrm{d}x$$

$$=\int_0^a \left\{\begin{aligned}&\frac{3}{2a}x\sin^2\left(\frac{\pi x}{a}\right)+\frac{1}{2a}x\sin^2\left(\frac{2\pi x}{a}\right)+\\&x\frac{\sqrt{3}}{a}\sin\left(\frac{\pi x}{a}\right)\sin\left(\frac{2\pi x}{a}\right)\cos\left(\frac{E_1-E_2}{\hbar}t\right)\end{aligned}\right\}dx$$

$$=\frac{3}{2a}\int_0^a x\sin^2\left(\frac{\pi x}{a}\right)dx+\frac{1}{2a}\int_0^a x\sin^2\left(\frac{2\pi x}{a}\right)dx+$$

$$\frac{\sqrt{3}}{a}\cos\left(\frac{E_1-E_2}{\hbar}t\right)\int_0^a x\sin\left(\frac{\pi x}{a}\right)\sin\left(\frac{2\pi x}{a}\right)dx$$

$$=\frac{3}{2a}\frac{a^2}{4}+\frac{1}{2a}\frac{a^2}{4}+0=\frac{1}{2}a$$

(3) 动量平均值

$$\overline{p_x}=\int\psi^*(x)\hat{p}_x\psi(x)dx$$

$$=\int\left[\frac{\sqrt{3}}{2}\psi_1(x)+\frac{1}{2}\psi_2(x)\right]^*\frac{\hbar}{i}\frac{d}{dx}\left[\frac{\sqrt{3}}{2}\psi_1(x)+\frac{1}{2}\psi_2(x)\right]dx$$

$$=\frac{\hbar}{i}\int_0^a\left\{\begin{aligned}&\left[\sqrt{\frac{3}{2a}}\sin\left(\frac{\pi x}{a}\right)+\sqrt{\frac{1}{2a}}\sin\left(\frac{2\pi x}{a}\right)\right]\\&\left[\frac{\pi}{a}\sqrt{\frac{3}{2a}}\cos\left(\frac{\pi x}{a}\right)+\frac{2\pi}{a}\sqrt{\frac{1}{2a}}\cos\left(\frac{2\pi x}{a}\right)\right]\end{aligned}\right\}dx$$

$$=\frac{\hbar}{i}\frac{\pi}{2a^2}\int_0^a\left[\begin{aligned}&3\sin\left(\frac{\pi x}{a}\right)\cos\left(\frac{\pi x}{a}\right)+2\sin\left(\frac{2\pi x}{a}\right)\cos\left(\frac{2\pi x}{a}\right)+\\&2\sqrt{3}\sin\left(\frac{\pi x}{a}\right)\cos\left(\frac{2\pi x}{a}\right)+\sqrt{3}\sin\left(\frac{2\pi x}{a}\right)\cos\left(\frac{\pi x}{a}\right)\end{aligned}\right]dx$$

$$=\frac{\hbar}{i}\frac{3\pi}{2a^2}\int_0^a\sin\left(\frac{\pi x}{a}\right)\cos\left(\frac{\pi x}{a}\right)dx+\frac{\hbar}{i}\frac{\pi}{a^2}\int_0^a\sin\left(\frac{2\pi x}{a}\right)\cos\left(\frac{2\pi x}{a}\right)dx+$$

$$\frac{\hbar}{i}\frac{\pi\sqrt{3}}{a^2}\int_0^a\sin\left(\frac{\pi x}{a}\right)\cos\left(\frac{2\pi x}{a}\right)dx+\frac{\hbar}{i}\frac{\pi\sqrt{3}}{2a^2}\int_0^a\sin\left(\frac{2\pi x}{a}\right)\cos\left(\frac{\pi x}{a}\right)dx=0$$

(4) 动量平方平均值

$$\overline{p_x^2}=\int\psi^*(x)\hat{p}_x^2\psi(x)dx$$

$$=-\hbar^2\int\left[\frac{\sqrt{3}}{2}\psi_1(x)+\frac{1}{2}\psi_2(x)\right]^*\frac{d^2}{dx^2}\left[\frac{\sqrt{3}}{2}\psi_1(x)+\frac{1}{2}\psi_2(x)\right]dx$$

$$=-\hbar^2\int_0^a\left\{\begin{aligned}&\left[\sqrt{\frac{3}{2a}}\sin\left(\frac{\pi x}{a}\right)+\sqrt{\frac{1}{2a}}\sin\left(\frac{2\pi x}{a}\right)\right]\\&\left[-\frac{\pi^2}{a^2}\sqrt{\frac{3}{2a}}\sin\left(\frac{\pi x}{a}\right)-\frac{4\pi^2}{a^2}\sqrt{\frac{1}{2a}}\sin\left(\frac{2\pi x}{a}\right)\right]\end{aligned}\right\}dx$$

$$=\frac{\pi^2\hbar^2}{2a^3}\int_0^a\left[\begin{aligned}&3\sin\left(\frac{\pi x}{a}\right)\sin\left(\frac{\pi x}{a}\right)+4\sin\left(\frac{2\pi x}{a}\right)\sin\left(\frac{2\pi x}{a}\right)+\\&4\sqrt{3}\sin\left(\frac{\pi x}{a}\right)\sin\left(\frac{2\pi x}{a}\right)+\sqrt{3}\sin\left(\frac{2\pi x}{a}\right)\sin\left(\frac{\pi x}{a}\right)\end{aligned}\right]dx$$

$$
=\frac{3\pi^2\hbar^2}{2a^3}\int_0^a \sin^2\left(\frac{\pi x}{a}\right)\mathrm{d}x+\hbar^2\,\frac{2\pi^2}{a^3}\int_0^a \sin^2\left(\frac{2\pi x}{a}\right)\mathrm{d}x+
$$

$$
\frac{2\pi^2\hbar^2\sqrt{3}}{a^3}\int_0^a \sin\left(\frac{\pi x}{a}\right)\sin\left(\frac{2\pi x}{a}\right)\mathrm{d}x+\frac{\pi^2\hbar^2\sqrt{3}}{2a^3}\int_0^a \sin\left(\frac{2\pi x}{a}\right)\sin\left(\frac{\pi x}{a}\right)\mathrm{d}x
$$

$$
=\frac{3\pi^2\hbar^2}{2a^3}\,\frac{1}{2}a+\frac{2\pi^2\hbar^2}{a^3}\,\frac{1}{2}a+0+0=\frac{7\pi^2\hbar^2}{4a^3}
$$

由此，还能得到平均动能

$$
\overline{T}=\frac{\overline{p_x^2}}{2m}=\frac{7\pi^2\hbar^2}{8ma^3}
$$

(5) 动量表象下的波函数

$$
c(p_x)=\frac{1}{(2\pi\hbar)^{\frac{1}{2}}}\int_{-\infty}^{+\infty}\psi(x)\exp\left(-\frac{\mathrm{i}}{\hbar}p_x x\right)\mathrm{d}x
$$

$$
=\frac{1}{(2\pi\hbar)^{\frac{1}{2}}}\int_0^a\left[\sqrt{\frac{3}{2a}}\sin\left(\frac{\pi x}{a}\right)+\sqrt{\frac{1}{2a}}\sin\left(\frac{2\pi x}{a}\right)\right]\exp\left(-\frac{\mathrm{i}}{\hbar}p_x x\right)\mathrm{d}x
$$

$$
=\frac{\sqrt{3}}{2\sqrt{\pi\hbar a}}\int_0^a \sin\left(\frac{\pi x}{a}\right)\exp\left(\frac{p_x x}{\mathrm{i}\hbar}\right)\mathrm{d}x+\frac{1}{2\sqrt{\pi\hbar a}}\int_0^a \sin\left(\frac{2\pi x}{a}\right)\exp\left(\frac{p_x x}{\mathrm{i}\hbar}\right)\mathrm{d}x
$$

$$
=\frac{\sqrt{3}\hbar^2}{2(\pi\hbar a)^{\frac{1}{2}}}\,\frac{\pi a+\pi a\exp\left(\frac{p_x a}{\mathrm{i}\hbar}\right)}{\pi^2\hbar^2-a^2p_x^2}+0=\frac{\hbar\sqrt{3\pi a\hbar}}{2(\pi^2\hbar^2-a^2p_x^2)}\left[1+\exp\left(\frac{p_x a}{\mathrm{i}\hbar}\right)\right]
$$

复习思考题

15-1 什么是量子力学？什么是矩阵力学？什么是波动力学？什么是相对论量子力学？

15-2 什么是波函数？

15-3 什么是概率波？什么是概率幅？

15-4 波函数具有什么性质？什么是波函数的标准条件？什么是波函数的归一化条件？

15-5 简述量子态叠加原理。

15-6 如何由坐标表象的波函数求得动量表象的波函数？

15-7 最一般的薛定谔方程的形式是什么？

15-8 在直角坐标系中动量算符和动能算符的形式怎样表示？

15-9 在保守力场中的哈密顿算符如何表示？

15-10 什么是定态？量子体系定态波函数有何特点？

15-11 简述定态薛定谔方程。

15-12 什么是一维无限深势阱？

15-13 简述粒子在一维无限深势阱中运动时，量子体系能量本征值、本征波函数以及概率密度分布的特点。

15-14 什么是算符？量子力学中，表示力学量的算符必须是什么样的算符？

15-15　量子力学的基本力学量算符都有哪些？量子力学中如何确定力学量的算符？

15-16　什么是线性算符？

15-17　什么是力学量算符的对易关系？

15-18　什么是力学量算符的本征值和本征函数？

15-19　什么是简并？

15-20　什么是波函数的标积？

15-21　什么是力学量算符的转置？

15-22　什么是力学量算符的厄米共轭？

15-23　什么是厄米算符？

15-24　什么是幺正算符？

15-25　什么是厄米算符本征函数的正交性？

15-26　什么是厄米算符的完备性？

15-27　简述坐标算符的线性、厄米性和对易关系。

15-28　简述动量算符的线性、厄米性和对易关系。

15-29　简述量子力学的基本对易关系。

15-30　简述角动量算符在笛卡尔直角坐标系下的表示。

15-31　简述角动量分量算符之间以及角动量算符与角动量分量算符之间的对易关系。

15-32　简述角动量分量算符以及角动量算符与坐标之间的对易关系。

15-33　简述角动量分量算符与动量分量算符的对易关系。

15-34　简述角动量平方算符的线性、厄米性和对易关系。

15-35　简述动能算符的线性、厄米性。

15-36　简述哈密顿算符的线性、厄米性。

15-37　在球坐标系下，如何表示拉普拉斯算符？

15-38　在球坐标系下，如何表示角动量分量算符？

15-39　在球坐标系下，如何表示角动量平方算符？

15-40　在球坐标系下，如何表示动能算符？

15-41　在球坐标系下，如何表示辏力场(有心力场)中的哈密顿算符？

15-42　在量子力学中，如何定义力学量的平均值？

15-43　写出量子体系中粒子坐标平均值的表达式。

15-44　写出量子体系中粒子动量平均值的表达式。

15-45　写出量子体系中粒子动量平方平均值的表达式。

15-46　写出量子体系中粒子角动量平均值的表达式。

15-47　写出量子体系中粒子角动量平方平均值的表达式。

15-48　写出量子体系中粒子动能平均值的表达式。

15-49　写出在球坐标系下，量子体系中粒子动能平均值的表达式。

15-50　写出在辏力场(有心力场)中，量子体系能量(哈密顿量)平均值的表达式。

15-51　量子体系处于本征态时的力学量测量值是什么？

15-52 量子体系处于非本征态时的力学量测量值是什么？

15-53 简述量子体系力学量算符有共同本征函数系的充要条件。

15-54 写出不确定关系的一般表达式。

15-55 什么是表象？在具体表象中如何表示波函数？

15-56 如何将量子体系的态（波函数）在具体表象中用矩阵表示？

15-57 如何将量子体系的力学量算符在具体表象中用矩阵表示？

15-58 如何将波函数的归一化条件在具体表象中用矩阵表示？

15-59 如何将薛定谔方程在具体表象中用矩阵表示？

15-60 如何将本征方程在具体表象中用矩阵表示？

15-61 如何由矩阵形式的本征方程求力学量算符的本征值和本征态？

15-62 如何将力学量平均值公式在具体表象中用矩阵表示？

第十六章 定态薛定谔方程的基本应用

解决量子体系的微观粒子运动问题需要解薛定谔方程。如果量子体系的势能函数不随时间变化，则量子体系处于定态。量子体系处于定态时，尽管体系的波函数依然与时间相关，但在由波函数求解体系力学量时，时间部分一般可以自动消除，从而得到量子体系力学量不随时间变化的值。定态薛定谔方程实际上是量子体系能量本征值方程，由定态薛定谔方程可以得到量子体系能量的固有值（本征值）。势能函数和边界条件决定了微观粒子在势场中的运动，微观粒子在不同势场中的运动是千差万别的。

第一节　粒子在中心力场中的运动

有心力场，也称为辏力场，如库仑力场，这是一类非常重要的力场。如果微观粒子在有心力场中运动，势能 $U(\boldsymbol{r})=U(r)$ 只是微观粒子到力心距离 r 的函数，一般来说是球对称函数。这样，解决有心力场的问题，采用球坐标系比较方便。由哈密顿算符在球坐标系下的表示可见，哈密顿算符可以分解为与径向距离 r 有关的部分、与纬度角 θ 有关的部分和与经度角 φ 有关的部分。与此对应，定态波函数可以分离变量为三个部分，定态薛定谔方程可以在球极坐标中分离为三个常微分方程。有心力场的这些性质在物质结构的研究中发挥着重要的作用。

一、有心力场中的薛定谔方程

对于有心力场，在球坐标下定态薛定谔方程表示为

$$\hat{H}\psi(r,\theta,\varphi)=\left[-\frac{\hbar^2}{2\mu}\nabla^2+U(r)\right]\psi(r,\theta,\varphi)=E\psi(r,\theta,\varphi) \tag{16-1-1}$$

$$\nabla^2=\frac{1}{r^2}\frac{\partial}{\partial r}\left(r^2\frac{\partial}{\partial r}\right)+\frac{1}{r^2\sin\theta}\frac{\partial}{\partial\theta}\left(\sin\theta\frac{\partial}{\partial\theta}\right)+\frac{1}{r^2\sin^2\theta}\frac{\partial^2}{\partial\varphi^2} \tag{16-1-2}$$

μ 为微观粒子的质量。要特别注意的是，这个方程是哈密顿算符（这里是能量算符）的本征值方程，其中的常数 E 就是能量本征值，方程的解 $\psi(r,\theta,\varphi)$ 是与能量本征值 E 对应的波函数。

还要注意，有心力场哈密顿算符 $\hat{H}$ 可以分为只与角动量平方算符 $\hat{L}^2$ 有关的部分、只与径向动量平方算符 $\hat{p}_r^2=(-\mathrm{i}\hbar\nabla_r)^2=-\hbar^2\dfrac{\partial^2}{\partial r^2}$ 有关的部分和势能 $U(r)$（只与径向有关）部分

$$\hat{H}=\frac{\hat{p}_r^2}{2\mu}+\frac{\hat{L}^2}{2\mu r^2}+U(r) \tag{16-1-3}$$

因此，对于有心力场，球坐标下定态薛定谔方程还可以表示为

$$\left[-\frac{\hbar^2}{2\mu}\frac{\partial^2}{\partial r^2}+\frac{\hat{L}^2}{2\mu r^2}+U(r)\right]\psi=E\psi \tag{16-1-4}$$

哈密顿算符的第一项表示与平动有关的径向动能，第二项表示与转动有关的离心势能。

由于定态薛定谔方程（能量本征值方程）的哈密顿算符明显地分成径向(r)和角向(θ,φ)部分，可以用分离变量方法求解方程。设 ψ 可以写为两个函数 $R(r)$ 和 $Y(\theta,\varphi)$ 的乘积

$$\psi(r,\theta,\varphi)=R(r)Y(\theta,\varphi)=R(r)\Theta(\theta)\Phi(\varphi),Y(\theta,\varphi)=\Theta(\theta)\Phi(\varphi) \tag{16-1-5}$$

其中，$R(r)$ 仅是 r 的函数，称为径向函数；$Y(\theta,\varphi)$ 仅是 θ 和 φ 的函数，称为球谐函数。将 $\psi(r,\theta,\varphi)=R(r)Y(\theta,\varphi)$ 代回定态薛定谔方程，得到

$$-\frac{\hbar^2}{2\mu r^2}\left[Y\frac{\partial}{\partial r}\left(r^2\frac{\partial R}{\partial r}\right)+\frac{R}{\sin\theta}\frac{\partial}{\partial\theta}\left(\sin\theta\frac{\partial Y}{\partial\theta}\right)+\frac{R}{\sin^2\theta}\frac{\partial^2 Y}{\partial\varphi^2}\right]+U(r)RY=ERY$$

$$-\frac{\hbar^2}{2\mu r^2}\left[\frac{1}{R}\frac{\partial}{\partial r}\left(r^2\frac{\partial R}{\partial r}\right)+\frac{1}{Y\sin\theta}\frac{\partial}{\partial\theta}\left(\sin\theta\frac{\partial Y}{\partial\theta}\right)+\frac{1}{Y\sin^2\theta}\frac{\partial^2 Y}{\partial\varphi^2}\right]+U(r)=E$$

$$\frac{1}{R}\frac{\mathrm{d}}{\mathrm{d}r}\left(r^2\frac{\mathrm{d}R}{\mathrm{d}r}\right)+\frac{2\mu r^2}{\hbar^2}[E-U(r)]=-\frac{1}{Y}\left[\frac{1}{\sin\theta}\frac{\partial}{\partial\theta}\left(\sin\theta\frac{\partial Y}{\partial\theta}\right)+\frac{1}{\sin^2\theta}\frac{\partial^2 Y}{\partial\varphi^2}\right]$$

这等式的左边只与变数 r 有关，而右边只与 θ,φ 有关。因为 r,θ 和 φ 都是独立变数，所以要等式成立，则等式两边必须都等于同一个常数。以 λ 表示这个常数，于是等式分离为两个方程。一个是径向函数 $R(r)$ 所满足的方程

$$\frac{1}{r^2}\frac{\mathrm{d}}{\mathrm{d}r}\left(r^2\frac{\mathrm{d}R}{\mathrm{d}r}\right)+\left\{\frac{2\mu}{\hbar^2}[E-U(r)]-\frac{\lambda}{r^2}\right\}R=0 \tag{16-1-6}$$

这称为径向方程，与角度 θ 和 φ 无关。另一个是球谐函数 $Y(\theta,\varphi)$ 所满足的方程

$$\frac{1}{\sin\theta}\frac{\partial}{\partial\theta}\left(\sin\theta\frac{\partial Y}{\partial\theta}\right)+\frac{1}{\sin^2\theta}\frac{\partial^2 Y}{\partial\varphi^2}=-\lambda Y \tag{16-1-7}$$

方程(16-1-7)还可以按 θ 和 φ 再分离为两个方程。为此，我们令 $Y(\theta,\varphi)=\Theta(\theta)\Phi(\varphi)$，$\Theta(\theta)$ 仅仅是 θ 的函数，$\Phi(\varphi)$ 仅仅是 φ 的函数。由此得到

$$\frac{\Phi}{\sin\theta}\frac{\partial}{\partial\theta}\left(\sin\theta\frac{\partial\Theta}{\partial\theta}\right)+\frac{\Theta}{\sin^2\theta}\frac{\partial^2\Phi}{\partial\varphi^2}=-\lambda\Theta\Phi$$

$$\frac{\sin\theta}{\Theta}\frac{\mathrm{d}}{\mathrm{d}\theta}\left(\sin\theta\frac{\mathrm{d}\Theta}{\mathrm{d}\theta}\right)+\lambda\sin^2\theta=-\frac{1}{\Phi}\frac{\mathrm{d}^2\Phi}{\mathrm{d}\varphi^2}$$

这等式的左边仅与 θ 有关，右边仅与 φ 有关。而 θ 和 φ 是独立的变数，所以方程两边必须等于同一个常数。以 ν 表示这个常数，则得到 $\Theta(\theta)$ 和 $\Phi(\varphi)$ 所满足的独立方程

$$\frac{1}{\sin\theta}\frac{\mathrm{d}}{\mathrm{d}\theta}\left(\sin\theta\frac{\mathrm{d}\Theta}{\mathrm{d}\theta}\right)+\left(\lambda-\frac{\nu}{\sin^2\theta}\right)\Theta=0 \tag{16-1-8}$$

$$\frac{\mathrm{d}^2\Phi}{\mathrm{d}\varphi^2}+\nu\Phi=0 \tag{16-1-9}$$

总结以上结果，我们得到了有关 R,Θ,Φ 的三个独立的微分方程。分别解这三个微分方程，可以得到一系列有关 r,θ,φ 的函数 $R(r),\Theta(\theta),\Phi(\varphi)$，于是得到量子体系的波函数 $\psi(r,\theta,\varphi)=R(r)\Theta(\theta)\Phi(\varphi)$。方程中的常数(量)$E,\lambda,\nu$ 可以由波函数的标准条件确定。不仅如此，求解方程还能够得到常数(量)E,λ,ν 的物理意义。

对于径向方程(16-1-6)，可以化为

$$\left[-\frac{\hbar^2}{2\mu r^2}\frac{\mathrm{d}}{\mathrm{d}r}\left(r^2\frac{\mathrm{d}}{\mathrm{d}r}\right)+\frac{\lambda\hbar^2}{2\mu r^2}+U(r)\right]R=ER,\hat{E}R=ER \tag{16-1-10}$$

由于 E 是量子体系能量本征值，这个方程实际上就是能量本征值方程。解此本征值方程，可以得到一系列能量本征值，这就是量子体系能量的可能取值。方程中还包含一个常数(量)λ，

需要先求解球谐函数 $Y(\theta,\varphi)$ 所满足的方程(16-1-7)确定 λ 的取值后，才能确定量子体系能量本征值 E。当然，量子体系的能量本征值 E 与势能函数 $U(r)$ 有关；不同的势场，量子体系的能量本征值谱不同。对于库仑场，取无限远处为势能零点，势能函数为

$$U(r)=-\frac{Ze^2}{4\pi\varepsilon_0 r} \tag{16-1-11}$$

解能量本征值方程(16-1-6)或(16-1-10)，可以得到量子体系能量量子化的结果。

对于球谐函数 $Y(\theta,\varphi)$ 所满足的方程(16-1-7)，可以化为

$$-\hbar^2\left[\frac{1}{\sin\theta}\frac{\partial}{\partial\theta}\left(\sin\theta\frac{\partial}{\partial\theta}\right)+\frac{1}{\sin^2\theta}\frac{\partial^2}{\partial\varphi^2}\right]Y=\lambda\hbar^2 Y,\hat{L}^2 Y=\lambda\hbar^2 Y \tag{16-1-12}$$

这实际上就是角动量平方算符 $\hat{L}^2$ 的本征值方程。解此本征值方程，可以得到一系列角动量平方的本征值 $L^2=\lambda\hbar^2$；进而得到角动量的可能取值 $L=\sqrt{\lambda}\hbar$。由于约化普朗克常数 $\hbar$ 具有角动量量纲，因此，λ 其实就是一个数。球谐函数 $Y(\theta,\varphi)$ 所满足的方程中含有无量纲变量 θ 和 φ，如果要确定常数 λ，必须先求解分离变量后的方程(16-1-8)，而方程(16-1-8)中不仅含有常数 λ 还含有常数 ν；为确定常数 λ，必须先求解方程(16-1-9)，根据波函数的标准条件确定常数 ν 的取值，再确定常数 λ 的取值。

对于方程(16-1-9)，可以化为

$$\frac{\mathrm{d}}{\mathrm{d}\varphi}\frac{\mathrm{d}\Phi}{\mathrm{d}\varphi}+\nu\Phi=0,-\hbar^2\frac{\mathrm{d}}{\mathrm{d}\varphi}\frac{\mathrm{d}\Phi}{\mathrm{d}\varphi}=\nu\hbar^2\Phi;\hat{L}_z^2\Phi=\nu\hbar^2\Phi \tag{16-1-13}$$

这实际上就是角动量 z 分量平方算符 $\hat{L}_z^2$ 的本征值方程。这一方程很简单，解此本征值方程，可以得到一系列角动量 z 分量平方的本征值 $L_z^2=\nu\hbar^2$；进而得到粒子角动量 z 分量的可能取值，即角动量在 z 轴方向的投影值，$L_z=\pm\sqrt{\nu}\hbar$，这就是粒子角动量 z 分量的可能取值。由于约化普朗克常数 $\hbar$ 具有角动量量纲，因此，ν 其实就是一个数。

由球谐函数 $Y(\theta,\varphi)$ 所满足的方程(16-1-7)或(16-1-12)以及纬度角函数 $\Theta(\theta)$ 所满足的方程(16-1-8)和经度角函数 $\Phi(\varphi)$ 所满足的方程(16-1-9)或(16-1-13)可见，只要势场是中心势场，甚至只要是能够分离变量的势场，角动量平方算符 $\hat{L}^2$ 和角动量 z 分量平方算符 $\hat{L}_z^2$ 与量子体系的势能函数 $U(r)$ 的具体形式无关；角动量平方本征值 $L^2=\lambda\hbar^2$ 和角动量 z 分量平方本征值 $L_z^2=\nu\hbar^2$ 与量子体系的势能函数 $U(r)$ 的具体形式无关；粒子角动量 z 分量的可能取值即角动量在 z 轴方向的投影值 $L_z=\pm\sqrt{\nu}\hbar$ 与量子体系的势能函数 $U(r)$ 的具体形式无关。由于物理事实与具体的坐标系的选择无关，所以尽管上述结论是在球坐标系下得到的，但对于其他坐标系包括直角坐标系也是成立的。

二、经度角函数与磁量子数

方程(16-1-9)和(16-1-13)是常系数二阶线性微分方程，通解表示为

$$\frac{\mathrm{d}^2\Phi}{\mathrm{d}\varphi^2}+\nu\Phi=0:\begin{cases}\Phi=A\exp(\mathrm{i}\sqrt{\nu}\varphi)+B\exp(-\mathrm{i}\sqrt{\nu}\varphi), & \nu\neq 0\\ \Phi=C+D\varphi, & \nu=0\end{cases} \tag{16-1-14}$$

A,B,C,D 都是待定常数。

波函数的标准条件要求 $\Phi(\varphi)$ 在空间各点都是单值、有限、连续的。方程的通解 $\Phi(\varphi)$ 的有限性、连续性是很明显的。因为空间任一点在 φ 角增加 2π 后回到原来的位置，所以单值性要求必须有 $\Phi(\varphi)=\Phi(\varphi+2\pi)$。为了满足这一单值条件，我们必须取 $D=0$；这样，在 $\nu=0$ 时，

方程的通解为 $\Phi=C$。球坐标系中经度角 φ 的特点是 $\Phi(\varphi)=\Phi(\varphi+2\pi)$，这要求 $\Phi(\varphi)$ 一定是周期性函数；考察 $\nu\neq0$ 的通解，如果 $\nu<0$，通解可以表示为

$$\Phi=A\exp(-\sqrt{|\nu|}\varphi)+B\exp(+\sqrt{|\nu|}\varphi)$$

由于 $\exp(-\sqrt{|\nu|}\varphi)$ 和 $\exp(+\sqrt{|\nu|}\varphi)$ 都不是周期性函数，所以只能是 $A=B=0$；这不符合物理上对波函数的要求，因此在 $\nu\neq0$ 的条件下，待定常数 ν 必须大于零($\nu>0$)；既然对待定常数 ν 有这样的要求，我们可以在 $\nu\neq0$ 的情况下令 $\sqrt{\nu}=m$ (m 为实数)；这样，经度角函数 $\Phi(\varphi)$(方程在 $\nu>0$ 下的通解)可以表示为

$$\Phi=A\exp(-im\varphi)+B\exp(+im\varphi)$$

再用波函数的单值性条件 $\Phi(\varphi)=\Phi(\varphi+2\pi)$ 考察上述通解，利用尤拉公式得到

$$\begin{cases}(A+B)\cos(m\varphi)=(A+B)\cos(m\varphi+2\pi m)\\(A-B)\sin(m\varphi)=(A-B)\sin(m\varphi+2\pi m)\end{cases}$$

如果上式对全部 $\varphi=0\sim2\pi$ 成立，m 只能是整数或零。而 $m=0$ 归为 $\nu=0$ 的通解时的通解；$+m\neq0$ 与 $-m\neq0$ 的通解是一样的。综合上述讨论，方程的通解可以表示为

$$\Phi=B\exp(im\varphi),m=0,\pm1,\pm2,\cdots$$

再由归一化条件，得到

$$1=\int\Phi^*\Phi\mathrm{d}\varphi=\int_0^{2\pi}B^2\exp(-im\varphi)\exp(im\varphi)\mathrm{d}\varphi=\int_0^{2\pi}B^2\mathrm{d}\varphi=2\pi B^2,B=\frac{1}{\sqrt{2\pi}}$$

最终得到归一化的经度角函数(方程的特解)

$$\Phi_m=\frac{1}{\sqrt{2\pi}}\exp(im\varphi),m=0,\pm1,\pm2,\cdots \tag{16-1-15}$$

将角动量 z 分量平方算符 $\hat{L}_z^2$ 作用到 Φ_m 上，得到

$$\hat{L}_z^2\Phi_m=-\hbar^2\frac{\mathrm{d}}{\mathrm{d}\varphi}\frac{\mathrm{d}}{\mathrm{d}\varphi}\frac{1}{\sqrt{2\pi}}\exp(im\varphi)=m^2\hbar^2\frac{1}{\sqrt{2\pi}}\exp(im\varphi)=m^2\hbar^2\Phi_m$$

可见，Φ_m 是角动量 z 分量平方算符 $\hat{L}_z^2$ 的本征函数，本征值为 $m^2\hbar^2$。

将角动量 z 分量算符 $\hat{L}_z$ 作用到 Φ_m 上，得到

$$\hat{L}_z\Phi_m=-\mathrm{i}\hbar\frac{\mathrm{d}}{\mathrm{d}\varphi}\frac{1}{\sqrt{2\pi}}\exp(im\varphi)=m\hbar\frac{1}{\sqrt{2\pi}}\exp(im\varphi)=m\hbar\Phi_m$$

可见，Φ_m 是角动量 z 分量算符 $\hat{L}_z$ 的本征函数，本征值为 $m\hbar$。于是，我们得到了角动量在 z 方向的投影算符 $\hat{L}_z$ 的本征值，即角动量 $\boldsymbol{L}$ 在 z 方向的投影大小的可能取值为

$$L_z=m\hbar,m=0,\pm1,\pm2,\cdots \tag{16-1-16}$$

可见，角动量 $\boldsymbol{L}$ 在 z 方向的投影是量子化的，这正是玻尔的角动量量子化条件。要特别注意的是，这里不是假定，而是求解薛定谔方程得到的。

整数或零 m 被称为磁量子数(轨道磁量子数)。Φ_m 就可以表示本征经度角函数，甚至可以直接用磁量子数 m 表示本征经度角(波)函数，如用狄拉克符号表示 $\Phi_m=|m\rangle$。

对于 $m_1\neq m_2$ 的两个经度角函数，有

$$\int\Phi_{m_1}^*\Phi_{m_2}\mathrm{d}\tau=\int_0^{2\pi}\frac{1}{\sqrt{2\pi}}\exp(-\mathrm{i}m_1\varphi)\frac{1}{\sqrt{2\pi}}\exp(\mathrm{i}m_2\varphi)\mathrm{d}\varphi=0$$

可见，经度角函数是正交的。经度角函数系 $\{\Phi_m\}$ 构成了角动量 z 分量算符 $\hat{L}_z$ 的正交归一本

征函数系。

还要注意,由于 $L_z=m\hbar$ 和 $L_z^2=m^2\hbar^2$ 都是可以测量的力学量,必须是实数。这意味着 m 和 m^2 都是实数;也就是说,待定常数 $\nu=m^2$ 是实数,而且是大于零的整数或零。

三、纬度角函数(关联勒让德函数)

由于 $\nu=m^2$,方程(16-1-8)可以表示为

$$\frac{\cos\theta}{\sin\theta}\frac{d\Theta}{d\theta}+\frac{d^2\Theta}{d\theta^2}+\left(\lambda-\frac{m^2}{\sin^2\theta}\right)\Theta=0 \tag{16-1-17}$$

为了能够方便求解该方程,引入变量 $\xi=\cos\theta$,并将 $\Theta(\theta)$ 表示为 $P(\xi)$

$$\Theta(\theta)=P(\xi)=P(\cos\theta),\xi=\cos\theta \tag{16-1-18}$$

由 $\xi=\cos\theta$ 求得

$$\frac{d\Theta}{d\theta}=\frac{dP}{d\xi}\frac{d\xi}{d\theta}=-\sin\theta\frac{dP}{d\xi}$$

$$\frac{d^2\Theta}{d\theta^2}=\frac{d}{d\theta}\left(-\sin\theta\frac{dP}{d\xi}\right)=-\cos\theta\frac{dP}{d\xi}-\sin\theta\frac{d^2P}{d\xi^2}\frac{d\xi}{d\theta}=-\cos\theta\frac{dP}{d\xi}+\sin^2\theta\frac{d^2P}{d\xi^2}$$

这样,方程(16-1-17)可以化为

$$\frac{\cos\theta}{\sin\theta}\left(-\sin\theta\frac{dP}{d\xi}\right)-\cos\theta\frac{dP}{d\xi}+\sin^2\theta\frac{d^2P}{d\xi^2}+\left(\lambda-\frac{m^2}{\sin^2\theta}\right)P=0$$

$$-\cos\theta\frac{dP}{d\xi}-\cos\theta\frac{dP}{d\xi}+(1-\cos^2\theta)\frac{d^2P}{d\xi^2}+\left(\lambda-\frac{m^2}{1-\cos^2\theta}\right)P=0$$

$$(1-\xi^2)\frac{d^2P}{d\xi^2}-2\xi\frac{dP}{d\xi}+\left(\lambda-\frac{m^2}{1-\xi^2}\right)P=0$$

$$\frac{d}{d\xi}\left[(1-\xi^2)\frac{dP}{d\xi}\right]+\left(\lambda-\frac{m^2}{1-\xi^2}\right)P=0 \tag{16-1-19}$$

这就是(关联)勒让德方程,方程的详细解法可参阅附录Ⅰ。

为了使 $P(\xi)$ 在闭区间 $\xi\in[1,-1]$ 上都是有限的,必须对待定常数 λ 加以限制

$$\lambda=l(l+1),l=0,1,2,3,\cdots \tag{16-1-20}$$

可见,λ 是正整数或零;而且磁量子数 m 的绝对值 $|m|$ 不能超过 l,即磁量子数为

$$m=0,\pm1,\pm2,\cdots,\pm l=-l,\cdots,-1,0,1,\cdots,+l \tag{16-1-21}$$

方程(16-1-19)的解被表示为关联勒让德多项式

$$P_l^{|m|}(\xi)=(1-\xi^2)^{\frac{|m|}{2}}\frac{d^{|m|}}{d\xi^{|m|}}P_l(\xi),l=0,1,2,3,\cdots,m=0,\pm1,\cdots,\pm l \tag{16-1-22}$$

式中的 $P_l(\xi)$ 称为勒让德多项式

$$P_l(\xi)=\frac{1}{2^l l!}\frac{d^l}{d\xi^l}(\xi^2-1)^l,l=0,1,2,3,\cdots \tag{16-1-23}$$

恢复球坐标表示,则

$$\Theta(\theta)=P_l^{|m|}(\cos\theta)=(1-\cos^2\theta)^{\frac{|m|}{2}}\frac{d^{|m|}}{d(\cos\theta)^{|m|}}P_l(\cos\theta) \tag{16-1-24}$$

$$P_l(\cos\theta)=\frac{1}{2^l l!}\frac{d^l}{d(\cos\theta)^l}(\cos^2\theta-1)^l,l=0,1,2,3,\cdots,m=0,\pm1,\cdots,\pm l$$

关联勒让德多项式(函数)是正交的($m_1=m_2=m$)

$$\int_{-1}^{1} P_{\alpha}^{|m|}(\xi) P_{\beta}^{|m|}(\xi) \mathrm{d}\xi = 0, (\alpha \neq \beta), \alpha, \beta = l = 0, 1, 2, \cdots \tag{16-1-25}$$

选择适当的归一化常数可以将关联勒让德多项式(函数)归一化

$$\int_{-1}^{1} [P_{l}^{|m|}]^{2} \mathrm{d}\xi = \frac{(l+|m|)!}{(l-|m|)!} \frac{2}{2l+1} \tag{16-1-26}$$

四、球谐函数与角动量量子数

由经度角函数和纬度角函数，得到方程(16-1-12)的解，即球谐函数

$$Y_{l,m}(\theta,\varphi) = \Theta(\theta)\Phi(\varphi) = N_{l,m} P_{l}^{|m|}(\cos\theta)\exp(\mathrm{i}m\varphi)$$

由归一化条件可以求出归一化常数 $N_{l,m}$

$$\int_{\varphi=0}^{2\pi}\int_{\theta=0}^{\pi} Y_{l,m}^{*}(\theta,\varphi) Y_{l,m}(\theta,\varphi)\sin\theta\,\mathrm{d}\theta\,\mathrm{d}\varphi = 1$$

$$\int_{\varphi=0}^{2\pi}\int_{\xi=-1}^{1} |N_{l,m}|^{2} P_{l}^{|m|}(\xi)\exp(-\mathrm{i}m\varphi) P_{l}^{|m|}(\xi)\exp(\mathrm{i}m\varphi)\,\mathrm{d}\xi\,\mathrm{d}\varphi = 1$$

$$\int_{\varphi=0}^{2\pi}\int_{\xi=-1}^{1} |N_{l,m}|^{2} [P_{l}^{|m|}(\xi)]^{2}\mathrm{d}\xi\,\mathrm{d}\varphi = 1, |N_{l,m}|^{2} 2\pi \frac{(l+|m|)!}{(l-|m|)!}\frac{2}{2l+1} = 1$$

归一化的球谐函数为

$$Y_{l,m}(\theta,\varphi) = \sqrt{\frac{(l-|m|)!\ (2l+1)}{(l+|m|)!\ 4\pi}} P_{l}^{|m|}(\cos\theta)\exp(\mathrm{i}m\varphi) \tag{16-1-27}$$

部分球谐函数为

$$Y_{0,0} = \frac{1}{\sqrt{4\pi}}; Y_{1,1} = \sqrt{\frac{3}{8\pi}}\sin\theta\exp(\mathrm{i}\varphi), Y_{1,0} = \sqrt{\frac{3}{4\pi}}\cos\theta,$$

$$Y_{1,-1} = \sqrt{\frac{3}{8\pi}}\sin\theta\exp(-\mathrm{i}\varphi); Y_{2,2} = \sqrt{\frac{15}{32\pi}}\sin^{2}\theta\exp(\mathrm{i}2\varphi),$$

$$Y_{2,1} = \sqrt{\frac{15}{8\pi}}\sin\theta\cos\theta\exp(\mathrm{i}\varphi); Y_{2,0} = \sqrt{\frac{5}{16\pi}}(3\cos^{2}\theta - 1),$$

$$Y_{2,-1} = \sqrt{\frac{15}{8\pi}}\sin\theta\cos\theta\exp(-\mathrm{i}\varphi), Y_{2,-2} = \sqrt{\frac{15}{32\pi}}\sin^{2}\theta\exp(-\mathrm{i}2\varphi)$$

对于两个关联勒让德函数 $P_{l_1}^{|m_1|}$ 和 $P_{l_2}^{|m_2|}$，当 $m_1 = m_2 = m$ 时，$\int [P_{l_1}^{|m_1|}]^{*} P_{l_2}^{|m_2|}\mathrm{d}\tau = \int P_{l_1}^{|m|} P_{l_2}^{|m|}\mathrm{d}\tau = 0$，即 $P_{l_1}^{|m_1|}$ 与 $P_{l_2}^{|m_2|}$ 正交(附录Ⅰ)。但没有充足的理由说明其他情况下 $P_{l_1}^{|m_1|}$ 与 $P_{l_2}^{|m_2|}$ 是否正交；事实上，当 $m_1 \neq m_2$ 时，$P_{l_1}^{|m_1|}$ 与 $P_{l_2}^{|m_2|}$ 有可能不正交(例 16-1)。但当 $m_1 \neq m_2$ 时，经度角函数 $\Phi_{m_1}(\varphi) = \frac{1}{\sqrt{2\pi}}\exp(\mathrm{i}m_1\varphi)$ 与 $\Phi_{m_2}(\varphi) = \frac{1}{\sqrt{2\pi}}\exp(\mathrm{i}m_2\varphi)$ 却是正交的。这样，由关联勒让德函数 $P_{l}^{|m|}(\cos\theta)$ 与经度角函数 $\Phi_m(\varphi)$ 的乘积构成的球谐函数 $Y_{l,m}(\theta,\varphi) = N_{l,m}P_{l}^{|m|}(\cos\theta)\Phi_m(\varphi)$ 就一定是正交的

$$\int Y_{l_1,m_1}^{*}(\theta,\varphi) Y_{l_2,m_2}(\theta,\varphi)\mathrm{d}\tau = \delta_{l_1 l_2}\delta_{m_1 m_2} \tag{16-1-28}$$

球谐函数系构成一个正交归一系。

实际上，方程(16-1-12)，$\hat{L}^{2}Y = \lambda\hbar^{2}Y$，是角动量平方算符的本征值方程，本征函数就是球

谐函数 $Y_{l,m}(\theta,\varphi)$，本征值为

$$L^2=\lambda\hbar^2=l(l+1)\hbar^2, l=0,1,2,3,\cdots \tag{16-1-29}$$

因此，角动量的大小为

$$L=\sqrt{l(l+1)}\hbar, l=0,1,2,3,\cdots \tag{16-1-30}$$

可见，角动量的大小是量子化的，l 称为角动量量子数(轨道角动量量子数)。

在一个角动量量子数 l 下，可以有若干本征函数 $Y_{l,m}(\theta,\varphi)$；由于 $m=0,\pm1,\pm2,\cdots,\pm l$，因此，角动量是 $f=2l+1$ 度简并的。

将角动量 z 分量算符 $\hat{L}_z=\frac{\hbar}{\mathrm{i}}\frac{\partial}{\partial\varphi}$ 作用到球谐函数 $Y_{l,m}(\theta,\varphi)$ 上

$$\hat{L}_z Y_{l,m}(\theta,\varphi)=\frac{\hbar}{\mathrm{i}}\frac{\partial}{\partial\varphi}\left[\sqrt{\frac{(l-|m|)!\ (2l+1)}{(l+|m|)!\ 4\pi}}P_l^{|m|}(\cos\theta)\exp(\mathrm{i}m\varphi)\right]$$

$$=m\hbar\sqrt{\frac{(l-|m|)!\ (2l+1)}{(l+|m|)!\ 4\pi}}P_l^{|m|}(\cos\theta)\exp(\mathrm{i}m\varphi)=m\hbar Y_{l,m}(\theta,\varphi)$$

可见，球谐函数 $Y_{l,m}(\theta,\varphi)$ 也是角动量 z 分量算符 $\hat{L}_z$ 的本征函数，而且本征值就是 $m\hbar$。

球谐函数系 $\{Y_{l,m}(\theta,\varphi)\}$ 是角动量平方算符 $\hat{L}^2$ 和角动量 z 分量算符 $\hat{L}_z$ 共同的本征函数系。对于给定的角动量量子数 l，$\hat{L}^2$ 的本征函数是不确定的，由于 $m=l,l-1,\cdots,-l+1,-l$，因此共有 $(2l+1)$ 个简并态(未考虑自旋)，这些简并态由 $\hat{L}_z$ 的本征值 $m\hbar$ 来区分。

由前面的讨论可知，微观粒子在库伦场(有心力场)中运动时，它的角动量的"大小"是量子化的，$L=\sqrt{l(l+1)}\hbar, l=1,2,3,\cdots$；还知道，微观粒子的角动量的分量 L_z(角动量在 z 轴方向的"投影")也是量子化的，$L_z=m\hbar, m=0,\pm1,\pm2,\cdots,\pm l$。这样，对于每个角动量 $\boldsymbol{L}$(l 取某固定值)，角动量的分量 L_z(相当于矢量的分量)只能有 $2l+1$ 个值。如，$l=1, m=0,\pm1$；L_z 只能取 3 个值：$-\hbar,0,+\hbar$。这相当于矢量(角动量看作矢量)的分量(在 z 轴方向的投影)只能有 $2l+1$ 个值，因此，角动量矢量($\boldsymbol{L}$)与 z 轴夹角 θ 只能取 $2l+1$ 个值；对于每个角动量(大小同为 $L=\sqrt{l(l+1)}\hbar$)，角动量($\boldsymbol{L}$)的方向只能取 $2l+1$ 个方向。也就是说，如果将角动量看作"矢量"，其"方向"只能取有限的 $2l+1$ 个方向。因此角动量的"方向"是量子化的，这称为角动量"空间量子化"。

五、径向波函数与能量量子数

径向方程(16-1-6)的解取决于势能函数的具体形式。对于库仑场，势能函数具有简单的球对称形式，$U(r)=-\frac{Ze^2}{4\pi\varepsilon_0 r}$，由于 $\lambda=l(l+1)$，库仑场中径向方程可以表示为

$$\frac{1}{r^2}\frac{\mathrm{d}}{\mathrm{d}r}\left(r^2\frac{\mathrm{d}R}{\mathrm{d}r}\right)+\left[\frac{2\mu}{\hbar^2}\left(E+\frac{Ze^2}{4\pi\varepsilon_0 r}\right)-\frac{l(l+1)}{r^2}\right]R=0 \tag{16-1-31}$$

在 $r\to\infty$ 时径向方程近似为

$$\frac{\mathrm{d}^2R}{\mathrm{d}r^2}+\frac{2\mu E}{\hbar^2}R=0 \tag{16-1-32}$$

如果 $E>0$，方程的通解表示为

$$R(r)\sim C_1\sin\left(\frac{\sqrt{2\mu E}}{\hbar}r\right)+C_2\cos\left(\frac{\sqrt{2\mu E}}{\hbar}r\right) \tag{16-1-33}$$

只要调节两个待定常数 C_1 和 C_2，就可以使 $r\to\infty$ 渐近解与有限远处的波函数光滑地连接上；也就是对于 $E>0$ 的任何值，方程(16-1-31)都有满足波函数标准条件的解，因此在 $E>0$ 时的渐近行为并没有对 E 给出什么限制，即当 $E>0$ 时电子的能量构成连续谱。这时 $E>0$，电子可以脱离原子到无穷远处去，例如原子电离和电子散射等就属于这种情况。

如果 $E<0$，这相应于电子处在不能到无穷远去的束缚态。$r\to\infty$ 时的渐进方程为

$$\frac{\mathrm{d}^2R}{\mathrm{d}r^2}-\frac{2\mu|E|}{\hbar^2}R=0 \tag{16-1-34}$$

则 $r\to\infty(E<0)$ 时的渐进方程的两个线性无关解为

$$\exp\left(\frac{\sqrt{-2\mu E}}{\hbar}r\right),\exp\left(-\frac{\sqrt{-2\mu E}}{\hbar}r\right)$$

但是，前者在 $r\to\infty$ 时不满足波函数有限的条件，应舍去。所以有

$$R\to\exp\left(-\frac{\sqrt{-2\mu E}}{\hbar}r\right),\quad (r\to\infty) \tag{16-1-35}$$

后续我们将会看到，在 $E<0$ 时 $r\to\infty$ 的渐进行为对能量本征值 E 的取值给出了限制，这时电子能量的允许值将构成离散谱。

1. 束缚态能量本征值和能量量子数

对于 $E<0$ 的束缚态，定义下列函数和变量替换

$$R(r)=\frac{u(r)}{r},\alpha=\sqrt{\frac{8\mu|E|}{\hbar^2}},\beta=\frac{2\mu Ze^2}{4\pi\varepsilon_0\alpha\hbar^2},\rho=\alpha r \tag{16-1-36}$$

注意到

$$\frac{\mathrm{d}R}{\mathrm{d}r}=-\frac{u}{r^2}+\frac{1}{r}\frac{\mathrm{d}u}{\mathrm{d}r},\frac{\mathrm{d}^2R}{\mathrm{d}r^2}=2\frac{u}{r^3}-\frac{1}{r^2}\frac{\mathrm{d}u}{\mathrm{d}r}-\frac{1}{r^2}\frac{\mathrm{d}u}{\mathrm{d}r}+\frac{1}{r}\frac{\mathrm{d}^2u}{\mathrm{d}r^2}$$

$$\begin{aligned}\frac{\mathrm{d}}{\mathrm{d}r}\left(r^2\frac{\mathrm{d}R}{\mathrm{d}r}\right)&=2r\frac{\mathrm{d}R}{\mathrm{d}r}+r^2\frac{\mathrm{d}^2R}{\mathrm{d}r^2}\\&=2r\left(-\frac{u}{r^2}+\frac{1}{r}\frac{\mathrm{d}u}{\mathrm{d}r}\right)+r^2\left(2\frac{u}{r^3}-\frac{1}{r^2}\frac{\mathrm{d}u}{\mathrm{d}r}-\frac{1}{r^2}\frac{\mathrm{d}u}{\mathrm{d}r}+\frac{1}{r}\frac{\mathrm{d}^2u}{\mathrm{d}r^2}\right)=r\frac{\mathrm{d}^2u}{\mathrm{d}r^2}\end{aligned}$$

$$\frac{\mathrm{d}u}{\mathrm{d}r}=\frac{\mathrm{d}u}{\mathrm{d}\rho}\frac{\mathrm{d}\rho}{\mathrm{d}r}=\alpha\frac{\mathrm{d}u}{\mathrm{d}\rho},\frac{\mathrm{d}^2u}{\mathrm{d}r^2}=\frac{\mathrm{d}}{\mathrm{d}r}\frac{\mathrm{d}u}{\mathrm{d}r}=\alpha^2\frac{\mathrm{d}^2u}{\mathrm{d}\rho^2}$$

则方程(16-1-31)化为

$$\frac{\mathrm{d}^2u}{\mathrm{d}r^2}+\left[\frac{2u}{\hbar^2}\left(-|E|+\frac{Ze^2}{4\pi\varepsilon_0 r}\right)-\frac{l(l+1)}{r^2}\right]u=0,$$

$$\alpha^2\frac{\mathrm{d}^2u}{\mathrm{d}\rho^2}+\left[-\frac{\alpha^2}{4}+\frac{\alpha^2\beta}{\rho}-\frac{\alpha^2l(l+1)}{\rho^2}\right]u=0$$

$$\frac{\mathrm{d}^2u}{\mathrm{d}\rho^2}+\left[\frac{\beta}{\rho}-\frac{1}{4}-\frac{l(l+1)}{\rho^2}\right]u=0,l=0,1,2,\cdots \tag{16-1-37}$$

当 $\rho\to\infty$ 时，方程(16-1-37)近似为

$$\frac{\mathrm{d}^2u}{\mathrm{d}\rho^2}-\frac{1}{4}u=0 \tag{16-1-38}$$

这个方程的解是 $u(\rho)=\exp(\pm\rho/2)$，而 $\exp(+\rho/2)$ 不满足标准条件，所以我们可以取方程(16-1-37)的解 $u(\rho)$ 为

$$u(\rho)=\exp\left(-\frac{\rho}{2}\right)f(\rho) \tag{16-1-39}$$

由此，得到 $f(\rho)$ 所满足的方程

$$\frac{du}{d\rho}=-\frac{1}{2}\exp\left(-\frac{\rho}{2}\right)f+\exp\left(-\frac{\rho}{2}\right)\frac{df}{d\rho},$$

$$\frac{d^2u}{d\rho^2}=\frac{1}{4}\exp\left(-\frac{\rho}{2}\right)f-\exp\left(-\frac{\rho}{2}\right)\frac{df}{d\rho}+\exp\left(-\frac{\rho}{2}\right)\frac{d^2f}{d\rho^2}$$

$$\frac{d^2f}{d\rho^2}-\frac{df}{d\rho}+\left[\frac{\beta}{\rho}-\frac{l(l+1)}{\rho^2}\right]f=0 \tag{16-1-40}$$

其中，$f(\rho)$ 可以表示为幂级数的形式

$$f(\rho)=\sum_{\nu=0}^{\infty}b_\nu\rho^{\nu+s} \tag{16-1-41}$$

这里，s 必须是大于零的整数，以保证 $R=u/r$ 在 $r=0$ 处为有限。如果 $s\leqslant 0$，则至少会出现 ρ^0 项，在 $R=u/r$ 中会出现 $1/r$ 项；由于 $f(\rho)$ 是幂级数，所以 s 为整数。

由式(16-1-41)得到

$$\frac{df}{d\rho}=\sum_{\nu=0}^{\infty}b_\nu(\nu+s)\rho^{\nu+s-1},\ \frac{d^2f}{d\rho^2}=\sum_{\nu=0}^{\infty}b_\nu(\nu+s)(\nu+s-1)\rho^{\nu+s-2}$$

将两式代入方程(16-1-40)中，得到

$$\sum_{\nu=0}^{\infty}b_\nu(\nu+s)(\nu+s-1)\rho^{\nu+s-2}-\sum_{\nu=0}^{\infty}b_\nu(\nu+s)\rho^{\nu+s-1}+$$
$$\beta\sum_{\nu=0}^{\infty}b_\nu\rho^{\nu+s-1}-l(l+1)\sum_{\nu=0}^{\infty}b_\nu\rho^{\nu+s-2}=0$$

$$b_0s(s-1)\rho^{s-2}+\sum_{\nu=0}^{\infty}b_{\nu+1}(\nu+s+1)(\nu+s)\rho^{\nu+s-1}-\sum_{\nu=0}^{\infty}b_\nu(\nu+s)\rho^{\nu+s-1}+$$
$$\beta\sum_{\nu=0}^{\infty}b_\nu\rho^{\nu+s-1}-l(l+1)b_0\rho^{s-2}-l(l+1)\sum_{\nu=0}^{\infty}b_{\nu+1}\rho^{\nu+s-1}=0 \tag{16-1-42}$$

首先，由 $\rho^{\nu+s-1}$ 的系数等于零，得到级数(16-1-41)的系数 b_ν 应满足的递推关系式

$$b_{\nu+1}=\frac{\nu+s-\beta}{(\nu+s+1)(\nu+s)-l(l+1)}b_\nu,\ \nu=0,1,2,\cdots \tag{16-1-43}$$

如果级数(16-1-41)是无穷级数，则当 $\nu\to\infty$ 时，有

$$\frac{b_{\nu+1}}{b_\nu}\xrightarrow[\nu\to\infty]{}\frac{1}{\nu}$$

因为级数 $\exp(\rho)=1+\frac{\rho}{1!}+\frac{\rho^2}{2!}+\cdots+\frac{\rho^\nu}{\nu!}+\cdots$ 的相邻两项之比当 $\nu\to\infty$ 时也是 $\frac{1}{\nu}$：

$$\frac{\nu!}{(\nu+1)!}\xrightarrow[\nu\to\infty]{}\frac{1}{\nu}$$

所以级数(16-1-41)在 $\nu\to\infty$ 时的行为与 $\exp(\rho)$ 相同，$f\xrightarrow[\nu\to\infty]{}\exp(\rho)$，因而

$$R=\frac{\alpha}{\rho}u(\rho)=\frac{\alpha}{\rho}\exp\left(-\frac{\rho}{2}\right)f(\rho)\to\frac{\alpha}{\rho}\exp\left(-\frac{\rho}{2}\right)\exp(\rho)=\frac{\alpha}{\rho}\exp\left(\frac{\rho}{2}\right)$$

在 $\nu\to\infty$ 时趋于无限大($\rho=\alpha r\to\infty$)，$R\to\infty$，这与波函数的标准条件(有限性)不相容。为了使径向波函数 R 满足有限性的要求，幂级数(16-1-41)不能包含无限项，而只能包含有限项；即幂级数(16-1-41)要在某一项终止，级数(多项式)存在最高次幂。设最高次项是 $b_{n_r}\rho^{n_r+s}$，则 b_{n_r+1} 等于零($b_{n_r}\neq 0$)，以 $\nu=n_r$ 代入式(16-1-43)，得

$$\beta=n_r+s \tag{16-1-44}$$

其次，考察式(16-1-43)，如果 $b_0=0$，则 $b_\nu=0(\nu=1,2,\cdots)$，即得波函数为零；为了使波函数是非零解，必须

$$b_0\neq 0,b_1\neq 0,\cdots,b_{n_r}\neq 0;b_{n_r+1}=0$$

再来考察式(16-1-42)，比较 ρ^{s-2} 次幂的系数，因为 $b_0\neq 0$，只能是

$$s(s-1)=l(l+1) \tag{16-1-45}$$

由此有 $s=l+1$，或 $s=-l$，但 s 必须大于零，所以我们只取

$$s=l+1,l=0,1,2,\cdots;s=1,2,\cdots \tag{16-1-46}$$

将式(16-1-46)代入式(16-1-44)中，并以 n 表示 n_r+l+1，得到

$$\beta=n_r+l+1=n \tag{16-1-47}$$

n_r 称为径向量子数，n 称为总量子数。因为 n_r 和 l 都是正整数或零，所以

$$n=1,2,3,\cdots,l=0,1,2,\cdots,n-1 \tag{16-1-48}$$

可见，不仅 β 值是量子化的($\beta=n$)，而且对轨道角动量量子数 l 也有一定的限制。

以式(16-1-47)代入式(16-1-36)中，得到能量的本征值为

$$|E|=\frac{\alpha^2\hbar^2}{8\mu}=\frac{\mu Z^2e^4}{2(4\pi\varepsilon_0)^2\hbar^2}\frac{1}{\beta^2},E_n=-\frac{\mu Z^2e^4}{2(4\pi\varepsilon_0)^2\hbar^2n^2},(n=1,2,\cdots) \tag{16-1-49}$$

由此可见，在束缚态下(能量小于零)，能量只有取(16-1-49)式所给出的分立值时，波函数才有满足标准条件的解；在束缚态下，量子体系的能量是量子化的；不同的 n 对应不同的状态，n 也称为能量量子数。

2. 拉盖尔多项式

将量子数 $\beta=n,n_r=n-l-1,s=l+1$ 代入式(16-1-43)后，得到

$$b_{\nu+1}=-\frac{n-\nu-l-1}{(\nu+1)(2l+2+\nu)}b_\nu \tag{16-1-50}$$

利用这关系式，可以用 b_0 表示其余的系数 $b_1,b_2,\cdots,b_{n-l-1}=b_{n_r}$。因此，$f(\rho)$级数表示为

$$\begin{aligned}f(\rho)&=\sum_{\nu=0}^{n-l-1}b_\nu\rho^{\nu+s}=\rho^{l+1}\sum_{\nu=0}^{\infty}b_\nu\rho^\nu=\rho^{l+1}(b_0+b_1\rho+b_2\rho^2+\cdots+b_{n-l-1}\rho^{n-l-1})\\&=b_0\rho^{l+1}\left[\begin{aligned}&1+(-1)^1\frac{n-l-1}{1!\,(2l+2)}\rho+(-1)^2\frac{(n-l-1)(n-l-2)}{2!\,(2l+2)(2l+3)}\rho^2+\cdots+\\&(-1)^{n-l-1}\frac{(n-l-1)(n-l-2)(n-l-3)\cdots 1}{(n-l-1)!\,(2l+2)(2l+3)(2l+4)\cdots(n+l)}\rho^{n-l-1}\end{aligned}\right]\end{aligned}$$

定义拉盖尔多项式 $L_{n+l}(\rho)$和联合拉盖尔多项式 $L_{n+l}^{2l+1}(\rho)$

$$L_{n+l}(\rho)=\exp(\rho)\frac{\mathrm{d}^{n+l}}{\mathrm{d}\rho^{n+l}}[\exp(-\rho)\rho^{n+l}] \tag{16-1-51}$$

$$L_{n+l}^{2l+1}(\rho)=\sum_{\nu=0}^{n-l-1}(-1)^{\nu+1}\frac{[(n+l)!\,]^2}{(n-l-1-\nu)!\,(2l+1+\nu)!\,\nu!}\rho^\nu \tag{16-1-52}$$

从而得到

$$L_{n+l}^{2l+1}(\rho)=\frac{\mathrm{d}^{2l+1}}{\mathrm{d}\rho^{2l+1}}\left\{\exp(\rho)\frac{\mathrm{d}^{n+l}}{\mathrm{d}\rho^{n+l}}[\exp(-\rho)\rho^{n+l}]\right\}=\frac{\mathrm{d}^{2l+1}}{\mathrm{d}\rho^{2l+1}}L_{n+l}(\rho) \tag{16-1-53}$$

$$f(\rho)=-b_0\frac{(2l+1)!(n-l-1)!}{[(n+l)!]^2}\rho^{l+1}L_{n+l}^{2l+1}(\rho) \tag{16-1-54}$$

3. 束缚态径向函数

恢复各个常量和参变量的表示

$$\alpha=\frac{2\mu Ze^2}{4\pi\varepsilon_0 n\hbar^2}=\frac{2Z}{nr_1},r_1=\frac{4\pi\varepsilon_0\hbar^2}{m_e e^2},\rho=\alpha r=\frac{2Z}{nr_1}r$$

这里 r_1 是氢原子的第一玻尔轨道半径。得到径向函数

$$R_{n,l}(r)=N_{n,l}\exp\left(-\frac{Z}{nr_1}r\right)\left(\frac{2Z}{nr_1}r\right)^l L_{n+l}^{2l+1}\left(\frac{2Z}{nr_1}r\right) \tag{16-1-55}$$

式中,$N_{n,l}$ 是归一化常数。由波函数归一化条件

$$\int_{\varphi=0}^{2\pi}\int_{\theta=0}^{\pi}\int_{r=0}^{\infty}\psi^*(r,\theta,\varphi)\psi(r,\theta,\varphi)r^2\sin\theta\,\mathrm{d}r\mathrm{d}\theta\mathrm{d}\varphi$$

$$=\int_{r=0}^{\infty}R_{n,l}^2(r)r^2\mathrm{d}r\int_{\varphi=0}^{2\pi}\int_{\theta=0}^{\pi}Y_{l,m}^*(\theta,\varphi)Y_{l,m}(\theta,\varphi)\sin^2\theta\,\mathrm{d}\theta\mathrm{d}\varphi=1$$

及球谐函数 $Y_{l,m}(\theta,\varphi)$ 的归一化条件,可知 $R_{n,l}(r)$ 的归一化条件是

$$\int_{r=0}^{\infty}R_{n,l}^2(r)r^2\mathrm{d}r=1 \tag{16-1-56}$$

由此可以算出归一化常数

$$N_{n,l}=-\sqrt{\left(\frac{2Z}{nr_1}\right)^3\frac{(n-l-1)!}{2n[(n+l)!]^3}} \tag{16-1-57}$$

部分归一化径向函数为

$$R_{1,0}(r)=\left(\frac{Z}{r_1}\right)^{3/2}2\exp\left(-\frac{Z}{r_1}r\right),R_{2,0}(r)=\left(\frac{Z}{2r_1}\right)^{3/2}\left(2-\frac{Z}{r_1}r\right)\exp\left(-\frac{Z}{2r_1}r\right)$$

$$R_{2,1}(r)=\left(\frac{Z}{2r_1}\right)^{3/2}\frac{Zr}{r_1\sqrt{3}}\exp\left(-\frac{Z}{2r_1}r\right)$$

$$R_{3,0}(r)=\left(\frac{Z}{3r_1}\right)^{3/2}\left[2-\frac{4Zr}{3r_1}+\frac{4}{27}\left(\frac{Zr}{r_1}\right)^2\right]\exp\left(-\frac{Z}{3r_1}r\right)$$

$$R_{3,1}(r)=\left(\frac{2Z}{r_1}\right)^{3/2}\left(\frac{2}{27\sqrt{3}}-\frac{Zr}{81r_1\sqrt{3}}\right)\frac{Zr}{r_1}\exp\left(-\frac{Z}{3r_1}r\right)$$

$$R_{3,2}(r)=\left(\frac{2Z}{r_1}\right)^{3/2}\frac{1}{81\sqrt{15}}\left(\frac{Zr}{r_1}\right)^2\exp\left(-\frac{Z}{3r_1}r\right)$$

六、库仑场量子力学解(类氢离子)

正如 He^+,Li^{++},Be^{+++},…等类氢离子(与氢原子类似,原子核外面仅有一个电子,但原子核中有 Z 个质子),量子体系的能量为

$$E_n=-\frac{\mu Z^2e^4}{2(4\pi\varepsilon_0)^2\hbar^2n^2},\quad (n=1,2,3,\cdots)$$

能量是量子化的。相应的波函数为

$$\psi_{n,l,m}(r,\theta,\varphi)=R_{n,l}(r)Y_{l,m}(\theta,\varphi)$$

一般来说,径向函数 $R_{n,l}(r)$ 并不是完全正交的。但当 $l_1=l_2=l$ 时,可以证明(附录Ⅰ) $R_{n_1,l}(r)$ 与 $R_{n_2,l}(r)$ 是正交的($n_1\neq n_2$);而当 $l_1\neq l_2$ 时,球谐函数 $Y_{l_1,m_1}(\theta,\varphi)$ 与 $Y_{l_2,m_2}(\theta,\varphi)$ 是正交的。这样,保证了波函数 $\{\psi_{n,l,m}(r,\theta,\varphi)=R_{n,l}(r)Y_{l,m}(\theta,\varphi)\}$ 是正交的本征函数系。

很显然，$\psi_{nlm}(r,\theta,\varphi)=R_{nl}(r)Y_{lm}(\theta,\varphi)$是解库伦场下的定态薛定谔方程（能量本征值方程）得到的微分方程的解，$\psi_{nlm}(r,\theta,\varphi)$当然是哈密顿算符（能量算符）的本征函数，而且对应的本征值（能量本征值）为 E_n，$\hat{H}\psi_{nlm}(r,\theta,\varphi)=E_n\psi_{nlm}(r,\theta,\varphi)$。同时，由于角动量平方算符 $\hat{L}^2$ 和角动量 z 分量算符 $\hat{L}_z$ 只作用于 $Y_{lm}(\theta,\varphi)$上，所以

$$\begin{aligned}
&\hat{L}^2\psi_{nlm}(r,\theta,\varphi)=\hat{L}^2R_{nl}(r)Y_{lm}(\theta,\varphi)=R_{nl}(r)\hat{L}^2Y_{lm}(\theta,\varphi)\\
&=R_{nl}(r)l(l+1)\hbar^2Y_{lm}(\theta,\varphi)=l(l+1)\hbar^2R_{nl}(r)Y_{lm}(\theta,\varphi)\\
&=l(l+1)\hbar^2\psi_{nlm}(r,\theta,\varphi)\\
&\hat{L}_z\psi_{nlm}(r,\theta,\varphi)=\hat{L}_zR_{nl}(r)Y_{lm}(\theta,\varphi)=R_{nl}(r)\hat{L}_zY_{lm}(\theta,\varphi)\\
&=R_{nl}(r)m\hbar Y_{lm}(\theta,\varphi)=m\hbar R_{nl}(r)Y_{lm}(\theta,\varphi)=m\hbar\psi_{nlm}(r,\theta,\varphi)
\end{aligned}$$

可见，$\psi_{nlm}(r,\theta,\varphi)$是角动量平方算符 $\hat{L}^2$ 属于本征值 $l(l+1)\hbar^2$ 的本征函数，$\psi_{nlm}(r,\theta,\varphi)$是角动量 z 分量算符 $\hat{L}_z$ 属于本征值 $m\hbar$ 的本征函数。因此，$\psi_{nlm}(r,\theta,\varphi)$是哈密顿算符（能量算符）$\hat{H}$、角动量平方算符 $\hat{L}^2$ 和角动量 z 分量算符 $\hat{L}_z$ 共同的本征函数。$\{\psi_{nlm}\}$是哈密顿算符（能量算符）、角动量平方算符和角动量 z 分量算符共同的正交归一本征函数系。

在 $\hat{H}$，$\hat{L}^2$ 和 $\hat{L}_z$ 的共同本征态下，类氢离子（含氢原子）量子体系的能量本征值只由主量子数 n 决定，与角动量量子数 l 和磁量子数 m 无关。他们的能级不仅对 $\hat{L}_z$ 的量子数 m 简并，而且对 $\hat{L}^2$ 的量子数 l 也简并。这是由于类氢离子（含氢原子）的哈密顿量 $\hat{H}$ 除具有几何对称性外，还具有动力学对称性的缘故。

当 n 确定后，能级就被确定，但波函数还没有完全确定，因为对应于一个 n，l 还可以取下面的 n 个值：

$$l=0,1,2,\cdots,n-1$$

由此，可以确定角动量

$$L=\sqrt{l(l+1)}\,\hbar,l=0,1,2,\cdots,n-1$$

可见，角动量是量子化的。对于确定的 n 值，角动量量子数 l 可以取 n 个值。一般称 $l=0$ 的状态为 s 态，$l=1$ 的状态为 p 态，$l=2$ 的状态为 d 态，$l=3$ 的状态为 f 态。

对应于一个 l，m 还可以取下面的 $2l+1$ 个值：

$$m=0,\pm1,\pm2,\cdots,\pm l$$

角动量在 z 方向的分量为

$$L_z=m\hbar,m=0,\pm1,\pm2,\cdots,\pm l$$

角动量在 z 方向的分量是量子化的，这表明了角动量空间取向是量子化的。

对应于主量子数为 n 的能级，角动量量子数 l 和磁量子数 m 还可以取不同的值，从而波函数也不同，所以对应于主量子数为 n 的能级有

$$\sum_{l=0}^{n-1}(2l+1)=n^2$$

个波函数，即第 n 个能级是 n^2 度简并的（没有计及电子的自旋）。

七、氢原子的量子力学解

1. 能级和波函数

对于氢原子,原子核外只有一个电子,$Z=1$,氢原子的能级能量为

$$E_n=-\frac{m_e e^4}{2(4\pi\varepsilon_0)^2\hbar^2 n^2},\quad (n=1,2,3,\cdots) \tag{16-1-58}$$

由于能量在分母中含有 n^2,所以两相邻能级间的距离随 n 的增大而减小。当 $n=\infty$ 时,$E_\infty=0$,电子不再束缚在原子核的周围,而可以完全脱离原子核,即开始电离。E_∞ 与电子基态能量 E_1 之差称为基态氢原子电离能。基态氢原子的电离能为

$$-E_1=13.6\ \text{eV}$$

电子由能级 E_n 跃迁到 $E_{n'}$ 时辐射出光,它的频率为

$$\nu=\frac{E_n-E_{n'}}{2\pi\hbar}=\frac{m_e e^4}{4\pi(4\pi\varepsilon_0)^2\hbar^3}\left(\frac{1}{n'^2}-\frac{1}{n^2}\right)=Rc\left(\frac{1}{n'^2}-\frac{1}{n^2}\right) \tag{16-1-59}$$

式中,$R=\dfrac{m_e e^4}{64\pi^3\varepsilon_0^2\hbar^3 c}=109\ 773\pm35\ \text{cm}^{-1}$ 是里德堡常数。

对于氢原子,归一化波函数可以用一组量子数(n,l,m)表示

$$\psi_{n,l,m}(r,\theta,\varphi)=R_{n,l}(r,Z=1)Y_{l,m}(\theta,\varphi) \tag{16-1-60}$$

在空间(r,θ,φ)处体积元 $\mathrm{d}\tau=r^2\sin\theta\mathrm{d}r\mathrm{d}\theta\mathrm{d}\varphi$ 内找到电子在量子态(n,l,m)的概率为

$$w_{n,l,m}(r,\theta,\varphi)r^2\sin\theta\mathrm{d}r\mathrm{d}\theta\mathrm{d}\varphi=|\psi_{n,l,m}(r,\theta,\varphi)|^2r^2\sin\theta\mathrm{d}r\mathrm{d}\theta\mathrm{d}\varphi \tag{16-1-61}$$

2. 径向概率密度分布

将式(16-1-61)对 θ 和 φ 变化的全部区域积分,并注意到 $Y_{l,m}(\theta,\varphi)$ 是归一化的,得到在半径为 r 到 $r+\mathrm{d}r$ 的球壳内找到电子的概率

$$w_{n,l}(r)\mathrm{d}r=\int_{\varphi=0}^{2\pi}\int_{\theta=0}^{\pi}|R_{n,l}(r)Y_{l,m}(\theta,\varphi)|^2r^2\sin\theta\mathrm{d}\theta\mathrm{d}\varphi\mathrm{d}r=R_{n,l}^2(r)r^2\mathrm{d}r \tag{16-1-62}$$

因此,径向概率密度分布表示为

$$w_{n,l}(r)=r^2R_{n,l}^2(r,Z=1) \tag{16-1-63}$$

由 $\dfrac{\mathrm{d}w_{n,l}(r)}{\mathrm{d}r}=0$ 可以确定径向概率密度分布的极值。

对于基态$(n=1)$,电子只能处于 s 态$(l=0)$,径向概率密度分布为

$$w_{1,0}(r)=r^2R_{1,0}^2(r,Z=1)=r^2\left(\frac{1}{r_1}\right)^3 4\exp\left(-\frac{2r}{r_1}\right)$$

由此可以画出 $w_{1,0}(r)$-r 曲线如图 16-1 所示,有一个极大值处。令一阶导数为零

$$\frac{\mathrm{d}w_{1,0}(r)}{\mathrm{d}r}=\frac{\mathrm{d}}{\mathrm{d}r}\left[r^2\left(\frac{1}{r_1}\right)^3 4\exp\left(-\frac{2r}{r_1}\right)\right]=\frac{4\exp\left(-\frac{2r}{r_1}\right)}{r_1^3}\left(2r-\frac{2r^2}{r_1}\right)=0$$

解得概率密度极大值的位置,$r_{\max}=r_1$。可见,氢原子处于基态时,电子可以处于氢原子内的任何地方,但电子出现在第一玻尔半径处的概率最大。

对于第一激发态$(n=2)$,电子处于 s 态$(l=0)$时的径向概率密度分布为

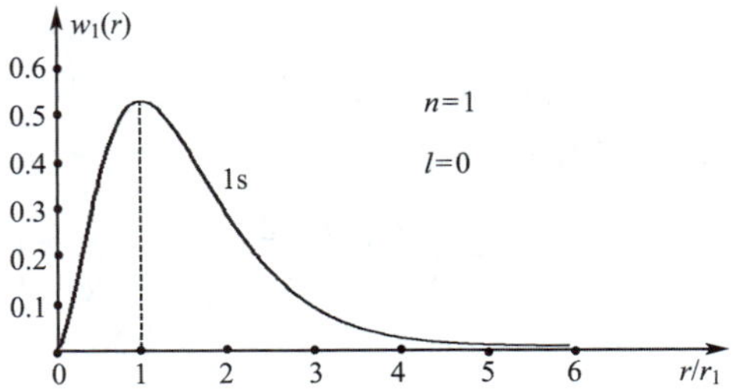

图 16-1 氢原子处于基态时电子径向概率密度分布

$$w_{2,0}(r)=r^2R_{2,0}^2(r,Z=1)=r^2\left(\frac{1}{2r_1}\right)^3\left(2-\frac{r}{r_1}\right)^2\exp\left(-\frac{r}{r_1}\right)$$

由此得到概率密度极值点

$$\frac{\mathrm{d}w_{2,0}(r)}{\mathrm{d}r}=0;\left(8r-\frac{12r^2}{r_1}+\frac{4r^3}{r_1^2}\right)-\frac{1}{r_1}\left(4r^2-\frac{4r^3}{r_1}+\frac{r^4}{r_1^2}\right)=0$$

$$r_{2,0;1}=3r_1-\sqrt{5}r_1\approx 0.764r_1,r_{2,0;2}=2r_1,r_{2,0;3}=3r_1+\sqrt{5}r_1\approx 5.236r_1$$

其中，$r_{2,0;2}=2r_1$ 为概率密度极小值点，$w_{2,0;2}(r=2r_1)=0$；$r_{2,0;1}$ 和 $r_{2,0;3}$ 为概率密度极大值点。电子处于 p 态（$l=1$）时的径向概率密度分布为

$$w_{2,1}(r)=r^2R_{2,1}^2(r,Z=1)=r^2\left(\frac{1}{2r_1}\right)^3\frac{r^2}{3r_1^2}\exp\left(-\frac{r}{r_1}\right)$$

由此得到概率密度极值点

$$\frac{\mathrm{d}w_{2,1}(r)}{\mathrm{d}r}=0;r_{2,1}=4r_1$$

据此画出 $w_{2,0}(r)$-r 曲线和 $w_{2,1}(r)$-r 曲线如图 16-2 所示。

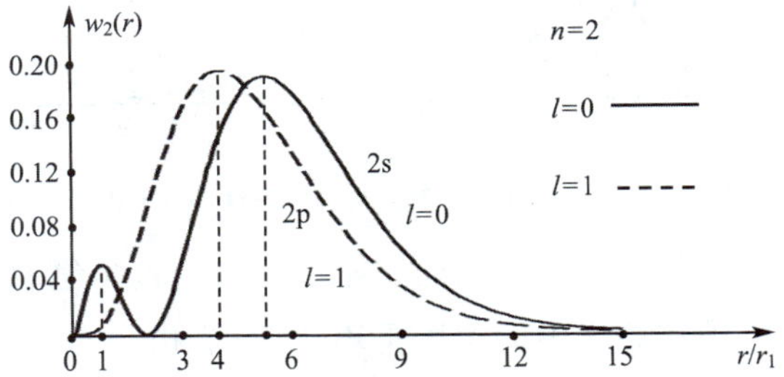

图 16-2 氢原子处于第一激发态时电子径向概率密度分布

对于第二激发态（$n=3$），电子处于 s 态（$l=0$）时的径向概率密度分布为

$$w_{3,0}(r)=r^2R_{3,0}^2(r,Z=1)=r^2\left(\frac{1}{3r_1}\right)^3\left(2-\frac{4r}{3r_1}+\frac{4r^2}{27r_1^2}\right)^2\exp\left(-\frac{2r}{3r_1}\right)$$

由此得到概率密度极值点

$$\frac{\mathrm{d}w_{3,0}(r)}{\mathrm{d}r}=0;\left(2-\frac{4r}{3r_1}+\frac{4r^2}{27r_1^2}\right)\left(4-\frac{20r}{3r_1}+\frac{48r^2}{27r_1^2}-\frac{8r^3}{81r_1^3}\right)=0$$

两个节点（概率密度为零）为

$$r_{3,0;2}=\frac{(9-3\sqrt{3})r_1}{2}\approx 1.902r_1,r_{3,0;4}=\frac{(9+3\sqrt{3})r_1}{2}\approx 7.098r_1$$

三个极大值点为

$$r_{3,0;1}=0.740r_1,r_{3,0;3}=4.186r_1,r_{3,0;5}=13.074r_1$$

电子处于 p 态($l=1$)时的径向概率密度分布为

$$w_{3,1}(r)=r^2R_{3,1}^2(r,Z=1)=r^2\left(\frac{2}{r_1}\right)^3\left(\frac{2}{27\sqrt{3}}-\frac{r}{81\sqrt{3}r_1}\right)^2\frac{r^2}{r_1^2}\exp\left(-\frac{2r}{3r_1}\right)$$

由此得到概率密度极值点

$$\frac{\mathrm{d}w_{3,1}(r)}{\mathrm{d}r}=0;\left(2-\frac{r}{3r_1}\right)\left(8r^3-\frac{10r^4}{3r_1}+\frac{2r^5}{9r_1^2}\right)=0$$

一个节点和两个极大值点

$$r_{3,1;2}=6r_1;r_{3,1;1}=3r_1,r_{3,1;3}=12r_1$$

电子处于 d 态($l=2$)时的径向概率密度分布为

$$w_{3,2}(r)=r^2R_{3,2}^2(r,Z=1)=r^2\left(\frac{2}{r_1}\right)^3\left(\frac{1}{81\sqrt{15}}\right)^2\frac{r^4}{r_1^4}\exp\left(-\frac{2r}{3r_1}\right)$$

由此得到概率密度极值点(极大值点,没有节点)

$$\frac{\mathrm{d}w_{3,2}(r)}{\mathrm{d}r}=0;r_{3,2}=9r_1$$

据此画出 $w_{3,0}(r)$-r 曲线、$w_{3,1}(r)$-r 曲线和 $w_{3,2}(r)$-r 曲线如图 16-3 所示。

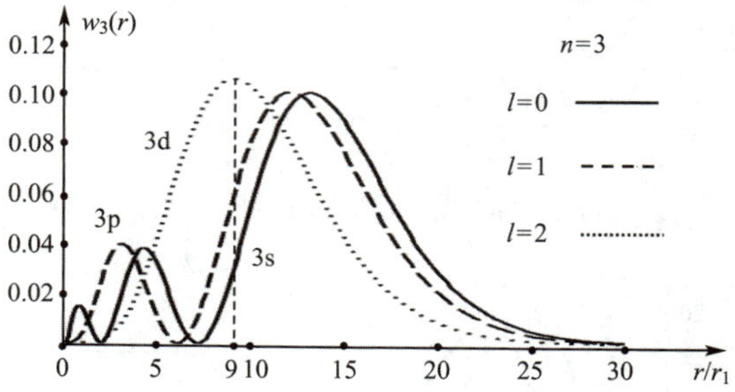

图 16-3　氢原子处于第二激发态时电子径向概率密度分布

综合上述讨论可见,氢原子中电子径向概率密度分布与玻尔氢原子理论有所差异。首先,电子没有确定的"轨道",电子在原子中的位置是不确定的,电子可以到达原子中的任何位置。其次,只有氢原子处于基态时电子出现在第一玻尔半径处的"概率"最大,此时电子只有一种状态(s 态);氢原子处于激发态时,电子出现的概率密度最大处并不仅仅是玻尔氢原子理论所限定的"轨道"(n^2r_1);而只有电子处于最高角动量态($l=n-1$)时,电子出现的概率密度最大处才是玻尔氢原子理论所限定的"轨道"(n^2r_1)。

3. 角概率密度分布

将式(16-1-61)对 r 的全部变化区域积分,并注意到 $R_{n,l}(r)$是归一化的,我们得到氢原子中的电子在径向(θ,φ)附近的立体角 $\mathrm{d}\Omega=\sin\theta\mathrm{d}\theta\mathrm{d}\varphi$ 内的概率

$$\begin{aligned}p_{l,m}(\theta,\varphi)\mathrm{d}\Omega&=\int_{r=0}^{\infty}|R_{n,l}(r)Y_{l,m}(\theta,\varphi)|^2r^2\mathrm{d}r\mathrm{d}\Omega\\&=|Y_{l,m}(\theta,\varphi)|^2\mathrm{d}\Omega=N_{l,m}^2[P_l^{|m|}(\cos\theta)]^2\mathrm{d}\Omega\end{aligned}\qquad(16\text{-}1\text{-}64)$$

概率密度为

$$p_{l,m}(\theta,\varphi)=|Y_{l,m}(\theta,\varphi)|^2=N_{l,m}^2[P_l^{|m|}(\cos\theta)]^2 \tag{16-1-65}$$

可见，$p_{l,m}$ 与 φ 角无关(但与量子数 m 有关)，所以角概率密度分布是绕 z 轴旋转对称的立体图形。图 16-4 给出了几种 l,m 态的角向概率密度分布。

对于 $l=0,m=0$ 态，角概率密度分布为

$$p_{0,0}=|Y_{0,0}|^2=\frac{1}{4\pi}$$

它与 θ 无关，所以角概率密度分布是一个球面，如图 16-4(a)所示。

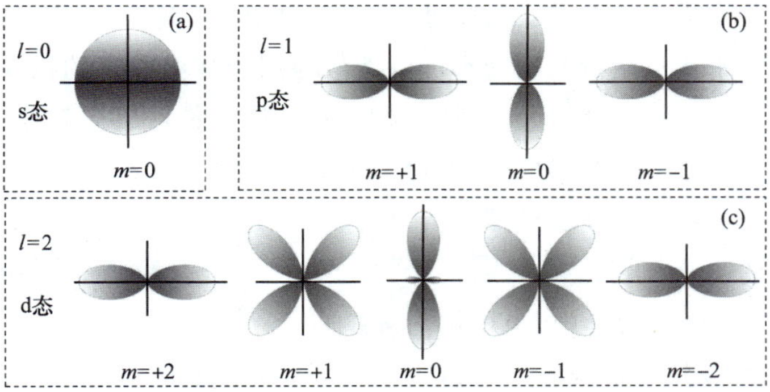

图 16-4　角概率密度分布

对于 $l=1,m=1,0,-1$ 态，角概率密度分布分别为

$$p_{1,1}=|Y_{1,1}|^2=\frac{3}{8\pi}\sin^2\theta,p_{1,0}=|Y_{1,0}|^2=\frac{3}{4\pi}\cos^2\theta,p_{1,-1}=|Y_{1,-1}|^2=\frac{3}{8\pi}\sin^2\theta$$

对于 $m=\pm1$ 态，在 $\theta=\pi/2$ 方向角概率密度分布有极大值，$p_{1,\pm1;\max}=3/8\pi$；在 $\theta=0,\pi$ 方向角概率密度分布有极小值，$p_{1,\pm1;\min}=0$。对于 $m=0$ 态，在 $\theta=0,\pi$ 方向角概率密度分布有极大值，$p_{1,0;\max}=3/4\pi$；在 $\theta=\pi/2$ 方向角概率密度分布有极小值，$p_{1,0;\min}=0$。$l=1$ 的三个态角概率密度分布如图 16-4(b)所示。

对于 $l=2,m=\pm2$ 态，角概率密度分布分别为

$$p_{2,2}=|Y_{2,2}|^2=\frac{15}{32\pi}\sin^4\theta,p_{2,-2}=|Y_{2,-2}|^2=\frac{15}{32\pi}\sin^4\theta$$

在 $\theta=\pi/2$ 方向角概率密度分布有极大值，$p_{2,\pm2;\max}=15/32\pi$；在 $\theta=0,\pi$ 方向角概率密度分布有极小值，$p_{2,\pm2;\min}=0$。$m=\pm2$ 态角概率密度分布如图 16-4(c)所示。

对于 $l=2,m=\pm1$ 态，角概率密度分布分别为

$$p_{2,1}=|Y_{2,1}|^2=\frac{15}{8\pi}\sin^2\theta\cos^2\theta=\frac{15}{32\pi}\sin^2 2\theta,p_{2,-1}=|Y_{2,-1}|^2=\frac{15}{32\pi}\sin^2 2\theta$$

在 $\theta=\pi/4,3\pi/4$ 方向角概率密度分布有极大值，$p_{2,\pm1;\max}=15/32\pi$；在 $\theta=0,\pi/2,\pi$ 方向角概率密度分布有极小值，$p_{2,\pm1;\min}=0$。$m=\pm1$ 态角概率密度分布如图 16-4(c)所示。

对于 $l=2,m=0$ 态，角概率密度分布为

$$p_{2,0}=|Y_{2,0}|^2=\frac{5}{16\pi}(3\cos^2\theta-1)^2=\frac{5}{16\pi}(9\cos^4\theta-6\cos^2\theta+1)$$

由角概率密度分布 $p_{2,0}$ 对 θ 的一阶导数等于零，得到

$$\frac{\mathrm{d}p_{2,0}}{\mathrm{d}\theta}=-2(3\cos^2\theta-1)(6\sin\theta\cos\theta)=0;3\cos^2\theta-1=0,\sin 2\theta=0$$

$$\theta=54°44',125°16';\theta=0,\pi/2,\pi$$

$\theta=54°44',125°16'$为极小值方向，$p_{2,0;\min}=0$；$\theta=0,\pi$为极大值方向，$p_{2,0;\max1}=5/4\pi$；$\theta=\pi/2$为极大值方向，$p_{2,0;\max2}=5/16\pi$。$m=0$态角概率密度分布如图16-4(c)所示。

第二节　线性谐振子

线性谐振子是物理学中一个重要的模型，在自然界中广泛地存在着简谐振动。一般说来，任何一个体系在稳定平衡点附近的运动都可以近似地用线性谐振子的振动来表示，例如分子振动、晶格振动、原子核表面振动以及辐射场的振动等，往往都可以分解成若干彼此独立的一维简谐振动。在经典力学中，线性谐振子的运动是简谐振动。简谐振动往往还作为复杂运动的初步近似，所以对简谐振动的研究，无论在理论上还是在应用上都是很重要的。

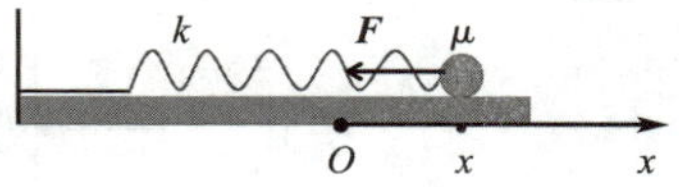

图16-5　一维线性谐振子模型

如图16-5所示，在经典力学中，当质量为μ的粒子受到弹性力$F=-kx$的作用，由牛顿定律可以写出粒子的动力学方程

$$\mu\frac{d^2x}{dt^2}=-kx,\frac{d^2x}{dt^2}+\omega^2x=0,\omega=\sqrt{\frac{k}{\mu}}$$

这一微分方程的解为$x=A\sin(\omega t+\varphi)$。粒子的运动是一维简谐振动，这样的运动系统称为谐振子。因为粒子受到的力F与势能U的关系为

$$F=-\frac{dU}{dx},\frac{dU}{dx}=kx=\mu\omega^2x$$

所以粒子(振动系统)的势能为

$$U=\int F\,dx=\int kx\,dx=\frac{1}{2}kx^2+U_0=\frac{1}{2}\mu\omega^2x^2+U_0$$

如果取平衡位置处势能为零，$U_{x=0}=0$，则$U_0=0$，势能表示为

$$U=\frac{1}{2}kx^2=\frac{1}{2}\mu\omega^2x^2$$

量子力学中的线性谐振子就是指在这样的势场中运动的微观粒子组成的体系。

在量子力学中，一些复杂的微观量子体系的势场往往可以近似线性谐振子势场。如双原子分子体系，两原子之间的势U是两原子相对距离x的函数，如图16-6所示。在$x=a$处，势U达到一极小值U_0。在$x=a$附近将势函数$U(x)$展开成泰勒级数

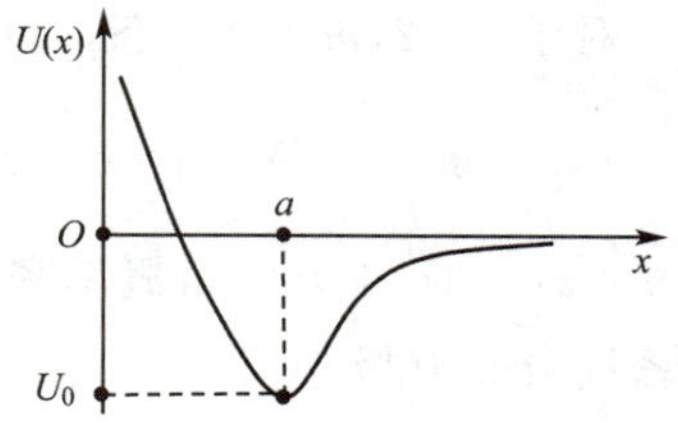

图16-6　两原子之间的势能函数曲线

$$U(x)=U(a)+\frac{1}{1!}\frac{dU}{dx}\bigg|_{x=a}(x-a)+\frac{1}{2!}\frac{d^2U}{dx^2}\bigg|_{x=a}(x-a)^2+\cdots$$

由于势函数 $U(x)$ 在 $x=a$ 处取极值(极小),所以 $\left.\frac{\mathrm{d}U}{\mathrm{d}x}\right|_{x=a}=0$;由于常数 $U(a)=U_0$;并且势函数 $U(x)$ 在 $x=a$ 处取极小值,$\left.\frac{\mathrm{d}^2U}{\mathrm{d}x^2}\right|_{x=a}=k=\mu\omega^2>0$,忽略高阶项,则

$$U(x)=U_0+\frac{1}{2}k(x-a)^2=U_0+\frac{1}{2}\mu\omega^2(x-a)^2$$

如果取 (a,U_0) 为新的坐标原点,则势函数可以表示为标准的线性谐振子势函数

$$U(x)=\frac{1}{2}kx^2=\frac{1}{2}\mu\omega^2x^2$$

量子力学的线性谐振子问题就是处理微观粒子在这样的势场中运动时的能量取值以及波函数的表达式,从而研究线性谐振子体系的量子行为。

一、厄米微分方程

由于线性谐振子体系的势函数为 $U(x)=\mu\omega^2x^2/2$,所以体系的定态薛定谔方程写为

$$\frac{\hbar^2}{2\mu}\frac{\mathrm{d}^2\psi}{\mathrm{d}x^2}+\left(E-\frac{1}{2}\mu\omega^2x^2\right)\psi=0 \tag{16-2-1}$$

引入常数 α 和 λ,并用无量纲的变数 ξ 代替变量 x

$$\alpha=\sqrt{\frac{\mu\omega}{\hbar}},\lambda=\frac{2E}{\hbar\omega},\xi=\sqrt{\frac{\mu\omega}{\hbar}}x=\alpha x \tag{16-2-2}$$

就可把定态薛定谔方程(16-2-1)改写为

$$\frac{\mathrm{d}^2\psi}{\mathrm{d}\xi^2}+(\lambda-\xi^2)\psi=0 \tag{16-2-3}$$

这是一个变系数二阶常微分方程。

为了求解方程(16-2-3),考察一下方程的渐近解,即 $\xi\to\pm\infty$ 时波函数 ψ 的特性。当 ξ 很大时,$\lambda=\frac{2E}{\hbar\omega}\ll\xi^2$,方程(16-2-3)中的 λ 可以略去,因而在 $\xi\to\pm\infty$ 时,方程(16-2-3)可写为

$$\frac{\mathrm{d}^2\psi_\infty}{\mathrm{d}\xi^2}-\xi^2\psi_\infty=0$$

显然这个方程的解为 $\psi_\infty\sim\exp(\pm\xi^2/2)$,因为

$$\frac{\mathrm{d}\psi_\infty}{\mathrm{d}\xi}=\frac{\mathrm{d}}{\mathrm{d}\xi}\exp\left(\pm\frac{\xi^2}{2}\right)=\pm\xi\exp\left(\pm\frac{\xi^2}{2}\right)$$

$$\frac{\mathrm{d}^2\psi_\infty}{\mathrm{d}\xi^2}=\pm\exp\left(\pm\frac{\xi^2}{2}\right)+\xi^2\exp\left(\pm\frac{\xi^2}{2}\right)\approx\xi^2\exp\left(\pm\frac{\xi^2}{2}\right)=\xi^2\psi_\infty$$

这样,$\psi_\infty\sim\exp(\pm\xi^2/2)$ 就是方程(16-2-3)的渐近解(即 $\xi\to\pm\infty$ 时的解)。因为波函数的标准条件要求当 $\xi\to\pm\infty$ 时 ψ 应为有限的,所以波函数渐近解只取指数上的负号,因此方程(16-2-3)在 $\xi\to\pm\infty$ 时的渐近解为 $\psi_\infty\sim\exp(-\xi^2/2)$。

为了使波函数在无穷远处具有 $\psi_\infty\sim\exp(-\xi^2/2)$ 的渐近形式,我们很自然地想到把方程(16-2-3)的解写成如下的形式

$$\psi(\xi)=\exp(-\xi^2/2)H(\xi) \tag{16-2-4}$$

这里，待求的函数 $H(\xi)$ 必须满足使波函数 ψ 单值、有限、连续的标准条件。当 ξ 为有限时，ψ 应为有限；当 $\xi\to\pm\infty$ 时，$H(\xi)$ 的行为也必须保证 $\psi(\xi)$ 为有限。

将式(16-2-4)代入方程(16-2-3)中，得到

$$\frac{d\psi}{d\xi}=-\xi H\exp\left(-\frac{\xi^2}{2}\right)+\frac{dH}{d\xi}\exp\left(-\frac{\xi^2}{2}\right)=\left(-\xi H+\frac{dH}{d\xi}\right)\exp\left(-\frac{\xi^2}{2}\right)$$

$$\begin{aligned}\frac{d^2\psi}{d\xi^2}&=\left(-H-\xi\frac{dH}{d\xi}+\frac{d^2H}{d\xi^2}\right)\exp\left(-\frac{\xi^2}{2}\right)-\xi\left(-\xi H+\frac{dH}{d\xi}\right)\exp\left(-\frac{\xi^2}{2}\right)\\&=\left(-H-2\xi\frac{dH}{d\xi}+\xi^2H+\frac{d^2H}{d\xi^2}\right)\exp\left(-\frac{\xi^2}{2}\right)\end{aligned}$$

$$\left(-H-2\xi\frac{dH}{d\xi}+\xi^2H+\frac{d^2H}{d\xi^2}\right)\exp\left(-\frac{\xi^2}{2}\right)+(\lambda-\xi^2)\exp\left(-\frac{\xi^2}{2}\right)H(\xi)=0$$

$$\frac{d^2H}{d\xi^2}-2\xi\frac{dH}{d\xi}+(\lambda-1)H=0 \tag{16-2-5}$$

这就是待求函数 $H(\xi)$ 必须满足的微分方程，数学上称为厄米微分方程。

二、厄米方程的级数解

一般用级数方法就可以求解厄米方程。把 H 写成幂级数的形式

$$H(\xi)=a_0\xi^s+a_1\xi^{s+1}+a_2\xi^{s+2}+\cdots=\sum_{\nu=0}^{\infty}a_\nu\xi^{s+\nu},a_0\neq0,s\geqslant0 \tag{16-2-6}$$

这里我们设幂级数从 ξ^s 项开始，因此 ξ^s 项的系数不能为零；$a_0\neq0$。而 s 不能小于零，否则($s<0$)，在 $H(\xi)$ 级数中将出现 $\frac{1}{\xi^{-s}}=\frac{1}{\xi^{|s|}}$ 项，在 $\xi=0$ 时 $H(\xi)$ 不收敛。

将式(16-2-6)对 ξ 求一阶和二阶导数

$$\frac{dH}{d\xi}=sa_0\xi^{s-1}+(s+1)a_1\xi^s+(s+2)a_2\xi^{s+1}+\cdots+(s+\nu+1)a_{\nu+1}\xi^{s+\nu}+\cdots$$

$$\frac{d^2H}{d\xi^2}=s(s-1)a_0\xi^{s-2}+(s+1)sa_1\xi^{s-1}+\cdots+(s+\nu+2)(s+\nu+1)a_{\nu+2}\xi^{s+\nu}+\cdots$$

代入式(16-2-5)中，经整理后，得到

$$\begin{aligned}&s(s-1)a_0\xi^{s-2}+(s+1)sa_1\xi^{s-1}+\cdots+(s+\nu+2)(s+\nu+1)a_{\nu+2}\xi^{s+\nu}+\cdots\\&-2sa_0\xi^s-2(s+1)a_1\xi^{s+1}-2(s+2)a_2\xi^{s+2}-\cdots-2(s+\nu+1)a_{\nu+1}\xi^{s+\nu+1}-\cdots\\&+(\lambda-1)a_0\xi^s+(\lambda-1)a_1\xi^{s+1}+(\lambda-1)a_2\xi^{s+2}+\cdots=0\end{aligned}$$

$$\begin{aligned}&s(s-1)a_0\xi^{s-2}+(s+1)sa_1\xi^{s-1}+(s+2)(s+1)a_2\xi^s+\cdots+(s+\nu+2)(s+\nu+1)a_{\nu+2}\xi^{s+\nu}+\cdots\\&=(2s-\lambda+1)a_0\xi^s+\cdots+(2s-\lambda+2\nu+1)a_\nu\xi^{s+\nu}+\cdots\end{aligned}$$

因为这是一个恒等式，即无论 ξ 取何值时都要成立，所以等式两边 ξ 指数相同的项必须相等。

考察 $\xi^{s+\nu}$ 项($\nu\geqslant0$)系数，得到

$$a_{\nu+2}=\frac{2s-\lambda+2\nu+1}{(s+\nu+2)(s+\nu+1)}a_\nu \tag{16-2-7}$$

这个公式给出了系数 $a_{\nu+2}\sim a_\nu$ 之间的递推关系。利用这一递推关系，可以由 a_0 算出所有 ν 为偶数的 $a_\nu(a_2,a_4,\cdots)$，由 a_1 算出所有 ν 为奇数的 $a_\nu(a_3,a_5,\cdots)$。

比较 ξ^{s-2} 项的系数，得到

$$s(s-1)a_0=0$$

因为 $a_0\neq 0$，所以有 $s=0$ 或 $s=1$。这就是说，幂级数 $H(\xi)$ 可以从 a_0 项开始到无限次幂项，或者从 $a_0\xi$ 项开始到无限次幂项。

比较 ξ^{s-1} 项的系数，得到

$$s(s+1)a_1=0$$

因为 $s\geqslant 0$，所以有 $s=0$ 或 $a_1=0$，或 s 和 a_1 同时为零。这就是说，a_1 是可以为零的；一旦取 $a_1=0$，则所有 ν 为奇数的 $a_\nu(a_3,a_5,\cdots)$ 均为零。当然，由于 $a_0\neq 0$，幂级数 $H(\xi)$ 不可能为零；$a_1=0$ 不会导致波函数的零解。

综合上述讨论，所有 ν 为偶数的项构成 $H(\xi)$ 的一个特解

$$H^{\text{even}}=a_0\xi^s+a_2\xi^{s+2}+a_4\xi^{s+4}+\cdots,(s=0\text{ 或 }s=1) \tag{16-2-8}$$

所有 ν 为奇数的项构成 $H(\xi)$ 的一个特解

$$H^{\text{odd}}=a_1\xi^{s+1}+a_3\xi^{s+3}+a_5\xi^{s+5}+\cdots,(s=0\text{ 或 }s=1) \tag{16-2-9}$$

由此，可以构造方程(16-2-5)的通解

$$H(\xi)=c_0H^{\text{even}}+c_1H^{\text{odd}} \tag{16-2-10}$$

其中，c_0 和 c_1 是二阶微分方程的两个待定常数。由此得到波函数的表达式

$$\psi=(c_0H^{\text{even}}+c_1H^{\text{odd}})\exp(-\xi^2/2) \tag{16-2-11}$$

当然，这个解仅仅是数学上的解；如果考虑物理上的限制，就会得到满足物理要求的特解。

三、一维线性谐振子体系的能级(能量本征值)

考察波函数的表达式(16-2-11)，显然，波函数 ψ 在全域 $\xi\in(-\infty,+\infty)$ 或 $x\in(-\infty,+\infty)$ 是单值、连续的；只剩下“有限性”可以利用。因为 $H(\xi)$ 是一个幂级数，所以应该考虑它的收敛性问题。在幂级数(16-2-6)中，要求 $s\geqslant 0$，这就已经考虑到了 $\xi=0(x=0)$ 时波函数 ψ 的收敛性问题；需要考虑的是 $\xi\to\pm\infty(x\to\pm\infty)$ 时波函数 ψ 的收敛性问题。

考察式(16-2-7)，幂级数 $H(\xi)$ 相邻两项之比为

$$\frac{a_{\nu+2}\xi^{\nu+2}}{a_\nu\xi^\nu}=\frac{2s-\lambda+2\nu+1}{(s+\nu+2)(s+\nu+1)}\xi^2\xrightarrow{\nu\to\infty}\frac{2}{\nu}\xi^2$$

再来考察 $\exp(\xi^2)$ 的级数展开式的相邻两项之比

$$\exp(\xi^2)=1+\frac{\xi^2}{1!}+\frac{\xi^4}{2!}+\cdots+\frac{\xi^\nu}{\left(\frac{\nu}{2}\right)!}+\frac{\xi^{\nu+2}}{\left(\frac{\nu}{2}+1\right)!}+\cdots$$

$$\frac{b_{\nu+2}\xi^{\nu+2}}{b_\nu\xi^\nu}=\frac{\left(\frac{\nu}{2}\right)!}{\left(\frac{\nu}{2}+1\right)!}\xi^2=\frac{1}{\frac{\nu}{2}+1}\xi^2\xrightarrow[\nu\to\infty]{}\frac{2}{\nu}\xi^2$$

可见，当 ξ 很大时，幂级数 $H(\xi)$ 的 $\xi\to\pm\infty$ 渐近行为与 $\exp(\xi^2)$ 的 $\xi\to\pm\infty$ 渐近行为相同；而当 ξ 很大时，在幂级数 $H(\xi)$ 中只有 ξ 的高次项是主要的。所以

$$\psi=H(\xi)\exp\left(-\frac{\xi^2}{2}\right)\xrightarrow{\xi\to\pm\infty}\exp(\xi^2)\exp\left(-\frac{\xi^2}{2}\right)=\exp\left(\frac{\xi^2}{2}\right)$$

可见,$\psi(\xi)$在$\xi\to\pm\infty(x\to\pm\infty)$时变为无限大,这与波函数的有限性这一标准条件相抵触。因此,波函数有限性条件要求幂级数$H(\xi)$不能是无穷级数(ν为有限正整数),也就是幂级数$H(\xi)$必须在某一次幂中断而变成多项式。

所谓幂级数$H(\xi)=\sum_{\nu=0}^{\infty}a_\nu\xi^{s+\nu}$中断于某一次幂,就是$\xi$该次幂系数不为零而高于该次幂的系数全部为零。再一次考察式(16-2-7),因为$a_0\neq0$,对于某一偶数ν',在$a_{\nu'}\neq0$的情况下,只要$2s-\lambda+2\nu'+1=0$,就能保证偶数项$a_{\nu'}$后的各个偶数项的系数全部为零,$a_{\nu'+2}=a_{\nu'+4}=\cdots=0$。当然,这还不能保证偶数项$a_{\nu'}$后的各个奇数项为零;如果取$a_1=0$,则全部的奇数项均为零。这样,我们就找到了完全满足波函数有限性条件的条件

$$a_0\neq0,a_1=0,2s-\lambda+2\nu'+1=0$$

要特别注意的是,这里的幂级数$H(\xi)$只含有偶数项,并不是说幂级数$H(\xi)$只含有偶数次幂。当$s=0$时,多项式只含ξ的偶次幂;当$s=1$时,多项式只含ξ的奇次幂。

令$n=s+\nu'$,则条件$2s-\lambda+2\nu'+1=0$可以表示为

$$\lambda=2n+1,n=0,1,2,\cdots \tag{16-2-12}$$

这是一个重要的结论,待定常数λ为奇数。因为s和ν'都是零或大于零的正整数,所以n也一定是零或正整数,而且$n=0,1,2,\cdots$。

因为$\lambda\equiv2E/\hbar\omega$,由式(16-2-12)得到线性谐振子能级能量表达式

$$E_n=\left(n+\frac{1}{2}\right)\hbar\omega,n=0,1,2,\cdots \tag{16-2-13}$$

基于波函数在无限远处的有限性条件,导致了一维线性谐振子的能量必须取分立值。

如图16-7所示为一维线性谐振子势能与能级示意图。两相邻能级间的间隔均为$\hbar\omega$

$$E_{n+1}-E_n=\hbar\omega \tag{16-2-14}$$

这与普朗克的假设相符。能量最低的状态称为基态,振子的基态($n=0$)能量

$$E_0=\frac{1}{2}\hbar\omega \tag{16-2-15}$$

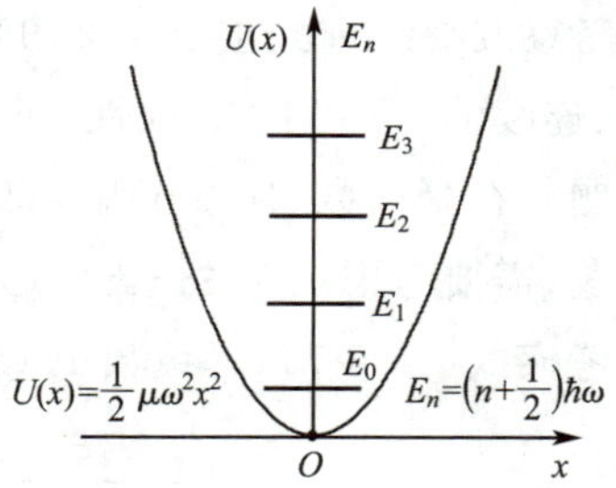

图16-7 一维线性谐振子体系的势能和能级

称为零点能。线性谐振子体系零点能的存在,在旧量子论中是没有的,是量子力学中所特有的。实验已经证实了零点能的存在,同时也说明量子力学被成功地应用于线性谐振子体系。

实际上,式(16-2-13)中的E_n就是一维线性谐振子体系能量的可能取值。因此,一维线性谐振子体系能量本征值为

$$\frac{1}{2}\hbar\omega,\frac{3}{2}\hbar\omega,\frac{5}{2}\hbar\omega,\cdots,\left(n+\frac{1}{2}\right)\hbar\omega,\cdots$$

其中的n也就顺理成章地被称为一维线性谐振子体系的能量量子数。

在经典力学中,一维线性谐振子的能量(由简谐振动的振幅决定)是可以连续取值的。而量子力学给出的结果却是线性谐振子体系的能量是不能连续取值的,只能取分立值;而且能量变化的最小单元是$\hbar\omega=h\nu$,这与普朗克能量量子化假设一致。在经典力学中,线性谐振子体

系的能量可以取零，而量子力学的结论是线性谐振子体系的最小能量是 $\hbar\omega/2$，这就是零点能的概念；零点能的存在得到了实验的证实。

四、厄米多项式

将 $\lambda=2n+1$ 代入方程(16-2-5)，得到与量子数 n 对应的 H 所满足的方程

$$\frac{\mathrm{d}^2 H_n}{\mathrm{d}\xi^2}-2\xi\frac{\mathrm{d}H_n}{\mathrm{d}\xi}+2nH_n=0 \tag{16-2-16}$$

这个微分方程称为 n 阶厄米微分方程。n 阶厄米微分方程的解 H_n 称为厄米多项式，其中 n 表示厄米多项式 $H_n(\xi)$ 的最高次幂。$H_n(\xi)$ 的性质见附录Ⅱ。

厄米多项式 $H_n(\xi)$ 可以表示为

$$H_n(\xi)=(-1)^n\exp(\xi^2)\frac{\mathrm{d}^n}{\mathrm{d}\xi^n}\exp(-\xi^2) \tag{16-2-17}$$

由此得到幂次较低的几个厄米多项式

$$H_0(\xi)=1,H_1(\xi)=2\xi,H_2(\xi)=4\xi^2-2,H_3(\xi)=8\xi^3-12\xi$$

厄米多项式 $H_n(\xi)$ 的递推关系为

$$\frac{\mathrm{d}H_n(\xi)}{\mathrm{d}\xi}=2nH_{n-1}(\xi),H_{n+1}(\xi)-2\xi H_n(\xi)+2nH_{n-1}(\xi)=0 \tag{16-2-18}$$

厄米多项式 $H_n(\xi)$ 的正交归一性

$$\int_{-\infty}^{+\infty}\exp(-\xi^2)H_m(\xi)H_n(\xi)\mathrm{d}\xi=\begin{cases}0, & m\neq n\\ 2^n n!\sqrt{\pi}, & m=n\end{cases} \tag{16-2-19}$$

五、一维线性谐振子体系的(本征)波函数

1. 归一化本征函数

对应于量子数 n(能量 E_n)的波函数(本征函数)为

$$\psi_n(\xi)=N_n\exp\left(-\frac{1}{2}\xi^2\right)H_n(\xi),\psi_n(x)=N_n\exp\left(-\frac{1}{2}\alpha^2x^2\right)H_n(\alpha x) \tag{16-2-20}$$

这个函数称为厄米函数。式中 N_n 是归一化因子，由厄米多项式 $H_n(\xi)$ 的归一性

$$\int_{-\infty}^{+\infty}\exp(-\xi^2)H_n(\xi)H_n(\xi)\mathrm{d}\xi=2^n n!\sqrt{\pi}$$

得到本征函数的归一化因子

$$1=\int_{-\infty}^{+\infty}|\psi_n(x)|^2\mathrm{d}x=\int_{-\infty}^{+\infty}N_n^2\exp(-\alpha^2x^2)H_n(\alpha x)H_n(\alpha x)\mathrm{d}x$$

$$=\frac{1}{\alpha}N_n^2\int_{-\infty}^{+\infty}\exp(-\xi^2)H_n(\xi)H_n(\xi)\mathrm{d}\xi=\frac{1}{\alpha}N_n^2 2^n n!\sqrt{\pi}$$

$$1=\frac{1}{\alpha}N_n^2 2^n n!\sqrt{\pi},N_n^2=\frac{\alpha}{2^n n!\sqrt{\pi}},N_n=\sqrt{\frac{\alpha}{2^n n!\sqrt{\pi}}}$$

由此，一维线性谐振子体系的归一化本征函数表示为

$$\psi_n(x)=\sqrt{\frac{\alpha}{2^n n!\sqrt{\pi}}}\exp\left(-\frac{\alpha^2}{2}x^2\right)H_n(\alpha x),\alpha=\sqrt{\frac{\mu\omega}{\hbar}} \tag{16-2-21}$$

$$\psi_n(x)=\sqrt{\sqrt{\frac{\mu\omega}{\pi\hbar}}\frac{1}{2^n n!}}\exp\left(-\frac{\mu^2\omega^2}{2\hbar^2}x^2\right)H_n\left(\sqrt{\frac{\mu\omega}{\hbar}}x\right) \tag{16-2-22}$$

2. 本征函数的递推关系

由一维线性谐振子体系的归一化本征函数定义式(16-2-21),得到

$$\psi_{n+1}(\xi)=\sqrt{\frac{\alpha}{2^{n+1}(n+1)!\sqrt{\pi}}}\exp\left(-\frac{\xi^2}{2}\right)H_{n+1}(\xi)=\frac{N_n}{\sqrt{2(n+1)}}\exp\left(-\frac{\xi^2}{2}\right)H_{n+1}(\xi)$$

$$\psi_{n-1}(\xi)=\sqrt{\frac{\alpha}{2^{n-1}(n-1)!\sqrt{\pi}}}\exp\left(-\frac{\xi^2}{2}\right)H_{n-1}(\xi)=\sqrt{2n}N_n\exp\left(-\frac{\xi^2}{2}\right)H_{n-1}(\xi)$$

将此代入厄米多项式 $H_n(\xi)$ 的递推关系式(16-2-18)的第二式,得到本征函数递推关系

$$\begin{cases}\xi\psi_n(\xi)=\sqrt{\dfrac{n}{2}}\psi_{n-1}(\xi)+\sqrt{\dfrac{n+1}{2}}\psi_{n+1}(\xi)\\ x\psi_n(\alpha x)=\dfrac{1}{\alpha}\left[\sqrt{\dfrac{n}{2}}\psi_{n-1}(\alpha x)+\sqrt{\dfrac{n+1}{2}}\psi_{n+1}(\alpha x)\right]\end{cases} \tag{16-2-23}$$

再由厄米多项式 $H_n(\xi)$ 的递推关系式(16-2-18)的第一式和本征函数表达式(16-2-20),以及归一化常数的关系 $N_{n-1}=\sqrt{2n}N_n$ 和 $N_n=\sqrt{2(n+1)}N_{n+1}$,得到本征函数的另一递推关系

$$\begin{aligned}\frac{d}{d\xi}\psi_n(\xi)&=-\xi N_n\exp\left(-\frac{\xi^2}{2}\right)H_n(\xi)+N_n\exp\left(-\frac{\xi^2}{2}\right)\frac{d}{d\xi}H_n(\xi)\\&=-\xi\psi_n(\xi)+2nN_n\exp\left(-\frac{\xi^2}{2}\right)H_{n-1}(\xi)\\&=-\sqrt{\frac{n}{2}}\psi_{n-1}(\xi)-\sqrt{\frac{n+1}{2}}\psi_{n+1}(\xi)+\sqrt{2n}\psi_{n-1}(\xi)\end{aligned}$$

$$\begin{cases}\dfrac{d}{d\xi}\psi_n(\xi)=\sqrt{\dfrac{n}{2}}\psi_{n-1}(\xi)-\sqrt{\dfrac{n+1}{2}}\psi_{n+1}(\xi)\\ \dfrac{d}{dx}\psi_n(\alpha x)=\alpha\left[\sqrt{\dfrac{n}{2}}\psi_{n-1}(\alpha x)-\sqrt{\dfrac{n+1}{2}}\psi_{n+1}(\alpha x)\right]\end{cases} \tag{16-2-24}$$

3. 本征函数的正交性

由厄米多项式 $H_n(\xi)$ 的正交性,可以得到本征函数的正交性($m\neq n$)

$$\int_{-\infty}^{+\infty}\psi_m(\xi)\psi_n(\xi)d\xi=\int_{-\infty}^{+\infty}N_mN_n\exp(-\xi^2)H_m(\xi)H_n(\xi)d\xi=0 \tag{16-2-25}$$

4. 能量本征函数系

一维线性谐振子体系的哈密顿量算符表示为

$$\begin{aligned}\hat{H}&=-\frac{\hbar^2}{2\mu}\frac{d^2}{dx^2}+\frac{1}{2}\mu\omega^2x^2=-\frac{\hbar^2}{2\mu}\alpha^2\frac{d^2}{d\xi^2}+\frac{1}{2\alpha^2}\mu\omega^2\xi^2\\&=-\frac{\hbar^2}{2\mu}\frac{\mu\omega}{\hbar}\frac{d^2}{d\xi^2}+\frac{\hbar}{2\mu\omega}\mu\omega^2\xi^2=-\frac{\hbar\omega}{2}\frac{d^2}{d\xi^2}+\frac{\hbar\omega}{2}\xi^2\end{aligned} \tag{16-2-26}$$

由递推关系(16-2-24),得到

$$\frac{d^2}{d\xi^2}\psi_n=\frac{d}{d\xi}\frac{d}{d\xi}\psi_n=\frac{d}{d\xi}\left(\sqrt{\frac{n}{2}}\psi_{n-1}-\sqrt{\frac{n+1}{2}}\psi_{n+1}\right)=\sqrt{\frac{n}{2}}\frac{d}{d\xi}\psi_{n-1}-\sqrt{\frac{n+1}{2}}\frac{d}{d\xi}\psi_{n+1}$$

$$=\sqrt{\frac{n}{2}}\left(\sqrt{\frac{n-1}{2}}\psi_{n-2}-\sqrt{\frac{n}{2}}\psi_n\right)-\sqrt{\frac{n+1}{2}}\left(\sqrt{\frac{n+1}{2}}\psi_n-\sqrt{\frac{n+2}{2}}\psi_{n+2}\right)$$

$$=\frac{\sqrt{n(n-1)}}{2}\psi_{n-2}-\frac{2n+1}{2}\psi_n+\frac{\sqrt{(n+1)(n+2)}}{2}\psi_{n+2}$$

再由递推关系(16-2-23)，得到

$$\xi^2\psi_n=\xi\xi\psi_n=\xi\left(\sqrt{\frac{n}{2}}\psi_{n-1}+\sqrt{\frac{n+1}{2}}\psi_{n+1}\right)=\sqrt{\frac{n}{2}}\xi\psi_{n-1}+\sqrt{\frac{n+1}{2}}\xi\psi_{n+1}$$

$$=\sqrt{\frac{n}{2}}\left(\sqrt{\frac{n-1}{2}}\psi_{n-2}+\sqrt{\frac{n}{2}}\psi_n\right)+\sqrt{\frac{n+1}{2}}\left(\sqrt{\frac{n+1}{2}}\psi_n+\sqrt{\frac{n+2}{2}}\psi_{n+2}\right)$$

$$=\frac{\sqrt{n(n-1)}}{2}\psi_{n-2}+\frac{2n+1}{2}\psi_n+\frac{\sqrt{(n+1)(n+2)}}{2}\psi_{n+2}$$

由此，将哈密顿量 $\hat{H}$ 作用到本征函数 ψ_n 上，得到

$$\hat{H}\psi_n=\left(-\frac{\hbar\omega}{2}\frac{\mathrm{d}^2}{\mathrm{d}\xi^2}+\frac{\hbar\omega}{2}\xi^2\right)\psi_n=-\frac{\hbar\omega}{2}\frac{\mathrm{d}^2}{\mathrm{d}\xi^2}\psi_n+\frac{\hbar\omega}{2}\xi^2\psi_n$$

$$=-\frac{\hbar\omega}{2}\left(\frac{\sqrt{n(n-1)}}{2}\psi_{n-2}-\frac{2n+1}{2}\psi_n+\frac{\sqrt{(n+1)(n+2)}}{2}\psi_{n+2}\right)+$$

$$\frac{\hbar\omega}{2}\left(\frac{\sqrt{n(n-1)}}{2}\psi_{n-2}+\frac{2n+1}{2}\psi_n+\frac{\sqrt{(n+1)(n+2)}}{2}\psi_{n+2}\right)$$

$$=\left(n+\frac{1}{2}\right)\hbar\omega\psi_n=E_n\psi_n$$

$$\hat{H}\psi_n=\left(n+\frac{1}{2}\right)\hbar\omega\psi_n=E_n\psi_n \tag{16-2-27}$$

由此可见，波函数 ψ_n 是能量算符的本征函数，而且本征值为 $E_n=(n+1/2)\hbar\omega$。

$\{\psi_n(x)\}=\left\{N_n\exp\left(-\frac{1}{2}\alpha^2x^2\right)H_n(\alpha x)\right\}$构成了一维线性谐振子体系正交归一完备的能量本征函数系，本征值为 $E_n=(n+1/2)\hbar\omega$。一个本征值 E_n 对应一个本征函数 $\psi_n(x)$；因此，一维线性谐振子体系能量本征值是非简并的(简并度为 1)。

一维线性谐振子体系几个低能级的本征函数为

$$n=0,\psi_0(x)=N_0\exp\left(-\frac{\alpha^2}{2}x^2\right)H_0(\alpha x)=\sqrt{\frac{\alpha}{\sqrt{\pi}}}\exp\left(-\frac{1}{2}\alpha^2x^2\right)$$

$$n=1,\psi_1(x)=N_1\exp\left(-\frac{\alpha^2}{2}x^2\right)H_1(\alpha x)=\sqrt{\frac{2\alpha}{\sqrt{\pi}}}(\alpha x)\exp\left(-\frac{1}{2}\alpha^2x^2\right)$$

$$n=2,\psi_2(x)=N_2\exp\left(-\frac{\alpha^2}{2}x^2\right)H_2(\alpha x)=\sqrt{\frac{\alpha}{2\sqrt{\pi}}}(2\alpha^2x^2-1)\exp\left(-\frac{1}{2}\alpha^2x^2\right)$$

$$n=3,\psi_3(x)=N_3\exp\left(-\frac{\alpha^2}{2}x^2\right)H_3(\alpha x)=\sqrt{\frac{3\alpha}{\sqrt{\pi}}}\left(\frac{2}{3}\alpha^3x^3-\alpha x\right)\exp\left(-\frac{1}{2}\alpha^2x^2\right)$$

由此，可以绘出 $\psi_n(x)$-x($\psi_n(\alpha x)$-αx)曲线，如图 16-8 所示。

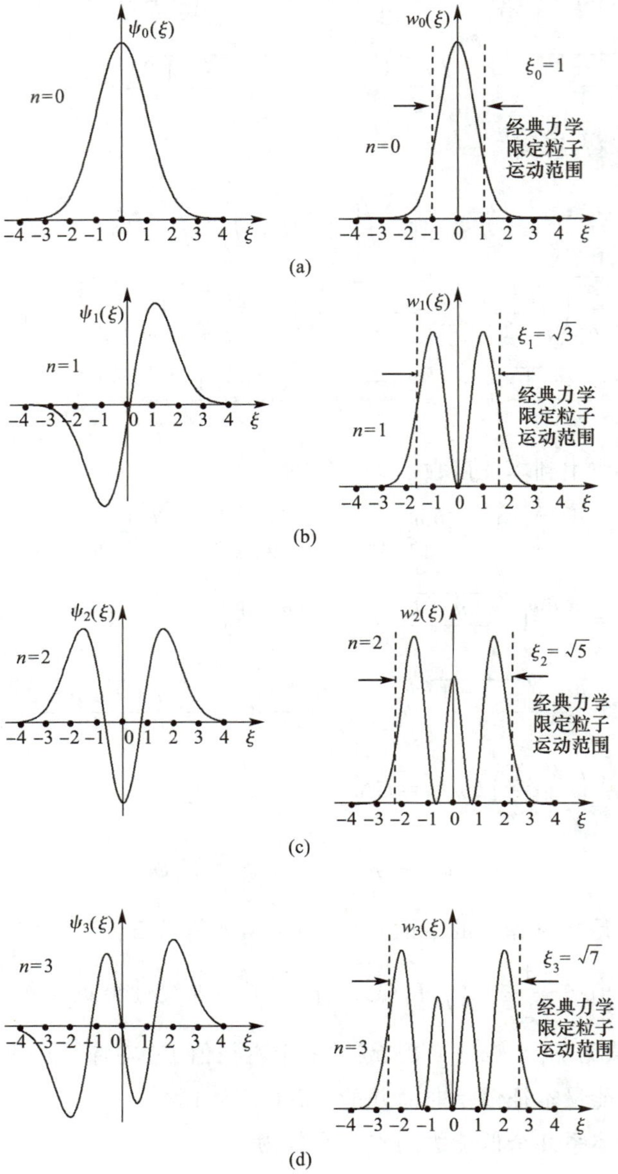

图 16-8　一维线性谐振子低能级本征函数和概率密度分布曲线

由本征函数可以求得概率密度函数，$w_n(x)=|\psi_n(x)|^2 \sim x$，$w_n(\xi)=|\psi_n(\xi)|^2 \sim \xi$。几个低能级概率密度分布曲线如图 16-8 所示。可见，振子粒子的位置概率密度分布是振荡的，而且粒子运动的范围可以超过经典力学的限制。

以基态($n=0$)为例，体系的能量为 $E_0=\hbar\omega/2$；在经典力学中，当谐振子体系的能量等于势能时，微观粒子离开平衡位置的距离最大

$$\frac{\hbar\omega}{2}=\frac{1}{2}\mu\omega^2 x^2_{\max,0},\ x_{\max,0}=\sqrt{\frac{\hbar}{\mu\omega}}=\frac{1}{\alpha},\ \xi_{\max,0}=1$$

也就是说，一维线性谐振子体系处于基态时，按经典力学，微观粒子只能在$|x|\leqslant 1/\alpha$($|\xi|\leqslant 1$)范围内运动(如图16-8(a)所示的虚线范围内)。但按量子力学，微观粒子可以在全部一维空间运动，微观粒子超出经典力学限制范围的概率为(基态)

$$\frac{\int_{-\infty}^{-1}\frac{\alpha}{\sqrt{\pi}}\exp(-\xi^2)\,\mathrm{d}\xi+\int_{1}^{+\infty}\frac{\alpha}{\sqrt{\pi}}\exp(-\xi^2)\,\mathrm{d}\xi}{\int_{-\infty}^{+\infty}\frac{\alpha}{\sqrt{\pi}}\exp(-\xi^2)\,\mathrm{d}\xi}=\frac{2\int_{1}^{+\infty}\exp(-\xi^2)\,\mathrm{d}\xi}{2\int_{0}^{+\infty}\exp(-\xi^2)\,\mathrm{d}\xi}=15.7\%$$

对于第一激发态($n=1$)，经典力学限定微观粒子最大位移$x_{\max,1}=\sqrt{3\hbar/(\mu\omega)}=\sqrt{3}/\alpha$，微观粒子被限定在$|x|\leqslant\sqrt{3}/\alpha$($|\xi|\leqslant\sqrt{3}$)范围内运动；对于第二激发态($n=2$)，经典力学限定微观粒子最大位移$x_{\max,2}=\sqrt{5\hbar/\mu\omega}=\sqrt{5}/\alpha$，微观粒子被限定在$|x|\leqslant\sqrt{5}/\alpha$($|\xi|\leqslant\sqrt{5}$)范围内运动；对于第三激发态($n=3$)，经典力学限定微观粒子最大位移$x_{\max,3}=\sqrt{7\hbar/(\mu\omega)}=\sqrt{7}/\alpha$，微观粒子被限定在$|x|\leqslant\sqrt{7}/\alpha$($|\xi|\leqslant\sqrt{7}$)范围内运动。如图16-8所示。

5. 概率密度分布的高能级近似(渐近)

由厄米多项式的递推公式，可以进一步得到高阶厄米多项式

$$H_4=16\xi^4-48\xi^2+12,\ H_5=32\xi^5-160\xi^3+120\xi$$

$$H_6=64\xi^6-480\xi^4+720\xi^2-120,\ H_7=128\xi^7-1\,344\xi^5+3\,360\xi^3-1\,680\xi$$

$$H_8=256\xi^8-3\,584\xi^6+13\,440\xi^4-13\,440\xi^2+1\,680$$

$$H_9=512\xi^9-9\,216\xi^7+48\,384\xi^5-80\,640\xi^3+30\,240\xi$$

由此，得到高能级归一化本征函数

$$\psi_4(\xi)=\sqrt{\frac{\alpha}{24\sqrt{\pi}}}(4\xi^4-12\xi^2+3)\exp\left(-\frac{1}{2}\xi^2\right)$$

$$\psi_5(\xi)=\sqrt{\frac{\alpha}{60\sqrt{\pi}}}(4\xi^5-20\xi^3+15\xi)\exp\left(-\frac{1}{2}\xi^2\right)$$

$$\psi_6(\xi)=\sqrt{\frac{\alpha}{720\sqrt{\pi}}}(8\xi^6-60\xi^4+90\xi^2-15)\exp\left(-\frac{1}{2}\xi^2\right)$$

$$\psi_7(\xi)=\sqrt{\frac{\alpha}{2\,520\sqrt{\pi}}}(8\xi^7-84\xi^5+210\xi^3-105\xi)\exp\left(-\frac{1}{2}\xi^2\right)$$

$$\psi_8(\xi)=\sqrt{\frac{\alpha}{40\,320\sqrt{\pi}}}(16\xi^8-224\xi^6+840\xi^4-840\xi^2+105)\exp\left(-\frac{1}{2}\xi^2\right)$$

$$\psi_9(\xi)=\sqrt{\frac{\alpha}{181\,440\sqrt{\pi}}}(16\xi^9-288\xi^7+1\,512\xi^5-2\,520\xi^3+945\xi)\exp\left(-\frac{1}{2}\xi^2\right)$$

由此，可以绘出高能态微观粒子概率密度分布曲线，如图16-9所示。随着能态的增高，微观粒子概率密度分布逐渐趋于经典力学给出的概率密度分布，只是概率密度分布迅速振荡。可以预见，当能态(量子数)非常高时，量子力学给出的一维线性谐振子微观粒子运动的物理图象趋近于经典力学谐振子粒子运动的物理图象。

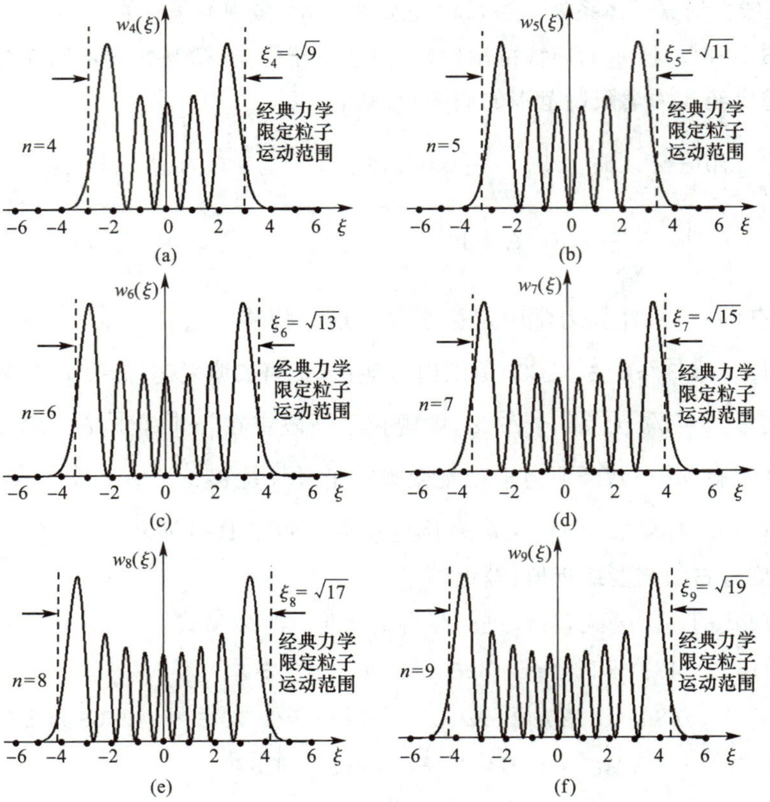

图 16-9　一维线性谐振子高能态粒子概率密度分布曲线

六、占有数表象(阅读)

一维线性谐振子的哈密顿算符为

$$\hat{H}=\frac{1}{2\mu}\hat{p}^{2}+U(x)=-\frac{\hbar^{2}}{2\mu}\frac{\mathrm{d}^{2}}{\mathrm{d}x^{2}}+\frac{1}{2}\mu\omega^{2}x^{2}$$

能量本征值和相应的本征函数分别为

$$E_{n}=\left(n+\frac{1}{2}\right)\hbar\omega,\psi_{n}(x)=N_{n}\exp\left(-\frac{1}{2}\alpha^{2}x^{2}\right)H_{n}(\alpha x),n=0,1,2,\cdots$$

1. 产生和湮灭算符

定义算符

$$\hat{a}=\sqrt{\frac{\mu\omega}{2\hbar}}\left(x+\frac{\mathrm{i}}{\mu\omega}\hat{p}\right)=\sqrt{\frac{\mu\omega}{2\hbar}}\left(x+\frac{\hbar}{\mu\omega}\frac{\mathrm{d}}{\mathrm{d}x}\right)\tag{16-2-28}$$

及其共轭算符

$$\hat{a}^{\dagger}=\sqrt{\frac{\mu\omega}{2\hbar}}\left(x-\frac{\mathrm{i}}{\mu\omega}\hat{p}\right)=\sqrt{\frac{\mu\omega}{2\hbar}}\left(x-\frac{\hbar}{\mu\omega}\frac{\mathrm{d}}{\mathrm{d}x}\right)\tag{16-2-29}$$

这里要注意的是,因为 $\hat{a}$ 与 $\hat{a}^{\dagger}$ 并不相等,所以 $\hat{a}$ 不是厄米算符,算符 $\hat{a}$ 并不代表力学量。

由基本对易关系 $[x,\hat{p}]=\mathrm{i}\hbar$,可以得到算符 $\hat{a}$ 与 $\hat{a}^{\dagger}$ 之间的对易关系

$$[\hat{a},\hat{a}^{\dagger}]=\frac{\mu\omega}{2\hbar}\left[x+\frac{\mathrm{i}}{\mu\omega}\hat{p},x-\frac{\mathrm{i}}{\mu\omega}\hat{p}\right]=\frac{\mu\omega}{2\hbar}\left[x,x-\frac{\mathrm{i}}{\mu\omega}\hat{p}\right]+\frac{\mu\omega}{2\hbar}\left[\frac{\mathrm{i}}{\mu\omega}\hat{p},x-\frac{\mathrm{i}}{\mu\omega}\hat{p}\right]$$

$$=\frac{\mu\omega}{2\hbar}[x,x]-\frac{\mathrm{i}}{2\hbar}[x,\hat{p}]+\frac{\mathrm{i}}{2\hbar}[\hat{p},x]+\frac{1}{2\hbar\mu\omega}[\hat{p},\hat{p}]=0-\frac{\mathrm{i}}{2\hbar}\mathrm{i}\hbar-\frac{\mathrm{i}}{2\hbar}\mathrm{i}\hbar+0=1$$

$$[\hat{a},\hat{a}]=\frac{\mu\omega}{2\hbar}\left[x+\frac{\mathrm{i}}{\mu\omega}\hat{p},x+\frac{\mathrm{i}}{\mu\omega}\hat{p}\right]=0,[\hat{a}^{\dagger},\hat{a}^{\dagger}]=\frac{\mu\omega}{2\hbar}\left[x-\frac{\mathrm{i}}{\mu\omega}\hat{p},x-\frac{\mathrm{i}}{\mu\omega}\hat{p}\right]=0$$

$$[\hat{a},\hat{a}^{\dagger}]=\hat{a}\hat{a}^{\dagger}-\hat{a}^{\dagger}\hat{a}=1,[\hat{a},\hat{a}]=[\hat{a}^{\dagger},\hat{a}^{\dagger}]=0 \tag{16-2-30}$$

由变量替换 $\xi=\alpha x=\sqrt{\mu\omega/\hbar}\,x$，可以将 $\hat{a}$ 和 $\hat{a}^{\dagger}$表示为

$$\hat{a}=\frac{1}{\sqrt{2}}\left(\xi+\frac{\mathrm{d}}{\mathrm{d}\xi}\right),\hat{a}^{\dagger}=\frac{1}{\sqrt{2}}\left(\xi-\frac{\mathrm{d}}{\mathrm{d}\xi}\right) \tag{16-2-31}$$

将 $\hat{a}$ 和 $\hat{a}^{\dagger}$分别作用于一维线性谐振子哈密顿算符的第 n 个本征态 ψ_n，得到

$$\hat{a}\psi_n(\xi)=\frac{1}{\sqrt{2}}\left(\xi+\frac{\mathrm{d}}{\mathrm{d}\xi}\right)\psi_n(\xi)=\frac{1}{\sqrt{2}}\xi\psi_n(\xi)+\frac{1}{\sqrt{2}}\frac{\mathrm{d}}{\mathrm{d}\xi}\psi_n(\xi)$$

$$=\frac{1}{\sqrt{2}}\left[\sqrt{\frac{n}{2}}\psi_{n-1}(\xi)+\sqrt{\frac{n+1}{2}}\psi_{n+1}(\xi)\right]+\frac{1}{\sqrt{2}}\left[\sqrt{\frac{n}{2}}\psi_{n-1}(\xi)-\sqrt{\frac{n+1}{2}}\psi_{n+1}(\xi)\right]$$

$$=\frac{\sqrt{n}}{2}\psi_{n-1}(\xi)+\frac{\sqrt{n+1}}{2}\psi_{n+1}(\xi)+\frac{\sqrt{n}}{2}\psi_{n-1}(\xi)-\frac{\sqrt{n+1}}{2}\psi_{n+1}(\xi)=\sqrt{n}\psi_{n-1}(\xi)$$

$$\hat{a}^{\dagger}\psi_n(\xi)=\frac{1}{\sqrt{2}}\left(\xi-\frac{\mathrm{d}}{\mathrm{d}\xi}\right)\psi_n(\xi)=\frac{1}{\sqrt{2}}\xi\psi_n(\xi)-\frac{1}{\sqrt{2}}\frac{\mathrm{d}}{\mathrm{d}\xi}\psi_n(\xi)$$

$$=\frac{1}{\sqrt{2}}\left[\sqrt{\frac{n}{2}}\psi_{n-1}(\xi)+\sqrt{\frac{n+1}{2}}\psi_{n+1}(\xi)\right]-\frac{1}{\sqrt{2}}\left[\sqrt{\frac{n}{2}}\psi_{n-1}(\xi)-\sqrt{\frac{n+1}{2}}\psi_{n+1}(\xi)\right]$$

$$=\frac{\sqrt{n}}{2}\psi_{n-1}(\xi)+\frac{\sqrt{n+1}}{2}\psi_{n+1}(\xi)-\frac{\sqrt{n}}{2}\psi_{n-1}(\xi)+\frac{\sqrt{n+1}}{2}\psi_{n+1}(\xi)=\sqrt{n+1}\psi_{n+1}(\xi)$$

$$\hat{a}^{\dagger}\psi_n=\sqrt{n+1}\psi_{n+1},\ \hat{a}\psi_n=\sqrt{n}\psi_{n-1} \tag{16-2-32}$$

由此，还可以进一步得到

$$(\hat{a}^{\dagger})^n\psi_0=\sqrt{1}(\hat{a}^{\dagger})^{n-1}\psi_1=\sqrt{1}\sqrt{2}(\hat{a}^{\dagger})^{n-2}\psi_2=\cdots=\sqrt{1}\sqrt{2}\cdots\sqrt{n}\psi_n=\sqrt{n!}\psi_n$$

$$(\hat{a})^n\psi_n=\sqrt{n}(\hat{a})^{n-1}\psi_{n-1}=\sqrt{n}\sqrt{n-1}(\hat{a})^{n-2}\psi_{n-2}=\cdots=\sqrt{n}\sqrt{n-1}\cdots\sqrt{1}\psi_0=\sqrt{n!}\psi_0$$

算符 $\hat{a}^{\dagger}$对本征态 ψ_n 的作用结果是使一维线性谐振子体系变化到本征态 ψ_{n+1}；或者说，使体系的能量由 $(n+1/2)\hbar\omega$ 变化到 $(n+1+1/2)\hbar\omega$，能量变化（增加）$\hbar\omega$；或者说，使能量量子数由 n 变化到 $n+1$，能量量子数增加 1。在量子力学中，能量变化单位 $\hbar\omega$ 可以称为一个微观粒子（能量子），本征态 ψ_n 拥有 n 个微观粒子（能量子），本征态 ψ_{n+1} 拥有 $n+1$ 个微观粒子（能量子）；算符 $\hat{a}^{\dagger}$对本征态 ψ_n 的作用就是使体系的微观粒子（能量子）数由 n 变化到 $n+1$，即微观粒子（能量子）数增加 1，所以，算符 $\hat{a}^{\dagger}$称为产生算符（产生一个能量子）。

算符 $\hat{a}$ 对本征态 ψ_n 的作用结果是使一维线性谐振子体系变化到本征态 ψ_{n-1}；或者说，使体系的能量由 $(n+1/2)\hbar\omega$ 变化到 $(n-1+1/2)\hbar\omega$，能量变化（减少）$\hbar\omega$；或者说，使能量量子数由 n 变化到 $n-1$，能量量子数减少 1。本征态 ψ_n 拥有 n 个微观粒子（能量子），本征态 ψ_{n-1} 拥有 $n-1$ 个微观粒子（能量子）；算符 $\hat{a}$ 对本征态 ψ_n 的作用就是使体系的微观粒子（能量子）数由 n 变化到 $n-1$，即微观粒子（能量子）数减少 1，所以，算符 $\hat{a}$ 称为湮灭算符。

2. 粒子数算符与占有数表象

算符 $\hat{a}^{\dagger}$和 $\hat{a}$ 的乘积定义为算符 $\hat{N}$

$$\hat{N}=\hat{a}^{\dagger}\hat{a}=\frac{\mu\omega}{2\hbar}\left(x-\frac{\hbar}{\mu\omega}\frac{\mathrm{d}}{\mathrm{d}x}\right)\left(x+\frac{\hbar}{\mu\omega}\frac{\mathrm{d}}{\mathrm{d}x}\right)=\frac{\mu\omega}{2\hbar}x^{2}-\frac{\hbar}{2\mu\omega}\frac{\mathrm{d}^{2}}{\mathrm{d}x^{2}}-\frac{1}{2} \tag{16-2-33}$$

将算符 $\hat{N}$ 作用到本征态 ψ_n 上,得到

$$\hat{N}\psi_n=\hat{a}^{\dagger}\hat{a}\psi_n=\sqrt{n}\,\hat{a}^{\dagger}\psi_{n-1}=\sqrt{n}\sqrt{n}\psi_n,\ \hat{N}\psi_n=n\psi_n \tag{16-2-34}$$

可见,本征态 ψ_n 也是算符 $\hat{N}$ 的本征函数,而且本征值为 n。因为 n 为线性谐振子处于本征态 ψ_n 时的粒子数,所以算符 $\hat{N}$ 的本征值是粒子数 n;因此,算符 $\hat{N}$ 称为粒子数算符。以 ψ_n 为基矢的表象称为占有数表象。

在占有数表象下,线性谐振子的哈密顿算符表示为

$$\begin{aligned}\hat{H}&=\frac{\hat{p}^{2}}{2\mu}+\frac{1}{2}\mu\omega^{2}x^{2}=-\frac{\hbar^{2}}{2\mu}\frac{\mathrm{d}^{2}}{\mathrm{d}x^{2}}+\frac{1}{2}\mu\omega^{2}x^{2}\\&=\hbar\omega\left(\frac{\mu\omega}{2\hbar}x^{2}-\frac{\hbar}{2\mu\omega}\frac{\mathrm{d}^{2}}{\mathrm{d}x^{2}}-\frac{1}{2}+\frac{1}{2}\right)=\hbar\omega\left(\hat{N}+\frac{1}{2}\right)=\hbar\omega\left(\hat{a}^{\dagger}\hat{a}+\frac{1}{2}\right)\end{aligned}$$

$$\hat{H}=\hbar\omega\left(\hat{N}+\frac{1}{2}\right)=\hbar\omega\left(\hat{a}^{\dagger}\hat{a}+\frac{1}{2}\right) \tag{16-2-35}$$

3. 算符的矩阵表示

在占有数表象下,湮灭算符、产生算符、粒子数算符和哈密顿算符的矩阵元分别为

$$a_{mn}=\int\psi_m^{*}\hat{a}\psi_n\,\mathrm{d}\tau=\int\psi_m^{*}\sqrt{n}\psi_{n-1}\,\mathrm{d}\tau=\sqrt{n}\int\psi_m^{*}\psi_{n-1}\,\mathrm{d}\tau=\sqrt{n}\,\delta_{m,n-1}$$

$$a_{mn}^{\dagger}=\int\psi_m^{*}\hat{a}^{\dagger}\psi_n\,\mathrm{d}\tau=\int\psi_m^{*}\sqrt{n+1}\psi_{n+1}\,\mathrm{d}\tau=\sqrt{n+1}\int\psi_m^{*}\psi_{n+1}\,\mathrm{d}\tau=\sqrt{n+1}\,\delta_{m,n+1}$$

$$\begin{aligned}N_{mn}&=\int\psi_m^{*}\hat{N}\psi_n\,\mathrm{d}\tau=\int\psi_m^{*}\hat{a}^{\dagger}\hat{a}\psi_n\,\mathrm{d}\tau=\sqrt{n}\int\psi_m^{*}\hat{a}^{\dagger}\psi_{n-1}\,\mathrm{d}\tau\\&=\sqrt{n}\int\psi_m^{*}\sqrt{n}\psi_n\,\mathrm{d}\tau=n\int\psi_m^{*}\psi_n\,\mathrm{d}\tau=n\delta_{m,n}\end{aligned}$$

$$\begin{aligned}H_{mn}&=\int\psi_m^{*}\hat{H}\psi_n\,\mathrm{d}\tau=\int\psi_m^{*}\hbar\omega\left(\hat{N}+\frac{1}{2}\right)\psi_n\,\mathrm{d}\tau\\&=\hbar\omega\int\psi_m^{*}\hat{N}\psi_n\,\mathrm{d}\tau+\frac{1}{2}\hbar\omega\int\psi_m^{*}\psi_n\,\mathrm{d}\tau=\hbar\omega\left(n+\frac{1}{2}\right)\delta_{m,n}\end{aligned}$$

在占有数表象下,湮灭算符、产生算符、粒子数算符和哈密顿算符的矩阵形式为

$$\hat{a}=\begin{pmatrix}0&\sqrt{1}&0&\cdots\\0&0&\sqrt{2}&\cdots\\0&0&0&\cdots\\\vdots&\vdots&\vdots&\end{pmatrix} \tag{16-2-36}$$

$$\hat{a}^{\dagger}=\begin{pmatrix}0&0&0&\cdots\\\sqrt{1}&0&0&\cdots\\0&\sqrt{2}&0&\cdots\\\vdots&\vdots&\vdots&\vdots\end{pmatrix} \tag{16-2-37}$$

$$\hat{N}=\begin{pmatrix}0&0&0&\cdots\\0&1&0&\cdots\\0&0&2&\cdots\\\vdots&\vdots&\vdots&\vdots\end{pmatrix} \tag{16-2-38}$$

$$\hat{H}=\begin{pmatrix}\hbar\omega/2 & 0 & 0 & \cdots \\ 0 & 3\hbar\omega/2 & 0 & \cdots \\ 0 & 0 & 5\hbar\omega/2 & \cdots \\ \vdots & \vdots & \vdots & \vdots\end{pmatrix}=\frac{\hbar\omega}{2}\begin{pmatrix}1 & 0 & 0 & \cdots \\ 0 & 3 & 0 & \cdots \\ 0 & 0 & 5 & \cdots \\ \vdots & \vdots & \vdots & \vdots\end{pmatrix} \tag{16-2-39}$$

4. 狄拉克符号表示

算符对本征态基矢的运算，可以用狄拉克符号表示

$$\hat{a}\,|n\rangle=\sqrt{n}\,|n-1\rangle,\hat{a}^{\dagger}|n\rangle=\sqrt{n+1}\,|n+1\rangle \tag{16-2-40}$$

$$\hat{N}|n\rangle=\hat{a}^{\dagger}\hat{a}\,|n\rangle=\sqrt{n}\,\hat{a}^{\dagger}|n-1\rangle=\sqrt{n}\sqrt{n}\,|n\rangle=n\,|n\rangle \tag{16-2-41}$$

$$\hat{H}|n\rangle=\hbar\omega\left(\hat{N}+\frac{1}{2}\right)|n\rangle=\hbar\omega\hat{N}|n\rangle+\frac{1}{2}\hbar\omega\,|n\rangle=\hbar\omega\left(n+\frac{1}{2}\right)|n\rangle \tag{16-2-42}$$

算符矩阵元用狄拉克符号表示为

$$a_{mn}=\langle m|\hat{a}\,|n\rangle=\sqrt{n}\,\langle m|n-1\rangle=\sqrt{n}\,\delta_{m,n-1} \tag{16-2-43}$$

$$a_{mn}^{\dagger}=\langle m|\hat{a}^{\dagger}|n\rangle=\sqrt{n+1}\,\langle m|n+1\rangle=\sqrt{n+1}\,\delta_{m,n+1} \tag{16-2-44}$$

$$N_{mn}=\langle m|\hat{N}|n\rangle=n\delta_{m,n} \tag{16-2-45}$$

$$\begin{aligned}H_{mn}&=\langle m|\hat{H}|n\rangle=\langle m|\hbar\omega\left(\hat{N}+\frac{1}{2}\right)|n\rangle=\langle m|\hbar\omega\hat{N}|n\rangle+\langle m|\frac{1}{2}\hbar\omega|n\rangle\\&=\hbar\omega n\langle m|n\rangle+\frac{1}{2}\hbar\omega\langle m|n\rangle=\hbar\omega\left(n+\frac{1}{2}\right)\delta_{m,n}\end{aligned} \tag{16-2-46}$$

由于 ψ_n（$|n\rangle$）既是哈密顿算符 $\hat{H}$ 的本征矢，又是粒子数算符 $\hat{N}$ 的本征矢，所以在以 ψ_n（$|n\rangle$）为基矢的表象中，哈密顿算符 $\hat{H}$ 和粒子数算符 $\hat{N}$ 的矩阵都是对角矩阵。

第三节　自　旋

薛定谔方程可以很好地解释诸如氢原子光谱的巴尔末线系等实验现象，但仔细地观察可以发现原子光谱还有精细结构。例如，氢原子光谱巴尔末线系的 H_α 线并非单线，而是含有靠得很近的多条谱线；特别是钠原子黄色线（D 线）是双线（589.0 nm 和 589.6 nm），以及在磁场中谱线将进一步分裂成偶数条谱线。

原子光谱的精细结构说明已经无法用由薛定谔方程得出的 3 个量子数（主量子数、角动量量子数和磁量子数）来精确地描述原子中的电子。如果要正确地描述处于束缚态的电子（原子中的电子），按量子力学的规则就应该引入其他量子数来描述电子的运动，这就是电子的自旋量子数等。

处于束缚态的原子中的电子不但具有轨道角动量（绕原子核的运动），还具有自旋角动量。电子具有自旋角动量这一事实的经典力学模型是太阳系中地球的运动；地球不但绕太阳运动具有轨道角动量，而且由于围绕自己的轴旋转而具有自转角动量。但是，正像不能用轨道概念来描述原子中的电子在原子核周围的运动一样，也不能把经典的小球的自转图象硬套在电子的自旋上。如果把电子自旋设想为有限大小均匀分布电荷球围绕自身的转轴转动的话，电荷球表面切线速度将超过光速，与相对论矛盾；电子自旋导致的物理现象是纯粹的量子力学效

应,电子的自旋纯粹是电子的量子性质,电子的自旋没有经典物理图象与之对应。

电子的自旋与电子的电量和电子质量等一样,是电子本身所固有的一种性质,这种性质称为“内禀”。由于电子的自旋具有角动量的一切特征,所以称为自旋角动量,简称自旋;电子的自旋角动量也称为电子的内禀角动量。由于电子是带有电荷的,电子的“定向运动”相当于形成一个经典物理学中的“电流”,因此具有磁矩;电子自旋磁矩是电子本身所固有的属性,称为电子的内禀磁矩。自旋的存在标志着电子有了一个新的自由度。

1921 年,施特恩和盖拉赫将基态银原子束通过一个极不均匀的磁场时,发现银原子束被分裂成两束(对于锂、钠、钾、铜和金等原子,都观测到了类似的现象)。1921 年,朗德就曾提出过电子的磁量子数是“半整数”的概念;1924 年,泡利在解释氢原子光谱的精细结构时就引入了量子数 1/2;1925 年,乌伦贝克和哥德斯密特提出电子自旋的概念,并指出自旋量子数为 1/2。1927 年,他们用基态氢原子进行了施特恩-盖拉赫实验,观测到了氢原子束被不均匀磁场分裂成两束的现象,说明基态氢原子具有磁矩,在磁场中有两种可能的取向。这一磁矩不可能是氢原子核的磁矩的贡献,因为原子核磁矩比电子磁矩要小约三个数量级;也不可能是氢原子的轨道磁矩,因为基态氢原子只有一个 1s 电子,其轨道磁矩为零。因此,基态氢原子的磁矩只可能是电子的内禀磁矩,而它在磁场中只有两种可能的取向这一实验事实说明,电子的内禀角动量所相应的量子数是 1/2,这就从实验上直接证实了电子自旋假说。

1927 年,泡利引进了泡利矩阵来描述电子的自旋性质,从而把电子自旋的概念纳入到了量子力学的体系。1928 年,狄拉克创立了相对论量子力学,按照电子的相对论性波动方程——狄拉克方程运动的粒子必有 1/2 自旋,自然地得出了电子具有自旋的结论;因此,电子自旋本质上是一种相对论效应。

在量子力学中,自旋是粒子所具有的内禀性质,其运算规则类似于经典力学的角动量,并因此产生一个磁场。在量子力学中,通过理论以及实验验证发现基本粒子可视为不可分割的点粒子,所以物体自转无法直接套用到自旋角动量上来,因此只能将自旋视为一种内禀性质,为粒子与生俱来的一种角动量,并且其量值是量子化的,无法被改变。

自旋是微观粒子的一种性质,没有经典对应,是一种全新的内禀自由度。自旋对原子尺度的微观系统格外重要,诸如单一原子、质子、电子、光子、正电子、中微子和夸克等,都带有正半奇数(1/2,3/2 等)或含零正整数(0,1,2 等)的自旋。复合粒子也具有自旋,其自旋是其内部各组成部分之间相对轨道角动量和各组成部分自旋角动量的矢量和,即按量子力学中角动量相加法则求和。已发现的微观粒子中,自旋量子数为整数的,最大自旋为 4;自旋量子数为半奇数的,最大自旋为 3/2。理论假设的引力子是自旋量子数为 2 的粒子,希格斯玻色子的自旋量子数为 0。

自旋角动量是微观体系的一个可观测量,它在空间中的三个分量与轨道角动量一样满足相同的对易关系,微观粒子自旋角动量遵从角动量的普遍规律。每种微观粒子都具有特有的自旋。自旋量子数为半奇数的粒子称为费米子;自旋量子数为 0 或整数的粒子称为玻色子。

自旋的成熟的应用包括:核磁共振(NMR)、电子顺磁共振(EPR)、电子自旋共振(ESR)等;共振质子密度的磁共振成像(核磁共振成像术,MRI),是利用人体组织中氢原子核(质子)在磁场中受到射频脉冲的激励而发生核磁共振现象,产生共振信号,经过计算机处理,重建出人体某一层面的图像的成像技术;充分利用电子自旋而设计的巨磁电阻(GMR)器件被用来制作磁头(巨磁电阻硬盘磁头),使计算机硬盘体积越来越小而容量越来越大,从而使得磁盘在与光盘的竞争中重新回到领先地位,巨磁阻技术已经成为几乎所有计算机、数码相机和MP3播放器等的标准技术。电子自旋的一个潜在应用是制作自旋场效应晶体管(Spin-FET),也称为自旋偏振(极化)半导体场效应晶体管,这是一种半导体自旋电子器件;因为自旋FET是通过自旋的翻转来控制电流的,所以这种工作方法所需要的能量很低,而且速度也很快(比普通FET通过驱赶电子的方法要快得多);这种自旋FET结构促进了自旋电子器件的半导体化,从而可利用先进的微电子工艺技术,可融合自旋电子器件与光电子器件,以及发展出新型的光学器件(如超快速开关、可编程的全自旋电子型微处理器),并且最终有望把逻辑、存储和通信等功能融合在一块芯片上,成为新型的多功能电子器件。以电子自旋为研究对象,发展创新磁性材料和器件的学科分支已经形成自旋电子学。

一、施特恩-盖拉赫实验

如图16-10(a)所示,按经典物理学的观点,原子中的电子绕原子核运动相当于形成一个闭合电路回路,这实际上就是形成一个磁矩

$$\boldsymbol{\mu}=i\pi r^2\boldsymbol{e}_{\mathrm{n}}=\frac{v}{2\pi r}e\pi r^2\boldsymbol{e}_{\mathrm{n}}=-\frac{e}{2m_{\mathrm{e}}}m_{\mathrm{e}}vr\boldsymbol{e}_L=-\frac{e}{2m_{\mathrm{e}}}\boldsymbol{L} \tag{16-3-1}$$

其中,m_{e} 为电子的质量,$-e$ 为电子的电荷量,$\boldsymbol{L}$ 为电子的轨道角动量。

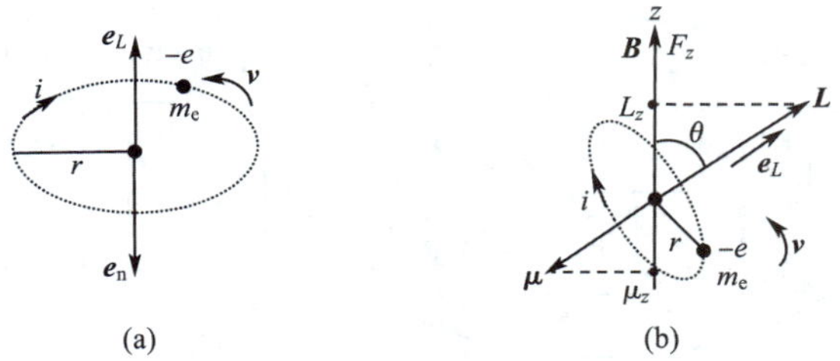

图16-10　原子中电子轨道角动量与原子磁矩

如图16-10(b)所示,如果原子置于沿 z 轴方向的外磁场 $\boldsymbol{B}$ 中,则原子体系的势能为

$$U=-\boldsymbol{\mu}\cdot\boldsymbol{B}=\frac{e}{2m_{\mathrm{e}}}\boldsymbol{L}\cdot\boldsymbol{B}=\frac{e}{2m_{\mathrm{e}}}BL\cos\theta \tag{16-3-2}$$

其中,θ 为电子的轨道角动量 $\boldsymbol{L}$ 与外磁场 $\boldsymbol{B}$(z 轴方向)之间的夹角。原子在沿 z 轴方向空间上不均匀(时间上恒定)的外磁场 $\boldsymbol{B}(z)$ 中受到沿 z 轴方向的力为

$$F_z=-\frac{\partial U}{\partial z}=-\frac{e}{2m_{\mathrm{e}}}\frac{\partial B}{\partial z}L\cos\theta=-\frac{e}{2m_{\mathrm{e}}}\frac{\partial B}{\partial z}L_z \tag{16-3-3}$$

可见,原子在不均匀外磁场中受到的力与原子中电子的轨道角动量(或原子磁矩)的方向有关。如果原子中电子的轨道角动量(或原子磁矩)的方向可以任意取值,也就是电子的轨道角动量 $\boldsymbol{L}$ 与外磁场 $\boldsymbol{B}$(z 轴方向)之间的夹角的范围为 $0\leqslant\theta\leqslant\pi$,则原子在不均匀外磁场中受到的沿 z 轴方向的力是可以连续取值的

$$-\frac{e}{2m_{\mathrm{e}}}\frac{\partial B}{\partial z}L\leqslant F_z\leqslant\frac{e}{2m_{\mathrm{e}}}\frac{\partial B}{\partial z}L$$

如果大量的原子以垂直于外磁场 $\boldsymbol{B}$(z 轴方向)方向进入磁场,则出射原子在外磁场 $\boldsymbol{B}$(z 轴方向)方向将连续分布。

但量子力学基本原理告诉我们,原子中电子轨道角动量沿 z 轴分量只能取分立值

$$L_z = m\hbar, m = 0, \pm 1, \cdots, \pm l$$

也就是原子中电子轨道角动量 $\boldsymbol{L}$ 的方向(由 θ 来表示)只能取 $2l+1$ 个有限的奇数个方向(空间量子化),则原子在沿 z 轴方向空间上不均匀(时间上恒定)的外磁场 $\boldsymbol{B}(z)$ 中受到沿 z 轴方向的力 F_z 也就只能取 $2l+1$ 个有限的奇数个方向,大量的原子以垂直于外磁场 $\boldsymbol{B}$(z 轴方向)方向进入磁场,则出射原子在外磁场 $\boldsymbol{B}$(z 轴方向)方向将不连续分布。

这里顺便提及的是,由于外磁场(设定为沿 z 轴方向)的存在,L_z 的大小(电子轨道角动量 $\boldsymbol{L}$ 的方向)才是量子化的,量子数 m(对于大量的原子)才具有实际意义;如果原子不处于外磁场中,电子轨道角动量 $\boldsymbol{L}$ 的方向是可以任意取值的(z 轴方向可以任意),量子数 m 不具有实际意义。因此,量子数 m 才定义为(轨道)磁量子数。

基于上述思想,我们可以设计实验来验证角动量空间量子化概念。早在 1921 年,施特恩和盖拉赫就进行过这样的实验,他们首先使用银原子束垂直通过不均匀磁场,后来又使用锂、钠、钾、铜和金等原子,1927 年又使用基态氢原子,都观测到了类似的现象。

如图 16-11 所示,在一个抽成真空的泡中,将一狭窄的处于基态(s 态)的氢原子(H)束通过一个不均匀的磁场,射于照相底片上。实验结果发现射线束方向发生偏转,并在照片上出现两条分立的谱线,而不是连续分布的谱线。很明显,通过非均匀磁场时原子受到力的作用,这说明原子具有磁矩,原子中的电子具有角动量;而且由于出射的谱线是不连续的,似乎证明了角动量是空间量子化的。

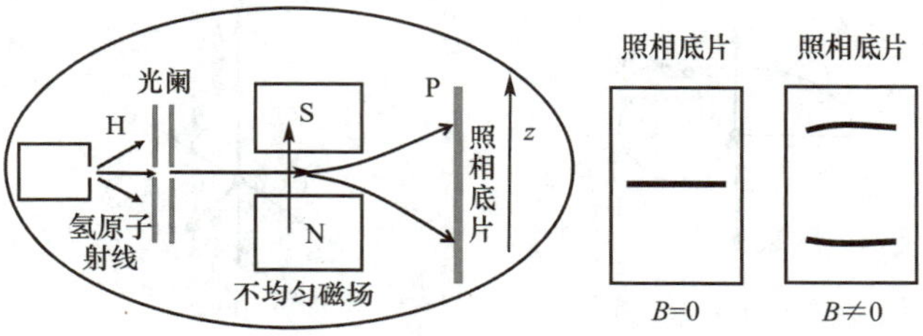

图 16-11　施特恩-盖拉赫实验

但进一步的分析表明,施特恩-盖拉赫实验并非就这么简单地证实了角动量空间量子化,这里面还蕴藏着更为深刻的问题。在施特恩-盖拉赫实验中的原子是处于基态(s 态,$l=0$),磁量子数 $m=0$,电子角动量在 z 轴方向的分量 $L_z=0$,原子在 z 轴方向不受力的作用,$F_z=0$,一束原子以垂直于磁场方向通过不均匀磁场时不会发生谱线分裂(偏转);而在施特恩-盖拉赫实验中的基态原子由磁场出射的谱线却是分立的,而且只分裂为两条。更为重要的是,按量子力学理论,即使原子由磁场出射的谱线是分立的,也只能分裂为奇数条,而不应该出现像施特恩-盖拉赫实验中的两条这样的偶数条。

施特恩-盖拉赫实验事实(以及原子光谱的精细结构)无法用量子力学基本原理来加以解释,实践呼唤着新的理论的出现。考虑到在施特恩-盖拉赫实验中原子中的电子“角动量”的方向是分立的,而这一分立并非缘于电子的轨道角动量(因为是基态),原子中的电子一定还存在除轨道角动量外的其他“角动量”,这就是电子的“自旋角动量”。如果我们进一步考虑,即使原子没有处于外磁场中的原子光谱的精细结构,我们也有理由承认电子的“自旋角动量”是原子中的电子本身所固有的内禀属性,应该与外界无关。另外,由于 $m_{核} \gg m_e$,因此原子核的磁矩比电子的磁矩小很多,$\mu_{核} \ll \mu_e$,原子核磁矩 $\mu_{核}$ 的影响很小,可以不必考虑,只考虑原子的磁矩或原子中电子的角动量。

要特别注意是，在施特恩-盖拉赫实验中基态原子中的电子“自旋角动量”的方向只有而且必须只有两个；原子光谱的精细结构表明原子光谱也只是分裂为两条。这对原子中的电子的“自旋量子数”的确定会起到至关重要的作用。

二、电子的自旋

1925 年，乌伦贝克和哥德斯密特根据原子光谱的精细结构（双线）以及反常塞曼效应等实验事实，提出了原子中的电子具有自旋的假设，电子除了具有轨道运动外还有自旋运动。

如图 16-12(a)所示，每一个电子都具有自旋角动量 $\boldsymbol{S}$；电子自旋角动量 $\boldsymbol{S}$ 在空间任何方向上的投影 S_z 只可能取两个数值

$$S_z = \pm \frac{\hbar}{2} \tag{16-3-4}$$

每一个电子都具有自旋磁矩 $\boldsymbol{\mu}_s$；自旋磁矩 $\boldsymbol{\mu}_s$ 与电子自旋角动量的关系为

$$\boldsymbol{\mu}_s = -\frac{e}{m_e}\boldsymbol{S} \tag{16-3-5}$$

自旋磁矩 $\boldsymbol{\mu}_s$ 在空间任何方向的投影只能取两个数值

$$\mu_{sz} = \pm \frac{e\hbar}{2m_e} = \pm \mu_B \tag{16-3-6}$$

这里，电子电荷量为 $-e$，m_e 为电子质量，μ_B 是玻尔磁子。

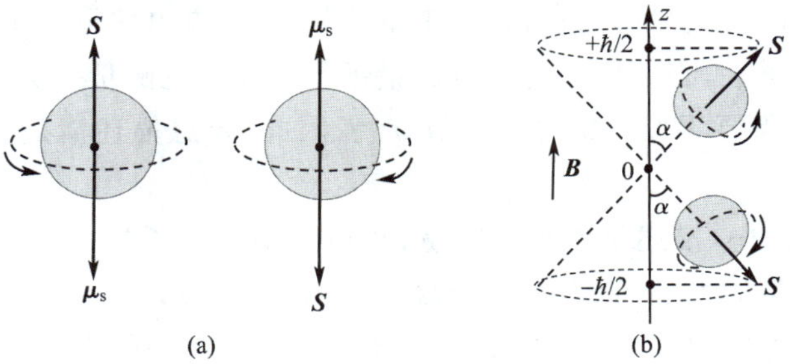

图 16-12 电子自旋角动量与自旋角动量在空间的投影

在经典物理学中没有与电子的自旋（自旋角动量）相对应的概念，只能根据实验事实来推测电子的自旋（自旋角动量）这一物理量。虽然不能用经典物理的图象来理解，但自旋仍然与角动量有关。类比轨道角动量的量子化，可给出自旋角动量的量子化。

原子中的电子轨道角动量

$$L = \sqrt{l(l+1)}\,\hbar, L_z = m_l\hbar, l = 0,1,2,\cdots,(n-1), m = 0,\pm 1,\pm 2,\cdots,\pm l$$

则原子中的电子自旋角动量也应有

$$S = \sqrt{s(s+1)}\,\hbar, S_z = m_s\hbar$$

其中，s 称为自旋量子数，m_s 称为自旋磁量子数。类似于轨道磁量子数 m 有 $2l+1$ 种取法，自旋磁量子数 m_s 应有 $2s+1$ 种取法。轨道磁量子数 m 代表了轨道角动量的方向，在外磁场中电子轨道角动量的方向只能取 $2l+1$ 个方向；而施特恩-盖拉赫实验的事实说明，电子自旋角动量的方向只能取两个方向，因此

$$2s+1 = 2, s = \frac{1}{2}; m_s = -s,\cdots,+s = +\frac{1}{2}, -\frac{1}{2} \tag{16-3-7}$$

这样，电子自旋量子数只有一个，自旋磁量子数只有两个。自旋角动量为

$$S=\sqrt{s(s+1)}\,\hbar=\frac{\sqrt{3}}{2}\hbar,S_z=m_s\,\hbar=\pm\frac{1}{2}\hbar \tag{16-3-8}$$

可见，自旋角动量也是量子化的。当然，也可以得到量子化的自旋磁矩

$$\mu_{sz}=-2\mu_B\cdot m_s,m_s=\pm\frac{1}{2},\mu_{sz}=\mp\mu_B$$

应该注意，电子自旋角动量(大小)只有一个值$\sqrt{3}\hbar/2$，而在外磁场中电子自旋角动量分量$S_z=\pm\hbar/2$。如图16-12(b)所示，电子自旋角动量在外磁场中只能取两个特定的方向；但电子自旋角动量的方向既不与外磁场平行(反平行)，也不与外磁场垂直，而是与外磁场的方向有一个夹角α

$$\cos\alpha=\frac{S_z}{S}=\frac{\hbar/2}{\sqrt{3}\,\hbar/2}=\frac{\sqrt{3}}{3} \tag{16-3-9}$$

在外磁场中，电子自旋角动量只能取这两个方向。

电子自旋角动量(大小)只有一个值$S=\sqrt{3}\hbar/2$，这再一次说明电子自旋(自旋角动量)与原子的能量、电子的轨道角动量以及轨道角动量的方向无关，而且电子自旋角动量在外磁场中的取向也是独立的；电子自旋(自旋角动量)是电子固有的内禀属性。

三、氢原子的四个量子数

由于电子自旋(自旋角动量)的存在，用主量子数n、轨道角动量量子数l和轨道磁量子数m已经不能描述氢原子了，必须增加电子自旋量子数s和自旋磁量子数m_s。由于电子自旋量子数s固定为1/2，只需要添加自旋磁量子数m_s。因此，要想描述清楚氢原子的状态，必须使用四个量子数(n,l,m,m_s)。

主量子数$n=1,2,\cdots$，描述氢原子的能量；轨道角动量量子数$l=0,1,2,\cdots,n-1$，描述氢原子中电子轨道角动量的大小；轨道磁量子数$m=0,\pm1,\pm2,\cdots,\pm l$，描述氢原子在外磁场中时电子轨道角动量的方向；自旋磁量子数$m_s=\pm1/2$，描述氢原子在外磁场中时电子自旋角动量的方向。

四个量子数(n,l,m,m_s)的不同组合，给出氢原子的不同状态或波函数。因此，描述氢原子状态的波函数可以表示为ψ_{n,l,m,m_s}；用狄拉克符号表示为$|n,l,m,m_s\rangle$。

四、电子自旋角动量算符

电子的自旋(自旋角动量)是描述电子运动的物理量，也应该用一个相应的算符来表示。但电子的自旋是电子这种微观粒子固有的内禀属性，在经典物理学中没有与之相对应的物理量，不能用位置坐标和动量坐标表示，只能根据实验事实寻找电子自旋角动量算符。

1. 电子自旋角动量算符的一般性质

电子自旋角动量算符$\hat{\boldsymbol{S}}$虽然不能由$\hat{\boldsymbol{r}}\times\hat{\boldsymbol{p}}$得出，但它毕竟是“角动量”，应该遵守角动量的共同性质。考虑到不显含任何坐标的角动量$\hat{\boldsymbol{L}}$满足的关系式$\hat{\boldsymbol{L}}\times\hat{\boldsymbol{L}}=\mathrm{i}\,\hbar\hat{\boldsymbol{L}}$，电子自旋角动量算符$\hat{\boldsymbol{S}}=\hat{S}_x\boldsymbol{i}+\hat{S}_y\boldsymbol{j}+\hat{S}_z\boldsymbol{k}$应该满足的关系式为

$$\hat{\boldsymbol{S}}\times\hat{\boldsymbol{S}}=\mathrm{i}\,\hbar\hat{\boldsymbol{S}} \tag{16-3-10}$$

$$\hat{S}_x\hat{S}_y-\hat{S}_y\hat{S}_x=\mathrm{i}\,\hbar\hat{S}_z,\hat{S}_y\hat{S}_z-\hat{S}_z\hat{S}_y=\mathrm{i}\,\hbar\hat{S}_x,\hat{S}_z\hat{S}_x-\hat{S}_x\hat{S}_z=\mathrm{i}\,\hbar\hat{S}_y \tag{16-3-11}$$

可见,电子自旋角动量算符的各个分量之间是不对易的。

2. 电子自旋算符的本征值

电子自旋角动量平方算符可以表示为分量形式

$$\hat{S}^2=\hat{S}_x^2+\hat{S}_y^2+\hat{S}_z^2 \tag{16-3-12}$$

考虑到电子自旋角动量 $\boldsymbol{S}$ 在空间任意方向上的投影只能取 $\pm\hbar/2$ 这两个值的实验事实,电子自旋角动量分量算符 $\hat{S}_x,\hat{S}_y,\hat{S}_z$ 的本征值都应该是 $\pm\hbar/2$;电子自旋角动量分量平方算符 $\hat{S}_x^2,\hat{S}_y^2,\hat{S}_z^2$ 的本征值都只能是 $\hbar^2/4$。由此得到

$$S_x^2=S_y^2=S_z^2=\hbar^2/4 \tag{16-3-13}$$

由此进一步得到电子自旋角动量平方算符 $\hat{S}^2$ 的本征值为

$$S^2=S_x^2+S_y^2+S_z^2=3\hbar^2/4 \tag{16-3-14}$$

按角动量平方量子化表示 $S^2=s(s+1)\hbar^2$,则得到 $s=1/2$。这与实验事实相符。

3. 电子自旋角动量平方算符与各个分量算符的对易关系

由电子自旋角动量平方算符和各个分量之间的对易关系,得到

$$\begin{aligned}
[\hat{S}_z,\hat{S}^2]&=\hat{S}_z\hat{S}^2-\hat{S}^2\hat{S}_z=\hat{S}_z(\hat{S}_x^2+\hat{S}_y^2+\hat{S}_z^2)-(\hat{S}_x^2+\hat{S}_y^2+\hat{S}_z^2)\hat{S}_z\\
&=\hat{S}_z\hat{S}_x^2+\hat{S}_z\hat{S}_y^2-\hat{S}_x^2\hat{S}_z-\hat{S}_y^2\hat{S}_z\\
&=\hat{S}_z\hat{S}_x^2-\hat{S}_x\hat{S}_z\hat{S}_x+\hat{S}_x\hat{S}_z\hat{S}_x-\hat{S}_x^2\hat{S}_z+\hat{S}_z\hat{S}_y^2-\hat{S}_y\hat{S}_z\hat{S}_y+\hat{S}_y\hat{S}_z\hat{S}_y-\hat{S}_y^2\hat{S}_z\\
&=(\hat{S}_z\hat{S}_x-\hat{S}_x\hat{S}_z)\hat{S}_x+\hat{S}_x(\hat{S}_z\hat{S}_x-\hat{S}_x\hat{S}_z)+(\hat{S}_z\hat{S}_y-\hat{S}_y\hat{S}_z)\hat{S}_y+\hat{S}_y(\hat{S}_z\hat{S}_y-\hat{S}_y\hat{S}_z)\\
&=\mathrm{i}\hbar\hat{S}_y\hat{S}_x+\mathrm{i}\hbar\hat{S}_x\hat{S}_y-\mathrm{i}\hbar\hat{S}_x\hat{S}_y-\mathrm{i}\hbar\hat{S}_y\hat{S}_x=0
\end{aligned}$$

同理,可以得到电子自旋角动量平方算符与另两个分量算符的对易关系。所以

$$[\hat{S}_x,\hat{S}^2]=0,[\hat{S}_y,\hat{S}^2]=0,[\hat{S}_z,\hat{S}^2]=0 \tag{16-3-15}$$

电子自旋角动量平方算符 $\hat{S}^2$ 与各个分量算符 $\hat{S}_x$、$\hat{S}_y$、$\hat{S}_z$ 之间是对易的。

4. 电子自旋角动量各个分量算符之间的对易关系

将式(16-3-11)分别左乘和右乘算符 $\hat{S}_y$ 并利用式(16-3-13),得到

$$\hat{S}_y^2\hat{S}_z-\hat{S}_y\hat{S}_z\hat{S}_y=\mathrm{i}\hbar\hat{S}_y\hat{S}_x,\hat{S}_y\hat{S}_z\hat{S}_y-\hat{S}_z\hat{S}_y^2=\mathrm{i}\hbar\hat{S}_x\hat{S}_y$$

$$\frac{\hbar^2}{4}\hat{S}_z-\hat{S}_y\hat{S}_z\hat{S}_y=\mathrm{i}\hbar\hat{S}_y\hat{S}_x,\hat{S}_y\hat{S}_z\hat{S}_y-\hat{S}_z\frac{\hbar^2}{4}=\mathrm{i}\hbar\hat{S}_x\hat{S}_y$$

两式相加,得到

$$\mathrm{i}\hbar\hat{S}_x\hat{S}_y+\mathrm{i}\hbar\hat{S}_y\hat{S}_x=\hat{S}_y\hat{S}_z\hat{S}_y-\hat{S}_y\hat{S}_z\hat{S}_y+\frac{\hbar^2}{4}\hat{S}_z-\frac{\hbar^2}{4}\hat{S}_z=0$$

同理,可以得到另两个对易关系。由此得到

$$\hat{S}_x\hat{S}_y+\hat{S}_y\hat{S}_x=0,\hat{S}_z\hat{S}_x+\hat{S}_x\hat{S}_z=0,\hat{S}_y\hat{S}_z+\hat{S}_z\hat{S}_y=0 \tag{16-3-16}$$

可见,电子自旋角动量各个分量算符之间是反对易关系。

5. 电子自旋角动量算符的矩阵表示

由于 $\hat{S}^2$ 与 $\hat{S}_z$ 对易,$\hat{S}^2$ 与 $\hat{S}_z$ 有共同的本征函数系。我们首先定义在 $\hat{S}^2$ 与 $\hat{S}_z$ 共同表象下的算符 $\hat{S}_z$ 矩阵。由于算符 $\hat{S}_z$ 的本征值只有 $+\hbar/2$ 和 $-\hbar/2$,所以矩阵 S_z 应该是 2×2 矩阵;而且在 $\hat{S}^2$ 与 $\hat{S}_z$ 共同表象下,矩阵 S_z 必须是对角矩阵;对角元素就是算符 $\hat{S}_z$ 的本征

值$+\hbar/2$和$-\hbar/2$。由此电子自旋角动量分量算符$\hat{S}_z$的矩阵可以表示为

$$\hat{S}_z=\begin{pmatrix}+\hbar/2 & 0\\ 0 & -\hbar/2\end{pmatrix},\hat{S}_z=\frac{\hbar}{2}\begin{pmatrix}1 & 0\\ 0 & -1\end{pmatrix} \tag{16-3-17}$$

显然,矩阵$\hat{S}_z$是线性厄米矩阵,完全可以表示力学量S_z(电子自旋角动量z分量)。

设电子自旋角动量x分量算符$\hat{S}_x$的矩阵为

$$\hat{S}_x=\begin{pmatrix}a & b\\ c & d\end{pmatrix}$$

由于力学量S_x的算符必须是厄米算符,$\hat{S}_x$矩阵必须是厄米矩阵(矩阵元素转置复共轭不变),可知:a和d必须为实数,而$c=b^*$,所以有

$$\hat{S}_x=\begin{pmatrix}a & b\\ b^* & d\end{pmatrix}$$

将此表达式和式(16-3-17)代入反对易关系式(16-3-16)中的第二式,得到

$$\frac{\hbar}{2}\begin{pmatrix}1 & 0\\ 0 & -1\end{pmatrix}\begin{pmatrix}a & b\\ c & d\end{pmatrix}+\begin{pmatrix}a & b\\ c & d\end{pmatrix}\frac{\hbar}{2}\begin{pmatrix}1 & 0\\ 0 & -1\end{pmatrix}=0,\begin{pmatrix}a & b\\ -c & -d\end{pmatrix}+\begin{pmatrix}a & -b\\ c & -d\end{pmatrix}=0$$

$$\begin{pmatrix}2a & 0\\ 0 & -2d\end{pmatrix}=0,a=d=0$$

$\hat{S}_x$矩阵是作用到自旋波函数上的,由于$\hat{S}_x$矩阵是2×2矩阵,算符$\hat{S}_x$的本征函数必须是2行1列的矩阵;再考虑到$\hat{S}_x$矩阵作用到算符$\hat{S}_x$的本征函数上的本征值只能为$+\hbar/2$或$-\hbar/2$,所以b为$+\hbar/2$或$-\hbar/2$;我们规定$b=+\hbar/2$,则得到电子自旋角动量x分量算符$\hat{S}_x$的矩阵

$$\hat{S}_x=\frac{\hbar}{2}\begin{pmatrix}0 & 1\\ 1 & 0\end{pmatrix} \tag{16-3-18}$$

显然,$\hat{S}_x$矩阵是线性厄米矩阵。这是在$\hat{S}^2$与$\hat{S}_z$共同表象下的电子自旋角动量x分量算符$\hat{S}_x$的矩阵,当然不可能是对角矩阵,对角元素也不代表$\hat{S}_x$的本征值。

将式(16-3-17)和式(16-3-18)代入对易关系式(16-3-11)的第三式,得到

$$\frac{\hbar}{2}\begin{pmatrix}1 & 0\\ 0 & -1\end{pmatrix}\frac{\hbar}{2}\begin{pmatrix}0 & 1\\ 1 & 0\end{pmatrix}-\frac{\hbar}{2}\begin{pmatrix}0 & 1\\ 1 & 0\end{pmatrix}\frac{\hbar}{2}\begin{pmatrix}1 & 0\\ 0 & -1\end{pmatrix}=\mathrm{i}\,\hbar S_y$$

$$\frac{\hbar^2}{4}\begin{pmatrix}0 & 1\\ -1 & 0\end{pmatrix}-\frac{\hbar^2}{4}\begin{pmatrix}0 & -1\\ 1 & 0\end{pmatrix}=\mathrm{i}\,\hbar S_y,\frac{\hbar^2}{4}\begin{pmatrix}0 & 2\\ -2 & 0\end{pmatrix}=\mathrm{i}\,\hbar S_y$$

$$\hat{S}_y=\frac{\hbar}{2}\begin{pmatrix}0 & -\mathrm{i}\\ \mathrm{i} & 0\end{pmatrix} \tag{16-3-19}$$

显然,$\hat{S}_y$矩阵是线性厄米矩阵。这是在$\hat{S}^2$与$\hat{S}_z$共同表象下的电子自旋角动量y分量算符$\hat{S}_y$的矩阵,当然不可能是对角矩阵,对角元素也不代表$\hat{S}_y$的本征值。

将式(16-3-17)、式(16-3-18)和式(16-3-19)代入式(16-3-12),得到

$$\hat{S}^2=\hat{S}_x^2+\hat{S}_y^2+\hat{S}_z^2=\frac{3\hbar^2}{4}\begin{pmatrix}1 & 0\\ 0 & 1\end{pmatrix} \tag{16-3-20}$$

这就是在$\hat{S}^2$与$\hat{S}_z$共同表象下的电子自旋角动量平方算符$\hat{S}^2$的矩阵表示。当然,$\hat{S}^2$矩阵是

线性厄米矩阵，而且是对角化的；并且对角元素就是算符 $\hat{S}^2$ 的本征值 $3\hbar^2/4$。

我们所定义的电子自旋角动量平方算符以及电子自旋角动量分量算符能够表达电子自旋的基本需要，而且与实验事实完全相符。

6. 泡利算符和泡利矩阵

为了使电子自旋角动量表示得简单，引入泡利算符 $\hat{\boldsymbol{\sigma}}(\hat{\sigma}_x,\hat{\sigma}_y,\hat{\sigma}_z)$

$$\hat{\boldsymbol{S}}=\frac{\hbar}{2}\hat{\boldsymbol{\sigma}};\hat{S}_x=\frac{\hbar}{2}\hat{\sigma}_x,\hat{S}_y=\frac{\hbar}{2}\hat{\sigma}_y,\hat{S}_z=\frac{\hbar}{2}\hat{\sigma}_z \tag{16-3-21}$$

由于电子自旋角动量算符 $\hat{\boldsymbol{S}}$ 是厄米算符，所以泡利算符 $\hat{\boldsymbol{\sigma}}$ 也是厄米算符

$$\hat{\boldsymbol{\sigma}}^{\dagger}=\hat{\boldsymbol{\sigma}}$$

泡利算符的对易关系为

$$\hat{\sigma}_x\hat{\sigma}_y-\hat{\sigma}_y\hat{\sigma}_x=2\mathrm{i}\hat{\sigma}_z,\hat{\sigma}_y\hat{\sigma}_z-\hat{\sigma}_z\hat{\sigma}_y=2\mathrm{i}\hat{\sigma}_x,\hat{\sigma}_z\hat{\sigma}_x-\hat{\sigma}_x\hat{\sigma}_z=2\mathrm{i}\hat{\sigma}_y \tag{16-3-22}$$

$$\hat{\sigma}_x\hat{\sigma}_y+\hat{\sigma}_y\hat{\sigma}_x=0,\hat{\sigma}_y\hat{\sigma}_z+\hat{\sigma}_z\hat{\sigma}_y=0,\hat{\sigma}_z\hat{\sigma}_x+\hat{\sigma}_x\hat{\sigma}_z=0 \tag{16-3-23}$$

$$[\hat{\sigma}^2,\hat{\sigma}_x]=0,[\hat{\sigma}^2,\hat{\sigma}_y]=0,[\hat{\sigma}^2,\hat{\sigma}_z]=0 \tag{16-3-24}$$

可见，泡利算符的各个分量算符之间是不对易的；泡利算符的各个分量算符之间是反对易的；但泡利算符的平方算符与各个分量算符之间是对易的。

泡利算符各个分量算符 $\hat{\sigma}_x,\hat{\sigma}_y,\hat{\sigma}_z$ 的本征值都是 ±1；而各个分量平方算符的本征值都是 1

$$\sigma_x^2=\sigma_y^2=\sigma_z^2=1 \tag{16-3-25}$$

从而泡利算符的平方算符的本征值为 3

$$\sigma^2=\sigma_x^2+\sigma_y^2+\sigma_z^2=3 \tag{16-3-26}$$

泡利算符各个分量算符的矩阵为

$$\hat{\sigma}_x=\begin{pmatrix}0 & 1\\1 & 0\end{pmatrix},\hat{\sigma}_y=\begin{pmatrix}0 & -\mathrm{i}\\\mathrm{i} & 0\end{pmatrix},\hat{\sigma}_z=\begin{pmatrix}1 & 0\\0 & -1\end{pmatrix} \tag{16-3-27}$$

泡利算符的平方算符的矩阵为

$$\begin{aligned}\hat{\sigma}^2&=\hat{\sigma}_x^2+\hat{\sigma}_y^2+\hat{\sigma}_z^2=\begin{pmatrix}0 & 1\\1 & 0\end{pmatrix}\begin{pmatrix}0 & 1\\1 & 0\end{pmatrix}+\begin{pmatrix}0 & -\mathrm{i}\\\mathrm{i} & 0\end{pmatrix}\begin{pmatrix}0 & -\mathrm{i}\\\mathrm{i} & 0\end{pmatrix}+\begin{pmatrix}1 & 0\\0 & -1\end{pmatrix}\begin{pmatrix}1 & 0\\0 & -1\end{pmatrix}\\&=\begin{pmatrix}1 & 0\\0 & 1\end{pmatrix}+\begin{pmatrix}1 & 0\\0 & 1\end{pmatrix}+\begin{pmatrix}1 & 0\\0 & 1\end{pmatrix}=3\begin{pmatrix}1 & 0\\0 & 1\end{pmatrix}\end{aligned}$$

$$\hat{\sigma}^2=\hat{\sigma}_x^2+\hat{\sigma}_y^2+\hat{\sigma}_z^2=3\begin{pmatrix}1 & 0\\0 & 1\end{pmatrix} \tag{16-3-28}$$

五、电子自旋本征函数

1. 电子自旋波函数的一般形式

由于电子具有自旋（自旋角动量），为了描述电子所处的状态，除了需要坐标（空间和时间）外，还需要加进自旋量子数以描述电子的自旋状态。但由于自旋量子数 s 只能取一个数值 1/2，无法真正描述电子的自旋状态；而电子的自旋只有两种状态，用自旋磁量子数 $m_s=\pm1/2$ 就可以描述电子的自旋状态；或者自旋角动量在 z 方向的投影 $S_z=\pm\hbar/2$，也能表示电子的自旋状态。因此，考虑到电子的自旋，电子的波函数表示为

$$\psi=\psi(x,y,z,m_s,t)=\psi(\boldsymbol{r},m_s,t),\psi=\psi(x,y,z,S_z,t)=\psi(\boldsymbol{r},S_z,t) \tag{16-3-29}$$

由于 S_z（或 m_s）只能取两个数值，所以电子自旋波函数 ψ 可以写为两个波函数

$$\psi_1=\psi_1\left(x,y,z,+\frac{\hbar}{2},t\right)=\psi_1\left(\boldsymbol{r},+\frac{\hbar}{2},t\right) \tag{16-3-30}$$

$$\psi_2=\psi_2\left(x,y,z,-\frac{\hbar}{2},t\right)=\psi_2\left(\boldsymbol{r},-\frac{\hbar}{2},t\right) \tag{16-3-31}$$

因为电子自旋算符的矩阵是二行二列的,因此要求量子体系自旋波函数是二行一列的矩阵。在 S_z 为对角矩阵的表象($\hat{S}^2$ 与 $\hat{S}_z$ 共同表象)中,波函数 ψ 的矩阵形式规定为

$$\psi=\begin{pmatrix}\psi_1(x,y,z,t)\\ \psi_2(x,y,z,t)\end{pmatrix}=\begin{pmatrix}\psi_1(\boldsymbol{r},t)\\ \psi_2(\boldsymbol{r},t)\end{pmatrix} \tag{16-3-32}$$

第一行对应于 $S_z=+\hbar/2$(或 $m_s=+1/2$),第二行对应于 $S_z=-\hbar/2$(或 $m_s=-1/2$)。

在对 ψ 进行归一化时,必须同时对自旋空间求和以及对坐标空间积分,即

$$\begin{aligned}\int\psi^{+}\psi\mathrm{d}\tau&=\int(\psi_1^{*}\quad\psi_2^{*})\begin{pmatrix}\psi_1\\ \psi_2\end{pmatrix}\mathrm{d}\tau=\int(\psi_1^{*}\psi_1+\psi_2^{*}\psi_2)\mathrm{d}\tau\\&=\int(|\psi_1|^2+|\psi_2|^2)\mathrm{d}\tau=1\end{aligned} \tag{16-3-33}$$

由波函数 ψ 所定义的概率密度表示为

$$w(x,y,z,t)=\psi^{+}\psi=(\psi_1^{*}\quad\psi_2^{*})\begin{pmatrix}\psi_1\\ \psi_2\end{pmatrix}=\psi_1^{*}\psi_1+\psi_2^{*}\psi_2 \tag{16-3-34}$$

它表示在 t 时刻、在 (x,y,z) 点周围单位体积内找到电子的概率(不论电子的自旋如何)。w 是两项之和,其中

$$w_1(x,y,z,t)=\psi_1^{*}\psi_1,w_2(x,y,z,t)=\psi_2^{*}\psi_2 \tag{16-3-35}$$

分别表示在 t 时刻、在 (x,y,z) 点周围单位体积内找到自旋 $S_z=+\hbar/2$(或 $m_s=+1/2$)和自旋 $S_z=-\hbar/2$(或 $m_s=-1/2$)的电子的概率。将 w_1 或 w_2 对整个空间积分后,就得到在空间找到自旋 $S_z=+\hbar/2$(或 $m_s=+1/2$)或 $S_z=-\hbar/2$(或 $m_s=-1/2$)的电子的概率。

2. 电子自旋本征函数

在一般情况下,电子自旋与轨道运动之间有相互作用,因而电子的自旋状态对轨道运动有影响(称为电子自旋与轨道耦合)。如果电子的自旋与轨道运动相互作用小到可以忽略,电子的自旋状态不影响轨道运动,这时 ψ_1 和 ψ_2 对空间坐标 (x,y,z) 的依赖关系是相同的,我们可以把波函数中的空间变量与自旋变量进行分离变量

$$\psi=\psi(x,y,z,S_z,t)=\psi(\boldsymbol{r},S_z,t)=\psi(x,y,z,t)\chi(S_z)=\psi(\boldsymbol{r},t)\chi(S_z) \tag{16-3-36}$$

$$\psi=\psi(x,y,z,m_s,t)=\psi(\boldsymbol{r},m_s,t)=\psi(x,y,z,t)\chi(m_s)=\psi(\boldsymbol{r},t)\chi(m_s) \tag{16-3-37}$$

式中,$\chi(S_z)$ 或 $\chi(m_s)$ 是 $\hat{S}_z$ 算符的本征函数,即自旋波函数。

由于 $\chi(S_z)$ 或 $\chi(m_s)$ 是算符 $\hat{S}_z$ 的本征函数,而算符 $\hat{S}_z$ 的本征值只有 $+\hbar/2$ 和 $-\hbar/2$ 两个,所以算符 $\hat{S}_z$ 的本征值方程为

$$\hat{S}_z\chi(S_z)=\pm\frac{\hbar}{2}\chi(S_z),\hat{S}_z\chi(m_s)=\pm\frac{\hbar}{2}\chi(m_s) \tag{16-3-38}$$

如果用符号 $\chi_{+1/2}$ 表示电子自旋磁量子数为 $m_s=+1/2$(电子自旋角动量在 z 方向的投影为 $S_z=+\hbar/2$)的 $\hat{S}_z$ 算符本征波函数,$\chi_{-1/2}$ 表示电子自旋磁量子数为 $m_s=-1/2$(电子自旋角动量在 z 方向的投影为 $S_z=-\hbar/2$)的 $\hat{S}_z$ 算符本征波函数,则

$$\hat{S}_z\chi_{+1/2}=\frac{\hbar}{2}\chi_{+1/2},\hat{S}_z\chi_{-1/2}=-\frac{\hbar}{2}\chi_{-1/2} \tag{16-3-39}$$

因为算符 $\hat{S}_z$ 的矩阵是二行二列矩阵，故在 $\hat{S}^2$ 和 $\hat{S}_z$ 为对角矩阵的表象内，$\chi_{+1/2}$ 和 $\chi_{-1/2}$ 都应该是二行一列矩阵。设

$$\chi_{+1/2}=\begin{pmatrix}a_1\\a_2\end{pmatrix},\chi_{-1/2}=\begin{pmatrix}a_3\\a_4\end{pmatrix}$$

由于 $\hat{S}_z=\frac{\hbar}{2}\begin{pmatrix}1&0\\0&-1\end{pmatrix}$，利用本征值方程(16-3-39)可得

$$\frac{\hbar}{2}\begin{pmatrix}1&0\\0&-1\end{pmatrix}\begin{pmatrix}a_1\\a_2\end{pmatrix}=\frac{\hbar}{2}\begin{pmatrix}a_1\\a_2\end{pmatrix},\frac{\hbar}{2}\begin{pmatrix}1&0\\0&-1\end{pmatrix}\begin{pmatrix}a_3\\a_4\end{pmatrix}=-\frac{\hbar}{2}\begin{pmatrix}a_3\\a_4\end{pmatrix}$$

这一组方程的解是 $a_1=a_1,a_2=-a_2;a_3=-a_3,a_4=a_4$。所以 $a_2=0,a_3=0$。再利用归一化条件来决定 a_1 和 a_4

$$(a_1^*\quad 0)\begin{pmatrix}a_1\\0\end{pmatrix}=1,|a_1|^2=1;(0\quad a_4^*)\begin{pmatrix}0\\a_4\end{pmatrix}=1,|a_4|^2=1$$

取 $a_1=1$ 和 $a_4=1$，因此得到

$$\chi_{+1/2}=\begin{pmatrix}1\\0\end{pmatrix},\chi_{-1/2}=\begin{pmatrix}0\\1\end{pmatrix} \tag{16-3-40}$$

这两个自旋函数对应不同的本征值，它们是彼此正交的

$$\chi_{-1/2}^{\dagger}\chi_{+1/2}=(0\quad 1)\begin{pmatrix}1\\0\end{pmatrix}=0,\chi_{+1/2}^{\dagger}\chi_{-1/2}=(1\quad 0)\begin{pmatrix}0\\1\end{pmatrix}=0 \tag{16-3-41}$$

将电子自旋角动量平方算符 $\hat{S}^2$(矩阵形式)分别作用到 $\hat{S}_z$ 算符两个本征函数上

$$\hat{S}^2\chi_{+1/2}=\frac{3\hbar^2}{4}\begin{pmatrix}1&0\\0&1\end{pmatrix}\begin{pmatrix}1\\0\end{pmatrix}=\frac{3\hbar^2}{4}\begin{pmatrix}1\\0\end{pmatrix}=\frac{3\hbar^2}{4}\chi_{+1/2}$$

$$\hat{S}^2\chi_{-1/2}=\frac{3\hbar^2}{4}\begin{pmatrix}1&0\\0&1\end{pmatrix}\begin{pmatrix}0\\1\end{pmatrix}=\frac{3\hbar^2}{4}\begin{pmatrix}0\\1\end{pmatrix}=\frac{3\hbar^2}{4}\chi_{-1/2}$$

$$\hat{S}^2\chi_{+1/2}=\frac{3\hbar^2}{4}\chi_{+1/2},\hat{S}^2\chi_{-1/2}=\frac{3\hbar^2}{4}\chi_{-1/2} \tag{16-3-42}$$

$\chi_{+1/2}$ 和 $\chi_{-1/2}$ 也是电子自旋角动量平方算符 $\hat{S}^2$ 的本征函数，而且本征值相等，为 $3\hbar^2/4$。

由于电子自旋角动量平方算符 $\hat{S}^2$ 与电子自旋角动量在 z 方向的投影算符 $\hat{S}_z$ 之间是可对易的，$\hat{S}^2$ 与 $\hat{S}_z$ 有共同的本征函数系。$\{\chi_{+1/2},\chi_{-1/2}\}$ 构成了 $\hat{S}^2$ 与 $\hat{S}_z$ 共同的完备的正交归一的本征函数系。

由于算符 $\hat{S}_z$ 的本征值只有两个 $S_z=\pm\hbar/2$，与 $m_s=+1/2$ 和 $m_s=-1/2$ 对应的本征函数分别为 $\chi_{+1/2}$ 和 $\chi_{-1/2}$，一个本征值对应一个本征函数，所以电子自旋磁量子数 m_s 是 1 度简并的。由于电子自旋角动量平方算符 $\hat{S}^2$ 只有一个本征值 $3\hbar^2/4$，而本征函数却有两个，$\chi_{+1/2}$ 和 $\chi_{-1/2}$，因此，电子自旋角动量(平方)量子数 $s=1/2$ 是 2 度简并的。

把算符 $\hat{S}_x$ 和 $\hat{S}_y$ 分别作用到 $\chi_{+1/2}$ 和 $\chi_{-1/2}$ 上，得到

$$\hat{S}_x\chi_{+1/2}=\frac{\hbar}{2}\begin{pmatrix}0&1\\1&0\end{pmatrix}\begin{pmatrix}1\\0\end{pmatrix}=\frac{\hbar}{2}\begin{pmatrix}0\\1\end{pmatrix}=\frac{\hbar}{2}\chi_{-1/2}\neq\frac{\hbar}{2}\chi_{+1/2}$$

$$\hat{S}_x\chi_{-1/2}=\frac{\hbar}{2}\begin{pmatrix}0&1\\1&0\end{pmatrix}\begin{pmatrix}0\\1\end{pmatrix}=\frac{\hbar}{2}\begin{pmatrix}1\\0\end{pmatrix}=\frac{\hbar}{2}\chi_{+1/2}\neq\frac{\hbar}{2}\chi_{-1/2}$$

$$\hat{S}_y\chi_{+1/2}=\frac{\hbar}{2}\begin{pmatrix}0&-\mathrm{i}\\\mathrm{i}&0\end{pmatrix}\begin{pmatrix}1\\0\end{pmatrix}=\frac{\hbar}{2}\begin{pmatrix}0\\\mathrm{i}\end{pmatrix}=\mathrm{i}\,\frac{\hbar}{2}\begin{pmatrix}0\\1\end{pmatrix}=\mathrm{i}\,\frac{\hbar}{2}\chi_{-1/2}\neq\mathrm{i}\,\frac{\hbar}{2}\chi_{+1/2}$$

$$\hat{S}_y\chi_{-1/2}=\frac{\hbar}{2}\begin{pmatrix}0&-\mathrm{i}\\\mathrm{i}&0\end{pmatrix}\begin{pmatrix}0\\1\end{pmatrix}=\frac{\hbar}{2}\begin{pmatrix}-\mathrm{i}\\0\end{pmatrix}=-\mathrm{i}\,\frac{\hbar}{2}\begin{pmatrix}1\\0\end{pmatrix}=-\mathrm{i}\,\frac{\hbar}{2}\chi_{+1/2}\neq-\mathrm{i}\,\frac{\hbar}{2}\chi_{-1/2}$$

可见,$\chi_{+1/2}$ 和 $\chi_{-1/2}$ 不是 $\hat{S}_x$ 和 $\hat{S}_y$ 的本征函数。$\chi_{+1/2}$ 和 $\chi_{-1/2}$ 只是 $\hat{S}^2$ 和 $\hat{S}_z$ 共同的本征函数,而且是在 $\hat{S}^2$ 和 $\hat{S}_z$ 共同表象下的本征函数,这是因为 $\hat{S}^2$ 与 $\hat{S}_z$ 对易。由于 $\hat{S}_z$、$\hat{S}_x$、$\hat{S}_y$ 之间互不对易,它们没有共同的本征函数,$\chi_{+1/2}$ 和 $\chi_{-1/2}$ 当然不是 $\hat{S}_x$、$\hat{S}_y$ 的本征函数。

由于 $\hat{S}^2$ 与 $\hat{S}_x$ 对易,我们可以找到 $\hat{S}^2$ 和 $\hat{S}_x$ 共同的本征函数系,但算符 $\hat{S}_x$、$\hat{S}_y$、$\hat{S}_z$ 的矩阵就不同了,而且这一本征函数系就不是 $\hat{S}^2$、$\hat{S}_z$ 的本征函数系了。同样,由于 $\hat{S}^2$ 与 $\hat{S}_y$ 对易,我们也可以找到 $\hat{S}^2$ 和 $\hat{S}_y$ 共同的本征函数系,但算符 $\hat{S}_y$、$\hat{S}_x$、$\hat{S}_z$ 的矩阵就不同了,而且这一本征函数系也就不是 $\hat{S}^2$、$\hat{S}_z$ 的本征函数系了。

设 $\hat{S}_x$ 的属于本征值 $\pm\frac{\hbar}{2}$ 的本征函数分别为 $\chi_{+x}=\begin{pmatrix}b_1\\b_2\end{pmatrix}$ 和 $\chi_{-x}=\begin{pmatrix}b_3\\b_4\end{pmatrix}$,则

$$\hat{S}_x\chi_{+x}=\frac{\hbar}{2}\chi_{+x},\frac{\hbar}{2}\begin{pmatrix}0&1\\1&0\end{pmatrix}\begin{pmatrix}b_1\\b_2\end{pmatrix}=\frac{\hbar}{2}\begin{pmatrix}b_1\\b_2\end{pmatrix};\begin{pmatrix}b_2\\b_1\end{pmatrix}=\begin{pmatrix}b_1\\b_2\end{pmatrix};b_1=b_2$$

$$\hat{S}_x\chi_{-x}=-\frac{\hbar}{2}\chi_{-x},\frac{\hbar}{2}\begin{pmatrix}0&1\\1&0\end{pmatrix}\begin{pmatrix}b_3\\b_4\end{pmatrix}=-\frac{\hbar}{2}\begin{pmatrix}b_3\\b_4\end{pmatrix};\begin{pmatrix}b_4\\b_3\end{pmatrix}=-\begin{pmatrix}b_3\\b_4\end{pmatrix};b_3=-b_4$$

再由归一化条件,得到

$$\chi^{\dagger}_{+x}\chi_{+x}=1,\begin{pmatrix}b_1^*\\b_1^*\end{pmatrix}\begin{pmatrix}b_1\\b_1\end{pmatrix}=1,2|b_1|^2=1;b_1=\frac{\sqrt{2}}{2},b_2=\frac{\sqrt{2}}{2}$$

$$\chi^{\dagger}_{-x}\chi_{-x}=1,\begin{pmatrix}b_3^*\\-b_3^*\end{pmatrix}\begin{pmatrix}b_3\\-b_3\end{pmatrix}=1,2|b_3|^2=1;b_3=\frac{\sqrt{2}}{2},b_4=-\frac{\sqrt{2}}{2}$$

因此,在 $\hat{S}^2$ 和 $\hat{S}_z$ 共同表象下,自旋角动量分量算符 $\hat{S}_x$ 的本征函数分别为

$$\chi_{+x}=\begin{pmatrix}\sqrt{2}/2\\\sqrt{2}/2\end{pmatrix}=\frac{\sqrt{2}}{2}\begin{pmatrix}1\\1\end{pmatrix},\chi_{-x}=\begin{pmatrix}\sqrt{2}/2\\-\sqrt{2}/2\end{pmatrix}=\frac{\sqrt{2}}{2}\begin{pmatrix}1\\-1\end{pmatrix}$$

本征值分别为 $+\hbar/2$ 和 $-\hbar/2$。将算符 $\hat{S}^2$、$\hat{S}_z$ 和 $\hat{S}_y$ 分别作用到 χ_{+x} 和 χ_{-x} 上,得到

$$\hat{S}^2\chi_{+x}=\frac{3\hbar^2}{4}\begin{pmatrix}1&0\\0&1\end{pmatrix}\frac{\sqrt{2}}{2}\begin{pmatrix}1\\1\end{pmatrix}=\frac{3\hbar^2}{4}\frac{\sqrt{2}}{2}\begin{pmatrix}1\\1\end{pmatrix}=\frac{3\hbar^2}{4}\chi_{+x},\hat{S}^2\chi_{+x}=\frac{3\hbar^2}{4}\chi_{+x}$$

$$\hat{S}^2\chi_{-x}=\frac{3\hbar^2}{4}\begin{pmatrix}1&0\\0&1\end{pmatrix}\frac{\sqrt{2}}{2}\begin{pmatrix}1\\-1\end{pmatrix}=\frac{3\hbar^2}{4}\frac{\sqrt{2}}{2}\begin{pmatrix}1\\-1\end{pmatrix}=\frac{3\hbar^2}{4}\chi_{-x},\hat{S}^2\chi_{-x}=\frac{3\hbar^2}{4}\chi_{-x}$$

$$\hat{S}_z\chi_{+x}=\frac{\hbar}{2}\begin{pmatrix}1&0\\0&-1\end{pmatrix}\frac{\sqrt{2}}{2}\begin{pmatrix}1\\1\end{pmatrix}=\frac{\hbar}{2}\frac{\sqrt{2}}{2}\begin{pmatrix}1\\-1\end{pmatrix}\neq\frac{\hbar}{2}\frac{\sqrt{2}}{2}\begin{pmatrix}1\\1\end{pmatrix},\hat{S}_z\chi_{+x}=\frac{\hbar}{2}\chi_{-x}\neq\frac{\hbar}{2}\chi_{+x}$$

$$\hat{S}_z\chi_{-x}=\frac{\hbar}{2}\begin{pmatrix}1&0\\0&-1\end{pmatrix}\frac{\sqrt{2}}{2}\begin{pmatrix}1\\-1\end{pmatrix}=\frac{\hbar}{2}\frac{\sqrt{2}}{2}\begin{pmatrix}1\\1\end{pmatrix}\neq\frac{\hbar}{2}\frac{\sqrt{2}}{2}\begin{pmatrix}1\\-1\end{pmatrix},\hat{S}_z\chi_{-x}=\frac{\hbar}{2}\chi_{+x}\neq\frac{\hbar}{2}\chi_{-x}$$

$$\hat{S}_y\chi_{+x}=\frac{\hbar}{2}\begin{pmatrix}0&-\mathrm{i}\\\mathrm{i}&0\end{pmatrix}\frac{\sqrt{2}}{2}\begin{pmatrix}1\\1\end{pmatrix}=\frac{\hbar}{2}\frac{\sqrt{2}}{2}\begin{pmatrix}-\mathrm{i}\\\mathrm{i}\end{pmatrix},\hat{S}_y\chi_{+x}\neq\frac{\hbar}{2}\chi_{+x}$$

$$\hat{S}_y\chi_{-x}=\frac{\hbar}{2}\begin{pmatrix}0&-\mathrm{i}\\\mathrm{i}&0\end{pmatrix}\frac{\sqrt{2}}{2}\begin{pmatrix}1\\-1\end{pmatrix}=\frac{\hbar}{2}\frac{\sqrt{2}}{2}\begin{pmatrix}\mathrm{i}\\\mathrm{i}\end{pmatrix},\hat{S}_y\chi_{-x}\neq\frac{\hbar}{2}\chi_{-x}$$

可见，χ_{+x} 和 χ_{-x} 也是算符 $\hat{S}^2$ 的属于同一本征值 $3\hbar^2/4$ 的本征函数；这是因为，$\hat{S}^2$ 与 $\hat{S}_x$ 对易，它们有共同的本征函数，χ_{+x} 和 χ_{-x} 是它们共同的本征函数。但 χ_{+x} 和 χ_{-x} 不是 $\hat{S}_z$ 和 $\hat{S}_y$ 的本征函数；这是因为，$\hat{S}_x$ 与 $\hat{S}_z$ 不对易（$\hat{S}_x$ 与 $\hat{S}_y$ 不对易），它们没有共同的本征函数。

设 $\hat{S}_y$ 的属于本征值 $\pm\frac{\hbar}{2}$ 的本征函数分别为 $\chi_{+y}=\begin{pmatrix}c_1\\c_2\end{pmatrix}$ 和 $\chi_{-y}=\begin{pmatrix}c_3\\c_4\end{pmatrix}$，则

$$\hat{S}_y\chi_{+y}=\frac{\hbar}{2}\chi_{+y},\frac{\hbar}{2}\begin{pmatrix}0&-\mathrm{i}\\\mathrm{i}&0\end{pmatrix}\begin{pmatrix}c_1\\c_2\end{pmatrix}=\frac{\hbar}{2}\begin{pmatrix}c_1\\c_2\end{pmatrix};\begin{pmatrix}-\mathrm{i}c_2\\\mathrm{i}c_1\end{pmatrix}=\begin{pmatrix}c_1\\c_2\end{pmatrix};c_2=\mathrm{i}c_1$$

$$\hat{S}_y\chi_{-y}=-\frac{\hbar}{2}\chi_{-y},\frac{\hbar}{2}\begin{pmatrix}0&-\mathrm{i}\\\mathrm{i}&0\end{pmatrix}\begin{pmatrix}c_3\\c_4\end{pmatrix}=-\frac{\hbar}{2}\begin{pmatrix}c_3\\c_4\end{pmatrix};\begin{pmatrix}-\mathrm{i}c_4\\\mathrm{i}c_3\end{pmatrix}=-\begin{pmatrix}c_3\\c_4\end{pmatrix};c_4=-\mathrm{i}c_3$$

再由归一化条件，得到

$$\chi_{+y}^{\dagger}\chi_{+y}=1,(c_1^*\quad -\mathrm{i}c_1^*)\begin{pmatrix}c_1\\\mathrm{i}c_1\end{pmatrix}=1,2|c_1|^2=1;c_1=\frac{\sqrt{2}}{2},c_2=\mathrm{i}\frac{\sqrt{2}}{2}$$

$$\chi_{-y}^{\dagger}\chi_{-y}=1,(c_3^*\quad \mathrm{i}c_3^*)\begin{pmatrix}c_3\\-\mathrm{i}c_3\end{pmatrix}=1,2|c_3|^2=1;c_3=\frac{\sqrt{2}}{2},c_4=-\mathrm{i}\frac{\sqrt{2}}{2}$$

因此，在 $\hat{S}^2$ 和 $\hat{S}_z$ 共同表象下，自旋角动量分量算符 $\hat{S}_y$ 的本征函数分别为

$$\chi_{+y}=\begin{pmatrix}\sqrt{2}/2\\\mathrm{i}\sqrt{2}/2\end{pmatrix}=\frac{\sqrt{2}}{2}\begin{pmatrix}1\\\mathrm{i}\end{pmatrix},\chi_{-y}=\begin{pmatrix}\sqrt{2}/2\\-\mathrm{i}\sqrt{2}/2\end{pmatrix}=\frac{\sqrt{2}}{2}\begin{pmatrix}1\\-\mathrm{i}\end{pmatrix}$$

本征值分别为 $+\hbar/2$ 和 $-\hbar/2$。将算符 $\hat{S}^2$、$\hat{S}_z$ 和 $\hat{S}_x$ 分别作用到 χ_{+y} 和 χ_{-y} 上，得到

$$\hat{S}^2\chi_{+y}=\frac{3\hbar^2}{4}\begin{pmatrix}1&0\\0&1\end{pmatrix}\frac{\sqrt{2}}{2}\begin{pmatrix}1\\\mathrm{i}\end{pmatrix}=\frac{3\hbar^2}{4}\frac{\sqrt{2}}{2}\begin{pmatrix}1\\\mathrm{i}\end{pmatrix}=\frac{3\hbar^2}{4}\chi_{+y},\hat{S}^2\chi_{+y}=\frac{3\hbar^2}{4}\chi_{+y}$$

$$\hat{S}^2\chi_{-y}=\frac{3\hbar^2}{4}\begin{pmatrix}1&0\\0&1\end{pmatrix}\frac{\sqrt{2}}{2}\begin{pmatrix}1\\-\mathrm{i}\end{pmatrix}=\frac{3\hbar^2}{4}\frac{\sqrt{2}}{2}\begin{pmatrix}1\\-\mathrm{i}\end{pmatrix}=\frac{3\hbar^2}{4}\chi_{-y},\hat{S}^2\chi_{-y}=\frac{3\hbar^2}{4}\chi_{-y}$$

$$\hat{S}_z\chi_{+y}=\frac{\hbar}{2}\begin{pmatrix}1&0\\0&-1\end{pmatrix}\frac{\sqrt{2}}{2}\begin{pmatrix}1\\\mathrm{i}\end{pmatrix}=\frac{\hbar}{2}\frac{\sqrt{2}}{2}\begin{pmatrix}1\\-\mathrm{i}\end{pmatrix}\neq\frac{\hbar}{2}\frac{\sqrt{2}}{2}\begin{pmatrix}1\\\mathrm{i}\end{pmatrix},\hat{S}_z\chi_{+y}=\frac{\hbar}{2}\chi_{-y}\neq\frac{\hbar}{2}\chi_{+y}$$

$$\hat{S}_z\chi_{-y}=\frac{\hbar}{2}\begin{pmatrix}1&0\\0&-1\end{pmatrix}\frac{\sqrt{2}}{2}\begin{pmatrix}1\\-\mathrm{i}\end{pmatrix}=\frac{\hbar}{2}\frac{\sqrt{2}}{2}\begin{pmatrix}1\\\mathrm{i}\end{pmatrix}\neq\frac{\hbar}{2}\frac{\sqrt{2}}{2}\begin{pmatrix}1\\-\mathrm{i}\end{pmatrix},\hat{S}_z\chi_{-y}=\frac{\hbar}{2}\chi_{+y}\neq\frac{\hbar}{2}\chi_{-y}$$

$$\hat{S}_x\chi_{+y}=\frac{\hbar}{2}\begin{pmatrix}0&1\\1&0\end{pmatrix}\frac{\sqrt{2}}{2}\begin{pmatrix}1\\\mathrm{i}\end{pmatrix}=\frac{\hbar}{2}\frac{\sqrt{2}}{2}\begin{pmatrix}\mathrm{i}\\1\end{pmatrix},\hat{S}_x\chi_{+y}\neq\frac{\hbar}{2}\chi_{+y}$$

$$\hat{S}_x\chi_{-y}=\frac{\hbar}{2}\begin{pmatrix}0&1\\1&0\end{pmatrix}\frac{\sqrt{2}}{2}\begin{pmatrix}1\\-\mathrm{i}\end{pmatrix}=\frac{\hbar}{2}\frac{\sqrt{2}}{2}\begin{pmatrix}-\mathrm{i}\\1\end{pmatrix},\hat{S}_x\chi_{-y}\neq\frac{\hbar}{2}\chi_{-y}$$

可见，χ_{+y} 和 χ_{-y} 也是算符 $\hat{S}^2$ 的属于同一本征值 $3\hbar^2/4$ 的本征函数；这是因为，$\hat{S}^2$ 与 $\hat{S}_y$ 对易，它们有共同的本征函数，χ_{+y} 和 χ_{-y} 是它们共同的本征函数。但 χ_{+y} 和 χ_{-y} 不是 $\hat{S}_z$ 和

$\hat{S}_x$ 的本征函数;这是因为,$\hat{S}_y$ 与 $\hat{S}_z$ 不对易($\hat{S}_y$ 与 $\hat{S}_x$ 不对易),它们没有共同的本征函数。

六、电子自旋轨道耦合

一个电子绕原子核运动时,既有轨道角动量 $\boldsymbol{L}$,又有自旋角动量 $\boldsymbol{S}$。一般来说,电子的轨道运动与自旋运动之间是有相互作用的,这时电子的状态与总的角动量 $\boldsymbol{J}$ 有关。电子总角动量为轨道角动量 $\boldsymbol{L}$ 与自旋角动量 $\boldsymbol{S}$ 的耦合

$$\boldsymbol{J}=\boldsymbol{L}+\boldsymbol{S} \tag{16-3-43}$$

这一角动量的合成,称为自旋轨道耦合。

由量子力学可知(附录Ⅲ),总角动量 $\boldsymbol{J}$ 也是量子化的。相应的总角动量量子数用 j 表示,且有

$$J=\sqrt{j(j+1)}\,\hbar,j=l+s,l+s-1,\cdots,|l-s| \tag{16-3-44}$$

实际上,J 就是算符 $\hat{J}$ 的本征值。j 的取值与 l 和 s 有关。由于 $s=1/2,l=0,1,2,\cdots$,当 $l=0$ 时,自旋轨道耦合的总角动量量子数只能是一个数,$j=l+s=s=1/2$,只能耦合成一个角动量 $J=\sqrt{j(j+1)}\,\hbar=\sqrt{3}\,\hbar/2$;当 $l\neq0$ 时,$j=l+s=l+1/2$,或 $j=l-s=l-1/2$,只能耦合成两个角动量。这样,电子轨道角动量 $\boldsymbol{L}$ 与自旋角动量 $\boldsymbol{S}$ 的耦合总角动量算符的本征值可以表示为

$$J=\sqrt{j(j+1)}\,\hbar,j=l+s,|l-s| \tag{16-3-45}$$

例如,$l=1$ 时,$j=l\pm s=1\pm1/2=3/2,1/2$,所以 $J=\sqrt{15}\,\hbar/2,\sqrt{3}\,\hbar/2$。自旋轨道耦合的经典矢量耦合模型如图 16-13 所示。

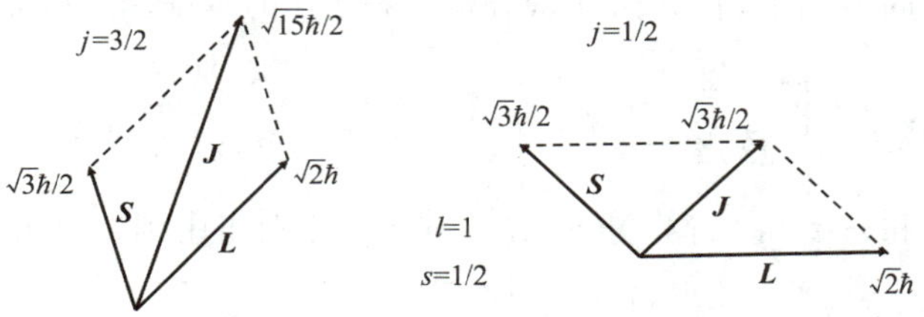

图 16-13　自旋轨道耦合的经典矢量合成模型

考虑到自旋轨道耦合,常将原子的状态用 n 的数值、l 的代号和总角动量量子数 j 的数值(作为下标)表示;其中,对应于 $l=0,1,2,3,4,\cdots$,其代号为 S,P,D,F,G,…。如 $n=3,l=1$,$j=3/2$ 的状态记作 $3P_{3/2}$,$j=1/2$ 的状态记作 $3P_{1/2}$。

七、自旋的一般概念

对于微观粒子来说,自旋是普遍存在的。

自旋量子数 s 为半整数的微观粒子称为费米子;例如,电子、质子、中子等是费米子,自旋量子数为 1/2。自旋量子数 s 为 0 或整数的微观粒子称为玻色子;例如,π 介子的自旋量子数为 0,光子的自旋量子数为 1,都是玻色子。

八、碱金属原子光谱的双线结构

精细的观察和测量可以发现,在碱金属原子光谱中,一条谱线实际上由两条甚至更多条靠得很近的谱线组成,这就是原子光谱的精细结构。例如,在钠原子光谱中最亮的黄色谱线

(D,589.3 nm),实际上是由 D_1(589.0 nm)和 D_2(589.6 nm)两条谱线组成。

对于碱金属,核外只有一个价电子。为了解释碱金属原子光谱的精细结构(双线),必须考虑电子自旋的存在,并考虑这个价电子的轨道与自旋的相互作用(L-S 耦合)。

由式(16-3-44)可见,考虑到电子的轨道与自旋的相互作用后,电子的总角动量量子数(j)可以有若干个值,即总角动量(J)可以有若干取值。而不同的总角动量量子数(总角动量)对应原子的不同状态,亦即不同的波函数。

对于 $l\neq 0$,自旋轨道耦合的总角动量量子数只可以取两个值:$j=l+s=l+1/2$ 和 $j=l-s=l-1/2$。这样,对于同一个 l,可以耦合的总角动量可以有两个取值。由于 $2s+1=2(s=1/2)$,原子的一个态分裂为双重态。例如,对于钠原子的 3P 态($l=1$),在考虑到电子的自旋(电子的轨道与自旋的相互作用)后,分裂为 $3^2P_{3/2}(j=3/2)$和 $3^2P_{1/2}(j=1/2)$双重态。实际上,这是钠原子靠得很近的两个激发态。

对于 $l=0$,自旋轨道耦合的总角动量量子数只能是一个数 $j=1/2$,亦即只有一个状态;也即对于 S 态($l=0$),原子的状态只有一种,或者说,即使考虑到电子的自旋,S 态的能级也不分裂。但由于 $2s+1=2(s=1/2)$,原子态依然归属双重态。例如,对于钠原子的 3S 态($l=0$),在考虑到电子的自旋(电子的轨道与自旋的相互作用)后,原子态表示为 $3^2S_{1/2}$。实际上,这是钠原子的基态。

由于电子自旋的存在(电子的自旋角动量与轨道角动量的相互作用),原子系统的哈密顿量中增加了自旋与轨道相互作用的势能,使得原子系统的能量有了相应的变化。由量子力学的“微扰论”可以求得原子能级能量的变化。计算结果表明,尽管 S 态($l=0$)能级没有分裂,但由于电子自旋的存在,原子的能级能量还是有所变化;对于碱金属原子,$l\neq 0$ 态的能级将分裂为靠得非常近的双能级。这为碱金属原子光谱的双线结构建立了理论基础。

钠原子的 D_1(589.0 nm)线是钠原子由 $3^2P_{3/2}$ 态到 $3^2S_{1/2}$ 态跃迁的结果;钠原子的 D_2(589.6 nm)线是钠原子由 $3^2P_{1/2}$态到 $3^2S_{1/2}$态跃迁的结果。钠原子双黄线结构(实验)与电子自旋(自旋角动量,理论)的存在相一致,说明了电子自旋理论的正确性。同时,电子自旋对原子能级能量是有影响的,尽管这种影响可能很小。

第四节　全同粒子体系

在经典力学中,单一质点的力学建立了力学的最基本概念和最基本原理;但多质点系统的力学规律也是非常重要的,是解决实际物体力学问题的基础。在量子力学中,单一微观粒子体系的量子力学给出了量子力学的最基本的概念和基本原理;但实际的微观粒子体系可能是由多个微观粒子组成的多粒子体系。正如多质点系统的运动要比单一质点的运动复杂得多一样,在量子力学中解决多体问题比单粒子问题要复杂和困难得多。

在量子力学中,相对比较简单的多粒子体系是所谓的全同粒子体系。如多电子原子中的电子就是一个全同粒子体系;对原子中电子(全同费米子)运动状态的研究,可以获得有关原子结构等许多信息。

一、全同粒子的特性与全同性原理

在量子力学中,我们把质量、电荷、自旋、磁矩等固有性质完全相同的同类微观粒子称为全同粒子。例如所有的电子是全同粒子,所有的质子也是全同粒子;多电子原子中的电子、固体中的“共用”电子、原子核中的核子等都各自构成全同粒子体系。

1. 全同性原理

在经典力学中,尽管两个粒子的固有性质完全相同,但由于它们在运动过程中都有自己确定的轨道,而且在任意时刻都有确定的位置和速度,我们仍然可以区分这两个粒子。

在量子力学中,全同粒子体系的状态用波函数来描述。由于波函数只具有统计意义,我们只能确切地知道粒子出现在空间某处的概率,并不能确定某粒子必须确定无疑地出现在该处。当表示两个全同粒子的波函数在空间上发生重叠时,这两个全同粒子都有可能出现在空间某处;但由于全同粒子的固有性质完全相同,无论哪一个粒子出现在空间的该处,都不会引起全同粒子体系波函数或全同粒子体系的状态的变化;也就是说,我们无法区分全同粒子体系中的两个全同粒子。全同粒子的这种不可区分性,使得我们可以交换两个全同粒子的空间位置(包括自旋等)而不会引起全同粒子体系波函数或全同粒子体系的状态的变化。例如,在多电子原子中,所有的电子都可以处于任何能级上;我们无法确切地断定某一时刻究竟是哪一个电子处于某一能级上,只能确切地给出电子分布的概率;或者说,我们无法区分原子中的电子。如果把原子中处于不同能级的两个电子(全同粒子)交换,不会引起原子能量的变化或者说不会引起描述原子状态的波函数的变化。当然,如果两个全同粒子的波函数没有任何重叠,我们还是能够区分它们的,如两个氢原子中的电子,尽管是全同的,我们还是能够区分开这两个电子的。

全同粒子的不可区分性,使得我们得出论断:在由全同粒子组成的量子体系中,任意交换两个全同粒子,量子体系的物理状态(体系的波函数)保持不变。这称为全同性原理,是量子力学中的基本原理之一。

全同粒子的不可区分性是微观粒子所具有的特性。由于全同粒子的不可区分性,交换任何两个全同粒子并不能形成新的状态。在自然界中,对于全同粒子体系,实际出现的状态只能是那些粒子交换不变的状态,其他的状态实际上都不会出现。由全同性原理(全同粒子的不可区分性),可以得到全同粒子体系的一些重要性质。

2. 全同粒子体系哈密顿算符的交换不变性

设量子体系由 N 个全同粒子组成,以 $q_i=(\boldsymbol{r}_i,s_i)=(x_i,y_i,z_i,s_i)$ 表示第 i 个粒子的坐标和自旋,以 $U(q_i,t)$ 表示第 i 个粒子在外场中的能量(势能),以 $W(q_i,q_j)$ 表示第 i 个粒子与第 j 个粒子之间的相互作用势能,则全同粒子量子体系的哈密顿算符表示为

$$\hat{H}(q_1,\cdots,q_i,\cdots,q_j,\cdots,q_N)=\sum_{i=1}^{N}\left(-\frac{\hbar^2}{2\mu}\nabla_i^2+U(q_i,t)\right)+\frac{1}{2}\sum_{i\neq j=1}^{N}W(q_i,q_j) \tag{16-4-1}$$

例如,氦原子中两个电子所组成的全同粒子体系的哈密顿算符为

$$\hat{H}(q_1,q_2)=-\frac{\hbar^2}{2\mu}\nabla_1^2-\frac{\hbar^2}{2\mu}\nabla_2^2-\frac{2e^2}{r_1}-\frac{2e^2}{r_2}+\frac{e^2}{|\boldsymbol{r}_1-\boldsymbol{r}_2|}$$

由此可见,将两个全同粒子,例如第 i 个粒子和第 j 个粒子相互调换后,量子体系的哈密顿算符保持不变

$$\hat{H}(q_1,q_2,\cdots,q_i,\cdots,q_j,\cdots,q_N)=\hat{H}(q_1,q_2,\cdots,q_j,\cdots,q_i,\cdots,q_N) \tag{16-4-2}$$

这是全同粒子体系遵守全同性原理的具体表现。因为哈密顿算符 $\hat{H}$ 决定量子体系的能量取值,如果交换粒子后哈密顿算符 $\hat{H}$ 变化,则势必引起量子体系能量(物理状态)的变化,这将违反全同性原理。因此,交换任意两个粒子,全同粒子体系哈密顿算符不变。

引入交换算符 $\hat{P}_{ij}$，表示第 i 个粒子与第 j 个粒子互相调换的运算

$$\hat{P}_{ij}\Phi(q_1,q_2,\cdots,q_i,\cdots,q_j,\cdots,q_N,t)=\Phi(q_1,q_2,\cdots,q_j,\cdots,q_i,\cdots,q_N,t) \quad (16\text{-}4\text{-}3)$$

其中 $\Phi(q_1,\cdots,q_i,\cdots,q_j,\cdots,q_N,t)$ 是任意的波函数。由哈密顿算符 $\hat{H}$ 的粒子交换不变性得到

$$\begin{aligned}&\hat{P}_{ij}\hat{H}(q_1,\cdots,q_i,\cdots,q_j,\cdots,q_N,t)\Phi(q_1,\cdots,q_i,\cdots,q_j,\cdots,q_N,t)\\&=\hat{H}(q_1,\cdots,q_j,\cdots,q_i,\cdots,q_N,t)\hat{P}_{ij}\Phi(q_1,\cdots,q_i,\cdots,q_j,\cdots,q_N,t)\\&=\hat{H}(q_1,\cdots,q_i,\cdots,q_j,\cdots,q_N,t)\hat{P}_{ij}\Phi(q_1,\cdots,q_i,\cdots,q_j,\cdots,q_N,t)\end{aligned}$$

$$\hat{P}_{ij}\hat{H}\Phi(q_1,\cdots,q_i,\cdots,q_j,\cdots,q_N,t)=\hat{H}\hat{P}_{ij}\Phi(q_1,\cdots,q_i,\cdots,q_j,\cdots,q_N,t)$$

由于 $\Phi(q_1,\cdots,q_i,\cdots,q_j,\cdots,q_N,t)$ 是任意波函数，所以

$$\hat{P}_{ij}\hat{H}=\hat{H}\hat{P}_{ij} \quad (16\text{-}4\text{-}4)$$

可见，交换算符 $\hat{P}_{ij}$ 与全同粒子体系的哈密顿算符 $\hat{H}(q_1,\cdots,q_i,\cdots,q_j,\cdots,q_N,t)$ 是对易的。

3. 全同粒子体系波函数的交换对称性

全同粒子的不可区分性（全同性原理）要求全同粒子体系的哈密顿算符 $\hat{H}$ 具有粒子交换不变性，交换全同粒子体系内的任意两个粒子，体系的物理状态不变。而在量子力学中，量子体系的状态用波函数来描述，因此，全同性原理对多粒子（全同粒子）体系的波函数提出了新的限制。全同粒子体系的波函数除了满足波函数的一般要求（单值、有限、连续），还必须具有粒子交换对称性。

设全同粒子体系的波函数为 $\Phi(q_1,\cdots,q_i,\cdots,q_j,\cdots,q_N,t)$，它是全同粒子体系哈密顿算符 $\hat{H}(q_1,\cdots,q_i,\cdots,q_j,\cdots,q_N,t)$ 所满足的薛定谔方程的一个解

$$\mathrm{i}\hbar\frac{\partial\Phi(q_1,\cdots,q_i,\cdots,q_j,\cdots,q_N,t)}{\partial t}=\hat{H}\Phi(q_1,\cdots,q_i,\cdots,q_j,\cdots,q_N,t) \quad (16\text{-}4\text{-}5)$$

将交换算符 $\hat{P}_{ij}$ 作用到薛定谔方程两边，由交换算符 $\hat{P}_{ij}$ 与全同粒子体系的哈密顿算符 $\hat{H}$ 的可对易性，得到

$$\begin{aligned}&\mathrm{i}\hbar\frac{\partial}{\partial t}[\hat{P}_{ij}\Phi(q_1,\cdots,q_i,\cdots,q_j,\cdots,q_N,t)]=\hat{P}_{ij}[\hat{H}\Phi(q_1,\cdots,q_i,\cdots,q_j,\cdots,q_N,t)]\\&=\hat{P}_{ij}\hat{H}\Phi(q_1,\cdots,q_i,\cdots,q_j,\cdots,q_N,t)=\hat{H}[\hat{P}_{ij}\Phi(q_1,\cdots,q_i,\cdots,q_j,\cdots,q_N,t)]\end{aligned}$$

$$\mathrm{i}\hbar\frac{\partial}{\partial t}[\hat{P}_{ij}\Phi(q_1,\cdots,q_i,\cdots,q_j,\cdots,q_N,t)]=\hat{H}[\hat{P}_{ij}\Phi(q_1,\cdots,q_i,\cdots,q_j,\cdots,q_N,t)] \quad (16\text{-}4\text{-}6)$$

可见，如果 $\Phi(q_1,\cdots,q_i,\cdots,q_j,\cdots,q_N,t)$ 是薛定谔方程式(16-4-5)的一个解，则将交换算符作用到其上得到的新函数 $\hat{P}_{ij}\Phi(q_1,\cdots,q_i,\cdots,q_j,\cdots,q_N,t)$ 也是薛定谔方程式(16-4-5)的一个解，$\hat{P}_{ij}\Phi(q_1,\cdots,q_i,\cdots,q_j,\cdots,q_N,t)$ 与 $\Phi(q_1,\cdots,q_i,\cdots,q_j,\cdots,q_N,t)$ 都是描述相同哈密顿算符 $\hat{H}(q_1,q_2,\cdots,q_i,\cdots,q_j,\cdots,q_N,t)$ 的全同粒子体系状态的波函数。

由于 $\hat{P}_{ij}$ 是交换算符，$\hat{P}_{ij}$ 作用到波函数 $\Phi(q_1,\cdots,q_i,\cdots,q_j,\cdots,q_N,t)$ 上，得到

$$\hat{P}_{ij}\Phi(q_1,q_2,\cdots,q_i,\cdots,q_j,\cdots,q_N,t)=\Phi(q_1,q_2,\cdots,q_j,\cdots,q_i,\cdots,q_N,t)$$

新的波函数 $\Phi(q_1,q_2,\cdots,q_j,\cdots,q_i,\cdots,q_N,t)$ 与波函数 $\Phi(q_1,\cdots,q_i,\cdots,q_j,\cdots,q_N,t)$ 仅仅是交换两个全同粒子的位置，根据全同粒子的不可区分性（全同性原理），它们描写的是全同粒子

体系的同一个状态,因而它们之间最多只相差一个常数因子。以 λ 表示这常数,则

$$\Phi(q_1,\cdots,q_j,\cdots,q_i,\cdots,q_N,t)=\lambda\Phi(q_1,\cdots,q_i,\cdots,q_j,\cdots,q_N,t)$$

$$\hat{P}_{ij}\Phi(q_1,\cdots,q_i,\cdots,q_j,\cdots,q_N,t)=\lambda\Phi(q_1,\cdots,q_i,\cdots,q_j,\cdots,q_N,t) \tag{16-4-7}$$

可见,波函数 $\Phi(q_1,\cdots,q_i,\cdots,q_j,\cdots,q_N,t)$ 也是交换算符 $\hat{P}_{ij}$ 的本征函数,本征值为 λ。再以交换算符 $\hat{P}_{ij}$ 作用于上式两边,得到

$$\hat{P}_{ij}\hat{P}_{ij}\Phi(q_1,\cdots,q_i,\cdots,q_j\cdots,q_N,t)=\lambda^2\Phi(q_1,\cdots,q_i,\cdots,q_j\cdots,q_N,t)$$

由于算符 $\hat{P}_{ij}^2=\hat{P}_{ij}\hat{P}_{ij}$ 是 2 次交换粒子操作,波函数恢复原状,得到

$$\Phi(q_1,\cdots,q_i,\cdots,q_j,\cdots,q_N,t)=\lambda^2\Phi(q_1,\cdots,q_i,\cdots,q_j,\cdots,q_N,t) \tag{16-4-8}$$

由此得到

$$\lambda^2=1;\lambda=+1,\lambda=-1$$

可见,交换算符 $\hat{P}_{ij}$ 的本征值只有两个,$\lambda=+1$ 和 $\lambda=-1$。

对于本征值 $\lambda=+1$,$\hat{P}_{ij}\Phi=\Phi$,两粒子互换后波函数不变,所以全同粒子体系的波函数 Φ 是 q 的粒子交换对称函数,一般用 Φ_S 表示。对于本征值 $\lambda=-1$,$\hat{P}_{ij}\Phi=-\Phi$,两粒子互换后波函数变号,所以全同粒子体系的波函数 Φ 是 q 的粒子交换反对称函数,一般用 Φ_A 表示。

全同粒子组成的量子体系的状态可以用粒子交换对称的波函数 Φ_S 来描述,也可以用粒子交换反对称的波函数 Φ_A 来描述。按量子力学的规则,全同粒子组成的量子体系的状态还可以用粒子交换对称的波函数 Φ_S 和粒子交换反对称的波函数 Φ_A 的线性组合来描述。但可以证明这是不可能的。

实际上,由于粒子之间相互不能区分,因此我们只能决定各个粒子分别处在体积元 $d\tau_1$,$d\tau_2$,…的概率,而不能决定这些全同粒子中究竟哪一个处在 $d\tau_1$,哪一个处在 $d\tau_2$,…的概率;也就是说,概率密度 $\Phi^*\Phi$ 应该是粒子交换对称的。如果全同粒子体系的波函数 Φ 是粒子交换对称波函数 Φ_S 和粒子交换反对称波函数 Φ_A 的线性组合

$$\Phi=\alpha\Phi_S+\beta\Phi_A$$

α,β 为组合的常数,则概率密度表示为

$$\Phi^*\Phi=\alpha^*\alpha\Phi_S^*\Phi_S+\beta^*\beta\Phi_A^*\Phi_A+\alpha^*\beta\Phi_S^*\Phi_A+\alpha\beta^*\Phi_S\Phi_A^*$$

由于 Φ_S 是粒子交换对称的(交换两个全同粒子,波函数不变),Φ_A 是粒子交换反对称的(交换两个全同粒子,波函数变号),则 $\Phi_S^*\Phi_S$ 和 $\Phi_A^*\Phi_A$ 是粒子交换对称的、而 $\Phi_S^*\Phi_A$ 和 $\Phi_S\Phi_A^*$ 是粒子交换反对称的。既然 $\Phi^*\Phi$ 应该是粒子交换对称的,因此粒子交换反对称的两项 $\Phi_S^*\Phi_A$ 和 $\Phi_S\Phi_A^*$ 不应出现,这只有当线性组合式中的 α 和 β 必须有一个等于零时才可能。这就是说,描述全同粒子体系状态的波函数 Φ 要么是粒子交换对称函数 Φ_S、要么是粒子交换反对称函数 Φ_A,不可能是粒子交换对称函数 Φ_S 与粒子交换反对称函数 Φ_A 的线性组合。这就是说全同粒子体系的波函数只能是粒子交换对称的或粒子交换反对称的。

我们进一步证明全同粒子体系的波函数的粒子交换对称性或粒子交换反对称性是守恒的、是不随时间而改变的。设体系波函数 Φ 在 t 时刻是粒子交换对称的(用函数 Φ_S 来表示),则 $\hat{H}\Phi_S$ 在 t 时刻也是粒子交换对称的,由薛定谔方程可知 $\dfrac{\partial\Phi_S}{\partial t}$ 在 t 时刻也是粒子交换对称的,在下一时刻 $t+dt$ 波函数变为 $\Phi_S+\left(\dfrac{\partial\Phi_S}{\partial t}\right)dt$,是两个粒子交换对称函数之和,因而也是粒子交

换对称函数。继续下去，就可以证明在以后的任何时刻波函数都是粒子交换对称的。同样可以证明，如果某一时刻波函数 Φ_A 是粒子交换反对称的，则在以后的任何时刻波函数都是粒子交换反对称的。

由此我们可以得出结论：描写全同粒子体系状态的波函数只能是粒子交换对称的或粒子交换反对称的，波函数的粒子交换对称性不随时间的改变而改变。如果全同粒子体系在某一时刻处于粒子交换对称（粒子交换反对称）的状态，则体系将永远处于粒子交换对称（粒子交换反对称）的状态。

4. 全同粒子体系波函数的对称性与粒子的自旋

迄今为止的所有实验事实表明，对于每一类全同粒子（由自旋量子数 s 标定）组成的量子体系，体系的波函数的粒子交换对称性是确定的；全同粒子体系的波函数是粒子交换对称的还是粒子交换反对称的，取决于全同粒子的自旋（自旋量子数 s）。

由电子、质子、中子等这些自旋量子数为 1/2 的粒子以及其他自旋为 1/2 的奇数倍的微观粒子（费米子）组成的全同粒子体系的波函数是粒子交换反对称的。大量的费米子组成的全同粒子体系遵守费米-狄拉克统计。

由光子（自旋量子数为 1）、处于基态的氦原子（自旋量子数为 0）、π 介子（自旋量子数为 0）等自旋量子数为 0 或整数的微观粒子（玻色子）组成的全同粒子体系的波函数是粒子交换对称的。大量的玻色子组成的全同粒子体系遵守玻色-爱因斯坦统计。

由基本粒子组成的复杂粒子（集团），如 α 粒子（氦核）、$_1^3H$（氚核）、$_1^2H$（氘核），究竟是费米子还是玻色子取决于组成复杂粒子（集团）的费米子的个数，而与组成复杂粒子（集团）的玻色子的个数无关。由 N 个玻色子构成的复杂粒子（集团），总自旋量子数为 0 或整数，是玻色子；由这些复杂粒子（集团）组成的全同粒子体系的波函数是粒子交换对称函数。由偶数个费米子（可以含有玻色子）构成的复杂粒子（集团），总自旋量子数为整数，是玻色子；由这些复杂粒子（集团）组成的全同粒子体系的波函数是粒子交换对称函数。由奇数个费米子（可以含有玻色子）构成的复杂粒子（集团），总自旋量子数为 1/2 的奇数倍，是费米子；由这些复杂粒子（集团）组成的全同粒子体系的波函数是粒子交换反对称函数。例如，一个电子和一个质子束缚在一起组成氢原子，氢原子体系的状态用粒子交换对称波函数描写，即氢原子是玻色子；这是因为交换两个氢原子实际上是交换一对电子和一对质子，电子和质子都是费米子，交换后，体系波函数要改变符号两次，因而交换两个氢原子后，波函数不变。

二、全同粒子体系的波函数与泡利不相容原理

全同性原理对全同粒子体系的波函数附加了新的限制，只能是粒子交换对称的或粒子交换反对称的。由单粒子的波函数（不一定是粒子交换对称的或粒子交换反对称的）可以构造全同粒子体系的粒子交换对称或粒子交换反对称的波函数。

1. 两个全同粒子组成的量子体系

对于由两个全同粒子组成的量子体系，如果不考虑粒子间的相互作用，全同粒子体系的哈密顿算符 $\hat{H}$（设 $\hat{H}$ 不显含时间）可写为

$$\hat{H}=\hat{H}_0(q_1)+\hat{H}_0(q_2) \tag{16-4-9}$$

$\hat{H}_0$ 是每一个粒子的哈密顿算符。因为是全同粒子，所以在同一个量子体系中两粒子的哈密顿算符是相同的。以 ε_i 和 φ_i 表示 $\hat{H}_0$ 的第 i 个本征值和相应的本征函数，则

$$\hat{H}_0(q_1)\varphi_i(q_1)=\varepsilon_i\varphi_i(q_1),\hat{H}_0(q_2)\varphi_j(q_2)=\varepsilon_j\varphi_j(q_2) \tag{16-4-10}$$

当第一个粒子处于第 i 态,第二个粒子处于第 j 态时,全同粒子体系的能量为

$$E=\varepsilon_i+\varepsilon_j \tag{16-4-11}$$

如果令 $\Phi(q_1,q_2)=\varphi_i(q_1)\varphi_j(q_2)$,则有

$$\begin{aligned}\hat{H}\Phi(q_1,q_2)&=[\hat{H}_0(q_1)+\hat{H}_0(q_2)]\varphi_i(q_1)\varphi_j(q_2)\\&=\hat{H}_0(q_1)[\varphi_i(q_1)\varphi_j(q_2)]+\hat{H}_0(q_2)[\varphi_i(q_1)\varphi_j(q_2)]\\&=\hat{H}_0(q_1)\varphi_i(q_1)\varphi_j(q_2)+\varphi_i(q_1)\hat{H}_0(q_2)\varphi_j(q_2)\\&=\varepsilon_i\varphi_i(q_1)\varphi_j(q_2)+\varepsilon_j\varphi_i(q_1)\varphi_j(q_2)=(\varepsilon_i+\varepsilon_j)\varphi_i(q_1)\varphi_j(q_2)=E\Phi(q_1,q_2)\end{aligned}$$

$$\hat{H}\Phi(q_1,q_2)=(\varepsilon_i+\varepsilon_j)\varphi_i(q_1)\varphi_j(q_2)=E\Phi(q_1,q_2) \tag{16-4-12}$$

可见,$\Phi(q_1,q_2)=\varphi_i(q_1)\varphi_j(q_2)$是哈密顿算符 $\hat{H}$ 的本征函数,本征值为 $E=\varepsilon_i+\varepsilon_j$。如果第一个粒子处于第 j 态,第二个粒子处于第 i 态,即两个全同粒子交换坐标(含自旋),全同粒子体系的能量依然为 $E=\varepsilon_i+\varepsilon_j$;令 $\Phi(q_2,q_1)=\varphi_i(q_2)\varphi_j(q_1)$,则

$$\begin{aligned}\hat{H}\Phi(q_2,q_1)&=[\hat{H}_0(q_2)+\hat{H}_0(q_1)]\varphi_i(q_2)\varphi_j(q_1)\\&=\hat{H}_0(q_2)[\varphi_i(q_2)\varphi_j(q_1)]+\hat{H}_0(q_1)[\varphi_i(q_2)\varphi_j(q_1)]\\&=\hat{H}_0(q_2)\varphi_i(q_2)\varphi_j(q_1)+\varphi_i(q_2)\hat{H}_0(q_1)\varphi_j(q_1)\\&=\varepsilon_i\varphi_i(q_2)\varphi_j(q_1)+\varepsilon_j\varphi_i(q_2)\varphi_j(q_1)=(\varepsilon_i+\varepsilon_j)\varphi_i(q_2)\varphi_j(q_1)=E\Phi(q_2,q_1)\end{aligned}$$

$$\hat{H}\Phi(q_2,q_1)=(\varepsilon_i+\varepsilon_j)\varphi_i(q_2)\varphi_j(q_1)=E\Phi(q_2,q_1) \tag{16-4-13}$$

可见,$\Phi(q_2,q_1)=\varphi_i(q_2)\varphi_j(q_1)$也是哈密顿算符 $\hat{H}$ 的本征函数,本征值为 $E=\varepsilon_i+\varepsilon_j$。

由此可见,$\Phi(q_1,q_2)=\varphi_i(q_1)\varphi_j(q_2)$和 $\Phi(q_2,q_1)=\varphi_i(q_2)\varphi_j(q_1)$都是全同粒子体系哈密顿算符 $\hat{H}$ 的属于本征值$E=\varepsilon_i+\varepsilon_j$ 的本征函数,这表示体系的能量本征值 E 是简并的。由于波函数 $\Phi(q_2,q_1)=\varphi_i(q_2)\varphi_j(q_1)$是由波函数 $\Phi(q_1,q_2)=\varphi_i(q_1)\varphi_j(q_2)$交换 q_1、q_2 得出,所以这种简并称为交换简并。

这里要注意的是,$\Phi(q_1,q_2)=\varphi_i(q_1)\varphi_j(q_2)$和 $\Phi(q_2,q_1)=\varphi_i(q_2)\varphi_j(q_1)$都可能既不是粒子交换对称的也不是粒子交换反对称的,它们不可能独立地成为全同粒子体系的波函数。但我们可以由 $\Phi(q_1,q_2)$和 $\Phi(q_2,q_1)$构造出粒子交换对称函数 Φ_S 和粒子交换反对称函数 Φ_A

$$\Phi_S(q_1,q_2)=\Phi(q_1,q_2)+\Phi(q_2,q_1)=\varphi_i(q_1)\varphi_j(q_2)+\varphi_i(q_2)\varphi_j(q_1) \tag{16-4-14}$$

$$\Phi_A(q_1,q_2)=\Phi(q_1,q_2)-\Phi(q_2,q_1)=\varphi_i(q_1)\varphi_j(q_2)-\varphi_i(q_2)\varphi_j(q_1) \tag{16-4-15}$$

将全同粒子体系哈密顿算符 $\hat{H}=\hat{H}_0(q_1)+\hat{H}_0(q_2)$作用到 Φ_S 和 Φ_A 上,注意 $\hat{H}_0(q_1)$只作用到 $\varphi_i(q_1)$和 $\varphi_j(q_1)$上,$\hat{H}_0(q_2)$只作用到 $\varphi_i(q_2)$和 $\varphi_j(q_2)$上,得到

$$\begin{aligned}\hat{H}\Phi_S(q_1,q_2)&=[\hat{H}_0(q_1)+\hat{H}_0(q_2)][\varphi_i(q_1)\varphi_j(q_2)+\varphi_i(q_2)\varphi_j(q_1)]\\&=\hat{H}_0(q_1)\varphi_i(q_1)\varphi_j(q_2)+\varphi_i(q_2)\hat{H}_0(q_1)\varphi_j(q_1)+\\&\quad\varphi_i(q_1)\hat{H}_0(q_2)\varphi_j(q_2)+\hat{H}_0(q_2)\varphi_i(q_2)\varphi_j(q_1)\\&=\varepsilon_i\varphi_i(q_1)\varphi_j(q_2)+\varepsilon_j\varphi_i(q_2)\varphi_j(q_1)+\varepsilon_j\varphi_i(q_1)\varphi_j(q_2)+\varepsilon_i\varphi_i(q_2)\varphi_j(q_1)\\&=(\varepsilon_i+\varepsilon_j)\varphi_i(q_1)\varphi_j(q_2)+(\varepsilon_i+\varepsilon_j)\varphi_i(q_2)\varphi_j(q_1)\\&=(\varepsilon_i+\varepsilon_j)[\varphi_i(q_1)\varphi_j(q_2)+\varphi_i(q_2)\varphi_j(q_1)]=E\Phi_S(q_1,q_2)\end{aligned}$$

$$\hat{H}\Phi_A(q_1,q_2)=[\hat{H}_0(q_1)+\hat{H}_0(q_2)][\varphi_i(q_1)\varphi_j(q_2)-\varphi_i(q_2)\varphi_j(q_1)]$$

$$=\hat{H}_0(q_1)\varphi_i(q_1)\varphi_j(q_2)-\varphi_i(q_2)\hat{H}_0(q_1)\varphi_j(q_1)+$$
$$\varphi_i(q_1)\hat{H}_0(q_2)\varphi_j(q_2)-\hat{H}_0(q_2)\varphi_i(q_2)\varphi_j(q_1)$$
$$=\varepsilon_i\varphi_i(q_1)\varphi_j(q_2)-\varepsilon_j\varphi_i(q_2)\varphi_j(q_1)+\varepsilon_j\varphi_i(q_1)\varphi_j(q_2)-\varepsilon_i\varphi_i(q_2)\varphi_j(q_1)$$
$$=(\varepsilon_i+\varepsilon_j)\varphi_i(q_1)\varphi_j(q_2)-(\varepsilon_i+\varepsilon_j)\varphi_i(q_2)\varphi_j(q_1)$$
$$=(\varepsilon_i+\varepsilon_j)[\varphi_i(q_1)\varphi_j(q_2)-\varphi_i(q_2)\varphi_j(q_1)]=E\Phi_A(q_1,q_2)$$

$$\hat{H}\Phi_S(q_1,q_2)=E\Phi_S(q_1,q_2),\hat{H}\Phi_A(q_1,q_2)=E\Phi_A(q_1,q_2) \tag{16-4-16}$$

可见，$\Phi_S(q_1,q_2)$和$\Phi_A(q_1,q_2)$都是哈密顿算符$\hat{H}$的本征函数，而且本征值都是$E=\varepsilon_i+\varepsilon_j$。$\Phi_S(q_1,q_2)$可以作为由两个玻色子（全同粒子）组成的全同粒子体系的波函数；$\Phi_A(q_1,q_2)$可以作为由两个费米子（全同粒子）组成的全同粒子体系的波函数。

如果φ_i是归一化的，则可以将$\Phi_S(q_1,q_2)$和$\Phi_A(q_1,q_2)$归一化

$$\iint|\Phi_A(q_1,q_2)|^2\mathrm{d}q_1\mathrm{d}q_2=\iint|\Phi_S(q_1,q_2)|^2\mathrm{d}q_1\mathrm{d}q_2=2$$

式中，$\int\mathrm{d}q$表示对坐标积分并对自旋求和。因此，归一化的粒子交换对称波函数和粒子交换反对称波函数分别为

$$\Phi_S(q_1,q_2)=\frac{\Phi(q_1,q_2)+\Phi(q_2,q_1)}{\sqrt{2}}=\frac{\varphi_i(q_1)\varphi_j(q_2)+\varphi_i(q_2)\varphi_j(q_1)}{\sqrt{2}} \tag{16-4-17}$$

$$\Phi_A(q_1,q_2)=\frac{1}{\sqrt{2}}[\Phi(q_1,q_2)-\Phi(q_2,q_1)]=\frac{1}{\sqrt{2}}\begin{vmatrix}\varphi_i(q_1) & \varphi_i(q_2)\\ \varphi_j(q_1) & \varphi_j(q_2)\end{vmatrix} \tag{16-4-18}$$

如果两个粒子的相互作用不能忽略，则体系的定态波函数$\Phi(q_1,q_2)$不能写成每个粒子波函数φ_i的乘积的形式，体系的能量也不能写成两个粒子的能量之和。但如果设$\Phi(q_1,q_2)$为由两个全同粒子组成的量子体系的哈密顿算符$\hat{H}$属于本征值E的本征函数，即

$$\hat{H}\Phi(q_1,q_2)=E\Phi(q_1,q_2) \tag{16-4-19}$$

则由于交换算符$\hat{P}_{12}$与哈密顿算符$\hat{H}$对易，依然有

$$\hat{H}\Phi(q_2,q_1)=\hat{H}\hat{P}_{12}\Phi(q_1,q_2)=\hat{P}_{12}\hat{H}\Phi(q_1,q_2)=E\hat{P}_{12}\Phi(q_1,q_2)=E\Phi(q_2,q_1) \tag{16-4-20}$$

可见，$\Phi(q_1,q_2)$和$\Phi(q_2,q_1)$都是$\hat{H}$的本征函数，本征值都为E。即交换简并仍然存在，依然可以按式(16-4-17)和式(16-4-18)构造全同粒子体系的粒子交换对称函数$\Phi_S(q_1,q_2)$和粒子交换反对称函数$\Phi_A(q_1,q_2)$

$$\Phi_S(q_1,q_2)=\frac{1}{\sqrt{2}}[\Phi(q_1,q_2)+\Phi(q_2,q_1)] \tag{16-4-21}$$

$$\Phi_A(q_1,q_2)=\frac{1}{\sqrt{2}}[\Phi(q_1,q_2)-\Phi(q_2,q_1)] \tag{16-4-22}$$

只是$\Phi(q_1,q_2)$和$\Phi(q_2,q_1)$不能再用单粒子的波函数来表示。能量E也不是单粒子能量之和，$E\neq\varepsilon_i+\varepsilon_j$。

粒子交换反对称波函数$\Phi_A(q_1,q_2)$是由两个费米子组成的量子体系的波函数。如果两个全同粒子处于相同的状态，$i=j$，则

$$\Phi(q_1,q_2)=\varphi_i(q_1)\varphi_i(q_2)=\varphi_i(q_2)\varphi_i(q_1)=\Phi(q_2,q_1) \tag{16-4-23}$$

由式(16-4-18)可见,粒子交换反对称波函数等于零,$\Phi_A(q_1,q_2)=0$,这表明不能有两个费米子处在同一状态。这是泡利不相容原理在两个粒子所组成的量子体系中的表述。但对于由两个玻色子组成的全同粒子体系,即使两个玻色子处于相同的状态,由式(16-4-17)可见,粒子交换对称波函数 $\Phi_S(q_1,q_2)$ 不变;两个玻色子可以处于相同状态,不受泡利不相容原理的限制。

2. 多粒子全同粒子体系

有关两个全同粒子组成的量子体系的结论可以推广到多粒子全同粒子体系。

设全同粒子体系由 N 个全同粒子组成,粒子之间的相互作用可以忽略,则体系的哈密顿算符 $\hat{H}$(设 $\hat{H}$ 不显含时间)可写为单粒子哈密顿算符 $\hat{H}_0(q_i)$之和

$$\hat{H}=\hat{H}_0(q_1)+\hat{H}_0(q_2)+\cdots+\hat{H}_0(q_N)=\sum_{i=1}^{N}\hat{H}_0(q_i) \tag{16-4-24}$$

式中,$\hat{H}_0$ 是单个粒子的哈密顿算符。在这种情况下,可以把求解多粒子体系薛定谔方程的问题归结为求解单个粒子薛定谔方程的问题。以 ε_i 和 φ_i 表示它的能量本征值和本征函数

$$\hat{H}_0(q_1)\varphi_i(q_1)=\varepsilon_i\varphi_i(q_1),\hat{H}_0(q_2)\varphi_j(q_2)=\varepsilon_j\varphi_j(q_2),\cdots \tag{16-4-25}$$

全同粒子体系的哈密顿算符的能量本征值为

$$E=\varepsilon_i+\varepsilon_j+\cdots+\varepsilon_N \tag{16-4-26}$$

由单粒子的波函数 $\varphi_i(q_j)$构造函数

$$\Phi(q_1,q_2,\cdots,q_N)=\varphi_i(q_1)\varphi_j(q_2)\cdots\varphi_k(q_N) \tag{16-4-27}$$

将全同粒子体系的哈密顿算符 $\hat{H}=\sum\limits_{i=1}^{N}\hat{H}_0(q_i)$ 作用到该函数上,并考虑到算符 $\hat{H}_0(q_i)$ 只作用在波函数 $\varphi_l(q_i)$ 上,得到

$$\begin{aligned}\hat{H}\Phi&=\left\{\sum_{i=1}^{N}\hat{H}_0(q_i)\right\}\varphi_i(q_1)\varphi_j(q_2)\cdots\varphi_k(q_N)\\&=\varphi_j(q_2)\cdots\varphi_k(q_N)\hat{H}_0(q_1)\varphi_i(q_1)+\varphi_i(q_1)\varphi_l(q_3)\cdots\varphi_k(q_N)\hat{H}_0(q_2)\varphi_j(q_2)+\cdots+\\&\quad\varphi_i(q_1)\varphi_j(q_2)\cdots\hat{H}_0(q_N)\varphi_k(q_N)\\&=\varphi_j(q_2)\cdots\varphi_k(q_N)\varepsilon_i\varphi_i(q_1)+\varphi_i(q_1)\varphi_l(q_3)\cdots\varphi_k(q_N)\varepsilon_j\varphi_j(q_2)+\cdots+\\&\quad\varphi_i(q_1)\varphi_j(q_2)\cdots\varepsilon_N\varphi_k(q_N)\\&=(\varepsilon_i+\varepsilon_j+\cdots+\varepsilon_N)\varphi_i(q_1)\varphi_j(q_2)\cdots\varphi_k(q_N)=E\Phi\end{aligned}$$

$$\hat{H}\varphi_i(q_1)\varphi_j(q_2)\cdots\varphi_k(q_N)=E\varphi_i(q_1)\varphi_j(q_2)\cdots\varphi_k(q_N),\hat{H}\Phi=E\Phi \tag{16-4-28}$$

可见,$\Phi(q_1,q_2,\cdots,q_N)=\varphi_i(q_1)\varphi_j(q_2)\cdots\varphi_k(q_N)$ 是全同粒子体系哈密顿算符 $\hat{H}=\sum\limits_{i=1}^{N}\hat{H}_0(q_i)$ 属于本征值 $E=\varepsilon_i+\varepsilon_j+\cdots+\varepsilon_N$ 的本征函数。

由无相互作用的全同粒子所组成的多粒子体系的哈密顿算符的本征函数等于其中各个粒子的哈密顿算符的本征函数的乘积,而能量本征值则等于各个粒子能量本征值之和。

(1)费米子组成的全同粒子体系

对于由费米子组成的全同粒子体系,量子体系的波函数应是粒子交换反对称的。可以由单粒子波函数组成的简并波函数线性组合构造出粒子交换反对称波函数 $\Phi_A(q_1,q_2,\cdots,q_N)$

$$\Phi_A(q_1,q_2,\cdots,q_N)=\frac{1}{\sqrt{N!}}\begin{vmatrix}\varphi_i(q_1)&\varphi_i(q_2)&\cdots&\varphi_i(q_N)\\\varphi_j(q_1)&\varphi_j(q_2)&\cdots&\varphi_j(q_N)\\\vdots&\vdots&&\vdots\\\varphi_k(q_1)&\varphi_k(q_2)&\cdots&\varphi_k(q_N)\end{vmatrix} \tag{16-4-29}$$

$1/\sqrt{N!}$是归一化常数。因为任何两个粒子之间的交换相当于行列式中两列之间的互相交换，因而行列式必然改变一个符号，这就自动保证了波函数 $\Phi_A(q_1,q_2,\cdots,q_N)$是粒子交换反对称函数的要求。显然，在略去粒子之间相互作用的情况下，$\Phi_A(q_1,q_2,\cdots,q_N)$是全同粒子体系的哈密顿算符 $\hat{H}=\sum_{i=1}^{N}\hat{H}_0(q_i)$ 属于本征值 $E=\varepsilon_i+\varepsilon_j+\cdots+\varepsilon_N$ 的本征函数，$\hat{H}\Phi_A=E\Phi_A$。

如果 $\Phi_A(q_1,q_2,\cdots,q_N)$的行列式中有两行相同，则行列式等于零。所以，如果有两个粒子的状态相同，则 $\Phi_A(q_1,q_2,\cdots,q_N)=0$，这表示不能有两个或两个以上的费米子处在同一个状态。这一结果称为泡利不相容原理。

需要特别指出的是，由 N 个全同费米子组成的全同粒子体系波函数(粒子交换反对称)的行列式(16-4-29)一定是 $N\times N$ 行列式，因为每个费米子必须而且只能占据 1 个单粒子态，N 个全同费米子占据 N 个单粒子态。全同费米子组成的全同粒子体系的粒子交换反对称波函数 $\Phi_A(q_1,q_2,\cdots,q_N)$中的每一项都是 N 个不同(受泡利不相容原理的限制)单粒子态 φ_i 的乘积，$\Phi_A(q_1,q_2,\cdots,q_N)$就是 N 个这样的不同单粒子态 φ_i 乘积项的线性组合。利用归一化条件 $|a_A|^2\int|\Phi_A(q_1,q_2,\cdots,q_N)|^2\mathrm{d}q_1\mathrm{d}q_2\cdots\mathrm{d}q_N=1$(对 $\mathrm{d}q_1\mathrm{d}q_2\cdots\mathrm{d}q_N$ 中不连续变量的积分为取和)，可以求得归一化常数 a_A。由于 φ_i 为单粒子的能量本征态，具有正交归一性，归一化公式中不同的交叉项都是相互正交为零的。由 $N\times N$ 行列式(16-4-29)可见，$\Phi_A(q_1,q_2,\cdots,q_N)$共有 $N!$ 项(每一项是 N 个单粒子态的归一化本征波函数乘积)，而全同费米子波函数(粒子交换反对称)$\Phi_A(q_1,q_2,\cdots,q_N)$ 的积分$\int|\Phi_A(q_1,q_2,\cdots,q_N)|^2\mathrm{d}q_1\mathrm{d}q_2\cdots\mathrm{d}q_N$ 中只有$N!$ 项不为零，再根据单粒子态本征函数的正交归一性，不为零的项的积分结果为 1；由此，可以得到

$$\int|\Phi_A(q_1,q_2,\cdots,q_N)|^2\mathrm{d}q_1\mathrm{d}q_2\cdots\mathrm{d}q_N=N!$$

因此，$\Phi_A(q_1,q_2,\cdots,q_N)$ 的归一化常数为

$$|a_A|^2\int|\Phi_A(q_1,q_2,\cdots,q_N)|^2\mathrm{d}q_1\mathrm{d}q_2\cdots\mathrm{d}q_N=|a_A|^2N!\ =1,a_A=\frac{1}{\sqrt{N!}}$$

如果全同粒子体系由 N 个费米子组成，而量子体系也只有 N 个单粒子态，则全部单粒子态都被费米子占据，量子体系只有一种状态，量子体系的能量也就只有一个值

$$E_{q_1,q_2,\cdots,q_N}=\varepsilon_1+\varepsilon_2+\cdots+\varepsilon_N$$

如果全同粒子体系能够提供多于全同(费米子)粒子数的单粒子态，则费米子不能占满单粒子态，费米子在全部单粒子态上就有各种分布，每一种费米子在单粒子态上的分布就是量子体系的一种可能的量子态，量子体系的能量就是这种费米子分布的单粒子态能量之和，而可以由行列式(16-4-29)构造全同费米子体系的波函数。如量子体系有 4 个单粒子态($\varphi_1,\varphi_2,\varphi_3,\varphi_4$)，相应的单粒子态本征能量为 ε_i，而全同费米子数为 3 个；3 个费米子占据 4 个单粒子态，每个单粒子态最多只能容纳 1 个费米子，共有 4 种粒子数分布：

$$(1,1,1,0),(1,1,0,1),(1,0,1,1),(0,1,1,1)$$

每一种粒子数分布就是量子体系的一个可能的量子状态(量子体系能量本征态)，就对应一个量子体系能量本征值，可以由行列式(16-4-29)构造全同费米子体系的相应的本征函数；如对于粒子数分布(1,1,0,1)，(费米子)量子体系的能量本征值和本征函数为

$$E_{1,1,0,1}=\varepsilon_1+\varepsilon_2+\varepsilon_4,\Phi_A^{1,1,0,1}(q_1,q_2,q_3)=\frac{1}{\sqrt{3!}}\begin{vmatrix}\varphi_1(q_1) & \varphi_1(q_2) & \varphi_1(q_3)\\ \varphi_2(q_1) & \varphi_2(q_2) & \varphi_2(q_3)\\ \varphi_4(q_1) & \varphi_4(q_2) & \varphi_4(q_3)\end{vmatrix}$$

(2)玻色子组成的全同粒子体系

对于由玻色子组成的全同粒子体系,量子体系的波函数应是粒子交换对称函数。设量子体系由 N 个全同玻色子组成,量子体系有 k 个单粒子态($\varphi_1,\varphi_2,\cdots,\varphi_k$),相应的单粒子态的能量本征值为($\varepsilon_1,\varepsilon_2,\cdots,\varepsilon_k$)。由于玻色子不受泡利不相容原理的限制,一个单粒子态可以容纳的玻色子的数目是不受限制的,量子体系单粒子态的数目可以大于也可以小于玻色子数 N。

如果 N 个全同玻色子处于同一个单粒子态 $\varphi_i(i=1,2,\cdots,k)$上,则由 N 个玻色子单粒子态 φ_i(单粒子态本征函数)的乘积构造的函数

$$\Phi_{\mathrm{S}}^{i,i,\cdots,i}(q_1,q_2,\cdots,q_N)=\varphi_i(q_1)\varphi_i(q_2)\cdots\varphi_i(q_N),i=1,2,\cdots,k \tag{16-4-30}$$

本身就是粒子交换对称而且归一化的函数,$\Phi_{\mathrm{S}}^{i,i,\cdots,i}(q_1,q_2,\cdots,q_N)$就是全同玻色子组成的全同粒子体系处于该状态的本征函数,而且能量本征值为

$$E_{i,i,\cdots,i}=\varepsilon_i+\varepsilon_i+\cdots+\varepsilon_i=N\varepsilon_i,i=1,2,\cdots,k \tag{16-4-31}$$

如果 N 个全同玻色子处于不同的单粒子态上(至少处于两个单粒子态上),设 n_1 个粒子处于 φ_1 态,n_2 个粒子处于 φ_2 态,……,n_k 个粒子处于 φ_k 态

$$N=n_1+n_2+\cdots+n_k=\sum_{j=1}^{k}n_j,n_j=0,1,2,\cdots,N-1 \tag{16-4-32}$$

由 N 个单粒子态乘积项的线性组合可以构造归一化粒子交换对称函数

$$\Phi_{\mathrm{S}}^{n_1,n_2,\cdots,n_k}(q_1,q_2,\cdots,q_N)=\sqrt{\frac{n_1!\ n_2!\ \cdots n_k!}{N!}}\sum_P P[\varphi_1(q_1)\varphi_2(q_2)\cdots\varphi_k(q_N)] \tag{16-4-33}$$

式中的 P 表示 N 个玻色子在 k 个单粒子态上的一种排列。每个单粒子态上可以有多个玻色子,也可以没有玻色子。如果某一单粒子态上没有分布玻色子,则该单粒子态不出现在单粒子态乘积项中;如果某一单粒子态上分布有 n 个玻色子,则该单粒子态在单粒子态乘积项中就出现 n 次。式中的 $\sum\limits_P$ 表示对所有不同排列的取和。

显然,$\Phi_{\mathrm{S}}^{n_1,n_2,\cdots,n_k}(q_1,q_2,\cdots,q_N)$是粒子交换对称的,可以作为全同玻色子量子体系的波函数。把 N 个粒子置换加起来共有 $N!$ 项。处于 φ_1 态上的 n_1 个粒子共有 $n_1!$ 种交换方式,而且这 $n_1!$ 项是完全相同的;处于 φ_2 态上的 n_2 个粒子共有 $n_2!$ 种交换方式,而且这 $n_2!$ 项是完全相同的;等等;处于 φ_k 态上的 n_k 个粒子共有 $n_k!$ 种交换方式,而且这 $n_k!$ 项是完全相同的。因此,总共排列有 $\dfrac{N!}{n_1!\ n_2!\ \cdots n_k!}$ 项是不同的。再利用归一化条件,就可以得到归一化常数

$$a_{\mathrm{S}}=\sqrt{\frac{n_1!\ n_2!\ \cdots n_k!}{N!}}=\sqrt{\prod_{j=1}^{k}n_j!\ /N!}$$

归一化本征函数 $\Phi_{\mathrm{S}}^{n_1,n_2,\cdots n_k}(q_1,q_2,\cdots,q_N)$与全同玻色子在量子体系单粒子态上分布数($n_1,n_2,\cdots,n_k$)有关,每一种分布($n_1,n_2,\cdots,n_k$)就是全同玻色子量子体系的一个可能的状态(本征函数),相应的本征能量为

$$E_{n_1,n_2,\cdots,n_k}=n_1\varepsilon_1+n_2\varepsilon_2+\cdots+n_k\varepsilon_k \tag{16-4-34}$$

例如,量子体系由 3 个全同玻色子组成,单粒子态 φ_1 上分布 2 个玻色子,单粒子态 φ_4 上分布 1 个玻色子,单粒子态 φ_2 和 φ_3 上没有分布玻色子,则

$$\begin{aligned}&\Phi_{\mathrm{S}}^{2,0,0,1}(q_1,q_2,q_3)\\&=\sqrt{\frac{2!\ 0!\ 0!\ 1!}{3!}}[\varphi_1(q_1)\varphi_1(q_2)\varphi_4(q_3)+\varphi_1(q_1)\varphi_1(q_3)\varphi_4(q_2)+\varphi_1(q_3)\varphi_1(q_2)\varphi_4(q_1)]\end{aligned}$$

$$=\frac{1}{\sqrt{3}}[\varphi_1(q_1)\varphi_1(q_2)\varphi_4(q_3)+\varphi_1(q_1)\varphi_1(q_3)\varphi_4(q_2)+\varphi_1(q_3)\varphi_1(q_2)\varphi_4(q_1)]$$

相应的全同粒子体系的能量(能量本征值)为

$$E_{2,0,0,1}=\varepsilon_1+\varepsilon_1+\varepsilon_4=2\varepsilon_1+\varepsilon_4$$

3. 自旋与轨道没有相互作用的全同粒子体系

如果不考虑粒子自旋与轨道相互作用,全同粒子体系的波函数 $\Phi(q_1,q_2,\cdots,q_N)$ 可以进一步写成空间坐标的函数和自旋的函数的乘积

$$\Phi(q_1,q_2,\cdots,q_N)=\Phi(\boldsymbol{r}_1s_1,\cdots,\boldsymbol{r}_Ns_N)=\varphi(\boldsymbol{r}_1,\cdots,\boldsymbol{r}_N)\chi(s_1,\cdots,s_N) \qquad (16\text{-}4\text{-}35)$$

如果组成全同粒子体系的全同粒子是费米子,则取空间坐标的函数 $\varphi(\boldsymbol{r}_1,\cdots,\boldsymbol{r}_N)$ 是粒子交换对称的、自旋的函数$\chi(s_1,\cdots,s_N)$是粒子交换反对称的,或取 $\varphi(\boldsymbol{r}_1,\cdots,\boldsymbol{r}_N)$ 是粒子交换反对称的、$\chi(s_1,\cdots,s_N)$是粒子交换对称的,以保证由全同费米子组成的全同粒子体系的波函数 $\Phi(q_1,q_2,\cdots,q_N)=\Phi(\boldsymbol{r}_1s_1,\cdots,\boldsymbol{r}_Ns_N)$是粒子交换反对称的。

如果组成全同粒子体系的全同粒子是玻色子,则取空间坐标的函数 $\varphi(\boldsymbol{r}_1,\cdots,\boldsymbol{r}_N)$ 是粒子交换对称的、自旋的函数 $\chi(s_1,\cdots,s_N)$ 是粒子交换对称的,或取 $\varphi(\boldsymbol{r}_1,\cdots,\boldsymbol{r}_N)$ 是粒子交换反对称的、$\chi(s_1,\cdots,s_N)$是粒子交换反对称的,就能保证由全同玻色子组成的全同粒子体系的波函数 $\Phi(q_1,q_2,\cdots,q_N)=\Phi(\boldsymbol{r}_1s_1,\cdots,\boldsymbol{r}_Ns_N)$是粒子交换对称的。

三、两个电子的自旋角动量耦合

在由电子(费米子)组成的全同粒子体系中,量子体系的波函数必须是粒子交换反对称的。在不考虑自旋与轨道相互作用时,全同粒子体系波函数由空间(轨道)波函数与自旋波函数的乘积构成。空间(轨道)波函数可以是粒子交换对称的,也可以是粒子交换反对称的,因此自旋波函数也就可以是粒子交换对称的或粒子交换反对称的。

1. 粒子交换对称或粒子交换反对称自旋波函数

在由两个电子(全同费米子)组成的量子体系中,如果体系哈密顿算符不含电子自旋,则两电子自旋波函数是每个电子自旋波函数的乘积

$$\chi(s_{1z},s_{2z})=\chi_{m_{s1}}(s_{1z})\chi_{m_{s2}}(s_{2z}),m_{s1},m_{s2}=\pm\frac{1}{2} \qquad (16\text{-}4\text{-}36)$$

函数$\chi(s_{1z},s_{2z})$既不是粒子交换对称的也不是粒子交换反对称的,但由$\chi(s_{1z},s_{2z})$可以构造出两个电子的粒子交换对称自旋波函数χ_S 和粒子交换反对称自旋波函数χ_A

$$\chi_S^{(1)}=\chi_{+1/2}(s_{1z})\chi_{+1/2}(s_{2z}) \qquad (16\text{-}4\text{-}37)$$

$$\chi_S^{(2)}=\chi_{-1/2}(s_{1z})\chi_{-1/2}(s_{2z}) \qquad (16\text{-}4\text{-}38)$$

$$\chi_S^{(3)}=\frac{1}{\sqrt{2}}[\chi_{+1/2}(s_{1z})\chi_{-1/2}(s_{2z})+\chi_{-1/2}(s_{1z})\chi_{+1/2}(s_{2z})] \qquad (16\text{-}4\text{-}39)$$

$$\chi_A=\frac{1}{\sqrt{2}}[\chi_{+1/2}(s_{1z})\chi_{-1/2}(s_{2z})-\chi_{-1/2}(s_{1z})\chi_{+1/2}(s_{2z})] \qquad (16\text{-}4\text{-}40)$$

显然,当交换两个电子时,$\chi_S^{(1)}$,$\chi_S^{(2)}$,$\chi_S^{(3)}$ 均不变号,而 χ_A 变号。除了这 4 个函数外,由$\chi(s_{1z},s_{2z})$再也不能构造出其他独立的粒子交换对称或粒子交换反对称的自旋函数。由这 4 个自旋函数只能构成 4 个独立的具有确定对称性的自旋波函数。两电子组成的全同粒子量子体系可以有三个粒子交换对称的自旋波函数和一个粒子交换反对称的自旋波函数。

2. 两个电子自旋角动量耦合算符的本征值

将两个电子自旋耦合角动量算符分别作用到4个自旋波函数上,可以得到两个电子耦合自旋角动量的本征值和角动量分量的本征值。

设 $\hat{\boldsymbol{S}}_1$ 和 $\hat{\boldsymbol{S}}_2$ 分别是第一个电子和第二个电子的自旋角动量算符,由于 $\hat{\boldsymbol{S}}_1(\hat{\boldsymbol{S}}_2)$ 只作用在第一个(第二个)电子的自旋波函数上,$\hat{\boldsymbol{S}}_1$ 和 $\hat{\boldsymbol{S}}_2$ 以及它们的分量之间是相互对易的。由此,我们得到两个电子自旋角动量耦合的总角动量平方算符用单电子自旋角动量平方和分量表示的表达式

$$\hat{S}^2=(\hat{\boldsymbol{S}}_1+\hat{\boldsymbol{S}}_2)^2=\hat{S}_1^2+\hat{S}_2^2+2\hat{\boldsymbol{S}}_1\cdot\hat{\boldsymbol{S}}_2=\hat{S}_1^2+\hat{S}_2^2+2(\hat{S}_{1x}\hat{S}_{2x}+\hat{S}_{1y}\hat{S}_{2y}+\hat{S}_{1z}\hat{S}_{2z})$$

$$\hat{S}^2=\frac{3\hbar^2}{2}+2(\hat{S}_{1x}\hat{S}_{2x}+\hat{S}_{1y}\hat{S}_{2y}+\hat{S}_{1z}\hat{S}_{2z}) \tag{16-4-41}$$

这里已经考虑到单电子角动量平方算符的本征值为 $S_1^2=S_2^2=3\hbar^2/4$。

两个电子自旋角动量耦合的总角动量算符在 z 轴方向的分量(投影)用单电子角动量算符在 z 轴方向的分量(投影)表示为

$$\hat{S}_z=\hat{S}_{1z}+\hat{S}_{2z} \tag{16-4-42}$$

为了计算的方便,先给出单电子自旋角动量分量对电子自旋本征态的作用结果

$$\hat{S}_{1x}\chi_{+1/2}(s_{1z})=\frac{\hbar}{2}\begin{pmatrix}0 & 1\\1 & 0\end{pmatrix}\begin{pmatrix}1\\0\end{pmatrix}=\frac{\hbar}{2}\begin{pmatrix}0\\1\end{pmatrix}=\frac{\hbar}{2}\chi_{-1/2}(s_{1z})$$

$$\hat{S}_{2x}\chi_{-1/2}(s_{2z})=\frac{\hbar}{2}\begin{pmatrix}0 & 1\\1 & 0\end{pmatrix}\begin{pmatrix}0\\1\end{pmatrix}=\frac{\hbar}{2}\begin{pmatrix}1\\0\end{pmatrix}=\frac{\hbar}{2}\chi_{+1/2}(s_{2z})$$

$$\hat{S}_{1x}\chi_{-1/2}(s_{1z})=\frac{\hbar}{2}\begin{pmatrix}0 & 1\\1 & 0\end{pmatrix}\begin{pmatrix}0\\1\end{pmatrix}=\frac{\hbar}{2}\begin{pmatrix}1\\0\end{pmatrix}=\frac{\hbar}{2}\chi_{+1/2}(s_{1z})$$

$$\hat{S}_{2x}\chi_{+1/2}(s_{2z})=\frac{\hbar}{2}\begin{pmatrix}0 & 1\\1 & 0\end{pmatrix}\begin{pmatrix}1\\0\end{pmatrix}=\frac{\hbar}{2}\begin{pmatrix}0\\1\end{pmatrix}=\frac{\hbar}{2}\chi_{-1/2}(s_{2z})$$

$$\hat{S}_{1y}\chi_{+1/2}(s_{1z})=\frac{\hbar}{2}\begin{pmatrix}0 & -\mathrm{i}\\\mathrm{i} & 0\end{pmatrix}\begin{pmatrix}1\\0\end{pmatrix}=\frac{\mathrm{i}\hbar}{2}\begin{pmatrix}0\\1\end{pmatrix}=\frac{\mathrm{i}\hbar}{2}\chi_{-1/2}(s_{1z})$$

$$\hat{S}_{2y}\chi_{-1/2}(s_{2z})=\frac{\hbar}{2}\begin{pmatrix}0 & -\mathrm{i}\\\mathrm{i} & 0\end{pmatrix}\begin{pmatrix}0\\1\end{pmatrix}=-\frac{\mathrm{i}\hbar}{2}\begin{pmatrix}1\\0\end{pmatrix}=-\frac{\mathrm{i}\hbar}{2}\chi_{+1/2}(s_{2z})$$

$$\hat{S}_{1y}\chi_{-1/2}(s_{1z})=\frac{\hbar}{2}\begin{pmatrix}0 & -\mathrm{i}\\\mathrm{i} & 0\end{pmatrix}\begin{pmatrix}0\\1\end{pmatrix}=-\frac{\mathrm{i}\hbar}{2}\begin{pmatrix}1\\0\end{pmatrix}=-\frac{\mathrm{i}\hbar}{2}\chi_{+1/2}(s_{1z})$$

$$\hat{S}_{2y}\chi_{+1/2}(s_{2z})=\frac{\hbar}{2}\begin{pmatrix}0 & -\mathrm{i}\\\mathrm{i} & 0\end{pmatrix}\begin{pmatrix}1\\0\end{pmatrix}=\frac{\mathrm{i}\hbar}{2}\begin{pmatrix}0\\1\end{pmatrix}=\frac{\mathrm{i}\hbar}{2}\chi_{-1/2}(s_{2z})$$

$$\hat{S}_{1z}\chi_{+1/2}(s_{1z})=\frac{\hbar}{2}\chi_{+1/2}(s_{1z}),\hat{S}_{2z}\chi_{-1/2}(s_{2z})=-\frac{\hbar}{2}\chi_{-1/2}(s_{2z})$$

$$\hat{S}_{1z}\chi_{-1/2}(s_{1z})=-\frac{\hbar}{2}\chi_{-1/2}(s_{1z}),\hat{S}_{2z}\chi_{+1/2}(s_{2z})=\frac{\hbar}{2}\chi_{+1/2}(s_{2z})$$

将总自旋角动量平方算符 $\hat{S}^2=(\hat{\boldsymbol{S}}_1+\hat{\boldsymbol{S}}_2)^2$ 和总自旋角动量算符在 z 轴方向的分量(投影)算符 $\hat{S}_z=\hat{S}_{1z}+\hat{S}_{2z}$ 分别作用到自旋态 $\chi_S^{(1)}$ 上,得到

$$\hat{S}^2\chi_S^{(1)}=\left[\frac{3\hbar^2}{2}+2(\hat{S}_{1x}\hat{S}_{2x}+\hat{S}_{1y}\hat{S}_{2y}+\hat{S}_{1z}\hat{S}_{2z})\right]\chi_{+1/2}(s_{1z})\chi_{+1/2}(s_{2z})$$

$$=\frac{3\hbar^2}{2}\chi_{+1/2}(s_{1z})\chi_{+1/2}(s_{2z})+2\hat{S}_{1x}\chi_{+1/2}(s_{1z})\hat{S}_{2x}\chi_{+1/2}(s_{2z})+$$

$$2\hat{S}_{1y}\chi_{+1/2}(s_{1z})\hat{S}_{2y}\chi_{+1/2}(s_{2z})+2\hat{S}_{1z}\chi_{+1/2}(s_{1z})\hat{S}_{2z}\chi_{+1/2}(s_{2z})$$

$$=\frac{3\hbar^2}{2}\chi_{+1/2}(s_{1z})\chi_{+1/2}(s_{2z})+\frac{\hbar^2}{2}\chi_{-1/2}(s_{1z})\chi_{-1/2}(s_{2z})-$$

$$\frac{\hbar^2}{2}\chi_{-1/2}(s_{1z})\chi_{-1/2}(s_{2z})+\frac{\hbar^2}{2}\chi_{+1/2}(s_{1z})\chi_{+1/2}(s_{2z})$$

$$=2\hbar^2\chi_{+1/2}(s_{1z})\chi_{+1/2}(s_{2z})=2\hbar^2\chi_S^{(1)}$$

$$\hat{S}_z\chi_S^{(1)}=\hat{S}_{1z}\chi_{+1/2}(s_{1z})\chi_{+1/2}(s_{2z})+\hat{S}_{2z}\chi_{+1/2}(s_{1z})\chi_{+1/2}(s_{2z})$$

$$=\frac{\hbar}{2}\chi_{+1/2}(s_{1z})\chi_{+1/2}(s_{2z})+\frac{\hbar}{2}\chi_{+1/2}(s_{1z})\chi_{+1/2}(s_{2z})=\hbar\chi_{+1/2}(s_{1z})\chi_{+1/2}(s_{2z})=\hbar\chi_S^{(1)}$$

$$\hat{S}^2\chi_S^{(1)}=2\hbar^2\chi_S^{(1)},\hat{S}_z\chi_S^{(1)}=\hbar\chi_S^{(1)} \tag{16-4-43}$$

可见，$\chi_S^{(1)}$ 是总自旋角动量平方算符 $\hat{S}^2$ 和总自旋角动量在 z 轴上的投影算符 $\hat{S}_z$ 的共同本征函数，本征值分别为 $2\hbar^2$ 和 $\hbar$。当量子体系处于$\chi_S^{(1)}$ 自旋态时，两个电子的自旋角动量 $\boldsymbol{S}_1$ 和 $\boldsymbol{S}_2$ 在 $\boldsymbol{z}$ 轴方向的分量 $\boldsymbol{S}_{1z}$ 和 $\boldsymbol{S}_{2z}$ 平行而且具有确定值（$+\hbar/2$ 和 $+\hbar/2$），两个电子自旋角动量 $\boldsymbol{S}_1$ 和 $\boldsymbol{S}_2$ 耦合的总自旋角动量 $\boldsymbol{S}=\boldsymbol{S}_1+\boldsymbol{S}_2$ 在 $\boldsymbol{z}$ 轴方向的分量 $\boldsymbol{S}_z=\boldsymbol{S}_{1z}+\boldsymbol{S}_{2z}$ 的大小为 $S_z=S_{1z}+S_{2z}=+\hbar/2+\hbar/2=+\hbar$；自旋角动量 $\boldsymbol{S}_1$ 和 $\boldsymbol{S}_2$ 在垂直于 z 轴方向的 x 轴、y 轴方向的分量 $\boldsymbol{S}_{1x}$，$\boldsymbol{S}_{1y}$ 和 $\boldsymbol{S}_{2x}$，$\boldsymbol{S}_{2y}$ 的方向是不确定的，但自旋角动量 $\boldsymbol{S}_1$ 与 $\boldsymbol{S}_2$ 的方向是一致的（可能不平行），自旋角动量 $\boldsymbol{S}_1$ 与 $\boldsymbol{S}_2$ 耦合的总自旋角动量的大小（量子力学统计平均的结果）为 $S=\sqrt{2}\hbar$，$S^2=2\hbar^2$。图 16-14(a)形象地表示出了量子体系处于$\chi_S^{(1)}$ 自旋态时，两个电子自旋角动量耦合的经典物理图象。

将总自旋角动量平方算符 $\hat{S}^2=(\hat{\boldsymbol{S}}_1+\hat{\boldsymbol{S}}_2)^2$ 和总自旋角动量算符在 z 轴方向的分量（投影）算符 $\hat{S}_z=\hat{S}_{1z}+\hat{S}_{2z}$ 分别作用到自旋态$\chi_S^{(2)}$ 上，得到

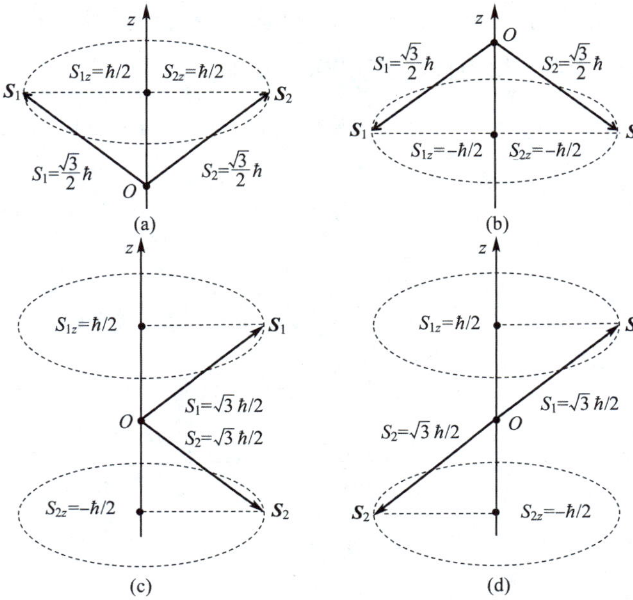

图 16-14　两个电子自旋角动量的耦合

$$\hat{S}^2\chi_S^{(2)}=\left[\frac{3\hbar^2}{2}+2(\hat{S}_{1x}\hat{S}_{2x}+\hat{S}_{1y}\hat{S}_{2y}+\hat{S}_{1z}\hat{S}_{2z})\right]\chi_{-1/2}(s_{1z})\chi_{-1/2}(s_{2z})$$
$$=\frac{3\hbar^2}{2}\chi_{-1/2}(s_{1z})\chi_{-1/2}(s_{2z})+2\hat{S}_{1x}\chi_{-1/2}(s_{1z})\hat{S}_{2x}\chi_{-1/2}(s_{2z})+$$
$$2\hat{S}_{1y}\chi_{-1/2}(s_{1z})\hat{S}_{2y}\chi_{-1/2}(s_{2z})+2\hat{S}_{1z}\chi_{-1/2}(s_{1z})\hat{S}_{2z}\chi_{-1/2}(s_{2z})$$
$$=\frac{3\hbar^2}{2}\chi_{-1/2}(s_{1z})\chi_{-1/2}(s_{2z})+2\frac{\hbar}{2}\chi_{+1/2}(s_{1z})\frac{\hbar}{2}\chi_{+1/2}(s_{2z})+$$
$$2\left(-\frac{i\hbar}{2}\right)\chi_{+1/2}(s_{1z})\left(-\frac{i\hbar}{2}\right)\chi_{+1/2}(s_{2z})+2\left(-\frac{\hbar}{2}\right)\chi_{-1/2}(s_{1z})\left(-\frac{\hbar}{2}\right)\chi_{-1/2}(s_{2z})$$
$$=2\hbar^2\chi_{-1/2}(s_{1z})\chi_{-1/2}(s_{2z})=2\hbar^2\chi_S^{(2)}$$
$$\hat{S}_z\chi_S^{(2)}=\hat{S}_{1z}\chi_{-1/2}(s_{1z})\chi_{-1/2}(s_{2z})+\hat{S}_{2z}\chi_{-1/2}(s_{1z})\chi_{-1/2}(s_{2z})$$
$$=-\frac{\hbar}{2}\chi_{-1/2}(s_{1z})\chi_{-1/2}(s_{2z})-\frac{\hbar}{2}\chi_{-1/2}(s_{1z})\chi_{-1/2}(s_{2z})$$
$$=-\hbar\chi_{-1/2}(s_{1z})\chi_{-1/2}(s_{2z})=-\hbar\chi_S^{(2)}$$
$$\hat{S}^2\chi_S^{(2)}=2\hbar^2\chi_S^{(2)},\hat{S}_z\chi_S^{(2)}=-\hbar\chi_S^{(2)} \tag{16-4-44}$$

可见,$\chi_S^{(2)}$ 是总自旋角动量平方算符 $\hat{S}^2$ 和总自旋角动量在 z 轴上的投影算符 $\hat{S}_z$ 的共同本征函数,本征值分别为 $2\hbar^2$ 和 $-\hbar$。当量子体系处于$\chi_S^{(2)}$ 自旋态时,两个电子的自旋角动量 $\boldsymbol{S}_1$ 和 $\boldsymbol{S}_2$ 在 z 轴方向的分量$\boldsymbol{S}_{1z}$ 和$\boldsymbol{S}_{2z}$ 平行而且具有确定值($-\hbar/2$ 和 $-\hbar/2$),两个电子自旋角动量 $\boldsymbol{S}_1$ 和 $\boldsymbol{S}_2$ 耦合的总自旋角动量 $\boldsymbol{S}=\boldsymbol{S}_1+\boldsymbol{S}_2$ 在 z 轴方向的分量 $\boldsymbol{S}_z=\boldsymbol{S}_{1z}+\boldsymbol{S}_{2z}$ 的大小为 $S_z=S_{1z}+S_{2z}=-\hbar/2-\hbar/2=-\hbar$;自旋角动量 $\boldsymbol{S}_1$ 和 $\boldsymbol{S}_2$ 在垂直于 z 轴方向的 x 轴、y 轴方向的分量 $\boldsymbol{S}_{1x}$,$\boldsymbol{S}_{1y}$ 和 $\boldsymbol{S}_{2x}$,$\boldsymbol{S}_{2y}$ 的方向是不确定的,但自旋角动量 $\boldsymbol{S}_1$ 与 $\boldsymbol{S}_2$ 的方向是一致的(可能不平行),自旋角动量 $\boldsymbol{S}_1$ 与 $\boldsymbol{S}_2$ 耦合的总自旋角动量的大小(量子力学统计平均的结果)为 $S=\sqrt{2}\hbar$,$S^2=2\hbar^2$。图 16-14(b)形象地表示出了量子体系处于时$\chi_S^{(2)}$ 自旋态时,两个电子自旋角动量耦合的经典物理图象。

将总自旋角动量平方算符 $\hat{S}^2=(\hat{\boldsymbol{S}}_1+\hat{\boldsymbol{S}}_2)^2$ 和总自旋角动量算符在 z 轴方向的分量(投影)算符 $\hat{S}_z=\hat{S}_{1z}+\hat{S}_{2z}$ 分别作用到自旋态$\chi_S^{(3)}$ 上,得到

$$\hat{S}^2\chi_S^{(3)}=\hat{S}^2\frac{1}{\sqrt{2}}[\chi_{+1/2}(s_{1z})\chi_{-1/2}(s_{2z})+\chi_{-1/2}(s_{1z})\chi_{+1/2}(s_{2z})]$$
$$=\frac{3\hbar^2}{2}\chi_S^{(3)}+\frac{2}{\sqrt{2}}\hat{S}_{1x}\chi_{+1/2}(s_{1z})\hat{S}_{2x}\chi_{-1/2}(s_{2z})+\frac{2}{\sqrt{2}}\hat{S}_{1x}\chi_{-1/2}(s_{1z})\hat{S}_{2x}\chi_{+1/2}(s_{2z})+$$
$$\frac{2}{\sqrt{2}}\hat{S}_{1y}\chi_{+1/2}(s_{1z})\hat{S}_{2y}\chi_{-1/2}(s_{2z})+\frac{2}{\sqrt{2}}\hat{S}_{1y}\chi_{-1/2}(s_{1z})\hat{S}_{2y}\chi_{+1/2}(s_{2z})+$$
$$\frac{2}{\sqrt{2}}\hat{S}_{1z}\chi_{+1/2}(s_{1z})\hat{S}_{2z}\chi_{-1/2}(s_{2z})+\frac{2}{\sqrt{2}}\hat{S}_{1z}\chi_{-1/2}(s_{1z})\hat{S}_{2z}\chi_{+1/2}(s_{2z})$$
$$=\frac{3\hbar^2}{2}\chi_S^{(3)}+\frac{2}{\sqrt{2}}\frac{\hbar}{2}\chi_{-1/2}(s_{1z})\frac{\hbar}{2}\chi_{+1/2}(s_{2z})+\frac{2}{\sqrt{2}}\frac{\hbar}{2}\chi_{+1/2}(s_{1z})\frac{\hbar}{2}\chi_{-1/2}(s_{2z})-$$
$$\frac{2}{\sqrt{2}}\frac{i\hbar}{2}\chi_{-1/2}(s_{1z})\frac{i\hbar}{2}\chi_{+1/2}(s_{2z})-\frac{2}{\sqrt{2}}\frac{i\hbar}{2}\chi_{+1/2}(s_{1z})\frac{i\hbar}{2}\chi_{-1/2}(s_{2z})-$$
$$\frac{2}{\sqrt{2}}\frac{\hbar}{2}\chi_{+1/2}(s_{1z})\frac{\hbar}{2}\chi_{-1/2}(s_{2z})-\frac{2}{\sqrt{2}}\frac{\hbar}{2}\chi_{-1/2}(s_{1z})\frac{\hbar}{2}\chi_{+1/2}(s_{2z})$$

$$=\frac{3\hbar^2}{2}\chi_S^{(3)}+\frac{\hbar^2}{2}\chi_S^{(3)}+\frac{\hbar^2}{2}\chi_S^{(3)}-\frac{\hbar^2}{2}\chi_S^{(3)}=2\hbar^2\chi_S^{(3)}$$

$$\begin{aligned}\hat{S}_z\chi_S^{(3)}&=\hat{S}_{1z}\chi_S^{(3)}+\hat{S}_{2z}\chi_S^{(3)}\\&=\frac{1}{\sqrt{2}}[\hat{S}_{1z}\chi_{+1/2}(s_{1z})\chi_{-1/2}(s_{2z})+\hat{S}_{1z}\chi_{-1/2}(s_{1z})\chi_{+1/2}(s_{2z})]+\\&\quad\frac{1}{\sqrt{2}}[\chi_{+1/2}(s_{1z})\hat{S}_{2z}\chi_{-1/2}(s_{2z})+\chi_{-1/2}(s_{1z})\hat{S}_{2z}\chi_{+1/2}(s_{2z})]\\&=\frac{1}{\sqrt{2}}\left[\frac{\hbar}{2}\chi_{+1/2}(s_{1z})\chi_{-1/2}(s_{2z})-\frac{\hbar}{2}\chi_{-1/2}(s_{1z})\chi_{+1/2}(s_{2z})\right]+\\&\quad\frac{1}{\sqrt{2}}\left[-\frac{\hbar}{2}\chi_{+1/2}(s_{1z})\chi_{-1/2}(s_{2z})+\frac{\hbar}{2}\chi_{-1/2}(s_{1z})\chi_{+1/2}(s_{2z})\right]=\frac{\hbar}{2}\chi_S^{(3)}-\frac{\hbar}{2}\chi_S^{(3)}=0\end{aligned}$$

$$\hat{S}^2\chi_S^{(3)}=2\hbar^2\chi_S^{(3)},\hat{S}_z\chi_S^{(3)}=0 \tag{16-4-45}$$

可见,$\chi_S^{(3)}$ 是总自旋角动量平方算符 $\hat{S}^2$ 和总自旋角动量在 z 轴上的投影算符 $\hat{S}_z$ 的共同本征函数,本征值分别为 $2\hbar^2$ 和 0。当量子体系处于$\chi_S^{(3)}$ 自旋态时,两个电子的自旋角动量 $\boldsymbol{S}_1$ 和 $\boldsymbol{S}_2$ 在 z 轴方向的分量 $\boldsymbol{S}_{1z}$ 和 $\boldsymbol{S}_{2z}$ 反平行而且具有确定值($+\hbar/2$ 和 $-\hbar/2$),两个电子自旋角动量 $\boldsymbol{S}_1$ 和 $\boldsymbol{S}_2$ 耦合的总自旋角动量 $\boldsymbol{S}=\boldsymbol{S}_1+\boldsymbol{S}_2$ 在 z 轴方向的分量 $\boldsymbol{S}_z=\boldsymbol{S}_{1z}+\boldsymbol{S}_{2z}$ 的大小为 $S_z=S_{1z}+S_{2z}=+\hbar/2-\hbar/2=0$;自旋角动量 $\boldsymbol{S}_1$ 和 $\boldsymbol{S}_2$ 在垂直于 z 轴方向的 x 轴、y 轴方向的分量 $\boldsymbol{S}_{1x}$,$\boldsymbol{S}_{1y}$ 和 $\boldsymbol{S}_{2x}$,$\boldsymbol{S}_{2y}$ 的方向是不确定的,但自旋角动量 $\boldsymbol{S}_1$ 与 $\boldsymbol{S}_2$ 的方向是一致的(可能不平行),自旋角动量 $\boldsymbol{S}_1$ 与 $\boldsymbol{S}_2$ 耦合的总自旋角动量的大小(量子力学统计平均的结果)为 $S=\sqrt{2}\hbar$,$S^2=2\hbar^2$。图 16-14(c)形象地表示出了量子体系处于$\chi_S^{(3)}$ 自旋态时,两个电子自旋角动量耦合的经典物理图象。

将总自旋角动量平方算符 $\hat{S}^2=(\hat{\boldsymbol{S}}_1+\hat{\boldsymbol{S}}_2)^2$ 和总自旋角动量算符在 z 轴方向的分量(投影)算符 $\hat{S}_z=\hat{S}_{1z}+\hat{S}_{2z}$ 分别作用到自旋态χ_A 上,得到

$$\begin{aligned}\hat{S}^2\chi_A&=\hat{S}^2\frac{1}{\sqrt{2}}[\chi_{+1/2}(s_{2z})\chi_{-1/2}(s_{2z})-\chi_{-1/2}(s_{1z})\chi_{+1/2}(s_{2z})]\\&=\frac{3\hbar^2}{2}\chi_A+\frac{2}{\sqrt{2}}\hat{S}_{1x}\chi_{+1/2}(s_{1z})\hat{S}_{2x}\chi_{-1/2}(s_{2z})-\frac{2}{\sqrt{2}}\hat{S}_{1x}\chi_{-1/2}(s_{1z})\hat{S}_{2x}\chi_{+1/2}(s_{2z})+\\&\quad\frac{2}{\sqrt{2}}\hat{S}_{1y}\chi_{+1/2}(s_{1z})\hat{S}_{2y}\chi_{-1/2}(s_{2z})-\frac{2}{\sqrt{2}}\hat{S}_{1y}\chi_{-1/2}(s_{1z})\hat{S}_{2y}\chi_{+1/2}(s_{2z})+\\&\quad\frac{2}{\sqrt{2}}\hat{S}_{1z}\chi_{+1/2}(s_{1z})\hat{S}_{2z}\chi_{-1/2}(s_{2z})-\frac{2}{\sqrt{2}}\hat{S}_{1z}\chi_{-1/2}(s_{1z})\hat{S}_{2z}\chi_{+1/2}(s_{2z})\\&=\frac{3\hbar^2}{2}\chi_A+\frac{2}{\sqrt{2}}\frac{\hbar}{2}\chi_{-1/2}(s_{1z})\frac{\hbar}{2}\chi_{+1/2}(s_{2z})-\frac{2}{\sqrt{2}}\frac{\hbar}{2}\chi_{+1/2}(s_{1z})\frac{\hbar}{2}\chi_{-1/2}(s_{2z})-\\&\quad\frac{2}{\sqrt{2}}\frac{\mathrm{i}\hbar}{2}\chi_{-1/2}(s_{1z})\frac{\mathrm{i}\hbar}{2}\chi_{+1/2}(s_{2z})+\frac{2}{\sqrt{2}}\frac{\mathrm{i}\hbar}{2}\chi_{+1/2}(s_{1z})\frac{\mathrm{i}\hbar}{2}\chi_{-1/2}(s_{2z})-\\&\quad\frac{2}{\sqrt{2}}\frac{\hbar}{2}\chi_{+1/2}(s_{1z})\frac{\hbar}{2}\chi_{-1/2}(s_{2z})+\frac{2}{\sqrt{2}}\frac{\hbar}{2}\chi_{-1/2}(s_{1z})\frac{\hbar}{2}\chi_{+1/2}(s_{2z})\\&=\frac{3\hbar^2}{2}\chi_A-\frac{\hbar^2}{2}\chi_A-\frac{\hbar^2}{2}\chi_A-\frac{\hbar^2}{2}\chi_A=0\end{aligned}$$

$$
\begin{aligned}
\hat{S}_z\chi_A &= \hat{S}_{1z}\chi_A + \hat{S}_{2z}\chi_A \\
&= \frac{1}{\sqrt{2}}[\hat{S}_{1z}\chi_{+1/2}(s_{1z})\chi_{-1/2}(s_{2z}) - \hat{S}_{1z}\chi_{-1/2}(s_{1z})\chi_{+1/2}(s_{2z})] + \\
&\quad \frac{1}{\sqrt{2}}[\chi_{+1/2}(s_{1z})\hat{S}_{2z}\chi_{-1/2}(s_{2z}) - \chi_{-1/2}(s_{1z})\hat{S}_{2z}\chi_{+1/2}(s_{2z})] \\
&= \frac{1}{\sqrt{2}}\left[\frac{\hbar}{2}\chi_{+1/2}(s_{1z})\chi_{-1/2}(s_{2z}) + \frac{\hbar}{2}\chi_{-1/2}(s_{1z})\chi_{+1/2}(s_{2z})\right] + \\
&\quad \frac{1}{\sqrt{2}}\left[-\frac{\hbar}{2}\chi_{+1/2}(s_{1z})\chi_{-1/2}(s_{2z}) - \frac{\hbar}{2}\chi_{-1/2}(s_{1z})\chi_{+1/2}(s_{2z})\right] = 0
\end{aligned}
$$

$$
\hat{S}^2\chi_A = 0,\ \hat{S}_z\chi_A = 0 \tag{16-4-46}
$$

可见,反对称函数 χ_A 是总自旋角动量平方算符 $\hat{S}^2$ 和总自旋角动量在 z 轴上的投影算符 $\hat{S}_z$ 的共同本征函数,本征值分别为 0 和 0。当量子体系处于χ_A 自旋态时,两个电子的自旋角动量 $\boldsymbol{S}_1$ 和 $\boldsymbol{S}_2$ 在 z 轴方向的分量$\boldsymbol{S}_{1z}$ 和$\boldsymbol{S}_{2z}$ 反平行而且具有确定值($+\hbar/2$ 和$-\hbar/2$),两个电子自旋角动量 $\boldsymbol{S}_1$ 和 $\boldsymbol{S}_2$ 耦合的总自旋角动量 $\boldsymbol{S}=\boldsymbol{S}_1+\boldsymbol{S}_2$ 在 z 轴方向的分量 $\boldsymbol{S}_z=\boldsymbol{S}_{1z}+\boldsymbol{S}_{2z}$ 的大小为 $S_z=S_{1z}+S_{2z}=+\hbar/2-\hbar/2=0$;自旋角动量 $\boldsymbol{S}_1$ 和 $\boldsymbol{S}_2$ 在垂直于 z 轴方向的 x 轴、y 轴方向的分量 $\boldsymbol{S}_{1x}$、$\boldsymbol{S}_{1y}$ 和 $\boldsymbol{S}_{2x}$、$\boldsymbol{S}_{2y}$ 的方向是不确定的,但自旋角动量 $\boldsymbol{S}_1$ 与 $\boldsymbol{S}_2$ 的方向是相反的,自旋角动量 $\boldsymbol{S}_1$ 与 $\boldsymbol{S}_2$ 耦合的总自旋角动量为零(统计平均的结果),$S=0,S^2=0$。图 16-14(d)形象地表示出了量子体系处于χ_A 自旋态时,两个电子自旋角动量耦合的经典物理图象。

在两个电子自旋角动量耦合时,如果两个电子的自旋角动量方向相反(反平行),两个电子自旋角动量耦合的总自旋角动量为零(z 轴方向的分量也为零),总自旋角动量平方算符 $\hat{S}^2$ 和总自旋角动量在 z 轴上的投影算符 $\hat{S}_z$ 的本征值都为零;量子体系的自旋态只有χ_A 自旋态,称χ_A 自旋态为自旋单态。

在两个电子自旋角动量耦合时,如果两个电子的自旋角动量方向一致(平行),两个电子自旋角动量耦合的总自旋角动量大小为 $S=\sqrt{2}\,\hbar$,总自旋角动量平方算符 $\hat{S}^2$ 的本征值都 $S^2=2\,\hbar^2$;但总自旋角动量在 z 轴上的投影算符 $\hat{S}_z$ 的本征值却可以有 3 个值,$\hbar,0,-\hbar$,分别对应量子体系 3 个自旋态,$\chi_S^{(1)},\chi_S^{(3)},\chi_S^{(2)}$。称$\chi_S^{(1)},\chi_S^{(2)},\chi_S^{(3)}$ 为自旋三重态。

3. 电子自旋耦合算符共同本征函数系

两个电子自旋角动量耦合的体系自旋函数(自旋态)只有 4 个:$\chi_S^{(1)},\chi_S^{(2)},\chi_S^{(3)},\chi_A$。它们都是总自旋角动量平方算符 $\hat{S}^2$ 的本征态,相应的本征值为 $2\,\hbar^2,2\,\hbar^2,2\,\hbar^2,0$;它们也都是总自旋角动量在 z 轴上的投影算符 $\hat{S}_z$ 的本征函数,相应的本征值为:$\hbar,-\hbar,0,0$。

很容易证明自旋态$\chi_S^{(1)},\chi_S^{(2)},\chi_S^{(3)},\chi_A$ 是相互正交的。因此,$\chi_S^{(1)},\chi_S^{(2)},\chi_S^{(3)},\chi_A$ 组成了两个电子自旋角动量耦合的总自旋角动量平方算符 $\hat{S}^2$ 和总自旋角动量在 z 轴上的投影算符 $\hat{S}_z$ 的共同的完备的本征函数系。

四、原子中的电子排布

原子由原子核与电子组成,如果忽略原子核的运动,可以认为原子体系是电子(全同费米子)在原子核(质子)产生的库仑场中的运动。量子力学认为,电子在原子中的运动没有确定的轨道，电子在原子中的运动完全是概率性的。当原子处于某一确定状态时，是原子内电子整体上处于某一状态；原子体系提供若干单粒子态，尽管不能确切地知道原子内某个电子的单粒子态，但可以确切地知道电子处于各个单粒子态的概率，或者说可以确切地知道处于各个单粒子态的粒子（电子）的数目。原子处于某一确定状态时，原子内电子在各个单电子态上分布的数目的组合称为原子中的电子组态。

原子处于确定状态时，原子内的电子组态是确定的；原子处于不同的状态时，原子内的电子组态也是不同的。除非特别声明，一般来说“原子中的电子组态”指的是，原子处于基态状态时，原子内电子在各个单粒子态上的分布（电子组态）。

对于多电子原子，薛定谔方程一般不能完全精确地求解，但可以利用近似方法求得足够精确的解，结果是在原子中每个电子的状态仍可以用表示氢原子中电子状态的(n,l,m,m_s)四个量子数来表示多电子原子内单粒子态。主量子数n与电子的概率密度分布的径向部分有关，n越大，电子离核越远。原子的能量主要由n决定，较小程度上由l决定。一般地，n越大，l越大，则电子能量越大。轨道磁量子数m决定电子的轨道角动量在z方向的分量。自旋磁量子数m_s决定自旋方向是“向上”还是“向下”，它对原子的能量也稍有影响。

1. 量子数决定的单电子态数目

由各量子数可能取值的范围可以求出以四个量子数为标志的原子内可能的单电子态状态数分布。n,l,m相同，但m_s不同的可能状态有2个。n,l相同，但m,m_s不同的可能状态有$2(2l+1)$个，这些状态组成一个支壳层。n相同，但l,m,m_s不同的可能状态有$2n^2$个，这些状态组成一个壳层。

这里，对于确定的n，轨道量子数l、轨道磁量子数m、自旋磁量子数m_s为

$$l=0,1,2,\cdots,n-1;m=0,\pm1,\pm2,\cdots,\pm(l-1),\pm l;m_s=+1/2,-1/2$$

由此得到，对于确定的n，单电子态的数目

$$Z=\sum_{l=0}^{n-1}2(2l+1)=2[1+3+5+\cdots+(2n-1)]=2\times\frac{[1+(2n-1)]\times n}{2}=2n^2$$

2. 支壳层和壳层容纳的最多电子数

电子是费米子，电子在原子内单电子态上的分布受到泡利不相容原理的限制。原子内的各个单电子态（包括自旋自由度）只能容纳1个电子。

对于$l=0$（s支壳层），$m=0$，m_s可以有两个值，即最多可以容纳2个电子；$l=1$（p支壳层），m有3个值，m_s可以有两个值，即最多可以容纳6个电子；$l=2$（d支壳层），m有5个值，m_s可以有两个值，即最多可以容纳10个电子；$l=3$（f支壳层），m有7个值，m_s可以有两个值，即最多可以容纳14个电子，等等。

$n=1$（K壳层），只有一个$l=0$的s支壳层，最多可以容纳2个电子；$n=2$（L壳层），有一个$l=0$的s支壳层和一个$l=1$的p支壳层，最多可以容纳8个电子；$n=3$（M壳层），有一个$l=0$的s支壳层、$l=1$的p支壳层和$l=2$的d支壳层，最多可以容纳18个电子；$n=4$（N壳层），有一个$l=0$的s支壳层、$l=1$的p支壳层、$l=2$的d支壳层和$l=3$的f支壳层，最多可以容纳32个电子，等等。

3. 能量最低原理

能量最低原理指出，原子中的电子总是尽量处于可能最低的能级。这样，可以使得原子体系的能量最低，这是普遍的能量最低原理在原子内电子按单电子态分布的具体表达。

按能量最低原理，处于基态的原子中的电子，总是尽可能先填充低n值（低壳层），在相同

n 值(壳层)中,又尽可能先填充低 l 值(低支壳层)。尤其是原子中的电子数较少时。但当原子中的电子数较多时,有可能低 n 值(低壳层)高 l 值(高支壳层)的能量比高 n 值(高壳层)低 l 值(低支壳层)的能量还高,此时,电子先填充高 n 值(高壳层)低 l 值(低支壳层)。在原子序数 Z 不太大的情况下,电子之间的相互作用可以略去,能级只与主量子数 n 有关。因此,电子总是在泡利不相容原理的限制下,由低能级 $n=1$ 的 K 壳层开始填起,一个壳层填满后再填充下一壳层。在电子数目较多,原子序数 Z 较大的情况下,电子和电子之间的相互作用不能完全忽略,电子的能级不仅与主量子数 n 有关,而且与轨道量子数 l 有关,以致当 n 大的时候,可能出现大的 n 和小的 l 的态的能量比起具有小的 n 和大的 l 的态能量低的情况,例如 4s 态的能量就比 3d 态的能量低。这时,由于电子总是先填充低能级以使原子的能量最低,因而电子填充的顺序应当先填充 4s,再填充 3d。同样的情况还有 3d 和 4p,5s 和 4d,5p 和 6s,4f 和 5d,……。图 16-15 表示钠原子能级的高低。

由此可以画出处于基态原子中电子填充各个支壳层和壳层的顺序,如图 16-15 所示。

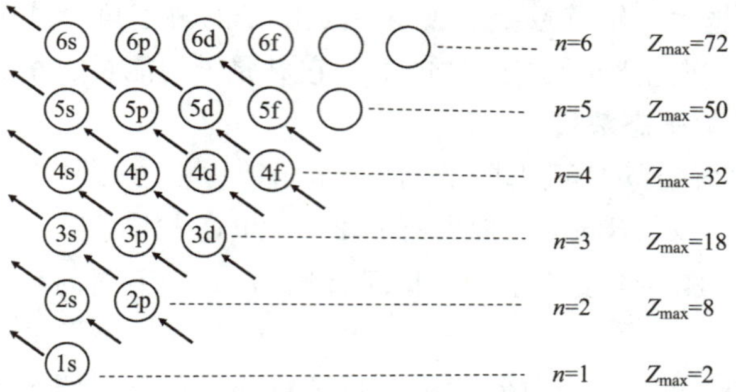

图 16-15　原子中电子填充轨道的顺序

例如,氯原子,核外有 17 个电子。$n=1$ 的壳层,只有一个 $l=0$ 的 s 支壳层,容纳 2 个电子,记为 $1s^2$;$n=2$ 的壳层,$l=0$ 的 s 支壳层容纳 2 个电子,记为 $2s^2$,$l=1$ 的 p 支壳层,容纳 6 个电子,$2p^6$;$n=3$ 的壳层,$l=0$ 的 s 支壳层容纳 2 个电子,记为 $3s^2$,$l=1$ 的 p 支壳层容纳 5 个电子,记为 $3p^5$。整个电子的排布记为 $1s^2 2s^2 2p^6 3s^2 3p^5$。

再如,具有 19 个电子的元素钾(K),它的第 19 个电子填充在 4s 支壳层内而不是填充在 3d 支壳层内。整个电子的排布记为 $1s^2 2s^2 2p^6 3s^2 3p^6 4s^1$。

4. 洪特规则

原子中的单电子态也称为"轨道"。洪特根据光谱实验结果总结出了原子内电子在简并轨道("能级"相同的轨道)上分布的一般规律,称为洪特规则。

洪特规则:电子在原子核外排布时,将尽可能分占不同的轨道,且自旋平行;对于同一个电子亚层,当电子排布处于全充满(p 或 d 或 f)、半充满(p 或 d 或 f)、全空(p 或 d 或 f)时,原子状态比较稳定。

还有少数元素(如某些原子序数较大的过渡元素和镧系、锕系中的某些元素)的电子排布更为复杂,既不符合能级图的排布顺序,也不符合全充满、半充满及全空的规律。这些元素的核外电子排布是由光谱实验结果得出的,我们应该尊重光谱实验事实。

例如,原子序数为 24 的元素铬,核外有 24 个电子。按照能量最低原理(以及泡利不相容原理),$1s^2 2s^2 2p^6 3s^2 3p^6$ 轨道上分布 18 个电子,剩余 6 个电子应该填充到 3d 轨道;但 3d 轨道最多容纳 10 个电子(10 个电子就是"全充满"3d 轨道,5 个电子就是"半充满"3d 轨道,0 个电子就是"全空"3d 轨道),按洪特规则,3d 轨道填充 5 个(属于"半充满"3d 轨道)比较稳定;剩余

1个电子可以填充到4s轨道。铬原子处于基态时，原子内的电子排布（电子组态）为$1s^2 2s^2 2p^6 3s^2 3p^6 3d^5 4s^1$。

5.化学元素周期表

1869年门捷列夫在总结元素化学性质的基础上创立了化学元素周期表。他发现把元素按原子序数排列后，元素的物理和化学性质会出现周期性的相似。这种周期性规律的发现在化学、原子物理学以及其他许多科学领域中一直起着巨大的指导作用。

按量子力学的观点，电子在原子中的分布具有某种周期性。原子序数Z就是原子中电子的数目，因此元素按原子序数Z排列的最外层电子数目周期性的重复，因此元素的化学性质出现周期性的相似。

五、两个电子的耦合

原子由原子核和核外电子构成，一般核外有多个电子。氦原子核外有两个电子(最外层有两个电子的原子与此类似)。原子中电子的排布决定了原子所处的状态(原子态)，研究两个电子的排布及其相互作用具有普遍的意义。

氦原子核外的两个电子各自具有轨道运动和自旋运动，不仅两个电子的轨道运动之间有相互作用、两个电子的自旋之间有相互作用，而且轨道运动与自旋运动之间也有相互作用。两个电子角动量之间可以有多种相互作用，但相互作用的强弱不同。

一般来说，两个电子自旋运动之间作用很强，两个电子的轨道运动之间作用也很强，两个自旋角动量耦合电子的总的自旋角动量($\boldsymbol{s}_1+\boldsymbol{s}_2=\boldsymbol{S}$)，两个轨道角动量耦合电子的总轨道角动量($\boldsymbol{l}_1+\boldsymbol{l}_2=\boldsymbol{L}$)，然后轨道总角动量再与自旋总角动量合成总角动量，$\boldsymbol{S}+\boldsymbol{L}=\boldsymbol{J}$。由于最后是$\boldsymbol{S}$和$\boldsymbol{L}$耦合$\boldsymbol{J}$，故称此种耦合为$\boldsymbol{L}$-$\boldsymbol{S}$耦合。这是最普遍的耦合方式。

按角动量耦合的一般原则，两个电子自旋耦合的总自旋角动量量子数为

$$S=s_1+s_2,\cdots,|s_1-s_2|=1,0 \tag{16-4-47}$$

其中，$S_1=0(2S+1=1)$是自旋单重态，$S_2=1(2S+1=3)$是自旋三重态。两个电子轨道角动量耦合的总轨道角动量量子数为

$$L=l_1+l_2,\cdots,|l_1-l_2| \tag{16-4-48}$$

这要根据两个电子的具体组态来决定总轨道角动量量子数L。总角动量量子数表示为

$$J=L+S,\cdots,|L-S| \tag{16-4-49}$$

对于氦原子核外两个电子的组态1s1s，$l_1=l_2=0,L=0$。对于$S_1=0$，总角动量量子数为$J=0$，原子态为$^1S_0$，属于单重态，也是氦原子的基态。对于$S_2=1$，总角动量量子数为$J=1$，原子态可以表示为$^3S_1$，应该属于三重态；但由泡利不相容原理可知，这个原子态是不存在的。

对于氦原子核外两个电子的组态sp，$l_1=0,l_2=1,L=1$。对于$S_1=0$，总角动量量子数为$J=1$，原子态为$^1P_1$，属于单重态。对于$S_2=1$，总角动量量子数为$J=2,1,0$，原子态可以表示为$^3P_2$，$^3P_1$，$^3P_0$，属于三重态。一共有4个原子态。

对于氦原子核外两个电子的组态pp，$l_1=1,l_2=1,L=2,1,0$。对于$S_1=0$，总角动量量子数为$J=2,1,0$，原子态为$^1D_2$，$^1P_1$，$^1S_0$，属于单重态。对于$S_2=1$，总角动量量子数为$J=3,2,1;2,1,0;1$，可能的原子态可以表示为$^3D_3$，$^3D_2$，$^3D_1$，$^3P_2$，$^3P_1$，$^3P_0$，$^3S_1$，属于三重态。

如果一个电子的轨道运动与电子自旋运动之间作用很强，那么先进行各个电子轨道运动与电子自旋运动耦合，$\boldsymbol{l}_1+\boldsymbol{s}_1=\boldsymbol{j}_1$，$\boldsymbol{l}_2+\boldsymbol{s}_2=\boldsymbol{j}_2$，各个电子的总角动量量子数表示为

$$j_1=l_1+s_1,\cdots,|l_1-s_1|,j_2=l_2+s_2,\cdots,|l_2-s_2| \tag{16-4-50}$$

再进行两个电子的总角动量耦合，$\boldsymbol{J}=\boldsymbol{j}_1+\boldsymbol{j}_2$，称为 $j-j$ 耦合。总角动量量子数表示为

$$J=j_1+j_2,\cdots,|j_1-j_2| \tag{16-4-51}$$

例如，对于 sp 电子组态，$l_1=0$，$l_2=1$，$s_1=s_2=1/2$，则

$$j_1=l_1+s_1,\cdots,|l_1-s_1|=\frac{1}{2},j_2=l_2+s_2,\cdots,|l_2-s_2|=\frac{3}{2},\frac{1}{2}$$

对于 $j_1=1/2$，$j_2=3/2$，总角动量量子数为 $J=j_1+j_2,\cdots,|j_1-j_2|=2,1$，相应的原子态为 $\left(\frac{3}{2},\frac{1}{2}\right)_2$ 和 $\left(\frac{3}{2},\frac{1}{2}\right)_1$。对于 $j_1=1/2$，$j_2=1/2$，总角动量量子数为 $J=j_1+j_2,\cdots,|j_1-j_2|=1,0$，相应的原子态为 $\left(\frac{1}{2},\frac{1}{2}\right)_1$ 和 $\left(\frac{1}{2},\frac{1}{2}\right)_0$。一共有 4 个原子态。

原子的不同状态可能对应不同的能量。这样，由于电子自旋的存在，原子的能级将会发生分裂，也就是，电子的自旋对原子的能量是有影响的。实际上，在 **L-S** 耦合下，原子能量被分成两套能级，单重态能级和三重态能级。原子物理学的跃迁选择定则会告诉我们，原子不能在单重态能级与三重态能级之间跃迁。

第五节　势垒贯穿与量子隧道效应

有限高势垒的问题也是一类重要的问题。如金属表面的逸出功并不是无限大的，而是有限的，金属中的自由电子若要脱离金属表面并不需要无限大的能量。金属电子的冷发射(不需要光电效应等自由脱离金属表面)也是一类实验现象，金属中的电子实际上能够穿越金属表面附近有限高度的势垒。

一维有限高度的势垒的一般形状如图 16-16(a)所示，直接处理粒子在这样的势垒场中的运动稍显复杂；我们可以将一维有限高势垒简化为如图 16-16(b)所示的方形势垒。

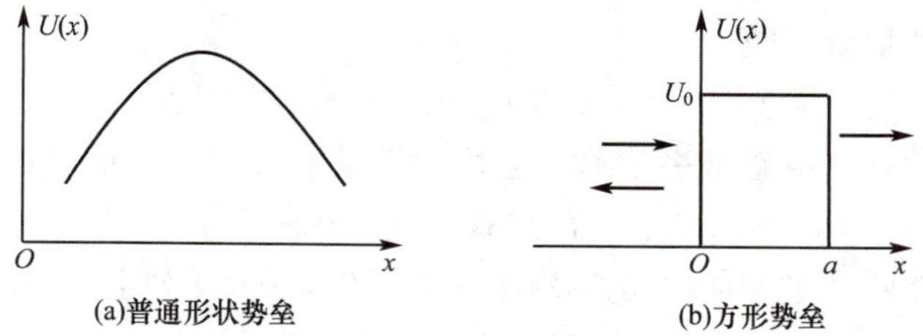

图 16-16　有限高一维势垒

如图 16-16(b)所示，一维有限高度方形势垒的势场表示为

$$\begin{cases}U(x)=U_0, & (0\leqslant x\leqslant a)\\ U(x)=0, & (x<0,x>a)\end{cases} \tag{16-5-1}$$

在经典物理学中，只有能量 E 高于势垒高度 U_0 的粒子才能由区域 $x<0$ 越过势垒区域 $(0<x<a)$ 而到达 $x>a$ 区域。但在量子力学中，能量 E 高于势垒高度 U_0 的微观粒子也有可能越过势垒、也有可能被势垒反射回来；能量 E 低于势垒高度 U_0 的微观粒子也有可能被势垒反射回来、也有可能越过势垒而到达 $x>a$ 的区域。这是概率问题，要求解薛定谔方程来解决。

设粒子的质量为 μ，则在三个区域，微观粒子的波函数 ψ 所满足的定态薛定谔方程为

$$\frac{d^2\psi}{dx^2}+\frac{2\mu}{\hbar^2}E\psi=0,\quad (x\leqslant 0, x\geqslant a) \tag{16-5-2}$$

$$\frac{d^2\psi}{dx^2}+\frac{2\mu}{\hbar^2}(E-U_0)\psi=0,\quad (0\leqslant x\leqslant a) \tag{16-5-3}$$

1.微观粒子的能量高于势垒高度

对于微观粒子的能量高于势垒高度的情况,$E>U_0$,令常数(实数)

$$k_1=\sqrt{\frac{2\mu E}{\hbar^2}},k_2=\sqrt{\frac{2\mu(E-U_0)}{\hbar^2}} \tag{16-5-4}$$

定态薛定谔方程(16-5-2)和(16-5-3)可改写为

$$\frac{d^2\psi}{dx^2}+k_1^2\psi=0,\quad (x\leqslant 0, x\geqslant a) \tag{16-5-5}$$

$$\frac{d^2\psi}{dx^2}+k_2^2\psi=0,\quad (0\leqslant x\leqslant a) \tag{16-5-6}$$

在三个区域解定态薛定谔方程,得到三个区域波函数的一般表达式

$$\psi_1=A_1\exp(ik_1x)+A_2\exp(-ik_1x),\quad (x\leqslant 0) \tag{16-5-7}$$

$$\psi_2=B_1\exp(ik_2x)+B_2\exp(-ik_2x),\quad (0\leqslant x\leqslant a) \tag{16-5-8}$$

$$\psi_3=C_1\exp(ik_1x)+C_2\exp(-ik_1x),\quad (x\geqslant a) \tag{16-5-9}$$

式中,A_1,A_2,B_1,B_2,C_1,C_2 都是待定常数。

把波函数 ψ_1 和 ψ_3 都乘上时间因子 $\exp(-iEt/\hbar)$,得到(势能为零的两个区的波函数)

$$\Psi_1=A_1\exp(ik_1x)\exp\left(-\frac{iEt}{\hbar}\right)+A_2\exp(-ik_1x)\exp\left(-i\frac{Et}{\hbar}\right),\quad x\leqslant 0 \tag{16-5-10}$$

$$\Psi_3=C_1\exp(ik_1x)\exp\left(-\frac{iEt}{\hbar}\right)+C_2\exp(-ik_1x)\exp\left(-\frac{iEt}{\hbar}\right),\quad x\geqslant a \tag{16-5-11}$$

显然,Ψ_1 和 Ψ_3 都是两列平面简谐波的线性组合。

Ψ_1 由两项线性组合组成,其中的第一项(平面简谐波)$A_1\exp(ik_1x)\exp(-iEt/\hbar)$是沿 x 轴正方向(左向右)传播的平面简谐波,应该是在 $x<0$ 区域向 $x=0$ 处传播的平面简谐波,也就是在 $x<0$ 区域的入射波;第二项(平面简谐波)$A_2\exp(-ik_1x)\exp(-iEt/\hbar)$是沿 x 轴负方向(右向左)传播的平面简谐波,应该是在 $x<0$ 区域向远离 $x=0$ 处传播的平面简谐波,也就是在 $x<0$ 区域的反射波。

Ψ_3 由两项线性组合组成,其中的第一项(平面简谐波)$C_1\exp(ik_1x)\exp(-iEt/\hbar)$是沿 x 轴正方向(左向右)传播的平面简谐波,应该是在 $x>a$ 区域向远离 $x=a$ 处传播的平面简谐波,也就是在 $x>a$ 区域的透射波;第二项(平面简谐波)$C_2\exp(-ik_1x)\exp(-iEt/\hbar)$是沿 x 轴负方向(右向左)传播的平面简谐波,应该是在 $x>a$ 区域向 $x=a$ 处传播的平面简谐波,也就是在 $x>a$ 区域向势垒入射的平面简谐波。我们注意到,物理上在 $x=a$ 处只能有透射波而不应该有入射波,也就是在 $x>a$ 区域只能有沿 x 轴正方向(左向右)传播的平面简谐波,不应该有沿 x 轴负方向(右向左)传播的平面简谐波,因此

$$C_2=0 \tag{16-5-12}$$

波函数的标准条件要求,波函数及其一阶导数在 $x=0$ 和 $x=a$ 处连续

$$\psi_1|_{x=0}=\psi_2|_{x=0},\left(\frac{d\psi_1}{dx}\right)\bigg|_{x=0}=\left(\frac{d\psi_2}{dx}\right)\bigg|_{x=0}$$

$$\psi_2\big|_{x=a}=\psi_3\big|_{x=a},\left(\frac{\mathrm{d}\psi_2}{\mathrm{d}x}\right)\bigg|_{x=a}=\left(\frac{\mathrm{d}\psi_3}{\mathrm{d}x}\right)\bigg|_{x=a}$$

由此得到

$$A_1+A_2=B_1+B_2 \tag{16-5-13}$$

$$k_1A_1-k_1A_2=k_2B_1-k_2B_2 \tag{16-5-14}$$

$$B_1\exp(\mathrm{i}k_2a)+B_2\exp(-\mathrm{i}k_2a)=C_1\exp(\mathrm{i}k_1a) \tag{16-5-15}$$

$$k_2B_1\exp(\mathrm{i}k_2a)-k_2B_2\exp(-\mathrm{i}k_2a)=k_1C_1\exp(\mathrm{i}k_1a) \tag{16-5-16}$$

由式(16-5-15)和式(16-5-16),得到

$$2k_2B_1\exp(\mathrm{i}k_2a)=(k_1+k_2)C_1\exp(\mathrm{i}k_1a),B_1=\frac{(k_1+k_2)\exp(\mathrm{i}k_1a)}{2k_2\exp(\mathrm{i}k_2a)}C_1 \tag{16-5-17}$$

将式(16-5-17)代回式(16-5-15),又得到

$$\begin{aligned}B_2\exp(-\mathrm{i}k_2a)&=C_1\exp(\mathrm{i}k_1a)-B_1\exp(\mathrm{i}k_2a)\\&=C_1\exp(\mathrm{i}k_1a)-\frac{(k_1+k_2)\exp(\mathrm{i}k_1a)}{2k_2\exp(\mathrm{i}k_2a)}C_1\exp(\mathrm{i}k_2a)=\frac{(k_2-k_1)\exp(\mathrm{i}k_1a)}{2k_2}C_1\end{aligned}$$

$$B_2=\frac{(k_2-k_1)\exp(\mathrm{i}k_1a)}{2k_2\exp(-\mathrm{i}k_2a)}C_1 \tag{16-5-18}$$

再由式(16-5-13)和式(16-5-14),得到

$$2k_1A_1=k_1B_1+k_1B_2+k_2B_1-k_2B_2,A_1=\frac{k_1+k_2}{2k_1}B_1+\frac{k_1-k_2}{2k_1}B_2 \tag{16-5-19}$$

将式(16-5-17)和式(16-5-18)代入式(16-5-19),得到

$$A_1=\frac{(k_1+k_2)^2\exp(-\mathrm{i}k_2a)-(k_1-k_2)^2\exp(\mathrm{i}k_2a)}{4k_1k_2\exp(-\mathrm{i}k_1a)}C_1$$

$$C_1=\frac{4k_1k_2\exp(-\mathrm{i}k_1a)}{(k_1+k_2)^2\exp(-\mathrm{i}k_2a)-(k_1-k_2)^2\exp(\mathrm{i}k_2a)}A_1 \tag{16-5-20}$$

将式(16-5-20)代入式(16-5-17)和式(16-5-18),得到

$$B_1=\frac{2k_1(k_1+k_2)\exp(-\mathrm{i}k_2a)}{(k_1+k_2)^2\exp(-\mathrm{i}k_2a)-(k_1-k_2)^2\exp(\mathrm{i}k_2a)}A_1 \tag{16-5-21}$$

$$B_2=\frac{2k_1(k_2-k_1)\exp(\mathrm{i}k_2a)}{(k_1+k_2)^2\exp(-\mathrm{i}k_2a)-(k_1-k_2)^2\exp(\mathrm{i}k_2a)}A_1 \tag{16-5-22}$$

再将式(16-5-21)和式(16-5-22)代入式(16-5-13),又得到

$$A_2=\frac{2\mathrm{i}(k_2^2-k_1^2)\sin(k_2a)}{(k_1+k_2)^2\exp(-\mathrm{i}k_2a)-(k_1-k_2)^2\exp(\mathrm{i}k_2a)}A_1 \tag{16-5-23}$$

再由 $\exp(\pm\mathrm{i}x)=\cos(x)\pm\mathrm{i}\exp(x)$,最终得到

$$\frac{A_2}{A_1}=\frac{\mathrm{i}(k_2^2-k_1^2)\sin(k_2a)}{2k_1k_2\cos(k_2a)-\mathrm{i}(k_1^2+k_2^2)\sin(k_2a)} \tag{16-5-24}$$

$$\frac{B_1}{A_1}=\frac{k_1(k_1+k_2)\exp(-\mathrm{i}k_2a)}{2k_1k_2\cos(k_2a)-\mathrm{i}(k_1^2+k_2^2)\sin(k_2a)} \tag{16-5-25}$$

$$\frac{B_2}{A_1}=\frac{k_1(k_2-k_1)\exp(\mathrm{i}k_2a)}{2k_1k_2\cos(k_2a)-\mathrm{i}(k_1^2+k_2^2)\sin(k_2a)} \tag{16-5-26}$$

$$\frac{C_1}{A_1}=\frac{2k_1k_2\exp(-\mathrm{i}k_1a)}{2k_1k_2\cos(k_2a)-\mathrm{i}(k_1^2+k_2^2)\sin(k_2a)} \tag{16-5-27}$$

由此得到透射系数($x=a$)

$$T_1=\frac{|C_1|^2}{|A_1|^2}=\left|\frac{2k_1k_2\exp(-\mathrm{i}k_1a)}{2k_1k_2\cos(k_2a)-\mathrm{i}(k_1^2+k_2^2)\sin(k_2a)}\right|^2$$

$$T_1=\frac{4k_1^2k_2^2}{4k_1^2k_2^2\cos^2(k_2a)+(k_1^2+k_2^2)^2\sin^2(k_2a)}$$

$$=\frac{4k_1^2k_2^2}{4k_1^2k_2^2+(k_1^2-k_2^2)^2\sin^2(k_2a)} \tag{16-5-28}$$

和反射系数($x=0$)

$$R_1=\frac{|A_2|^2}{|A_1|^2}=\left|\frac{\mathrm{i}(k_2^2-k_1^2)\sin(k_2a)}{2k_1k_2\cos(k_2a)-\mathrm{i}(k_1^2+k_2^2)\sin(k_2a)}\right|^2$$

$$R_1=\frac{(k_2^2-k_1^2)^2\sin^2(k_2a)}{4k_1^2k_2^2\cos^2(k_2a)+(k_1^2+k_2^2)^2\sin^2(k_2a)}$$

$$=\frac{(k_2^2-k_1^2)^2\sin^2(k_2a)}{4k_1^2k_2^2+(k_1^2-k_2^2)^2\sin^2(k_2a)} \tag{16-5-29}$$

可见,在微观粒子的能量高于势垒($E>U_0$)的情况下,入射势垒的粒子不但能够越过势垒,而且还能够被势垒反射回来。透射系数 T_1 和反射系数 R_1 都小于1,但 T_1 与 R_1 之和等于1,入射势垒的粒子一部分越过势垒到达 $x>a$ 区域,另一部分则被势垒反射回去。

值得注意的是,在微观粒子的能量高于势垒($E>U_0$)的情况下,量子力学并没有对微观粒子的能量(通过 k_1 和 k_2)加以限制,微观粒子的能量可以连续取值。这是由于在势垒的势场中运动的微观粒子是自由的,微观粒子没有处于束缚态的缘故。

微观粒子的能量高于势垒($E>U_0$)的情况下,透射系数不会为零,即总是有微观粒子能够越过较低的势垒的。但如果入射势垒的微观粒子的能量取得合适,使得 $\sin(k_2a)=0$,则反射系数为零,$R_1=0$,入射势垒的微观粒子全部越过势垒($T_1=1$)。

2. 微观粒子的能量低于势垒高度

对于粒子的能量低于势垒高度的情况,$E<U_0$,令常数(实数)

$$k_1=\sqrt{\frac{2\mu E}{\hbar^2}},k_3=\sqrt{\frac{2\mu(U_0-E)}{\hbar^2}} \tag{16-5-30}$$

定态薛定谔方程(16-5-2)和(16-5-3)可改写为

$$\frac{\mathrm{d}^2\psi}{\mathrm{d}x^2}+k_1^2\psi=0,\quad (x\leqslant 0,x\geqslant a) \tag{16-5-31}$$

$$\frac{\mathrm{d}^2\psi}{\mathrm{d}x^2}-k_3^2\psi=0,\quad (0\leqslant x\leqslant a) \tag{16-5-32}$$

在三个区域解定态薛定谔方程,得到三个区域波函数的一般表达式

$$\psi_4=A_3\exp(\mathrm{i}k_1x)+A_4\exp(-\mathrm{i}k_1x),\quad (x\leqslant 0) \tag{16-5-33}$$

$$\psi_5=B_3\exp(k_3x)+B_4\exp(-k_3x),\quad (0\leqslant x\leqslant a) \tag{16-5-34}$$

$$\psi_6=C_3\exp(\mathrm{i}k_1x)+C_4\exp(-\mathrm{i}k_1x),\quad (x\geqslant a) \tag{16-5-35}$$

式中,A_3,A_4,B_3,B_4,C_3,C_4 都是待定常数。

把波函数 ψ_4 和 ψ_6 都乘上时间因子 $\exp(-\mathrm{i}Et/\hbar)$,得到(势能为零的两个区的波函数)

$$\Psi_4=A_3\exp(\mathrm{i}k_1x)\exp\left(-\frac{\mathrm{i}Et}{\hbar}\right)+A_4\exp(-\mathrm{i}k_1x)\exp\left(-\frac{\mathrm{i}Et}{\hbar}\right),x\leqslant 0 \tag{16-5-36}$$

$$\Psi_6=C_3\exp(\mathrm{i}k_1x)\exp\left(-\frac{\mathrm{i}Et}{\hbar}\right)+C_4\exp(-\mathrm{i}k_1x)\exp\left(-\frac{\mathrm{i}Et}{\hbar}\right),x\geqslant a \tag{16-5-37}$$

显然,Ψ_4 和 Ψ_6 都是两列平面简谐波的线性组合。

Ψ_4 由两项线性组合组成,其中的第一项(平面简谐波)$A_3\exp(\mathrm{i}k_1x)\exp(-\mathrm{i}Et/\hbar)$是沿 x 轴正方向(左向右)传播的平面简谐波,应该是在 $x<0$ 区域向 $x=0$ 处传播的平面简谐波,也就是在 $x<0$ 区域的入射波;第二项(平面简谐波)$A_4\exp(-\mathrm{i}k_1x)\exp(-\mathrm{i}Et/\hbar)$是沿 x 轴负方向(右向左)传播的平面简谐波,应该是在 $x<0$ 区域向远离 $x=0$ 处传播的平面简谐波,也就是在 $x<0$ 区域的反射波。

Ψ_6 由两项线性组合组成,其中的第一项(平面简谐波)$C_3\exp(\mathrm{i}k_1x)\exp(-\mathrm{i}Et/\hbar)$是沿 x 轴正方向(左向右)传播的平面简谐波,应该是在 $x>a$ 区域向远离 $x=a$ 处传播的平面简谐波,也就是在 $x>a$ 区域的透射波;第二项(平面简谐波)$C_4\exp(-\mathrm{i}k_1x)\exp(-\mathrm{i}Et/\hbar)$是沿 x 轴负方向(右向左)传播的平面简谐波,应该是在 $x>a$ 区域向 $x=a$ 处传播的平面简谐波,也就是在 $x>a$ 区域向势垒入射的平面简谐波。我们注意到,物理上在 $x=a$ 处只能有透射波而不应该有入射波,也就是在 $x>a$ 区域只能有沿 x 轴正方向(左向右)传播的平面简谐波,不应该有沿 x 轴负方向(右向左)传播的平面简谐波,因此

$$C_4=0 \tag{16-5-38}$$

波函数的标准条件要求,波函数及其一阶导数在 $x=0$ 和 $x=a$ 处连续

$$\psi_4\Big|_{x=0}=\psi_5\Big|_{x=0},\frac{\mathrm{d}\psi_4}{\mathrm{d}x}\Big|_{x=0}=\frac{\mathrm{d}\psi_5}{\mathrm{d}x}\Big|_{x=0};\psi_5\Big|_{x=a}=\psi_6\Big|_{x=a},\frac{\mathrm{d}\psi_5}{\mathrm{d}x}\Big|_{x=a}=\frac{\mathrm{d}\psi_6}{\mathrm{d}x}\Big|_{x=a}$$

由此得到波函数线性组合系数的关系式

$$A_3+A_4=B_3+B_4 \tag{16-5-39}$$

$$\mathrm{i}k_1A_3-\mathrm{i}k_1A_4=k_3B_3-k_3B_4 \tag{16-5-40}$$

$$B_3\exp(k_3a)+B_4\exp(-k_3a)=C_3\exp(\mathrm{i}k_1a) \tag{16-5-41}$$

$$k_3B_3\exp(k_3a)-k_3B_4\exp(-k_3a)=\mathrm{i}k_1C_3\exp(\mathrm{i}k_1a) \tag{16-5-42}$$

由式(16-5-41)和式(16-5-42),得到

$$2k_3B_3\exp(k_3a)=(\mathrm{i}k_1+k_3)C_3\exp(\mathrm{i}k_1a),B_3=\frac{(\mathrm{i}k_1+k_3)\exp(\mathrm{i}k_1a)}{2k_3\exp(k_3a)}C_3 \tag{16-5-43}$$

将式(16-5-43)代回式(16-5-41),又得到

$$\begin{aligned}B_4\exp(-k_3a)&=C_3\exp(\mathrm{i}k_1a)-B_3\exp(k_3a)\\&=C_3\exp(\mathrm{i}k_1a)-\frac{(\mathrm{i}k_1+k_3)\exp(\mathrm{i}k_1a)}{2k_3\exp(k_3a)}C_3\exp(k_3a)=\frac{(k_3-\mathrm{i}k_1)\exp(\mathrm{i}k_1a)}{2k_3}C_3\end{aligned}$$

$$B_4=\frac{(k_3-\mathrm{i}k_1)\exp(\mathrm{i}k_1a)}{2k_3\exp(-k_3a)}C_3 \tag{16-5-44}$$

再由式(16-5-39)和式(16-5-40),得到

$$2\mathrm{i}k_1A_3=\mathrm{i}k_1B_3+\mathrm{i}k_1B_4+k_3B_3-k_3B_4,A_3=\frac{\mathrm{i}k_1+k_3}{2\mathrm{i}k_1}B_3+\frac{\mathrm{i}k_1-k_3}{2\mathrm{i}k_1}B_4 \tag{16-5-45}$$

将式(16-5-43)和式(16-5-44)代入式(16-5-45),得到

$$A_3=\frac{(\mathrm{i}k_1+k_3)^2\exp(-k_3a)-(\mathrm{i}k_1-k_3)^2\exp(k_3a)}{4\mathrm{i}k_1k_3\exp(-\mathrm{i}k_1a)}C_3$$

$$C_3=\frac{4\mathrm{i}k_1k_3\exp(-\mathrm{i}k_1a)}{(\mathrm{i}k_1+k_3)^2\exp(-k_3a)-(\mathrm{i}k_1-k_3)^2\exp(k_3a)}A_3 \tag{16-5-46}$$

将式(16-5-46)代入式(16-5-43)和式(16-5-44)，得到

$$B_3=\frac{2\mathrm{i}k_1(\mathrm{i}k_1+k_3)\exp(-k_3a)}{(\mathrm{i}k_1+k_3)^2\exp(-k_3a)-(\mathrm{i}k_1-k_3)^2\exp(k_3a)}A_3 \tag{16-5-47}$$

$$B_4=\frac{2\mathrm{i}k_1(k_3-\mathrm{i}k_1)\exp(k_3a)}{(\mathrm{i}k_1+k_3)^2\exp(-k_3a)-(\mathrm{i}k_1-k_3)^2\exp(k_3a)}A_3 \tag{16-5-48}$$

再将式(16-5-47)和式(16-5-48)代入式(16-5-39)，又得到

$$A_4=\frac{(k_1^2+k_3^2)[\exp(k_3a)-\exp(-k_3a)]}{(\mathrm{i}k_1+k_3)^2\exp(-k_3a)-(\mathrm{i}k_1-k_3)^2\exp(k_3a)}A_3 \tag{16-5-49}$$

再由 $\mathrm{sh}(x)=\frac{1}{2}[\exp(x)-\exp(-x)]$ 和 $\mathrm{ch}(x)=\frac{1}{2}[\exp(x)+\exp(-x)]$，最终得到

$$\frac{A_4}{A_3}=\frac{(k_1^2+k_3^2)\mathrm{sh}(k_3a)}{(k_1^2-k_3^2)\mathrm{sh}(k_3a)+2\mathrm{i}k_1k_3\mathrm{ch}(k_3a)} \tag{16-5-50}$$

$$\frac{B_3}{A_3}=\frac{\mathrm{i}k_1(\mathrm{i}k_1+k_3)\exp(-k_3a)}{(k_1^2-k_3^2)\mathrm{sh}(k_3a)+2\mathrm{i}k_1k_3\mathrm{ch}(k_3a)} \tag{16-5-51}$$

$$\frac{B_4}{A_3}=\frac{\mathrm{i}k_1(k_3-\mathrm{i}k_1)\exp(k_3a)}{(k_1^2-k_3^2)\mathrm{sh}(k_3a)+2\mathrm{i}k_1k_3\mathrm{ch}(k_3a)} \tag{16-5-52}$$

$$\frac{C_3}{A_3}=\frac{2\mathrm{i}k_1k_3\exp(-\mathrm{i}k_1a)}{(k_1^2-k_3^2)\mathrm{sh}(k_3a)+2\mathrm{i}k_1k_3\mathrm{ch}(k_3a)} \tag{16-5-53}$$

由此得到透射系数($x=a$)

$$T_2=\frac{|C_3|^2}{|A_3|^2}=\left|\frac{2\mathrm{i}k_1k_3\exp(-\mathrm{i}k_1a)}{(k_1^2-k_3^2)\mathrm{sh}(k_3a)+2\mathrm{i}k_1k_3\mathrm{ch}(k_3a)}\right|^2$$

$$\begin{aligned}T_2&=\frac{4k_1^2k_3^2}{(k_1^2-k_3^2)^2\mathrm{sh}^2(k_3a)+4k_1^2k_3^2\mathrm{ch}^2(k_3a)}\\&=\frac{4k_1^2k_3^2}{(k_1^2+k_3^2)^2\mathrm{sh}^2(k_3a)+4k_1^2k_3^2}\end{aligned} \tag{16-5-54}$$

和反射系数($x=0$)

$$R_2=\frac{|A_4|^2}{|A_3|^2}=\left|\frac{(k_1^2+k_3^2)\mathrm{sh}(k_3a)}{(k_1^2-k_3^2)\mathrm{sh}(k_3a)+2\mathrm{i}k_1k_3\mathrm{ch}(k_3a)}\right|^2$$

$$\begin{aligned}R_2&=\frac{(k_1^2+k_3^2)^2\mathrm{sh}^2(k_3a)}{(k_1^2-k_3^2)^2\mathrm{sh}^2(k_3a)+4k_1^2k_3^2\mathrm{ch}^2(k_3a)}\\&=\frac{(k_1^2+k_3^2)^2\mathrm{sh}^2(k_3a)}{(k_1^2+k_3^2)^2\mathrm{sh}^2(k_3a)+4k_1^2k_3^2}\end{aligned} \tag{16-5-55}$$

可见，在微观粒子的能量低于势垒($E<U_0$)的情况下，入射势垒的粒子不但可以被势垒反射回来，而且还能够越过势垒。透射系数 T_2 和反射系数 R_2 都小于 1，但 T_2 与 R_2 之和等于 1，入射势垒的粒子一部分被势垒反射回去，另一部分则越过势垒到达 $x>a$ 区域。

值得注意的是，在微观粒子的能量低于势垒($E<U_0$)的情况下，量子力学并没有对微观粒子的能量(通过 k_3 和 k_1)加以限制，微观粒子的能量可以连续取值。这是由于在势垒的势场中运动的微观粒子是自由的，微观粒子没有处于束缚态的缘故。

在微观粒子的能量低于势垒($E<U_0$)的情况下，由式(16-5-54)和式(16-5-55)可见，透射系数和反射系数都不可能为零($T_2\neq0$，$R_2\neq0$)，也就是反射系数和透射系数都不可能为1($R_2\neq1$，$T_2\neq1$)。入射势垒的微观粒子总是一部分被势垒反射回去，另一部分则越过势垒到

达 $x>a$ 区域;不可能出现全反射或全透射现象。

3. 量子隧道效应

在量子力学中,微观粒子在能量低于势垒高度时,仍然能够越过(贯穿)势垒的现象称为量子隧道效应。在经典力学里,这是不可能发生的,但用量子力学理论却可以给出合理解释。许多现代器件的运作都倚赖这一效应,例如,隧道二极管、场致发射、约瑟夫森结、磁隧道结等。扫描隧道显微镜(STM)、原子钟也应用到量子隧道效应。量子隧道理论也被应用在半导体物理学、超导体物理学等其他领域。

微观粒子入射势垒时,既可以被势垒反射回来,也可能贯穿势垒。如图 16-17 所示,给出微观粒子入射势垒时被势垒反射和贯穿势垒的波动图象;"反射波"和"透射波"都是"平面简谐波"。至于能量低于势垒高度的微观粒子是如何穿越势垒的,量子力学也不能给出一个清晰的物理图象,只能把隧道效应看作是一种量子效应,也许这就是微观粒子具有波粒二象性的具体表现。

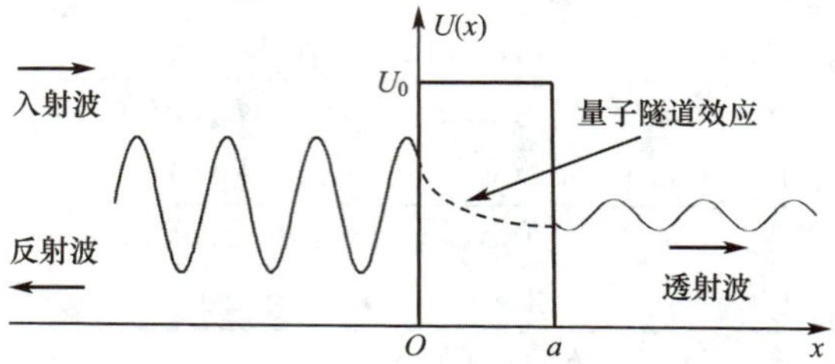

图 16-17 方形势垒的反射和透射

如果微观粒子的能量 E 很小,以至于 $k_3a\gg1$,$\exp(k_3a)\gg\exp(-k_3a)$,则

$$\mathrm{sh}^2(k_3a)=\left[\frac{\exp(k_3a)}{2}-\frac{\exp(-k_3a)}{2}\right]^2\approx\frac{1}{4}\exp(2k_3a)\gg1$$

则在微观粒子的能量低于势垒$(E<U_0)$的情况下,势垒贯穿的透射系数近似为

$$T_2\approx\frac{4k_1^2k_3^2}{(k_1^2+k_3^2)^2\mathrm{sh}^2(k_3a)}=\frac{16E(U_0-E)}{U_0}\exp\left[-\frac{2a}{\hbar}\sqrt{2\mu(U_0-E)}\right]\tag{16-5-56}$$

可见,透射系数 T_2 与势垒宽度 a、微观粒子的质量 μ 以及粒子的能量 E 和势垒的高度 U_0 有关,随着势垒宽度 a 的增大,透射系数 T_2 按指数衰减。对于电子,如果取电子能量 $E=1$ eV、势垒高度 $U_0=2$ eV、势垒宽度 $a=0.2$ nm,则透射系数 $T_2\approx0.51$;如果势垒宽度为 $a=0.5$ nm,则透射系数 $T_2\approx0.024$。在宏观实验中,很难观测到粒子贯穿势垒的现象。

能量低于势垒高度的微观粒子能够进入甚至穿越有限高度的势垒,但波函数在势垒的内部是呈指数衰减的。能量低于势垒高度的微观粒子穿越有限高势垒的概率随势垒厚度(宽度)的增加迅速下降。如果势垒很厚,微观粒子穿越势垒的概率非常低,以至于可以忽略不计,也就是微观粒子几乎不能穿越宽的有限高度的势垒。实际上,微观粒子只能穿越宽度为纳米量级的有限高度的势垒。

实物物质是由原子核和电子组成的。原子核以及所谓的"原子实"产生电场,电子处在各个原子核产生的电场中,对于电子来说,相当于有一个有限高度的势垒。由于量子隧道效应,电子可以从一个原子进入(跃迁)到另一个原子中,这就使两个原子在合适的条件下可以共享电子,从而形成各种化学键,这是一切化学反应的物理基础。原子之间可以通过共享电子形成分子,而不同元素的原子之间通过共享电子可形成化合物。

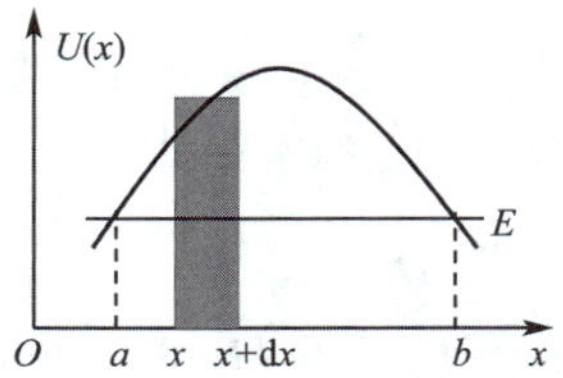

图 16-18 任意形状的有限高势垒

4. 任意形状有限高势垒

如果势垒是任意形状的$U(x)$，如图 16-18 所示，可以把任意形状的势垒看作是由许多方形势垒组成的，势垒宽度为 dx 的势垒高度为$U(x)$。能量为 E 的微观粒子在 $x=a$ 处入射势垒，在 $x=b$ 处出射势垒。微观粒子贯穿宽度为 dx 的势垒透射系数表示为

$$T_2(dx)\approx T_0\exp\left[-\frac{2dx}{\hbar}\sqrt{2\mu(U(x)-E)}\right]$$

微观粒子贯穿整个势垒$U(x)$的透射系数等于粒子贯穿这些方形势垒的透射系数的乘积

$$T_2=T_0\exp\left\{-\frac{2}{\hbar}\int_a^b\sqrt{2\mu\left[U(x)-E\right]}\,dx\right\} \tag{16-5-57}$$

可见，透射系数随势垒的加宽或加高而减小。

第六节 微扰理论

在量子力学中，能够像“氢原子”和“线性谐振子”那样可以获得精确的解析解的问题非常有限。量子力学的许多实际问题，很难求得精确的解析解，甚至无法获得解析解。特别是，量子体系往往会受到外界的作用，会使问题变得非常复杂。为了应用量子力学原理处理复杂量子体系的问题，量子力学发展了许多近似计算方法甚至数值计算方法。量子力学逐渐发展起来的近似方法主要有“微扰法”、“变分法”（基本出发点是最小作用原理）、“W. K. B 方法”（温策尔－克拉默斯－布里渊）、“绝热近似法”（玻恩－奥本海默近似，简称 BO 近似）等。这些近似方法应用的条件和范围不尽相同，需要根据问题的具体性质选用近似方法。

微扰理论是从相关问题的确切解中找出问题的近似解的数学方法，数学和物理思想非常明确清晰。该近似方法的一个关键特征是将问题分解为“可解决”和“扰动”两部分，其中的“扰动”是一个“小量”。将待求的物理量展开为“幂级数”，逐级求解“幂级数”中的各个项（小量），直到达到近似要求。定态微扰论，能够在很大程度上解决量子体系“能级能量”问题。含时微扰论，可以在很大程度上解决“辐射”和“吸收”的问题，即“量子跃迁”。

一、定态非简并微扰理论

所谓“定态”，就是量子体系的哈密顿量不显含时间，处于定态的微观粒子在空间各处出现的概率不随时间变化，而且具有确定的能量（量子体系可以处于不同的确定的能级）；表示量子体系运动状态的波函数可以不显含时间。所谓“非简并”，就是量子体系的一个能级只有一个状态（波函数）与其对应。

设一个量子体系的不含时（定态）哈密顿量为 $\hat{H}$，则该体系的能量本征值方程为

$$\hat{H}\psi=E\psi$$

设体系的哈密顿量 $\hat{H}$ 可以表示为

$$\hat{H}=\hat{H}_0+\hat{H}'=\hat{H}_0+\lambda\hat{h} \tag{16-6-1}$$

其中,$|\lambda|\ll 1$,将 $\hat{H}'=\lambda\hat{h}$ 看作是对量子体系的一种微扰,其中的 λ 表示了这一微扰的强度比较弱。$\hat{H}_0$ 的本征值 $E_n^{(0)}$ 和本征函数 $\psi_n^{(0)}$ 已知或容易求解,即由本征值方程

$$\hat{H}_0\psi_n^{(0)}=E_n^{(0)}\psi_n^{(0)},n=0,1,2,\cdots \tag{16-6-2}$$

可以容易求得 $\hat{H}_0$ 的本征值 $E_n^{(0)}$ 和本征函数 $\psi_n^{(0)}$;$\{\psi_n^{(0)}\}$ 构成了 $\hat{H}_0$ 的完备正交归一的本征函数系,$\int\psi_n^{(0)*}\psi_m^{(0)}\mathrm{d}\tau=(\psi_n^{(0)},\psi_m^{(0)})=\langle\psi_n^{(0)}|\psi_m^{(0)}\rangle=\delta_{nm}$;而且是非简并的,即一个能量本征值 $E_n^{(0)}$ 只对应一个本征函数 $\psi_n^{(0)}$。

将量子体系的哈密顿量 $\hat{H}$ 的第 n 个本征值 E_n 和本征函数 ψ_n 进行 λ 幂级数展开

$$\begin{cases}E_n=E_n^{(0)}+\lambda\varepsilon_n^{(1)}+\lambda^2\varepsilon_n^{(2)}+\cdots=E_n^{(0)}+E_n^{(1)}+E_n^{(2)}+\cdots\\ \psi_n=\psi_n^{(0)}+\lambda\varphi_n^{(1)}+\lambda^2\varphi_n^{(2)}+\cdots=\psi_n^{(0)}+\psi_n^{(1)}+\psi_n^{(2)}+\cdots\end{cases} \tag{16-6-3}$$

这里,$E_n^{(1)},E_n^{(2)},\cdots$ 和 $\psi_n^{(1)},\psi_n^{(2)},\cdots$ 分别表示能量本征值和本征函数的一、二级等微扰修正

$$E_n^{(1)}=\lambda\varepsilon_n^{(1)},E_n^{(2)}=\lambda^2\varepsilon_n^{(2)},\cdots;\psi_n^{(1)}=\lambda\varphi_n^{(1)},\psi_n^{(2)}=\lambda^2\varphi_n^{(2)},\cdots \tag{16-6-4}$$

将量子体系哈密顿量 $\hat{H}$ 的本征值 E_n 和本征函数 ψ_n 的 λ 幂级数展开以及 $\hat{H}=\hat{H}_0+\lambda\hat{h}$ 带入 $\hat{H}$ 的第 n 个本征值方程 $\hat{H}\psi_n=E_n\psi_n$,得到

$$\begin{aligned}&(\hat{H}_0+\lambda\hat{h})(\psi_n^{(0)}+\lambda\varphi_n^{(1)}+\lambda^2\varphi_n^{(2)}+\cdots)\\&=(E_n^{(0)}+\lambda\varepsilon_n^{(1)}+\lambda^2\varepsilon_n^{(2)}+\cdots)(\psi_n^{(0)}+\lambda\varphi_n^{(1)}+\lambda^2\varphi_n^{(2)}+\cdots)\end{aligned}$$

$$\begin{aligned}&\hat{H}_0\psi_n^{(0)}+\lambda(\hat{H}_0\varphi_n^{(1)}+\hat{h}\psi_n^{(0)})+\lambda^2(\hat{H}_0\varphi_n^{(2)}+\hat{h}\varphi_n^{(1)})+\cdots\\&=E_n^{(0)}\psi_n^{(0)}+\lambda(E_n^{(0)}\varphi_n^{(1)}+\varepsilon_n^{(1)}\psi_n^{(0)})+\lambda^2(E_n^{(0)}\varphi_n^{(2)}+\varepsilon_n^{(1)}\varphi_n^{(1)}+\varepsilon_n^{(2)}\psi_n^{(0)})+\cdots\end{aligned}$$

注意到上式两边 λ 的同次幂的系数应该相等,我们得到下列方程

$$\lambda^0:\hat{H}_0\psi_n^{(0)}=E_n^{(0)}\psi_n^{(0)} \tag{16-6-5}$$

$$\lambda^1:\hat{H}_0\varphi_n^{(1)}+\hat{h}\psi_n^{(0)}=E_n^{(0)}\varphi_n^{(1)}+\varepsilon_n^{(1)}\psi_n^{(0)} \tag{16-6-6}$$

$$\lambda^2:\hat{H}_0\varphi_n^{(2)}+\hat{h}\varphi_n^{(1)}=E_n^{(0)}\varphi_n^{(2)}+\varepsilon_n^{(1)}\varphi_n^{(1)}+\varepsilon_n^{(2)}\psi_n^{(0)} \tag{16-6-7}$$

其中,方程(16-6-5)为未受微扰的哈密顿量 $\hat{H}_0$ 的本征值方程,本征值 $E_n^{(0)}$ 和本征函数 $\psi_n^{(0)}$ 都是已知的;或者说,$E_n^{(0)}$ 和 $\psi_n^{(0)}$ 是量子体系哈密顿量 $\hat{H}$ 的本征值和本征函数零级微扰近似。由方程(16-6-6)可以解得量子体系哈密顿量 $\hat{H}$ 的一级微扰修正能量 $E_n^{(1)}=\lambda\varepsilon_n^{(1)}$ 和波函数的一级微扰修正 $\psi_n^{(1)}=\lambda\varphi_n^{(1)}$,从而得到量子体系哈密顿量 $\hat{H}$ 的一级微扰修正。由方程(16-6-7)可以解得量子体系哈密顿量 $\hat{H}$ 的二级微扰修正能量 $E_n^{(2)}=\lambda^2\varepsilon_n^{(2)}$ 和波函数的二级微扰修正 $\psi_n^{(2)}=\lambda^2\varphi_n^{(2)}$,从而得到量子体系哈密顿量 $\hat{H}$ 的二级微扰修正。

1. 能级能量一级微扰修正

把波函数的一级修正项中的 $\varphi_n^{(1)}$ 按 $\hat{H}_0$ 的正交归一化本征函数系 $\{\psi_m^{(0)}\}$ 展开

$$\varphi_n^{(1)}=\sum_m C_{nm}^{(1)}\psi_m^{(0)}=C_{n0}^{(1)}\psi_0^{(0)}+C_{n1}^{(1)}\psi_1^{(0)}+\cdots \tag{16-6-8}$$

将此展开式带入方程(16-6-6),得到(注意:$\hat{H}_0\psi_m^{(0)}=E_m^{(0)}\psi_m^{(0)}$)

$$\hat{H}_0\sum_m C_{nm}^{(1)}\psi_m^{(0)}+\hat{h}\psi_n^{(0)}=E_n^{(0)}\sum_m C_{nm}^{(1)}\psi_m^{(0)}+\varepsilon_n^{(1)}\psi_n^{(0)}$$

$$\sum_m C_{nm}^{(1)}E_m^{(0)}\psi_m^{(0)}+\hat{h}\psi_n^{(0)}=E_n^{(0)}\sum_m C_{nm}^{(1)}\psi_m^{(0)}+\varepsilon_n^{(1)}\psi_n^{(0)}$$

将上式两边左乘 $\psi_k^{(0)*}$，并对整个空间积分，得到

$$\int \psi_k^{(0)*} \sum_m C_{nm}^{(1)} E_m^{(0)} \psi_m^{(0)} d\tau + \int \psi_k^{(0)*} \hat{h} \psi_n^{(0)} d\tau$$

$$= \int \psi_k^{(0)*} E_n^{(0)} \sum_m C_{nm}^{(1)} \psi_m^{(0)} d\tau + \int \psi_k^{(0)*} \varepsilon_n^{(1)} \psi_n^{(0)} d\tau$$

$$\sum_m C_{nm}^{(1)} E_m^{(0)} \int \psi_k^{(0)*} \psi_m^{(0)*} d\tau + \int \psi_k^{(0)} \hat{h} \psi_n^{(0)} d\tau$$

$$= E_n^{(0)} \sum_m C_{nm}^{(1)} \int \psi_k^{(0)*} \psi_m^{(0)} d\tau + \varepsilon_n^{(1)} \int \psi_k^{(0)*} \psi_n^{(0)} d\tau$$

$$\sum_m C_{nm}^{(1)} E_m^{(0)} \delta_{km} + \int \psi_k^{(0)*} \hat{h} \psi_n^{(0)} d\tau = E_n^{(0)} \sum_m C_{nm}^{(1)} \delta_{km} + \varepsilon_n^{(1)} \delta_{kn}$$

$$C_{nk}^{(1)} E_k^{(0)} + \int \psi_k^{(0)*} \hat{h} \psi_n^{(0)} d\tau = E_n^{(0)} C_{nk}^{(1)} + \varepsilon_n^{(1)} \delta_{kn} \tag{16-6-9}$$

令 $k=n$，则由方程(16-6-9)可以得到

$$C_{nn}^{(1)} E_n^{(0)} + \int \psi_n^{(0)*} \hat{h} \psi_n^{(0)} d\tau = E_n^{(0)} C_{nn}^{(1)} + \varepsilon_n^{(1)}$$

$$\varepsilon_n^{(1)} = \int \psi_n^{(0)*} \hat{h} \psi_n^{(0)} d\tau \tag{16-6-10}$$

所以，能量一级微扰修正为

$$E_n^{(1)} = \lambda \varepsilon_n^{(1)} = \lambda \int \psi_n^{(0)*} \hat{h} \psi_n^{(0)} d\tau = \int \psi_n^{(0)*} \hat{H}' \psi_n^{(0)} d\tau = H'_{nn} \tag{16-6-11}$$

$$H'_{nn} = \int \psi_n^{(0)*} \hat{H}' \psi_n^{(0)} d\tau = (\psi_n^{(0)}, \hat{H}' \psi_n^{(0)}) = \langle \psi_n^{(0)} | \hat{H}' | \psi_n^{(0)} \rangle \tag{16-6-12}$$

可见，量子体系的第 n 个能量本征值 E_n 的一级微扰修正值 $E_n^{(1)} = H'_{nn}$ 就是量子体系微扰 $\hat{H}'$ 在 $\hat{H}_0$ 的第 n 个本征态 $\psi_n^{(0)}$ 的平均值。

因此，微扰修正到一级的量子体系的能量为

$$E_n = E_n^{(0)} + \lambda \varepsilon_n^{(1)} = E_n^{(0)} + E_n^{(1)} = E_n^{(0)} + \int \psi_n^{(0)*} \hat{H}' \psi_n^{(0)} d\tau = E_n^{(0)} + H'_{nn} \tag{16-6-13}$$

其中，量子体系的第 n 个能量本征值 E_n 的一级微扰修正值可以表示为

$$E_n^{(1)} = \int \psi_n^{(0)*} \hat{H}' \psi_n^{(0)} d\tau = H'_{nn} = (\psi_n^{(0)}, \hat{H}' \psi_n^{(0)}) = \langle \psi_n^{(0)} | \hat{H}' | \psi_n^{(0)} \rangle \tag{16-6-14}$$

2. 本征函数一级微扰修正

如果令 $k \neq n$，则由方程(16-6-9)可以得到($\delta_{kn}=0$)

$$C_{nk}^{(1)} E_k^{(0)} + \int \psi_k^{(0)*} \hat{h} \psi_n^{(0)} d\tau = E_n^{(0)} C_{nk}^{(1)}$$

$$C_{nk}^{(1)} = \frac{\int \psi_k^{(0)*} \hat{h} \psi_n^{(0)} d\tau}{E_n^{(0)} - E_k^{(0)}} \quad (k \neq n) \tag{16-6-15}$$

所以，微扰修正到一级的本征函数可以表示为

$$\psi_n = \psi_n^{(0)} + \lambda \varphi_n^{(1)} = \psi_n^{(0)} + \lambda \sum_k C_{nk}^{(1)} \psi_k^{(0)} = (1 + \lambda C_{nn}^{(1)}) \psi_n^{(0)} + \lambda \sum_{k \neq n} C_{nk}^{(1)} \psi_k^{(0)} \tag{16-6-16}$$

其中，系数 $C_{nn}^{(1)}$ 还没有确定。

为了确定系数 $C_{nn}^{(1)}$，我们利用式(16-6-3)中 ψ_n 的归一化条件，得到

$$1 = \int \psi_n^* \psi_n d\tau = \int (\psi_n^{(0)} + \lambda \varphi_n^{(1)} + \lambda^2 \varphi_n^{(2)} + \cdots)^* (\psi_n^{(0)} + \lambda \varphi_n^{(1)} + \lambda^2 \varphi_n^{(2)} + \cdots) d\tau$$

$$=\int\begin{pmatrix}\psi_n^{(0)*}\psi_n^{(0)}+\lambda\psi_n^{(0)*}\varphi_n^{(1)}+\lambda\varphi_n^{(1)*}\psi_n^{(0)}+\\ \lambda^2\psi_n^{(0)*}\varphi_n^{(2)}+\lambda^2\varphi_n^{(1)*}\varphi_n^{(1)}+\lambda^2\varphi_n^{(2)*}\psi_n^{(0)}+\cdots\end{pmatrix}d\tau$$

$$=\int\psi_n^{(0)*}\psi_n^{(0)}d\tau+\lambda\int(\psi_n^{(0)*}\varphi_n^{(1)}+\varphi_n^{(1)*}\psi_n^{(0)})d\tau+$$

$$\lambda^2\int(\psi_n^{(0)*}\varphi_n^{(2)}+\varphi_n^{(1)*}\varphi_n^{(1)}+\varphi_n^{(2)*}\psi_n^{(0)})d\tau+\cdots$$

$$=1+\lambda\int(\psi_n^{(0)*}\varphi_n^{(1)}+\varphi_n^{(1)*}\psi_n^{(0)})d\tau+\lambda^2\int\left(\psi_n^{(0)*}\varphi_n^{(2)}+\varphi_n^{(1)*}\varphi_n^{(1)}+\varphi_n^{(2)*}\psi_n^{(0)}\right)d\tau+\cdots$$

由此,得到

$$\int(\psi_n^{(0)*}\varphi_n^{(1)}+\varphi_n^{(1)*}\psi_n^{(0)})d\tau=0 \tag{16-6-17}$$

$$\int(\psi_n^{(0)*}\varphi_n^{(2)}+\varphi_n^{(1)*}\varphi_n^{(1)}+\varphi_n^{(2)*}\psi_n^{(0)})d\tau=0 \tag{16-6-18}$$

将式(16-6-8)带入式(16-6-17),得到

$$\int\left(\psi_n^{(0)*}\sum_m C_{nm}^{(1)}\psi_m^{(0)}+\sum_m C_{nm}^{(1)*}\psi_m^{(0)*}\psi_n^{(0)}\right)d\tau=0$$

$$\sum_m C_{nm}^{(1)}\int\psi_n^{(0)*}\psi_m^{(0)}d\tau+\sum_m C_{nm}^{(1)*}\int\psi_m^{(0)*}\psi_n^{(0)}d\tau=0$$

$$\sum_m C_{nm}^{(1)}\delta_{nm}+\sum_m C_{nm}^{(1)*}\delta_{mn}=0,C_{nn}^{(1)}+C_{nn}^{(1)*}=0$$

这说明 $C_{nn}^{(1)}$ 只是一个纯虚数。令 $C_{nn}^{(1)}=\mathrm{i}\alpha$,并考虑到$|\lambda|<<1$,以及

$$\exp(\mathrm{i}\alpha\lambda)=1+\mathrm{i}\alpha\lambda+\cdots\approx1+\mathrm{i}\alpha\lambda,\exp(-\mathrm{i}\alpha\lambda)=1-\mathrm{i}\alpha\lambda+\cdots\approx1-\mathrm{i}\alpha\lambda$$

将 $C_{nn}^{(1)}=\mathrm{i}\alpha$ 带回微扰修正到一级的本征波函数表达式式(16-6-16),得到

$$\psi_n=\psi_n^{(0)}+\mathrm{i}\alpha\lambda\psi_n^{(0)}+\lambda\sum_{k\neq n}C_{nk}^{(1)}\psi_k^{(0)}=(1+\mathrm{i}\alpha\lambda)\psi_n^{(0)}+\lambda\sum_{k\neq n}C_{nk}^{(1)}\psi_k^{(0)}$$

$$\approx\exp(\mathrm{i}\alpha\lambda)\psi_n^{(0)}+\lambda\sum_{k\neq n}C_{nk}^{(1)}\psi_k^{(0)}=\exp(\mathrm{i}\alpha\lambda)\left[\psi_n^{(0)}+\lambda\exp(-\mathrm{i}\alpha\lambda)\sum_{k\neq n}C_{nk}^{(1)}\psi_k^{(0)}\right]$$

$$\approx\exp(\mathrm{i}\alpha\lambda)\left[\psi_n^{(0)}+\lambda(1-\mathrm{i}\alpha\lambda)\sum_{k\neq n}C_{nk}^{(1)}\psi_k^{(0)}\right]$$

$$\approx\exp(\mathrm{i}\alpha\lambda)\left[\psi_n^{(0)}+(\lambda-\mathrm{i}\alpha\lambda^2)\sum_{k\neq n}C_{nk}^{(1)}\psi_k^{(0)}\right]$$

$$\approx\exp(\mathrm{i}\alpha\lambda)\left[\psi_n^{(0)}+\lambda\sum_{k\neq n}C_{nk}^{(1)}\psi_k^{(0)}\right]=\exp(\mathrm{i}\alpha\lambda)\left[\psi_n^{(0)}+\lambda\sum_{k\neq n}C_{nk}^{(1)}\psi_k^{(0)}\right]$$

这里 $\exp(\mathrm{i}\alpha\lambda)$ 只是一个相位因子。按量子力学基本原理,波函数可以有一个相位因子的差别。因此,该量子态的波函数也可以表示为 $\psi_n=\psi_n^{(0)}+\lambda\sum_{k\neq n}C_{nk}^{(1)}\psi_k^{(0)}$。与式(16-6-16)比较,得

$$C_{nn}^{(1)}=0 \tag{16-6-19}$$

最终,我们得到了体系哈密顿量 $\hat{H}$ 的微扰修正到一级的本征函数

$$\psi_n=\psi_n^{(0)}+\lambda\varphi_n^{(1)}=\psi_n^{(0)}+\lambda\sum_{k\neq n}C_{nk}^{(1)}\psi_k^{(0)}=\psi_n^{(0)}+\lambda\frac{\int\psi_k^{(0)*}\hat{h}\psi_n^{(0)}d\tau}{E_n^{(0)}-E_k^{(0)}}$$

$$\psi_n=\psi_n^{(0)}+\sum_{k\neq n}\frac{\int\psi_k^{(0)*}\hat{H}'\psi_n^{(0)}d\tau}{E_n^{(0)}-E_k^{(0)}}\psi_k^{(0)}=\psi_n^{(0)}+\sum_{k\neq n}\frac{H'_{kn}}{E_n^{(0)}-E_k^{(0)}}\psi_k^{(0)} \tag{16-6-20}$$

其中的微扰矩阵元为

$$H'_{kn}=\int\psi_k^{(0)*}\hat{H}'\psi_n^{(0)}d\tau=(\psi_k^{(0)},\hat{H}'\psi_n^{(0)})=\langle\psi_k^{(0)}|\hat{H}'|\psi_n^{(0)}\rangle \tag{16-6-21}$$

实际上，我们之所以选择 $C_{nn}^{(1)}=0$，是因为在式(16-6-16)中，求和项中没有 $\psi_n^{(0)}$ 项，而 $\psi_n^{(0)}$ 项的系数为$(1+\lambda C_{nn}^{(1)})$，选择 $C_{nn}^{(1)}=0$ 仅仅是 $\psi_n^{(0)}$ 项的系数为 1。这样，微扰修正到一级的本征函数 ψ_n 可能不是正交归一的。当然，如果有需要，我们可以将式(16-6-20)表达的本征函数系$\{\psi_n\}$进行正交归一处理。

由式(16-6-20)可见，微扰修正到一级的本征波函数 ψ_n 实际上是没有微扰时的哈密顿量 $\hat{H}_0$ 的正交归一本征函数系$\{\psi_n^{(0)}\}$的线性组合。根据本征函数系$\{\psi_n^{(0)}\}$的正交归一性，由式(16-6-20)可以得到 ψ_n 的归一化系数 A，从而可将 ψ_n 归一化。

至于微扰修正到一级的本征波函数系$\{\psi_n\}=\psi_1,\psi_2,\cdots$的正交性问题，需要将量子体系受到微扰后的全部"修正到一级的本征波函数"都找到，才能进行正交化处理。要注意，由式(16-6-20)表示的 ψ_n 是哈密顿量 $\hat{H}_0$ 的第 n 个能级一级修正后的能级 $E_n=E_n^{(0)}+E_n^{(1)}$ 的修正到一级的本征函数。

3. 能级能量二级微扰修正

把波函数的二级修正项中的 $\varphi_n^{(2)}$ 按 $\hat{H}_0$ 的正交归一本征函数系$\{\psi_m^{(0)}\}$展开

$$\varphi_n^{(2)}=\sum_m C_{nm}^{(2)}\psi_m^{(0)}=C_{n0}^{(2)}\psi_0^{(0)}+C_{n1}^{(2)}\psi_1^{(0)}+\cdots \tag{16-6-22}$$

将式(16-6-8)和式(16-6-22)带入方程(16-6-7)，得到(利用 $\hat{H}_0\psi_m^{(0)}=E_m^{(0)}\psi_m^{(0)}$)

$$\hat{H}_0\sum_m C_{nm}^{(2)}\psi_m^{(0)}+\hat{h}\sum_m C_{nm}^{(1)}\psi_m^{(0)}=E_n^{(0)}\sum_m C_{nm}^{(2)}\psi_m^{(0)}+\varepsilon_n^{(1)}\sum_m C_{nm}^{(1)}\psi_m^{(0)}+\varepsilon_n^{(2)}\psi_n^{(0)}$$

$$\sum_m C_{nm}^{(2)}E_m^{(0)}\psi_m^{(0)}+\hat{h}\sum_m C_{nm}^{(1)}\psi_m^{(0)}=E_n^{(0)}\sum_m C_{nm}^{(2)}\psi_m^{(0)}+\varepsilon_n^{(1)}\sum_m C_{nm}^{(1)}\psi_m^{(0)}+\varepsilon_n^{(2)}\psi_n^{(0)}$$

将上式两边左乘 $\psi_k^{(0)*}$，并对整个空间积分，得到

$$\sum_m C_{nm}^{(2)}E_m^{(0)}\int\psi_k^{(0)*}\psi_m^{(0)}\mathrm{d}\tau+\sum_m C_{nm}^{(1)}\int\psi_k^{(0)*}\hat{h}\psi_m^{(0)}\mathrm{d}\tau$$

$$=E_n^{(0)}\sum_m C_{nm}^{(2)}\int\psi_k^{(0)*}\psi_m^{(0)}\mathrm{d}\tau+\varepsilon_n^{(1)}\sum_m C_{nm}^{(1)}\int\psi_k^{(0)*}\psi_m^{(0)}\mathrm{d}\tau+\varepsilon_n^{(2)}\int\psi_k^{(0)*}\psi_n^{(0)}\mathrm{d}\tau$$

$$\sum_m C_{nm}^{(2)}E_m^{(0)}\delta_{km}+\sum_m C_{nm}^{(1)}\int\psi_k^{(0)*}\hat{h}\psi_m^{(0)}\mathrm{d}\tau$$

$$=E_n^{(0)}\sum_m C_{nm}^{(2)}\delta_{km}+\varepsilon_n^{(1)}\sum_m C_{nm}^{(1)}\delta_{km}+\varepsilon_n^{(2)}\delta_{kn}$$

$$C_{nk}^{(2)}E_k^{(0)}+\sum_m C_{nm}^{(1)}\int\psi_k^{(0)*}\hat{h}\psi_m^{(0)}\mathrm{d}\tau=E_n^{(0)}C_{nk}^{(2)}+\varepsilon_n^{(1)}C_{nk}^{(1)}+\varepsilon_n^{(2)}\delta_{kn} \tag{16-6-23}$$

令 $k=n$，则由方程(16-6-23)可以得到

$$C_{nn}^{(2)}E_n^{(0)}+\sum_m C_{nm}^{(1)}\int\psi_n^{(0)*}\hat{h}\psi_m^{(0)}\mathrm{d}\tau=E_n^{(0)}C_{nn}^{(2)}+\varepsilon_n^{(1)}C_{nn}^{(1)}+\varepsilon_n^{(2)}$$

$$\varepsilon_n^{(2)}=\sum_m C_{nm}^{(1)}\int\psi_n^{(0)*}\hat{h}\psi_m^{(0)}\mathrm{d}\tau-\varepsilon_n^{(1)}C_{nn}^{(1)} \tag{16-6-24}$$

所以，能量二级微扰修正表示为($C_{nn}^{(1)}=0$)

$$E_n^{(2)}=\lambda^2\varepsilon_n^{(2)}=\lambda^2\sum_m C_{nm}^{(1)}\int\psi_n^{(0)*}\hat{h}\psi_m^{(0)}\mathrm{d}\tau=\sum_m\lambda C_{nm}^{(1)}\int\psi_n^{(0)*}\lambda\hat{h}\psi_m^{(0)}\mathrm{d}\tau$$

$$=\sum_{m\neq n}\frac{\int\psi_m^{(0)*}\hat{H}'\psi_n^{(0)}\mathrm{d}\tau}{E_n^{(0)}-E_m^{(0)}}\int\psi_n^{(0)*}\hat{H}'\psi_m^{(0)}\mathrm{d}\tau=\sum_{m\neq n}\frac{|H'_{mn}|^2}{E_n^{(0)}-E_m^{(0)}}$$

$$E_n^{(2)}=\sum_{m\neq n}\frac{|H'_{mn}|^2}{E_n^{(0)}-E_m^{(0)}} \tag{16-6-25}$$

因此,微扰修正到二级的量子体系能级能量为

$$E_n = E_n^{(0)} + E_n^{(1)} + E_n^{(2)} = E_n^{(0)} + H'_{nn} + \sum_{m \neq n} \frac{|H'_{mn}|^2}{E_n^{(0)} - E_m^{(0)}} \tag{16-6-26}$$

其中,量子体系的第 n 个能量本征值 E_n 的二级微扰修正矩阵元 H'_{mn} 可以表示为

$$H'_{mn} = \int \psi_m^{(0)*} \hat{H}' \psi_n^{(0)} \mathrm{d}\tau = (\psi_m^{(0)}, \psi_n^{(0)}) = \langle \psi_m^{(0)} | \hat{H}' | \psi_n^{(0)} \rangle \tag{16-6-27}$$

对于定态非简并微扰,一般只要求计算能级能量的第一、二级修正,本征函数要求近似到一级修正。

二、定态简并微扰理论

在很多量子体系的束缚态问题中,能级往往是简并的,即一个能级能量对应多个态,或者说,若干个线性无关的本征函数属于同一个能量本征值。比如,三维线性谐振子,除基态能级外,其他激发态能级都是简并的(不同激发态能级的简并度不同);氢原子,除基态能级外,其他激发态能级都是简并的。这样,当量子体系受到微扰作用时,在计算能级能量微扰修正值时,首先遇到的问题是:对同一个能级,如何从若干个本征函数(简并态)中选择零级波函数。因此,发展定态简并微扰理论是必要的。

实际上,在定态简并微扰理论中,我们是把未受微扰的哈密顿量的本征函数的线性组合作为定态简并微扰的零级本征函数来计算能级能量的微扰修正值。

设量子体系未受微扰的哈密顿量 $\hat{H}_0$ 的本征值(定态能级能量)为 $E_n^{(0)}$ 的能级是 k 度简并的,即本征值 $E_n^{(0)}$ 有 k 个线性无关的本征函数 $\psi_{ni}^{(0)}$,所以

$$\hat{H}_0 \psi_{ni}^{(0)} = E_n^{(0)} \psi_{ni}^{(0)}, i = 1, 2, \cdots, k \tag{16-6-28}$$

这里,$\{\psi_{ni}^{(0)}\}$ 为哈密顿量 $\hat{H}_0$ 的本征值 $E_n^{(0)}$ 的 k 个正交归一的本征函数,任何一个波函数都可以用 $\{\psi_{ni}^{(0)}\}$ 的线性组合(展开)来表达。

如果量子体系受到微扰 $\hat{H}'$ 的作用,则量子体系的哈密顿量 $\hat{H}$ 和它的本征值方程表示为

$$\hat{H} = \hat{H}_0 + \hat{H}' = \hat{H}_0 + \lambda \hat{h}, \hat{H}' = \lambda \hat{h} \tag{16-6-29}$$

$$\hat{H}\psi_n = E_n \psi_n, (\hat{H}_0 + \hat{H}')\psi_n = E_n \psi_n, (\hat{H}_0 + \lambda \hat{h})\psi_n = E_n \psi_n \tag{16-6-30}$$

这里,$|\lambda| << 1$,λ 表示了这一微扰的强度比较弱。

首先,将 $\hat{H}$ 的本征值 E_n 按 λ 的幂级数展开

$$E_n = E_n^{(0)} + \lambda \varepsilon_n^{(1)} + \lambda^2 \varepsilon_n^{(2)} + \cdots = E_n^{(0)} + E_n^{(1)} + E_n^{(2)} + \cdots \tag{16-6-31}$$

其中,本征值 E_n(能量)的第一、二等的修正值分别表示为

$$E_n^{(1)} = \lambda \varepsilon_n^{(1)}, E_n^{(2)} = \lambda^2 \varepsilon_n^{(2)}, \cdots \tag{16-6-32}$$

再将 $\hat{H}$ 的本征值 E_n 的本征函数 ψ_n 按正交归一本征函数系 $\{\psi_{ni}^{(0)}\}$ 展开

$$\psi_n = \sum_{i=1}^{k} C_{ni}^{(0)} \psi_{ni}^{(0)} = C_{n1}^{(0)} \psi_{n1}^{(0)} + C_{n2}^{(0)} \psi_{n2}^{(0)} + \cdots + C_{nk}^{(0)} \psi_{nk}^{(0)} \tag{16-6-33}$$

将 E_n 的展开式(16-6-31)和 ψ_n 的展开式(16-6-33)带入 $\hat{H}$ 的本征值方程式(16-6-30),并注意 $\hat{H}_0 \psi_{ni}^{(0)} = E_n^{(0)} \psi_{ni}^{(0)}$,可以得到方程

$$(\hat{H}_0 + \lambda \hat{h}) \sum_{i=1}^{k} C_{ni}^{(0)} \psi_{ni}^{(0)} = (E_n^{(0)} + \lambda \varepsilon_n^{(1)} + \lambda^2 \varepsilon_n^{(2)} + \cdots) \sum_{i=1}^{k} C_{ni}^{(0)} \psi_{ni}^{(0)}$$

$$E_n^{(0)}\sum_{i=1}^{k}C_{ni}^{(0)}\psi_{ni}^{(0)}+\lambda\sum_{i=1}^{k}C_{ni}^{(0)}\hat{h}\psi_{ni}^{(0)}$$
$$=E_n^{(0)}\sum_{i=1}^{k}C_{ni}^{(0)}\psi_{ni}^{(0)}+\lambda\varepsilon_n^{(1)}\sum_{i=1}^{k}C_{ni}^{(0)}\psi_{ni}^{(0)}+\lambda^2\varepsilon_n^{(2)}\sum_{i=1}^{k}C_{ni}^{(0)}\psi_{ni}^{(0)}+\cdots$$
$$\lambda\sum_{i=1}^{k}C_{ni}^{(0)}\hat{h}\psi_{ni}^{(0)}=\lambda\varepsilon_n^{(1)}\sum_{i=1}^{k}C_{ni}^{(0)}\psi_{ni}^{(0)}+\lambda^2\varepsilon_n^{(2)}\sum_{i=1}^{k}C_{ni}^{(0)}\psi_{ni}^{(0)}+\cdots \tag{16-6-34}$$

比较 λ 的同次幂的系数应该相等(只需比较 λ 的一次幂),得到方程

$$\sum_{i=1}^{k}C_{ni}^{(0)}\hat{h}\psi_{ni}^{(0)}=\varepsilon_n^{(1)}\sum_{i=1}^{k}C_{ni}^{(0)}\psi_{ni}^{(0)} \tag{16-6-35}$$

将式(16-6-35)打开,用 $\psi_{nj}^{(0)*}$ 左乘并对全域积分(注意:$\int\psi_{nj}^{(0)*}\psi_{ni}^{(0)}\mathrm{d}\tau=\delta_{ji}$),得到

$$C_{n1}^{(0)}\int\psi_{nj}^{(0)*}\hat{h}\psi_{n1}^{(0)}\mathrm{d}\tau+C_{n2}^{(0)}\int\psi_{nj}^{(0)*}\hat{h}\psi_{n2}^{(0)}\mathrm{d}\tau+\cdots+C_{nk}^{(0)}\int\psi_{nj}^{(0)*}\hat{h}\psi_{nk}^{(0)}\mathrm{d}\tau$$
$$=C_{n1}^{(0)}\varepsilon_n^{(1)}\int\psi_{nj}^{(0)*}\psi_{n1}^{(0)}\mathrm{d}\tau+C_{n2}^{(0)}\varepsilon_n^{(1)}\int\psi_{nj}^{(0)*}\psi_{n2}^{(0)}\mathrm{d}\tau+\cdots+C_{nk}^{(0)}\varepsilon_n^{(1)}\int\psi_{nj}^{(0)*}\psi_{nk}^{(0)}\mathrm{d}\tau$$
$$C_{n1}^{(0)}h_{j1}+C_{n2}^{(0)}h_{j2}+\cdots+C_{nk}^{(0)}h_{jk}=C_{n1}^{(0)}\varepsilon_n^{(1)}\delta_{j1}+C_{n2}^{(0)}\varepsilon_n^{(1)}\delta_{j2}+\cdots+C_{nk}^{(0)}\varepsilon_n^{(1)}\delta_{jk}$$
$$\sum_{i=1}^{k}C_{ni}^{(0)}h_{ji}=\varepsilon_n^{(1)}\sum_{i=1}^{k}C_{ni}^{(0)}\delta_{ji},\ h_{ji}=\int\psi_{nj}^{(0)*}\hat{h}\psi_{ni}^{(0)}\mathrm{d}\tau \tag{16-6-36}$$

考虑到 $\hat{H}'=\lambda\hat{h}$ 和 $E_n^{(1)}=\lambda\varepsilon_n^{(1)}$,有

$$H'_{ji}=\lambda h_{ji}=\int\psi_{nj}^{(0)*}\lambda\hat{h}\psi_{ni}^{(0)}\mathrm{d}\tau=\int\psi_{nj}^{(0)*}\hat{H}'\psi_{ni}^{(0)}\mathrm{d}\tau$$

式(16-6-36)可以改写为

$$\sum_{i=1}^{k}C_{ni}^{(0)}H'_{ji}=E_n^{(1)}\sum_{i=1}^{k}C_{ni}^{(0)}\delta_{ji} \tag{16-6-37}$$

式(16-6-37)可以进一步改写为

$$\sum_{i=1}^{k}(H'_{ji}-E_n^{(1)}\delta_{ji})C_{ni}^{(0)}=0,\ H'_{ji}=\int\psi_{nj}^{(0)*}\hat{H}'\psi_{ni}^{(0)}\mathrm{d}\tau \tag{16-6-38}$$

式(16-6-38)是以系数 $C_{ni}^{(0)}$ 为未知数的线性齐次方程组。该方程有不为零解的条件是

$$\begin{vmatrix} H'_{11}-E_n^{(1)} & H'_{12} & \cdots & H'_{1k} \\ H'_{21} & H'_{22}-E_n^{(1)} & \cdots & H'_{2k} \\ \vdots & \vdots & \vdots & \vdots \\ H'_{k1} & H'_{k2} & \cdots & H'_{kk}-E_n^{(1)} \end{vmatrix}=0 \tag{16-6-39}$$

这就是所谓的“久期方程”。因为 H'_{ji} 是可以提前计算出来的,所以,解久期方程可以得到 $E_n^{(1)}$ 的若干值,这就是量子体系第 n 个能级能量的一级微扰修正值。解得的 $E_n^{(1)}$ 值可能有若干个(不会超过该能级简并度 k 个),这就是 $\hat{H}_0$ 的能级在微扰 $\hat{H}'$ 作用下的分裂。

我们看到,由于 $\psi_{ni}^{(0)}$ 已知,所以微扰矩阵元 H'_{ji}($H'_{ji}=\int\psi_{nj}^{(0)*}\hat{H}'\psi_{ni}^{(0)}\mathrm{d}\tau$)是可以求得的量(数),解久期方程式(16-6-39)可以得到若干 $E_n^{(1)}$ 的值。将解得的 $E_n^{(1)}$ 每一个值带回式(16-6-38),就可以得到与每一个 $E_n^{(1)}$ 值对应的系数值 $\{C_{ni}^{(0)}\}$。将系数值 $\{C_{ni}^{(0)}\}$ 带回式(16-6-33),就得到修正后的量子体系哈密顿量 $\hat{H}$ 的零级微扰本征函数修正。

一般来说,对于定态非简并的情况,微扰方法只需计算到各个能级能量的一级修正。如果

能级 $E_n^{(0)}$ 是k 度简并的,由久期方程可以解得 k 个 $E_n^{(1)}$ 值。对于$\hat{H}_0$ 的第 n 个能级能量$E_n^{(0)}$,如果可以解得k 个不同的$E_n^{(1)}$ 值(久期方程没有重根),则在微扰$\hat{H}'$ 的作用下,$\hat{H}_0$ 的第n 个能级 $E_n^{(0)}$ 分裂为k 个能级($E_{ni}=E_n^{(0)}+E_{ni}^{(1)}$;$i=1,2,\cdots,k$);将 E_{ni} 带回本征值方程,可以得到对于每一个 E_{ni} 值所对应的系数$\{C_{ni}^{(0)}\}$,能级 $E_n^{(0)}$ 的简并将完全解除;修正后的本征函数也是完全确定的线性无关的 k 个波函数。如果久期方程有重根,则$\hat{H}_0$ 能级 $E_n^{(0)}$ 的简并不完全解除,相应的本征波函数也是不完全确定的。

对于定态简并微扰,一般只要求计算到能级能量的一级修正值。

三、含时微扰理论

量子体系具有本身固有的能量值(本征值),也有一系列的固有本征态(本征函数)。量子体系可以处于任何一个本征态。当量子体系的哈密顿量不随时间变化时,体系处于定态,量子体系处于各个本征态(本征函数)的概率是确定的。定态微扰理论,最重要的是解决量子体系处于定态时,在不能精确求得体系能级能量的情况下,使能级能量值尽量精确的问题。

当量子体系受到一个与时间变量有关的微扰作用时,体系的哈密顿量随时间变化,体系处于非定态。尽管如此,某一时刻,体系仍然会处于该量子体系的某个本征态(或者说,处于本征态的组合态),只是处于各个本征态的概率可能随时间变化。具体表现为,体系从一个定态过度到另一个定态,这就是所谓的“量子跃迁”。

1. 含时微扰理论

设量子体系的哈密顿量 $\hat{H}$ 可以分成与时间无关的部分 $\hat{H}_0$ 和与时间有关的部分 $\hat{H}'(t)$

$$\hat{H}(t)=\hat{H}_0+\hat{H}'(t) \tag{16-6-40}$$

其中,与时间无关的算符 $\hat{H}_0$ 的本征值 E_n 和本征函数 ψ_n 已知

$$\hat{H}_0\psi_n=E_n\psi_n\,,\varphi_n=\psi_n\exp\left(-\frac{\mathrm{i}}{\hbar}E_nt\right) \tag{16-6-41}$$

由于量子体系的哈密顿量 $\hat{H}(t)$显含时间变量 t,描述量子体系状态的波函数 $\psi(\boldsymbol{r},t)$满足的是含时薛定谔方程

$$\mathrm{i}\hbar\frac{\partial\psi}{\partial t}=\hat{H}(t)\psi,\mathrm{i}\hbar\frac{\partial\psi}{\partial t}=[\hat{H}_0+\hat{H}'(t)]\psi \tag{16-6-42}$$

当量子体系受到随时间变量 t 变化的微扰 $\hat{H}'(t)$作用时,尽管量子体系可能处于非定态,但其状态(波函数)仍然可以是量子体系定态哈密顿量 $\hat{H}_0$ 的本征态(本征函数)的线性组合,只是线性组合(展开)的系数是随时间变量 t 变化的。

为了求解含时薛定谔方程,我们将量子体系的波函数(含时薛定谔方程的解)$\psi(t)$按体系定态哈密顿量 $\hat{H}_0$ 的本征函数$\{\varphi_n\}$(含时)线性展开

$$\psi(t)=\sum_n a_n(t)\varphi_n=\sum_n a_n(t)\psi_n\exp\left(-\frac{\mathrm{i}}{\hbar}E_nt\right) \tag{16-6-43}$$

将式(16-6-40)和式(16-6-43)带回式(16-6-42),得到

$$\mathrm{i}\hbar\frac{\partial}{\partial t}\sum_n a_n(t)\psi_n\exp\left(-\frac{\mathrm{i}}{\hbar}E_nt\right)=[\hat{H}_0+\hat{H}'(t)]\sum_n a_n(t)\psi_n\exp\left(-\frac{\mathrm{i}}{\hbar}E_nt\right)$$

$$\mathrm{i}\hbar\sum_n\frac{\mathrm{d}a_n(t)}{\mathrm{d}t}\psi_n\exp\left(-\frac{\mathrm{i}}{\hbar}E_nt\right)+\sum_n a_n(t)E_n\psi_n\exp\left(-\frac{\mathrm{i}}{\hbar}E_nt\right)$$

$$= \sum_n a_n(t) E_n \psi_n \exp\left(-\frac{i}{\hbar}E_n t\right) + \sum_n a_n(t)\hat{H}'(t)\psi_n \exp\left(-\frac{i}{\hbar}E_n t\right)$$

$$i\hbar \sum_n \frac{da_n(t)}{dt}\varphi_n + \sum_n a_n(t)E_n\varphi_n = \sum_n a_n(t)E_n\varphi_n + \sum_n a_n(t)\hat{H}'(t)\varphi_n$$

$$i\hbar \sum_n \frac{da_n(t)}{dt}\varphi_n = \sum_n a_n(t)\hat{H}'(t)\varphi_n \tag{16-6-44}$$

$$i\hbar \sum_n \frac{da_n(t)}{dt}\psi_n \exp\left(-\frac{i}{\hbar}E_n t\right) = \sum_n a_n(t)\hat{H}'(t)\psi_n \exp\left(-\frac{i}{\hbar}E_n t\right) \tag{16-6-45}$$

上述推导用到：φ_n 是 $\hat{H}_0$ 属于本征值 E_n 的本征函数

$$\hat{H}_0\varphi_n = \hat{H}_0\left[\psi_n \exp\left(-\frac{i}{\hbar}E_n t\right)\right] = E_n\psi_n \exp\left(-\frac{i}{\hbar}E_n t\right) = E_n\varphi_n, \int \psi_m^*\psi_n d\tau = \delta_{mn}$$

以 $\varphi_m^* = \psi_m^* \exp\left(\frac{i}{\hbar}E_m t\right)$ 左乘式(16-6-45)的两边，并对整个空间积分，得到

$$\int i\hbar \sum_n \frac{da_n(t)}{dt}\psi_m^*\psi_n \exp\left[\frac{i}{\hbar}(E_m - E_n)t\right] d\tau$$

$$= \int \sum_n a_n(t)\psi_m^*\hat{H}'(t)\psi_n \exp\left[\frac{i}{\hbar}(E_m - E_n)t\right] d\tau$$

$$i\hbar \sum_n \frac{da_n(t)}{dt}\exp(i\omega_{mn}t)\int \psi_m^*\psi_n d\tau = \sum_n a_n(t)\exp(i\omega_{mn}t)\int \psi_m^*\hat{H}'(t)\psi_n d\tau$$

$$i\hbar \sum_n \frac{da_n(t)}{dt}\exp(i\omega_{mn}t)\delta_{mn} = \sum_n a_n(t)\exp(i\omega_{mn}t)H'_{mn}$$

$$i\hbar \frac{da_m(t)}{dt}\exp(i\omega_{mm}t) = \sum_n a_n(t)H'_{mn}\exp(i\omega_{mn}t)$$

$$i\hbar \frac{da_m(t)}{dt} = \sum_n a_n(t)H'_{mn}\exp(i\omega_{mn}t) \tag{16-6-46}$$

这实质上是在 $\hat{H}_0$ 为对角矩阵的表象中的含时薛定谔方程。解此方程，可以得到波函数 $\psi(t)$ 按体系定态哈密顿量 $\hat{H}_0$ 的本征函数 $\{\varphi_n\}$（含时）线性展开的各个系数 $a_n(t)$。

在式(16-6-46)中，我们引入了两个参量。其中

$$H'_{mn} = \int \psi_m^*\hat{H}'(t)\psi_n d\tau \tag{16-6-47}$$

称为微扰矩阵元。另一个参量

$$\omega_{mn} = \frac{E_m - E_n}{\hbar} \tag{16-6-48}$$

是量子体系（粒子）从 E_n 能级跃迁到 E_m 能级的玻尔频率。

为了求解方程(16-6-46)，将方程的解 $a_n(t)$ 按 λ 的幂级数展开

$$a_n(t) = a_n^{(0)}(t) + a_n^{(1)}(t) + a_n^{(2)}(t) + \cdots = b_n^{(0)}(t) + \lambda b_n^{(1)}(t) + \lambda^2 b_n^{(2)}(t) + \cdots \tag{16-6-49}$$

令微扰 $\hat{H}'(t) = \lambda\hat{h}(t)(H'_{mn} = \lambda h_{mn})$，并将 $a_n(t)$ 展开式带回方程(16-6-46)，得到

$$i\hbar \frac{d}{dt}\left[b_m^{(0)}(t) + \lambda b_m^{(1)}(t) + \lambda^2 b_m^{(2)}(t) + \cdots\right]$$

$$= \sum_n \left[b_n^{(0)}(t) + \lambda b_n^{(1)}(t) + \lambda^2 b_n^{(2)}(t) + \cdots\right]\lambda h_{mn}\exp(i\omega_{mn}t)$$

$$i\hbar \frac{db_m^{(0)}(t)}{dt} + \lambda i\hbar \frac{db_m^{(1)}(t)}{dt} + \lambda^2 i\hbar \frac{db_m^{(2)}(t)}{dt} + \cdots$$

$$=\lambda\sum_n b_n^{(0)}(t)h_{mn}\exp(\mathrm{i}\omega_{mn}t)+\lambda^2\sum_n b_n^{(1)}(t)h_{mn}\exp(\mathrm{i}\omega_{mn}t)+\cdots$$

比较上式的两边,λ 的同次幂的系数应该相等,由此得到

$$\mathrm{i}\hbar\frac{\mathrm{d}b_m^{(0)}(t)}{\mathrm{d}t}=0,\mathrm{i}\hbar\frac{\mathrm{d}b_m^{(1)}(t)}{\mathrm{d}t}=\sum_n b_n^{(0)}(t)h_{mn}\exp(\mathrm{i}\omega_{mn}t),$$

$$\mathrm{i}\hbar\frac{\mathrm{d}b_m^{(2)}(t)}{\mathrm{d}t}=\sum_n b_n^{(1)}(t)h_{mn}\exp(\mathrm{i}\omega_{mn}t),\cdots$$

由于 $a_n^{(0)}(t)=b_n^{(0)}(t),a_n^{(1)}(t)=\lambda b_n^{(1)}(t),a_n^{(2)}(t)=\lambda^2 b_n^{(2)}(t),H'_{mn}=\lambda h_{mn}$,所以

$$\mathrm{i}\hbar\frac{\mathrm{d}a_m^{(0)}(t)}{\mathrm{d}t}=0 \tag{16-6-50}$$

$$\mathrm{i}\hbar\frac{\mathrm{d}a_m^{(1)}(t)}{\mathrm{d}t}=\sum_n a_n^{(0)}(t)H'_{mn}\exp(\mathrm{i}\omega_{mn}t) \tag{16-6-51}$$

$$\mathrm{i}\hbar\frac{\mathrm{d}a_m^{(2)}(t)}{\mathrm{d}t}=\sum_n a_n^{(1)}(t)H'_{mn}\exp(\mathrm{i}\omega_{mn}t) \tag{16-6-52}$$

依次解这一组微分方程,可以求得 $\{a_m^{(0)}(t),a_m^{(1)}(t),a_m^{(2)}(t),\cdots\}$,也就是 $\psi(t)$ 按体系定态哈密顿量 $\hat{H}_0$ 的本征函数 $\{\varphi_m\}$(含时)线性展开的系数 $a_m(t)$ 的各级近似值,从而得到波函数 $\psi(t)$ 的第 m 个展开系数的近似值

$$a_m(t)=a_m^{(0)}(t)+a_m^{(1)}(t)+a_m^{(2)}(t)+\cdots \tag{16-6-53}$$

实际上,在大多数情况下,求到第一级近似 $a_m^{(1)}(t)$ 就已经足够了。

由方程(16-6-50)可见,$a_m^{(0)}(t)$ 是不随时间变化的,$a_m^{(0)}(t)=a_m^{(0)}(t_0)$,其值取决于初始条件。如果在初始时刻($t=t_0$)量子体系处于 $\hat{H}_0$ 的第 k 个本征态 φ_k,也就是量子体系处于本征态 φ_k 的概率为 1,即除了系数 $a_k^{(0)}(t_0)$ 为 1 以外的其他本征态的展开系数 $a_m^{(0)}(t_0)(m\neq k)$ 均为零

$$a_m^{(0)}(t)=a_m^{(0)}(t_0)=\delta_{mk},a_m^{(1)}(t)=a_m^{(2)}(t_0)=\cdots=0 \tag{16-6-54}$$

如果在初始时刻($t=t_0$)量子体系处于 $\hat{H}_0$ 的第 k 个本征态 φ_k,将式(16-6-54)带回方程(16-6-51),得到(注意 $a_n^{(0)}(t)=a_n^{(0)}(t_0)=\delta_{nk}$)

$$\mathrm{i}\hbar\frac{\mathrm{d}a_m^{(1)}(t)}{\mathrm{d}t}=\sum_n\delta_{nk}H'_{mn}\exp(\mathrm{i}\omega_{mn}t)=H'_{mk}\exp(\mathrm{i}\omega_{mk}t)$$

积分上式,得到初始时刻($t=t_0$)量子体系处于 $\hat{H}_0$ 的第 k 个本征态 φ_k,t 时刻量子体系处于 $\hat{H}_0$ 的第 m 个本征态 φ_m 的展开系数一级修正值表达式($m\neq k$)

$$a_{mk}^{(1)}(t)=\frac{1}{\mathrm{i}\hbar}\int_{t_0}^{t}H'_{mk}\exp(\mathrm{i}\omega_{mk}t)\,\mathrm{d}t \tag{16-6-55}$$

$$a_{mk}^{(1)}(t)=\frac{1}{\mathrm{i}\hbar}\int_{t_0}^{t}\int\psi_m^*\hat{H}'(t)\psi_k\exp\left[\frac{\mathrm{i}}{\hbar}(E_m-E_k)t\right]\mathrm{d}t\,\mathrm{d}\tau \tag{16-6-56}$$

因此,在一级近似下,$a_m(t)$ 的展开系数表示为

$$a_{mk}(t)=a_m^{(0)}(t)+a_{mk}^{(1)}(t)=\delta_{mk}+\frac{1}{\mathrm{i}\hbar}\int_{t_0}^{t}H'_{mk}\exp(\mathrm{i}\omega_{mk}t)\,\mathrm{d}t \tag{16-6-57}$$

据此,在已知量子体系受到的含时微扰 $\hat{H}'(t)$ 和量子体系没有受到微扰时哈密顿量 $\hat{H}_0$ 的本征函数系 $\{\varphi_n\}$ 的条件下,可以给出量子体系处于 $\hat{H}_0$ 的第 m 个本征态的波函数(初态 φ_k,末

态 φ_m)的一级近似。如果需要更精确的近似,可由得到的 $a_m^{(1)}(t)$带回方程(16-6-52),从而求得展开系数的二级修正值 $a_m^{(2)}(t)$,进而得到量子体系处于 $\hat{H}_0$ 的第 m 个本征态的波函数的二级近似。可见,在微扰 $\hat{H}'(t)$的作用下,量子体系可以由初态 φ_k 过度到末态 φ_m。

2. 量子跃迁概率

假设量子体系在 $t<t_0$ 的时间内没有受到外界的微扰作用,量子体系处于 $\hat{H}_0$ 的第 k 个能级的本征态 $\varphi_k=\psi_k\exp(-\mathrm{i}E_k t/\hbar)$;当 $t\geqslant t_0$ 时,量子体系受到微扰 $\hat{H}'(t)$的作用过渡到状态 $\varphi_n=\psi_n\exp(-\mathrm{i}E_n t/\hbar)$,这就是量子跃迁。由展开式(16-6-43)可以知道,$|a_{nk}(t)|^2$ 就表示了量子体系由初态 φ_k 跃迁到末态 φ_n 的概率,而 $a_{nk}(t)$被称为跃迁振幅。因此,量子体系从初态 φ_k 跃迁到末态 φ_n 的概率可以表示为

$$P_{nk}(t)=|a_{nk}(t)|^2=\frac{1}{\hbar^2}\left|\int_{t_0}^{t}H'_{nk}\exp(\mathrm{i}\omega_{nk}t)\,\mathrm{d}t\right|^2 \tag{16-6-58}$$

由式(16-6-58)可见,量子跃迁的概率 $P_{nk}(t)$不仅与含时微扰 $\hat{H}'(t)$有关,还与初态 φ_k 和末态 φ_n 有关。所以,即使对于相同的含时微扰 $\hat{H}'(t)$和初态 φ_k,末态 φ_n 不同,量子跃迁的概率 $P_{nk}(t)$不同。有些量子跃迁的概率 $P_{nk}(t)=0$,表达的是这些量子跃迁是禁止的,这就是跃迁选择定则。另外,即使是相同能级($n=k$),$\omega_{nk}=0$,$E_n=E_k$,量子跃迁概率 $P_{nk}(t)$也不一定为零。或者说,量子体系相同能级各个态之间也是可以发生量子跃迁的。

解题指导 >>>

本章主要研究处于束缚态的微观粒子在有心力场(特别是原子中的电子在库伦场)中的运动;量子体系的能量、角动量、角动量分量的本征值和本征函数;径向概率密度分布和角概率密度分布。微观粒子在一维线性谐振子势场中的运动。微观粒子特别是电子的自旋(自旋角动量)。全同粒子体系的量子行为。微观粒子在有限高势垒场中运动的量子力学解答。微扰理论,这一量子力学中重要的近似计算方法。

要求:理解有心力场(库伦场)势能函数的球对称性;了解有心力场(库伦场)下求解定态薛定谔方程的分离变量方法;掌握有心力场(库伦场)下,量子体系的能量、角动量、角动量分量的本征值和本征函数的量子化;了解径向概率密度分布和角概率密度分布。理解一维线性谐振子势能函数;掌握一维线性谐振子体系能量量子化;理解一维线性谐振子体系本征波函数;了解一维线性谐振子体系本征波函数的递推关系;了解一维线性谐振子粒子概率密度分布;了解粒子数算符、湮灭算符和产生算符。深刻理解电子自旋(自旋角动量)的概念;掌握电子自旋量子数和电子自旋磁量子数;掌握电子自旋角动量和电子自旋角动量 z 轴分量的量值;理解电子自旋算符 $\hat{S}^2$、$\hat{S}_z$、$\hat{S}_x$、$\hat{S}_y$ 之间的对易关系;掌握算符 $\hat{S}^2$、$\hat{S}_z$、$\hat{S}_x$、$\hat{S}_y$ 的本征值;掌握在自旋角动量平方算符 $\hat{S}^2$ 与自旋角动量分量算符 $\hat{S}_z$ 共同表象下,$\hat{S}^2$、$\hat{S}_z$、$\hat{S}_x$、$\hat{S}_y$ 的矩阵表示,掌握 $\hat{S}^2$、$\hat{S}_z$ 共同本征函数系及其矩阵表示;了解泡利算符;了解电子轨道角动量矢量 $\boldsymbol{L}$ 与自旋角动量矢量 $\boldsymbol{S}$ 的耦合(L-S 耦合),以及 L-S 耦合下电子总角动量量子化和总角动量量子数;理解描述氢原子状态的四个量子数(n,l,m,m_s),以及描述氢原子状态的波函数 ψ_{n,l,m,m_s} 和 $|n,l,m,m_s\rangle$了解费米子和玻色子概念。理解全同粒子和全同粒子体系概念;理解全同性原

理;理解全同粒子体系哈密顿算符的粒子交换不变性;了解交换算符与全同粒子体系哈密顿算符的对易关系;了解全同粒子体系波函数的粒子交换对称性和反对称性;理解全同粒子体系波函数粒子交换对称性和粒子交换反对称性的时间守恒性;理解全同粒子体系波函数的对称性与粒子自旋的关系;理解泡利不相容原理;了解全同粒子(费米子和玻色子)体系波函数的具体形式;理解两个电子自旋(角动量)的耦合;了解原子中的电子组态;了解原子中支壳层的概念,各个支壳层可以容纳的电子的数目;了解原子中壳层的概念,各个壳层可以容纳的电子的数目;了解能量最低原理和洪特规则。了解微观粒子在有限高势垒场中的运动。掌握定态非简并微扰理论,能够求解能量本征值的一、二级修正值和本征函数的一级修正。了解定态简并微扰理论,了解简并情况下求能级能量一级修正的方法。了解由含时微扰理论求解量子跃迁的跃迁振幅和跃迁概率的方法。

1. 微观粒子在库伦场中的运动

微观粒子在有心力场特别是库伦场中运动,势能 $U(r)=-\dfrac{Ze^2}{4\pi\varepsilon_0 r}$ 只是粒子到力心距离 r 的函数(球对称函数);所以在球坐标系下采用分离变量的方法求解定态薛定谔方程。定态波函数可以分离变量为与径向距离 r 有关的部分 $R(r)$、与纬度角 θ 有关的部分 $\Theta(\theta)$ 和与经度角 φ 有关的部分 $\Phi(\varphi)$ 的乘积,$\psi(r,\theta,\varphi)=R(r)\Theta(\theta)\Phi(\varphi)$;$\Theta(\theta)$ 和 $\Phi(\varphi)$ 又构成球谐函数,$Y(\theta,\varphi)=\Theta(\theta)\Phi(\varphi)$。定态薛定谔方程分解为三个有关独立变量 r、θ、φ 的微分方程。

径向函数 $R(r)$ 满足的微分方程只与独立变量 r 有关,其解可以用联合拉盖尔多项式 $L_{n+l}^{2l+1}(\rho)$ 表示。归一化的径向函数 $R(r)$ 为(不一定是正交的)

$$R_{n,l}(r)=-\sqrt{\left(\frac{2Z}{nr_1}\right)^3\frac{(n-l-1)!}{2n[(n+l)!]^3}}\exp\left(-\frac{Z}{nr_1}r\right)\left(\frac{2Z}{nr_1}r\right)^l L_{n+l}^{2l+1}\left(\frac{2Z}{nr_1}r\right),r_1=\frac{4\pi\varepsilon_0\hbar^2}{m_e e^2}$$

$$n=1,2,3,\cdots,l=0,1,2,\cdots,n-1$$

束缚态径向函数 $R(r)$ 是量子化的。量子体系的能量是量子化的

$$E_n=-\frac{\mu Z^2e^4}{2(4\pi\varepsilon_0)^2\hbar^2n^2}\propto\frac{\mu Z^2}{n^2},(\text{能量量子数 }n=1,2,\cdots)$$

对于氢原子,能级能量(量子化的)为 $E_n=\dfrac{E_1}{n^2}=-\dfrac{13.6}{n^2}\ \text{eV}$。

经度角函数 $\Phi(\varphi)$ 满足的微分方程只与独立变量 φ 有关,其解为(归一化)

$$\Phi_m(\varphi)=\frac{1}{\sqrt{2\pi}}\exp(\mathrm{i}m\varphi),m=0,\pm1,\pm2,\cdots,\pm l$$

经度角函数是量子化的,m 为磁量子数。Φ_m 是角动量 z 分量算符 $\hat{L}_z$ 的本征函数,$\hat{L}_z\Phi_m=m\hbar\Phi_m$,本征值为 $m\hbar$。角动量 L 在 z 方向的分量是量子化的,$L_z=m\hbar$。经度角函数是正交的,经度角函数系 $\{\Phi_m\}$ 构成了角动量 z 分量算符 $\hat{L}_z$ 的正交归一本征函数系。

纬度角函数 $\Theta(\theta)$ 满足的微分方程只与独立变量 θ 有关,其解可以用关联勒让德多项式 $P_l^{|m|}(\cos\theta)$ 表示。纬度角函数 $\Theta(\theta)$ 为(不一定是正交的)

$$\Theta(\theta)=P_l^{|m|}(\cos\theta)=(1-\cos^2\theta)^{\frac{|m|}{2}}\frac{\mathrm{d}^{|m|}}{\mathrm{d}\cos\theta^{|m|}}P_l(\cos\theta),l=0,1,2,3,\cdots,n-1$$

经度角函数与纬度角函数的乘积构成归一化的球谐函数

$$Y_{l,m}(\theta,\varphi)=\Theta(\theta)\Phi(\varphi)=\sqrt{\frac{(l-|m|)!\ (2l+1)}{(l+|m|)!\ 4\pi}}P_l^{|m|}(\cos\theta)\exp(\mathrm{i}m\varphi)$$

球谐函数是量子化的，l 为角动量量子数。$Y_{l,m}(\theta,\varphi)$是角动量平方算符 $\hat{L}^2$ 的本征函数，$\hat{L}^2 Y_{l,m}(\theta,\varphi)=l(l+1)\hbar^2 Y_{l,m}(\theta,\varphi)$，本征值为 $l(l+1)\hbar^2$。角动量是量子化的，$L=\sqrt{l(l+1)}\hbar$。尽管纬度角函数 $\Theta(\theta)$不一定是正交的，但经度角函数 Φ_m 的正交性，保证了球谐函数 $Y_{l,m}$ 一定是正交的。球谐函数系$\{Y_{l,m}\}$构成了角动量平方算符 $\hat{L}^2$ 的正交归一本征函数系。

球谐函数 $Y_{l,m}(\theta,\varphi)$也是角动量 z 分量算符 $\hat{L}_z$ 的本征函数，$\hat{L}_z Y_{l,m}(\theta,\varphi)=m\hbar Y_{l,m}(\theta,\varphi)$，本征值为 $m\hbar$。经度角函数是正交的，球谐函数系$\{Y_{l,m}(\theta,\varphi)\}$构成了角动量 z 分量算符 $\hat{L}_z$ 和角动量平方算符 $\hat{L}^2$ 的共同的正交归一本征函数系。

径向函数和球谐函数构成了量子体系的定态波函数，$\psi_{nlm}(r,\theta,\varphi)=R_{nl}(r)Y_{lm}(\theta,\varphi)$，$\psi_{nlm}$ 是哈密顿算符（能量算符）$\hat{H}$、角动量平方算符 $\hat{L}^2$ 和角动量 z 分量算符 $\hat{L}_z$ 共同的本征函数；对应的本征值分别为 E_n、$l(l+1)\hbar^2$、$m\hbar$。$\{\psi_{nlm}\}$是哈密顿算符（能量算符）、角动量平方算符和角动量 z 分量算符共同的正交归一本征函数系。

径向概率密度分布表示为 $w_{n,l}(r)=r^2R_{n,l}^2(r)$。电子没有确定的“轨道”，电子在原子中的位置是不确定的，电子可以到达原子中的任何位置。只有氢原子处于基态时电子出现在第一玻尔半径处的“概率”最大，此时电子只有一种状态（s 态）；氢原子处于激发态时，电子出现的概率密度最大处并不仅仅是玻尔氢原子理论所限定的“轨道”；而只有电子处于最高角动量态（$l=n-1$）时，电子出现的概率密度最大处才是玻尔氢原子理论所限定的“轨道”（n^2r_1）。

角概率密度分布表示为 $p_{l,m}(\theta,\bar{\omega})=|Y_{l,m}(\theta,\bar{\omega})|^2=N_{l,m}^2[P_l^{|m|}(\cos\theta)]^2$。角概率密度分布是绕 z 轴旋转对称的立体图形。

2. 一维线性谐振子

一维线性谐振子体系的势能函数表示为

$$U(x)=U_0+\frac{1}{2}k(x-a)^2=U_0+\frac{1}{2}\mu\omega^2(x-a)^2,U=\frac{1}{2}kx^2=\frac{1}{2}\mu\omega^2x^2$$

解一维线性谐振子体系的定态薛定谔方程，可以得到线性谐振子体系的能量是量子化的

$$E_n=(n+1/2)\hbar\omega,n=0,1,2,\cdots$$

n 称为一维线性谐振子体系的能量量子数。

一维线性谐振子体系的能量是不能连续取值的，只能取分立值；而且能量变化的最小单元是 $\hbar\omega=h\nu$，这与普朗克能量量子化假设一致。一维线性谐振子体系的最小能量是 $\hbar\omega/2$，这就是零点能的概念；零点能的存在得到了实验的证实。

一维线性谐振子体系的归一化本征函数可以由厄米多项式 $H_n(x)$表示

$$\psi_n(x)=\sqrt{\frac{\alpha}{2^n n!\sqrt{\pi}}}\exp\left(-\frac{\alpha^2}{2}x^2\right)H_n(\alpha x),\alpha=\sqrt{\frac{\mu\omega}{\hbar}},\xi\equiv\sqrt{\frac{\mu\omega}{\hbar}}x\equiv\alpha x$$

实际上，它是哈密顿算符（能量算符）的本征函数

$$\hat{H}\psi_n=\left(n+\frac{1}{2}\right)\hbar\omega\psi_n=E_n\psi_n$$

一维线性谐振子体系的归一化本征函数 $\psi_n(x)$是正交的。$\{\psi_n(x)\}$构成了一维线性谐振子体系正交归一完备的能量本征函数系，本征值为 $E_n=(n+1/2)\hbar\omega$。一个本征值 E_n 对应一个本征函数 $\psi_n(x)$；因此，一维线性谐振子体系能量本征值是非简并的（简并度为 1）。

一维线性谐振子体系的本征函数的递推关系为

$$\alpha x\psi_n(\alpha x)=\sqrt{\frac{n}{2}}\psi_{n-1}(\alpha x)+\sqrt{\frac{n+1}{2}}\psi_{n+1}(\alpha x)$$

$$\frac{\mathrm{d}}{\mathrm{d}x}\psi_n(\alpha x)=\alpha\sqrt{\frac{n}{2}}\psi_{n-1}(\alpha x)-\alpha\sqrt{\frac{n+1}{2}}\psi_{n+1}(\alpha x)$$

由本征函数 $\psi_n(x)$ 可以绘出 $\psi_n(x)\sim x$ 曲线和概率密度函数 $w_n(x)=|\psi_n(x)|^2\sim x$ 曲线。振子粒子的位置概率密度分布是振荡的，而且粒子运动的范围可以超过经典力学的限制。当能态（量子数）非常高时，一维线性谐振子粒子运动的物理图像趋近于经典力学谐振子粒子的物理图像。

湮灭算符 $\hat{a}$ 和产生算符 $\hat{a}^{\dagger}$：$\hat{a}=\sqrt{\frac{\mu\omega}{2\hbar}}\left(x+\frac{\hbar}{\mu\omega}\frac{\mathrm{d}}{\mathrm{d}x}\right)$，$\hat{a}^{\dagger}=\sqrt{\frac{\mu\omega}{2\hbar}}\left(x-\frac{\hbar}{\mu\omega}\frac{\mathrm{d}}{\mathrm{d}x}\right)$。湮灭算符 $\hat{a}$ 和产生算符 $\hat{a}^{\dagger}$ 都不是厄米算符，不代表力学量。

产生算符 $\hat{a}^{\dagger}$ 对本征态 ψ_n 的作用结果是使一维线性谐振子体系由本征态 ψ_n 变化到本征态 ψ_{n+1}，$\hat{a}^{\dagger}\psi_n=\sqrt{n+1}\,\psi_{n+1}$，使量子体系的能量由 $(n+1/2)\hbar\omega$ 变化到 $(n+1+1/2)\hbar\omega$，能量变化（增加）$\hbar\omega$；或者说，使能量量子数由 n 变化到 $n+1$，能量量子数增加 1。算符 $\hat{a}^{\dagger}$ 对本征态 ψ_n 的作用就是使量子体系的粒子（能量子）数由 n 变化到 $n+1$，即粒子（能量子）数增加 1。

湮灭算符 $\hat{a}$ 对本征态 ψ_n 的作用结果是使一维线性谐振子体系由本征态 ψ_n 变化到本征态 ψ_{n-1}，$\hat{a}\psi_n=\sqrt{n}\,\psi_{n-1}$，使量子体系的能量由 $(n+1/2)\hbar\omega$ 变化到 $(n-1+1/2)\hbar\omega$，能量变化（减少）$\hbar\omega$；或者说，使能量量子数由 n 变化到 $n-1$，能量量子数减少 1。算符 $\hat{a}$ 对本征态 ψ_n 的作用就是使量子体系的粒子（能量子）数由 n 变化到 $n-1$。

粒子数算符，$\hat{N}=\hat{a}^{\dagger}\hat{a}=\frac{\mu\omega}{2\hbar}x^2-\frac{\hbar}{2\mu\omega}\frac{\mathrm{d}^2}{\mathrm{d}x^2}-\frac{1}{2}$。一维线性谐振子的本征函数 ψ_n 也是算符 $\hat{N}$ 的本征函数，而且本征值为 n，$\hat{N}\psi_n=n\psi_n$。

3. 自旋

处于束缚态的原子中的电子不但具有轨道角动量（绕原子核的运动），还具有自旋角动量。电子的自旋与电子的电荷量和电子质量等一样，是电子本身所固有的一种性质，这种性质称为“内禀”。由于电子的自旋具有角动量的一切特征，所以称为自旋角动量，简称自旋。

自旋角动量是微观粒子的一个可观测量，它在空间中的三个分量与轨道角动量一样满足相同的对易关系，微观粒子自旋角动量遵从角动量的普遍规律。每种微观粒子都具有特有的自旋。自旋量子数 s 为半奇数的粒子称为费米子（电子、质子、中子等是费米子，自旋量子数为 1/2）；由大量的费米子组成的体系，遵守泡利不相容原理，服从费米－狄拉克统计。自旋量子数为 0 或整数的粒子称为玻色子（π 介子的自旋量子数为 0，光子的自旋量子数为 1）；由大量的玻色子组成的体系，不受泡利不相容原理的制约，服从玻色－爱因斯坦统计。

电子自旋量子数为 $s=1/2$，电子自旋角动量（大小）为 $S=\sqrt{s(s+1)}\,\hbar=\sqrt{3}\,\hbar/2$。电子自旋磁量子数为 $m_s=\pm1/2$，电子自旋角动量 z 分量为 $S_z=\pm\hbar/2$。

由于自旋角动量平方算符 $\hat{S}^2$ 与自旋角动量分量算符 $\hat{S}_z$ 对易，$\hat{S}^2$ 与 $\hat{S}_z$ 有共同的本征函数系。在 $\hat{S}^2$ 与 $\hat{S}_z$ 共同表象下，自旋角动量平方算符和自旋角动量分量算符的矩阵为

$$\hat{S}^2=\frac{3\hbar^2}{4}\begin{pmatrix}1 & 0\\0 & 1\end{pmatrix};\hat{S}_z=\frac{\hbar}{2}\begin{pmatrix}1 & 0\\0 & -1\end{pmatrix},\hat{S}_x=\frac{\hbar}{2}\begin{pmatrix}0 & 1\\1 & 0\end{pmatrix},\hat{S}_y=\frac{\hbar}{2}\begin{pmatrix}0 & -\mathrm{i}\\\mathrm{i} & 0\end{pmatrix}$$

$\hat{S}^2$、$\hat{S}_z$、$\hat{S}_x$、$\hat{S}_y$ 都是线性厄米算符；S^2、S_z、S_x、S_y 都是厄米矩阵。虽然 $\hat{S}^2$ 与 $\hat{S}_z$、$\hat{S}_x$、$\hat{S}_y$ 分别对易，但 $\hat{S}_z$、$\hat{S}_x$、$\hat{S}_y$ 之间是不对易的(是反对易的)。

自旋角动量平方算符 $\hat{S}^2$ 与自旋角动量分量算符 $\hat{S}_z$ 共同的本征函数为

$$\chi_{+1/2}=\begin{pmatrix}1\\0\end{pmatrix},\chi_{-1/2}=\begin{pmatrix}0\\1\end{pmatrix}$$

$\{\chi_{+1/2},\chi_{-1/2}\}$ 构成了 $\hat{S}^2$ 与 $\hat{S}_z$ 共同的完备的正交归一的本征函数系。但 $\chi_{+1/2}$ 和 $\chi_{-1/2}$ 不是 $\hat{S}_x$、$\hat{S}_y$ 的本征函数，因为 $\hat{S}_z$、$\hat{S}_x$、$\hat{S}_y$ 之间不对易，它们没有共同的本征函数。

由于算符 $\hat{S}_z$ 的本征值只有两个 $S_z=\pm\hbar/2$，与 $m_s=+1/2$ 和 $m_s=-1/2$ 对应的本征函数分别为 $\chi_{+1/2}$ 和 $\chi_{-1/2}$，一个本征值对应一个本征函数，所以电子自旋磁量子数 m_s 是 1 度简并的。由于电子自旋角动量平方算符 $\hat{S}^2$ 只有一个本征值 $3\hbar^2/4$，而本征函数却有 $\chi_{+1/2}$ 和 $\chi_{-1/2}$，因此，电子自旋角动量(平方)量子数 $s=1/2$ 是 2 度简并的。

无量纲的泡利算符 $\hat{\boldsymbol{\sigma}}(\hat{\sigma}_x、\hat{\sigma}_y、\hat{\sigma}_z)$

$$\hat{\boldsymbol{S}}=\frac{\hbar}{2}\hat{\boldsymbol{\sigma}};\hat{S}_x=\frac{\hbar}{2}\hat{\sigma}_x,\hat{S}_y=\frac{\hbar}{2}\hat{\sigma}_y,\hat{S}_z=\frac{\hbar}{2}\hat{\sigma}_z$$

与算符 $\hat{S}$、$\hat{S}_z$、$\hat{S}_x$、$\hat{S}_y$ 在物理意义上没有本质上差别。

考虑到电子轨道角动量 $\boldsymbol{L}$ 和自旋角动量 $\boldsymbol{S}$，电子总的角动量 $\boldsymbol{J}$ 是轨道角动量 $\boldsymbol{L}$ 与自旋角动量 $\boldsymbol{S}$ 的耦合(L-S 耦合)，$\boldsymbol{J}=\boldsymbol{L}+\boldsymbol{S}$。总角动量也是量子化的

$$J=\sqrt{j(j+1)}\hbar,j=l+s,l+s-1,\cdots,|l-s|$$

为了描述清楚氢原子的状态，必须使用四个量子数(n,l,m,m_s)。主量子数 $n=1,2,\cdots$，描述氢原子的能量；轨道角动量量子数 $l=0,1,2,\cdots,n-1$，描述氢原子中电子轨道角动量的大小；轨道磁量子数 $m=0,\pm1,\pm2,\cdots,\pm l$ 描述氢原子在外磁场中时电子轨道角动量的方向；自旋磁量子数 $m_s=\pm1/2$ 描述氢原子在外磁场中时电子自旋角动量的方向。氢原子状态的波函数可以表示为 ψ_{n,l,m,m_s}；用狄拉克符号表示为 $|n,l,m,m_s\rangle$。

4. 全同粒子体系

质量、电荷、自旋、磁矩等固有性质完全相同的同类微观粒子称为全同粒子。由全同粒子构成的量子体系称为全同粒子体系。

全同性原理：在由全同粒子组成的量子体系中，任意交换两个全同粒子，量子体系的物理状态(体系的波函数)保持不变。交换任意两个粒子，全同粒子体系哈密顿算符不变。

交换算符 $\hat{P}_{ij}$ 的本征值为±1；交换算符 $\hat{P}_{ij}$ 与哈密顿算符 $\hat{H}$ 对易，$\hat{P}_{ij}\hat{H}=\hat{H}\hat{P}_{ij}$。

描写全同粒子体系状态的波函数只能是粒子交换对称函数 Φ_S 或粒子交换反对称函数 Φ_A。波函数的粒子交换对称性不随时间的改变而改变；如果全同粒子体系在某一时刻处于粒子交换对称(反对称)的状态，则体系将永远处于粒子交换对称(反对称)的状态。

全同粒子体系的波函数是粒子交换对称的还是粒子交换反对称的，取决于全同粒子的自旋(自旋量子数 s)。由费米子组成的全同粒子体系的波函数是粒子交换反对称的。由玻色子组成的全同粒子体系的波函数是粒子交换对称的。

由费米子组成的全同粒子体系的波函数必须是粒子交换反对称函数 $\Phi_A(q_1,q_2,\cdots,q_N)$；由玻色子组成的全同粒子体系的波函数必须是粒子交换对称函数 $\Phi_S(q_1,q_2,\cdots,q_N)$。如果忽略全同粒子之间的相互作用，可以由单粒子的波函数线性组合构造出粒子交换反对称波函数

Φ_A 和粒子交换对称波函数 Φ_S。全同粒子体系的本征函数具体形式和体系能量本征值由全同粒子占据具体的单粒子态的组合确定。

如果全同粒子体系中的微观粒子的自旋与轨道没有相互作用,则全同粒子体系的波函数可以由空间坐标函数和自旋函数的乘积表示,$\Phi(q_1,q_2,\cdots,q_N)=\varphi(\boldsymbol{r}_1,\cdots,\boldsymbol{r}_N)\chi(s_1,\cdots,s_N)$。对于费米子组成的全同粒子体系取 φ 是粒子交换对称的、χ 是粒子交换反对称的,或取 φ 是粒子交换反对称的、χ 是粒子交换对称的。对于玻色子组成的全同粒子体系取 φ 和 χ 都是粒子交换对称的,或取 φ 和 χ 都是粒子交换反对称的。

由单电子自旋波函数可构造出两电子耦合的总自旋波函数。粒子交换反对称自旋波函数 χ_A,称为自旋单重态;粒子交换对称自旋波函数 $\chi_S^{(1)}$、$\chi_S^{(2)}$、$\chi_S^{(3)}$,称为自旋三重态。粒子交换对称函数 $\chi_S^{(1)}$、$\chi_S^{(2)}$、$\chi_S^{(3)}$ 和粒子交换反对称函数 χ_A 构成了两个电子自旋角动量耦合的总自旋角动量平方算符 $\hat{S}^2=3\hbar^2/2+2(\hat{S}_{1x}\hat{S}_{2x}+\hat{S}_{1y}\hat{S}_{2y}+\hat{S}_{1z}\hat{S}_{2z})$ 和总自旋角动量在 z 轴上的投影算符 $\hat{S}_z=\hat{S}_{1z}+\hat{S}_{2z}$ 的共同的正交归一的完备的本征函数系。对于自旋态 $\chi_S^{(1)}$、$\chi_S^{(2)}$、$\chi_S^{(3)}$、χ_A,两个电子自旋耦合的总自旋角动量本征值分别为 $S=\sqrt{2}\hbar,\sqrt{2}\hbar,\sqrt{2}\hbar,0$,总自旋角动量在 z 轴上的投影算符 $\hat{S}_z$ 的本征值分别为:$+\hbar$、$-\hbar$、0、0。

原子处于某一确定状态时,原子内电子在各个单电子态上分布的数目的组合称为原子的电子组态。在原子中,量子数 n,l 相同,但 m、m_s 不同的可能状态有 $2(2l+1)$ 个,这些状态组成一个支壳层。n 相同,但 l、m、m_s 不同的可能状态有 $2n^2$ 个,这些状态组成一个壳层。电子是费米子,一个量子态最多可以容纳一个电子,由此可以得出各个支壳层和壳层最多能容纳的电子的数目。原子中的电子排布除了遵守泡利不相容原理外,一般还要遵守能量最低原理和洪特规则等。

5. 微观粒子在有限高势垒场中的运动

在微观粒子的能量高于势垒($E>U_0$)的情况下,入射势垒的微观粒子不但能够越过势垒,而且还能够被势垒反射回来。微观粒子越过势垒和被势垒反射回来的系数(概率)取决于势垒的高度和宽度以及入射微观粒子的能量;如果微观粒子的能量取的合适,可以全部越过势垒。

在微观粒子的能量低于势垒($E<U_0$)的情况下,入射势垒的微观粒子不但能够被势垒反射回来,而且还能够越过(透射)势垒。微观粒子透射势垒和被势垒反射回来的系数(概率)取决于势垒的高度和宽度以及入射微观粒子的能量。透射系数不会为零,即总是有微观粒子能够透射过较高的势垒的。微观粒子在能量低于势垒高度时,仍然能够越过(贯穿)势垒的现象称为量子隧道效应。

由于微观粒子不是处于束缚态,在微观粒子的能量高于势垒($E>U_0$)和能量低于势垒($E<U_0$)的情况下,量子力学并没有对微观粒子的能量加以限制,微观粒子的能量可以连续取值。这是由于在势垒的势场中运动的微观粒子是自由(非束缚)的缘故。

6. 微扰理论

微扰理论是量子力学重要的近似计算方法。在量子体系的哈密顿量 $\hat{H}$ 使得由薛定谔方程没有或无法得到精确的解析解时,可以将哈密顿量 $\hat{H}$ 分解为 $\hat{H}_0$ 和 $\hat{H}'$,$\hat{H}_0$ 是不随时间变化的。由 $\hat{H}_0$ 的定态薛定谔方程可以解得 $\hat{H}_0$ 的本征值谱 $\{E_n^{(0)}\}$ 和本征函数系 $\{\psi_n^{(0)}\}$。把 $\hat{H}'$(小量)看作是对 $\hat{H}_0$ 的扰动。

对于 $\hat{H}_0$(不随时间变化)的本征值 $E_n^{(0)}$ 为非简并的定态,可以求得微扰 $\hat{H}'$(不含时)的

微扰矩阵元

$$H'_{mn}=\int\psi_m^{(0)*}\hat{H}'\psi_n^{(0)}\mathrm{d}\tau=(\psi_m^{(0)},\psi_n^{(0)})=\langle\psi_m^{(0)}\mid\hat{H}'\mid\psi_n^{(0)}\rangle$$

哈密顿量$\hat{H}$ 能级能量的一、二级修正和修正到二级的能级能量 E_n 分别表示为

$$E_n^{(1)}=H'_{nn}=\int\psi_n^{(0)*}\hat{H}'\psi_n^{(0)}\mathrm{d}\tau,E_n^{(2)}=\sum_{m\neq n}\frac{|H'_{mn}|^2}{E_n^{(0)}-E_m^{(0)}};E_n=E_n^{(0)}+E_n^{(1)}+E_n^{(2)}$$

量子体系哈密顿量$\hat{H}$ 的微扰修正到一级的本征函数表示为

$$\psi_n=\psi_n^{(0)}+\sum_{k\neq n}\frac{\int\psi_k^{(0)*}\hat{H}'\psi_n^{(0)}\mathrm{d}\tau}{E_n^{(0)}-E_k^{(0)}}\psi_k^{(0)}=\psi_n^{(0)}+\sum_{k\neq n}\frac{H'_{kn}}{E_n^{(0)}-E_k^{(0)}}\psi_k^{(0)}$$

如果$\hat{H}_0$ 的本征值 $E_n^{(0)}$ 是k 度简并的，$\hat{H}_0$ 的第 n 个本征值$E_n^{(0)}$ 对应k 个线性无关的本征函数，$\hat{H}_0\psi_{ni}^{(0)}=E_n^{(0)}\psi_{ni}^{(0)}(i=1,2,\cdots,k)$。可以求得 $k\times k$ 个微扰矩阵元（$\hat{H}'$ 不含时）

$$H'_{ji}=\int\psi_{nj}^{(0)*}\hat{H}'\psi_{ni}^{(0)}\mathrm{d}\tau,i,j=1,2,\cdots,k$$

从而得到久期方程

$$\begin{vmatrix}H'_{11}-E_n^{(1)} & H'_{12} & \cdots & H'_{1k}\\ H'_{21} & H'_{22}-E_n^{(1)} & \cdots & H'_{2k}\\ \vdots & \vdots & \vdots & \vdots\\ H'_{k1} & H'_{k2} & \cdots & H'_{kk}-E_n^{(1)}\end{vmatrix}=0$$

解此方程，可以得到 $E_n^{(1)}$（最多可以有 k 个不同的 $E_n^{(1)}$ 值），这就是哈密顿量 $\hat{H}$ 能级能量 $E_n^{(0)}$ 的一级修正值。由此，得到修正到一级的哈密顿量 $\hat{H}$ 能级能量值

$$E_{ni}=E_n^{(0)}+E_{ni}^{(1)};i=1,2,\cdots,k$$

对于 $\hat{H}'$随时间变化 $\hat{H}'(t)$的情况，可以先求得含时微扰矩阵元 H'_{nk}，进而得到量子体系由 k 态跃迁到n 态的跃迁振幅

$$a_{nk}^{(1)}(t)=\frac{1}{\mathrm{i}\hbar}\int_{t_0}^{t}H'_{nk}\exp(\mathrm{i}\omega_{nk}t)\,\mathrm{d}t,H'_{nk}=\int\psi_n^*\hat{H}'(t)\psi_k\mathrm{d}\tau,\omega_{nk}=\frac{E_n-E_k}{\hbar}$$

从而得到量子体系由 k 态跃迁到n 态跃迁的概率

$$P_{nk}(t)=|a_{nk}(t)|^2=\frac{1}{\hbar^2}\left|\int_{t_0}^{t}H'_{nk}\exp(\mathrm{i}\omega_{nk}t)\,\mathrm{d}t\right|^2$$

【例 16-1】 已知球谐函数 $Y_{l,m}(\theta,\varphi)=\Theta(\theta)\Phi_m(\varphi)$是角动量平方算符 $\hat{L}^2$ 的本征函数，$\Phi_m(\varphi)$是角动量 z 分量算符 $\hat{L}_z$ 的本征函数。角动量量子数 l 决定了角动量的大小，磁量子数 m 决定了角动量 z 分量。$\Theta(\theta)$称为纬度角函数，可以表示为

$$\Theta(\theta)=P_l^{|m|}(\xi)=P_l^{|m|}(\cos\theta),\xi=\cos\theta$$

勒让德多项式和关联勒让德多项式分别为

$$P_l(\xi)=\frac{1}{2^l l!}\frac{\mathrm{d}^l}{\mathrm{d}\xi^l}(\xi^2-1)^l,P_l^{|m|}(\xi)=(1-\xi^2)^{\frac{|m|}{2}}\frac{\mathrm{d}^{|m|}}{\mathrm{d}\xi^{|m|}}P_l(\xi)$$

从而，球谐函数可以表示为

$$Y_{l,m}(\theta,\varphi)=\Theta(\theta)\Phi_m(\varphi)=N_{l,m}P_l^{|m|}(\cos\theta)\Phi(\varphi)$$

$N_{l,m}$ 为归一化常数。求：$Y_{0,0}(\theta,\varphi)$和 $Y_{1,1}(\theta,\varphi)$、$Y_{2,-2}(\theta,\varphi)$，并归一化。

分析 由 $l=0$,$l=1$ 和 $l=2$,可以求出勒让德多项式的具体表达式 $P_0(\xi)$,$P_1(\xi)$和 $P_2(\xi)$。再由 $m=0$,$m=1$,$m=-2$ 可以求得关联勒让德多项式的具体形式 $P_0^{|0|}(\xi)$,$P_1^{|1|}(\xi)$ 和 $P_2^{|-2|}(\xi)$;而 $\Phi_m(\varphi)=\exp(im\varphi)$,由此可以求得各个球谐函数的具体表达式,然后再归一化。

解 (1)对于 $l=0$,$m=0$,勒让德多项式为

$$P_0(\xi)=\frac{1}{2^0 0!}\frac{d^0}{d\xi^0}(\xi^2-1)^0=1$$

所以,关联勒让德多项式为

$$P_0^{|0|}(\xi)=(1-\xi^2)^{\frac{|0|}{2}}\frac{d^{|0|}}{d\xi^{|0|}}1=1$$

而 $\Phi_0(\varphi)=\exp(im\varphi)=\exp0=1$,由此,得到球谐函数 $Y_{0,0}$ 的表达式

$$Y_{0,0}(\theta,\varphi)=N_{0,0}P_0^{|0|}(\cos\theta)\exp(i\times 0\times\varphi)=N_{0,0}$$

由归一化条件,得到

$$1=\int Y_{0,0}^*(\theta,\varphi)Y_{0,0}(\theta,\varphi)\sin\theta d\theta d\varphi=\int_{\varphi=0}^{2\pi}d\varphi\int_{\theta=0}^{\pi}N_{0,0}^2\sin\theta d\theta=4\pi N_{0,0}^2$$

$$N_{0,0}=\sqrt{\frac{1}{4\pi}};Y_{0,0}(\theta,\varphi)=N_{0,0}=\sqrt{\frac{1}{4\pi}}$$

(2)对于 $l=1$,$m=1$,勒让德多项式为

$$P_1(\xi)=\frac{1}{2^1 1!}\frac{d^1}{d\xi^1}(\xi^2-1)^1=\frac{1}{2}\frac{d}{d\xi}(\xi^2-1)=\xi$$

所以,关联勒让德多项式为

$$P_1^{|1|}(\xi)=(1-\xi^2)^{\frac{|1|}{2}}\frac{d^1}{d\xi^{|1|}}P_1(\xi)=(1-\xi^2)^{\frac{1}{2}}\frac{d}{d\xi}\xi=(1-\xi^2)^{\frac{1}{2}}$$

$$P_1^{|1|}(\cos\theta)=(1-\cos^2\theta)^{\frac{1}{2}}=\sin\theta$$

而 $\Phi_1(\varphi)=\exp(i\times 1\times\varphi)=\exp(i\varphi)=\cos\varphi+i\sin\varphi$,由此,得到球谐函数 $Y_{1,1}$ 的表达式

$$Y_{1,1}(\theta,\varphi)=N_{1,1}P_1^1(\cos\theta)\exp(i\varphi)=N_{1,1}\sin\theta\exp(i\varphi)$$

由归一化条件,得到

$$1=\int Y_{1,1}^*Y_{1,1}\sin\theta d\theta d\varphi=\int_{\varphi=0}^{2\pi}\exp(-i\varphi)\exp(i\varphi)d\varphi\int_{\theta=0}^{\pi}N_{1,1}^2\sin^3\theta d\theta=\frac{8}{3}\pi N_{1,1}^2$$

$$N_{1,1}=\sqrt{\frac{3}{8\pi}};Y_{1,1}(\theta,\varphi)=N_{1,1}\sin\theta\exp(i\varphi)=\sqrt{\frac{3}{8\pi}}\sin\theta\exp(i\varphi)$$

(3)对于 $l=2$,$m=-2$,勒让德多项式为

$$P_2(\xi)=\frac{1}{2^2 2!}\frac{d^2}{d\xi^2}(\xi^2-1)^2=\frac{3}{2}\xi^2-\frac{1}{2}$$

所以,关联勒让德多项式为

$$P_2^{|-2|}(\xi)=(1-\xi^2)^{\frac{|-2|}{2}}\frac{d^{|-2|}}{d\xi^{|-2|}}P_2(\xi)=(1-\xi^2)\frac{d^2}{d\xi^2}\left(\frac{3}{2}\xi^2-\frac{1}{2}\right)=3(1-\xi^2)$$

$$P_2^{|-2|}(\cos\theta)=3(1-\cos^2\theta)=3\sin^2\theta$$

而 $\Phi_{-2}(\varphi)=\exp(-i\times 2\times\varphi)=\cos 2\varphi-i\sin 2\varphi$,由此,得到球谐函数 $Y_{2,-2}$ 的表达式

$$Y_{2,-2}(\theta,\varphi)=N_{2,-2}P_2^{|-2|}(\cos\theta)\exp(-2i\varphi)=3N_{2,-2}\sin^2\theta\exp(-2i\varphi)$$

由归一化条件，得到

$$1=\int Y_{2,-2}^{*}Y_{2,-2}\sin\theta\,\mathrm{d}\theta\,\mathrm{d}\varphi=9\int_{\varphi=0}^{2\pi}\mathrm{d}\varphi\int_{\theta=0}^{\pi}N_{2,-2}^{2}\sin^{5}\theta\,\mathrm{d}\theta=\frac{96}{5}\pi N_{2,-2}^{2}$$

$$N_{2,-2}=\sqrt{5/(96\pi)}$$

$$Y_{2,-2}(\theta,\varphi)=3N_{2,-2}\sin^{2}\theta\exp(-2\mathrm{i}\varphi)=\sqrt{\frac{15}{32\pi}}\sin^{2}\theta\exp(-2\mathrm{i}\varphi)$$

点评　(1)直接由球谐函数的归一化公式求归一化系数

$$N_{0,0}=\sqrt{\frac{(0-|0|)!\ (2\times0+1)}{(0+|0|)!\ 4\pi}}=\sqrt{\frac{1}{4\pi}},N_{1,1}=\sqrt{\frac{(1-|1|)!\ (2\times1+1)}{(1+|1|)!\ 4\pi}}=\sqrt{\frac{3}{8\pi}}$$

$$N_{2,-2}=\sqrt{\frac{(2-|-2|)!\ (2\times2+1)}{(2+|-2|)!\ 4\pi}}=\sqrt{\frac{(2-2)!\ \times5}{(2+2)!\ 4\pi}}=\sqrt{\frac{5}{96\pi}}$$

(2)其他几个低量子数的球谐函数

对于 $l=1$，勒让德多项式为 $P_1(\xi)=\xi$。所以 $m=0$ 和 $m=-1$ 的关联勒让德多项式为

$$P_1^{|0|}(\xi)=(1-\xi^2)^{\frac{|0|}{2}}\frac{\mathrm{d}^{|0|}}{\mathrm{d}\xi^{|0|}}P_1(\xi)=(1-\xi^2)^0\xi=\xi;P_1^{|0|}(\cos\theta)=\cos\theta$$

$$P_1^{|-1|}(\xi)=(1-\xi^2)^{\frac{|-1|}{2}}\frac{\mathrm{d}^{|-1|}}{\mathrm{d}\xi^{|-1|}}P_1(\xi)=(1-\xi^2)^{\frac{1}{2}}\frac{\mathrm{d}}{\mathrm{d}\xi}\xi=(1-\xi^2)^{\frac{1}{2}};P_1^{|-1|}(\cos\theta)=\sin\theta$$

而 $\Phi_0(\varphi)=1$，$\Phi_{-1}(\varphi)=\exp(-\mathrm{i}\varphi)$，以及归一化常数

$$N_{1,0}=\sqrt{\frac{(1-|0|)!\ (2\times1+1)}{(1+|0|)!\ 4\pi}}=\sqrt{\frac{3}{4\pi}},N_{1,-1}=\sqrt{\frac{(1-|-1|)!\ (2\times1+1)}{(1+|-1|)!\ 4\pi}}=\sqrt{\frac{3}{8\pi}}$$

由此，得到归一化球谐函数 $Y_{1,0}$ 和 $Y_{1,-1}$ 的表达式

$$Y_{1,0}(\theta,\varphi)=N_{1,0}\cos\theta=\sqrt{\frac{3}{4\pi}}\cos\theta$$

$$Y_{1,-1}(\theta,\varphi)=N_{1,-1}\sin\theta\exp(-\mathrm{i}\varphi)=\sqrt{\frac{3}{8\pi}}\sin\theta\exp(-\mathrm{i}\varphi)$$

对于 $l=2$，勒让德多项式为 $P_2(\xi)=3\xi^2/2-1/2$。所以 $m=0,m=-1,m=1,m=2$ 的关联勒让德多项式为

$$P_2^{|0|}(\xi)=(1-\xi^2)^{\frac{|0|}{2}}\frac{\mathrm{d}^{|0|}}{\mathrm{d}\xi^{|0|}}P_2(\xi)=\frac{3}{2}\xi^2-\frac{1}{2};P_2^{|0|}(\cos\theta)=\frac{3}{2}\cos^2\theta-\frac{1}{2}$$

$$P_2^{|-1|}(\xi)=(1-\xi^2)^{\frac{|-1|}{2}}\frac{\mathrm{d}^{|-1|}}{\mathrm{d}\xi^{|-1|}}P_2(\xi)=(1-\xi^2)^{\frac{1}{2}}\frac{\mathrm{d}}{\mathrm{d}\xi}\left(\frac{3}{2}\xi^2-\frac{1}{2}\right)=3\xi(1-\xi^2)^{\frac{1}{2}}$$

$$P_2^{|-1|}(\cos\theta)=3\cos\theta(1-\cos^2\theta)^{\frac{1}{2}}=3\sin\theta\cos\theta$$

$$P_2^{|1|}(\xi)=(1-\xi^2)^{\frac{|1|}{2}}\frac{\mathrm{d}^{|1|}}{\mathrm{d}\xi^{|1|}}P_2(\xi)=(1-\xi^2)^{\frac{1}{2}}\frac{\mathrm{d}}{\mathrm{d}\xi}\left(\frac{3}{2}\xi^2-\frac{1}{2}\right)=3\xi(1-\xi^2)^{\frac{1}{2}}$$

$$P_2^{|1|}(\cos\theta)=3\cos\theta(1-\cos^2\theta)^{\frac{1}{2}}=3\sin\theta\cos\theta$$

$$P_2^{|2|}(\xi)=(1-\xi^2)^{\frac{|2|}{2}}\frac{\mathrm{d}^{|2|}}{\mathrm{d}\xi^{|2|}}P_2(\xi)=(1-\xi^2)^{\frac{|2|}{2}}\frac{\mathrm{d}^2}{\mathrm{d}\xi^2}\left(\frac{3}{2}\xi^2-\frac{1}{2}\right)=3(1-\xi^2)$$

$$P_2^{|2|}(\cos\theta)=3(1-\cos^2\theta)=3\sin^2\theta$$

而 $\Phi_0(\varphi)=1$，$\Phi_{-1}(\varphi)=\exp(-\mathrm{i}\varphi)$，$\Phi_1(\varphi)=\exp(\mathrm{i}\varphi)$，$\Phi_2(\varphi)=\exp(\mathrm{i}2\varphi)$，以及归一化常数

$$N_{2,0}=\sqrt{\frac{(2-|0|)!\ (2\times 2+1)}{(2+|0|)!\ 4\pi}}=\sqrt{\frac{10}{8\pi}},N_{2,-1}=\sqrt{\frac{(2-|-1|)!\ (2\times 2+1)}{(2+|-1|)!\ 4\pi}}=\sqrt{\frac{5}{24\pi}}$$

$$N_{2,1}=\sqrt{\frac{(2-|1|)!\ (2\times 2+1)}{(2+|1|)!\ 4\pi}}=\sqrt{\frac{15}{24\pi}},N_{2,2}=\sqrt{\frac{(2-|2|)!\ (2\times 2+1)}{(2+|2|)!\ 4\pi}}=\sqrt{\frac{5}{96\pi}}$$

由此,得到归一化球谐函数 $Y_{2,0}$,$Y_{2,-1}$,$Y_{2,1}$ 和 $Y_{2,2}$ 的表达式

$$Y_{2,0}(\theta,\varphi)=N_{2,0}\left(\frac{3}{2}\cos^2\theta-\frac{1}{2}\right)=\sqrt{\frac{5}{16\pi}}(3\cos^2\theta-1)$$

$$Y_{2,-1}(\theta,\varphi)=N_{2,-1}3\sin\theta\cos\theta\exp(-\mathrm{i}\varphi)=\sqrt{\frac{15}{8\pi}}\sin\theta\cos\theta\exp(-\mathrm{i}\varphi)$$

$$Y_{2,1}(\theta,\varphi)=N_{2,1}3\sin\theta\cos\theta\exp(\mathrm{i}\varphi)=\sqrt{\frac{15}{8\pi}}\sin\theta\cos\theta\exp(\mathrm{i}\varphi)$$

$$Y_{2,2}(\theta,\varphi)=N_{2,2}3\sin^2\theta\exp(\mathrm{i}2\varphi)=\sqrt{\frac{15}{32\pi}}\sin^2\theta\exp(\mathrm{i}2\varphi)$$

(3)经度角函数的正交性

几个低量子数 m 的经度角函数(非归一化)为

$$\Phi_0(\varphi)=1,\Phi_1(\varphi)=\exp(\mathrm{i}\varphi),\Phi_{-1}(\varphi)=\exp(-\mathrm{i}\varphi),$$
$$\Phi_2(\varphi)=\exp(\mathrm{i}2\varphi),\Phi_{-2}(\varphi)=\exp(-\mathrm{i}2\varphi)$$

由此,可以得到这几个经度角函数的正交性关系

$$\int_0^{2\pi}[\Phi_0(\varphi)]^*\Phi_1(\varphi)\mathrm{d}\varphi=\int_0^{2\pi}[1]^*\exp(\mathrm{i}\varphi)\mathrm{d}\varphi=0$$

$$\int_0^{2\pi}[\Phi_0(\varphi)]^*\Phi_{-1}(\varphi)\mathrm{d}\varphi=\int_0^{2\pi}[1]^*\exp(-\mathrm{i}\varphi)\mathrm{d}\varphi=0$$

$$\int_0^{2\pi}[\Phi_0(\varphi)]^*\Phi_2(\varphi)\mathrm{d}\varphi=\int_0^{2\pi}[1]^*\exp(\mathrm{i}2\varphi)\mathrm{d}\varphi=0$$

$$\int_0^{2\pi}[\Phi_0(\varphi)]^*\Phi_{-2}(\varphi)\mathrm{d}\varphi=\int_0^{2\pi}[1]^*\exp(-\mathrm{i}2\varphi)\mathrm{d}\varphi=0$$

$$\int_0^{2\pi}[\Phi_1(\varphi)]^*\Phi_{-1}(\varphi)\mathrm{d}\varphi=\int_0^{2\pi}[\exp(\mathrm{i}\varphi)]^*\exp(-\mathrm{i}\varphi)\mathrm{d}\varphi=\int_0^{2\pi}\exp(-\mathrm{i}2\varphi)\mathrm{d}\varphi=0$$

$$\int_0^{2\pi}[\Phi_1(\varphi)]^*\Phi_2(\varphi)\mathrm{d}\varphi=\int_0^{2\pi}[\exp(\mathrm{i}\varphi)]^*\exp(\mathrm{i}2\varphi)\mathrm{d}\varphi=\int_0^{2\pi}\exp(\mathrm{i}\varphi)\mathrm{d}\varphi=0$$

$$\int_0^{2\pi}[\Phi_1(\varphi)]^*\Phi_{-2}(\varphi)\mathrm{d}\varphi=\int_0^{2\pi}[\exp(\mathrm{i}\varphi)]^*\exp(-\mathrm{i}2\varphi)\mathrm{d}\varphi=\int_0^{2\pi}\exp(-\mathrm{i}3\varphi)\mathrm{d}\varphi=0$$

$$\int_0^{2\pi}[\Phi_{-1}(\varphi)]^*\Phi_2(\varphi)\mathrm{d}\varphi=\int_0^{2\pi}[\exp(-\mathrm{i}\varphi)]^*\exp(\mathrm{i}2\varphi)\mathrm{d}\varphi=\int_0^{2\pi}\exp(\mathrm{i}3\varphi)\mathrm{d}\varphi=0$$

$$\int_0^{2\pi}[\Phi_{-1}(\varphi)]^*\Phi_{-2}(\varphi)\mathrm{d}\varphi=\int_0^{2\pi}[\exp(-\mathrm{i}\varphi)]^*\exp(-\mathrm{i}2\varphi)\mathrm{d}\varphi=\int_0^{2\pi}\exp(-\mathrm{i}\varphi)\mathrm{d}\varphi=0$$

$$\int_0^{2\pi}[\Phi_{-2}(\varphi)]^*\Phi_2(\varphi)\mathrm{d}\varphi=\int_0^{2\pi}[\exp(-\mathrm{i}2\varphi)]^*\exp(\mathrm{i}2\varphi)\mathrm{d}\varphi=\int_0^{2\pi}\exp(\mathrm{i}4\varphi)\mathrm{d}\varphi=0$$

可见,经度角函数 $\Phi_m(\varphi)$ 之间是相互正交的

$$\int_0^{2\pi}[\Phi_{m_1}(\varphi)]^*\Phi_{m_2}(\varphi)\mathrm{d}\varphi=A\delta_{m_1m_2}$$

经度角函数集$\{\Phi_m(\varphi)\}$组成正交函数系。这并不奇怪,因为如果 $m_1\neq m_2$,则

$$\int_0^{2\pi}[\Phi_{m_1}(\varphi)]^*\Phi_{m_2}(\varphi)\mathrm{d}\varphi=\int_0^{2\pi}[\exp(\mathrm{i}m_1\varphi)]^*\exp(\mathrm{i}m_2\varphi)\mathrm{d}\varphi$$

$$=\int_0^{2\pi}\exp(-\mathrm{i}m_1\varphi)\exp(\mathrm{i}m_2\varphi)\,\mathrm{d}\varphi=\int_0^{2\pi}\exp[\mathrm{i}(m_2-m_1)\varphi]\,\mathrm{d}\varphi$$

$$=\int_0^{2\pi}\cos[(m_2-m_1)\varphi]\,\mathrm{d}\varphi+\mathrm{i}\int_0^{2\pi}\sin[(m_2-m_1)\varphi]\,\mathrm{d}\varphi=0$$

经度角函数 $\Phi_m(\varphi)$ 正是力学量算符 $\hat{L}_z$ 的本征函数，本征值为 $m\hbar$：$\hat{L}_z\Phi_m(\varphi)=m\hbar\Phi_m(\varphi)$。

(4) 球谐函数的正交性

部分低量子数的球谐函数之间的正交关系为(非归一化)

$$\int_{\theta=0}^{\pi}\int_{\varphi=0}^{2\pi}[Y_{0,0}]^*Y_{1,1}\sin\theta\,\mathrm{d}\theta\,\mathrm{d}\varphi=\int_{\theta=0}^{\pi}\int_{\varphi=0}^{2\pi}[1]^*\sin\theta\exp(\mathrm{i}\varphi)\sin\theta\,\mathrm{d}\theta\,\mathrm{d}\varphi$$
$$=\int_0^{\pi}\sin^2\theta\,\mathrm{d}\theta\int_{\varphi=0}^{2\pi}\exp(\mathrm{i}\varphi)\,\mathrm{d}\varphi=\frac{\pi}{2}\times 0=0$$

$$\int_{\theta=0}^{\pi}\int_{\varphi=0}^{2\pi}[Y_{0,0}]^*Y_{1,0}\sin\theta\,\mathrm{d}\theta\,\mathrm{d}\varphi=\int_{\theta=0}^{\pi}\int_{\varphi=0}^{2\pi}[1]^*\cos\theta\sin\theta\,\mathrm{d}\theta\,\mathrm{d}\varphi$$
$$=\int_0^{\pi}\sin\theta\cos\theta\,\mathrm{d}\theta\int_{\varphi=0}^{2\pi}\mathrm{d}\varphi=0\times 2\pi=0$$

$$\int_{\theta=0}^{\pi}\int_{\varphi=0}^{2\pi}[Y_{0,0}]^*Y_{1,-1}\sin\theta\,\mathrm{d}\theta\,\mathrm{d}\varphi=\int_{\theta=0}^{\pi}\int_{\varphi=0}^{2\pi}[1]^*\sin\theta\exp(-\mathrm{i}\varphi)\sin\theta\,\mathrm{d}\theta\,\mathrm{d}\varphi$$
$$=\int_0^{\pi}\sin^2\theta\,\mathrm{d}\theta\int_{\varphi=0}^{2\pi}\exp(-\mathrm{i}\varphi)\,\mathrm{d}\varphi=\frac{\pi}{2}\times 0=0$$

$$\int_{\theta=0}^{\pi}\int_{\varphi=0}^{2\pi}[Y_{1,1}]^*Y_{1,0}\sin\theta\,\mathrm{d}\theta\,\mathrm{d}\varphi=\int_{\theta=0}^{\pi}\int_{\varphi=0}^{2\pi}[\sin\theta\exp(\mathrm{i}\varphi)]^*\cos\theta\sin\theta\,\mathrm{d}\theta\,\mathrm{d}\varphi$$
$$=\int_0^{\pi}\sin^2\theta\cos\theta\,\mathrm{d}\theta\int_{\varphi=0}^{2\pi}\exp(-\mathrm{i}\varphi)\,\mathrm{d}\varphi=0\times 0=0$$

$$\int_{\theta=0}^{\pi}\int_{\varphi=0}^{2\pi}[Y_{1,1}]^*Y_{1,-1}\sin\theta\,\mathrm{d}\theta\,\mathrm{d}\varphi=\int_{\theta=0}^{\pi}\int_{\varphi=0}^{2\pi}[\sin\theta\exp(\mathrm{i}\varphi)]^*\sin\theta\exp(-\mathrm{i}\varphi)\sin\theta\,\mathrm{d}\theta\,\mathrm{d}\varphi$$
$$=\int_0^{\pi}\sin^3\theta\,\mathrm{d}\theta\int_{\varphi=0}^{2\pi}\exp(-\mathrm{i}2\varphi)\,\mathrm{d}\varphi=\frac{4}{3}\times 0=0$$

$$\int_{\theta=0}^{\pi}\int_{\varphi=0}^{2\pi}[Y_{1,0}]^*Y_{1,-1}\sin\theta\,\mathrm{d}\theta\,\mathrm{d}\varphi=\int_{\theta=0}^{\pi}\int_{\varphi=0}^{2\pi}[\cos\theta]^*\sin\theta\exp(-\mathrm{i}\varphi)\sin\theta\,\mathrm{d}\theta\,\mathrm{d}\varphi$$
$$=\int_0^{\pi}\sin^2\theta\cos\theta\,\mathrm{d}\theta\int_{\varphi=0}^{2\pi}\exp(-\mathrm{i}\varphi)\,\mathrm{d}\varphi=0\times 0=0$$

$$\int_{\theta=0}^{\pi}\int_{\varphi=0}^{2\pi}[Y_{0,0}]^*Y_{2,0}\sin\theta\,\mathrm{d}\theta\,\mathrm{d}\varphi=\int_{\theta=0}^{\pi}\int_{\varphi=0}^{2\pi}[1]^*(3\cos^2\theta-1)\sin\theta\,\mathrm{d}\theta\,\mathrm{d}\varphi$$
$$=\int_0^{\pi}\sin\theta(3\cos^2\theta-1)\,\mathrm{d}\theta\int_{\varphi=0}^{2\pi}\mathrm{d}\varphi=0\times 2\pi=0$$

$$\int_{\theta=0}^{\pi}\int_{\varphi=0}^{2\pi}[Y_{0,0}]^*Y_{2,-2}\sin\theta\,\mathrm{d}\theta\,\mathrm{d}\varphi=\int_{\theta=0}^{\pi}\int_{\varphi=0}^{2\pi}[1]^*\sin^2\theta\exp(-2\mathrm{i}\varphi)\sin\theta\,\mathrm{d}\theta\,\mathrm{d}\varphi$$
$$=\int_0^{\pi}\sin^3\theta\,\mathrm{d}\theta\int_{\varphi=0}^{2\pi}\exp(-2\mathrm{i}\varphi)\,\mathrm{d}\varphi=\frac{4}{3}\times 0=0$$

$$\int_{\theta=0}^{\pi}\int_{\varphi=0}^{2\pi}[Y_{1,0}]^*Y_{2,0}\sin\theta\,\mathrm{d}\theta\,\mathrm{d}\varphi=\int_{\theta=0}^{\pi}\int_{\varphi=0}^{2\pi}[\cos\theta]^*(3\cos^2\theta-1)\sin\theta\,\mathrm{d}\theta\,\mathrm{d}\varphi$$
$$=\int_0^{\pi}\sin\theta\cos\theta(3\cos^2\theta-1)\,\mathrm{d}\theta\int_{\varphi=0}^{2\pi}\mathrm{d}\varphi=0\times 2\pi=0$$

$$\int_{\theta=0}^{\pi}\int_{\varphi=0}^{2\pi}[Y_{1,0}]^*Y_{2,-2}\sin\theta\,\mathrm{d}\theta\,\mathrm{d}\varphi=\int_{\theta=0}^{\pi}\int_{\varphi=0}^{2\pi}[\cos\theta]^*\sin^2\theta\exp(-2\mathrm{i}\varphi)\sin\theta\,\mathrm{d}\theta\,\mathrm{d}\varphi$$

$$=\int_0^\pi \sin^3\theta\cos\theta\,\mathrm{d}\theta\int_{\varphi=0}^{2\pi}\exp(-2\mathrm{i}\varphi)\,\mathrm{d}\varphi=0\times 0=0$$

$$\int_{\theta=0}^{\pi}\int_{\varphi=0}^{2\pi}[Y_{1,0}]^*Y_{2,1}\sin\theta\,\mathrm{d}\theta\,\mathrm{d}\varphi=\int_{\theta=0}^{\pi}\int_{\varphi=0}^{2\pi}[\cos\theta]^*\sin\theta\cos\theta\exp(\mathrm{i}\varphi)\sin\theta\,\mathrm{d}\theta\,\mathrm{d}\varphi$$

$$=\int_0^\pi \sin^2\theta\cos^2\theta\,\mathrm{d}\theta\int_{\varphi=0}^{2\pi}\exp(\mathrm{i}\varphi)\,\mathrm{d}\varphi=\frac{\pi}{8}\times 0=0$$

可见,虽然纬度角函数集$\{\Theta_l(\theta)\}$并不是完全正交的,但经度角函数集$\{\Phi_m(\varphi)\}$的正交性保证了球谐函数集$\{Y_{l,m}(\theta,\varphi)\}$的正交性

$$\int_{\theta=0}^{\pi}\int_{\varphi=0}^{2\pi}[Y_{l,m}(\theta,\varphi)]^*Y_{l',m'}(\theta,\varphi)\sin\theta\,\mathrm{d}\theta\,\mathrm{d}\varphi=\delta_{ll'}\delta_{mm'}$$

(5)角动量平方算符与角动量分量算符共同本征函数系

纬度角函数集$\{\Theta_l(\theta)\}$并不是完全正交的,只有由纬度角函数与经度角函数的乘积$Y_{l,m}(\theta,\varphi)=\Theta_l(\theta)\Phi_m(\varphi)$才能构成正交归一的本征函数系$\{Y_{l,m}(\theta,\varphi)\}$。

【例 16-2】 已知原子系统(库仑场)中径向方程的解用联合拉盖尔多项式表示

$$R_{n,l}(\rho)=N_{n,l}\exp\left(-\frac{\rho}{2}\right)(\rho)^l L_{n+l}^{2l+1}(\rho),\rho=\frac{2Z}{nr_1}r$$

其中,$L_{n+l}^{2l+1}(\rho)=\dfrac{\mathrm{d}^{2l+1}}{\mathrm{d}\rho^{2l+1}}L_{n+l}(\rho)$,$L_{n+l}(\rho)=\exp(\rho)\dfrac{\mathrm{d}^{n+l}}{\mathrm{d}\rho^{n+l}}[\exp(-\rho)\rho^{n+l}]$;$r_1$ 为第一玻尔半径,Z 为原子序数。求原子系统处于基态时的径向函数 $R_{1,0}(r)$并归一化。

分析 由于$n=1,l=0$,可以求出拉盖尔多项式$L_{1+0}(\rho)$,进而求得联合拉盖尔多项式$L_{1+0}^{2\times 0+1}(\rho)$,从而求得径向函数$R_{1,0}(r)$;再由归一化条件求出归一化常数$N_{1,0}$。

解 由于$n=1,l=0$,拉盖尔多项式$L_{1+0}(\rho)$为

$$L_{1+0}(\rho)=\exp(\rho)\frac{\mathrm{d}^{1+0}}{\mathrm{d}\rho^{1+0}}[\exp(-\rho)\rho^{1+0}]=\exp(\rho)\frac{\mathrm{d}}{\mathrm{d}\rho}[\rho\exp(-\rho)]=1-\rho$$

由此,得到联合拉盖尔多项式

$$L_{1+0}^{2\times 0+1}(\rho)=\frac{\mathrm{d}^{2\times 0+1}}{\mathrm{d}\rho^{2\times 0+1}}L_{1+0}(\rho)=\frac{\mathrm{d}}{\mathrm{d}\rho}(1-\rho)=-1$$

因此,径向函数表示为

$$R_{1,0}(r)=N_{1,0}\exp\left(-\frac{Z}{r_1}r\right)\left(\frac{2Z}{r_1}r\right)^0(-1)=-N_{1,0}\exp\left(-\frac{Z}{r_1}r\right)$$

由归一化条件,得到

$$1=\int[R_{1,0}(r)]^2r^2\,\mathrm{d}r=N_{1,0}^2\int_0^\infty r^2\exp\left(-\frac{2Z}{r_1}r\right)\mathrm{d}r=\frac{1}{4}\left(\frac{r_1}{Z}\right)^3N_{1,0}^2,N_{1,0}=-2\left(\frac{Z}{r_1}\right)^{3/2}$$

这里,考虑到$R_{1,0}(r)$的表达式为正值,取$N_{1,0}$为负。于是,归一化基态径向函数为

$$R_{1,0}(r)=2\left(\frac{Z}{r_1}\right)^{\frac{3}{2}}\exp\left(-\frac{Z}{r_1}r\right),r_1=\frac{\hbar^2}{\mu e^2}$$

点评 (1)直接由径向函数归一化系数公式求归一化系数

$$N_{1,0}=-\sqrt{\left(\frac{2Z}{r_1}\right)^3\frac{(1-0-1)!}{2[(1+0)!]^3}}=-\sqrt{\left(\frac{2Z}{r_1}\right)^3\frac{1}{2}}=-2\left(\frac{Z}{r_1}\right)^{3/2}$$

归一化波函数为$(n=1;l=0;m=0)$

$$\psi_{1,0,0}=R_{1,0}(r)Y_{0,0}(\theta,\varphi)=\frac{1}{\sqrt{\pi}}\left(\frac{Z}{r_1}\right)^{3/2}\exp\left(-\frac{Z}{r_1}r\right)$$

(2)第一激发态径向函数

第一激发态，主量子数 $n=2$；角动量量子数可取 $l=0, l=1$。

对于 $n=2, l=0$，有

$$L_{2+0}(\rho)=\exp(\rho)\frac{d^{2+0}}{d\rho^{2+0}}[\rho^{2+0}\exp(-\rho)]=\exp(\rho)\frac{d^2}{d\rho^2}[\rho^2\exp(-\rho)]$$

$$=\exp(\rho)\frac{d}{d\rho}[(2\rho-\rho^2)\exp(-\rho)]=2-4\rho+\rho^2$$

$$L_{2+0}^{2\times0+1}(\rho)=\frac{d^{2\times0+1}}{d\rho^{2\times0+1}}L_{2+0}(\rho)=\frac{d}{d\rho}(2-4\rho+\rho^2)=-4+2\rho$$

因此，径向函数表示为

$$R_{2,0}(r)=N_{2,0}\exp\left(-\frac{Z}{2r_1}r\right)\left(\frac{Z}{r_1}r\right)^0\left(-4+2\frac{Z}{r_1}r\right)=-N_{2,0}\exp\left(-\frac{Z}{2r_1}r\right)\left(4-2\frac{Z}{r_1}r\right)$$

由归一化条件，得到

$$1=\int[R_{2,0}(r)]^2r^2dr=N_{2,0}^2\int_0^\infty r^2\exp\left(-\frac{Z}{r_1}r\right)\left(4-2\frac{Z}{r_1}r\right)^2dr=32\left(\frac{r_1}{Z}\right)^3N_{2,0}^2$$

$$N_{2,0}=-\frac{1}{2}\left(\frac{Z}{2r_1}\right)^{3/2}, N_{2,0}=-\sqrt{\left(\frac{Z}{r_1}\right)^3\frac{(2-0-1)!}{2\times2[(2+0)!]^3}}=-\frac{1}{2}\left(\frac{Z}{2r_1}\right)^{3/2}$$

归一化激发态径向函数为

$$R_{2,0}(r)=-\frac{1}{2}\left(\frac{Z}{2r_1}\right)^{3/2}\left(-4+\frac{2Z}{r_1}r\right)\exp\left(-\frac{Zr}{2r_1}\right)=\left(\frac{Z}{2r_1}\right)^{3/2}\left(2-\frac{Z}{r_1}r\right)\exp\left(-\frac{Zr}{2r_1}\right)$$

归一化波函数为($n=2; l=0; m=0$)

$$\psi_{2,0,0}=R_{2,0}(r)Y_{0,0}(\theta,\varphi)=\frac{1}{2\sqrt{\pi}}\left(\frac{Z}{2r_1}\right)^{3/2}\left(2-\frac{Z}{r_1}r\right)\exp\left(-\frac{Z}{2r_1}r\right)$$

对于 $n=2, l=1$，有

$$L_{2+1}(\rho)=\exp(\rho)\frac{d^{2+1}}{d\rho^{2+1}}[\rho^{2+1}\exp(-\rho)]=\exp(\rho)\frac{d^3}{d\rho^3}[\rho^3\exp(-\rho)]$$

$$=\exp(\rho)(6-18\rho+9\rho^2-\rho^3)\exp(-\rho)=6-18\rho+9\rho^2-\rho^3$$

$$L_{2+1}^{2\times1+1}(\rho)=\frac{d^{2\times1+1}}{d\rho^{2\times1+1}}L_{2+1}(\rho)=\frac{d^3}{d\rho^3}(6-18\rho+9\rho^2-\rho^3)=-6$$

因此，径向函数表示为

$$R_{2,1}(r)=N_{2,1}\exp\left(-\frac{Z}{2r_1}r\right)\left(\frac{Z}{r_1}r\right)(-6)=-6N_{2,1}\left(\frac{Z}{r_1}r\right)\exp\left(-\frac{Z}{2r_1}r\right)$$

由归一化条件，得到

$$1=\int[R_{2,1}(r)]^2r^2dr=36N_{2,1}^2\int_0^\infty r^2\left(\frac{Z}{r_1}r\right)^2\exp\left(-\frac{Z}{r_1}r\right)dr=6^2\times3\left(\frac{2r_1}{Z}\right)^3N_{2,1}^2$$

$$N_{2,1}=-\frac{1}{6\sqrt{3}}\left(\frac{Z}{2r_1}\right)^{3/2}, N_{2,1}=-\sqrt{\left(\frac{Z}{r_1}\right)^3\frac{(2-1-1)!}{2\times2[(2+1)!]^3}}=-\frac{1}{6\sqrt{3}}\left(\frac{Z}{2r_1}\right)^{3/2}$$

归一化激发态径向函数为

$$R_{2,1}(r)=-\frac{1}{6\sqrt{3}}\left(\frac{Z}{2r_1}\right)^{3/2}(-6)\left(\frac{Zr}{r_1}\right)\exp\left(-\frac{Zr}{2r_1}\right)=\left(\frac{Z}{2r_1}\right)^{3/2}\frac{Zr}{r_1\sqrt{3}}\exp\left(-\frac{Z}{2r_1}r\right)$$

归一化波函数为($n=2; l=1; m=1,0,-1$)

$$\psi_{2,1,1}=R_{2,1}(r)Y_{1,1}(\theta,\varphi)=\sqrt{\frac{3}{8\pi}}\left(\frac{Z}{2r_1}\right)^{3/2}\frac{Zr}{r_1\sqrt{3}}\exp\left(-\frac{Z}{2r_1}r\right)\sin\theta\exp(\mathrm{i}\varphi)$$

$$\psi_{2,1,0}=R_{2,1}(r)Y_{1,0}(\theta,\varphi)=\sqrt{\frac{3}{4\pi}}\left(\frac{Z}{2r_1}\right)^{3/2}\frac{Zr}{r_1\sqrt{3}}\exp\left(-\frac{Z}{2r_1}r\right)\cos\theta$$

$$\psi_{2,1,-1}=R_{2,1}(r)Y_{1,-1}(\theta,\varphi)=\sqrt{\frac{3}{8\pi}}\left(\frac{Z}{2r_1}\right)^{3/2}\frac{Zr}{r_1\sqrt{3}}\exp\left(-\frac{Z}{2r_1}r\right)\sin\theta\exp(-\mathrm{i}\varphi)$$

(3)波函数的正交性

径向函数 $R_{1,0}(r)$ 与径向函数 $R_{2,0}(r)$ 的正交性：

$$\int R_{1,0}(r)R_{2,0}(r)r^2\mathrm{d}r=\int_0^{\infty}2\left(\frac{Z}{r_1}\right)^{3/2}\exp\left(-\frac{Z}{r_1}r\right)\left(\frac{Z}{2r_1}\right)^{3/2}\left(2-\frac{Z}{r_1}r\right)\exp\left(-\frac{Zr}{2r_1}\right)r^2\mathrm{d}r$$

$$=\frac{1}{\sqrt{2}}\left(\frac{Z}{r_1}\right)^3\int_0^{\infty}\exp\left(-\frac{3Z}{2r_1}r\right)\left(2-\frac{Z}{r_1}r\right)r^2\mathrm{d}r=\frac{1}{\sqrt{2}}\left(\frac{2\times 2!\ \times 2^3}{3^3}-\frac{3!\ \times 2^4}{3^4}\right)=0$$

可见，径向函数 $R_{1,0}(r)$ 与径向函数 $R_{2,0}(r)$ 是正交的。保证了波函数 $\psi_{1,0,0}=R_{1,0}(r)Y_{0,0}(\theta,\varphi)$ 与波函数 $\psi_{2,0,0}=R_{2,0}(r)Y_{0,0}(\theta,\varphi)$ 是正交的。这两个波函数(态)角动量量子数 l 和磁量子数 m 相同($l=0$、$m=0$)，但由于主量子数 n 不同，保证了波函数 $\psi_{1,0,0}=R_{1,0}(r)Y_{0,0}(\theta,\varphi)$ 与波函数 $\psi_{2,0,0}=R_{2,0}(r)Y_{0,0}(\theta,\varphi)$ 是正交的。

径向函数 $R_{1,0}(r)$ 与径向函数 $R_{2,1}(r)$ 的正交性：

$$\int R_{1,0}(r)R_{2,1}(r)r^2\mathrm{d}r=\int_0^{\infty}2\left(\frac{Z}{r_1}\right)^{3/2}\exp\left(-\frac{Z}{r_1}r\right)\left(\frac{Z}{2r_1}\right)^{3/2}\frac{Zr}{r_1\sqrt{3}}\exp\left(-\frac{Z}{2r_1}r\right)r^2\mathrm{d}r$$

$$=\frac{1}{\sqrt{6}}\left(\frac{Z}{r_1}\right)^4\int_0^{\infty}r^3\exp\left(-\frac{3Z}{2r_1}r\right)\mathrm{d}r=\frac{1}{\sqrt{6}}\frac{3!\ \times 2^4}{3^4}=\frac{32}{27\sqrt{6}}\neq 0$$

可见，径向函数 $R_{1,0}(r)$ 与径向函数 $R_{2,1}(r)$ 不是正交的。波函数 $\psi_{1,0,0}=R_{1,0}(r)Y_{0,0}(\theta,\varphi)$ 与波函数 $\psi_{2,1,0}=R_{2,1}(r)Y_{1,0}(\theta,\varphi)$ 的角动量量子数不同($l_1=0,l_2=1$，主量子数 n 不同)，球谐函数 $Y_{0,0}(\theta,\varphi)$ 与球谐函数 $Y_{1,0}(\theta,\varphi)$ 的正交性保证了波函数 $\psi_{1,0,0}=R_{1,0}(r)Y_{0,0}(\theta,\varphi)$ 与波函数 $\psi_{2,1,0}=R_{2,1}(r)Y_{1,0}(\theta,\varphi)$ 依然是正交的。

径向函数 $R_{2,0}(r)$ 与径向函数 $R_{2,1}(r)$ 的正交性：

$$\int R_{2,0}(r)R_{2,1}(r)r^2\mathrm{d}r=\frac{2}{\sqrt{3}}\left(\frac{Z}{2r_1}\right)^4\int_0^{\infty}\left(2-\frac{Z}{r_1}r\right)r^3\exp\left(-\frac{Z}{r_1}r\right)\mathrm{d}r$$

$$=\frac{2}{\sqrt{3}}\left(\frac{Z}{2r_1}\right)^4\left[\frac{2\times 3!}{(Z/r_1)^4}-\frac{Z}{r_1}\frac{4!}{(Z/r_1)^5}\right]=-\frac{\sqrt{3}}{2}\neq 0$$

可见，径向函数 $R_{2,0}(r)$ 与径向函数 $R_{2,1}(r)$ 不是正交的，这是由于这两个波函数(态)主量子数 n 相同。波函数 $\psi_{2,0,0}=R_{2,0}(r)Y_{0,0}(\theta,\varphi)$ 与波函数 $\psi_{2,1,0}=R_{2,1}(r)Y_{1,0}(\theta,\varphi)$ 的角动量量子数不同($l_1=0,l_2=1$，主量子数 n 相同)，球谐函数 $Y_{0,0}(\theta,\varphi)$ 与球谐函数 $Y_{1,0}(\theta,\varphi)$ 的正交性保证了波函数 $\psi_{2,0,0}=R_{2,0}(r)Y_{0,0}(\theta,\varphi)$ 与波函数 $\psi_{2,1,0}=R_{2,1}(r)Y_{1,0}(\theta,\varphi)$ 依然是正交的。

由此可见，本征径向函数系 $\{R_{n,l}(r)\}$ 并不是正交系(但可以归一化)，只有由径向函数与球谐函数的乘积 $\psi_{n,l,m}=R_{n,l}(r)Y_{l,m}(\theta,\varphi)$ 才能组成正交归一的本征函数系 $\{\psi_{n,l,m}\}$。

【例 16-3】 已知氢原子处于基态，归一化径向函数为 $R_{1,0}(r)=\frac{2}{r_1^{3/2}}\exp\left(-\frac{r}{r_1}\right)$，归一化球谐函数为 $Y_{0,0}(\theta,\varphi)=\sqrt{1/4\pi}$，$r_1$ 为玻尔半径。求电子径向概率密度分布。

分析 处于基态的氢原子，波函数表示为$\psi(r,\theta,\varphi)=R_{1,0}(r)Y_{0,0}(\theta,\varphi)$。要特别注意，球坐标系中的体积元表示为 $\mathrm{d}V=r^2\sin\theta\mathrm{d}r\mathrm{d}\theta\mathrm{d}\varphi$。如果求径向概率密度分布，需要对两个角度函数积分，θ:0～π，φ:0～2π。

解 处于基态的氢原子波函数为

$$\psi_{1,0,0}(r,\theta,\varphi)=R_{1,0}(r)Y_{0,0}(\theta,\varphi)=\frac{2}{r_1^{3/2}}\sqrt{\frac{1}{4\pi}}\exp\left(-\frac{r}{r_1}\right)$$

电子出现在体积元 $\mathrm{d}V=r^2\sin\theta\mathrm{d}r\mathrm{d}\theta\mathrm{d}\varphi$ 内的概率表示为

$$\mathrm{d}W=|\psi_{1,0,0}(r,\theta,\varphi)|^2\mathrm{d}V=\frac{1}{\pi r_1^3}\exp\left(-\frac{2r}{r_1}\right)r^2\sin\theta\mathrm{d}r\mathrm{d}\theta\mathrm{d}\varphi$$

电子出现在 $r\to r+\mathrm{d}r$ 内的概率为

$$\begin{aligned}\mathrm{d}W_\mathrm{r}&=\int_{\varphi=0}^{2\pi}\int_{\theta=0}^{\pi}\mathrm{d}W=\int_{\varphi=0}^{2\pi}\int_{\theta=0}^{\pi}\frac{1}{\pi r_1^3}\exp\left(-\frac{2r}{r_1}\right)r^2\sin\theta\mathrm{d}r\mathrm{d}\theta\mathrm{d}\varphi\\&=\frac{r^2}{\pi r_1^3}\exp\left(-\frac{2r}{r_1}\right)\mathrm{d}r\int_{\varphi=0}^{2\pi}\int_{\theta=0}^{\pi}\sin\theta\mathrm{d}\theta\mathrm{d}\varphi=\frac{4r^2}{r_1^3}\exp\left(-\frac{2r}{r_1}\right)\mathrm{d}r\end{aligned}$$

电子处于 $r\to r+\mathrm{d}r$ 的概率密度(即为径向概率密度分布)为

$$w_\mathrm{r}(r)=\frac{\mathrm{d}W_\mathrm{r}}{\mathrm{d}r}=\frac{4r^2}{r_1^3}\exp\left(-\frac{2r}{r_1}\right)$$

点评 (1)氢原子处于基态时，电子径向概率密度极大的空间位置

$$\frac{\mathrm{d}w_\mathrm{r}(r)}{\mathrm{d}r}=\frac{\mathrm{d}}{\mathrm{d}r}\left[\frac{4r^2}{r_1^3}\exp\left(-\frac{2r}{r_1}\right)\right]=\left(\frac{8r}{r_1^3}-\frac{8r^2}{r_1^4}\right)\exp\left(-\frac{2r}{r_1}\right)=0;r_{1\max}=r_1$$

可见，氢原子处于基态时，电子径向概率密度极大的位置为玻尔半径，即第一轨道半径处。

由氢原子处于基态时电子径向概率密度分布函数 $w_\mathrm{r}(r)$可见，氢原子处于基态时，电子在 $r=0\sim\infty$范围内的概率密度不为零，理论上电子可以达到 $r=0\sim\infty$范围内的任何地方，只是电子出现在 r_1(第一轨道半径)附近的概率最大。

实际上，由径向函数可以计算基态氢原子中的电子在半径为 r_0 的球面内的概率

$$\begin{aligned}W_{r\leqslant r_0}&=\int|\psi_{1,0,0}(r,\theta,\varphi)|^2r^2\sin\theta\mathrm{d}r\mathrm{d}\theta\mathrm{d}\varphi\\&=\int_0^{r_0}\int_{\varphi=0}^{2\pi}\int_{\theta=0}^{\pi}\frac{1}{\pi r_1^3}\exp\left(-\frac{2r}{r_1}\right)r^2\sin\theta\mathrm{d}r\mathrm{d}\theta\mathrm{d}\varphi=\frac{4}{r_1^3}\int_0^{r_0}r^2\exp\left(-\frac{2r}{r_1}\right)\mathrm{d}r\\&=-\frac{2}{r_1^2}\int_0^{r_0}r^2\mathrm{d}\exp\left(-\frac{2r}{r_1}\right)=-\frac{2}{r_1^2}r^2\exp\left(-\frac{2r}{r_1}\right)\Big|_0^{r_0}+\frac{4}{r_1^2}\int_0^{r_0}r\exp\left(-\frac{2r}{r_1}\right)\mathrm{d}r\\&=-\frac{2}{r_1^2}r_0^2\exp\left(-\frac{2r_0}{r_1}\right)-\frac{2}{r_1}\int_0^{r_0}r\mathrm{d}\exp\left(-\frac{2r}{r_1}\right)\\&=-\frac{2}{r_1^2}r_0^2\exp\left(-\frac{2r_0}{r_1}\right)-\frac{2}{r_1}r\exp\left(-\frac{2r}{r_1}\right)\Big|_0^{r_0}+\frac{2}{r_1}\int_0^{r_0}\exp\left(-\frac{2r}{r_1}\right)\mathrm{d}r\\&=-\frac{2}{r_1^2}r_0^2\exp\left(-\frac{2r_0}{r_1}\right)-\frac{2}{r_1}r_0\exp\left(-\frac{2r_0}{r_1}\right)-\exp\left(-\frac{2r_0}{r_1}\right)+1\end{aligned}$$

$$W_{r\leqslant r_0}=1-\left(1+\frac{2}{r_1}r_0+\frac{2}{r_1^2}r_0^2\right)\exp\left(-\frac{2r_0}{r_1}\right)$$

若 $r_0=r_1/2,r_0=r_1,r_0=2r_1,r_0=3r_1,r_0=4r_1,r_0=5r_1,r_0=9r_1$，则

$$W_{r\leqslant\frac{1}{2}r_1}=1-\left(1+\frac{1}{r_1}r_1+\frac{1}{2r_1^2}r_1^2\right)\exp\left(-\frac{r_1}{r_1}\right)\approx0.08$$

$$W_{r\leqslant r_1}=1-\left(1+\frac{2}{r_1}r_1+\frac{2}{r_1^2}r_1^2\right)\exp\left(-\frac{2r_1}{r_1}\right)\approx 0.323$$

$$W_{r\leqslant 2r_1}=1-\left(1+\frac{4}{r_1}r_1+\frac{8}{r_1^2}r_1^2\right)\exp\left(-\frac{4r_1}{r_1}\right)\approx 0.762$$

$$W_{r\leqslant 3r_1}=1-\left(1+\frac{6}{r_1}r_1+\frac{18}{r_1^2}r_1^2\right)\exp\left(-\frac{6r_1}{r_1}\right)\approx 0.938$$

$$W_{r\leqslant 4r_1}=1-\left(1+\frac{8}{r_1}r_1+\frac{32}{r_1^2}r_1^2\right)\exp\left(-\frac{8r_1}{r_1}\right)\approx 0.986$$

$$W_{r\leqslant 5r_1}=1-\left(1+\frac{10}{r_1}r_1+\frac{50}{r_1^2}r_1^2\right)\exp\left(-\frac{10r_1}{r_1}\right)\approx 0.997$$

$$W_{r\leqslant 9r_1}=1-\left(1+\frac{18}{r_1}r_1+\frac{162}{r_1^2}r_1^2\right)\exp\left(-\frac{18r_1}{r_1}\right)\approx 0.999\ 997$$

量子力学的结论是，氢原子处于基态时，电子靠近原子核的概率很低(在 $r\leqslant r_1/2$ 内的概率只有 0.08)；而即使在第二"轨道"内($r\leqslant 4r_1=2^2r_1=r_2$)，概率也还是小于 1；甚至在第三"轨道"内($r\leqslant 9r_1=3^2r_1=r_3$)，概率也还是没有达到 1。氢原子处于基态时，电子根本不可能在固定的第一"轨道"做圆周运动，而是在整个原子内运动。量子力学否定了玻尔有关电子轨道的概念，氢原子中的电子没有固定的轨道，只能给出电子出现在原子内各处的概率。

(2)氢原子处于基态时，能量平均值

氢原子处于基态时，能量为 E_1；波函数表示为

$$\psi(r,\theta,\varphi,t)=\psi_{1,0,0}(r,\theta,\varphi)\exp\left(-\frac{\mathrm{i}}{\hbar}E_1t\right)=\frac{1}{r_1^{3/2}\sqrt{\pi}}\exp\left(-\frac{r}{r_1}\right)\exp\left(-\frac{\mathrm{i}}{\hbar}E_1t\right)$$

能量算符为 $\hat{E}=\mathrm{i}\hbar\dfrac{\partial}{\partial t}$；所以，能量平均值为

$$\begin{aligned}\overline{E}&=\int\psi^*(r,\theta,\varphi,t)\hat{E}\psi(r,\theta,\varphi,t)r^2\sin\theta\,\mathrm{d}r\,\mathrm{d}\theta\,\mathrm{d}\varphi\\&=\int\psi^*(r,\theta,\varphi,t)\left[\left(\mathrm{i}\hbar\frac{\partial}{\partial t}\right)\psi(r,\theta,\varphi,t)\right]r^2\sin\theta\,\mathrm{d}r\,\mathrm{d}\theta\,\mathrm{d}\varphi\\&=\int\frac{1}{\pi r_1^3}\exp\left(-\frac{2r}{r_1}\right)\exp\left(\frac{\mathrm{i}}{\hbar}E_1t\right)\mathrm{i}\hbar\left(-\frac{\mathrm{i}}{\hbar}E_1\right)\exp\left(-\frac{\mathrm{i}}{\hbar}E_1t\right)r^2\sin\theta\,\mathrm{d}r\,\mathrm{d}\theta\,\mathrm{d}\varphi\\&=\frac{E_1}{\pi r_1^3}\int_{r=0}^{\infty}\int_{\varphi=0}^{2\pi}\int_{\theta=0}^{\pi}\exp\left(-\frac{2r}{r_1}\right)r^2\sin\theta\,\mathrm{d}r\,\mathrm{d}\theta\,\mathrm{d}\varphi=E_1\end{aligned}$$

氢原子处于基态时，能量平均值为基态能量 E_1；氢原子处于基态时具有确定的能量 E_1。

(3)氢原子处于基态时，角动量平均值

氢原子处于基态时，角动量平方平均值为

$$\begin{aligned}\overline{L^2}&=\int\psi^*(r,\theta,\varphi,t)\hat{L}^2\psi(r,\theta,\varphi,t)r^2\sin\theta\,\mathrm{d}r\,\mathrm{d}\theta\,\mathrm{d}\varphi\\&=\int[R_{1,0}(r)Y_{0,0}(\theta,\varphi)]^*\left[-\hbar^2\left(\frac{\partial^2}{\partial\theta^2}+\frac{\cos\theta}{\sin\theta}\frac{\partial}{\partial\theta}+\frac{1}{\sin^2\theta}\frac{\partial^2}{\partial\varphi^2}\right)R_{1,0}(r)Y_{0,0}(\theta,\varphi)\right]\mathrm{d}V\end{aligned}$$

可见，$\overline{L^2}=0$。氢原子处于基态时，角动量平均值为 $\overline{L}=0$。

这并不奇怪，因为氢原子处于基态时角动量量子数为 $l=0$；基态波函数为

$$\psi(r,\theta,\varphi,t)=\psi_{1,0,0}(r,\theta,\varphi)\exp\left(-\frac{\mathrm{i}}{\hbar}E_1t\right)=R_{1,0}(r)Y_{0,0}(\theta,\varphi)\exp\left(-\frac{\mathrm{i}}{\hbar}E_1t\right)$$

而角动量平方算符 $\hat{L}^2$ 只对角度(θ,φ)有关的部分作用(微分);并且球谐函数 $Y_{l,m}(\theta,\varphi)$是角动量平方算符 $\hat{L}^2$ 的本征函数,所以有

$$\overline{L^2}=\int\psi^*(r,\theta,\varphi,t)\hat{L}^2\psi(r,\theta,\varphi,t)r^2\sin\theta\mathrm{d}r\mathrm{d}\theta\mathrm{d}\varphi$$

$$=\int[R_{1,0}(r)Y_{0,0}(\theta,\varphi)]^*\hat{L}^2[R_{1,0}(r)Y_{0,0}(\theta,\varphi)]r^2\sin\theta\mathrm{d}r\mathrm{d}\theta\mathrm{d}\varphi$$

$$=\int[R_{1,0}(r)Y_{0,0}(\theta,\varphi)][l(l+1)\hbar^2|_{l=0}][R_{1,0}(r)Y_{0,0}(\theta,\varphi)]r^2\sin\theta\mathrm{d}r\mathrm{d}\theta\mathrm{d}\varphi=0$$

由于氢原子处于基态时 $l=0$,角动量 $L=\sqrt{l(l+1)}\hbar=0$,所以积分为零。

(4)氢原子处于基态时,角动量分量平均值

氢原子处于基态时,角动量 z 分量平均值为

$$\overline{L_z}=\int\psi^*(r,\theta,\varphi,t)\hat{L}_z\psi(r,\theta,\varphi,t)r^2\sin\theta\mathrm{d}r\mathrm{d}\theta\mathrm{d}\varphi$$

$$=\int[R_{1,0}(r)Y_{0,0}(\theta,\varphi)]^*\left[\left(\frac{\hbar}{\mathrm{i}}\frac{\partial}{\partial\varphi}\right)R_{1,0}(r)Y_{0,0}(\theta,\varphi)\right]r^2\sin\theta\mathrm{d}r\mathrm{d}\theta\mathrm{d}\varphi=0$$

因为氢原子处于基态时磁量子数为 $m=0$;基态波函数为

$$\psi(r,\theta,\varphi,t)=\psi_{1,0,0}(r,\theta,\varphi)\exp\left(-\frac{\mathrm{i}}{\hbar}E_1t\right)=R_{1,0}(r)\Theta_0(\theta)\Phi_0(\varphi)\exp\left(-\frac{\mathrm{i}}{\hbar}E_1t\right)$$

而角动量 z 分量算符 $\hat{L}_z$ 只对角度 φ 有关的部分作用(微分);并且经度角函数 $\Phi_m(\varphi)$是角动量 z 分量算符 $\hat{L}_z$ 的本征函数,所以有

$$\overline{L_z}=\int\psi^*(r,\theta,\varphi,t)\hat{L}_z\psi(r,\theta,\varphi,t)r^2\sin\theta\mathrm{d}r\mathrm{d}\theta\mathrm{d}\varphi$$

$$=\int[R_{1,0}(r)\Theta_0(\theta)\Phi_0(\varphi)]^*\hat{L}_z[R_{1,0}(r)\Theta_0(\theta)\Phi_0(\varphi)]r^2\sin\theta\mathrm{d}r\mathrm{d}\theta\mathrm{d}\varphi$$

$$=\int[R_{1,0}(r)\Theta_0(\theta)\Phi_0(\varphi)][m\hbar|_{m=0}][R_{1,0}(r)\Theta_0(\theta)\Phi_0(\varphi)]r^2\sin\theta\mathrm{d}r\mathrm{d}\theta\mathrm{d}\varphi=0$$

由于氢原子处于基态时 $m=0$,角动量 z 分量 $L_z=m\hbar=0$,所以积分为零。

(5)氢原子处于基态时,势能平均值

氢原子中只有一个电子,取无限远处为势能的零点,则势能表示为

$$U(r)=-\frac{e^2}{4\pi\varepsilon_0r}$$

所以,氢原子处于基态时势能的平均值为

$$\overline{U}=\int\psi^*\hat{U}\psi\mathrm{d}\tau=\int[R_{1,0}(r)Y_{0,0}(\theta,\varphi)]^*\left(-\frac{e^2}{4\pi\varepsilon_0r}\right)[R_{1,0}(r)Y_{0,0}(\theta,\varphi)]r^2\sin\theta\mathrm{d}r\mathrm{d}\theta\mathrm{d}\varphi$$

$$=\int_0^\infty\frac{1}{\pi r_1^3}\exp\left(-\frac{2r}{r_1}\right)\left(-\frac{e^2}{4\pi\varepsilon_0r}\right)4\pi r^2\mathrm{d}r=-\frac{e^2}{\pi\varepsilon_0r_1^3}\int_0^\infty r\exp\left(-\frac{2r}{r_1}\right)\mathrm{d}r$$

$$=-\frac{e^2}{\pi\varepsilon_0r_1^3}\frac{1!}{(2/r_1)^2}=-\frac{e^2}{4\pi\varepsilon_0r_1}$$

这就如同将电子固定在第一轨道上圆周运动时的势能。不过,势能只是氢原子处于基态时势能的平均值,只具有统计意义。

【例 16-4】 已知氢原子处于状态 $\psi(r,\theta,\varphi)=\frac{1}{2}\psi_{2,1,1}+\frac{\sqrt{2}}{2}\psi_{2,1,0}+\frac{1}{2}\psi_{2,1,-1}$。试求:

(1)氢原子能量、角动量平方、角动量 z 分量的可能值;

(2)氢原子能量、角动量平方、角动量 z 分量这些力学量可能值出现的概率;

(3)氢原子能量、角动量平方、角动量 z 分量的平均值。

分析 氢原子的状态由本征态 $\psi_{n,l,m}(r,\theta,\varphi)$ 或 $\psi_{n,l,m}$ 的线性组合决定。其中,n 是主量子数,决定氢原子能量的可能取值;l 为角动量量子数,决定角动量平方或者说角动量大小的可能取值;m 是磁量子数,决定角动量 z 分量或者说角动量方向的可能取值。当氢原子处于本征态 $\psi_{n,l,m}$ 线性叠加的组合状态时,表示氢原子处于这些本征态均有可能;而且,各个量子数 n,l,m 就代表了在该本征态下氢原子能量、角动量(平方)、角动量 z 分量的可能取值;如果组合状态波函数是归一化的,则线性组合的系数的模平方即是处于该本征态的概率,也就是能量、角动量(平方)、角动量 z 分量各个取值的概率。某力学量可能取值与其概率乘积的相加,就是该力学量的平均值。

解 氢原子处于本征态的线性组合状态,$\{\psi_{n=2,l=1,m}:m=1,0,-1\}$。显然,由于本征函数系$\{\psi_{n=2,l=1,m}:m=1,0,-1\}$的正交归一性,氢原子所处状态的波函数是归一化的。氢原子所处状态函数的本征函数线性展开系数分别(依次)为

$$c_1=\frac{1}{2},c_2=\frac{\sqrt{2}}{2},c_3=\frac{1}{2}$$

(1)主量子数 $n=2$,所以氢原子的能量的可能(只能)值为

$$E_2=\frac{E_1}{2^2}=\frac{1}{4}E_1=\frac{1}{4}\times(-13.6)\text{eV}=-3.4\ \text{eV}$$

角动量量子数 $l=1$,所以角动量平方及角动量的可能(只能)值为

$$L^2=l(l+1)\hbar^2=1\times(1+1)\hbar^2=2\hbar^2;L=\sqrt{l(l+1)}\,\hbar=\sqrt{2}\,\hbar$$

磁量子数 $m=1,0,-1$,所以角动量 z 分量的可能值为

$$L_z=m\hbar=\hbar,L_z=m\hbar=0,L_z=m\hbar=-\hbar$$

(2)主量子数 n(或能量)和角动量量子数 l(或角动量平方)只能取唯一值,所以,氢原子能量为 $E_2=-3.4$ eV 的概率为 1;角动量平方为 $L^2=2\hbar^2$ 的概率为 1。磁量子数可取 $m=1,0,-1$,所以角动量 z 分量

$m=1$:角动量 z 分量取值 $L_z=m\hbar=\hbar$ 的概率为 $|c_1|^2=(1/2)^2=1/4$;

$m=0$:角动量 z 分量取值 $L_z=m\hbar=0$ 的概率为 $|c_2|^2=(\sqrt{2}/2)^2=1/2$;

$m=-1$:角动量 z 分量取值 $L_z=m\hbar=-\hbar$ 的概率为 $|c_3|^2=(1/2)^2=1/4$。

(3)主量子数 n(或能量)和角动量量子数 l(或角动量平方)只能取唯一值,所以,氢原子能量平均值为 $\overline{E}=E_2=-3.4$ eV;角动量平方平均值为 $\overline{L^2}=L^2=2\hbar^2$。磁量子数可取 $m=1,0,-1$,所以角动量 z 分量平均值为

$$\overline{L_z}=|c_1|^2m\hbar|_{m=1}+|c_2|^2m\hbar|_{m=0}+|c_3|^2m\hbar|_{m=-1}=\hbar/4+0-\hbar/4=0$$

点评 (1)氢原子状态波函数是归一化的

$$\begin{aligned}\int|\psi(r,\theta,\varphi)|^2r^2\sin\theta\,\mathrm{d}r\,\mathrm{d}\theta\,\mathrm{d}\varphi&=\int\left|\frac{1}{2}\psi_{2,1,1}+\frac{\sqrt{2}}{2}\psi_{2,1,0}+\frac{1}{2}\psi_{2,1,-1}\right|^2r^2\sin\theta\,\mathrm{d}r\,\mathrm{d}\theta\,\mathrm{d}\varphi\\&=\frac{1}{4}\int|\psi_{2,1,1}|^2r^2\sin\theta\,\mathrm{d}r\,\mathrm{d}\theta\,\mathrm{d}\varphi+\frac{1}{2}\int|\psi_{2,1,0}|^2r^2\sin\theta\,\mathrm{d}r\,\mathrm{d}\theta\,\mathrm{d}\varphi+\\&\quad\frac{1}{4}\int|\psi_{2,1,-1}|^2r^2\sin\theta\,\mathrm{d}r\,\mathrm{d}\theta\,\mathrm{d}\varphi+\frac{\sqrt{2}}{4}\int\psi_{2,1,1}^{*}\psi_{2,1,0}r^2\sin\theta\,\mathrm{d}r\,\mathrm{d}\theta\,\mathrm{d}\varphi+\end{aligned}$$

$$\frac{\sqrt{2}}{4}\int\psi_{2,1,0}^{*}\psi_{2,1,-1}r^{2}\sin\theta\mathrm{d}r\mathrm{d}\theta\mathrm{d}\varphi+\frac{1}{4}\int\psi_{2,1,1}^{*}\psi_{2,1,-1}r^{2}\sin\theta\mathrm{d}r\mathrm{d}\theta\mathrm{d}\varphi+$$

$$\frac{\sqrt{2}}{4}\int\psi_{2,1,0}^{*}\psi_{2,1,1}r^{2}\sin\theta\mathrm{d}r\mathrm{d}\theta\mathrm{d}\varphi+\frac{\sqrt{2}}{4}\int\psi_{2,1,-1}^{*}\psi_{2,1,0}r^{2}\sin\theta\mathrm{d}r\mathrm{d}\theta\mathrm{d}\varphi+$$

$$\frac{1}{4}\int\psi_{2,1,-1}^{*}\psi_{2,1,1}r^{2}\sin\theta\mathrm{d}r\mathrm{d}\theta\mathrm{d}\varphi$$

$$=\frac{1}{4}+\frac{1}{2}+\frac{1}{4}+0+0+0+0+0+0=1$$

(2) 由能量算符计算能量平均值

$$\overline{E}=\int\psi(r,\theta,\varphi,t)^{*}\hat{E}\psi(r,\theta,\varphi,t)r^{2}\sin\theta\mathrm{d}r\mathrm{d}\theta\mathrm{d}\varphi$$

$$=\int\left\{\begin{array}{l}\left[\left(\frac{1}{2}\psi_{2,1,1}+\frac{\sqrt{2}}{2}\psi_{2,1,0}+\frac{1}{2}\psi_{2,1,-1}\right)\exp\left(-\frac{\mathrm{i}}{\hbar}E_{2}t\right)\right]^{*}\\ \mathrm{i}\hbar\frac{\partial}{\partial t}\left[\left(\frac{1}{2}\psi_{2,1,1}+\frac{\sqrt{2}}{2}\psi_{2,1,0}+\frac{1}{2}\psi_{2,1,-1}\right)\exp\left(-\frac{\mathrm{i}}{\hbar}E_{2}t\right)\right]\end{array}\right\}r^{2}\sin\theta\mathrm{d}r\mathrm{d}\theta\mathrm{d}\varphi$$

$$=E_{2}\int\left|\frac{1}{2}\psi_{2,1,1}+\frac{\sqrt{2}}{2}\psi_{2,1,0}+\frac{1}{2}\psi_{2,1,-1}\right|^{2}r^{2}\sin\theta\mathrm{d}r\mathrm{d}\theta\mathrm{d}\varphi=E_{2}$$

(3) 由角动量平方算符计算角动量平方平均值

$$\overline{L^{2}}=\int\psi(r,\theta,\varphi,t)^{*}\hat{L}^{2}\psi(r,\theta,\varphi,t)r^{2}\sin\theta\mathrm{d}r\mathrm{d}\theta\mathrm{d}\varphi$$

$$=\int\left\{\begin{array}{l}\left[\left(\frac{1}{2}\psi_{2,1,1}+\frac{\sqrt{2}}{2}\psi_{2,1,0}+\frac{1}{2}\psi_{2,1,-1}\right)\exp\left(-\frac{\mathrm{i}}{\hbar}E_{2}t\right)\right]^{*}\\ \hat{L}^{2}\left[\left(\frac{1}{2}\psi_{2,1,1}+\frac{\sqrt{2}}{2}\psi_{2,1,0}+\frac{1}{2}\psi_{2,1,-1}\right)\exp\left(-\frac{\mathrm{i}}{\hbar}E_{2}t\right)\right]\end{array}\right\}r^{2}\sin\theta\mathrm{d}r\mathrm{d}\theta\mathrm{d}\varphi$$

$$=\int\left\{\begin{array}{l}\left[N_{2,1}R_{2,1}(r)\left(\frac{1}{2}Y_{1,1}+\frac{\sqrt{2}}{2}Y_{1,0}+\frac{1}{2}Y_{1,-1}\right)\right]^{*}\\ \hat{L}^{2}\left[N_{2,1}R_{2,1}(r)\left(\frac{1}{2}Y_{1,1}+\frac{\sqrt{2}}{2}Y_{1,0}+\frac{1}{2}Y_{1,-1}\right)\right]\end{array}\right\}r^{2}\sin\theta\mathrm{d}r\mathrm{d}\theta\mathrm{d}\varphi$$

$$=\int\left\{\begin{array}{l}\left[N_{2,1}R_{2,1}(r)\left(\frac{1}{2}Y_{1,1}+\frac{\sqrt{2}}{2}Y_{1,0}+\frac{1}{2}Y_{1,-1}\right)\right]^{*}\\ \left[N_{2,1}R_{2,1}(r)\left(\frac{1}{2}\hat{L}^{2}Y_{1,1}+\frac{\sqrt{2}}{2}\hat{L}^{2}Y_{1,0}+\frac{1}{2}\hat{L}^{2}Y_{1,-1}\right)\right]\end{array}\right\}r^{2}\sin\theta\mathrm{d}r\mathrm{d}\theta\mathrm{d}\varphi$$

$$=\int\left\{\begin{array}{l}\left[N_{2,1}R_{2,1}(r)\left(\frac{1}{2}Y_{1,1}+\frac{\sqrt{2}}{2}Y_{1,0}+\frac{1}{2}Y_{1,-1}\right)\right]^{*}\\ \left[N_{2,1}R_{2,1}(r)(\hbar^{2}Y_{1,1}+\sqrt{2}\hbar^{2}Y_{1,0}+\hbar^{2}Y_{1,-1})\right]\end{array}\right\}r^{2}\sin\theta\mathrm{d}r\mathrm{d}\theta\mathrm{d}\varphi$$

$$=\int\left\{\begin{array}{l}\left[\left(\frac{1}{2}\psi_{2,1,1}+\frac{\sqrt{2}}{2}\psi_{2,1,0}+\frac{1}{2}\psi_{2,1,-1}\right)\right]^{*}\\ \left[(\hbar^{2}\psi_{2,1,1}+\sqrt{2}\ \hbar^{2}\psi_{2,1,0}+\hbar^{2}\psi_{2,1,-1})\right]\end{array}\right\}r^{2}\sin\theta\mathrm{d}r\mathrm{d}\theta\mathrm{d}\varphi$$

$$=\int\left(\frac{1}{2}\hbar^{2}|\psi_{2,1,1}|^{2}+\frac{\sqrt{2}}{2}\sqrt{2}\ \hbar^{2}|\psi_{2,1,0}|^{2}+\frac{1}{2}\hbar^{2}|\psi_{2,1,-1}|^{2}\right)r^{2}\sin\theta\mathrm{d}r\mathrm{d}\theta\mathrm{d}\varphi$$

$$=\frac{1}{2}\hbar^2\int|\psi_{2,1,1}|^2\mathrm{d}V+\hbar^2\int|\psi_{2,1,0}|^2\mathrm{d}V+\frac{1}{2}\hbar^2\int|\psi_{2,1,-1}|^2\mathrm{d}V$$

$$=\frac{1}{2}\hbar^2+\hbar^2+\frac{1}{2}\hbar^2=2\hbar^2$$

(4) 由角动量分量算符计算角动量分量平均值

$$\overline{L_z}=\int\psi(r,\theta,\varphi,t)^*\hat{L}_z\psi(r,\theta,\varphi,t)r^2\sin\theta\,\mathrm{d}r\,\mathrm{d}\theta\,\mathrm{d}\varphi$$

$$=\int\left\{\begin{matrix}\left[\left(\frac{1}{2}\psi_{2,1,1}+\frac{\sqrt{2}}{2}\psi_{2,1,0}+\frac{1}{2}\psi_{2,1,-1}\right)\exp\left(-\frac{\mathrm{i}}{\hbar}E_2t\right)\right]^*\\ \hat{L}_z\left[\left(\frac{1}{2}\psi_{2,1,1}+\frac{\sqrt{2}}{2}\psi_{2,1,0}+\frac{1}{2}\psi_{2,1,-1}\right)\exp\left(-\frac{\mathrm{i}}{\hbar}E_2t\right)\right]\end{matrix}\right\}r^2\sin\theta\,\mathrm{d}r\,\mathrm{d}\theta\,\mathrm{d}\varphi$$

$$=\int\left\{\left(\frac{1}{2}\psi_{2,1,1}+\frac{\sqrt{2}}{2}\psi_{2,1,0}+\frac{1}{2}\psi_{2,1,-1}\right)^*\hat{L}_z\left[\begin{matrix}\frac{1}{2}N_{2,1}R_{2,1}(r)\Theta_1(\theta)\Phi_1(\varphi)\\+\frac{\sqrt{2}}{2}N_{2,1}R_{2,1}(r)\Theta_1(\theta)\Phi_0(\varphi)\\+\frac{1}{2}N_{2,1}R_{2,1}(r)\Theta_1(\theta)\Phi_{-1}(\varphi)\end{matrix}\right]\right\}\mathrm{d}V$$

$$=\int\left\{\left(\frac{1}{2}\psi_{2,1,1}+\frac{\sqrt{2}}{2}\psi_{2,1,0}+\frac{1}{2}\psi_{2,1,-1}\right)^*\left[\begin{matrix}\frac{1}{2}\hbar N_{2,1}R_{2,1}(r)\Theta_1(\theta)\Phi_1(\varphi)\\0\\-\frac{1}{2}\hbar N_{2,1}R_{2,1}(r)\Theta_1(\theta)\Phi_{-1}(\varphi)\end{matrix}\right]\right\}\mathrm{d}V$$

$$=\int\left\{\left(\frac{1}{2}\psi_{2,1,1}+\frac{\sqrt{2}}{2}\psi_{2,1,0}+\frac{1}{2}\psi_{2,1,-1}\right)^*\left(\frac{1}{2}\hbar\psi_{2,1,1}-\frac{1}{2}\hbar\psi_{2,1,-1}\right)\right\}\mathrm{d}V$$

$$=\frac{1}{4}\hbar\int\psi^*_{2,1,1}\psi_{2,1,1}\mathrm{d}V-\frac{1}{4}\hbar\int\psi^*_{2,1,-1}\psi_{2,1,-1}\mathrm{d}V=\frac{1}{4}\hbar-\frac{1}{4}\hbar=0$$

(5)氢原子体系处于状态 $\psi(r,\theta,\varphi)=\frac{1}{2}\psi_{1,0,0}+\frac{\sqrt{3}}{2}\psi_{2,1,1}$

显然,波函数是归一化的。氢原子处于两个本征态 $\psi_{1,0,0}$ 和 $\psi_{2,1,1}$ 的叠加状态。

$$\psi(r,\theta,\varphi)=\frac{1}{2}\psi_{1,0,0}+\frac{\sqrt{3}}{2}\psi_{2,1,1}=c_1\psi_{1,0,0}+c_2\psi_{2,1,1}$$

$$c_1=1/2,c_2=\sqrt{3}/2;\ |c_1|^2=1/4,|c_2|^2=3/4$$

氢原子处于本征态 $\psi_{1,0,0}$ 的概率为 $|c_1|^2=1/4$,处于本征态 $\psi_{2,1,1}$ 的概率为 $|c_2|^2=3/4$。

能量的可能取值为:E_1(概率为 $|c_1|^2=1/4$),E_2(概率为 $|c_2|^2=3/4$),能量的平均值

$$\overline{E}=|c_1|^2E_1+|c_2|^2E_2=\frac{1}{4}E_1+\frac{3}{4}E_2=\frac{1}{4}E_1+\frac{3}{16}E_1=\frac{7}{16}E_1=-5.95\text{ eV}$$

角动量平方的可能取值为:

$$L_0^2=0\times(0+1)\hbar^2=0\ (l=0,\text{概率为}|c_1|^2=1/4)$$

$$L_1^2=1\times(1+1)\hbar^2=2\hbar^2\ (l=1,\text{概率为}|c_2|^2=3/4)$$

角动量平方的平均值为

$$\overline{L^2}=|c_1|^2L_0^2+|c_2|^2L_1^2=\frac{1}{4}L_0^2+\frac{3}{4}L_1^2=\frac{3}{4}L_1^2=\frac{3}{2}\hbar^2$$

角动量分量的可能取值为：

$$L_{z0}=0\times\hbar=0(m=0,\text{概率为}|c_1|^2=1/4)$$
$$L_{z1}=1\times\hbar=\hbar(m=1,\text{概率为}|c_2|^2=3/4)$$

角动量分量的平均值为

$$\overline{L_z}=|c_1|^2L_{z0}+|c_2|^2L_{z1}=\frac{1}{4}L_{z0}+\frac{3}{4}L_{z1}=\frac{3}{4}L_{z1}=\frac{3}{4}\hbar$$

也可以用算符求平均值。氢原子处于两个本征态的叠加状态

$$\psi(r,\theta,\varphi)=\frac{1}{2}\psi_{1,0,0}+\frac{\sqrt{3}}{2}\psi_{2,1,1}=c_1\psi_{1,0,0}+c_2\psi_{2,1,1}$$

其中，$\psi_{1,0,0}:n_1=1,l_1=0,m_1=0;\psi_{2,1,1}:n_2=2,l_2=1,m_2=1$。所以，波函数为(含时)

$$\psi(r,\theta,\varphi,t)=\frac{1}{2}\psi_{1,0,0}\exp\left(-\frac{\mathrm{i}}{\hbar}E_1t\right)+\frac{\sqrt{3}}{2}\psi_{2,1,1}\exp\left(-\frac{\mathrm{i}}{\hbar}E_2t\right)$$

由于能量算符为 $\hat{E}=\mathrm{i}\hbar\frac{\partial}{\partial t}$，所以能量平均值为

$$\begin{aligned}
\bar{E}&=\int\psi^*(r,\theta,\varphi,t)\hat{E}\psi(r,\theta,\varphi,t)\mathrm{d}\tau\\
&=\int\left\{\begin{array}{l}\left[\frac{1}{2}\psi_{1,0,0}\exp\left(-\frac{\mathrm{i}}{\hbar}E_1t\right)+\frac{\sqrt{3}}{2}\psi_{2,1,1}\exp\left(-\frac{\mathrm{i}}{\hbar}E_2t\right)\right]^*\\ \mathrm{i}\hbar\frac{\partial}{\partial t}\left[\frac{1}{2}\psi_{1,0,0}\exp\left(-\frac{\mathrm{i}}{\hbar}E_1t\right)+\frac{\sqrt{3}}{2}\psi_{2,1,1}\exp\left(-\frac{\mathrm{i}}{\hbar}E_2t\right)\right]\end{array}\right\}\mathrm{d}\tau\\
&=\int\left\{\begin{array}{l}\left[\frac{1}{2}\psi_{1,0,0}{}^*\exp\left(\frac{\mathrm{i}}{\hbar}E_1t\right)+\frac{\sqrt{3}}{2}\psi_{2,1,1}{}^*\exp\left(\frac{\mathrm{i}}{\hbar}E_2t\right)\right]\\ \left[\frac{1}{2}E_1\psi_{1,0,0}\exp\left(-\frac{\mathrm{i}}{\hbar}E_1t\right)+\frac{\sqrt{3}}{2}E_2\psi_{2,1,1}\exp\left(-\frac{\mathrm{i}}{\hbar}E_2t\right)\right]\end{array}\right\}\mathrm{d}\tau\\
&=\int\left(\frac{1}{4}E_1|\psi_{1,0,0}|^2+\frac{3}{4}E_2|\psi_{2,1,1}|^2\right)\mathrm{d}\tau=\frac{1}{4}E_1\int|\psi_{1,0,0}|^2\mathrm{d}\tau+\frac{3}{4}E_2\int|\psi_{2,1,1}|^2\mathrm{d}\tau\\
&=\frac{1}{4}E_1+\frac{3}{4}E_2=\frac{1}{4}E_1+\frac{3}{16}E_1=\frac{7}{16}E_1=-5.95\ \mathrm{eV}
\end{aligned}$$

角动量平方平均值为

$$\begin{aligned}
\overline{L^2}&=\int\psi^*(r,\theta,\varphi,t)\hat{L}^2\psi(r,\theta,\varphi,t)\mathrm{d}\tau\\
&=\int\left\{\begin{array}{l}\left[\frac{1}{2}\psi_{1,0,0}\exp\left(-\frac{\mathrm{i}}{\hbar}E_1t\right)+\frac{\sqrt{3}}{2}\psi_{2,1,1}\exp\left(-\frac{\mathrm{i}}{\hbar}E_2t\right)\right]^*\\ \hat{L}^2\left[\frac{1}{2}\psi_{1,0,0}\exp\left(-\frac{\mathrm{i}}{\hbar}E_1t\right)+\frac{\sqrt{3}}{2}\psi_{2,1,1}\exp\left(-\frac{\mathrm{i}}{\hbar}E_2t\right)\right]\end{array}\right\}\mathrm{d}\tau\\
&=\int\left\{\begin{array}{l}\left[\frac{1}{2}\psi_{1,0,0}{}^*\exp\left(\frac{\mathrm{i}}{\hbar}E_1t\right)+\frac{\sqrt{3}}{2}\psi_{2,1,1}{}^*\exp\left(\frac{\mathrm{i}}{\hbar}E_2t\right)\right]\\ \left[\frac{1}{2}\hat{L}^2\psi_{1,0,0}\exp\left(-\frac{\mathrm{i}}{\hbar}E_1t\right)+\frac{\sqrt{3}}{2}\hat{L}^2\psi_{2,1,1}\exp\left(-\frac{\mathrm{i}}{\hbar}E_2t\right)\right]\end{array}\right\}\mathrm{d}\tau\\
&=\int\left(\frac{1}{4}\times l_1\times(l_1+1)\hbar^2|\psi_{1,0,0}|^2+\frac{3}{4}\times l_2\times(l_2+1)\hbar^2|\psi_{2,1,1}|^2\right)\mathrm{d}\tau
\end{aligned}$$

$$=\frac{3}{2}\hbar^2\int|\psi_{2,1,1}|^2\mathrm{d}\tau=\frac{3}{2}\hbar^2$$

角动量分量平均值为

$$\overline{L_z}=\int\psi^*(r,\theta,\varphi,t)\hat{L}_z\psi(r,\theta,\varphi,t)\mathrm{d}\tau$$

$$=\int\left\{\begin{array}{l}\left[\frac{1}{2}\psi_{1,0,0}\exp\left(-\frac{\mathrm{i}}{\hbar}E_1t\right)+\frac{\sqrt{3}}{2}\psi_{2,1,1}\exp\left(-\frac{\mathrm{i}}{\hbar}E_2t\right)\right]^*\\ \hat{L}_z\left[\frac{1}{2}\psi_{1,0,0}\exp\left(-\frac{\mathrm{i}}{\hbar}E_1t\right)+\frac{\sqrt{3}}{2}\psi_{2,1,1}\exp\left(-\frac{\mathrm{i}}{\hbar}E_2t\right)\right]\end{array}\right\}\mathrm{d}\tau$$

$$=\int\left\{\begin{array}{l}\left[\frac{1}{2}\psi_{1,0,0}{}^*\exp\left(\frac{\mathrm{i}}{\hbar}E_1t\right)+\frac{\sqrt{3}}{2}\psi_{2,1,1}{}^*\exp\left(\frac{\mathrm{i}}{\hbar}E_2t\right)\right]\\ \left[\frac{1}{2}\hat{L}_z\psi_{1,0,0}\exp\left(-\frac{\mathrm{i}}{\hbar}E_1t\right)+\frac{\sqrt{3}}{2}\hat{L}_z\psi_{2,1,1}\exp\left(-\frac{\mathrm{i}}{\hbar}E_2t\right)\right]\end{array}\right\}\mathrm{d}\tau$$

$$=\int\left(\frac{1}{4}\times m_1\times\hbar|\psi_{1,0,0}|^2+\frac{3}{4}\times m_2\times\hbar|\psi_{2,1,1}|^2\right)\mathrm{d}\tau=\frac{3}{4}\hbar\int|\psi_{2,1,1}|^2\mathrm{d}\tau=\frac{3}{4}\hbar$$

【例 16-5】 已知一维线性谐振子处于基态,求 $\Delta x=\sqrt{\overline{\Delta x^2}}$、$\Delta p=\sqrt{\overline{\Delta p^2}}$ 和 $\Delta x\cdot\Delta p$。归一化基态波函数为 $\psi_0(x)=N_0\exp\left(-\frac{\alpha^2x^2}{2}\right)H_0(\alpha x)=\sqrt{\frac{\alpha}{\sqrt{\pi}}}\exp\left(-\frac{\alpha^2}{2}x^2\right)$。

分析 给出了一维线性谐振子基态波函数 $\psi_0(x)$ 的具体形式。利用平均值公式

$$\overline{x}=\int_{-\infty}^{+\infty}\psi_0^*(x)x\psi_0(x)\mathrm{d}x,\ \overline{x^2}=\int_{-\infty}^{+\infty}\psi_0^*(x)x^2\psi_0(x)\mathrm{d}x$$

$$\overline{p}=\int_{-\infty}^{+\infty}\psi_0^*(x)\hat{p}\psi_0(x)\mathrm{d}x,\ \overline{p^2}=\int_{-\infty}^{+\infty}\psi_0^*(x)\hat{p}^2\psi_0(x)\mathrm{d}x$$

求得各个平均值;从而确定

$$\Delta x=\sqrt{\overline{\Delta x^2}}=\sqrt{\overline{x^2}-(\overline{x})^2},\ \Delta p=\sqrt{\overline{\Delta p^2}}=\sqrt{\overline{p^2}-(\overline{p})^2}$$

解 (1)粒子位置的平均值和粒子位置平方的平均值分别为

$$\overline{x}=\int_{-\infty}^{+\infty}\psi_0^*(x)x\psi_0(x)\mathrm{d}x=\frac{\alpha}{\sqrt{\pi}}\int_{-\infty}^{+\infty}x\exp(-\alpha^2x^2)\,\mathrm{d}x=0$$

$$\overline{x^2}=\int_{-\infty}^{+\infty}\psi_0^*(x)x^2\psi_0(x)\mathrm{d}x=\frac{\alpha}{\sqrt{\pi}}\int_{-\infty}^{+\infty}x^2\exp(-\alpha^2x^2)\,\mathrm{d}x$$

$$=\frac{\alpha}{2\sqrt{\pi}}\int_{-\infty}^{+\infty}x\exp(-\alpha^2x^2)\,\mathrm{d}x^2=-\frac{\alpha}{2\alpha^2\sqrt{\pi}}\int_{-\infty}^{+\infty}x\,\mathrm{d}\exp(-\alpha^2x^2)$$

$$=-\frac{\alpha}{2\alpha^2\sqrt{\pi}}x\exp(-\alpha^2x^2)\Big|_{-\infty}^{+\infty}+\frac{\alpha}{2\alpha^2\sqrt{\pi}}\int_{-\infty}^{+\infty}\exp(-\alpha^2x^2)\,\mathrm{d}x$$

$$=\frac{\alpha}{2\alpha^2\sqrt{\pi}}\int_{-\infty}^{+\infty}\exp(-\alpha^2x^2)\,\mathrm{d}x=\frac{\alpha}{2\alpha^2\sqrt{\pi}}\sqrt{\frac{\pi}{\alpha^2}}=\frac{1}{2\alpha^2}$$

由此,得到

$$\overline{\Delta x^2}=\overline{x^2}-(\overline{x})^2=\frac{1}{2\alpha^2}-0=\frac{1}{2\alpha^2},\ \Delta x=\sqrt{\overline{\Delta x^2}}=\frac{1}{\sqrt{2}\alpha}$$

(2)粒子动量的平均值和粒子动量平方的平均值分别为

$$\overline{p}=\int_{-\infty}^{+\infty}\psi_0^*(x)\frac{\hbar}{\mathrm{i}}\frac{\mathrm{d}}{\mathrm{d}x}\psi_0(x)\mathrm{d}x=\frac{\hbar}{\mathrm{i}}\frac{\alpha}{\sqrt{\pi}}\int_{-\infty}^{+\infty}\exp\left(-\frac{1}{2}\alpha^2x^2\right)\frac{\mathrm{d}}{\mathrm{d}x}\exp\left(-\frac{1}{2}\alpha^2x^2\right)\mathrm{d}x$$

$$=-\frac{\hbar}{\mathrm{i}}\frac{\alpha}{\sqrt{\pi}}\int_{-\infty}^{+\infty}\alpha^2x\exp(-\alpha^2x^2)\mathrm{d}x=0$$

$$\overline{p^2}=\int_{-\infty}^{+\infty}\psi_0^*(x)\left[-\hbar^2\frac{\mathrm{d}^2}{\mathrm{d}x^2}\psi_0(x)\right]\mathrm{d}x$$

$$=-\hbar^2\frac{\alpha}{\sqrt{\pi}}\int_{-\infty}^{+\infty}\exp\left(-\frac{\alpha^2}{2}x^2\right)\frac{\mathrm{d}^2}{\mathrm{d}x^2}\exp\left(-\frac{1}{2}\alpha^2x^2\right)\mathrm{d}x$$

$$=-\hbar^2\frac{\alpha}{\sqrt{\pi}}\int_{-\infty}^{+\infty}\exp\left(-\frac{\alpha^2}{2}x^2\right)(\alpha^4x^2-\alpha^2)\exp\left(-\frac{1}{2}\alpha^2x^2\right)\mathrm{d}x$$

$$=-\frac{\alpha\hbar^2\alpha^4}{\sqrt{\pi}}\int_{-\infty}^{+\infty}x^2\exp(-\alpha^2x^2)\mathrm{d}x+\frac{\alpha\hbar^2\alpha^2}{\sqrt{\pi}}\int_{-\infty}^{+\infty}\exp(-\alpha^2x^2)\mathrm{d}x$$

$$=-\frac{\alpha\hbar^2\alpha^4}{\sqrt{\pi}}\frac{1}{2\alpha^2}\sqrt{\frac{\pi}{\alpha^2}}+\frac{\alpha\hbar^2\alpha^2}{\sqrt{\pi}}\sqrt{\frac{\pi}{\alpha^2}}=\frac{\hbar^2\alpha^2}{2}$$

由此,得到

$$\overline{\Delta p^2}=\overline{p^2}-(\overline{p})^2=\frac{\hbar^2\alpha^2}{2}-0=\frac{\hbar^2\alpha^2}{2},\Delta p=\sqrt{\overline{\Delta p^2}}=\frac{\hbar\alpha}{\sqrt{2}}$$

(3)粒子位置与动量之间的不确定关系为

$$\Delta x\cdot\Delta p=\frac{1}{\sqrt{2}\alpha}\cdot\frac{\hbar\alpha}{\sqrt{2}}=\frac{\hbar}{2}$$

点评 (1)一维线性谐振子处于基态时,体系能量的平均值

$$\overline{E}=\int_{-\infty}^{+\infty}\psi_0^*(x)\hat{H}\psi_0(x)\mathrm{d}x=\int_{-\infty}^{+\infty}\psi_0^*(x)\left(\frac{\hat{p}^2}{2\mu}+\frac{1}{2}\mu\omega^2x^2\right)\psi_0(x)\mathrm{d}x$$

$$=\frac{1}{2\mu}\int_{-\infty}^{+\infty}\psi_0^*(x)\hat{p}^2\psi_0(x)\mathrm{d}x+\frac{1}{2}\mu\omega^2\int_{-\infty}^{+\infty}\psi_0^*(x)x^2\psi_0(x)\mathrm{d}x$$

$$=\frac{1}{2\mu}\frac{\hbar^2\alpha^2}{2}+\frac{1}{2}\mu\omega^2\frac{1}{2\alpha^2}=\frac{1}{2\mu}\frac{\hbar^2\mu\omega}{2\hbar}+\frac{1}{2}\mu\omega^2\frac{\hbar}{2\mu\omega}=\frac{1}{2}\hbar\omega$$

势能平均值

$$\overline{E_{\mathrm{p}}}=\int_{-\infty}^{+\infty}\psi_0^*(x)\frac{1}{2}\mu\omega^2x^2\psi_0(x)\mathrm{d}x=\frac{1}{2}\mu\omega^2\frac{\alpha}{\sqrt{\pi}}\int_{-\infty}^{+\infty}x^2\exp(-\alpha^2x^2)\mathrm{d}x$$

$$=\frac{1}{2}\mu\omega^2\frac{\alpha}{\sqrt{\pi}}\frac{\sqrt{\pi}}{2\alpha^3}=\frac{\mu\omega^2}{4\alpha^2}=\frac{\mu\omega^2}{4}\frac{\hbar}{\mu\omega}=\frac{\hbar\omega}{4}$$

动能平均值

$$\overline{E_{\mathrm{k}}}=\int_{-\infty}^{+\infty}\psi_0^*(x)\left(\frac{\hat{p}^2}{2\mu}\right)\psi_0(x)\mathrm{d}x=\int_{-\infty}^{+\infty}\psi_0^*(x)\left(-\frac{\hbar^2}{2\mu}\frac{\mathrm{d}^2}{\mathrm{d}x^2}\right)\psi_0(x)\mathrm{d}x$$

$$=-\frac{\hbar^2}{2\mu}\frac{\alpha}{\sqrt{\pi}}\int_{-\infty}^{+\infty}\exp\left(-\frac{\alpha^2}{2}x^2\right)\left(\frac{\mathrm{d}^2}{\mathrm{d}x^2}\right)\exp\left(-\frac{\alpha^2}{2}x^2\right)\mathrm{d}x$$

$$=-\frac{\hbar^2}{2\mu}\frac{\alpha^3}{\sqrt{\pi}}\int_{-\infty}^{+\infty}(\alpha^2x^2-1)\exp(-\alpha^2x^2)\mathrm{d}x$$

$$=-\frac{\hbar^2}{2\mu}\frac{\alpha^5}{\sqrt{\pi}}\int_{-\infty}^{+\infty}x^2\exp(-\alpha^2x^2)\,\mathrm{d}x+\frac{\hbar^2}{2\mu}\frac{\alpha^3}{\sqrt{\pi}}\int_{-\infty}^{+\infty}\exp(-\alpha^2x^2)\,\mathrm{d}x$$

$$=-\frac{\hbar^2}{2\mu}\frac{\alpha^5}{\sqrt{\pi}}\frac{\sqrt{\pi}}{2\alpha^3}+\frac{\hbar^2}{2\mu}\frac{\alpha^3}{\sqrt{\pi}}\frac{\sqrt{\pi}}{\alpha}=\frac{\hbar^2\alpha^2}{4\mu}=\frac{\hbar^2}{4\mu}\frac{\mu\omega}{\hbar}=\frac{\hbar\omega}{4}$$

动能平均值与势能平均值相等,动能平均值与势能平均值之和等于体系的能量平均值。一维线性谐振子体系处于基态(本征态),体系的能量平均值等于基态(本征态)能量的本征值;能量的测量值是固定的,就是基态(本征态,$n=0$)能量的本征值 $\hbar\omega/2$。。

(2)一维线性谐振子处于基态时,概率密度最大的位置坐标

一维线性谐振子处于基态时,概率密度分布为

$$w_0(x)=|\psi_0(x)|^2=\left|\sqrt{\frac{\alpha}{\sqrt{\pi}}}\exp\left(-\frac{\alpha^2}{2}x^2\right)\right|^2=\frac{\alpha}{\sqrt{\pi}}\exp(-\alpha^2x^2)$$

$$\frac{\mathrm{d}w_0(x)}{\mathrm{d}x}=\frac{\mathrm{d}}{\mathrm{d}x}\frac{\alpha}{\sqrt{\pi}}\exp(-\alpha^2x^2)=-2\alpha^2x\,\frac{\alpha}{\sqrt{\pi}}\exp(-\alpha^2x^2)=0$$

$x=0$;一维线性谐振子处于基态时,概率密度最大的位置为平衡位置。

(3)一维线性谐振子处于第一激发态

一维线性谐振子第一激发态的本征函数为

$$\psi_1(x)=N_1\exp\left(-\frac{1}{2}\alpha^2x^2\right)H_1(\alpha x)=\sqrt{\frac{2\alpha^3}{\sqrt{\pi}}}\,x\exp\left(-\frac{1}{2}\alpha^2x^2\right)$$

粒子位置的平均值为

$$\overline{x}=\int_{-\infty}^{+\infty}\psi_1^*(x)x\psi_1(x)\mathrm{d}x=\frac{2\alpha^3}{\sqrt{\pi}}\int_{-\infty}^{+\infty}x^3\exp(-\alpha^2x^2)\,\mathrm{d}x=0\quad(\text{被积函数为奇函数})$$

粒子位置平方的平均值为

$$\overline{x^2}=\int_{-\infty}^{+\infty}\psi_1^*(x)x^2\psi_1(x)\mathrm{d}x=\frac{2\alpha^3}{\sqrt{\pi}}\int_{-\infty}^{+\infty}x^4\exp(-\alpha^2x^2)\,\mathrm{d}x$$

$$=\frac{\alpha^3}{\sqrt{\pi}}\int_{-\infty}^{+\infty}x^3\exp(-\alpha^2x^2)\,\mathrm{d}x^2=-\frac{\alpha}{\sqrt{\pi}}\int_{-\infty}^{+\infty}x^3\mathrm{d}\exp(-\alpha^2x^2)$$

$$=-\frac{\alpha}{\sqrt{\pi}}x^3\exp(-\alpha^2x^2)\Big|_{-\infty}^{+\infty}+\frac{3\alpha}{\sqrt{\pi}}\int_{-\infty}^{+\infty}x^2\exp(-\alpha^2x^2)\,\mathrm{d}x$$

$$=\frac{3\alpha}{2\sqrt{\pi}}\int_{-\infty}^{+\infty}x\exp(-\alpha^2x^2)\,\mathrm{d}x^2=-\frac{3\alpha}{2\alpha^2\sqrt{\pi}}\int_{-\infty}^{+\infty}x\,\mathrm{d}\exp(-\alpha^2x^2)$$

$$=-\frac{3}{2\alpha\sqrt{\pi}}x\exp(-\alpha^2x^2)\Big|_{-\infty}^{+\infty}+\frac{3}{2\alpha\sqrt{\pi}}\int_{-\infty}^{+\infty}\exp(-\alpha^2x^2)\,\mathrm{d}x$$

$$=\frac{3}{2\alpha\sqrt{\pi}}\int_{-\infty}^{+\infty}\exp(-\alpha^2x^2)\,\mathrm{d}x=\frac{3}{2\alpha\sqrt{\pi}}\sqrt{\frac{\pi}{\alpha^2}}=\frac{3}{2\alpha^2}$$

粒子位置的不确定量

$$\Delta x=\sqrt{\overline{\Delta x^2}}=\sqrt{\overline{x^2}-(\overline{x})^2}=\sqrt{\frac{3}{2\alpha^2}-0}=\frac{\sqrt{3}}{\sqrt{2}\,\alpha}$$

粒子动量的平均值为

$$\overline{p}=\int_{-\infty}^{+\infty}\psi_1^*(x)\frac{\hbar}{\mathrm{i}}\frac{\mathrm{d}}{\mathrm{d}x}\psi_1(x)\mathrm{d}x=\frac{\hbar}{\mathrm{i}}\frac{2\alpha^3}{\sqrt{\pi}}\int_{-\infty}^{+\infty}x\exp\left(-\frac{1}{2}\alpha^2x^2\right)\frac{\mathrm{d}}{\mathrm{d}x}\left[x\exp\left(-\frac{1}{2}\alpha^2x^2\right)\right]\mathrm{d}x$$

$$=\frac{\hbar}{\mathrm{i}}\frac{2\alpha^3}{\sqrt{\pi}}\int_{-\infty}^{+\infty}(x-\alpha^2x^3)\exp(-\alpha^2x^2)\,\mathrm{d}x=0$$

粒子动量平方的平均值为

$$\overline{p^2}=\int_{-\infty}^{+\infty}\psi_1^*(x)\hat{p}^2\psi_1(x)\mathrm{d}x=\int_{-\infty}^{+\infty}\psi_1^*(x)\left[-\hbar^2\frac{\mathrm{d}^2}{\mathrm{d}x^2}\psi_1(x)\right]\mathrm{d}x$$

$$=\int_{-\infty}^{+\infty}\sqrt{\frac{2\alpha^3}{\sqrt{\pi}}}x\exp\left(-\frac{1}{2}\alpha^2x^2\right)\left[-\hbar^2\frac{\mathrm{d}^2}{\mathrm{d}x^2}\sqrt{\frac{2\alpha^3}{\sqrt{\pi}}}x\exp\left(-\frac{1}{2}\alpha^2x^2\right)\right]\mathrm{d}x$$

$$=-\frac{2\alpha^3\hbar^2}{\sqrt{\pi}}\int_{-\infty}^{+\infty}x\exp\left(-\frac{1}{2}\alpha^2x^2\right)\left[\frac{\mathrm{d}^2}{\mathrm{d}x^2}x\exp\left(-\frac{1}{2}\alpha^2x^2\right)\right]\mathrm{d}x$$

$$=-\frac{2\alpha^3\hbar^2}{\sqrt{\pi}}\int_{-\infty}^{+\infty}(\alpha^4x^4-3\alpha^2x^2)\exp(-\alpha^2x^2)\,\mathrm{d}x$$

$$=-\frac{2\alpha^7\hbar^2}{\sqrt{\pi}}\int_{-\infty}^{+\infty}x^4\exp(-\alpha^2x^2)\,\mathrm{d}x+\frac{6\alpha^5\hbar^2}{\sqrt{\pi}}\int_{-\infty}^{+\infty}x^2\exp(-\alpha^2x^2)\,\mathrm{d}x$$

$$=-\frac{2\alpha^7\hbar^2}{\sqrt{\pi}}\frac{3\sqrt{\pi}}{4\alpha^5}+\frac{6\alpha^5\hbar^2}{\sqrt{\pi}}\frac{\sqrt{\pi}}{2\alpha^3}=\frac{3\alpha^2\hbar^2}{2}$$

粒子动量的不确定量

$$\Delta p=\sqrt{\overline{\Delta p^2}}=\sqrt{\overline{p^2}-(\overline{p})^2}=\sqrt{\frac{3\alpha^2\hbar^2}{2}-0}=\frac{\sqrt{3}\alpha\hbar}{\sqrt{2}}$$

粒子位置与动量之间的不确定关系为

$$\Delta x\cdot\Delta p=\frac{\sqrt{3}}{\sqrt{2}\alpha}\cdot\frac{\sqrt{3}\alpha\hbar}{\sqrt{2}}=\frac{3\hbar}{2}>\frac{\hbar}{2}$$

动能平均值

$$\overline{E_{\mathrm{k}}}=\int_{-\infty}^{+\infty}\psi_1^*(x)\frac{\hat{p}^2}{2\mu}\psi_1(x)\mathrm{d}x=\int_{-\infty}^{+\infty}\psi_1^*(x)\left(-\frac{\hbar^2}{2\mu}\frac{\mathrm{d}^2}{\mathrm{d}x^2}\right)\psi_1(x)\mathrm{d}x$$

$$=\frac{2\alpha^3}{\sqrt{\pi}}\int_{-\infty}^{+\infty}x\exp\left(-\frac{\alpha^2}{2}x^2\right)\left[\left(-\frac{\hbar^2}{2\mu}\frac{\mathrm{d}^2}{\mathrm{d}x^2}\right)x\exp\left(-\frac{1}{2}\alpha^2x^2\right)\right]\mathrm{d}x$$

$$=-\frac{\hbar^2}{\mu}\frac{\alpha^5}{\sqrt{\pi}}\int_{-\infty}^{+\infty}(\alpha^2x^4-3x^2)\exp(-\alpha^2x^2)\,\mathrm{d}x$$

$$=-\frac{\hbar^2}{\mu}\frac{\alpha^7}{\sqrt{\pi}}\int_{-\infty}^{+\infty}x^4\exp(-\alpha^2x^2)\,\mathrm{d}x+\frac{3\hbar^2}{\mu}\frac{\alpha^5}{\sqrt{\pi}}\int_{-\infty}^{+\infty}x^2\exp(-\alpha^2x^2)\,\mathrm{d}x$$

$$=-\frac{\hbar^2}{\mu}\frac{\alpha^7}{\sqrt{\pi}}\frac{3\sqrt{\pi}}{4\alpha^5}+\frac{3\hbar^2}{\mu}\frac{\alpha^5}{\sqrt{\pi}}\frac{\sqrt{\pi}}{2\alpha^3}=\frac{3}{4\mu}\hbar^2\alpha^2=\frac{3\hbar^2}{4\mu}\frac{\mu\omega}{\hbar}=\frac{3}{4}\hbar\omega$$

势能平均值

$$\overline{E_{\mathrm{p}}}=\int_{-\infty}^{+\infty}\psi_1^*(x)\frac{1}{2}\mu\omega^2x^2\psi_1(x)\mathrm{d}x=\frac{1}{2}\mu\omega^2\frac{2\alpha^3}{\sqrt{\pi}}\int_{-\infty}^{+\infty}x^4\exp(-\alpha^2x^2)\,\mathrm{d}x$$

$$=\mu\omega^2\frac{\alpha^3}{\sqrt{\pi}}\frac{3\sqrt{\pi}}{4\alpha^5}=\frac{3}{4\alpha^2}\mu\omega^2=\frac{3\hbar}{4\mu\omega}\mu\omega^2=\frac{3}{4}\hbar\omega$$

能量平均值

$$\overline{E}=\int_{-\infty}^{+\infty}\psi_1^*(x)\hat{H}\psi_1(x)\mathrm{d}x=\int_{-\infty}^{+\infty}\psi_1^*(x)\left(\frac{\hat{p}^2}{2\mu}+\frac{1}{2}\mu\omega^2x^2\right)\psi_1(x)\mathrm{d}x$$

$$=\frac{1}{2\mu}\int_{-\infty}^{+\infty}\psi_1^*(x)\hat{p}^2\psi_1(x)\mathrm{d}x+\frac{1}{2}\mu\omega^2\int_{-\infty}^{+\infty}\psi_1^*(x)x^2\psi_1(x)\mathrm{d}x$$

$$=\frac{3}{4}\hbar\omega+\frac{3}{4}\hbar\omega=\frac{3}{2}\hbar\omega$$

动能平均值与势能平均值相等,动能平均值与势能平均值之和等于体系的能量平均值。一维线性谐振子体系处于第一激发态(本征态),体系的能量平均值等于第一激发态能量的本征值;能量的测量值是固定的,就是第一激发态(本征态,$n=1$)能量的本征值 $3\hbar\omega/2$。

(4)一维线性谐振子处于第一激发态时的概率密度分布

$$w_1(x)=|\psi_1(x)|^2=\frac{2\alpha^3}{\sqrt{\pi}}x^2\exp(-\alpha^2x^2)$$

$$\frac{\mathrm{d}w_1}{\mathrm{d}x}=\frac{\mathrm{d}}{\mathrm{d}x}\left[\frac{2\alpha^3}{\sqrt{\pi}}x^2\exp(-\alpha^2x^2)\right]=\frac{2\alpha^3}{\sqrt{\pi}}(2x-2\alpha^2x^3)\exp(-\alpha^2x^2)=0$$

$$2x-2\alpha^2x^3=0;x=0,x=\pm1/\alpha$$

$$\frac{\mathrm{d}^2w_1}{\mathrm{d}x^2}=\frac{2\alpha^3}{\sqrt{\pi}}\frac{\mathrm{d}}{\mathrm{d}x}[(2x-2\alpha^2x^3)\exp(-\alpha^2x^2)]=\frac{4\alpha^3}{\sqrt{\pi}}(1-5\alpha^2x^2+2\alpha^4x^4)\exp(-\alpha^2x^2)$$

当 $x=0$ 时,$\frac{\mathrm{d}^2w_1}{\mathrm{d}x^2}>0$,所以 $x=0$ 为概率密度极小处。当 $x=\pm\frac{1}{\alpha}$时,$\frac{\mathrm{d}^2w_1}{\mathrm{d}x^2}<0$,所以 $x=\pm\frac{1}{\alpha}$ 为概率密度极大处。

(5)由一维线性谐振子本征函数递推公式

$$\alpha x\psi_n(\alpha x)=\sqrt{\frac{n}{2}}\psi_{n-1}(\alpha x)+\sqrt{\frac{n+1}{2}}\psi_{n+1}(\alpha x),\psi_{-1}=0$$

以及本征函数的正交归一性,可以计算位置平均值和位置平方平均值

$$(\overline{x})_{n=0}=\int_{-\infty}^{+\infty}\psi_0^*x\psi_0\mathrm{d}x=\int_{-\infty}^{+\infty}\psi_0^*\ \frac{1}{\sqrt{2}\alpha}\psi_1\mathrm{d}x=\frac{1}{\sqrt{2}\alpha}\int_{-\infty}^{+\infty}\psi_0^*\psi_1\mathrm{d}x=0$$

$$(\overline{x})_{n=1}=\int_{-\infty}^{+\infty}\psi_1^*x\psi_1\mathrm{d}x=\int_{-\infty}^{+\infty}\psi_1^*\left(\frac{1}{\sqrt{2}\alpha}\psi_0+\frac{1}{\alpha}\psi_2\right)\mathrm{d}x$$

$$=\frac{1}{\sqrt{2}\alpha}\int_{-\infty}^{+\infty}\psi_1^*\psi_0\mathrm{d}x+\frac{1}{\alpha}\int_{-\infty}^{+\infty}\psi_1^*\psi_2\mathrm{d}x=0$$

$$(\overline{x^2})_{n=0}=\int_{-\infty}^{+\infty}\psi_0^*x^2\psi_0\mathrm{d}x=\int_{-\infty}^{+\infty}\psi_0^*x\ \frac{1}{\sqrt{2}\alpha}\psi_1\mathrm{d}x=\frac{1}{\sqrt{2}\alpha}\int_{-\infty}^{+\infty}\psi_0^*x\psi_1\mathrm{d}x$$

$$=\frac{1}{\sqrt{2}\alpha}\int_{-\infty}^{+\infty}\psi_0^*\left(\frac{1}{\sqrt{2}\alpha}\psi_0+\frac{1}{\alpha}\psi_2\right)\mathrm{d}x$$

$$=\frac{1}{\sqrt{2}\alpha}\frac{1}{\sqrt{2}\alpha}\int_{-\infty}^{+\infty}\psi_0^*\psi_0\mathrm{d}x+\frac{1}{\sqrt{2}\alpha}\frac{1}{\alpha}\int_{-\infty}^{+\infty}\psi_0^*\psi_2\mathrm{d}x=\frac{1}{2\alpha^2}\int_{-\infty}^{+\infty}\psi_0^*\psi_0\mathrm{d}x=\frac{1}{2\alpha^2}$$

$$(\overline{x^2})_{n=1}=\int_{-\infty}^{+\infty}\psi_1^*x^2\psi_1\mathrm{d}x=\int_{-\infty}^{+\infty}\psi_1^*x\left(\frac{1}{\sqrt{2}\alpha}\psi_0+\frac{1}{\alpha}\psi_2\right)\mathrm{d}x$$

$$=\frac{1}{\sqrt{2}\alpha}\int_{-\infty}^{+\infty}\psi_1^*x\psi_0\mathrm{d}x+\frac{1}{\alpha}\int_{-\infty}^{+\infty}\psi_1^*x\psi_2\mathrm{d}x$$

$$=\frac{1}{\sqrt{2}\alpha}\int_{-\infty}^{+\infty}\psi_1^*\ \frac{1}{\sqrt{2}\alpha}\psi_1\mathrm{d}x+\frac{1}{\alpha}\int_{-\infty}^{+\infty}\psi_1^*\left(\frac{1}{\alpha}\psi_1+\frac{\sqrt{3}}{\sqrt{2}\alpha}\psi_3\right)\mathrm{d}x$$

$$=\frac{1}{2\alpha^2}\int_{-\infty}^{+\infty}\psi_1^*\psi_1\mathrm{d}x+\frac{1}{\alpha^2}\int_{-\infty}^{+\infty}\psi_1^*\psi_1\mathrm{d}x+\frac{\sqrt{3}}{\sqrt{2}\alpha^2}\int_{-\infty}^{+\infty}\psi_1^*\psi_3\mathrm{d}x$$

$$=\frac{3}{2\alpha^2}\int_{-\infty}^{+\infty}\psi_1^*\psi_1\mathrm{d}x=\frac{3}{2\alpha^2}$$

(6) 由一维线性谐振子本征函数递推公式

$$\frac{\mathrm{d}}{\mathrm{d}x}\psi_n(\alpha x)=\alpha\sqrt{\frac{n}{2}}\psi_{n-1}(\alpha x)-\alpha\sqrt{\frac{n+1}{2}}\psi_{n+1}(\alpha x),\psi_{-1}=0$$

以及本征函数的正交归一性,可以计算动量平均值和动量平方平均值

$$(\overline{p})_{n=0}=\int_{-\infty}^{+\infty}\psi_0^*\hat{p}\psi_0\mathrm{d}x=\int_{-\infty}^{+\infty}\psi_0^*\ \frac{\hbar}{\mathrm{i}}\frac{\mathrm{d}}{\mathrm{d}x}\psi_0\mathrm{d}x=\frac{\hbar}{\mathrm{i}}\int_{-\infty}^{+\infty}\psi_0^*\left(-\frac{\alpha}{\sqrt{2}}\right)\psi_1\mathrm{d}x=0$$

$$(\overline{p})_{n=1}=\int_{-\infty}^{+\infty}\psi_1^*\hat{p}\psi_1\mathrm{d}x=\int_{-\infty}^{+\infty}\psi_1^*\ \frac{\hbar}{\mathrm{i}}\frac{\mathrm{d}}{\mathrm{d}x}\psi_1\mathrm{d}x=\frac{\hbar}{\mathrm{i}}\int_{-\infty}^{+\infty}\psi_1^*\left(\frac{\alpha}{\sqrt{2}}\psi_0-\alpha\psi_2\right)\mathrm{d}x$$

$$=\frac{\hbar}{\mathrm{i}}\frac{\alpha}{\sqrt{2}}\int_{-\infty}^{+\infty}\psi_1^*\psi_0\mathrm{d}x-\frac{\hbar}{\mathrm{i}}\alpha\int_{-\infty}^{+\infty}\psi_1^*\psi_2\mathrm{d}x=0$$

$$(\overline{p^2})_{n=0}=\int_{-\infty}^{+\infty}\psi_0^*\hat{p}^2\psi_0\mathrm{d}x=-\hbar^2\int_{-\infty}^{+\infty}\psi_0^*\ \frac{\mathrm{d}^2}{\mathrm{d}x^2}\psi_0\mathrm{d}x=-\hbar^2\int_{-\infty}^{+\infty}\psi_0^*\ \frac{\mathrm{d}}{\mathrm{d}x}\left(-\frac{\alpha}{\sqrt{2}}\psi_1\right)\mathrm{d}x$$

$$=\frac{\hbar^2\alpha}{\sqrt{2}}\int_{-\infty}^{+\infty}\psi_0^*\ \frac{\mathrm{d}}{\mathrm{d}x}\psi_1\mathrm{d}x=\frac{\hbar^2\alpha}{\sqrt{2}}\int_{-\infty}^{+\infty}\psi_0^*\left(\frac{\alpha}{\sqrt{2}}\psi_0-\alpha\psi_2\right)\mathrm{d}x$$

$$=\frac{\hbar^2\alpha^2}{2}\int_{-\infty}^{+\infty}\psi_0^*\psi_0\mathrm{d}x-\frac{\hbar^2\alpha^2}{\sqrt{2}}\int_{-\infty}^{+\infty}\psi_0^*\psi_2\mathrm{d}x=\frac{\hbar^2\alpha^2}{2}\int_{-\infty}^{+\infty}\psi_0^*\psi_0\mathrm{d}x=\frac{\hbar^2\alpha^2}{2}$$

$$(\overline{p^2})_{n=1}=\int_{-\infty}^{+\infty}\psi_1^*\hat{p}^2\psi_1\mathrm{d}x=\int_{-\infty}^{+\infty}\psi_1^*\left(-\hbar^2\frac{\mathrm{d}^2}{\mathrm{d}x^2}\right)\psi_1\mathrm{d}x$$

$$=-\hbar^2\int_{-\infty}^{+\infty}\psi_1^*\ \frac{\mathrm{d}}{\mathrm{d}x}\left(\frac{\alpha}{\sqrt{2}}\psi_0-\alpha\psi_2\right)\mathrm{d}x$$

$$=-\frac{\alpha\hbar^2}{\sqrt{2}}\int_{-\infty}^{+\infty}\psi_1^*\ \frac{\mathrm{d}}{\mathrm{d}x}\psi_0\mathrm{d}x+\alpha\hbar^2\int_{-\infty}^{+\infty}\psi_1^*\ \frac{\mathrm{d}}{\mathrm{d}x}\psi_2\mathrm{d}x$$

$$=-\frac{\alpha\hbar^2}{\sqrt{2}}\int_{-\infty}^{+\infty}\psi_1^*\left(-\frac{\alpha}{\sqrt{2}}\psi_1\right)\mathrm{d}x+\alpha\hbar^2\int_{-\infty}^{+\infty}\psi_1^*\left(\alpha\psi_1-\alpha\sqrt{\frac{3}{2}}\psi_2\right)\mathrm{d}x$$

$$=\frac{\alpha^2\hbar^2}{2}\int_{-\infty}^{+\infty}\psi_1^*\psi_1\mathrm{d}x+\alpha^2\hbar^2\int_{-\infty}^{+\infty}\psi_1^*\psi_1\mathrm{d}x-\sqrt{\frac{3}{2}}\alpha^2\hbar^2\int_{-\infty}^{+\infty}\psi_1^*\psi_2\mathrm{d}x$$

$$=\frac{\alpha^2\hbar^2}{2}\int_{-\infty}^{+\infty}\psi_1^*\psi_1\mathrm{d}x+\alpha^2\hbar^2\int_{-\infty}^{+\infty}\psi_1^*\psi_1\mathrm{d}x=\frac{3\alpha^2\hbar^2}{2}$$

(7) 由产生和湮灭算符来计算(阅读)

由产生算符和湮灭算符的定义

$$\hat{a}^\dagger=\sqrt{\frac{\mu\omega}{2\hbar}}\left(x-\frac{\mathrm{i}}{\mu\omega}\hat{p}\right),\hat{a}=\sqrt{\frac{\mu\omega}{2\hbar}}\left(x+\frac{\mathrm{i}}{\mu\omega}\hat{p}\right)$$

可以得到用产生算符和湮灭算符表示的位置算符和动量算符

$$\hat{x}=\sqrt{\frac{\hbar}{2\mu\omega}}(\hat{a}^{\dagger}+\hat{a})=\frac{1}{\sqrt{2}\alpha}(\hat{a}^{\dagger}+\hat{a}),\hat{p}=\mathrm{i}\sqrt{\frac{\hbar\mu\omega}{2}}(\hat{a}^{\dagger}-\hat{a})=\mathrm{i}\frac{\hbar\alpha}{\sqrt{2}}(\hat{a}^{\dagger}-\hat{a})$$

再注意到产生算符和湮灭算符的作用

$$\hat{a}^{\dagger}\psi_n=\sqrt{n+1}\psi_{n+1},\hat{a}\psi_n=\sqrt{n}\psi_{n-1},\hat{a}\psi_0=0$$

以及本征函数的正交归一性,得到

$$\begin{aligned}(\overline{x})_{n=0}&=\int_{-\infty}^{+\infty}\psi_0^*\hat{x}\psi_0\mathrm{d}x=\int_{-\infty}^{+\infty}\psi_0^*\frac{1}{\sqrt{2}\alpha}(\hat{a}^{\dagger}+\hat{a})\psi_0\mathrm{d}x\\&=\frac{1}{\sqrt{2}\alpha}\int_{-\infty}^{+\infty}\psi_0^*\hat{a}^{\dagger}\psi_0\mathrm{d}x+\frac{1}{\sqrt{2}\alpha}\int_{-\infty}^{+\infty}\psi_0^*\hat{a}\psi_0\mathrm{d}x=\frac{1}{\sqrt{2}\alpha}\int_{-\infty}^{+\infty}\psi_0^*\hat{a}^{\dagger}\psi_0\mathrm{d}x\\&=\frac{1}{\sqrt{2}\alpha}\int_{-\infty}^{+\infty}\psi_0^*\sqrt{1}\psi_1\mathrm{d}x=\frac{1}{\sqrt{2}\alpha}\int_{-\infty}^{+\infty}\psi_0^*\psi_1\mathrm{d}x=0\end{aligned}$$

$$\begin{aligned}(\overline{x})_{n=1}&=\int_{-\infty}^{+\infty}\psi_1^*\hat{x}\psi_1\mathrm{d}x=\int_{-\infty}^{+\infty}\psi_1^*\frac{1}{\sqrt{2}\alpha}(\hat{a}^{\dagger}+\hat{a})\psi_1\mathrm{d}x\\&=\frac{1}{\sqrt{2}\alpha}\int_{-\infty}^{+\infty}\psi_1^*\hat{a}^{\dagger}\psi_1\mathrm{d}x+\frac{1}{\sqrt{2}\alpha}\int_{-\infty}^{+\infty}\psi_1^*\hat{a}\psi_1\mathrm{d}x\\&=\frac{1}{\sqrt{2}\alpha}\int_{-\infty}^{+\infty}\psi_1^*\sqrt{2}\psi_2\mathrm{d}x+\frac{1}{\sqrt{2}\alpha}\int_{-\infty}^{+\infty}\psi_1^*\psi_0\mathrm{d}x=\frac{1}{\alpha}\int_{-\infty}^{+\infty}\psi_1^*\psi_2\mathrm{d}x=0\end{aligned}$$

$$\begin{aligned}(\overline{x^2})_{n=0}&=\int_{-\infty}^{+\infty}\psi_0^*\hat{x}^2\psi_0\mathrm{d}x=\int_{-\infty}^{+\infty}\psi_0^*\hat{x}\frac{1}{\sqrt{2}\alpha}(\hat{a}^{\dagger}+\hat{a})\psi_0\mathrm{d}x\\&=\frac{1}{\sqrt{2}\alpha}\int_{-\infty}^{+\infty}\psi_0^*\hat{x}\hat{a}^{\dagger}\psi_0\mathrm{d}x+\frac{1}{\sqrt{2}\alpha}\int_{-\infty}^{+\infty}\psi_0^*\hat{x}\hat{a}\psi_0\mathrm{d}x=\frac{1}{\sqrt{2}\alpha}\int_{-\infty}^{+\infty}\psi_0^*\hat{x}\psi_1\mathrm{d}x\\&=\frac{1}{\sqrt{2}\alpha}\int_{-\infty}^{+\infty}\psi_0^*\frac{1}{\sqrt{2}\alpha}(\hat{a}^{\dagger}+\hat{a})\psi_1\mathrm{d}x=\frac{1}{2\alpha^2}\int_{-\infty}^{+\infty}\psi_0^*\hat{a}^{\dagger}\psi_1\mathrm{d}x+\frac{1}{2\alpha^2}\int_{-\infty}^{+\infty}\psi_0^*\hat{a}\psi_1\mathrm{d}x\\&=\frac{1}{2\alpha^2}\int_{-\infty}^{+\infty}\psi_0^*\sqrt{2}\psi_2\mathrm{d}x+\frac{1}{2\alpha^2}\int_{-\infty}^{+\infty}\psi_0^*\psi_0\mathrm{d}x=\frac{1}{2\alpha^2}\int_{-\infty}^{+\infty}\psi_0^*\psi_0\mathrm{d}x=\frac{1}{2\alpha^2}\end{aligned}$$

$$\begin{aligned}(\overline{x^2})_{n=1}&=\int_{-\infty}^{+\infty}\psi_1^*\hat{x}^2\psi_1\mathrm{d}x=\int_{-\infty}^{+\infty}\psi_1^*\hat{x}\frac{1}{\sqrt{2}\alpha}(\hat{a}^{\dagger}+\hat{a})\psi_1\mathrm{d}x\\&=\frac{1}{\sqrt{2}\alpha}\int_{-\infty}^{+\infty}\psi_1^*\hat{x}\hat{a}^{\dagger}\psi_1\mathrm{d}x+\frac{1}{\sqrt{2}\alpha}\int_{-\infty}^{+\infty}\psi_1^*\hat{x}\hat{a}\psi_1\mathrm{d}x\\&=\frac{1}{\sqrt{2}\alpha}\int_{-\infty}^{+\infty}\psi_1^*\hat{x}\sqrt{2}\psi_2\mathrm{d}x+\frac{1}{\sqrt{2}\alpha}\int_{-\infty}^{+\infty}\psi_1^*\hat{x}\psi_0\mathrm{d}x\\&=\frac{1}{\alpha}\int_{-\infty}^{+\infty}\psi_1^*\frac{1}{\sqrt{2}\alpha}(\hat{a}^{\dagger}+\hat{a})\psi_2\mathrm{d}x+\frac{1}{\sqrt{2}\alpha}\int_{-\infty}^{+\infty}\psi_1^*\frac{1}{\sqrt{2}\alpha}(\hat{a}^{\dagger}+\hat{a})\psi_0\mathrm{d}x\\&=\frac{1}{\sqrt{2}\alpha^2}\int_{-\infty}^{+\infty}\psi_1^*\hat{a}^{\dagger}\psi_2\mathrm{d}x+\frac{1}{\sqrt{2}\alpha^2}\int_{-\infty}^{+\infty}\psi_1^*\hat{a}\psi_2\mathrm{d}x+\\&\quad\frac{1}{2\alpha^2}\int_{-\infty}^{+\infty}\psi_1^*\hat{a}^{\dagger}\psi_0\mathrm{d}x+\frac{1}{2\alpha^2}\int_{-\infty}^{+\infty}\psi_1^*\hat{a}\psi_0\mathrm{d}x\\&=\frac{1}{\sqrt{2}\alpha^2}\int_{-\infty}^{+\infty}\psi_1^*\sqrt{3}\psi_3\mathrm{d}x+\frac{1}{\sqrt{2}\alpha^2}\int_{-\infty}^{+\infty}\psi_1^*\sqrt{2}\psi_1\mathrm{d}x+\frac{1}{2\alpha^2}\int_{-\infty}^{+\infty}\psi_1^*\psi_1\mathrm{d}x+0\end{aligned}$$

$$=0+\frac{1}{\alpha^2}+\frac{1}{2\alpha^2}=\frac{3}{2\alpha^2}$$

$$(\overline{p})_{n=0}=\int_{-\infty}^{+\infty}\psi_0^*\hat{p}\psi_0\mathrm{d}x=\int_{-\infty}^{+\infty}\psi_0^*\,\mathrm{i}\frac{\hbar\alpha}{\sqrt{2}}(\hat{a}^\dagger-\hat{a})\psi_0\mathrm{d}x$$

$$=\mathrm{i}\frac{\hbar\alpha}{\sqrt{2}}\int_{-\infty}^{+\infty}\psi_0^*\hat{a}^\dagger\psi_0\mathrm{d}x-\mathrm{i}\frac{\hbar\alpha}{\sqrt{2}}\int_{-\infty}^{+\infty}\psi_0^*\hat{a}\psi_0\mathrm{d}x$$

$$=\mathrm{i}\frac{\hbar\alpha}{\sqrt{2}}\int_{-\infty}^{+\infty}\psi_0^*\hat{a}^\dagger\psi_0\mathrm{d}x=\mathrm{i}\frac{\hbar\alpha}{\sqrt{2}}\int_{-\infty}^{+\infty}\psi_0^*\psi_1\mathrm{d}x=0$$

$$(\overline{p})_{n=1}=\int_{-\infty}^{+\infty}\psi_1^*\hat{p}\psi_1\mathrm{d}x=\int_{-\infty}^{+\infty}\psi_1^*\,\mathrm{i}\frac{\hbar\alpha}{\sqrt{2}}(\hat{a}^\dagger-\hat{a})\psi_1\mathrm{d}x$$

$$=\mathrm{i}\frac{\hbar\alpha}{\sqrt{2}}\int_{-\infty}^{+\infty}\psi_1^*\hat{a}^\dagger\psi_1\mathrm{d}x-\mathrm{i}\frac{\hbar\alpha}{\sqrt{2}}\int_{-\infty}^{+\infty}\psi_1^*\hat{a}\psi_1\mathrm{d}x$$

$$=\mathrm{i}\frac{\hbar\alpha}{\sqrt{2}}\int_{-\infty}^{+\infty}\psi_1^*\sqrt{2}\psi_2\mathrm{d}x-\mathrm{i}\frac{\hbar\alpha}{\sqrt{2}}\int_{-\infty}^{+\infty}\psi_1^*\psi_0\mathrm{d}x=0$$

$$(\overline{p^2})_{n=0}=\int_{-\infty}^{+\infty}\psi_0^*\hat{p}^2\psi_0\mathrm{d}x=\mathrm{i}\frac{\hbar\alpha}{\sqrt{2}}\int_{-\infty}^{+\infty}\psi_0^*\hat{p}(\hat{a}^\dagger-\hat{a})\psi_0\mathrm{d}x$$

$$=\mathrm{i}\frac{\hbar\alpha}{\sqrt{2}}\int_{-\infty}^{+\infty}\psi_0^*\hat{p}\hat{a}^\dagger\psi_0\mathrm{d}x-\mathrm{i}\frac{\hbar\alpha}{\sqrt{2}}\int_{-\infty}^{+\infty}\psi_0^*\hat{p}\hat{a}\psi_0\mathrm{d}x=\mathrm{i}\frac{\hbar\alpha}{\sqrt{2}}\int_{-\infty}^{+\infty}\psi_0^*\hat{p}\hat{a}^\dagger\psi_0\mathrm{d}x$$

$$=\mathrm{i}\frac{\hbar\alpha}{\sqrt{2}}\int_{-\infty}^{+\infty}\psi_0^*\hat{p}\psi_1\mathrm{d}x=\mathrm{i}\frac{\hbar\alpha}{\sqrt{2}}\int_{-\infty}^{+\infty}\psi_0^*\,\mathrm{i}\frac{\hbar\alpha}{\sqrt{2}}(\hat{a}^\dagger-\hat{a})\psi_1\mathrm{d}x$$

$$=-\frac{\hbar^2\alpha^2}{2}\int_{-\infty}^{+\infty}\psi_0^*\hat{a}^\dagger\psi_1\mathrm{d}x+\frac{\hbar^2\alpha^2}{2}\int_{-\infty}^{+\infty}\psi_0^*\hat{a}\psi_1\mathrm{d}x$$

$$=-\frac{\hbar^2\alpha^2}{2}\int_{-\infty}^{+\infty}\psi_0^*\sqrt{2}\psi_2\mathrm{d}x+\frac{\hbar^2\alpha^2}{2}\int_{-\infty}^{+\infty}\psi_0^*\psi_0\mathrm{d}x=\frac{\hbar^2\alpha^2}{2}$$

$$(\overline{p^2})_{n=1}=\int_{-\infty}^{+\infty}\psi_1^*\hat{p}^2\psi_1\mathrm{d}x=\mathrm{i}\frac{\hbar\alpha}{\sqrt{2}}\int_{-\infty}^{+\infty}\psi_1^*\hat{p}(\hat{a}^\dagger-\hat{a})\psi_1\mathrm{d}x$$

$$=\mathrm{i}\frac{\hbar\alpha}{\sqrt{2}}\int_{-\infty}^{+\infty}\psi_1^*\hat{p}\hat{a}^\dagger\psi_1\mathrm{d}x-\mathrm{i}\frac{\hbar\alpha}{\sqrt{2}}\int_{-\infty}^{+\infty}\psi_1^*\hat{p}\hat{a}\psi_1\mathrm{d}x$$

$$=\mathrm{i}\frac{\hbar\alpha}{\sqrt{2}}\int_{-\infty}^{+\infty}\psi_1^*\hat{p}\sqrt{2}\psi_2\mathrm{d}x-\mathrm{i}\frac{\hbar\alpha}{\sqrt{2}}\int_{-\infty}^{+\infty}\psi_1^*\hat{p}\psi_0\mathrm{d}x$$

$$=-\frac{\hbar^2\alpha^2}{\sqrt{2}}\int_{-\infty}^{+\infty}\psi_1^*(\hat{a}^\dagger-\hat{a})\psi_2\mathrm{d}x+\frac{\hbar^2\alpha^2}{2}\int_{-\infty}^{+\infty}\psi_1^*(\hat{a}^\dagger-\hat{a})\psi_0\mathrm{d}x$$

$$=-\frac{\hbar^2\alpha^2}{\sqrt{2}}\int_{-\infty}^{+\infty}\psi_1^*\hat{a}^\dagger\psi_2\mathrm{d}x+\frac{\hbar^2\alpha^2}{\sqrt{2}}\int_{-\infty}^{+\infty}\psi_1^*\hat{a}\psi_2\mathrm{d}x+$$

$$\frac{\hbar^2\alpha^2}{2}\int_{-\infty}^{+\infty}\psi_1^*\hat{a}^\dagger\psi_0\mathrm{d}x-\frac{\hbar^2\alpha^2}{2}\int_{-\infty}^{+\infty}\psi_1^*\hat{a}\psi_0\mathrm{d}x$$

$$=-\frac{\hbar^2\alpha^2}{\sqrt{2}}\int_{-\infty}^{+\infty}\psi_1^*\sqrt{3}\psi_3\mathrm{d}x+\frac{\hbar^2\alpha^2}{\sqrt{2}}\int_{-\infty}^{+\infty}\psi_1^*\sqrt{2}\psi_1\mathrm{d}x+\frac{\hbar^2\alpha^2}{2}\int_{-\infty}^{+\infty}\psi_1^*\psi_1\mathrm{d}x$$

$$=0+\frac{\hbar^2\alpha^2}{\sqrt{2}}\sqrt{2}+\frac{\hbar^2\alpha^2}{2}=\frac{3\hbar^2\alpha^2}{2}$$

由粒子数算符定义 $\hat{N}=\hat{a}^{\dagger}\hat{a}$，可以得到各个本征态的平均粒子数

$$(\overline{N})_{n=0}=\int_{-\infty}^{+\infty}\psi_0^*\hat{N}\psi_0\mathrm{d}x=\int_{-\infty}^{+\infty}\psi_0^*\hat{a}^{\dagger}\hat{a}\psi_0\mathrm{d}x=0$$

$$(\overline{N})_{n=1}=\int_{-\infty}^{+\infty}\psi_1^*\hat{N}\psi_1\mathrm{d}x=\int_{-\infty}^{+\infty}\psi_1^*\hat{a}^{\dagger}\hat{a}\psi_1\mathrm{d}x=\int_{-\infty}^{+\infty}\psi_1^*\hat{a}^{\dagger}\psi_0\mathrm{d}x=\int_{-\infty}^{+\infty}\psi_1^*\psi_1\mathrm{d}x=1$$

$$(\overline{N})_{n=2}=\int_{-\infty}^{+\infty}\psi_2^*\hat{N}\psi_2\mathrm{d}x=\int_{-\infty}^{+\infty}\psi_2^*\hat{a}^{\dagger}\hat{a}\psi_2\mathrm{d}x=\int_{-\infty}^{+\infty}\psi_2^*\hat{a}^{\dagger}\sqrt{2}\psi_1\mathrm{d}x$$

$$=\sqrt{2}\int_{-\infty}^{+\infty}\psi_2^*\hat{a}^{\dagger}\psi_1\mathrm{d}x=\sqrt{2}\int_{-\infty}^{+\infty}\psi_2^*\sqrt{2}\psi_2\mathrm{d}x=2\int_{-\infty}^{+\infty}\psi_2^*\psi_2\mathrm{d}x=2$$

$$(\overline{N})_{n=3}=\int_{-\infty}^{+\infty}\psi_3^*\hat{N}\psi_3\mathrm{d}x=\int_{-\infty}^{+\infty}\psi_3^*\hat{a}^{\dagger}\hat{a}\psi_3\mathrm{d}x=\int_{-\infty}^{+\infty}\psi_3^*\hat{a}^{\dagger}\sqrt{3}\psi_2\mathrm{d}x$$

$$=\sqrt{3}\int_{-\infty}^{+\infty}\psi_3^*\hat{a}^{\dagger}\psi_2\mathrm{d}x=\sqrt{3}\int_{-\infty}^{+\infty}\psi_3^*\sqrt{3}\psi_3\mathrm{d}x=3\int_{-\infty}^{+\infty}\psi_3^*\psi_3\mathrm{d}x=3$$

由哈密顿算符，可以算得各个本征态的平均能量

$$(\overline{H})_{n=0}=\int_{-\infty}^{+\infty}\psi_0^*\hat{H}\psi_0\mathrm{d}x=\int_{-\infty}^{+\infty}\psi_0^*\hbar\omega\left(\hat{a}^{\dagger}\hat{a}+\frac{1}{2}\right)\psi_0\mathrm{d}x$$

$$=\hbar\omega\int_{-\infty}^{+\infty}\psi_0^*\hat{a}^{\dagger}\hat{a}\psi_0\mathrm{d}x+\frac{1}{2}\hbar\omega\int_{-\infty}^{+\infty}\psi_0^*\psi_0\mathrm{d}x=0+\frac{1}{2}\hbar\omega=\frac{1}{2}\hbar\omega$$

$$(\overline{H})_{n=1}=\int_{-\infty}^{+\infty}\psi_1^*\hat{H}\psi_1\mathrm{d}x=\int_{-\infty}^{+\infty}\psi_1^*\hbar\omega\left(\hat{a}^{\dagger}\hat{a}+\frac{1}{2}\right)\psi_1\mathrm{d}x$$

$$=\hbar\omega\int_{-\infty}^{+\infty}\psi_1^*\hat{a}^{\dagger}\hat{a}\psi_1\mathrm{d}x+\frac{1}{2}\hbar\omega\int_{-\infty}^{+\infty}\psi_1^*\psi_1\mathrm{d}x=\hbar\omega+\frac{1}{2}\hbar\omega=\frac{3}{2}\hbar\omega$$

$$(\overline{H})_{n=2}=\int_{-\infty}^{+\infty}\psi_2^*\hat{H}\psi_2\mathrm{d}x=\int_{-\infty}^{+\infty}\psi_2^*\hbar\omega\left(\hat{a}^{\dagger}\hat{a}+\frac{1}{2}\right)\psi_2\mathrm{d}x$$

$$=\hbar\omega\int_{-\infty}^{+\infty}\psi_2^*\hat{a}^{\dagger}\hat{a}\psi_2\mathrm{d}x+\frac{1}{2}\hbar\omega\int_{-\infty}^{+\infty}\psi_2^*\psi_2\mathrm{d}x=2\hbar\omega+\frac{1}{2}\hbar\omega=\frac{5}{2}\hbar\omega$$

$$(\overline{H})_{n=3}=\int_{-\infty}^{+\infty}\psi_3^*\hat{H}\psi_3\mathrm{d}x=\int_{-\infty}^{+\infty}\psi_3^*\hbar\omega\left(\hat{a}^{\dagger}\hat{a}+\frac{1}{2}\right)\psi_3\mathrm{d}x$$

$$=\hbar\omega\int_{-\infty}^{+\infty}\psi_3^*\hat{a}^{\dagger}\hat{a}\psi_3\mathrm{d}x+\frac{1}{2}\hbar\omega\int_{-\infty}^{+\infty}\psi_3^*\psi_3\mathrm{d}x=3\hbar\omega+\frac{1}{2}\hbar\omega=\frac{7}{2}\hbar\omega$$

(8)狄拉克符号表示法(阅读)

由本征态递推公式

$$x|n\rangle=\frac{1}{\alpha}\left(\sqrt{\frac{n}{2}}|n-1\rangle+\sqrt{\frac{n+1}{2}}|n+1\rangle\right),|-1\rangle=0$$

以及本征态矢的正交归一性，得到

$$(\overline{x})_{n=0}=\langle 0|x|0\rangle=\langle 0|\frac{1}{\alpha}\left(\sqrt{\frac{0}{2}}|0-1\rangle+\sqrt{\frac{0+1}{2}}|0+1\rangle\right)$$

$$=\langle 0|\frac{1}{\alpha}\sqrt{\frac{1}{2}}|1\rangle=\frac{1}{\sqrt{2}\alpha}\langle 0|1\rangle=0$$

$$(\overline{x^2})_{n=0}=\langle 0|x^2|0\rangle=\langle 0|xx|0\rangle=\langle 0|x\frac{1}{\alpha}\left(\sqrt{\frac{0}{2}}|0-1\rangle+\sqrt{\frac{0+1}{2}}|0+1\rangle\right)$$

$$=\langle 0|x\frac{1}{\alpha}\sqrt{\frac{1}{2}}|1\rangle=\frac{1}{\sqrt{2}\alpha}\langle 0|x|1\rangle=\frac{1}{\sqrt{2}\alpha}\langle 0|\frac{1}{\alpha}\left(\sqrt{\frac{1}{2}}|0\rangle+|2\rangle\right)$$

$$=\frac{1}{2\alpha^2}\langle 0|0\rangle+\frac{1}{\sqrt{2}\alpha^2}\langle 0|2\rangle=\frac{1}{2\alpha^2}+0=\frac{1}{2\alpha^2}$$

$$(\overline{x})_{n=1}=\langle 1|x|1\rangle=\langle 1|\frac{1}{\alpha}\left(\sqrt{\frac{1}{2}}|0\rangle+|2\rangle\right)=\frac{1}{\sqrt{2}\alpha}\langle 1|0\rangle+\frac{1}{\alpha}\langle 1|2\rangle=0$$

$$(\overline{x^2})_{n=1}=\langle 1|x^2|1\rangle=\langle 1|xx|1\rangle=\langle 1|x\ \frac{1}{\alpha}\left(\sqrt{\frac{1}{2}}|0\rangle+|2\rangle\right)$$

$$=\frac{1}{\sqrt{2}\alpha}\langle 1|x|0\rangle+\frac{1}{\alpha}\langle 1|x|2\rangle=\frac{1}{\sqrt{2}\alpha}\langle 1|\frac{1}{\alpha}\sqrt{\frac{1}{2}}|1\rangle+\frac{1}{\alpha}\langle 1|\frac{1}{\alpha}\left(|1\rangle+\sqrt{\frac{3}{2}}|3\rangle\right)$$

$$=\frac{1}{2\alpha^2}\langle 1|1\rangle+\frac{1}{\alpha^2}\langle 1|1\rangle+\frac{\sqrt{3}}{\sqrt{2}\alpha^2}\langle 1|3\rangle=\frac{1}{2\alpha^2}+\frac{1}{\alpha^2}=\frac{3}{2\alpha^2}$$

由本征态递推公式

$$\frac{\mathrm{d}}{\mathrm{d}x}|n\rangle=\frac{\alpha}{\sqrt{2}}(\sqrt{n}|n-1\rangle-\sqrt{n+1}|n+1\rangle),|-1\rangle=0$$

$$\frac{\mathrm{d}}{\mathrm{d}x}|0\rangle=\frac{\alpha}{\sqrt{2}}(\sqrt{0}|0-1\rangle-\sqrt{0+1}|0+1\rangle)=-\frac{\alpha}{\sqrt{2}}|1\rangle$$

$$\frac{\mathrm{d}}{\mathrm{d}x}|1\rangle=\frac{\alpha}{\sqrt{2}}(\sqrt{1}|1-1\rangle-\sqrt{1+1}|1+1\rangle)=\frac{\alpha}{\sqrt{2}}(|0\rangle-\sqrt{2}|2\rangle)$$

$$\frac{\mathrm{d}}{\mathrm{d}x}|2\rangle=\frac{\alpha}{\sqrt{2}}(\sqrt{2}|2-1\rangle-\sqrt{2+1}|2+1\rangle)=\frac{\alpha}{\sqrt{2}}(\sqrt{2}|1\rangle-\sqrt{3}|3\rangle)$$

以及本征态矢的正交归一性，得到

$$(\overline{p})_{n=0}=\langle 0|\hat{p}|0\rangle=\langle 0|\frac{\hbar}{\mathrm{i}}\frac{\mathrm{d}}{\mathrm{d}x}|0\rangle=\frac{\hbar}{\mathrm{i}}\langle 0|-\frac{\alpha}{\sqrt{2}}|1\rangle=-\frac{\alpha\hbar}{\mathrm{i}\sqrt{2}}\langle 0|1\rangle=0$$

$$(\overline{p^2})_{n=0}=\langle 0|\hat{p}^2|0\rangle=\langle 0|\hat{p}\ \frac{\hbar}{\mathrm{i}}\frac{\mathrm{d}}{\mathrm{d}x}|0\rangle=-\frac{\alpha\hbar}{\mathrm{i}\sqrt{2}}\langle 0|\hat{p}|1\rangle$$

$$=-\frac{\alpha\hbar}{\mathrm{i}\sqrt{2}}\langle 0|\frac{\hbar}{\mathrm{i}}\frac{\mathrm{d}}{\mathrm{d}x}|1\rangle=\frac{\alpha\hbar^2}{\sqrt{2}}\langle 0|\frac{\mathrm{d}}{\mathrm{d}x}|1\rangle=\frac{\alpha\hbar^2}{\sqrt{2}}\langle 0|\frac{\alpha}{\sqrt{2}}(|0\rangle-\sqrt{2}|2\rangle)$$

$$=\frac{\alpha^2\hbar^2}{2}\langle 0|0\rangle-\alpha\hbar^2\langle 0|2\rangle=\frac{\alpha^2\hbar^2}{2}\langle 0|0\rangle=\frac{\alpha^2\hbar^2}{2}=\frac{1}{2}\mu\hbar\omega$$

$$(\overline{p})_{n=1}=\langle 1|\hat{p}|1\rangle=\langle 1|\frac{\hbar}{\mathrm{i}}\frac{\mathrm{d}}{\mathrm{d}x}|1\rangle=\frac{\hbar}{\mathrm{i}}\langle 1|\frac{\mathrm{d}}{\mathrm{d}x}|1\rangle$$

$$=\frac{\hbar}{\mathrm{i}}\langle 1|\frac{\alpha}{\sqrt{2}}(|0\rangle-\sqrt{2}|2\rangle)=\frac{\alpha\hbar}{\mathrm{i}\sqrt{2}}\langle 1|0\rangle-\frac{\alpha\hbar}{\mathrm{i}}\langle 1|2\rangle=0$$

$$(\overline{p^2})_{n=1}=\langle 1|\hat{p}^2|1\rangle=\langle 1|\hat{p}\hat{p}|1\rangle=\langle 1|\hat{p}\ \frac{\hbar}{\mathrm{i}}\frac{\mathrm{d}}{\mathrm{d}x}|1\rangle$$

$$=\frac{\hbar}{\mathrm{i}}\langle 1|\hat{p}\ \frac{\alpha}{\sqrt{2}}(|0\rangle-\sqrt{2}|2\rangle)=\frac{\alpha\hbar}{\mathrm{i}\sqrt{2}}\langle 1|\hat{p}|0\rangle-\frac{\alpha\hbar}{\mathrm{i}}\langle 1|\hat{p}|2\rangle$$

$$=\frac{\alpha\hbar}{\mathrm{i}\sqrt{2}}\langle 1|\frac{\hbar}{\mathrm{i}}\frac{\mathrm{d}}{\mathrm{d}x}|0\rangle-\frac{\alpha\hbar}{\mathrm{i}}\langle 1|\frac{\hbar}{\mathrm{i}}\frac{\mathrm{d}}{\mathrm{d}x}|2\rangle=-\frac{\alpha\hbar^2}{\sqrt{2}}\langle 1|\frac{\mathrm{d}}{\mathrm{d}x}|0\rangle+\alpha\hbar^2\langle 1|\frac{\mathrm{d}}{\mathrm{d}x}|2\rangle$$

$$=\frac{\alpha\hbar^2}{\sqrt{2}}\langle 1|\frac{\alpha}{\sqrt{2}}|1\rangle+\alpha\hbar^2\langle 1|\frac{\alpha}{\sqrt{2}}(\sqrt{2}|1\rangle-\sqrt{3}|3\rangle)$$

$$=\frac{\alpha^2\hbar^2}{2}\langle 1|1\rangle+\alpha^2\hbar^2\langle 1|1\rangle-\frac{\sqrt{3}\alpha^2\hbar^2}{\sqrt{2}}\langle 1|3\rangle=\frac{\alpha^2\hbar^2}{2}+\alpha^2\hbar^2=\frac{3\alpha^2\hbar^2}{2}=\frac{3}{2}\mu\hbar\omega$$

由哈密顿算符的表达式 $\hat{H}=\frac{\hat{p}^2}{2\mu}+\frac{1}{2}\mu\omega^2x^2$，得到能量平均值

$$(\overline{E})_{n=0}=\langle 0|\hat{H}|0\rangle=\langle 0|\frac{\hat{p}^2}{2\mu}+\frac{1}{2}\mu\omega^2x^2|0\rangle$$

$$=\frac{1}{2\mu}\langle 0|\hat{p}^2|0\rangle+\frac{1}{2}\mu\omega^2\langle 0|x^2|0\rangle=\frac{1}{2\mu}\frac{\alpha^2\hbar^2}{2}+\frac{1}{2}\mu\omega^2\frac{1}{2\alpha^2}=\frac{1}{2}\hbar\omega$$

$$(\overline{E})_{n=1}=\langle 1|\hat{H}|1\rangle=\langle 1|\frac{\hat{p}^2}{2\mu}+\frac{1}{2}\mu\omega^2x^2|1\rangle$$

$$=\frac{1}{2\mu}\langle 1|\hat{p}^2|1\rangle+\frac{1}{2}\mu\omega^2\langle 1|x^2|1\rangle=\frac{1}{2\mu}\frac{3\alpha^2\hbar^2}{2}+\frac{1}{2}\mu\omega^2\frac{3}{2\alpha^2}=\frac{3}{2}\hbar\omega$$

【例 16-6】 质量为 μ 的振子在势场 $U(x)=\frac{1}{2}\mu\omega^2x^2=\frac{1}{2}kx^2$ 的作用下做一维运动，$t=0$ 时刻振子体系的波函数为

$$\psi(x,0)=A\exp\left(-\frac{1}{2}\alpha^2x^2\right)\left[\cos\beta H_0(\alpha x)+\frac{\sqrt{2}}{4}\sin\beta H_2(\alpha x)\right],\alpha=\sqrt{\frac{\mu\omega}{\hbar}}$$

其中：ω,k,β 为常量，A 为归一化常数。厄米多项式 $H_n(\alpha x)$ 的归一化条件表示为

$$\int_{-\infty}^{+\infty}\exp(-\alpha^2x^2)\,[H_n(\alpha x)]^2\mathrm{d}x=\frac{\sqrt{\pi}}{\alpha}\cdot 2^n\cdot n!,N_n=\sqrt{\frac{\alpha}{\sqrt{\pi}\cdot 2^n\cdot n!}}$$

(1)写出 t 时刻振子体系的波函数 $\psi(x,t)$；

(2)求 t 时刻振子体系的能量平均值。

分析 显然，体系处于基态和第 2 激发态。但体系的波函数是用厄米多项式表示的，并非用本征函数表示的状态。为了得到体系处于各个本征态的概率，必须将体系状态波函数用本征函数表示，而且还得归一化。用体系本征函数表示的归一化状态波函数的各个本征函数前的系数的模平方代表体系处于该本征态的概率。由于势能函数不显含时间变量，即体系处于定态(不一定是本征态，而是本征态的线性组合)，尽管各个测量物理量没有确定值(本征值的某个)，但力学量平均值却是不随时间变化的；根据统计平均理论，力学量平均值就是各个本征态的力学量本征值与体系处于该状态的概率乘积的代数和，从而得到力学量测量平均值。也是由于体系处于定态，由各个本征态的能量值(能量本征值)可以给出体系处于该本征态的含时间的“本征函数”，从而得到 t 时刻振子体系的波函数 $\psi(x,t)$。

解 一维线性谐振子处于基态和第 2 激发态混合态(某定态)。考虑到归一化常数

$$N_0=\sqrt{\frac{\alpha}{\sqrt{\pi}\cdot 2^0\cdot 0!}}=\sqrt{\frac{\alpha}{\sqrt{\pi}}},N_2=\sqrt{\frac{\alpha}{\sqrt{\pi}\cdot 2^2\cdot 2!}}=\sqrt{\frac{\alpha}{8\sqrt{\pi}}}$$

以及一维线性谐振子能量本征函数的厄米多项式表达式，得到

$$\psi(x,0)=A\exp\left(-\frac{1}{2}\alpha^2x^2\right)\cos\beta H_0(\alpha x)+A\exp\left(-\frac{1}{2}\alpha^2x^2\right)\frac{\sqrt{2}}{4}\sin\beta H_2(\alpha x)$$

$$=\sqrt{\frac{\sqrt{\pi}}{\alpha}}A\cos\beta\sqrt{\frac{\alpha}{\sqrt{\pi}}}\exp\left(-\frac{1}{2}\alpha^2x^2\right)H_0(\alpha x)+$$

$$\sqrt{\frac{\sqrt{\pi}}{\alpha}}A\sin\beta\sqrt{\frac{\alpha}{8\sqrt{\pi}}}\exp\left(-\frac{1}{2}\alpha^2x^2\right)H_2(\alpha x)$$

$$=\sqrt{\frac{\sqrt{\pi}}{\alpha}}A\left[\cos\beta N_0\exp\left(-\frac{1}{2}\alpha^2x^2\right)H_0(\alpha x)+\sin\beta N_2\exp\left(-\frac{1}{2}\alpha^2x^2\right)H_2(\alpha x)\right]$$

$$=\sqrt{\frac{\sqrt{\pi}}{\alpha}}A\cos\beta\psi_0(\alpha x)+\sqrt{\frac{\sqrt{\pi}}{\alpha}}A\sin\beta\psi_2(\alpha x)$$

由波函数的归一化条件以及本征函数的正交归一性，得到

$$1=\int_{-\infty}^{+\infty}\psi^*(x,0)\psi(x,0)\mathrm{d}x=\frac{\sqrt{\pi}}{\alpha}A^2\int_{-\infty}^{+\infty}[\cos\beta\psi_0(\alpha x)+\sin\beta\psi_2(\alpha x)]^2\mathrm{d}x$$

$$1=\frac{\sqrt{\pi}}{\alpha}A^2\cos^2\beta\int_{-\infty}^{+\infty}\psi_0^2(\alpha x)\mathrm{d}x+\frac{\sqrt{\pi}}{\alpha}A^2\sin^2\beta\int_{-\infty}^{+\infty}\psi_2^2(\alpha x)\mathrm{d}x+$$

$$\frac{2\sqrt{\pi}}{\alpha}A^2\cos\beta\sin\beta\int_{-\infty}^{+\infty}\psi_0(\alpha x)\psi_2(\alpha x)\mathrm{d}x$$

$$1=\frac{\sqrt{\pi}}{\alpha}A^2\cos^2\beta+\frac{\sqrt{\pi}}{\alpha}A^2\sin^2\beta=\frac{\sqrt{\pi}}{\alpha}A^2;A=\sqrt{\frac{\alpha}{\sqrt{\pi}}}$$

由此得到体系的归一化波函数

$$\psi(x,0)=\cos\beta\psi_0(\alpha x)+\sin\beta\psi_2(\alpha x)$$

体系处于基态和第二激发态的概率和能量本征值分别为

$$w_0=\cos^2\beta,E_0=\hbar\omega/2;w_2=\sin^2\beta,E_2=5\hbar\omega/2$$

(1)由 $t=0$ 时刻振子体系的波函数以及能量本征值得到 t 时刻振子体系的波函数

$$\psi(x,t)=\cos\beta\psi_0(\alpha x)\exp\left(-\frac{\mathrm{i}}{\hbar}E_0t\right)+\sin\beta\psi_2(\alpha x)\exp\left(-\frac{\mathrm{i}}{\hbar}E_2t\right)$$

$$\psi(x,t)=\cos\beta\sqrt{\frac{\alpha}{\sqrt{\pi}}}\exp\left(-\frac{1}{2}\alpha^2x^2\right)H_0(\alpha x)\exp\left(-\frac{\mathrm{i}}{2}\omega t\right)+$$

$$\sin\beta\sqrt{\frac{\alpha}{8\sqrt{\pi}}}\exp\left(-\frac{1}{2}\alpha^2x^2\right)H_2(\alpha x)\exp\left(-\frac{5\mathrm{i}}{2}\omega t\right)$$

$$\psi(x,t)=\cos\beta\sqrt{\frac{\alpha}{\sqrt{\pi}}}\exp\left(-\frac{1}{2}\alpha^2x-\frac{\mathrm{i}}{2}\omega t\right)H_0(\alpha x)+$$

$$\sin\beta\sqrt{\frac{\alpha}{8\sqrt{\pi}}}\exp\left(-\frac{1}{2}\alpha^2x^2-\frac{5\mathrm{i}}{2}\omega t\right)H_2(\alpha x)$$

(2)由于体系处于基态和第二激发态，由概率和能量本征值得到能量平均值

$$\overline{E}=\frac{1}{2}\hbar\omega w_0+\frac{5}{2}\hbar\omega w_2=\frac{1}{2}\hbar\omega\cos^2\beta+\frac{5}{2}\hbar\omega\sin^2\beta$$

点评 (1)由厄米多项式或一维线性谐振子本征函数，得到体系波函数的具体表达式

$$\psi(x,t)=\cos\beta\sqrt{\frac{\alpha}{\sqrt{\pi}}}\exp\left(-\frac{1}{2}\alpha^2x^2\right)\exp\left(-\frac{\mathrm{i}}{2}\omega t\right)+$$

$$\sin\beta\sqrt{\frac{\alpha}{8\sqrt{\pi}}}\exp\left(-\frac{1}{2}\alpha^2x^2\right)(4\alpha^2x^2-2)\exp\left(-\frac{5\mathrm{i}}{2}\omega t\right)$$

(2)由一维线性谐振子本征函数的递推公式和本征函数的正交归一性,得到

$$\xi\psi_n(\xi)=\sqrt{\frac{n}{2}}\psi_{n-1}(\xi)+\sqrt{\frac{n+1}{2}}\psi_{n+1}(\xi),\ x\psi_n(\alpha x)=\frac{1}{\alpha}\left(\sqrt{\frac{n}{2}}\psi_{n-1}+\sqrt{\frac{n+1}{2}}\psi_{n+1}\right)$$

$$x\psi_0(\alpha x)=\frac{1}{\alpha}\left(\sqrt{\frac{0}{2}}\psi_{-1}+\sqrt{\frac{1}{2}}\psi_1\right)=\frac{1}{\alpha\sqrt{2}}\psi_1(\alpha x)$$

$$x\psi_1(\alpha x)=\frac{1}{\alpha}\left(\sqrt{\frac{1}{2}}\psi_0+\sqrt{\frac{2}{2}}\psi_2\right)=\frac{1}{\alpha\sqrt{2}}\psi_0(\alpha x)+\frac{1}{\alpha}\psi_2(\alpha x)$$

$$x\psi_2(\alpha x)=\frac{1}{\alpha}\left(\sqrt{\frac{2}{2}}\psi_1+\sqrt{\frac{3}{2}}\psi_3\right)=\frac{1}{\alpha}\psi_1(\alpha x)+\frac{\sqrt{3}}{\alpha\sqrt{2}}\psi_3(\alpha x)$$

$$x\psi_3(\alpha x)=\frac{1}{\alpha}\left(\sqrt{\frac{3}{2}}\psi_2+\sqrt{\frac{4}{2}}\psi_4\right)=\frac{\sqrt{3}}{\alpha\sqrt{2}}\psi_2(\alpha x)+\frac{\sqrt{2}}{\alpha}\psi_4(\alpha x)$$

$$\begin{aligned}x^2\psi_0(\alpha x)&=\frac{1}{\alpha\sqrt{2}}x\psi_1(\alpha x)=\frac{1}{\alpha\sqrt{2}}\left[\frac{1}{\alpha\sqrt{2}}\psi_0(\alpha x)+\frac{1}{\alpha}\psi_2(\alpha x)\right]\\&=\frac{1}{2\alpha^2}\psi_0(\alpha x)+\frac{1}{\alpha^2\sqrt{2}}\psi_2(\alpha x)\end{aligned}$$

$$x^2\psi_1(\alpha x)=\frac{1}{\alpha\sqrt{2}}x\psi_0(\alpha x)+\frac{1}{\alpha}x\psi_2(\alpha x)=\frac{3}{2\alpha^2}\psi_1(\alpha x)+\frac{\sqrt{3}}{\alpha^2\sqrt{2}}\psi_3(\alpha x)$$

$$\begin{aligned}x^2\psi_2(\alpha x)&=\frac{1}{\alpha}x\psi_1(\alpha x)+\frac{\sqrt{3}}{\alpha\sqrt{2}}x\psi_3(\alpha x)\\&=\frac{1}{\alpha}\left[\frac{1}{\alpha\sqrt{2}}\psi_0(\alpha x)+\frac{1}{\alpha}\psi_2(\alpha x)\right]+\frac{\sqrt{3}}{\alpha\sqrt{2}}\left[\frac{\sqrt{3}}{\alpha\sqrt{2}}\psi_2(\alpha x)+\frac{\sqrt{2}}{\alpha}\psi_4(\alpha x)\right]\\&=\frac{1}{\alpha^2\sqrt{2}}\psi_0(\alpha x)+\frac{5}{2\alpha^2}\psi_2(\alpha x)+\frac{\sqrt{3}}{\alpha^2}\psi_4(\alpha x)\end{aligned}$$

$$\begin{aligned}x\psi(x,t)&=x\left[\cos\beta\psi_0(\alpha x)\exp\left(-\frac{\mathrm{i}}{\hbar}E_0t\right)+\sin\beta\psi_2(\alpha x)\exp\left(-\frac{\mathrm{i}}{\hbar}E_2t\right)\right]\\&=\cos\beta\exp\left(-\frac{\mathrm{i}}{\hbar}E_0t\right)[x\psi_0(\alpha x)]+\sin\beta\exp\left(-\frac{\mathrm{i}}{\hbar}E_2t\right)[x\psi_2(\alpha x)]\\&=\cos\beta\exp\left(-\frac{\mathrm{i}}{\hbar}E_0t\right)\frac{1}{\alpha\sqrt{2}}\psi_1+\sin\beta\exp\left(-\frac{\mathrm{i}}{\hbar}E_2t\right)\left[\frac{1}{\alpha}\psi_1+\frac{\sqrt{3}}{\alpha\sqrt{2}}\psi_3\right]\end{aligned}$$

$$\begin{aligned}x^2\psi(x,t)&=x^2\left[\cos\beta\psi_0(\alpha x)\exp\left(-\frac{\mathrm{i}}{\hbar}E_0t\right)+\sin\beta\psi_2(\alpha x)\exp\left(-\frac{\mathrm{i}}{\hbar}E_2t\right)\right]\\&=\cos\beta\exp\left(-\frac{\mathrm{i}}{\hbar}E_0t\right)[x^2\psi_0(\alpha x)]+\sin\beta\exp\left(-\frac{\mathrm{i}}{\hbar}E_2t\right)[x^2\psi_2(\alpha x)]\\&=\cos\beta\exp\left(-\frac{\mathrm{i}}{\hbar}E_0t\right)\left[\frac{1}{2\alpha^2}\psi_0(\alpha x)+\frac{1}{\alpha^2\sqrt{2}}\psi_2(\alpha x)\right]+\\&\quad\sin\beta\exp\left(-\frac{\mathrm{i}}{\hbar}E_2t\right)\left[\frac{1}{\alpha^2\sqrt{2}}\psi_0(\alpha x)+\frac{5}{2\alpha^2}\psi_2(\alpha x)+\frac{\sqrt{3}}{\alpha^2}\psi_4(\alpha x)\right]\\&=\left[\frac{\cos\beta}{2\alpha^2}\exp\left(-\frac{\mathrm{i}}{\hbar}E_0t\right)+\frac{\sin\beta}{\alpha^2\sqrt{2}}\exp\left(-\frac{\mathrm{i}}{\hbar}E_2t\right)\right]\psi_0+\end{aligned}$$

$$\left[\frac{\cos\beta}{\alpha^2\sqrt{2}}\exp\left(-\frac{\mathrm{i}}{\hbar}E_0t\right)+\frac{5\sin\beta}{2\alpha^2}\exp\left(-\frac{\mathrm{i}}{\hbar}E_2t\right)\right]\psi_2+\frac{\sqrt{3}\sin\beta}{\alpha^2}\exp\left(-\frac{\mathrm{i}}{\hbar}E_2t\right)\psi_4$$

由此得到

$$\begin{aligned}
\overline{x}=&\int_{-\infty}^{+\infty}\psi^*(x,t)x\psi(x,t)\mathrm{d}x\\
=&\int_{-\infty}^{+\infty}\cos\beta\psi_0^*(\alpha x)\exp\left(\frac{\mathrm{i}}{\hbar}E_0t\right)\cos\beta\exp\left(-\frac{\mathrm{i}}{\hbar}E_0t\right)\frac{1}{\alpha\sqrt{2}}\psi_1(\alpha x)\mathrm{d}x+\\
&\int_{-\infty}^{+\infty}\cos\beta\psi_0^*(\alpha x)\exp\left(\frac{\mathrm{i}}{\hbar}E_0t\right)\sin\beta\exp\left(-\frac{\mathrm{i}}{\hbar}E_2t\right)\frac{1}{\alpha}\psi_1(\alpha x)\mathrm{d}x+\\
&\int_{-\infty}^{+\infty}\cos\beta\psi_0^*(\alpha x)\exp\left(\frac{\mathrm{i}}{\hbar}E_0t\right)\sin\beta\exp\left(-\frac{\mathrm{i}}{\hbar}E_2t\right)\frac{\sqrt{3}}{\alpha\sqrt{2}}\psi_3(\alpha x)\mathrm{d}x+\\
&\int_{-\infty}^{+\infty}\sin\beta\psi_2^*(\alpha x)\exp\left(\frac{\mathrm{i}}{\hbar}E_2t\right)\cos\beta\exp\left(-\frac{\mathrm{i}}{\hbar}E_0t\right)\frac{1}{\alpha\sqrt{2}}\psi_1(\alpha x)\mathrm{d}x+\\
&\int_{-\infty}^{+\infty}\sin\beta\psi_2^*(\alpha x)\exp\left(\frac{\mathrm{i}}{\hbar}E_2t\right)\sin\beta\exp\left(-\frac{\mathrm{i}}{\hbar}E_2t\right)\frac{1}{\alpha}\psi_1(\alpha x)\mathrm{d}x+\\
&\int_{-\infty}^{+\infty}\sin\beta\psi_2^*(\alpha x)\exp\left(\frac{\mathrm{i}}{\hbar}E_2t\right)\sin\beta\exp\left(-\frac{\mathrm{i}}{\hbar}E_2t\right)\frac{\sqrt{3}}{\alpha\sqrt{2}}\psi_3(\alpha x)\mathrm{d}x=0
\end{aligned}$$

$$\begin{aligned}
\overline{x^2}=&\int_{-\infty}^{+\infty}\psi^*(x,t)x^2\psi(x,t)\mathrm{d}x\\
=&\int_{-\infty}^{+\infty}\cos\beta\psi_0^*\exp\left(\frac{\mathrm{i}}{\hbar}E_0t\right)\left[\frac{\cos\beta}{2\alpha^2}\exp\left(-\frac{\mathrm{i}}{\hbar}E_0t\right)+\frac{\sin\beta}{\alpha^2\sqrt{2}}\exp\left(-\frac{\mathrm{i}}{\hbar}E_2t\right)\right]\psi_0\mathrm{d}x+\\
&\int_{-\infty}^{+\infty}\sin\beta\psi_2^*\exp\left(\frac{\mathrm{i}}{\hbar}E_2t\right)\left[\frac{\cos\beta}{\alpha^2\sqrt{2}}\exp\left(-\frac{\mathrm{i}}{\hbar}E_0t\right)+\frac{5\sin\beta}{2\alpha^2}\exp\left(-\frac{\mathrm{i}}{\hbar}E_2t\right)\right]\psi_2\mathrm{d}x\\
=&\int_{-\infty}^{+\infty}\cos\beta\psi_0^*(\alpha x)\left[\frac{\cos\beta}{2\alpha^2}+\frac{\sin\beta}{\alpha^2\sqrt{2}}\exp\left(\frac{\mathrm{i}}{\hbar}(E_0-E_2)t\right)\right]\psi_0(\alpha x)\mathrm{d}x+\\
&\int_{-\infty}^{+\infty}\sin\beta\psi_2^*(\alpha x)\left[\frac{\cos\beta}{\alpha^2\sqrt{2}}\exp\left(\frac{\mathrm{i}}{\hbar}(E_2-E_0)t\right)+\frac{5\sin\beta}{2\alpha^2}\right]\psi_2(\alpha x)\mathrm{d}x\\
=&\frac{\cos^2\beta}{2\alpha^2}+\frac{5\sin^2\beta}{2\alpha^2}+\frac{\sin\beta\cos\beta}{\alpha^2\sqrt{2}}\left\{\exp\left(\frac{\mathrm{i}}{\hbar}(E_0-E_2)t\right)+\exp\left(\frac{\mathrm{i}}{\hbar}(E_2-E_0)t\right)\right\}\\
=&\frac{\cos^2\beta}{2\alpha^2}+\frac{5\sin^2\beta}{2\alpha^2}+\frac{\sqrt{2}\sin\beta\cos\beta}{\alpha^2}\cos\left(\frac{E_0-E_2}{\hbar}t\right)
\end{aligned}$$

(3)由一维线性谐振子本征函数的微分递推公式和本征函数的正交归一性,得到

$$\frac{\mathrm{d}\psi_n(\xi)}{\mathrm{d}\xi}=\sqrt{\frac{n}{2}}\psi_{n-1}(\xi)-\sqrt{\frac{n+1}{2}}\psi_{n+1}(\xi),\ \frac{\mathrm{d}\psi_n(\alpha x)}{\mathrm{d}x}=\alpha\left[\sqrt{\frac{n}{2}}\psi_{n-1}(\alpha x)-\sqrt{\frac{n+1}{2}}\psi_{n+1}(\alpha x)\right]$$

$$\frac{\mathrm{d}\psi_0(\alpha x)}{\mathrm{d}x}=\alpha\left[\sqrt{\frac{0}{2}}\psi_{0-1}(\alpha x)-\sqrt{\frac{0+1}{2}}\psi_{0+1}(\alpha x)\right]=-\frac{\alpha}{\sqrt{2}}\psi_1(\alpha x)$$

$$\frac{\mathrm{d}\psi_1(\alpha x)}{\mathrm{d}x}=\alpha\left[\sqrt{\frac{1}{2}}\psi_{1-1}(\alpha x)-\sqrt{\frac{1+1}{2}}\psi_{1+1}(\alpha x)\right]=\frac{\alpha}{\sqrt{2}}\psi_0(\alpha x)-\alpha\psi_2(\alpha x)$$

$$\frac{\mathrm{d}\psi_2(\alpha x)}{\mathrm{d}x}=\alpha\left[\sqrt{\frac{2}{2}}\psi_{2-1}(\alpha x)-\sqrt{\frac{2+1}{2}}\psi_{2+1}(\alpha x)\right]=\alpha\psi_1(\alpha x)-\frac{\alpha\sqrt{3}}{\sqrt{2}}\psi_3(\alpha x)$$

$$\frac{\mathrm{d}\psi_3(\alpha x)}{\mathrm{d}x}=\alpha\left[\sqrt{\frac{3}{2}}\psi_{3-1}(\alpha x)-\sqrt{\frac{3+1}{2}}\psi_{3+1}(\alpha x)\right]=\frac{\alpha\sqrt{3}}{\sqrt{2}}\psi_2(\alpha x)-\alpha\sqrt{2}\psi_4(\alpha x)$$

$$\frac{\mathrm{d}^2\psi_0(\alpha x)}{\mathrm{d}x^2}=\frac{\mathrm{d}}{\mathrm{d}x}\left[-\frac{\alpha}{\sqrt{2}}\psi_1(\alpha x)\right]=-\frac{\alpha}{\sqrt{2}}\left[\frac{\alpha}{\sqrt{2}}\psi_0(\alpha x)-\alpha\psi_2(\alpha x)\right]$$

$$=-\frac{\alpha^2}{2}\psi_0(\alpha x)+\frac{\alpha^2}{\sqrt{2}}\psi_2(\alpha x)$$

$$\frac{\mathrm{d}^2\psi_1(\alpha x)}{\mathrm{d}x^2}=\frac{\mathrm{d}}{\mathrm{d}x}\left[\frac{\alpha}{\sqrt{2}}\psi_0(\alpha x)-\alpha\psi_2(\alpha x)\right]=\frac{\alpha}{\sqrt{2}}\frac{\mathrm{d}\psi_0(\alpha x)}{\mathrm{d}x}-\alpha\frac{\mathrm{d}\psi_2(\alpha x)}{\mathrm{d}x}$$

$$=\frac{\alpha}{\sqrt{2}}\left[-\frac{\alpha}{\sqrt{2}}\psi_1(\alpha x)\right]-\alpha\left[\alpha\psi_1(\alpha x)-\frac{\alpha\sqrt{3}}{\sqrt{2}}\psi_3(\alpha x)\right]=-3\frac{\alpha^2}{2}\psi_1(\alpha x)+\frac{\alpha^2\sqrt{3}}{\sqrt{2}}\psi_3(\alpha x)$$

$$\frac{\mathrm{d}^2\psi_2(\alpha x)}{\mathrm{d}x^2}=\frac{\mathrm{d}}{\mathrm{d}x}\left[\alpha\psi_1(\alpha x)-\frac{\alpha\sqrt{3}}{\sqrt{2}}\psi_3(\alpha x)\right]=\alpha\frac{\mathrm{d}\psi_1(\alpha x)}{\mathrm{d}x}-\frac{\alpha\sqrt{3}}{\sqrt{2}}\frac{\mathrm{d}\psi_3(\alpha x)}{\mathrm{d}x}$$

$$=\alpha\left[\frac{\alpha}{\sqrt{2}}\psi_0(\alpha x)-\alpha\psi_2(\alpha x)\right]-\frac{\alpha\sqrt{3}}{\sqrt{2}}\left[\frac{\alpha\sqrt{3}}{\sqrt{2}}\psi_2(\alpha x)-\alpha\sqrt{2}\psi_4(\alpha x)\right]$$

$$=\frac{\alpha^2}{\sqrt{2}}\psi_0(\alpha x)-\frac{5\alpha^2}{2}\psi_2(\alpha x)+\alpha^2\sqrt{3}\psi_4(\alpha x)$$

$$\frac{\mathrm{d}}{\mathrm{d}x}\psi(x,t)=\cos\beta\exp\left(-\frac{\mathrm{i}}{\hbar}E_0t\right)\frac{\mathrm{d}\psi_0(\alpha x)}{\mathrm{d}x}+\sin\beta\exp\left(-\frac{\mathrm{i}}{\hbar}E_2t\right)\frac{\mathrm{d}\psi_2(\alpha x)}{\mathrm{d}x}$$

$$=\cos\beta\exp\left(-\frac{\mathrm{i}}{\hbar}E_0t\right)\left[-\frac{\alpha}{\sqrt{2}}\psi_1\right]+\sin\beta\exp\left(-\frac{\mathrm{i}}{\hbar}E_2t\right)\left[\alpha\psi_1-\frac{\alpha\sqrt{3}}{\sqrt{2}}\psi_3\right]$$

$$=\alpha\sin\beta\exp\left(-\frac{\mathrm{i}}{\hbar}E_2t\right)\psi_1-\frac{\alpha}{\sqrt{2}}\cos\beta\exp\left(-\frac{\mathrm{i}}{\hbar}E_0t\right)\psi_1-$$

$$\frac{\alpha\sqrt{3}}{\sqrt{2}}\sin\beta\exp\left(-\frac{\mathrm{i}}{\hbar}E_2t\right)\psi_3$$

$$\frac{\mathrm{d}^2}{\mathrm{d}x^2}\psi(x,t)=\cos\beta\exp\left(-\frac{\mathrm{i}}{\hbar}E_0t\right)\frac{\mathrm{d}^2\psi_0(\alpha x)}{\mathrm{d}x^2}+\sin\beta\exp\left(-\frac{\mathrm{i}}{\hbar}E_2t\right)\frac{\mathrm{d}^2\psi_2(\alpha x)}{\mathrm{d}x^2}$$

$$=\cos\beta\exp\left(-\frac{\mathrm{i}}{\hbar}E_0t\right)\left[-\frac{\alpha^2}{2}\psi_0+\frac{\alpha^2}{\sqrt{2}}\psi_2\right]+$$

$$\sin\beta\exp\left(-\frac{\mathrm{i}}{\hbar}E_2t\right)\left[\frac{\alpha^2}{\sqrt{2}}\psi_0-\frac{5\alpha^2}{2}\psi_2+\alpha^2\sqrt{3}\psi_4\right]$$

$$=-\frac{\alpha^2}{2}\psi_0\cos\beta\exp\left(-\frac{\mathrm{i}}{\hbar}E_0t\right)+\frac{\alpha^2}{\sqrt{2}}\psi_0\sin\beta\exp\left(-\frac{\mathrm{i}}{\hbar}E_2t\right)+$$

$$\frac{\alpha^2}{\sqrt{2}}\psi_2\cos\beta\exp\left(-\frac{\mathrm{i}}{\hbar}E_0t\right)-\frac{5\alpha^2}{2}\psi_2\sin\beta\exp\left(-\frac{\mathrm{i}}{\hbar}E_2t\right)+$$

$$\alpha^2\sqrt{3}\psi_4\sin\beta\exp\left(-\frac{\mathrm{i}}{\hbar}E_2t\right)$$

由此得到动量平均值和动量平方平均值

$$\overline{p}=\int_{-\infty}^{+\infty}\psi^*(x,t)\hat{p}\psi(x,t)\mathrm{d}x=\frac{\hbar}{\mathrm{i}}\int_{-\infty}^{+\infty}\psi^*(x,t)\frac{\mathrm{d}}{\mathrm{d}x}\psi(x,t)\mathrm{d}x=0$$

$$\overline{p^2}=\int_{-\infty}^{+\infty}\psi^*(x,t)\hat{p}^2\psi(x,t)\mathrm{d}x=-\hbar^2\int_{-\infty}^{+\infty}\psi^*(x,t)\frac{\mathrm{d}^2}{\mathrm{d}x^2}\psi(x,t)\mathrm{d}x$$

$$=-\hbar^2\int_{-\infty}^{+\infty}\cos\beta\exp\left(\frac{\mathrm{i}}{\hbar}E_0t\right)\left[-\frac{\alpha^2}{2}\cos\beta\exp\left(-\frac{\mathrm{i}}{\hbar}E_0t\right)+\frac{\alpha^2}{\sqrt{2}}\sin\beta\exp\left(-\frac{\mathrm{i}}{\hbar}E_2t\right)\right]|\psi_0|^2\mathrm{d}x-$$

$$\hbar^2\int_{-\infty}^{+\infty}\sin\beta\exp\left(\frac{\mathrm{i}}{\hbar}E_2t\right)\left[\frac{\alpha^2}{\sqrt{2}}\cos\beta\exp\left(-\frac{\mathrm{i}}{\hbar}E_0t\right)-\frac{5\alpha^2}{2}\sin\beta\exp\left(-\frac{\mathrm{i}}{\hbar}E_2t\right)\right]|\psi_2|^2\mathrm{d}x$$

$$=-\hbar^2\left[-\frac{\alpha^2}{2}\cos^2\beta+\frac{\alpha^2}{\sqrt{2}}\sin\beta\cos\beta\exp\left(\frac{\mathrm{i}}{\hbar}(E_0-E_2)t\right)\right]-$$

$$\hbar^2\left[\frac{\alpha^2}{\sqrt{2}}\sin\beta\cos\beta\exp\left(\frac{\mathrm{i}}{\hbar}(E_2-E_0)t\right)-\frac{5\alpha^2}{2}\sin^2\beta\right]$$

$$=\frac{\alpha^2\hbar^2}{2}(\cos^2\beta+5\sin^2\beta)-\sqrt{2}\alpha^2\hbar^2\sin\beta\cos\beta\cos\left(\frac{E_0-E_2}{\hbar}t\right)$$

(4)不确定关系

$$(\Delta x)^2=\overline{x^2}-(\overline{x})^2=\overline{x^2}-0=\overline{x^2}$$

$$=\frac{1}{2\alpha^2}\left[(\cos^2\beta+5\sin^2\beta)+2\sqrt{2}\sin\beta\cos\beta\cos\left(\frac{E_0-E_2}{\hbar}t\right)\right]$$

$$(\Delta p)^2=\overline{p^2}-(\overline{p})^2=\overline{p^2}-0=\overline{p^2}$$

$$=\frac{\alpha^2\hbar^2}{2}\left[(\cos^2\beta+5\sin^2\beta)-2\sqrt{2}\sin\beta\cos\beta\cos\left(\frac{E_0-E_2}{\hbar}t\right)\right]$$

由此得到不确定关系

$$\Delta x\cdot\Delta p=\sqrt{\overline{x^2}-(\overline{x})^2}\cdot\sqrt{\overline{p^2}-(\overline{p})^2}=\sqrt{(\Delta x)^2}\cdot\sqrt{(\Delta p)^2}$$

$$=\sqrt{\frac{\alpha^2\hbar^2}{2}\frac{1}{2\alpha^2}(\cos^2\beta+5\sin^2\beta)^2-\left[2\sqrt{2}\sin\beta\cos\beta\cos\left(\frac{E_0-E_2}{\hbar}t\right)\right]^2}$$

$$=\frac{\hbar}{2}\sqrt{(\cos^2\beta+5\sin^2\beta)^2-\left[2\sqrt{2}\sin\beta\cos\beta\cos\left(\frac{E_0-E_2}{\hbar}t\right)\right]^2}$$

$$=\frac{\hbar}{2}\sqrt{(1+4\sin^2\beta)^2-8\sin^2\beta\cos^2\beta\cos^2(2\omega t)}$$

$$=\frac{\hbar}{2}\sqrt{1+8\sin^2\beta\sin^2(2\omega t)+8\sin^4\beta[1+\sin^2(2\omega t)]}\geqslant\frac{\hbar}{2}$$

(5)能量平均值

$$\overline{E}=\int_{-\infty}^{+\infty}\psi^*(x,t)\hat{H}\psi(x,t)\mathrm{d}x=\int_{-\infty}^{+\infty}\psi^*(x,t)\left(\frac{\hat{p}^2}{2\mu}+\frac{1}{2}\mu\omega^2x^2\right)\psi(x,t)\mathrm{d}x$$

$$=\frac{1}{2\mu}\int_{-\infty}^{+\infty}\psi^*(x,t)\hat{p}^2\psi(x,t)\mathrm{d}x+\frac{1}{2}\mu\omega^2\int_{-\infty}^{+\infty}\psi^*(x,t)x^2\psi(x,t)\mathrm{d}x$$

$$=\frac{1}{2\mu}\left[\frac{\alpha^2\hbar^2}{2}(\cos^2\beta+5\sin^2\beta)-\sqrt{2}\alpha^2\hbar^2\sin\beta\cos\beta\cos\left(\frac{E_0-E_2}{\hbar}t\right)\right]+$$

$$\frac{1}{2}\mu\omega^2\frac{1}{2\alpha^2}\left[(\cos^2\beta+5\sin^2\beta)+2\sqrt{2}\sin\beta\cos\beta\cos\left(\frac{E_0-E_2}{\hbar}t\right)\right]$$

$$=\frac{1}{2}(\cos^2\beta+5\sin^2\beta)\hbar\omega$$

一维线性谐振子体系处于基态($n=0$)与第二激发态($n=2$)的组合状态(非本征态),体系能量没有固定值(非本征能量),但多次测量的能量平均值是固定的。

【例 16-7】 质量为μ、带电荷量为q的振子,受到沿x轴方向恒定外电场ε的作用,振子体系的势能表示为

$$V(x)=\frac{1}{2}\mu\omega^2x^2-q\varepsilon x,\omega>0\text{ 为常量}$$

求体系能量本征值和本征函数。

分析 振子的势能$V(x)$是在谐振子的势能$\mu\omega^2x^2/2$上叠加上$-q\varepsilon x$项,该项是x坐标的一次方项,而谐振子的势能是x坐标的二次方项。通过坐标变换,可以将一次方项消掉而使势能变为坐标变量平方的形式,就有可能利用已知的线性谐振子的结果。

解 由振子的势能$V(x)$表达式,可以写出体系波函数$\psi(x)$所满足的定态薛定谔方程

$$\frac{d^2}{dx^2}\psi(x)+\frac{2\mu}{\hbar^2}[E-V(x)]\psi(x)=0$$

由于势能$V(x)$中含有x坐标的一次方项$-q\varepsilon x$,因此该微分方程不是线性谐振子的定态薛定谔方程。为此,将振子体系势能函数改写为

$$V(x)=\frac{1}{2}\mu\omega^2x^2-q\varepsilon x=\frac{1}{2}\mu\omega^2\left(x-\frac{q\varepsilon}{\mu\omega^2}\right)^2-\frac{q^2\varepsilon^2}{2\mu\omega^2}=\frac{1}{2}\mu\omega^2(x-x_0)^2-V_0$$

其中,常量$x_0=\frac{q\varepsilon}{\mu\omega^2}$,$V_0=\frac{q^2\varepsilon^2}{2\mu\omega^2}$。

进行坐标变换(注意是坐标的线性变换)

$$y=x-x_0=x-\frac{q\varepsilon}{\mu\omega^2}$$

则动量算符和哈密顿算符分别为

$$\hat{p}(x)=-i\hbar\frac{d}{dx}=-i\hbar\frac{d}{dy}=\hat{p}(y)$$

$$\begin{aligned}\hat{H}&=\frac{\hat{p}(x)^2}{2\mu}+\frac{1}{2}\mu\omega^2(x-x_0)^2-V_0=\frac{\hat{p}(y)^2}{2\mu}+\frac{1}{2}\mu\omega^2y^2-V_0\\&=-\frac{\hbar^2}{2\mu}\frac{d^2}{dy^2}+\frac{1}{2}\mu\omega^2y^2-V_0\end{aligned}$$

这样,定态薛定谔方程化为(引入一个具有能量量纲的新常数E_y)

$$\hat{H}\psi(y)=E\psi(y),\left[-\frac{\hbar^2}{2\mu}\frac{d^2}{dy^2}+\frac{1}{2}\mu\omega^2y^2-V_0\right]\psi(y)=E\psi(y)$$

$$\frac{d^2}{dy^2}\psi(y)+\frac{2\mu}{\hbar^2}\left[E-\frac{1}{2}\mu\omega^2y^2+V_0\right]\psi(y)=0$$

$$E_y=E+V_0,\frac{d^2}{dy^2}\psi(y)+\frac{2\mu}{\hbar^2}\left[E_y-\frac{1}{2}\mu\omega^2y^2\right]\psi(y)=0$$

在新的坐标系下,振子的定态薛定谔方程变换为一维线性谐振子定态薛定谔方程。

振子的能级能量和本征函数分别为

$$E_y=\left(n+\frac{1}{2}\right)\hbar\omega,\psi_n(y)=N_n\exp\left(-\frac{\alpha^2y^2}{2}\right)H_n(\alpha y)$$

恢复坐标,则振子的能级能量和本征函数分别为

$$E_n=E_y-V_0=\left(n+\frac{1}{2}\right)\hbar\omega-\frac{q^2\varepsilon^2}{2\mu\omega^2},n=0,1,2,\cdots$$

$$\psi_n(x)=N_n\exp\left[-\frac{\alpha^2(x-x_0)^2}{2}\right]H_n(\alpha(x-x_0)),n=0,1,2,\cdots$$

$$x_0=\frac{q\varepsilon}{\mu\omega^2},\alpha=\sqrt{\frac{\mu\omega}{\hbar}},N_n=\sqrt{\frac{\alpha}{\sqrt{\pi}2^n n!}}$$

点评 (1)在外电场的作用下,振子的能量依然是量子化的,而且能级间隔依然为 $\hbar\omega$;只是零点能有所移动,变为 $E_0=\frac{1}{2}\hbar\omega-\frac{q^2\varepsilon^2}{2\mu\omega^2}$。几个激发态能级的能量为

$$E_1=\frac{3}{2}\hbar\omega-\frac{q^2\varepsilon^2}{2\mu\omega^2},E_2=\frac{5}{2}\hbar\omega-\frac{q^2\varepsilon^2}{2\mu\omega^2},E_3=\frac{7}{2}\hbar\omega-\frac{q^2\varepsilon^2}{2\mu\omega^2}$$

(2)振子体系几个低能态的归一化本征函数为

$$\psi_0(x)=\sqrt{\frac{\alpha}{\sqrt{\pi}}}\exp\left[-\alpha^2\frac{(x-x_0)^2}{2}\right],\alpha=\sqrt{\frac{\mu\omega}{\hbar}},x_0=\frac{q\varepsilon}{\mu\omega^2}$$

$$\psi_1(x)=\alpha\sqrt{\frac{2\alpha}{\sqrt{\pi}}}(x-x_0)\exp\left[-\alpha^2\frac{(x-x_0)^2}{2}\right]$$

$$\psi_2(x)=\sqrt{\frac{\alpha}{8\sqrt{\pi}}}[4\alpha^2(x-x_0)^2-2]\exp\left[-\alpha^2\frac{(x-x_0)^2}{2}\right]$$

由此求得基态和第一激发态的概率密度分布

$$w_0(x)=|\psi_0(x)|^2=\frac{\alpha}{\sqrt{\pi}}\exp[-\alpha^2(x-x_0)^2]$$

$$w_1(x)=|\psi_1(x)|^2=\frac{2\alpha^3}{\sqrt{\pi}}(x-x_0)^2\exp[-\alpha^2(x-x_0)^2]$$

对于基态

$$\frac{dw_0}{dx}=\frac{d}{dx}\frac{\alpha}{\sqrt{\pi}}\exp[-\alpha^2(x-x_0)^2]=0,x=x_0$$

概率密度极大处为 $x=x_0$。对于第一激发态

$$\frac{dw_1}{dx}=\frac{d}{dx}\frac{2\alpha^3}{\sqrt{\pi}}(x-x_0)^2\exp[-\alpha^2(x-x_0)^2]=0$$

$$(x-x_0)[1-\alpha^2(x-x_0)^2]=0;x=x_0,x=1/\alpha+x_0,x=-1/\alpha+x_0$$

其中:$x=x_0$ 为概率密度极小处;$x=1/\alpha+x_0$ 和 $x=-1/\alpha+x_0$ 为概率密度极大处。

可见,无论是本征函数还是概率密度分布曲线的形状都与一维线性谐振子的相同,只是与一维线性谐振子相比沿 x 轴方向平移 $x_0=q\varepsilon/(\mu\omega^2)$。

(3)振子体系处于基态时,平均位置为

$$(\overline{x})_{n=0}=\int_{-\infty}^{+\infty}\sqrt{\frac{\alpha}{\sqrt{\pi}}}\exp\left[-\alpha^2\frac{(x-x_0)^2}{2}\right]x\sqrt{\frac{\alpha}{\sqrt{\pi}}}\exp\left[-\alpha^2\frac{(x-x_0)^2}{2}\right]dx$$

$$=\frac{\alpha}{\sqrt{\pi}}\int_{-\infty}^{+\infty}x\exp[-\alpha^2(x-x_0)^2]dx$$

$$=\frac{\alpha}{\sqrt{\pi}}\int_{-\infty}^{+\infty}(x-x_0)\exp[-\alpha^2(x-x_0)^2]d(x-x_0)+$$

$$\frac{\alpha}{\sqrt{\pi}}\int_{-\infty}^{+\infty}x_0\exp[-\alpha^2(x-x_0)^2]d(x-x_0)$$

$$=x_0\frac{\alpha}{\sqrt{\pi}}\int_{-\infty}^{+\infty}\exp[-\alpha^2(x-x_0)^2]\,d(x-x_0)=x_0\frac{\alpha}{\sqrt{\pi}}\sqrt{\frac{\pi}{\alpha^2}}=x_0=\frac{q\varepsilon}{\mu\omega^2}$$

振子体系处于第一激发态时,平均位置为

$$(\overline{x})_{n=1}=\int_{-\infty}^{+\infty}\psi_1^*(x)x\psi_1(x)\,dx=\frac{2\alpha^3}{\sqrt{\pi}}\int_{-\infty}^{+\infty}x(x-x_0)^2\exp[-\alpha^2(x-x_0)^2]\,dx$$

$$=\frac{2\alpha^3}{\sqrt{\pi}}\int_{-\infty}^{+\infty}(x-x_0)^3\exp[-\alpha^2(x-x_0)^2]\,dx+$$

$$\frac{2\alpha^3}{\sqrt{\pi}}\int_{-\infty}^{+\infty}x_0(x-x_0)^2\exp[-\alpha^2(x-x_0)^2]\,dx$$

$$=x_0\frac{2\alpha^3}{\sqrt{\pi}}\int_{-\infty}^{+\infty}(x-x_0)^2\exp[-\alpha^2(x-x_0)^2]\,d(x-x_0)=x_0\frac{2\alpha^3}{\sqrt{\pi}}\frac{\sqrt{\pi}}{2\alpha^3}=x_0$$

可见,粒子位置坐标与一维线性谐振子相比沿 x 轴方向平移 $x_0=q\varepsilon/(\mu\omega)$。

(4) 能量平均值

$$(\overline{x^2})_{n=0}=\int_{-\infty}^{+\infty}\psi_0^*(x)x^2\psi_0(x)\,dx=\frac{\alpha}{\sqrt{\pi}}\int_{-\infty}^{+\infty}x^2\exp[-\alpha^2(x-x_0)^2]\,dx$$

$$=\frac{\alpha}{\sqrt{\pi}}\int_{-\infty}^{+\infty}(x-x_0)^2\exp[-\alpha^2(x-x_0)^2]\,d(x-x_0)+$$

$$x_0\frac{2\alpha}{\sqrt{\pi}}\int_{-\infty}^{+\infty}(x-x_0)\exp[-\alpha^2(x-x_0)^2]\,d(x-x_0)+$$

$$x_0^2\frac{\alpha}{\sqrt{\pi}}\int_{-\infty}^{+\infty}\exp[-\alpha^2(x-x_0)^2]\,d(x-x_0)$$

$$=\frac{\alpha}{\sqrt{\pi}}\frac{\sqrt{\pi}}{2\alpha^3}+0+x_0^2\frac{\alpha}{\sqrt{\pi}}\frac{\sqrt{\pi}}{\alpha}=\frac{1}{2\alpha^2}+x_0^2$$

$$(\overline{p^2})_{n=0}=\int_{-\infty}^{+\infty}\psi_0^*(x)\hat{p}^2\psi_0(x)\,dx$$

$$=-\hbar^2\frac{\alpha}{\sqrt{\pi}}\int_{-\infty}^{+\infty}\exp\left[-\alpha^2\frac{(x-x_0)^2}{2}\right]\frac{d^2}{dx^2}\exp\left[-\alpha^2\frac{(x-x_0)^2}{2}\right]dx$$

$$=-\hbar^2\frac{\alpha}{\sqrt{\pi}}\int_{-\infty}^{+\infty}[\alpha^4(x-x_0)^2-\alpha^2]\exp[-\alpha^2(x-x_0)^2]\,dx$$

$$=-\hbar^2\frac{\alpha}{\sqrt{\pi}}\alpha^4\int_{-\infty}^{+\infty}(x-x_0)^2\exp[-\alpha^2(x-x_0)^2]\,dx+$$

$$\hbar^2\frac{\alpha}{\sqrt{\pi}}\alpha^2\int_{-\infty}^{+\infty}\exp[-\alpha^2(x-x_0)^2]\,dx$$

$$=-\hbar^2\frac{\alpha}{\sqrt{\pi}}\alpha^4\frac{\sqrt{\pi}}{2\alpha^3}+\hbar^2\frac{\alpha}{\sqrt{\pi}}\alpha^2\frac{\sqrt{\pi}}{\alpha}=\frac{\hbar^2\alpha^2}{2}$$

$$(\overline{x^2})_{n=1}=\int_{-\infty}^{+\infty}\psi_1^*(x)x^2\psi_1(x)\,dx=\frac{2\alpha^3}{\sqrt{\pi}}\int_{-\infty}^{+\infty}(x-x_0)^2x^2\exp[-\alpha^2(x-x_0)^2]\,dx$$

$$=\frac{2\alpha^3}{\sqrt{\pi}}\int_{-\infty}^{+\infty}[(x-x_0)^2+2x_0(x-x_0)+x_0^2](x-x_0)^2\exp[-\alpha^2(x-x_0)^2]\,d(x-x_0)$$

$$=\frac{2\alpha^3}{\sqrt{\pi}}\int_{-\infty}^{+\infty}(x-x_0)^4\exp[-\alpha^2(x-x_0)^2]\,\mathrm{d}(x-x_0)+$$

$$\frac{2\alpha^3}{\sqrt{\pi}}2x_0\int_{-\infty}^{+\infty}(x-x_0)^3\exp[-\alpha^2(x-x_0)^2]\,\mathrm{d}(x-x_0)+$$

$$\frac{2\alpha^3}{\sqrt{\pi}}x_0^2\int_{-\infty}^{+\infty}(x-x_0)^2\exp[-\alpha^2(x-x_0)^2]\,\mathrm{d}(x-x_0)$$

$$=\frac{2\alpha^3}{\sqrt{\pi}}\frac{3\sqrt{\pi}}{4\alpha^5}+0+\frac{2\alpha^3}{\sqrt{\pi}}x_0^2\frac{\sqrt{\pi}}{2\alpha^3}=\frac{3}{2\alpha^2}+x_0^2$$

$$(\overline{p^2})_{n=1}=\int_{-\infty}^{+\infty}\psi_1^*(x)\hat{p}^2\psi_1(x)\mathrm{d}x=\int_{-\infty}^{+\infty}\psi_1^*(x)\left(-\hbar^2\frac{\mathrm{d}^2}{\mathrm{d}x^2}\right)\psi_1(x)\mathrm{d}x$$

$$=-\hbar^2\frac{2\alpha^3}{\sqrt{\pi}}\int_{-\infty}^{+\infty}(x-x_0)\exp\left[-\alpha^2\frac{(x-x_0)^2}{2}\right]\frac{\mathrm{d}^2}{\mathrm{d}x^2}(x-x_0)\exp\left[-\alpha^2\frac{(x-x_0)^2}{2}\right]\mathrm{d}x$$

$$=-\hbar^2\frac{2\alpha^5}{\sqrt{\pi}}\int_{-\infty}^{+\infty}[\alpha^2(x-x_0)^4-3(x-x_0)^2]\exp[-\alpha^2(x-x_0)^2]\,\mathrm{d}x$$

$$=-\hbar^2\frac{2\alpha^7}{\sqrt{\pi}}\int_{-\infty}^{+\infty}(x-x_0)^4\exp[-\alpha^2(x-x_0)^2]\,\mathrm{d}x+$$

$$\hbar^2\frac{6\alpha^5}{\sqrt{\pi}}\int_{-\infty}^{+\infty}(x-x_0)^2\exp[-\alpha^2(x-x_0)^2]\,\mathrm{d}x$$

$$=-\hbar^2\frac{2\alpha^7}{\sqrt{\pi}}\frac{3\sqrt{\pi}}{4\alpha^5}+\hbar^2\frac{6\alpha^5}{\sqrt{\pi}}\frac{\sqrt{\pi}}{2\alpha^3}=\frac{3}{2}\hbar^2\alpha^2$$

基态能量平均值

$$(\overline{E})_{n=0}=\int_{-\infty}^{+\infty}\psi_0^*(x)\hat{H}\psi_0(x)\mathrm{d}x=\int_{-\infty}^{+\infty}\psi_0^*(x)\left(\frac{\hat{p}^2}{2\mu}+\frac{1}{2}\mu\omega^2x^2-q\varepsilon x\right)\psi_0(x)\mathrm{d}x$$

$$=\frac{1}{2\mu}\int_{-\infty}^{+\infty}\psi_0^*\hat{p}^2\psi_0\mathrm{d}x+\frac{1}{2}\mu\omega^2\int_{-\infty}^{+\infty}\psi_0^*x^2\psi_0\mathrm{d}x-q\varepsilon\int_{-\infty}^{+\infty}\psi_0^*x\psi_0\mathrm{d}x$$

$$=\frac{1}{2\mu}\frac{\hbar^2\alpha^2}{2}+\frac{1}{2}\mu\omega^2\left(\frac{1}{2\alpha^2}+x_0^2\right)-q\varepsilon x_0$$

$$=\frac{1}{2\mu}\frac{\hbar^2\mu\omega}{2\hbar}+\frac{1}{2}\mu\omega^2\left[\frac{\hbar}{2\mu\omega}+\left(\frac{q\varepsilon}{\mu\omega^2}\right)^2\right]-q\varepsilon\frac{q\varepsilon}{\mu\omega^2}=\frac{\hbar\omega}{2}-\frac{q^2\varepsilon^2}{2\mu\omega^2}$$

第一激发态能量平均值

$$(\overline{E})_{n=1}=\int_{-\infty}^{+\infty}\psi_1^*(x)\hat{H}\psi_1(x)\mathrm{d}x=\int_{-\infty}^{+\infty}\psi_1^*(x)\left(\frac{\hat{p}^2}{2\mu}+\frac{1}{2}\mu\omega^2x^2-q\varepsilon x\right)\psi_1(x)\mathrm{d}x$$

$$=\frac{1}{2\mu}\int_{-\infty}^{+\infty}\psi_1^*\hat{p}^2\psi_1\mathrm{d}x+\frac{1}{2}\mu\omega^2\int_{-\infty}^{+\infty}\psi_1^*x^2\psi_1\mathrm{d}x-q\varepsilon\int_{-\infty}^{+\infty}\psi_1^*x\psi_1\mathrm{d}x$$

$$=\frac{1}{2\mu}\frac{3}{2}\hbar^2\alpha^2+\frac{1}{2}\mu\omega^2\left(\frac{3}{2\alpha^2}+x_0^2\right)-q\varepsilon x_0=\frac{3\hbar\omega}{2}-\frac{q^2\varepsilon^2}{2\mu\omega^2}$$

(5)尽管粒子的平均位置、平均动量以及概率密度极大和极小点与一维线性谐振子的有所不同,但通过坐标平移依然得到的是一维线性谐振子的结果。由于坐标变换只是数学表述形式不同,不影响物理结果,所以该振子依然可以看作是一维线性谐振子。只是由于外电场的作用,使得体系的能级发生相应的平移,但依然没有改变体系能量量子化的物理结果,也没有改变能级的间隔。

【例 16-8】 求三维(直角坐标系)线性谐振子体系的能级能量。

分析 在直角坐标系中,三维线性谐振子体系(量子体系)的哈密顿量可以表示为三个独立变量(x,y,z)的函数。据此,可以进行分离变量,将本征函数表示为三个独立变量函数值的乘积;进而得到三个独立变量的微分方程,这三个微分方程都是一维线性谐振子的能量本征值方程;分别解三个能量本征值方程,得到三个独立的能量本征值;合成三维线性谐振子体系的能量本征值。

解 在直角坐标系中,线性谐振子体系的哈密顿量算符表示为

$$\begin{aligned}\hat{H}&=\frac{1}{2\mu}(\hat{p}_x^2+\hat{p}_y^2+\hat{p}_z^2)+\frac{1}{2}\mu\omega^2(x^2+y^2+z^2)\\&=-\frac{\hbar^2}{2\mu}\left(\frac{\mathrm{d}^2}{\mathrm{d}x^2}+\frac{\mathrm{d}^2}{\mathrm{d}y^2}+\frac{\mathrm{d}^2}{\mathrm{d}z^2}\right)+\frac{1}{2}\mu\omega^2(x^2+y^2+z^2)\end{aligned}$$

可以将哈密顿量算符分解

$$\hat{H}=\hat{H}_x+\hat{H}_y+\hat{H}_z$$

$$\hat{H}_x=\frac{1}{2\mu}\hat{p}_x^2+\frac{1}{2}\mu\omega^2x^2=-\frac{\hbar^2}{2\mu}\frac{\mathrm{d}^2}{\mathrm{d}x^2}+\frac{1}{2}\mu\omega^2x^2$$

$$\hat{H}_y=\frac{1}{2\mu}\hat{p}_y^2+\frac{1}{2}\mu\omega^2y^2=-\frac{\hbar^2}{2\mu}\frac{\mathrm{d}^2}{\mathrm{d}y^2}+\frac{1}{2}\mu\omega^2y^2$$

$$\hat{H}_z=\frac{1}{2\mu}\hat{p}_z^2+\frac{1}{2}\mu\omega^2z^2=-\frac{\hbar^2}{2\mu}\frac{\mathrm{d}^2}{\mathrm{d}z^2}+\frac{1}{2}\mu\omega^2z^2$$

三维线性谐振子体系的能量本征值方程为

$$\hat{H}\psi(x,y,z)=E\psi(x,y,z)$$

分离变量

$$\psi(x,y,z)=\psi_1(x)\psi_2(y)\psi_3(z)$$

将哈密顿量 $\hat{H}=\hat{H}_x+\hat{H}_y+\hat{H}_z$ 和$\psi(x,y,z)=\psi_1(x)\psi_2(y)\psi_3(z)$代入能量本征值方程

$$-\frac{\hbar^2}{2\mu}\frac{\mathrm{d}^2}{\mathrm{d}x^2}[\psi_1(x)\psi_2(y)\psi_3(z)]+\frac{1}{2}\mu\omega^2x^2\psi_1(x)\psi_2(y)\psi_3(z)$$

$$-\frac{\hbar^2}{2\mu}\frac{\mathrm{d}^2}{\mathrm{d}y^2}[\psi_1(x)\psi_2(y)\psi_3(z)]+\frac{1}{2}\mu\omega^2y^2\psi_1(x)\psi_2(y)\psi_3(z)$$

$$-\frac{\hbar^2}{2\mu}\frac{\mathrm{d}^2}{\mathrm{d}z^2}[\psi_1(x)\psi_2(y)\psi_3(z)]+\frac{1}{2}\mu\omega^2z^2\psi_1(x)\psi_2(y)\psi_3(z)=E\psi_1(x)\psi_2(y)\psi_3(z)$$

$$-\frac{\hbar^2}{2\mu\psi_1}\frac{\mathrm{d}^2\psi_1}{\mathrm{d}x^2}+\frac{1}{2}\mu\omega^2x^2-\frac{\hbar^2}{2\mu\psi_2}\frac{\mathrm{d}^2\psi_2}{\mathrm{d}y^2}+\frac{1}{2}\mu\omega^2y^2-\frac{\hbar^2}{2\mu\psi_3}\frac{\mathrm{d}^2\psi_3}{\mathrm{d}z^2}+\frac{1}{2}\mu\omega^2z^2=E$$

由于(x,y,z)是独立变量,三项之和为一个常量,则每一项都应该是一个常量。设常量分别为E_1,E_2,E_3,则得到三个独立的方程

$$-\frac{\hbar^2}{2\mu}\frac{\mathrm{d}^2\psi_1(x)}{\mathrm{d}x^2}+\frac{1}{2}\mu\omega^2x^2\psi_1(x)=E_1\psi_1(x),\hat{H}_x\psi_1(x)=E_1\psi_1(x)$$

$$-\frac{\hbar^2}{2\mu}\frac{\mathrm{d}^2\psi_2(y)}{\mathrm{d}y^2}+\frac{1}{2}\mu\omega^2y^2\psi_2(y)=E_2\psi_2(y),\hat{H}_y\psi_2(y)=E_2\psi_2(y)$$

$$-\frac{\hbar^2}{2\mu}\frac{\mathrm{d}^2\psi_3(z)}{\mathrm{d}z^2}+\frac{1}{2}\mu\omega^2z^2\psi_3(z)=E_3\psi_3(z),\hat{H}_z\psi_3(z)=E_3\psi_3(z)$$

$$E=E_1+E_2+E_3$$

每个方程都是一维线性谐振子的能量本征值方程，所以能量本征值为

$$E_1=\hbar\omega\left(n_1+\frac{1}{2}\right),n_1=0,1,2,\cdots$$

$$E_2=\hbar\omega\left(n_2+\frac{1}{2}\right),n_2=0,1,2,\cdots$$

$$E_3=\hbar\omega\left(n_3+\frac{1}{2}\right),n_3=0,1,2,\cdots$$

从而得到三维线性谐振子体系的能级能量

$$E=E_1+E_2+E_3=\hbar\omega\left(n_1+n_2+n_3+\frac{3}{2}\right)=\hbar\omega\left(N+\frac{3}{2}\right)$$

$$N=n_1+n_2+n_3=0,1,2,\cdots$$

点评 (1)三维线性谐振子体系的本征函数

$$\psi_1(x)=N_{n_1}\exp\left(-\frac{1}{2}\alpha^2x^2\right)H_{n_1}(\alpha x),N_{n_1}=\sqrt{\frac{\alpha}{\sqrt{\pi}2^{n_1}n_1!}}$$

$$\psi_2(y)=N_{n_2}\exp\left(-\frac{1}{2}\alpha^2y^2\right)H_{n_2}(\alpha y),N_{n_2}=\sqrt{\frac{\alpha}{\sqrt{\pi}2^{n_2}n_2!}}$$

$$\psi_3(z)=N_{n_3}\exp\left(-\frac{1}{2}\alpha^2z^2\right)H_{n_3}(\alpha z),N_{n_3}=\sqrt{\frac{\alpha}{\sqrt{\pi}2^{n_3}n_3!}}$$

$$\psi(x,y,z)=N_{n_1n_2n_3}\exp\left[-\frac{1}{2}\alpha^2(x^2+y^2+z^2)\right]H_{n_1}(\alpha x)H_{n_2}(\alpha y)H_{n_3}(\alpha z)$$

$$N_{n_1n_2n_3}=N_{n_1}N_{n_2}N_{n_3}=\frac{\alpha}{\pi}\sqrt{\frac{\alpha}{\sqrt{\pi}2^{n_1+n_2+n_3}n_1!\ n_2!\ n_3!}},\alpha=\sqrt{\frac{\mu\omega}{\hbar}}$$

(2)三维线性谐振子体系的简并度

三维线性谐振子体系的能级能量由三个自由度的量子数 n_1,n_2,n_3 决定

$$E=\hbar\omega\left(n_1+n_2+n_3+\frac{3}{2}\right)=\hbar\omega\left(N+\frac{3}{2}\right),N=n_1+n_2+n_3=0,1,2,\cdots$$

这里，$n_1=0,1,2,\cdots,n_2=0,1,2,\cdots,n_3=0,1,2,\cdots$。

量子数 n_1,n_2,n_3 的每一种组合对应于一个状态，所以三维线性谐振子的本征态为

$$\psi_{n_1n_2n_3}(x,y,z)=\psi_{n_1}(x)\psi_{n_2}(y)\psi_{n_3}(z)$$

对于确定的能级(量子数 N 一定)，量子数 n_1,n_2,n_3 还有各种不同的组合，每一种组合就对应于能级(量子数 N 一定)的一个本征态；对于确定的能级(量子数 N 一定)，可能存在若干本征态，能级(量子数 N 一定)可能是简并的。

对于确定的能级(量子数 N 一定)，量子数 n_1,n_2,n_3 组合的数目(本征态的数目，能级的简并度)要受到 $N=n_1+n_2+n_3=0,1,2,\cdots$ 的限制。如果 n_1 确定($n_1=0,1,2,\cdots,N$，共 $N+1$ 种可能)，则 n_2 只能有 $N-n_1+1$ 种可能取值($n_2=0,1,2,\cdots,N-n_1$)，而 n_3 只能取 $n_3=N-n_1-n_2$。可见，量子数 n_1,n_2,n_3 中只有两个是独立的。

$n_1=0,n_2=0,1,2,\cdots,N$：n_2 共有 $N+1$ 种取值；

$n_1=1,n_2=0,1,2,\cdots,N-1$：$n_2$ 共有 N 种取值；

$n_1=2,n_2=0,1,2,\cdots,N-2$：$n_2$ 共有 $N-1$ 种取值；

⋮

$n_1=N, n_2=0$；n_2 共有 1 种取值；

当量子数 n_1, n_2 确定后，量子数 $n_3=N-n_1-n_2$ 也就确定了，n_3 不增加组合的数目。所以，对于给定的能级(量子数 N 一定)，$\{n_1, n_2, n_3\}$ 可能组合的数目即能级 N 的简并度为

$$f(N)=(N+1)+N+(N-1)+\cdots+2+1=\frac{1}{2}(N+1)(N+2)$$

【例 16-9】 求在 S_x 表象下的自旋角动量算符 $\hat{S}_x, \hat{S}_y, \hat{S}_z$ 的矩阵表示。

分析 在 S_x 表象下，算符 $\hat{S}_x$ 的矩阵一定是对角矩阵，而且对角元素就是算符 $\hat{S}_x$ 的本征值；由于自旋角动量在空间任何方向的投影只能是 $+\hbar/2$ 和 $-\hbar/2$，所以算符 $\hat{S}_x$ 的本征值只能是 $+\hbar/2$ 和 $-\hbar/2$，因此 $+\hbar/2$ 和 $-\hbar/2$ 就是在 S_x 表象下算符 $\hat{S}_x$ 的矩阵对角上的 2 个元素；这样就得到了自旋角动量算符 $\hat{S}_x$ 在自身表象(S_x 表象)下的矩阵。设定算符 $\hat{S}_y$(或 $\hat{S}_z$)在 S_x 表象下的 2×2 矩阵的 4 元素，由算符 $\hat{S}_y$(或 $\hat{S}_z$)的厄米性以及算符 $\hat{S}_y$(或 $\hat{S}_z$)的本征值只能是 $+\hbar/2$ 和 $-\hbar/2$，就可以确定算符 $\hat{S}_y$(或 $\hat{S}_z$)的矩阵的元素，从而得到算符 $\hat{S}_y$(或 $\hat{S}_z$)的矩阵。再由算符 $\hat{S}_x, \hat{S}_y, \hat{S}_z$ 的对易关系，就可以得到在 S_x 表象下算符 $\hat{S}_z$(或 $\hat{S}_y$)的矩阵。

解 任何算符在自身表象下的矩阵是对角矩阵，对角元素就是算符的本征值；自旋角动量在空间任何方向的投影只能是 $+\hbar/2$ 和 $-\hbar/2$，所以算符 $\hat{S}_x$ 的本征值只能是 $+\hbar/2$ 和 $-\hbar/2$；由此可以直接确定算符 $\hat{S}_x$ 在 S_x 表象下的矩阵(显然是厄米矩阵)

$$\hat{S}_x=\begin{pmatrix}+\hbar/2 & 0\\ 0 & -\hbar/2\end{pmatrix}=\frac{\hbar}{2}\begin{pmatrix}1 & 0\\ 0 & -1\end{pmatrix}\quad\left(\text{当然可以取}\hat{S}_x=\frac{\hbar}{2}\begin{pmatrix}-1 & 0\\ 0 & 1\end{pmatrix}\right)$$

设算符 $\hat{S}_y$ 在 S_x 表象下的矩阵为

$$\hat{S}_y=\begin{pmatrix}a & b\\ c & d\end{pmatrix}\quad\left(\text{当然可以设}\hat{S}_z=\begin{pmatrix}a & b\\ c & d\end{pmatrix}\right)$$

由于力学量算符 $\hat{S}_y$ 的矩阵是厄米矩阵，所以 $c=b^*$。$\hat{S}_y$ 的矩阵进一步表示为

$$\hat{S}_y=\begin{pmatrix}a & b\\ b^* & d\end{pmatrix}$$

再由 $\hat{S}_x$ 的矩阵和反对易关系 $\hat{S}_x\hat{S}_y+\hat{S}_y\hat{S}_x=0$，得到

$$\frac{\hbar}{2}\begin{pmatrix}1 & 0\\ 0 & -1\end{pmatrix}\begin{pmatrix}a & b\\ b^* & d\end{pmatrix}+\begin{pmatrix}a & b\\ b^* & d\end{pmatrix}\frac{\hbar}{2}\begin{pmatrix}1 & 0\\ 0 & -1\end{pmatrix}=0,\begin{pmatrix}2a & 0\\ 0 & -2d\end{pmatrix}=0$$

由此，得到 $a=d=0$。再由算符 $\hat{S}_y$ 的本征值为 $+\hbar/2$ 和 $-\hbar/2$，得到 $S_y^2=\hbar^2/4$，即

$$\hat{S}_y^2\chi_y=\frac{\hbar^2}{4}\chi_y,\begin{pmatrix}0 & |b|^2\\ |b|^2 & 0\end{pmatrix}\chi_y=\frac{\hbar^2}{4}\chi_y$$

因此 $|b|^2=\hbar^2/4$，取 $b=\hbar/2$，则得到算符 $\hat{S}_y$ 在 S_x 表象下的矩阵表示

$$\hat{S}_y=\begin{pmatrix}0 & \hbar/2\\ \hbar/2 & 0\end{pmatrix}=\frac{\hbar}{2}\begin{pmatrix}0 & 1\\ 1 & 0\end{pmatrix},\hat{S}_y=\frac{\hbar}{2}\begin{pmatrix}0 & 1\\ 1 & 0\end{pmatrix}$$

再由自旋算符的对易关系 $\hat{S}_x\hat{S}_y-\hat{S}_y\hat{S}_x=\mathrm{i}\hbar\hat{S}_z$，得到算符 $\hat{S}_z$ 在 S_x 表象下的矩阵

$$\frac{\hbar}{2}\begin{pmatrix}1&0\\0&-1\end{pmatrix}\frac{\hbar}{2}\begin{pmatrix}0&1\\1&0\end{pmatrix}-\frac{\hbar}{2}\begin{pmatrix}0&1\\1&0\end{pmatrix}\frac{\hbar}{2}\begin{pmatrix}1&0\\0&-1\end{pmatrix}=\mathrm{i}\,\hbar\hat{S}_z$$

$$\frac{\hbar^2}{4}\begin{pmatrix}0&2\\-2&0\end{pmatrix}=\mathrm{i}\,\hbar\hat{S}_z,\hat{S}_z=\frac{\hbar}{2}\begin{pmatrix}0&-\mathrm{i}\\\mathrm{i}&0\end{pmatrix}$$

点评 (1)如果取 $\hat{S}_x=\frac{\hbar}{2}\begin{pmatrix}-1&0\\0&1\end{pmatrix}$,则算符 $\hat{S}_y,\hat{S}_z$ 在 S_x 表象下的矩阵为

$$\hat{S}_x=\frac{\hbar}{2}\begin{pmatrix}-1&0\\0&1\end{pmatrix},\hat{S}_y=\frac{\hbar}{2}\begin{pmatrix}0&1\\1&0\end{pmatrix},\hat{S}_z=\frac{\hbar}{2}\begin{pmatrix}0&\mathrm{i}\\-\mathrm{i}&0\end{pmatrix}$$

(2)如果由 $|b|^2=\hbar^2/4$ 取 $b=-\hbar/2$,则算符 $\hat{S}_x,\hat{S}_y,\hat{S}_z$ 在 S_x 表象下的矩阵为

$$\hat{S}_x=\frac{\hbar}{2}\begin{pmatrix}1&0\\0&-1\end{pmatrix},\hat{S}_y=\frac{\hbar}{2}\begin{pmatrix}0&-1\\-1&0\end{pmatrix},\hat{S}_z=\frac{\hbar}{2}\begin{pmatrix}0&\mathrm{i}\\-\mathrm{i}&0\end{pmatrix}$$

或者另一组表示

$$\hat{S}_x=\frac{\hbar}{2}\begin{pmatrix}-1&0\\0&1\end{pmatrix},\hat{S}_y=\frac{\hbar}{2}\begin{pmatrix}0&-1\\-1&0\end{pmatrix},\hat{S}_z=\frac{\hbar}{2}\begin{pmatrix}0&-\mathrm{i}\\\mathrm{i}&0\end{pmatrix}$$

(3)如果由 $|b|^2=\hbar^2/4$ 取 $b=\mathrm{i}\,\hbar/2$,则算符 $\hat{S}_x,\hat{S}_y,\hat{S}_z$ 在 S_x 表象下的矩阵为

$$\hat{S}_x=\frac{\hbar}{2}\begin{pmatrix}1&0\\0&-1\end{pmatrix},\hat{S}_y=\frac{\hbar}{2}\begin{pmatrix}0&\mathrm{i}\\-\mathrm{i}&0\end{pmatrix},\hat{S}_z=\frac{\hbar}{2}\begin{pmatrix}0&1\\1&0\end{pmatrix}$$

或者另一组表示

$$\hat{S}_x=\frac{\hbar}{2}\begin{pmatrix}-1&0\\0&1\end{pmatrix},\hat{S}_y=\frac{\hbar}{2}\begin{pmatrix}0&\mathrm{i}\\-\mathrm{i}&0\end{pmatrix},\hat{S}_z=\frac{\hbar}{2}\begin{pmatrix}0&-1\\-1&0\end{pmatrix}$$

(4)如果由 $|b|^2=\hbar^2/4$ 取 $b=-\mathrm{i}\,\hbar/2$,则算符 $\hat{S}_x,\hat{S}_y,\hat{S}_z$ 在 S_x 表象下的矩阵为

$$\hat{S}_x=\frac{\hbar}{2}\begin{pmatrix}1&0\\0&-1\end{pmatrix},\hat{S}_y=\frac{\hbar}{2}\begin{pmatrix}0&-\mathrm{i}\\\mathrm{i}&0\end{pmatrix},\ \hat{S}_z=\frac{\hbar}{2}\begin{pmatrix}0&-1\\-1&0\end{pmatrix}$$

或者另一组表示

$$\hat{S}_x=\frac{\hbar}{2}\begin{pmatrix}-1&0\\0&1\end{pmatrix},\hat{S}_y=\frac{\hbar}{2}\begin{pmatrix}0&-\mathrm{i}\\\mathrm{i}&0\end{pmatrix},\ \hat{S}_z=\frac{\hbar}{2}\begin{pmatrix}0&1\\1&0\end{pmatrix}$$

(5)在 S_y 表象下的自旋角动量算符 $\hat{S}_x,\hat{S}_y,\hat{S}_z$ 的矩阵也有 8 组表示

$$\hat{S}_x=\frac{\hbar}{2}\begin{pmatrix}0&1\\1&0\end{pmatrix},\hat{S}_y=\frac{\hbar}{2}\begin{pmatrix}1&0\\0&-1\end{pmatrix},\hat{S}_z=\frac{\hbar}{2}\begin{pmatrix}0&\mathrm{i}\\-\mathrm{i}&0\end{pmatrix};$$

$$\hat{S}_x=\frac{\hbar}{2}\begin{pmatrix}0&1\\1&0\end{pmatrix},\hat{S}_y=\frac{\hbar}{2}\begin{pmatrix}-1&0\\0&1\end{pmatrix},\hat{S}_z=\frac{\hbar}{2}\begin{pmatrix}0&-\mathrm{i}\\\mathrm{i}&0\end{pmatrix};$$

$$\hat{S}_x=\frac{\hbar}{2}\begin{pmatrix}0&-1\\-1&0\end{pmatrix},\hat{S}_y=\frac{\hbar}{2}\begin{pmatrix}1&0\\0&-1\end{pmatrix},\hat{S}_z=\frac{\hbar}{2}\begin{pmatrix}0&-\mathrm{i}\\\mathrm{i}&0\end{pmatrix};$$

$$\hat{S}_x=\frac{\hbar}{2}\begin{pmatrix}0&-1\\-1&0\end{pmatrix},\hat{S}_y=\frac{\hbar}{2}\begin{pmatrix}-1&0\\0&1\end{pmatrix},\hat{S}_z=\frac{\hbar}{2}\begin{pmatrix}0&\mathrm{i}\\-\mathrm{i}&0\end{pmatrix};$$

$$\hat{S}_x=\frac{\hbar}{2}\begin{pmatrix}0&-\mathrm{i}\\\mathrm{i}&0\end{pmatrix},\hat{S}_y=\frac{\hbar}{2}\begin{pmatrix}1&0\\0&-1\end{pmatrix},\hat{S}_z=\frac{\hbar}{2}\begin{pmatrix}0&1\\1&0\end{pmatrix};$$

$$\hat{S}_x=\frac{\hbar}{2}\begin{pmatrix}0&-\mathrm{i}\\\mathrm{i}&0\end{pmatrix},\hat{S}_y=\frac{\hbar}{2}\begin{pmatrix}-1&0\\0&1\end{pmatrix},\hat{S}_z=\frac{\hbar}{2}\begin{pmatrix}0&-1\\-1&0\end{pmatrix};$$

$$\hat{S}_x=\frac{\hbar}{2}\begin{pmatrix}0 & i\\ -i & 0\end{pmatrix},\hat{S}_y=\frac{\hbar}{2}\begin{pmatrix}1 & 0\\ 0 & -1\end{pmatrix},\hat{S}_z=\frac{\hbar}{2}\begin{pmatrix}0 & -1\\ -1 & 0\end{pmatrix};$$

$$\hat{S}_x=\frac{\hbar}{2}\begin{pmatrix}0 & i\\ -i & 0\end{pmatrix},\hat{S}_y=\frac{\hbar}{2}\begin{pmatrix}-1 & 0\\ 0 & 1\end{pmatrix},\hat{S}_z=\frac{\hbar}{2}\begin{pmatrix}0 & 1\\ 1 & 0\end{pmatrix}。$$

(6)在 S_z 表象下的自旋角动量算符 $\hat{S}_x,\hat{S}_y,\hat{S}_z$ 的矩阵也有8组表示

$$\hat{S}_x=\frac{\hbar}{2}\begin{pmatrix}0 & 1\\ 1 & 0\end{pmatrix},\hat{S}_y=\frac{\hbar}{2}\begin{pmatrix}0 & -i\\ i & 0\end{pmatrix},\hat{S}_z=\frac{\hbar}{2}\begin{pmatrix}1 & 0\\ 0 & -1\end{pmatrix};$$

$$\hat{S}_x=\frac{\hbar}{2}\begin{pmatrix}0 & 1\\ 1 & 0\end{pmatrix},\hat{S}_y=\frac{\hbar}{2}\begin{pmatrix}0 & i\\ -i & 0\end{pmatrix},\hat{S}_z=\frac{\hbar}{2}\begin{pmatrix}-1 & 0\\ 0 & 1\end{pmatrix};$$

$$\hat{S}_x=\frac{\hbar}{2}\begin{pmatrix}0 & -1\\ -1 & 0\end{pmatrix},\hat{S}_y=\frac{\hbar}{2}\begin{pmatrix}0 & i\\ -i & 0\end{pmatrix},\hat{S}_z=\frac{\hbar}{2}\begin{pmatrix}1 & 0\\ 0 & -1\end{pmatrix};$$

$$\hat{S}_x=\frac{\hbar}{2}\begin{pmatrix}0 & -1\\ -1 & 0\end{pmatrix},\hat{S}_y=\frac{\hbar}{2}\begin{pmatrix}0 & -i\\ i & 0\end{pmatrix},\hat{S}_z=\frac{\hbar}{2}\begin{pmatrix}-1 & 0\\ 0 & 1\end{pmatrix};$$

$$\hat{S}_x=\frac{\hbar}{2}\begin{pmatrix}0 & -i\\ i & 0\end{pmatrix},\hat{S}_y=\frac{\hbar}{2}\begin{pmatrix}0 & -1\\ -1 & 0\end{pmatrix},\hat{S}_z=\frac{\hbar}{2}\begin{pmatrix}1 & 0\\ 0 & -1\end{pmatrix};$$

$$\hat{S}_x=\frac{\hbar}{2}\begin{pmatrix}0 & -i\\ i & 0\end{pmatrix},\hat{S}_y=\frac{\hbar}{2}\begin{pmatrix}0 & 1\\ 1 & 0\end{pmatrix},\hat{S}_z=\frac{\hbar}{2}\begin{pmatrix}-1 & 0\\ 0 & 1\end{pmatrix};$$

$$\hat{S}_x=\frac{\hbar}{2}\begin{pmatrix}0 & i\\ -i & 0\end{pmatrix},\hat{S}_y=\frac{\hbar}{2}\begin{pmatrix}0 & 1\\ 1 & 0\end{pmatrix},\hat{S}_z=\frac{\hbar}{2}\begin{pmatrix}1 & 0\\ 0 & -1\end{pmatrix};$$

$$\hat{S}_x=\frac{\hbar}{2}\begin{pmatrix}0 & i\\ -i & 0\end{pmatrix},\hat{S}_y=\frac{\hbar}{2}\begin{pmatrix}0 & -1\\ -1 & 0\end{pmatrix},\hat{S}_z=\frac{\hbar}{2}\begin{pmatrix}-1 & 0\\ 0 & 1\end{pmatrix}。$$

【例16-10】 设 $\boldsymbol{n}(\sin\theta\cos\varphi,\sin\theta\sin\varphi,\cos\theta)$ 为球坐标系中 (θ,φ) 方向的单位矢量,求:在 σ_z 表象中,$\hat{\boldsymbol{\sigma}}\cdot\boldsymbol{n}$ 的本征值和本征态。

分析 实际上 $\hat{\boldsymbol{\sigma}}\cdot\boldsymbol{n}$ 就是泡利算符 $\hat{\boldsymbol{\sigma}}$ 在 $\boldsymbol{n}$ 方向的投影。由泡利矩阵在 σ_z 表象中的分量矩阵表达式和方向单位矢量,可以求出泡利算符 $\hat{\boldsymbol{\sigma}}$ 在 $\boldsymbol{n}$ 方向的投影的矩阵 σ_n 的具体形式。求解矩阵 σ_n 的久期方程,得到泡利算符 $\hat{\boldsymbol{\sigma}}$ 在 $\boldsymbol{n}$ 方向的投影算符 $\hat{\sigma}_n$ 的本征值。由算符 $\hat{\sigma}_n$ 的不同本征值的本征值方程和波函数的归一化条件,就可以求出算符 $\hat{\sigma}_n$ 相应本征值的本征态。

解 由泡利算符的各个分量算符 $\hat{\sigma}_x$、$\hat{\sigma}_y$、$\hat{\sigma}_z$ 在 σ_z 表象中的矩阵,得到泡利算符 $\hat{\boldsymbol{\sigma}}$ 在 $\boldsymbol{n}$ 方向的投影算符 $\hat{\sigma}_n=\hat{\boldsymbol{\sigma}}\cdot\boldsymbol{n}$ 的矩阵

$$\begin{aligned}\hat{\sigma}_n&=\hat{\boldsymbol{\sigma}}\cdot\boldsymbol{n}=(\hat{\sigma}_x\boldsymbol{i}+\hat{\sigma}_y\boldsymbol{j}+\hat{\sigma}_z\boldsymbol{k})\cdot(n_x\boldsymbol{i}+n_y\boldsymbol{j}+n_z\boldsymbol{k})\\&=\begin{pmatrix}0 & 1\\ 1 & 0\end{pmatrix}\sin\theta\cos\varphi+\begin{pmatrix}0 & -i\\ i & 0\end{pmatrix}\sin\theta\sin\varphi+\begin{pmatrix}1 & 0\\ 0 & -1\end{pmatrix}\cos\theta\\&=\begin{pmatrix}\cos\theta & \sin\theta\cos\varphi-i\sin\theta\sin\varphi\\ \sin\theta\cos\varphi+i\sin\theta\sin\varphi & -\cos\theta\end{pmatrix}\\&=\begin{pmatrix}\cos\theta & \sin\theta\exp(-i\varphi)\\ \sin\theta\exp(i\varphi) & -\cos\theta\end{pmatrix}\end{aligned}$$

设算符 $\hat{\sigma}_n=\hat{\boldsymbol{\sigma}}\cdot\boldsymbol{n}$ 的本征值为 λ,则由久期方程得到

$$\begin{vmatrix}\cos\theta-\lambda & \sin\theta\exp(-i\varphi)\\ \sin\theta\exp(i\varphi) & -\cos\theta-\lambda\end{vmatrix}=0,-\cos^2\theta+\lambda^2-\sin^2\theta=0,\lambda^2=1$$

由此，得到算符 $\hat{\sigma}_n=\hat{\sigma}\cdot n$ 的本征值

$$\sigma_{n1}=+1,\sigma_{n2}=-1$$

设本征值 $\sigma_{n1}=+1$、$\sigma_{n2}=-1$ 对应的本征函数（本征矢）分别为

$$\chi_1=\begin{pmatrix}a\\b\end{pmatrix},\chi_2=\begin{pmatrix}c\\d\end{pmatrix}$$

则由本征值方程，得到

$$\hat{\sigma}_n\chi_1=\sigma_{n1}\chi_1,\begin{pmatrix}\cos\theta & \sin\theta\exp(-\mathrm{i}\varphi)\\ \sin\theta\exp(\mathrm{i}\varphi) & -\cos\theta\end{pmatrix}\begin{pmatrix}a\\b\end{pmatrix}=\begin{pmatrix}a\\b\end{pmatrix}$$

$$\hat{\sigma}_n\chi_2=\sigma_{n2}\chi_2,\begin{pmatrix}\cos\theta & \sin\theta\exp(-\mathrm{i}\varphi)\\ \sin\theta\exp(\mathrm{i}\varphi) & -\cos\theta\end{pmatrix}\begin{pmatrix}c\\d\end{pmatrix}=-\begin{pmatrix}c\\d\end{pmatrix}$$

$$a\cos\theta+b\sin\theta\exp(-\mathrm{i}\varphi)=a,a\sin\theta\exp(\mathrm{i}\varphi)-b\cos\theta=b$$

$$c\cos\theta+d\sin\theta\exp(-\mathrm{i}\varphi)=-c,c\sin\theta\exp(\mathrm{i}\varphi)-d\cos\theta=-d$$

$$b=\frac{\sin(\theta/2)\exp(\mathrm{i}\varphi/2)}{\cos(\theta/2)\exp(-\mathrm{i}\varphi/2)}a,c=-\frac{\sin(\theta/2)\exp(-\mathrm{i}\varphi/2)}{\cos(\theta/2)\exp(\mathrm{i}\varphi/2)}d$$

本征函数（本征矢）进一步表示为

$$\chi_1=\begin{pmatrix}a\\ \dfrac{\sin(\theta/2)\exp(\mathrm{i}\varphi/2)}{\cos(\theta/2)\exp(-\mathrm{i}\varphi/2)}a\end{pmatrix},\chi_2=\begin{pmatrix}-\dfrac{\sin(\theta/2)\exp(-\mathrm{i}\varphi/2)}{\cos(\theta/2)\exp(\mathrm{i}\varphi/2)}d\\ d\end{pmatrix}$$

再由本征函数的归一化条件，得到

$$\chi_1^{\dagger}\chi_1=\begin{pmatrix}a^* & \dfrac{\sin(\theta/2)\exp(-\mathrm{i}\varphi/2)}{\cos(\theta/2)\exp(\mathrm{i}\varphi/2)}a^*\end{pmatrix}\begin{pmatrix}a\\ \dfrac{\sin(\theta/2)\exp(\mathrm{i}\varphi/2)}{\cos(\theta/2)\exp(-\mathrm{i}\varphi/2)}a\end{pmatrix}=1$$

$$\chi_2^{\dagger}\chi_2=\begin{pmatrix}-\dfrac{\sin(\theta/2)\exp(\mathrm{i}\varphi/2)}{\cos(\theta/2)\exp(-\mathrm{i}\varphi/2)}d^* & d^*\end{pmatrix}\begin{pmatrix}-\dfrac{\sin(\theta/2)\exp(-\mathrm{i}\varphi/2)}{\cos(\theta/2)\exp(\mathrm{i}\varphi/2)}d\\ d\end{pmatrix}=1$$

$$|a|^2+|a|^2\frac{\sin^2(\theta/2)}{\cos^2(\theta/2)}=1,|d|^2\frac{\sin^2(\theta/2)}{\cos^2(\theta/2)}+|d|^2=1$$

$$|a|^2=\cos^2(\theta/2),a=\cos(\theta/2);$$

$$b=\frac{\sin(\theta/2)\exp(\mathrm{i}\varphi/2)}{\cos(\theta/2)\exp(-\mathrm{i}\varphi/2)}a=\sin(\theta/2)\exp(\mathrm{i}\varphi)$$

$$|d|^2\frac{\sin^2(\theta/2)}{\cos^2(\theta/2)}+|d|^2=1,d=\cos(\theta/2);c=-\sin(\theta/2)\exp(-\mathrm{i}\varphi)$$

最终，本征函数表示为

$$\chi_1=\begin{pmatrix}\cos(\theta/2)\\ \sin(\theta/2)\exp(\mathrm{i}\varphi)\end{pmatrix},\chi_2=\begin{pmatrix}-\sin(\theta/2)\exp(-\mathrm{i}\varphi)\\ \cos(\theta/2)\end{pmatrix}$$

点评 (1)对于自由空间，无论角度 θ 和 φ 如何，也就是对于任何方向 $\boldsymbol{n}$，泡利算符的分量算符 $\hat{\sigma}_n$ 的本征值只能取两个值 $\sigma_{n1}=+1$ 和 $\sigma_{n2}=-1$。考虑到泡利算符 $\hat{\boldsymbol{\sigma}}$ 与自旋角动量算符 $\hat{\boldsymbol{S}}$ 的关系 $\hat{\boldsymbol{S}}=\hbar\hat{\boldsymbol{\sigma}}/2$，自旋角动量算符 $\hat{\boldsymbol{S}}$ 在任何方向 $\boldsymbol{n}$ 的分量算符 $\hat{S}_n$ 的本征值只能取两个值 $S_{n1}=+\hbar/2$ 和 $S_{n2}=-\hbar/2$。

但泡利算符的分量算符 $\hat{\sigma}_n$ 的本征态却与方向有关，也就是说自旋角动量算符 $\hat{\boldsymbol{S}}$ 在某方

向 $\boldsymbol{n}$ 的分量算符 $\hat{S}_n$ 的本征态与方向有关。

(2)当 $\theta=0$ 时,也就是沿笛卡尔直角坐标系的 z 轴方向,泡利算符分量算符 $\hat{\sigma}_n=\hat{\sigma}_z$ 的两个本征值 $\sigma_{z1}=+1$ 和 $\sigma_{z2}=-1$(或者说自旋角动量算符 $\hat{S}_n=\hat{S}_z$ 的两个本征值 $S_{z1}=+\hbar/2$ 和 $S_{z2}=-\hbar/2$)对应的本征态分别为

$$\chi_{z1}=\begin{pmatrix}\cos 0\\ \sin(0)\exp(\mathrm{i}\varphi)\end{pmatrix}=\begin{pmatrix}1\\0\end{pmatrix}=\chi_{+1/2},\chi_{z2}=\begin{pmatrix}-\sin 0\exp(-\mathrm{i}\varphi)\\ \cos(0)\end{pmatrix}=\begin{pmatrix}0\\1\end{pmatrix}=\chi_{-1/2}$$

当 $\theta=\pi/2$ 和 $\varphi=0$ 时,也就是沿笛卡尔直角坐标系的 x 轴方向,算符 $\hat{\sigma}_n=\hat{\sigma}_x$ 的两个本征值 $\sigma_{x1}=+1$ 和 $\sigma_{x2}=-1$(或者说自旋角动量算符 $\hat{S}_n=\hat{S}_x$ 的两个本征值 $S_{x1}=+\hbar/2$ 和 $S_{x2}=-\hbar/2$)对应的本征态分别为

$$\chi_{x1}=\begin{pmatrix}\cos(\pi/4)\\ \sin(\pi/4)\end{pmatrix}=\begin{pmatrix}\sqrt{2}/2\\ \sqrt{2}/2\end{pmatrix}=\frac{\sqrt{2}}{2}\begin{pmatrix}1\\1\end{pmatrix},\chi_{x2}=\begin{pmatrix}-\sin(\pi/4)\\ \cos(\pi/4)\end{pmatrix}=\begin{pmatrix}-\sqrt{2}/2\\ \sqrt{2}/2\end{pmatrix}=\frac{\sqrt{2}}{2}\begin{pmatrix}-1\\1\end{pmatrix}$$

当 $\theta=\pi/2$ 和 $\varphi=\pi/2$ 时,也就是沿笛卡尔直角坐标系的 y 轴方向,算符 $\hat{\sigma}_n=\hat{\sigma}_y$ 的两个本征值 $\sigma_{y1}=+1$ 和 $\sigma_{y2}=-1$(或者说自旋角动量算符 $\hat{S}_n=\hat{S}_y$ 的两个本征值 $S_{y1}=+\hbar/2$ 和 $S_{y2}=-\hbar/2$)对应的本征态分别为

$$\chi_{y1}=\begin{pmatrix}\cos(\pi/4)\\ \sin(\pi/4)\exp(\mathrm{i}\pi/2)\end{pmatrix}=\begin{pmatrix}\sqrt{2}/2\\ \mathrm{i}\sqrt{2}/2\end{pmatrix}=\frac{\sqrt{2}}{2}\begin{pmatrix}1\\ \mathrm{i}\end{pmatrix}$$

$$\chi_{y2}=\begin{pmatrix}-\sin(\pi/4)\exp(-\mathrm{i}\pi/2)\\ \cos(\pi/4)\end{pmatrix}=\begin{pmatrix}\mathrm{i}\sqrt{2}/2\\ \sqrt{2}/2\end{pmatrix}=\frac{\sqrt{2}}{2}\begin{pmatrix}\mathrm{i}\\1\end{pmatrix}$$

(3)如果方向用方向角余弦 $\boldsymbol{n}(\cos\alpha,\cos\beta,\cos\gamma)$ 表示,则

$$\hat{\sigma}_n=\hat{\sigma}_x\cos\alpha+\hat{\sigma}_y\cos\beta+\hat{\sigma}_z\cos\gamma$$

在 σ_z 表象中,泡利算符的投影算符 $\hat{\sigma}_n$ 的矩阵为

$$\hat{\sigma}_n=\begin{pmatrix}0&1\\1&0\end{pmatrix}\cos\alpha+\begin{pmatrix}0&-\mathrm{i}\\ \mathrm{i}&0\end{pmatrix}\cos\beta+\begin{pmatrix}1&0\\0&-1\end{pmatrix}\cos\gamma=\begin{pmatrix}\cos\gamma&\cos\alpha-\mathrm{i}\cos\beta\\ \cos\alpha+\mathrm{i}\cos\beta&-\cos\gamma\end{pmatrix}$$

设 $\hat{\sigma}_n$ 的本征值为 λ,则由久期方程得到

$$\begin{vmatrix}\cos\gamma-\lambda&\cos\alpha-\mathrm{i}\cos\beta\\ \cos\alpha+\mathrm{i}\cos\beta&-\cos\gamma-\lambda\end{vmatrix}=0$$

$$\lambda^2-\cos^2\gamma-(\cos^2\alpha+\cos^2\beta)=0,\lambda^2-1=0$$

由此,得到算符 $\hat{\sigma}_n$ 的本征值

$$\sigma_{n1}=+1,\sigma_{n2}=-1$$

可见,对于任何方向 $\boldsymbol{n}$,泡利算符的分量算符 $\hat{\sigma}_n$ 的本征值只能取两个值 $\sigma_{n1}=+1$ 和 $\sigma_{n2}=-1$。考虑到泡利算符 $\hat{\boldsymbol{\sigma}}$ 与自旋角动量算符 $\hat{\boldsymbol{S}}$ 的关系 $\hat{\boldsymbol{S}}=\hbar\hat{\boldsymbol{\sigma}}/2$,自旋角动量算符 $\hat{\boldsymbol{S}}$ 在任何方向 $\boldsymbol{n}$ 的分量算符 $\hat{S}_n$ 的本征值只能取两个值 $S_{n1}=+\hbar/2$ 和 $S_{n2}=-\hbar/2$。

设本征值 $\sigma_{n1}=+1$、$\sigma_{n2}=-1$ 对应的本征函数(本征矢)分别为

$$\chi_1=\begin{pmatrix}a\\b\end{pmatrix},\chi_2=\begin{pmatrix}c\\d\end{pmatrix}$$

则由本征值方程,得到

$$\hat{\sigma}_n\chi_1=\sigma_{n1}\chi_1,\begin{pmatrix}\cos\gamma&\cos\alpha-\mathrm{i}\cos\beta\\ \cos\alpha+\mathrm{i}\cos\beta&-\cos\gamma\end{pmatrix}\begin{pmatrix}a\\b\end{pmatrix}=\begin{pmatrix}a\\b\end{pmatrix}$$

$$\hat{\sigma}_n\chi_2=\sigma_{n2}\chi_2,\begin{pmatrix}\cos\gamma & \cos\alpha-\mathrm{i}\cos\beta\\ \cos\alpha+\mathrm{i}\cos\beta & -\cos\gamma\end{pmatrix}\begin{pmatrix}c\\ d\end{pmatrix}=-\begin{pmatrix}c\\ d\end{pmatrix}$$

$$a\cos\gamma+b(\cos\alpha-\mathrm{i}\cos\beta)=a,a(\cos\alpha+\mathrm{i}\cos\beta)-b\cos\gamma=b$$

$$c\cos\gamma+d(\cos\alpha-\mathrm{i}\cos\beta)=-c,c(\cos\alpha+\mathrm{i}\cos\beta)-d\cos\gamma=-d$$

$$b=\frac{\cos\alpha+\mathrm{i}\cos\beta}{1+\cos\gamma}a,c=-\frac{\cos\alpha-\mathrm{i}\cos\beta}{1+\cos\gamma}d$$

本征函数(本征矢)进一步表示为

$$\chi_1=\begin{pmatrix}a\\ \dfrac{\cos\alpha+\mathrm{i}\cos\beta}{1+\cos\gamma}a\end{pmatrix},\chi_2=\begin{pmatrix}-\dfrac{\cos\alpha-\mathrm{i}\cos\beta}{1+\cos\gamma}d\\ d\end{pmatrix}$$

再由本征函数的归一化条件,得到

$$\chi_1^{\dagger}\chi_1=\begin{pmatrix}a^* & \dfrac{\cos\alpha-\mathrm{i}\cos\beta}{1+\cos\gamma}a^*\end{pmatrix}\begin{pmatrix}a\\ \dfrac{\cos\alpha+\mathrm{i}\cos\beta}{1+\cos\gamma}a\end{pmatrix}=1$$

$$\chi_2^{\dagger}\chi_2=\begin{pmatrix}-\dfrac{\cos\alpha+\mathrm{i}\cos\beta}{1+\cos\gamma}d^* & d^*\end{pmatrix}\begin{pmatrix}-\dfrac{\cos\alpha-\mathrm{i}\cos\beta}{1+\cos\gamma}d\\ d\end{pmatrix}=1$$

$$|a|^2+\frac{\cos^2\alpha+\cos^2\beta}{(1+\cos\gamma)^2}|a|^2=1,a=\cos(\gamma/2);b=\frac{\cos\alpha+\mathrm{i}\cos\beta}{2\cos(\gamma/2)}$$

$$|d|^2\frac{\cos^2\alpha+\cos^2\beta}{(1+\cos\gamma)^2}+|d|^2=1,d=\cos(\gamma/2);c=-\frac{\cos\alpha-\mathrm{i}\cos\beta}{2\cos(\gamma/2)}$$

最终,本征函数表示为

$$\chi_1=\begin{pmatrix}\cos(\gamma/2)\\ \dfrac{\cos\alpha+\mathrm{i}\cos\beta}{2\cos(\gamma/2)}\end{pmatrix},\chi_2=\begin{pmatrix}-\dfrac{\cos\alpha-\mathrm{i}\cos\beta}{2\cos(\gamma/2)}\\ \cos(\gamma/2)\end{pmatrix}$$

当 $\alpha=\pi/2$、$\beta=\pi/2$、$\gamma=0$ 时,也就是沿笛卡尔直角坐标系的 z 轴方向,算符 $\hat{\sigma}_{\mathrm{n}}=\hat{\sigma}_z$ 的两个本征值 $\sigma_{z1}=+1$ 和 $\sigma_{z2}=-1$(或者说自旋角动量算符 $\hat{S}_{\mathrm{n}}=\hat{S}_z$ 的两个本征值 $S_{z1}=+\hbar/2$ 和 $S_{z2}=-\hbar/2$)对应的本征态分别为

$$\chi_{z1}=\begin{pmatrix}\cos0\\ \dfrac{\cos(\pi/2)+\mathrm{i}\cos(\pi/2)}{2\cos0}\end{pmatrix}=\begin{pmatrix}1\\ 0\end{pmatrix}=\chi_{+1/2},$$

$$\chi_{z2}=\begin{pmatrix}-\dfrac{\cos(\pi/2)-\mathrm{i}\cos(\pi/2)}{2\cos0}\\ \cos0\end{pmatrix}=\begin{pmatrix}0\\ 1\end{pmatrix}=\chi_{-1/2}$$

当 $\alpha=0$、$\beta=\pi/2$、$\gamma=\pi/2$ 时,也就是沿笛卡尔直角坐标系的 x 轴方向,算符 $\hat{\sigma}_{\mathrm{n}}=\hat{\sigma}_x$ 的两个本征值 $\sigma_{x1}=+1$ 和 $\sigma_{x2}=-1$(或者说自旋角动量算符 $\hat{S}_{\mathrm{n}}=\hat{S}_x$ 的两个本征值 $S_{x1}=+\hbar/2$ 和 $S_{x2}=-\hbar/2$)对应的本征态分别为

$$\chi_{x1}=\begin{pmatrix}\cos(\pi/4)\\ \dfrac{\cos0+\mathrm{i}\cos(\pi/2)}{2\cos(\pi/4)}\end{pmatrix}=\begin{pmatrix}\sqrt{2}/2\\ 1/\sqrt{2}\end{pmatrix}=\frac{\sqrt{2}}{2}\begin{pmatrix}1\\ 1\end{pmatrix}$$

$$\chi_{x2}=\begin{pmatrix}-\dfrac{\cos 0-\mathrm{i}\cos(\pi/2)}{2\cos(\pi/4)}\\ \cos(\pi/4)\end{pmatrix}=\begin{pmatrix}-\sqrt{2}/2\\ \sqrt{2}/2\end{pmatrix}=\frac{\sqrt{2}}{2}\begin{pmatrix}-1\\ 1\end{pmatrix}$$

当 $\alpha=\pi/2$、$\beta=0$、$\gamma=\pi/2$ 时，也就是沿笛卡尔直角坐标系的 y 轴方向，算符 $\hat{\sigma}_{\mathrm{n}}=\hat{\sigma}_{y}$ 的两个本征值 $\sigma_{y1}=+1$ 和 $\sigma_{y2}=-1$（或者说自旋角动量算符 $\hat{S}_{\mathrm{n}}=\hat{S}_{y}$ 的两个本征值 $S_{y1}=+\hbar/2$ 和 $S_{y2}=-\hbar/2$）对应的本征态分别为

$$\chi_{y1}=\begin{pmatrix}\cos(\pi/4)\\ \dfrac{\cos(\pi/2)+\mathrm{i}\cos 0}{2\cos(\pi/4)}\end{pmatrix}=\begin{pmatrix}\sqrt{2}/2\\ \mathrm{i}/\sqrt{2}\end{pmatrix}=\frac{\sqrt{2}}{2}\begin{pmatrix}1\\ \mathrm{i}\end{pmatrix}$$

$$\chi_{y2}=\begin{pmatrix}-\dfrac{\cos(\pi/2)-\mathrm{i}\cos 0}{2\cos(\pi/4)}\\ \cos(\pi/4)\end{pmatrix}=\begin{pmatrix}\mathrm{i}\sqrt{2}/2\\ \sqrt{2}/2\end{pmatrix}=\frac{\sqrt{2}}{2}\begin{pmatrix}\mathrm{i}\\ 1\end{pmatrix}$$

【例 16-11】 已知电子处于 $\chi=\dfrac{1}{2}\chi_{+1/2}+\dfrac{\sqrt{3}}{2}\chi_{-1/2}$ 的自旋状态，求 $\Delta S_z=\sqrt{\overline{(\Delta S_z)^2}}$。

分析 由于 $\chi_{+1/2}=\begin{pmatrix}1\\0\end{pmatrix}$ 和 $\chi_{-1/2}=\begin{pmatrix}0\\1\end{pmatrix}$ 是自旋角动量算符 $\hat{S}_z$ 的本征态，它们是正交归一的；显然，电子自旋并非处于算符 $\hat{S}_z$ 的本征态，电子自旋没有确定的值，但电子自旋处于自旋角动量算符 $\hat{S}_z$ 的本征态 $\chi_{+1/2}$ 和 $\chi_{-1/2}$ 的概率是确定的；由于自旋状态波函数 χ 是归一化的，χ 按自旋角动量算符 $\hat{S}_z$ 的本征态 $\chi_{+1/2}$ 和 $\chi_{-1/2}$ 的展开系数 $a_+=1/2$ 和 $a_-=\sqrt{3}/2$ 的模平方 $|a_+|^2$ 和 $|a_-|^2$，即为电子自旋处于算符 $\hat{S}_z$ 的本征态 $\chi_{+1/2}$ 和 $\chi_{-1/2}$ 的概率；电子自旋处于本征态 $\chi_{+1/2}$ 和 $\chi_{-1/2}$ 时的自旋角动量为 $S_{z1}=+\hbar/2$ 和 $S_{z2}=-\hbar/2$；按概率论中求平均值的规则，即可求得自旋角动量的平均值 $\overline{S_z}$ 和自旋角动量平方的平均值 $\overline{S_z^2}$；进而求得 $\overline{(\Delta S_z)^2}$。

解 电子自旋处于算符 $\hat{S}_z$ 的本征态 $\chi_{+1/2}$ 和 $\chi_{-1/2}$ 的概率分别为

$$w_+=|a_+|^2=\left(\frac{1}{2}\right)^2=\frac{1}{4},\ w_-=|a_-|^2=\left(\frac{\sqrt{3}}{2}\right)^2=\frac{3}{4}$$

所以，电子自旋角动量的平均值 $\overline{S_z}$ 和自旋角动量平方的平均值 $\overline{S_z^2}$ 分别为

$$\overline{S_z}=w_+S_{z1}+w_-S_{z2}=\frac{1}{4}\times\frac{\hbar}{2}+\frac{3}{4}\times\left(-\frac{\hbar}{2}\right)=-\frac{\hbar}{4}$$

$$\overline{S_z^2}=w_+S_{z1}^2+w_-S_{z2}^2=\frac{1}{4}\times\left(\frac{\hbar}{2}\right)^2+\frac{3}{4}\times\left(-\frac{\hbar}{2}\right)^2=\frac{\hbar^2}{4}$$

因此，自旋角动量的不确定量为

$$\Delta S_z=\sqrt{\overline{(\Delta S_z)^2}}=\sqrt{\overline{S_z^2}-(\overline{S_z})^2}=\sqrt{\frac{\hbar^2}{4}-\left(-\frac{\hbar}{4}\right)^2}=\frac{\sqrt{3}}{4}\hbar$$

点评 (1)由于自旋角动量算符 $\hat{S}_z$ 的本征态 $\chi_{+1/2}$ 和 $\chi_{-1/2}$ 是正交归一的，所以

$$\begin{aligned}\overline{S_z}&=\chi^{\dagger}\hat{S}_z\chi=\left(1/2\chi_{+1/2}^{\dagger}+\frac{\sqrt{3}}{2}\chi_{-1/2}^{\dagger}\right)\hat{S}_z\left(\frac{1}{2}\chi_{+1/2}+\frac{\sqrt{3}}{2}\chi_{-1/2}\right)\\&=\left(\frac{1}{2}\chi_{+1/2}^{\dagger}+\frac{\sqrt{3}}{2}\chi_{-1/2}^{\dagger}\right)\left(\frac{\hbar}{2}\frac{1}{2}\chi_{+1/2}-\frac{\hbar\sqrt{3}}{2\ 2}\chi_{-1/2}\right)\end{aligned}$$

$$=\frac{\hbar}{8}\chi^{\dagger}_{+1/2}\chi_{+1/2}-\frac{3\hbar}{8}\chi^{\dagger}_{-1/2}\chi_{-1/2}=\frac{\hbar}{8}-\frac{3\hbar}{8}=-\frac{\hbar}{4}$$

$$\overline{S_z^2}=\chi^{\dagger}\hat{S}_z^2\chi=\left(\frac{1}{2}\chi^{\dagger}_{+1/2}+\frac{\sqrt{3}}{2}\chi^{\dagger}_{-1/2}\right)\hat{S}_z^2\left(\frac{1}{2}\chi_{+1/2}+\frac{\sqrt{3}}{2}\chi_{-1/2}\right)$$

$$=\left(\frac{1}{2}\chi^{\dagger}_{+1/2}+\frac{\sqrt{3}}{2}\chi^{\dagger}_{-1/2}\right)\hat{S}_z\left(\frac{\hbar}{2}\frac{1}{2}\chi_{+1/2}-\frac{\hbar}{2}\frac{\sqrt{3}}{2}\chi_{-1/2}\right)$$

$$=\left(\frac{1}{2}\chi^{\dagger}_{+1/2}+\frac{\sqrt{3}}{2}\chi^{\dagger}_{-1/2}\right)\left(\frac{\hbar}{2}\frac{\hbar}{2}\frac{1}{2}\chi_{+1/2}+\frac{\hbar}{2}\frac{\hbar}{2}\frac{\sqrt{3}}{2}\chi_{-1/2}\right)$$

$$=\frac{\hbar^2}{16}\chi^{\dagger}_{+1/2}\chi_{+1/2}+\frac{3\hbar^2}{16}\chi^{\dagger}_{-1/2}\chi_{-1/2}=\frac{\hbar^2}{16}+\frac{3\hbar^2}{16}=\frac{\hbar^2}{4}$$

(2)将电子自旋态χ用矩阵表示

$$\chi=\frac{1}{2}\chi_{+1/2}+\frac{\sqrt{3}}{2}\chi_{-1/2}=\frac{1}{2}\begin{pmatrix}1\\0\end{pmatrix}+\frac{\sqrt{3}}{2}\begin{pmatrix}0\\1\end{pmatrix}=\begin{pmatrix}1/2\\ \sqrt{3}/2\end{pmatrix}$$

则电子自旋角动量的平均值$\overline{S_z}$和自旋角动量平方的平均值$\overline{S_z^2}$分别为

$$\overline{S_z}=\chi^{\dagger}S_z\chi=\begin{pmatrix}\frac{1}{2} & \frac{\sqrt{3}}{2}\end{pmatrix}\frac{\hbar}{2}\begin{pmatrix}1 & 0\\0 & -1\end{pmatrix}\frac{1}{2}\begin{pmatrix}1\\ \sqrt{3}\end{pmatrix}$$

$$=\frac{\hbar}{2}\begin{pmatrix}\frac{1}{2} & \frac{\sqrt{3}}{2}\end{pmatrix}\begin{pmatrix}1/2\\ -\sqrt{3}/2\end{pmatrix}=\frac{\hbar}{2}\left[\left(\frac{1}{2}\right)^2-\left(\frac{\sqrt{3}}{2}\right)^2\right]=-\frac{\hbar}{4}$$

$$\overline{S_z^2}=\chi^{\dagger}S_z^2\chi=\begin{pmatrix}\frac{1}{2} & \frac{\sqrt{3}}{2}\end{pmatrix}\frac{\hbar}{2}\begin{pmatrix}1 & 0\\0 & -1\end{pmatrix}\frac{\hbar}{2}\begin{pmatrix}1 & 0\\0 & -1\end{pmatrix}\frac{1}{2}\begin{pmatrix}1\\ \sqrt{3}\end{pmatrix}$$

$$=\frac{\hbar^2}{4}\begin{pmatrix}\frac{1}{2} & \frac{\sqrt{3}}{2}\end{pmatrix}\begin{pmatrix}1 & 0\\0 & 1\end{pmatrix}\frac{1}{2}\begin{pmatrix}1\\ \sqrt{3}2\end{pmatrix}=\frac{\hbar^2}{4}\left[\left(\frac{1}{2}\right)^2+\left(\frac{\sqrt{3}}{2}\right)^2\right]=\frac{\hbar^2}{4}$$

(3)将电子自旋态χ用$\hat{S}_x$的本征态$\chi_{+x}=\frac{\sqrt{2}}{2}\begin{pmatrix}1\\1\end{pmatrix}$和$\chi_{-x}=\frac{\sqrt{2}}{2}\begin{pmatrix}1\\-1\end{pmatrix}$展开

$$\chi=b_+\chi_{+x}+b_-\chi_{-x},\ \frac{1}{2}\begin{pmatrix}1\\ \sqrt{3}\end{pmatrix}=b_+\frac{\sqrt{2}}{2}\begin{pmatrix}1\\1\end{pmatrix}+b_-\frac{\sqrt{2}}{2}\begin{pmatrix}1\\-1\end{pmatrix}$$

$$b_+=\frac{\sqrt{2}+\sqrt{6}}{4}=\frac{\sqrt{2}}{4}(1+\sqrt{3}),\ b_-=\frac{\sqrt{2}-\sqrt{6}}{4}=\frac{\sqrt{2}}{4}(1-\sqrt{3})$$

由于$\hat{S}_x$的本征态$\chi_{+x}=\frac{\sqrt{2}}{2}\begin{pmatrix}1\\1\end{pmatrix}$和$\chi_{-x}=\frac{\sqrt{2}}{2}\begin{pmatrix}1\\-1\end{pmatrix}$的本征值为$+\frac{\hbar}{2}$和$-\frac{\hbar}{2}$,所以

$$\overline{S_x}=\frac{\hbar}{2}|b_+|^2-\frac{\hbar}{2}|b_-|^2=\frac{\hbar}{2}\left(\frac{\sqrt{2}+\sqrt{6}}{4}\right)^2-\frac{\hbar}{2}\left(\frac{\sqrt{2}-\sqrt{6}}{4}\right)^2=\frac{\sqrt{3}\hbar}{4}$$

$$\overline{S_x^2}=\frac{\hbar^2}{4}|b_+|^2+\frac{\hbar^2}{4}|b_-|^2=\frac{\hbar^2}{4}\left(\frac{\sqrt{2}+\sqrt{6}}{4}\right)^2+\frac{\hbar^2}{4}\left(\frac{\sqrt{2}-\sqrt{6}}{4}\right)^2=\frac{\hbar^2}{4}$$

$$\Delta S_x=\sqrt{\overline{(\Delta S_x)^2}}=\sqrt{\overline{S_x^2}-(\overline{S_x})^2}=\sqrt{\frac{\hbar^2}{4}-\left(\frac{\sqrt{3}\hbar}{4}\right)^2}=\frac{1}{4}\hbar$$

(4)由于自旋角动量算符$\hat{S}_x$的本征态χ_{+x}和χ_{-x}是正交归一的,所以

$$\overline{S_x}=\chi^{\dagger}\hat{S}_x\chi=(b_+^*\chi^{\dagger}_{+x}+b_-^*\chi^{\dagger}_{-x})\hat{S}_x(b_+\chi_{+x}+b_-\chi_{-x})$$

$$=\frac{\hbar}{2}(b_+^*\chi_{+x}^\dagger+b_-^*\chi_{-x}^\dagger)(b_+\chi_{+x}-b_-\chi_{-x})$$

$$=\frac{\hbar}{2}|b_+|^2\chi_{+x}^\dagger\chi_{+x}-\frac{\hbar}{2}|b_-|^2\chi_{-x}^\dagger\chi_{-x}=\frac{\hbar}{2}|b_+|^2-\frac{\hbar}{2}|b_-|^2$$

$$=\frac{\hbar}{2}\left(\frac{\sqrt{2}+\sqrt{6}}{4}\right)^2-\frac{\hbar}{2}\left(\frac{\sqrt{2}-\sqrt{6}}{4}\right)^2=\frac{\sqrt{3}}{4}\hbar$$

$$\overline{S_x^2}=\chi^\dagger\hat{S}_x^2\chi=(b_+^*\chi_{+x}^\dagger+b_-^*\chi_{-x}^\dagger)\hat{S}_x^2(b_+\chi_{+x}+b_-\chi_{-x})$$

$$=\frac{\hbar}{2}(b_+^*\chi_{+x}^\dagger+b_-^*\chi_{-x}^\dagger)\hat{S}_x(b_+\chi_{+x}-b_-\chi_{-x})$$

$$=\frac{\hbar^2}{4}|b_+|^2\chi_{+x}^\dagger\chi_{+x}+\frac{\hbar^2}{4}|b_-|^2\chi_{-x}^\dagger\chi_{-x}=\frac{\hbar^2}{4}|b_+|^2+\frac{\hbar^2}{4}|b_-|^2$$

$$=\frac{\hbar^2}{4}\left(\frac{\sqrt{2}+\sqrt{6}}{4}\right)^2+\frac{\hbar^2}{4}\left(\frac{\sqrt{2}-\sqrt{6}}{4}\right)^2=\frac{\hbar^2}{4}$$

(5)由χ 和$\hat{S}_x$ 的矩阵表示，得到

$$\overline{S_x}=\chi^\dagger S_x\chi=\begin{pmatrix}\frac{1}{2} & \frac{\sqrt{3}}{2}\end{pmatrix}\frac{\hbar}{2}\begin{pmatrix}0 & 1\\ 1 & 0\end{pmatrix}\frac{1}{2}\begin{pmatrix}1\\ \sqrt{3}\end{pmatrix}=\frac{\hbar}{2}\begin{pmatrix}\frac{1}{2} & \frac{\sqrt{3}}{2}\end{pmatrix}\begin{pmatrix}\sqrt{3}/2\\ 1/2\end{pmatrix}=\frac{\sqrt{3}\,\hbar}{4}$$

$$\overline{S_x^2}=\chi^\dagger S_x^2\chi=\begin{pmatrix}\frac{1}{2} & \frac{\sqrt{3}}{2}\end{pmatrix}\frac{\hbar}{2}\begin{pmatrix}0 & 1\\ 1 & 0\end{pmatrix}\frac{\hbar}{2}\begin{pmatrix}0 & 1\\ 1 & 0\end{pmatrix}\frac{1}{2}\begin{pmatrix}1\\ \sqrt{3}\end{pmatrix}$$

$$=\frac{\hbar^2}{4}\begin{pmatrix}\frac{1}{2} & \frac{\sqrt{3}}{2}\end{pmatrix}\begin{pmatrix}1 & 0\\ 0 & 1\end{pmatrix}\frac{1}{2}\begin{pmatrix}1\\ \sqrt{3}\end{pmatrix}=\frac{\hbar^2}{4}$$

(6)将电子自旋态χ 用$\hat{S}_y$ 的本征态$\chi_{+y}=\frac{\sqrt{2}}{2}\begin{pmatrix}1\\ \mathrm{i}\end{pmatrix}$和$\chi_{-y}=\frac{\sqrt{2}}{2}\begin{pmatrix}1\\ -\mathrm{i}\end{pmatrix}$展开

$$\chi=c_+\chi_{+y}+c_-\chi_{-y},\ \frac{1}{2}\begin{pmatrix}1\\ \sqrt{3}\end{pmatrix}=c_+\frac{\sqrt{2}}{2}\begin{pmatrix}1\\ \mathrm{i}\end{pmatrix}+c_-\frac{\sqrt{2}}{2}\begin{pmatrix}1\\ -\mathrm{i}\end{pmatrix}$$

$$c_+=\frac{\sqrt{2}-\mathrm{i}\sqrt{6}}{4}=\frac{\sqrt{2}}{4}(1-\mathrm{i}\sqrt{3}),\ c_-=\frac{\sqrt{2}+\mathrm{i}\sqrt{6}}{4}=\frac{\sqrt{2}}{4}(1+\mathrm{i}\sqrt{3})$$

由于$\hat{S}_y$ 的本征态χ_{+y} 和χ_{-y} 的本征值为$+\hbar/2$ 和$-\hbar/2$，所以

$$\overline{S_y}=\frac{\hbar}{2}|c_+|^2-\frac{\hbar}{2}|c_-|^2=\frac{\hbar}{2}\left|\frac{\sqrt{2}-\mathrm{i}\sqrt{6}}{4}\right|^2-\frac{\hbar}{2}\left|\frac{\sqrt{2}+\mathrm{i}\sqrt{6}}{4}\right|^2=0$$

$$\overline{S_y^2}=\frac{\hbar^2}{4}|c_+|^2+\frac{\hbar^2}{4}|c_-|^2=\frac{\hbar^2}{4}\left|\frac{\sqrt{2}-\mathrm{i}\sqrt{6}}{4}\right|^2+\frac{\hbar^2}{4}\left|\frac{\sqrt{2}+\mathrm{i}\sqrt{6}}{4}\right|^2=\frac{\hbar^2}{4}$$

$$\Delta S_y=\sqrt{\overline{(\Delta S_y)^2}}=\sqrt{\overline{S_y^2}-(\overline{S_y})^2}=\sqrt{\frac{\hbar^2}{4}-0^2}=\frac{1}{2}\hbar$$

(7)由于自旋角动量算符$\hat{S}_y$ 的本征态χ_{+y} 和χ_{-y} 是正交归一的，所以

$$\overline{S_y}=\chi^\dagger\hat{S}_y\chi=(c_+^*\chi_{+y}^\dagger+c_-^*\chi_{-y}^\dagger)\hat{S}_y(c_+\chi_{+y}+c_-\chi_{-y})$$

$$=\frac{\hbar}{2}(c_+^*\chi_{+y}^\dagger+c_-^*\chi_{-y}^\dagger)(c_+\chi_{+y}-c_-\chi_{-y})$$

$$=\frac{\hbar}{2}|c_+|^2\chi_{+y}^\dagger\chi_{+y}-\frac{\hbar}{2}|c_-|^2\chi_{-y}^\dagger\chi_{-y}=\frac{\hbar}{2}|c_+|^2-\frac{\hbar}{2}|c_-|^2$$

$$=\frac{\hbar}{2}\left|\frac{\sqrt{2}-i\sqrt{6}}{4}\right|^2-\frac{\hbar}{2}\left|\frac{\sqrt{2}+i\sqrt{6}}{4}\right|^2=0$$

$$\overline{S_y^2}=\chi^\dagger\hat{S}_y^2\chi=(c_-^*\chi_{+y}^\dagger+c_-^*\chi_{-y}^\dagger)\hat{S}_y^2(c_+\chi_{+y}+c_-\chi_{-y})$$

$$=\frac{\hbar}{2}(c_+^*\chi_{+y}^\dagger+c_-^*\chi_{-y}^\dagger)\hat{S}_y(c_+\chi_{+y}-c_-\chi_{-y})$$

$$=\frac{\hbar^2}{4}(c_+^*\chi_{+y}^\dagger+c_-^*\chi_{-y}^\dagger)(c_+\chi_{+y}+c_-\chi_{-y})$$

$$=\frac{\hbar^2}{4}|c_+|^2\chi_{+y}^\dagger\chi_{+y}+\frac{\hbar^2}{4}|c_-|^2\chi_{-y}^\dagger\chi_{-y}=\frac{\hbar^2}{4}|c_+|^2+\frac{\hbar^2}{4}|c_-|^2$$

$$=\frac{\hbar^2}{4}\left|\frac{\sqrt{2}-i\sqrt{6}}{4}\right|^2+\frac{\hbar^2}{4}\left|\frac{\sqrt{2}+i\sqrt{6}}{4}\right|^2=\frac{\hbar^2}{4}$$

(8)由χ 和$\hat{S}_y$ 的矩阵表示，得到

$$\overline{S_y}=\chi^\dagger\hat{S}_y\chi=\begin{pmatrix}\frac{1}{2} & \frac{\sqrt{3}}{2}\end{pmatrix}\frac{\hbar}{2}\begin{pmatrix}0 & -i\\ i & 0\end{pmatrix}\frac{1}{2}\begin{pmatrix}1\\ \sqrt{3}\end{pmatrix}=0$$

$$\overline{S_y^2}=\chi^\dagger\hat{S}_y^2\chi=\begin{pmatrix}\frac{1}{2} & \frac{\sqrt{3}}{2}\end{pmatrix}\frac{\hbar}{2}\begin{pmatrix}0 & -i\\ i & 0\end{pmatrix}\frac{\hbar}{2}\begin{pmatrix}0 & -i\\ i & 0\end{pmatrix}\frac{1}{2}\begin{pmatrix}1\\ \sqrt{3}\end{pmatrix}=\frac{\hbar^2}{4}$$

(9)自旋角动量平方的平均值为

$$\overline{S^2}=\overline{S_x^2}+\overline{S_y^2}+\overline{S_z^2}=\frac{\hbar^2}{4}+\frac{\hbar^2}{4}+\frac{\hbar^2}{4}=\frac{3\hbar^2}{4}$$

或者，由电子自旋态的矩阵χ 和自旋角动量平方算符的矩阵，得到

$$\overline{S^2}=\chi^\dagger\hat{S}^2\chi=\begin{pmatrix}\frac{1}{2} & \frac{\sqrt{3}}{2}\end{pmatrix}\frac{3\hbar^2}{4}\begin{pmatrix}1 & 0\\ 0 & 1\end{pmatrix}\frac{1}{2}\begin{pmatrix}1\\ \sqrt{3}\end{pmatrix}=\frac{3\hbar^2}{4}$$

电子自旋角动量平方的平均值等于电子自旋角动量平方算符$\hat{S}^2$ 的本征值。电子处于任何自旋状态，自旋角动量平方都有确定值，$S^2=3\hbar^2/4$。

【例 16-12】 证明$\psi=\frac{1}{\sqrt{3}}\left[\sqrt{2}\chi_{+1/2}Y_{1,0}(\theta,\varphi)+\chi_{-1/2}Y_{1,1}(\theta,\varphi)\right]$是电子总角动量平方算符$\hat{J}^2$ 的本征函数，并求相应的本征值。

分析 电子既具有轨道角动量$\boldsymbol{L}$ 又具有自旋角动量$\boldsymbol{S}$，总角动量是轨道角动量$\boldsymbol{L}$ 与自旋角动量$\boldsymbol{S}$ 的耦合，$\boldsymbol{J}=\boldsymbol{L}+\boldsymbol{S}$。由于轨道角动量$\boldsymbol{L}$ 与自旋角动量$\boldsymbol{S}$ 是独立的，轨道角动量算符$\hat{\boldsymbol{L}}$ 与自旋角动量算符$\hat{\boldsymbol{S}}$ 对易，总角动量平方算符表示为$\hat{J}^2=\hat{L}^2+\hat{S}^2+2\hat{\boldsymbol{L}}\cdot\hat{\boldsymbol{S}}$。将总角动量平方算符$\hat{J}^2$ 作用到体系的状态波函数ψ 上，如果满足$\hat{J}^2$ 的本征值方程，就可以证明ψ 是算符$\hat{J}^2$ 的本征函数；同时可以求得算符$\hat{J}^2$ 属于ψ 的本征值。

自旋角动量算符$\hat{\boldsymbol{S}}$ 只作用到自旋函数$\chi_{m_s}=\chi_{\pm1/2}$ 上，轨道角动量算符$\hat{\boldsymbol{L}}$ 只作用到球谐函数$Y_{l,m}$ 上。轨道角动量平方算符$\hat{L}^2$ 作用到球谐函数$Y_{l,m}$ 上，不改变球谐函数$Y_{l,m}$；自旋角动量平方算符$\hat{S}^2$ 作用到自旋函数$\chi_{m_s}=\chi_{\pm1/2}$ 上，不改变自旋函数$\chi_{m_s}=\chi_{\pm1/2}$。轨道角动量算符$\hat{\boldsymbol{L}}$ 与自旋角动量算符$\hat{\boldsymbol{S}}$ 交叉项表示为$\hat{\boldsymbol{L}}\cdot\hat{\boldsymbol{S}}=\hat{L}_x\hat{S}_x+\hat{L}_y\hat{S}_y+\hat{L}_z\hat{S}_z$，其中$\hat{L}_z$ 作用到球谐函数$Y_{l,m}$ 上不改变球谐函数$Y_{l,m}$，$\hat{S}_z$ 作用到自旋函数$\chi_{m_s}=\chi_{\pm1/2}$ 上不改变自旋函数

$\chi_{m_s}=\chi_{\pm 1/2}$。由于球谐函数 $Y_{l,m}$ 不是 $\hat{L}_x$ 和 $\hat{L}_y$ 的本征函数，$\hat{L}_x$ 和 $\hat{L}_y$ 作用到球谐函数 $Y_{l,m}$ 上要改变球谐函数 $Y_{l,m}$；由于自旋函数 $\chi_{m_s}=\chi_{\pm 1/2}$ 不是 $\hat{S}_x$ 和 $\hat{S}_y$ 的本征函数，$\hat{S}_x$ 和 $\hat{S}_y$ 作用到自旋函数 χ_{m_s} 上要改变自旋函数 $\chi_{m_s}=\chi_{\pm 1/2}$。可以利用由 $\hat{L}_x$ 和 $\hat{L}_y$ 组成的升降算符 $\hat{L}_\pm$ 作用到球谐函数 $Y_{l,m}$ 上，寻求 $\hat{L}_x$ 和 $\hat{L}_y$ 对球谐函数 $Y_{l,m}$ 的作用；利用 $\hat{S}_x$ 和 $\hat{S}_y$ 的矩阵作用到自旋函数 $\chi_{m_s}=\chi_{\pm 1/2}$ 上，寻求 $\hat{S}_x$ 和 $\hat{S}_y$ 对自旋函数 $\chi_{m_s}=\chi_{\pm 1/2}$ 的作用。

解 由于轨道角动量算符 $\hat{\boldsymbol{L}}$ 与自旋角动量算符 $\hat{\boldsymbol{S}}$ 对易，总角动量平方算符 $\hat{J}^2$ 可以表示为

$$
\begin{aligned}
\hat{J}^2&=(\hat{\boldsymbol{L}}+\hat{\boldsymbol{S}})\cdot(\hat{\boldsymbol{L}}+\hat{\boldsymbol{S}})=\hat{L}^2+\hat{S}^2+2\hat{\boldsymbol{L}}\cdot\hat{\boldsymbol{S}}\\
&=\hat{L}^2+\hat{S}^2+2\hat{L}_x\hat{S}_x+2\hat{L}_y\hat{S}_y+2\hat{L}_z\hat{S}_z\\
&=\hat{L}^2+\hat{S}^2+2\hat{L}_z\hat{S}_z+\hat{L}_x\hat{S}_x+\mathrm{i}\hat{L}_y\hat{S}_x-\mathrm{i}\hat{L}_x\hat{S}_y+\hat{L}_y\hat{S}_y+\hat{L}_x\hat{S}_x-\mathrm{i}\hat{L}_y\hat{S}_x+\mathrm{i}\hat{L}_x\hat{S}_y+\hat{L}_y\hat{S}_y\\
&=\hat{L}^2+\hat{S}^2+2\hat{L}_z\hat{S}_z+(\hat{L}_x+\mathrm{i}\hat{L}_y)\hat{S}_x-\mathrm{i}(\hat{L}_x+\mathrm{i}\hat{L}_y)\hat{S}_y+(\hat{L}_x-\mathrm{i}\hat{L}_y)\hat{S}_x+\mathrm{i}(\hat{L}_x-\mathrm{i}\hat{L}_y)\hat{S}_y\\
&=\hat{L}^2+\hat{S}^2+2\hat{L}_z\hat{S}_z+(\hat{L}_x+\mathrm{i}\hat{L}_y)(\hat{S}_x-\mathrm{i}\hat{S}_y)+(\hat{L}_x-\mathrm{i}\hat{L}_y)(\hat{S}_x+\mathrm{i}\hat{S}_y)\\
&=\hat{L}^2+\hat{S}^2+2\hat{L}_z\hat{S}_z+\hat{L}_+\hat{S}_-+\hat{L}_-\hat{S}_+
\end{aligned}
$$

其中，$\hat{L}_+=\hat{L}_x+\mathrm{i}\hat{L}_y$，$\hat{L}_-=\hat{L}_x-\mathrm{i}\hat{L}_y$ 是升算符和降算符，它们只对球谐函数 $Y_{l,m}$ 有作用

$$\hat{L}_+Y_{l,m}=\hbar\sqrt{(l+m+1)(l-m)}\,Y_{l,m+1},\quad \hat{L}_-Y_{l,m}=\hbar\sqrt{(l-m+1)(l+m)}\,Y_{l,m-1}$$

$$\hat{L}_+Y_{1,0}=\sqrt{2}\,\hbar Y_{1,1},\quad \hat{L}_+Y_{1,1}=0,\quad \hat{L}_+Y_{1,-1}=\sqrt{2}\,\hbar Y_{1,0}$$

$$\hat{L}_-Y_{1,0}=\sqrt{2}\,\hbar Y_{1,-1},\quad \hat{L}_-Y_{1,1}=\sqrt{2}\,\hbar Y_{1,0},\quad \hat{L}_-Y_{1,-1}=0$$

而 $\hat{S}_+=\hat{S}_x+\mathrm{i}\hat{S}_y$，$\hat{S}_-=\hat{S}_x-\mathrm{i}\hat{S}_y$ 只对自旋函数 χ_{m_s} 有作用

$$\hat{S}_+=\hat{S}_x+\mathrm{i}\hat{S}_y=\frac{\hbar}{2}\begin{pmatrix}0&1\\1&0\end{pmatrix}+\mathrm{i}\,\frac{\hbar}{2}\begin{pmatrix}0&-\mathrm{i}\\\mathrm{i}&0\end{pmatrix}=\hbar\begin{pmatrix}0&1\\0&0\end{pmatrix}=\begin{pmatrix}0&\hbar\\0&0\end{pmatrix}$$

$$\hat{S}_-=\hat{S}_x-\mathrm{i}\hat{S}_y=\frac{\hbar}{2}\begin{pmatrix}0&1\\1&0\end{pmatrix}-\mathrm{i}\,\frac{\hbar}{2}\begin{pmatrix}0&-\mathrm{i}\\\mathrm{i}&0\end{pmatrix}=\hbar\begin{pmatrix}0&0\\1&0\end{pmatrix}=\begin{pmatrix}0&0\\\hbar&0\end{pmatrix}$$

$$\hat{S}_+\chi_{+1/2}=\begin{pmatrix}0&\hbar\\0&0\end{pmatrix}\begin{pmatrix}1\\0\end{pmatrix}=0,\quad \hat{S}_+\chi_{-1/2}=\begin{pmatrix}0&\hbar\\0&0\end{pmatrix}\begin{pmatrix}0\\1\end{pmatrix}=\hbar\begin{pmatrix}1\\0\end{pmatrix}=\hbar\chi_{+1/2}$$

$$\hat{S}_-\chi_{+1/2}=\begin{pmatrix}0&0\\\hbar&0\end{pmatrix}\begin{pmatrix}1\\0\end{pmatrix}=\hbar\begin{pmatrix}0\\1\end{pmatrix}=\hbar\chi_{-1/2},\quad \hat{S}_-\chi_{-1/2}=\begin{pmatrix}0&0\\\hbar&0\end{pmatrix}\begin{pmatrix}0\\1\end{pmatrix}=0$$

另外，$\hat{L}^2$ 只对球谐函数 $Y_{l,m}$ 有作用，$\hat{S}^2$ 只对自旋函数 χ_{m_s} 有作用

$$\hat{L}^2Y_{l,m}=l(l+1)\hbar^2Y_{l,m};\ \hat{L}^2Y_{1,1}=2\,\hbar^2Y_{1,1},\ \hat{L}^2Y_{1,0}=2\,\hbar^2Y_{1,0},\ \hat{L}^2Y_{1,-1}=2\,\hbar^2Y_{1,-1}$$

$$\hat{S}^2\chi_{m_s}=\frac{3}{4}\hbar^2\chi_{m_s};\ \hat{S}^2\chi_{+1/2}=\frac{3}{4}\hbar^2\chi_{+1/2},\ \hat{S}^2\chi_{-1/2}=\frac{3}{4}\hbar^2\chi_{-1/2}$$

以及 $\hat{L}_z$ 只对球谐函数 $Y_{l,m}$ 有作用，$\hat{S}_z$ 只对自旋函数 χ_{m_s} 有作用

$$\hat{L}_zY_{l,m}=m\,\hbar Y_{l,m};\ \hat{L}_zY_{1,1}=\hbar Y_{1,1},\ \hat{L}_zY_{1,0}=0,\ \hat{L}_zY_{1,-1}=-\hbar Y_{1,-1}$$

$$\hat{S}_z\chi_{m_s}=m_s\,\hbar\chi_{m_s};\ \hat{S}_z\chi_{+1/2}=+\frac{\hbar}{2}\chi_{+1/2},\ \hat{S}_z\chi_{-1/2}=-\frac{\hbar}{2}\chi_{-1/2}$$

利用上述结果，得到

$$\hat{J}^2\psi=(\hat{L}^2+\hat{S}^2+2\hat{L}_z\hat{S}_z+\hat{L}_+\hat{S}_-+\hat{L}_-\hat{S}_+)\frac{1}{\sqrt{3}}\left[\sqrt{2}\chi_{+1/2}Y_{1,0}(\theta,\varphi)+\chi_{-1/2}Y_{1,1}(\theta,\varphi)\right]$$

$$=\hat{L}^2\frac{1}{\sqrt{3}}\left[\sqrt{2}\chi_{+1/2}Y_{1,0}(\theta,\varphi)+\chi_{-1/2}Y_{1,1}(\theta,\varphi)\right]+$$

$$\hat{S}^2\frac{1}{\sqrt{3}}\left[\sqrt{2}\chi_{+1/2}Y_{1,0}(\theta,\varphi)+\chi_{-1/2}Y_{1,1}(\theta,\varphi)\right]+$$

$$2\hat{L}_z\hat{S}_z\frac{1}{\sqrt{3}}\left[\sqrt{2}\chi_{+1/2}Y_{1,0}(\theta,\varphi)+\chi_{-1/2}Y_{1,1}(\theta,\varphi)\right]+$$

$$\hat{L}_+\hat{S}_-\frac{1}{\sqrt{3}}\left[\sqrt{2}\chi_{+1/2}Y_{1,0}(\theta,\varphi)+\chi_{-1/2}Y_{1,1}(\theta,\varphi)\right]+$$

$$\hat{L}_-\hat{S}_+\frac{1}{\sqrt{3}}\left[\sqrt{2}\chi_{+1/2}Y_{1,0}(\theta,\varphi)+\chi_{-1/2}Y_{1,1}(\theta,\varphi)\right]$$

$$=\frac{\sqrt{2}}{\sqrt{3}}\chi_{+1/2}\hat{L}^2Y_{1,0}(\theta,\varphi)+\frac{1}{\sqrt{3}}\chi_{-1/2}\hat{L}^2Y_{1,1}(\theta,\varphi)+$$

$$\frac{\sqrt{2}}{\sqrt{3}}\hat{S}^2\chi_{+1/2}Y_{1,0}(\theta,\varphi)+\frac{1}{\sqrt{3}}\hat{S}^2\chi_{-1/2}Y_{1,1}(\theta,\varphi)+$$

$$\frac{2\sqrt{2}}{\sqrt{3}}\hat{S}_z\chi_{+1/2}\hat{L}_zY_{1,0}(\theta,\varphi)+\frac{2}{\sqrt{3}}\hat{S}_z\chi_{-1/2}\hat{L}_zY_{1,1}(\theta,\varphi)+$$

$$\frac{\sqrt{2}}{\sqrt{3}}\hat{S}_-\chi_{+1/2}\hat{L}_+Y_{1,0}(\theta,\varphi)+\frac{1}{\sqrt{3}}\hat{S}_-\chi_{-1/2}\hat{L}_+Y_{1,1}(\theta,\varphi)+$$

$$\frac{\sqrt{2}}{\sqrt{3}}\hat{S}_+\chi_{+1/2}\hat{L}_-Y_{1,0}(\theta,\varphi)+\frac{1}{\sqrt{3}}\hat{S}_+\chi_{-1/2}\hat{L}_-Y_{1,1}(\theta,\varphi)$$

$$=\frac{\sqrt{2}}{\sqrt{3}}\chi_{+1/2}2\hbar^2Y_{1,0}(\theta,\varphi)+\frac{1}{\sqrt{3}}\chi_{-1/2}2\hbar^2Y_{1,1}(\theta,\varphi)+$$

$$\frac{\sqrt{2}}{\sqrt{3}}\frac{3}{4}\hbar^2\chi_{+1/2}Y_{1,0}(\theta,\varphi)+\frac{1}{\sqrt{3}}\frac{3}{4}\hbar^2\chi_{-1/2}Y_{1,1}(\theta,\varphi)+$$

$$\frac{2\sqrt{2}}{\sqrt{3}}\frac{\hbar}{2}\chi_{+1/2}\times0-\frac{2}{\sqrt{3}}\frac{\hbar}{2}\chi_{-1/2}\ \hbar Y_{1,1}(\theta,\varphi)+$$

$$\frac{\sqrt{2}}{\sqrt{3}}\hbar\chi_{-1/2}\ \sqrt{2}\,\hbar Y_{1,1}(\theta,\varphi)+\frac{1}{\sqrt{3}}\times0\times0+$$

$$\frac{\sqrt{2}}{\sqrt{3}}\times0\times\sqrt{2}\,\hbar Y_{1,-1}(\theta,\varphi)+\frac{1}{\sqrt{3}}\hbar\ \chi_{+1/2}\ \sqrt{2}\,\hbar Y_{1,0}(\theta,\varphi)$$

$$=\frac{15}{4}\hbar^2\frac{\sqrt{2}}{\sqrt{3}}\chi_{+1/2}Y_{1,0}(\theta,\varphi)+\frac{15}{4}\hbar^2\frac{1}{\sqrt{3}}\chi_{-1/2}Y_{1,1}(\theta,\varphi)=\frac{15}{4}\hbar^2\psi$$

即 $\hat{J}^2\psi=\frac{15}{4}\hbar^2\psi$，因此 ψ 为 $\hat{J}^2$ 的本征函数，而且本征值为$\frac{15}{4}\hbar^2$。

点评 (1)并非任意的自旋函数与球谐函数的组合就是总角动量平方算符的本征函数

$$\hat{J}^2\psi_1=(\hat{L}^2+\hat{S}^2+2\hat{L}_z\hat{S}_z+\hat{L}_+\hat{S}_-+\hat{L}_-\hat{S}_+)\chi_{+1/2}Y_{1,0}$$

$$=2\hbar^2\chi_{+1/2}Y_{1,0}+\frac{3}{4}\hbar^2\chi_{+1/2}Y_{1,0}+0+\sqrt{2}\hbar^2\chi_{-1/2}Y_{1,1}+0\neq A\psi_1$$

$$\hat{J}^2\psi_2=(\hat{L}^2+\hat{S}^2+2\hat{L}_z\hat{S}_z+\hat{L}_+\hat{S}_-+\hat{L}_-\hat{S}_+)\chi_{-1/2}Y_{1,1}$$

$$=2\hbar^2\chi_{-1/2}Y_{1,1}+\frac{3}{4}\hbar^2\chi_{-1/2}Y_{1,1}-\hbar^2\chi_{-1/2}Y_{1,1}+0+\sqrt{2}\hbar^2 2\chi_{-1/2}Y_{1,0}\neq B\psi_2$$

但 $\psi_1=\chi_{+1/2}Y_{1,0}$ 与 $\psi_2=\chi_{-1/2}Y_{1,1}$ 的线性组合 $\psi=\sqrt{2}\psi_1+\psi_2$ 却是 $\hat{J}^2$ 的本征函数

$$\hat{J}^2(\sqrt{2}\psi_1+\psi_2)=\frac{15}{4}\hbar^2(\sqrt{2}\psi_1+\psi_2)$$

(2)实际上,将上述本征值改写为

$$\frac{15}{4}\hbar^2=\frac{3}{2}\frac{5}{2}\hbar^2=\left(1+\frac{1}{2}\right)\left(1+1+\frac{1}{2}\right)\hbar^2=(l+s)(l+s+1)\hbar^2=J(J+1)\hbar^2$$

考虑到 $l=1,s=1/2$,总角动量量子数 J 的可能取值

$$J_1=l+s=1+\frac{1}{2}=\frac{3}{2},J_2=|l-s|=\left|1-\frac{1}{2}\right|=\frac{1}{2}$$

总角动量量子数 $J_1=3/2$ 对应的 $\hat{J}^2$ 的本征值正是 $15\hbar^2/4$;总角动量量子数 $J_2=1/2$ 对应的 $\hat{J}^2$ 的本征值应该是 $3\hbar^2/4$。总角动量平方算符 $\hat{J}^2$ 的本征值有 2 个。

(3)也并非任意 $\chi_{\pm1/2}Y_{l,m}$ 的线性组合就能构成 $\hat{J}^2$ 的本征函数

实际上,对于轨道量子数 $l=1$ 的情况,可以组合 6 种本征函数项

$$\chi_{+1/2}Y_{1,1},\chi_{+1/2}Y_{1,0},\chi_{+1/2}Y_{1,-1},\chi_{-1/2}Y_{1,1},\chi_{-1/2}Y_{1,0},\chi_{-1/2}Y_{1,-1}$$

将总角动量平方算符 $\hat{J}^2$ 分别作用到这 6 个函数上,得到

$$\hat{J}^2\chi_{+1/2}Y_{1,1}=(\hat{L}^2+\hat{S}^2+2\hat{L}_z\hat{S}_z+\hat{L}_+\hat{S}_-+\hat{L}_-\hat{S}_+)\chi_{+1/2}Y_{1,1}$$

$$=2\hbar^2\chi_{+1/2}Y_{1,1}+\frac{3}{4}\hbar^2\chi_{+1/2}Y_{1,1}+\hbar^2\chi_{+1/2}Y_{1,1}=\frac{15}{4}\hbar^2\chi_{+1/2}Y_{1,1}$$

$$\hat{J}^2\chi_{+1/2}Y_{1,0}=(\hat{L}^2+\hat{S}^2+2\hat{L}_z\hat{S}_z+\hat{L}_+\hat{S}_-+\hat{L}_-\hat{S}_+)\chi_{+1/2}Y_{1,0}$$

$$=2\hbar^2\chi_{+1/2}Y_{1,0}+\frac{3}{4}\hbar^2\chi_{+1/2}Y_{1,0}+\sqrt{2}\hbar^2\chi_{-1/2}Y_{1,1}$$

$$=\frac{11}{4}\hbar^2\chi_{+1/2}Y_{1,0}+\sqrt{2}\hbar^2\chi_{-1/2}Y_{1,1}$$

$$\hat{J}^2\chi_{+1/2}Y_{1,-1}=(\hat{L}^2+\hat{S}^2+2\hat{L}_z\hat{S}_z+\hat{L}_+\hat{S}_-+\hat{L}_-\hat{S}_+)\chi_{+1/2}Y_{1,-1}$$

$$=2\hbar^2\chi_{+1/2}Y_{1,-1}+\frac{3}{4}\hbar^2\chi_{+1/2}Y_{1,-1}-\hbar^2\chi_{+1/2}Y_{1,-1}+\sqrt{2}\hbar^2\chi_{-1/2}Y_{1,0}$$

$$=\frac{7}{4}\hbar^2\chi_{+1/2}Y_{1,-1}+\sqrt{2}\hbar^2\chi_{-1/2}Y_{1,0}$$

$$\hat{J}^2\chi_{-1/2}Y_{1,1}=(\hat{L}^2+\hat{S}^2+2\hat{L}_z\hat{S}_z+\hat{L}_+\hat{S}_-+\hat{L}_-\hat{S}_+)\chi_{-1/2}Y_{1,1}$$

$$=2\hbar^2\chi_{-1/2}Y_{1,1}+\frac{3}{4}\hbar^2\chi_{-1/2}Y_{1,1}-\hbar^2\chi_{-1/2}Y_{1,1}+\sqrt{2}\hbar^2\chi_{+1/2}Y_{1,0}$$

$$=\frac{7}{4}\hbar^2\chi_{-1/2}Y_{1,1}+\sqrt{2}\hbar^2\chi_{+1/2}Y_{1,0}$$

$$\hat{J}^2\chi_{-1/2}Y_{1,0}=(\hat{L}^2+\hat{S}^2+2\hat{L}_z\hat{S}_z+\hat{L}_+\hat{S}_-+\hat{L}_-\hat{S}_+)\chi_{-1/2}Y_{1,0}$$
$$=2\hbar^2\chi_{-1/2}Y_{1,0}+\frac{3}{4}\hbar^2\chi_{-1/2}Y_{1,0}+\sqrt{2}\hbar^2\chi_{+1/2}Y_{1,-1}$$
$$=\frac{11}{4}\hbar^2\chi_{-1/2}Y_{1,0}+\sqrt{2}\hbar^2\chi_{+1/2}Y_{1,-1}$$
$$\hat{J}^2\chi_{-1/2}Y_{1,-1}=(\hat{L}^2+\hat{S}^2+2\hat{L}_z\hat{S}_z+\hat{L}_+\hat{S}_-+\hat{L}_-\hat{S}_+)\chi_{-1/2}Y_{1,-1}$$
$$=2\hbar^2\chi_{-1/2}Y_{1,-1}+\frac{3}{4}\hbar^2\chi_{-1/2}Y_{1,-1}+\hbar^2\chi_{-1/2}Y_{1,-1}=\frac{15}{4}\hbar^2\chi_{-1/2}Y_{1,-1}$$

可见,$\chi_{+1/2}Y_{1,1}$ 和$\chi_{-1/2}Y_{1,-1}$ 也是总角动量平方算符 $\hat{J}^2$ 的属于本征值 $15\hbar^2/4$ 的本征函数;其他 4 项都不能单独构成总角动量平方算符 $\hat{J}^2$ 的本征函数;$\chi_{+1/2}Y_{1,1}$ 和$\chi_{-1/2}Y_{1,-1}$ 也不能与其他 4 项线性组合成总角动量平方算符 $\hat{J}^2$ 的本征函数。$\chi_{+1/2}Y_{1,0}$ 和$\chi_{-1/2}Y_{1,1}$ 可能线性组合成总角动量平方算符 $\hat{J}^2$ 的本征函数,这就是正题中的本征函数,本征值为 $15\hbar^2/4$;$\chi_{+1/2}Y_{1,-1}$ 和$\chi_{-1/2}Y_{1,0}$ 可能线性组合成总角动量平方算符 $\hat{J}^2$ 的本征函数;其他线性组合都不能构成总角动量平方算符 $\hat{J}^2$ 的本征函数。

前述已经证明

$$\psi_1=\frac{1}{\sqrt{3}}\left[\sqrt{2}\chi_{+1/2}Y_{1,0}(\theta,\varphi)+\chi_{-1/2}Y_{1,1}(\theta,\varphi)\right]$$

是总角动量平方算符 $\hat{J}^2$ 的本征函数,本征值为 $15\hbar^2/4$。

令归一化波函数 $\psi_2=\frac{1}{\sqrt{3}}\left[\sqrt{2}\chi_{-1/2}Y_{1,0}+\chi_{+1/2}Y_{1,-1}\right]$,则

$$\hat{J}^2\psi_2=\frac{1}{\sqrt{3}}\left[\sqrt{2}\hat{J}^2(\chi_{-1/2}Y_{1,0})+\hat{J}^2(\chi_{+1/2}Y_{1,-1})\right]$$
$$=\frac{1}{\sqrt{3}}\left[\sqrt{2}\left(\frac{11}{4}\hbar^2\chi_{-1/2}Y_{1,0}+\sqrt{2}\hbar^2\chi_{+1/2}Y_{1,-1}\right)+\frac{7}{4}\hbar^2\chi_{+1/2}Y_{1,-1}+\sqrt{2}\hbar^2\chi_{-1/2}Y_{1,0}\right]$$
$$=\frac{15\hbar^2}{4\sqrt{3}}\left[\sqrt{2}\chi_{-1/2}Y_{1,0}+\chi_{+1/2}Y_{1,-1}\right]=\frac{15\hbar^2}{4}\psi_2$$

归一化波函数 ψ_2 是总角动量平方算符 $\hat{J}^2$ 的本征函数,本征值为 $15\hbar^2/4$。

令归一化波函数 $\psi_3=\frac{1}{\sqrt{3}}\left[\chi_{+1/2}Y_{1,0}(\theta,\varphi)-\sqrt{2}\chi_{-1/2}Y_{1,1}(\theta,\varphi)\right]$,则

$$\hat{J}^2\psi_3=\frac{1}{\sqrt{3}}\left[\hat{J}^2\chi_{+1/2}Y_{1,0}(\theta,\varphi)-\sqrt{2}\hat{J}^2\chi_{-1/2}Y_{1,1}(\theta,\varphi)\right]$$
$$=\frac{1}{\sqrt{3}}\left[\frac{11}{4}\hbar^2\chi_{+1/2}Y_{1,0}+\sqrt{2}\hbar^2\chi_{-1/2}Y_{1,1}-\sqrt{2}\left(\frac{7}{4}\hbar^2\chi_{-1/2}Y_{1,1}+\sqrt{2}\hbar^2\chi_{+1/2}Y_{1,0}\right)\right]$$
$$=\frac{3\hbar^2}{4\sqrt{3}}\left[\chi_{+1/2}Y_{1,0}-\sqrt{2}\chi_{-1/2}Y_{1,1}\right]=\frac{3\hbar^2}{4}\psi_3$$

归一化波函数 ψ_3 是总角动量平方算符 $\hat{J}^2$ 的本征函数,本征值为 $3\hbar^2/4$。

令归一化波函数 $\psi_4=\frac{1}{\sqrt{3}}\left[\chi_{-1/2}Y_{1,0}-\sqrt{2}\chi_{+1/2}Y_{1,-1}\right]$,则

$$\hat{J}^2\psi_4=\frac{1}{\sqrt{3}}\left[\hat{J}^2(\chi_{-1/2}Y_{1,0})-\sqrt{2}\hat{J}^2(\chi_{+1/2}Y_{1,-1})\right]$$

$$=\frac{1}{\sqrt{3}}\left[\left(\frac{11}{4}\hbar^2\chi_{-1/2}Y_{1,0}+\sqrt{2}\hbar^2\chi_{+1/2}Y_{1,-1}\right)-\sqrt{2}\left(\frac{7}{4}\hbar^2\chi_{+1/2}Y_{1,-1}+\sqrt{2}\hbar^2\chi_{-1/2}Y_{1,0}\right)\right]$$

$$=\frac{3\hbar^2}{4\sqrt{3}}\left[\chi_{-1/2}Y_{1,0}-\sqrt{2}\chi_{+1/2}Y_{1,-1}\right]=\frac{3\hbar^2}{4}\psi_4$$

归一化波函数 ψ_4 是总角动量平方算符 $\hat{J}^2$ 的本征函数,本征值为 $3\hbar^2/4$。

【例 16-13】 三个玻色子组成的全同粒子体系,玻色子之间没有相互作用。如果体系的归一化单粒子态分别为 φ_i,φ_j 和 φ_k,单粒子态 φ_i,φ_j 和 φ_k 的能量本征值分别为 ε_i,ε_j 和 ε_k,求量子体系可能的波函数以及量子体系能量的可能值。

分析 三个玻色子 q_1,q_2 和 q_3 可以分别处于归一化单粒子态 φ_i,φ_j 和 φ_k 上,共有 9 种单粒子态:$\varphi_i(q_1)$,$\varphi_i(q_2)$,$\varphi_i(q_3)$,$\varphi_j(q_1)$,$\varphi_j(q_2)$,$\varphi_j(q_3)$,$\varphi_k(q_1)$,$\varphi_k(q_2)$,$\varphi_k(q_3)$。量子体系的状态由各个单粒子态上的量子数分布决定,每一种量子数分布的状态"波函数"由各个单粒子态的乘积得出。由于体系是由全同玻色子组成的,不受泡利不相容原理的限制,每个单粒子态可以分布若干全同粒子。3 个全同粒子(玻色子)、3 个单粒子态,共有 10 种全同粒子分布,也就是体系可以处于 10 种状态;体系状态的波函数可以由每一种粒子数分布的状态"波函数"的线性组合来实现。单粒子态 φ_i,φ_j,φ_k 上全同粒子数分布为(3,0,0)的状态,粒子数分布的状态"波函数"只有一种

$$\varphi_i(q_1)\varphi_i(q_2)\varphi_i(q_3)$$

这一函数本身就是对称的,可以作为量子体系处于全同粒子数分布为(3,0,0)的状态的波函数。单粒子态 φ_i,φ_j,φ_k 上全同粒子数分布为(0,3,0)的状态,粒子数分布的状态"波函数"只有一种

$$\varphi_j(q_1)\varphi_j(q_2)\varphi_j(q_3)$$

这一函数本身就是对称的,可以作为量子体系处于全同粒子数分布为(0,3,0)的状态的波函数。单粒子态 φ_i,φ_j,φ_k 上全同粒子数分布为(0,0,3)的状态,粒子数分布的状态"波函数"只有一种

$$\varphi_k(q_1)\varphi_k(q_2)\varphi_k(q_3)$$

这一函数本身就是对称的,可以作为量子体系处于全同粒子数分布为(0,0,3)的状态的波函数。单粒子态 φ_i,φ_j,φ_k 上全同粒子数分布为(2,1,0)的状态,粒子数分布的状态"波函数"共有 3 种

$$\varphi_i(q_1)\varphi_i(q_2)\varphi_j(q_3),\varphi_i(q_1)\varphi_i(q_3)\varphi_j(q_2),\varphi_i(q_2)\varphi_i(q_3)\varphi_j(q_1)$$

这 3 个函数一般来说是不对称的,但这 3 个函数的线性组合(直接取和)所得到的新的函数却是对称的,可以作为量子体系处于全同粒子数分布为(2,1,0)的状态的波函数。单粒子态 φ_i,φ_j,φ_k 上全同粒子数分布为(2,0,1)的状态,粒子数分布的状态"波函数"共有 3 种

$$\varphi_i(q_1)\varphi_i(q_2)\varphi_k(q_3),\varphi_i(q_1)\varphi_i(q_3)\varphi_k(q_2),\varphi_i(q_2)\varphi_i(q_3)\varphi_k(q_1)$$

这 3 个函数一般来说是不对称的,但这 3 个函数的线性组合(直接取和)所得到的新的函数却是对称的,可以作为量子体系处于全同粒子数分布为(2,0,1)的状态的波函数。单粒子态 φ_i,φ_j,φ_k 上全同粒子数分布为(1,2,0)的状态,粒子数分布的状态"波函数"共有 3 种

$$\varphi_i(q_1)\varphi_j(q_2)\varphi_j(q_3),\varphi_i(q_2)\varphi_j(q_1)\varphi_j(q_3),\varphi_i(q_3)\varphi_j(q_1)\varphi_j(q_2)$$

这 3 个函数一般来说是不对称的,但这 3 个函数的线性组合(直接取和)所得到的新的函数却

是对称的,可以作为量子体系处于全同粒子数分布为(1,2,0)的状态的波函数。单粒子态 $\varphi_i,\varphi_j,\varphi_k$ 上全同粒子数分布为(1,0,2)的状态,粒子数分布的状态"波函数"共有 3 种

$$\varphi_i(q_1)\varphi_k(q_2)\varphi_k(q_3),\varphi_i(q_2)\varphi_k(q_1)\varphi_k(q_3),\varphi_i(q_3)\varphi_k(q_1)\varphi_k(q_2)$$

这 3 个函数一般来说是不对称的,但这 3 个函数的线性组合(直接取和)所得到的新的函数却是对称的,可以作为量子体系处于全同粒子数分布为(1,0,2)的状态的波函数。单粒子态 $\varphi_i,\varphi_j,\varphi_k$ 上全同粒子数分布为(0,2,1)的状态,粒子数分布的状态"波函数"共有 3 种

$$\varphi_k(q_1)\varphi_j(q_2)\varphi_j(q_3),\varphi_k(q_2)\varphi_j(q_1)\varphi_j(q_3),\varphi_k(q_3)\varphi_j(q_1)\varphi_j(q_2)$$

这 3 个函数一般来说是不对称的,但这 3 个函数的线性组合(直接取和)所得到的新的函数却是对称的,可以作为量子体系处于全同粒子数分布为(0,2,1)的状态的波函数。单粒子态 $\varphi_i,\varphi_j,\varphi_k$ 上全同粒子数分布为(0,1,2)的状态,粒子数分布的状态"波函数"共有 3 种

$$\varphi_j(q_1)\varphi_k(q_2)\varphi_k(q_3),\varphi_j(q_2)\varphi_k(q_1)\varphi_k(q_3),\varphi_j(q_3)\varphi_k(q_1)\varphi_k(q_2)$$

这 3 个函数一般来说是不对称的,但这 3 个函数的线性组合(直接取和)所得到的新的函数却是对称的,可以作为量子体系处于全同粒子数分布为(0,1,2)的状态的波函数。单粒子态 $\varphi_i,\varphi_j,\varphi_k$ 上全同粒子数分布为(1,1,1)的状态,粒子数分布的状态"波函数"共有 6 种

$$\varphi_i(q_1)\varphi_j(q_2)\varphi_k(q_3),\varphi_i(q_1)\varphi_j(q_3)\varphi_k(q_2),\varphi_i(q_2)\varphi_j(q_1)\varphi_k(q_3)$$
$$\varphi_i(q_2)\varphi_j(q_3)\varphi_k(q_1),\varphi_i(q_3)\varphi_j(q_1)\varphi_k(q_2),\varphi_i(q_3)\varphi_j(q_2)\varphi_k(q_1)$$

这 6 个函数一般来说是不对称的,但这 6 个函数的线性组合(直接取和)所得到的新的函数却是对称的,可以作为量子体系处于全同粒子数分布为(1,1,1)的状态的波函数。

由于玻色子之间没有相互作用,全同粒子体系的能量就等于各个单粒子能量之和。

解 全同玻色子组成的全同粒子体系,3 个玻色子可以处于相同的单粒子态,也可以处于不同的单粒子态。每一种粒子数分布就是一个量子体系的一个状态。量子体系的每一种状态(对应于粒子数分布)的单粒子态组合(乘积)出的"函数"数目不同,它们可能不是对称的,但它们的线性组合(取和)所得到的函数却是对称的,可以作为量子体系在该状态的波函数。

对于单粒子态 φ_i、φ_j、φ_k 上全同粒子数分布为(3,0,0)的状态,函数

$$\Phi_{\mathrm{S}}^{3,0,0}(q_1,q_2,q_3)=\varphi_i(q_1)\varphi_i(q_2)\varphi_i(q_3)$$

是对称的,$\Phi_{\mathrm{S}}^{3,0,0}(q_1,q_2,q_3)$为量子体系全同粒子数分布为(3,0,0)的状态的波函数。量子体系的能量为 $E_{3,0,0}=\varepsilon_i+\varepsilon_i+\varepsilon_i=3\varepsilon_i$。

对于单粒子态 $\varphi_i,\varphi_j,\varphi_k$ 上全同粒子数分布为(0,3,0)的状态,函数

$$\Phi_{\mathrm{S}}^{0,3,0}(q_1,q_2,q_3)=\varphi_j(q_1)\varphi_j(q_2)\varphi_j(q_3)$$

是对称的,$\Phi_{\mathrm{S}}^{0,3,0}(q_1,q_2,q_3)$为量子体系全同粒子数分布为(0,3,0)的状态的波函数。量子体系的能量为 $E_{0,3,0}=\varepsilon_j+\varepsilon_j+\varepsilon_j=3\varepsilon_j$。

对于单粒子态 $\varphi_i,\varphi_j,\varphi_k$ 上全同粒子数分布为(0,0,3)的状态,函数

$$\Phi_{\mathrm{S}}^{0,0,3}(q_1,q_2,q_3)=\varphi_k(q_1)\varphi_k(q_2)\varphi_k(q_3)$$

是对称的,$\Phi_{\mathrm{S}}^{0,0,3}(q_1,q_2,q_3)$为量子体系全同粒子数分布为(0,0,3)的状态的波函数。量子体系的能量为 $E_{0,0,3}=\varepsilon_k+\varepsilon_k+\varepsilon_k=3\varepsilon_k$。

对于单粒子态 φ_i、φ_j、φ_k 上全同粒子数分布为(2,1,0)的状态,函数

$$\Phi_{\mathrm{S}}^{2,1,0}=\frac{1}{\sqrt{3}}[\varphi_i(q_1)\varphi_i(q_2)\varphi_j(q_3)+\varphi_i(q_1)\varphi_i(q_3)\varphi_j(q_2)+\varphi_i(q_2)\varphi_i(q_3)\varphi_j(q_1)]$$

是对称的,$\Phi_{\mathrm{S}}^{2,1,0}(q_1,q_2,q_3)$为量子体系全同粒子数分布为(2,1,0)的状态的波函数。量子体系的能量为 $E_{2,1,0}=\varepsilon_i+\varepsilon_i+\varepsilon_j=2\varepsilon_i+\varepsilon_j$。

对于单粒子态 $\varphi_i,\varphi_j,\varphi_k$ 上全同粒子数分布为(2,0,1)的状态,函数

$$\Phi_S^{2,0,1}=\frac{1}{\sqrt{3}}[\varphi_i(q_1)\varphi_i(q_2)\varphi_k(q_3)+\varphi_i(q_1)\varphi_i(q_3)\varphi_k(q_2)+\varphi_i(q_2)\varphi_i(q_3)\varphi_k(q_1)]$$

是对称的,$\Phi_S^{2,0,1}(q_1,q_2,q_3)$为量子体系全同粒子数分布为(2,0,1)的状态的波函数。量子体系的能量为 $E_{2,0,1}=\varepsilon_i+\varepsilon_i+\varepsilon_k=2\varepsilon_i+\varepsilon_k$。

对于单粒子态 $\varphi_i,\varphi_j,\varphi_k$ 上全同粒子数分布为(1,2,0)的状态,函数

$$\Phi_S^{1,2,0}=\frac{1}{\sqrt{3}}[\varphi_i(q_1)\varphi_j(q_2)\varphi_j(q_3)+\varphi_i(q_2)\varphi_j(q_1)\varphi_j(q_3)+\varphi_i(q_3)\varphi_j(q_1)\varphi_j(q_2)]$$

是对称的,$\Phi_S^{1,2,0}(q_1,q_2,q_3)$为量子体系全同粒子数分布为(1,2,0)的状态的波函数。量子体系的能量为 $E_{1,2,0}=\varepsilon_i+\varepsilon_j+\varepsilon_j=\varepsilon_i+2\varepsilon_j$。

对于单粒子态 $\varphi_i,\varphi_j,\varphi_k$ 上全同粒子数分布为(1,0,2)的状态,函数

$$\Phi_S^{1,0,2}=\frac{1}{\sqrt{3}}[\varphi_i(q_1)\varphi_k(q_2)\varphi_k(q_3)+\varphi_i(q_2)\varphi_k(q_1)\varphi_k(q_3)+\varphi_i(q_3)\varphi_k(q_1)\varphi_k(q_2)]$$

是对称的,$\Phi_S^{1,0,2}(q_1,q_2,q_3)$为量子体系全同粒子数分布为(1,0,2)的状态的波函数。量子体系的能量为 $E_{1,0,2}=\varepsilon_i+\varepsilon_k+\varepsilon_k=\varepsilon_i+2\varepsilon_k$。

对于单粒子态 $\varphi_i,\varphi_j,\varphi_k$ 上全同粒子数分布为(0,2,1)的状态,函数

$$\Phi_S^{0,2,1}=\frac{1}{\sqrt{3}}[\varphi_k(q_1)\varphi_j(q_2)\varphi_j(q_3)+\varphi_k(q_2)\varphi_j(q_1)\varphi_j(q_3)+\varphi_k(q_3)\varphi_j(q_1)\varphi_j(q_2)]$$

是对称的,$\Phi_S^{0,2,1}(q_1,q_2,q_3)$为量子体系全同粒子数分布为(0,2,1)的状态的波函数。量子体系的能量为 $E_{0,2,1}=\varepsilon_j+\varepsilon_j+\varepsilon_k=2\varepsilon_j+\varepsilon_k$。

对于单粒子态 $\varphi_i,\varphi_j,\varphi_k$ 上全同粒子数分布为(0,1,2)的状态,函数

$$\Phi_S^{0,1,2}=\frac{1}{\sqrt{3}}[\varphi_j(q_1)\varphi_k(q_2)\varphi_k(q_3)+\varphi_j(q_2)\varphi_k(q_1)\varphi_k(q_3)+\varphi_j(q_3)\varphi_k(q_1)\varphi_k(q_2)]$$

是对称的,$\Phi_S^{0,1,2}(q_1,q_2,q_3)$为量子体系全同粒子数分布为(0,1,2)的状态的波函数。量子体系的能量为 $E_{0,1,2}=\varepsilon_j+\varepsilon_k+\varepsilon_k=\varepsilon_j+2\varepsilon_k$。

对于单粒子态 $\varphi_i,\varphi_j,\varphi_k$ 上全同粒子数分布为(1,1,1)的状态,函数

$$\Phi_S^{1,1,1}=\frac{1}{\sqrt{6}}\begin{bmatrix}\varphi_i(q_1)\varphi_j(q_2)\varphi_k(q_3)+\varphi_i(q_1)\varphi_j(q_3)\varphi_k(q_2)+\varphi_i(q_2)\varphi_j(q_1)\varphi_k(q_3)+\\ \varphi_i(q_2)\varphi_j(q_3)\varphi_k(q_1)+\varphi_i(q_3)\varphi_j(q_1)\varphi_k(q_2)+\varphi_i(q_3)\varphi_j(q_2)\varphi_k(q_1)\end{bmatrix}$$

是对称的,$\Phi_S^{1,1,1}(q_1,q_2,q_3)$为量子体系全同粒子数分布为(1,1,1)的状态的波函数。量子体系的能量为 $E_{1,1,1}=\varepsilon_i+\varepsilon_j+\varepsilon_k$。

全同粒子(玻色子)体系可能状态有 10 种,波函数(能量本征函数)分别为

$$\Phi_S^{3,0,0}(q_1,q_2,q_3),\Phi_S^{0,3,0}(q_1,q_2,q_3),\Phi_S^{0,0,3}(q_1,q_2,q_3),\Phi_S^{1,1,1}(q_1,q_2,q_3)$$
$$\Phi_S^{2,1,0}(q_1,q_2,q_3),\Phi_S^{2,0,1}(q_1,q_2,q_3),\Phi_S^{1,2,0}(q_1,q_2,q_3),\Phi_S^{1,0,2}(q_1,q_2,q_3)$$
$$\Phi_S^{0,2,1}(q_1,q_2,q_3),\Phi_S^{0,1,2}(q_1,q_2,q_3)$$

量子体系相应的能量取值(能量本征值)为

$$E_{3,0,0}=3\varepsilon_i,E_{0,3,0}=3\varepsilon_j,E_{0,0,3}=3\varepsilon_k,E_{1,1,1}=\varepsilon_i+\varepsilon_j+\varepsilon_k,$$
$$E_{2,1,0}=2\varepsilon_i+\varepsilon_j,E_{2,0,1}=2\varepsilon_i+\varepsilon_k,E_{1,2,0}=\varepsilon_i+2\varepsilon_j,$$
$$E_{1,0,2}=\varepsilon_i+2\varepsilon_k,E_{0,2,1}=2\varepsilon_j+\varepsilon_k,E_{0,1,2}=\varepsilon_j+2\varepsilon_k$$

点评 (1)可以将无相互作用的量子体系哈密顿算符

$$\hat{H}(q_1,q_2,q_3)=\hat{H}_0(q_1)+\hat{H}_0(q_2)+\hat{H}_0(q_3)$$

作用到本征函数 $\Phi_S(q_1,q_2,q_3)$ 上求出本征函数所对应的能量本征值。

$$\begin{aligned}
&\hat{H}(q_1,q_2,q_3)\Phi_S^{3,0,0}(q_1,q_2,q_3)=[\hat{H}_0(q_1)+\hat{H}_0(q_2)+\hat{H}_0(q_3)]\Phi_S^{3,0,0}(q_1,q_2,q_3)\\
&=\hat{H}_0(q_1)\varphi_i(q_1)\varphi_i(q_2)\varphi_i(q_3)+\varphi_i(q_1)\hat{H}_0(q_2)\varphi_i(q_2)\varphi_i(q_3)+\varphi_i(q_1)\varphi_i(q_2)\hat{H}_0(q_3)\varphi_i(q_3)\\
&=\varepsilon_i\varphi_i(q_1)\varphi_i(q_2)\varphi_i(q_3)+\varphi_i(q_1)\varepsilon_i\varphi_i(q_2)\varphi_i(q_3)+\varphi_i(q_1)\varphi_i(q_2)\varepsilon_i\varphi_i(q_3)\\
&=3\varepsilon_i\varphi_i(q_1)\varphi_i(q_2)\varphi_i(q_3)=3\varepsilon_i\Phi_S^{3,0,0}(q_1,q_2,q_3)
\end{aligned}$$

$$\begin{aligned}
&\hat{H}(q_1,q_2,q_3)\Phi_s^{0,0,3}(q_1,q_2,q_3)=[\hat{H}_0(q_1)+\hat{H}_0(q_2)+\hat{H}_0(q_3)]\Phi_S^{0,0,3}(q_1,q_2,q_3)\\
&=\hat{H}_0(q_1)\varphi_k(q_1)\varphi_k(q_2)\varphi_k(q_3)+\varphi_k(q_1)\hat{H}_0(q_2)\varphi_k(q_2)\varphi_k(q_3)+\varphi_k(q_1)\varphi_k(q_2)\hat{H}_0(q_3)\varphi_k(q_3)\\
&=\varepsilon_k\varphi_k(q_1)\varphi_k(q_2)\varphi_k(q_3)+\varphi_k(q_1)\varepsilon_k\varphi_k(q_2)\varphi_k(q_3)+\varphi_k(q_1)\varphi_k(q_2)\varepsilon_k\varphi_k(q_3)\\
&=3\varepsilon_k\varphi_k(q_1)\varphi_k(q_2)\varphi_k(q_3)=3\varepsilon_k\Phi_S^{0,0,3}(q_1,q_2,q_3)
\end{aligned}$$

$$\begin{aligned}
&\sqrt{3}\hat{H}(q_1,q_2,q_3)\Phi_S^{2,1,0}(q_1,q_2,q_3)=\sqrt{3}[\hat{H}_0(q_1)+\hat{H}_0(q_2)+\hat{H}_0(q_3)]\Phi_S^{2,1,0}(q_1,q_2,q_3)\\
&=\hat{H}_0(q_1)\varphi_i(q_1)\varphi_i(q_2)\varphi_j(q_3)+\varphi_i(q_1)\hat{H}_0(q_2)\varphi_i(q_2)\varphi_j(q_3)+\varphi_i(q_1)\varphi_i(q_2)\hat{H}_0(q_3)\varphi_j(q_3)+\\
&\quad\hat{H}_0(q_1)\varphi_i(q_1)\varphi_i(q_3)\varphi_j(q_2)+\varphi_i(q_1)\varphi_i(q_3)\hat{H}_0(q_2)\varphi_j(q_2)+\varphi_i(q_1)\hat{H}_0(q_3)\varphi_i(q_3)\varphi_j(q_2)+\\
&\quad\varphi_i(q_2)\varphi_i(q_3)\hat{H}_0(q_1)\varphi_j(q_1)+\hat{H}_0(q_2)\varphi_i(q_2)\varphi_i(q_3)\varphi_j(q_1)+\varphi_i(q_2)\hat{H}_0(q_3)\varphi_i(q_3)\varphi_j(q_1)\\
&=\varepsilon_i\varphi_i(q_1)\varphi_i(q_2)\varphi_j(q_3)+\varepsilon_i\varphi_i(q_1)\varphi_i(q_2)\varphi_j(q_3)+\varepsilon_j\varphi_i(q_1)\varphi_i(q_2)\varphi_j(q_3)+\\
&\quad\varepsilon_i\varphi_i(q_1)\varphi_i(q_3)\varphi_j(q_2)+\varepsilon_j\varphi_i(q_1)\varphi_i(q_3)\varphi_j(q_2)+\varepsilon_i\varphi_i(q_1)\varphi_i(q_3)\varphi_j(q_2)+\\
&\quad\varepsilon_j\varphi_i(q_2)\varphi_i(q_3)\varphi_j(q_1)+\varepsilon_i\varphi_i(q_2)\varphi_i(q_3)\varphi_j(q_1)+\varepsilon_i\varphi_i(q_2)\varphi_i(q_3)\varphi_j(q_1)\\
&=(2\varepsilon_i+\varepsilon_j)[\varphi_i(q_1)\varphi_i(q_2)\varphi_j(q_3)+\varphi_i(q_1)\varphi_i(q_3)\varphi_j(q_2)+\varphi_i(q_2)\varphi_i(q_3)\varphi_j(q_1)]\\
&=(2\varepsilon_i+\varepsilon_j)\sqrt{3}\Phi_S^{2,1,0}(q_1,q_2,q_3)
\end{aligned}$$

类似的计算,可以得到

$$\hat{H}(q_1,q_2,q_3)\Phi_S^{0,3,0}(q_1,q_2,q_3)=3\varepsilon_j\Phi_S^{0,3,0}(q_1,q_2,q_3)$$

$$\hat{H}(q_1,q_2,q_3)\Phi_S^{2,0,1}(q_1,q_2,q_3)=(2\varepsilon_i+\varepsilon_k)\Phi_S^{2,0,1}(q_1,q_2,q_3)$$

$$\hat{H}(q_1,q_2,q_3)\Phi_S^{1,2,0}(q_1,q_2,q_3)=(\varepsilon_i+2\varepsilon_j)\Phi_S^{1,2,0}(q_1,q_2,q_3)$$

$$\hat{H}(q_1,q_2,q_3)\Phi_S^{1,0,2}(q_1,q_2,q_3)=(\varepsilon_i+2\varepsilon_k)\Phi_S^{1,0,2}(q_1,q_2,q_3)$$

$$\hat{H}(q_1,q_2,q_3)\Phi_S^{0,2,1}(q_1,q_2,q_3)=(2\varepsilon_j+\varepsilon_k)\Phi_S^{0,2,1}(q_1,q_2,q_3)$$

$$\hat{H}(q_1,q_2,q_3)\Phi_S^{0,1,2}(q_1,q_2,q_3)=(\varepsilon_j+2\varepsilon_k)\Phi_S^{0,1,2}(q_1,q_2,q_3)$$

$$\hat{H}(q_1,q_2,q_3)\Phi_S^{1,1,1}(q_1,q_2,q_3)=(\varepsilon_i+\varepsilon_j+\varepsilon_k)\Phi_S^{1,1,1}(q_1,q_2,q_3)$$

(2)如果组成全同粒子体系的微观粒子是费米子,由于泡利不相容原理的限制,1 个单粒子态只能容纳 1 个费米子,3 个费米子、3 个单粒子态;粒子数分布只有一种情况,即每个单粒子态上容纳 1 个费米子;量子体系只能处于 1 种状态,但 3 个费米子可以分别处于不同的单粒子态上。共有 6 种单粒子态乘积组合

$$\varphi_i(q_1)\varphi_j(q_2)\varphi_k(q_3),\varphi_i(q_1)\varphi_j(q_3)\varphi_k(q_2),\varphi_i(q_2)\varphi_j(q_1)\varphi_k(q_3),$$
$$\varphi_i(q_2)\varphi_j(q_3)\varphi_k(q_1),\varphi_i(q_3)\varphi_j(q_1)\varphi_k(q_2),\varphi_i(q_3)\varphi_j(q_2)\varphi_k(q_1)$$

它们都不是反对称的,但它们的线性组合

$$\Phi_A^{1,1,1}(q_1,q_2,q_3)=\frac{1}{\sqrt{3!}}\begin{vmatrix}\varphi_i(q_1)&\varphi_i(q_2)&\varphi_i(q_3)\\\varphi_j(q_1)&\varphi_j(q_2)&\varphi_j(q_3)\\\varphi_k(q_1)&\varphi_k(q_2)&\varphi_k(q_3)\end{vmatrix}$$

却是一个反对称函数。$\Phi_A^{1,1,1}(q_1,q_2,q_3)$就是全同费米子组成的全同粒子体系的哈密顿算符$\hat{H}(q_1,q_2,q_3)=\hat{H}_0(q_1)+\hat{H}_0(q_2)+\hat{H}_0(q_3)$的本征函数。

体系的能量本征值为$E_{1,1,1}=\varepsilon_i+\varepsilon_j+\varepsilon_k$。

也可以将哈密顿算符$\hat{H}(q_1,q_2,q_3)$作用到$\Phi_A^{1,1,1}(q_1,q_2,q_3)$上

$$\hat{H}(q_1,q_2,q_3)\Phi_A^{1,1,1}(q_1,q_2,q_3)=\frac{\hat{H}_0(q_1)+\hat{H}_0(q_2)+\hat{H}_0(q_3)}{\sqrt{3!}}\begin{vmatrix}\varphi_i(q_1) & \varphi_i(q_2) & \varphi_i(q_3)\\ \varphi_j(q_1) & \varphi_j(q_2) & \varphi_j(q_3)\\ \varphi_k(q_1) & \varphi_k(q_2) & \varphi_k(q_3)\end{vmatrix}$$

$$=\frac{1}{\sqrt{3!}}\hat{H}_0(q_1)\begin{bmatrix}\varphi_i(q_1)\varphi_j(q_2)\varphi_k(q_3)-\varphi_i(q_1)\varphi_k(q_2)\varphi_j(q_3)-\varphi_i(q_2)\varphi_j(q_1)\varphi_k(q_3)\\ +\varphi_i(q_2)\varphi_k(q_1)\varphi_j(q_3)+\varphi_i(q_3)\varphi_j(q_1)\varphi_k(q_2)-\varphi_i(q_3)\varphi_k(q_1)\varphi_j(q_2)\end{bmatrix}+$$

$$\frac{1}{\sqrt{3!}}\hat{H}_0(q_2)\begin{bmatrix}\varphi_i(q_1)\varphi_j(q_2)\varphi_k(q_3)-\varphi_i(q_1)\varphi_k(q_2)\varphi_j(q_3)-\varphi_i(q_2)\varphi_j(q_1)\varphi_k(q_3)\\ +\varphi_i(q_2)\varphi_k(q_1)\varphi_j(q_3)+\varphi_i(q_3)\varphi_j(q_1)\varphi_k(q_2)-\varphi_i(q_3)\varphi_k(q_1)\varphi_j(q_2)\end{bmatrix}+$$

$$\frac{1}{\sqrt{3!}}\hat{H}_0(q_3)\begin{bmatrix}\varphi_i(q_1)\varphi_j(q_2)\varphi_k(q_3)-\varphi_i(q_1)\varphi_k(q_2)\varphi_j(q_3)-\varphi_i(q_2)\varphi_j(q_1)\varphi_k(q_3)\\ +\varphi_i(q_2)\varphi_k(q_1)\varphi_j(q_3)+\varphi_i(q_3)\varphi_j(q_1)\varphi_k(q_2)-\varphi_i(q_3)\varphi_k(q_1)\varphi_j(q_2)\end{bmatrix}$$

$$=\frac{1}{\sqrt{3!}}\begin{bmatrix}\varepsilon_i\varphi_i(q_1)\varphi_j(q_2)\varphi_k(q_3)-\varepsilon_i\varphi_i(q_1)\varphi_k(q_2)\varphi_j(q_3)-\varepsilon_j\varphi_i(q_2)\varphi_j(q_1)\varphi_k(q_3)\\ +\varepsilon_k\varphi_i(q_2)\varphi_k(q_1)\varphi_j(q_3)+\varepsilon_j\varphi_i(q_3)\varphi_j(q_1)\varphi_k(q_2)-\varepsilon_k\varphi_i(q_3)\varphi_k(q_1)\varphi_j(q_2)\end{bmatrix}+$$

$$\frac{1}{\sqrt{3!}}\begin{bmatrix}\varepsilon_j\varphi_i(q_1)\varphi_j(q_2)\varphi_k(q_3)-\varepsilon_k\varphi_i(q_1)\varphi_k(q_2)\varphi_j(q_3)-\varepsilon_i\varphi_i(q_2)\varphi_j(q_1)\varphi_k(q_3)\\ +\varepsilon_i\varphi_i(q_2)\varphi_k(q_1)\varphi_j(q_3)+\varepsilon_k\varphi_i(q_3)\varphi_j(q_1)\varphi_k(q_2)-\varepsilon_j\varphi_i(q_3)\varphi_k(q_1)\varphi_j(q_2)\end{bmatrix}+$$

$$\frac{1}{\sqrt{3!}}\begin{bmatrix}\varepsilon_k\varphi_i(q_1)\varphi_j(q_2)\varphi_k(q_3)-\varepsilon_j\varphi_i(q_1)\varphi_k(q_2)\varphi_j(q_3)-\varepsilon_k\varphi_i(q_2)\varphi_j(q_1)\varphi_k(q_3)\\ +\varepsilon_j\varphi_i(q_2)\varphi_k(q_1)\varphi_j(q_3)+\varepsilon_i\varphi_i(q_3)\varphi_j(q_1)\varphi_k(q_2)-\varepsilon_i\varphi_i(q_3)\varphi_k(q_1)\varphi_j(q_2)\end{bmatrix}$$

$$=\frac{\varepsilon_i}{\sqrt{3!}}\begin{bmatrix}\varphi_i(q_1)\varphi_j(q_2)\varphi_k(q_3)-\varphi_i(q_1)\varphi_k(q_2)\varphi_j(q_3)-\varphi_i(q_2)\varphi_j(q_1)\varphi_k(q_3)\\ +\varphi_i(q_2)\varphi_k(q_1)\varphi_j(q_3)+\varphi_i(q_3)\varphi_j(q_1)\varphi_k(q_2)-\varphi_i(q_3)\varphi_k(q_1)\varphi_j(q_2)\end{bmatrix}+$$

$$\frac{\varepsilon_j}{\sqrt{3!}}\begin{bmatrix}\varphi_i(q_1)\varphi_j(q_2)\varphi_k(q_3)-\varphi_i(q_1)\varphi_k(q_2)\varphi_j(q_3)-\varphi_i(q_2)\varphi_j(q_1)\varphi_k(q_3)\\ +\varphi_i(q_2)\varphi_k(q_1)\varphi_j(q_3)+\varphi_i(q_3)\varphi_j(q_1)\varphi_k(q_2)-\varphi_i(q_3)\varphi_k(q_1)\varphi_j(q_2)\end{bmatrix}+$$

$$\frac{\varepsilon_k}{\sqrt{3!}}\begin{bmatrix}\varphi_i(q_1)\varphi_j(q_2)\varphi_k(q_3)-\varphi_i(q_1)\varphi_k(q_2)\varphi_j(q_3)-\varphi_i(q_2)\varphi_j(q_1)\varphi_k(q_3)\\ +\varphi_i(q_2)\varphi_k(q_1)\varphi_j(q_3)+\varphi_i(q_3)\varphi_j(q_1)\varphi_k(q_2)-\varphi_i(q_3)\varphi_k(q_1)\varphi_j(q_2)\end{bmatrix}$$

$$=\frac{\varepsilon_i+\varepsilon_j+\varepsilon_k}{\sqrt{3!}}\begin{bmatrix}\varphi_i(q_1)\varphi_j(q_2)\varphi_k(q_3)-\varphi_i(q_1)\varphi_k(q_2)\varphi_j(q_3)-\varphi_i(q_2)\varphi_j(q_1)\varphi_k(q_3)\\ +\varphi_i(q_2)\varphi_k(q_1)\varphi_j(q_3)+\varphi_i(q_3)\varphi_j(q_1)\varphi_k(q_2)-\varphi_i(q_3)\varphi_k(q_1)\varphi_j(q_2)\end{bmatrix}$$

$$=\frac{\varepsilon_i+\varepsilon_j+\varepsilon_k}{\sqrt{3!}}\begin{vmatrix}\varphi_i(q_1) & \varphi_i(q_2) & \varphi_i(q_3)\\ \varphi_j(q_1) & \varphi_j(q_2) & \varphi_j(q_3)\\ \varphi_k(q_1) & \varphi_k(q_2) & \varphi_k(q_3)\end{vmatrix}=(\varepsilon_i+\varepsilon_j+\varepsilon_k)\Phi_A^{1,1,1}(q_1,q_2,q_3)$$

(3)设全同粒子体系由 3 个费米子(q_1,q_2,q_3)组成,单粒子态(归一化波函数)有 4 个$(\varphi_1,\varphi_2,\varphi_3,\varphi_4)$,相应的单粒子态本征能量为$(\varepsilon_1,\varepsilon_2,\varepsilon_3,\varepsilon_4)$。由于全同粒子的不可区分性(全同性原理),3 个费米子(q_1,q_2,q_3)在 4 个单粒子态$(\varphi_1,\varphi_2,\varphi_3,\varphi_4)$的一种分布是量子体系的一个状态;3 个费米子、4 个单粒子态,共有 4 种分布(量子体系状态)

$$(1,1,1,0)、(1,1,0,1)、(1,0,1,1)、(0,1,1,1)$$

对于费米子在单粒子态分布(1,1,1,0),量子体系的波函数(能量本征函数)为

$$\Phi_A^{1,1,1,0}(q_1,q_2,q_3)=\frac{1}{\sqrt{3!}}\begin{vmatrix}\varphi_1(q_1) & \varphi_1(q_2) & \varphi_1(q_3)\\ \varphi_2(q_1) & \varphi_2(q_2) & \varphi_2(q_3)\\ \varphi_3(q_1) & \varphi_3(q_2) & \varphi_3(q_3)\end{vmatrix}$$

量子体系的能量(本征值)为 $E_{1,1,1,0}=\varepsilon_1+\varepsilon_2+\varepsilon_3$。

对于费米子在单粒子态分布(1,1,0,1),量子体系的波函数(能量本征函数)为

$$\Phi_{\mathrm{A}}^{1,1,0,1}(q_1,q_2,q_3)=\frac{1}{\sqrt{3!}}\begin{vmatrix}\varphi_1(q_1) & \varphi_1(q_2) & \varphi_1(q_3)\\ \varphi_2(q_1) & \varphi_2(q_2) & \varphi_2(q_3)\\ \varphi_4(q_1) & \varphi_4(q_2) & \varphi_4(q_3)\end{vmatrix}$$

量子体系的能量(本征值)为 $E_{1,1,0,1}=\varepsilon_1+\varepsilon_2+\varepsilon_4$。

对于费米子在单粒子态分布(1,0,1,1),量子体系的波函数(能量本征函数)为

$$\Phi_{\mathrm{A}}^{1,0,1,1}(q_1,q_2,q_3)=\frac{1}{\sqrt{3!}}\begin{vmatrix}\varphi_1(q_1) & \varphi_1(q_2) & \varphi_1(q_3)\\ \varphi_3(q_1) & \varphi_3(q_2) & \varphi_3(q_3)\\ \varphi_4(q_1) & \varphi_4(q_2) & \varphi_4(q_3)\end{vmatrix}$$

量子体系的能量(本征值)为 $E_{1,0,1,1}=\varepsilon_1+\varepsilon_3+\varepsilon_4$。

对于费米子在单粒子态分布(0,1,1,1),量子体系的波函数(能量本征函数)为

$$\Phi_{\mathrm{A}}^{0,1,1,1}(q_1,q_2,q_3)=\frac{1}{\sqrt{3!}}\begin{vmatrix}\varphi_2(q_1) & \varphi_2(q_2) & \varphi_2(q_3)\\ \varphi_3(q_1) & \varphi_3(q_2) & \varphi_3(q_3)\\ \varphi_4(q_1) & \varphi_4(q_2) & \varphi_4(q_3)\end{vmatrix}$$

量子体系的能量(本征值)为 $E_{0,1,1,1}=\varepsilon_2+\varepsilon_3+\varepsilon_4$。

【例 16-14】 两个自旋量子数为$\frac{1}{2}$、质量为 m 的无相互作用的全同粒子同处于线性谐振子场 $U(x)=\frac{1}{2}m\omega^2x^2$ 中,考虑粒子的自旋自由度,求量子体系基态能量本征值和本征函数。

分析 自旋量子数为 1/2,全同粒子是费米子。一维线性谐振子的基态本征函数(空间)是非简并的,但自旋量子数为 1/2 的费米子可以分处线性谐振子基态的两个自旋态(自旋磁量子数为+1/2 和−1/2);因此,一维线性谐振子体系的基态可以容纳两个自旋量子数为 1/2 的费米子。两个费米子都处于基态($n=0$)时,量子体系处于基态;由于两个费米子之间没有相互作用,量子体系的能量就是两个费米子的能量之和;处于基态的两个费米子的能量之和就是量子体系的基态能量本征值。量子体系处于基态时,量子体系本征函数的空间部分用单粒子基态空间部分的本征函数乘积来表达,$\psi_0(1,2)=\psi_0(1)\psi_0(2)$,这是一个粒子交换对称的函数;由于一维线性谐振子体系的基态空间部分的本征函数是非简并的,量子体系基态本征函数的空间部分只能是这一个粒子交换对称的函数;量子体系由两个全同的费米子组成,波函数必须是反对称的;因此,两个费米子的自旋角动量耦合的总角动量的本征函数只能是反对称的 χ_{A}。

解 一维线性谐振子的能量本征值和本征函数为

$$E_n=\hbar\omega\left(n+\frac{1}{2}\right),\psi_n=N_nH_n(\alpha x)\exp\left(-\frac{1}{2}\alpha x^2\right);N_n=\sqrt{\frac{\alpha}{\sqrt{\pi}\,2^n n!}},\alpha=\sqrt{\frac{m\omega}{\hbar}}$$

对于基态,$n=0$,则单粒子能量本征值和能量本征函数为

$$E_0=\frac{1}{2}\hbar\omega,\psi_0=N_0H_0(\alpha x)\exp\left(-\frac{1}{2}\alpha x^2\right)=\sqrt{\frac{\alpha}{\sqrt{\pi}}}\exp\left(-\frac{1}{2}\alpha x^2\right)$$

量子体系基态波函数的空间部分只能是

$$\psi_{00}=\psi_0(1)\psi_0(2)=\frac{\alpha}{\sqrt{\pi}}\exp\left(-\frac{1}{2}\alpha x_1^2\right)\exp\left(-\frac{1}{2}\alpha x_2^2\right)=\frac{\alpha}{\sqrt{\pi}}\exp\left[-\frac{1}{2}\alpha(x_1^2+x_2^2)\right]$$

这是一个关于粒子交换对称的函数(交换粒子的空间位置,函数不变)。而量子体系由两个全同的费米子组成,体系的波函数必须是反对称的,这就要求两个费米子自旋耦合的总自旋态函数必须是反对称的,即总自旋态函数只能是χ_A。

量子体系的基态本征函数为

$$\Phi_{00}=\psi_{00}\chi_A=\frac{\alpha}{\sqrt{2\pi}}\exp\left[-\frac{1}{2}\alpha(x_1^2+x_2^2)\right][\chi_{+1/2}(1)\chi_{-1/2}(2)-\chi_{-1/2}(1)\chi_{+1/2}(2)]$$

量子体系基态能量本征值是两个费米子单粒子能量之和

$$E_{00}(1,2)=E_0+E_0=\frac{1}{2}\hbar\omega+\frac{1}{2}\hbar\omega=\hbar\omega$$

点评 如果量子体系处于第一激发态,则一个全同费米子处于线性谐振子单粒子基态、一个全同费米子处于线性谐振子单粒子第一激发态,量子体系的能量(第一激发态本征能量)为

$$E_{01}(1,2)=E_0+E_1=\frac{1}{2}\hbar\omega+\frac{3}{2}\hbar\omega=2\hbar\omega$$

两个费米子都可以处于两个单粒子态上(空间部分)

$$\psi_0=N_0H_0(\alpha x)\exp\left(-\frac{1}{2}\alpha x^2\right)=\sqrt{\frac{\alpha}{\sqrt{\pi}}}\exp\left(-\frac{1}{2}\alpha x^2\right)$$

$$\psi_1=N_1H_1(\alpha x)\exp\left(-\frac{1}{2}\alpha x^2\right)=\alpha\sqrt{\frac{2\alpha}{\sqrt{\pi}}}x\exp\left(-\frac{1}{2}\alpha x^2\right)$$

两个费米子的单粒子(空间)态,可以组合成 2 个空间函数

$$\psi(1,2)=\psi_0(1)\psi_1(2)=\frac{\sqrt{2}\alpha^2}{\sqrt{\pi}}\exp\left(-\frac{1}{2}\alpha x_1^2\right)x_2\exp\left(-\frac{1}{2}\alpha x_2^2\right)$$

$$\psi(2,1)=\psi_0(2)\psi_1(1)=\frac{\sqrt{2}\alpha^2}{\sqrt{\pi}}\exp\left(-\frac{1}{2}\alpha x_2^2\right)x_1\exp\left(-\frac{1}{2}\alpha x_1^2\right)$$

对于粒子交换,这两个函数既不是对称的也不是反对称的。但可以组合成一个粒子空间位置交换的对称函数和一个粒子空间位置交换的反对称函数(归一化的)

$$\psi_S=\frac{1}{\sqrt{2}}[\psi(1,2)+\psi(2,1)]=\frac{1}{\sqrt{2}}[\psi_0(1)\psi_1(2)+\psi_0(2)\psi_1(1)]$$

$$\psi_A=\frac{1}{\sqrt{2}}[\psi(1,2)-\psi(2,1)]=\frac{1}{\sqrt{2}}[\psi_0(1)\psi_1(2)-\psi_0(2)\psi_1(1)]$$

量子体系是由两个费米子组成的,波函数必须是反对称的。第一激发态的本征函数为

$$\Phi_{11}=\psi_A\chi_S^{(1)}=\frac{1}{\sqrt{2}}[\psi_0(1)\psi_1(2)-\psi_0(2)\psi_1(1)]\chi_{+1/2}(1)\chi_{+1/2}(2)$$

$$\Phi_{12}=\psi_A\chi_S^{(2)}=\frac{1}{\sqrt{2}}[\psi_0(1)\psi_1(2)-\psi_0(2)\psi_1(1)]\chi_{-1/2}(1)\chi_{-1/2}(2)$$

$$\Phi_{13}=\psi_A\chi_S^{(3)}=\frac{1}{2}[\psi_0(1)\psi_1(2)-\psi_0(2)\psi_1(1)][\chi_{+1/2}(1)\chi_{-1/2}(2)+\chi_{-1/2}(1)\chi_{+1/2}(2)]$$

$$\Phi_{14}=\psi_S\chi_A=\frac{1}{2}[\psi_0(1)\psi_1(2)+\psi_0(2)\psi_1(1)][\chi_{+1/2}(1)\chi_{-1/2}(2)-\chi_{-1/2}(1)\chi_{+1/2}(2)]$$

量子体系的第一激发态能级是 4 重简并的。

【例 16-15】 求锂原子的基态波函数,不考虑电子的轨道与自旋之间的相互作用。

分析 锂原子核外有 3 个电子(全同费米子)。基态电子排布为 $1s^2 2s^1$，在 1s 上分布有 2 个电子，在 2s 上分布有 1 个电子。在 1s 上的单粒子空间波函数($n=1,l=0,m=0$)表示为 $\psi_{1,0,0}$，在 2s 上的单粒子空间波函数($n=2,l=0,m=0$)表示为 $\psi_{2,0,0}$；而所有电子的可能的自旋状态波函数为 $\chi_{+1/2}$ 和 $\chi_{-1/2}$。对于基态锂原子总共可以组合成 4 个单粒子(电子)态；由于电子是费米子，1 个电子只能占据 1 个单粒子态；3 个电子分布在 4 个单粒子(电子)态上，总共有 4 种量子数分布；每种量子数分布就是 1 个锂原子(量子体系)的状态，共可以有 4 种状态；但要考虑到锂原子处于基态，必须有 2 个电子占据 1s 上的两个单粒子态，另一个电子占据 2s 上的两个单粒子态中的一个；实际的基态只能有两种可能粒子数分布。由量子数分布和单粒子态本征函数，就可以构造出锂原子内 3 个电子基态反对称本征函数。

解 不考虑电子的轨道与自旋之间的相互作用，锂原子内的单粒子(电子)波函数即单粒子哈密顿算符 $\hat{H}_0(q_i)$ 的本征函数为 $\varphi=\psi_{n,l,m}(\boldsymbol{r}_i)\chi_{m_s}$。基态锂原子中 3 个电子可以占据 4 个单粒子态(1 个电子只能占据 1 个单粒子态)

$$\varphi_1=\psi_{1,0,0}\chi_{+1/2},\varphi_2=\psi_{1,0,0}\chi_{-1/2},\varphi_3=\psi_{2,0,0}\chi_{+1/2},\varphi_4=\psi_{2,0,0}\chi_{-1/2}$$

锂原子处于基态，1s 上必须分布 2 个电子，4 个单粒子态上的电子分布只能有两种情况，也就是只有 2 种量子数分布(1,1,1,0)和(1,1,0,1)，分别对应 2 个波函数。

对于粒子数分布(1,1,1,0)，由单粒子态波函数构造的归一化反对称本征函数为

$$\Phi_{\mathrm{A}}^{1,1,1,0}=\frac{1}{\sqrt{3!}}\begin{vmatrix}\psi_{1,0,0}(q_1)\chi_{+1/2}(q_1) & \psi_{1,0,0}(q_2)\chi_{+1/2}(q_2) & \psi_{1,0,0}(q_3)\chi_{+1/2}(q_3)\\ \psi_{1,0,0}(q_1)\chi_{-1/2}(q_1) & \psi_{1,0,0}(q_2)\chi_{-1/2}(q_2) & \psi_{1,0,0}(q_3)\chi_{-1/2}(q_3)\\ \psi_{2,0,0}(q_1)\chi_{+1/2}(q_1) & \psi_{2,0,0}(q_2)\chi_{+1/2}(q_2) & \psi_{2,0,0}(q_3)\chi_{+1/2}(q_3)\end{vmatrix}$$

对于粒子数分布(1,1,0,1)，由单粒子态波函数构造的归一化反对称本征函数为

$$\Phi_{\mathrm{A}}^{1,1,0,1}=\frac{1}{\sqrt{3!}}\begin{vmatrix}\psi_{1,0,0}(q_1)\chi_{+1/2}(q_1) & \psi_{1,0,0}(q_2)\chi_{+1/2}(q_2) & \psi_{1,0,0}(q_3)\chi_{+1/2}(q_3)\\ \psi_{1,0,0}(q_1)\chi_{-1/2}(q_1) & \psi_{1,0,0}(q_2)\chi_{-1/2}(q_2) & \psi_{1,0,0}(q_3)\chi_{-1/2}(q_3)\\ \psi_{2,0,0}(q_1)\chi_{-1/2}(q_1) & \psi_{2,0,0}(q_2)\chi_{-1/2}(q_2) & \psi_{2,0,0}(q_3)\chi_{-1/2}(q_3)\end{vmatrix}$$

点评 (1)设单粒子 1s 态本征能量为 ε_1、单粒子 2s 态本征能量为 ε_2，则基态本征函数 $\Phi_{\mathrm{A}}^{1,1,1,0}(q_1,q_2,q_3)$ 和 $\Phi_{\mathrm{A}}^{1,1,0,1}(q_1,q_2,q_3)$ 的“能量本征值”为

$$E=2\varepsilon_1+\varepsilon_2$$

这可以认为是在忽略各种相互作用下的锂原子“基态能量”。

(2)对于锂原子另两个粒子数分布(0,1,1,1)和(1,0,1,1)，反对称的本征函数为

$$\Phi_{\mathrm{A}}^{0,1,1,1}=\frac{1}{\sqrt{3!}}\begin{vmatrix}\psi_{1,0,0}(q_1)\chi_{-1/2}(q_1) & \psi_{1,0,0}(q_2)\chi_{-1/2}(q_2) & \psi_{1,0,0}(q_3)\chi_{-1/2}(q_3)\\ \psi_{2,0,0}(q_1)\chi_{-1/2}(q_1) & \psi_{2,0,0}(q_2)\chi_{-1/2}(q_2) & \psi_{2,0,0}(q_3)\chi_{-1/2}(q_3)\\ \psi_{2,0,0}(q_1)\chi_{+1/2}(q_1) & \psi_{2,0,0}(q_2)\chi_{+1/2}(q_2) & \psi_{2,0,0}(q_3)\chi_{+1/2}(q_3)\end{vmatrix}$$

$$\Phi_{\mathrm{A}}^{1,0,1,1}=\frac{1}{\sqrt{3!}}\begin{vmatrix}\psi_{1,0,0}(q_1)\chi_{+1/2}(q_1) & \psi_{1,0,0}(q_2)\chi_{+1/2}(q_2) & \psi_{1,0,0}(q_3)\chi_{+1/2}(q_3)\\ \psi_{2,0,0}(q_1)\chi_{+1/2}(q_1) & \psi_{2,0,0}(q_2)\chi_{+1/2}(q_2) & \psi_{2,0,0}(q_3)\chi_{+1/2}(q_3)\\ \psi_{2,0,0}(q_1)\chi_{-1/2}(q_1) & \psi_{2,0,0}(q_2)\chi_{-1/2}(q_2) & \psi_{2,0,0}(q_3)\chi_{+1/2}(q_3)\end{vmatrix}$$

对应的“能量本征值”为

$$E=\varepsilon_1+2\varepsilon_2$$

能量比基态“能量本征值”高。

【例 16-16】 设一维谐振子的哈密顿量为

$$\hat{H}=\hat{H}_0+\hat{H}',\hat{H}_0=-\frac{\hbar^2}{2m}\frac{\mathrm{d}^2}{\mathrm{d}x^2}+\frac{1}{2}kx^2,\hat{H}'=k\lambda x$$

试用微扰方法计算各个能级能量的一、二级近似值和一级修正本征函数。

分析 由一维谐振子的哈密顿量$\hat{H}$可见，有一部分($\hat{H}_0$)是一维线性谐振子的哈密顿量。而$\hat{H}_0$的本征值$E_n^{(0)}$和本征函数$\psi_n^{(0)}$是已知的，而且能级是非简并的。$\hat{H}$的另一部分$\hat{H}'=k\lambda x$可以当做微扰处理。这样，由定态非简并微扰理论可以求得微扰矩阵元H'_{mn}，进而求得$E_n^{(0)}$的一、二级修正值和$\psi_n^{(0)}$的一级修正。从而得到修正到一、二级的哈密顿量$\hat{H}$的本征值(能量本征值)和修正到一级的本征函数。另外，由于微扰正比于位置坐标，$\hat{H}'\propto x$，在计算微扰矩阵元H'_{mn}时，可以充分利用$\psi_n^{(0)}$的递推公式。

解 没有微扰的$\hat{H}_0$的能量本征值和本征函数为(一维线性谐振子)

$$E_n^{(0)}=\left(n+\frac{1}{2}\right)\hbar\omega,\alpha=\sqrt{\frac{m\omega}{\hbar}},\omega=\sqrt{\frac{k}{m}}$$

$$\psi_n^{(0)}=N_n\exp\left(-\frac{1}{2}\alpha^2x^2\right)H_n(\alpha x),n=0,1,2,\cdots$$

能级是非简并的。还知道$\hat{H}_0$的本征函数的递推公式

$$x\psi_n^{(0)}=\frac{1}{\alpha}\left(\sqrt{\frac{n+1}{2}}\psi_{n+1}^{(0)}+\sqrt{\frac{n}{2}}\psi_{n-1}^{(0)}\right)$$

(1) 第n个能级能量的一级修正

$$E_n^{(1)}=H'_{nn}=\int\psi_n^{(0)*}\hat{H}'\psi_n^{(0)}\mathrm{d}x=k\lambda\int\psi_n^{(0)*}x\psi_n^{(0)}\mathrm{d}x$$

$$=k\lambda\int\psi_n^{(0)*}\frac{1}{\alpha}\left(\sqrt{\frac{n+1}{2}}\psi_{n+1}^{(0)}+\sqrt{\frac{n}{2}}\psi_{n-1}^{(0)}\right)\mathrm{d}x$$

$$=\frac{k\lambda}{\alpha}\sqrt{\frac{n+1}{2}}\int\psi_n^{(0)*}\psi_{n+1}^{(0)}\mathrm{d}x+\frac{k\lambda}{\alpha}\sqrt{\frac{n}{2}}\int\psi_n^{(0)*}\psi_{n-1}^{(0)}\mathrm{d}x=0$$

可见，所有能级能量的一级修正值均为零。

(2) 第n个能级能量的二级修正

$$E_n^{(2)}=\sum_{m\neq n}\frac{|H'_{mn}|^2}{E_n^{(0)}-E_m^{(0)}}=\sum_{m\neq n}\frac{\left|\int\psi_m^{(0)*}\hat{H}'\psi_n^{(0)}\mathrm{d}x\right|^2}{E_n^{(0)}-E_m^{(0)}}=k^2\lambda^2\sum_{m\neq n}\frac{\left|\int\psi_m^{(0)*}x\psi_n^{(0)}\mathrm{d}x\right|^2}{E_n^{(0)}-E_m^{(0)}}$$

由$\hat{H}_0$的本征函数的正交归一性和递推关系，其中的微扰矩阵元为

$$H'_{mn}=\int\psi_m^{(0)*}x\psi_n^{(0)}\mathrm{d}x=\int\psi_m^{(0)*}\frac{1}{\alpha}\left(\sqrt{\frac{n+1}{2}}\psi_{n+1}^{(0)}+\sqrt{\frac{n}{2}}\psi_{n-1}^{(0)}\right)\mathrm{d}x$$

$$=\frac{1}{\alpha}\sqrt{\frac{n+1}{2}}\int\psi_m^{(0)*}\psi_{n+1}^{(0)}\mathrm{d}x+\frac{1}{\alpha}\sqrt{\frac{n}{2}}\int\psi_m^{(0)*}\psi_{n-1}^{(0)}\mathrm{d}x=\frac{1}{\alpha}\sqrt{\frac{n+1}{2}}\delta_{m,n+1}+\frac{1}{\alpha}\sqrt{\frac{n}{2}}\delta_{m,n-1}$$

由此，可以得到第n个能级能量的二级修正值

$$E_n^{(2)}=k^2\lambda^2\sum_{m\neq n}\frac{\left|\frac{1}{\alpha}\sqrt{\frac{n+1}{2}}\delta_{m,n+1}+\frac{1}{\alpha}\sqrt{\frac{n}{2}}\delta_{m,n-1}\right|^2}{E_n^{(0)}-E_m^{(0)}}=\frac{k^2\lambda^2}{2\alpha^2}\left(\frac{n+1}{E_n^{(0)}-E_{n+1}^{(0)}}+\frac{n}{E_n^{(0)}-E_{n-1}^{(0)}}\right)$$

$$=\frac{k^2\lambda^2}{2\alpha^2}\frac{n+1}{\left(n+\frac{1}{2}\right)\hbar\omega-\left(n+1+\frac{1}{2}\right)\hbar\omega}+\frac{k^2\lambda^2}{2\alpha^2}\frac{n}{\left(n+\frac{1}{2}\right)\hbar\omega-\left(n-1+\frac{1}{2}\right)\hbar\omega}$$

$$=-\frac{k^2\lambda^2}{2\alpha^2}\frac{n+1}{\hbar\omega}+\frac{k^2\lambda^2}{2\alpha^2}\frac{n}{\hbar\omega}=-\frac{k^2\lambda^2}{2\alpha^2\hbar\omega}=-\frac{k^2\lambda^2}{2m\omega^2}=-\frac{1}{2}k\lambda^2$$

因此,各个态能级能量的二级近似值为

$$E_n=E_n^{(0)}+E_n^{(1)}+E_n^{(2)}=\left(n+\frac{1}{2}\right)\hbar\omega+0-\frac{1}{2}k\lambda^2=\left(n+\frac{1}{2}\right)\hbar\omega-\frac{1}{2}k\lambda^2$$

由于微扰的存在,一维谐振子的能级只是整体平移。

(3)一级波函数

$$\psi_n=\psi_n^{(0)}+\sum_{m\neq n}\frac{H'_{mn}}{E_n^{(0)}-E_m^{(0)}}\psi_m^{(0)}=\psi_n^{(0)}+\sum_{m\neq n}\frac{\int\psi_m^{(0)*}x\psi_n^{(0)}\mathrm{d}x}{E_n^{(0)}-E_m^{(0)}}\psi_m^{(0)}$$

$$=\psi_n^{(0)}+\sum_{m\neq n}\frac{\int\psi_m^{(0)*}\frac{1}{\alpha}\left(\sqrt{\frac{n+1}{2}}\psi_{n+1}^{(0)}+\sqrt{\frac{n}{2}}\psi_{n-1}^{(0)}\right)\mathrm{d}x}{E_n^{(0)}-E_m^{(0)}}\psi_m^{(0)}$$

$$=\psi_n^{(0)}+\sum_{m\neq n}\frac{\frac{1}{\alpha}\sqrt{\frac{n+1}{2}}\delta_{m,n+1}+\frac{1}{\alpha}\sqrt{\frac{n}{2}}\delta_{m,n-1}}{E_n^{(0)}-E_m^{(0)}}\psi_m^{(0)}$$

$$=\psi_n^{(0)}+\frac{1}{\alpha}\sqrt{\frac{n+1}{2}}\frac{1}{E_n^{(0)}-E_{n+1}^{(0)}}\psi_{n+1}^{(0)}+\frac{1}{\alpha}\sqrt{\frac{n}{2}}\frac{1}{E_n^{(0)}-E_{n-1}^{(0)}}\psi_{n-1}^{(0)}$$

$$=\psi_n^{(0)}-\frac{1}{\alpha\hbar\omega}\sqrt{\frac{n+1}{2}}\psi_{n+1}^{(0)}+\frac{1}{\alpha\hbar\omega}\sqrt{\frac{n}{2}}\psi_{n-1}^{(0)}$$

可见,各个能级的本征函数已经不是 $\hat{H}_0$ 的本征函数(尽管各个能级的一级能量修正为零),而是融入了 $\hat{H}_0$ 的相邻能级的本征函数。

点评 (1)基态和低能级激发态的本征函数(一级修正后)

$$\psi_0=\psi_0^{(0)}-\frac{1}{\alpha\hbar\omega}\sqrt{\frac{0+1}{2}}\psi_{0+1}^{(0)}+\frac{1}{\alpha\hbar\omega}\sqrt{\frac{0}{2}}\psi_{0-1}^{(0)}=\psi_0^{(0)}-\frac{1}{\sqrt{2}\alpha\hbar\omega}\psi_1^{(0)}$$

$$\psi_1=\psi_1^{(0)}-\frac{1}{\alpha\hbar\omega}\sqrt{\frac{1+1}{2}}\psi_{1+1}^{(0)}+\frac{1}{\alpha\hbar\omega}\sqrt{\frac{1}{2}}\psi_{1-1}^{(0)}=\frac{1}{\sqrt{2}\alpha\hbar\omega}\psi_0^{(0)}+\psi_1^{(0)}-\frac{1}{\alpha\hbar\omega}\psi_2^{(0)}$$

$$\psi_2=\psi_2^{(0)}-\frac{1}{\alpha\hbar\omega}\sqrt{\frac{2+1}{2}}\psi_{2+1}^{(0)}+\frac{1}{\alpha\hbar\omega}\sqrt{\frac{2}{2}}\psi_{2-1}^{(0)}=\frac{1}{\alpha\hbar\omega}\psi_1^{(0)}+\psi_2^{(0)}-\frac{1}{\alpha\hbar\omega}\sqrt{\frac{3}{2}}\psi_3^{(0)}$$

(2)各个能级能量的精确解

为了精确求解谐振子的能量本征值,将 $\hat{H}$ 的本征值方程化为

$$\hat{H}\psi(x)=E\psi(x),(\hat{H}_0+\hat{H}')\psi(x)=E\psi(x)$$

$$\left(-\frac{\hbar^2}{2m}\frac{\mathrm{d}^2}{\mathrm{d}x^2}+\frac{1}{2}kx^2+k\lambda x\right)\psi(x)=E\psi(x)$$

$$\left[-\frac{\hbar^2}{2m}\frac{\mathrm{d}^2}{\mathrm{d}x^2}+\frac{1}{2}k(x+\lambda)^2-\frac{1}{2}k\lambda^2\right]\psi(x)=E\psi(x)$$

$$\left[-\frac{\hbar^2}{2m}\frac{\mathrm{d}^2}{\mathrm{d}x^2}+\frac{1}{2}k(x+\lambda)^2\right]\psi(x)=\left(E+\frac{1}{2}k\lambda^2\right)\psi(x)$$

进行坐标变换 $y=x+\lambda$，则 $\hat{H}$ 的本征值方程化为

$$\left(-\frac{\hbar^2}{2m}\frac{\mathrm{d}^2}{\mathrm{d}y^2}+\frac{1}{2}ky^2\right)\psi(y)=E'\psi(y),E'=E+\frac{1}{2}k\lambda^2$$

这是一个标准的一维线性谐振子的能量本征值方程，所以

$$E'=\left(n+\frac{1}{2}\right)\hbar\omega,n=0,1,2,\cdots$$

因此，一维谐振子的哈密顿量 $\hat{H}$ 的本征值为

$$E_n=E'_n-\frac{1}{2}k\lambda^2=\left(n+\frac{1}{2}\right)\hbar\omega-\frac{1}{2}k\lambda^2,n=0,1,2,\cdots$$

这一结果与基态能量的精确解相同，可见基态能级能量的高阶修正值均为零。

(3)本征函数的正交归一性

由 $\hat{H}_0$ 的本征函数 $\{\psi_n^{(0)}\}$ 的正交归一性，得到

$$\int\psi_n^*\psi_m\mathrm{d}x=(\psi_n,\psi_m)=\langle\psi_n\mid\psi_m\rangle$$

$$=\int\left(\psi_n^{(0)}-\frac{\sqrt{n+1}}{\sqrt{2}\alpha\hbar\omega}\psi_{n+1}^{(0)}+\frac{\sqrt{n}}{\sqrt{2}\alpha\hbar\omega}\psi_{n-1}^{(0)}\right)^*\left(\psi_m^{(0)}-\frac{\sqrt{m+1}}{\sqrt{2}\alpha\hbar\omega}\psi_{m+1}^{(0)}+\frac{\sqrt{m}}{\sqrt{2}\alpha\hbar\omega}\psi_{m-1}^{(0)}\right)\mathrm{d}x$$

$$=\int\left(\begin{aligned}&\psi_n^{(0)*}\psi_m^{(0)}-\frac{\sqrt{m+1}}{\sqrt{2}\alpha\hbar\omega}\psi_n^{(0)*}\psi_{m+1}^{(0)}+\frac{\sqrt{m}}{\sqrt{2}\alpha\hbar\omega}\psi_n^{(0)*}\psi_{m-1}^{(0)}-\\&\frac{\sqrt{n+1}}{\sqrt{2}\alpha\hbar\omega}\psi_{n+1}^{(0)*}\psi_m^{(0)}+\frac{\sqrt{m+1}\sqrt{n+1}}{2\alpha^2\hbar^2\omega^2}\psi_{n+1}^{(0)*}\psi_{m+1}^{(0)}-\frac{\sqrt{m}\sqrt{n+1}}{2\alpha^2\hbar^2\omega^2}\psi_{n+1}^{(0)*}\psi_{m-1}^{(0)}+\\&\frac{\sqrt{n}}{\sqrt{2}\alpha\hbar\omega}\psi_{n-1}^{(0)*}\psi_m^{(0)}-\frac{\sqrt{m+1}\sqrt{n}}{2\alpha^2\hbar^2\omega^2}\psi_{n-1}^{(0)*}\psi_{m+1}^{(0)}+\frac{\sqrt{m}\sqrt{n}}{2\alpha^2\hbar^2\omega^2}\psi_{n-1}^{(0)*}\psi_{m-1}^{(0)}\end{aligned}\right)\mathrm{d}x$$

$$=\int\psi_n^{(0)*}\psi_m^{(0)}\mathrm{d}x-\frac{\sqrt{m+1}}{\sqrt{2}\alpha\hbar\omega}\int\psi_n^{(0)*}\psi_{m+1}^{(0)}\mathrm{d}x+\frac{\sqrt{m}}{\sqrt{2}\alpha\hbar\omega}\int\psi_n^{(0)*}\psi_{m-1}^{(0)}\mathrm{d}x-$$

$$\frac{\sqrt{n+1}}{\sqrt{2}\alpha\hbar\omega}\int\psi_{n+1}^{(0)*}\psi_m^{(0)}\mathrm{d}x+\frac{\sqrt{m+1}\sqrt{n+1}}{2\alpha^2\hbar^2\omega^2}\int\psi_{n+1}^{(0)*}\psi_{m+1}^{(0)}\mathrm{d}x-\frac{\sqrt{m}\sqrt{n+1}}{2\alpha^2\hbar^2\omega^2}\int\psi_{n+1}^{(0)*}\psi_{m-1}^{(0)}\mathrm{d}x+$$

$$\frac{\sqrt{n}}{\sqrt{2}\alpha\hbar\omega}\int\psi_{n-1}^{(0)*}\psi_m^{(0)}\mathrm{d}x-\frac{\sqrt{m+1}\sqrt{n}}{2\alpha^2\hbar^2\omega^2}\int\psi_{n-1}^{(0)*}\psi_{m+1}^{(0)}\mathrm{d}x+\frac{\sqrt{m}\sqrt{n}}{2\alpha^2\hbar^2\omega^2}\int\psi_{n-1}^{(0)*}\psi_{m-1}^{(0)}\mathrm{d}x$$

$$=\delta_{n,m}-\frac{\sqrt{m+1}}{\sqrt{2}\alpha\hbar\omega}\delta_{n,m+1}+\frac{\sqrt{m}}{\sqrt{2}\alpha\hbar\omega}\delta_{n,m-1}-\frac{\sqrt{n+1}}{\sqrt{2}\alpha\hbar\omega}\delta_{n+1,m}+\frac{\sqrt{m+1}\sqrt{n+1}}{2\alpha^2\hbar^2\omega^2}\delta_{n+1,m+1}-$$

$$\frac{\sqrt{m}\sqrt{n+1}}{2\alpha^2\hbar^2\omega^2}\delta_{n+1,m-1}+\frac{\sqrt{n}}{\sqrt{2}\alpha\hbar\omega}\delta_{n-1,m}-\frac{\sqrt{m+1}\sqrt{n}}{2\alpha^2\hbar^2\omega^2}\delta_{n-1,m+1}+\frac{\sqrt{m}\sqrt{n}}{2\alpha^2\hbar^2\omega^2}\delta_{n-1,m-1}$$

当 $n\neq m$ 时($n+1\neq m+1,n-1\neq m-1$)，得到

$$\int\psi_n^*\psi_m\mathrm{d}x=-\frac{\sqrt{m+1}}{\sqrt{2}\alpha\hbar\omega}\delta_{n,m+1}+\frac{\sqrt{m}}{\sqrt{2}\alpha\hbar\omega}\delta_{n,m-1}-\frac{\sqrt{n+1}}{\sqrt{2}\alpha\hbar\omega}\delta_{n+1,m}-$$

$$\frac{\sqrt{m}\sqrt{n+1}}{2\alpha^2\hbar^2\omega^2}\delta_{n+1,m-1}+\frac{\sqrt{n}}{\sqrt{2}\alpha\hbar\omega}\delta_{n-1,m}-\frac{\sqrt{m+1}\sqrt{n}}{2\alpha^2\hbar^2\omega^2}\delta_{n-1,m+1}$$

对于 $n=m+1$ 和 $n+1=m(m=n-1)$、$n=m-1$ 和 $n+1=m(m=n+1)$，$\int\psi_n^*\psi_m\mathrm{d}x$ 为零，

说明 ψ_n 与 ψ_{n-1} 和 ψ_{n+1} 是分别正交的。但对于 $n+1=m-1(m=n+2)$ 和 $n-1=m+1$ $(m=n-2)$，$\int\psi_n^*\psi_m\mathrm{d}x\neq 0$，说明 ψ_n 与 ψ_{n-2} 和 ψ_{n+2} 不是正交的。可见，一级本征函数系 $\{\psi_n\}$ 不是完全正交的。

当 $n=m$ 时$(n+1=m+1,n-1=m-1)$，得到

$$\int\psi_n^*\psi_n\mathrm{d}x=\langle\psi_n\mid\psi_n\rangle=1+\frac{\sqrt{n+1}\sqrt{n+1}}{2\alpha^2\hbar^2\omega^2}+\frac{\sqrt{n}\sqrt{n}}{2\alpha^2\hbar^2\omega^2}=1+\frac{2n+1}{2\alpha^2\hbar^2\omega^2}$$

可见，一级本征函数系 $\{\psi_n\}$ 不是归一的。但由此可以得到归一化常数

$$A=1/\sqrt{1+\frac{2n+1}{2\alpha^2\hbar^2\omega^2}}=\sqrt{\frac{2\alpha^2\hbar^2\omega^2}{2\alpha^2\hbar^2\omega^2+2n+1}}$$

(4) 非线性一维谐振子

设非线性谐振子的哈密顿量 $\hat{H}=\hat{H}_0+\hat{H}'$ 的微扰项为 $\hat{H}'=\beta x^3$（β 为实常数）。利用线性谐振子的哈密顿量 $\hat{H}_0$ 的本征函数 $\{\psi_n^{(0)}\}$ 的正交归一性，先求得微扰矩阵元 H'_{mn}。

$$H'_{mn}=\int\psi_m^{(0)*}\hat{H}'\psi_n^{(0)}\mathrm{d}x=\beta\int\psi_m^{(0)*}x^3\psi_n^{(0)}\mathrm{d}x=\beta\int\psi_m^{(0)*}x^2x\psi_n^{(0)}\mathrm{d}x$$

$$=\beta\int\psi_m^{(0)*}x^2\frac{1}{\alpha}\left(\sqrt{\frac{n+1}{2}}\psi_{n+1}^{(0)}+\sqrt{\frac{n}{2}}\psi_{n-1}^{(0)}\right)\mathrm{d}x$$

$$=\frac{\beta}{\alpha}\sqrt{\frac{n+1}{2}}\int\psi_m^{(0)*}x^2\psi_{n+1}^{(0)}\mathrm{d}x+\frac{\beta}{\alpha}\sqrt{\frac{n}{2}}\int\psi_m^{(0)*}x^2\psi_{n-1}^{(0)}\mathrm{d}x$$

$$=\frac{\beta}{\alpha}\sqrt{\frac{n+1}{2}}\int\psi_m^{(0)*}x\frac{1}{\alpha}\left(\sqrt{\frac{n+2}{2}}\psi_{n+2}^{(0)}+\sqrt{\frac{n+1}{2}}\psi_n^{(0)}\right)\mathrm{d}x+$$

$$\frac{\beta}{\alpha}\sqrt{\frac{n}{2}}\int\psi_m^{(0)*}x\frac{1}{\alpha}\left(\sqrt{\frac{n}{2}}\psi_n^{(0)}+\sqrt{\frac{n-1}{2}}\psi_{n-2}^{(0)}\right)\mathrm{d}x$$

$$=\frac{\beta}{2\alpha^2}\sqrt{(n+1)(n+2)}\int\psi_m^{(0)*}x\psi_{n+2}^{(0)}\mathrm{d}x+$$

$$\frac{\beta(2n+1)}{2\alpha^2}\int\psi_m^{(0)*}x\psi_n^{(0)}\mathrm{d}x+\frac{\beta}{\alpha^2}\sqrt{n(n-1)}\int\psi_m^{(0)*}x\psi_{n-2}^{(0)}\mathrm{d}x$$

$$=\frac{\beta\sqrt{(n+2)(n+1)}}{2\alpha^2}\int\psi_m^{(0)*}\frac{1}{\alpha}\left(\sqrt{\frac{n+3}{2}}\psi_{n+3}^{(0)}+\sqrt{\frac{n+2}{2}}\psi_{n+1}^{(0)}\right)\mathrm{d}x+$$

$$\frac{\beta(2n+1)}{2\alpha^2}\int\psi_m^{(0)*}\frac{1}{\alpha}\left(\sqrt{\frac{n+1}{2}}\psi_{n+1}^{(0)}+\sqrt{\frac{n}{2}}\psi_{n-1}^{(0)}\right)\mathrm{d}x+$$

$$\frac{\beta\sqrt{n(n-1)}}{2\alpha^2}\int\psi_m^{(0)*}\frac{1}{\alpha}\left(\sqrt{\frac{n-1}{2}}\psi_{n-1}^{(0)}+\sqrt{\frac{n-2}{2}}\psi_{n-3}^{(0)}\right)\mathrm{d}x$$

$$=\frac{\beta\sqrt{(n+3)(n+2)(n+1)}}{2\sqrt{2}\alpha^3}\int\psi_m^{(0)*}\psi_{n+3}^{(0)}\mathrm{d}x+\frac{3\beta(n+1)\sqrt{n+1}}{2\sqrt{2}\alpha^3}\int\psi_m^{(0)*}\psi_{n+1}^{(0)}\mathrm{d}x+$$

$$\frac{3\beta n\sqrt{n}}{2\sqrt{2}\alpha^3}\int\psi_m^{(0)*}\psi_{n-1}^{(0)}\mathrm{d}x+\frac{\beta\sqrt{n(n-1)(n-2)}}{2\sqrt{2}\alpha^3}\int\psi_m^{(0)*}\psi_{n-3}^{(0)}\mathrm{d}x$$

$$=\frac{\beta\sqrt{(n+3)(n+2)(n+1)}}{2\sqrt{2}\alpha^3}\delta_{m,n+3}+\frac{3\beta(n+1)\sqrt{n+1}}{2\sqrt{2}\alpha^3}\delta_{m,n+1}+$$

$$\frac{3\beta n\sqrt{n}}{2\sqrt{2}\alpha^3}\delta_{m,n-1}+\frac{\beta\sqrt{n(n-1)(n-2)}}{2\sqrt{2}\alpha^3}\delta_{m,n-3}$$

由此,得到能级能量的一级修正($m=n$)值

$$E_n^{(1)}=H'_{nn}=\int\psi_n^{(0)*}\hat{H}'\psi_n^{(0)}\mathrm{d}x=\beta\int\psi_n^{(0)*}x^3\psi_n^{(0)}\mathrm{d}x=0$$

能级能量的二级修正($m\neq n$)值

$$E_n^{(2)}=\sum_{m\neq n}\frac{|H'_{mn}|^2}{E_n^{(0)}-E_m^{(0)}}=\sum_{m\neq n}\frac{\left|\int\psi_m^{(0)*}\hat{H}'\psi_n^{(0)}\mathrm{d}\tau\right|^2}{E_n^{(0)}-E_m^{(0)}}=\sum_{m\neq n}\frac{\left|\int\psi_m^{(0)*}\beta x^3\psi_n^{(0)}\mathrm{d}\tau\right|^2}{E_n^{(0)}-E_m^{(0)}}$$

$$=\frac{\left|\frac{\beta}{2\sqrt{2}\alpha^3}\sqrt{(n+1)(n+2)(n+3)}\right|^2}{E_n^{(0)}-E_{n+3}^{(0)}}+\frac{\left|\frac{3\beta}{2\sqrt{2}\alpha^3}(n+1)\sqrt{n+1}\right|^2}{E_n^{(0)}-E_{n+1}^{(0)}}+$$

$$\frac{\left|\frac{3\beta}{2\sqrt{2}\alpha^3}n\sqrt{n}\right|^2}{E_n^{(0)}-E_{n-1}^{(0)}}+\frac{\left|\frac{\beta}{2\sqrt{2}\alpha^3}\sqrt{n(n-1)(n-2)}\right|^2}{E_n^{(0)}-E_{n-3}^{(0)}}$$

$$=\frac{\beta^2}{8\alpha^6}\frac{(n+1)(n+2)(n+3)}{(n+1/2)\hbar\omega-(n+7/2)\hbar\omega}+\frac{9\beta^2}{8\alpha^6}\frac{(n+1)^3}{(n+1/2)\hbar\omega-(n+3/2)\hbar\omega}+$$

$$\frac{9\beta^2}{8\alpha^6}\frac{n^3}{(n+1/2)\hbar\omega-(n-1/2)\hbar\omega}+\frac{\beta^2}{8\alpha^6}\frac{n(n-1)(n-2)}{(n+1/2)\hbar\omega-(n-5/2)\hbar\omega}$$

$$=-\frac{\beta^2}{8\alpha^6\hbar\omega}(30n^2+30n+11)$$

修正到二级的能级能量值

$$E_n=E_n^{(0)}+E_n^{(1)}+E_n^{(2)}=\left(n+\frac{1}{2}\right)\hbar\omega-\frac{\beta^2}{8\alpha^6\hbar\omega}(30n^2+30n+11)$$

量子体系哈密顿量$\hat{H}$ 的一级本征函数

$$\psi_n=\psi_n^{(0)}+\sum_{m\neq n}\frac{H'_{mn}}{E_n^{(0)}-E_m^{(0)}}\psi_m^{(0)}=\psi_n^{(0)}+\sum_{m\neq n}\frac{\int\psi_m^{(0)*}\beta x^3\psi_n^{(0)}\mathrm{d}x}{E_n^{(0)}-E_m^{(0)}}\psi_m^{(0)}$$

$$=\psi_n^{(0)}+\frac{\beta}{2\sqrt{2}\alpha^3}\frac{\sqrt{(n+1)(n+2)(n+3)}}{E_n^{(0)}-E_{n+3}^{(0)}}\psi_{n+3}^{(0)}+\frac{3\beta}{2\sqrt{2}\alpha^3}\frac{(n+1)\sqrt{n+1}}{E_n^{(0)}-E_{n+1}^{(0)}}\psi_{n+1}^{(0)}+$$

$$\frac{3\beta}{2\sqrt{2}\alpha^3}\frac{n\sqrt{n}}{E_n^{(0)}-E_{n-1}^{(0)}}\psi_{n-1}^{(0)}+\frac{\beta}{2\sqrt{2}\alpha^3}\frac{\sqrt{n(n-1)(n-2)}}{E_n^{(0)}-E_{n-3}^{(0)}}\psi_{n-3}^{(0)}$$

$$=\psi_n^{(0)}+\frac{\beta}{6\sqrt{2}\alpha^3\hbar\omega}\Big[\sqrt{n(n-1)(n-2)}\,\psi_{n-3}^{(0)}+9n\sqrt{n}\,\psi_{n-1}^{(0)}-$$

$$9(n+1)\sqrt{n+1}\,\psi_{n+1}^{(0)}-\sqrt{(n+1)(n+2)(n+3)}\,\psi_{n+3}^{(0)}\Big]$$

由此可见,非线性谐振子(微扰为$\hat{H}'=\beta x^3$)的能级能量的一级修正值 $E_n^{(1)}$ 为零;能级能量的二级修正值 $E_n^{(2)}$ 与非微扰$\hat{H}_0$ 的本征态(n)有关,二级修正后并非能级平移。体系哈密顿量$\hat{H}$ 的一级本征函数 ψ_n 可能既不是归一的也不是正交的。

(5) 耦合一维线性谐振子能级能量的微扰修正

对于两个一维线性谐振子的耦合,除了每个谐振子具有各自动能和势能外,两个谐振子

(粒子)之间还有相互作用势能。因此,耦合谐振子体系的哈密顿量表示为

$$\hat{H}=-\frac{\hbar^2}{2m}\frac{d^2}{dx_1^2}-\frac{\hbar^2}{2m}\frac{d^2}{dx_2^2}+\frac{1}{2}Kx_1^2+\frac{1}{2}Kx_2^2+\frac{1}{2}k(x_1-x_2)^2$$

$$=-\frac{\hbar^2}{2m}\frac{d^2}{dx_1^2}-\frac{\hbar^2}{2m}\frac{d^2}{dx_2^2}+\frac{1}{2}(K+k)x_1^2+\frac{1}{2}(K+k)x_2^2-kx_1x_2\quad(k<K)$$

我们将$\hat{H}'=-kx_1x_2$看做微扰,则没有微扰的哈密顿量表示为

$$\hat{H}_0=-\frac{\hbar^2}{2m}\frac{d^2}{dx_1^2}-\frac{\hbar^2}{2m}\frac{d^2}{dx_2^2}+\frac{1}{2}(K+k)x_1^2+\frac{1}{2}(K+k)x_2^2$$

$\hat{H}_0$的能量本征值和相应的本征函数表示为

$$E_N^{(0)}=\left(n_1+\frac{1}{2}\right)\hbar\omega+\left(n_2+\frac{1}{2}\right)\hbar\omega=(N+1)\hbar\omega,n_1,n_2=0,1,2,\cdots$$

$$\psi_N^{(0)}(x_1,x_2)=\psi_{n_1n_2}^{(0)}(x_1,x_2)=\psi_{n_1}^{(0)}(x_1)\psi_{n_2}^{(0)}(x_2),\omega=\sqrt{\frac{K+k}{m}}$$

可见,$\hat{H}_0$的能量本征值$E_N^{(0)}$是多重简并的,简并的重数取决于激发态的能级级数。

对于基态($N=0,n_1=n_2=0$),能级的能量和对应的本征函数分别为

$$E_0^{(0)}=\hbar\omega,\psi_0^{(0)}(x_1,x_2)=\psi_{00}^{(0)}(x_1,x_2)=\psi_0^{(0)}(x_1)\psi_0^{(0)}(x_2)$$

基态能级是非简并的,基态能级能量的一级修正值为

$$E_0^{(1)}=H'_{00}=\int\psi_0^{(0)*}(x_1,x_2)\hat{H}'\psi_0^{(0)}(x_1,x_2)d\tau$$

$$=\int_{-\infty}^{+\infty}\int_{-\infty}^{+\infty}\psi_0^{(0)*}(x_1)\psi_0^{(0)*}(x_2)(-kx_1x_2)\psi_0^{(0)}(x_1)\psi_0^{(0)}(x_2)dx_1dx_2$$

$$=-k\int_{-\infty}^{+\infty}\psi_0^{(0)*}(x_1)(x_1)\psi_0^{(0)}(x_1)dx_1\int_{-\infty}^{+\infty}\psi_0^{(0)*}(x_2)(x_2)\psi_0^{(0)}(x_2)dx_2$$

$$=-k\begin{bmatrix}\int_{-\infty}^{+\infty}\psi_0^{(0)*}(x_1)\dfrac{1}{\alpha}\left(\sqrt{\dfrac{0+1}{2}}\psi_{0+1}^{(0)}(x_1)+\sqrt{\dfrac{0}{2}}\psi_{0-1}^{(0)}(x_1)\right)dx_1\\ \int_{-\infty}^{+\infty}\psi_0^{(0)*}(x_2)\dfrac{1}{\alpha}\left(\sqrt{\dfrac{0+1}{2}}\psi_{0+1}^{(0)}(x_2)+\sqrt{\dfrac{0}{2}}\psi_{0-1}^{(0)}(x_2)\right)dx_2\end{bmatrix}$$

$$=-\frac{k}{2\alpha^2}\int_{-\infty}^{+\infty}\psi_0^{(0)*}(x_1)\psi_1^{(0)}(x_1)dx_1\int_{-\infty}^{+\infty}\psi_0^{(0)*}(x_2)\psi_1^{(0)}(x_2)dx_2=0$$

基态能级能量一级修正值为零,基态能级一级能量不需修正。

对于第一激发态($N=n_1+n_2=1$),能级的能量为$E_1^{(0)}=2\hbar\omega$,可以有$n_1=0,n_2=1$和$n_1=1,n_2=0$两种可能,$\hat{H}_0$系统第一激发态的本征函数为

$$\psi_{11}^{(0)}(x_1,x_2)=\psi_1^{(0)}(x_1)\psi_0^{(0)}(x_2),\psi_{12}^{(0)}(x_1,x_2)=\psi_0^{(0)}(x_1)\psi_1^{(0)}(x_2)$$

没有微扰的哈密顿量$\hat{H}_0$的第一激发态($N=1$)的能级是二重简并的。由定态简并微扰理论,先计算微扰矩阵元

$$H'_{11}=\int\psi_{11}^{(0)*}(x_1,x_2)\hat{H}'\psi_{11}^{(0)}(x_1,x_2)d\tau$$

$$=\int\psi_1^{(0)*}(x_1)\psi_0^{(0)*}(x_2)(-kx_1x_2)\psi_1^{(0)}(x_1)\psi_0^{(0)}(x_2)d\tau$$

$$=-k\int_{-\infty}^{+\infty}\psi_1^{(0)*}(x_1)(x_1)\psi_1^{(0)}(x_1)dx_1\int_{-\infty}^{+\infty}\psi_0^{(0)*}(x_2)(x_2)\psi_0^{(0)}(x_2)dx_2$$

$$=-k\left[\begin{array}{l}\int_{-\infty}^{+\infty}\psi_1^{(0)*}(x_1)\frac{1}{\alpha}\left(\sqrt{\frac{1+1}{2}}\psi_{1+1}^{(0)}(x_1)+\sqrt{\frac{1}{2}}\psi_{1-1}^{(0)}(x_1)\right)\mathrm{d}x_1\\ \int_{-\infty}^{+\infty}\psi_0^{(0)*}(x_2)\frac{1}{\alpha}\left(\sqrt{\frac{0+1}{2}}\psi_{0+1}^{(0)}(x_2)+\sqrt{\frac{0}{2}}\psi_{0-1}^{(0)}(x_2)\right)\mathrm{d}x_2\end{array}\right]$$

$$=-\frac{k}{\sqrt{2}\alpha^2}\int_{-\infty}^{+\infty}\psi_1^{(0)*}(x_1)\left(\psi_2^{(0)}(x_1)+\sqrt{\frac{1}{2}}\psi_0^{(0)}(x_1)\right)\mathrm{d}x_1\int_{-\infty}^{+\infty}\psi_0^{(0)*}(x_2)\psi_1^{(0)}(x_2)\mathrm{d}x_2=0$$

$$H'_{12}=\int\psi_{11}^{(0)*}(x_1,x_2)\hat{H}'\psi_{12}^{(0)}(x_1,x_2)\mathrm{d}\tau$$

$$=\int\psi_1^{(0)*}(x_1)\psi_0^{(0)*}(x_2)(-kx_1x_2)\psi_0^{(0)}(x_1)\psi_1^{(0)}(x_2)\mathrm{d}\tau$$

$$=-k\int_{-\infty}^{+\infty}\psi_1^{(0)*}(x_1)(x_1)\psi_0^{(0)}(x_1)\mathrm{d}x_1\int_{-\infty}^{+\infty}\psi_0^{(0)*}(x_2)(x_2)\psi_1^{(0)}(x_2)\mathrm{d}x_2$$

$$=-k\left[\begin{array}{l}\int_{-\infty}^{+\infty}\psi_1^{(0)*}(x_1)\frac{1}{\alpha}\left(\sqrt{\frac{0+1}{2}}\psi_{0+1}^{(0)}(x_1)+\sqrt{\frac{0}{2}}\psi_{0-1}^{(0)}(x_1)\right)\mathrm{d}x_1\\ \int_{-\infty}^{+\infty}\psi_0^{(0)*}(x_2)\frac{1}{\alpha}\left(\sqrt{\frac{1+1}{2}}\psi_{1+1}^{(0)}(x_2)+\sqrt{\frac{1}{2}}\psi_{1-1}^{(0)}(x_2)\right)\mathrm{d}x_2\end{array}\right]$$

$$=-\frac{k}{\sqrt{2}\alpha^2}\int_{-\infty}^{+\infty}\psi_1^{(0)*}(x_1)\psi_1^{(0)}(x_1)\mathrm{d}x_1\int_{-\infty}^{+\infty}\psi_0^{(0)*}(x_2)\left(\psi_2^{(0)}(x_2)+\sqrt{\frac{1}{2}}\psi_0^{(0)}(x_2)\right)\mathrm{d}x_2$$

$$=-\frac{k}{\sqrt{2}\alpha^2}\left[\int_{-\infty}^{+\infty}\psi_0^{(0)*}(x_2)\psi_2^{(0)}(x_2)\mathrm{d}x_2+\sqrt{\frac{1}{2}}\int_{-\infty}^{+\infty}\psi_0^{(0)*}(x_2)\psi_0^{(0)}(x_2)\mathrm{d}x_2\right]=-\frac{k}{2\alpha^2}$$

$$H'_{21}=\int\psi_{12}^{(0)*}(x_1,x_2)\hat{H}'\psi_{11}^{(0)}(x_1,x_2)\mathrm{d}\tau$$

$$=\int\psi_0^{(0)*}(x_1)\psi_1^{(0)*}(x_2)(-kx_1x_2)\psi_1^{(0)}(x_1)\psi_0^{(0)}(x_2)\mathrm{d}\tau$$

$$=-k\int_{-\infty}^{+\infty}\psi_0^{(0)*}(x_1)(x_1)\psi_1^{(0)}(x_1)\mathrm{d}x_1\int_{-\infty}^{+\infty}\psi_1^{(0)*}(x_2)(x_2)\psi_0^{(0)}(x_2)\mathrm{d}x_2$$

$$=-k\left[\begin{array}{l}\int_{-\infty}^{+\infty}\psi_0^{(0)*}(x_1)\frac{1}{\alpha}\left(\sqrt{\frac{1+1}{2}}\psi_{1+1}^{(0)}(x_1)+\sqrt{\frac{1}{2}}\psi_{1-1}^{(0)}(x_1)\right)\mathrm{d}x_1\\ \int_{-\infty}^{+\infty}\psi_1^{(0)*}(x_2)\frac{1}{\alpha}\left(\sqrt{\frac{0+1}{2}}\psi_{0+1}^{(0)}(x_2)+\sqrt{\frac{0}{2}}\psi_{0-1}^{(0)}(x_2)\right)\mathrm{d}x_2\end{array}\right]$$

$$=-\frac{k}{\sqrt{2}\alpha^2}\int_{-\infty}^{+\infty}\psi_0^{(0)*}(x_1)\left(\psi_2^{(0)}(x_1)+\sqrt{\frac{1}{2}}\psi_0^{(0)}(x_1)\right)\mathrm{d}x_1\int_{-\infty}^{+\infty}\psi_1^{(0)*}(x_2)\psi_1^{(0)}(x_2)\mathrm{d}x_2$$

$$=-\frac{k}{\sqrt{2}\alpha^2}\left[\int_{-\infty}^{+\infty}\psi_0^{(0)*}(x_1)\psi_2^{(0)}(x_1)\mathrm{d}x_1+\sqrt{\frac{1}{2}}\int_{-\infty}^{+\infty}\psi_0^{(0)*}(x_1)\psi_0^{(0)}(x_1)\mathrm{d}x_1\right]=-\frac{k}{2\alpha^2}$$

$$H'_{22}=\int\psi_{12}^{(0)*}(x_1,x_2)\hat{H}'\psi_{12}^{(0)}(x_1,x_2)\mathrm{d}\tau$$

$$=\int_{-\infty}^{+\infty}\int_{-\infty}^{+\infty}\psi_0^{(0)*}(x_1)\psi_1^{(0)*}(x_2)(-kx_1x_2)\psi_0^{(0)}(x_1)\psi_1^{(0)}(x_2)\mathrm{d}x_1\mathrm{d}x_2$$

$$=-k\int_{-\infty}^{+\infty}\psi_0^{(0)*}(x_1)(x_1)\psi_0^{(0)}(x_1)\mathrm{d}x_1\int_{-\infty}^{+\infty}\psi_1^{(0)*}(x_2)(x_2)\psi_1^{(0)}(x_2)\mathrm{d}x_2$$

$$=-k\left[\begin{array}{l}\int_{-\infty}^{+\infty}\psi_0^{(0)*}(x_1)\frac{1}{\alpha}\left(\sqrt{\frac{0+1}{2}}\psi_{0+1}^{(0)}(x_1)+\sqrt{\frac{0}{2}}\psi_{0-1}^{(0)}(x_1)\right)\mathrm{d}x_1\\ \int_{-\infty}^{+\infty}\psi_1^{(0)*}(x_2)\frac{1}{\alpha}\left(\sqrt{\frac{1+1}{2}}\psi_{1+1}^{(0)}(x_2)+\sqrt{\frac{1}{2}}\psi_{1-1}^{(0)}(x_2)\right)\mathrm{d}x_2\end{array}\right]$$

$$=-\frac{k}{\sqrt{2}\alpha^2}\int_{-\infty}^{+\infty}\psi_0^{(0)*}(x_1)\psi_1^{(0)}(x_1)\mathrm{d}x_1\int_{-\infty}^{+\infty}\psi_1^{(0)*}(x_2)\left(\psi_2^{(0)}(x_2)+\sqrt{\frac{1}{2}}\psi_0^{(0)}(x_2)\right)\mathrm{d}x_2=0$$

由此，得到微扰 $\hat{H}'=-kx_1x_2$ 的矩阵

$$\hat{H}'=\begin{pmatrix}H'_{11} & H'_{12}\\ H'_{21} & H'_{22}\end{pmatrix}=\begin{pmatrix}0 & -k/(2\alpha^2)\\ -k/(2\alpha^2) & 0\end{pmatrix}=-\frac{k}{2\alpha^2}\begin{pmatrix}0 & 1\\ 1 & 0\end{pmatrix}$$

设谐振子第一激发态能级能量的微扰一级修正值为 $E_1^{(1)}$，则有久期方程

$$\begin{vmatrix}-E_1^{(1)} & -k/(2\alpha^2)\\ -k/(2\alpha^2) & -E_1^{(1)}\end{vmatrix}=0,(-E_1^{(1)})^2-\left(-\frac{k}{2\alpha^2}\right)^2=0$$

这样，得到谐振子第一激发态能级能量的微扰一级修正值

$$E_{11}^{(1)}=\frac{k}{2\alpha^2}=\frac{\hbar k}{2\sqrt{m(K+k)}},E_{12}^{(1)}=-\frac{k}{2\alpha^2}=-\frac{\hbar k}{2\sqrt{m(K+k)}}$$

微扰修正到一级的 $\hat{H}$ 的第一激发态的能级能量为

$$E_{11}=E_1^{(0)}+E_{11}^{(1)}=\hbar\omega+\frac{\hbar k}{2\sqrt{m(K+k)}}=\hbar\sqrt{\frac{K+k}{m}}+\frac{\hbar k}{2\sqrt{m(K+k)}}$$

$$E_{12}=E_1^{(0)}+E_{12}^{(1)}=\hbar\omega-\frac{\hbar k}{2\sqrt{m(K+k)}}=\hbar\sqrt{\frac{K+k}{m}}-\frac{\hbar k}{2\sqrt{m(K+k)}}$$

一条能级被分裂为两条，第一激发态的能级简并完全解除。

(6) 受到含时微扰的一维线性谐振子

一维线性谐振子体系初始时刻 $t=0$，体系处于 ψ_0 态。当 $t>0$ 时，体系开始受到一微扰 $\hat{H}'=x\exp(-\beta t)$ 的作用。可以求得经充分长时间以后，体系跃迁到 ψ_n 态的概率。

对于一维线性谐振子，未受微扰时的哈密顿量 $\hat{H}_0$ 的本征值和本征函数为

$$E_n=\left(n+\frac{1}{2}\right)\hbar\omega,\psi_n(\alpha x)=N_n\exp\left(-\frac{1}{2}\alpha^2x^2\right)H_n(\alpha x),\alpha=\sqrt{\frac{m\omega}{\hbar}},n=1,2,\cdots$$

由于微扰为 $\hat{H}'=x\exp(-\beta t)$，由本征函数的递推公式可以得到微扰矩阵元

$$H'_{n0}=\int\psi_n^*\hat{H}'\psi_0\mathrm{d}\tau=\int_{-\infty}^{+\infty}\psi_n^*x\exp(-\beta t)\psi_0\mathrm{d}x=\exp(-\beta t)\int_{-\infty}^{+\infty}\psi_n^*x\psi_0\mathrm{d}x$$

$$=\exp(-\beta t)\int_{-\infty}^{+\infty}\psi_n^*\frac{1}{\alpha}\left(\sqrt{\frac{0+1}{2}}\psi_{0+1}+\sqrt{\frac{0}{2}}\psi_{0-1}\right)\mathrm{d}x$$

$$=\frac{\exp(-\beta t)}{\sqrt{2}\alpha}\int_{-\infty}^{+\infty}\psi_n^*\psi_1\mathrm{d}x=\frac{\exp(-\beta t)}{\sqrt{2}\alpha}\delta_{n1}$$

由此，得到一维谐振子体系由基态 ψ_0 跃迁到第 n 个激发态 ψ_n 的跃迁振幅

$$a_{n0}(t=\infty)=\frac{1}{\mathrm{i}\hbar}\int_0^{\infty}H'_{n0}\exp(\mathrm{i}\omega_{n0}t)\mathrm{d}t$$

$$=\frac{1}{\mathrm{i}\hbar}\int_0^{\infty}\frac{\exp(-\beta t)}{\sqrt{2}\alpha}\delta_{n1}\exp(\mathrm{i}\omega_{n0}t)\mathrm{d}t=\frac{\delta_{n1}}{\mathrm{i}\sqrt{2}\alpha\hbar}\int_0^{\infty}\exp[(\mathrm{i}\omega_{n0}-\beta)t]\mathrm{d}t$$

$$=\frac{\delta_{n1}}{\mathrm{i}\sqrt{2}\alpha\hbar(\mathrm{i}\omega_{n0}-\beta)}\{\exp[(\mathrm{i}\omega_{n0}-\beta)t]\}_0^{\infty}=\frac{\delta_{n1}}{\sqrt{2}\alpha\hbar(\omega_{n0}+\mathrm{i}\beta)}$$

这样，只有 $n=1$ 的跃迁振幅不为零($a_{10}\neq 0$)，其他跃迁振幅均为零($a_{n\neq 1,0}=0$)。而且

$$a_{10}(t=\infty)=\frac{\delta_{11}}{\sqrt{2}\alpha\hbar(\omega_{10}+\mathrm{i}\beta)}=\frac{1}{\sqrt{2}\alpha(E_1-E_0+\mathrm{i}\hbar\beta)}=\frac{1}{\sqrt{2}\alpha\hbar(\omega+\mathrm{i}\beta)}$$

因此,只有 $n=1$ 的跃迁概率不为零($P_{10}\neq 0$),其他跃迁概率均为零($P_{n\neq 1,0}=0$)。而且

$$P_{10}(t=\infty)=|a_{10}(t=\infty)|^2=\left|\frac{1}{\sqrt{2}\alpha\hbar(\omega+\mathrm{i}\beta)}\right|^2=\frac{1}{2\hbar^2\alpha^2}\frac{1}{\omega^2+\beta^2}$$

复习思考题

16-1 什么是有心力场?粒子在有心力场中运动时,哈密顿算符有何特点?

16-2 粒子在有心力场中运动时,能量本征函数如何分离变量?

16-3 写出粒子在有心力场中运动时,径向函数 $R(r)$ 所满足的微分方程的具体形式。

16-4 写出粒子在有心力场中运动时,球谐函数 $Y(\theta,\varphi)$ 所满足的微分方程的具体形式。

16-5 写出粒子在有心力场中运动时,纬度角函数 $\Theta(\theta)$ 所满足的微分方程的具体形式。

16-6 写出粒子在有心力场中运动时,经度角函数 $\Phi(\varphi)$ 所满足的微分方程的具体形式。

16-7 经度角函数 $\Phi(\varphi)$ 的具体形式如何?怎样由经度角函数 $\Phi(\varphi)$ 得到磁量子数?为什么说经度角函数 $\Phi(\varphi)$ 是角动量在 z 方向的投影算符 $\hat{L}_z$ 的本征函数?

16-8 纬度角函数的具体形式如何?(轨道)磁量子数的取值范围如何?

16-9 如何表示归一化的球谐函数?为什么说球谐函数 $Y_{l,m}(\theta,\varphi)$ 是角动量平方算符 $\hat{L}^2$ 和角动量 z 分量算符 $\hat{L}_z$ 共同的本征函数?

16-10 如果粒子在库仑力场中运动(束缚态),量子体系的能量本征值为多少?如何表示量子体系的径向波函数?

16-11 氢原子体系的能级和波函数如何表示?

16-12 在氢原子中,在体积元 $\mathrm{d}\tau=r^2\sin\theta\mathrm{d}r\mathrm{d}\theta\mathrm{d}\varphi$ 内找到电子的概率如何表示?电子在氢原子内径向概率密度分布如何表示?电子在氢原子内角概率密度分布如何表示?

16-13 什么是一维线性谐振子模型?

16-14 简述一维线性谐振子体系的能量。

16-15 什么是厄米多项式?n 阶厄米多项式的最高次幂是多少?

16-16 厄米多项式的微分表达式如何写?厄米多项式的递推公式如何写?

16-17 厄米多项式是否是正交归一的?

16-18 如何表示一维线性谐振子体系的本征波函数?

16-19 如何表示一维线性谐振子体系波函数的递推关系?

16-20 为什么说波函数 $\psi_n(x)$ 是一维线性谐振子体系的能量本征函数?

16-21 什么是湮灭算符?什么是产生算符?什么是量子数算符?

16-22 为什么说电子自旋是电子固有的“内禀”属性?

16-23 简述电子自旋的应用。

16-24 施特恩-盖拉赫实验结果是否证实了电子的轨道角动量空间量子化概念?

16-25 简述施特恩-盖拉赫实验的意义。

16-26 为什么选用“自旋角动量”来描述电子的“自旋”?

16-27 简述电子自旋的发现。

16-28　电子自旋角动量量子数和自旋磁量子数的取值各为多少？

16-29　电子自旋角动量的大小和自旋角动量在 z 方向的投影取值各为多少？

16-30　在磁场中，电子自旋角动量的方向是沿磁场的方向和反方向吗？

16-31　根据电子自旋角动量大小，说明电子自旋角动量是电子固有的内禀属性。

16-32　在量子力学中，如何描述氢原子的量子状态？

16-33　如何定义电子自旋角动量算符？电子自旋角动量分量算符之间满足什么样的对易关系？电子自旋角动量分量算符与电子自旋角动量平方算符之间满足什么样的对易关系？

16-34　电子自旋角动量分量算符 $\hat{S}_x$，$\hat{S}_y$，$\hat{S}_z$ 的本征值各为多少？电子自旋角动量平方算符的本征值是多少？

16-35　在 S_z 表象下，电子自旋角动量分量算符 $\hat{S}_x$，$\hat{S}_y$，$\hat{S}_z$ 的矩阵如何表示？

16-36　电子自旋角动量平方算符 $\hat{S}^2$ 的矩阵如何表示？

16-37　如何定义泡利算符？泡利算符的本征值是多少？

16-38　泡利算符的对易关系如何？

16-39　在 σ_z 表象中，泡利算符各个分量算符的矩阵如何表示？

16-40　简述电子自旋本征波函数。

16-41　什么是自旋轨道耦合？如何表示自旋轨道总角动量算符的本征值？

16-42　考虑到自旋轨道耦合，如何表示原子的状态？

16-43　什么是费米子？什么是玻色子？它们都有什么特性？

16-44　什么是全同粒子？什么是全同粒子体系？

16-45　什么是全同性原理？

16-46　全同粒子体系的哈密顿算符对粒子交换是不变的吗？全同粒子体系的哈密顿算符与粒子交换算符是对易的吗？

16-47　全同粒子体系具有怎样的粒子交换对称性？这种对称性是否随时间变化？

16-48　由玻色子组成的全同粒子体系的波函数满足什么样的对称性？由费米子组成的全同粒子体系的波函数满足什么样的对称性？

16-49　如果不考虑粒子之间的相互作用，全同粒子体系的能量是多少？

16-50　如果不考虑粒子之间的相互作用，如何构造全同粒子体系的对称波函数？

16-51　如果不考虑粒子之间的相互作用，如何构造全同粒子体系的反对称波函数？

16-52　为什么由费米子组成的全同粒子体系要受到泡利不相容原理的限制？

16-53　如果不考虑粒子之间的相互作用以及自旋与轨道之间的相互作用，如何构造全同粒子体系的对称波函数和反对称波函数？

16-54　在由两个电子（全同费米子）组成的量子体系中，如果体系哈密顿算符不含电子自旋，量子体系的总自旋函数最多有几个？它们的粒子交换对称性如何？

16-55　自旋三重态 $\chi_S^{(1)}$，$\chi_S^{(3)}$，$\chi_S^{(2)}$ 和自旋单态 χ_A 是两个电子自旋耦合总自旋角动量平方算符 $\hat{S}^2$ 和总自旋角动量在 z 轴上的投影算符 $\hat{S}_z$ 共同的本征函数，本征值各为多少？

16-56　为什么自旋三重态 $\chi_S^{(1)}$，$\chi_S^{(3)}$，$\chi_S^{(2)}$ 和自旋单态 χ_A 是两个电子自旋耦合总自旋角动量平方算符 $\hat{S}^2$ 和总自旋角动量在 z 轴上的投影算符 $\hat{S}_z$ 完备的共同本征函数系？

16-57　多电子原子的能量由什么量子数决定？

16-58　原子中支壳层和壳层可以容纳的最多电子数由什么决定？怎样决定？

16-59 什么是能量最低原理?

16-60 什么是原子中的电子组态?如何表示原子中的电子组态?

16-61 原子中的电子如何排布?

16-62 什么是洪特规则?

16-63 为什么化学元素的性质具有周期性的重复性?

16-64 能量高于势垒高度的微观粒子能够被势垒反射吗?反射系数与透射系数是什么关系?能否出现全透射不反射的情况?

16-65 能量低于势垒高度的微观粒子能够越过势垒吗?透射系数与反射系数是什么关系?能否出现全反射不透射的情况?

16-66 入射势垒的微观粒子在势场中运动,为什么粒子的能量可以不是量子化的?

16-67 什么是量子隧道效应?举例说明这种量子效应的应用

16-68 简述微扰理论的基本思想。

16-69 怎样由微扰理论求量子体系非简并定态能级能量的一级修正值?

16-70 怎样由微扰理论求量子体系非简并定态能级能量的二级修正值?

16-71 怎样由微扰理论求量子体系非简并定态本征波函数的一级修正?

16-72 怎样由微扰理论求量子体系简并定态能级能量的一级修正值?

16-73 怎样由含时微扰理论求量子体系跃迁振幅?

16-74 怎样由含时微扰理论求量子体系跃迁概率?。

参考文献

[1] 程守洙,江之永. 普通物理学.6版. 北京:高等教育出版社,2006.

[2] 吴百诗. 大学物理学. 北京:高等教育出版社,2016.

[3] 张三慧. 大学物理学.3版. 北京:清华大学出版社,2008.

[4] 陆 果. 基础物理学. 北京:高等教育出版社,1997.

[5] 漆安慎,杜婵英. 普通物理学教程 力学.3版. 北京:高等教育出版社,2012.

[6] 李椿,章立源,钱尚武. 热学.3版. 北京:高等教育出版社,2016.

[7] 姚启钧. 光学教程.3版. 北京:高等教育出版社,2006.

[8] 叶玉堂,饶建珍,肖峻. 光学教程.4版. 北京:清华大学出版社,2005.

[9] 钟锡华. 现代光学基础. 北京:北京大学出版社,2003.

[10] 梁灿彬,秦光戎,梁竹健. 电磁学.3版. 北京:高等教育出版社,2012.

[11] 赵凯华,陈熙谋. 电磁学.3版. 北京:高等教育出版社,2011.

[12] 褚圣麟. 原子物理学. 北京:人民教育出版社,1979.

[13] 杨福家.原子物理学.4版. 北京:高等教育出版社,2008.

[14] 周世勋.量子力学. 上海:上海科学技术出版社,1961.

[15] 周世勋.量子力学教程.2版. 北京:高等教育出版社,2009.

[16] (美)费因曼等.费因曼物理学讲义(新千年版).上海:上海科学技术出版社,2013.

[17] 周光召. 中国大百科全书(物理学).北京:中国大百科全书出版社,2009.

附 录

附录 I 关联勒让德方程

考察关联勒让德方程

$$\frac{\mathrm{d}}{\mathrm{d}\xi}\left[(1-\xi^2)\frac{\mathrm{d}P}{\mathrm{d}\xi}\right]+\left(\lambda-\frac{m^2}{1-\xi^2}\right)P=0,(1-\xi^2)\frac{\mathrm{d}^2P}{\mathrm{d}\xi^2}-2\xi\frac{\mathrm{d}P}{\mathrm{d}\xi}+\left(\lambda-\frac{m^2}{1-\xi^2}\right)P=0$$

因为 θ 的变化区域是 0 到 π,所以 $\xi=\cos\theta$ 的变化区域是 1 到 -1。分析方程,发现 $\xi=\pm1$ 是方程的两个奇异点。为了使 $P(\xi)$ 能在 ξ 变化的全部区域保持有限,设

$$P(\xi)=(1-\xi^2)^{|m|/2}f(\xi)=(1-\xi^2)^{|m|/2}\sum_{\gamma=0}^{\infty}a_\gamma\xi^\gamma \tag{Ⅰ-1}$$

式中的 $f(\xi)$可以表示为泰勒级数的形式

$$f(\xi)=\sum_{\gamma=0}^{\infty}a_\gamma\xi^\gamma \tag{Ⅰ-2}$$

这样,关联勒让德方程的解实际上表示为一个 $\xi=\cos\theta$ 的级数(即无穷多项式)。

将所设的方程解(Ⅰ-1)带回关联勒让德方程,得到

$$\frac{\mathrm{d}P}{\mathrm{d}\xi}=\frac{\mathrm{d}}{\mathrm{d}\xi}[(1-\xi^2)^{|m|/2}f(\xi)]=-|m|\xi(1-\xi^2)^{\frac{|m|}{2}-1}f+(1-\xi^2)^{\frac{|m|}{2}}\frac{\mathrm{d}f}{\mathrm{d}\xi}$$

$$\frac{\mathrm{d}^2P}{\mathrm{d}\xi^2}=-|m|(1-\xi^2)^{\frac{|m|}{2}-1}f+|m|(|m|-2)\xi^2(1-\xi^2)^{\frac{|m|}{2}-2}f-$$

$$|m|\xi(1-\xi^2)^{\frac{|m|}{2}-1}\frac{\mathrm{d}f}{\mathrm{d}\xi}-|m|(1-\xi^2)^{\frac{|m|}{2}-1}\frac{\mathrm{d}f}{\mathrm{d}\xi}+(1-\xi^2)^{\frac{|m|}{2}}\frac{\mathrm{d}^2f}{\mathrm{d}\xi^2}$$

$$(1-\xi^2)\frac{\mathrm{d}^2f}{\mathrm{d}\xi^2}-2(|m|+1)\xi\frac{\mathrm{d}f}{\mathrm{d}\xi}+(\lambda-|m|-m^2)f=0$$

再将 $f(\xi)=\sum\limits_{\gamma=0}^{\infty}a_\gamma\xi^\gamma$ 代入,得到

$$\frac{\mathrm{d}f}{\mathrm{d}\xi}=\frac{\mathrm{d}}{\mathrm{d}\xi}\sum_{\gamma=0}^{\infty}a_\gamma\xi^\gamma=\sum_{\gamma=0}^{\infty}\gamma a_\gamma\xi^{\gamma-1},\frac{\mathrm{d}^2f}{\mathrm{d}\xi^2}=\frac{\mathrm{d}}{\mathrm{d}\xi}\sum_{\gamma=0}^{\infty}\gamma a_\gamma\xi^{\gamma-1}=\sum_{\gamma=0}^{\infty}\gamma(\gamma-1)a_\gamma\xi^{\gamma-2}$$

$$(1-\xi^2)\sum_{\gamma=0}^{\infty}\gamma(\gamma-1)a_\gamma\xi^{\gamma-2}-2(|m|+1)\xi\sum_{\gamma=0}^{\infty}\gamma a_\gamma\xi^{\gamma-1}+(\lambda-|m|-m^2)\sum_{\gamma=0}^{\infty}a_\gamma\xi^\gamma=0$$

$$\sum_{\gamma=0}^{\infty}\gamma(\gamma-1)a_\gamma\xi^{\gamma-2}-\sum_{\gamma=0}^{\infty}\gamma(\gamma-1)a_\gamma\xi^\gamma-2(|m|+1)\sum_{\gamma=0}^{\infty}\gamma a_\gamma\xi^\gamma+(\lambda-|m|-m^2)\sum_{\gamma=0}^{\infty}a_\gamma\xi^\gamma=0$$

$$\sum_{\gamma=0}^{\infty}(\gamma+2)(\gamma+1)a_{\gamma+2}\xi^\gamma=\sum_{\gamma=0}^{\infty}\gamma(\gamma-1)a_\gamma\xi^\gamma+2(|m|+1)\sum_{\gamma=0}^{\infty}\gamma a_\gamma\xi^\gamma-(\lambda-|m|-m^2)\sum_{\gamma=0}^{\infty}a_\gamma\xi^\gamma$$

比较 ξ^{γ} 项的系数，得到

$$(\gamma+2)(\gamma+1)a_{\gamma+2}=[\gamma(\gamma-1)+2(|m|+1)\gamma-\lambda+|m|+m^2]a_{\gamma} \tag{Ⅰ-3}$$

由于 $\xi=\cos\theta$ 并非无穷小量，根据波函数的有限性要求，级数(Ⅰ-2)只能包含有限项，即级数应在某一项中断而变为多项式。

设 $\gamma=k$ 是多项式(级数)中的最高次幂，即

$$a_{\gamma}\neq 0, a_{\gamma+1}=0, a_{\gamma+2}=0,\cdots\cdots$$

由(Ⅰ-3)可知，因为 $a_{\gamma+2}=0$ 而 $a_{\gamma}\neq 0$，只能是

$$k(k-1)+2(|m|+1)k-\lambda+|m|+m^2=0 \tag{Ⅰ-4}$$

由此得到对待定常数的限制

$$\lambda=k(k-1)+2(|m|+1)k+|m|+m^2=(k+|m|)(k+|m|+1) \tag{Ⅰ-5}$$

令 $l=k+|m|$。由于 k(多项式的幂次)是零或正整数，而磁量子数 m 是零或正负整数，所以，l 是零或正整数。另外，由于 k 是零或正整数，所以 $l\geqslant|m|$，即 $|m|\leqslant l$。因此

$$m=0,\pm1,\pm2,\cdots,\pm l \tag{Ⅰ-6}$$

最终得到待定常数 λ 的可能值

$$\lambda=l(l+1), l=0,1,2,\cdots,(m=0,\pm1,\pm2,\cdots,\pm l) \tag{Ⅰ-7}$$

关联勒让德方程进一步简化为

$$\frac{\mathrm{d}}{\mathrm{d}\xi}\left[(1-\xi^2)\frac{\mathrm{d}P}{\mathrm{d}\xi}\right]+\left[l(l+1)-\frac{m^2}{1-\xi^2}\right]P=0, l=0,1,2,\cdots \tag{Ⅰ-8}$$

一、勒让德方程的解

对于 $m=0$，关联勒让德方程退化为

$$(1-\xi^2)\frac{\mathrm{d}^2P}{\mathrm{d}\xi^2}-2\xi\frac{\mathrm{d}P}{\mathrm{d}\xi}+l(l+1)P=0 \tag{Ⅰ-9}$$

称为 l 阶勒让德方程。方程的解可以表示为幂级数的形式

$$P(\xi)=c_0+c_1\xi+c_2\xi^2+\cdots=\sum_{\alpha=0}^{\infty}c_{\alpha}\xi^{\alpha} \tag{Ⅰ-10}$$

式中，c_{α} 为待定常数。对(Ⅰ-10)逐项求导，得到

$$\frac{\mathrm{d}P}{\mathrm{d}x}=c_1+2c_2\xi+3c_3\xi^2+\cdots=\sum_{\alpha=1}^{\infty}\alpha c_{\alpha}\xi^{\alpha-1}$$

$$\frac{\mathrm{d}^2P}{\mathrm{d}x^2}=2c_2+3\cdot 2c_3\xi+\cdots=\sum_{\alpha=2}^{\infty}\alpha(\alpha-1)c_{\alpha}\xi^{\alpha-2}$$

将两个导数以及(Ⅰ-10)带回(Ⅰ-9)，得到

$$(1-\xi^2)\sum_{\alpha=2}^{\infty}\alpha(\alpha-1)c_{\alpha}\xi^{\alpha-2}-2\xi\sum_{\alpha=1}^{\infty}\alpha c_{\alpha}\xi^{\alpha-1}+l(l+1)\sum_{\alpha=0}^{\infty}c_{\alpha}\xi^{\alpha}=0$$

$$\sum_{\alpha=2}^{\infty}\alpha(\alpha-1)c_{\alpha}\xi^{\alpha-2}-\sum_{\alpha=2}^{\infty}\alpha(\alpha-1)c_{\alpha}\xi^{\alpha}-2\sum_{\alpha=1}^{\infty}\alpha c_{\alpha}\xi^{\alpha}+l(l+1)\sum_{\alpha=0}^{\infty}c_{\alpha}\xi^{\alpha}=0$$

$$\sum_{\alpha=0}^{\infty}(\alpha+2)(\alpha+1)c_{\alpha+2}\xi^{\alpha}-\sum_{\alpha=2}^{\infty}\alpha(\alpha-1)c_{\alpha}\xi^{\alpha}-2\sum_{\alpha=1}^{\infty}\alpha c_{\alpha}\xi^{\alpha}+l(l+1)\sum_{\alpha=0}^{\infty}c_{\alpha}\xi^{\alpha}=0$$

$$2c_2+6c_3\xi+\sum_{\alpha=2}^{\infty}(\alpha+2)(\alpha+1)c_{\alpha+2}\xi^{\alpha}-\sum_{\alpha=2}^{\infty}\alpha(\alpha-1)c_{\alpha}\xi^{\alpha}$$

$$-2c_1\xi-\sum_{\alpha=2}^{\infty}\alpha c_\alpha\xi^\alpha+l(l+1)c_0+l(l+1)c_1\xi+l(l+1)\sum_{\alpha=2}^{\infty}c_\alpha\xi^\alpha=0$$

比较 ξ 的同次幂,得到

$$c_2=-\frac{l(l+1)}{2}c_0, c_3=-\frac{l(l+1)-2}{3\cdot 2}c_1=-\frac{(l-1)(l+2)}{3\cdot 2}c_1,\cdots\cdots$$

得到系数的递推公式

$$c_{\alpha+2}=-\frac{l(l+1)-\alpha(\alpha+1)}{(\alpha+2)(\alpha+1)}c_\alpha, \alpha=0,1,2,\cdots \tag{Ⅰ-11}$$

前几个系数为

$$c_4=-\frac{l(l+1)-2\times(2+1)}{(2+2)(2+1)}c_2=\frac{(l-1)l(l+1)(l+3)}{4!}c_0$$

$$c_5=-\frac{l(l+1)-3\times(3+1)}{(3+2)(3+1)}c_3=\frac{(l-3)(l-1)(l+2)(l+4)}{5!}c_1$$

由此,得到勒让德方程的通解多项式表示式

$$P(\xi)=c_0\left[1-\frac{l(l+1)}{2!}\xi^2+\frac{(l-1)l(l+1)(l+3)}{4!}\xi^4+\cdots\right]+ c_1\left[\xi-\frac{(l-1)(l+2)}{3\cdot 2}\xi^3+\frac{(l-3)(l-1)(l+2)(l+4)}{5!}\xi^5+\cdots\right] \tag{Ⅰ-12}$$

式中,c_0 和 c_1 是两个任意常数。

由于要求 $P(\xi)$是有限项的多项式,规定这种多项式 ξ^l 的最高次幂的系数为

$$c_l=\frac{(2l)!}{2^l(l!)^2}$$

这样,由数学归纳法可以求得多项式的系数

$$c_{l-2\alpha}=(-1)^\alpha\frac{(2l-2\alpha)!}{2^l\alpha!\,(l-\alpha)!\,(l-2\alpha)!}, \alpha=0,1,2,\cdots,\left[\frac{l}{2}\right] \tag{Ⅰ-13}$$

式中,$\left[\frac{l}{2}\right]$表示不大于$\frac{l}{2}$的最大整数。

于是,l 阶勒让德方程(Ⅰ-9)的解表示为勒让德多项式

$$P_l(\xi)=\sum_{\alpha=0}^{\left[\frac{l}{2}\right]}(-1)^\alpha\frac{(2l-2\alpha)!}{2^l\alpha!\,(l-\alpha)!\,(l-2\alpha)!}\xi^{l-2\alpha} \tag{Ⅰ-14}$$

按二项式展开

$$(\xi^2-1)^l=\sum_{\alpha=0}^{l}(-1)^\alpha\frac{l!}{\alpha!\,(l-\alpha)!}\xi^{2l-2\alpha}$$

于是,得到

$$\begin{aligned}\frac{1}{2^l l!}\frac{\mathrm{d}^l}{\mathrm{d}\xi^l}(\xi^2-1)^l&=\frac{1}{2^l l!}\sum_{\alpha=0}^{l}(-1)^\alpha\frac{l!}{\alpha!\,(l-\alpha)!}\frac{\mathrm{d}^l}{\mathrm{d}\xi^l}\xi^{2l-2\alpha}\\&=\frac{1}{2^l l!}\sum_{\alpha=0}^{\left[\frac{l}{2}\right]}\frac{(-1)^\alpha l!}{\alpha!\,(l-\alpha)!}(2l-2\alpha)\cdot(2l-2\alpha-1)\cdot(l-2\alpha+1)\xi^{l-2\alpha}\\&=\sum_{\alpha=0}^{\left[\frac{l}{2}\right]}(-1)^\alpha\frac{(2l-2\alpha)!}{2^l\alpha!\,(l-\alpha)!\,(l-2\alpha)!}\xi^{l-2\alpha}=P_l(\xi)\end{aligned}$$

这样，l 阶勒让德方程(Ⅰ-9)的解勒让德多项式表示为微分形式

$$P_l(\xi)=\frac{1}{2^l l!}\frac{\mathrm{d}^l}{\mathrm{d}\xi^l}(\xi^2-1)^l \tag{Ⅰ-15}$$

二、勒让德多项式的正交性

勒让德多项式在区间[1，－1]上是正交的

$$\int_{-1}^{1}P_\alpha(\xi)P_\beta(\xi)\mathrm{d}\xi=0,(\alpha\neq\beta),\alpha,\beta=l=0,1,2,\cdots \tag{Ⅰ-16}$$

可以由积分运算直接证明这一结论。

由于 $P_\alpha(\xi)$ 和 $P_\beta(\xi)$ 分别满足勒让德方程

$$\frac{\mathrm{d}}{\mathrm{d}\xi}\left[(1-\xi^2)\frac{\mathrm{d}P_\alpha}{\mathrm{d}\xi}\right]+\alpha(\alpha+1)P_\alpha=0,\frac{\mathrm{d}}{\mathrm{d}\xi}\left[(1-\xi^2)\frac{\mathrm{d}P_\beta}{\mathrm{d}\xi}\right]+\beta(\beta+1)P_\beta=0$$

用 $P_\beta(\xi)$ 乘前式，用 $P_\alpha(\xi)$ 乘后式，并积分，得到

$$\begin{aligned}
[\alpha(\alpha+1)-\beta(\beta+1)]\int_{-1}^{1}P_\alpha P_\beta\mathrm{d}\xi &= \int_{-1}^{1}P_\beta\alpha(\alpha+1)P_\alpha\mathrm{d}\xi-\int_{-1}^{1}P_\alpha\beta(\beta+1)P_\beta\mathrm{d}\xi \\
&=\int_{-1}^{1}P_\alpha(\xi)\frac{\mathrm{d}}{\mathrm{d}\xi}\left[(1-\xi^2)\frac{\mathrm{d}P_\beta}{\mathrm{d}\xi}\right]\mathrm{d}\xi- \\
&\quad\int_{-1}^{1}P_\beta(\xi)\frac{\mathrm{d}}{\mathrm{d}\xi}\left[(1-\xi^2)\frac{\mathrm{d}P_\alpha}{\mathrm{d}\xi}\right]\mathrm{d}\xi \\
&=\int_{-1}^{1}\left[(1-\xi^2)\frac{\mathrm{d}P_\beta}{\mathrm{d}\xi}\right]\mathrm{d}P_\alpha-\int_{-1}^{1}\left[(1-\xi^2)\frac{\mathrm{d}P_\alpha}{\mathrm{d}\xi}\right]\mathrm{d}P_\beta \\
&=\left[P_\alpha(1-\xi^2)\frac{\mathrm{d}P_\beta}{\mathrm{d}\xi}\right]_{-1}^{1}-\int_{-1}^{1}P_\alpha\left[(1-\xi^2)\frac{\mathrm{d}^2P_\beta}{\mathrm{d}\xi^2}-2\xi\frac{\mathrm{d}P_\beta}{\mathrm{d}\xi}\right]\mathrm{d}\xi- \\
&\quad\left[P_\beta(1-\xi^2)\frac{\mathrm{d}P_\alpha}{\mathrm{d}\xi}\right]_{-1}^{1}+\int_{-1}^{1}P_\beta\left[(1-\xi^2)\frac{\mathrm{d}^2P_\alpha}{\mathrm{d}\xi^2}-2\xi\frac{\mathrm{d}P_\alpha}{\mathrm{d}\xi}\right]\mathrm{d}\xi \\
&=-\int_{-1}^{1}P_\alpha(1-\xi^2)\frac{\mathrm{d}^2P_\beta}{\mathrm{d}\xi^2}\mathrm{d}\xi-2\int_{-1}^{1}P_\alpha\xi\frac{\mathrm{d}P_\beta}{\mathrm{d}\xi}\mathrm{d}\xi+ \\
&\quad\int_{-1}^{1}P_\beta(1-\xi^2)\frac{\mathrm{d}^2P_\alpha}{\mathrm{d}\xi^2}\mathrm{d}\xi+2\int_{-1}^{1}P_\beta\xi\frac{\mathrm{d}P_\alpha}{\mathrm{d}\xi}\mathrm{d}\xi \\
&=-\int_{-1}^{1}P_\alpha(1-\xi^2)\mathrm{d}\left(\frac{\mathrm{d}P_\beta}{\mathrm{d}\xi}\right)-2\int_{-1}^{1}P_\alpha\xi\frac{\mathrm{d}P_\beta}{\mathrm{d}\xi}\mathrm{d}\xi+ \\
&\quad\int_{-1}^{1}P_\beta(1-\xi^2)\mathrm{d}\left(\frac{\mathrm{d}P_\alpha}{\mathrm{d}\xi}\right)+2\int_{-1}^{1}P_\beta\xi\frac{\mathrm{d}P_\alpha}{\mathrm{d}\xi}\mathrm{d}\xi \\
&=-\frac{\mathrm{d}P_\beta}{\mathrm{d}\xi}P_\alpha(1-\xi^2)\Big|_{-1}^{1}+\int_{-1}^{1}\frac{\mathrm{d}P_\beta}{\mathrm{d}\xi}\left[(1-\xi^2)\frac{\mathrm{d}P_\alpha}{\mathrm{d}\xi}-2\xi P_\alpha\right]\mathrm{d}\xi- \\
&\quad 2\int_{-1}^{1}P_\alpha\xi\frac{\mathrm{d}P_\beta}{\mathrm{d}\xi}\mathrm{d}\xi+ \\
&\quad\frac{\mathrm{d}P_\alpha}{\mathrm{d}\xi}P_\beta(1-\xi^2)\Big|_{-1}^{1}-\int_{-1}^{1}\frac{\mathrm{d}P_\alpha}{\mathrm{d}\xi}\left[(1-\xi^2)\frac{\mathrm{d}P_\beta}{\mathrm{d}\xi}-2\xi P_\beta\right]\mathrm{d}\xi+ \\
&\quad 2\int_{-1}^{1}P_\beta\xi\frac{\mathrm{d}P_\alpha}{\mathrm{d}\xi}\mathrm{d}\xi
\end{aligned}$$

$$= \int_{-1}^{1} \frac{dP_\beta}{d\xi}(1-\xi^2)\frac{dP_\alpha}{d\xi}d\xi - \int_{-1}^{1} \frac{dP_\alpha}{d\xi}(1-\xi^2)\frac{dP_\beta}{d\xi}d\xi = 0$$

由于 $\alpha \neq \beta$,只能是$\int_{-1}^{1} P_\alpha(\xi)P_\beta(\xi)d\xi = 0$,即勒让德多项式是正交的。

三、勒让德多项式的归一性

勒让德多项式平方在区间[1,−1]上的积分

$$\int_{-1}^{1} [P_l(\xi)]^2 d\xi = \frac{2}{2l+1},\ l = 0,1,2,\cdots \qquad (\text{I-17})$$

这可以由数学归纳法来证明。

$$l = 0: P_0(\xi) = 1, \int_{-1}^{1} [P_0(\xi)]^2 d\xi = \int_{-1}^{1} d\xi = 2 = \frac{2}{2\cdot 0+1}$$

$$l = 1: P_1(\xi) = \xi, \int_{-1}^{1} [P_1(\xi)]^2 d\xi = \int_{-1}^{1} \xi^2 d\xi = \frac{2}{3} = \frac{2}{2\cdot 1+1}$$

所以 $l = 1$ 时,(Ⅰ-17)成立。现设 $l = n$ 时(Ⅰ-17)成立,即

$$\int_{-1}^{1} [P_n(\xi)]^2 d\xi = \frac{2}{2n+1}$$

由勒让德多项式的递推公式 $(l+1)P_{l+1}(\xi) = (2l+1)\xi P_l(\xi) - lP_{l-1}(\xi)$,得到

$$(n+1)P_{n+1}^2(\xi) = (2n+1)\xi P_n(\xi)P_{n+1}(\xi) - nP_{n-1}(\xi)P_{n+1}(\xi)$$

$$(n+1)\int_{-1}^{1} P_{n+1}^2(\xi)d\xi = (2n+1)\int_{-1}^{1} \xi P_n(\xi)P_{n+1}(\xi)d\xi - n\int_{-1}^{1} P_{n-1}(\xi)P_{n+1}(\xi)d\xi$$

由勒让德多项式的正交性和勒让德多项式的递推公式(令 $l = n+1$),得到

$$\int_{-1}^{1} P_{n-1}(\xi)P_{n+1}(\xi)d\xi = 0, \xi P_{n+1}(\xi) = \frac{n+2}{2n+3}P_{n+2}(\xi) + \frac{n+1}{2n+3}P_n(\xi)$$

由此,积分化为

$$(n+1)\int_{-1}^{1} P_{n+1}^2(\xi)d\xi = (2n+1)\int_{-1}^{1} \xi P_n(\xi)P_{n+1}(\xi)d\xi$$

$$= (2n+1)\int_{-1}^{1} \left[\frac{n+2}{2n+3}P_{n+2}(\xi) + \frac{n+1}{2n+3}P_n(\xi)\right] P_n(\xi)d\xi$$

$$= (2n+1)\frac{n+2}{2n+3}\int_{-1}^{1} P_{n+2}(\xi)P_n(\xi)d\xi + (2n+1)\frac{n+1}{2n+3}\int_{-1}^{1} P_n(\xi)P_n(\xi)d\xi$$

$$= (2n+1)\frac{n+1}{2n+3}\int_{-1}^{1} P_n(\xi)P_n(\xi)d\xi = (2n+1)\frac{n+1}{2n+3}\frac{2}{2n+1} = 2\frac{n+1}{2n+3}$$

最终得到

$$\int_{-1}^{1} P_{n+1}^2(\xi)d\xi = \frac{2}{2n+3} = \frac{2}{2(n+1)+1}$$

这就是说由 $l = n$ 时(Ⅰ-17)成立得到 $l = n+1$ 时(Ⅰ-17)成立。

四、关联勒让德方程的解

对于 $m \neq 0$,考察关联勒让德方程(Ⅰ-8),由于 $\xi = \pm 1$ 是方程的两个奇异点,所以设方程的解为

$$P_l^{|m|}(\xi) = (1-\xi^2)^{|m|/2} f(\xi) = (1-\xi^2)^{|m|/2} \sum_{\gamma=0}^{\infty} a_\gamma \xi^\gamma, l = 0,1,2,\cdots \qquad (\text{I-18})$$

式中，$P_l^{|m|}(\xi)$称为关联勒让德多项式。这里，对于正负 m，方程的解是一样的，所以用$|m|$统一表示磁量子数，$m=0,\pm1,\pm2,\cdots,\pm l$。

如果能够求得 $f(\xi)$，就可以求得方程的解 $P_l^{|m|}(\xi)$。为此，对 $P_l^{|m|}(\xi)$求导

$$\frac{\mathrm{d}P_l^{|m|}}{\mathrm{d}\xi}=\frac{\mathrm{d}}{\mathrm{d}\xi}[(1-\xi^2)^{|m|/2}f(\xi)]=(1-\xi^2)^{|m|/2}\frac{\mathrm{d}f}{\mathrm{d}\xi}-|m|\xi(1-\xi^2)^{|m|/2-1}f$$

$$\frac{\mathrm{d}^2P_l^{|m|}}{\mathrm{d}\xi^2}=(1-\xi^2)^{|m|/2}\frac{\mathrm{d}^2f}{\mathrm{d}\xi^2}-2|m|\xi(1-\xi^2)^{|m|/2-1}\frac{\mathrm{d}f}{\mathrm{d}\xi}+$$
$$(1-\xi^2)^{|m|/2-1}\left[\frac{|m|(|m|-2)\xi^2}{1-\xi^2}-|m|\right]f$$

将此带回关联勒让德方程(Ⅰ-8)，得到

$$(1-\xi^2)\frac{\mathrm{d}^2f}{\mathrm{d}\xi^2}-2(|m|+1)\xi\frac{\mathrm{d}f}{\mathrm{d}\xi}+[l(l+1)-|m|(|m|+1)]f=0 \tag{Ⅰ-19}$$

这就是多项式(有限项)$f(\xi)$所满足的微分方程。可以将 $f(\xi)$进行幂级数展开，求展开系数而得到 $f(\xi)$，但该方程还有一个简单的解法。为此，我们考察勒让德函数 $P_l(\xi)$所满足的微分方程

$$(1-\xi^2)\frac{\mathrm{d}^2P}{\mathrm{d}\xi^2}-2\xi\frac{\mathrm{d}P}{\mathrm{d}\xi}+l(l+1)P=0,P=P_l(\xi)$$

对方程连续$|m|$次($|m|$为磁量子数，整数或零)求导，得到

$$(1-\xi^2)\frac{\mathrm{d}^{2+1}P_l(\xi)}{\mathrm{d}\xi^{2+1}}-2\cdot2\xi\frac{\mathrm{d}^2P_l(\xi)}{\mathrm{d}\xi^2}+[l(l+1)-2]\frac{\mathrm{d}P_l(\xi)}{\mathrm{d}\xi}=0$$

$$(1-\xi^2)\frac{\mathrm{d}^{2+2}P_l(\xi)}{\mathrm{d}\xi^{2+2}}-2\cdot(2+1)\xi\frac{\mathrm{d}^{2+1}P_l(\xi)}{\mathrm{d}\xi^{2+1}}+[l(l+1)-2\cdot(2+1)]\frac{\mathrm{d}^2P_l(\xi)}{\mathrm{d}\xi^2}=0$$

$$(1-\xi^2)\frac{\mathrm{d}^{2+3}P_l(\xi)}{\mathrm{d}\xi^{2+3}}-2\cdot(3+1)\xi\frac{\mathrm{d}^{1+3}P_l(\xi)}{\mathrm{d}\xi^{1+3}}+[l(l+1)-3\cdot(3+1)]\frac{\mathrm{d}^{0+3}P_l(\xi)}{\mathrm{d}\xi^{0+3}}=0$$

$$(1-\xi^2)\frac{\mathrm{d}^{2+4}P_l(\xi)}{\mathrm{d}\xi^{2+4}}-2\cdot(4+1)\xi\frac{\mathrm{d}^{1+4}P_l(\xi)}{\mathrm{d}\xi^{1+4}}+[l(l+1)-4\cdot(4+1)]\frac{\mathrm{d}^{0+4}P_l(\xi)}{\mathrm{d}\xi^{0+4}}=0$$

……

$$(1-\xi^2)\frac{\mathrm{d}^{2+|m|}P_l(\xi)}{\mathrm{d}\xi^{2+|m|}}-2(|m|+1)\xi\frac{\mathrm{d}^{1+|m|}P_l(\xi)}{\mathrm{d}\xi^{1+|m|}}+[l(l+1)-|m|(|m|+1)]\frac{\mathrm{d}^{0+|m|}P_l(\xi)}{\mathrm{d}\xi^{0+|m|}}=0$$

$$(1-\xi^2)\frac{\mathrm{d}^2}{\mathrm{d}\xi^2}\frac{\mathrm{d}^{|m|}P_l(\xi)}{\mathrm{d}\xi^{|m|}}-2(|m|+1)\xi\frac{\mathrm{d}}{\mathrm{d}\xi}\frac{\mathrm{d}^{|m|}P_l(\xi)}{\mathrm{d}\xi^{|m|}}+$$
$$[l(l+1)-|m|(|m|+1)]\frac{\mathrm{d}^{|m|}P_l(\xi)}{\mathrm{d}\xi^{|m|}}=0 \tag{Ⅰ-20}$$

这一方程与(Ⅰ-19)比较，只要令 $f(\xi)=\frac{\mathrm{d}^{|m|}P_l(\xi)}{\mathrm{d}\xi^{|m|}}$，则两个方程完全相同，由此可见，$f(\xi)=\frac{\mathrm{d}^{|m|}P_l(\xi)}{\mathrm{d}\xi^{|m|}}$是方程(Ⅰ-19)的一个解。由此得到关联勒让德方程的解

$$P_l^{|m|}(\xi)=(1-\xi^2)^{|m|/2}f(\xi)=(1-\xi^2)^{\frac{|m|}{2}}\frac{\mathrm{d}^{|m|}P_l(\xi)}{\mathrm{d}\xi^{|m|}},l=0,1,\cdots\geqslant|m| \tag{Ⅰ-21}$$

五、关联勒让德多项式的正交性

关联勒让德多项式在区间[1,－1]上是正交的

$$\int_{-1}^{1} P_{\alpha}^{|m|}(\xi) P_{\beta}^{|m|}(\xi)\mathrm{d}\xi = 0,(\alpha \neq \beta),\alpha,\beta = l = 0,1,2,\cdots \qquad (\text{I}\text{-}22)$$

可以由积分运算直接证明这一结论。

由于 $P_{\alpha}^{|m|}(\xi)$ 和 $P_{\beta}^{|m|}(\xi)$ 分别满足勒让德方程

$$\frac{\mathrm{d}}{\mathrm{d}\xi}\left[(1-\xi^2)\frac{\mathrm{d}P_{\alpha}^{|m|}}{\mathrm{d}\xi}\right] + \left[\alpha(\alpha+1) - \frac{m^2}{1-\xi^2}\right]P_{\alpha}^{|m|} = 0$$

$$\frac{\mathrm{d}}{\mathrm{d}\xi}\left[(1-\xi^2)\frac{\mathrm{d}P_{\beta}^{|m|}}{\mathrm{d}\xi}\right] + \left[\beta(\beta+1) - \frac{m^2}{1-\xi^2}\right]P_{\beta}^{|m|} = 0$$

用 $P_{\beta}^{|m|}(\xi)$ 乘前式,用 $P_{\alpha}^{|m|}(\xi)$ 乘后式,并积分,得到

$$\begin{aligned}
&[\alpha(\alpha+1) - \beta(\beta+1)]\int_{-1}^{1} P_{\alpha}^{|m|}P_{\beta}^{|m|}\mathrm{d}\xi \\
&= \int_{-1}^{1} P_{\alpha}^{|m|}\frac{\mathrm{d}}{\mathrm{d}\xi}\left[(1-\xi^2)\frac{\mathrm{d}P_{\beta}^{|m|}}{\mathrm{d}\xi}\right]\mathrm{d}\xi - \int_{-1}^{1} P_{\beta}^{|m|}\frac{\mathrm{d}}{\mathrm{d}\xi}\left[(1-\xi^2)\frac{\mathrm{d}P_{\alpha}^{|m|}}{\mathrm{d}\xi}\right]\mathrm{d}\xi \\
&= \int_{-1}^{1} P_{\alpha}^{|m|}\mathrm{d}\left[(1-\xi^2)\frac{\mathrm{d}P_{\beta}^{|m|}}{\mathrm{d}\xi}\right] - \int_{-1}^{1} P_{\beta}^{|m|}\mathrm{d}\left[(1-\xi^2)\frac{\mathrm{d}P_{\alpha}^{|m|}}{\mathrm{d}\xi}\right] \\
&= P_{\alpha}^{|m|}(1-\xi^2)\frac{\mathrm{d}P_{\beta}^{|m|}}{\mathrm{d}\xi}\bigg|_{-1}^{1} - \int_{-1}^{1}\left[(1-\xi^2)\frac{\mathrm{d}P_{\beta}^{|m|}}{\mathrm{d}\xi}\right]\mathrm{d}P_{\alpha}^{|m|} \\
&\quad - P_{\beta}^{|m|}(1-\xi^2)\frac{\mathrm{d}P_{\alpha}^{|m|}}{\mathrm{d}\xi}\bigg|_{-1}^{1} + \int_{-1}^{1}\left[(1-\xi^2)\frac{\mathrm{d}P_{\alpha}^{|m|}}{\mathrm{d}\xi}\right]\mathrm{d}P_{\beta}^{|m|} \\
&= \int_{-1}^{1}\left[(1-\xi^2)\frac{\mathrm{d}P_{\alpha}^{|m|}}{\mathrm{d}\xi}\right]\mathrm{d}P_{\beta}^{|m|} - \int_{-1}^{1}\left[(1-\xi^2)\frac{\mathrm{d}P_{\beta}^{|m|}}{\mathrm{d}\xi}\right]\mathrm{d}P_{\alpha}^{|m|} \\
&= \left[P_{\beta}^{|m|}(1-\xi^2)\frac{\mathrm{d}P_{\alpha}^{|m|}}{\mathrm{d}\xi}\right]_{-1}^{1} - \int_{-1}^{1} P_{\beta}^{|m|}\left[(1-\xi^2)\frac{\mathrm{d}^2 P_{\alpha}^{|m|}}{\mathrm{d}\xi^2} - 2\xi\frac{\mathrm{d}P_{\alpha}^{|m|}}{\mathrm{d}\xi}\right]\mathrm{d}\xi - \\
&\quad \left[P_{\alpha}^{|m|}(1-\xi^2)\frac{\mathrm{d}P_{\beta}^{|m|}}{\mathrm{d}\xi}\right]_{-1}^{1} + \int_{-1}^{1} P_{\alpha}^{|m|}\left[(1-\xi^2)\frac{\mathrm{d}^2 P_{\beta}^{|m|}}{\mathrm{d}\xi^2} - 2\xi\frac{\mathrm{d}P_{\beta}^{|m|}}{\mathrm{d}\xi}\right]\mathrm{d}\xi \\
&= -\int_{-1}^{1} P_{\beta}^{|m|}(1-\xi^2)\frac{\mathrm{d}^2 P_{\alpha}^{|m|}}{\mathrm{d}\xi^2}\mathrm{d}\xi + 2\int_{-1}^{1} P_{\beta}^{|m|}\xi\frac{\mathrm{d}P_{\alpha}^{|m|}}{\mathrm{d}\xi}\mathrm{d}\xi + \\
&\quad \int_{-1}^{1} P_{\alpha}^{|m|}(1-\xi^2)\frac{\mathrm{d}^2 P_{\beta}^{|m|}}{\mathrm{d}\xi^2}\mathrm{d}\xi - 2\int_{-1}^{1} P_{\alpha}^{|m|}\xi\frac{\mathrm{d}P_{\beta}^{|m|}}{\mathrm{d}\xi}\mathrm{d}\xi \\
&= -\int_{-1}^{1} P_{\beta}^{|m|}(1-\xi^2)\mathrm{d}\left(\frac{\mathrm{d}P_{\alpha}^{|m|}}{\mathrm{d}\xi}\right) + 2\int_{-1}^{1} P_{\beta}^{|m|}\xi\frac{\mathrm{d}P_{\alpha}^{|m|}}{\mathrm{d}\xi}\mathrm{d}\xi + \\
&\quad \int_{-1}^{1} P_{\alpha}^{|m|}(1-\xi^2)\mathrm{d}\left(\frac{\mathrm{d}P_{\beta}^{|m|}}{\mathrm{d}\xi}\right) - 2\int_{-1}^{1} P_{\alpha}^{|m|}\xi\frac{\mathrm{d}P_{\beta}^{|m|}}{\mathrm{d}\xi}\mathrm{d}\xi \\
&= -\frac{\mathrm{d}P_{\alpha}^{|m|}}{\mathrm{d}\xi}P_{\beta}^{|m|}(1-\xi^2)\Big|_{-1}^{1} + \int_{-1}^{1}\frac{\mathrm{d}P_{\alpha}^{|m|}}{\mathrm{d}\xi}\left[(1-\xi^2)\frac{\mathrm{d}P_{\beta}^{|m|}}{\mathrm{d}\xi} - 2\xi P_{\beta}^{|m|}\right]\mathrm{d}\xi + \\
&\quad 2\int_{-1}^{1} P_{\beta}^{|m|}\xi\frac{\mathrm{d}P_{\alpha}^{|m|}}{\mathrm{d}\xi}\mathrm{d}\xi + \frac{\mathrm{d}P_{\beta}^{|m|}}{\mathrm{d}\xi}P_{\alpha}^{|m|}(1-\xi^2)\Big|_{-1}^{1} - \int_{-1}^{1}\frac{\mathrm{d}P_{\beta}^{|m|}}{\mathrm{d}\xi}\left[(1-\xi^2)\frac{\mathrm{d}P_{\alpha}^{|m|}}{\mathrm{d}\xi} - 2\xi P_{\alpha}^{|m|}\right]\mathrm{d}\xi - \\
&\quad 2\int_{-1}^{1} P_{\alpha}^{|m|}\xi\frac{\mathrm{d}P_{\beta}^{|m|}}{\mathrm{d}\xi}\mathrm{d}\xi \\
&= \int_{-1}^{1}\frac{\mathrm{d}P_{\alpha}^{|m|}}{\mathrm{d}\xi}(1-\xi^2)\frac{\mathrm{d}P_{\beta}^{|m|}}{\mathrm{d}\xi}\mathrm{d}\xi - \int_{-1}^{1}\frac{\mathrm{d}P_{\beta}^{|m|}}{\mathrm{d}\xi}(1-\xi^2)\frac{\mathrm{d}P_{\alpha}^{|m|}}{\mathrm{d}\xi}\mathrm{d}\xi = 0
\end{aligned}$$

由于 $\alpha \neq \beta$,只能是 $\int_{-1}^{1} P_{\alpha}^{|m|}(\xi)P_{\beta}^{|m|}(\xi)\mathrm{d}\xi = 0$,即关联勒让德多项式是正交的。

六、关联勒让德多项式的归一性

由关联勒让德多项式的定义(Ⅰ-21)

$$P_l^{|m|}(\xi)=(1-\xi^2)^{|m|/2}f(\xi)=(1-\xi^2)^{\frac{|m|}{2}}\frac{\mathrm{d}^{|m|}P_l(\xi)}{\mathrm{d}\xi^{|m|}},l=0,1,\cdots\geqslant|m|$$

得到关联勒让德多项式平方在区间[1,－1]上的积分

$$\begin{aligned}
\int_{-1}^{1}[P_l^{|m|}(\xi)]^2\mathrm{d}\xi&=\int_{-1}^{1}\left[(1-\xi^2)^{\frac{|m|}{2}}\frac{\mathrm{d}^{|m|}P_l(\xi)}{\mathrm{d}\xi^{|m|}}\right]^2\mathrm{d}\xi\\
&=\int_{-1}^{1}(1-\xi^2)^{|m|}\frac{\mathrm{d}^{|m|}P_l}{\mathrm{d}\xi^{|m|}}\frac{\mathrm{d}^{|m|}P_l}{\mathrm{d}\xi^{|m|}}\mathrm{d}\xi\\
&=\int_{-1}^{1}(1-\xi^2)^{|m|}\frac{\mathrm{d}^{|m|}P_l}{\mathrm{d}\xi^{|m|}}\frac{\mathrm{d}}{\mathrm{d}\xi}\frac{\mathrm{d}^{|m|-1}P_l}{\mathrm{d}\xi^{|m|-1}}\mathrm{d}\xi\\
&=\int_{-1}^{1}\left[(1-\xi^2)^{|m|}\frac{\mathrm{d}^{|m|}P_l}{\mathrm{d}\xi^{|m|}}\right]\mathrm{d}\left(\frac{\mathrm{d}^{|m|-1}P_l}{\mathrm{d}\xi^{|m|-1}}\right)\\
&=\left[(1-\xi^2)^{|m|}\frac{\mathrm{d}^{|m|}P_l}{\mathrm{d}\xi^{|m|}}\frac{\mathrm{d}^{|m|-1}P_l}{\mathrm{d}\xi^{|m|-1}}\right]_{-1}^{1}-\int_{-1}^{1}\frac{\mathrm{d}^{|m|-1}P_l}{\mathrm{d}\xi^{|m|-1}}\mathrm{d}\left[(1-\xi^2)^{|m|}\frac{\mathrm{d}^{|m|}P_l}{\mathrm{d}\xi^{|m|}}\right]\\
&=-\int_{-1}^{1}\frac{\mathrm{d}^{|m|-1}P_l}{\mathrm{d}\xi^{|m|-1}}\mathrm{d}\left[(1-\xi^2)^{|m|}\frac{\mathrm{d}^{|m|}P_l}{\mathrm{d}\xi^{|m|}}\right]\\
&=-\int_{-1}^{1}\frac{\mathrm{d}^{|m|-1}P_l}{\mathrm{d}\xi^{|m|-1}}\left\{\frac{\mathrm{d}}{\mathrm{d}\xi}\left[(1-\xi^2)^{|m|}\frac{\mathrm{d}^{|m|}P_l}{\mathrm{d}\xi^{|m|}}\right]\right\}\mathrm{d}\xi
\end{aligned}$$

在(Ⅰ-20)中,用$|m|-1$代替$|m|$,有

$$(1-\xi^2)\frac{\mathrm{d}^{|m|+1}P_l}{\mathrm{d}\xi^{|m|+1}}-2|m|\xi\frac{\mathrm{d}^{|m|}P_l}{\mathrm{d}\xi^{|m|}}+[l(l+1)-(|m|-1)|m|]\frac{\mathrm{d}^{|m|-1}P_l}{\mathrm{d}\xi^{|m|-1}}=0$$

用$(1-\xi^2)^{|m|-1}$乘上式,进一步得到

$$(1-\xi^2)^{|m|}\frac{\mathrm{d}^{|m|+1}P_l}{\mathrm{d}\xi^{|m|+1}}-2|m|\xi(1-\xi^2)^{|m|-1}\frac{\mathrm{d}^{|m|}P_l}{\mathrm{d}\xi^{|m|}}+$$

$$[l(l+1)-(|m|-1)|m|](1-\xi^2)^{|m|-1}\frac{\mathrm{d}^{|m|-1}P_l}{\mathrm{d}\xi^{|m|-1}}=0$$

$$\frac{\mathrm{d}}{\mathrm{d}\xi}\left[(1-\xi^2)^{|m|}\frac{\mathrm{d}^{|m|}P_l}{\mathrm{d}\xi^{|m|}}\right]=-(l+|m|)(l-|m|+1)(1-\xi^2)^{|m|-1}\frac{\mathrm{d}^{|m|-1}P_l}{\mathrm{d}\xi^{|m|-1}}$$

由此得到关联勒让德多项式平方的递推公式

$$\begin{aligned}
\int_{-1}^{1}[P_l^{|m|}]^2\mathrm{d}\xi&=-\int_{-1}^{1}\frac{\mathrm{d}^{|m|-1}P_l}{\mathrm{d}\xi^{|m|-1}}\frac{\mathrm{d}}{\mathrm{d}\xi}\left[(1-\xi^2)^{|m|}\frac{\mathrm{d}^{|m|}P_l}{\mathrm{d}\xi^{|m|}}\right]\mathrm{d}\xi\\
&=\int_{-1}^{1}\frac{\mathrm{d}^{|m|-1}P_l}{\mathrm{d}\xi^{|m|-1}}\left[(l+|m|)(l-|m|+1)(1-\xi^2)^{|m|-1}\frac{\mathrm{d}^{|m|-1}P_l}{\mathrm{d}\xi^{|m|-1}}\right]\mathrm{d}\xi\\
&=(l+|m|)(l-|m|+1)\int_{-1}^{1}\left[(1-\xi^2)^{\frac{|m|-1}{2}}\frac{\mathrm{d}^{|m|-1}P_l}{\mathrm{d}\xi^{|m|-1}}\right]^2\mathrm{d}\xi\\
&=(l+|m|)(l-|m|+1)\int_{-1}^{1}[P_l^{|m|-1}]^2\mathrm{d}\xi
\end{aligned}$$

按此递推公式继续推导下去,得到

$$\int_{-1}^{1}[P_l^{|m|-1}]^2\mathrm{d}\xi=(l+|m|-1)(l-|m|+2)\int_{-1}^{1}[P_l^{|m|-2}]^2\mathrm{d}\xi$$

$$\int_{-1}^{1}[P_l^{|m|-2}]^2\mathrm{d}\xi=(l+|m|-2)(l-|m|+3)\int_{-1}^{1}[P_l^{|m|-3}]^2\mathrm{d}\xi$$

$$\int_{-1}^{1}[P_l^{|m|-3}]^2\mathrm{d}\xi=(l+|m|-3)(l-|m|+4)\int_{-1}^{1}[P_l^{|m|-4}]^2\mathrm{d}\xi$$

……

$$\int_{-1}^{1}[P_l^1]^2\mathrm{d}\xi=(l+1)l\int_{-1}^{1}[P^\circ{}_l]^2\mathrm{d}\xi=(l+1)l\int_{-1}^{1}[P_l]^2\mathrm{d}\xi$$

综合起来得到

$$\int_{-1}^{1}[P_l^{|m|}]^2\mathrm{d}\xi=(l+|m|)(l+|m|-1)\cdots(l+1)l\cdots(l-|m|+1)\int_{-1}^{1}[P_l]^2\mathrm{d}\xi$$

$$=\frac{(l+|m|)!}{(l-|m|)!}\int_{-1}^{1}[P_l]^2\mathrm{d}\xi$$

而勒让德多项式平方积分$\int_{-1}^{1}[P_l(\xi)]^2\mathrm{d}\xi=\frac{2}{2l+1}$,所以,最终得到

$$\int_{-1}^{1}[P_l^{|m|}]^2\mathrm{d}\xi=\frac{(l+|m|)!}{(l-|m|)!}\frac{2}{2l+1} \tag{Ⅰ-23}$$

附录Ⅱ　厄米多项式

厄米微分方程

$$\frac{\mathrm{d}^2H_n}{\mathrm{d}\xi^2}-2\xi\frac{\mathrm{d}H_n}{\mathrm{d}\xi}+2nH_n=0,n=0,1,2,\cdots \tag{Ⅱ-1}$$

的幂级数解称为厄米多项式。

一、厄米多项式的幂级数表示

设 n 阶厄米微分方程的幂级数解为

$$H_n(\xi)=\sum_{k=0}^{\infty}c_k\xi^k,n=0,1,2,\cdots \tag{Ⅱ-2}$$

代入(Ⅱ-1),得到

$$\frac{\mathrm{d}H_n}{\mathrm{d}\xi}=\frac{\mathrm{d}}{\mathrm{d}\xi}\sum_{k=0}^{\infty}c_k\xi^k=\sum_{k=0}^{\infty}kc_k\xi^{k-1}$$

$$\frac{\mathrm{d}^2H_n}{\mathrm{d}\xi^2}=\frac{\mathrm{d}}{\mathrm{d}\xi}\frac{\mathrm{d}H_n}{\mathrm{d}\xi}=\frac{\mathrm{d}}{\mathrm{d}\xi}\sum_{k=0}^{\infty}kc_k\xi^{k-1}=\sum_{k=0}^{\infty}k(k-1)c_k\xi^{k-2}$$

$$\sum_{k=0}^{\infty}k(k-1)c_k\xi^{k-2}-2\xi\sum_{k=0}^{\infty}kc_k\xi^{k-1}+2n\sum_{k=0}^{\infty}c_k\xi^k=0$$

$$\sum_{k=0}^{\infty}(k+2)(k+1)c_{k+2}\xi^k-2\sum_{k=0}^{\infty}kc_k\xi^k+2n\sum_{k=0}^{\infty}c_k\xi^k=0$$

比较 ξ^k 的系数,得到

$$(k+2)(k+1)c_{k+2}-2kc_k+2nc_k=0$$

$$c_{k+2}=\frac{2k-2n}{(k+2)(k+1)}c_k,k=0,1,2,\cdots,n=0,1,2,\cdots, \tag{Ⅱ-3}$$

由此,厄米多项式(幂级数)为

$$H_n(\xi)=c_0\left[\begin{aligned}&1-\frac{2n}{2!}\xi^2+\frac{2^2n(n-2)}{4!}\xi^4-\frac{2^3n(n-2)(n-4)}{6!}\xi^6+\cdots\\&+(-2)^k\frac{n(n-2)(n-4)\cdots(n-2k+2)}{(2k)!}\xi^{2k}+\cdots\end{aligned}\right]+$$

$$c_1\left[\begin{aligned}&\xi-\frac{2(n-1)}{3!}\xi^3+\frac{2^2(n-1)(n-3)}{5!}\xi^5-\frac{2^3(n-1)(n-3)(n-5)}{6!}\xi^7+\cdots\\&+(-2)^k\frac{(n-1)(n-3)\cdots(n-2k+1)}{(2k+1)!}\xi^{2k+1}+\cdots\end{aligned}\right]$$

如果当 n 为偶数时,取

$$c_1=0,c_0=(-1)^{\frac{n}{2}}\frac{n!}{\left(\frac{n}{2}\right)!}=(-1)^{\frac{n}{2}}\frac{n!}{m!}$$

如果当 n 为奇数时,取

$$c_0=0,c_1=(-1)^{\frac{n}{2}-\frac{1}{2}}\frac{2n!}{\left(\frac{n}{2}-\frac{1}{2}\right)!}=(-1)^{\frac{n}{2}-\frac{1}{2}}\frac{2n!}{m!}$$

这里,当 n 为偶数时,$m=\frac{n}{2}$;当 n 为奇数时,$m=\frac{(n-1)}{2}$;即 m 取不大于$\frac{n}{2}$的最大整数。这样,厄米多项式(幂级数)可以统一表示为

$$H_n(\xi)=\left[\begin{aligned}&(2\xi)^n-\frac{n(n-1)}{1!}(2\xi)^{n-2}+\frac{n(n-1)(n-2)(n-3)}{2!}(2\xi)^{n-4}-\\&\cdots+(-1)^m\frac{n!}{m!}(2\xi)^{n-2m}\end{aligned}\right]$$

$$H_n(\xi)=\sum_{k=0}^{m}\frac{(-1)^k n!}{k!\ (n-2k)!}(2\xi)^{n-2k},n=0,1,2,\cdots,m=\left[\frac{n}{2}\right]\tag{Ⅱ-4}$$

这就是,厄米多项式的幂级数表示。

二、厄米多项式的微分表示

考察函数 $u=\exp(-\xi^2)$ 的各阶微分,则

$$\frac{du}{d\xi}=\frac{d}{d\xi}\exp(-\xi^2)=-2\xi\exp(-\xi^2)=-2\xi u$$

$$\frac{d^2u}{d\xi^2}=\frac{d}{d\xi}[-2\xi u]=-2\xi\frac{du}{d\xi}-2u$$

$$\frac{d^3u}{d\xi^3}=\frac{d}{d\xi}\left[-2\xi\frac{du}{d\xi}-2u\right]=-2\xi\frac{d^2u}{d\xi^2}-2\frac{du}{d\xi}-2\frac{du}{d\xi}=-2\xi\frac{d^2u}{d\xi^2}-2(1+1)\frac{du}{d\xi}$$

$$\frac{d^{2+2}u}{d\xi^{2+2}}=\frac{d^4u}{d\xi^4}=\frac{d}{d\xi}\frac{d^3u}{d\xi^3}=\frac{d}{d\xi}\left[-2\xi\frac{d^2u}{d\xi^2}-2(1+1)\frac{du}{d\xi}\right]$$

$$=-2\xi\frac{d^3u}{d\xi^3}-2\frac{d^2u}{d\xi^2}-2(1+1)\frac{d^2u}{d\xi^2}=-2\xi\frac{d^{2+1}u}{d\xi^{2+1}}-2(2+1)\frac{d^2u}{d\xi^2}$$

$$\frac{d^{2+3}u}{d\xi^{2+3}}=\frac{d^5u}{d\xi^5}=\frac{d}{d\xi}\frac{d^4u}{d\xi^4}=\frac{d}{d\xi}\left[-2\xi\frac{d^{2+1}u}{d\xi^{2+1}}-2(2+1)\frac{d^2u}{d\xi^2}\right]$$

$$=-2\xi\frac{d^{2+2}u}{d\xi^{2+2}}-2\frac{d^{2+1}u}{d\xi^{2+1}}-2(2+1)\frac{d^{2+1}u}{d\xi^{2+1}}=-2\xi\frac{d^{3+1}u}{d\xi^{3+1}}-2(3+1)\frac{d^{3}u}{d\xi^{3}}$$

……

$$\frac{d^{2+n}u}{d\xi^{2+n}}=-2\xi\frac{d^{1+n}u}{d\xi^{1+n}}-2(n+1)\frac{d^{n}u}{d\xi^{n}} \tag{Ⅱ-5}$$

进一步令

$$\frac{d^{n}u}{d\xi^{n}}=(-1)^{n}\exp(-\xi^{2})H_{n}(\xi) \tag{Ⅱ-6}$$

其中 $H_n(\xi)$为多项式,则

$$\frac{d^{1+n}u}{d\xi^{1+n}}=\frac{du}{d\xi}\frac{d^{n}u}{d\xi^{n}}=\frac{du}{d\xi}[(-1)^{n}\exp(-\xi^{2})H_{n}(\xi)]$$

$$=(-2\xi)(-1)^{n}\exp(-\xi^{2})H_{n}+(-1)^{n}\exp(-\xi^{2})\frac{dH_{n}}{d\xi}$$

$$=(-1)^{n}\exp(-\xi^{2})\left(\frac{dH_{n}}{d\xi}-2\xi H_{n}\right) \tag{Ⅱ-7}$$

$$\frac{d^{2+n}u}{d\xi^{2+n}}=\frac{du}{d\xi}\frac{d^{1+n}u}{d\xi^{1+n}}=\frac{du}{d\xi}\left[(-1)^{n}\exp(-\xi^{2})\left(\frac{dH_{n}}{d\xi}-2\xi H_{n}\right)\right]$$

$$=(-1)^{n}\exp(-\xi^{2})\left[(-2\xi)\left(\frac{dH_{n}}{d\xi}-2\xi H_{n}\right)+\left(\frac{d^{2}H_{n}}{d\xi^{2}}-2\xi\frac{dH_{n}}{d\xi}-2H_{n}\right)\right]$$

$$=(-1)^{n}\exp(-\xi^{2})\left[\frac{d^{2}H_{n}}{d\xi^{2}}-4\xi\frac{dH_{n}}{d\xi}+(4\xi^{2}-2)H_{n}\right] \tag{Ⅱ-8}$$

将(Ⅱ-6)、(Ⅱ-7)、(Ⅱ-8)代入(Ⅱ-5),得到

$$\frac{d^{2}H_{n}}{d\xi^{2}}-4\xi\frac{dH_{n}}{d\xi}+(4\xi^{2}-2)H_{n}=-2\xi\left(\frac{dH_{n}}{d\xi}-2\xi H_{n}\right)-2(n+1)H_{n}$$

$$\frac{d^{2}H_{n}}{d\xi^{2}}-2\xi\frac{dH_{n}}{d\xi}+2nH_{n}=0 \tag{Ⅱ-9}$$

这就是 n 阶厄米微分方程;同时说明 $H_n(\xi)$是厄米方程的一个解。由 $u=\exp(-\xi^2)$和(Ⅱ-6),得到厄米多项式的微分表达式

$$H_{n}(\xi)=\frac{1}{(-1)^{n}\exp(-\xi^{2})}\frac{d^{n}u}{d\xi^{n}}=(-1)^{n}\exp(\xi^{2})\frac{d^{n}}{d\xi^{n}}\exp(-\xi^{2})$$

$$H_{n}(\xi)=(-1)^{n}\exp(\xi^{2})\frac{d^{n}}{d\xi^{n}}\exp(-\xi^{2}) \tag{Ⅱ-10}$$

三、厄米多项式的递推公式

由厄米多项式幂级数表达式(Ⅱ-4),得到厄米多项式的一个递推公式

$$\frac{dH_{n}(\xi)}{d\xi}=\frac{d}{d\xi}\sum_{k=0}^{m}\frac{(-1)^{k}n!}{k!\,(n-2k)!}(2\xi)^{n-2k}=\sum_{k=0}^{m}\frac{(-1)^{k}n!\,2(n-2k)}{k!\,(n-2k)!}(2\xi)^{n-2k-1}$$

$$=2n\sum_{k=0}^{m}\frac{(-1)^{k}(n-1)!}{k!\,(n-2k-1)!}(2\xi)^{n-2k-1}=2n\sum_{k=0}^{m}\frac{(-1)^{k}(n-1)!}{k!\,(n-1-2k)!}(2\xi)^{n-1-2k}$$

$$=2nH_{n-1}(\xi)$$

$$\frac{dH_{n}(\xi)}{d\xi}=2nH_{n-1}(\xi) \tag{Ⅱ-11}$$

由递推关系（Ⅱ-11）和厄米多项式微分表达式（Ⅱ-10），得到

$$\frac{dH_n(\xi)}{d\xi}=\frac{d}{d\xi}\left[(-1)^n\exp(\xi^2)\frac{d^n}{d\xi^n}\exp(-\xi^2)\right]$$

$$=2\xi(-1)^n\exp(\xi^2)\frac{d^n}{d\xi^n}\exp(-\xi^2)+(-1)^n\exp(\xi^2)\frac{d^{n+1}}{d\xi^{n+1}}\exp(-\xi^2)$$

$$=2\xi H_n(\xi)-(-1)^{n+1}\exp(\xi^2)\frac{d^{n+1}}{d\xi^{n+1}}\exp(-\xi^2)=2\xi H_n(\xi)-H_{n+1}(\xi)=2nH_{n-1}(\xi)$$

$$H_{n+1}(\xi)=2\xi H_n(\xi)-2nH_{n-1}(\xi)\tag{Ⅱ-12}$$

四、厄米多项式的正交归一性

设 $m\leqslant n$，由递推公式（Ⅱ-11）并考虑到厄米函数是多项式，考察积分

$$I=\int_{-\infty}^{+\infty}\exp(-\xi^2)H_m(\xi)H_n(\xi)d\xi$$

$$=\int_{-\infty}^{+\infty}\exp(-\xi^2)H_m(\xi)(-1)^n\exp(\xi^2)\frac{d^n}{d\xi^n}\exp(-\xi^2)d\xi$$

$$=(-1)^n\int_{-\infty}^{+\infty}H_m(\xi)\frac{d^n\exp(-\xi^2)}{d\xi^n}d\xi=(-1)^n\int_{-\infty}^{+\infty}H_m(\xi)d\left[\frac{d^{n-1}\exp(-\xi^2)}{d\xi^{n-1}}\right]$$

$$=(-1)^nH_m(\xi)\frac{d^{n-1}}{d\xi^{n-1}}\exp(-\xi^2)\Big|_{-\infty}^{+\infty}-(-1)^n\int_{-\infty}^{+\infty}\frac{d^{n-1}\exp(-\xi^2)}{d\xi^{n-1}}dH_m(\xi)$$

$$=(-1)^{n-1}\int_{-\infty}^{+\infty}\frac{d^{n-1}\exp(-\xi^2)}{d\xi^{n-1}}\frac{dH_m}{d\xi}d\xi=(-1)^{n-1}2m\int_{-\infty}^{+\infty}H_{m-1}\frac{d^{n-1}\exp(-\xi^2)}{d\xi^{n-1}}d\xi$$

$$=(-1)^{n-1}2m\int_{-\infty}^{+\infty}H_{m-1}d\left[\frac{d^{n-2}\exp(-\xi^2)}{d\xi^{n-2}}\right]$$

$$=(-1)^{n-1}2mH_{m-1}\frac{d^{n-2}\exp(-\xi^2)}{d\xi^{n-2}}\Big|_{-\infty}^{+\infty}-(-1)^{n-1}2m\int_{-\infty}^{+\infty}\frac{d^{n-2}\exp(-\xi^2)}{d\xi^{n-2}}dH_{m-1}$$

$$=(-1)^{n-2}2m\int_{-\infty}^{+\infty}\frac{d^{n-2}\exp(-\xi^2)}{d\xi^{n-2}}\frac{dH_{m-1}}{d\xi}d\xi$$

$$=(-1)^{n-2}2^2m(m-1)\int_{-\infty}^{+\infty}H_{m-2}\frac{d^{n-2}\exp(-\xi^2)}{d\xi^{n-2}}d\xi$$

……

$$=(-1)^{n-m}2^mm!\int_{-\infty}^{+\infty}H_0\frac{d^{n-m}\exp(-\xi^2)}{d\xi^{n-m}}d\xi=(-1)^{n-m}2^mm!\int_{-\infty}^{+\infty}\frac{d^{n-m}\exp(-\xi^2)}{d\xi^{n-m}}d\xi$$

如果 $m<n$，则

$$I=(-1)^{n-m}2^mm!\int_{-\infty}^{+\infty}d\left[\frac{d^{n-m-1}\exp(-\xi^2)}{d\xi^{n-m-1}}\right]=(-1)^{n-m}2^mm!\frac{d^{n-m-1}\exp(-\xi^2)}{d\xi^{n-m-1}}\Big|_{-\infty}^{+\infty}=0$$

如果 $m=n$，则

$$I=(-1)^{n-m}2^mm!\int_{-\infty}^{+\infty}\frac{d^{n-m}\exp(-\xi^2)}{d\xi^{n-m}}d\xi=(-1)^{n-n}2^nn!\int_{-\infty}^{+\infty}\frac{d^{n-n}\exp(-\xi^2)}{d\xi^{n-n}}d\xi$$

$$=2^nn!\int_{-\infty}^{+\infty}\exp(-\xi^2)d\xi=2^nn!\sqrt{\pi}$$

综合上述，得到

$$\int_{-\infty}^{+\infty}\exp(-\xi^2)H_m(\xi)H_n(\xi)\mathrm{d}\xi=\begin{cases}0, & m\neq n\\ 2^n n!\ \sqrt{\pi}, & m=n\end{cases} \tag{Ⅱ-13}$$

或者表示为

$$\int_{-\infty}^{+\infty}\exp(-\xi^2)H_m(\xi)H_n(\xi)\mathrm{d}\xi=2^n n!\ \sqrt{\pi}\,\delta_{mn} \tag{Ⅱ-14}$$

可以将厄米多项式归一化

$$\int_{-\infty}^{+\infty}\exp(-\xi^2)H_n^2(\xi)\mathrm{d}\xi=2^n n!\ \sqrt{\pi}$$

$$\int_{-\infty}^{+\infty}[\exp(-\xi^2/2)H_n(\xi)]^2\mathrm{d}\xi=2^n n!\ \sqrt{\pi}$$

如果设归一化厄米函数为 $h_n(\xi)=N_nH_n(\xi)$，则得到归一化常数

$$1=\int_{-\infty}^{+\infty}\exp(-\xi^2)h_n^2(\xi)\mathrm{d}\xi=N_n^2\int_{-\infty}^{+\infty}\exp(-\xi^2)H_n^2(\xi)\mathrm{d}\xi=2^n n!\ \sqrt{\pi}N_n^2$$

$$2^n n!\ \sqrt{\pi}N_n^2=1,N_n=\sqrt{\frac{1}{2^n n!\ \sqrt{\pi}}} \tag{Ⅱ-15}$$

附录Ⅲ　两个角动量的耦合

以 $\hat{\boldsymbol{J}}_1$、$\hat{\boldsymbol{J}}_2$ 表示体系的两个角动量算符，则它们满足角动量的一般对易关系

$$\hat{\boldsymbol{J}}_1\times\hat{\boldsymbol{J}}_1=\mathrm{i}\hbar\hat{\boldsymbol{J}}_1,\hat{\boldsymbol{J}}_2\times\hat{\boldsymbol{J}}_2=\mathrm{i}\hbar\hat{\boldsymbol{J}}_2 \tag{Ⅲ-1}$$

由于 $\hat{\boldsymbol{J}}_1$ 和 $\hat{\boldsymbol{J}}_2$ 是相互独立的，因而它们是可对易的

$$[\hat{\boldsymbol{J}}_1,\hat{\boldsymbol{J}}_2]=0;[\hat{J}_{1i},\hat{J}_{2i}]=0,i=x,y,z \tag{Ⅲ-2}$$

以表示 $\hat{\boldsymbol{J}}_1$ 与 $\hat{\boldsymbol{J}}_2$ 之和(称为 $\hat{\boldsymbol{J}}_1$ 与 $\hat{\boldsymbol{J}}_2$ 耦合)

$$\hat{\boldsymbol{J}}=\hat{\boldsymbol{J}}_1+\hat{\boldsymbol{J}}_2;\hat{J}_x=\hat{J}_{1x}+\hat{J}_{2x},\hat{J}_y=\hat{J}_{1y}+\hat{J}_{2y},\hat{J}_z=\hat{J}_{1z}+\hat{J}_{2z} \tag{Ⅲ-3}$$

由于 $\hat{\boldsymbol{J}}_1$ 与 $\hat{\boldsymbol{J}}_2$ 的各个分量之间循环对易以及(Ⅲ-1)的对易关系，得到

$$\hat{J}_x\hat{J}_y-\hat{J}_y\hat{J}_x=(\hat{J}_{1x}+\hat{J}_{2x})(\hat{J}_{1y}+\hat{J}_{2y})-(\hat{J}_{1y}+\hat{J}_{2y})(\hat{J}_{1x}+\hat{J}_{2x})$$

$$=\hat{J}_{1x}\hat{J}_{1y}+\hat{J}_{2x}\hat{J}_{2y}+\hat{J}_{1x}\hat{J}_{2y}+\hat{J}_{2x}\hat{J}_{1y}-\hat{J}_{1y}\hat{J}_{1x}-\hat{J}_{2y}\hat{J}_{2x}-\hat{J}_{1y}\hat{J}_{2x}-\hat{J}_{2y}\hat{J}_{1x}$$

$$=\hat{J}_{1x}\hat{J}_{1y}-\hat{J}_{1y}\hat{J}_{1x}+\hat{J}_{2x}\hat{J}_{2y}-\hat{J}_{2y}\hat{J}_{2x}=\mathrm{i}\hbar\hat{J}_{1z}+\mathrm{i}\hbar\hat{J}_{2z}=\mathrm{i}\hbar\hat{J}_z$$

$$\hat{J}_y\hat{J}_z-\hat{J}_z\hat{J}_y=\mathrm{i}\hbar\hat{J}_x,\hat{J}_z\hat{J}_x-\hat{J}_x\hat{J}_z=\mathrm{i}\hbar\hat{J}_y$$

由此得到

$$\hat{\boldsymbol{J}}\times\hat{\boldsymbol{J}}=\mathrm{i}\hbar\hat{\boldsymbol{J}} \tag{Ⅲ-4}$$

可见，$\hat{\boldsymbol{J}}$ 满足角动量算符的一般对易关系，因此 $\hat{\boldsymbol{J}}$ 也是角动量算符，称为总角动量算符。

由于 $\hat{\boldsymbol{J}}_1$ 和 $\hat{\boldsymbol{J}}_2$ 都是角动量算符，所以 $\hat{J}_1^2$ 与 $\hat{J}_{1z}$ 对易、$\hat{J}_2^2$ 与 $\hat{J}_{2z}$ 对易；由于 $\hat{\boldsymbol{J}}_1$ 和 $\hat{\boldsymbol{J}}_2$ 是独立的，所以 $\hat{J}_1^2$ 与 $\hat{J}_2^2$ 和 $\hat{J}_{2z}$ 对易、$\hat{J}_{1z}$ 与 $\hat{J}_2^2$ 和 $\hat{J}_{2z}$ 对易。这样，$\hat{J}_1^2$、$\hat{J}_{1z}$、$\hat{J}_2^2$、$\hat{J}_{2z}$ 是相互对易的，它们拥有共同的本征函数 ψ_{j_1,m_1,j_2,m_2}。设 $\hat{J}_1^2$ 和 $\hat{J}_{1z}$ 共同的本征函数为 ψ_{j_1,m_1}，则

$$\hat{J}_1^2\psi_{j_1,m_1}=j_1(j_1+1)\hbar^2\psi_{j_1,m_1},\hat{J}_{1z}\psi_{j_1,m_1}=m_1\psi_{j_1,m_1}$$
$$\hat{J}_1^2|j_1,m_1\rangle=j_1(j_1+1)\hbar^2|j_1,m_1\rangle,\hat{J}_{1z}|\psi\rangle=m_1|\psi\rangle \tag{Ⅲ-5}$$

设 $\hat{J}_2^2$ 和 $\hat{J}_{2z}$ 共同的本征函数为 ψ_{j_2,m_2}，则

$$\hat{J}_2^2\varphi_{j_2,m_2}=j_2(j_2+1)\hbar^2\varphi_{j_2,m_2},\hat{J}_{2z}\varphi_{j_2,m_2}=m_2\varphi_{j_2,m_2}$$
$$\hat{J}_2^2|j_2,m_2\rangle=j_2(j_2+1)\hbar^2|j_2,m_2\rangle,\hat{J}_{2z}|j_2,m_2\rangle=m_2\hbar|j_2,m_2\rangle \tag{Ⅲ-6}$$

由此，$\hat{J}_1^2$、$\hat{J}_{1z}$、$\hat{J}_2^2$、$\hat{J}_{2z}$ 的共同本征函数表示为

$$\psi_{j_1,m_1,j_2,m_2}=\psi_{j_1,m_1}\varphi_{j_2,m_2},|j_1,m_1,j_2,m_2\rangle=|j_1,m_1\rangle|j_2,m_2\rangle \tag{Ⅲ-7}$$

这里，$\{\psi_{j_1,m_1,j_2,m_2}=\psi_{j_1,m_1}\varphi_{j_2,m_2}=|j_1,m_1,j_2,m_2\rangle=|j_1,m_1\rangle|j_2,m_2\rangle\}$ 组成了正交归一的完备系。以这些本征函数(本征矢)为基矢的表象称为无耦合表象。

很容易证明总角动量的平方算符 $\hat{J}^2=\hat{J}_x^2+\hat{J}_y^2+\hat{J}_z^2$ 与 $\hat{J}_x,\hat{J}_y,\hat{J}_z$ 中任一个是对易的

$$[\hat{J}^2,\hat{J}_x]=0,[\hat{J}^2,\hat{J}_y]=0,[\hat{J}^2,\hat{J}_z]=0;[\hat{J}^2,\hat{\boldsymbol{J}}]=0 \tag{Ⅲ-8}$$

另外，由于 $\hat{\boldsymbol{J}}_1$ 与 $\hat{\boldsymbol{J}}_2$ 对易，总角动量的平方算符还可以表示为

$$\hat{J}^2=(\hat{\boldsymbol{J}}_1+\hat{\boldsymbol{J}}_2)^2=\hat{J}_1^2+\hat{J}_2^2+2\hat{\boldsymbol{J}}_1\cdot\hat{\boldsymbol{J}}_2 \tag{Ⅲ-9}$$

考虑到 $\hat{J}_1^2$ 与 $\hat{\boldsymbol{J}}_1=\hat{J}_{1x}\boldsymbol{i}+\hat{J}_{1y}\boldsymbol{j}+\hat{J}_{1z}\boldsymbol{k}$ 对易，$\hat{J}_2^2$ 与 $\hat{\boldsymbol{J}}_2=\hat{J}_{2x}\boldsymbol{i}+\hat{J}_{2y}\boldsymbol{j}+\hat{J}_{2z}\boldsymbol{k}$ 对易，则 $\hat{J}^2$ 与 $\hat{J}_1^2$ 和 $\hat{J}_2^2$ 都对易。而 $\hat{J}_z$ 与 $\hat{J}_1^2$ 和 $\hat{J}_2^2$ 也都是对易的

$$[\hat{J}^2,\hat{J}_1^2]=0,[\hat{J}^2,\hat{J}_2^2]=0;[\hat{J}_z,\hat{J}_1^2]=0,[\hat{J}_z,\hat{J}_2^2]=0 \tag{Ⅲ-10}$$

可见，$\hat{J}_1^2$、$\hat{J}_2^2$、$\hat{J}^2$、$\hat{J}_z$ 是相互对易的，它们拥有共同的本征函数 $\psi_{j_1,j_2,j,m}$

$$\hat{J}^2\psi_{j_1,j_2,j,m}=j(j+1)\hbar^2\psi_{j_1,j_2,j,m},\hat{J}_z\psi_{j_1,j_2,j,m}=m\hbar\psi_{j_1,j_2,j,m} \tag{Ⅲ-11}$$
$$\hat{J}^2|j_1,j_2,j,m\rangle=j(j+1)\hbar^2|j_1,j_2,j,m\rangle,\hat{J}_z|j_1,j_2,j,m\rangle=m\hbar|j_1,j_2,j,m\rangle$$

这里，$\{\psi_{j_1,j_2,j,m}=|j_1,j_2,j,m\rangle\}$ 组成了正交归一的完备系。以这些本征函数(本征矢)为基矢的表象称为耦合表象。

将 $|j_1,j_2,j,m\rangle$ 按完全系 $|j_1,m_1,j_2,m_2\rangle=|j_1,m_1\rangle|j_2,m_2\rangle$ 展开

$$|j_1,j_2,j,m\rangle=\sum_{m_1,m_2}|j_1,m_1,j_2,m_2\rangle\langle j_1,m_1,j_2,m_2|j_1,j_2,j,m\rangle \tag{Ⅲ-12}$$

再由 $\hat{J}_z=\hat{J}_{1z}+\hat{J}_{2z}$ 可知 m 的可能取值是

$$m=m_1+m_2 \tag{Ⅲ-13}$$

所以，展开式可以进一步化为 $(m_1=m-m_2)$

$$|j_1,j_2,j,m\rangle=\sum_{m_2}|j_1,m-m_2,j_2,m_2\rangle\langle j_1,m-m_2,j_2,m_2|j_1,j_2,j,m\rangle \tag{Ⅲ-14}$$

因为 m_1、m_2 的最大值依次为 j_1、j_2，而且 $m=m_1+m_2$，所以 j 的最大值为

$$j_{\max}=j_1+j_2 \tag{Ⅲ-15}$$

当 j_1 给定时，m_1 可以取 $2j_1+1$ 个值：$-j_1,-j_1+1,-j_1+2,\cdots-1,0,1,\cdots,j_1-2,j_1-1,j_1$；因而 $\psi_{j_1m_1}=|j_1,m_1\rangle$ 有 $2j_1+1$ 个。同样，当 j_2 给定时，$\varphi_{j_2m_2}=|j_2,m_2\rangle$ 有 $2j_2+1$ 个，它们对应不同的 m_2。由此可知，在 j_1 和 j_2 给定时，$\psi_{j_1m_1}\varphi_{j_2m_2}=|j_1,m_1\rangle|j_2,m_2\rangle$ 的数目是 $(2j_1+1)(2j_2+1)$ 个。由展开式(Ⅲ-12)式或(Ⅲ-14)式知，$|j_1,j_2,j,m\rangle$ 是各种 $|j_1,m_1,j_2,m_2\rangle$ 的线性叠加，所以在 j_1 和 j_2 确定时，相互独立的 $|j_1,j_2,j,m\rangle$ 的数目也是 $(2j_1+1)(2j_2+1)$ 个，这

些$|j_1,j_2,j,m\rangle$对应于不同的 j 或 m。另一方面,对应于一个 j,m 可以取 $2j+1$ 个值:

$$-j,-j+1,-j+2,\cdots-1,0,1,\cdots,j-2,j-1,j$$

以 $j_{\min}$ 表示 j 可取的最小值,则$|\psi\rangle$的数目可以表示为

$$\sum_{j=j_{\min}}^{j_{\max}}(2j+1)$$

由此有

$$\sum_{j=j_{\min}}^{j_{\max}}(2j+1)=(2j_1+1)(2j_2+1) \tag{Ⅲ-16}$$

这个等式左边实际上是等差级数求和,则

$$\sum_{j=j_{\min}}^{j_{\max}}(2j+1)=j_{\max}(2+j_{\max})(j_{\min}^2+1) \tag{Ⅲ-17}$$

把这结果和 $j_{\max}=j_1+j_2$ 代入(Ⅲ-16)式,即得

$$(2j_1+1)(2j_2+1)=j_{\max}(2+j_{\max})(j_{\min}^2+1),j_{\min}=|j_1-j_2| \tag{Ⅲ-18}$$

由此可知,当 j_1 和 j_2 给定时,j 可能取的值是

$$j=j_1+j_2,j_1+j_2-1,j_1+j_2-2,\cdots,|j_1-j_2| \tag{Ⅲ-19}$$

可见,两个角动量耦合后的总角动量也是量子化的,而且有多种耦合方式(角动量大小不同)。按量子力学原理,对于耦合角动量量子数为 j 的总角动量大小为

$$J=\sqrt{j(j+1)}\,\hbar \tag{Ⅲ-20}$$